DIN-VDE-Taschenbuch 342/2

Jetzt diesen Titel zusätzlich als E-Book downloaden und 70 % sparen!

Als Käufer dieses Buchtitels haben Sie Anspruch auf ein besonderes Kombi-Angebot: Sie können den Titel zusätzlich zum Ihnen vorliegenden gedruckten Exemplar für nur 30 % des Normalpreises als E-Book beziehen.

Der BESONDERE VORTEIL: Im E-Book recherchieren Sie in Sekundenschnelle die gewünschten Themen und Textpassagen. Denn die E-Book-Variante ist mit einer komfortablen Volltextsuche ausgestattet!

Deshalb: Zögern Sie nicht. Laden Sie sich am besten gleich Ihre persönliche E-Book-Ausgabe dieses Titels herunter.

In 3 einfachen Schritten zum E-Book:

❶ Rufen Sie die Website **www.beuth.de/e-book** auf.

❷ Geben Sie hier Ihren persönlichen, nur einmal verwendbaren E-Book-Code ein:

2922243C703A2AD

❸ Klicken Sie das „Download-Feld" an und gehen dann weiter zum Warenkorb. Führen Sie den normalen Bestellprozess aus.

Hinweis: Der E-Book-Code wurde individuell für Sie als Erwerber dieses Buches erzeugt und darf nicht an Dritte weitergegeben werden. Mit Zurückziehung dieses Buches wird auch der damit verbundene E-Book-Code für den Download ungültig.

DIN-VDE-Taschenbuch 342/2

DIN-VDE-Taschenbuch 342/2

Veranstaltungstechnik 2

Beleuchtung, Ton- und Medientechnik

4. Auflage
Stand der abgedruckten Normen: Februar 2019

Herausgeber: DIN Deutsches Institut für Normung e.V..
VDE Verband der Elektrotechnik Elektronik Informationstechnik e.V.

Beuth
Beuth Verlag GmbH · Berlin · Wien · Zürich

VDE VERLAG
VDE VERLAG GMBH · Berlin · Offenbach

© 2019 Beuth Verlag GmbH
Berlin · Wien · Zürich
Saatwinkler Damm 42/43
13627 Berlin

VDE VERLAG GmbH
Berlin · Offenbach
Bismarckstraße 33
10625 Berlin
oder Postfach 12 01 43, 10591 Berlin

Telefon: +49 30 2601-0
Telefax: +49 30 2601-1260
Internet: www.beuth.de
E-Mail: kundenservice@beuth.de

Telefon: +49 03 348001-0
Telefax: +49 03 348001-9088
Internet: www.vde-verlag.de
E-Mail: kundenservice@vde-verlag.de

Das Werk einschließlich aller seiner Teile ist urheberrechtlich geschützt. Jede Verwertung außerhalb der Grenzen des Urheberrechts ist ohne schriftliche Zustimmung des Verlages unzulässig und strafbar. Das gilt insbesondere für Vervielfältigungen, Übersetzungen, Mikroverfilmungen und die Einspeicherung in elektronische Systeme.

© für DIN-Normen   DIN Deutsches Institut für Normung e. V., Berlin
© für VDE-Normen   VDE Verband der Elektrotechnik Elektronik
                   Informationstechnik e. V.

Die im Werk enthaltenen Inhalte wurden vom Verfasser und Verlag sorgfältig erarbeitet und geprüft. Eine Gewährleistung für die Richtigkeit des Inhalts wird gleichwohl nicht übernommen. Der Verlag haftet nur für Schäden, die auf Vorsatz oder grobe Fahrlässigkeit seitens des Verlages zurückzuführen sind. Im Übrigen ist die Haftung ausgeschlossen.

Satz: B & B Fachübersetzergesellschaft mbH, Berlin
Druck: Medienhaus Plump GmbH, Rheinbreitbach
Gedruckt auf säurefreiem, alterungsbeständigem Papier nach DIN EN ISO 9706

ISBN   978-3-410-29222-7 (Beuth Verlag)
ISBN (E-Book)   978-3-410-29223-4 (Beuth Verlag)
ISBN   978-3-8007-4891-4 (VDE Verlag)
ISBN (E-Book)   978-3-8007-4893-8 (VDE Verlag)

Vorwort

Mit dieser überarbeiteten Ausgabe der DIN-VDE-Taschenbuch-Reihe 342 stellt der Bereich Veranstaltungstechnik des Normenausschusses Veranstaltungstechnik, Bild und Film (NVBF) im DIN Deutsches Institut für Normung e. V. eine Auswahl wesentlicher Normen der Veranstaltungstechnik zusammen.

Der NVBF setzt sich aus dem Beirat und sieben Arbeitsausschüssen zusammen:
- NA 149-00-01 AA „Fotografische Medien"
- NA 149-00-02 AA „Fotografische Geräte"
- NA 149-00-03 AA „Produktion, Wiedergabe und Archivierung von audiovisuellen Medien"
- NA 149-00-04 AA „Licht- und Energieverteilungssysteme"
- NA 149-00-05 AA „Maschinen"
- NA 149-00-06 AA „Einrichtungen und Arbeitsmittel"
- NA 149-00-07 AA „Medien- und Tontechnik"

Er befasst sich mit der Erarbeitung und der regelmäßigen Überprüfung von Normen der folgenden Bereiche:

Veranstaltungstechnik:
- Normen der Veranstaltungstechnik für Theaterbühnen, Mehrzweckhallen, Messen, Ausstellungen und Produktionsstätten bei Film, Hörfunk und Fernsehen sowie von sonstigen vergleichbaren Zwecken dienenden Gebäuden;
- Normung sicherheitstechnischer Anforderungen an Maschinen und Einrichtungen für Veranstaltungs- und Produktionsstätten zur szenischen Darstellung;
- Dienstleistungsnormen für die Veranstaltungstechnik;
- Beleuchtungsgeräte und deren Zubehör für Film, Fernsehen, Bühne und Fotografie sowie Sondersteckverbinder und elektrische Verteiler für Beleuchtungsgeräte.

Fotografie/Kinematografie:
- Grundnormen auf dem Gebiet der strahlungsempfindlichen Materialien, deren physikalischen Eigenschaften, Lagerung und der Sensitometrie;
- Kameratechnik der elektronischen/digitalen Stehbildfotografie sowie Kamera- und Blitzlichttechnik der filmbasierten Stehbildfotografie, Objektive in der Fototechnik;
- Laufbild- und Tontechnik analog und digital mit Aufnahme, Bildbearbeitung, Wiedergabe sowie filmtechnische Geräte;
- Filmtheatertechnik und Stehbildprojektion, analog und elektronisch/digital;
- Spiegelung der Arbeiten von ISO/TC 36 „Kinematografie" und ISO/TC 42 „Fotografie".

Auf europäischer Ebene wurde inzwischen das Technische Komitee CEN/TC 433 „Veranstaltungstechnik – Maschinen, Arbeitsmittel und Einrichtungen" eingerichtet. Dort werden unter deutscher Sekretariatsführung europäische Normen aus dem Bereich der Veranstaltungstechnik erarbeitet. Als erstes Arbeitsergebnis aus diesem Gremium wurde die DIN EN 17115 „Veranstaltungstechnik – Anforderungen an die Bemessung und Herstellung von Aluminium- und Stahltraversen" veröffentlicht. Weitere europäische Normen für die Veranstaltungstechnik, insbesondere für die Bühnenmaschinerie, werden folgen.

Aus dem Bereich Veranstaltungstechnik wurde diese DIN-VDE-Taschenbuch-Reihe „Veranstaltungstechnik" veröffentlicht und umfasst folgende Sachgebiete aufgeteilt in fünf Bände:

- DIN-Taschenbuch 342/1 – Bühnenbetrieb
- DIN-VDE-Taschenbuch 342/2 – Beleuchtung, Ton- und Medientechnik
- DIN-VDE-Taschenbuch 342/3 – Bühnenmaschinerie
- DIN-Taschenbuch 324/4 – Tragmittel
- DIN-VDE-Taschenbuch 342/5 – Sicherheitstechnik

Sofern relevant, wurden auch Normen anderer Normenausschüsse in der DIN-VDE-Taschenbuch-Reihe aufgenommen. Der Themenumfang macht die Veröffentlichung in mehreren Bänden erforderlich. Alle Bände enthalten Arbeitsergebnisse, die national als DIN-Normen, europäisch als DIN-EN-Normen bzw. DIN-EN-ISO-Normen und weltweit als DIN-ISO-Normen erarbeitet bzw. unverändert übernommen wurden. Hierbei ist anzumerken, dass das Zustandekommen jeder Norm stets durch Konsensfindung erreicht wird.

Zur Erleichterung der Übersicht ist am Ende jeden Bandes ein Gesamtverzeichnis der Normen aller fünf Bände abgedruckt. Aufgrund des Umfangs konnten einige relevanten Regelwerke nicht in die DIN-VDE-Taschenbücher aufgenommen werden. Diese sind ebenfalls in jedem Band als Liste der relevanten Regelwerke aufgeführt. Ist die Norm ebenfalls im Rahmen eines Taschenbuches vorhanden, wird auf dieses hingewiesen.

Zum Teil wurden auch Norm-Entwürfe in das DIN-VDE-Taschenbuch mit aufgenommen. Wir weisen darauf hin, dass die spätere Norm von der vorliegenden Fassung abweichen kann.

Das Autorenteam möchte sich besonders bei den Mitarbeitern des Normenausschusses für die engagierte Mitarbeit in der Normung bedanken.

Thomas Bardeck
Andreas Bickel
Ralf Stroetmann

DIN-Normenausschuss Veranstaltungstechnik, Bild und Film (NVBF)
Ansprechpartner: Michael Bahr
Internet: http://www.din.de/go/nvbf

Inhalt

	Seite
Hinweise zur Nutzung von DIN-Taschenbüchern	VIII
DIN-VDE-Nummernverzeichnis	XI
Verzeichnis abgedruckter Normen, Norm-Entwürfe und VDE-Bestimmungen (nach steigenden DIN-VDE-Nummern geordnet)	XIII
Abgedruckter Normen, Norm-Entwürfe und VDE-Bestimmungen (nach steigenden DIN-VDE-Nummern geordnet)	1
Verzeichnis der abgedruckten Normen, Norm-Entwürfe und VDE-Bestimmungen der DIN-VDE-Taschenbuch-Reihe 342 (nach steigenden DIN-VDE-Nummern geordnet)	645
Verzeichnis relevanter nicht abgedruckter Normen und VDE-Bestimmungen der DIN-VDE-Taschenbuch-Reihe 342 (nach steigenden DIN-VDE-Nummern geordnet)	653
Service-Angebote des Beuth Verlags	657
Kontaktadressen VDE Verlag	658
Stichwortverzeichnis	659
Inserentenverzeichnis	662

Maßgebend für das Anwenden jeder in diesem DIN-Taschenbuch abgedruckten Norm ist deren Fassung mit dem neuesten Ausgabedatum.
Bei den abgedruckten Norm-Entwürfen wird auf den Anwendungswarnvermerk verwiesen.
Sie können sich auch über den aktuellen Stand unter der Telefon-Nr.: 030 2601-2260 oder im Internet unter www.beuth.de informieren.

Hinweise zur Nutzung von DIN-VDE-Taschenbüchern

DIN-Taschenbücher, die mindestens eine DIN-Norm mit VDE-Kennzeichnung enthalten, werden als DIN-VDE-Taschenbücher herausgegeben. Dies soll kenntlich machen, dass hierin eine oder mehrere elektrotechnische Normen mit sicherheitstechnischem Charakter enthalten sind.

Der Benutzer findet in diesen DIN-VDE-Taschenbüchern die ihn schwerpunktmäßig interessierenden Informationen. Dazu gehören gegebenenfalls auch einschlägige Texte außerhalb des Normenwerks, sofern sie für den Normenanwender einen hohen Informationswert haben. Für die Zusammenstellung des Inhalts sind der zuständige DIN-Normenausschuss und die DKE Deutsche Kommission Elektrotechnik Elektronik Informationstechnik bei DIN und VDE verantwortlich.

Was sind DIN-Normen?

DIN Deutsches Institut für Normung e. V. erarbeitet Normen und Standards als Dienstleistung für Wirtschaft, Staat und Gesellschaft. Die Hauptaufgabe von DIN besteht darin, gemeinsam mit Vertretern der interessierten Kreise konsensbasierte Normen markt- und zeitgerecht zu erarbeiten. Hierfür bringen rund 26 000 Experten ihr Fachwissen in die Normungsarbeit ein. Aufgrund eines Vertrages mit der Bundesregierung ist DIN als die nationale Normungsorganisation und als Vertreter deutscher Interessen in den europäischen und internationalen Normungsorganisationen anerkannt. Heute ist die Normungsarbeit von DIN zu fast 90 Prozent international ausgerichtet.

DIN-Normen können Nationale Normen, Europäische Normen oder Internationale Normen sein. Welchen Ursprung und damit welchen Wirkungsbereich eine DIN-Norm hat, ist aus deren Bezeichnung zu ersehen:

DIN (plus Zählnummer, z. B. DIN 4701)

Hier handelt es sich um eine Nationale Norm, die ausschließlich oder überwiegend nationale Bedeutung hat oder als Vorstufe zu einem internationalen Dokument veröffentlicht wird (Entwürfe zu DIN-Normen werden zusätzlich mit einem „E" gekennzeichnet, Vornormen mit einem „SPEC"). Die Zählnummer hat keine klassifizierende Bedeutung.

Bei nationalen Normen mit Sicherheitsfestlegungen aus dem Bereich der Elektrotechnik ist neben der Zählnummer des Dokumentes auch die VDE-Klassifikation angegeben (z. B. DIN VDE 0100).

DIN EN (plus Zählnummer, z. B. DIN EN 71)

Hier handelt es sich um die deutsche Ausgabe einer Europäischen Norm, die unverändert von allen Mitgliedern der europäischen Normungsorganisationen CEN/CENELEC/ETSI übernommen wurde.

Bei Europäischen Normen der Elektrotechnik ist der Ursprung der Norm aus der Zählnummer ersichtlich: von CENELEC erarbeitete Normen haben Zählnummern zwischen 50000 und 59999, von CENELEC übernommene Normen, die in der IEC erarbeitet wurden, haben Zählnummern zwischen 60000 und 69999, Europäische Normen des ETSI haben Zählnummern im Bereich 300000.

DIN EN ISO (plus Zählnummer, z. B. DIN EN ISO 306)

Hier handelt es sich um die deutsche Ausgabe einer Europäischen Norm, die mit einer Internationalen Norm identisch ist und die unverändert von allen Mitgliedern der europäischen Normungsorganisationen CEN/CENELEC/ETSI übernommen wurde.

DIN ISO, DIN IEC oder DIN ISO/IEC (plus Zählnummer, z. B. DIN ISO 720)

Hier handelt es sich um die unveränderte Übernahme einer Internationalen Norm in das Deutsche Normenwerk.

DIN VDE (plus Zählnummer, z. B. DIN VDE 0670-803)

Der Herausgeber der im VDE-Vorschriftenwerk zusammengefassten Sicherheitsnormen der Elektrotechnik ist der VDE Verband der Elektrotechnik Elektronik Informationstechnik e. V. Die VDE-Bestimmungen, der bekannteste Teil des VDE-Vorschriftenwerks, erscheinen unter den beiden Verbandszeichen DIN und **VDE**.

Weitere Ergebnisse der Normungsarbeit können sein:

DIN SPEC (Vornorm) (plus Zählnummer, z. B. DIN SPEC 1201)

Hier handelt es sich um das Ergebnis einer Normungsarbeit, das wegen bestimmter Vorbehalte zum Inhalt oder wegen des gegenüber einer Norm abweichenden Aufstellungsverfahrens von DIN nicht als Norm herausgegeben wird. An DIN SPEC (Vornorm) knüpft sich die Erwartung, dass sie zum geeigneten Zeitpunkt und ggf. nach notwendigen Veränderungen nach dem üblichen Verfahren in eine Norm überführt oder ersatzlos zurückgezogen werden.

Beiblatt: DIN (plus Zählnummer) Beiblatt (plus Zählnummer), z. B. DIN 2137-6 Beiblatt 1
Beiblätter enthalten nur Informationen zu einer DIN-Norm (Erläuterungen, Beispiele, Anmerkungen, Anwendungshilfsmittel u. Ä.), jedoch keine über die Bezugsnorm hinausgehenden genormten Festlegungen. Das Wort Beiblatt mit Zählnummer erscheint zusätzlich im Nummernfeld zu der Nummer der Bezugsnorm.

Was sind DIN-VDE-Taschenbücher?

Ein besonders einfacher und preisgünstiger Zugang zu den DIN-Normen und VDE-Bestimmungen führt über die DIN-VDE-Taschenbücher. Sie enthalten die jeweils für ein bestimmtes Fach- oder Anwendungsgebiet relevanten Normen und Teile des VDE-Vorschriftenwerkes im Originaltext.

Die Dokumente sind in der Regel als Originaltextfassungen abgedruckt, verkleinert auf das Format A5.

Was muss ich beachten?

DIN-Normen stehen jedermann zur Anwendung frei. Das heißt, man kann sie anwenden, muss es aber nicht. DIN-Normen werden verbindlich durch Bezugnahme, z. B. in einem Vertrag zwischen privaten Parteien oder in Gesetzen und Verordnungen.

Der Vorteil der einzelvertraglich vereinbarten Verbindlichkeit von Normen liegt darin, dass sich Rechtsstreitigkeiten von vornherein vermeiden lassen, weil die Normen eindeutige Festlegungen sind. Die Bezugnahme in Gesetzen und Verordnungen entlastet den Staat und die Bürger von rechtlichen Detailregelungen.

DIN-VDE-Taschenbücher geben den Stand der Normung zum Zeitpunkt ihres Erscheinens wieder. Die Angabe zum Stand der abgedruckten Normen und anderer Regeln des Taschenbuchs finden Sie auf S. III. Maßgebend für das Anwenden jeder in einem DIN-VDE-Taschenbuch abgedruckten Norm ist deren Fassung mit dem neuesten Ausgabedatum. Den aktuellen Stand zu allen DIN-Normen können Sie im Webshop des Beuth Verlags unter www.beuth.de abfragen.

Wie sind DIN-VDE-Taschenbücher aufgebaut?

DIN-VDE-Taschenbücher enthalten die im Abschnitt „Verzeichnis abgedruckter Normen" jeweils aufgeführten Dokumente in ihrer Originalfassung. Ein DIN-VDE-Nummernverzeichnis sowie ein Stichwortverzeichnis am Ende des Buches erleichtern die Orientierung.

Abkürzungsverzeichnis

Die in den Dokumentnummern der Normen verwendeten Abkürzungen bedeuten:

A	Änderung von Europäischen oder Deutschen Normen
Bbl	Beiblatt
Ber	Berichtigung
DIN	Deutsche Norm
DIN CEN/TS	Technische Spezifikation von CEN als Deutsche Vornorm
DIN CEN ISO/TS	Technische Spezifikation von CEN/ISO als Deutsche Vornorm
DIN EN	Deutsche Norm auf der Basis einer Europäischen Norm
DIN EN ISO	Deutsche Norm auf der Grundlage einer Europäischen Norm, die auf einer Internationalen Norm der ISO beruht
DIN IEC	Deutsche Norm auf der Grundlage einer Internationalen Norm der IEC
DIN ISO	Deutsche Norm, in die eine Internationale Norm der ISO unverändert übernommen wurde
DIN SPEC	Öffentlich zugängliches Dokument, das Festlegungen für Regelungsgegenstände materieller und immaterieller Art oder Erkenntnisse, Daten usw. aus Normungs- oder Forschungsvorhaben enthält und welches durch temporär zusammengestellte Gremien unter Beratung von DIN und seiner Arbeitsgremien oder im Rahmen von CEN-Workshops ohne zwingende Einbeziehung aller interessierten Kreise entwickelt wird ANMERKUNG: Je nach Verfahren wird zwischen DIN SPEC (Vornorm), DIN SPEC (CWA), DIN SPEC (PAS) und DIN SPEC (Fachbericht) unterschieden.
DIN SPEC (CWA)	CEN/CENELEC-Vereinbarung, die innerhalb offener CEN/CENELEC-Workshops entwickelt wird und den Konsens zwischen den registrierten Personen und Organisationen widerspiegelt, die für ihren Inhalt verantwortlich sind
DIN SPEC (Fachbericht)	Ergebnis eines DIN-Arbeitsgremiums oder die Übernahme eines europäischen oder internationalen Arbeitsergebnisses
DIN SPEC (PAS)	Öffentlich verfügbare Spezifikation, die Produkte, Systeme oder Dienstleistungen beschreibt, indem sie Merkmale definiert und Anforderungen festlegt
DIN VDE	Deutsche Norm, die zugleich VDE-Bestimmung oder VDE-Leitlinie ist
DVS	DVS-Richtlinie oder DVS-Merkblatt
E	Entwurf
EN ISO	Europäische Norm (EN), in die eine Internationale Norm (ISO-Norm) unverändert übernommen wurde und deren Deutsche Fassung den Status einer Deutschen Norm erhalten hat
ENV	Europäische Vornorm, deren Deutsche Fassung den Status einer Deutschen Vornorm erhalten hat
ISO/TR	Technischer Bericht (ISO Technical Report)
VDI	VDI-Richtlinie

DIN-VDE-Nummernverzeichnis

Hierin bedeuten:
- ● Neu aufgenommen gegenüber der 3. Auflage des DIN-VDE-Taschenbuches 342/2
- ☐ Geändert gegenüber der 3. Auflage des DIN-VDE-Taschenbuches 342/2
- ○ Zur abgedruckten Norm besteht ein Norm-Entwurf
- (en) Von dieser Norm gibt es auch eine von DIN herausgegebene englische Übersetzung

Dokument	Seite	Dokument	Seite
DIN 15560-1	1	DIN 56920-4	336
DIN 15560-2	25	DIN 56930-1 ☐	363
DIN 15560-104	30	DIN 56930-2	385
DIN 15700 ●	55	DIN 56938	391
E DIN 15765 ☐	68	DIN 57250-1	
DIN 15767 ☐	88	VDE 0250-1	402
DIN 15780	98	DIN EN IEC 60118-4 ☐	420
DIN 15781 ●	131	DIN EN ISO 2603 ● (en)	476
DIN 15901 ●	154	DIN EN ISO 4043 ● (en)	494
DIN 15905-1	172	DIN VDE 0100-410 ☐	
DIN 15922 ☐	189	VDE 100-410	513
DIN 15995-1	213	DIN VDE 0100-540	
DIN 15996	218	VDE 100-540	564
DIN 19045-1	255	DIN VDE 0100-711 ○	
DIN 19045-2	279	VDE 100-711	605
DIN 19045-3	290	DIN VDE 0100-718 ☐	
DIN 19045-4	310	VDE 100-718	624
DIN 45641	325		

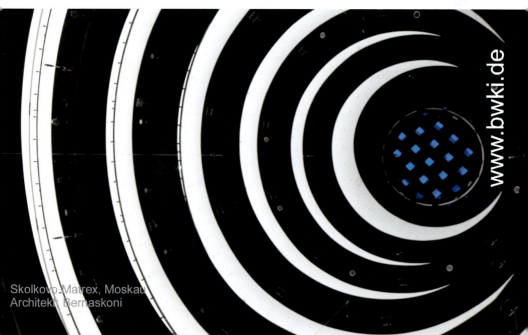

Skolkovo Matrex, Moskau
Architekt Bernaskoni

DIN – der Verlag heißt Beuth

Über 185.000 nationale, europäische und internationale Regeln

www.beuth.de > myBeuth

Recherchieren // zielgenau zur Norm, technischen Regel etc.
Bestellen // einfach, komfortabel und absolut sicher.
Downloaden // Dokumente nach 5 bis 7 Minuten auf den PC laden.

Gut zu wissen:
Registrierung und Recherche sind selbstverständlich kostenfrei.
Dokumente können auch in den Papierfassungen bestellt werden.

Berlin · Wien · Zürich

Verzeichnis abgedruckter Normen, Norm-Entwürfe und VDE-Bestimmungen

(nach steigenden DIN-VDE-Nummern geordnet)

Dokument	Ausgabe	Titel	Seite
DIN 15560-1	2003-08	Scheinwerfer für Film, Fernsehen, Bühne und Photographie – Teil 1: Beleuchtungsgeräte (vorzugsweise Scheinwerfer) für Glühlampen von 0,25 kW bis 20 kW und Halogen-Metalldampflampen von 0,125 kW bis 18 kW; Optische Systeme, Ausrüstung	1
DIN 15560-2	1996-06	Scheinwerfer für Film, Fernsehen, Bühne und Photographie – Teil 2: Stufenlinsen (Fresnellinsen)	25
DIN 15560-104	2003-04	Scheinwerfer für Film, Fernsehen, Bühne und Photographie – Teil 104: Tageslichtscheinwerfersysteme bis 4000 W Bemessungsleistung und dazugehörige Sondersteckverbinder	30
DIN 15700	2017-04	Veranstaltungstechnik – Mobile Potentialausgleichsysteme	55
E DIN 15765	2019-01	Veranstaltungstechnik – Multicore-Systeme für die mobile Produktions- und Veranstaltungstechnik	68
DIN 15767	2014-12	Veranstaltungstechnik – Energieversorgung in der Veranstaltungs- und Produktionstechnik	88
DIN 15780	2013-01	Veranstaltungstechnik – LED in der szenischen Beleuchtung	98
DIN 15781	2017-10	Veranstaltungstechnik – Medienserver	131
DIN 15901	2018-01	Veranstaltungstechnik – Zweipolige Steckvorrichtung für Beleuchtungsanwendungen	154
DIN 15905-1	2010-07	Veranstaltungstechnik – Audio-, Video- und Kommunikations-Tontechnik in Veranstaltungsstätten und Mehrzweckhallen – Teil 1: Anforderungen bei Eigen-, Co- und Fremdproduktionen	172
DIN 15922	2018-08	Veranstaltungstechnik – Befestigungsstellen und Verbindungselemente für Arbeitsmittel	189
DIN 15995-1	1983-09	Lampenhäuser für Bildwerfer; Sicherheitstechnische Festlegungen für die Gestaltung der Lampenhäuser mit Hochdruck-Entladungslampen und für Schutzausrüstungen	213
DIN 15996	2008-05	Bild- und Tonbearbeitung in Film-, Video- und Rundfunkbetrieben – Grundsätze und Festlegungen für den Arbeitsplatz	218

Dokument	Ausgabe	Titel	Seite
DIN 19045-1	1997-05	Projektion von Steh- und Laufbild – Teil 1: Projektions- und Betrachtungsbedingungen für alle Projektionsarten	255
DIN 19045-2	1998-12	Projektion von Steh- und Laufbild – Teil 2: Konfektionierte Bildwände	279
DIN 19045-3	1998-12	Projektion von Steh- von Laufbild – Teil 3: Mindestmaße für kleinste Bildelemente, Linienbreiten, Schrift- und Bildzeichengrößen in Originalvorlagen für die Projektion	290
DIN 19045-4	1998-12	Projektion von Steh- und Laufbild – Teil 4: Reflexions- und Transmissionseigenschaften von Bildwänden; Kennzeichnende Größen, Bildwandtyp, Messung	310
DIN 45641	1990-06	Mittelung von Schallpegeln	325
DIN 56920-4	2013-01	Veranstaltungstechnik – Teil 4: Begriffe für beleuchtungstechnische Einrichtungen	336
DIN 56930-1	2017-09	Veranstaltungstechnik – Lichtstellsysteme – Teil 1: Dimmer – Begriffe, Anforderungen und Benutzerinformation	363
DIN 56930-2	2000-03	Bühnentechnik – Bühnenlichtstellsysteme – Teil 2: Steuersignale	385
DIN 56938	2010-07	Veranstaltungstechnik – Versatzklappe – Allgemeine Konstruktionsmerkmale	391
DIN 57250-1 VDE 0250-1	1981-10	Isolierte Starkstromleitungen; Allgemeine Festlegungen [VDE-Bestimmung]	402
DIN EN IEC 60118-4	2018-08	Akustik – Hörgeräte – Teil 4: Induktionsschleifen für Hörgeräte – Leistungsanforderungen (IEC 60118-4:2014 + A1:2017); Deutsche Fassung EN 60118-4:2015 + EN IEC 60118-4:2015/A1:2018	420
DIN EN ISO 2603	2017-03	Simultandolmetschen – Ortsfeste Kabinen – Anforderungen (ISO 2603:2016); Deutsche Fassung EN ISO 2603:2016	476
DIN EN ISO 4043	2017-03	Simultandolmetschen – Mobile Kabinen – Anforderungen (ISO 4043:2016); Deutsche Fassung EN ISO 4043:2016	494
DIN VDE 0100-410 VDE 0100-410	2018-10	Errichten von Niederspannungsanlagen – Teil 4-41: Schutzmaßnahmen – Schutz gegen elektrischen Schlag (IEC 60364-4-41:2005, modifiziert + A1:2017, modifiziert); Deutsche Übernahme HD 60364-4-41:2017 + A11:2017	513

Dokument	Ausgabe	Titel	Seite
DIN VDE 0100-540 VDE 0100-540	2012-06	Errichten von Niederspannungsanlagen – Teil 5-54: Auswahl und Errichtung elektrischer Betriebsmittel – Erdungsanlagen und Schutzleiter (IEC 60364-5-54:2011); Deutsche Übernahme HD 60364-5-54:2011	564
DIN VDE 0100-711 VDE 0100-711	2003-11	Errichten von Niederspannungsanlagen – Anforderungen für Betriebsstätten, Räume und Anlagen besonderer Art – Teil 711: Ausstellungen, Shows und Stände (IEC 60364-7-711:1998, modifiziert); Deutsche Fassung HD 384.7.711 S1:2003	605
DIN VDE 0100-718 VDE 0100-718	2014-06	Errichten von Niederspannungsanlagen – Teil 7-718: Anforderungen für Betriebsstätten, Räume und Anlagen besonderer Art – Öffentliche Einrichtungen und Arbeitsstätten (IEC 60364-7-718:2011); Deutsche Übernahme HD 60364-7-718:2013	624

August 2003

DIN 15560-1

Scheinwerfer für Film, Fernsehen, Bühne und Photographie
Teil 1: Beleuchtungsgeräte (vorzugsweise Scheinwerfer) für Glühlampen von 0,25 kW bis 20 kW und Halogen-Metalldampflampen von 0,125 kW bis 18 kW, Optische Systeme, Ausrüstung

ICS 97.200.10

Ersatz für
DIN 15560-1:1987-01

Projectors for film and television studios, stage and photographic use —
Part 1: Projectors for incandescent lamps, consumption 0,25 kW to 20 kW and for metal halide lamps, consumption 0,125 kW to 18 kW, optical systems, equipment

Projecteurs pour studios de cinéma et de télévision, scène de théâtre et de photographie — Partie 1: Projecteurs pour lampes à incandescence, consommation 0,25 kW à 20 kW et pour lampes à vapeur métalliques aux halogenures, consommation 0,125 kW à 18 kW, systèmes optiques, équipement

Inhalt

Seite

Vorwort 2
1 Anwendungsbereich 2
2 Normative Verweisungen 3
3 Begriffe 4
4 Bezeichnung 8
5 Aufstellarten 8
6 Optische Systeme 9
7 Lampen und zugeordnete Sockel 11
8 Vorzugsreihe der Scheinwerfer-Lampen 14
9 Elektrische Anschlüsse 15
10 Hauptteile eines Beleuchtungsgerätes 15
11 Sicherheitstechnik 22
Anhang A (informativ) Erläuterungen 23
Literaturhinweise 24

Fortsetzung Seite 2 bis 24

Normenausschuss Bild und Film (NBF) im DIN Deutsches Institut für Normung e. V.
Normenausschuss Veranstaltungstechnik, Bühne, Beleuchtung und Ton (NVT)
DKE Deutsche Kommission Elektrotechnik Elektronik Informationstechnik im DIN und VDE

DIN 15560-1:2003-08

Vorwort

Diese Norm wurde vom Normenausschuss Bild und Film (NBF) im DIN, zuständiger Arbeitsausschuss NBF 5 „Beleuchtungstechnik für Veranstaltungsstätten, Film und Fernsehen", ausgearbeitet.

Anhang A ist informativ.

Änderungen

Gegenüber DIN 15560-1:1987-01 wurden folgende Änderungen vorgenommen:

a) Norm vollständig überarbeitet und dem heutigen Stand der Technik angepasst.

b) Bereich der elektrischen Leistung der Glühlampen von 0,1 kW bis 10 kW in **0,25 kW bis 20 kW** und der Halogen-Metalldampflampen von 0,2 kW bis 12 kW in **0,125 kW bis 18 kW** geändert.

c) Multifunktionsscheinwerfer neu aufgenommen.

d) Einseitig gesockelte Halogen-Glühlampen aus Hartglas gestrichen sowie für Bemessungsleistungen 2 000 W und 2 500 W mit entsprechenden Sockeln neu aufgenommen (Tabelle 3).

e) Einseitig gesockelte Halogen-Glühlampen für Bemessungsleistungen 150 W, 250 W, 650 W, 1 250 W, 3 000 W und 5 000 W (Tabelle 3) sowie zweiseitig gesockelte Halogen-Glühlampen für Bemessungsleistungen 250 W, 750 W und 1 500 W (Tabelle 4) gestrichen.

f) Einseitig gesockelte Halogen-Metalldampflampen mit tagesähnlichem Spektrum für Bemessungsleistungen 123 W, 125 W, 200 W, 400 W, 575 W, 1 200 W, 2 500 W und 4 000 W mit entsprechenden Sockeln neu aufgenommen (Tabelle 5).

g) Zweiseitig gesockelte Halogen-Metalldampflampen mit tagesähnlichem Spektrum für Bemessungsleistungen 12 000 W und 18 000 W mit entsprechenden Sockeln neu aufgenommen (Tabelle 6).

h) Norm redaktionell überarbeitet.

Frühere Ausgaben

DIN 15560: 1951-08
DIN 15560-1: 1959-04, 1968-05, 1970-02, 1987-01
DIN 15560-11: 1969-11
DIN 15560-21: 1969-10

1 Anwendungsbereich

Diese Norm gilt für Beleuchtungsgeräte (vorzugsweise Scheinwerfer), in denen Glühlampen von 0,25 kW bis 20 kW und Halogen-Metalldampflampen von 0,125 kW bis 18 kW zum Einsatz kommen. Ihre Verwendung ist für den professionellen Betrieb in Film- und Fernsehstudios sowie auf Bühnen und in den photographischen Aufnahmeateliers bestimmt. Bühnen in Mehrzweckhallen sind damit einbezogen.

ANMERKUNG In photographischen Aufnahmeateliers werden die Fernsehausführungen der Scheinwerfer verwendet.

2 Normative Verweisungen

Diese Norm enthält durch datierte oder undatierte Verweisungen Festlegungen aus anderen Publikationen. Diese normativen Verweisungen sind an den jeweiligen Stellen im Text zitiert, und die Publikationen sind nachstehend aufgeführt. Bei datierten Verweisungen gehören spätere Änderungen oder Überarbeitungen dieser Publikationen nur zu dieser Norm, falls sie durch Änderung oder Überarbeitung eingearbeitet sind. Bei undatierten Verweisungen gilt die letzte Ausgabe der in Bezug genommenen Publikation (einschließlich Änderungen).

DIN 15560-2, *Scheinwerfer für Film, Fernsehen, Bühne und Photographie — Teil 2: Stufenlinsen (Fresnellinsen)*.

DIN 15560-24, *Scheinwerfer für Film, Fernsehen, Bühne und Photographie — Teil 24: Scheinwerfer- und Leuchtenbefestigungselemente, Scheinwerfergrundplatte, -rohrschelle und -zapfen, Leuchtenhülse für Photoleuchten und Reportageleuchten*.

DIN 15560-25, *Scheinwerfer für Film, Fernsehen, Bühne und Photographie — Teil 25: Verbindungselemente und Übergangsstücke*.

DIN 15560-38, *Scheinwerfer für Film, Fernsehen, Bühne und Photographie — Teil 38: Einschiebevorrichtungen, Farbscheiben, Farbfolien, Farbscheibenrahmen, Farbfolienrahmen*.

DIN 15564-1, *Sonderstecker für Film- und Fernsehstudios — Teil 1: Zweipolige Sonderstecker mit Schutzkontakt, ~ 250 V 25 A und ~ 250 V 63 A*.

DIN 15560-104, *Scheinwerfer für Film, Fernsehen, Bühne und Photographie — Teil 104: Tageslichtscheinwerfersysteme bis 4000 W Bemessungsleistung und dazugehörige Sondersteckverbinder*.

DIN 19046-3, *Bühnen- und Theaterprojektion für Steh-, Wander- und Laufbild — Teil 3: Bühnenbeleuchtung und Projektion des Bühnenabschlusses*.

DIN 49441, *Zweipolige Stecker mit Schutzkontakt — 10 A, 250 V ≈ und 10 A, 250 V , 16 A, 250 V ~*.

DIN 49443, *Zweipoliger Stecker mit Schutzkontakt — DC 10 A 250 V AC 16 A 250 V, druckwasserdicht*.

DIN 49613, *Lampensockel x 515*.

DIN 49748:1981-12, *Lampensockel K 24 s und K 30 s*.

DIN 49759, *Lampensockel SFa und SFc*.

DIN 56905, *Theatertechnik, Bühnenbeleuchtung — Zweipoliger Sonderleitungsstecker mit Schutzkontakt, 63 A, 250 ~*.

DIN 56906, *Theatertechnik, Bühnenbeleuchtung — Zweipolige Sonderanbausteckdose mit Schutzkontakt und Abdeckkappe 63 A, 250 V ~*.

DIN 56912, *Showlaser und Showlaseranlagen — Sicherheitsanforderungen und Prüfung*.

DIN 56920-4, *Theatertechnik — Teil 4: Begriffe für beleuchtungstechnische Einrichtungen*.

DIN EN 60061-1, *Lampensockel und -fassungen sowie Lehren zur Kontrolle der Austauschbarkeit und Sicherheit — Teil 1: Lampensockel (IEC 60061-1:1969 + Ergänzungen A:1970 bis V:1997 + A21:1998 bis A30:2002, modifiziert); Deutsche Fassung EN 60061-1:1993 + A1:1995 bis A7:1997 + A21:1998 bis A30:2002*.

DIN EN 60357, *Halogen-Glühlampen (Fahrzeuglampen ausgenommen) (IEC 60357:1982 + A1:1984 bis A13:2000); Deutsche Fassung EN 60357:1988 + A4:1991 bis A13:2000.*

DIN EN 60598-1 (VDE 0711 Teil 1): Leuchten — Teil 1: Allgemeine Anforderungen und Prüfungen (IEC 60598-1:1999, modifiziert); Deutsche Fassung EN 60598-1:2000 + A11:2000

DIN EN 61549, *Sonderlampen (IEC 61549:1996 + A1:1997 + A2:1999 + Corrigendum August 2000); Deutsche Fassung EN 61549:1996 + A1:1997 + A2:2001.*

DIN VDE 0711-209, *Leuchten — Teil 2: Besondere Anforderungen — Hauptabschnitt Neun: Photo- und Filmaufnahmeleuchten (nicht professionelle Anwendung) (IEC 60598-2-9:1987); Deutsche Fassung EN 60598-2-9:1989.*

DIN VDE 0711-217, *Leuchten — Teil 2: Besondere Anforderungen — Hauptabschnitt Siebzehn: Leuchten für Bühnen, Fernseh-, Film- und Photographie-Studios (außen und innen) (IEC 60598-2-17:1984 und Änderung 1:1987 und Änderung 2:1990); Deutsche Fassung EN 60598-2-17:1989 + A2:1991.*

3 Begriffe

Für die Anwendung dieser Norm gelten die folgenden Begriffe.

3.1 Beleuchtungsarten

3.1.1
Grundlicht
Grundbeleuchtung

nach DIN 56920-4 bzw. DIN 19046-3.

ANMERKUNG   Beispiele hierfür sind:

— Flächenleuchte, siehe Tabelle 1, lfd. Nr 1
— Stufenlinsen-Scheinwerfer, siehe Tabelle 1, lfd. Nr 5
— Linsenscheinwerfer, siehe Tabelle 1, lfd. Nr 6
— Ellipsenspiegel-Linsenscheinwerfer, siehe Tabelle 1, lfd. Nr 7

3.1.2
Führungslicht
Objektbeleuchtung

nach DIN 19046-3 bzw. DIN 56920-4.

ANMERKUNG   Beispiele hierfür sind:

— Parabolspiegel-Scheinwerfer, siehe Tabelle 1, lfd. Nr 4
— Ellipsenspiegel-Linsenscheinwerfer, siehe Tabelle 1, lfd. Nr 7
— Kondensorlinsen-Scheinwerfer, siehe Tabelle 1, lfd. Nr 8
— Ellipsenspiegel-Linsenscheinwerfer mit veränderbarer Brennweite, siehe Tabelle 1, lfd. Nr 9
— Kondensorlinsen-Scheinwerfer mit veränderbarer Brennweite, siehe Tabelle 1, lfd. Nr 10

3.1.3
Aufhell-Licht
Licht, das in Abhängigkeit von den Vorstellungen der Bildregie dem Führungslicht angepasst wird

ANMERKUNG   Beispiele hierfür sind:

- Stufenlinsen-Scheinwerfer, siehe Tabelle 1, lfd. Nr 5
- Weichstrahler, siehe Tabelle 1, lfd. Nr 2

3.1.4
Hintergrundlicht
Licht, das in gewünschter Weise den Hintergrund beleuchtet, um das Objekt besonders hervorzuheben oder andere Effekte zu erreichen, z. B. durch Farbigkeit einen Horizont vorzutäuschen

ANMERKUNG 1   siehe auch „Hintergrundbeleuchtung" nach DIN 56920-4

ANMERKUNG 2   Beispiele hierfür sind:

- Flächenleuchte, siehe Tabelle 1, lfd. Nr 1
- Horizontleuchte, siehe Tabelle 1, lfd. Nr 3

3.1.5
Oberlicht
nach DIN 56920-4.

ANMERKUNG   Beispiel hierfür ist:

Flächenleuchte, siehe Tabelle 1, lfd. Nr 1

3.1.6
Rampenlicht
Licht, das im Theater aus mehreren aneinander gereihten, meistens farbigen Lichtquellen erzeugt wird

ANMERKUNG 1   siehe auch „Horizontalbeleuchtung" nach DIN 56920-4

ANMERKUNG 2   Beispiele hierfür sind:

- Flächenleuchte, siehe Tabelle 1, lfd. Nr 1
- Horizontleuchte, siehe Tabelle 1, lfd. Nr 3

3.1.7
Gegenlicht
ANMERKUNG 1   siehe auch „Gegenlichtbeleuchtung" nach DIN 56920-4

ANMERKUNG 2   Beispiele hierfür sind:

- Parabolspiegel-Scheinwerfer, siehe Tabelle 1, lfd. Nr 4
- Stufenlinsen-Scheinwerfer, siehe Tabelle 1, lfd. Nr 5

3.1.8
Seitenlicht
Streiflicht
Streifen- oder Gassenbeleuchtung
Licht mit einem horizontalen Einstrahlungswinkel von etwa 90° (bezogen auf die Zuschauer)

ANMERKUNG 1   siehe auch „Seitenbeleuchtung" nach DIN 56920-4

ANMERKUNG 2   Beispiele hierfür sind:

- Parabolspiegel-Scheinwerfer, siehe Tabelle 1, lfd. Nr 4
- Linsenscheinwerfer, siehe Tabelle 1, lfd. Nr 6
- Ellipsenspiegel-Linsenscheinwerfer, siehe Tabelle 1, lfd. Nr 7
- Kondensor-Linsenscheinwerfer, siehe Tabelle 1, lfd. Nr 8

3.1.9
Aufprojektion
Durchprojektion
Projektionen können als Auf- und Durchprojektionen durchgeführt werden

ANMERKUNG 1   Bei Verwendung von halbdurchlässigen Bildwänden können Auf- und Durchprojektionen durchgeführt werden (zum Beispiel sichtbarer, hinterer Bühnenabschluss). Bei der Projektion auf einen Schleiervorhang im Bereich des Bühnenportals wird die Aufprojektion verwendet (siehe auch DIN 19046-1 und DIN 19046-2).

ANMERKUNG 2   Bühnenprojektor siehe Tabelle 1, lfd. Nr 11.

3.1.10
Effektlicht
Licht, das benutzt wird, um visuelle Reize zu erzeugen

ANMERKUNG   Beispiele hierfür sind:

— Bühnenprojektor für Steh- oder Wanderbild, siehe Tabelle 1, lfd. Nr 11

— Parabolspiegel-Scheinwerfer, siehe Tabelle 1, lfd. Nr 4

— Kondensor-Linsenscheinwerfer, siehe Tabelle 1, lfd. Nr 8

— Blitzlichtgeräte; Showlaser, siehe DIN 56912; Multifunktionsscheinwerfer

3.2   Arten der Beleuchtungsgeräte

3.2.1
Flächenleuchte
Beleuchtungsgerät mit gerichteter Lichtführung. Das von der Lichtquelle erzeugte Licht wird zum Teil direkt, zum Teil über einen zu zwei zueinander senkrechten Ebenen (Symmetrieebenen) symmetrischen Reflektor abgestrahlt

3.2.2
Horizontleuchte
Beleuchtungsgerät mit gerichteter Lichtführung. Das von der Lichtquelle erzeugte Licht wird zum Teil direkt, zum Teil indirekt über einen zu einer Ebene (Symmetrieebene) asymmetrischen Reflektor abgestrahlt

3.2.3
Weichstrahler
Beleuchtungsgerät mit vorzugsweise diffuser Lichtführung. Das von der Lichtquelle erzeugte Licht wird mittels streuender optischer Bauteile weich abgestrahlt. Als weitere Bauform werden Beleuchtungsgeräte mit „LS"-Lampen ohne zusätzlichen Diffuser eingesetzt

3.2.4
Parabolspiegel-Scheinwerfer
Beleuchtungsgerät mit vorwiegend axial gerichteter Lichtführung. Das von der Lichtquelle erzeugte Licht wird zum Teil direkt, zum Teil über einen Hilfsspiegel auf den Parabolspiegel geführt. Der Hilfsspiegel ist meistens in der Lampe. Durch Verstellen der Lichtquelle mit dem Hilfsspiegel gegenüber dem Parabolspiegel wird das Beleuchtungsgerät fokussiert. Dabei ist zu beachten, dass die Lichtquelle nicht über den Brennpunkt F vom Hilfsspiegel weg verstellt wird, damit ein konvergierender Strahlengang mit einem zweiten Brennpunkt außerhalb des Parabolspiegel-Scheinwerfers vermieden wird

3.2.5
Stufenlinsen-Scheinwerfer
Beleuchtungsgerät mit gerichteter Lichtführung. Das von der Lichtquelle erzeugte Licht wird zum Teil direkt, zum Teil indirekt über den Hohlspiegel der Stufenlinse zugeführt. Die Stufenlinse bündelt und richtet das Licht. Durch Verändern des Abstandes von der Lichtquelle mit dem Hohlspiegel auf der optischen Achse zur Linse hin wird der Lichtkegel in seiner Größe und Intensität verändert

3.2.6
Linsenscheinwerfer
Beleuchtungsgerät mit gerichteter Lichtführung. Das von der Lichtquelle erzeugte Licht wird zum Teil direkt, zum Teil indirekt über den Hohlspiegel der Linse zugeführt. Die Linse bündelt und richtet das Licht. Durch Verändern des Abstandes von der Lichtquelle mit dem Hohlspiegel auf der optischen Achse zur Linse hin wird der Lichtkegel in seiner Größe und Intensität verändert

3.2.7
Ellipsenspiegel-Linsenscheinwerfer
Beleuchtungsgerät mit Bildebene und Abbildungsoptik. Als Licht sammelndes, optisches Bauteil wird ein Ellipsenspiegel verwendet. Die Bildebene hat mindestens eine Lochblende, häufig mehrere Abblendschieber und eine Irisblende. Durch Verstellen der abbildenden Linsen gegenüber der Bildebene wird der Lichtkegel in der Schärfe verändert. Größe und Form des Lichtkegels können durch Irisblende oder die horizontalen und vertikalen Abblendschieber oder durch den Einschub einer Vignette in die Einschiebevorrichtung für Projektionsvorlagen verändert werden

3.2.8
Kondensor-Linsenscheinwerfer mit fester Brennweite
Beleuchtungsgerät mit Bildebene und Abbildungsoptik. Als Licht sammelndes, optisches Bauteil wird ein Kondensor mit Kugelspiegel verwendet. Die Bildebene hat mindestens eine Lochblende, häufig mehrere Abblendschieber und eine Irisblende.

Durch Verstellen der abbildenden Linsen gegenüber der Abbildungsebene wird der Lichtkegel in der Schärfe verändert. Größe und Form des Lichtkegels werden durch die Irisblende oder die horizontalen und vertikalen Abblendschieber oder durch den Einschub einer Vignette in die Einschiebevorrichtung für Projektionsvorlagen verändert

3.2.9
Ellipsenspiegel-Linsenscheinwerfer mit veränderbarer Brennweite
Beleuchtungsgerät mit Bildebene und Abbildungsoptik. Als Licht sammelndes, optisches Bauteil wird ein Ellipsenspiegel verwendet. Die Bildebene hat mindestens eine Lochblende, häufig mehrere Abblendschieber und eine Irisblende.

Durch Verstellen der abbildenden Linsen gegenüber der Bildebene wird der Lichtkegel in der Schärfe verändert. Die Form des Lichtkegels kann durch die horizontalen und vertikalen Abblendschieber oder durch den Einschub einer Vignette in die Einschiebevorrichtung für Projektionsvorlagen verändert werden.

Mit einer Irisblende kann der Lichtkegel bei gleich bleibender Beleuchtungsstärke vergrößert beziehungsweise verkleinert werden. Zusätzlich kann durch Verändern der Brennweite das Bild der Abbildungsebene vergrößert beziehungsweise verkleinert werden, um es den Bedürfnissen besser anpassen zu können. Dabei verändert sich die Beleuchtungsstärke

3.2.10
Kondensor-Linsenscheinwerfer mit veränderbarer Brennweite
Beleuchtungsgerät mit Bildebene und Abbildungsoptik. Als Licht sammelndes, optisches Bauteil wird ein Kondensor mit Kugelspiegel verwendet. Die Bildebene hat mindestens eine Lochblende, häufig mehrere Abblendschieber und eine Irisblende. Durch Verstellen der abbildenden Linsen gegenüber der Bildebene wird der Lichtkegel in der Schärfe verändert. Die Form des Lichtkegels kann durch die horizontalen und vertikalen Abblendschieber oder durch den Einschub einer Vignette in die Einschiebvorrichtung für Projektionsvorlagen verändert werden.

Mit einer Irisblende kann der Lichtkegel bei gleich bleibender Beleuchtungsstärke vergrößert beziehungsweise verkleinert werden. Zusätzlich kann durch Verändern der Brennweite das Bild der Abbildungsebene vergrößert beziehungsweise verkleinert werden, um es den Bedürfnissen besser anpassen zu können. Dabei verändert sich die Beleuchtungsstärke

3.2.11
Bühnenprojektor
Gerät zur Wiedergabe von Projektionsvorlagen (z. B. Dias) in vergrößerter Abbildung auf einer Projektionsfläche. Das optische System des Bühnenprojektors besteht aus einem Beleuchtungssystem zur gleichmäßigen Beleuchtung (Kondensor) der Projektionsvorlage und einer Abbildungsoptik (Projektionsobjektiv). Wird der Bühnenprojektor für Wanderbildprojektion, z. B. zum Darstellen bewegter Wolken, Rauch, Nebel, Feuer usw., verwendet, so ist die Projektionsvorlage entweder ein endloses Band (Filmschleife), welches durch einen Motor mit festgelegter Laufgeschwindigkeit am Bildfenster des Bildwerfers vorbeigeführt wird, oder eine motorgetriebene Effektscheibe oder eine gleichwertige Effekteinrichtung

3.2.12 Multifunktionsscheinwerfer

3.2.12.1
kopfbewegte Multifunktionsscheinwerfer
ein als Scheinwerfer ausgeführtes Beleuchtungsgerät, welches in mindestens zwei Achsen motorisch bewegt werden kann

3.2.12.2
spiegelabgelenkter Multifunktionsscheinwerfer
ein als Scheinwerfer ausgeführtes Beleuchtungsgerät mit gerichteter Lichtführung, dessen Lichtaustritt über einen motorisch betriebenen Spiegel gleichzeitig in zwei Achsen horizontal und vertikal verändert werden kann. Das optische System kann dem optischen System des Kondensor-Linsenscheinwerfers entsprechen

4 Bezeichnung

Bezeichnung eines Stufenlinsen-Scheinwerfers für Bühnen (STB)[1] mit einem Anschlusswert von 1 kW:

Scheinwerfer DIN 15560 – STB – 1

Bezeichnung eines Ellipsenspiegel-Linsenscheinwerfers für Film- und Fernsehstudios (ELF)[1] mit einem Anschlusswert von 1 kW:

Scheinwerfer DIN 15560 – ELF – 1

5 Aufstellarten

Die Scheinwerfer nach Tabelle 1 werden aufgrund des drehbaren Aufhängebügels als Stand- (Stellung S) oder Hängescheinwerfer (Stellung H) eingesetzt:

a) Einsatz als Standscheinwerfer

Die Scheinwerfer werden mit dem Scheinwerferbügel und den Befestigungsmitteln nach DIN 15560-24 und DIN 15560-25 befestigt.

b) Einsatz als Hängescheinwerfer

Die Scheinwerfer werden bei um 180° geschwenktem Scheinwerferbügel mit einem Befestigungsmittel nach DIN 15560-24 und DIN 15560-25 befestigt. Kopfbewegte und spiegelabgelenkte Multifunktionsscheinwerfer müssen nach DIN VDE 0711-217 befestigt werden.

---

[1] Kurzzeichen siehe Tabellen 7 und 9

6 Optische Systeme

Tabelle 1 — Optische Systeme und Anwendungsbeispiele

Lfd. Nr	Benennung	Optisches System	Lichtsammelndes System	Abbildendes System	Zum Abbilden von	Anwendungsbeispiel
1			Zu zwei zueinander senkrechten Ebenen (= Symmetrieebenen) symmetrisch, meist asphärisch. Reflektor, z. B. Rinnenspiegel mit Parabolkontur	–	–	Flächenleuchte
2	Reines Reflektorsystem ohne reelle Abbildung		Reflektor mit wahlweise Gegenreflektor a oder Diffuser b, wobei entweder Reflektor oder Diffuser oder beide Elemente die Lichtstreuung bewirken.	–	–	Weichstrahler
3			Zu einer Ebene (= Symmetrieebene) symmetrischer Reflektor	–	–	Horizontleuchte
4			Rotationssymmetrischer, asphärischer Hohlspiegel, vorzugsweise Parabolspiegel mit oder ohne Gegenspiegel	–	–	Parabolspiegel-Scheinwerfer
5	Reflektor-Linsensystem ohne reelle Abbildung		Rotationssymmetrischer, sphärischer Hohlspiegel, Stufenlinse nach DIN 15560-2	–	–	Stufenlinsen-Scheinwerfer

Tabelle 1 *(fortgesetzt)*

Lfd. Nr	Benennung	Optisches System	Lichtsammelndes System	Abbildendes System	Zum Abbilden von	Anwendungsbeispiel
6			Rotationssymmetrischer, sphärischer Hohlspiegel und Plankonvexlinse oder Bikonvexlinse. Lampe mit oder ohne Verspiegelung	–	–	Linsenscheinwerfer
7	Reflektor-Linsensystem mit reeller Abbildung einer Blendenebene		Rotationssymmetrischer Ellipsenspiegel mit Kugelspiegelabschnitt. Lampe mit oder ohne Verspiegelung oder auch Gegenspiegel	Plankonvex- oder Bikonvexlinse	**Feste Blenden:** Z. B. Formblenden	Ellipsen-Spiegel-Linsenscheinwerfer
8			Rotationssymmetrischer, sphärischer Hohlspiegel Kondensorlinse(n). Lampe mit oder ohne Verspiegelung		**Strukturierte Vorlagen:** Z. B. Gitter, Strukturglas	Kondensor-Linsenscheinwerfer mit fester Brennweite
9	Reflektor-Linsensystem mit veränderbarer Brennweite und reeller Abbildung einer Blendenebene		Rotationssymmetrischer Ellipsenspiegel mit Kugelspiegelabschnitt. Lampe mit oder ohne Verspiegelung oder auch Gegenspiegel	Zwei gegeneinander verstellbare Plankonvex- oder Bikonvexlinsen	**Bewegliche Blenden:** Z. B. Irisblende, Abblendschieber	Ellipsenspiegel-Linsenscheinwerfer mit veränderbarer Brennweite
10			Rotationssymmetrischer, sphärischer Hohlspiegel Kondensorlinse(n). Lampe mit oder ohne Verspiegelung			Kondensor-Linsenscheinwerfer mit veränderbarer Brennweite
11	Reflektor-Linsensystem mit reeller Abbildung eines Bildfensters durch ein Projektionsobjektiv		Rotationssymmetrischer, sphärischer Hohlspiegel Mehrlinsiges Kondensorsystem	Projektionsobjektiv	Projektionsvorlagen für Steh- und/oder Wanderbild	Bühnenprojektor
Mehrfachsysteme dürfen aus den vorliegenden Einzelsystemen gebildet werden.						

DIN 15560-1:2003-08

7 Lampen und zugeordnete Sockel

Tabelle 2 — Lampen konventioneller Bauart, einseitig gesockelt

Bemessungsleistung W	Bemessungsspannung V	Sockel	nach
250[a]		E40	DIN EN 60061-1
500[a]	24	E40	DIN EN 60061-1
1 000[a]		K39d	–[b]

[a] Kuppenverspiegelt.
[b] Nicht festgelegt.

Tabelle 3 — Halogen-Glühlampen aus Quarzglas, einseitig gesockelt

Bemessungs-leistung W	Bemessungs-spannung V	Halogen-Glühlampen nach	Sockel	nach	Lichtpunkthöhe mm
300		–[c]	GY9,5	DIN EN 60061-1	46,5
500		–[c]	GY9,5	DIN EN 60061-1	46,5
575			spezial	–	60,3
600			G9,5	–	60,5
650		DIN EN 60357	GX9,5	DIN EN 60061-1	55
650		[a b]	GX9,5	DIN EN 60061-1	55
650		DIN EN 60357	GY9,5	DIN EN 60061-1	46,5
650		DIN EN 60357	G22	[a]	63,5
750		–	spezial	–	60,3
800		–	G9,5	–	60,5
1 000		DIN EN 60357	GX9,5	DIN EN 60061-1	55
1 000	230	[a b]	GX9,5	–[c]	55
1 000		DIN EN 60357	G22	[a]	63,5
1 000		[a b]	G22	[a]	75
1 200		–	GX9,5	–	67
1 200		–	G22	–	63,5
1 250/2 500[d]		–[a]	GX38q	–[c]	143
2 000		DIN EN 60357	GY16	DIN EN 60061-1	70
2 000		–[c]	G22	[a]	90
2 000		DIN EN 60357	G38	[a]	127
2 500		–[c]	G22	[a]	90
2 500		–[c]	G38	[a]	127
2 500/2 500[d]		–[c]	GX38q	–[c]	143

11

Tabelle 3 *(fortgesetzt)*

Bemessungs-leistung W	Bemessungs-spannung V	Halogen-Glühlampen nach	Sockel	nach	Lichtpunkthöhe mm
5 000		DIN EN 60357	G38	a	165
10 000		—c	G38	a	254
20 000		—	G38		354

a Normen in Vorbereitung.
b Mit integriertem Spiegel.
c Nicht festgelegt.
d Lampen mit zwei Wendeln.

Tabelle 4 — Halogen-Glühlampen, zweiseitig gesockelt

Bemessungs-leistung W	Bemessungs-spannung V	Halogen-Glühlampen nach	Sockel	nach	Länge mm
250	30	DIN EN 60357	R7s – 15	DIN EN 60061-1	57,1
500	230	DIN EN 60357	R7s – 15	DIN EN 60061-1	117,6
625		—a	R7s – 15	DIN EN 60061-1	189,1
800		DIN EN 60357	R7s – 21	DIN EN 60061-1	78,3
1 000		DIN EN 60357	R7s – 15	DIN EN 60061-1	189,1
1 250		DIN EN 60357	R7s – 15	DIN EN 60061-1	189,1
2 000		—a	R7s – 15	DIN EN 60061-1	334,4
2 000		DIN EN 60357	Fa4	DIN EN 60061-1	322
2 000		—a	RX7s	—a	142,8
5 000		—a	K24s	DIN 49748	520
10 000		—a	K30s	DIN 49748	655

a Nicht festgelegt.

Tabelle 5 — Halogen-Metalldampflampen mit tageslichtähnlichem Spektrum[a], einseitig gesockelt

Bemessungs-leistung	Versorgungs-wechselspannung[b]		Sockel	
W	V		nach	Bauform
125		spezial[c]		E
125		GZX9,5		E1
200		GZY9,5		E1
270		FAX1,5 – 3 x 1[c]		E
400		GZZ9,5		E1
575	230	G22	DIN EN 61549	E1
1 200		G38		E1
1 200 [a]		G38		F
2 500		G38		E2
4 000		G38		E2
6 000		G38		E3
12 000		G38		E3

[a] Farbtemperatur 6 000 K.
[b] Mit Vorschaltgerät.
[c] Nicht für Neukonstruktion zu empfehlen.

Tabelle 6 — Halogen-Metalldampflampen mit tageslichtähnlichem Spektrum[a], zweiseitig gesockelt

Bemessungs-leistung	Versorgungs-wechselspannung[b]	Halogen-Metalldampflampen	Sockel	
W	V	nach		nach
200	230		X 515	DIN 49613
575	230		SFc10-4	
1 200	230		SFc15,5-6	DIN 49759
2 500	230		SFa21-12	
4 000	400	DIN EN 61549	SFa21-12	
6 000	230		S25,5 x 60	–[c]
12 000	230		S30 x 70	–[c]
12 000	400		S25,5 x 60	–[c]
18 000	400		S30 x 70	–[c]

[a] Farbtemperatur 6 000 K.
[b] Mit Vorschaltgerät.
[c] Nicht festgelegt.

8 Vorzugsreihe der Scheinwerfer-Lampen

Tabelle 7 — Vorzugsreihe der Scheinwerfer-Lampen

Benennung	Einsatz für			Bemessungsleistung Vorzugsreihe W			Ausführungen mit Hauptteilen des Scheinwerfers
	Bühne	Film- und Fernsehstudio	Glühlampen konventioneller Bauart	Halogen-Glühlampen nach Tabelle 3 und Tabelle 4	Halogen-Metalldampflampen nach Tabelle 5 und Tabelle 6		
	Kurzzeichen						
Flächenleuchte	FLB	–	–	250 bis 625 800, 1 000, 1 250, 2 000, 5 000, 10 000	–		nach Tabelle 9
	–	FLF					
Horizontalleuchte	HLB	–	–	625 bis 2 000	–		
	–	HLF					
Weichstrahler	WSB	–	–	625 bis 1 000 1 250 bis 2 000 5 000	575 bis 4 000		
	–	WSF					
Parabolspiegel-Scheinwerfer	PSB	–	100 bis 250 500 bis 1 000	650 bis 2 000	125 bis 575 1 200 bis 4 000		
	–	PSF					
Stufenlinsen-Scheinwerfer	STB	–	500	200 bis 2 000	125 bis 575 1 200 bis 4 000		
	–	STF					
Linsenscheinwerfer	LSB	–	500	300 bis 5 000	–		
	–	LSF					
Ellipsenspiegel-Linsenscheinwerfer	ELB	–	–	500, 650, 1 000, 1 200, 2 000, 2 500	1 200 bis 2 500 4 000		
	–	ELF					
Kondensor-Linsenscheinwerfer	KLB	–	–	500, 650, 1 000, 1 200, 2 000, 2 500	1 200 bis 2 500 4 000		nach Tabelle 9
	–	KLF					
Ellipsenspiegel-Linsenscheinwerfer mit veränderbarer Brennweite	EVB	–	–	500, 650, 1 000, 1 200, 2 000, 2 500	1 200 bis 2 500		
	–	EVF					
Kondensor-Linsenscheinwerfer mit veränderbarer Brennweite	KVB	–	–	500, 650, 1 000, 1 200, 2 000, 2 500	1 200 bis 2 500		
	–	KVF					
Bühnenprojektor	PRB	–	–	1 000, 2 000, 5 000	1 200 bis 2 500 4 000 bis 12 000		
	–	PRF					

9 Elektrische Anschlüsse

Tabelle 8 — Stecker und Anbausteckdose zum elektrischen Anschluss von Scheinwerfern[a]
(Nur Stromversorgung der Scheinwerfer-Lampen)

Lfd. Nr	Polanzahl	Bemessungs-strom	Bemessungs-spannung	Benennung	Nach
1	L + N + ⏚	25 A	~ 250 V	Zweipolige Sonderstecker mit Schutzkontakt	DIN 15564-1
2		63 A			
3	2 P + ⏚	63 A	~ 250 V	Zweipoliger Sonderleitungsstecker mit Schutzkontakt	DIN 56905
4				Zweipolige Sonderanbausteckdose[b] mit Schutzkontakt und Abdeckkappe	DIN 56906
5	2 P + ⏚	10 A	≈ 250 V	Zweipolige Stecker mit Schutzkontakt	DIN 49441
6		16 A	~ 250 V		
7	2 P + ⏚	10 A	≈ 250 V	Zweipolige Stecker mit Schutzkontakt, druckwasserdicht	DIN 49443
8		16 A	~ 250 V		
9	6 P + ⏚	10 A	~ 250 V	Sechspoliger Sonderstecker mit Schutzkontakt	DIN 15560-104
10		Nach DIN 15560-104	~ 250 V	Sechspoliger Sonderstecker mit Schutzkontakt	DIN 15560-104

[a] Für die Anwendung an Scheinwerfern sind Stecker „spritzwassergeschützt" nicht erforderlich.
[b] Wird systembedingt als Stecker verwendet.

10 Hauptteile eines Beleuchtungsgerätes

10.1 Allgemeines

Es wird zwischen Beleuchtungsgeräten mit einem optischen System für ungerichtete Lichtführung, z. B. Flächenleuchte oder Weichstrahler (siehe Tabelle 1, lfd. Nr 1 und lfd. Nr 2), und Beleuchtungsgeräten mit einem optischen System für gerichtete Lichtführung, die Scheinwerfer genannt werden (siehe Tabelle 1, lfd. Nr 3 bis lfd. Nr 10), unterschieden.

Wird das optische System zur Projektion von transparenten Vorlagen verwendet, werden diese Geräte Bühnenprojektoren genannt (siehe Tabelle 1, lfd. Nr 11).

Im Wesentlichen ist das Beleuchtungsgerät aus den in 10.2 bis 10.13 beschribenen Teilen aufgebaut bzw. ausgeführt.

10.2 Optisches System

Jedes Beleuchtungsgerät enthält ein optisches System nach Tabelle 1.

10.3 Lampen und zugeordnete Sockel

Die Beleuchtungsgeräte werden vorzugsweise mit Lampen nach Tabelle 2 bis Tabelle 6 betrieben.

10.4 Anschlusswerte des Beleuchtungsgerätes

Die Anschlusswerte des Beleuchtungsgerätes sind bevorzugt nach Tabelle 7 zu wählen.

10.5 Netzanschluss

Der Netzanschluss erfolgt über Klemmenanschluss oder Steckverbinder nach Tabelle 9, Spalten-Nr 19 bis 24.

10.6 Einschiebevorrichtung für Farbscheiben

Sofern das Beleuchtungsgerät keine im Gehäuse eingebaute Farbwechseleinrichtung enthält, sollte vor der Lichtaustrittsöffnung eine Einschiebevorrichtung für zwei bis drei Farbscheiben nach DIN 15560-38 (siehe Tabelle 9, Spalten-Nr 12 und 13) vorgesehen werden.

10.7 Farbscheiben und Farbscheibenrahmen

Farbscheiben- und Farbscheibenrahmen müssen DIN 15560-38 entsprechen.

10.8 Farbfolien und Farbfolienrahmen

Farbfolien und Farbfolienrahmen müssen DIN 15560-38 entsprechen.

10.9 Schutzvorrichtung

Jedes Beleuchtungsgerät muss vor seiner Austrittsöffnung des Nutzlichtstromes ein Schutzgitter bzw. Schutzglas nach DIN VDE 0711-217 (VDE 0711 Teil 217) haben.

10.10 Gehäuse des Beleuchtungsgerätes

Jedes Beleuchtungsgerät hat ein Gehäuse, das die Lampenfassung, die Optik und die Stellteile enthält. Dieses Gehäuse sollte so beschaffen sein, dass es nichts außer dem Nutzlicht ausstrahlt und aus den Kühlschlitzen kein Licht austritt. Die Oberfläche des Scheinwerfergehäuses ist mit einem wärme-, schlag- und kratzfesten Oberflächenschutz zu versehen, der reflexarm sein sollte.

10.11 Befestigungselemente des Beleuchtungsgerätes

Jedes Beleuchtungsgerät sollte einen drehbaren Scheinwerferbügel für stehenden und hängenden Einsatz haben. Der Scheinwerferbügel sollte so vorbereitet sein, dass er Scheinwerferbefestigungsvorrichtungen nach DIN 15560-24 und DIN 15560-25 aufnehmen kann.

Tabelle 9 — Hauptteile eines Beleuchtungsgerätes

Beleuchtungstechnik		Kurz-zeichen	Nach Tabelle 1 lfd. Nr	Optisches System		Lampen und Sockel nach Tabelle	Vorzugsreihe der Scheinwerfer nach Tabelle 7
				Reflektoren	Linsen		
Spalten-Nr		1	2	3	4	5	6
Flächenleuchte	für Bühne	FLB	1	zu zwei Ebenen symmetrischer Reflektor	–	4	X
	für Film- und Fernsehstudio	FLF				4	
Weichstrahler	für Bühne	WSB	2	zu einer Ebene symmetrischer Reflektor	–	4 und 6	X
	für Film- und Fernsehstudio	WSF					
Horizontleuchte	für Bühne	HLB	3	zu einer Ebene symmetrischer Reflektor	–	4	X
	für Film- und Fernsehstudio	HLF				4	
Parabolspiegel-Scheinwerfer	für Bühne	PSB	4	Parabolspiegel	–	2 5	X
	für Film- und Fernsehstudio	PSF				3 6	
Stufenlinsen-Scheinwerfer	für Bühne	STB	5	sphärischer Hohlspiegel	–	2 und 3 5	X
	für Film- und Fernsehstudio	STF				3 5 und 6	
Linsenscheinwerfer	für Bühne	LSB	6	sphärischer Hohlspiegel	–	2 und 3	X
	für Film- und Fernsehstudio	LSF				2 und 3	
Ellipsenspiegel-Linsenscheinwerfer	für Bühne	ELB	7	Ellipsenspiegel	–	3 5	X
	für Film- und Fernsehstudio	ELF				3	
Kondensor-Linsenscheinwerfer mit fester Brennweite	für Bühne	KLB	8	sphärischer Hohlspiegel	asphärische Kondensorlinse	3 5 und 6	X
	für Film- und Fernsehstudio	KLF				3 5 und 6	
Ellipsenspiegel-Linsenscheinwerfer mit veränderter Brennweite	für Bühne	EVB	9	Ellipsenspiegel	–	3 5 und 6	X
	für Film- und Fernsehstudio	EVF				3 5 und 6	
Kondensor-Linsenscheinwerfer mit veränderter Brennweite	für Bühne	KVB	10	sphärischer Hohlspiegel	asphärische Kondensorlinse	3 5 und 6	X
	für Film- und Fernsehstudio	KVF				3 5 und 6	
Bühnenprojektor	für Bühne	PRB	11	sphärischer Hohlspiegel	–	3 6	X
	für Film- und Fernsehstudio	PRF				3 6	

Tabelle 9 *(fortgesetzt)*

Beleuchtungstechnik		Einschiebevorrichtung für feste Blenden	Torblenden	Bewegliche Blenden	
				Irisblende zur Änderung des Lichtkreisdurchmessers	Abblendschieber
Spalten-Nr		7	8	9	10
Flächenleuchte	für Bühne	–	–	–	–
	für Film- und Fernsehstudio		X		
Weichstrahler	für Bühne	–	X[a]	–	–
	für Film- und Fernsehstudio				
Horizontleuchte	für Bühne	–	–	–	–
	für Film- und Fernsehstudio		–		
Parabolspiegel-Scheinwerfer	für Bühne	–	–	–	–
	für Film- und Fernsehstudio		X		
Stufenlinsen-Scheinwerfer	für Bühne	–	–	–	–
	für Film- und Fernsehstudio		X		
Linsenscheinwerfer	für Bühne	–	–	–	–
	für Film- und Fernsehstudio				
Ellipsenspiegel-Linsenscheinwerfer	für Bühne	X	–	X	X
	für Film- und Fernsehstudio		–		
Kondensor-Linsenscheinwerfer mit fester Brennweite	für Bühne	X	–	X	X
	für Film- und Fernsehstudio		–		
Ellipsenspiegel-Linsenscheinwerfer mit veränderter Brennweite	für Bühne	X	–	X	X
	für Film- und Fernsehstudio		–		
Kondensor-Linsenscheinwerfer mit veränderter Brennweite	für Bühne	X	–	X	X
	für Film- und Fernsehstudio		–		
Bühnenprojektor	für Bühne	–	–	–	–
	für Film- und Fernsehstudio		–		

Tabelle 9 *(fortgesetzt)*

Beleuchtungstechnik		Bildbühne	Einschiebevorrichtung für Farbscheiben nach DIN 15560-38		Schutzvorrichtung nach DIN VDE 0711-217 (VDE 0711 Teil 217) Schutzgitter, Schutzglas
			für Bühne ESVB	für Film- und Fernsehstudio ESVF	
Spalten-Nr		11	12	13	14
Flächenleuchte	für Bühne	–	X	–	X
	für Film- und Fernsehstudio		–	X	
Weichstrahler	für Bühne	–	X	X	X
	für Film- und Fernsehstudio				
Horizontleuchte	für Bühne	–	X	–	X
	für Film- und Fernsehstudio		–	X	
Parabolspiegel-Scheinwerfer	für Bühne	–	X	–	X
	für Film- und Fernsehstudio		–	X	
Stufenlinsen-Scheinwerfer	für Bühne	–	X	–	X
	für Film- und Fernsehstudio		–	X	
Linsenscheinwerfer	für Bühne	–	X	–	X
	für Film- und Fernsehstudio		–	X	
Ellipsenspiegel-Linsenscheinwerfer	für Bühne	–	X	–	X
	für Film- und Fernsehstudio		–	X	
Kondensor-Linsenscheinwerfer mit fester Brennweite	für Bühne	–	X	–	X
	für Film- und Fernsehstudio		–	X	
Ellipsenspiegel-Linsenscheinwerfer mit veränderter Brennweite	für Bühne	–	X	–	X
	für Film- und Fernsehstudio		–	X	
Kondensor-Linsenscheinwerfer mit veränderter Brennweite	für Bühne	–	X	–	X
	für Film- und Fernsehstudio		–	X	
Bühnenprojektor	für Bühne	X	Einschiebevorrichtung den konstruktiven Erfordernissen entsprechend		–
	für Film- und Fernsehstudio				

Tabelle 9 *(fortgesetzt)*

Beleuchtungstechnik		Befestigungselemente des Scheinwerfers			Bedienungsgriff
		Scheinwerferbügel	Scheinwerferplatte SWP nach DIN 15560-24	Zapfen Z nach DIN 15560-24	
Spalten-Nr		15	16	17	18
Flächenleuchte	für Bühne	X	X	–	–
	für Film- und Fernsehstudio		–	X	
Weichstrahler	für Bühne	X	X	X	–
	für Film- und Fernsehstudio				
Horizontleuchte	für Bühne	X	X	–	–
	für Film- und Fernsehstudio		–	X	
Parabolspiegel-Scheinwerfer	für Bühne	X	X	–	X
	für Film- und Fernsehstudio		–	X	
Stufenlinsen-Scheinwerfer	für Bühne	X	X	–	X
	für Film- und Fernsehstudio		–	X	
Linsenscheinwerfer	für Bühne	X	X	–	X
	für Film- und Fernsehstudio		–	X	
Ellipsenspiegel-Linsenscheinwerfer	für Bühne	X	X	–	X
	für Film- und Fernsehstudio		–	X	
Kondensor-Linsenscheinwerfer mit fester Brennweite	für Bühne	X	X	–	X
	für Film- und Fernsehstudio		–	X	
Ellipsenspiegel-Linsenscheinwerfer mit veränderter Brennweite	für Bühne	X	X	–	X
	für Film- und Fernsehstudio		–	X	
Kondensor-Linsenscheinwerfer mit veränderter Brennweite	für Bühne	X	X	–	X
	für Film- und Fernsehstudio		–	X	
Bühnenprojektor	für Bühne	Befestigungsvorrichtung	X	–	Verstellvorrichtung
	für Film- und Fernsehstudio		–	X	

Tabelle 9 *(fortgesetzt)*

Beleuchtungstechnik		Elektrischer Anschluss am Scheinwerfer Bevorzugte Steckverbinder nach Tabelle 8			
		Sondersteckverbinder nach		Weitere Steckverbinder nach	
		DIN 56905	DIN 56906	DIN 49441	Klemmanschluss
Spalten-Nr		19	20	21	22
Flächenleuchte	für Bühne	X	X	–	X
	für Film- und Fernsehstudio	X	X	X	X
Weichstrahler	für Bühne	X	X	–	X
	für Film- und Fernsehstudio				
Horizontleuchte	für Bühne	X	X	–	X
	für Film- und Fernsehstudio	X	X	X	X
Parabolspiegel-Scheinwerfer	für Bühne	–	–	–	X
	für Film- und Fernsehstudio	X	X	–	X
Stufenlinsen-Scheinwerfer	für Bühne	X	X	X	X
	für Film- und Fernsehstudio	X	X	X	–
Linsenscheinwerfer	für Bühne	X	X	X	X
	für Film- und Fernsehstudio	X	X	X	X
Ellipsenspiegel-Linsenscheinwerfer	für Bühne	X	X	X	X
	für Film- und Fernsehstudio	X	X	X	X
Kondensor-Linsenscheinwerfer	für Bühne	X	X	X	X
	für Film- und Fernsehstudio	X	X	X	X
Ellipsenspiegel-Linsenscheinwerfer mit veränderter Brennweite	für Bühne	X	X	X	X
	für Film- und Fernsehstudio	X	X	X	X
Kondensor-Linsenscheinwerfer mit veränderter Brennweite	für Bühne	X	X	X	X
	für Film- und Fernsehstudio	X	X	X	X
Bühnenprojektor	für Bühne	X	X	–	X
	für Film- und Fernsehstudio	–	–	–	X
[a] Häufig Raster statt Torblenden					

11 Sicherheitstechnik

Die Beleuchtungsgeräte müssen sicherheitstechnisch den Prüfvorschriften nach DIN EN 60598-1, (VDE 0711 Teil 1), DIN VDE 0711-217 (VDE 0711 Teil 217) und DIN VDE 0711-209 (VDE 0711 Teil 209) entsprechen.

Anhang A
(informativ)

Erläuterungen

Die Normung von Scheinwerfern und deren Zubehör erfolgte in den letzten drei Jahrzehnten schrittweise nach dem Stand der Technik. Sie konnte daher nicht nach einem Aufbau erfolgen.

Eine systematische Einteilung der einzelnen Scheinwerferarten kann nach dem Einsatzzweck oder nach dem optischen System erfolgen. Beide Arten der Einteilung haben Vorteile, aber auch Nachteile.

Die Einteilung nach dem Einsatzzweck ergab, dass für einen bestimmter Einsatzzweck Scheinwerfer mit unterschiedlichen optischen Systemen verwendet werden können. Die Einteilung nach dem optischen System wiederum erschwert den Absatz von konstruktiv fortentwickelten Scheinwerfern, die dann nicht mehr als in Normen festgelegte Geräte betrachtet werden können. Hinzu kommen noch die Fortentwicklung der Lampen, damit verbundene mögliche Änderungen der Lampensockel und Fassungen wie auch der jeweils aufgenommenen Leistung.

Die vorliegende Ordnung geht von der Beleuchtungsaufgabe aus, für die Ausführungsmöglichkeiten mit unterschiedlichen Scheinwerferarten genannt sind.

Weiterhin sind die optischen Systeme genannt, denen Hinweise auf praktische Ausführungen von Scheinwerfern zugeordnet sind. Tabellen über Lampen und zugeordnete Sockel sowie Tabellen über Steckverbinder geben den Überblick über den Gesamtbereich an Festlegungen für Einzelteile.

In Abschnitt 10 sind die Hauptteile für die einzelnen Scheinwerferarten zusammengestellt. Die Anforderungen für die Lieferung und den praktischen Einsatz von Scheinwerfern (Sicherheitstechnik und lichttechnische Werte) schließen diesen Teil ab.

Mit dieser Neuordnung ist es möglich,

a) bei der Planung einen geeigneten Scheinwerferpark aus der Sicht des Einsatzes aufzustellen und

b) aus der Hauptteilliste die richtige Auswahl eines Einzelgerätes mit dem erforderlichen Zubehör zu treffen.

Eine Klassifizierung des bereichsmäßigen Einsatzes (also Bühne gegenüber Film/Fernsehstudio) betrifft nur die übliche Anwendung, bedeutet aber **nicht** Ausschließlichkeit.

Außerdem erschwert diese Neuaufteilung **nicht** die Fortentwicklung, die sich im Allgemeinen nur auf einzelne Teile, selten aber auf das gesamte Gerät, bezieht.

Literaturhinweise

DIN 15560-6, *Scheinwerfer für Film, Fernsehen, Bühne und Photographie — Teil 6: Graphische Symbole für Studioleuchten, Studioscheinwerfer, Bühnenleuchten und Bühnenscheinwerfer, auf Beleuchtungsplänen und Beleuchtungsschablone.*

DIN 15560-27, *Scheinwerfer für Film, Fernsehen, Bühne und Photographie — Teil 27: Stative — Sicherheitstechnische Anforderungen und Prüfung.*

DIN 15560-40, *Scheinwerfer für Film, Fernsehen, Bühne und Photographie — Teil 40: Farbfilter für Bühnen- und Studioscheinwerfer — Farbmetrische Kennwerte.*

DIN 15560-100, *Scheinwerfer für Film, Fernsehen, Bühne und Photographie — Teil 100: Sondernetze und Sondersteckverbinder.*

Juni 1996

Scheinwerfer für Film, Fernsehen, Bühne und Photographie
Teil 2: Stufenlinsen (Fresnellinsen)

DIN 15560-2

ICS 97.200.10

Ersatz für Ausgabe 1984-10

Deskriptoren: Scheinwerfer, Bühnenbeleuchtung, Stufenlinse, Fresnellinse, Beleuchtungsgerät

Projectors for film and television studios, stage and photographic use —
Part 2: Fresnel lenses, specifications
Projecteurs pour studios de cinéma et de télévision, scéne de théâtre et de photographie —
Partie 2: Lentilles fresnel, specifications

Vorwort

Diese Norm wurde vom Normenausschuß Bild und Film (photokinonorm) im DIN, zuständiger Arbeitsausschuß phoki 3.3.1 "Beleuchtungsgeräte und Zubehör", ausgearbeitet.
Anhang A ist informativ.

Änderungen

Gegenüber der Ausgabe Oktober 1984 wurden folgende Änderungen vorgenommen:
a) Randbreite b sowie die Randhöhe $h + v$ geändert.
b) Linsenhöhe H aufgenommen.
c) Festlegungen um die Nenngrößen 50, 110, 120 und 625 erweitert.
d) Festlegungen um die kurzbrennweitigen Stufenlinsen aufgenommen.
e) Meßabstand von 5 auf 10 m geändert.
f) Vorzugswert der Lampenleistung von 2 auf 5 kW für die Stufenlinse der Nenngröße 300 geändert.
g) Norm redaktionell überarbeitet.

Frühere Ausgaben
DIN 15560: 1951x-08; DIN 15560-2: 1959-04, 1984-10

1 Anwendungsbereich

Diese Norm gilt für Stufenlinsen (STL), die in Scheinwerfern für Film, Fernsehen, Bühne und Photographie nach DIN 15560-1 verwendet werden. Als Lichtquelle dürfen sowohl Glühlampen als auch Entladungslampen (z. B. Halogen-Metalldampflampen) verwendet werden.

2 Normative Verweisungen

Diese Norm enthält durch datierte oder undatierte Verweisungen Festlegungen aus anderen Publikationen. Diese normativen Verweisungen sind an den jeweiligen Stellen im Text zitiert, und die Publikationen sind nachstehend aufgeführt. Bei datierten Verweisungen gehören spätere Änderungen oder Überarbeitungen dieser Publikationen nur zu dieser Norm, falls sie durch Änderung oder Überarbeitung eingearbeitet sind. Bei undatierten Verweisungen gilt die letzte Ausgabe der in Bezug genommenen Publikation.

DIN 5037-1
Lichttechnische Bewertung von Scheinwerfern — Begriffe und lichttechnische Bewertungsgrößen

Beiblatt 1 zu DIN 5037
Lichttechnische Bewertung von Scheinwerfern — Vereinfachte Nutzlichtbewertung für Film-, Fernseh- und Bühnenscheinwerfer mit rotationssymmetrischer Lichtstärkeverteilung

DIN 15560-1
Scheinwerfer für Film, Fernsehen, Bühne und Photographie — Beleuchtungsgeräte (vorzugsweise Scheinwerfer) für Glühlampen bis 10 kW und Halogen-Metalldampflampen von 0,2 bis 12 kW, Optische Systeme, Ausrüstung

DIN 49820-11
Lichtwurflampen — Halogen-Glühlampen HB mit einem Sockel für Bühnen

DIN 49860
Halogen-Metalldampflampen mit tageslichtähnlicher Strahlungsverteilung — Für Film- und Fernsehaufnahmen

DIN EN 60357
Halogen-Glühlampen (Fahrzeuglampen ausgenommen) — (IEC 357 (1982 — 2. Ausgabe) und Änderung Nr 1 bis 4 (1989), modifiziert); Deutsche Fassung EN 60357 : 1991

Fortsetzung Seite 2 bis 5

Normenausschuß Bild und Film (photokinonorm) im DIN Deutsches Institut für Normung e.V.
Normenausschuß Bühnentechnik in Theatern und Mehrzweckhallen (FNTh) im DIN
Normenausschuß Lichttechnik (FNL) im DIN
Normenausschuß Feinmechanik und Optik (NAFuO) im DIN

3 Maße, Bezeichnung

Maße in Millimeter
Nicht angegebene Einzelheiten sind zweckentsprechend zu wählen.

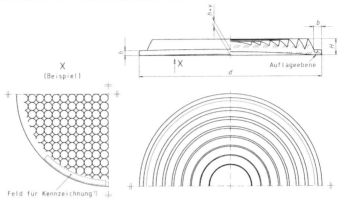

[1]) Zum Beispiel für die Normbezeichnung

Bild 1: Stufenlinse

Bezeichnung einer Stufenlinse (STL) der Nenngröße 300 mit einem Auflagemaß A_S = 150 mm:

Stufenlinse DIN 15560 – STL – 300 – 150

Tabelle 1: Maße für Stufenlinsen (STL)

Nenn-größe	Durchmesser		Auflagemaß A_S[2]) +12% 0		Linsenhöhe H max.		Rand-breite	Randhöhe[3])	
	d	Grenz-abmaße	kurz-brenn-weitig	lang-brenn-weitig	kurz-brenn-weitig	lang-brenn-weitig	b min.	$h+v$ max.	h min.
50	50,5		—	50	—	7	2,2		
80	80,5		40	50	13	9,6	3,5	4,5	2,5
110	112	$\begin{smallmatrix}0\\-1\end{smallmatrix}$	55	100	15,5	12	3,5		
120	121		80	—	15,5	—	3,5	7,5	5,5
130	130,5		70	110	17	12,1	4	5,8	3,8
150	151		80	110	19,5	13,5	5	7,9	5,9
175	176,5	$\begin{smallmatrix}0\\-2\end{smallmatrix}$	85	120	21	15	6	7,8	5,2
200	201,5		100	140	23	20	8	9,6	7
250	252	$\begin{smallmatrix}0\\-2,5\end{smallmatrix}$	120	150	28	24	8		
300	301,5	$\begin{smallmatrix}0\\-3\end{smallmatrix}$	150	—	32	—	10	10	7
350	351,5		180	210	39	27	10	11	7,5
500	502,5	$\begin{smallmatrix}0\\-3,5\end{smallmatrix}$	—	290	—	35	11	12,5	9,5
625	624	$\begin{smallmatrix}0\\-4\end{smallmatrix}$	270	—	64	—	12,5		

[2]) Das Auflagemaß A_S ist derjenige Abstand des Leuchtkörpers einer Lampe von der ihr zugewandten Auflageebene der Stufenlinse, bei dem in einer Meßentfernung ∞ die höchste Beleuchtungsstärke in der optischen Achse gemessen wird.

[3]) h ist ein reines Konstruktionsmaß. Für den Gerätehersteller ist als Anschlußmaß $(h + v)$ zu verwenden, wobei v die durch die Herstellung bedingte Verwerfung ist.

4 Lichttechnische Eigenschaften von Stufenlinsen und Meßbedingungen

Tabelle 2: Lichttechnische Eigenschaften von Stufenlinsen (kurzbrennweitig) und Meßbedingungen

Nenn-größe	Leucht-körper[4]) Breite × Höhe mm (Nennwert)	Lampen-leistung kW (Vorzugs-werte)	a_{10Spot} mm min.	a_{10Spot} mm max.	Spot-Stellung Halb-streu-winkel +2° / 0	$\dfrac{E_{Spot}}{E_{Lampe}}$ min.	$\Delta T_n(\gamma)$ K	$a_{10Flood}$ mm min.	$\dfrac{E_{Flood}}{E_{Lampe}}$ min.	$\Delta T_n(\gamma)$ K
80	10 × 8	0,3	40	45	9	13		14	2,4	
110	15 × 15	0,65	55	60	9	15		20	2,5	
120	15 × 15	0,65	80	89	10	17		32	2,8	
130	15 × 15	0,65	70	78	11	17		27	2,9	
150	16 × 17	1	80	89	10,5	20		30	3,1	
175	16 × 17	1	85	95	10	23	±100	32	3,2	±200
200	16 × 17	1	100	112	9	27		40	3,2	
250	30 × 23	2	121	135	12	24		45	3,5	
300	46 × 28	5	151	169	13	21		60	4	
350	46 × 28	5	182	204	11,5	28		75	3,7	
625	54 × 44	10	285	319	10	29		120	3,8	

Es bedeuten:

a_{10Spot} — Abstand des Leuchtkörpers der Lampe von der ihr zugewandten Auflageebene der Stufenlinse, bei dem in einem Meßabstand von 10 m die größte Beleuchtungsstärke in der optischen Achse gemessen wird.

Halbstreuwinkel — Der Halbstreuwinkel ist dadurch gekennzeichnet, daß an den Grenzen dieses Winkels die Beleuchtungsstärke die Hälfte der Bezugsbeleuchtungsstärke in der optischen Achse beträgt (siehe DIN 5037-1).

E_{Spot} — Maximal erreichbare Beleuchtungsstärke in einem Abstand von 10 m in der optischen Achse. Diese wird erreicht, wenn sich die Lampe in einem Abstand von a_{10Spot} zur Stufenlinse befindet.

E_{Lampe} — Durch die Lampe in der optischen Achse erzeugte Beleuchtungsstärke in einem Abstand von 10 m.

$a_{10Flood}$ — Abstand eines Leuchtkörpers der Lampe von der ihr zugewandten Auflageebene der Stufenlinse, bei der in einem Abstand von 10 m ein Halbstreuwinkel des Lichtbündels von 60° erreicht wird.

E_{Flood} — Beleuchtungsstärke in einem Abstand von 10 m in der optischen Achse, wenn sich die Lampe im Abstand $a_{10Flood}$ zur Stufenlinse befindet.

$\Delta T_n(\gamma)$ — Abweichung der ähnlichsten Farbtemperatur $T_n(\gamma)$ des Scheinwerfers beim Abstrahlwinkel γ, gemessen gegen die optische Achse, von der ähnlichsten Farbtemperatur T_n der Glühlampe innerhalb des Halbstreuwinkels der Stufenlinse (siehe auch Bild 2).

[4]) Die Maße des Leuchtkörpers sind die der für diesen Stufenlinsentyp am häufigsten verwendeten Halogen-Glühlampen nach DIN 49820-11 und DIN EN 60357.

Tabelle 3: Lichttechnische Eigenschaften von Stufenlinsen (langbrennweitig) und Meßbedingungen
Typische Werte (Messung ohne Reflektor bei Verwendung von Halogen-Glühlampen nach DIN EN 60357)
Meßabstand 10 m nach Beiblatt 1 zu DIN 5037. (Diese Entfernung entspricht etwa den Verhältnissen in der Praxis.)

Nenn-größe	Leucht-körper[4] Breite × Höhe mm (Nennwert)	Lampen-leistung kW (Vorzugs-werte)	Spot-Stellung					Flood-Stellung 60°		
			a_{10Spot} mm		Halb-streu-winkel	$\dfrac{E_{Spot}}{E_{Lampe}}$	$\Delta T_n(\gamma)$	$a_{10Flood}$ mm	$\dfrac{E_{Flood}}{E_{Lampe}}$	$\Delta T_n(\gamma)$
			min.	max.	$^{+2°}_{\ 0}$	min.	K	min.	min.	K
50	10 × 8	0,3	50	56	7	12		28	3	
80	10 × 8	0,3	50	56	7	17		28	4	
110	15 × 15	0,65	100	112	8	15		50	3,2	
130	15 × 15	0,65	110	123	8	18		62	3,6	
150	16 × 17	1	110	123	8	20	±100	62	4	±200
175	16 × 17	1	121	135	7,5	22,5		68	3,8	
200	16 × 17	1	142	159	6,5	27		79	3,7	
250	30 × 23	2	153	161	10,5	24		84	4,5	
350	46 × 28	5	215	241	11	28		128	5	
500	54 × 44	10	298	334	10	29		169	5	

Es bedeuten:

a_{10Spot} — Abstand des Leuchtkörpers der Lampe von der ihr zugewandten Auflageebene der Stufenlinse, bei dem in einem Meßabstand von 10 m die größte Beleuchtungsstärke in der optischen Achse gemessen wird.

Halbstreuwinkel — Der Halbstreuwinkel ist dadurch gekennzeichnet, daß an den Grenzen dieses Winkels die Beleuchtungsstärke die Hälfte der Bezugsbeleuchtungsstärke in der optischen Achse beträgt (siehe DIN 5037-1).

E_{Spot} — Maximal erreichbare Beleuchtungsstärke in einem Abstand von 10 m in der optischen Achse. Diese wird erreicht, wenn sich die Lampe in einem Abstand von a_{10Spot} zur Stufenlinse befindet.

E_{Lampe} — Durch die Lampe in der optischen Achse erzeugte Beleuchtungsstärke in einem Abstand von 10 m.

$a_{10Flood}$ — Abstand eines Leuchtkörpers der Lampe von der ihr zugewandten Auflageebene der Stufenlinse, bei der in einem Abstand von 10 m ein Halbstreuwinkel des Lichtbündels von 60° erreicht wird.

E_{Flood} — Beleuchtungsstärke in einem Abstand von 10 m in der optischen Achse, wenn sich die Lampe im Abstand $a_{10Flood}$ zur Stufenlinse befindet.

$\Delta T_n(\gamma)$ — Abweichung der ähnlichsten Farbtemperatur $T_n(\gamma)$ des Scheinwerfers beim Abstrahlwinkel γ, gemessen gegen die optische Achse, von der ähnlichsten Farbtemperatur T_n der Glühlampe innerhalb des Halbstreuwinkels der Stufenlinse (siehe auch Bild 2).

[4] Die Maße des Leuchtkörpers sind die der für diesen Stufenlinsentyp am häufigsten verwendeten Halogen-Glühlampen nach DIN 49820-11 und DIN EN 60357.

5 Lichttechnische Anforderungen

5.1 Schattigkeit im Lichtfeld

Es muß sichergestellt sein, daß das Lichtfeld sowohl in Spot als auch in Flood keine störenden Schatten und Unregelmäßigkeiten aufweist.

ANMERKUNG: Schatten im Lichtfeld entstehen durch die Abbildung des Leuchtkörpers der Lampe. Diese lassen sich durch eine geeignete Struktur der Stufenlinsenrückseite weitgehend vermeiden. Es ist dabei zu beachten, daß eine zu starke Struktur der Rückseite eine unerwünschte Verminderung der Beleuchtungsstärke in Spot hat.

5.2 Ähnlichste Farbtemperatur T_n

Die Abweichung der ähnlichsten Farbtemperatur $\Delta T_n(\gamma)$ darf ±100 bzw. ±200 K nicht überschreiten (siehe Tabelle 2 und Tabelle 3).

γ Abstrahlungswinkel

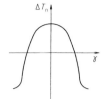

Bild 2: Typischer Verlauf der Abweichung der ähnlichsten Farbtemperatur $\Delta T_n(\gamma)$ (Beispiel)

ANMERKUNG: Die ähnlichste Farbtemperatur $T_n(\gamma)$ ist über die ganze ausgeleuchtete Fläche nicht gleichmäßig, sondern nimmt von der Mitte zum Rand hin ab.

6 Werkstoff und Ausführung

Wärmespannungsarmes Borosilicatglas mit einer spezifischen Wärmespannungszunahme von höchstens 0,5 N/(mm² · K).

Oberflächen preßblank

Blasen, Schlieren und Fehler der Oberfläche dürfen die thermische Widerstandsfähigkeit der Stufenlinse nicht beeinträchtigen.

Anhang A (informativ)

Literaturhinweise

DIN EN 60357/A5
 Halogen-Glühlampen (Fahrzeuglampen ausgenommen) (IEC 357 : 1982/A5 : 1992 + Corrigenda 1992); Deutsche Fassung EN 60357 : 1988/A5 : 1993

DIN EN 60357/A6
 Halogen-Glühlampen (Fahrzeuglampen ausgenommen) (IEC 357 : 1982/A6 : 1993); Deutsche Fassung EN 60357 : 1988/A6 : 1994

April 2003

Scheinwerfer für Film, Fernsehen, Bühne und Photographie Teil 104: Tageslichtscheinwerfersysteme bis 4 000 W Bemessungsleistung und dazugehörige Sondersteckverbinder	DIN 15560-104

ICS 97.200.10

Ersatz für
DIN 15563-5:1986-12
DIN 15563-6:1983-10
DIN 15564-5:1986-12
DIN 15564-6:1983-10

Projectors for film and television studios, stage and photographic use —
Part 104: Daylight projector systems up to 4 000 W rated power and special connectors

Projecteurs pour studios de cinéma et de télévision, scène de théatre et de photographie — Partie 104: Systèmes de projecteurs pour lumière du jour avec une puissance calculée jusqu'à 4 000 W et raccordements à fiches spéciaux

Vorwort

Diese Norm wurde vom Normenausschuss Bild und Film (NBF) im DIN, zuständiger Arbeitsausschuss NBF 5 (früher phoki 3.3) „Beleuchtungstechnik für Veranstaltungsstätten, Film und Fernsehen", ausgearbeitet.

Für den Anwendungsbereich dieser Norm bestehen keine entsprechenden regionalen oder internationalen Normen.

Anhang A ist normativ, Anhang B ist informativ.

Änderungen

Gegenüber DIN 15563-5:1986-12, DIN 15563-6:1983-10, DIN 15564-5:1986-12 und DIN 15564-6:1983-10 wurden folgende Änderungen vorgenommen:

a) Festlegungen für die sechspoligen Sondersteckdosen und Sonderstecker in dieser Norm zusammengefasst.

b) Bemessungsleistung für die sechspoligen Sondersteckdosen und Sonderstecker mit Schutzkontakt (DIN 15563-5 und DIN 15564-5) von 125 W bis 4 000 W erweitert.

c) Inhalt der Normen vollständig überarbeitet und dem heutigen Stand der Technik angepasst.

Frühere Ausgaben

DIN 15563-5: 1981-12, 1986-12
DIN 15563-6: 1983-10
DIN 15564-5: 1981-12, 1986-12
DIN 15564-6: 1983-10

Fortsetzung Seite 2 bis 25

Normenausschuss Bild und Film (NBF) im DIN Deutsches Institut für Normung e. V.
Normenausschuss Veranstaltungstechnik – Bühne, Beleuchtung und Ton (NVT) im DIN
DKE Deutsche Kommission Elektrotechnik Elektronik Informationstechnik im DIN und VDE

Inhalt

Seite

Vorwort ... 1

1 Anwendungsbereich ... 3
2 Normative Verweisungen ... 3
3 Begriffe ... 4
4 Maße ... 6
4.1 Sechspolige Sondersteckdosen ... 7
4.1.1 Sechspolige Sonderleitungssteckdosen mit Schutzkontakt ... 7
4.1.2 Sechspolige Sonderbausteckdose mit Schutzkontakt ... 10
4.2 Sechspolige Sonderleitungsstecker mit Schutzkontakt ... 11
5 Werkstoff, Ausführung ... 14
6 Bemessungsspannung und Bemessungsstrom ... 14
7 Elektrische Sicherheit ... 15
8 Schaltungen ... 15
8.1 Schaltplan für Baugröße A für Netzbetrieb ... 15
8.2 Schaltplan für Baugröße A für Batteriebetrieb ... 16
8.3 Schaltplan für Baugröße B und Baugröße C ... 17
9 Ableitstrom ... 18
10 Crest-Faktor ... 18
11 Leistungsfaktor ... 19
12 Leitungsquerschnitt ... 19
13 EMV (Elektromagnetische Verträglichkeit) ... 19
14 Konformitätserklärung ... 19
15 Benutzerinformation ... 19
16 Bedienungsanleitung ... 19
17 Wartungsplan ... 20
18 Abnahme ... 20
19 Kennzeichnung ... 20
Anhang A (normativ) Messung des Ableitstromes ... 21
Anhang B (informativ) Maßnahme zur Vermeidung von zu hohen UV-Belastungen durch Tageslichtscheinwerfer ... 23
Literaturhinweise ... 25

1 Anwendungsbereich

Diese Norm gilt für die Anforderungen an Tageslichtscheinwerfersysteme, die Maße der Sondersteckverbinder, die Schaltung des Systems und die Vorschaltgeräte sowie deren Ausführung in Tageslichtscheinwerfersystemen als eine Einheit in Film-, Fernseh- und Rundfunkproduktionen.

Diese Anforderungen gelten für netz- und batteriebetriebene Tageslichtscheinwerfersysteme für eine Bemessungsleistung von 125 W bis 4 000 W.

Die professionellen Tageslichtscheinwerfer dürfen im Freien sowie in Räumen eingesetzt werden.

2 Normative Verweisungen

Diese Norm enthält durch datierte oder undatierte Verweisungen Festlegungen aus anderen Publikationen. Diese normativen Verweisungen sind an den jeweiligen Stellen im Text zitiert, und die Publikationen sind nachstehend aufgeführt. Bei datierten Verweisungen gehören spätere Änderungen oder Überarbeitungen nur zu dieser Norm, falls sie durch Änderung oder Überarbeitung eingearbeitet sind. Bei undatierten Verweisungen gilt die letzte Ausgabe der in Bezug genommenen Publikation (einschließlich Änderungen).

DIN V 8418, *Benutzerinformation — Hinweise für die Erstellung*.

DIN 16901, *Kunststoff-Formteile — Toleranzen und Abnahmebedingungen für Längenmaße*.

DIN EN 414:2000, *Sicherheit von Maschinen — Regeln für die Abfassung und Gestaltung von Sicherheitsnormen; Deutsche Fassung EN 414:2000*.

E DIN EN 292-1, *Sicherheit von Maschinen — Grundbegriffe, allgemeine Gestaltungsleitsätze — Teil 1: Grundsätzliche Terminologie, Methodologie (identisch mit ISO/DIS 12100-1); Überarbeitung von EN 292-1:1991; Deutsche Fassung prEN 292-1*.

E DIN EN 292-2, *Sicherheit von Maschinen — Grundbegriffe, allgemeine Gestaltungsleitsätze — Teil 2: Technische Leitsätze und Spezifikationen (identisch mit ISO/DIS 12100-2); Überarbeitung von EN 292-2:1991 und EN 292-2:1991/A1:1995; Deutsche Fassung prEN 292-2*.

DIN EN 55103-1 (VDE 0875 Teil 103-1): *Elektromagnetische Verträglichkeit – Produktfamiliennorm für Audio-, Video- und audiovisuelle Einrichtungen sowie für Studio-Lichtsteuereinrichtungen für professionellen Einsatz – Teil 1: Störaussendung; Deutsche Fassung EN 55103-1:1996*.

DIN EN 55103-2 (VDE 0875 Teil 103-2): *Elektromagnetische Verträglichkeit – Produktfamiliennorm für Audio-, Video- und audiovisuelle Einrichtungen sowie für Studio-Lichtsteuereinrichtungen für professionellen Einsatz – Teil 2: Störfestigkeit; Deutsche Fassung EN 55103-2:1996*.

DIN EN 60068-1, *Umweltprüfungen — Teil 1: Allgemeines und Leitfaden (IEC 60068-1:1988 + Corrigendum 1988 + A1:1992); Deutsche Fassung EN 60068-1:1994*.

E DIN EN 60512-1, *Elektrisch-mechanische Bauelemente für elektronische Einrichtungen — Mess- und Prüfverfahren — Teil 1: Allgemeines (IEC 60512-1:1994); Deutsche Fassung EN 60512-1:2000*.

DIN EN 60598-1 (VDE 0711 Teil 1), *Leuchten — Teil 1: Allgemeine Anforderungen und Prüfungen (IEC 60598-1:1999, modifiziert); Deutsche Fassung EN 60598-1:2000 + A11:2000*.

DIN EN 61000-3-2 (VDE 0838 Teil 2), *Elektromagnetische Verträglichkeit (EMV) — Teil 3: Grenzwerte — Hauptabschnitt 2: Grenzwerte für Oberschwingungsströme (Geräte-Eingangsstrom ≤16 A je Leiter) (IEC 61000-3-2); Deutsche Fassung EN 61000-3-2:2000*.

DIN EN ISO 1874-1, *Kunststoffe — Polyamid (PA)-Formmassen für Spritzgießen und Extrusion — Teil 1: Bezeichnung; Deutsche Fassung EN ISO 1874-1:2000.*

DIN ISO 2768-1, *Allgemeintoleranzen — Teil 1: Toleranzen für Längen- und Winkelmaße ohne einzelne Toleranzeintragung; Identisch mit ISO 2768-1:1989.*

DIN ISO 2768-2, *Allgemeintoleranzen — Teil 2: Toleranzen für Form und Lage ohne einzelne Toleranzeintragung; Identisch mit ISO 2768-2:1991.*

DIN V VDE V 0140-479 (VDE V 0140 Teil 479), *Wirkungen des elektrischen Stromes auf Menschen und Nutztiere — Allgemeine Aspekte; Identisch mit IEC-Report 60479-1:1994.*

DIN VDE 0627 (VDE 0627), *Steckverbinder und Steckvorrichtungen mit Bemessungsspannungen bis AC 1 000 V, bis DC 1 200 V und mit Bemessungsströmen bis 500 A je Kontakt.*

DIN VDE 0711-217 (VDE 0711 Teil 217), *Leuchten — Teil 2: Besondere Anforderungen — Hauptabschnitt Siebzehn: Leuchten für Bühnen, Fernseh-, Film- und Photographie-Studios (außen und innen) (IEC 60598-2-17:1984 und Änderung 1:1987 und Änderung 2:1990); Deutsche Fassung EN 60598-2-17:1989 + A2:1991.*

89/336/EWG (89/336/EEC), *Richtlinie des Rates vom 3. Mai 1989 zur Angleichung der Rechtsvorschriften der Mitgliedstaaten über die elektromagnetische Verträglichkeit.*

98/37/EG (98/37/EC), *Richtlinie 98/37/EG des Europäischen Parlaments und des Rates vom 22. Juni 1998 zur Angleichung der Rechts- und Verwaltungsvorschriften der Mitgliedstaaten für Maschinen.*

VBG 70 (BGV C 1), *Veranstaltungs- und Produktionsstätten für szenische Darstellung.*)[1]

Schriftenreihe der Verwaltungs-Berufsgenossenschaft[1]

3 Begriffe

Für die Anwendung dieser Norm gelten die folgenden Begriffe.

3.1
Tageslichtsystem
im Sinne dieser Norm, bestehend aus:

— Vorschaltgerät (Drossel bzw. elektronischem Vorschaltgerät),

— Kabelverbindung einschließlich Steckverbinder,

— Leuchte (Scheinwerfer) mit Zündgerät,

— Halogen-Metalldampflampe,

— Steuer- bzw. Sicherheitseinrichtung

3.2
Lampe
eine Quelle zur Lichterzeugung

---

[1] Zu beziehen durch: Carl Heymann Verlag KG, Luxemburger Str. 449, D-50939 Köln

4

3.3
Leuchte
ein Gerät (anders als eine Lampe), durch das das von einer oder mehreren Lampen erzeugte Licht verteilt, gefiltert oder umgewandelt wird; es umfasst alle Teile, die zur Unterstützung, Befestigung und zum Schutz der Lampe erforderlich sind, und, falls erforderlich, Schaltkreise sowie Vorrichtungen zum Anschluss an das elektrische Versorgungsnetz

3.4
Vorschaltgerät
ein Gerät, das zwischen dem Netz und einer oder mehreren Gasentladungslampen geschaltet ist und hauptsächlich dazu dient, den Strom der Lampe(n) auf den festgelegten Wert zu begrenzen; es darf auch Hilfsmittel enthalten, welche die Versorgungsspannung und/oder -frequenz umwandeln, den Leistungsfaktor verbessern und allein oder in Verbindung mit einer Zündeinrichtung die notwendigen Bedingungen für das Zünden der Lampe(n) schaffen

3.4.1
Drosselvorschaltgerät (DVG)
aufgebaut mit Eisen-Kupfer-Drosseln; erzeugen einen sinusförmigen Ausgangsstrom und werden aufgrund ihrer hohen Induktivität kompensiert

3.4.2
elektronisches Vorschaltgerät (EVG)
ausgestattet mit elektronischen Bauteilen, eingangsseitig mit einer Gleichrichterschaltung (sofern nicht batteriegespeist) und ausgangsseitig mit einer Wechselrichterschaltung; es werden unterschieden:

— netz- und

— batteriebetriebene

elektronische Vorschaltgeräte

3.5
Eingangsstrom
Strom, der direkt von einem Betriebsmittel oder einem Teil eines Betriebsmittels aus dem Wechselspannungsnetz entnommen wird

3.6
Schaltkreis-Leistungsfaktor
ist das Verhältnis der gemessenen Schaltkreiswirkleistung zu dem Produkt aus effektiver Netzspannung und effektivem Netzstrom

3.7
Wirkleistung
ist der über eine Periode gewonnene Mittelwert der Momentanleistung

3.8
professionelles Gerät
Gerät, vorgesehen zum Gebrauch durch Gewerbe, bestimmte Berufe oder Industrien und nicht vorgesehen zum Verkauf an die allgemeine Öffentlichkeit

3.9
ortsfeste Leuchte
Leuchte, die sich nicht leicht von einer Stelle zu einer anderen bewegen lässt, entweder, weil sie so befestigt ist, dass sie nur mit Werkzeug entfernt werden kann, oder weil sie nur zur Befestigung außerhalb des Handbereichs vorgesehen ist

ANMERKUNG   Im Allgemeinen sind ortsfeste Leuchten für den festen Anschluss an das Netz vorgesehen. Der Anschluss an das Netz kann aber auch über Stecker oder dergleichen erfolgen.

3.10
ortsveränderliche Leuchte
Leuchte, die im bestimmungsgemäßen Gebrauch von einer Stelle zur anderen bewegt werden kann, während sie an das Netz angeschlossen ist

3.11
Bemessungsspannung
die Versorgungsspannung oder die Versorgungsspannungen, für welche die Leuchte vom Hersteller bemessen ist

3.12
Netzstrom
der Strom an den Netzanschlussstellen, den die Leuchte in bestimmungsgemäßem Betrieb, stabil brennend, an Bemessungsspannung und Bemessungsfrequenz führt

3.13
Bemessungsleistung
die Anzahl und die Bemessungsleistung der Lampen, für die die Leuchte vorgesehen ist

3.14
feste flexible Anschlussleitung
flexible Leitung, die nur mittels Werkzeug von der Leuchte entfernbar ist

3.15
Leuchte der Schutzklasse I
Leuchte, bei der Schutz gegen elektrischen Schlag nicht allein auf der Basisisolierung beruht, sondern die eine zusätzliche Sicherheitsvorkehrung derart enthält, dass berührbare leitfähige Teile mit Mitteln zum Anschluss an den Schutzleiter der festen Installation ausgerüstet sind, so dass im Fehlerfall der Basisisolierung berührbare leitfähige Teile nicht aktiv werden können

3.16
Leuchte der Schutzklasse II
Leuchte, bei der der Schutz gegen elektrischen Schlag nicht allein auf der Basisisolierung beruht, sondern zusätzliche Sicherheitsvorkehrungen, wie zusätzliche oder verstärkte Isolierung, vorgesehen sind; es sind weder Vorkehrungen für den Anschluss eines Schutzleiters vorhanden, noch beruht der Schutz auf den Errichtungsbedingungen

3.17
Zündgerät
Startgerät, das Spannungsimpulse zum Starten einer Entladungslampe liefert und nicht zur Vorheizung von Elektroden dient

3.18
Crest-Faktor
Verhältnis des Spitzenwertes (maximale Amplitude) zum Effektivwert des Lampenstromes

3.19
Leuchtstoff-Flächenleuchten
Leuchte, die im Gegensatz zu Tageslichtleuchten (Metalldamplampen), mit Leuchtstofflampen bestückt ist

4 Maße

Allgemeintoleranzen: DIN ISO 2768-1 und -2 oder nach Vereinbarung

Die Sondersteckverbinder brauchen der bildlichen Darstellung nicht zu entsprechen, nur die angegebenen Maße sind einzuhalten.

4.1 Sechspolige Sondersteckdosen

4.1.1 Sechspolige Sonderleitungssteckdosen mit Schutzkontakt

Maße in Millimeter

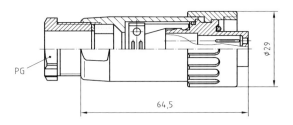

Legende

PG – Verschraubung PG 9

Bild 1 — Baugröße A

DIN 15560-104:2003-04

Maße in Millimeter

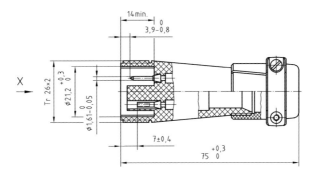

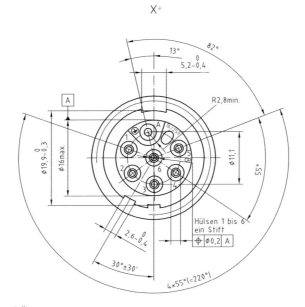

a) Vergrößert dargestellt

Bild 2 — Baugröße B

DIN 15560-104:2003-04

Maße in Millimeter

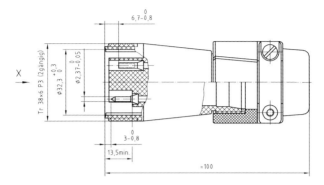

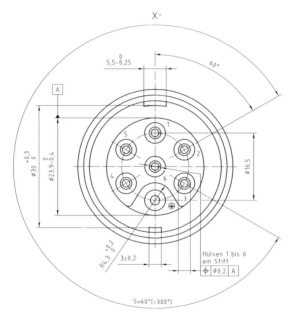

a) Vergrößert dargestellt

Bild 3 — Baugröße C

4.1.2 Sechspolige Sonderbausteckdose mit Schutzkontakt

Maße in Millimeter

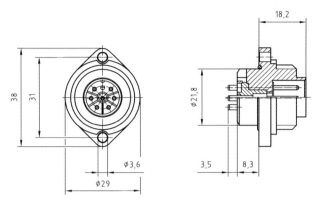

Bild 4 — Baugröße A

Maße in Millimeter

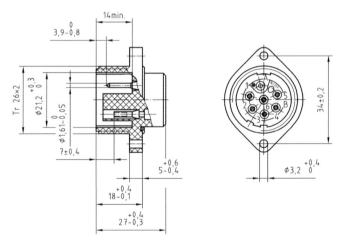

Bild 5 — Baugröße B

Maße in Millimeter

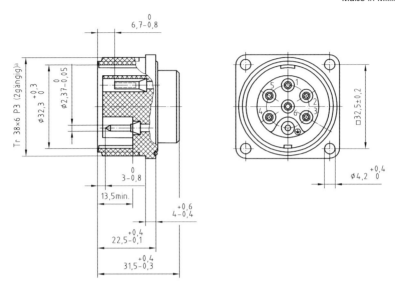

Bild 6 — Baugröße C

4.2 Sechspolige Sonderleitungsstecker mit Schutzkontakt

Maße in Millimeter

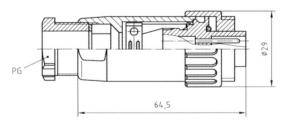

Bild 7 — Baugröße A

Maße in Millimeter

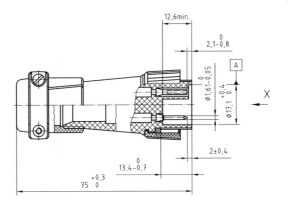

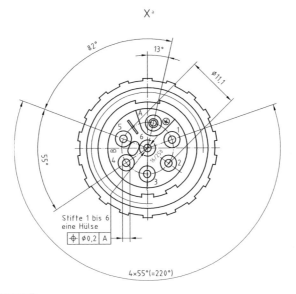

a) Vergrößert dargestellt

Bild 8 — Baugröße B

DIN 15560-104:2003-04

Maße in Millimeter

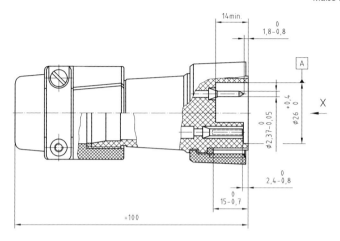

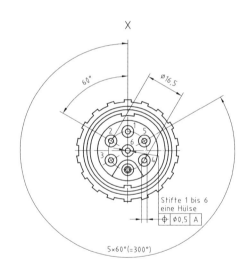

Bild 9 — Baugröße C

5 Werkstoff, Ausführung

Die Sondersteckverbinder müssen folgende Merkmale aufweisen:

Gehäuse: Gehäuseteile aus hochwertigem Formstoff, z. B. Polyamid 6.6 GF 30 nach DIN EN ISO 1874-1, Toleranzen nach DIN 16901

Farbe: schwarz nach DIN EN 60068-1

Kontaktstifte: Kupfer-Legierung, Oberfläche versilbert, Schichtdicke mindestens 6 µm

Kontakthülsen: Kupfer-Legierung, Oberfläche versilbert, Schichtdicke mindestens 6 µm

Einsätze: Hochwertiger Formstoff, z. B. Polyamid 6.6 GF 30 nach DIN EN ISO 1874-1

Kabeltüllen: Chloropren-Polymerisate

6 Bemessungsspannung und Bemessungsstrom

Bemessungsspannung: 250 V

Wechselspannung: 50 Hz bis 100 Hz
(sinus- und asinusförmig)

gilt nur für Baugröße C

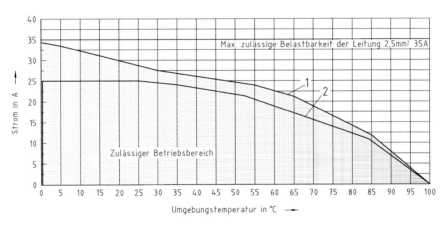

Legende
1 Derating-Kurve
2 Strom-Kurve

Bild 10 — Derating-Kurve sechspoliger Sondersteckverbinder mit Schutzkontakt

Die Strombelastbarkeitskurve (Derating-Kurve) ist in Abhängigkeit von dem Leitungsquerschnitt 2,5 mm^2 und der Umgebungstemperatur in Grad Celsius dargestellt. Bei der Kontaktbelegung nach Bild 13 sind nur zwei Pole der Sonderleitungs- und Sonderbausteckdose mit *Betriebsstrom* belastet.

7 Elektrische Sicherheit

Die Sondersteckdosen müssen elektrische Sicherheit aufweisen. Diese Anforderung gilt als erfüllt, wenn bei den elektrischen Bauelementen einschließlich Werkstoff und Ausführung des schutzisolierten Gehäuses DIN VDE 0627 (VDE 0627) eingehalten wird.

8 Schaltungen

8.1 Schaltplan für Baugröße A für Netzbetrieb

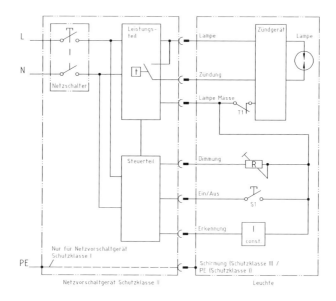

Bild 11 — Schaltplan, Baugröße A für Netzbetrieb

Tabelle 1

Leistung	Baugröße A		
	125 W	200 W	270 W
	Kontaktbelegung		
Lampe	2	2	2
Lampe Masse	3	3	3
Zündung	1	1	1
Dimmung	4	4	4
Ein/Aus	5	5	5
Erkennung	6	6	6
Schirmung/PE	⏚	⏚	⏚

ANMERKUNG Falls vorhanden, empfohlene Einbaulagen nach Bild 11: T1 („Sicherheitsschalter") als Taster für UV-Schutz- und Glasbruch-Funktion, S1 als Taster oder Schalter für Ein- und/oder Aus-Funktion.

8.2 Schaltplan für Baugröße A für Batteriebetrieb

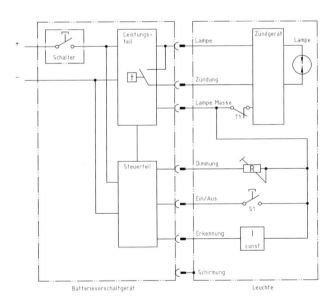

Bild 12 — Schaltplan, Baugröße A für Batteriebetrieb

DIN 15560-104:2003-04

Tabelle 2

Leistung	Baugröße A		
	125 W	200 W	270 W
	Kontaktbelegung		
Lampe	2	2	2
Lampe Masse	3	3	3
Zündung	1	1	1
Dimmung	4	4	4
Ein/Aus	5	5	5
Erkennung	6	6	6
Schirmung	⏚	⏚	⏚

ANMERKUNG   Falls vorhanden, empfohlene Einbaulagen nach Bild 12: T1 („Sicherheitsschalter") als Taster für UV-Schutz- und Glasbruch-Funktion, S1 als Taster oder Schalter für Ein- und/oder Aus-Funktion.

8.3 Schaltplan für Baugröße B und Baugröße C

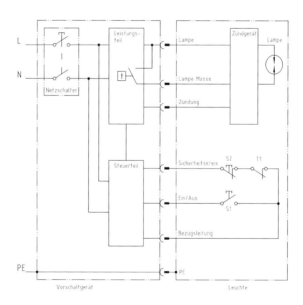

Bild 13 — Schaltplan für Baugröße B und Baugröße C

DIN 15560-104:2003-04

Tabelle 3

Baugröße	B			C	
Leistung	400 W	575 W	1 200 W	2 500 W	4 000 W
	Kontaktbelegung				
Lampe	6	6	6	6	6
Lampe Masse	4	4	4	4	4
Zündung	5	5	1	5	1
Sicherheitskreis	1	1	5	1	5
Ein/Aus	3	3	3	3	3
Bezugsleitung	2	2	2	2	2
PE	⏚	⏚	⏚	⏚	⏚

ANMERKUNG Falls vorhanden, empfohlene Einbauanlagen nach Bild 13: T1 („Sicherheitsschalter") als Taster für UV-Schutz- und Glasbruch-Funktion, S1 als Taster oder Schalter für Ein- und/oder Aus-Funktion, S2 als Taster für Aus-Funktion.

9 Ableitstrom

Der ermittelte Ableitstrom ist auf dem Typenschild des Vorschaltgerätes anzugeben.

Der Ableitstrom wird nach DIN V VDE V 0140-479 (VDE 0140 Teil 479) begrenzt:

$I_n < 5$ A   max. 3,5 mA

5 A $\leq I_n \leq 16$ A   max. 5 mA

16 A $\geq I_n$ max. 7 mA (Zusätzlicher Hinweis am Gerät: Ableitstrom >5 mA)

I_n Nennanschlussstrom

Informationen zur Messung des Ableitstromes siehe Anhang A.

10 Crest-Faktor

Nach DIN EN 61000-3-2 (VDE 0838 Teil 2) wird für die Grenzwerte für Oberschwingungsströme für Geräte bis 16 A Eingangsstrom bzw. 1 KW Gesamt-Bemessungsleistung festgelegt.

Darüber hinaus sind folgende Mindestwerte einzuhalten:

$P_n > 1\ 000$ VA $< 2\ 300$ VA :   Crest Faktor ≤ 4

$P_n > 2\ 300$ VA   :   Crest Faktor ≤ 3

Die Grenzwerte des Crest-Faktors sollten leistungsbezogen sein.

Die Messung des Crest-Faktors muss am starren Netz erfolgen.

ANMERKUNG   Für den Betrieb an Stromerzeugungsaggregaten wird die fiktive Scheinleistung angegeben.

11 Leistungsfaktor

Drosselvorschaltgeräte haben einen nahezu sinusförmigen Netzstrom mit Phasenschieberkontrolle.

Für Drosselvorschaltgeräte gelten die Technischen Anschlussbedingungen, die derzeit einen Leistungsfaktor von mindestens 0,9 fordern.

12 Leitungsquerschnitt

Sonderfall:

Der Lampenstrom des 2 500-W-Systems beträgt 25 A, der Leitungsquerschnitt muss mindestens 2,5 mm^2 betragen.

13 EMV (Elektromagnetische Verträglichkeit)

Das Tageslicht-Scheinwerfersystem ist nach den einschlägigen EMV-Festlegungen, siehe DIN EN 55103-1 und -2 (VDE 0875 Teil 103-1 und -2), auszuführen. Die Systeme sind nach ihrer Einsatzart der elektromagnetischen Umgebung einzuordnen. Hinsichtlich der Störaussendung und Störfestigkeit ist die Betriebsumgebung anzugeben:

E 2: Ungeschützte Studioumgebung bzw. Theater

E 4: Geschützte Studioumgebung und Außeneinsatz im ländlichen Bereich.

Als Bewertungskriterium ist das Kriterium A („Betriebsmittel muss während der Prüfung weiterhin bestimmungsgemäß arbeiten.") anzustreben. Bei Bewertungen nach dem Kriterium B („Betriebsmittel muss während der Prüfung weiterhin bestimmungsgemäß arbeiten. Während der Prüfung ist jedoch eine Beeinträchtigung des Betriebsverhaltens erlaubt.") sind die Fälle, die zum Verlust der Betriebsqualität führen, zu benennen.

14 Konformitätserklärung

Die Konformitätserklärung hat nach den nachstehenden EG-Richtlinien zu erfolgen:

— Niederspannungsrichtlinie (89/392/EWG)

— Elektromagnetische Verträglichkeit (89/336/EWG).

Nach dieser Norm darf eine Konformitätserklärung auch für einzelne Komponenten erstellt werden.

15 Benutzerinformation

Die Anleitungen für den Benutzer sind nach DIN V 8414 sowie DIN EN 292-1 und DIN EN 292-2 vom Hersteller zu erstellen und zu liefern (siehe auch 6.10 von DIN EN 414:2000).

16 Bedienungsanleitung

Jedem Tageslichtscheinwerfersystem ist eine Bedienungsanleitung in deutscher Sprache beizufügen, die mindestens folgende Angaben enthalten muss:

— Arbeiten, die spezielles Fachwissen erfordern.

— Anleitung für die richtige Aufstellung und Benutzung des Tageslichtscheinwerfersystems bzw. der Geräte sowie der Hinweise, wann gegebenenfalls mit gesundheitlichen Beeinträchtigungen zu rechnen ist.

17 Wartungsplan

In dem Wartungsplan muss ein Warnhinweis erfolgen, dass das konstruktiv vorgegebene Sicherheitsniveau der Geräte nur erhalten bleibt, wenn diese regelmäßig auf Schäden und Verschleiß kontrolliert und defekte Teile sofort ausgetauscht werden.

Auf verschleißanfällige Teile ist besonders hinzuweisen.

18 Abnahme

Erfolgt nach den Unfallverhütungsvorschriften der Verwaltungs-Berufsgenossenschaft VBG 70 (BGV C 1).

19 Kennzeichnung

Nach DIN VDE 0711- 217 (VDE 0711 Teil 217).

Zusätzlich:

— Zündspannung (kalt/heiß)
— Betriebsstrom
— Brennspannung.

Vorschaltgerät nach 6.10.4 von DIN EN 414:2000.

Zusätzlich:

— Ableitstrom
— Crest-Faktor.

Anhang A
(normativ)

Messung des Ableitstromes

A.1 Die Leuchte ist bei einer Umgebungstemperatur von (25 ± 5) °C und bei Bemessungsspannung und Bemessungsfrequenz in einem Prüfaufbau nach Bild A.1 zu prüfen.

A.2 Die Leuchte ist mit der (den) Lampe(n) des Typs zu betreiben, für den sie bestimmt ist. Dabei müssen, nachdem die Lampe(n) an Bemessungsspannung stabil brennt (brennen), die Lampenspannung und die Lampenleistung von Leuchtstofflampen und anderen Entladungslampen innerhalb ±5 % ihrer Bemessungswerte liegen.

A.3 Die Prüffolge ist nach A.6 durchzuführen. Der Standard-Prüffinger nach IEC 529 ist an berührbare Metallteile oder an berührbare Teile des Leuchtengehäuses aus Isolierstoff anzulegen, die mit Metallfolie umwickelt sind.

A.4 Der Messaufbau ist nachfolgend in a) bis c) angegeben.

a) Das Messgerät muss einen Eingangswiderstand (ohmsch) von 1 500 Ω haben, der durch eine Kapazität von 0,15 µF überbrückt ist.

b) Das Messgerät muss das 1,11fache der gesamten zweiweggleichgerichteten Spannung über den Widerstand oder des durch diesen Widerstand fließenden Stromes erzeugen.

c) Im Frequenzbereich von 0 kHz bis 100 kHz muss der Messkreis einen Frequenzgang (Verhältnis von angezeigtem zu tatsächlichem Strom) haben, der gleich dem Verhältnis aus einem Widerstand von 1 500 Ω und einem parallel geschalteten Kondensator von 0,15 µF ist. Bei Anzeige 0,75 mA darf der Fehler nicht mehr als 5 % der Anzeige, die bei 50 Hz oder 60 Hz gegeben ist, betragen.

A.5 Die Messschaltung nach Bild A.1 muss einen Trenntransformator enthalten, und der „Neutralleiter" zum Messgerät muss aus Sicherheitsgründen zuverlässig mit Erde verbunden sein. Der Schalter S_2 hat eine „Aus"-Stellung in Mittellage.

A.6 Reihenfolge der Prüfung

Mit dem Schalter S_2 in „Aus"-Stellung (Mittellage) ist die Leuchte bis zum Beharrungszustand zu betreiben. Der Schalter S_2 ist in die Stellung A zu bringen und der Ableitstrom zu messen. Dann ist der Schalter S_2 in Stellung B zu bringen und der Ableitstrom zu messen.

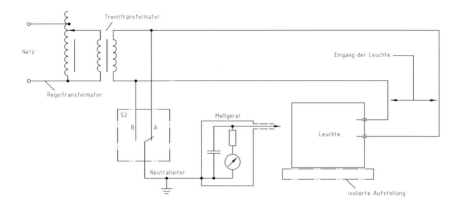

Bild A.1 — Messung des Ableitstromes

Anhang B
(informativ)

Maßnahme zur Vermeidung von zu hohen UV-Belastungen durch Tageslichtscheinwerfer

Produktanforderung nach DIN EN 60598-1 (VDE 0711 Teil 1).

In DIN EN 60598-1 (VDE 0711 Teil 1) „Leuchten, Allgemeine Anforderungen und Prüfungen" wird in Abschnitt 4.24 generell gefordert, dass Leuchten mit Halogen-Metalldampflampen keine übermäßige UV-Strahlung abgeben dürfen.

Dieses Schutzziel ist herstellerseitig im Rahmen der Produktverantwortung zu gewährleisten.

DIN EN 60598-1 (VDE 0711 Teil 1) verweist im normativen Anhang auf ein theoretisches Verfahren, das den Nachweis der ausreichenden Schutzwirkung von Schutzscheiben ermöglicht.

Hierzu ist es erforderlich, den wellenlängenabhängigen Transmissionsgrad der Schutzscheibe sowie die spezifische effektive Leistung (UV-Strahlung) der jeweils einzusetzenden Lampen zu kennen. Im Weiteren gehen in diese Berechnung die erwartete maximale Beleuchtungsstärke und die über die Benutzung zu ermittelnde maximale tägliche Bestrahlungsdauer ein. Dieses Berechnungsverfahren beruht zusätzlich auf Annahmen hinsichtlich der Reflektor-Werkstoffe.

Eine besondere Schwierigkeit für den Leuchtenhersteller ist auch, die Vielfalt der auf dem Markt befindlichen und so auch einsetzbaren Lampentypen mit zum Teil abweichenden Spektren zu berücksichtigen.

Für die Fälle, in denen auf Grund mangelnder Parameter keine Berechnungsverfahren durchgeführt werden und Zweifel bestehen, sieht die Norm als Alternative einen messtechnischen Nachweis vor.

Nach DIN VDE 0711 Teil 217 „Leuchten für Bühnen, Fernseh-, Film- und Photographie-Studios" gilt für Leuchten, die für den professionellen Gebrauch bestimmt sind, dass bei Spannungen größer 1 000 V die Leuchte so konstruiert sein muss, dass diese nur mit Werkzeug geöffnet werden kann, oder sie muss mit einem selbsttätig wirkendem Schalter ausgestattet sein, der beim Öffnen des Gehäuses eine allpolige Trennung vom Netz bewirkt.

Die Umsetzung erfolgt in der Praxis meist durch einen auf die Schutzscheibe oder Linse wirkenden Sicherheitsschalter, der beim Öffnen des Scheinwerfers die Sicherheitsschleife zum Vorschaltgerät unterbricht. Hierüber wird die Versorgungsspannung des Scheinwerfers abgeschaltet.

Dieses Sicherheitsprinzip hat je nach Ausführung auch den Vorteil, dass es bei fehlender Scheibe/Linse bzw. deren Bruch ein Einschalten verhindert oder zu einem Abschalten führt.

Auf diese Weise führt an Tageslicht-Scheinwerfern die Maßnahme zum Schutz gegen elektrischen Schlag ebenfalls zu einem bedeutenden Sicherheitsniveau in Bezug auf die Schädigung von Personen durch UV-Strahlung.

Zusätzliche Benutzerinformationen

Da DIN EN 60598-1 zum heutigen Zeitpunkt keine weiteren Festlegungen hinsichtlich der Schutzmaßnahmen gegen zu hohe UV-Belastung beinhaltet, werden hier diesbezüglich geeignete Empfehlungen gegeben.

Der Leuchtenhersteller sollte die von ihm spezifizierten Schutzscheiben oder Linsen mit folgender Kennzeichnung versehen:

— Hersteller bzw. Ursprungszeichen

— Typenbezeichnung

— gegebenenfalls Angabe der Wellenlänge, bis zu der die Scheibe/Linse keine Transmissionseigenschaften aufweist

Kennzeichnung des Scheinwerfers:

Mindestabstand zu Personen in Hauptstrahlrichtung (Piktogramm).

Die Bedienungsanleitung sollte folgende Angaben enthalten:

— Spezifizierte Schutzscheiben oder Linsen

— Angaben zum Mindestabstand zu Personen

— maximal zulässige Expositionszeit

— Hinweis zum UV-Verhalten bei Dimmung und Summenwirkung

In der Produktdokumentation beim Hersteller sollten Nachweise über die erforderlichen Berechnungsverfahren bzw. die durchgeführten spektralanalysierenden Messungen bereitgehalten werden. Hierbei können Einzelnachweise für unterschiedliche Brennertypen, Spotstellungen bzw. Lichtverteilungen sowie Nennbetrieb und Dimmung erforderlich sein.

Literaturhinweise

DIN EN 50081-1 (VDE 0839 Teil 81-1), *Elektromagnetische Verträglichkeit (EMV) — Fachgrundnorm Störungsaussendung — Teil 1: Wohnbereich, Geschäfts- und Gewerbebereiche sowie Kleinbetriebe — Deutsche Fassung EN 50081-1:1998.*

DIN EN 55103-1 (VDE 0875 Teil 103-1), *Elektromagnetische Verträglichkeit — Produktfamiliennorm für Audio-, Video- und audiovisuelle Einrichtungen sowie für Studio-Lichtsteuereinrichtungen für professionellen Einsatz — Teil 1: Störaussendung; Deutsche Fassung EN 55103:1996.*

DIN EN 55103-2 (VDE 0875 Teil 103-2), *Elektromagnetische Verträglichkeit — Produktfamiliennorm für Audio-, Video- und audiovisuelle Einrichtungen sowie für Studio-Lichtsteuereinrichtungen für professionellen Einsatz — Teil 2: Störfestigkeit; Deutsche Fassung EN 55103-2:1996.*

DIN EN 60065 (VDE 0860), *Audio-, Video- und ähnliche elektronische Geräte — Sicherheitsanforderungen (IEC 60065:1998 modifiziert); Deutsche Fassung EN 60065:1998.*

DIN EN 60439-1 (VDE 0660 Teil 500), *Niederspannungs-Schaltgerätekombinationen — Teil 1: Typgeprüfte und partiell typgeprüfte Kombinationen (IEC 60439-1:1992 + Corrigendum 1993).*

April 2017

DIN 15700

ICS 97.200.10

**Veranstaltungstechnik –
Mobile Potentialausgleichsysteme**

Entertainment technology –
Mobile equipotential bonding systems

Technologies du spectacle –
Systèmes mobiles de liaison équipotentielle

Gesamtumfang 13 Seiten

DIN-Normenausschuss Veranstaltungstechnik, Bild und Film (NVBF)

DIN 15700:2017-04

Anwendungsbeginn

Anwendungsbeginn dieser Norm ist 2017-04-01.

Diese Norm gilt nicht für zum Zeitpunkt der Veröffentlichung dieser Norm bereits bestehende Anlagen. Eine Nachrüstpflicht für diese Anlagen besteht nicht. Die vorliegende Norm gilt für neu zu errichtende und wesentlich geänderte Anlagen.

Inhalt

Seite

Vorwort 3
Einleitung 3
1 Anwendungsbereich 4
2 Normative Verweisungen 4
3 Begriffe 4
4 Schutzziele 5
5 Allgemeine Anforderungen 6
6 Topologie des Potentialausgleichsystems 7
7 Anforderungen 8
7.1 Leitungsauswahl 8
7.2 Mindestquerschnitt 8
7.3 Steckverbindung und deren Kontakte 8
7.4 Verteiler 8
8 Prüfung 8
Anhang A (informativ) Beispiele für Topologien von Potentialausgleichsystemen 9
Literaturhinweise 13

Vorwort

Diese Norm enthält sicherheitstechnische Festlegungen im Sinne des Produktsicherheitsgesetzes (ProdSG).

Dieses Dokument wurde vom Arbeitsausschuss NA 149-00-04 AA „Licht- und Energieverteilungssysteme" des DIN-Normenausschusses Veranstaltungstechnik, Bild und Film (NVBF) erarbeitet, Vertreter der Deutschen Gesetzlichen Unfallversicherung (DGUV) waren als Mitarbeiter des NA 149-00-04 AA an der Erarbeitung beteiligt.

Es wird auf die Möglichkeit hingewiesen, dass einige Elemente dieses Dokuments Patentrechte berühren können. DIN ist nicht dafür verantwortlich, einige oder alle diesbezüglichen Patentrechte zu identifizieren.

Einleitung

Der DIN-Normenausschuss Veranstaltungstechnik, Bild und Film (NVBF) ist zuständig für die Erarbeitung und regelmäßige Überprüfung von Normen und Standards in den Bereichen Veranstaltungstechnik, Fotografie und Kinematografie. Er erarbeitet Anforderungen und Prüfungen für:

Versammlungsstätten sowie Veranstaltungs- und Produktionsstätten für szenische Darstellung, deren Arbeitsmittel als auch diesbezügliche Dienstleistungen. Dies umfasst:

— Veranstaltungs- und Medientechnik für Bühnen, Theater, Mehrzweckhallen, Messen, Ausstellungen und Produktionsstätten bei Film, Hörfunk und Fernsehen sowie sonstige vergleichbaren Zwecken dienende bauliche Anlagen und Areale;

— Beleuchtungstechnik und deren Arbeitsmittel für Veranstaltungstechnik, Film, Fernsehen, Bühne und Fotografie sowie Sondernetze und elektrische Verteiler;

— Dienstleistungen für die Veranstaltungstechnik;

— sicherheitstechnische Anforderungen an Maschinen, Arbeitsmittel und Einrichtungen für Veranstaltungs- und Produktionsstätten zur szenischen Darstellung.

1 Anwendungsbereich

Diese Norm gilt für den Einsatz von mobilen Systemen für den Schutz- und Funktionspotentialausgleich in Sondernetzen der Veranstaltungs- und Produktionstechnik.

Blitzschutzpotentialausgleich ist nicht Inhalt dieser Norm.

Die Potentialausgleichsysteme nach dieser Norm sind an einen Erder angeschlossen und mit der örtlichen Erde verbunden. Es handelt sich hierbei um kombinierte Potentialausgleichsysteme, die sowohl den Schutzpotentialausgleich als auch den Funktionspotentialausgleich sicherstellen.

2 Normative Verweisungen

Die folgenden Dokumente, die in diesem Dokument teilweise oder als Ganzes zitiert werden, sind für die Anwendung dieses Dokuments erforderlich. Bei datierten Verweisungen gilt nur die in Bezug genommene Ausgabe. Bei undatierten Verweisungen gilt die letzte Ausgabe des in Bezug genommenen Dokuments (einschließlich aller Änderungen).

DGUV Vorschrift 3, *Elektrische Anlagen und Betriebsmittel*[1]

DGUV Vorschrift 4, *Elektrische Anlagen und Betriebsmittel*[1]

DIN VDE 1000-10 (VDE 1000-10), *Anforderungen an die im Bereich der Elektrotechnik tätigen Personen*

DIN VDE 0100-410 (VDE 0100-410), *Errichten von Niederspannungsanlagen — Teil 4-41: Schutzmaßnahmen — Schutz gegen elektrischen Schlag*

DIN VDE 0100-600 (VDE 0100-600), *Errichten von Niederspannungsanlagen — Teil 6: Prüfungen*

DIN EN 50102 (VDE 0470-100), *Schutzarten durch Gehäuse für elektrische Betriebsmittel (Ausrüstung) gegen äußere mechanische Beanspruchungen (IK-Code)*

3 Begriffe

Für die Anwendung dieses Dokuments gelten die folgenden Begriffe.

3.1
Sondernetz
<Veranstaltungs- und Produktionstechnik> Sammelbegriff für elektrische Anlagen in der Veranstaltungs- und Produktionstechnik vom Speisepunkt bis zu den elektrischen Betriebsmitteln in Endstromkreisen, das vom allgemeinen Versorgungsnetz getrennt errichtet und betrieben wird

[QUELLE: DIN 15560-100:2007-09, 4.1, modifiziert — normativer Text umgewandelt in Begriffsdefinition]

3.2
Übergabestelle
<Veranstaltungs- und Produktionstechnik> definierter Ort der Übergabe elektrischer Energie aus dem allgemeinen Versorgungsnetz oder von einem mobilen Ersatzstromerzeuger, von dem die mobile Veranstaltungs- und Produktionstechnik mit elektrischer Energie versorgt wird

[QUELLE: DIN 15767:2014-12, 3.2]

3.3
Schutzerdung
Erdung eines Punktes oder mehrerer Punkte eines Netzes, einer Anlage oder eines Betriebsmittels zu Zwecken der elektrischen Sicherheit

[QUELLE: DIN VDE 0100-200 (VDE 0100-200):2006-06, 826-13-09]

---

[1] Zu beziehen bei: Deutsche Gesetzliche Unfallversicherung e.V. (DGUV), Glinkastraße 40, 10117 Berlin

3.4
Potentialausgleich
Herstellen elektrischer Verbindungen zwischen leitfähigen Teilen, um Potentialgleichheit zu erzielen

[QUELLE: DIN VDE 0100-200 (VDE 0100-200):2006-06, 826-13-19]

3.5
Schutzpotentialausgleich
Potentialausgleich zum Zweck der Sicherheit

[QUELLE: DIN VDE 0100-200 (VDE 0100-200):2006-06, 826-13-20]

3.6
Funktionspotentialausgleich
Potentialausgleich aus betrieblichen Gründen, aber nicht zum Zweck der Sicherheit

[QUELLE: DIN VDE 0100-200 (VDE 0100-200):2006-06, 826-13-21]

3.7
Schutzpotentialausgleichsleiter
Schutzleiter zur Herstellung des Schutzpotentialausgleichs

[QUELLE: DIN VDE 0100-200 (VDE 0100-200):2006-06, 826-13-24]

3.8
Potentialausgleichsschiene
Schiene als Teil einer Potentialausgleichsanlage für den elektrischen Anschluss einer Anzahl von Leitern zum Zweck des Potentialausgleichs

[QUELLE: DIN VDE 0100-200 (VDE 0100-200):2006-06, 826-13-35]

4 Schutzziele

Schutzpotentialausgleich ist eine technische Schutzmaßnahme, die das Auftreten von zu hohen Spannungen zwischen gleichzeitig berührbaren, elektrisch leitfähigen Teilen verhindert. Dieser Schutzpotentialausgleich ist ein Zusatz zum Fehlerschutz (Schutz bei indirektem Berühren). Im Weiteren wird die Gefahr von Sekundärunfällen durch z. B. Schreckreaktionen reduziert.

Zusätzlich wird durch den Funktionspotentialausgleich die Funktions- und Betriebssicherheit der eingesetzten Betriebsmittel erhöht, da ein Vagabundieren der Ableitströme reduziert wird.

In den Sondernetzen der Veranstaltungs- und Produktionstechnik bestehen auf Grund besonderer rauer Einsatz- und Umgebungsbedingungen, szenischer Darstellung und möglicher Anwesenheit von Publikum erhöhte Anforderungen.

Die branchenspezifischen Einsatz- und Umgebungsbedingungen sind gekennzeichnet durch:

— temporäre Bauten;

— komplexe, mobile elektrische Anlagen;

— Vielzahl beteiligter Gewerke;

— wechselnde Umgebungsbedingungen;

— szenische Darstellung;

— Anwesenheit und Beteiligung von Publikum.

5 Allgemeine Anforderungen

Alle elektrisch leitfähigen Teile, die gefährliche Berührungsspannungen annehmen können, sind untereinander niederohmig und mit der Schutzerdung der Übergabestelle zu verbinden.

Die Planung und Errichtung von Potentialausgleichsystemen in der Veranstaltungs- und Produktionstechnik darf nach DIN VDE 1000-10 (VDE 1000-10) nur von Elektrofachkräften ausgeführt werden.

Das jeweilige Potentialausgleichsystem ist durch einen Übersichtsplan zu dokumentieren.

Elektrisch leitfähige Teile, zwischen denen Potentialunterschiede auftreten können, sind u. a.:

— Traversen;

— Stative;

— Bühnen- und Gerüstkonstruktionen (Podeste, Geländer, Kulissen);

— angrenzende Metallkonstruktionen des Gebäudes;

— Metallkonstruktionen, u. a. für Messen und Ausstellungen;

— Zeltkonstruktionen.

Gefährliche Potentialunterschiede können u. a. entstehen durch:

— gleichzeitige Beschädigung von Mantel- und Aderisolation verlegter Leitungen;

   Begründung: Die gleichzeitige Beschädigung von Mantel- und Aderisolation gilt als Doppelfehler und wird nach DIN VDE 0100-410 (VDE 0100-410) nicht betrachtet. Die Erfahrung zeigt, dass im Anwendungsbereich dieser Norm dieser spezielle Doppelfehler vorkommt und somit betrachtet werden muss.

— nicht bestimmungsgemäßen Einsatz von Betriebsmitteln;

— defekte Betriebsmittel;

— Mehrfacheinspeisung mit unterschiedlichen Erdpotentialen;

— Anlagen mit großen räumlichen Ausdehnungen und langen Leitungswegen;

— induktive und kapazitive Einkopplung;

— statische Aufladung;

— vagabundierende Ableitströme.

6 Topologie des Potentialausgleichsystems

Potentialausgleichsysteme der Veranstaltungs- und Produktionstechnik werden vorzugsweise stern- oder baumförmig aufgebaut. Diese Systeme sind ab der Übergabestelle unabhängig von der elektrischen Energieversorgung zu errichten.

Ein rein serieller Aufbau des Potenzialausgleichsystems bietet keine ausreichende Sicherheit.

Die elektrische Verbindung des Potentialausgleichsystems muss so niederohmig wie möglich zur Haupterdungsschiene (en: main earthing terminal, MET) der benutzten Übergabestelle erfolgen.

Da Blitzschutzanlagen nicht grundsätzlich mit der Haupterdungsschiene (MET) des speisenden Netzes elektrisch niederohmig verbunden sein müssen, eignen sich deren Anlagenteile in der Regel nicht als Anschluss für ein Potentialausgleichsystem.

Beispiele für Anschlussmöglichkeiten des Potentialausgleichsystems zur Haupterdungsschiene (MET) sind:

— Hauptverteiler (en: potential earth, PE-Schiene/-Anschluss),

— Verteiler (PE-Schiene/-Anschluss),

— Generator (PE-Schiene/-Anschluss).

Das mobile Potentialausgleichsystem ist so auszuführen und zu betreiben, dass dessen Funktionalität während der gesamten Betriebszeit und insbesondere während Um- oder Teilabbauten des Sondernetzes sichergestellt ist. Die Hauptleitungen und -anschlüsse der Potentialausgleichsysteme dürfen beim Betrieb der Anlage nicht entfernt werden! Diese Anschlüsse sind an den Verteilern gesondert zu kennzeichnen bzw. zu sichern.

Im informativen Anhang A werden Beispiele für Topologien von Potentialausgleichsystemen dargestellt.

7 Anforderungen

7.1 Leitungsauswahl

Es sind Leitungen des Typs H07RN-F oder vergleichbar zu verwenden.

Kunststoff-Schlauchleitungen und Kunststoff-Einzeladern sind für mobile Potentialausgleichsysteme nicht geeignet.

Der Mantel der Leitung darf schwarz sein; die Aderisolierung des Leiters sollte grün/gelb sein.

Alternativ muss die Farbkennzeichnung grün/gelb der Ader am jeweiligen Ende erfolgen.

7.2 Mindestquerschnitt

Der Querschnitt von Schutzpotentialausgleichsleitern muss mindestens 16 mm^2 (Cu) betragen und braucht nicht größer als 25 mm^2 (Cu) zu sein.

Ein Auswahlkriterium ist die jeweilige Strombelastbarkeit des Leiterquerschnittes (siehe auch DIN VDE 0298-4 (VDE 0298-4)).

Bei einer Leitungslänge größer als 50 m empfiehlt es sich, den Schutzpotentialausgleichsleiter in 25 mm^2 (Cu) Querschnitt auszuführen.

7.3 Steckverbindung und deren Kontakte

Die Steckverbinder müssen einpolig sein.

Die Steckverbinder müssen Umgebungstemperaturen von −30 °C bis +85 °C standhalten.

Die Schlagfestigkeit muss mindestens IK 06 nach DIN EN 50102 (VDE 0470-100) entsprechen.

Der Steckverbinder muss eine Haltevorrichtung (umgangssprachlich: Verriegelung) aufweisen, die gegen Wiederöffnen ohne Werkzeug gesichert ist.

Der Zustand der Haltevorrichtung (verriegelt/nicht verriegelt) muss erkennbar sein.

Die Kennzeichnung oder das Gehäuse des Steckverbinders muss grün/gelb sein.

Der Kontakt des Steckverbinders muss für einen Nennstrom von mindestens 63 A ausgelegt sein.

Der Kontakt muss einen Durchgangswiderstand kleiner als 3 mΩ aufweisen.

7.4 Verteiler

In mobilen Potentialausgleichsystemen sind Verteiler zulässig.

Alle Anschlüsse der Verteiler müssen gekennzeichnet sein, sodass ihre Zuordnungen anhand der Dokumentation nachvollziehbar sind.

Die Steckverbinder der Verbindungen von Verteilern zur Haupterdungsschiene (MET) und Verteilern untereinander dürfen während des Betriebes der Anlage nicht getrennt werden und sind daher am Verteiler besonders zu kennzeichnen.

8 Prüfung

Alle Komponenten von Potentialausgleichsystemen (z. B. Leitungen, Stecksysteme, Verteiler und Steckvorrichtungen) müssen elektrisch sicher sein und unterliegen den wiederkehrenden Prüfungen für ortsveränderliche elektrische Betriebsmittel nach Betriebssicherheitsverordnung und Unfallverhütungsvorschrift DGUV Vorschrift 3 und DGUV Vorschrift 4. Hierbei sind Herstelleranforderungen zu berücksichtigen.

Für das Potentialausgleichsystem ist eine Errichterprüfung nach DIN VDE 0100-600 (VDE 0100-600) durchzuführen.

Anhang A
(informativ)

Beispiele für Topologien von Potentialausgleichsystemen

Die Hauptleitungen und -anschlüsse der Potentialausgleichsysteme sind in den nachfolgenden schematischen Beispielen „fett" dargestellt.

Bild A.1 zeigt ein Beispiel für ein Potentialausgleichsystem mit einer Energiequelle, das in einer gemeinsamen Potentialausgleichsschiene zusammengeschaltet wird.

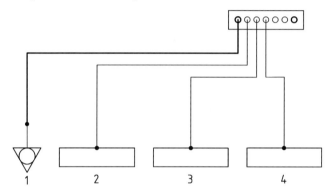

Legende
1 Transformator
2 Bühne
3 Rigging
4 Beleuchtung

Bild A.1 — Potentialausgleichsystem mit einer Energiequelle

Bild A.2 zeigt ein Beispiel für ein Potentialausgleichsystem mit mehreren Energiequellen, das in einer gemeinsamen Potentialausgleichsschiene (zentral) zusammengeschaltet wird.

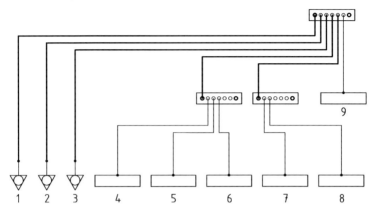

Legende

1   Transformator 1
2   Transformator 2
3   Aggregat
4   Bühne
5   Rigging
6   Beleuchtung
7   Übertragungswagen
8   SNG (en: Satellite News Gathering), Fahrzeug zur Satelliten gestützten Nachrichtenübertragung
9   Filmset

Bild A.2 — **Potentialausgleichsystem mit mehreren Energiequellen (zentral vernetzt)**

Bild A.3 zeigt ein Beispiel für Potentialausgleichsystem mit mehreren Energiequellen, das zu einer gemeinsamen Potentialausgleichsschiene (dezentral vernetzt) zusammengeschaltet wird.

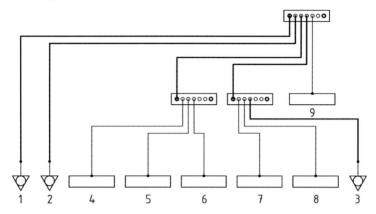

Legende

1 Transformator 1
2 Transformator 2
3 Aggregat
4 Bühne
5 Rigging
6 Beleuchtung
7 Übertragungswagen
8 SNG (en: Satellite News Gathering), Fahrzeug zur Satelliten gestützten Nachrichtenübertragung
9 Filmset

Bild A.3 — Potentialausgleichsystem mit mehreren Energiequellen (dezentral vernetzt)

Bild A.4 zeigt ein Beispiel für vernetztes Potentialausgleichsystem.

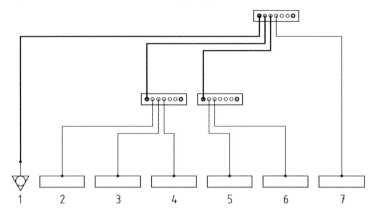

Legende

1 Transformator
2 Bühne
3 Rigging
4 Beleuchtung
5 Übertragungswagen
6 SNG (en: Satellite News Gathering), Fahrzeug zur Satelliten gestützten Nachrichtenübertragung
7 Filmset

Bild A.4 — Potentialausgleichsystem (vernetzt)

Bild A.5 zeigt ein Beispiel für ein Potentialausgleichsystem in Reihenschaltung.

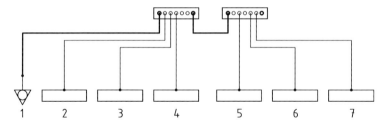

Legende

1 Transformator
2 Bühne
3 Rigging
4 Beleuchtung
5 Übertragungswagen
6 SNG (en: Satellite News Gathering), Fahrzeug zur Satelliten gestützten Nachrichtenübertragung
7 Filmset

Bild A.5 — Potentialausgleichsystem (Reihenschaltung)

Literaturhinweise

DIN 15560-100:2007-09, *Scheinwerfer für Film, Fernsehen, Bühne und Fotografie — Teil 100: Sondernetze und Sondersteckverbinder 250/400 V* [2])

DIN 15767:2014-12, *Veranstaltungstechnik — Energieversorgung in der Veranstaltungs- und Produktionstechnik*

DIN EN 50310 (VDE 0800-2-310), *Telekommunikationstechnische Potentialausgleichsanlagen für Gebäude und andere Strukturen*

DIN EN 61140 (VDE 0140-1), *Schutz gegen elektrischen Schlag — Gemeinsame Anforderungen für Anlagen und Betriebsmittel*

DIN EN 62262, *Schutzarten durch Gehäuse für elektrische Betriebsmittel (Ausrüstung) gegen äußere mechanische Beanspruchungen (IK-Code)*

DIN VDE 0100-200 (VDE 0100-200):2006-06, *Errichten von Niederspannungsanlagen — Teil 200: Begriffe (IEC 60050-826:2004, modifiziert)*

DIN VDE 0100-510 (VDE 0100-510), *Errichten von Niederspannungsanlagen — Teil 5-51: Auswahl und Errichtung elektrischer Betriebsmittel — Allgemeine Bestimmungen*

DIN VDE 0100-540 (VDE 0100-540), *Errichten von Niederspannungsanlagen — Teil 5-54: Auswahl und Errichtung elektrischer Betriebsmittel — Erdungsanlagen und Schutzleiter*

DIN VDE 0100-711 (VDE 0100-711), *Errichten von Niederspannungsanlagen — Anforderungen für Betriebsstätten, Räume und Anlagen besonderer Art — Teil 711: Ausstellungen Shows und Stände*

DIN VDE 0100-718 (VDE 0100-718), *Errichten von Niederspannungsanlagen — Teil 7-718: Anforderungen für Betriebsstätten, Räume und Anlagen besonderer Art — Öffentliche Einrichtungen und Arbeitsstätten*

DIN VDE 0100-740 (VDE 0100-740), *Errichten von Niederspannungsanlagen — Teil 7-740: Anforderungen für Betriebsstätten, Räume und Anlagen besonderer Art — Vorübergehend errichtete elektrische Anlagen für Aufbauten, Vergnügungseinrichtungen und Buden auf Kirmesplätzen, Vergnügungsparks und für Zirkusse*

DIN VDE 0298-4 (VDE 0298-4), *Verwendung von Kabeln und isolierten Leitungen für Starkstromanlagen — Teil 4: Empfohlene Werte für die Strombelastbarkeit von Kabeln und Leitungen für feste Verlegung in und an Gebäuden und von flexiblen Leitungen*

---

[2]) Ersetzt durch DIN 15767:2014-12.

Entwurf Januar 2019

DIN 15765

ICS 97.200.10

Einsprüche bis 2019-01-31
Vorgesehen als Ersatz für
DIN 15765:2010-04

Entwurf

Veranstaltungstechnik – Multicore-Systeme für die mobile Produktions- und Veranstaltungstechnik

Entertainment Technology –
Multi-core cable systems for mobile productions and entertainment technology

Technologies du spectacle –
Systèmes mobiles à multiples conducteurs électriques (multicore) pour les productions de télévision et des évènements

Anwendungswarnvermerk

Dieser Norm-Entwurf mit Erscheinungsdatum 2018-11-30 wird der Öffentlichkeit zur Prüfung und Stellungnahme vorgelegt.

Weil die beabsichtigte Norm von der vorliegenden Fassung abweichen kann, ist die Anwendung dieses Entwurfs besonders zu vereinbaren.

Stellungnahmen werden erbeten

- vorzugsweise online im Norm-Entwurfs-Portal von DIN unter www.din.de/go/entwuerfe bzw. für Norm-Entwürfe der DKE auch im Norm-Entwurfs-Portal der DKE unter www.entwuerfe.normenbibliothek.de, sofern dort wiedergegeben;

- oder als Datei per E-Mail an nvbf@din.de möglichst in Form einer Tabelle. Die Vorlage dieser Tabelle kann im Internet unter www.din.de/go/stellungnahmen-norm-entwuerfe oder für Stellungnahmen zu Norm-Entwürfen der DKE unter www.dke.de/stellungnahme abgerufen werden;

- oder in Papierform an den DIN-Normenausschuss Veranstaltungstechnik, Bild und Film (NVBF), 10772 Berlin, Burggrafenstr. 6, 10787 Berlin.

Die Empfänger dieses Norm-Entwurfs werden gebeten, mit ihren Kommentaren jegliche relevanten Patentrechte, die sie kennen, mitzuteilen und unterstützende Dokumentationen zur Verfügung zu stellen.

Gesamtumfang 20 Seiten

DIN-Normenausschuss Veranstaltungstechnik, Bild und Film (NVBF)

– Entwurf –

E DIN 15765:2019-01

Inhalt

	Seite
Vorwort	4
Einleitung	5
1 Anwendungsbereich	6
2 Normative Verweisungen	6
3 Begriffe	6
4 Bauarten	7
4.1 Allgemeines	7
4.2 Leistungsklasse	7
4.3 Anzahl der Stromkreise	8
4.4 Steckverbinder und Kontaktbelegung	8
4.4.1 Allgemeines	8
4.4.2 Bauarten und Kontaktbelegung von verschiedenen Steckverbindern	9
5 Anforderungen an die Steckverbinder	11
5.1 Allgemeine Anforderungen	11
5.2 Besondere Anforderungen	11
6 Anforderungen an die Endverteiler	11
7 Leitungen	12
7.1 Allgemeines	12
7.2 Anforderungen an den Isolationswerkstoff	12
7.3 Leiterquerschnitt	12
7.4 Leitungslänge	13
8 Elektrische Sicherheit	13
8.1 Allgemeines	13
8.2 Personenschutz	13
8.3 Leitungsschutz	13
Anhang A (normativ) Kriterien für die Maßhaltigkeit der Bauform D	15
Anhang B (informativ) Zulässige Leitungslängen für PVC- oder Gummileitungen	16
Anhang C (informativ) Kriterien für die Konfigurationen der Steckverbinder	17
C.1 Konfigurationen der Steckverbinder von Multicore-Systemen	17
C.1.1 Allgemeines	17
C.1.2 Konfiguration 1	17
C.1.3 Konfiguration 2	18
Literaturhinweise	20

Bilder

Bild A.1 — Bauformen und Maße	15
Bild C.1 — Multicore-System, Konfiguration 1	17
Bild C.2 — Multicore-System, Konfiguration 2 A	18
Bild C.3 — Multicore-System, Konfiguration 2 B	19

Tabellen

Tabelle 1 — Leistungsklassen	8
Tabelle 2 — Anzahl der Stromkreise	8
Tabelle 3 — Bauarten und Kontaktbelegung von verschiedenen Steckverbindern	9
Tabelle 4 — Mindestquerschnitte	12

– Entwurf –

E DIN 15765:2019-01

Tabelle B.1 — zulässige Grenzlängen im TN-System; 400/230 V 50 Hz (Auszug aus DIN VDE 0100 Beiblatt 5:2017-10, Tabelle A21) 16

Tabelle B.2 — zulässige Grenzlängen im TN-System; 400/230 V 50 Hz (Auszug aus DIN VDE 0100 Beiblatt 5:2017-10, Tabelle A22) 16

3

E DIN 15765:2019-01

– Entwurf –

Vorwort

Diese Norm wurde vom Arbeitsausschuss NA 149-00-04 AA „Licht- und Energieverteilungssysteme" im Normenausschuss Veranstaltungstechnik, Bild und Film (NVBF) im DIN erarbeitet.

Änderungen

Gegenüber DIN 15765:2010-04 wurden folgende Änderungen vorgenommen:

a) Aufnahme von Abschnitt 3 „Begriffe";

b) Überarbeitung der Bauarten und Kontaktbelegungen;

c) Erweiterung der Anforderungen und Aufnahme besonderer Anforderungen an Steckverbinder;

d) Anforderungen an den Isolationswerkstoff im Abschnitt „Leitungen" aufgenommen;

e) Aufnahme einer Tabelle zu Mindestleiterquerschnitten;

f) Beispiele für maximale Leitungslängen sind nun im Anhang B gegeben;

g) Aufnahme von Anhang A mit Kriterien für die Maßhaltigkeit der Bauform D.

– Entwurf –

E DIN 15765:2019-01

Einleitung

Der DIN-Normenausschuss Veranstaltungstechnik, Bild und Film (NVBF) ist zuständig für die Erarbeitung und regelmäßige Überprüfung von Normen und Standards in den Bereichen Veranstaltungstechnik, Fotografie und Kinematografie. Er erarbeitet Anforderungen und Prüfungen für:

Versammlungsstätten sowie Veranstaltungs- und Produktionsstätten für szenische Darstellung, deren Arbeitsmittel als auch diesbezügliche Dienstleistungen. Dies umfasst:

— Veranstaltungs- und Medientechnik für Bühnen, Theater, Mehrzweckhallen, Messen, Ausstellungen und Produktionsstätten bei Film, Hörfunk und Fernsehen sowie sonstige vergleichbaren Zwecken dienende bauliche Anlagen und Areale;

— Beleuchtungstechnik und deren Arbeitsmittel für Veranstaltungstechnik, Film, Fernsehen, Bühne und Fotografie sowie Sondernetze und elektrische Verteiler;

— Dienstleistungen für die Veranstaltungstechnik;

— sicherheitstechnische Anforderungen an Maschinen, Arbeitsmittel und Einrichtungen für Veranstaltungs- und Produktionsstätten zur szenischen Darstellung.

– Entwurf –

E DIN 15765:2019-01

1 Anwendungsbereich

Diese Norm legt Kriterien für die Auswahl von Multicore-Systemen, die zum Anschluss und zur Verteilung mehrerer Wechselstromkreise in Sondernetzen der Produktions- und Veranstaltungstechnik verwendet werden, fest.

Ziel der Norm ist die Beschreibung von Multicore-Systemen, die Anforderung an deren Kompatibilität und Gebrauchstauglichkeit sowie den hiervon ausgehenden Gefährdungen und daraus resultierenden Sicherheitsanforderungen.

2 Normative Verweisungen

Die folgenden zitierten Dokumente sind für die Anwendung dieses Dokuments erforderlich. Bei datierten Verweisungen gilt nur die in Bezug genommene Ausgabe. Bei undatierten Verweisungen gilt die letzte Ausgabe des in Bezug genommenen Dokuments (einschließlich aller Änderungen).

Betriebssicherheitsverordnung, Verordnung zur Neuregelung der Anforderungen an den Arbeitsschutz bei der Verwendung von Arbeitsmitteln und Gefahrstoffen (Artikel 1 Verordnung über Sicherheit und Gesundheitsschutz bei der Verwendung von Arbeitsmitteln (Betriebssicherheitsverordnung – BetrSichV))

DGUV Vorschrift 3, Elektrische Anlagen und Betriebsmittel[1)]

DGUV Vorschrift 4, Elektrische Anlagen und Betriebsmittel1)

DIN VDE 0100-520 (VDE 0100-520) *Errichten von Niederspannungsanlagen — Teil 5-52: Auswahl und Errichtung elektrischer Betriebsmittel Kabel- und Leitungsanlagen*

DIN EN 60309-1 (VDE 0623-1) *Stecker, Steckdosen und Kupplungen für industrielle Anwendungen — Teil 1: Allgemeine Anforderungen*

DIN EN 60309-2 (VDE 0623-2) *Stecker, Steckdosen und Kupplungen für industrielle Anwendungen — Teil 2: Anforderungen und Hauptmaße für die Kompatibilität und Austauschbarkeit von Stift- und Buchsensteckvorrichtungen*

DIN EN 61984 (VDE 0627):2009-11, *Steckverbinder — Sicherheitsanforderungen und Prüfungen*

DIN VDE 0298-4 (VDE 0298-4), *Verwendung von Kabeln und isolierten Leitungen für Starkstromanlagen — Teil 4: Empfohlene Werte für die Strombelastbarkeit von Kabeln und Leitungen für feste Verlegung in und an Gebäuden und von flexiblen Leitungen*

DIN VDE 0100-410 *Errichten von Niederspannungsanlagen — Teil 4-41: Schutzmaßnahmen — Schutz gegen elektrischen Schlag*

DIN VDE 0100-430 *Errichten von Niederspannungsanlagen — Teil 4-43: Schutzmaßnahmen — Schutz bei Überstrom*

3 Begriffe

3.1
Steckverbinder
Einrichtung zur Herstellung oder Trennung von elektrischen Verbindungen mit einem passenden Gegenstück

[QUELLE: IEV 581-26-01]

[1)] Zu beziehen bei: Deutsche Gesetzliche Unfallversicherung e.V. (DGUV), Glinkastraße 40, 10117 Berlin

– Entwurf –

E DIN 15765:2019-01

3.2
Steckverbinder ohne Lastschaltvermögen
bezeichnet ein Stecksystem, das kein Lastschaltvermögen aufweist und daher vor dem Trennen der Verbindung freigeschaltet werden muss

[QUELLE: IEV 581-27-73]

3.3
Steckverbinder mit Lastschaltvermögen (Steckvorrichtung)
Einrichtung zur Herstellung oder Trennung von elektrischen Verbindungen mit definiertem Lastschaltvermögen.

[QUELLE: IEV 581-27-72]

3.4
Endverteiler
(en: plugbox, splitbox)
Einheit am Ende des Multicore-Systems, an der die Verbraucher angeschlossen werden

3.5
Netzinnenimpedanz
Summe der Impedanzen (Scheinwiderstände) in einer Stromschleife, bestehend aus der Impedanz der Stromquelle, der Impedanz des Außenleiters von einem Pol der Stromquelle bis zur Messstelle und der Impedanz des Neutralleiters oder PEN Leiters von der Messstelle bis zum anderen Pol der Stromquelle

3.6
Schleifenimpedanz
Summe der Impedanzen (Scheinwiderstände) in einer Stromschleife, bestehend aus der Impedanz der Stromquelle, der Impedanz des Außenleiters von einem Pol der Stromquelle bis zur Messstelle und der Impedanz der Rückleitung (z. B. Potentialausgleichsleiter, Schutzleiter, Erder und Erde) von der Messstelle bis zum anderen Pol der Stromquelle

[QUELLE: DIN VDE 0100-200 (VDE 0100-200):2006-06, NC 2.1]

3.7
Prüfung
alle Maßnahmen, mit denen die Übereinstimmung der elektrischen Anlage mit den Anforderungen von IEC 60364 überprüft wird

Anmerkung 1 zum Begriff: Die Prüfung besteht aus dem Besichtigen, Erproben und Messen sowie dem Erstellen eines Prüfberichts.

[QUELLE: DIN VDE 0100-600 (VDE 0100-600):2017-06, 6.3.1]

4 Bauarten

4.1 Allgemeines

Multicore-Systeme werden nach verschiedenen Bauarten unterschieden. Die Auswahl der Bauart für den jeweiligen Einsatz erfolgt nach den Kriterien 4.2 bis 4.4.

4.2 Leistungsklasse

Die Leistungsklasse bestimmt den höchsten Bemessungsstrom eines Multicore-Systems; es werden drei Leistungsklassen nach Tabelle 1 unterschieden.

E DIN 15765:2019-01

- Entwurf -

Tabelle 1 — Leistungsklassen

Leistungsklasse	Bemessungsstrom A	Bemessungsspannung V
1	25	
2	16	AC 400/230
3	10	

Anmerkung: Werden unterschiedliche Leistungsklassen kombiniert, so ist das Gesamtsystem immer mit dem geringeren Bemessungsstrom zu bezeichnen.

4.3 Anzahl der Stromkreise

Multicore-Systeme dürfen mit der Anzahl von Stromkreisen nach Tabelle 2 – unter Einhaltung der Mindestanzahl der Adern – betrieben werden.

Tabelle 2 — Anzahl der Stromkreise

Bauart	Anzahl der Stromkreise	Mindestanzahl der Adern	Anschlussart
A	3	7	3 L, 3 N + PE[a]
B	4	9	4 L, 4 N + PE[a]
C	5	11	5 L, 5 N + PE[a]
D	6	13	6 L, 6 N + PE[a]
E	8	17	8 L, 8 N + PE[a]

[a] Der PE-Leiter muss durchgängig grün/gelb gekennzeichnet sein.

4.4 Steckverbinder und Kontaktbelegung

4.4.1 Allgemeines

Je nach gewählter Leistungsklasse und benötigter Anzahl der Stromkreise können verschiedene Steckverbinder eingesetzt werden. Für die einzelnen Bauarten gelten die Kontaktbelegungen der verschiedenen Steckverbinder nach Tabelle 3.

– Entwurf –

E DIN 15765:2019-01

4.4.2 Bauarten und Kontaktbelegung von verschiedenen Steckverbindern

Tabelle 3 — Bauarten und Kontaktbelegung von verschiedenen Steckverbindern

Steckverbinder		Bild	Strom-kreis	Kontakt-belegung		
Nr.	Leistungs-klasse/Bauart	Maße in Millimeter		L	N	PE
1	1/A		1	1	2	PE
			2	3	4	PE
			3	5	6	PE
2	1/A		1	1	4	PE
			2	2	5	PE
			3	3	6	PE
3	2+3/B		1	1	6	PE
			2	2	7	PE
			3	3	8	PE
			4	4	9	PE
4	2+3/C		1	1	6	PE
			2	2	7	PE
			3	3	8	PE
			4	4	9	PE
			5	5	10	PE

Tabelle 3 (*fortgesetzt*)

Steckverbinder		Bild	Strom-kreis	Kontaktbelegung		
Nr.	Leistungs-klasse/Bauart	Maße in Millimeter		L	N	PE
5	2+3/D		1	1	9	PE
			2	2	10	PE
			3	3	11	PE
			4	4	12	PE
			5	5	13	PE
			6	6	14	PE
6	2+3/E		1	1	9	PE
			2	2	10	PE
			3	3	11	PE
			4	4	12	PE
			5	5	13	PE
			6	6	14	PE
			7	7	15	PE
			8	8	16	PE
7	2+3/D	Die Kontakte 13 bis 18 müssen elektrisch leitend miteinander verbunden sein, z.B. mit Hilfe eines passenden Rings. Der Kontakt 19 darf mit den Kontakten 13 bis 18 elektrisch leitend verbunden werden.	1	1	2	13
			2	3	4	14
			3	5	6	15
			4	7	8	16
			5	9	10	17
			6	11	12	18

Legende

10

– Entwurf –

● = L = Außenleiter/Phase

○ = N = Neutralleiter

⊕ = PE= PE Schutzleiter

◐ = nicht belegt

Die Abbildungen zeigen immer die Aufsicht auf die Steckkontakte des Steckers (male)

Anmerkung: Drehstromanwendungen ohne mitgeführten Neutralleiter werden in dieser Norm nicht berücksichtigt.

5 Anforderungen an die Steckverbinder

5.1 Allgemeine Anforderungen

Es gelten die folgenden allgemeinen Anforderungen:

— Kontaktbelegung nach 4.4.2;

— Gehäuse und Einsätze der Steckverbinder müssen für einen Temperaturbereich von mindestens −20 °C bis +70 °C ausgelegt sein;

— Der Schutzleiterkontakt muss mit einem entsprechenden Symbol gekennzeichnet sein;

— der Schutzleiterkontakt muss voreilend sein;

— die Steckverbinder müssen mit einer Haltevorrichtung (z. B. Verschraubung oder Bügel) ausgestattet sein;

— Schraubverbindungen müssen gegen Selbstlösen gesichert sein.

5.2 Besondere Anforderungen

Es gelten die folgenden besonderen Anforderungen:

— die Steckverbinder nach Tabelle 3, Nummern 1, 3, 4, 5 und 6 müssen nach DIN EN 61984 (VDE 0627) ausgeführt sein;

— die Steckvorrichtungen Tabelle 3, Nummer 2 müssen nach DIN EN 60309 (VDE 0623) ausgeführt sein;

— Die Schutzleiterkontakte der Steckverbinder nach Tabelle 3, Nummer 7 müssen auf der Kupplungs- bzw. Ausgangssteckdosenseite (female) voreilend ausgeführt sein;

— Bei den Rundsteckverbindern nach Tabelle 3, Nummer 7 sind die mechanischen Toleranzen zu beachten, um ein verdrehtes Stecken auszuschließen (siehe auch Anhang A);

— In den Steckverbindern (male/female) nach Tabelle 3, Nummer 7 müssen alle Schutzleiterkontakte elektrisch leitend miteinander verbunden sein.

6 Anforderungen an die Endverteiler

Für die Endverteiler von Multicore-Systemen gelten folgende Anforderungen:

— die Gehäuse der Endverteiler müssen elektrisch sicher sein. Es wird ein Isolierstoffgehäuse empfohlen;

— die Gehäuse der Endverteiler müssen für die im Betrieb auftretenden mechanischen Belastungen ausgelegt sein;

– Entwurf –

E DIN 15765:2019-01

— Alle Schraubverbindungen müssen gegen Selbstlösen gesichert sein;

— Endverteiler zum Hängen müssen mit einer ausreichend bemessenen Vorrichtung für eine mechanische Sekundärsicherung versehen sein.

7 Leitungen

7.1 Allgemeines

In der Produktions- und Veranstaltungstechnik sind bei der Leitungsauswahl folgende Kriterien zu berücksichtigen:

— Zulässige Strombelastbarkeit (nach DIN VDE 0298-4), insbesondere:

  — Anzahl der belasteten Adern;

  — Häufung von Leitungen;

  — Umgebungstemperatur im Betrieb;

— Mechanische Beanspruchung;

— Weitere Umgebungseinflüsse, wie z. B. Auftreten von Wasser, äußere Wärmequellen, Schwingungen, Sonneneinstrahlung.

7.2 Anforderungen an den Isolationswerkstoff

Die zu verwendende Leitung muss über eine hohe Abrieb-, Kerb- und Schnittfestigkeit verfügen. Sie muss gegen Umwelteinflüsse wie z. B. UV-Strahlung beständig sein und für die zu erwartenden Umgebungstemperaturen geeignet sein.

Diese Mindestanforderungen werden zum Beispiel durch schwere Gummischlauchleitungen des Typs H07 RN-F erfüllt.

Daneben haben sich spezielle nicht harmonisierte PVC - Sonderleitungen für den betrachteten Anwendungsbereich bewährt.

PVC-Steuerleitungen des Typs H05 VV-F erfüllen die Anforderungen nicht.

7.3 Leiterquerschnitt

Der Mindestquerschnitt jeder einzelnen Ader muss 1,5 mm^2 betragen. Der Leiterwerkstoff muss Kupfer sein.

Folgende Mindest-Leitungsquerschnitte haben sich in Bezug auf die jeweilige Leistungsklasse (siehe Tabelle 1) bewährt:

Tabelle 4 — Mindestquerschnitte

Leistungsklasse/ Bemessungsstrom	Leitungsquerschnitt
1/25 A	4 mm^2
2/16 A	2,5 mm^2
3/10 A	1,5 mm^2

Zur Ermittlung des erforderlichen Querschnitts ist neben der Strombelastbarkeit im Betrieb nach DIN VDE 0298-4 die Belastbarkeit im Kurzschlussfall zu berücksichtigen (siehe 8.3). Umrechnungsfaktoren für z. B. Anzahl der im Betrieb belasteten Adern, Häufung oder abweichende Umgebungstemperatur sind falls erforderlich anzuwenden.

7.4 Leitungslänge

Die maximale Leitungslänge ist von den folgenden Faktoren maßgeblich abhängig:

— Schleifenimpedanz des Speisepunktes

— Netzinnenimpedanz des Speisepunktes zur Einhaltung der maximalen Abschaltzeit der Schutzeinrichtung im Kurzschlussfall Außenleiter gegen Neutralleiter.

Beispiele für Höchstleitungslängen in Abhängigkeit von unterschiedlichen Netzimpedanzen sind der Tabelle im Anhang B zu entnehmen.

8 Elektrische Sicherheit

8.1 Allgemeines

Alle Teile von Multicore-Systemen (z. B. Endverteiler, Leitungen und Steckverbinder) müssen elektrisch sicher sein und unterliegen den wiederkehrenden Prüfungen gemäß Betriebssicherheitsverordnung und nach DGUV Vorschriften 3 und 4.

Zum Schutz gegen indirektes Berühren (Schutz gegen zu hohe Berührungsspannung) an den durch Multicore-Systeme versorgten Betriebsmitteln, müssen die Endverteiler, die Leitungen und Steckverbinder einen Schutzleiter enthalten. Das Errichten und die Inbetriebnahme der elektrischen Energieverteilungsanlage muss von Elektrofachkräften oder unter Aufsicht und Leitung von Elektrofachkräften durchgeführt werden.

Die Einhaltung der anzuwendenden Normen ist durch entsprechende Prüfungen nachzuweisen und zu dokumentieren.

8.2 Personenschutz

Zum Sicherstellen des Personenschutzes ist beim Einsatz von Multicore- Systemen die Verwendung von Fehlerstromschutzeinrichtungen (RCDs) mit einem Bemessungsdifferenzstrom von $I_{\Delta n} \leq 30$ mA für alle Stromkreise innerhalb des Multicore-Systems zwingend erforderlich.

8.3 Leitungsschutz

Zum Sicherstellen des ordnungsgemäßen Betriebs und zum Schutz der Multicore-Leitung ist die Abschaltung im Kurzschlussfall zu berücksichtigen (DIN VDE 0100-430). Durch die Charakteristik der vorgeschalteten Schutzeinrichtung ist die Abschaltung des Kurzschlussstromes in Abhängigkeit von seiner Höhe und der Dauer festgelegt. Mit zunehmender Leitungslänge steigt der Widerstand der Leitung und der maximal mögliche Kurzschluss-Strom nimmt ab. Daher ist sicherzustellen, dass die Abschaltung durch die Schutzeinrichtung vor einer unzulässigen Erwärmung der Leitung erfolgt.

Als Überstrom - Schutzeinrichtung müssen Leitungsschutzschalter nach VDE 0641-11 oder VDE 0641-12 mit der Auslösecharakteristik B oder Auslösecharakteristik C verwendet werden. Schmelzsicherungen sind nicht zulässig.

Es sind die Kurzschlussströme L gegen N und L gegen PE zu unterscheiden.

Der Kurzschlussfall L gegen N ist von besonderer Bedeutung.

Wenn die Überstrom-Schutzeinrichtung am Stromkreisanfang eingebaut und der Leiterquerschnitt nach DIN VDE 0298-4 ausgewählt wurde, sowie die Verlegebedingungen und die Umgebungsbedingungen (siehe auch 8.2) berücksichtigt wurden, ist eine Kurzschlussstromberechnung für die Leitung bzw. eine Messung der Netzinnenimpedanz in der Regel nicht erforderlich.

Beispielhafte Leitungslängen finden sich im Anhang B.

Der Kurzschlussfall L gegen PE ist nach DIN VDE 0100-410 durch den Einsatz von Fehlerstromschutzeinrichtungen (RCDs) in allen Stromkreisen abgedeckt (siehe 8.2).

Der Spannungsfall stellt keine sicherheitsrelevante Größe dar und ist im Anwendungsbereich dieser Norm von untergeordneter Bedeutung.

Anhang A
(normativ)
Kriterien für die Maßhaltigkeit der Bauform D

Für die Bauform D nach Tabelle 3, Nummer 7, gelten die Kriterien nach Bild A.1 für die Maßhaltigkeit.

Maße in Millimeter

Allgemeintoleranzen ISO 2768-f

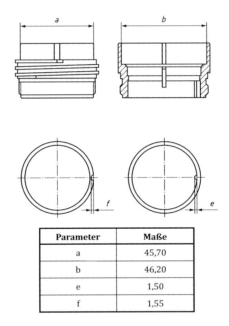

Parameter	Maße
a	45,70
b	46,20
e	1,50
f	1,55

Bild A.1 — Bauformen und Maße

E DIN 15765:2019-01

– *Entwurf* –

Anhang B
(informativ)

Zulässige Leitungslängen für PVC- oder Gummileitungen

Die Tabellen B.1 und B.2 sind Beispiele für Höchstleitungslängen in Abhängigkeit von unterschiedlichen Netzimpedanzen. Sie sind Auszüge für die in der Veranstaltungstechnik relevanten Bereiche aus DIN VDE 0100 Beiblatt 5:2017-10.

Tabelle B.1 — zulässige Grenzlängen im TN-System; 400/230 V 50 Hz (Auszug aus DIN VDE 0100 Beiblatt 5:2017-10, Tabelle A21)

Leiterquerschnitt A	Nennstrom der Schutzeinrichtung Charakteristik B	Maximale Leitungslänge bei einer Schleifenimpedanz vor der Schutzeinrichtung von		
		0,3 Ohm	0,5 Ohm	0,7 Ohm
mm²	A	m	m	m
1,5	6	242	236	230
1,5	10	141	135	129
2,5	10	231	221	210
2,5	16	138	128	117
4	16	223	206	189
4	25	133	116	99

Tabelle B.2 — zulässige Grenzlängen im TN-System; 400/230 V 50 Hz (Auszug aus DIN VDE 0100 Beiblatt 5:2017-10, Tabelle A22)

Leiterquerschnitt A	Nennstrom der Schutzeinrichtung Charakteristik C	Maximale Leitungslänge bei einer Schleifenimpedanz vor der Schutzeinrichtung von		
		0,3 Ohm	0,5 Ohm	0,7 Ohm
mm²	A	m	m	m
1,5	6	116	110	103
1,5	10	65	59	52
2,5	10	107	97	86
2,5	16	61	50	39
4	16	98	81	64
4	25	53	36	17

– Entwurf –

E DIN 15765:2019-01

Anhang C
(informativ)

Kriterien für die Konfigurationen der Steckverbinder

C.1 Konfigurationen der Steckverbinder von Multicore-Systemen

C.1.1 Allgemeines

Aufgrund der vielfältigen Ausführungs- und Kombinationsmöglichkeiten von Steckverbindern werden nachfolgend die bevorzugten Konfigurationen von Multicore-Systemen unterschiedlicher Bauart beschrieben.

C.1.2 Konfiguration 1

Die Verbindung zum Endverteiler wird mit flexiblen Leitungen hergestellt. Die Leitungen dieser Konfiguration können verlängert werden. Der Anschlusspunkt des Multicore-Systems ist mit vier Bolzen zur Aufnahme der Bügel, der Gerätestecker am Endverteiler ist mit zwei Bügeln zum Halten der Steckverbinder ausgerüstet (siehe Bild C.1).

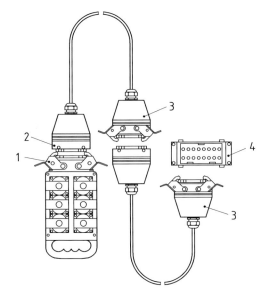

Legende
1 Gerätestecker des Endverteilers mit 2 Bügeln
2 Kupplung mit 4 Bolzen, ohne Dichtungsgummi
3 Stecker mit 2 Bügeln
4 Ausgangssteckdose mit 4 Bolzen

Bild C.1 — Multicore-System, Konfiguration 1

Die Steckergehäuse können mit oder ohne Dichtungsgummi geliefert werden. Soll die Schutzart IP 44 (siehe DIN EN 60529 (VDE 0470-1)) oder höher erzielt werden, muss das Steckergehäuse mit einem Dichtungsgummi ausgerüstet sein.

ANMERKUNG   Die Anbaugehäuse werden generell nur mit Gummidichtung angeboten. Somit ist eine Kompatibilität der Verlängerungsleitungen untereinander und mit den Anbaugehäusen nur dann sichergestellt, wenn die Steckverbinder der Verlängerungsleitungen ohne Dichtungsgummi ausgerüstet sind.

C.1.3 Konfiguration 2

C.1.3.1 Allgemeines

Die nachfolgend beschriebenen Konfigurationen besitzen folgende Eigenschaften:

— die Steckverbinder dieser Leitungen haben keine Bügel;

— die Leitungen können nur durch den Einsatz von Zwischensteckern (so genannten „Spookies") elektrisch sicher verlängert werden.

C.1.3.2 Konfiguration 2 A - Steckverbinder mit je zwei Bügeln

Die Verbindung zum Endverteiler wird mit flexiblen Leitungen hergestellt. Die Leitungen dieser Konfiguration können nicht verlängert werden. Der Anschlusspunkt des Multicore-Systems sowie der Gerätestecker am Endverteiler sind mit zwei Bügeln zum Halten der Steckverbinder ausgerüstet (siehe Bild C.2).

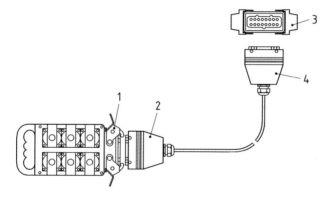

Legende
1 Gerätestecker mit 2 Bügeln
2 Kupplung mit 4 Bolzen, ohne Dichtungsgummi
3 Ausgangssteckdose mit 2 Bügeln
4 Stecker mit 4 Bolzen, ohne Dichtungsgummi

Bild C.2 — Multicore-System, Konfiguration 2 A

C.1.3.3 Konfiguration 2 B - Steckverbinder mit je einem Querbügel

Die Verbindung zum Endverteiler wird mit flexiblen Leitungen hergestellt. Die Leitungen dieser Konfiguration können nicht verlängert werden. Der Anschlusspunkt des Multicore-Systems sowie der Gerätestecker am Endverteiler sind mit einem Querbügel zum Halten der Steckverbinder ausgerüstet (siehe Bild C.3).

– Entwurf –

E DIN 15765:2019-01

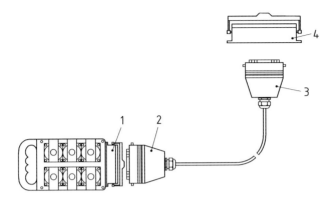

Legende
1 Gerätestecker mit 1 Querbügel
2 Kupplung mit 2 seitlichen Bolzen
3 Stecker mit 2 seitlichen Bolzen, ohne Dichtungsgummi
4 Ausgangssteckdose mit 1 Querbügel

Bild C.3 — Multicore-System, Konfiguration 2 B

Literaturhinweise

DIN 15767, *Veranstaltungstechnik — Energieversorgung in der Veranstaltungs- und Produktionstechnik*

DIN ISO 2768-1, *Allgemeintoleranzen; Toleranzen für Längen- und Winkelmaße ohne einzelne Toleranzeintragung*

DIN VDE 0100 Beiblatt 5:2017-10, *Errichten von Niederspannungsanlagen; Beiblatt 5: Maximal zulässige Längen von Kabeln und Leitungen unter Berücksichtigung des Fehlerschutzes, des Schutzes bei Kurzschluss und des Spannungsfalls*

DIN EN 60309-1 (VDE 0623-1), *Stecker, Steckdosen und Kupplungen für industrielle Anwendungen — Teil 1: Allgemeine Anforderungen*

DIN EN 60898-1 (VDE 0641-11), *Elektrisches Installationsmaterial — Leitungsschutzschalter für Hausinstallationen und ähnliche Zwecke — Teil 1: Leitungsschutzschalter für Wechselstrom (AC)*

DIN EN 60529 (VDE 0470-1), *Schutzarten durch Gehäuse (IP-Code)*

Dezember 2014

DIN 15767

ICS 97.200.10; 29.130.20

Ersatzvermerk
siehe unten

Veranstaltungstechnik –
Energieversorgung in der Veranstaltungs- und Produktionstechnik

Entertainment technology –
Power supply for productions and events

Techniques événementielle –
Approvisionnement en énergie pour les productions et des évènements

Ersatzvermerk

Ersatz für DIN 15560-100:2007-09, DIN 15565-1:2000-07, DIN 15565-2:2000-07, DIN 15565-3:2000-07, DIN 15565-4:2000-07, DIN 15565-5:2000-07 und DIN 15565-6:2000-07
Siehe Anwendungsbeginn

Gesamtumfang 10 Seiten

DIN-Normenausschuss Veranstaltungstechnik, Bild und Film (NVBF)

Anwendungsbeginn

Anwendungsbeginn für die sicherheitstechnischen Festlegungen ist 2014-12-01.

Inhalt
Seite

Vorwort 3
1 Anwendungsbereich 4
2 Normative Verweisungen 4
3 Begriffe 4
4 Energieversorgung 5
5 Elektrische Sicherheit 5
5.1 Allgemeines 5
5.2 Schutz gegen elektrischen Schlag 5
5.3 Schutz bei Überlast und Kurzschluss 6
6 Leitungsauswahl 6
6.1 Allgemeines 6
6.2 Leiterquerschnitt 6
6.3 Leitungslänge 7
7 Anforderungen an Verteiler 7
8 Anforderungen an Steckvorrichtungen und –systeme 8
Anhang A (informativ) Kriterien für die Leitungsauswahl 9
Literaturhinweise 10

Vorwort

Diese Norm enthält in Abschnitt 5 sicherheitstechnische Festlegungen.

Dieses Dokument wurde vom Arbeitsausschuss NA 149-00-04 AA „Licht- und Medientechnik" im DIN-Normenausschuss Veranstaltungstechnik, Bild und Film (NVBF) erarbeitet.

Es wird auf die Möglichkeit hingewiesen, dass einige Elemente dieses Dokuments Patentrechte berühren können. DIN [und/oder DKE] sind nicht dafür verantwortlich, einige oder alle diesbezüglichen Patentrechte zu identifizieren.

Dieses Dokument ersetzt die bisherigen Festlegungen für Sondernetze der DIN 15560-100 „Scheinwerfer für Film, Fernsehen, Bühne und Fotografie — Teil 100: Sondernetze und Sondersteckverbinder 250/400 V".

Des Weiteren werden die in den Normen der Reihe DIN 15565 getroffenen sicherheitstechnischen Festlegungen ebenfalls durch dieses Dokument ersetzt.

Änderungen

Gegenüber DIN 15560-100:2007-09, DIN 15565-1:2000-07, DIN 15565-2:2000-07, DIN 15565-3:2000-07, DIN 15565-4:2000-07, DIN 15565-5:2000-07 und DIN 15565-6:2000-07 wurden folgende Änderungen vorgenommen:

a) Festlegungen zu Sondernetzen dem aktuellen Stand der Technik angepasst;

b) Ausdehnung des Anwendungsbereiches auf die Veranstaltungstechnik;

c) Normative Verweisungen aktualisiert;

d) Überarbeitung und Zusammenfassung der in den Normen der Reihe DIN 15565 getroffenen Festlegungen;

e) Norm-Nummer und Norm-Titel geändert;

f) Dokument redaktionell überarbeitet.

Frühere Ausgaben

DIN 15565-1: 1974-04, 1984-10, 2000-07
DIN 15565-2: 1974-04, 1984-10, 2000-07
DIN 15565-3: 1974-04, 1984-10, 2000-07
DIN 15565-4: 1974-04, 1984-10, 2000-07
DIN 15565-5: 1974-04, 1984-10, 2000-07
DIN 15565-6: 1974-04, 1984-10, 2000-07
DIN 15560-100: 1977-10, 1984-12, 2007-09

1 Anwendungsbereich

Dieses Dokument gilt für die Errichtung von elektrischen Energieversorgungen mit einem Außenleiterstrom größer als 125 A in der mobilen Produktions- und Veranstaltungstechnik.

Dieses Dokument gilt nicht für festinstallierte elektrische Energieversorgungen.

2 Normative Verweisungen

Die folgenden Dokumente, die in diesem Dokument teilweise oder als Ganzes zitiert werden, sind für die Anwendung dieses Dokuments erforderlich. Bei datierten Verweisungen gilt nur die in Bezug genommene Ausgabe. Bei undatierten Verweisungen gilt die letzte Ausgabe des in Bezug genommenen Dokuments (einschließlich aller Änderungen).

DIN 15766, *Veranstaltungstechnik — Einzelleiter Stecksysteme für Niederspannungsnetze AC 400/230 V für die mobile Produktions- und Veranstaltungstechnik*

DIN EN 60309-1 (VDE 0623-1), *Stecker, Steckdosen und Kupplungen für industrielle Anwendungen — Teil 1: Allgemeine Anforderungen (IEC 60309-1:1999 + A1:2005 modifiziert + A2:2012)*

DIN EN 61439-1 (VDE 0660-600-1), *Niederspannungs-Schaltgerätekombinationen — Teil 1: Allgemeine Festlegungen (IEC 61439-1:2011)*

DIN EN 61439-2 (VDE 0660-600-2), *Niederspannungs-Schaltgerätekombinationen — Teil 2: Energie-Schaltgerätekombinationen (IEC 61439-2:2011)*

DIN VDE 0298-4 (VDE 0298-4):2013-06, *Verwendung von Kabeln und isolierten Leitungen für Starkstromanlagen — Teil 4: Empfohlene Werte für die Strombelastbarkeit von Kabeln und Leitungen für feste Verlegung in und an Gebäuden und von flexiblen Leitungen*

DIN VDE 1000-10 (VDE 1000-10), *Anforderungen an die im Bereich der Elektrotechnik tätigen Personen*

3 Begriffe

Für die Anwendung dieses Dokuments gelten die folgenden Begriffe.

3.1
Energieversorgung
⟨Veranstaltungs- und Produktionstechnik⟩ eigenständige Versorgung für die mobile Veranstaltungs- und Produktionstechnik, beginnend von der Übergabestelle des Versorgungsnetzbetreibers oder von einem mobilen Ersatzstromerzeuger bis zu den Verbrauchern, die getrennt vom allgemeinen Versorgungsnetz durch Elektrofachkräfte errichtet und betrieben wird

Anmerkung 1 zum Begriff: Diese Energieversorgung wird erforderlich, wenn Veranstaltungs- und Produktionstechnik an einem beliebigen Ort zeitlich begrenzt zum Einsatz kommen soll und ist dadurch gekennzeichnet, dass sie entsprechende ihrem bestimmungsgemäßen Gebrauch nach dem Einsatz wieder außer Betrieb genommen und abgebaut wird, um an einem neuen Einsatzort wieder aufgebaut und in Betrieb genommen zu werden.

3.2
Übergabestelle
⟨Veranstaltungs- und Produktionstechnik⟩ definierter Ort der Übergabe elektrischer Energie aus dem allgemeinen Versorgungsnetz oder von einem mobilen Ersatzstromerzeuger, von dem die Veranstaltungs- und Produktionstechnik mit elektrischer Energie versorgt wird

3.3
Hauptleitung

⟨Veranstaltungs- und Produktionstechnik⟩ Verbindung von der Übergabestelle der elektrischen Energie bis zum ersten Verteiler der Energieversorgung der mobilen Veranstaltungs- und Produktionstechnik

4 Energieversorgung

Die unterschiedlichen Einsatzbedingungen und Anforderungen an die Stromversorgung und –verteilung der mobilen Veranstaltungs- und Produktionstechnik machen eine getrennt vom allgemeinen Netz errichtete Energieversorgung erforderlich, um mögliche Störungen durch artfremde Verbraucher zu vermeiden.

Beginnend von der Übergabestelle des öffentlichen Versorgungsnetzbetreibers oder von einem mobilen Ersatzstromerzeuger (Generator) erfolgt der weitere Energietransport über Leitungen, Stecksysteme, Verteiler, Steckvorrichtungen und Leitungen bis zu den Verbrauchern.

Die Leitungen der Energieversorgung für die mobile Veranstaltungs- und Produktionstechnik werden getrennt von denjenigen des allgemeinen Versorgungsnetzes verlegt.

Die Netzform und Erdung der Energieversorgung in der Veranstaltungs- und Produktionstechnik ist als TN-S-System mit Nennspannung AC 230/400 V auszuführen.

Bestandteile der Energieversorgung in der Veranstaltungs- und Produktionstechnik sind z. B.:

— elektrische Anschluss- und Verteilerkästen;

— elektrische Anschlussleitungen und Einzelleiter Stecksysteme nach DIN 15766;

— elektrische Versorgungsleitungen für die Verbraucher.

5 Elektrische Sicherheit

5.1 Allgemeines

Die Errichtung und die Inbetriebnahme der eigenständigen Energieversorgung muss von Elektrofachkräften nach DIN VDE 1000-10 (VDE 1000-10) durchgeführt werden. Nach Errichtung der Energieversorgung bescheinigt der Errichter die Einhaltung der DIN VDE Bestimmungen und dokumentiert die Funktion der Schutzmaßnahmen.

Alle Teile der Energieversorgung (z. B. Leitungen, Stecksysteme, Verteiler und Steckvorrichtungen) müssen elektrisch sicher sein und unterliegen den wiederkehrenden Prüfungen für ortsveränderliche elektrische Betriebsmittel.

5.2 Schutz gegen elektrischen Schlag

Als Grundlage für den Fehlerschutz (Schutz bei indirektem Berühren) müssen alle Betriebsmittel (z. B. Verteiler, Leitungen, Steckvorrichtungen) der Energieversorgung einen Schutzleiter (PE) mitführen.

Alle Endstromkreise müssen als zusätzlichen Schutz gegen elektrischen Schlag (Sicherstellung des Personenschutzes) über einen Fehlerstrom-Schutzeinrichtung (RCD) mit einem Auslösestrom von $I_{\Delta N} \leq 30$ mA verfügen.

Sollte auf Grund von Produktspezifikationen des Herstellers ein zusätzlicher Schutz (Personenschutz) mit einem Auslösestrom von $I_{\Delta N} \leq 30$ mA nicht möglich sein, so muss der Anwender im Rahmen einer Gefährdungsbeurteilung entsprechende Maßnahmen ergreifen, die die gleiche Sicherheit auf andere Weise herstellen. Diese Betriebsmittel müssen entsprechend gekennzeichnet sein.

5.3 Schutz bei Überlast und Kurzschluss

Der erste Verteiler der eigenständigen Energieversorgung muss über eine gemeinsame Schutzeinrichtung zum Schutz bei Überlast und Kurzschluss verfügen.

Wenn durch den Oberschwingungsanteil der zu betreibenden Verbraucher zu erwarten ist, dass der Strom des Neutralleiters den Strom eines Außenleiters übersteigt, ist in der Hauptverteilung der Energieversorgung der Neutralleiterstrom separat zu erfassen. Eine Überschreitung der Belastbarkeit des Neutralleiters der Hauptleitung muss zur allpoligen Abschaltung der Energieversorgung führen.

ANMERKUNG Zur Erhöhung der Betriebssicherheit wird empfohlen, sämtliche Drehstromabgänge vierpolig abzusichern und somit eine selektive Überwachung des Neutralleiterstroms zu erreichen.

Zum Schutz der eigenständigen Energieversorgung gegen Isolationsfehler muss der erste Verteiler der Energieversorgung mit einer einstellbaren Fehler-/Differenzstrom-Schutzeinrichtung mit einem Bemessungsdifferenzstrom $I_{\Delta N} \leq 300$ mA ausgestattet werden, die bei einer Überschreitung des Bemessungsdifferenzstroms die Schutzeinrichtung auslöst.

Der Wert, auf den die Fehler-/Differenzstrom-Schutzeinrichtung eingestellt wird, ergibt sich aus 300 mA zuzüglich dem Ableitstrom der belasteten Anlage in ordnungsgemäßen und geprüften Zustand. Belastet bedeutet, dass die Außenleiterströme in der Hauptverteilung so hoch sind, wie dies für den Betrieb der Anlage bei dieser Veranstaltung zu erwarten ist.

6 Leitungsauswahl

6.1 Allgemeines

Aufgrund unterschiedlicher Anforderungen und Einsatzbedingungen in der mobilen Veranstaltungs- und Produktionstechnik sind bei der Auswahl der Leitungen der Energieversorgung folgende Kriterien zu berücksichtigen:

— Umgebungstemperatur im Betrieb;

— Verlegeart;

— mechanische Beanspruchung im Betrieb.

Diese Kriterien werden durch die Bauart H07RN-F oder gleichwertig erfüllt. Anhang A enthält genauere Informationen zu den Kriterien für die Leitungsauswahl.

Die Kriterien in 6.1, 6.2 und 6.3 müssen bei der Leitungsauswahl gleichzeitig eingehalten werden.

6.2 Leiterquerschnitt

Das Kriterium zur Ermittlung des benötigten Leiterquerschnittes der Hauptleitung ist die jeweilige Leistungsanforderung der benötigten Energieversorgung.

Da der Anteil von Oberschwingungsströmen in der Veranstaltungs- und Produktionstechnik größer geworden ist und betriebsbedingt eine symmetrische Netzbelastung nicht immer sichergestellt werden kann, muss der Leitungsquerschnitt des Neutralleiters mindestens dem des Außenleiters entsprechen.

In Anwendungsfällen bei denen mit einem hohen Anteil von K3-Oberschwingungen zu rechnen ist, ist es sinnvoll, den Querschnitt des Neutralleiters größer zu dimensionieren. Aufgrund der abweichenden Einsatzbedingungen der Veranstaltungs- und Produktionstechnik vom Anwendungsbereich der DIN VDE 0298-4 (VDE 0298-4):2013-06, ist für die Berücksichtigung der dort zusätzlich angegebenen Umrechnungsfaktoren der Errichter der eigenständigen Energieversorgung verantwortlich.

Leiterquerschnitt und Leitungslänge sind so zu bemessen, dass der für die eingesetzten Betriebsmittel zulässige Spannungsfall nicht überschritten wird.

6.3 Leitungslänge

Aufgrund der unterschiedlichen Betriebsbedingungen in der Veranstaltungs- und Produktionstechnik sind die Werte in Tabelle 1 beispielhaft ohne Berücksichtigung einer Vorimpedanz mit einem maximalen Spannungsfall von 5 % unter Volllast und einer Umgebungstemperatur von + 30 °C dargestellt.

Der Errichter der eigenständigen Energieversorgung hat alle Bedingungen vor Ort, wie z. B. die Vorimpedanz Z_S der Übergabestelle und das Erreichen des Auslösestroms I_K des vorgeschalteten Schutzorgans, in seinen Nachweis über die Einhaltung der elektrischen Schutzmaßnahmen einzubeziehen.

Die Reduktionsfaktoren zu Verlegearten aus DIN VDE 0298-4 (VDE 0298-4):2013-06, Tabelle 10, sind für den Anwendungsbereich dieser Norm vernachlässigbar.

Tabelle 1 — Empfehlung für die Länge der Hauptleitung

Nennstrom des Leistungs- schalters A	63	80	100	125	160	200	225	250	315	355	400	500
Leiter- querschnitt mm²	\multicolumn{12}{c}{Empfehlung für die maximale Leitungslänge unter Volllast und 5 % Spannungsfall bei + 30 °C m}
	\multicolumn{12}{c}{Einadrige Leitung}
50	256	201	161	129	101							
70	358	282	225	180	141	113	100					
95	486	382	306	245	191	153	136	122				
120		483	386	309	242	193	172	155	123			
150		604	483	386	302	242	215	193	153	136		
185			596	477	372	298	265	238	189	168	149	
240				618	483	386	343	309	245	218	193	155
300					604	483	429	386	307	272	247	193

Alle Werte basieren auf den in DIN VDE 0298-4 (VDE 0298-4):2013-06, Tabelle 11: „Belastbarkeit von Leitungen mit Nennspannungen bis 1 000V und von wärmebeständigen Leitungen", Spalte 2 und Spalte 5 angegebenen Belastbarkeiten.

7 Anforderungen an Verteiler

Die Verteiler der eigenständigen Energieversorgung müssen folgende Anforderungen erfüllen:

a) Verteiler müssen elektrisch sicher sein und nach den Anforderungen der DIN EN 61439-1 (VDE 0660-600-1) und DIN EN 61439-2 (VDE 0660-600-2) ausgeführt sein;

b) Verteiler müssen eingangsseitig mit einem schutzisolierten Klemmraum ausgestattet sein;

c) Verteiler müssen für die Betriebs- und Umgebungsbedingungen am Aufstellungsort ausgelegt sein;

d) Schraubverbindungen müssen gegen Selbstlösen gesichert sein;

e) der Querschnitt des Neutralleiters innerhalb eines Verteilers muss mindestens dem der Außenleiter entsprechen;

f) Verteiler für den Außeneinsatz müssen über Sockel oder Standfüße von mindestens 40 mm Höhe verfügen;

g) Verteiler müssen derart kippsicher gebaut sein, dass sie bis zu einem Kippwinkel von 25° nicht umstürzen;

h) Verteiler zum Hängen müssen mit einer ausreichend bemessenen Sekundärsicherung gegen Herabfallen versehen sein;

i) Verteiler müssen mit geeigneten Handgriffen zum Transport ausgestattet sein.

8 Anforderungen an Steckvorrichtungen und –systeme

Werden in der Hauptleitung der Energieversorgung Steckvorrichtungen oder -systeme eingesetzt, ist für deren Auswahl die jeweilige Leistungsanforderung der Energieversorgung maßgebend.

Steckvorrichtungen müssen die Anforderungen nach DIN EN 60309-1 (VDE 0623-1) oder Einzelleiter–Stecksysteme nach DIN 15766 erfüllen.

Anhang A
(informativ)

Kriterien für die Leitungsauswahl

Die zu erfüllenden Mindestanforderungen an Leitungen für den Einsatz in Energieversorgungen der Veranstaltungs- und Produktionstechnik werden durch eine Gummischlauchleitung des Typs H07RN-F oder ähnlich erfüllt.

Folgende Kriterien sind zu berücksichtigen:

— Umgebungstemperatur im Betrieb:

Gummischlauchleitungen des Typs H07RN-F sind einsetzbar im Temperaturbereich von −25 °C bis +60 °C. Unterhalb des angegebenen Temperaturbereiches erhöht sich die Bruchgefahr des Leitungsmantels und der Leiterisolierung. Oberhalb des angegebenen Temperaturbereiches sprödet das Isolationsmaterial (z. B. Elastomere wie Polychloropren) aus. Die Berührung der Leitungen mit heißen Oberflächen ist durch ordnungsgemäße Verlegung zu vermeiden.

— Mechanische Beanspruchung im Betrieb:

Gummischlauchleitungen des Typs H07RN-F sind gegenüber äußeren mechanischen Einflüssen belastbar. Bedingt durch das höhere Gewicht und die Materialeigenschaften des Mantels (Kaltfluss) sind an die Zugentlastungen für Gummischlauchleitungen des Typ H07RN-F besondere Anforderungen zu stellen.

Literaturhinweise

Normen der Reihe DIN VDE 0100-100 (VDE 0100-100) bis DIN VDE 0100-600 (VDE 0100-600), *Errichten von Niederspannungsanlagen*

DIN VDE 0100-711 (VDE 0100-711), *Errichten von Niederspannungsanlagen — Teil 7: Anforderungen für Betriebsstätten, Räume und Anlagen besonderer Art — Teil 711: Ausstellungen, Shows und Stände (IEC 60364-7-11:1998 modifiziert)*

DIN VDE 0100-740 (VDE 0100-740), *Errichten von Niederspannungsanlagen — Teil 7-740: Anforderungen für Betriebsstätten, Räume und Anlagen besonderer Art — Vorübergehend errichtete elektrische Anlagen für Aufbauten, Vergnügungseinrichtungen und Buden auf Kirmesplätzen, Vergnügungsparks und für Zirkusse (IEC 60364-7-740:2000 modifiziert)*

DIN VDE 0105-100 (VDE 0105-100), *Betrieb von elektrischen Anlagen — Teil 100: Allgemeine Festlegungen*

BDEW TAB 2007, TAB 2007:2007-07, Technische Anschlussbedingungen für den Anschluss an das Niederspannungsnetz[1)]

[1)] Zu beziehen bei: VDE Verband der Elektrotechnik Elektronik Informationstechnik e.V., Stresemannallee 15, 60596 Frankfurt, http://www.vde.com

Januar 2013

DIN 15780

ICS 97.200.10

**Veranstaltungstechnik –
LED in der szenischen Beleuchtung**

Entertainment technology –
LED for scenic lighting applications

Technique événementielle –
LED pour l'éclairage scénique

Gesamtumfang 33 Seiten

Normenausschuss Veranstaltungstechnik, Bild und Film (NVBF) im DIN

Inhalt

Seite

Vorwort		3
1	Anwendungsbereich	4
2	Normative Verweisungen	4
3	Begriffe	5
4	Kurzbeschreibung	8
4.1	Allgemeines	8
4.2	Offenes LED-System	9
4.3	LED-Scheinwerfer	10
4.4	Geschlossenes LED-System	11
5	Eigenschaften	11
5.1	Optische Eigenschaften	11
5.2	Elektrische Eigenschaften	14
5.3	Thermische Eigenschaften	15
5.4	Mechanische Anforderungen	16
6	Gefährdungen	16
6.1	Elektrische Gefährdung	16
6.2	Thermische Gefährdung	17
6.3	Optische Gefährdung	17
7	Anforderungen an die Gebrauchstauglichkeit	18
7.1	Allgemeines	18
7.2	Lichttechnische Anforderungen	19
7.3	Betriebstechnische Anforderungen	19
8	Benutzerinformation und Kennzeichnung	22
Anhang A (informativ) Kompatibilität der verwendeten Stecksysteme		23
A.1	Stecksysteme für die Steuersignale zwischen Steuer- und Betriebsgerät	23
A.2	Stecksysteme für die Verbindung zwischen Betriebsgerät und LED-Modul	27
Literaturhinweise		32

Vorwort

Dieses Dokument wurde vom Normenausschuss Veranstaltungstechnik, Bild und Film (NVBF) im DIN Deutsches Institut für Normung e. V., Arbeitsausschuss NA 149-00-04 AA „Licht- und Medientechnik" erarbeitet.

Es wird auf die Möglichkeit hingewiesen, dass einige Texte dieses Dokuments Patentrechte berühren können. Das DIN [und/oder die DKE] sind nicht dafür verantwortlich, einige oder alle diesbezüglichen Patentrechte zu identifizieren.

1 Anwendungsbereich

Diese Norm gilt für Systeme von lichtemittierenden Dioden (LEDs), die in festen und ortsveränderlichen Veranstaltungs- und Produktionsstätten sowie szenischen Produktionen und szenischer Architekturbeleuchtung, verwendet werden.

Diese Norm gilt für LED-Systeme im sichtbaren Wellenlängenbereich von 380 nm bis 780 nm sowie im nicht sichtbaren IR- und UV-Bereich (nur bei IRED und UV-LED).

Ziel der Norm ist die Beschreibung der Systeme mit LED-Technik, der Anforderung an die Kompatibilität der Systeme und deren Gebrauchstauglichkeit und den hiervon ausgehenden Gefährdungen und den daraus resultierende Anforderungen (siehe DIN EN 62471).

Diese Norm gilt als Leitfaden für den Einsatz von LED-Systemen und beschreibt die möglichen Bauformen von LED-Systemen, die aus Einzelkomponenten oder -modulen bestehen.

Ein LED-System kann aus einer einzelnen LED – mit getrenntem oder integriertem Versorgungsgerät – bestehen oder kann eine oder mehrere LEDs in einem komplexen optischen, elektrischen oder mechanischen System umfassen. Für LED-Systeme, von denen eine Gefährdung ausgehen kann, sind besondere Maßnahmen erforderlich: z. B. geeignete Sicherungsmaßnahmen, diese Maßnahmen sind nicht Bestandteil dieser Norm.

Systemgebundene, geschlossene LED-Systeme wie z. B. Bildwänden und Pixelsystemen, deren Einzelkomponenten nicht extern zugänglich sind, werden in dieser Norm nicht behandelt. Werden diese Systeme jedoch szenisch eingesetzt, ist der Abschnitt 5 „Gefährdungen" dieser Norm anwendbar.

Diese Norm gilt nicht für LEDs in der Allgemeinbeleuchtung.

2 Normative Verweisungen

Die folgenden Dokumente, die in diesem Dokument teilweise oder als Ganzes zitiert werden, sind für die Anwendung dieses Dokuments erforderlich. Bei datierten Verweisungen gilt nur die in Bezug genommene Ausgabe. Bei undatierten Verweisungen gilt die letzte Ausgabe des in Bezug genommenen Dokuments (einschließlich aller Änderungen).

DIN 56920-4, *Veranstaltungstechnik — Teil 4: Begriffe für beleuchtungstechnische Einrichtungen*

DIN EN 60598-1 (VDE 0711-1):2009-09, *Leuchten — Teil 1: Allgemeine Anforderungen und Prüfungen (IEC 60598-1:2003, modifiziert); Deutsche Fassung EN 60598-1:2008 + A11:2009*

DIN EN 62471 (VDE 0837-471), *Photobiologische Sicherheit von Lampen und Lampensystemen*

ANSI E1.11, *Entertainment Technology — USITT DMX512-A — Asynchronous Serial Digital Data Transmission Standard for Controlling Lighting Equipment and Accessories*

ANSI E1.17, *Entertainment Technology — Architecture for Control Networks*

ANSI E1.31, *Entertainment Technology — Lightweight streaming protocol for transport of DMX512 using ACN*

3 Begriffe

Für die Anwendung dieses Dokuments gelten die Begriffe nach DIN 56920-4 und die folgenden Begriffe.

3.1
LED
(en: light emitting diode (LED))
Halbleiter-Bauteil mit einem pn-Übergang, das elektromagnetische Strahlung im Wellenlängenbereich von 380 nm bis 780 nm durch strahlende Rekombination in einem Halbleiter erzeugt

ANMERKUNG 1 zum Begriff: LED kann mit Primäroptik bestückt sein.

ANMERKUNG 2 zum Begriff: Die Strahlung wird hauptsächlich durch den Prozess der spontanen Emission erzeugt, obwohl auch stimulierende Emission daran beteiligt sein kann.

[DIN 56920-4:2013-01, 2.2.7.13]

3.2
LED-Modul
(en: LED module, LED array)
gebrauchsfertige Anordnung einer oder mehreren lichtemittierenden Dioden z. B. auf einer Metallkernplatine. Ermöglicht den elektrischen, optischen und thermischen Anschluss der LED.

[DIN 56920-4:2013-01, 2.2.7.13.1]

3.3
OLED
(en: organic light emitting diode (OLED))
dünnfilmiges, leuchtendes Bauelement aus organischen, halbleitenden Materialien, für das keine einkristallinen Materialien erforderlich sind

3.4
IRED
(en: infrared light emitting diode (IR-LED))
Halbleiter-Bauteil mit einem pn-Übergang, das elektromagnetische Strahlung im Infrarot-Wellenlängenbereich größer 780 nm durch strahlende Rekombination in einem Halbleiter erzeugt

3.5
UV-LED
(en: ultraviolet light emitting diode (UV-LED))
Halbleiter-Bauteil mit einem pn-Übergang, das elektromagnetische Strahlung im Ultraviolett-Wellenlängenbereich von 180 nm bis 380 nm durch strahlende Rekombination in einem Halbleiter erzeugt

3.6
ortsfeste LED-Systeme
Systeme, die sich nicht leicht von einer Stelle zu einer anderen bewegen lassen, entweder, weil sie so befestigt sind, dass sie nur mit Werkzeug entfernt werden können oder weil sie fest mit der Netzversorgung verbunden sind

3.7
ortsveränderliche LED-Systeme
Systeme, die im bestimmungsgemäßen Gebrauch von einer Stelle zur anderen bewegt werden können, auch während sie an das Netz angeschlossen sind oder bei dem einzelne Komponenten über Steckverbinder getrennt werden können

3.8
Steuergerät
(en: control unit)
elektrische Einrichtung zur Erzeugung der notwendigen Steuersignale/Führungsgrößen für die Steuerung von LED-Modulen

BEISPIEL   Lichtstellpult, Mediensteuerung, Pixelmapper

3.9
Steuersignal
(en: control signal)
Führungsgröße für das Betriebsgerät, das von dem Steuergerät erzeugt wird

BEISPIEL   Gesteuert werden z. B. Helligkeit, Farbton und Farbsättigung (Grad der Buntheit). Bei geschlossenen Systemen (z. B. Bildwänden und Pixelsystemen) können auch A/V-Signale als Steuersignal zur Anwendung kommen.

ANMERKUNG 1 zum Begriff: Geeignete Steuersignale für die Betriebsgeräte von LED-Systemen sind DMX512 nach ANSI E1.31, Ethernet nach DIN 56930-3 und ACN nach ANSI E1.17.

3.10
Spannungsversorgung
(en: power supply)
stellt die Versorgungsspannung für das Betriebsgerät bereit

ANMERKUNG 1 zum Begriff: Die Spannungsversorgung kann direkt über einen Netzanschluss, ein Netzteil oder eine Gleichspannungsquelle (z. B. Batterie, Akkumulator) erfolgen oder im Betriebsgerät integriert sein.

3.11
elektronisches Betriebsgerät für LED-Module
(en: gear ballast)
Gerät zur Versorgung des LED-Modules (oder der LED-Module) mit seiner (ihrer) Bemessungsspannung oder seinem (ihrem) Bemessungsstrom

ANMERKUNG 1 zum Begriff: Das Gerät kann aus einem oder mehreren einzelnen Teilen bestehen und kann Einrichtungen zum Schalten, zum Dimmen, zur Korrektur des Leistungsfaktors und zur Unterdrückung von Funkstörungen enthalten.

3.12
Dimmer
Lichtsteuergerät
(en: dimmer)
Gerät im Versorgungsstromkreis zur Veränderung des Lichtstroms der Lampen einer Beleuchtungsanlage

[DIN 56920-4:2013-01, 2.7.3]

BEISPIEL   Bei der Pulsbreitenmodulation (PWM) wird eine konstante Gleichspannung periodisch geschaltet, d. h. es werden abwechselnd Anteile durchgelassen bzw. gesperrt. Das Puls-/Pausenverhältnis ist proportional zur resultierenden Helligkeit.

ANMERKUNG 1 zum Begriff: Der Dimmer ist eine Sonderform eines Betriebsgerätes, der in Abhängigkeit von einem Steuersignal die Helligkeitssteuerung des LED-Modules ermöglicht.

3.13
Kühlung
(en: cooling)
Vorgang zur Wärmeabfuhr um den Betrieb der Einzelkomponenten eines LED-Systems im Rahmen der Temperaturgrenzwerte sicher zu stellen

3.14
Optik
Sekundär-Optik
(en: optic)
Einrichtung durch die sich die Lichtverteilung eines LED-Systems verändern lässt

3.15
Wellenlängenbereich
(en: wavelength)
wird definiert durch die emittierten Wellenlängen einer LED oder eines LED-Moduls

ANMERKUNG 1 zum Begriff: Der Wellenlängenbereich kann durch das Spektrum einer oder mehrerer Einzel-LED bestimmt werden.

3.16
dominante Wellenlänge
(en: dominant wavelength)
wahrgenommene Farbe der Komponente die aus dem Wellenlängenbereich der LED abgeleitet wird

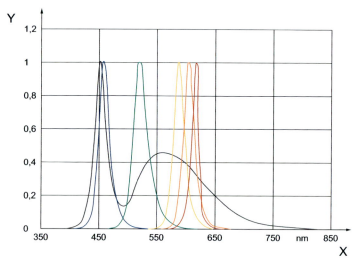

Legende

— Blau, typische dominante Wellenlänge im Bereich um 450 nm, (In, Ga) N
— Grün, typische dominante Wellenlänge im Bereich um 525 nm, (In, Ga) N
— Rot, typische dominante Wellenlänge im Bereich um 625 nm, (In, Ga) P
— Weiß, Mischfarbe, keine dominante Wellenlänge definiert, (In, Ga) N + Farbstoff
— Gelb, typische dominante Wellenlänge im Bereich um 590 nm, (Al, In, Ga) P
— Orange, typische dominante Wellenlänge im Bereich um 615 nm, (Al, In, Ga) P

Bild 1 — Wellenlängenbereiche von LEDs

3.17
Farbwiedergabe-Index

R

Maß für die Annäherung der Farbvalenz von Objekten, die mit einer zu kennzeichnenden Lichtart beleuchtet werden, zur Farbempfindung der gleichen Objekte unter der Bezugslichtart, wobei die Farbumstimmung in geeigneter Weise berücksichtigt wird

[IEC 60050-845:1987]

4 Kurzbeschreibung

4.1 Allgemeines

Dieser Abschnitt beschreibt LED-Systeme und ihre Anwendbarkeit. LED-Systeme im Sinne dieser Norm bestehen aus (siehe Bild 2):

— Steuergerät;

— Steuersignal (Signalleitung, EMV);

— Spannungsversorgung (AC, DC);

— Betriebsgerät;

— elektrischen Verbindungen;

— LED bzw. LED-Modul;

— optischen Systemen.

Bei geschlossenen LED-Systemen (z. B. Bildwänden und Pixelsystemen) ist Abschnitt 6 „Gefährdungen" anwendbar.

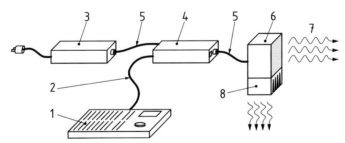

Legende

1 Steuergerät
2 Steuersignal (Signalleitung, EMV)
3 Spannungsversorgung (AC, DC)
4 Betriebsgerät und/oder Dimmer
5 elektrische Verbindungen
6 LED bzw. LED-Modul
7 optische Systeme
8 Kühlung

Bild 2 — LED-System

4.2 Offenes LED-System

Offene LED-Systeme bestehen aus einzelnen oder mehreren Komponenten, die je nach Anwendung zu einem komplexen optischen, elektrischen oder mechanischen System zusammengefasst werden (siehe Bild 3).

Offene LED-Systeme im Sinne dieser Norm bestehen aus:

— Steuergerät;

— Steuersignal (Signalleitung, EMV);

— Spannungsversorgung (AC, DC);

— Betriebsgerät;

— elektrische Verbindungen;

— LED bzw. LED-Modul;

— optischen Systemen.

Bei offenen LED-Systemen ist Abschnitt 6 „Gefährdungen" anwendbar.

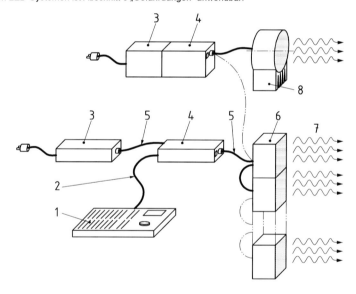

Legende

1 Steuergerät
2 Steuersignal (Signalleitung, EMV)
3 Spannungsversorgung (AC, DC)
4 Betriebsgerät und/oder Dimmer
5 elektrische Verbindungen
6 LED bzw. LED-Modul
7 optische Systeme
8 Kühlung

Bild 3 — Offenes LED-System

4.3 LED-Scheinwerfer

Scheinwerfer mit einem optischen System, das speziell auf LEDs als Lichtquelle abgestimmt ist (siehe Bild 4).

LED-Scheinwerfer im Sinne dieser Norm bestehen aus:

— Steuergerät;

— Steuersignal (Signalleitung, EMV);

— Spannungsversorgung (AC, DC);

— optischen Systemen.

Bei LED-Scheinwerfern ist Abschnitt 6 „Gefährdungen" anwendbar.

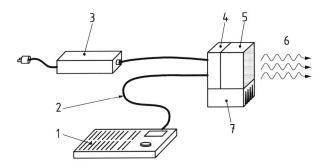

Legende

1 Steuergerät
2 Steuersignal (Signalleitung, EMV)
3 Spannungsversorgung (AC, DC)
4 Betriebsgerät und/oder Dimmer
5 LED bzw. LED-Modul
6 optische Systeme
7 Kühlung

Bild 4 — LED-Scheinwerfer

4.4 Geschlossenes LED-System

Bei systemgebundenen, geschlossenen LED-Systemen sind alle zum Betrieb notwendigen Einzelkomponenten nicht extern zugänglich oder nicht austauschbar (siehe Bild 5).

Geschlossene LED-Systeme im Sinne dieser Norm bestehen aus:

— Steuersignal (Signalleitung, EMV);

— Spannungsversorgung (AC, DC).

Bei geschlossenen LED-Systemen ist Abschnitt 6 „Gefährdungen" anwendbar.

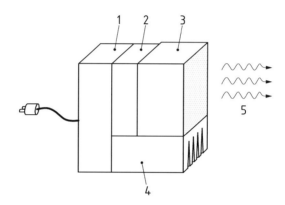

Legende

1 Spannungsversorgung (AC, DC)
2 Betriebsgerät und/oder Dimmer
3 LED bzw. LED-Modul
4 Kühlung
5 optische Systeme

Bild 5 — Geschlossenes LED-System

5 Eigenschaften

5.1 Optische Eigenschaften

5.1.1 Farbort

Der Farbort einer LED ist definiert durch die x-/y-Koordinaten im CIE-Farbwertdiagramm nach CIE 1931 (siehe Bild 6).

5.1.2 Dominante Wellenlänge

Bezeichnet den vom Auge (oder Kamera) wahrgenommenen Farbeindruck einer Einzel-LED.

5.1.3 LED im RGB-Farbraum nach CIE 1931

Im RGB-Farbraum nach CIE 1931 wird die dominante Wellenlänge jeder Einzel-LED eines RGB-Systems als Schnittpunkt der Verlängerung einer Geraden mit dem Spektralzug beginnend im Weißpunkt (x=y=0,33) durch den Farbort ermittelt. Der Grad der Buntheit (Sättigung) als Betrag kann als Verhältnis der Längen der Strecke zwischen Weißpunkt und Farbort und Gesamtlänge abgelesen werden. Durch die Farborte wird ein Vieleck (Gamut) aufgespannt, das annähernd den abbildbaren Farbraum des LED-Systems darstellt (siehe Bild 6).

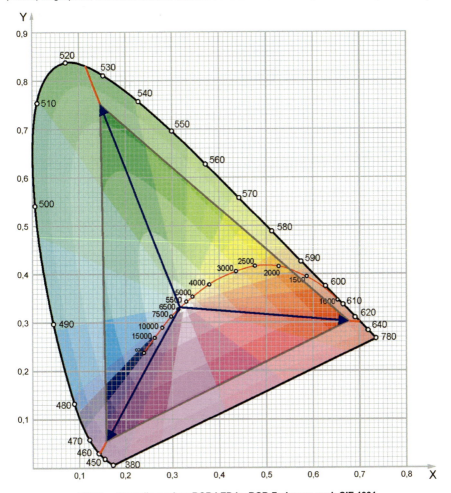

Bild 6 — Darstellung einer RGB LED im RGB-Farbraum nach CIE 1931

Der abbildbare Farbraum eines LED-Systems kann wesentlich vergrößert werden, indem zusätzliche LEDs mit anderen dominanten Wellenlängen (z. B. Orange oder Gelb) eingefügt werden (siehe Bild 7).

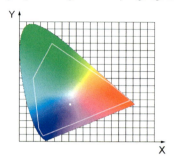

Bild 7 — LED-System mit fünf Farben im RGB-Farbraum nach CIE 1931

5.1.4 Farbwiedergabe

Je nach Zusammensetzung der Einzel-LED eines Farbmischsystems können Farben eines beleuchteten Objektes anders wiedergegeben werden als bei einem kontinuierlichen Strahler (z. B. Tages- oder Kunstlicht-Leuchte). Der Umfang der abbildbaren Farbtöne, die farbecht wiedergegeben werden können, wird durch den Farbwiedergabeindex angegeben.

ANMERKUNG   Die Berechnung des Farbwiedergabeindex ist in DIN 6169-2 bzw. CIE 13.3 festgelegt. Die darin beschriebenen Verfahren zur Bestimmung des Farbwiedergabeindex R_a sind für schmalbandige Lichtquellen oder Lichtquellen mit nichtkontinuierlichem Spektrum - wie LEDs - nur bedingt geeignet.

5.1.5 Farbtemperatur

Die Farbtemperatur ist ein Maß für den Farbeindruck einer Lichtquelle. Sie wird definiert als die Temperatur, auf die man einen schwarzen Körper (Planckschen Strahler) aufheizen müsste, damit er Licht einer Farbe abgibt, das bei gleicher Helligkeit und unter festgelegten Beobachtungsbedingungen der zu beschreibenden Farbe am ähnlichsten ist (en: correlated colour temperature (CCT)). Die Einheit für die Farbtemperatur ist Kelvin [K].

5.1.6 Farbabstand

Als Farbabstand bezeichnet man die Entfernung zwischen einem Ist-Farbwert und einem Soll-Farbwert bzw. den Unterschied zwischen einer Probefarbe und einer Vergleichsfarbe in einem Farbraum.

ANMERKUNG ΔE wird auch Delta E oder dE geschrieben und ist ein Maß für den Farbabstand.

DIN 15780:2013-01

Zur subjektiven Bestimmung des Farbabstandes in Abhängigkeit zum wahrgenommenen Farbunterschied siehe Tabelle 1.

Tabelle 1 — Bewertung des Farbabstands

ΔE	Bewertung
0,0 bis 0,5	Kein bis fast kein Unterschied
> 0,5 bis 1,0	Unterschied kann für das geübte Auge bemerkbar sein
> 1,0 bis 2,0	Merklicher Farbunterschied
> 2,0 bis 5,0	Deutlicher Farbunterschied
> 5,0	Die Differenz wird als andere Farbe bewertet

ANMERKUNG   Zur Berechnung des Farbabstandes siehe DIN EN ISO 11664-4 sowie DIN 6176.

5.1.7 LEDs als Weißlichtquelle

Zur Erzeugung oder Darstellung von Weißlicht mit LEDs muss zwischen der subjektiven Wahrnehmung der Kombination von Farbtemperatur und Farbabstand und der technischen Darstellung des Spektrums der LEDs unterschieden werden. Bei der Kombination von LEDs mit anderen Lichtquellen (Kunstlicht oder Tageslichtweiß) können andere Effekte von Bedeutung sein.

5.2 Elektrische Eigenschaften

5.2.1 Pulsbreitenfrequenz, Vermeidung von Schwebungen mit Kameratechnik

Bei der Helligkeits- bzw. Farbsteuerung von LEDs über eine Pulsbreitensteuerung darf beim Einsatz in Verbindung mit Film- oder Fernsehkameratechnik die Frequenz der Pulsbreite kein ganzzahliges Vielfaches der Bildfrequenz ergeben, da es sonst zu Schwebungen bei der Bildwiedergabe kommen kann.

ANMERKUNG   Die Bildfrequenz ist bei PAL-Signalen 50 Hz, bei NTSC 60 Hz bei Film 24 Hz.

5.2.2 Wahl der Pulsbreitenfrequenz

Wird in Verbindung mit LEDs eine Pulsbreitensteuerung mit konstanter Pulsbreitenfrequenz eingesetzt, kann es je nach Typ und Beschaffenheit der LED oder des LED-Moduls zu nicht stetiger Lichtausgabe kommen, d. h. es wird ein „Flackern" wahrnehmbar. Bei niedriger Pulsbreitenfrequenz (< 300 Hz) kann dieses Problem im unteren Helligkeitsbereich bei einem Puls-/Pausenverhältnis von weniger 1:10 auftreten. Wird die Pulsbreitenfrequenz jedoch sehr hoch angesetzt, kann dies zu EMV-Problemen durch Störaussendungen kommen.

ANMERKUNG   Eine Modulation der Pulsbreitenfrequenz in Abhängigkeit vom Puls-/Pausenverhältnis kann diesen Effekt minimieren und gleichzeitig die EMV-Emissionen gering halten. Zusätzlich ist es in Verbindung mit Kameratechnik sinnvoll, die Pulsbreitenfrequenz von mehreren LED-Modulen untereinander zu variieren, um auch hier eventuell sichtbare Schwebungseffekte bei der Lichtausgabe zu vermeiden.

5.2.3 Dimmung über Stromregelung

Bei einer Intensitätssteuerung der LEDs über eine Stromregelung, bei der die Betriebsspannung nahezu konstant gehalten wird, kommt es zu einer Farbdrift der LEDs. Nur bei mehrfarbigen LED-Systemen lässt sich der Farbdrift durch einen geeigneten U/I-Regelkreis oder eine Lösung über eine Prozessorsteuerung ausgleichen.

ANMERKUNG   Im Gegensatz zur Intensitätssteuerung von LEDs über Pulsbreitensteuerung ist die Stromregelung EMV-freundlicher.

14

5.2.4 Betrieb an Konstantstromquelle

Die Konstantstromquelle begrenzt den maximalen Strom der in Reihenschaltung betriebenen LEDs auf den für den Typ der Einzel-LED zulässigen Wert (übliche Werte sind z. B. 350 mA, 700 mA, 1 A). Die Ausgangsspannung des Betriebsgerätes muss mindestens der Summe der Einzelspannungen der LEDs entsprechen.

ANMERKUNG   LED-Betriebsgeräte mit Konstantstromquelle können sowohl für Sicherheitskleinspannung ausgeführt sein als auch ein Netzteil zum direkten Betrieb an Hochvolt-Wechselspannung enthalten. Bei einem Betrieb von LED oder LEDs an einer Konstantstromquelle als Betriebsgerät ist keine Intensitätssteuerung möglich.

5.2.5 Netzversorgung für LED-Betriebsgerät

Betriebsgeräte, deren angeschlossene LEDs nicht gedimmt werden sollen oder die über ein separates Steuersignal als Führungsgröße gedimmt werden, müssen an einer Festspannung angeschlossen werden, die nicht gedimmt sein darf (z. B. durch Phasenanschnitt-Dimmer).

ANMERKUNG   Je nach Ausführung des LED-Betriebsgerätes (z. B. bei Pulsbreitensteuerung) kann eine impulsfeste Spannungsversorgung erforderlich sein.

5.2.6 Betrieb von LED-Systemen an Leistungsdimmer

Sollen LED-Systeme direkt an Leistungsdimmern zur Helligkeitssteuerung betrieben werden, so erfordert dies ein LED-Betriebsgerät, das die primärseitige Hochvolt-Versorgungsspannung (z. B. Phasenan- oder -abschnitt, Hüllkurvendimmer) in eine sekundärseitige Stromregelung umwandelt. Sinngemäß gelten dann die Festlegungen nach 5.2.3.

ANMERKUNG   LED-Betriebsgeräte mit Pulsbreitensteuerung können prinzipiell nicht an Leistungsdimmern betrieben werden.

5.2.7 Geeignete Steuersignale für LED-Dimmer und –Betriebsgeräte

Zur Steuerung von dimmbaren LED-Systemen eignen sich alle in der Lichtsteuertechnik üblichen Steuersignale, die auf einem Bussystem basieren. Sollen stufenlose Helligkeits- und/oder Farbübergänge erreicht werden, kann eine Signalauflösung von mehr als 8 bit (256 Stufen) erforderlich sein. Für die synchrone Wiedergabe von Bild- und Pixelinformationen über LEDs ist zusätzlich die Wiederholrate des Steuersignals zu beachten.

ANMERKUNG   Geeignete Steuersignale werden in Abschnitt 7 dargestellt.

5.2.8 LED-Module mit abgesetztem PWM-Dimmer

Beim Einsatz von Betriebsgeräten für LEDs, die eine Intensitätssteuerung über Pulsbreitendimmung mit konstanter oder variabler Pulsbreitenfrequenz vorsehen, sind die EMV-Anforderungen zu beachten.

ANMERKUNG   Der Betrieb von abgesetzten Betriebsgeräten mit längeren Leitungsverbindungen zu den LEDs erfordert hier besonders die Einbeziehung des Leitungsweges in die EMV-Betrachtung. Prinzipiell sollten die Leitungen so kurz wie möglich ausgeführt sein.

5.3 Thermische Eigenschaften

Mit steigender Sperrschicht-Temperatur (en: junction temperature) treten Änderungen der Betriebseigenschaften der LEDs auf. Eine thermisch belastete LED verliert an Effizienz, die Intensität ändert sich. Im optischen Bereich verschiebt sich der Wellenlängenbereich.

Ein dauerhaftes Überschreiten der maximal zulässigen Sperrschicht-Temperatur führt zu bleibender Beschädigung und Ausfall der LED.

Die Temperaturkompensation kann beispielweise auch durch einen Temperatur-Regelkreis zur Reduzierung der Intensität bei erhöhter Betriebstemperatur erfolgen.

Wenn die thermische Energie nicht ausreichend abgeführt wird, ist eine forcierte Kühlung erforderlich.

5.4 Mechanische Anforderungen

5.4.1 Mechanische Eigenschaften

LED-Module müssen eine hinreichende mechanische Festigkeit haben und so gebaut sein, dass sie auch der zu erwartenden Beanspruchung bei bestimmungsgemäßen Gebrauch genügen.

Falls die mechanische Festigkeit nicht über die verwendeten Komponenten realisiert werden kann, sind Vorkehrungen zu treffen, die einen ausreichenden mechanischen Schutz gewährleisten wie z. B. eine berührungssichere, feste Montage der Komponenten.

Beim Einsatz von LED-Systemen im Außenbereich und Feuchträumen ist zu beachten, dass sie, je nach Ausführung, dem Einfluss von Feuchte ausgesetzt sein können, was zur Korrosion der elektrischen Anschlüsse führen kann. Für das LED-System im Außenbereich ist daher die entsprechende Schutzart zu wählen.

Beim Einsatz von LED-Systemen im trockenen Innenbereich ist zu beachten, dass sie je nach System, dem Einfluss von extremen Umgebungstemperaturen ausgesetzt sein können.

5.4.2 Steckverbinder

Der Einsatz von Steckverbindern zwischen den einzelnen Komponenten des LED-Systems soll ein unbeabsichtigtes Lösen von elektrischen Verbindungen verhindern. Handelsübliche Steckverbinder mit Schraub- oder Bajonettverschluss oder Rastnasen sind geeignet, um ein schnelles Lösen und Verbinden zu gewährleisten.

5.4.3 Wärmeableitung

Um eine Brandgefahr beim Einsatz von LED-Systemen auf brennbaren Oberflächen zu vermeiden, dürfen nur Komponenten des LED-Systems eingesetzt werden, die zur Befestigung auf brennbaren Oberflächen geeignet sein.

Für alle Komponenten des LED-Systems, die nicht zur Befestigung auf brennbaren Oberflächen geeignet sind, ist für eine zusätzliche Wärmeableitung zu sorgen.

Beim Einbau in Dekorationen ist auf eine ausreichende Wärmeabfuhr bzw. Kühlung zu achten und die Systeme müssen vor Beschädigung geschützt werden.

6 Gefährdungen

6.1 Elektrische Gefährdung

6.1.1 Schutz gegen elektrischen Schlag

LED-Systeme müssen so gestaltet sein, dass elektrisch aktive Teile berührungsgeschützt sind oder nicht-berührungsgeschützte Komponenten des Systems mit Sicherheits-Kleinspannung betrieben werden.

6.1.2 Elektromagnetische Verträglichkeit (EMV)

Es dürfen nur LED-Systeme eingesetzt werden, die die Anforderungen an die elektromagnetische Verträglichkeit erfüllen.

Beim Aufbau eines LED-Systems aus Einzelkomponenten ist die Einhaltung der EMV-Anforderungen für das Gesamtsystems sicherzustellen.

6.2 Thermische Gefährdung

Komponenten eines LED-Systems oder deren Befestigungsflächen dürfen sich nicht übermäßig erwärmen, so dass die Sicherheit beeinträchtigt wird. Es gelten die Grenzwerte nach DIN EN 60598-1 (VDE 0711-1):2005-03, Tabelle 12.1.

Komponenten eines LED-Systems, die berührbar sind, dürfen eine Oberflächentemperatur und/oder Strahlungstemperatur von nicht mehr als 90 °C aufweisen. Komponenten, die im Betrieb eine Temperatur von mehr als 90 °C erreichen, müssen deutlich und dauerhaft gekennzeichnet sein.

6.3 Optische Gefährdung

6.3.1 Allgemeines

Im Rahmen der optischen Gefährdung kann die erzeugte Bestrahlungsstärke, Leuchtdichte und/oder Lichtstärke vom menschlichen Auge nicht mehr eindeutig wahrgenommen werden. Es kann zur Gefährdung durch Wahrnehmungsstörungen und/oder organische Schädigungen kommen. Man unterscheidet folgende Arten der möglichen optischen Gefährdungen:

6.3.2 Physiologische Blendung

Physiologische Blendung ist eine Form von Blendung, welche die Wahrnehmung von visueller Information technisch messbar reduziert.

Blendung kann nur hervorgerufen werden durch sichtbares Licht, das physikalisch betrachtet eine elektromagnetische Welle mit Wellenlängen von 380 nm (Grenzbereich zur UV-Strahlung) bis 780 nm (Grenzbereich zur Infrarot-Strahlung) darstellt.

Blendung entsteht durch eine optische Quelle, deren Intensität groß genug ist, um die Sehfähigkeit einer Person zu verringern. Die unmittelbaren Seheffekte dauern zunächst nur solange wie das Licht tatsächlich gegenwärtig ist. Blendung wird aber insbesondere noch von Nachbildern begleitet. Ein Nachbild ist ein Seheindruck, der mehr oder weniger unmittelbar nach Abklingen der Stimulation an der Stelle auftritt, die bestrahlt wurde. Die Nachbilddauer bedeutet auch eine Leseunfähigkeit für diesen Zeitraum. Nachbilder haben insbesondere Auswirkungen,

— auf den Visus (Sehschärfe), welcher für einen bestimmten Zeitraum durch das Nachbild vermindert wird und

— auf das Farbensehen, da sich das Nachbild in seiner Farbe ändert, was dazu führt, dass bestimmte Farben temporär nicht mehr richtig wahrgenommen werden können.

Ebenso wird das Farbkontrastsehvermögen je nach Stärke der Blendung deutlich beeinträchtigt.

ANMERKUNG Bei großem Unterschied der Leuchtdichte der Lichtquelle zur Umgebung kann ein ständiger Adaptionsvorgang des Auges die Folge sein.

LED-Systeme und LED-Scheinwerfer mit hohen Leuchtdichtewerten können Blendung verursachen. Im Moment der Blendung ist die Wahrnehmung mit dem Auge gestört und kann so z. B. zum Übersehen von Hindernissen und anderen Gefahrstellen führen.

6.3.3 Psychologische Blendung

Psychologische Blendung ist eine Form von Blendung, welche als unangenehm oder ablenkend empfunden wird. Sie stört häufig nur unbewusst die Aufnahme von visueller Information, ohne die Wahrnehmung von Details wirklich zu verhindern.

Eine andere Beeinträchtigung kann die psychologische Blendung sein, die sich durch Auslösen einer Störempfindung wie Unbehagen und Ermüdung bemerkbar machen kann. Bei der psychologischen Blendung fühlt man sich durch Lichtquellen, auch wenn sie sich in größerer Entfernung befinden, dadurch belästigt, dass eine ständige und ungewollte Ablenkung der Blickrichtung zur Lichtquelle erfolgt.

6.3.4 Blaulichtgefährdung (en: blue light hazard)

Eine Blaulichtgefährdung oder ein Blaulichtschaden kann entstehen, wenn eine Person für kurze Zeit in extrem helles Licht schaut oder lange Zeit weniger hellem Licht ausgesetzt ist, das einen hohen Blaulichtanteil besitzt. Dadurch können Netzhautschäden verursacht werden, die durch fotochemische Reaktion der Netzhaut nach Exposition mit sichtbarem Licht kurzer Wellenlängen im Violett- und Blaulichtbereich zustande kommen („Blaulichtschaden"). Die Schwellendosis für die fotochemische Schädigung wird gebildet aus dem Produkt der Bestrahlungsstärke (in W/m^2) bzw. Strahldichte (in $W \cdot m^{-2} \cdot sr^{-1}$) und der Expositionszeit.

Es können störende, oft im Blickfeld liegende blinde oder zumindest im Farbempfinden beeinträchtigte Zonen entstehen.

Grenzwerte und Anforderungen nach DIN EN 62471 (VDE 0837-471).

6.3.5 Stroboskop-Effekt

Ein Aspekt bei der Bewertung von Impulslicht ist die eventuell bestehende Fotosensibilität von Personen mit Epilepsie. Die Frage hiernach wird sehr häufig beim Einsatz von Stroboskoplicht gestellt. Die arbeitsmedizinischen Erkenntnisse belegen, dass derartige Reaktionen in der Regel nur in sehr niedrigen Frequenzbereichen, am häufigsten zwischen 15 Hz und 20 Hz vorkommen.

6.3.6 Nachleuchteffekt

Durch abrupte Farb- oder Lichtwechsel kann die Betrachtung des real beleuchteten Objektes falsch wahrgenommen werden. Durch die physiologische Eigenschaft des menschlichen Auges können „Geisterbilder" in Form von Komplementärfarben erzeugt werden.

6.3.7 Farbverfälschung (kurzzeitig, dauerhaft)

Konzentriert sich der Betrachter im adaptierten Zustand auf eine LED mit einem schmalbandigen Spektrum, oder auf ein von dieser LED beleuchtetes Objekt, kann es zur kurzzeitigen Wahrnehmungsstörung in Form einer Farbverfälschung bei der unmittelbaren Betrachtung einer anderen beleuchteten Szene oder Gegenstandes führen.

6.3.8 Thermische Einflüsse bei IRED

Bei Einsatz von Infrarot-LED (IRED) z. B. als Nachtsichtscheinwerfer sind die Bestimmungen nach DIN EN 62471 (VDE 0837-471) zu beachten.

7 Anforderungen an die Gebrauchstauglichkeit

7.1 Allgemeines

Die Gebrauchstauglichkeit von LED-Systemen in der Veranstaltungstechnik wird durch die mechanische, elektrische und steuerungstechnische Kompatibilität der verwendeten Systemkomponenten, sowie die lichttechnischen und betriebstechnischen Anforderungen, bestimmt.

7.2 Lichttechnische Anforderungen

Bewertungskriterien für die lichttechnische Gebrauchstauglichkeit von LED-Systemen oder die Kombination von mehreren LED-Systemen sind:

a) flackerfreies Verhalten bei statisch eingestellten Intensitätswerten;

ANMERKUNG 1   Eine mögliche Ursache kann ein schwankendes Puls-/Pausenverhältnis oder eine zu hohe oder zu niedrige PWM-Frequenz sein.

b) Flackerfreies Dimmen im Bereich von 0 % bis 100 % Intensität;

ANMERKUNG 2   Mögliche Ursachen für ein Flackern während des Überblendungsvorganges können eine zu geringe Auflösung des Steuersignals, eine fehlende Interpolation des Steuersignals oder ein schwankendes Puls-/Pausenverhältnis sein.

c) Stufenlose Ansteuerung der Farbmischung ohne Farbdrift, d. h. ungewollte Veränderung des eingestellten Farbortes;

ANMERKUNG 3   Eine Vermeidung des Farbdrifts kann nur durch ein proportionales Überblendungsverhalten aller Farbkanäle untereinander unter Berücksichtigung aller Komponenten des LED-Systems erreicht werden.

d) Farbwiedergabe-Index der im LED-System verwendeten LEDs;

ANMERKUNG 4   Es sollte eine absolute Farbhomogenität durch Kalibrierung der einzelnen Pixel gewährleistet sein.

e) Angabe des abbildbaren Bereichs der Farbtemperatur bzw. des Farbortes;

ANMERKUNG 5   Z. B. Farbtemperatur 3 200 K (Kunstlicht) bis 5 600 K (Tageslicht).

f) Weißlicht mit konstanter Farbtemperatur im kompletten Dimmbereich/Steuerbereich;

g) Proportionale Änderung der Farbtemperatur während des Dimmvorgangs in Verbindung mit Kunstlicht;

ANMERKUNG 6   Beim Einsatz von LED-Systemen als klassisches Weißlicht kann über die proportionale Änderung der Farbtemperatur zu einem Kunstlichtscheinwerfer der sogenannte "Amber Drift" simuliert werden, d. h. während des gleichzeitigen Dimmvorgangs beider Leuchten ändert sich die Farbtemperatur um den gleichen Betrag.

h) Kameratauglichkeit in Abhängigkeit vom Aufnahmeformat (SD, HD, digitale Fotografie).

ANMERKUNG 7   Beim Einsatz von LEDs in einer Matrix-Anordnung und einer Aufzeichnung über Kamera kann es zum Moiré-Effekt bei bewegten Bildinhalten oder Kamerafahrten kommen.

7.3 Betriebstechnische Anforderungen

7.3.1 Lebensdauer

Die Lebensdauer ist so auszulegen, dass ein wirtschaftlicher Betrieb möglich ist. Dabei hängen Lebensdauer und Zuverlässigkeit von LED-Systemen neben der Bauteilespezifikation und –qualität wesentlich von der Betriebstemperatur und dem Betriebsstrom ab. Die Lebensdauer eines LED-Systems ist abhängig von allen Einzelkomponenten.

ANMERKUNG   Die mittlere Lebensdauer bei LED-Systemen bestimmt sich durch folgende Faktoren: Verminderung des Lichtstroms (auf z. B. 70 % des Anfangswertes), Ausfall von mehr als 50 % der Einzel-LEDs z. B. durch dauerhafte Überschreitung der Junction-Temperatur oder durch äußere Einflüsse oder Erhöhung des Betriebsstromes.

7.3.2 Geräuschentwicklung

Bei LED-Systemen, die eine Kühlung durch Lüfter benötigen, ist auf die Geräuschentwicklung zu achten.

7.3.3 Anforderungen an die Steuersoftware

Je nach Ausführung des anzusteuernden LED-Systems muss die Steuersoftware Führungsgrößen zur Steuerung der einzelnen LED bereitstellen. Diese können bereitgestellt werden als:

— proportionale Größe pro Farbkanal (z. B. Rot, Grün, Blau, Weiß, Gelb oder Orange);

— virtuelle Farbinformation (z. B. HSB/HSL für Farbton, Sättigung und Intensität oder x/y für Farbort nach CIE 1931);

— voreingestellte Farbinformation (z. B. Farbpaletten nach RAL oder Effekt-Farbfiltersysteme);

— dynamische Bildinformation (z. B. Videosignale im DVI, VGA, SDI, FBAS, Component o. ä. Standard).

Je nach Steuersignal ist eine mehr oder weniger umfangreiche Steuerelektronik auf Seiten des Betriebsgerätes erforderlich.

7.3.4 Stecksysteme

Eine Übersicht über gängige Stecksysteme steht in Anhang A

DIN 15780:2013-01

7.3.5 Standardisierte Steuersignale für LED und LED-Systeme

Tabelle 2 enthält eine Übersicht der verwendeten Steuersignale für LED und LED-Systeme.

Tabelle 2 — Übersicht der Steuersignale für LED und LED-Systeme

Einsatz-bereich	Signaltyp	Kanalkapazität bit	Parameter	Übertragungsrate	Auflösung	Verdrahtungs-art/ Topologie	Übertragungs-medium
Einzel-LED	1-10 V DC	1	1	analog	analog	analog	Kabel, Einzelader
kleine LED-Systeme	DALI	64	64	9 600 baud	8 bit	seriell, Ring	Kabel, symmetrisch
LED-Systeme	DMX512-A	512	512	250 kbaud	8 bit	seriell, Ring	Kabel, symmetrisch
LED-Systeme	RDM[a]	512	512	250 kbaud	8 bit	seriell, Ring	Kabel, symmetrisch
Große LED-Systeme, LED-Bildwände	ArtNet	131.072	16x16x512	10/100 Mbit/s	8 bit	seriell, Stern	Kabel, symmetrisch, 2 Paare
Große LED-Systeme, LED-Bildwände	ACN[b]	32.767.488	63.999x512	10/100/1000 Mbit/s	8 bit	seriell, Stern	Kabel, symmetrisch, 2 Paare
LED-Bildwände	VGA (640*480 pixel)	307.200	640x480x3	24-60 Hz	24 bit	analog, Stern	Kabel, asymmetrisch, 5 Adernpaare
LED-Bildwände	1080p über DVI-I/D/A (1920*1080 pixel)	2.073.600	1920x1080x3	24-100 Hz	24 bit	digital, Stern	Kabel, asymmetrisch, 12+1, 18+1, 24+1 Adern

[a] RDM – Remote Device Mangement, nach ANSI E1.11
[b] ACN – Architecture for Control Networks, nach ANSI E1.31

8 Benutzerinformation und Kennzeichnung

Für die Benutzung eines LED-Systems oder einzelner LED-Komponenten sind folgende festgelegte technische Daten anzugeben:

a) verwendete Betriebsspannung am Eingang des Betriebsgerätes;

b) eingesetztes Steuersignal am Eingang des Betriebsgerätes;

c) eingesetztes Ausgangssignal des Betriebsgerätes;

d) Frequenz des Ausgangssignals des Betriebsgerätes bei Pulsbreitensteuerung;

e) Hersteller, Einführer oder Vertreiber;

f) Gehäusetemperatur des LED-Moduls im Dauerbetrieb;

g) Gebrauchslage und Betriebsbedingungen der LED-Systemkomponenten;

h) Bewertung der Gefährdung und entsprechende Kennzeichnung.

Diese Daten sind in die Benutzerinformation (Gebrauchsanweisung) aufzunehmen und auf einem Typenschild anzugeben.

DIN 15780:2013-01

Anhang A
(informativ)

Kompatibilität der verwendeten Stecksysteme

A.1 Stecksysteme für die Steuersignale zwischen Steuer- und Betriebsgerät

A.1.1 Steckverbinder XLR 5-polig

In Tabelle A.1 ist die Belegung für 5-polige XLR-Steckverbinder zur Verbindung zwischen Steuerung und Betriebsgerät dargestellt. Ein Beispiel für einen 5-poligen XLR-Steckverbinder siehe Bild A.1.

ANMERKUNG   Anforderungen an XLR-Steckverbinder sind in DIN EN 61076-2-103 festgelegt.

Tabelle A.1 — Belegung XLR 5-polig nach ANSI E1.11

Verwendung	Pin	DMX512-Funktion
Schrim/Masse (en: common reference)	1	Gemeinsame Datenleitung
Primäre Datenverbindung (en: primary data link)	2	Daten 1-
	3	Daten 1+
Sekundäre Datenverbindung (en: secondary data link) (optional)	4	Daten 2-
	5	Daten 2+

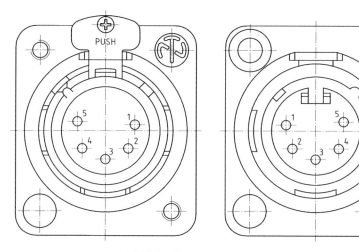

Bild A.1 — Steckverbinder XLR 5-polig

A.1.2 Steckverbinder RJ45 8-polig

In Tabelle A.2 ist die Belegung für einen 8-poligen RJ45 Steckverbinder zur Verbindung zwischen Steuerung und Betriebsgerät dargestellt. Ein Beispiel für einen 8-poligen RJ45 Steckverbinder siehe Bild A.2.

Tabelle A.2 — Belegung RJ45/Ethercon für DMX512-A nach ANSI E1.11

Pin	Kabelfarbe	DMX512-Funktion
1	weiß/orange	Daten 1+
2	orange	Daten 1-
3	weiß/grün	Daten 2+ (optional)
4	grün	Daten 2-(optional)
5	blau	nicht belegt
6	weiß/blau	nicht belegt
7	weiß/braun	Gemeinsame Datenleitung (en: data link common, common reference) für Daten 1 (0 v)
8	braun	Gemeinsame Datenleitung (en: data link common, common reference) für Daten 2 (0 v)
	Beilaufdraht bzw. Außenschirm	

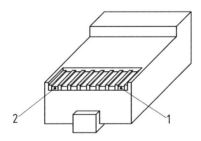

Legende
1 Pin 1
2 Pin 8

Bild A.2 — Steckverbinder RJ45 8-polig

A.1.3 Steckverbinder XLR/AXR 4-polig

In Tabelle A.3 ist die Belegung für einen 4-pligen XLR-AXR-Steckverbinder zur Verbindung zwischen Spannungsversorgung, Steuerung und Betriebsgerät dargestellt. Ein Beispiel für einen 4-poligen XLR/AXR-Steckverbinder siehe Bild A.3.

ANMERKUNG   Anforderungen an XLR-Steckverbinder sind in DIN EN 61076-2-103 festgelegt.

Tabelle A.3 — Belegung XLR 4-polig

Verwendung	Pin	Funktion
Schirm/Masse (en: Common Reference)	1	Gemeinsame Datenleitung
Primäre Datenverbindung (en: primary data link)	2	Daten 1-
	3	Daten 1+
Versorgungsspannung (en: supply voltage)	4	+24V DC

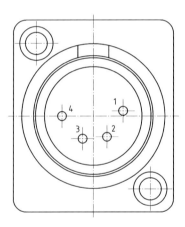 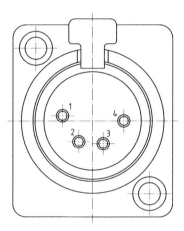

Legende
1 Pin 1 (Schirm/negatives Potential)
2 Pin 2 (DMX Daten +)
3 Pin 3 (DMX Daten -)
4 Pin 4 (+24V DC)

Bild A.3 — Steckverbinder XLR/AXR 4-polig

DIN 15780:2013-01

A.1.4 Steckverbinder 4-polige Stift-/Buchsenleiste im Rastermaß 2,54 mm

In Tabelle A.4 ist die Belegung für eine 4-polige Stift-/Buchsenleiste im Rastermaß 2,54 mm zur Verbindung zwischen Spannungsversorgung, Steuerung und Betriebsgerät dargestellt. Ein Beispiel für eine 4-polige Stift-/Buchsenleiste im Rastermaß 2,54 mm siehe Bild A.4.

Tabelle A.4 — Belegung 4-polige Stift-/Buchsenleiste im Rastermaß 2,54 mm

Verwendung	Pin	Funktion
Schirm/Masse (en: Common Reference)	1	Gemeinsame Datenleitung
Primäre Datenverbindung (en: primary data link)	2	Daten 1-
	3	Daten 1+
Versorgungsspannung (en: supply voltage)	4	+24V DC

Maße in Millimeter

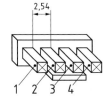 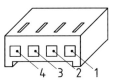

Legende
1 Pin 1 (Schirm/negatives Potential)
2 Pin 2 (DMX Daten +)
3 Pin 3 (DMX Daten -)
4 Pin 4 (+24V DC)

Bild A.4 — Steckverbinder 4-polige Stift-/Buchsenleiste

A.2 Stecksysteme für die Verbindung zwischen Betriebsgerät und LED-Modul

A.2.1 Beispiel für einen 4-poligen XLR/AXR-Steckverbinder

In Tabelle A.5 ist die Belegung für einen 4-poligen XLR/AXR-Steckverbinder zur Verbindung zwischen Betriebsgerät und LED-Modul dargestellt. Ein Beispiel für einen 4-poligen XLR/AXR-Steckverbinder siehe Bild A.5.

ANMERKUNG Anforderungen an XLR-Steckverbinder sind in DIN EN 61076-2-103 festgelegt.

Tabelle A.5 — Belegung XLR 4-polig

Verwendung	Pin	Funktion
gemeinsame Anode (en: Common Annode)	1	Anode
R (rot), negatives Potential (en: red, negative potential)	2	R (rot)
G (grün), negatives Potential (en: green, negative potential)	3	G (grün)
B (blau), negatives Potential (en: blue, negative potential)	4	B (blau)

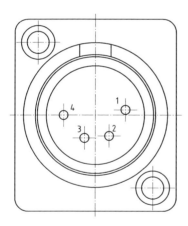
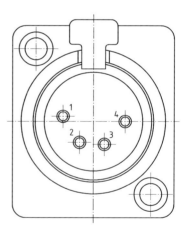

Legende
1 Pin 1: gemeinsame Anode
2 Pin 2: R (rot), negatives Potential
3 Pin 3: G (grün), negatives Potential
4 Pin 4: B (blau), negatives Potential

Bild A.5 — Steckverbinder XLR/AXR 4-polig zur Verbindung mit LED-Modul

A.2.2 Steckverbinder 4-polige Stift-/Buchsenleiste im Rastermaß 2,54 mm

In Tabelle A.6 ist die Belegung für eine 4-polige Stift-/Buchsenleiste im Rastermaß 2,54 mm zur Verbindung zwischen Betriebsgerät und LED-Modul dargestellt. Ein Beispiel für eine 4-polige Stift-/Buchsenleiste im Rastermaß 2,54 mm siehe Bild A.6.

Tabelle A.6 — Belegung 4-polige Stift-/Buchsenleiste im Rastermaß 2,54 mm

Verwendung	Pin	Funktion
G (grün), negatives Potential (en: green, negative potential)	1	G (grün)
R (rot), negatives Potential (en: red, negative potential)	2	R (rot)
gemeinsame Anode (en: Common Annode)	3	Annode
B (blau), negatives Potential (en: blue, negative potential)	4	B (blau)

Maße in Millimeter

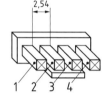
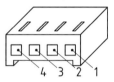

Legende
1 Pin 1: G (grün), negatives Potential
2 Pin 2: R (rot), negatives Potential
3 Pin 3: gemeinsame Anode
4 Pin 4: B (blau), negatives Potential

Bild A.6 — Steckverbinder 4-polige Stift-/Buchsenleiste

A.2.3 Beispiel für einen 6-poligen XLR/AXR-Steckverbinder für RGB

In Tabelle A.7 ist die Belegung für einen 6-poligen XLR/AXR-Steckverbinder zur Verbindung zwischen Betriebsgerät und LED-Modul dargestellt. Ein Beispiel für einen 6-poligen XLR/AXR-Steckverbinder siehe Bild A.7.

ANMERKUNG   Anforderungen an XLR-Steckverbinder sind in DIN EN 61076-2-103 festgelegt.

Tabelle A.7 — Belegung XLR 6-polig

Verwendung	Pin	Funktion
R (rot), negatives Potential (en: red, negative potential)	1	R (rot)
G (grün), negatives Potential (en: green, negative potential)	2	G (grün)
B (blau), negatives Potential (en: blue, negative potential)	3	B (blau)
nicht belegt (en: nc)	4	-
gemeinsame Anode (en: Common Annode)	5	Anode
gemeinsame Anode (en: Common Annode)	6	Anode

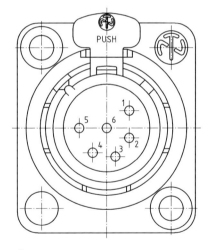
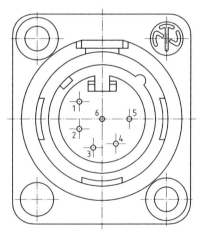

Legende
1   Rot (R)
2   Grün (G)
3   Blau (B)
4   Frei
5   +
6   +

Bild A.7 — Steckverbinder XLR/AXR 6-polig zur Verbindung mit LED-Modul RGB

DIN 15780:2013-01

A.2.4 Beispiel für einen 6-poligen XLR/AXR-Steckverbinder für RGBW

In Tabelle A.8 ist die Belegung für einen 6-poligen XLR/AXR-Steckverbinder zur Verbindung zwischen Betriebsgerät und LED-Modul dargestellt. Ein Beispiel für einen 6-poligen XLR/AXR-Steckverbinder siehe Bild A.8.

ANMERKUNG   Anforderungen an XLR-Steckverbinder sind in DIN EN 61076-2-103 festgelegt.

Tabelle A.8 — Belegung XLR 6-polig

Verwendung	Pin	Funktion
R (rot), negatives Potential (en: red, negative potential)	1	R (rot)
G (grün), negatives Potential (en: green, negative potential)	2	G (grün)
B (blau), negatives Potential (en: blue, negative potential)	3	B (blau)
W (weiß), negatives Potential (en: white, negative potential)	4	W (weiß)
gemeinsame Anode (en: Common Annode)	5	Anode
gemeinsame Anode (en: Common Annode)	6	Anode

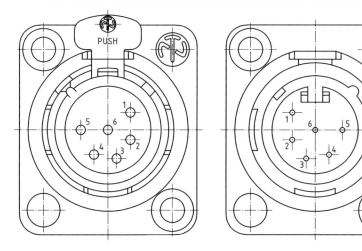

Legende
1   Rot (R)
2   Grün (G)
3   Blau (B)
4   Weiß (W)
5   +
6   +

Bild A.8 — Steckverbinder XLR/AXR 6-polig zur Verbindung mit LED-Modul RGBW

A.2.5 Steckverbinder HAN E 24-polig

In Tabelle A.9 ist die Belegung für einen 24-poligen HAN E-Steckverbinder zur Verbindung zwischen Betriebsgerät und LED-Modul dargestellt. Ein Beispiel für einen 24-poligen HAN E Steckverbinder siehe Bild A.9.

Tabelle A.9 — Belegung 24-poliger Steckverbinder HAN E 24-polig

Pin	1	2	3	4	5	6	7	8	9	10	11	12
Belegung	R	G	W	R	B	W	G	B	R	G	W	Frei
LED-Modul	1	1	1	2	2	2	3	3	4	4	4	-
Pin	13	14	15	16	17	18	19	20	21	22	23	24
Belegung	B	Anode	G	Anode	R	Anode	W	Anode	B	Anode	Frei	Anode
LED-Modul	1	1	2	2	3	3	3	4	4	-	-	-

R Rot
G Grün
B Blau
W Weiß

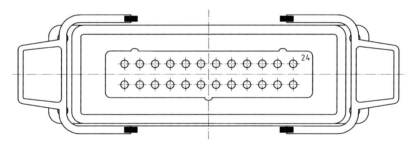

Bild A.9 — Steckverbinder HAN E 24-polig

Literaturhinweise

DIN 6169-2, *Farbwiedergabe — Farbwiedergabe-Eigenschaften von Lichtquellen in der Beleuchtungstechnik*

DIN 41652-1, *Steckverbinder für die Einschubtechnik, trapezförmig, runde Kontakte Ø 1 mm — Teil 1: Gemeinsame Einbaumerkmale und Maße — Bauformenübersicht*

DIN 56930-2, *Bühnentechnik — Bühnenlichtstellsysteme — Teil 2: Steuersignale*

DIN 56930-3, *Veranstaltungstechnik — Lichtstellsysteme — Teil 3: Begriffe und Anforderungen an die Vernetzung von Lichtstellsystemen über EtherNet*

DIN EN 50178 (VDE 0160), *Ausrüstung von Starkstromanlagen mit elektronischen Betriebsmitteln*

DIN EN 55015 (VDE 0875-15-1), *Grenzwerte und Messverfahren für Funkstöreigenschaften von elektrischen Beleuchtungseinrichtungen und ähnlichen Elektrogeräten*

DIN EN 55103-1 (VDE 0875-103-1), *Elektromagnetische Verträglichkeit — Produktfamiliennorm für Audio-, Video- und audiovisuelle Einrichtungen sowie für Studio-Lichtsteuereinrichtungen für professionellen Einsatz — Teil 1: Störaussendungen*

DIN EN 55103-2 (VDE 0875-103-2), *Elektromagnetische Verträglichkeit — Produktfamiliennorm für Audio,- Video- und audiovisuelle Einrichtungen sowie für Studio-Lichtsteuereinrichtungen für professionellen Einsatz — Teil 2: Störfestigkeit*

DIN EN 61000-3-2 (VDE 0838-2), *Elektromagnetische Verträglichkeit (EMV) — Teil 3-2: Grenzwerte — Grenzwerte für Oberschwingungsströme (Geräte-Eingangsstrom <= 16 A je Leiter)*

DIN EN 61076-2-103, *Steckverbinder für elektronische Einrichtungen — Teil 2-103: Rundsteckverbinder — Bauartspezifikation für eine Reihe von mehrpoligen Rundsteckverbindern (Typ " XLR")*

DIN EN 61347-2-13 (VDE 0712-43), *Geräte für Lampen — Teil 2-13: Besondere Anforderungen an gleich- oder wechselstromversorgte elektronische Betriebsgeräte für LED-Module*

DIN EN 62384 (VDE 0712-26), *Gleich- oder wechselstromversorgte elektronische Betriebsgeräte für LED Module — Anforderungen an die Arbeitsweise*

DIN EN ISO 11664-4, *Farbmetrik — Teil 4: CIE 1976 L*a*b* Farbenraum*

DIN VDE 0711-217, *Leuchten — Teil 2: Besondere Anforderungen — Hauptabschnitt Siebzehn: Leuchten für Bühnen, Fernseh-, Film- und Photographie-Studios (außen und innen)*

BGI 810-4, *Scheinwerfer — Fernsehen, Hörfunk und Film*[1]

BGI 5006, *BG-Information — Expositionsgrenzwerte für künstliche optische Strahlung*[1]

BGV C 1/GUV-V C 1, *Veranstaltungs- und Produktionsstätten für szenische Darstellung*[1]

CIE 13.3, *Verfahren zur Messung und Kennzeichnung der Farbwiedergabe-Eigenschaften von Lichtquellen*[2]

---

[1] Zu beziehen bei: Carl Heymanns Verlag KG, Luxemburger Str. 449, 50939 Köln
[2] Nachgewiesen in der DITR-Datenbank der DIN Software GmbH, zu beziehen bei: Beuth Verlag GmbH, 10772 Berlin.

IEC 60050-845, CEI 60050-845, Internationales Wörterbuch der Elektrotechnik; Kapitel 845: Lichttechnik[3]

06/25/EG, Richtlinie 2006/25/EG des Europäischen Parlaments und des Rates vom 5. April 2006 über Mindestvorschriften zum Schutz von Sicherheit und Gesundheit der Arbeitnehmer vor der Gefährdung durch physikalische Einwirkungen (künstliche optische Strahlung) (19. Einzelrichtlinie im Sinne des Artikels 16 Absatz 1 der Richtlinie 89/391/EWG)[2]

---

[3] Zu beziehen bei: VDE Verlag GmbH, Bismarckstr. 33, 10625 Berlin

Oktober 2017

DIN 15781

ICS 97.200.10

Veranstaltungstechnik – Medienserver

Entertainment technology – Media server

Technologies du spectacle – Serveur média

Gesamtumfang 23 Seiten

DIN-Normenausschuss Veranstaltungstechnik, Bild und Film (NVBF)

Inhalt

Seite

Vorwort 3
Einleitung 3
1 Anwendungsbereich 4
2 Normative Verweisungen 4
3 Begriffe 4
4 Anforderungen 13
4.1 Allgemeines 13
4.2 Bildformat 13
4.3 Audioformat 14
4.3.1 Analoge Übertragungsformate 14
4.3.2 Digitale Audioübertragungsformate 15
4.3.3 Abtastraten 16
4.3.4 Quantisierungen 16
4.3.5 Digitale Audio-Speicherformate 16
4.3.6 Ausgabesynchronität im Geräteverbund 16
4.3.7 Interne Ausgabesynchronität 17
4.3.8 Startsynchronisation 17
4.3.9 Synchronsignale 18
4.4 Steuersignale 18
4.5 Ein-/Ausgangssignale, physikalische Schnittstellen 19
4.6 Ausgabegeräte 19
5 Prüfverfahren 19
5.1 Messaufbau zur Latenzmessung Eingang zu Ausgang 19
5.2 Messaufbau zur Synchronität von Medienserver-Systeme 20
6 Dokumentation 20
6.1 Allgemeines 20
6.2 Software 21
6.3 Hardware 21
Literaturhinweise 22

Bilder

Bild 1 — Funktionsaufbau eines Medienservers 4
Bild 2 — Funktionsdiagramm Medieninhalte und Bildebene 6
Bild 3 — Schematischer Messaufbau der Latenzmessung 19
Bild 4 — Schematischer Messaufbau zur Messung der Synchronität 20

Tabellen

Tabelle 1 — Bildformate 13
Tabelle 2 — Analoge Übertragungsformate 14
Tabelle 3 — Digitale Audioübertragungsformate 15
Tabelle 4 — Physikalische Schnittstellen 17

Vorwort

Dieses Dokument wurde vom Arbeitsausschuss NA 149-00-07 AA „Medien- und Tontechnik" im DIN-Normenausschuss Veranstaltungstechnik, Bild und Film (NVBF) erarbeitet.

Es wird auf die Möglichkeit hingewiesen, dass einige Elemente dieses Dokuments Patentrechte berühren können. DIN ist nicht dafür verantwortlich, einige oder alle diesbezüglichen Patentrechte zu identifizieren.

Einleitung

Der DIN-Normenausschuss Veranstaltungstechnik, Bild und Film (NVBF) ist zuständig für die Erarbeitung und regelmäßige Überprüfung von Normen und Standards in den Bereichen Veranstaltungstechnik, Fotografie und Kinematografie. Er erarbeitet Anforderungen und Prüfungen für:

Versammlungsstätten sowie Veranstaltungs- und Produktionsstätten für szenische Darstellung, deren Arbeitsmittel als auch diesbezügliche Dienstleistungen. Dies umfasst:

— Veranstaltungs- und Medientechnik für Bühnen, Theater, Mehrzweckhallen, Messen, Ausstellungen und Produktionsstätten bei Film, Hörfunk und Fernsehen sowie sonstige vergleichbaren Zwecken dienende bauliche Anlagen und Areale;

— Beleuchtungstechnik und deren Arbeitsmittel für Veranstaltungstechnik, Film, Fernsehen, Bühne und Fotografie sowie Sondernetze und elektrische Verteiler;

— Dienstleistungen für die Veranstaltungstechnik;

— sicherheitstechnische Anforderungen an Maschinen, Arbeitsmittel und Einrichtungen für Veranstaltungs- und Produktionsstätten zur szenischen Darstellung.

DIN 15781:2017-10

1 Anwendungsbereich

Diese Norm gilt für Medienserver, die in festen und ortsveränderlichen Veranstaltungs- und Produktionsstätten sowie szenischen Produktionen verwendet werden.

Es werden Systeme für Festinstallation, mobile Systeme und tourtaugliche Systeme, sowie Softwarelösungen beschrieben.

Die beschriebenen Systeme umfassen Medienserver zur Verwaltung, Bearbeitung und Wiedergabe von Medieninhalten.

2 Normative Verweisungen

Die folgenden Dokumente, die in diesem Dokument teilweise oder als Ganzes zitiert werden, sind für die Anwendung dieses Dokuments erforderlich. Bei datierten Verweisungen gilt nur die in Bezug genommene Ausgabe. Bei undatierten Verweisungen gilt die letzte Ausgabe des in Bezug genommenen Dokuments (einschließlich aller Änderungen).

DIN 56920-4:2013-01, *Veranstaltungstechnik — Teil 4: Begriffe für beleuchtungstechnische Einrichtungen*

DIN 56930-3, *Veranstaltungstechnik — Lichtstellsysteme — Teil 3: Begriffe und Anforderungen an die Vernetzung von Lichtstellsystemen über EtherNet*

3 Begriffe

Für die Anwendung dieses Dokuments gelten die Begriffe nach DIN 56920-4:2013-01 und die folgenden Begriffe.

3.1
Medienserver
(en: media server)
System von aufeinander abgestimmten Komponenten zur Verwaltung, Wiedergabe und Bearbeitung von Medieninhalten in Echtzeit

Anmerkung 1 zum Begriff: Medienserver werden durch eine externe oder interne Führungsgröße gesteuert. Medienserver stellen Medieninhalte in einem definierten Format für externe Endgeräte zur Verfügung (siehe Bild 1).

Anmerkung 2 zum Begriff: Die Verwaltung von Medieninhalten muss ohne manuelle Eingriffe am System selbst möglich sein. Die Wiedergabe und Bearbeitung von Medieninhalten muss durch eine interne Programmierung im Medienserver oder durch ein normiertes Steuersignal nach 4.3 erfolgen.

Bild 1 — Funktionsaufbau eines Medienservers

3.2
Führungsgröße
(en: reference input)
definierter Vorgabewert zur Steuerung des Medienservers

Anmerkung 1 zum Begriff: Die Führungsgröße kann von außerhalb zugeführt werden oder intern erzeugt werden.

Anmerkung 2 zum Begriff: Die Führungsgröße wird durch Standardprotokolle übergeben. Übliche Protokolle sind in 4.3 gelistet.

3.3
Eingangsgröße
(en: input parameter)
<Medientechnik> beliebig viele Medieninhalte, die dem Medienserver zugeführt werden

Anmerkung 1 zum Begriff: Die Eingangsgrößen können in verschiedenen Formaten und über verschiedene Schnittstellen zugeführt werden. Oft besteht kein zeitlicher Zusammenhang zwischen den Eingangsgrößen.

3.4
Ausgangsgröße
(en: output parameter)
<Medientechnik> Medieninhalt, der durch den Medienserver erzeugt und am Ausgang bereitgestellt wird

Anmerkung 1 zum Begriff: Der Medieninhalt wird durch Bildformat und physikalische Schnittstelle definiert.

3.5
Ausgabegerät mit integriertem Medienserver
System bestehend aus einem Medienserver und mindestens einem integrierten Endgerät zur Darstellung von Medieninhalten

3.6
Medieninhalt
(en: content)
Audio-, Video- und Bilddaten sowie Objekt-Geometrieinformationen in einem definierten Datenformat

Anmerkung 1 zum Begriff: Medieninhalte werden durch das Containerformat, die Kompressionsart und die Wiedergaberate bestimmt.

Anmerkung 2 zum Begriff: Medieninhalte im Sinne dieser Norm umfassen nicht die gestalterischen Aspekte.

3.7
Textur
(en: texture)
<Medientechnik> virtuelle Oberfläche, die durch das Schreiben von Bild- oder Video-Daten erzeugt wird

Anmerkung 1 zum Begriff: Die Darstellung der Textur auf einer zwei- oder dreidimensionalen Objektoberfläche wird üblicherweise durch U/V-Koordinaten beschrieben. Die Textur-Koordinaten definieren somit den Bezug zwischen Objekt und Textur (siehe Bild 2).

3.8
Objekt
(en: object/mesh)
<Medientechnik> virtueller, zwei- oder dreidimensionaler Körper

3.9
Bildebene
(en: layer)
virtuelle Darstellungsfläche zur Bearbeitung und Wiedergabe von Medieninhalten

Anmerkung 1 zum Begriff: Zur Darstellung von Medieninhalten ist mindestens eine Bildebene erforderlich. Bildebenen entsprechen mindestens einer zweidimensionalen Fläche, die durch X/Y-Koordinaten eindeutig definiert werden können (siehe Bild 2).

Anmerkung 2 zum Begriff: Einige Medienserver nutzen Bildebenen auch zur Bearbeitung und Wiedergabe von Audiodaten.

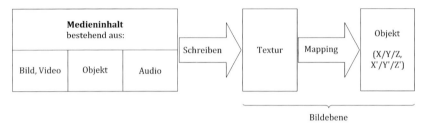

Bild 2 — Funktionsdiagramm Medieninhalte und Bildebene

3.10
3D-Bildebene
(en: 3D layer)
Sonderform einer Bildebene, welche zusätzlich durch eine Z-Koordinate beschrieben wird

Anmerkung 1 zum Begriff: Die 3D-Bildebene setzt sich aus Textur und Objekt zusammen. Das zur Erzeugung einer 3D-Bildebene erforderliche Objekt kann Teil des Medieninhalts sein.

3.11
Darstellungsraum
Kombination aller Bildebenen

3.12
virtuelle Kamera
(en: virtual camera)
zweidimensionales, perspektivisches Abbild des Darstellungsraumes in Form einer übergeordneten Bildebene

Anmerkung 1 zum Begriff: Mit einer virtuellen Kamera werden die Eigenschaften und Möglichkeiten einer realen Kamera nachgebildet.

3.13 Bild- und Videoinhalte, Formate und Eigenschaften

3.13.1
Pixel
Bildpunkt
(en: pixel)
kleinste Einheit eines digitalen Bild- oder Videoinhaltes

Anmerkung 1 zum Begriff: Ein Pixel wird durch Farbwerte bestimmt. Auch eine Transparenz-Information kann enthalten sein.

DIN 15781:2017-10

3.13.2
Alpha-Kanal
(en: alpha channel)
Transparenz-Information zusätzlich zur Farbinformation eines Pixels

Anmerkung 1 zum Begriff: Dieser definiert die Opazität von voll-transparent bis opak.

3.13.3
Farbtiefe
(en: colour depth)
höchste Anzahl von Farben, die je Pixel zeitgleich angezeigt werden kann

3.13.4
Bildauflösung
(en: resolution)
festgelegte Anzahl von Pixeln in horizontaler und vertikaler Richtung

3.13.5
Seitenverhältnis
(en: aspect ratio)
Verhältnis von Breite zu Höhe einer Bildauflösung

3.13.6
Bildformat
über das Seitenverhältnis, die Bildauflösung, den zugrundeliegenden Farbraum, die Farbtiefe und die Komprimierung definierte Größe

Anmerkung 1 zum Begriff: Sowohl Medieninhalt als auch Ausgangsgröße eines Medienservers werden über Bildformate beschrieben. Haben Eingangs- wie Ausgangsgröße dieselbe Auflösung, d. h. ist jeder Eingangspixel gleich einem Ausgangspixel, spricht man von einer nativen, pixelgenauen Darstellung.

Anmerkung 2 zum Begriff: Unterschiedliche Datei- und Übertragungsformate können bei identischem Bildformat verschiedene Komprimierungsverfahren aufweisen.

3.13.7
Bildwiederholfrequenz
(en: frame rate)
Anzahl der Einzelbilder je Sekunde zur Darstellung von Bild- oder Videoinhalten auf einem Ausgabegerät

Anmerkung 1 zum Begriff: Die Bildwiederholfrequenz wird in Hz angegeben.

3.13.8
Dateiformat
detaillierte Beschreibung des Aufbaus einer Bild- oder Videodatei

Anmerkung 1 zum Begriff: Es werden Bildauflösung, Seitenverhältnis, Farbraum, Farbtiefe, Kompressionsverfahren sowie Bildrate und Kodierung eindeutig festgelegt und in einer Datei gespeichert. Bei Videoformaten kann zusätzlich eine Audioinformation enthalten sein.

3.13.9
Halbbildverfahren
Zeilensprungverfahren
(en: interlacing)
abwechselnde Darstellung von geraden und ungeraden Zeilen eines Bildes (Zeilensprung)

Anmerkung 1 zum Begriff: Das Halbbildverfahren reduziert die Bewegungsunschärfe/das Flimmern in Videobildern. Durch eine aufeinanderfolgende Darstellung von Halbbildern können bei gleicher Datenrate mehr Einzelbilder dargestellt werden. Wird ein solches Signal auf progressiven, also vollbildbasierten Geräten dargestellt, muss das Bild aus mindestens einem Halbbild berechnet werden (en: de-interlacing), um Störungen wie Zeilenreißen (en: tearing) zu vermeiden. Man spricht hier von der Zeilenentflechtung.

3.13.10
Kompression
(en: compression)
Reduktion der Größe einer (Medien-)Datendatei

Anmerkung 1 zum Begriff: Die Datenkompression oder Datenkomprimierung ist ein Vorgang, bei dem die Menge digitaler Daten reduziert und Informationen entfernt werden. Dadurch sinkt der benötigte Speicherplatz und die Übertragungsdauer der Daten verkürzt sich. Diese Verfahren werden häufig zur Bild-, Video- und Audiodatenkompression eingesetzt.

Anmerkung 2 zum Begriff: Verlustfreie Kompression (oder verlustfreie Kodierung) liegt vor, wenn aus den komprimierten Daten wieder alle Originaldaten gewonnen werden können. Bei der verlustbehafteten Kompression können die Originaldaten nicht mehr aus den komprimierten Daten zurückgewonnen werden, das heißt ein Teil der Information geht verloren. Je nach Grad der Kompression kann es zu Qualitätsverlusten und Artefakten kommen.

3.13.11
digitale Kodierung
(en: encoding)
Wandlung von Bild-, Video- und Audiodaten mittels verschiedener Arten von Kompressionen, durch deren Kombination eine minimale Datengröße erreicht werden kann

Anmerkung 1 zum Begriff: Die verschiedenen Kombinationen der Kompression werden innerhalb eines so genannten Codecs definiert und von diesem berechnet. Kodierung und Dekodierung können in Software und Hardware erfolgen.

3.13.12
digitale Dekodierung
(en: decoding)
entgegengesetzter Prozess der digitalen Kodierung, um aus den komprimiert vorliegenden Daten die Originaldaten wiederherzustellen

Anmerkung 1 zum Begriff: Die verschiedenen Kombinationen der Kompression werden innerhalb eines so genannten Codecs definiert und von diesem berechnet. Kodierung und Dekodierung können in Software und Hardware erfolgen.

3.13.13
Bitrate
(en: bit rate)
Datenmenge je Zeiteinheit

Anmerkung 1 zum Begriff: Üblicherweise werden die Bits je Sekunde (Bit/s oder bps) angegeben. Die Bitrate kann konstant oder variabel sein und wird als CBR (constant bit rate) bzw. VBR (variable bit rate) bezeichnet.

3.13.14
Zwischenbildberechnung
(en: frame blending)
Berechnung zusätzlicher Bilder, die nicht im vorhandenen Signal enthalten sind

Anmerkung 1 zum Begriff: Zwischen zwei Originalbildern wird mindestens ein weiteres Bild berechnet, indem die beiden Ausgangsbilder ineinander geblendet werden. Die Zwischenbildberechnung dient einer möglichst flüssigen Bildwiedergabe.

3.13.15
Latenz
(en: latency)
Verzögerung eines eingehenden Bildsignales und dessen Ausgabe nach Bearbeitung durch den Medienserver

3.14
Pixelmapping
(en: pixel mapping)
Umsetzung von Bildsignalen in Signale zur Lichtsteuerung

Anmerkung 1 zum Begriff: Farbwerte oder Helligkeit der Bildsignale werden Adressen des Lichtsteuerprotokolls zugewiesen.

3.15
Bilddatenstrom
(en: video stream)
Übertragung von Medieninhalten über strukturierte Medienkabelanlagen

3.16
Mehrfelddarstellung
Mehrfeldprojektion
(en: multi-screen)
Aufteilung und Darstellung der Ausgangsgröße mindestens eines oder mehrerer Medienserver auf mehr als einem Wiedergabemedium unabhängig von der gewählten Technologie

Anmerkung 1 zum Begriff: Eine Darstellungsart ist die Erzeugung eines Gesamtbildes mittels zweier oder mehrerer Ausgangsgrößen.

Anmerkung 2 zum Begriff: Die Darstellung mindestens zweier Ausgangsgrößen eines oder mehrerer Medienserver bei aneinandergrenzenden, nicht überlappenden Projektionen wird als „hard edge" bezeichnet.

Anmerkung 3 zum Begriff: Die Darstellung mindestens zweier Ausgangsgrößen eines oder mehrerer Medienserver bei überlappenden Projektionen wird als „soft edge" bezeichnet. Die Überlappungsbereiche müssen in der Helligkeit der Gesamtprojektion angeglichen werden. Die Bildinhalte müssen in den Überlappungsbereichen übereinstimmen.

3.17
Trapezentzerrung
(en: keystoning)
Möglichkeit zur Korrektur einer trapezförmigen Verzerrung der Ausgangsgröße

Anmerkung 1 zum Begriff: Die Trapezentzerrung wird auf ebenen Flächen angewendet. Üblicherweise wird die Anpassung anhand von Neupositionierung der vier Ecken oder über die Rotation der Bildseiten ermöglicht.

**3.18
Warping**
(en: warping)
Möglichkeit zur Korrektur einer beliebigen Verzerrung der Ausgangsgröße

Anmerkung 1 zum Begriff: Die Ausgangsgröße kann mit Hilfe von beliebig vielen Bearbeitungspunkten durch das Warping (englisch für „Krümmung") an unebene Projektionsflächen angepasst werden. Dies ermöglicht die Projektion auf 3-dimensionale Objekte.

Anmerkung 2 zum Begriff: Üblicherweise wird die Verzerrung anhand von FFD- (FreiformDeformation) sowie Mesh (Objekt)-Punkten vorgenommen.

**3.19
Maskierung**
(en: masking)
Überlagerung eines Medieninhaltes mit einer speziellen Textur zur Unterbindung der Bildwiedergabe in definierten Bereichen

Anmerkung 1 zum Begriff: Dies kann durch schwarz-weiße oder schwarz-transparente Texturen geschehen.

Anmerkung 2 zum Begriff: Üblicherweise werden bei Projektionen Bühnenelemente oder Lautsprecher mit Hilfe der Maskierung ausgespart, um dort eine Projektion zu verhindern.

3.20 Audioinhalte, Formate und Eigenschaften (en: audio content)

**3.20.1
Audiokanal**
(en: audio channel)
Pfad, auf dem ein monofones Digitalaudio-Signal übertragen wird

[QUELLE: DIN EN 62365:2010-02, 3.4]

**3.20.2
Abtastrate**
(en: sampling rate)
Häufigkeit, mit der Messdaten aufgenommen werden, oder die Anzahl aufgenommener Messdaten je Zeiteinheit

[QUELLE: DIN EN 60534-9:2008-06, 3.16]

3.20.3
Audioformat
durch Containerformat, Kompressionsart und die Wiedergaberate definierte Größe

Anmerkung 1 zum Begriff: Audioinformationen können in verschiedenartigen Formaten gespeichert oder übertragen werden. Auf Medienservern können sie mit oder ohne dazugehörigen Videoinhalt vorhanden sein.

Anmerkung 2 zum Begriff: Die Ausgänge bzw. die Eingänge von Medienservern können mit analogen oder digitalen Schnittstellen ausgerüstet sein.

Anmerkung 3 zum Begriff: Zur digitalen Übertragung und Speicherung werden analoge Eingangssignale digitalisiert und je nach Erfordernis bei der Ausgabe wieder in analoge Signale rückgewandelt.

Anmerkung 4 zum Begriff: Die Qualität sowie die Dateigröße bzw. erforderliche Datenrate zur Übertragung wird bestimmt durch

— die zeitliche Auflösung über die Abtastrate (en: sampling rate),

— die pegelmäßige Auflösung über die Quantisierung,

— die Kompression (Datenreduktion),

— das Dateiformat.

3.20.4
Quantisierung
Messung der diskretisierten bzw. diskret auftretenden Größe in Vielfachen einer Einheit

[QUELLE: DIN 6814-20:1992-01, 2.2.2, modifiziert - Definition den Gestaltungsregeln für Begriffsfestlegungen angepasst]

3.21
Synchronausgabe
(en: synchronisation)
zeitgleiche Wiedergabe des gleichen Frames der Ausgangsgröße eines oder mehrerer Medienserver

Anmerkung 1 zum Begriff: Durch externe Führungsgrößen, wie beispielsweise „gen lock", „word clock" oder „time code", können mehrere Ausgangsgrößen synchronisiert werden.

Anmerkung 2 zum Begriff: „Zeitgleich" bezieht sich auf die Zeitbasis der Bildwiederholfrequenz, bei der eine höchstmögliche Abweichung von ¼ Frame eingehalten wird.

3.22
Startsynchronisation
(en: trigger)
Signal, um zu einem bestimmten Zeitpunkt eine Aktion auszuführen

3.23
Aufzeichnung
(en: recording)
Übertragen einer Eingangsgröße in ein standardisiertes Medienformat

3.24
Rendering
(en: rendering)
Vorgang des Errechnens der Ausgangsgröße

**3.25
Betriebsmodus**
Wahl von interner oder externer Führungsgröße

Anmerkung 1 zum Begriff: Bei interner Führungsgröße wird der Betriebsmodus als „Stand-Alone" bezeichnet.

**3.26
Vorschau**
(en: preview)
<Medientechnik> Möglichkeit, aktuell anliegende Eingangsgrößen sowie Einzel- und Gesamtbildebenen unabhängig von der Ausgangsgröße darzustellen

**3.27
Blindmodus**
(en: blind preview)
Möglichkeit, unabhängig vom aktuellen Ausgangszustand programmierte Eingangsgrößen sowie Einzel- und Gesamtbildebenen darzustellen

4 Anforderungen

4.1 Allgemeines

Ein Medienserver erfüllt mindestens eine Anforderung aus 4.2 bis 4.5.

ANMERKUNG   Üblicherweise erfüllen Medienserver alle Anforderungen aus 4.2 bis 4.5.

4.2 Bildformat

Tabelle 1 stellt gängige Bildformate und Auflösungen dar.

Tabelle 1 — Bildformate

Abkürzung	Name	Breite (Pixel)		Höhe (Pixel)	Seitenverhältnis Breite : Höhe
VGA	Video Graphics Array	640	×	480	4 : 3
NTSC (DV)	NTSC (DV)	720	×	480	4 : 3
NTSC (DV)	NTSC (DV)	720	×	480	16 : 9
PAL (DV)	PAL (DV)	720	×	576	4 : 3
PAL (DV)	PAL (DV)	720	×	576	16 : 9
HD720, 720 p	High Definition, „HD ready"	1 280	×	720	16 : 9
WXGA	Wide XGA (Bright View)	1 280	×	768	5 : 3
WXGA	Wide XGA	1 280	×	800	8 : 5
SXGA	Super XGA	1 280	×	1 024	5 : 4
WXGA	Wide XGA	1 360	×	768	16 : 9
WXGA	Wide XGA	1 366	×	768	16 : 9
SXGA+	SXGA Plus	1 400	×	1 050	4 : 3
WSXGA	Wide SXGA	1 600	×	900	16 : 9
UXGA	Ultra XGA	1 600	×	1 200	4 : 3
WSXGA+	Wide SXGA+	1 680	×	1 050	8 : 5
HD1080, 1080 p	Full HD (High Definition)	1 920	×	1 080	16 : 9
WUXGA	Wide UXGA	1 920	×	1 200	8 : 5
WQHD	Wide QHD	2 560	×	1 440	16 : 9
WQXGA	Wide QXGA	2 560	×	1 600	8 : 5
QHD, 2160 p	Quad High Definition	3 840	×	2 160	16 : 9
4K	4K2K	4 096	×	2 160	1,89 : 1

4.3 Audioformat

Audiosignale können als analoge oder digitale Signale den Medienservern zugeführt oder von ihnen ausgespielt werden.

4.3.1 Analoge Übertragungsformate

Die gängigen Formate für analoge Audioübertragungen sind in Tabelle 2 dargestellt:

Tabelle 2 — Analoge Übertragungsformate

Schnitt-stelle	Physikalische Ausführung	Nenn-pegel	Symme-trierung	Eingangs-impedanz Ohm	Ausgangs-impedanz Ohm	Stör-sicherheit	Kabel-länge max. m
Consumer	Cinch/Miniklinke 3,5 mm/ Klinke 6,3 mm	etwa −10 dBV	nein	10 bis 100 000	100 bis 1 000	schlecht	10
Prof. Audio	XLR 3-pol. Quelle=Stift Klinke 6,3 mm (symmetrisch) Mehrfachstecker Sub-D	+4 dBu oder +6 dBu	ja	10 bis 100 000	40 bis 100	gut	200
ANMERKUNG Die professionelle Audioschnittstelle mit 600 Ohm Quell- und Eingangsabschluss ist heute nicht mehr gebräuchlich.							

4.3.2 Digitale Audioübertragungsformate

Gängige, nicht herstellerspezifische Formate für digitale drahtgebundene Audioübertragung sind in Tabelle 3 dargestellt.

Tabelle 3 — Digitale Audioübertragungsformate

Schnittstelle	Steck-verbin-dung	Kanalzahl je Verbindung	Nenn-pegel	Symme-trierung	Impedanz Ohm	Stör-sicher-heit	Kabel-länge max. m	Bemer-kungen
S/P-DIF	Cinch	2	500 mV	nein	75	mäßig	10	—
AES/EBU3	XLR 3-pol. Quelle= Stift	2	5 V	ja	110	gut	100	—
AES/EBU3	BNC	2	5 V	nein	75	gut	100	kompatibel mit prof. Video-Verkabelung
ADAT (opt)	toslink	2 oder 8	—	—	—	gut	15	—
T-DIF	Sub-D 25	8		ja	110	gut	15	—
MADI	BNC	56 oder 64	5 V	nein	75	gut	100	—
MADI (opt)	ST, SC, LC,	56 oder 64	—	—	—	gut	1 000	—
IP-Formate wie: Ethersound Dante Ravenna AES 50 AES 51 AES 67	RJ45, ST, SC, LC	meistens 64 je 100 Mbit-Port	—	—	—	gut	100	IP-Formate über EtherNet Netzwerk
Embedded SDI SD: SMPTE 25M HD/3K: SMPTE 292 M SMPTE 372 M SMPTE 424 M	BNC	16	800 mV	nein	75	gut	SD: 300 HD: 100	Audio in digitales HD oder SD Video integriert

ANMERKUNG Bei der Verwendung von asynchronen Audionetzwerken auf IP-Basis ist die Durchlaufzeit (Latenz) von Eingang zu Ausgang zu beachten.

Innerhalb der Formate werden verschiedene Abtastraten und Quantisierungen verwendet.

4.3.3 Abtastraten

Folgende Abtastraten sind üblich:

— 32 kHz (früher im Broadcastbereich verwendet);

— 44,1 kHz (CD-Audioformat);

— 48 kHz (gängiges Produktionsformat, auch im prof. Videobereich angewendet);

— 88,2/96/192/384 kHz für audiophile Produktionsumgebungen.

4.3.4 Quantisierungen

Folgende Quantisierungen sind üblich:

— 16 bit (CD-Audioformat)

— 24 bit (gängiges Produktionsformat)

4.3.5 Digitale Audio-Speicherformate

Es ist grundsätzlich zu unterscheiden zwischen linearen und komprimierten Speicherformaten.

Die verschiedenen Formate können i. d. R. unterschiedliche Codierungen mit verschiedenen Abtast- und Bitraten bzw. Wortbreiten enthalten.

Lineare (unkomprimierte) Formate erlauben die qualitativ höherwertige Nachbearbeitung (Schnitt und klangliche Veränderungen) des Audiomaterials. Da die Kompressionsverfahren verlustbehaftet sind, ist bei komprimierten Signalen je nach Codierung mit der Verstärkung der Kompressionsartefakte zu rechnen.

Als gängige Speicherformate sind z. B. *.aac, *.ac3, *.aifc, *.aiff, *.avi, *.bwf., *.dts *.mp2, *.mp3, *.wav, *.wma zu nennen.

Teilweise sind die Audiostreams gemeinsam mit dem Bild in Containerformaten wie Quicktime, MPEG-4, OMFI, AAF, MXF, AES31, WMA, ASF, Real Media, OGG, FLAC, Matroska, OpenMG, VOB abgelegt.

4.3.6 Ausgabesynchronität im Geräteverbund

Bei der Wiedergabe von Audio- und Videosignalen muss sichergestellt sein, dass die Synchronität mit anderen Geräten im Verbund (parallel laufenden Zuspielern, Licht- und anderen Effekten) erhalten bleibt.

Bei der Ausgabe von digitalen Audiosignalen muss der Zuspieler synchronisiert werden, falls der empfangende Audioeingang nicht mit einem Sample Rate Converter ausgestattet ist. Die Wiedergabe von nicht synchronisierten Audiosignalen führt zu Störungen.

Bei der Ausgabe von digitalen Videosignalen muss der Zuspieler synchronisiert werden, falls der empfangende Audioeingang nicht mit einem Framesynchronizer ausgestattet ist. Die Wiedergabe von nicht synchronisierten Videosignalen führt zu Störungen.

4.3.7 Interne Ausgabesynchronität

Die Synchronität zwischen Bild und Ton der von einem Medienserver ausgespielten Signale, wie z. B. die „Lippensynchronität", muss sichergestellt sein.

Da die heute verfügbaren Videodarstellungen über Displays und Projektoren mit einer gewissen Verzögerung (Latenz) bis zu mehreren hundert Millisekunden behaftet sind, ist eine variabel auf die Gegebenheiten anpassbare Verzögerung der Tonausgabe im Medienserver erforderlich.

4.3.8 Startsynchronisation

Die Wiedergabe von Medienservern muss zu exakt definierten Zeitpunkten durch die Führungsgröße gestartet und beendet werden können. Die möglicherweise dabei geräteintern entstehenden Verzögerungen müssen im nicht wahrnehmbaren Bereich gehalten werden.

Die Steuerung erfolgt über übliche medientechnische Steuerschnittstellen wie z. B. MIDI, DMX oder mit hersteller- bzw. gerätespezifischen Protokollen.

Eine Steuerung mit Zeitbezug kann durch anliegende Synchronsignale wie Timecode auch alternativ ohne Zuführung von Triggersignalen realisiert werden. Dazu müssen die Bezugspunkte im Medienserver an den anliegenden Timecode gekoppelt sein.

Übliche physikalische Schnittstellen sind in Tabelle 4 beschrieben.

Tabelle 4 — Physikalische Schnittstellen

Schnitt-stelle	gebräuch-liche phys. Ausführ-ung	Daten-rate	Nennpegel (DC [Gleich-spannung])	Symme-trierung	Eingangs-impedanz	Ausgangs-impedanz	Stör-sicher-heit	Kabel-länge
		max.						max.
		kbit/s	V		Ohm	Ohm		m
parallel	Sub-D, Klemmen	—	5 bis 24	möglich	10 bis 100 000	0 bis 100	gut	km-Bereich
MIDI	DIN, Klemmen	31,25	3,3 bis 5	ja	200	200	gut	15
RS-232	Sub-D, Klemmen	384	5	nein	10 bis 100 000	100	schlecht	15
RS422	Sub-D, Klemmen	384	2	ja	110	110	gut	1 000
RS-485 (Bus)	Sub-D, Klemmen	384	2	ja	110	110	gut	100

Des Weiteren kann die Steuerung von Geräten bzw. Ereignissen über Netzwerke mit geeigneten Steuerungsprotokollen erfolgen.

DIN 15781:2017-10

4.3.9 Synchronsignale

Die Synchronität im Geräteverbund kann mit verschiedenen zugeführten Synchronsignalen erreicht werden.

Entsprechende Signale ohne Zeitbezug sind:

a) Blackburst (Schwarzbild), als FBAS- (Composite-) Videosignal im PAL/NTSC-Format;

b) Tri-level-sync, analoges HD-Synchronsignal mit Bildfrequenz;

c) Wordclock, TTL-Synchronsignal für Audiosignale mit der entsprechenden Abtastraten-Frequenz.

Diese Signale werden in der Regel über eine BNC-Verkabelung mit 75 Ohm Impedanz geführt. Die Synchronisation über Videosignale (Blackburst und Tri-level-sync) wird als Genlocking bezeichnet.

Folgende Synchronsignale mit Zeitbezug gestatten neben der Synchronisierung eine Triggerung von Ereignissen per Timecode:

a) SMPTE/EBU-LTC (Longitudinal Timecode), mit Zeitcode moduliertes Audiosignal;

b) MTC, über die MIDI-Schnittstelle übertragener Timecode;

c) VITC (Vertical Inserted Timecode), in Zeile 22 der vertikalen Austastlücke des FBAS-Videosignals eingetastet.

Dies kann über einen Video- oder Digitalaudio-Eingang oder einen separaten Synchroneingang des Medienservers geschehen.

In komplexen Umgebungen wird man eine Synchronquelle (Taktgenerator) mit einer sternförmigen Anbindung aller angeschlossenen Geräte bevorzugen.

4.4 Steuersignale

Üblicherweise werden folgende Steuersignale verwendet:

a) DMX512-A;

b) GPI;

c) Seriell: RS232/422/485;

d) EtherNet: TCP/IP, UDP (Anwendungsprotokoll-Definition zwischen Steuerung und Medienserver erforderlich);

e) Midi Show Control;

f) Midi Machine Control;

g) Midi Commands (Midi Note/Midi Control Change, Midi Program Change);

h) Timecode (LTC, MTC), SMPTE/EBU;

i) Lichtsteuereingangssignale (EtherNet nach DIN 56930-3: sACN, ACN).

4.5 Ein-/Ausgangssignale, physikalische Schnittstellen

Üblicherweise werden folgende Schnittstellen verwendet:

a) Videoschnittstellen (FBAS/Composite, Component, SD-SDI, HD-SDI, 3G-SDI, VGA, DVI, Displayport, HDMI);

b) Audioschnittstellen (AES-10(MADI), AES-3, Analog-Signal [4/6 dB, symmetrisch]);

c) Lichtsteuersignale (DMX512-A, EtherNet nach DIN 56930-3: sACN);

d) Timecode (LTC, MTC), SMPTE/EBU.

4.6 Ausgabegeräte

Ausgabegeräte können zum Beispiel

— Projektoren,

— LED-Systeme (LED-Bildwand, LED-Panel) [DIN 15780],

— Monitore oder Bildschirme sein.

5 Prüfverfahren

5.1 Messaufbau zur Latenzmessung Eingang zu Ausgang

Zur Messung der Latenz eines Medienservers muss das „Gesamtsystem" betrachtet werden. Damit dieses hinreichend bewertet werden kann, muss ein bekanntes Signal durch das Gesamtsystem Medienserver geleitet werden und mit einem Referenzsignal verglichen werden. Das Referenzsignal ist die direkte Strecke Signal ⇒ Messgerät während das Medienserver-Signal eben durch diesen hindurch geleitet wird: Signal ⇒ Medienserver ⇒ Messgerät.

Bild 3 stellt einen schematischen Messaufbau der Latenzmessung dar.

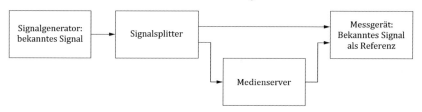

Bild 3 — Schematischer Messaufbau der Latenzmessung

Hinweis zu Messgrenzen und Bedingungen:

Signalsplitter und Fehlergrenzen der Messgeräte sind zu vernachlässigen, wenn sie nicht größer als 1 ms sind.

Messungen bis zu 120 fps (etwa 8 ms je Bild) sind zulässig, wenn alle anderen unbekannten Größen kleiner als 1 ms sind.

Eine Bildfolge von 5 Bildern, die unterschieden werden können (schwarz/grau 25 %/grau 50 %/ grau 75 %/weiß), sollte ausreichend sein, um eine Latenz auf fps-Basis ermitteln zu können.

Das Format Ausgang Signalsplitter zu Eingang Messgerät muss gleich dem Ausgangsformat des Medienservers sein.

5.2 Messaufbau zur Synchronität von Medienserver-Systeme

Zur Messung der Synchronität eines oder mehrerer Medienserver müssen ihre Ausgangsgrößen miteinander verglichen werden.

Die zueinander bestehende Abweichung der Ausgangsgrößen eines von einer Führungsgröße gestarteten Bildinhalts wird mit Hilfe eines Messgerätes bestimmt.

Bild 4 stellt den schematischer Messaufbau zur Messung der Synchronität.

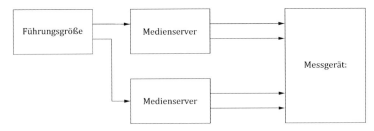

Bild 4 — Schematischer Messaufbau zur Messung der Synchronität

Hinweis zu Messgrenzen und Bedingungen:

Fehlergrenzen der Messgeräte sind zu vernachlässigen, wenn sie nicht größer als 1 ms sind.

Messungen bis zu 120 fps (in etwa 8 ms je Bild) sind zulässig, wenn alle anderen unbekannten Größen kleiner als 1 ms sind.

Eine Bildfolge von 5 Bildern, die unterschieden werden können (schwarz/grau 25 %/grau 50 %/ grau 75 %/weiß), sollte ausreichend sein, um eine Synchronität ausreichend zu prüfen.

Die Ausgangsgröße aller Medienserver muss gleich sein.

6 Dokumentation

6.1 Allgemeines

Hardware- und Softwareprodukte unterliegen unterschiedlichen Anforderungen der Dokumentation. Bei Softwarelösungen, die ohne Hardware zur Verfügung gestellt werden, ist 6.3 nicht anzuwenden. Die Dokumentation ist in deutscher Sprache nach DIN EN 82079-1 auszustellen.

6.2 Software

Insbesondere sind folgende Punkte zu nennen:

a) erfüllte Anforderungen nach 4.1 bis 4.3;

b) Betriebssystem und Software-Mindestvoraussetzungen wie z. B. Treiber;

c) Beschreibung der möglichen digitalen Kodierungen (en: codecs);

d) Beschreibung der softwareseitigen Schnittstellen;

e) Hardware-Mindestvoraussetzungen.

6.3 Hardware

Insbesondere sind folgende Punkte zu nennen:

a) bestimmungsgemäßer Gebrauch, Transport und Lagerung;

b) Betriebsgrenzen wie zulässige Umgebungstemperatur und Luftfeuchte (Betrieb/Transport);

c) Leistungsaufnahme/Spannungsbereich/Schutzklasse;

d) Schallemission;

e) Störfestigkeit/Störausstrahlung;

f) Beschreibung der physikalischen Schnittstellen.

Literaturhinweise

DIN 6814-20:1992-01, *Begriffe und Benennungen in der radiologischen Technik — Digitale Verfahren der diagnostischen Bildgebung — Übergeordnete Begriffe; (2015-10 zurückgezogen ohne Ersatz)*

DIN 15780, *Veranstaltungstechnik — LED in der szenischen Beleuchtung*

DIN 56930-2, *Bühnentechnik — Bühnenlichtstellsysteme — Teil 2: Steuersignale*

DIN EN 50173-1, *Informationstechnik — Anwendungsneutrale Kommunikationskabelanlagen — Teil 1: Allgemeine Anforderungen*

DIN EN 60534-9:2008-06, *Stellventile für die Prozessregelung — Teil 9: Prüfverfahren zur Bestimmung des Verhaltens von Stellventilen bei Sprungfunktionen (IEC 60534-9:2007); Deutsche Fassung EN 60534-9:2007*

DIN EN 60958-4-1, *Digitalton-Schnittstelle — Teil 4-1: Professionelle Anwendungen — Toninhalt*

DIN EN 60958-4-2, *Digitalton-Schnittstell — Teil 4-2: Professionelle Anwendungen — Metadaten und Subcode*

DIN EN 60958-4-4, *Digitalton-Schnittstelle — Teil 4-4: Professionelle Anwendungen — Physikalische und elektrische Eigenschaften*

DIN EN 62365:2010-02, *Digitalton — Digitale Ein-/Ausgangsschnittstellen — Übertragung von Digitalton über ATM-Netzwerke (IEC 62365:2009); Deutsche Fassung EN 62365:2009*

DIN EN 82079-1, *Erstellen von Gebrauchsanleitungen — Gliederung, Inhalt und Darstellung — Teil 1: Allgemeine Grundsätze und ausführliche Anforderungen*

ISO/IEC/IEEE 8802-3, *Information technology - Telecommunications and information exchange between systems - Local and metropolitan area networks - Specific requirements - Part 3: Standard for Ethernet*

ANSI/IEEE 802.3, *Standard for Information Technology — Telecommunications and Information Exchange Between Systems — Local and Metropolitan Area Networks — Specific Requirements Part 3: Carrier Sense Multiple Access with Collision Detection (CSMA/CD) Access Method and Physical Layer Specifications*

ANSI E1.11, *Entertainment Technology — USITT DMX512-A — Asynchronous Serial Digital Data Transmission Standard for Controlling Lighting Equipment and Accessories*[1]

ANSI E1.17, *Entertainment Technology — Architecture for Control Networks*[1]

ANSI E1.31, *Entertainment Technology — Lightweight streaming protocol for transport of DMX512 using ACN*[1]

AES3, *Standard for digital audio — Digital input-output interfacing — Serial transmission format for twochannel linearly represented digital audio data*[2]

SMPTE ST 12-1, *Time and Control Code*[3]

---

1) Nachgewiesen in der DITR-Datenbank der DIN Software GmbH, zu beziehen bei: Beuth Verlag GmbH, 10772 Berlin.

2) zu AES siehe https://tech.ebu.ch/docs/other/aes-ebu-eg.pdf

SMPTE ST 12-2, *Transmission of Time Code in the Ancillary Data Space*[3]

SMPTE 337M, *Television — Format for Non-Pcm Audio & Data in AES3 Serial Digital Audio Interface*[3]

---

3) zu SMPTE siehe http://ieeexplore.ieee.org/xpl/aboutUs.jsp

Januar 2018

DIN 15901

ICS 29.120.30; 97.200.10

Ersatz für
DIN 56905:2005-08

Veranstaltungstechnik –
Zweipolige Steckvorrichtung für Beleuchtungsanwendungen

Entertainment technology –
Two-pin connectors for stage lighting

Technologies du spectacle –
Prises de courant bipolaires dans le domaine de l'éclairage scénique

Gesamtumfang 18 Seiten

DIN-Normenausschuss Veranstaltungstechnik, Bild und Film (NVBF)

DIN 15901:2018-01

Inhalt

Seite

Vorwort 3
Einleitung 4
1 Anwendungsbereich 5
2 Normative Verweisungen 5
3 Begriffe 5
4 Bauarten und Leistungsklassen 9
4.1 Allgemeines 9
4.2 Bauart 9
4.3 Leistungsklassen 9
5 Anforderungen 9
5.1 Allgemeines 9
5.2 Bestandteile eines Stecksystems 9
5.3 Schutzart 9
5.4 Schlagfestigkeit 10
5.5 Gehäusegrifffläche 10
5.6 Kabelklemmraum 10
5.7 Verpolungssicherheit 10
5.8 Haltevorrichtung (Verriegelung) 10
6 Benutzerinformation 11
6.1 Allgemeines 11
6.2 Dokumentation 11
6.3 Typenschild 11
6.4 Farbkennzeichnung der Leistungsklasse 11
Anhang A (informativ) Gebräuchliche zweipolige Steckvorrichtungen für
Beleuchtungsanwendungen 12
Literaturhinweise 17

2

Vorwort

Diese Norm wurde vom DIN-Normenausschuss Veranstaltungstechnik, Bild und Film (NVBF), Arbeitsausschuss NA 149-00-04 AA „Licht- und Energieverteilungssysteme" erarbeitet.

Es wird auf die Möglichkeit hingewiesen, dass einige Elemente dieses Dokuments Patentrechte berühren können. DIN ist nicht dafür verantwortlich, einige oder alle diesbezüglichen Patentrechte zu identifizieren.

Änderungen

Gegenüber DIN 56905:2005-08 wurden folgende Änderungen vorgenommen:

a) Anpassung des Anwendungsbereiches und Neustrukturierung des Dokuments;

b) Aktualisierung des Abschnitts 2 „Normative Verweisungen";

c) Aufnahme des Abschnitts 3 „Begriffe";

d) Aufnahme eines Abschnitts 4 „Bauarten und Leistungsklassen";

e) Aufnahme weiterer Festlegungen im Abschnitt 5 „Anforderungen";

f) Aufnahme eines neuen Anhangs A mit einer Übersicht über die Stecksysteme in der Veranstaltungstechnik;

g) redaktionelle Änderungen.

Frühere Ausgaben

DIN 56905: 1977-04, 2005-08
DIN 56906: 1977-04

Einleitung

Der DIN-Normenausschuss Veranstaltungstechnik, Bild und Film (NVBF) ist zuständig für die Erarbeitung und regelmäßige Überprüfung von Normen und Standards in den Bereichen Veranstaltungstechnik, Fotografie und Kinematografie. Er erarbeitet Anforderungen und Prüfungen für:

Versammlungsstätten sowie Veranstaltungs- und Produktionsstätten für szenische Darstellung, deren Arbeitsmittel als auch diesbezügliche Dienstleistungen. Dies umfasst

— Veranstaltungs- und Medientechnik für Bühnen, Theater, Mehrzweckhallen, Messen, Ausstellungen und Produktionsstätten bei Film, Hörfunk und Fernsehen sowie sonstige vergleichbaren Zwecken dienende bauliche Anlagen und Areale;

— Beleuchtungstechnik und deren Arbeitsmittel für Veranstaltungstechnik, Film, Fernsehen, Bühne und Fotografie sowie Sondernetze und elektrische Verteiler;

— Dienstleistungen für die Veranstaltungstechnik;

— sicherheitstechnische Anforderungen an Maschinen, Arbeitsmittel und Einrichtungen für Veranstaltungs- und Produktionsstätten zur szenischen Darstellung.

DIN 15901:2018-01

1 Anwendungsbereich

Diese Norm gilt für die Auswahl von einphasigen Steckvorrichtungen und Steckverbindungen für 230 V Nennspannung in Netzanlagen für szenische Beleuchtungsanlagen bei professioneller Anwendung in festen und ortsveränderlichen Veranstaltungs- und Produktionsstätten.

Diese Norm gilt für Steckvorrichtungen und Steckverbindungen sowie die Anforderung an deren Kompatibilität und Gebrauchstauglichkeit sowie notwendige Sicherheitsanforderungen.

ANMERKUNG   Unabhängig von dieser Norm können bestehende Anlagen mit Steckvorrichtungen nach DIN 56905 weiter betrieben werden.

2 Normative Verweisungen

Die folgenden Dokumente, die in diesem Dokument teilweise oder als Ganzes zitiert werden, sind für die Anwendung dieses Dokuments erforderlich. Bei datierten Verweisungen gilt nur die in Bezug genommene Ausgabe. Bei undatierten Verweisungen gilt die letzte Ausgabe des in Bezug genommenen Dokuments (einschließlich aller Änderungen).

DIN EN 50102 (VDE 0470-100), *Schutzarten durch Gehäuse für elektrische Betriebsmittel (Ausrüstung) gegen äußere mechanische Beanspruchungen (IK-Code)*

DIN EN 60529 (VDE 0470-1), *Schutzarten durch Gehäuse (IP-Code) (IEC 60529)*

3 Begriffe

Für die Anwendung dieses Dokuments gelten die folgenden Begriffe.

3.1
untere Grenztemperatur (für einen Steckverbinder)
kleinster, unterer zulässiger Wert zur Beschreibung von Steckverbindern für die Temperatur, bei der der Steckverbinder betrieben werden soll, wie in der Klimakategorie definiert

Anmerkung 1 zum Begriff: Siehe auch IEV 581-21-14 (untere Grenztemperatur (für einen Steckverbinder)) sowie IEV 581-21-01 (Klimakategorie).

3.2
obere Grenztemperatur (für einen Steckverbinder)
oberer, größter zulässiger Wert zur Beschreibung von Steckverbindern für die Temperatur, bei der der Steckverbinder betrieben werden soll, wie in der Klimakategorie definiert

Anmerkung 1 zum Begriff: Siehe auch IEV 581-21-15 (obere Grenztemperatur (für einen Steckverbinder)) sowie IEV 581-21-01 (Klimakategorie).

3.3
Verbindungskraft
Kraft, die für das sichere Stecken eines Stecksystems von einem Anschluss durch axiale Schubkraft benötigt wird

3.4
Crimpkontakt
Kontakt mit einer Kontakthülse, die mit dem Leiter durch eine formschlüssige Verbindung über plastische Verformung verbunden wird, um eine gasdichte Verbindung herzustellen

Anmerkung 1 zum Begriff: Siehe auch IEV 581-22-05 (Crimpkontakt) sowie DIN EN 60352-2.

3.5
Schraubkontakt
Kontakt, der mit dem Leiter durch eine kraftschlüssige Klemmverbindung verbunden wird

Anmerkung 1 zum Begriff: Siehe auch IEC 60999-1 und IEC 60999-2.

3.6
Federzugkontakt
Kontakt mit einer Kontakthülse, die mit dem Leiter durch eine Federzugverbindung verbunden wird

Anmerkung 1 zum Begriff: Siehe auch DIN EN 60352-7.

3.7
Polarisation (beim Stecken)
in steckbare Bauelemente integrierte Vorrichtung, die sicherstellt, dass diese nur polrichtig gesteckt werden kann

[QUELLE: IEV 581-23-25]

3.8
Bemessungswert (Strom oder Spannung)
Wert einer Größe, der im Allgemeinen vom Hersteller für eine festgelegte Betriebsbedingung einem Bauelement, Gerät oder einer Ausrüstung zugeordnet wird

[QUELLE: IEV 442-01-01]

3.9
Steckverbinder
Einrichtung zur Herstellung oder Trennung von elektrischen Verbindungen mit einem passenden Gegenstück

[QUELLE: IEV 581-26-01]

3.10
Steckverbinder ohne Lastschaltvermögen
Einrichtung zur Herstellung oder Trennung von elektrischen Verbindungen, die kein Lastschaltvermögen aufweist und daher vor dem Trennen der Verbindung freigeschaltet wird

Anmerkung 1 zum Begriff: Siehe auch IEV 581-27-73.

3.11
Steckvorrichtung
Steckverbinder mit Lastschaltvermögen
Einrichtung zur Herstellung oder Trennung von elektrischen Verbindungen mit definiertem Lastschaltvermögen

Anmerkung 1 zum Begriff: Siehe auch IEV 581-27-72.

3.12
fester Steckverbinder
Steckverbinder für die Befestigung an festen Oberflächen

[QUELLE: IEV 581-26-07, modifiziert – „starre Fläche" durch „feste Oberfläche" ersetzt]

3.13
freier Kabelsteckverbinder
Kabelsteckverbinder
Steckverbinder für die Befestigung an ein freies Ende eines Kabels oder einer Leitung

Anmerkung 1 zum Begriff: Siehe auch IEV 581-26-09 (freier Kabelsteckverbinder) und IEV 581-26-35 (Kabelsteckverbinder).

3.14
Leitungsstecker
VDE: Stecker
Steckverbinder zum Anschluss von Geräten mit fest montierter, flexibler Geräteanschlussleitung und zum Aufbau von Leitungsverlängerungen im mobilen Einsatz

Anmerkung 1 zum Begriff: Siehe auch IEV 151-12-21.

3.15
Einbaustecker
VDE: Gerätestecker
VDE: Gerätesteckvorrichtung
Steckverbinder zum Einbau in Geräte und mobile Lastverteiler

Anmerkung 1 zum Begriff: Siehe auch IEV 442-07-01 (Gerätesteckvorrichtung).

3.16
Leitungskupplung
VDE: Leitungskupplung
Steckverbinder zum Aufbau von Leitungsverlängerungen im mobilen Einsatz

3.17
Einbaukupplung
VDE: Steckdose
Steckverbinder zum Ein- und Aufbau in stationäre und mobile Lastverteiler (Versatzkästen, Steckfelder, Wandanschlussfelder)

Anmerkung 1 zum Begriff: Siehe auch IEV 151-12-20.

3.18
Winkelsteckverbinder
Steckverbinder, bei dem die Achse des Kabels (recht-)winklig zur Achse des Steckgesichts ausgeführt ist

[QUELLE: IEV 581-26-23, modifiziert – Festlegung auf Rechtwinkligkeit aufgehoben sowie sprachlich angepasst]

3.19
voreilender Kontakt
Kontakt, der verschiedene Kontaktebenen und Reihenfolgen der Kontaktgabe ermöglicht

Anmerkung 1 zum Begriff: Einsatz zum Beispiel als voreilender Schutzleiter.

Anmerkung 2 zum Begriff: Siehe auch IEV 581-27-37 (voreilende Kontakte).

3.20
Kodierungsvorrichtung
Einrichtung, die es ermöglicht, ein Stecksystem mechanisch so zu kodieren, dass es bei der Herstellung einer Verbindung nicht mit anderen Stecksystemen verwechselt werden kann

Anmerkung 1 zum Begriff: Siehe auch IEV 581-27-75.

3.21
Verriegelung eines Steckers
elektrische oder mechanische Vorrichtung, die verhindert, dass ein Stecker unter Spannung gelangen kann bevor er vorschriftsmäßig in eine Kupplung eingeführt ist und die verhindert, dass ein Stecker abgezogen werden kann, solange er unter Spannung steht

Anmerkung 1 zum Begriff: Der Begriff entspricht nicht dem umgangssprachlichen Begriff „Verriegelung", der technisch mit „Haltevorrichtung" bezeichnet wird.

3.22
Haltevorrichtung eines Steckers
mechanische Vorrichtung die einen Stecker nach dem Steckvorgang festhält und ein unbeabsichtigtes Lösen der Verbindung verhindert.

Anmerkung 1 zum Begriff: Der Begriff wird umgangssprachlichen als „Verriegelung" bezeichnet.

3.23
Bauart
Zusammensetzung und Beschaffenheit eines Stecksystems

Anmerkung 1 zum Begriff: Unterschiedliche Bauarten sind in Tabelle A.1 dargestellt.

3.24
Leistungsklasse
Klasse gebräuchlicher elektrischer Leistung, in das Stecksysteme unterteilt werden

3.25
Stecksystem
Gesamtheit einer Typenreihe von kompatiblen Steckverbindern und Steckvorrichtungen

3.26
Schlagfestigkeit
System zur Klassifizierung der Schutzgrade gegen äußere mechanische Beanspruchungen

Anmerkung 1 zum Begriff: Der Schutzgrad, der im Allgemeinen für das vollständige Gehäuse gilt, wird mittels genormter Prüfmethoden (Schlagfestigkeitsprüfung) nachgewiesen und durch das IK-Codierungssystem angegeben.

4 Bauarten und Leistungsklassen

4.1 Allgemeines

Stecksysteme werden nach verschiedenen Bauarten und Leistungsklassen unterschieden. Die Auswahl von Stecksystemen richtet sich nach den Anforderungen an die Kompatibilität und die Gebrauchstauglichkeit.

4.2 Bauart

Gebräuchliche Bauarten sind in Tabelle A.1 dargestellt.

4.3 Leistungsklassen

Die Leistungsklasse bestimmt den höchsten Bemessungsstrom eines Stecksystems; es werden drei Leistungsklassen nach Tabelle 1 unterschieden. Die Leistungsklassen dürfen untereinander nicht steckkompatibel sein.

Tabelle 1 — Leistungsklassen von Stecksystemen

Leistungsklasse	Bemessungsstrom	Leitungsschutz	Farbkennzeichnung	Bemessungsspannung
kW	A	A	(optional)	V
10	50	50	grün	
5	25	25	rot	AC 230
3	13	13	blau	

5 Anforderungen

5.1 Allgemeines

Aus Gründen der Gebrauchstauglichkeit für szenische Beleuchtungsanlagen müssen besondere Anforderungen erfüllt werden. Ein Stecksystem muss die Anforderungen nach 5.2 bis 5.6 erfüllen, um als geeignete Bauart gelistet zu werden.

5.2 Bestandteile eines Stecksystems

Ein Stecksystem für szenische Beleuchtungsanlagen muss aus allen folgenden Komponenten bestehen:

a) Leitungsstecker;

b) Leitungskupplung;

c) Einbaustecker;

d) Einbaukupplung.

Die Verlängerung einer Leitung muss ohne Zusatzelemente (en: daisy chain) möglich sein.

5.3 Schutzart

Je nach Umgebungsbedingung muss ein Stecksystem mindestens einer der folgenden Schutzarten nach DIN EN 60529 (VDE 0470-1) entsprechen:

a) IP20 für Innenräume;

b) IP44 für Innenräume mit erhöhtem Staub-/Feuchtigkeitsanfall;

c) IP54 für Außenräume und Außeneinsätze.

5.4 Schlagfestigkeit

Nach dem IK-Codierungssystem, welches den Schutzgrad durch ein Gehäuse gegen äußere mechanische Beanspruchungen angibt, müssen Steckverbinder und Steckvorrichtungen für die Bühnenbeleuchtung, nach DIN EN 50102 (VDE 0470-100), geprüft, mindestens dem IK-Code IK06 entsprechen.

5.5 Gehäusegrifffläche

Das Gehäuse muss ausreichend Grifffläche aufweisen, um die Kraft zum Trennen der Komponenten mit Hand aufbringen zu können. Die Leitung darf nicht als Griffverlängerung dienen.

5.6 Kabelklemmraum

Der Kabelklemmraum muss ausreichend bemessen sein, um den Anschluss von Aderquerschnitten nach der gewählten Leistungsklasse und des Spannungsfalls zu ermöglichen. Die Zugänglichkeit für die bauartbedingten Werkzeuge muss problemlos ermöglicht werden.

5.7 Verpolungssicherheit

Stecksysteme sind verpolungssicher auszuführen. Eine feste Zuordnung, im Klemmraum gekennzeichnete Zuordnung L-N-PE muss gegeben sein.

ANMERKUNG Schuko®[1) Steckvorrichtungen erfüllen diese Anforderung nicht.

5.8 Haltevorrichtung (Verriegelung)

Um ein unbeabsichtigtes Trennen des Stecksystems zu verhindern, ist eine wirksame Haltevorrichtung oder Verriegelung erforderlich. Diese muss darüber hinaus das einfache, schnelle Trennen und sichere Verbinden ermöglichen. Mithilfe der Haltevorrichtung ist die Dichtigkeit des Steckverbinders zur Erreichung der geforderten Schutzart und die elektrisch einwandfreie Kontaktierung zu gewährleisten.

ANMERKUNG Schuko®-Steckvorrichtungen erfüllen diese Anforderung nur bedingt mittels Einsatz einer Überwurfverschraubung. Diese Verschraubungen sind proprietär.

---

1) Schuko® ist ein Warenzeichen des SCHUKO-Warenzeichenverbandes. Diese Angabe dient nur zur Unterrichtung der Anwender dieser Norm und bedeutet keine Anerkennung des genannten Produkts durch DIN. Gleichwertige Produkte dürfen verwendet werden, wenn sie nachweisbar zu den gleichen Ergebnissen führen.

6 Benutzerinformation

6.1 Allgemeines

Benutzerinformationen über den korrekten Gebrauch und der bestimmungsmäßigen Verwendung sind in deutscher Sprache vom Hersteller oder Inverkehrbringer zur Verfügung zu stellen.

6.2 Dokumentation

Die Benutzerinformation muss mindestens folgende Punkte umfassen:

1) Prüfungsgrundlagen;
2) Nachweis der Einhaltung der Anforderungen nach Abschnitt 5;
3) Schutzart;
4) Leistungsklasse;
5) Kontaktanschluss und –belegung;
6) Betriebsbedingungen;
7) Montageanleitung;
8) Wartungshinweise;
9) Hinweise zur Entsorgung.

6.3 Typenschild

Jede Komponente eines Stecksystems ist mit einem Typenschild nach der entsprechenden VDE-Vorschrift auszustatten.

6.4 Farbkennzeichnung der Leistungsklasse

Wird die Leistungsklasse durch eine Kennfarbe gekennzeichnet, so ist der Farbcode nach Tabelle 1 anzuwenden.

Anhang A
(informativ)

Gebräuchliche zweipolige Steckvorrichtungen für Beleuchtungsanwendungen

Gebräuchliche, einphasige Steckvorrichtungen und Steckverbindungen für 230 V Nennspannung in Netzanlagen für szenische Beleuchtungsanlagen sind in Tabelle A.1 dargestellt. Mit Ausnahme der Schuko®-Steckvorrichtung erfüllen die gelisteten Bauarten alle Anforderungen, die in Abschnitt 5 beschrieben sind.

ANMERKUNG Schuko®-Steckvorrichtungen erfüllen die unter 5.7 und 5.8 gestellten Anforderungen nicht oder nur über Zusatzausstattung.

Tabelle A.1 — Stecksysteme und deren Eignung für die Veranstaltungstechnik

Maße in Millimeter

Bauart	Stecker (Isometrische Ansicht)	Maßbild/Steckgesicht	Eigenschaften	
			Bezeichnung	Werte
1		$1 = L \quad 2 = N \quad 3 = PE$	anzuwendende Norm	CEE 7/4 „Schuko®" DIN 49440-1, DIN 49440-3, DIN 49440-5, DIN 49441, DIN 49441-1, DIN VDE 0620-1
			Leistungsklasse	3 kW
			Steckvorrichtung	ja
			Schutzart Steckdose gesteckt/ungesteckt	IP20 - IP68/ IP20 - IP68
			Haltevorrichtung	möglich
			Berührungssicherheit der Kontakte (Stecker)	nein
			Verpolungssicherheit	nein
			Leitungsanschluss	Schraube, Federzug

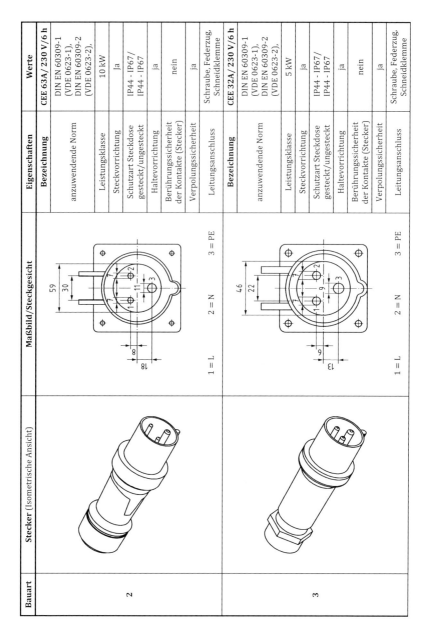

Bauart	Stecker (Isometrische Ansicht)	Maßbild/Steckgesicht	Eigenschaften		Werte
			Bezeichnung		CEE 63A / 230 V / 6 h
2			anzuwendende Norm		DIN EN 60309-1 (VDE 0623-1), DIN EN 60309-2 (VDE 0623-2),
			Leistungsklasse		10 kW
			Steckvorrichtung		Ja
			Schutzart Steckdose gesteckt/ungesteckt		IP44 - IP67 / IP44 - IP67
			Haltevorrichtung		ja
			Berührungssicherheit der Kontakte (Stecker)		nein
			Verpolungssicherheit		ja
			Leitungsanschluss		Schraube, Federzug, Schneidklemme
			Bezeichnung		CEE 32A / 230 V / 6 h
3			anzuwendende Norm		DIN EN 60309-1 (VDE 0623-1), DIN EN 60309-2 (VDE 0623-2),
			Leistungsklasse		5 kW
			Steckvorrichtung		ja
			Schutzart Steckdose gesteckt/ungesteckt		IP44 - IP67 / IP44 - IP67
			Haltevorrichtung		ja
			Berührungssicherheit der Kontakte (Stecker)		nein
			Verpolungssicherheit		ja
			Leitungsanschluss		Schraube, Federzug, Schneidklemme

Bauart	Stecker (Isometrische Ansicht)	Maßbild/Steckgesicht	Eigenschaften	Werte
4			Bezeichnung	CEE 16A / 230 V / 6 h
			anzuwendende Norm	DIN EN 60309-1 (VDE 0623-1), DIN EN 60309-2 (VDE 0623-2)
			Leistungsklasse	3kW
			Steckvorrichtung	ja
			Schutzart Steckdose gesteckt / ungesteckt	IP44 - IP67 / IP44 - IP67
			Haltevorrichtung	ja
			Berührungssicherheit der Kontakte (Stecker)	nein
			Verpolungssicherheit	ja
			Leitungsanschluss	Schraube, Federzug, Schneidklemme
5			Bezeichnung	DBS 12kW
			anzuwendende Norm	DIN EN 61984 (VDE 0627)
			Leistungsklasse	10 kW
			Steckvorrichtung	ja
			Schutzart Steckdose gesteckt / ungesteckt	IP67/IPXX
			Haltevorrichtung	ja
			Berührungssicherheit der Kontakte (Stecker)	ja
			Verpolungssicherheit	ja
			Leitungsanschluss	Crimp

Bauart	Stecker (Isometrische Ansicht)	Maßbild/Steckgesicht	Eigenschaften	Werte
			Bezeichnung	**DBS 6kW**
			anzuwendende Norm	DIN EN 61984 (VDE 0627)
			Leistungsklasse	5 kW
6			Steckvorrichtung	ja
			Schutzart Steckdose gesteckt / ungesteckt	IP67/IPXX
			Haltevorrichtung	ja
			Berührungssicherheit der Kontakte (Stecker)	ja
			Verpolungssicherheit	ja
			Leitungsanschluss	Crimp
			Bezeichnung	**DBS 3kW**
			anzuwendende Norm	DIN EN 61984 (VDE 0627)
			Leistungsklasse	3 kW
7			Steckvorrichtung	ja
			Schutzart Steckdose gesteckt / ungesteckt	IP67/IPXX
			Haltevorrichtung	ja
			Berührungssicherheit der Kontakte (Stecker)	ja
			Verpolungssicherheit	ja
			Leitungsanschluss	Crimp

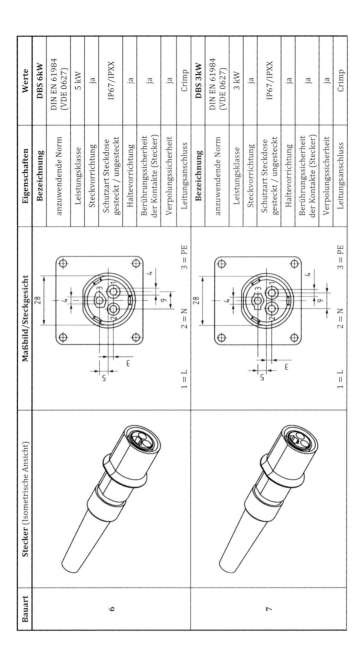

Bauart	Stecker (Isometrische Ansicht)	Maßbild/Steckgesicht	Eigenschaften		Werte
				Bezeichnung	PowerCon True 1
				anzuwendende Norm	DIN EN 60320-1 (VDE 0625-1)
				Leistungsklasse	3 kW
8				Steckvorrichtung	ja
				Schutzart Steckdose gesteckt / ungesteckt	IP65/IPXX
				Haltevorrichtung	ja
				Berührungssicherheit der Kontakte (Stecker)	ja
				Verpolungssicherheit	ja
				Leitungsanschluss	Schraube
				Bezeichnung	HAN 3A, Q2/0
				anzuwendende Norm	DIN EN 61984 (VDE 0627)
				Leistungsklasse	5kW
9				Steckvorrichtung	nein
				Schutzart Steckdose gesteckt / ungesteckt	IP65 - IP67/ IPXX - IP67
				Haltevorrichtung	ja
				Berührungssicherheit der Kontakte (Stecker)	ja
				Verpolungssicherheit	ja
				Leitungsanschluss	Schraube, Crimp

Literaturhinweise

DIN 15767, *Veranstaltungstechnik — Energieversorgung in der Veranstaltungs- und Produktionstechnik*

DIN 49440-1, *Zweipolige Steckdosen mit Schutzkontakt, AC 16 A 250 V — Teil 1: Hauptmaße*

DIN 49440-3, *Zweipolige Steckdosen mit Schutzkontakt, DC 10 A 250 V, AC 16 A 250 V, zweipolige Kupplungsdosen, spritzwassergeschützt*

DIN 49440-5, *Zweipolige Steckdosen mit Schutzkontakt, DC 10 A 250 V, AC 16 A 250 V für Einbau in Gerätedosen; Maße*

DIN 49441, *Zweipolige Stecker mit Schutzkontakt, 10 A, 250 V $\cong$ und 10 A, 250 V–, 16 A, 250 V ~*

DIN 49441-2, *Zweipolige Stecker mit Schutzkontakt DC 10 A 250 V, AC 16 A 250 V, spritzwassergeschützt*

DIN 49442, *Zweipolige Steckdosen mit Schutzkontakt, druckwasserdicht, 10 A, 250 V $\cong$ und 10 A, 250 V–, 16 A, 250 V ~; Hauptmaße*

DIN EN 60309-1 (VDE 0623-1), *Stecker, Steckdosen und Kupplungen für industrielle Anwendungen — Teil 1: Allgemeine Anforderungen (IEC 60309-1)*

DIN EN 60309-2 (VDE 0623-2), *Stecker, Steckdosen und Kupplungen für industrielle Anwendungen — Teil 2: Anforderungen und Hauptmaße für die Austauschbarkeit von Stift- und Buchsensteckvorrichtungen (IEC 60309-2)*

DIN EN 60320-1 (VDE 0625-1), *Gerätesteckvorrichtungen für den Hausgebrauch und ähnliche allgemeine Zwecke — Teil 1: Allgemeine Anforderungen (IEC 60320-1)*

DIN EN 60352 (alle Teile), *Lötfreie Verbindungen (IEC 60352)*

DIN EN 60598-1 (VDE 0711-1), *Leuchten — Teil 1: Allgemeine Anforderungen und Prüfungen (IEC 60598-1)*

E DIN EN 60598-2-17 (VDE 0711-217), *Leuchten — Teil 2-17: Besondere Anforderungen — Leuchten für Bühnenbeleuchtung, Fernseh- und Film-Studios (außen und innen) (IEC 34D/1164/CD:2015)*

DIN EN 61984 (VDE 0627), *Steckverbinder — Sicherheitsanforderungen und Prüfungen (IEC 61984)*

DIN VDE 0100-460, *Errichten von Niederspannungsanlagen — Teil 4-46: Schutzmaßnahmen — Trennen und Schalten*

DIN VDE 0100-550, *Errichten von Starkstromanlagen mit Nennspannungen bis 1 000 V; Auswahl und Errichtung elektrischer Betriebsmittel; Steckvorrichtungen, Schalter und Installationsgeräte*

DIN VDE 0100-600, *Errichten von Niederspannungsanlagen — Teil 6: Prüfungen (IEC 60364-6)*

DIN VDE 0100-711, *Errichten von Niederspannungsanlagen — Anforderungen für Betriebsstätten, Räume und Anlagen besonderer Art — Teil 711 Ausstellungen, Shows, Stände (IEC 60364-7-711)*

DIN VDE 0100-718, *Errichten von Niederspannungsanlagen — Teil 7-718: Anforderungen für Betriebsstätten, Räume und Anlagen besonderer Art — Öffentliche Einrichtungen und Arbeitsstätten (IEC 60364-7-718)*

DIN VDE 0620-1, *Stecker und Steckdosen für den Hausgebrauch und ähnliche Anwendungen — Teil 1: Allgemeine Anforderungen an ortsfeste Steckdosen*

IEV-Wörterbuch, verfügbar unter
https://www2.dke.de/de/Online-Service/DKE-IEV/Seiten/IEV-Woerterbuch.aspx

DIN 15905-1

ICS 97.200.10　　　　　　　　　　　　　　　　　　　　Ersatz für
　　　　　　　　　　　　　　　　　　　　　　　　　　　DIN 15905-1:1998-04

**Veranstaltungstechnik –
Audio-, Video- und Kommunikations-Tontechnik in
Veranstaltungsstätten und Mehrzweckhallen –
Teil 1: Anforderungen bei Eigen-, Co- und Fremdproduktionen**

Entertainment technology –
Audio-, Video- and Communication audio engineering for purposes in theatres and multi-purpose halls –
Part 1: Requirements for own productions, co-productions and foreign productions

Technique d'animation –
Technique d'enregistrement de audio, video et de communication dans les endroits de l'événement et des salles polyvalent –
Partie 1: Conditions avec le propre, Co et productions manufacturées étrangères

Gesamtumfang 17 Seiten

Normenausschuss Veranstaltungstechnik, Bild und Film (NVBF) im DIN

Inhalt

Seite

Vorwort		2
1	Anwendungsbereich	4
2	Normative Verweisungen	4
3	Tontechnische Anschlüsse der hauseigenen Anlage	5
3.1	Allgemeines	5
3.2	Ausgänge der Mikrophonleitungen	5
3.3	Ausgänge Hochpegel (en: Line)	5
3.3.1	Elektrische Werte für analoge Ausgänge	5
3.3.2	Werte für digitale Ausgänge	6
3.3.3	Elektrische Werte für analoge Eingänge	6
4	Offene Leitungen zur ton- und bildtechnischen Nutzung	6
4.1	Allgemeines	6
4.2	Ton- und bildtechnische Nutzung	6
4.2.1	Allgemeines	6
4.2.2	Leitungsausführung	7
4.2.3	Leitungsverlegung	7
5	Anforderungen für ton- und bildtechnische Übertragungen an Externe	8
5.1	Ton- und Bildausgangsspannungen	8
5.2	Kommunikationsanschlusskasten	8
6	Kontroll- und Kommunikationsverbindungen	9
6.1	Allgemeines	9
6.2	Kommunikationsverbindungen	9
6.2.1	Allgemeines	9
6.2.2	Kommandoanlage	10
6.2.3	Telefonanschluss	10
6.3	Antennenanschluss	10
7	Erdung und Abschirmung der ton- und bildtechnischen Leitungen	10
7.1	Erdung	10
7.2	Abschirmung	12
8	Stromversorgung	12
8.1	Anschlusswerte	12
8.2	Niederspannungshauptverteilung	12
9	Netzanschlusskasten und Ü-Wagen-Anschlusskasten	13
9.1	Allgemeines	13
9.2	Steckvorrichtungen für die tontechnische Übertragung, für Kontroll- und Kommandoanlagen	13
9.2.1	Dreipolige Steckvorrichtung	13
9.2.2	30polige Steckvorrichtung	14
9.3	Steckvorrichtungen für die bildtechnische Übertragung	14
9.4	Steckvorrichtungen für die Stromversorgung	15
10	Benutzerinformation	15
10.1	Anfahrwege	15
10.2	Einstellplätze	15
10.3	Kabelwege	16
Literaturhinweise		17

DIN 15905-1:2010-07

Vorwort

Diese Norm wurde vom Arbeitsauschuss NA 149-00-03 AA „Bild- und Tonwiedergabe und Postproduction" im Normenausschuss Veranstaltungstechnik, Bild und Film (NVBF) im DIN, Deutsches Institut für Normung e. V. erarbeitet.

DIN 15905 „Veranstaltungstechnik" besteht aus folgenden Teilen:

— Audio- Video- und Kommunikations-Tontechnik in Veranstaltungsstätten und Mehrzweckhallen — Teil 1: Anforderungen bei Eigen-, Co- und Fremdproduktionen;

— Tontechnik — Teil 5: Maßnahmen zum Vermeiden einer Gehörgefährdung des Publikums durch hohe Schallemissionen elektroakustischer Beschallungstechnik.

DIN 15905-2 wurde im März 2009 zurückgezogen, da sie nicht mehr dem Stand der Technik entsprach. Einige der enthaltenen Anforderungen wurden in diese Norm aufgenommen.

Änderungen

Gegenüber DIN 15905-1:1998-04 wurden folgende Änderungen vorgenommen:

a) Titel geändert;

b) Festlegungen zur Leitungsausführung aus DIN 15905-2 aufgenommen;

c) Festlegungen zur Leitungsverlegung aus DIN 15905-2 aufgenommen.

Frühere Ausgaben

DIN 15905-1: 1983-03, 1998-04

1 Anwendungsbereich

Diese Norm gilt für Anschlussverbindungen der ton- und bildtechnischen Einrichtungen und für die dazugehörigen Stromversorgungs- und Kommunikationsverbindungen sowie für übergreifende Anlagen- und Einrichtungsmerkmale in Veranstaltungsstätten, das sind z. B. Theater, Mehrzweck- und Messehallen, Studios bei Film, Fernsehen und Hörfunk, Spiel- und Szenenflächen in folgenden baulichen Einrichtungen: Konzertsälen, Schulen, Ausstellungen, Bars, Diskotheken, Freilichtbühnen und Räumen für Shows, Events, Kabaretts, und Varietees.

Die Betreiber von Beschallungs- und Dolmetscheranlagen sollten sich diesen Festlegungen anpassen.

ANMERKUNG   Diese Norm dient zum Planen der ton- und bildtechnischen Einrichtungen, um Eigen-, Co-, und Fremdproduktionen rationell gestalten zu können.

Das Pflichtenheft ARD/ZDF Nr. 3/5 „Tonregieanlagen"[1] enthält Angaben über die elektrischen Werte von tontechnischen Einrichtungen. Zum Pflichtenheft ARD/ZDF Nr. 3/1 bis 8/2 „Allgemeine Richtlinien für Entwicklung, Fertigung und Lieferung von Studiogeräten und –anlagen der Tonfrequenz- und Videofrequenztechnik" wurde eine Ergänzung „Beschaltung von Steckvorrichtungen und ähnlichen Schaltelementen mit Tonfrequenzleitungen" herausgegeben, die weitere Richtlinien für Steckvorrichtungen enthält

Diese Norm enthält keine Qualitätsanforderungen an die technischen Anlagen.

2 Normative Verweisungen

Die folgenden zitierten Dokumente sind für die Anwendung dieses Dokuments erforderlich. Bei datierten Verweisungen gilt nur die in Bezug genommene Ausgabe. Bei undatierten Verweisungen gilt die letzte Ausgabe des in Bezug genommenen Dokuments (einschließlich aller Änderungen).

DIN 41622-1, *Steckkontaktleisten mit Messerkontakten 3 * 1 mm — Maße*

DIN 49020, *Installationsrohr — Stahlpanzerrohr, Steckrohre, Muffen*

DIN 49442, *Zweipolige Steckdosen mit Schutzkontakt, druckwasserdicht, 10 A, 250 V und 10 A, 250 V <Gleichstrom>, 16 A, 250 V <Wechselstrom> — Hauptmaße*

DIN 49443, *Zweipoliger Stecker mit Schutzkontakt — DC 10 A 250 V AC 16 A 250 V, druckwasserdicht*

DIN 49445, *Dreipolige Steckdosen mit N- und mit Schutzkontakt 16 A AC 400/230 V — Hauptmaße*

DIN EN 50086-2-4 (VDE 0605-2-4), *Installationsrohrsysteme zum Führen von Leitungen für elektrische Energie und für Information — Teil 2-4: Besondere Anforderungen für erdverlegte Elektroinstallationsrohrsysteme*

DIN EN 55014-1 (VDE 0875-14-1), *Elektromagnetische Verträglichkeit — Anforderungen an Haushaltgeräte, Elektrowerkzeuge und ähnliche Elektrogeräte — Teil 1: Störaussendung*

DIN EN 60268-12, *Elektroakustische Geräte — Teil 12: Anwendung von Steckverbindern für Rundfunk-Studiobetrieb und ähnliche Zwecke*

DIN EN 60309-2 (VDE 0623-2), *Stecker, Steckdosen und Kupplungen für industrielle Anwendungen — Teil 2: Anforderungen und Hauptmaße für die Austauschbarkeit von Stift- und Buchsensteckvorrichtungen*

---

[1] Zu Beziehen bei: Institut für Rundfunktechnik GmbH, 80939 München.

DIN EN 61169-8, *Hochfrequenz-Steckverbinder — Teil 8: Rahmenspezifikation — Koaxiale Hochfrequenzsteckverbinder mit 6,5 mm (0,256 in) Innendurchmesser des Außenleiters und Bajonettverschluss — Wellenwiderstand 50 Ohm (Typ BNC)*

DIN IEC 60304, *Standardfarben der Isolierung von Niederfrequenz-Kabeln und -Drähten*

DIN VDE 0620-1 (VDE 0620-1), *Stecker und Steckdosen für den Hausgebrauch und ähnliche Anwendungen — Teil 1: Allgemeine Anforderungen*

DIN VDE 0800-1 (VDE 0800-1), *Fernmeldetechnik — Allgemeine Begriffe, Anforderungen und Prüfungen für die Sicherheit der Anlagen und Geräte*

3 Tontechnische Anschlüsse der hauseigenen Anlage

3.1 Allgemeines

Um bei gemeinsamer Nutzung von Tonspannungsquellen, z. B. Gitarrenverstärkern, Synthesizern und Mikrophonen, jede gegenseitige Beeinflussung auszuschließen, müssen die Nutzsignale galvanisch getrennt, kurzschlusssicher, symmetrisch und erdfrei ausgekoppelt werden.

3.2 Ausgänge der Mikrophonleitungen

Elektrische Werte:

a) Mikrophonpegel: unverändertes Nutzsignal;

oder

b) verstärkter Mikrophonpegel: Nutzsignal über Verstärker um höchstens 30 dB verstärkt, Ausgangswiderstand $\leq 40\ \Omega$.

Ausführung der Steckvorrichtung nach 9.2.2.

3.3 Ausgänge Hochpegel (en: line)

3.3.1 Elektrische Werte für analoge Ausgänge

Der Spannungspegel des bearbeiteten Nutzsignals muss +6 dBu betragen und bis mindestens 15 dBu übersteuerungsfest sein. Der Ausgangswiderstand muss $\leq 40\ \Omega$ sein.

ANMERKUNG   Die Angabe dBu stellt ein logarithmisches Spannungsverhältnis mit einer Bezugsspannung U_0 von 0,775 V dar, demnach entspricht ein Spannungspegel von +6 dBu einer effektiven Spannung von 1,55 V.

Die Ausgänge sind bis an den Ü-Wagen-Anschlusskasten und zur Spielfläche zu führen.

Ausführung der Steckvorrichtung nach 9.2.2.

3.3.2 Werte für digitale Ausgänge

In Tabelle 1 sind Werte für verschiedene Verbindungsarten zur Übertragung von digitalen Audiosignalen angegeben.

Tabelle 1 — Verbindungsarten zur Übertragung von digitalen Audiosignalen

Leitungstyp	AES/EBU Unsymmetrisch	AES/EBU symmetrisch	MADI	Sync	LAN	Lichtwellenleiter (LWL)
Leitungstyp	Koax	Twisted pair	Koax	Koax	Twisted pair, CAT 5, CAT 7	62,5/125 µm multimode
Leitungs-Impedanz (in Ω)	75	110	75	75	100	–
Eingangsimpedanz (in Ω)	75	110	75	75	110	–
Ausgangsimpedanz (in Ω)	75	110	75	75	110	–
max. Leitungslänge (in m)	300	100	50	30	100	–
Steckverbinder (Quelle/Senke)	BNC 75 Ω	XLR	BNC 75 Ω	BNC 75 Ω	RJ-45	SC
Spannungspegel (in V_{SS})	0,8 bis 1,2	2 bis 7	0,3 bis 0,6	5	2 bis 7	–

3.3.3 Elektrische Werte für analoge Eingänge

Der Spannungspegel muss +6 dBu betragen und übersteuerungsfest bis mindestens 15 dBu sein. Der Eingangswiderstand muss ≥ 2 kΩ sein.

ANMERKUNG Die Angabe dBu stellt ein logarithmisches Spannungsverhältnis mit einer Bezugsspannung U_0 von 0,775 V dar, demnach entspricht ein Spannungspegel von +6 dBu einer effektiven Spannung von 1,55 V.

Ausführung der Steckvorrichtung nach 9.2.2.

4 Offene Leitungen zur ton- und bildtechnischen Nutzung

4.1 Allgemeines

Um allen Übertragungsanforderungen gerecht werden zu können, sollte eine Anzahl von offenen Leitungen vom Ü-Wagen-Anschlusskasten zum Regieraum, zu Spielflächen und z. B. Dolmetscherkabinen, Kommentatorplätzen vorhanden sein.

ANMERKUNG Anwendungen dafür sind z. B. Signalhin- und -rückführung, so z. B. Ton, Bild, Kommando/Kommunikation.

4.2 Ton- und bildtechnische Nutzung

4.2.1 Allgemeines

Die Anzahl der offenen Leitungen hängt von der Art und dem Umfang der Produktionen ab.

ANMERKUNG Üblicherweise werden zum Regieraum und zur Spielfläche jeweils mindestens 20 offene Tonleitungen und 5 offene Bildleitungen sowie 10 offene Tonleitungen zu Dolmetscherkabinen oder Kommentatorplätzen benötigt.

4.2.2 Leitungsausführung

4.2.2.1 Mikrophonleitungen für unverändertes Nutzsignal

Die Mikrophonleitungen sind paarig zu verdrillen, mit einem gleichmäßigen Schlag von etwa 10 mm. Einpaarige Leitungen sind mit Geflecht oder Aluminiumfolie und verzinntem Beidraht geschirmt. Eine zusätzliche Außenabschirmung aus Kupfergeflecht, verzinnt mit einer Bedeckung von $\geq$ 80 %, und Beidraht ist vorzusehen. Die beiden Abschirmungen müssen gegeneinander isoliert sein, mit einem Außenmantel aus Kunststoff. Bei mehrpaarigen Leitungen sind die einzelnen Adernpaare wie einpaarige Adern auszuführen. Eine gemeinsame Außenabschirmung aller Adernpaare ist aus einem Geflecht mit einer Bedeckung von $\geq$ 80 % Aluminiumfolie und Beidraht auszuführen, dabei gilt die Farbcodierung nach DIN IEC 60304.

4.2.2.2 Leitungen für videotechnische Nutzung

Es sind Koaxialkabel mit einem Wellenwiderstand (Z) von 75 Ω zu verwenden. Bei der Wahl des Kabelmaterials ist der für die Anlage zulässige Dämpfungswert zu berücksichtigen.

Weiterhin muss Phantomspeisung möglich sein.

Ausführung der Steckvorrichtung nach 9.2.2.

ANMERKUNG   Anwendungen dafür sind z. B. Signalhin- und -rückführung, so z. B. Ton, Bild, Kommando/Kommunikation.

4.2.3 Leitungsverlegung

4.2.3.1 Allgemeines

Alle Leitungen sind so zu verlegen, dass ihre Lage im üblichen Betrieb stabil ist; die Verlegung darf in Kabelkanälen, in Rohren oder mittels Befestigungsschellen erfolgen.

Im Bühnen- und Arbeitsbereich sind die Leitungen grundsätzlich in Elektro-Installationsrohren aus Metall (z. B. Stahl) nach DIN EN 50086-2-4 (VDE 0605-2-4) mit den Maßen nach DIN 49020 zu verlegen, um eine mechanische Beschädigung und magnetische Einstreuung zu verhindern.

Dieses Elektro-Installationsrohr kann z. B. als Stahlpanzerrohr ausgeführt sein.

Aus Gründen der Sicherheit und der gleichzeitig notwendigen Abschirmung sind die Metallrohre mit der Schutzerde zu verbinden, wobei eine durchgehende elektrische Verbindung sicher gestellt sein muss. Dieses ist vor allem bei der Verbindungsart der einzelnen Rohrteile zu beachten. Steckmuffen bilden keine leitende Verbindung mit der Güte einer Schutzleiterverbindung. Bei Schraubverbindungen ist diese im Einzelfall zu untersuchen.

Ist mit der Einstreuung von magnetischen Feldern zu rechnen, so sind zur Abschirmung Elektro-Installationsrohre aus Stahl zu verwenden.

4.2.3.2 Mikrophonleitungen

Müssen Mikrophonleitungen in der Nähe von Starkstromleitungen verlegt werden, z. B. in einem gemeinsamen Kabelschacht, so ist für eine getrennte Verlegung zu sorgen. Der Abstand zu Starkstrom-, Steuer- und Signalleitungen muss so groß wie möglich sein.

Sind am Verlegungsort besonders starke Störeinstreuungen zu erwarten (z. B. durch phasenanschnittgesteuerte Beleuchtungs- oder Belüftungsanlagen) oder ist der Abstand zu Starkstromleitungen geringer als 1 m, so sind die Mikrophonleitungen in eigenen Metallrohren zu verlegen.

4.2.3.3 Tonleitungen für Normalpegel (Pegel +6 dBm)

Müssen Tonleitungen in der Nähe von Starkstromleitungen verlegt werden, z. B. in einem gemeinsamen Kabelschacht, so ist für eine getrennte Verlegung zu sorgen (siehe DIN VDE 0800-1 (VDE 0800-1)).

Der Abstand zu Starkstrom-, Lautsprecher-, Steuer- und Signalleitungen muss so groß wie möglich sein.

Sind am Verlegungsort besonders starke Störeinstreuungen zu erwarten (z. B. durch phasenanschnittgesteuerte Beleuchtungs- oder Belüftungsanlagen) oder ist der Abstand zu Starkstromleitungen geringer als 0,3 m, so sind die Mikrophonleitungen in eigenen Metallrohren zu verlegen.

4.2.3.4 Lautsprecherleitungen

Bei der Verlegung muss ein Abstand zu den Mikrophonleitungen und den Starkstromleitungen von mindestens 0,3 m eingehalten werden. Ist eine weitere Annäherung nicht zu vermeiden, so müssen sich die Leitungen kreuzen (siehe DIN VDE 0800-1 (VDE 0800-1)).

4.2.3.5 Steuer- und Signalleitungen

Hinsichtlich Störeinflüsse bestehen keine Anforderungen auf die Einhaltung von Mindestabständen, es sei denn, dass Einstreuungen von den Steuer- oder Signalleitungen auf andere Leitungen zu befürchten sind.

Systembedingt (z. B. bei Datenübertragung) kann eine andere Verlegung gefordert werden.

5 Anforderungen für ton- und bildtechnische Übertragungen an Externe

5.1 Ton- und Bildausgangsspannungen

Wenn bei einer Produktion ein Übergang auf andere Leitungen erforderlich ist, muss sichergestellt sein, dass Tonausgänge mit einem Pegel von + 6 dBu und Bildausgänge mit einem Spitze-Spitze-Signal von 1 V (siehe Bild 1) zur Verfügung stehen.

5.2 Kommunikationsanschlusskasten

Der Kommunikationsanschlusskasten wird für die nach außen gehenden oder kommenden Leitungen benötigt. Im Bereich des Ü-Wagen-Stellplatzes ist ein Platz für Wand-, bzw. Stellmontage des Kommunikationsanschlusskastens vorzusehen.

Er sollte möglichst räumlich neben dem Ü-Wagen-Anschlusskasten angebracht werden und für die Benutzer zugänglich sein. Der benötigte Platzbedarf ist den örtlichen Gegebenheiten anzupassen.

Die Größe des Kommunikationsanschlusskastens ist auf einen Grundbedarf zugeschnitten, der folgende Verbindungen berücksichtigt:

a) Videoverbindungen;

b) Tonverbindungen (einschließlich Kommunikationsverbindungen);

c) Datennetz.

Diese Festlegungen regeln nicht den Umfang der tatsächlich bereitgestellten Verbindungen. Diese sollten in den Überlassungsbedingungen vereinbart werden.

Ein Netzanschluss für Servicezwecke ist vorzusehen.

6 Kontroll- und Kommunikationsverbindungen

6.1 Allgemeines

Befindet sich die Regieeinrichtung außerhalb der Veranstaltungsstätte, z. B. in einem Übertragungswagen, so ist eine Signalrückführung (Ton, Bild, Kommando, Kommunikation) erforderlich.

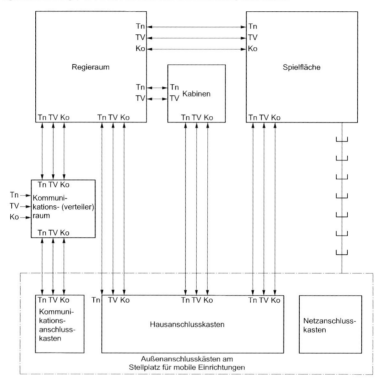

Legende
Tn Tonleitung
TV Bildleitung
Ko Kommando/Kommunikationsleitung (Koordinationsleitung)

Bild 1 — Beispiel einer hauseigenen Anlage

6.2 Kommunikationsverbindungen

6.2.1 Allgemeines

Während des Ablaufs einer Produktion sind Kommunikationsverbindungen zwischen (den) Regieraum(räumen) und der (den) Spielfläche(n) erforderlich.

6.2.2 Kommandoanlage

Für eine in der Veranstaltungsstätte vorhandene Regiekommandoanlage müssen Eingang und Ausgang vorhanden sein.

6.2.3 Telefonanschluss

Im Kommunikationsanschlusskasten muss eine Anschlussmöglichkeit zur Mitbenutzung der Telefonanlage der Veranstaltungsstätte vorhanden sein.

6.3 Antennenanschluss

Von einer in der Veranstaltungsstätte vorhandenen Antennenanlage müssen im Ü-Wagen-Anschlusskasten Steckvorrichtungen vorgesehen werden.

Es muss die Möglichkeit gegeben sein, in die vorhandene Antennenanlage Videosignale über Modulatoren einzuspeisen.

Ferner sollte die Antennenanlage an das lokale Breitbandkabel-Netz anzuschließen sein.

Sollte(n) in der Veranstaltungsstätte Dolmetscher- oder Sprecherkabine(n) geplant oder vorhanden sein, sind in jeder Kabine ebenfalls zwei Steckvorrichtungen vorzusehen.

7 Erdung und Abschirmung der ton- und bildtechnischen Leitungen

7.1 Erdung

Im Netzanschlusskasten muss eine isoliert montierte Erdschiene mit einem Querschnitt von mindestens 80 mm^2 zum Unterklemmen von Kabelschuhen vorhanden sein, um gleichzeitig mehrere mobile Übertragungseinrichtungen, z. B. Übertragungswagen, anschließen zu können. Die Erdungsschiene muss eine direkte, isoliert verlegte Verbindung zur zentralen Funktionserde der Veranstaltungsstätte haben (siehe Bild 2).

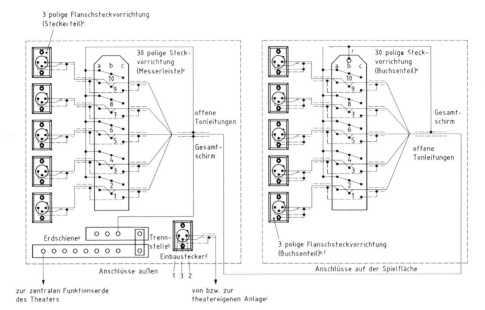

Legende
1 Masse/Schirm
2 a-Ader
3 b-Ader

a Erdschiene: Die Erdschiene bietet Anschlussmöglichkeiten für mobile Einrichtungen (Erdung entsprechend DIN EN 55014-1 (VDE 0875-14-1)
b Trennstelle der Erdschiene: Die Trennstelle darf nur mit Werkzeug zu trennen sein.
c Steckvorrichtungen der Leitungen von bzw. zur theatereigenen Anlage: Bei diesen Leitungen wird im Hausanschlusskasten (außen) die Abschirmung des Kabels nicht aufgelegt. Die Abschirmungen sind nur in der theatereigenen Anlage geerdet.
d Die Art der Steckvorrichtung im Hausanschlusskasten (außen) hängt vom Zweck der Leitung ab.
e Steckvorrichtungen der offenen Tonleitungen: Im Hausanschlusskasten befinden sich die Steckerteile und an den Anschlüssen der Tonregie oder der Spielfläche die Buchsenteile.
f Erdung der Steckergehäuse:
  1) Bei den Anschlüssen der offenen Leitungen innerhalb des Theaters, z. B. auf der Spielfläche: Hier werden die Gehäuse der 30poligen Steckvorrichtungen (Buchsenteil) mit dem Gesamtschirm des mehrpaarigen Kabels verbunden. Ferner wird der Gesamtschirm auch an die nicht genutzten Kontaktpaare angeschlossen. Dadurch ist eine gute Verbindung zum Gesamtschirm eines hier angeschlossenen Verlängerungskabels gegeben. Die Gehäuse der dreipoligen Steckvorrichtungen werden jeweils mit dem Einzelschirm des angeschlossenen Adernpaares verbunden.
  2) Im Hausanschlusskasten (außen): Hier werden die Gehäuse der Steckvorrichtungen nicht angeschlossen. Diese bekommen ihre Erdung durch die angeschlossenen Kabel von den mobilen Einrichtungen.

Bild 2 — Erdung der Abschirmungen der Tonkabel: Von außen nach innen, z. B. Spielfläche (dargestellt ist nur der Anschluss eines Kabels)

7.2 Abschirmung

Die Abschirmungen der Adernpaare in Tonkabeln dürfen sowohl untereinander als auch mit dem Gesamtschirm keine Verbindung haben. Deshalb sind sämtliche tontechnischen Steckvorrichtungen nur isoliert zu montieren. Die Gesamtschirme der mehrpaarigen Tonkabel werden nur im Ü-Wagen-Anschlusskasten (siehe Bild 2) über eine Trennstelle mit der Erdungsschiene verbunden.

Die Gehäuse der 30poligen Steckvorrichtungen auf der Spielfläche sind an die nicht genutzten Kontakte anzuschließen, die mit dem Gesamtschirm des Kabels verbunden sind. Das Gleiche gilt für die hier anzuschließenden 30poligen Steckvorrichtungen der Verlängerungskabel.

Dadurch ist sichergestellt, dass sowohl die Gesamtschirme der Kabel als auch die Gehäuse dieser Steckvorrichtungen eine einwandfreie Verbindung miteinander haben.

Ebenfalls sind die Bild-Steckvorrichtungen isoliert anzubringen.

8 Stromversorgung

8.1 Anschlusswerte

Für den Anschluss von mobilen Übertragungseinrichtungen, z. B. Übertragungswagen, sind sowohl fünfpolige Steckdosen nach DIN EN 60309-2 (VDE 0623-2) als auch dreipolige Steckdosen nach DIN 49445 vorzusehen.

Anschlusswerte für das Wechselspannungsnetz:

a) Netzspannung: $3 \times 400/230$ V mit Neutralleiter (N) und Schutzleiter (PE);

b) Netzfrequenz: 50 Hz;

c) Sicherung: 1 Stück 3×125 A;
2 Stück 3×63 A;
2 Stück 3×32 A;
2 Stück 3×16 A;
3 Stück 1×16 A.

Ausführung der Steckvorrichtung nach 9.2.

8.2 Niederspannungshauptverteilung

Die Leitungen für die Stromversorgung der mobilen Einrichtungen müssen von der Niederspannungshauptverteilung direkt zum Netzanschlusskasten der Veranstaltungsstätte geführt werden, um Störungen der angeschlossenen Übertragungsanlagen durch oberwellenerzeugende Steuereinrichtungen zu vermeiden.

ANMERKUNG Einstreuungen durch störende Oberwellen werden z. B. durch phasenanschnittgesteuerte Thyristoren und Triacs von Regeleinrichtungen für Bühnenbeleuchtungs- und Lüftungsanlagen verursacht.

Die Entstörung muss so durchgeführt sein, dass die Grenzwerte der Störgröße(n) nach DIN EN 55014-1 (VDE 0875-14-1) nicht überschritten werden.

9 Netzanschlusskasten und Ü-Wagen-Anschlusskasten

9.1 Allgemeines

Die Leitungen für die Starkstromanschlüsse der mobilen Einrichtungen sind im Netzanschlusskasten aufgelegt.

Die Leitungen der ton- und bildtechnischen Einrichtungen sind im Ü-Wagen-Anschlusskasten aufgelegt.

Die Leitungen der Kontroll- bzw. Kommunikationsanlage sind im Kommunikationsanschlusskasten aufgelegt.

Die Anschlusskästen müssen in unmittelbarer Nähe der Einstellplätze (siehe 10.2) positioniert sein.

Die Netzanschlusskästen sollten verschließbar sein.

Die Anschlusskästen müssen an ihrer Unterseite mit ausreichend dimensionierten Kabelauslassöffnungen einschließlich Gummimanschetten sowie Zugentlastung versehen sein.

9.2 Steckvorrichtungen für die tontechnische Übertragung, für Kontroll- und Kommandoanlagen

9.2.1 Dreipolige Steckvorrichtung

Nach DIN EN 60268-12.

Grundsätzlich wird der Steckerteil (mit Ausnahme der Mikrophonleitungen) dem Eingang und der Buchsenteil dem Ausgang eines Gerätes bzw. einer Anlage zugeordnet. Die dreipoligen Steckvorrichtungen („XLR"-Steckverbinder) in den Anschlusskästen sind, unabhängig von der Übertragungsrichtung, als Stecker auszuführen.

9.2.2 30polige Steckvorrichtung

Nach DIN 41622-1 (siehe Bild 3).

Maße in Millimetern

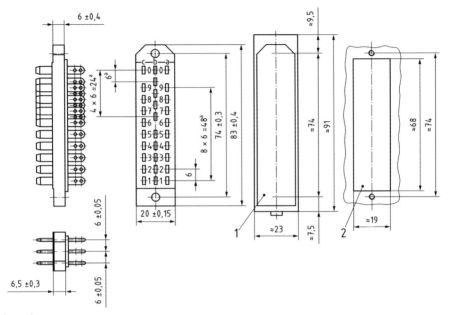

Legende
1 Gehäuse für Messerleiste
2 Montageausnehmung

a Toleranz beliebiger Teilungen zueinander ± 0,12

**Bild 3 — 30polige Steckvorrichtung,
Messerleiste A 30 nach DIN 41622-1, sowie Gehäuse und Montageausnehmung**

Nicht genutzte Kontaktgruppen werden entsprechend Bild 2 mit dem Gesamtschirm des mehrpaarigen Tonkabels verbunden. Die unter Abschnitt 4 beschriebenen offenen Tonleitungen müssen je einmal separat auf dreipolige Steckvorrichtungen (Steckerteil im Hausanschlusskasten, Buchsenteil auf der Spielfläche) aufgelegt sein. Dazu parallel, zu jeweils 10 Leitungen zusammengefasst, müssen die offenen Tonleitungen auf 30polige Steckvorrichtungen (Messerleisten) geschaltet sein (siehe Bild 2).

9.3 Steckvorrichtungen für die bildtechnische Übertragung

BNC-Steckvorrichtung nach DIN EN 61169-8, $Z = 75\ \Omega$.

9.4 Steckvorrichtungen für die Stromversorgung

Anschlüsse:

Stecker und Steckdosen nach DIN VDE 0620-1 (VDE 0620-1).

Wechselstromanschlüsse:

a) Steckdosen nach DIN 49442;

b) Stecker nach DIN 49443.

10 Benutzerinformation

10.1 Anfahrwege

Für die Übertragungs-, Aufzeichnungs- und Betriebsfahrzeuge müssen geeignete Anfahrwege zur Veranstaltungsstätte vorhanden sein. Diese Wege müssen auch während der Produktionen (Veranstaltungen) ungehindert befahrbar sein.

10.2 Einstellplätze

Für mobile Produktionseinrichtungen (z. B. Übertragungs-, MAZ-, Richtfunk-, Tonaufnahmewagen und Betriebsfahrzeuge) müssen in unmittelbarer Nähe eines Nebeneingangs der Veranstaltungsstätte genügend große Einstellplätze vorhanden sein, die kurze Kabelwege zur Produktions- bzw. Spielfläche bieten. Auch bei den Einstellplätzen wird die Größe von Art und Umfang der zu erwartenden Produktionen bestimmt.

Beispiele über den Platzbedarf (Wagenlänge einschließlich Arbeitsbereich) unterschiedlicher Fahrzeuge:

(siehe auch Empfehlungen der Rundfunkanstalten für technische Einrichtungen an Übertragungsorten)

a) Fernsehübertragungswagen (großer Wagen mit einem Gesamtgewicht von 40 t; höchste Achslast je Achse 10 t)   18 m;

b) Rüstwagen für Fernsehübertragungswagen   18 m;

c) Satellitensendefahrzeug   18 m;

d) MAZ-(Fernsehaufzeichnungs-)wagen   9 m;

e) Ausstattungsfahrzeug   18 m;

f) Beleuchtungsgerätewagen (Länge höchstens)   15 m;

g) Hörfunkübertragungswagen (Länge höchstens)   18 m.

Für die Betriebsbreite des Einstellplatzes sind 6 m und für die Höhe höchstens 4,5 m vorzusehen.

Für den Einsatz eines Satellitensendefahrzeugs ist eine Standfläche von mindestens $9 \text{ m} \times 4 \text{ m}$ mit freier Sicht zu den Satelliten vorzusehen.

Der Wendekreisdurchmesser sollte 25 m betragen.

Alle Einstellplätze sollten gegen den Straßenverkehr abgesichert und beleuchtet sein sowie den örtlichen Vorschriften entsprechen.

10.3 Kabelwege

Für die zeitweise Verlegung der unterschiedlichen Kabel von den Übertragungsfahrzeugen zur Produktions- bzw. Spielfläche sowie zu den hauseigenen Regieanlagen sind vorbereitete Kabelwege erforderlich. Die Kabelwege sollten möglichst geradlinig verlaufen, damit die Kabel nicht durch Knicken an scharfen Kanten und Ecken beschädigt werden können. Für die Kabelwege sind verschließbare Wanddurchführungen (etwa 300 mm × 300 mm), alternativ mehrere Durchbrüche mit einem Durchmesser von 150 mm, ferner frei zugängliche Kabelkanäle, Kabelroste oder Abfanghaken vorzusehen. Für die Verlegung von Kabeln in Unterführungen (z. B. Straßen, Sportanlagen) sind Leerrohre mit einem Durchmesser von 250 mm bis 300 mm mit Zugvorrichtungen erforderlich. Die Kabeleinführungen müssen frei zugänglich und gegen Feuchtigkeit und Verschmutzung geschützt sein. Der Krümmungsradius darf 500 mm nicht unterschreiten. Alle Kabelwege müssen den örtlichen Vorschriften entsprechen.

Literaturhinweise

Pflichtenheft ARD/ZDF Nr. 3/5 „Tonregieanlagen"

Pflichtenheft ARD/ZDF Nr. 3/1 – 8/2 „Allgemeine Richtlinien für Entwicklung, Fertigung und Lieferung von Studiogeräten und –anlagen der Tonfrequenz- und Videofrequenztechnik"

August 2018

DIN 15922

ICS 21.060.01; 97.200.10

Ersatz für
DIN 15560-24:1996-12,
DIN 15560-25:1987-01 und
DIN 15560-26:1987-01

**Veranstaltungstechnik –
Befestigungsstellen und Verbindungselemente für Arbeitsmittel**

Entertainment technology –
Fastening points and fixtures for work equipment

Technologie du spectacle –
Emplacement de fixation et éléments de fixation pour équipements de travail

Gesamtumfang 24 Seiten

DIN-Normenausschuss Veranstaltungstechnik, Bild und Film (NVBF)

Anwendungsbeginn

Anwendungsbeginn dieser Norm ist 2018-08-01.

Für DIN 15560-24:1996-12, DIN 15560-25:1987-01 und DIN 15560-26:1987-01 besteht eine Übergangsfrist bis 2019-02-01.

Inhalt

Seite

Vorwort 3
Einleitung 4
1 Anwendungsbereich 5
2 Normative Verweisungen 5
3 Begriffe 6
4 Konstruktive Anforderungen 7
4.1 Allgemeines 7
4.2 Befestigungsstellen 8
4.2.1 Allgemeines 8
4.2.2 Befestigungsstellen an runden Querschnitten 8
4.2.3 Befestigungsstellen an polygonalen Querschnitten 8
4.2.4 Befestigungsstellen aus Stativplatte oder Hülse 9
4.2.5 Befestigungsstellen an Stativen 12
4.2.6 Befestigungsstellen an Leuchtenhängern 12
4.2.7 Befestigungsstellen für Foto- und für Reportageleuchten (HR) 12
4.3 Verbindungselemente 13
4.3.1 Allgemeines 13
4.3.2 Scheinwerfergrundplatte (SWP) 14
4.3.3 Gerätezapfen Z (TV-Zapfen) 15
4.3.4 Aufnahmezapfen (AZ) für Leuchten 16
4.3.5 Übergangszapfen (UZ) 17
4.4 Kombination aus Befestigungsstellen und Verbindungselementen 17
4.4.1 Allgemeines 17
4.4.2 Stativplatte (STP) mit Zapfen (Z/ZC/ZF) 18
4.4.3 Scheinwerfergrundplatte (SWP) mit Stativhülse (SH) 19
4.5 Drehsockel 19
4.5.1 Drehsockel (DS) für Schraubbefestigung (S) 19
4.5.2 Drehsockel (DS) mit Spindel (GB) für Befestigung an polygonalen Querschnitten 21
4.6 Schnittstellengeometrie (Lochmuster) an Befestigungsbügeln 22
4.7 Rohrhaken 22
4.7.1 Allgemeines 22
4.7.2 Konstruktive Anforderungen an Rohrhaken 22
4.8 Benutzerinformation 23
4.8.1 Allgemeines 23
4.8.2 Dokumentation 23
4.8.3 Kennzeichnung 23
5 Prüfung 24

Vorwort

Dieses Dokument enthält sicherheitstechnische Festlegungen.

Dieses Dokument wurde im DIN-Normenausschuss Veranstaltungstechnik, Bild und Film (NVBF) vom Arbeitsausschuss NA 149-00-06 AA „Arbeitsmittel und Einrichtungen" erarbeitet.

Es wird auf die Möglichkeit hingewiesen, dass einige Elemente dieses Dokuments Patentrechte berühren können. DIN ist nicht dafür verantwortlich, einige oder alle diesbezüglichen Patentrechte zu identifizieren.

Neben den folgenden Änderungen sei darauf hingewiesen, dass die Scheinwerfergrundplatte (SWP) und Stativplatte (STP) maßlich unverändert sind.

Änderungen

Gegenüber DIN 15560-24:1996-12, DIN 15560-25:1987-01 und DIN 15560-26:1987-01 wurden folgende Änderungen vorgenommen:

a) Zusammenfassung der Inhalte in eine Norm;

b) Inhalt überarbeitet und dem heutigen Stand der Technik angepasst;

c) Geschlossene Gelenk-Rohrschelle (RG) und (RGV1) gestrichen;

d) Aufnahme von Abschnitt 4.8 „Benutzerinformation" und Abschnitt 5 „Prüfung";

e) Verweisungen aktualisiert;

f) Inhalt an die geltenden Gestaltungsregeln angepasst.

Frühere Ausgaben

DIN 56908: 1953-01
DIN 56911: 1961-01
DIN 15560-4: 1967-09
DIN 15560-5: 1967-09
DIN 15560-3: 1968-01
DIN 15560-41: 1970-05
DIN 15560-34: 1970-09
DIN 15560-42: 1970-09
DIN 15560-24: 1987-01, 1996-12
DIN 15560-25: 1987-01
DIN 15560-26: 1987-01

Einleitung

Der DIN-Normenausschuss Veranstaltungstechnik, Bild und Film (NVBF) ist zuständig für die Erarbeitung und regelmäßige Überprüfung von Normen und Standards in den Bereichen Veranstaltungstechnik, Fotografie und Kinematografie. Er erarbeitet Anforderungen und Prüfungen für:

Versammlungsstätten sowie Veranstaltungs- und Produktionsstätten für szenische Darstellung, deren Arbeitsmittel als auch diesbezügliche Dienstleistungen. Dies umfasst

— Veranstaltungs- und Medientechnik für Bühnen, Theater, Mehrzweckhallen, Messen, Ausstellungen und Produktionsstätten bei Film, Hörfunk und Fernsehen sowie sonstige vergleichbaren Zwecken dienende bauliche Anlagen und Areale;

— Beleuchtungstechnik und deren Arbeitsmittel für Veranstaltungstechnik, Film, Fernsehen, Bühne und Fotografie sowie Sondernetze und elektrische Verteiler;

— Dienstleistungen für die Veranstaltungstechnik;

— sicherheitstechnische Anforderungen an Maschinen, Arbeitsmittel und Einrichtungen für Veranstaltungs- und Produktionsstätten zur szenischen Darstellung.

DIN 15922:2018-08

1 Anwendungsbereich

Diese Norm gilt für Befestigungsstellen und Verbindungselemente für Arbeitsmittel der Veranstaltungstechnik wie z. B. Scheinwerfer, Lautsprecher, Monitore usw. mit einem Gewicht einschließlich Zubehör von höchstens 60 kg. Bei Übertragung von dynamischen Lasten wie z. B. durch kopfbewegte Scheinwerfer sind die dynamischen Anteile aus Bewegung zu berücksichtigen.

Rohrhaken unterschiedlicher Bauform wie z. B. C-Haken sind als Verbindungselement für Arbeitsmittel der Veranstaltungstechnik in vielfältigen Ausführungen verbreitet. Sicherheitstechnische Anforderungen und eine einheitliche Anschlussgeometrie zur Befestigungsstelle werden in dieser Norm erfasst. Die geometrische Ausführung und Bemessung ist nicht Bestandteil dieser Norm.

Verbindungselemente für Fotoleuchten und Reportageleuchten nach DIN VDE 0711-217 mit einem Gewicht einschließlich Zubehör von höchstens 7,5 kg sind ebenfalls Bestandteil dieser Norm.

ANMERKUNG   Um schnellen Ortswechsel der Scheinwerfer und Leuchten zu ermöglichen, werden genormte Befestigungselemente verwendet.

2 Normative Verweisungen

Die folgenden Dokumente, die in diesem Dokument teilweise oder als Ganzes zitiert werden, sind für die Anwendung dieses Dokuments erforderlich. Bei datierten Verweisungen gilt nur die in Bezug genommene Ausgabe. Bei undatierten Verweisungen gilt die letzte Ausgabe des in Bezug genommenen Dokuments (einschließlich aller Änderungen).

DIN 13-1, *Metrisches ISO-Gewinde allgemeiner Anwendung — Teil 1: Nennmaße für Regelgewinde; Gewinde-Nenndurchmesser von 1 mm bis 68 mm*

DIN 315, *Mechanische Verbindungselemente — Flügelmuttern — Runde Flügelform*

DIN 316, *Mechanische Verbindungselemente — Flügelschrauben — Runde Flügelform*

DIN 436, *Scheiben, vierkant, vorwiegend für Holzkonstruktionen*

DIN 444, *Mechanische Verbindungselemente — Augenschrauben*

DIN 56955, *Veranstaltungstechnik — Lastannahmen für Einbauten in Bühnen und Nebenbereichen — Nutzlasten*

DIN VDE 0711-217:1992-07, *Leuchten; Teil 2: Besondere Anforderungen; Hauptabschnitt Siebzehn: Leuchten für Bühnen, Fernseh-, Film- und Photographie-Studios (außen und innen) (IEC 60598-2-17:1984 und Änderung 1:1987 und Änderung 2:1990); Deutsche Fassung EN 60598-2-17:1989 +A2:1991*

DIN EN 39, *Systemunabhängige Stahlrohre für die Verwendung in Trag- und Arbeitsgerüsten — Technische Lieferbedingungen*

DIN EN 1993 (alle Teile), *Eurocode 3: Bemessung und Konstruktion von Stahlbauten*

DIN EN 10025-2, *Warmgewalzte Erzeugnisse aus Baustählen — Teil 2: Technische Lieferbedingungen für unlegierte Baustähle*

DIN EN 10219-1, *Kaltgefertigte geschweißte Hohlprofile für den Stahlbau aus unlegierten Baustählen und aus Feinkornbaustählen — Teil 1: Technische Lieferbedingungen*

DIN EN 10220, *Nahtlose und geschweißte Stahlrohre — Allgemeine Tabellen für Maße und längenbezogene Masse*

DIN EN 10255, *Rohre aus unlegiertem Stahl mit Eignung zum Schweißen und Gewindeschneiden — Technische Lieferbedingungen*

DIN EN 10305-1, *Präzisionsstahlrohre — Technische Lieferbedingungen — Teil 1: Nahtlose kaltgezogene Rohre*

DIN EN ISO 4766, *Gewindestifte mit Schlitz und Kegelstumpf*

DIN ISO 2768-1, *Allgemeintoleranzen; Toleranzen für Längen- und Winkelmaße ohne einzelne Toleranzeintragung*

ISO 1222, *Photography — Tripod connections*

3 Begriffe

Für die Anwendung dieses Dokuments gelten die folgenden Begriffe.

3.1
Arbeitsmittel der Veranstaltungstechnik
Geräte, Einrichtungen und andere in der Veranstaltungstechnik genutzte Komponenten

BEISPIEL   Scheinwerfer, Lautsprecher, Projektoren, Video-Monitore, LED-Panele und Effektgeräte sowie Foto- und Reportageleuchten

3.2
Befestigungsstelle
Teil von Einrichtungen oder Maschinen für die Aufnahme von Verbindungselementen für Arbeitsmittel der Veranstaltungstechnik

Anmerkung 1 zum Begriff: Zur Verdeutlichung von Befestigungsstelle und Verbindungselement siehe Bild 1.

3.3
Verbindungselement
ein oder mehrere Teile zwischen Gerät- und Befestigungsstelle mit denen das Gerät mechanisch befestigt wird

3.4
Rohrhaken
Verbindungselement zur sicheren Befestigung von Arbeitsmitteln der Veranstaltungstechnik an zumeist runden Hohlprofilen aus Stahl oder Aluminium

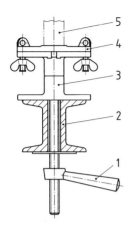 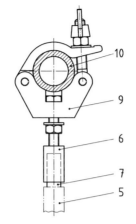 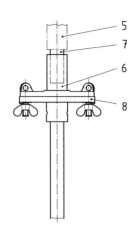

a) Doppel-U Profil mit Drehsockel und Scheinwerfergrundplatte

b) Scheinwerferrohr mit Hülse

c) Stativ mit Scheinwerfergrundplatte

Legende
1 Knebel
2 Befestigungsstelle, z. B. Doppel-U-Profil
3 Kombination aus Befestigungsstelle und Verbindungselementen, z. B. Drehsockel
4 Verbindungselement, z. B. Scheinwerfergrundplatte
5 Arbeitsmittel der Veranstaltungstechnik, z. B. Scheinwerfer mit Bügel
6 Verbindungselement, z. B. Hülse
7 Verbindungselement, z. B. Gerätezapfen
8 Befestigungsstelle, z. B. Stativplatte STP auf Stativ
9 Verbindungselement, z. B. Rohrhaken
10 Befestigungsstelle, z. B. Rohr

Bild 1 — Darstellung der Begriffe

4 Konstruktive Anforderungen

4.1 Allgemeines

Befestigungsstellen und Verbindungselemente sind grundsätzlich aus nicht brennbaren, metallischen Werkstoffen herzustellen. Die Materialauswahl erfolgt nach statischen Erfordernissen.

Befestigungsstellen und Verbindungsmittel müssen so bemessen sein, dass sie Lasten aus Verbindungselement und Arbeitsmitteln einschließlich Zubehör sicher aufnehmen können.

Bemessung und Nachweis erfolgen unter Berücksichtigung der doppelten Nennbelastung bzw. einfachen Störfallbelastung. Sind dem Inverkehrbringer Nenn- und Störfallbelastung nicht bekannt so sind die für die Bemessung zu Grunde gelegten Werte in der Benutzerinformation zu benennen. Werden aus der Bemessung besondere qualitative Anforderungen an Verbindungsmittel (Schraube, Mutter, usw.) gestellt, sind diese mitzuliefern oder deren Dimension und Güte in der Benutzerinformation anzugeben.

Lösbare Teile müssen gegen unbeabsichtigtes Lösen und gegen Herabfallen gesichert sein.

Die Bestandteile der von Befestigungsstellen und Verbindungselementen und der Übergangsstücke müssen so ausgeführt sein, dass bei bestimmungsgemäßem Gebrauch kein Verschleiß auftritt.

4.2 Befestigungsstellen

4.2.1 Allgemeines

Die Nutzlasten für Befestigungsstellen sind nach DIN 56955 anzunehmen oder zu vereinbaren.

Für die Bemessung ortsfester Befestigungsstellen darf die einfache Nutzlast angesetzt werden.

Für die Bemessung ortsveränderlicher Befestigungsstellen ist die zweifache Nutzlast anzusetzen.

Befestigungsstellen die Bestandteile von Tragwerken bilden, müssen nach DIN EN 1993 (Eurocode 3) aus Stählen nach DIN EN 10025-2 (z. B. S 235, S 275, S 355) und DIN EN 10219-1 (z. B. S 235 H, S 275 H, S 355 H) ausgeführt werden.

Stähle der E-Reihe (z. B. E 235, usw.), die auch für kaltgezogene Präzisionsstahlrohre nach DIN EN 10305-1 verwendet werden, sind nicht gelistet und somit nicht zulässig.

4.2.2 Befestigungsstellen an runden Querschnitten

Folgende Befestigungsstellen sind zu verwenden:

— Rohre aus Aluminium mit 30 mm Nenn-Außendurchmesser (z. B. Deko-Traverse);

— Rohre aus Stahl mit 32 mm Nenn-Außendurchmesser

— Rohre aus Stahl und Aluminium mit 48 mm Nenn-Außendurchmesser, (z. B. Geländer, Laststangen, Rohr-Rasterdecken (en: Pipe-Grids)) z. B. Rohr 48,3 mm nach DIN EN 10220, DIN EN 39, bzw. Gewinderohr DIN EN 10255;

— Rohre aus Aluminium mit 50 mm Nenn-Außendurchmesser, (z. B. Pipes & Traversen) z. B. 50 mm, 50,1 mm, 51 mm;

— Rohre aus Stahl mit 60 mm Nenn-Außendurchmesser (z. B. Laststangen) z. B. 60,3 mm;

— Rohre aus Stahl mit 80 mm Nenn-Außendurchmesser (z. B. Laststangen).

Bei Verwendung von Schellen sind Außendurchmesser und Stabilität der Rohrwandung zu berücksichtigen.

4.2.3 Befestigungsstellen aus polygonalen Querschnitten

Befestigungsstellen aus polygonalen Querschnitten sind vorzugsweise aus paarweise angeordneten U-Stählen von U 80 bis U 140 in einem Abstand von 25 mm auszuführen (siehe Bild 2).

Maße in Millimeter

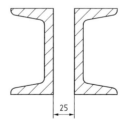

Bild 2 — Scheinwerfergeländer

4.2.4 Befestigungsstellen aus Stativplatte oder Hülse

4.2.4.1 Stativplatte (STP)

Die Stativplatte (Bild 3) braucht der bildlichen Darstellung nicht zu entsprechen; nur die angegebenen Maße sind einzuhalten.

Maße in Millimeter
Allgemeintoleranzen ISO 2768 – m

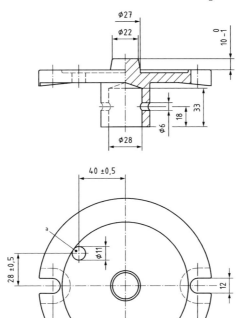

^a Bohrung für Sicherheitsbefestigung

Bild 3 — Stativplatte (STP)

Bezeichnung für Stativplatte (STP):

Stativplatte DIN 15922 — STP

DIN 15922:2018-08

4.2.4.2 Hülsen

4.2.4.2.1 Hülse mit Feststellschraube (H) für hängende Verwendung

Die Hülse mit Feststellschraube (H) muss über mindestens ein unverlierbares Sicherungselement verfügen, die entweder durch einen Befestigungsstift erfolgt, der den Zapfen über eine Querbohrung [Bild 4a)] oder über formschlüssigen Eingriff in eine umlaufende Nut [Bild 4b)] gegen Herabfallen sichert.

Der Befestigungsstift muss durch Einbettung in seiner Lage gesichert werden. Der Sicherungsstift muss mittels Sicherungs- oder Rastelementen in seiner Lage gesichert werden.

Das Feststellen der Drehrichtung erfolgt über eine unverlierbare Feststellvorrichtung (z. B. Sternschraube).

Die Hülsen mit Feststellschraube brauchen der bildlichen Darstellung nicht zu entsprechen; nur die angegebenen Maße sind einzuhalten.

Maße in Millimeter
Allgemeintoleranzen ISO 2768 – m

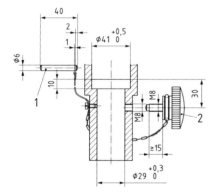

a) mit Feststellschraube und Befestigungsstift   b) mit Sicherungsstift

Legende
1 Befestigungsstift
2 Feststellschraube
3 Sicherungsstift

Bild 4 — Hülse (H)

Bezeichnung für Hülse H:

Hülse DIN 15922 — H

4.2.4.2.2 Hülse mit Feststellschraube und Sicherungsstift (HB) für hängende Verwendung

Die Hülse mit Feststellschraube und Sicherungsstift (HB) muss über mindestens zwei unverlierbare Sicherungselemente verfügen. Dies erfolgt durch einen Befestigungsstift, der den Zapfen über eine Querbohrung oder über formschlüssigen Eingriff in eine umlaufende Nut gegen Herabfallen sichert. Als zweites Sicherungselement mittels Sicherungsstift, der formschlüssig in eine Querbohrung oder durch Eingriff in eine umlaufende Nut, sichert (Bild 5).

Der Befestigungsstift muss durch Einbettung in seiner Lage gesichert werden. Der Sicherungsstift muss mittels Sicherungs- oder Rastelementen in seiner Lage gesichert werden.

Das Feststellen der Drehrichtung erfolgt entweder über eine unverlierbare Feststellvorrichtung (z. B. Sternschraube) oder durch den in einer Querbohrung gesteckten Sicherungsstift.

Die Hülsen mit Feststellschraube brauchen der bildlichen Darstellung nicht zu entsprechen; nur die angegebenen Maße sind einzuhalten.

Maße in Millimeter
Allgemeintoleranzen ISO 2768 – m

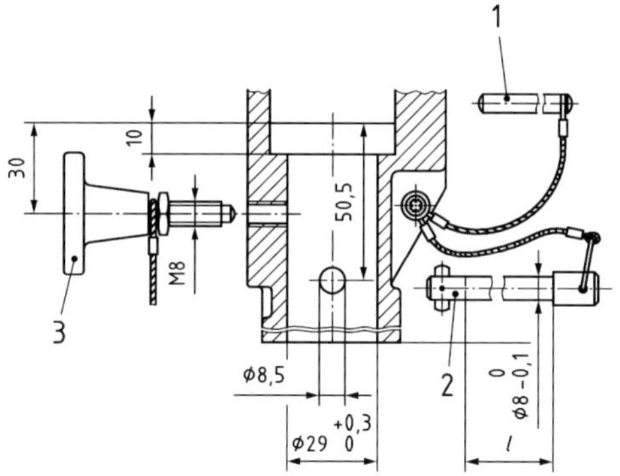

Legende
1 Befestigungsstift
2 Sicherungsstift
3 Feststellschraube
l Länge der Bohrung mit Durchmesser 8,5 mm in der Hülse + 2 mm

Bild 5 — Hülse (HB)

Bezeichnung für Hülse HB:

Hülse DIN 15922 — HB

4.2.4.2.3 Stativhülse (SH) für stehende Verwendung

Die Stativhülse (Bild 6) braucht der bildlichen Darstellung nicht zu entsprechen; nur die angegebenen Maße sind einzuhalten.

Die Befestigungsart am Stativ richtet sich nach Stativausführung.

Maße in Millimeter
Allgemeintoleranzen ISO 2768 – m

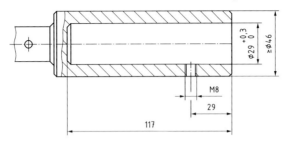

Bild 6 — Stativhülse (SH)

Bezeichnung für Stativhülse SH:

Stativhülse DIN 15922 — SH

4.2.5 Befestigungsstellen an Stativen

Für Stative ist die Stativplatte DIN 15922 STP oder die Stativhülse DIN 15922 SH zu verwenden.

4.2.6 Befestigungsstellen an Leuchtenhängern

Für Leuchtenhänger ist die Hülse DIN 15922 H oder die Stativplatte mit Hülse DIN 15922 STP-SH zu verwenden.

4.2.7 Befestigungsstellen für Foto- und für Reportageleuchten (HR)

Die Hülsen (Bild 7) dürfen nur für Leuchten mit einem Gewicht, einschließlich Zubehör, bis höchstens 7,5 kg verwendet werden.

Die Hülse ist am Leuchtenbügel anzubringen und wird Bestandteil der Leuchte. Für die Hülse als Bestandteil der Leuchte sind die sicherheitstechnischen Anforderungen nach DIN VDE 0711-217 einzuhalten.

Die Hülse braucht der bildlichen Darstellung nicht zu entsprechen: nur die angegebenen Maße sind einzuhalten.

Maße in Millimeter
Allgemeintoleranzen ISO 2768 – m

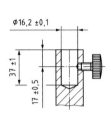
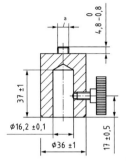

a) Hülse (HR)

Bezeichnung:

Hülse DIN 15922 –HR

a Stativanschluss ISO 1222 - 3/8

b) Rundhülse (RH)

Bezeichnung:

Rundhülse DIN 15922 – RH 16 – 3/8

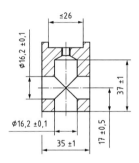
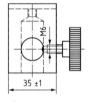

c) Vierkanthülse (VH 16)

Bezeichnung:

Vierkanthülse DIN 15922 – VH 16

Bild 7 — Befestigungsstellen für Foto- und für Reportageleuchten

4.3 Verbindungselemente

4.3.1 Allgemeines

Die Verbindungselemente sind sicherheitstechnischer Bestandteil des Geräts. Anforderungen an Aufbau und Tragfähigkeit eines Befestigungsbügels nach DIN VDE 0711-217:1992-07, 17.6.4, sind mindestens einzuhalten.

4.3.2 Scheinwerfergrundplatte (SWP)

Die Scheinwerfergrundplatte (Bild 8) braucht der bildlichen Darstellung nicht zu entsprechen; nur die angegebenen Maße sind einzuhalten.

Maße in Millimeter
Allgemeintoleranzen ISO 2768 – m

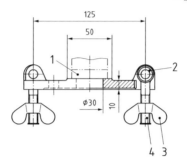

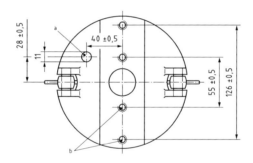

Legende
1 Scheinwerferbügel
2 Augenschraube B M10×55 nach DIN 444
3 Flügelmutter nach DIN 315
4 Sicherung gegen Verlieren der Mutter

a Bohrung für Sicherheitsbefestigung
b für Befestigungsschrauben M10

Bild 8 — Scheinwerfergrundplatte (SWP)

Bezeichnung der Scheinwerfergrundplatte SWP:

Scheinwerferplatte DIN 15922 — SWP

4.3.3 Gerätezapfen Z (TV-Zapfen)

Die Gerätezapfen (Bild 9) brauchen der bildlichen Darstellung nicht zu entsprechen; nur die angegebenen Maße sind einzuhalten.

ANMERKUNG   Europaweit sind verschiedene weitere Ausführungen von TV-Zapfen (en: spigot) im Umlauf. Deren Geometrie – insbesondere Kopf, Querbohrungen und kopfseitige Nut sind mit der Form ZA identisch. Sie variieren bezüglich Breite der zweiten Nut und ihrer Gesamtlänge.

Maße in Millimeter
Allgemeintoleranzen ISO 2768 – m

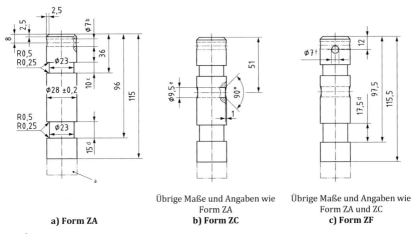

a) Form ZA
b) Form ZC — Übrige Maße und Angaben wie Form ZA
c) Form ZF — Übrige Maße und Angaben wie Form ZA und ZC

Legende
a   Befestigungsart nach Vereinbarung
b   Bohrung für Befestigungsstift
c   Einstich für Sicherungsstift und Feststellschraube der Hülsen
d   Einstich für Sicherungsstift und Feststellschraube der Hülsen
e   Bohrung für Sicherungsstift
f   Bohrung für Sonderausführung

Bild 9 — Gerätezapfen (Z)

Bezeichnung eines Gerätezapfens Form ZA:

Zapfen DIN 15922 — ZA

4.3.4 Aufnahmezapfen (AZ) für Leuchten

Aufnahmezapfen (Bild 10) dürfen mit Innengewinde-Bohrung oder Außengewindeansatz für ISO-Regelgewinde nach DIN 13-1 versehen sein.

Die Aufnahmezapfen brauchen der bildlichen Darstellung nicht zu entsprechen; nur die angegebenen Maße sind einzuhalten.

Maße in Millimeter
Allgemeintoleranzen ISO 2768 – m

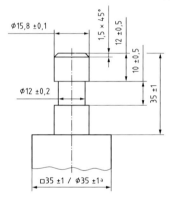

Legende
a nach Wahl des Herstellers

Bild 10 — Aufnahmezapfen (AZ) für Leuchten

Bezeichnung Aufnahmezapfens (AZ) 16 mm Nenndurchmesser:

Aufnahmezapfen DIN 15922 — AZ 16

4.3.5 Übergangszapfen (UZ)

Der Übergangszapfen (Bild 11) braucht der bildlichen Darstellung nicht zu entsprechen; nur die angegebenen Maße sind einzuhalten.

Maße in Millimeter
Allgemeintoleranzen ISO 2768 – m

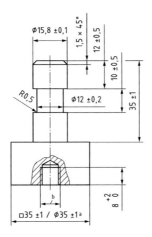

Legende
a Befestigungsart nach Vereinbarung
b Stativanschluss ISO 1222 – 3/8

Bild 11 — Übergangszapfen (UZ)

Bezeichnung des Übergangszapfens (UZ) 16 mm Nenndurchmesser mit Stativanschluss ISO 1222— 3/8:

Übergangszapfen DIN 15922 — UZ 16 — 3/8

4.4 Kombination aus Befestigungsstellen und Verbindungselementen

4.4.1 Allgemeines

Kombinationen aus Befestigungsstellen und Verbindungselementen müssen so bemessen sein, dass sie die nominellen Lasten aus Arbeitsmitteln einschließlich Zubehör aufnehmen und weiterleiten können.

Kombinationen aus Befestigungsstellen und Verbindungselementen für Fotoleuchten und Reportageleuchten sind nach dem gleichen Grundsatz zu bemessen.

DIN 15922:2018-08

4.4.2 Stativplatte (STP) mit Zapfen (Z/ZC/ZF)

Die Stativplatte mit Zapfen (Bild 12) braucht nur qualitativ der bildlichen Darstellung zu entsprechen.

Maße in Millimeter
Allgemeintoleranzen ISO 2768 – m

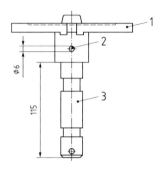

Legende
1   Stativplatte STP
2   Spannstift
3   Gerätezapfen Z (TV-Zapfen)

Bild 12 — Stativplatte (STP) mit Zapfen

Bezeichnung der Stativplatte (STP) mit Zapfen (Z):

Stativplatte DIN 15922 — STP — Z

4.4.3 Scheinwerfergrundplatte (SWP) mit Stativhülse (SH)

Die Scheinwerfergrundplatte mit Hülse (Bild 13) braucht nur qualitativ der bildlichen Darstellung zu entsprechen.

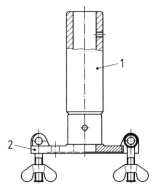

Legende
1 Stativhülse (SH)
2 Scheinwerfergrundplatte (SWP)

Bild 13 — Scheinwerfergrundplatte (SWP) mit Stativhülse (SH)

Die Scheinwerfergrundplatte findet zur Aufnahme von Arbeitsmitteln der Veranstaltungstechnik Anwendung, die mit Gerätezapfen ausgestattet sind und an Befestigungsstellen mit Stativplatte gekoppelt werden sollen.

Bezeichnung der Scheinwerfergrundplatte (SWP) mit Stativhülse (SH):

Scheinwerfergrundplatte DIN 15922 — SWP — SH

4.5 Drehsockel

4.5.1 Drehsockel (DS) für Schraubbefestigung (S)

Die Drehsockel (Bild 14) brauchen der bildlichen Darstellung nicht zu entsprechen; nur die angegebenen Maße sind einzuhalten.

Maße in Millimeter
Allgemeintoleranzen ISO 2768 – m

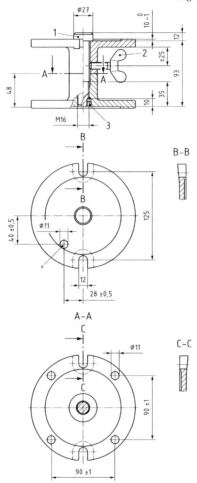

Legende
1 Drehzapfen
2 Flügelschraube DIN 316 — M10×30 nach
3 Gewindestift DIN EN ISO 4766 — M6×8
a Bohrung für Sicherheitsbefestigung

Bild 14 — Drehsockel (DS) für Schraubbefestigung (S)

Bezeichnung des Drehsockels (DS) für Schraubbefestigung (S)

Drehsockel DIN 15922 — DS — S

4.5.2 Drehsockel (DS) mit Spindel (GB) für Befestigung an polygonalen Querschnitten

Die Drehsockel (Bild 15) brauchen der bildlichen Darstellung nicht zu entsprechen; nur die angegebenen Maße sind einzuhalten.

Maße in Millimeter
Allgemeintoleranzen ISO 2768 – m

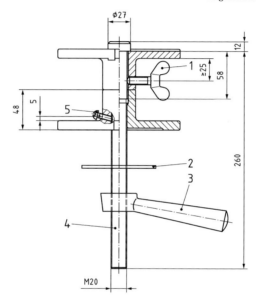

Legende
1 Flügelschraube DIN 316 — M10×30
2 Scheibe DIN 436-23-St
3 Knebel
4 Spindel
5 Spindelarretierung

Bild 15 — Drehsockels (DS) mit Spindel (GB)

Bezeichnung des Drehsockels (DS) mit Spindel (GB):

Drehsockel DIN 15922 — DS — GB

4.6 Schnittstellengeometrie (Lochmuster) an Befestigungsbügeln

Damit bühnen- und beleuchtungstechnische Geräte auch nachträglich mit unterschiedlichen Befestigungselementen versehen werden können, ist der Befestigungsbügel mit einer Lochung nach Bild 16 zu versehen.

Maße in Millimeter
Allgemeintoleranzen ISO 2768 – m

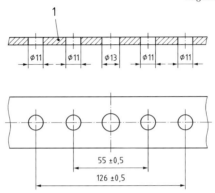

Legende
1 Scheinwerferbügel

Bild 16 — Schnittstellengeometrie (Lochmuster)

ANMERKUNG   Ein Wechseln der Befestigungselemente ist bei Gastspielen oder bei Aufnahmen außerhalb von Bühnen oder Studios gegebenenfalls erforderlich.

4.7 Rohrhaken

4.7.1 Allgemeines

Rohrhaken unterschiedlicher Bauform wie z. B. C-Haken sind als Verbindungselement für Arbeitsmittel der Veranstaltungstechnik in vielfältigen Ausführungen verbreitet. Je nach Anwendung und vorgesehener Nutzlast kommen leichte, offene oder geschlossene Ausführungen zum Einsatz.

Offene Rohrhaken [Bild 17a)] umschließen die Befestigungsstelle teilweise; geschlossene Rohrhaken [Bild 17b)] vollständig.

4.7.2 Konstruktive Anforderungen an Rohrhaken

Aus sicherheitstechnischen und ergonomischen Aspekten sind Rohrhaken zu bevorzugen, die ein einhängen und anschließendes Sichern der Last begünstigen. Dies wird z. B. durch nach unten geöffnete Hakenformen mit Gegenlager, Klemmbacke oder ähnlichen Sicherungsvorrichtungen gewährleistet.

Selbsttätige oder federunterstützte Sicherungsvorrichtungen für werkzeuglose Montage sind zu bevorzugen.

Bei der Gestaltung von Rohrhaken ist sicherzustellen, dass der Zustand offen/sicher geschlossen eindeutig erkennbar ist. Das Auftreten von unerkannten Fehlern ist konstruktiv zu vermeiden.

Sind Rohrhaken sowohl für die Verwendung mit Stahl- als auch Aluminiumrohren geeignet und zugelassen, ist dies durch den Hersteller anzugeben.

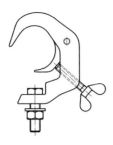
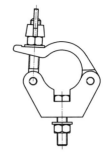

a) offener Rohrhaken   b) geschlossenen Rohrhaken

Bild 17 — Beispiel eines Rohrhakens

4.8 Benutzerinformation

4.8.1 Allgemeines

Für Befestigungsstellen, Verbindungselemente, deren Kombinationen sowie Rohrhaken ist durch den Inverkehrbringer eine Benutzerinformation bereitzustellen.

Durch geeignete Kennzeichnung ist eine eindeutige Zuordnung sicherzustellen.

4.8.2 Dokumentation

Die Dokumentation beinhaltet im Wesentlichen:

a) Hersteller- oder Konformitätserklärung;

b) Datenblatt / Benutzerinformation;

c) Angabe des bestimmungsgemäßen Gebrauchs;

d) Hinweis auf die geeignete Anschlussgeometrie;

e) Nutzlast (Tragfähigkeit);

f) für die Bemessung zu Grunde gelegten Werte für Nenn- und Störfallbelastung;

g) qualitative Anforderungen an Verbindungsmittel (Schraube, Mutter, usw.) und deren Dimension und Güte.

4.8.3 Kennzeichnung

Die Kennzeichnung umfasst mindestens:

a) Hersteller;

b) Nutzlast (Tragfähigkeit).

Eine erweiterte Kennzeichnung umfasst zusätzlich:

c) Anschlussgeometrie (z. B. vorgesehene Rohrdurchmesser);

d) Chargen-Nummer;

e) Herstellungsdatum;

f) Abnahme- oder Prüfstelle;

g) Norm-Referenz oder Norm-Bezeichnung.

5 Prüfung

Befestigungsstellen und Verbindungselemente für Arbeitsmittel der Veranstaltungstechnik sind in regelmäßigen Abständen – mindestens einmal jährlich und vor Benutzung einer qualifizierten Sichtprüfung zu unterziehen.

Merkmale für Ablegereife oder Reparaturbedarf sind:

a) beschädigte Bauteile (z. B. Stifte, Schrauben, Gewinde);

b) Verformung;

c) Gratbildung, Kerben oder Risse;

d) Abplatzungen (insbesondere an Schweißnähten oder Beschichtung von Guss-Teilen;

e) Korrosion;

f) Gängigkeit nicht mehr gegeben;

g) eingeschränkte Funktion;

h) fehlende Bauteile.

DK 778.21 : 778.553 : 621.327 : 001.4
: 620.1 : 614.8

September 1983

Lampenhäuser für Bildwerfer
Sicherheitstechnische Festlegungen für die Gestaltung
der Lampenhäuser mit Hochdruck-Entladungslampen
und für Schutzausrüstungen

DIN
15 995
Teil 1

Lamp housing for still picture projection and motion-picture projection; safety requirements for lamp housings for high-pressure discharge lamps and for safety equipment

Boîte à lumière pour projecteur fixe ou cinématographique; prescriptions de sécurité pour boîte avec des lampes à décharge haute pression et pour l'équipement de protection

Ersatz für Ausgabe 07.75

Diese Norm enthält sicherheitstechnische Festlegungen im Sinne des Gesetzes über technische Arbeitsmittel (Gerätesicherheitsgesetz), siehe Erläuterungen.

Beginn der Gültigkeit
Diese Norm gilt ab 1. September 1983. Daneben gilt DIN 15 995 Teil 1, Ausgabe Juli 1975, bis zum 29. Februar 1984.

1 Anwendungsbereich

Diese Norm gilt für die Gestaltung von Lampenhäusern zur Projektion mit Hochdruck-Entladungslampen mit einem Innendruck zwischen 1,5 und 30 bar [1]) an oder in Steh-, Lauf- und Fernsehbildwerfern sowie für die bei Lagerung, Ein- und Ausbau der Lampen erforderlichen Schutzausrüstungen.

Bei Hochdruck-Entladungslampen ist zu unterscheiden zwischen Lampen mit hohem Betriebsdruck im Ruhe- und Betriebszustand sowie Lampen, die im Ruhezustand einen niedrigen Druck haben (siehe Erläuterungen). Die Abschnitte 2 und 3 gelten auch für Lampen mit einem Innendruck im Ruhezustand < 1,5 bar.

Anmerkung: Werden Hochdruck-Entladungslampen auch in anderen Einrichtungen der Film- und Phototechnik (z. B. Kopiermaschinen) verwendet, so gelten auch hierfür die sicherheitstechnischen Anforderungen dieser Norm.

2 Begriffe

2.1 Lampenhaus
Das Lampenhaus ist ein weitgehend lichtdichtes Gehäuse zur Aufnahme der Projektionslichtquelle mit optischen Elementen zur Lichtführung (z. B. Spiegel, Kondensor) und den erforderlichen Justiereinrichtungen; es kann selbständiges Bauteil sein, oder (vor allem bei kleineren Bildwerfern) mit anderen Teilelementen eine Einheit bilden.

2.2 Hochdruck-Entladungslampe
Hochdruck-Entladungslampen sind Strahlungsquellen, bei denen die Strahlung in einem lichtdurchlässigen Kolben durch elektrische Ladung zwischen Elektroden in einer Gasatmosphäre entsteht. Der dabei auftretende höhere Betriebsdruck macht sicherheitstechnische Anforderungen notwendig.

In Abhängigkeit von der technischen Ausführung der Hochdruck-Entladungslampe kann bereits im Ruhezustand ein höherer Innendruck vorhanden sein, der die sicherheitstechnischen Anforderungen auch für den Ruhezustand geltend macht.

Für den höheren Druck ist im Abschnitt 1 der Wertebereich angegeben.

Als ozonarme Xenonlampen (oa) dürfen nur solche Lampen bezeichnet werden, bei deren Betrieb in abgeschlossenen Räumen die sich einstellende Ozon-Arbeitsplatz-Konzentration unter keinen Umständen größer als 0,04 mg/m^3 ist.

Anmerkung: Über MAK-Werte siehe Erläuterungen.

Als Füllung werden z. Z. verwendet: Xenon, Quecksilber (eventuell auch mit Zusätzen). Von diesen Hochdruck-Entladungslampen kann eine Gesundheitsgefährdung ausgehen, z. B. durch Splittereinwirkung beim Zerplatzen, durch UV- oder IR-Strahlung, durch Bildung von Ozon oder anderen gesundheitsschädlichen Gasen oder Dämpfen.

2.3 Schutzausrüstungen
Unter Schutzausrüstungen werden die zum Schutz von Personen während des Umgangs mit der Hochdruck-Entladungslampe erforderlichen Hilfsmittel wie Schutzhülle um die Hochdruck-Entladungslampe, Schutzhandschuhe mit Stulpen, Gesichts- und Halsschutzschirm verstanden.

3 Lampenhaus

3.1 Schutz gegen Splitter und Strahlung
Das Lampenhaus einschließlich der Lüftungsöffnungen muß so gebaut sein, daß in betriebsgerechtem Zustand außer dem Nutzlicht keine Strahlungen nach außen dringen können, die direkt das Bedienungspersonal treffen. Bei etwaigem Zerplatzen einer Hochdruck-Entladungslampe dürfen keine Splitter nach außen geschleudert werden können.

3.2 Schauöffnungen
Schauöffnungen müssen zum Schutz der Augen vor sichtbarer und unsichtbarer Strahlung von schädigender Stärke

[1]) Höchster Betriebsdruck bei z. Z. handelsüblichen Lampen.

Fortsetzung Seite 2 bis 5

Normenausschuß Kinotechnik für Film und Fernsehen (FAKI) im DIN Deutsches Institut für Normung e.V.
Normenausschuß Phototechnik (photonorm) im DIN
Deutsche Elektrotechnische Kommission im DIN und VDE (DKE)

durch Sichtscheiben aus Glas mit Filterwirkung entsprechend der Schutzstufe 12 nach DIN 4647 Teil 1 mit einem Lichttransmissionsgrad zwischen 0,0032 und 0,0012 % abgedeckt sein. Durch die Schauöffnungen dürfen beim Zerplatzen der Hochdruck-Entladungslampe keine Splitter austreten können.

Beim Prüfen sind Splitter mit Korngrößen zwischen 2 und 5 mm zu verwenden, mit einer Kraft entsprechend einem Druck von 40 bar am Entstehungsort zu beschleunigen und aus dem konstruktiv gegebenen Abstand zwischen Hochdruck-Entladungslampe und Schauöffnung auf diese auftreffen zu lassen.

Wenn dieser Spitterschutz nicht durch das Abschlußglas selbst sichergestellt ist, muß eine besondere Sicherheitsmaßnahme getroffen sein, z. B. durch ein Drahtgaze oder durch ein Sicherheitsglas vor der Schauöffnung.

3.3 Tür des Lampenhauses
(Siehe auch Abschnitt 6.3)

Die Türen des Lampenhauses müssen mit zwangsläufig wirkenden Sicherheitsschaltern ausgerüstet sein, die sicherstellen, daß die Hochdruck-Entladungslampe sich erst nach dem Schließen der Türen zünden läßt.

Jede Tür des Lampenhauses darf sich nur durch Anwenden besonderer Mittel, wie elektrische, thermische oder magnetische Vorrichtungen oder Werkzeug, öffnen lassen.

3.4 Justiermittel

Die Bedienungselemente zum Justieren der Hochdruck-Entladungslampe und sonstiger optischer Teile müssen während des Betriebes bei geschlossenem Lampenhaus von außen zugänglich sein.

3.5 Abzug am Lampenhaus

Jedes Lampenhaus, das für Lampen mit mehr als 450 W Nennleistung geeignet ist, muß die Möglichkeit des Anschlusses einer Absaugung mit einer lichten Weite ≥ 90 mm (für den sicheren Luftabzug) besitzen, um Wärme und schädliche Gase abführen zu können.

Erfolgt **kein** Anschluß an eine Absaugung, so ist für die Absaugöffnung am Lampenhaus Abschnitt 3.1 zu beachten. Für diesen Betriebsfall dürfen nur Hochdruck-Entladungslampen in ozonarmer Ausführung mit schriftlicher Bestätigung des Herstellers verwendet werden.

Anmerkung: Eine Absaugung ist erforderlich, wenn durch Ozonerzeugung beim Betrieb von Hochdruck-Entladungslampen die MAK-Werte überschritten werden.

Die Ozonerzeugung von Hochdruck-Entladungslampen bis 450 W Nennleistung für Projektionszwecke reicht nach bisheriger Erfahrung auch unter ungünstigen Verhältnissen nicht aus, um die MAK-Werte zu überschreiten.

Die als MAK-Werte festgelegten maximalen Arbeitsplatzkonzentrationen gesundheitsschädlicher Arbeitsstoffe sind Beurteilungsgrundlage für die Bedenklichkeit oder Unbedenklichkeit am Arbeitsplatz gemessener Konzentrationen.

Wird eine Typprüfung zum Ermitteln der Betriebsbedingungen durchgeführt, unter denen die MAK-Werte gesundheitsschädlicher Gase und Dämpfe nicht überschritten werden können, sind die chemischen Messungen an einem serienmäßigen Gerät in einem Raum von 20 bis 30 m³ Volumen ohne Ent- oder Belüftung (außer einer etwaigen, für den Betrieb der Hochdruck-Entladungslampe vorgesehenen Absaugung am Lampenhaus) und ohne künstliche Luftumwälzung im Arbeitsraum vorzunehmen.

3.6 Schutz gegen elektrische Gefahren

Die elektrische Ausrüstung der Steh-, Lauf- und Fernsehbildwerfer muß mindestens den VDE-Bestimmungen entsprechen. Hierbei ist DIN 19 090 Teil 1 zu beachten.

3.7 Gebotszeichen mit Beschriftung

Auf jeder Tür des Lampenhauses ist ein Gebotszeichen nach DIN 4844 Teil 1 anzubringen.

Beschriftung: „Erst X Minuten nach Abschalten der Lampe öffnen. Zuvor Gesichts-, Hals- und Handschutz anlegen!"

Der Wert X für die Abkühlzeit in Minuten muß vom Lampenhaushersteller für die von ihm unter Beachtung der vom Lampenhersteller festgelegten Betriebsbedingungen für die Hochdruck-Entladungslampe der höchsten, im Lampenhaus zulässigen Nennleistung, aufgrund der Abkühlung der Lampensockel auf 50 °C ermittelt werden.

3.8 Bezeichnungsschilder

In Form eines Bezeichnungsschildes für das Lampenhaus müssen an gut sichtbarer Stelle mindestens folgende Angaben angebracht sein:

		zum Beispiel
—	Hersteller oder Lieferer	N. N.
—	Typ	Xeha 1600
—	größte zulässige Lampenbestückung	1600 W
—	höchste zulässige Stromstärke	75 A =
—	höchste Versorgungsspannung	120 V =
—	höchste Zündspannung	40 kV

4 Schutzhülle

4.1 Zweck und Anwendung

Die Schutzhülle der Hochdruck-Entladungslampe muß so ausgeführt sein, daß sie Personen vor Splittern beim Zerplatzen der Lampe während des Transports, ihrer Lagerung und ihres Ein- und Ausbaus im Lampenhaus schützt.

Hochdruck-Entladungslampen mit einem Innendruck $\geq 1,5$ bar im Ruhezustand müssen vom Hersteller in einer Schutzhülle, die den Anforderungen nach Abschnitt 4.2 entsprechen, geliefert werden.

Für Hochdruck-Entladungslampen mit einem Innendruck $< 1,5$ bar im Ruhezustand ist eine Schutzhülle **nicht** erforderlich.

4.2 Anforderungen und Prüfung

4.2.1 Anforderungen

Die ordnungsgemäß verschlossene Schutzhülle darf sich durch das Zerplatzen der Lampe nicht öffnen können. Glassplitter, die aus den beiden Anschlußöffnungen der Schutzhülle heraustreten, dürfen Personen nicht gefährden.

Der Verschluß der Schutzhülle muß so beschaffen sein, daß er sich nicht unbeabsichtigt, z. B. durch leichtes Anstoßen, öffnen läßt.

4.2.2 Prüfung

Eine mit Schutzhülle versehene Hochdruck-Entladungslampe wird aus einer Höhe von 1800 mm auf eine harte Unterlage (Beton) fallen gelassen. Die Schutzhülle darf sich durch den Aufprall — auch beim Zerplatzen der Hochdruck-Entladungslampe — nicht öffnen.

5 Gesichts- und Halsschutzschirm, Schutzhandschuhe mit Stulpen

5.1 Zweck

Der Gesichts- und Halsschutzschirm sowie die Schutzhandschuhe mit Stulpen müssen so ausgeführt sein, daß sie im Falle des Zerplatzens der Hochdruck-Entladungslampe während der Zeitspanne, in der die Schutzhülle im Laufe des Einbaus von der in die Fassungen eingesetzten Hochdruck-Entladungslampe abgenommen, aber das Lampenhaus noch nicht geschlossen ist, beim Ausbau sowie während der Reinigung der Hochdruck-Entladungslampe die Personen schützen. Gesichts- und Halsschutzschirm müssen Gesicht und Halsschlagader, Schutzhandschuhe mit Stulpen Hände und Pulsadern, vor der Wirkung von Splittern schützen.

5.2 Anforderungen und Prüfung für den Gesichts- und Halsschutzschirm

Der Gesichts- und Halsschutzschirm darf durch eine zerplatzende Lampe von Splittern nicht durchschlagen werden können.

Anmerkung: Alle Augenschutzgeräte **müssen** eine Kennzeichnung aufweisen.

Die Prüfung erfolgt nach DIN 4646 Teil 3 und Teil 6, DIN 4647 Teil 5 und DIN 58 211 Teil 2.

5.3 Anforderungen und Prüfung für die Schutzhandschuhe

Die Schutzhandschuhe und ihre Stulpen dürfen durch eine zerplatzende Lampe von Splittern nicht durchschlagen werden können.

Form des Schutzhandschuhs: Form F nach DIN 4841 Teil 1, Ausgabe November 1981

Prüfung auf Durchdringung nach DIN 4841 Teil 2, Ausgabe Mai 1979, Abschnitt 5.2

Prüfung auf thermische Beanspruchung nach DIN 4841 Teil 3, Ausgabe März 1982, Abschnitt 4.3.

6 Gebrauchsanleitung

Zu jedem Lampenhaus und zu jeder Hochdruck-Entladungslampe müssen Hersteller oder Einführer Gebrauchsanleitungen in deutscher Sprache mitliefern, in denen die möglichen Gefahrenquellen, die beim Aufstellen und Betreiben zu beachtenden Sicherheitsmaßnahmen, sowie die Zeitabstände, Art und Umfang für das Überprüfen der sicherheitstechnischen Einrichtungen einschließlich ihrer Funktionen auf Wirksamkeit, angegeben sind.

6.1 Umgang mit Hochdruck-Entladungslampen

Der Hersteller oder Einführer von Hochdruck-Entladungslampen oder Lampenhäusern hat in der Gebrauchsanleitung darauf hinzuweisen, daß die Hochdruck-Entladungslampen stets, wenn sie nicht betriebsmäßig im Lampenhaus untergebracht sind, in ihrer Schutzhülle verwahrt werden müssen (siehe Abschnitt 4.1).

6.2 Lampenhaus-Aufstellung

Der Hersteller oder Einführer von Lampenhäusern hat in der Gebrauchsanleitung daraufhinzuweisen, daß der Stutzen des Lampenhauses an ein Abzugsrohr angeschlossen werden muß, wenn dies durch behördliche Vorschriften gefordert wird. Der Anschluß ist auch erforderlich, wenn beim Betrieb eines für dieses Lampenhaus zugelassenen Typs der Hochdruck-Entladungslampe die zulässige Maximale Arbeitsplatzkonzentration (MAK-Wert) gesundheitsschädlicher Gase umd Dämpfe in der Umgebung des Bildwerfers überschritten werden kann (siehe Abschnitt 3.5). Dabei muß auch der im Stutzen erforderliche Zug in mbar in Zusammenhang mit den an den Abzug zu stellenden Anforderungen angegeben werden. Falls keine natürliche Saugwirkung (durch Schornsteinzug) ausreichender Stärke erreicht wird, muß das Austreten von gesundheitsschädlichen Gasen und Dämpfen aus dem Lampenhaus in den Arbeitsraum durch künstliche Absaugung verhindert werden.

Der Werkstoff für das Abzugsrohr muß den örtlich geltenden Bauvorschriften entsprechen, das Abzugsrohr muß unmittelbar oder über einen Schacht oder Kanal ins Freie führen.

6.3 Betrieb

Für Lampenhäuser mit Xenon-Lampen sind die Betriebsbedingungen, unter denen die MAK-Werte gesundheitsschädlicher Gase und Dämpfe bei Betrieb der für dieses Lampenhaus zugelassenen Hochdruck-Entladungslampen mit der höchsten gestatteten Stromstärke nicht überschritten werden.

Anmerkung: Diese Angabe kann entfallen, wenn sichergestellt ist, daß im Lampenhaus nur ozonarme Xenon-Lampen verwendet werden (siehe Abschnitt 2.2).

Auf die Notwendigkeit und die Dauer der auf dem Gebotszeichen (siehe Abschnitt 3.7) angegebenen Wartezeit bis zur ausreichenden Abkühlung der Hochdruck-Entladungslampe, sowie auf das Anlegen von Gesichts- und Halsschutzschirm und Schutzhandschuhen vor dem Auswechseln einer Hochdruck-Entladungslampe ist hinzuweisen.

6.4 Wartung

Der Lampenhaushersteller oder Einführer hat Anweisungen für die Wartung des Lampenhauses in der Gebrauchsanleitung mitzuliefern, z. B. wegen einwandfreier Kontaktgabe an den Lampenanschlüssen (da schon geringfügig erhöhte Übergangswiderstände zur Wärmebildung führen und die Gefahr des Zerplatzens erhöhen) und zum Überprüfen der Isolationsmaterialien auf einwandfreien Zustand. Dazu gehören auch die Anweisungen zur Wartung und zum Reinigen der für das Lampenhaus vorgesehenen Hochdruck-Entladungslampe, um Ansatzstellen für das Zerplatzen infolge örtlicher Temperaturüberhöhung zu verhüten.

Zitierte Normen und andere Unterlagen

DIN	4646 Teil 3	Sichtscheiben für Augenschutzgeräte; Kugelfallversuch an Sicherheitssichtscheiben
DIN	4646 Teil 6	Sichtscheiben für Augenschutzgeräte; Beschußversuch an Sicherheitssichtscheiben
DIN	4647 Teil 1	Sichtscheiben für Augenschutzgeräte; Schweißerschutzfilter
DIN	4647 Teil 5	Sichtscheiben für Augenschutzgeräte; Sicherheitssichtscheiben ohne Filterwirkung
DIN	4841 Teil 1	Schutzhandschuhe; Sicherheitstechnische Grundanforderungen, Prüfung
DIN	4841 Teil 2	Schutzhandschuhe; Schutzhandschuhe gegen mechanische Beanspruchung, Sicherheitstechnische Anforderungen und Prüfung
DIN	4841 Teil 3	Schutzhandschuhe; Schutzhandschuhe gegen Beanspruchung durch Wärme, Sicherheitstechnische Anforderungen, Prüfung
DIN	4844 Teil 1	Sicherheitskennzeichnung; Begriffe, Grundsätze und Sicherheitszeichen
DIN 19 090 Teil 1		Projektionsgeräte; Begriffe, Zuordnung sicherheitstechnischer Festlegungen
DIN 58 211 Teil 2		Schutzbrillen; Zusatzforderungen für Schutzbrille gegen starke Stoßbelastung
MAK-Werte-Liste [2])		Maximale Arbeitsplatzkonzentrationen gesundheitsschädlicher Arbeitsstoffe

Weitere Normen und andere Unterlagen

DIN 53 326	Prüfung von Leder; Bestimmung der Dicke
VDE 0100	Bestimmungen für das Errichten von Starkstromanlagen mit Nennspannungen bis 1000 V
DIN 57 108/ VDE 0108	Errichten und Betreiben von Starkstromanlagen in baulichen Anlagen für Menschenansammlungen von Sicherheitsbeleuchtung in Arbeitsstätten [VDE-Bestimmung]
DIN IEC 238/ VDE 0616 Teil 1	Lampenfassungen mit Edisongewinde [VDE-Bestimmung]
VDE 0710 Teil 1	Vorschriften für Leuchten mit Betriebsspannungen unter 1000 V; Allgemeine Vorschriften
VDE 0712 Teil 1	Bestimmungen für Entladungslampenzubehör mit Nennspannungen bis 1000 V; Teil 1: Allgemeine Bestimmungen
VDE 0712 Teil 2	Bestimmungen für Entladungslampenzubehör mit Nennspannungen bis 1000 V; Teil 2: Besondere Bestimmungen für Vorschaltgeräte
VDE 0712 Teil 3	Bestimmungen für Entladungslampenzubehör mit Nennspannungen bis 1000 V; Teil 3: Besondere Bestimmungen für Starter- und Lampenfassungen
VDE 0712 Teil 4	Bestimmungen für Entladungslampenzubehör mit Nennspannungen bis 1000 V; Teil 4: Besondere Bestimmungen für Startgeräte

Verordnungen der Bundesländer über den Bau und Betrieb von Versammlungsstätten (VerStättVO)
Unfallverhütungsvorschrift „Filmtheater" (VBG 80) und die textlich identische Unfallverhütungsvorschrift „Bild- und Filmwiedergabe" (VBG 80)

Frühere Ausgaben
DIN 15 995 Teil 1: 07.75

Änderungen
Gegenüber der Ausgabe Juli 1975 wurden folgende Änderungen vorgenommen:
a) Vornorm-Charakter aufgehoben
b) Norm vollständig überarbeitet und dem heutigen Stand der Technik angepaßt.

---

[2]) Diese Liste wird jährlich neu vom Bundesminister für Arbeit und Sozialordnung bekanntgegeben im Bundesarbeitsblatt, Fachteil Arbeitsschutz (herausgegeben vom Verlag W. Kohlhammer, Stuttgart), siehe Bundesarbeitsblatt 9/1979, S. 87 ff, Bekanntmachung des BMA v. 1. August 1979 — III b 4 — 3745.81 — 3844/79.
MAK-Werte-Liste ist zu beziehen unter der Bestellnummer ZH 1/401 bei der Carl Heymanns Verlag K. G., Gereonstraße 18—32, 5000 Köln 1.

Erläuterungen

Diese Norm wurde vom Normenausschuß Kinotechnik für Film und Fernsehen (FAKI) im DIN, Arbeitsausschuß FAKI/AA 9 „Filmtheatertechnik", ausgearbeitet. Vertreter der Bundesanstalt für Arbeitsschutz und Unfallforschung, des Fachausschusses „Verwaltung" bei der Zentralstelle für Unfallverhütung und Arbeitsmedizin des Hauptverbandes der Gewerblichen Berufsgenossenschaften, sowie der Vereinigung der Technischen Überwachungsvereine, nahmen an den Sitzungen aktiv teil. Die sicherheitstechnischen Festlegungen sind in den Abschnitten 3, 4, 5 und 6 enthalten.

Zu den Abschnitten 1 und 2.2

Hochdruck-Entladungslampen gibt es in sehr unterschiedlichen Bauarten, Zusammensetzungen der Füllung und Leistungen als Lichtquellen für die Projektionstechnik. Allen Typen ist aber die Notwendigkeit einer etwas aufwendigen elektrischen Versorgungseinrichtung, von speziellen Start- und Speisegeräten, Gleichrichtern besonders geringer Strom-Schwankungen (oder Pulsatoren) zu eigen, so daß sie bisher und in voraussehbarer Zukunft nur für professionelle Aufgaben eingesetzt werden (z. B. in Filmtheatern, Fernsehanstalten und Studios); gelegentlich auch in Vorführstätten für allgemeinbildende, wissenschaftliche und betriebliche Schulung und Bildung, wo sie ebenfalls von unterwiesenen Bedienern betrieben werden. In Projektionsgeräten für Heim und Freizeit finden sie **keine** Anwendung.

Für die **Projektionstechnik** am wichtigsten sind die Kurzbogen-Xenonlampen mit Leistungen ab 500 W. Typen schwächerer Leistung findet man in Geräten für wissenschaftliche und technische Aufgaben.

Der **Innendruck** der Gasfüllung liegt im kalten (oder „Ruhe"-)Zustand in der Größenordnung 5 bis 10 bar; im heißen (oder „Betriebs"-)Zustand ist er ein Vielfaches davon, bleibt jedoch in allen heute und in voraussehbarer Zeit handelsüblichen Typen immer unter 30 bar, nach Ablauf der vorgeschriebenen Abkühlzeit unter 15 bar. Dieser hohe Innendruck kann den Kolben zum Zerplatzen bringen, so daß für den Bediener die Gefahr einer Schädigung durch Splitter besteht. Es gibt jedoch Hochdruck-Entladungslampen, die im Betriebszustand einen hohen Innendruck aufweisen. Im Ruhezustand ist der Innendruck dagegen $<$ 1,5 bar. Beispiele hierfür sind Quecksilberdampflampen oder Zinnhalogenidlampen, bei denen in der Abkühlungsphase das im Betriebszustand verdampfte Metall (z. B. Quecksilber) kondensiert; sie werden für Spezialprojektoren (z. B. Anrißprojektoren im Schiffbau) benutzt. Bei diesen Lampen ist ein Schutz gegen Splitter beim Zerplatzen im Ruhezustand **nicht** erforderlich.

Der aus nichtkristallinem Quarz gefertigte Kolben läßt bei den meisten heutigen Typen außer dem sichtbaren Licht auch IR-Strahlung und UV-Strahlung austreten.

UV- und IR-Strahlung können das Auge direkt schädigen. Kurzwellige Strahlung unter 250 nm erzeugt in der Luft gesundheitsschädigende Gase, z. B. Ozon (O_3) und Stickstoffdioxid (NO_2), die ab bestimmten Konzentrationen zu Schädigungen der Atemwege führen (siehe hierzu MAK-Werte).

Seit einiger Zeit werden die Kolben bei den meisten Xenonlampen als ozonarme Typen durch besondere Fertigungsmaßnahmen für kurzwellige UV-Strahlung undurchlässig gemacht, so daß die Bildung von schädlichen Gasen unterbunden ist.

Bei Hochdruck-Entladungslampen mit einer Nennleistung bis zu 450 W ist die Ozonerzeugung auch ohne besondere Maßnahmen zur Unterdrückung der extremen UV-Strahlung unter 250 nm so gering, daß die MAK-Werte **nicht** erreicht werden können.

Zu den Abschnitten 2.2 und 5

Als Maximale Arbeitsplatzkonzentration gesundheitsschädlicher Gase oder Dämpfe (MAK-Werte) gelten die von der Senatskommission der Deutschen Forschungsgemeinschaft (DFG) festgelegten Werte.

Stand 1982:
0,1 ppm [3]) 0,2 mg/m³ für Ozon (O_3) und
5   ppm [3]) 9   mg/m³ für Stickstoffdioxid (NO_2)

Internationale Patentklassifikation
H 01 J 61-00

---

[3]) Die Abkürzung ppm (= part per million) ist bei Gasen und Dämpfen gleichbedeutend mit cm³ Gas in m³ Luft, beide unter den Bedingungen 20 °C und 1 bar gerechnet.

Mai 2008

DIN 15996

ICS 13.180; 97.200.10

Ersatz für
DIN 15996:2006-02

Bild- und Tonbearbeitung in Film-, Video- und Rundfunkbetrieben –
Grundsätze und Festlegungen für den Arbeitsplatz

Image and sound production in film and video studios and radio stations –
Principles and provisions for a work station -

Traitement électronique des images filmées et du son dans les entreprises
cinématographiques, de vidéo et de radio –
Principes et dispositions au poste de travail

Gesamtumfang 37 Seiten

Normenausschuss Veranstaltungstechnik, Bild und Film (NVBF) im DIN
Normenausschuss Ergonomie (NAErg) im DIN

Inhalt

Seite

Vorwort 4
1 Anwendungsbereich 5
2 Normative Verweisungen 5
3 Begriffe 7
4 Anforderungen 10
4.1 Kontrolltische einschließlich Arbeitsstühle und Fußstützen 10
4.1.1 Allgemeines 10
4.1.2 Bauformen 10
4.1.3 Konstruktion 11
4.1.4 Maße für Kontrolltische Typ I und Typ II 15
4.1.5 Arbeitsstühle und Fußstützen 16
4.2 Anordnungen von Bildmonitoren und Datenmonitoren zum Arbeitsplatz 16
4.2.1 Sehabstände 16
4.2.2 Sehraum 18
4.2.3 Anordnung von Bildmonitoren 20
4.2.4 Anordnung von Datenmonitoren 22
4.3 Räumliche Anordnung und Gestaltung 22
4.3.1 Sichtgeometrie 22
4.3.2 Flächen am Arbeitsplatz 24
4.4 Betrachtungsbedingungen für Bildmonitore 25
4.4.1 Allgemeines 25
4.4.2 Anforderungen an Bildmonitore 26
4.4.3 Laufzeitunterschiede zwischen Bild- und Tonsignalen 26
4.4.4 Leuchtdichte der Fernsehbildschirme 26
4.4.5 Beleuchtung des Betrachtungsraumes 26
4.4.6 Script- und Pultbeleuchtung 27
4.4.7 Raumfarbe 27
4.4.8 Reflexionen, Spiegelungen 27
4.4.9 Bildschirm-Umfeld 27
4.5 Betrachtungsbedingungen für Datenmonitore 28
4.5.1 Allgemeines 28
4.5.2 Anforderungen an Datenmonitore 28
4.5.3 Anzeigeleuchtdichte 28
4.5.4 Leuchtdichtekontrast 28
4.5.5 Beleuchtung des Betrachtungsraumes 28
4.6 Akustische Bedingungen 29
4.6.1 Allgemeines 29
4.6.2 Empfohlene höchstzulässige Schalldruckpegel von Dauergeräuschen 29
4.6.3 Erforderliche Luftschallpegeldifferenz zwischen den Räumen 30
4.6.4 Bauakustik 31
4.6.5 Raumakustik 31
4.6.6 Tonmonitore 32
4.7 Raumklima 34
4.7.1 Allgemeines 34
4.7.2 Relative Luftfeuchte 34
4.7.3 Luftreinigung 34
4.8 Benutzerinformationen 34
4.8.1 Allgemeines 34
4.8.2 Montageanleitung 35
4.8.3 Betriebsanleitung 35
4.8.4 Wartungsplan 35
Anhang A (normativ) Prüfung und Abnahme von studiotechnischen Einrichtungen 36
Literaturhinweise 37

Bilder

Seite

Bild 1 — Kontrolltisch ohne Tischaufbau 11
Bild 2 — Kontrolltisch mit niedrigem Tischaufbau 11
Bild 3 — Kontrolltisch mit Tischaufbau mittlerer Höhe 11
Bild 4 — Kontrolltisch mit hohem Tischaufbau 11
Bild 5 — Kontrolltisch mit gegliedertem Tischaufbau 11
Bild 6 — Kontrolltisch mit schräg ansteigendem Tischaufbau 11
Bild 7 — Beinfreiraum für einen Kontrolltisch ohne in die Arbeitsfläche eingebaute Betriebsmittel 13
Bild 8 — Beinfreiraum für einen Kontrolltisch, in dessen Arbeitsfläche Betriebsmittel einbaut sind 13
Bild 9 — Aufrechte Sitzhaltung mit abgewinkeltem Arm, z. B. Ellenbogengelenk $\alpha_2 = 90°$ 14
Bild 10 — Aufrechte Sitzhaltung mit gestrecktem Arm, z. B. Ellenbogengelenk $\alpha_2 = 180°$ 14
Bild 11 — Greifbereiche 14
Bild 12 — Kontrolltisch Typ I 16
Bild 13 — Kontrolltisch Typ II 16
Bild 14 — Sehwinkel 17
Bild 15 — Sehabstand und Betrachtungswinkel β, dargestellt in der Mitte des Bildschirmes 18
Bild 16 — Neigungswinkel der Sehachsen 19
Bild 17 — Gesichtsfeld für Hellreize 19
Bild 18 — Blick-Gesichtsfeld 20
Bild 19 — Gesichtsfelder 21
Bild 20 — Anordnung von Monitorwand und Kontrolltisch 24
Bild 21 — Räumliche Anordnung (Beispiel einer Bildregie) 25
Bild 22 — Grenzkurven für den höchstzulässigen Dauergeräuschpegel (Terz-Schalldruckpegel) 30
Bild 23 — Betriebsschallpegel in Studiokomplexen, die nicht der Musikproduktion dienen 30
Bild 24 — Nachhallzeiten in Abhängigkeit vom Volumen des Raumes 32
Bild 25 — Toleranzfeld für die Nachhallzeit 32
Bild 26 — Tonmonitore, horizontale Anordnung 33
Bild 27 — Tonmonitore, vertikale Anordnung 33

Tabellen

Tabelle 1 — Maße für Kontrolltische mit eingebauten Betriebsmitteln 15
Tabelle 2 — Sehabstände 17

Vorwort

Diese Norm wurde vom Normenausschuss Bild und Film (NBF), Arbeitsausschuss NA 049-00-06 AA „Laufbildtechnik — Bild- und Tonbearbeitung", erarbeitet. Aufgrund einer Umstrukturierung zum 1.1.2008 sind die Normenausschüsse Bild und Film (NBF) und Veranstaltungstechnik – Bühne, Beleuchtung und Ton (NVT) im neuen Normenausschuss Veranstaltungstechnik, Bild und Film (NVBF) aufgegangen. Der zuständige Arbeitsausschuss ist nunmehr der NA 149-00-03 AA „Bild- und Tonwiedergabe und Postproduction".

Änderungen

Gegenüber DIN 15996:2006-02 wurden folgende Änderungen vorgenommen:

a) Erweiterung der Maße für die Beinraumfreiheit an Kontrolltischen (Abschnitte 4.1.3.2 und 4.1.4). Begründung: Aktuelle Erhebungen zu den "Körpermaßen des Menschen" und betriebliche Erfahrungen führen zu größeren Werten bei den Maßen der Beinraumfreiheit. Diese neuen Erkenntnisse sind bereits in DIN 33402-2:2005-12 und DIN EN ISO 14738:2005-03 eingeflossen und werden dem entsprechend auch in DIN 15996 berücksichtigt.

b) Ergänzung der Literaturhinweise.

Frühere Ausgaben

DIN 15996: 1996-04, 2006-02

DIN 15996:2008-05

1 Anwendungsbereich

Diese Norm enthält Grundsätze und Festlegungen für die Gestaltung von Arbeitsplätzen zur Bild- und Tonbearbeitung in der Film-, Video- und Rundfunkproduktion.

Sie legt dazu Anforderungen fest mit dem Ziel, spezifische Kennwerte und die gesamte Gestaltung des Arbeitsplatzes und der Arbeitsumwelt den Eigenschaften des Menschen und der Arbeitsaufgaben anzupassen, und zwar unter gleichzeitiger Beachtung der besonderen funktionalen und betrieblichen Gegebenheiten der Film-, Video- und Rundfunkproduktion.

Bei den Festlegungen wird berücksichtigt, dass die Gestaltung des Arbeitsplatzes und der Arbeitsumwelt so erfolgt, dass, so weit dies möglich ist, barrierefreie Arbeitsplätze realisiert werden können. Spezifische Festlegungen für eine Barrierefreiheit von Arbeitsplatz und Arbeitsumwelt sind in dieser Norm nicht enthalten, da dies jeweils individuelle Lösungen erfordert, so z. B. für Mitarbeiter, die in ihrer Mobilität eingeschränkt sind. Grundsätzlich kann davon ausgegangen werden, dass sich durch eine frühzeitige und hinreichende Berücksichtigung von Kriterien für eine barrierefreie Gestaltung von Arbeitsplatz und -umwelt hervorragende Möglichkeiten zur Integration von Mitarbeitern mit besonderen Anforderungen ergeben.

Die Norm dient gleichzeitig als Anleitung für die sichere Einrichtung und Aufstellung von Anlagen.

Die Norm wendet sich an Planer, Hersteller und Betreiber von stationären Studioeinrichtungen. Diese sind z. B. Fernseh- und Hörfunkproduktionsregien, Senderegien, Cutter- und Farbkorrekturarbeitsplätze, Kamerakontrollen, Abnahmeräume für hochwertige Fernsehproduktionen.

Sie gilt nicht für Redaktionsarbeitsplätze mit digitaler Schnittmöglichkeit in Büroräumen, nicht für mobile Produktionseinrichtungen (z. B. Kameras, Übertragungsfahrzeuge, provisorische Aufbauten), nicht für Filmschneidetische nach DIN 15992 sowie für Produktionseinrichtungen, deren Zweck ausschließlich die optomechanische Bearbeitung von Filmen ist.

2 Normative Verweisungen

Die folgenden zitierten Dokumente sind für die Anwendung dieses Dokuments erforderlich. Bei datierten Verweisungen gilt nur die in Bezug genommene Ausgabe. Bei undatierten Verweisungen gilt die letzte Ausgabe des in Bezug genommenen Dokuments (einschließlich aller Änderungen).

DIN 4556, *Büromöbel — Fußstützen für den Büroarbeitsplatz — Anforderungen, Maße*

DIN 5032-7, *Lichtmessung — Klasseneinteilung von Beleuchtungsstärke- und Leuchtdichtemessgeräten*

DIN 5033-7, *Farbmessung — Messbedingungen für Körperfarben*

DIN 5340:1998-04, *Begriffe der physiologischen Optik*

DIN 6164-2, *DIN-Farbenkarte — Festlegungen der Farbmuster*

DIN 33402-1:2005-12, *Körpermaße des Menschen — Begriffe — Messverfahren*

DIN 33408-1, *Körperumrissschablonen für Sitzplätze*

DIN 45641, *Mittelung von Schallpegeln*

DIN EN 779, *Partikel-Luftfilter für die allgemeine Raumlufttechnik — Bestimmung der Filterleistung*

DIN EN 1335-1, *Büromöbel — Büro-Arbeitsstuhl — Teil 1: Maße, Bestimmung der Maße*

DIN EN 13779, *Lüftung von Nichtwohngebäuden — Allgemeine Grundlagen und Anforderungen an Lüftungs- und Klimaanlagen*

DIN EN 29241-3:1993-08, *Ergonomische Anforderungen für Bürotätigkeiten mit Bildschirmgeräten — Teil 3: Anforderungen an visuelle Anzeigen*

DIN EN 62079, *Erstellen von Anleitungen — Gliederung, Inhalt und Darstellung*

DIN EN ISO 9241-9:2002-03, *Ergonomische Anforderungen für Bürotätigkeiten mit Bildschirmgeräten — Teil 9: Anforderungen an Eingabemittel, ausgenommen Tastaturen*

DIN EN ISO 3382, *Akustik-Messung der Nachhallzeit von Räumen mit Hinweis auf andere akustische Parameter*

DIN EN ISO 12100-1, *Sicherheit von Maschinen — Grundbegriffe, allgemeine Gestaltungsleitsätze — Teil 1: Grundsätzliche Terminologie, Methodologie*

DIN EN ISO 12100-2, *Sicherheit von Maschinen — Grundbegriffe, allgemeine Gestaltungsleitsätze — Teil 2: Technische Leitsätze*

DIN EN ISO 13406-2, *Ergonomische Anforderungen für Tätigkeiten an optischen Anzeigeeinheiten in Flachbauweise — Teil 2: Ergonomische Anforderungen an Flachbildschirme*

DIN ISO 2768-1, *Allgemeintoleranzen — Toleranzen für Längen- und Winkelmaße ohne einzelne Toleranzeintragung*

ISO 17121, *Cinematography — Workstations used for film and video Production — Requirements for visual- and audio-conditions*

ISO/IEC Guide 37, *Instructions for use of products of consumer interest*

BGI 650, *Bildschirm- und Büroarbeitsplätze; Leitfaden für die Gestaltung*[1]

EBU-Specifications Techn. 3213, *EBU standard of chromaticity tolerances of studio monitors (1975)*[2]

EBU-Specifications Techn. 3263, *Specification of grade-1 colour picture monitors (1991)*[2]

EBU-Recommendation R 23, *Procedure for the operational alignment of grade-1 colour picture monitors (1987)*[2]

Farbregister RAL 840 HR[3]
Farbregister RAL 841 GL[3]

ITU-Report 624-4/90, *Recommendations and Reports of the CCIR — Characteristics of television systems (1990)*[4]

ITU-Recommendation 500, volume XI, 1974, *Recommendations and Reports of CCIR — Method for the subjective assessment of quality of television pictures (1974)*[4]

ITU-R Recommendation BS.775-1, *Multichannel stereophonic sound system with and without accompanying picture*[4]

Technische Richtlinie der öffentlich-rechtlichen Rundfunkanstalten der Bundesrepublik Deutschland: Nr. 8/10. „Anforderungen an Fernsehmonitore"[5]

Technische Richtlinie der öffentlich-rechtlichen Rundfunkanstalten der Bundesrepublik Deutschland: Nr. 8/R7 „Richtlinie für eine einheitliche Fernsehbildwiedergabe[5]

VDI 4500 Blatt 1, *Technische Dokumentation — Benutzerinformation*[3]

VDI 6022 Blatt 1, *Hygiene-Anforderungen an Raumlufttechnische Anlagen*[3]

---

1) Zu beziehen durch: C.L. Rautenberg-Druck, Königstraße 41, D-25348 Glückstadt.
2) Zu beziehen durch: EBU, Case postale 67, CH-1218 Grand-Saconnex (Genève).
3) Zu beziehen durch: Beuth Verlag GmbH, 10772 Berlin (Hausanschrift: Burggrafenstraße 6, D-10787 Berlin).
4) Zu beziehen durch: ITU, Place des Nationes, CH-1211 Genève 20.
5) Zu beziehen durch: Institut für Rundfunktechnik GmbH, Floriansmühlstraße 60, D-80939 München.

3 Begriffe

Für die Anwendung dieses Dokuments gelten die folgenden Begriffe.

3.1
Anzeigeleuchtdichte
Leuchtdichte der vom Bildschirm emittierten und reflektierten Strahlung, die der Leuchtdichte der Zeichensymbole für helle Bilder auf einem dunkleren Untergrund und der Leuchtdichte des Untergrundes für dunkle Bilder auf einem helleren Untergrund entspricht

[DIN EN 29241-3:1993-08]

3.2
Augenpunkt
Position der Augen von Benutzern einer bestimmten technischen Einrichtung im Raum

ANMERKUNG 1   Sie ist abhängig von den Körpermaßen der Benutzer, deren eingenommener Körperhaltung und der eingestellten Sitzhöhe.

ANMERKUNG 2   Die technische Einrichtung in diesem Dokument sind Bild- und Datenmonitoren.

3.3
Betrachtungsraum
Raum oder Raumzone mit definierten Umfeldbedingungen (Beleuchtung, Lichtfarbe usw.), insbesondere zur qualitativen Bildbeurteilung (Bildkontrolle, Produktionsabnahme usw.) und in denen aufgrund der Bildbeobachtung Änderungen vorgenommen werden sollen (Szenengestaltung, Bildgebereinstellung, Farbkorrektur usw.)

3.4
Betrachtungswinkel
Winkel zwischen der Verbindungsgeraden Auge – Sehobjekt und der Flächennormalen des Sehobjektes

ANMERKUNG   Siehe Bild 15.

3.5
Bildauflösung
Fähigkeit des Bildschirmes, Punkte oder Linien getrennt darstellen zu können

3.6
Bildwiederholfrequenz
Häufigkeit des Bildaufbaus in der Sekunde

ANMERKUNG   Die Bildwiederholfrequenz wird in Hertz (Hz) angegeben.

3.7
Bildhöhe
vertikaler sichtbarer Teil eines Fernsehbildes

3.8
Bildmonitor
Bildschirm zur Wiedergabe und visuellen Beurteilung von Fernsehbildern

3.9
Blickfeld
Gesamtheit der Objektpunkte, die bei unbewegtem Kopf und herumblickenden Augen fixiert werden können

[DIN 5340:1998-04]

ANMERKUNG   In dieser Norm wird nur das binokulare Blickfeld angewandt.

DIN 15996:2008-05

3.10
Blick-Gesichtsfeld
Gesamtheit aller Gesichtsfelder bei unbewegtem Kopf und herumblickenden Augen
[DIN 5340:1998-04]

3.11
Datenmonitor
Bildschirm zur veränderlichen Anzeige von alphanumerischen Zeichen und graphischen Darstellungen

3.12
Erkennung, visuelle
Zuordnung einer visuellen Wahrnehmung zum richtigen Erinnerungsbild
[DIN 5340: 1998-04]

3.13
Fixieren
Blicken
Ausrichten des Auges auf einen Punkt.

ANMERKUNG 1   Bei normalsichtigem Auge erfolgt die Einstellung so, dass der fixierte Punkt in der Mitte der Netzhautgrube abgebildet wird.

ANMERKUNG 2   Fixieren ist die Voraussetzung für das Erkennen von Sehobjekten.

ANMERKUNG 3   „Fixation" siehe DIN 5340.

3.14
Gesichtsfeld
Gesamtheit aller Punkte im Außenraum, die bei unbewegtem Kopf und Primärstellung der Augen gleichzeitig wahrgenommen werden können
[DIN 5340: 1998-04]

ANMERKUNG 1   In dieser Norm wird nur das binokulare Gesichtsfeld angewandt.

ANMERKUNG 2   Die Primärstellung wird näherungsweise bei aufrechter Kopf- und Körperhaltung beim Blick geradeaus eingenommen.

3.15
Greifraum
optimaler oder maximaler zu erreichender Raum für die vorgesehene Benutzerpopulation im Hinblick auf eine bestimmte Benutzerposition
[DIN EN ISO 9241-9:2002-03]

3.16
Kontrolltisch
Bedienpult oder Arbeitstisch mit eingebauten oder aufgesetzten Betriebsmitteln, z. B. Tasten, Regler, Messeinrichtungen, zur Kontrolle und Bearbeitung von Bild und/oder Ton

3.17
Leuchtdichtekontrast
Relation zwischen den höheren (L_H) und niedrigeren (L_L) Leuchtdichten, die das zu erkennende charakteristische Merkmal bilden, ausgedrückt entweder durch die Kontrastmodulation (C_m) definiert als

$$C_m = \frac{(L_H - L_L)}{(L_H + L_L)}$$

oder durch das Kontrastverhältnis (CR) definiert als

$$CR = \frac{L_H}{L_L}$$

[DIN EN 29241-3:1993-08]

3.18
Monitorwand
Anordnung mehrerer Bildmonitore nebeneinander und/oder übereinander

3.19
Sehabstand
Abstand zwischen Auge und Sehobjekt

ANMERKUNG 1	Wenn nicht anders vermerkt, bezieht sich der Sehabstand auf die Mitte des Bildschirmes.
ANMERKUNG 2	Siehe Bild 15.

3.20
Sehachse
Verbindungsgerade des zentral abgebildeten Objektpunktes mit seinem Bildpunkt
[DIN 5340:1998-04]

3.21
Sehbereich
Blick- und Gesichtsfeld

3.22
Sehobjekt
Objekt im Außenraum, dessen Abbildung auf der Netzhaut zu einer visuellen Wahrnehmung führt
[DIN 5340:1998-04]

BEISPIEL 1	Fernsehbilder auf einem Bildmonitor
BEISPIEL 2	Zeichen auf einem Datenmonitor

3.23
Sehwinkel
Winkel, dessen Scheitel am Auge liegt und dessen Schenkel das Sehobjekt einschließen

ANMERKUNG 1	Wenn nicht anders vermerkt, bezieht sich der Sehwinkel auf die Größe des Sehobjektes in vertikaler Richtung.
ANMERKUNG 2	Siehe Bild 14.

3.24
Spitzenleuchtdichte
von einer Bildschirmanzeige abgestrahlte maximale Leuchtdichte, die dem Weißwert des Bildsignals entspricht

3.25
Tonmonitor
Gerät (Lautsprecher) zur Wiedergabe von Tonsignalen

3.26
Umblick-Gesichtsfeld
Gesamtheit aller Gesichtsfelder bei bewegtem Kopf und ansonsten unbewegtem Körper
[DIN 5340:1998-04]

3.27
Wahrnehmung, visuelle
aus visuellen Empfindungen aufgebaute höhere Stufe der Informationsverarbeitung, die zwischen Empfindung und Erkennung liegt

ANMERKUNG   Der Übergang zwischen Empfindung und Wahrnehmung ist fließend.

[DIN 5340:1998-04]

3.28
Zeilenfrequenz
<Kathodenstrahl-Röhrenmonitor>
Häufigkeit der Darstellung einer Zeile in der Sekunde

ANMERKUNG   Die Zeilenfrequenz wird in Kilohertz (kHz) gemessen.

4 Anforderungen

4.1 Kontrolltische einschließlich Arbeitsstühle und Fußstützen

4.1.1 Allgemeines

Form und Maße von Kontrolltischen werden durch die jeweilige Aufgabenstellung in Film- und Videobetrieben sowie Rundfunkbetrieben unter Berücksichtigung der ergonomischen Erfordernisse für männliche und weibliche Personen bestimmt.

4.1.2 Bauformen

Es werden folgende Bauformen unterschieden:

— Kontrolltische ohne Tischaufbau (z. B. für Graphikarbeiten mit Graphiktablett), siehe Bild 1.

— Kontrolltische mit niedrigem Tischaufbau (z. B. für kleine Tonpulte mit im Aufsatz eingebauten Aussteuerungsanzeigen und Tonmonitoren für Kommando- und Kontrollzwecke), siehe Bild 2.

— Kontrolltische mit mittlerem Tischaufbau (z. B. zur Unterbringung von Bild- und/oder Datenmonitoren), siehe Bild 3.

— Kontrolltische mit hohem Tischaufbau (z. B. zur Unterbringung von Messeinrichtungen, sowie zugehörigen Bild- und/oder Datenmonitoren), siehe Bild 4.

— Kontrolltische, die vom Aufbau ansteigend in mehrere Abschnitte gegliedert sind (z. B. große Ton- und Bildmischpulte), siehe Bild 5.

— Kontrolltische mit schräg ansteigendem Aufbau (z. B. Ton- und Bildmischpulte), siehe Bild 6.

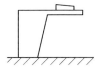
Bild 1 — Kontrolltisch ohne Tischaufbau

Bild 2 — Kontrolltisch mit niedrigem Tischaufbau

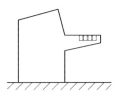
Bild 3 — Kontrolltisch mit Tischaufbau mittlerer Höhe

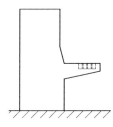
Bild 4 — Kontrolltisch mit hohem Tischaufbau

Bild 5 — Kontrolltisch mit gegliedertem Tischaufbau

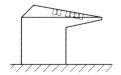
Bild 6 — Kontrolltisch mit schräg ansteigendem Tischaufbau

4.1.3 Konstruktion

4.1.3.1 Allgemeines

Die Höhe des Bedienfeldes von Kontrolltischen wird vom erforderlichen Beinraum für große Personen und vom Konstruktionsmaß der in die Fläche eingebauten Betriebsmittel bestimmt. Ergonomische Mindestanforderungen nach 4.1.3.2 sind einzuhalten.

Das (vordere) Bedienfeld darf waagerecht oder leicht ansteigend geneigt sein. In bzw. auf diesem Bedienfeld dürfen die Bedien- und/oder Kontroll-Einrichtungen eingesenkt oder aufgestellt werden.

Die Tiefe des Bedienfeldes ist vom möglichen Greifraum für kleine Personen und von der notwendigen Anordnung der Betriebsmittel und deren Stellglieder abhängig. Ergonomische Mindestanforderungen nach 4.1.3.3 sind einzuhalten.

Die Breite von Kontrolltischen ergibt sich aus der Anzahl der eingebauten Betriebsmittel und den damit verbundenen Arbeitsplätzen (siehe 4.3.2.2). Kontrolltische dürfen in der horizontalen Ebene gerade oder – der besseren Bedienbarkeit wegen – auch abgewinkelt sein.

Bei Tischaufbauten darf die dem Benutzer zugewandte Seite senkrecht, schräg oder mehrfach abgewinkelt ausgeführt werden.

Für die im Aufbau eingelassenen Bildschirme sind die in 4.2 aufgeführten Betrachtungswinkel und Sehabstände einzuhalten.

Werden Kontrolltische vor Bildmonitoren oder vor Sichtfenstern zu Studios aufgestellt, ist die Höhe der Tischhinterkante und der Oberkante des Tischaufsatzes von der Sichtgeometrie abhängig (siehe 4.3.1).

Ab Tischvorderkante ist eine Handballenauflage von mindestens 100 mm vorzusehen. Zwischen den Bedienfeldern sind Schreib- oder Vorlagenflächen anzuordnen. Sofern dies nicht möglich ist, dürfen auch z. B. auf Gleitschienen verschiebbare Schreibflächen über den Bedienfeldern vorgesehen werden.

Die Tischplatten und andere Flächen, mit denen der Benutzer in ständiger Berührung ist, dürfen keine unzuträgliche Wärmeableitung verursachen. Dies ist z. B. durch entsprechende Werkstoffe und Beschichtungen zu erreichen. Ebenso sind durch geeignete Maßnahmen und Materialien elektrostatische Aufladungen zu vermeiden.

Kontrolltische müssen standfest sein. Dies muss durch konstruktive Maßnahmen und/oder entsprechende Verankerungen sichergestellt sein. Ecken und Kanten müssen durch Formgebung oder Bearbeitung so gestaltet sein, dass Verletzungen vermieden werden.

Betriebsmittel (z. B. Mischpulte), die für Wartungsarbeiten aus der Tischplatte hochgeschwenkt werden, müssen im aufgeklappten Zustand sicher arretiert sein. Dies ist z. B. durch selbsthemmende Getriebe aus der Bewegung und durch zusätzliche Arretierungen, wie Stützen, zu erreichen.

Vorrichtungen zum Lösen der Arretierung sind außerhalb des Gefahrenbereiches anzubringen. Sie sind gegen eine unbeabsichtigte Betätigung während der Wartungsarbeiten zu sichern.

Kontrolltische sollten zur besseren Anpassung an die Körpermaße des Menschen höhenverstellbar ausgeführt werden. Wenn eine Höhenverstellung vorgesehen ist, muss der Verstellbereich so dimensioniert sein, dass die vordere obere Kante des Bedienfeldes zwischen 680 mm und 830 mm höhenverstellbar ist.

ANMERKUNG   Die Anforderungen an die Bemaßung der Kontrolltische basieren auf den Erfahrungen mit Festlegungen der vorhergehenden Fassung dieser Norm und unter Berücksichtigung der nach dem Stand der Technik konstruktiv möglichen Gestaltung von Einbauten. Die Entwicklung der Körpermaße in den letzten Jahrzehnten wurden in den derzeit bekannten Ergonomie-Normen nicht hinreichend berücksichtigt. Neuzeitige anthropometrische Untersuchungen und die Erkenntnisse aus der Beurteilung von Arbeitsplätzen nach ergonomischen Maßstäben begründen die in dieser Norm festgelegten Maße.

Verstelleinrichtungen müssen zugänglich sein. Vorgenommene Einstellungen dürfen sich nicht unbeabsichtigt verändern.

4.1.3.2   Ergonomische Mindestanforderungen an die Beinfreiräume und Höhe des Bedienfeldes

a) Für Kontrolltische zum Aufstellen von Betriebsmitteln (z. B. Bild- und Datenmonitoren, Tastaturen, Graphiktablett), sind die im Bild 7 angegebenen Maße einzuhalten. Die Maße orientieren sich an männlichen Personen des 95. Perzentils einschließlich Zuschlägen.

Sofern aus technischen Gründen eine Einengung der Beinraumbreite erforderlich ist, darf diese 900 mm nicht unterschreiten.

Tastaturen und Graphiktabletts dürfen eine mittlere Höhe von 30 mm nicht überschreiten.

b) Bei Kontrolltischen, in denen Betriebsmittel und deren Stellglieder eingelassen sind, ist das Konstruktionsmaß der Betriebsmittel zu berücksichtigen.

Die im Bild 8 angegebenen Maße für die Beinraumhöhen und die Bedienfeldhöhe ergeben für Männer und Frauen noch angemessene Sitzbedingungen.

Durch flache Bauweise der Betriebsmittel ist eine Bedienfeldhöhe von 790 mm anzustreben.

ANMERKUNG   Die Festlegung der Maße in 4.1.3.1 und 4.1.3.2 erfolgte auch unter der Berücksichtigung, dass derartige Arbeitsplätze barrierefrei gestaltet werden.

Maße in Millimeter

Allgemeintoleranzen: ISO 2768–c   Allgemeintoleranzen: ISO 2768–c

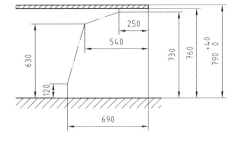   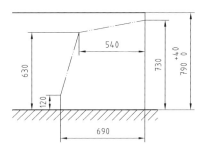

Bild 7 — Beinfreiraum für einen Kontrolltisch ohne in die Arbeitsfläche eingebaute Betriebsmittel

Bild 8 — Beinfreiraum für einen Kontrolltisch, in dessen Arbeitsfläche Betriebsmittel eingebaut sind

4.1.3.3 Greifraum und Bedienfeldtiefe

Wird der Greifraum in der Ebene der Arbeitsfläche geschnitten, so zeigt sich eine Schnittkontur, innerhalb deren Umriss der Greifbereich des Bedienfeldes liegt.

Bei der Planung von Kontrolltischen wird eine sitzende Körperhaltung zugrunde gelegt. Die Bedienfeldtiefe wird durch den Greifbereich von weiblichen Personen des 5. Perzentils bestimmt.

Abhängig von der Sitzhaltung, Armhaltung, Greifart und dem vertikalen Abstand der Sitzflächenhöhe zur Bedienfeldhöhe ergeben sich unterschiedliche Greifbereiche.

Der optimale Greifbereich ergibt sich aus der aufrechten (mittleren) Sitzhaltung, wobei der Oberarm lose herabhängt und nur der Unterarm auf dem Bedienfeld bewegt wird.

Das Ellenbogengelenk bildet einen Winkel von größer als 90° (Winkel α_2 der Körperumrissschablone nach DIN 33408-1).

Die Torsolinie (Lendengelenkwinkel α_5 = 180°) verläuft gerade und der Hüftgelenkwinkel α_6 beträgt etwa 90°.

Bei dieser Armhaltung wird von einem Kontrolltisch ohne eingebaute Betriebsmittel mit einer Bemaßung nach Bild 7 ausgegangen (siehe Bild 9 und Bild 11, Hüllkurve A).

Der funktionelle Greifbereich ergibt sich bei aufrechter (mittlerer) Sitzhaltung, wobei der Arm zum Bedienfeld hin gestreckt ist und der Oberarm mit dem Unterarm einen Ellenbogengelenkwinkel α_2 = 180° bildet (siehe Bild 10 und Bild 11, Hüllkurve B).

ANMERKUNG   Bei Kontrolltischen mit eingebauten Betriebsmitteln ist die maximale Sitzflächenhöhe von der Bauhöhe der Kontrolltischplatte, dem Oberschenkelhöhenmaß Nr. 2.11 aus DIN 33402-1:1978-01 und einem vertikalen Freiraum von etwa 25 mm zwischen Oberschenkel und Tischplatten-Unterseite abhängig.

Ein erweiterter Greifbereich kann durch Verlagerung des Schultergelenkes und kurzzeitige Rumpfbeugung nach vorn, sowie zur linken und rechten Seite erreicht werden (siehe Bild 11, Hüllkurve C).

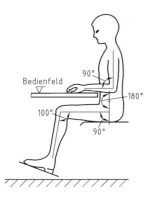
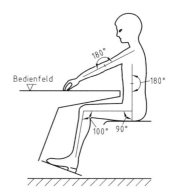

Bild 9 — Aufrechte Sitzhaltung mit abgewinkeltem Arm, z. B. Ellenbogengelenk $\alpha_2 = 90°$

Bild 10 — Aufrechte Sitzhaltung mit gestrecktem Arm, z. B. Ellenbogengelenk $\alpha_2 = 180°$

Die in Bild 11 dargestellten Hüllkurven sind von der am Kontrolltisch eingenommenen Sitzposition abhängig und sind als Richtwerte zu verstehen.

ANMERKUNG Die Körpermaße beziehen sich auf das 5. Perzentil von weiblichen Personen und der Greifart 3-Finger-Zufassungsgriff.

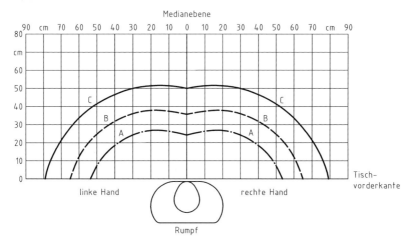

Legende
Hüllkurve A   optimaler Greifbereich
Hüllkurve B   funktioneller Greifbereich
Hüllkurve C   erweiterter Greifbereich

Bild 11 — Greifbereiche

DIN 15996:2008-05

4.1.4 Maße für Kontrolltische Typ I und Typ II

Bei der planerischen Auslegung von Kontrolltischen wird von den Festlegungen in 4.1.3 ausgegangen. Die Anordnung der Betriebsmittel ergibt sich aus den Greifbereichen.

Im optimalen Greifbereich (Hüllkurve A) sind Stellglieder, z. B. Tasten, Flachbahnregler und Drehregler zu installieren, die ständig bedient werden müssen. Diese sind vorzugsweise nahe der Handauflage anzuordnen.

Im funktionellen Greifbereich (Hüllkurve B) dürfen Stellglieder angeordnet werden, die häufig betätigt werden.

Im erweiterten Greifbereich (Hüllkurve C) und darüber dürfen Stellglieder platziert werden, die selten bedient werden. Dies dürfen Tasten und Regler für z. B. vorbereitende Tätigkeiten sein.

Maße für einen Kontrolltisch mit Tischaufbau mittlerer Höhe (Typ I) und für einen Kontrolltisch mit gegliedertem Tischaufbau (Typ II) sind in Tabelle 1 enthalten.

Die zu vermaßenden Größen des Vertikalschnitts durch die Kontrolltische Typen I und II sind in den Bildern 12 und 13 dargestellt.

Tabelle 1 — Maße für Kontrolltische mit eingebauten Betriebsmitteln

Maß	Benennung	Typ I	Typ II
h_T	Vordere Höhe des Bedienfeldes	$\left(790_{\ 0}^{+40}\right)$ mm	
t_{F1}	Vordere Tiefe des Bedienfeldes	max. 670 mm	max. 880 mm
t_{F2}	Hintere Tiefe des Bedienfeldes	max. 750 mm	max. 950 mm
h_{TP}	Vordere Tischplattendicke	$\left(60_{\ 0}^{+40}\right)$ mm	
h_{OK}	Oberkante des Kontrolltisches	max. 1 130 mm	
t_{BR1}	Vordere Beinraumtiefe	min. 540 mm	
t_{BR2}	Hintere Beinraumtiefe	min. 690 mm	
h_{BR1}	Vordere Beinraumhöhe	730 mm	
h_{BR2}	Mittlere Beinraumhöhe	630 mm	
γ	Neigung der Anzeigenfläche	15° bis 25°	
ANMERKUNG Die Festlegungen in dieser Tabelle basieren auf den Festlegungen in EN ISO 14738:2005-03. Davon abweichend wurden die Werte für die Beinraumhöhe aufgrund der besonderen Benutzerpopulation in Film-, Video- und Rundfunkbetrieben um 10 mm erhöht			

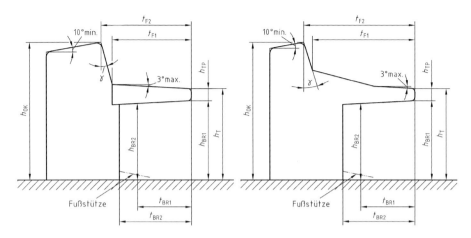

Bild 12 — Kontrolltisch Typ I   Bild 13 — Kontrolltisch Typ II

4.1.5 Arbeitsstühle und Fußstützen

Zur Vermeidung von gesundheitsschädlichen und ermüdenden Körperhaltungen muss an Kontrolltischen eine der jeweiligen Tätigkeit angepasste einwandfreie Sitzhaltung sichergestellt sein.

Eine (aufrechte) Sitzhaltung ist in 4.1.3.3 angegeben. Die Oberschenkel sollten bei ganzflächig aufgestellten Füßen und leichter bis höchstens rechtwinkliger Kniegelenkbeugung annähernd waagerecht verlaufen.

Werden Bürodrehsessel oder Bürodrehstühle nach DIN EN 1335-1 genutzt, kann bei geeigneter Auswahl und Einstellung eine angemessene Körperhaltung eingenommen werden.

Erfordert die Sehaufgabe Aufwärtsblickrichtungen von 15° über der horizontalen Sehachse, sollten Bürodrehsessel mit hohen, weit zurückneigbaren Rückenlehnen verwendet werden, um dem Nutzer durch Zurücklehnen eine Entlastung der Nacken- und Augenmuskulatur zu ermöglichen.

Für die Arbeit an nicht höhenverstellbaren Tischen oder für kleine Benutzer an Tischen mit nicht ausreichendem Verstellbereich ist die Sitzflächenhöhe des Arbeitsstuhles nach der vorgegebenen Armhaltung einzustellen. Ergibt sich hierbei, dass die Füße des Benutzers nicht ganzflächig auf dem Fußboden aufstehen, ist der notwendige Ausgleich mit einer höhenverstellbaren Fußstütze nach DIN 4556 herzustellen.

ANMERKUNG   Fußstützen bieten generell ergonomische Vorteile, sie stellen nicht nur Ersatzmittel für einen Höhenausgleich der Sitzposition dar.

4.2 Anordnungen von Bildmonitoren und Datenmonitoren zum Arbeitsplatz

4.2.1 Sehabstände

4.2.1.1 Allgemeines

Bei der Festlegung von Sehabständen wird nach der vorgesehenen Sehaufgabe unterschieden, z. B. Beurteilung von Fernsehbildern auf Bildmonitoren bzw. Lesen von Texten auf Datenmonitoren.

Die Festlegungen setzen normalsichtige Bildbeobachter, insbesondere für Farbensehen, bzw. Bildbeobachter mit einem hinreichend korrigierten Sehvermögen voraus.

4.2.1.2 Sehabstände bei Bildmonitoren

Diese Norm bezieht sich auf Fernsehbilder nach ITU (vormals CCIR)-Report 624-4/90.

Die Sehabstände bei Bildmonitoren werden als Vielfaches der sichtbaren Bildhöhe h_B (mm) festgelegt (siehe ITU-Recommendation 500, volume XI, 1974).

Abhängig von der Sehaufgabe darf der Sehabstand, wie in Tabelle 2 dargestellt, variieren.

Tabelle 2 — Sehabstände

Sehabstand[a]	Sehaufgabe
von $4 \times h_B$ bis $6 \times h_B$	Geeignet für die Qualitätsbewertung und für Korrekturen an Bilddetails mit hoher Verantwortung für das Bearbeitungsergebnis.
von $6 \times h_B$ bis $9 \times h_B$	Geeignet zur Beurteilung und Überprüfung von ganzen Bildern.
von $9 \times h_B$ bis $14 \times h_B$	Geeignet zur überschlägigen Beurteilung von Bildern.
von $14 \times h_B$ bis $20 \times h_B$	Nicht mehr zur Beurteilung geeignet; für Kontrollzwecke jedoch ist der Bildinhalt noch deutlich erkennbar.
[a] Für die Betrachtung von Hochauflösenden Fernsehbildern (HD-Fernsehen) können die angegebenen Abstände halbiert werden.	

4.2.1.3 Sehabstände und Zeichengrößen bei Datenmonitoren

Bei der Darstellung alphanumerischer Zeichen müssen Größe und Gestalt sowie die Abstände von Zeichen und Zeilen eine gute Lesbarkeit ermöglichen.

Der Sehabstand bei Datenmonitoren muss so gewählt werden, dass einzelne Zeichen und Symbole auf dem Bildschirm aus der Position der Augenpunkte gut lesbar sind. Dies ist für Zeichen, die unter einem Sehwinkel zwischen 22 Bogenminuten (bevorzugter Sehwinkel) und 31 Bogenminuten erscheinen, erfüllt.

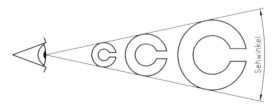

Bild 14 — Sehwinkel

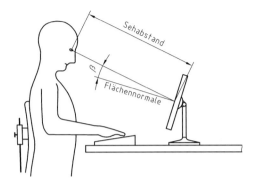

Bild 15 — Sehabstand und Betrachtungswinkel β, dargestellt in der Mitte des Bildschirmes

Ein Sehwinkel von mindestens 22 Bogenminuten ist gegeben, wenn die Höhe der Großbuchstaben ohne Oberlänge (Zeichenhöhe) dem vorgesehenen Sehabstand dividiert durch 155 entspricht.

Ein Sehabstand von 31 Bogenminuten ist gegeben, wenn die Höhe der Großbuchstaben ohne Oberlänge (Zeichenhöhe) dem vorgesehenen Sehabstand dividiert durch 110 entspricht.

Sehwinkel von 31 Bogenminuten (entsprechend einer Zeichenhöhe von 4,5 mm bei 500 mm Sehabstand) dürfen nicht überschritten werden, weil sonst ein flüssiges Lesen erschwert wird. Bei einem Sehabstand von 500 mm muss die Zeichenhöhe mindestens 3,2 mm betragen. Sehabstände kleiner 500 mm sind zu vermeiden.

4.2.2 Sehraum

4.2.2.1 Allgemeines

Maßgebend für die Anordnung der Bildmonitore und Datenmonitore sind die Kenngrößen des Sehraumes (Sehachsen, Sehbereiche) und die dem Arbeitsplatz überwiegend zugrunde gelegte Sitzhaltung.

Die angegebenen Daten (Maße und Winkel) stellen allgemeine ergonomische Grundlagen für die anthropometrische Gestaltung von Arbeitsplätzen dar (siehe ISO 17121).

4.2.2.2 Sehachsen

Der Verlauf der Sehachsen stellt den Bezug zum Sehobjekt (z. B. Fernsehbilder, Zeichen auf Datenmonitoren, Tasten auf dem Kontrolltisch) her und ist unter Berücksichtigung der Sehbereiche wichtig für die Anordnung der Betriebsmittel.

Um optimale, d. h. große Sehwinkel zu erzielen, sollte die Sehachse dem Verlauf der Flächennormalen entsprechen.

Bei der horizontalen Sehachse befindet sich der Kopf in gerader Haltung bei angespannter Augenmuskulatur. Die Sehachse ist dabei mit der Horizontalen identisch (siehe Bild 16 a)).

Bei der kopfbezogenen Sehachse befindet sich der Kopf in entspannter Haltung (Neigung der Kopfachse gegen die Rumpfachse um 10° bis 15° nach vorn) und das Auge in gespannter Haltung; die Sehachse ist dabei um 10° bis 15° gegenüber der Horizontalen geneigt (siehe Bild 16 b)).

Bei der normalen Sehachse befinden sich Auge und Kopf in entspannter Haltung. Die Sehachse ist dabei gegenüber der Horizontalen um 25° bis 35° nach unten geneigt (siehe Bild 16 c)).

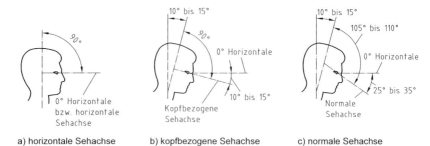

a) horizontale Sehachse   b) kopfbezogene Sehachse   c) normale Sehachse

Bild 16 — Neigungswinkel der Sehachsen

4.2.2.3 Sehbereiche

Im Gesichtsfeld liegen alle visuellen Reize, die mit ruhenden Augen und unbewegtem Kopf gleichzeitig entdeckt werden.

Im Gesichtsfeld werden bis auf ein Feld < 1° um den Fixationspunkt keine Sehobjekte erkannt, sondern Unterschiede in der Leuchtdichte und Farbe wahrgenommen.

Die Maße des Gesichtsfeldes hängen von den Merkmalen des visuellen Reizes (Größe, Leuchtdichte, Farbe und zeitliche Charakteristik, z. B. Blinken) und von der durchschnittlichen Leuchtdichte im Gesichtsfeld ab (siehe Bild 17). Bezüglich der räumlichen Ausdehnung bestehen individuelle Unterschiede. Insbesondere das Alter, Ermüdung, psychische Ablenkung und Belastung können das Gesichtsfeld einschränken.

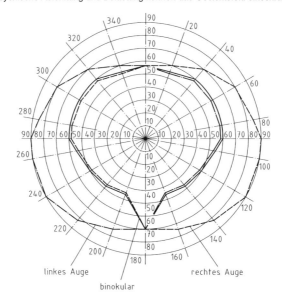

Bild 17 — Gesichtsfeld für Hellreize

Das Blick-Gesichtsfeld wird durch Umhüllen aller innerhalb des Blickfeldes fixierbaren Punkte mit dem Gesichtsfeld erhalten. Es ist daher die Summe aller Gesichtsfelder bei ruhendem Kopf und bewegten (fixierenden) Augen (siehe Bild 18).

Das Umblick-Gesichtsfeld umfasst die Fläche aller Gesichtsfelder, die durch Bewegung von Kopf und Augen entsteht.

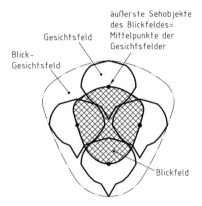

Bild 18 — Blick-Gesichtsfeld

4.2.3 Anordnung von Bildmonitoren

4.2.3.1 Gesichtsfelder

Bildmonitore sind unter Berücksichtigung der Sehabstände nach 4.2.1 und der Sehbereiche nach 4.2.2.3 aufzustellen. Sie sind so anzuordnen, dass bei der Betrachtung keine Überforderung der Nackenmuskulatur, keine zwanghafte Körperhaltung und keine Überanstrengung der Augen eintreten.

Die in Bild 19 angegebenen Sehbereiche sind auf die normale Sehachse bezogen. Erfordert die Sehaufgabe, z. B. bei einer Monitorwand, eine aufrechte Kopfhaltung, so ist die normale Sehachse um den Augenpunkt 10° bis 15° nach oben zu drehen.

Bildmonitore, die gleichzeitig beobachtet werden, sind im Gesichtsfeld A nach Bild 19 anzuordnen. In den unter dem Gesichtsfeld A angegebenen Winkeln sind auch Bildmonitoren zur Qualitätsbeurteilung von Fernsehbildern und für Korrekturen von Bilddetails anzuordnen.

Bildmonitore, die vom Bedienfeld aus häufig beobachtet werden, sind im Blick-Gesichtsfeld B nach Bild 19 aufzustellen.

Bildmonitore, die nur der Information dienen und gelegentlich betrachtet werden, dürfen im Umblick-Gesichtsfeld C nach Bild 19 angeordnet werden. Aufwärtsblickrichtungen über 40° zur horizontalen Sehachse dürfen nicht überschritten werden.

ANMERKUNG   Bei einer Anordnung der Bildmonitore von 15° über der horizontalen Sehachse siehe auch 4.1.5.

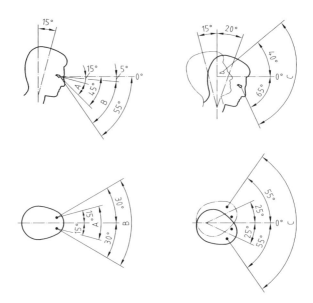

Legende
A Gesichtsfeld
B Blick-Gesichtsfeld
C Umblick-Gesichtsfeld

Bild 19 — Gesichtsfelder

4.2.3.2 Betrachtungswinkel

Die günstigste Betrachtungsrichtung ist die vertikal auf die Bildschirmmitte gerichtete Sehachse. Bei schräger Aufsicht ergeben sich Parallaxenfehler sowie Verzerrungen.

Für eine sehr kritische Bildbeurteilung sollte der Beobachter den Bildschirm von Kathodenstrahl-Röhrenmonitoren in einem Winkel von $\beta = (0 \pm 5)°$ horizontal wie vertikal zur Flächennormalen betrachten.

Bei der Betrachtung von mehreren Bildschirmen sind Grenzabweichungen zulässig.

Folgende Grenzabweichungen für horizontale Betrachtungswinkel für Qualitätsbewertung dürfen nicht überschritten werden:

Qualitätsbewertung:	hoch	mäßig	niedrig
Grenzabweichungen:	± 15°	± 30°	± 50°

Sofern die Grenzabweichungen nicht eingehalten werden können, sind die Bildschirme in die Sehachse einzudrehen.

In vertikaler Richtung darf der Betrachtungswinkel nicht mehr als ± 15° von der Flächennormalen abweichen. Um ein Überschreiten dieser Grenzen zu vermeiden, muss der Bildmonitor entsprechend angekippt werden. Bei TFT-Monitoren sollte der Betrachtungswinkel gering sein und möglichst horizontal wie vertikal gegen 0° gehen.

4.2.4 Anordnung von Datenmonitoren

Datenmonitore in Bild- und Tonbearbeitungseinrichtungen sind im Blick-Gesichtsfeld B anzuordnen (siehe Bild 19). Dabei ist das sichere Erkennen aller auf dem Bildschirm abgebildeten Zeichen und Symbole anzustreben.

Dies wird unter Beachtung der Sehabstände und Zeichengrößen nach 4.2.1.3 und der Betrachtungswinkel erreicht. Die günstigste Betrachtungsrichtung ist die vertikal auf die Bildschirmmitte gerichtete Sehachse.

Betrachtungswinkel größer ± 35° zur Flächennormalen, gemessen in jeder Ebene, dürfen bei Bildschirmen mit Kathodenstrahlröhre nicht überschritten werden.

Für Flachbildschirme, z. B. mit Flüssigkristallanzeige, gelten maximal ± 15°.

Sofern aus betrieblichen Gründen mehrere Datenmonitore vom Nutzer beobachtet werden, sind die Bildschirme in die vertikal auf die Bildschirmmitte gerichtete Sehachse einzudrehen und/oder entsprechend zu neigen.

4.3 Räumliche Anordnung und Gestaltung

4.3.1 Sichtgeometrie

4.3.1.1 Allgemeines

Bei der konstruktiven Auslegung von Monitorwänden und Kontrolltischen ist die unterste Ebene einer Monitoranordnung hinter dem Kontrolltisch von der Sichtgeometrie abhängig. Sie wird durch den konstruktiven Augenpunkt, den Sehabstand und die Höhe der Kontrolltischoberkante bestimmt.

4.3.1.2 Konstruktiver Augenpunkt

Die Lage des konstruktiven Augenpunktes ist von der Sitzhaltung und der Körpergröße der am Kontrolltisch sitzenden Personen abhängig. Ausgehend von der aufrechen Sitzhaltung nach 4.1.3.3 und den ergonomischen Festlegungen nach 4.1.3.2 ergibt sich unter Anwendung der Körperumrissschablone für weibliche Personen des 5. Perzentils nach DIN 33408-1 eine Höhe über dem Fußboden von etwa 1 200 mm.

Bei entspannter Kopfhaltung (Neigung der Kopfachse gegen die Rumpfachse um etwa 15° nach vorn) liegt der Augenpunkt auf einer vertikalen Bezugslinie, die etwa die Vorderkante des Kontrolltisches tangiert (siehe Bild 20).

Wird eine zurückgelehnte Sitzhaltung angenommen, wandert der Augenpunkt näherungsweise auf einem Kreisbogen hinter die vertikale Bezugslinie.

Mittelpunkt des Kreises ist der Hüftgelenkpunkt bei aufrechter Sitzhaltung.

Bei Betrachtung von Bildern, die 15° oberhalb der horizontalen Sehachse angeordnet sind, sollte eine zurückgelehnte Sitzhaltung eingenommen werden.

Anhand der Körperumrissschablone ergibt sich bei einem angenommenen Hüftgelenkwinkel α_6 = 105° und entspannter Kopfhaltung ein Augenpunkt, der bei annähernd gleicher Höhe über dem Fußboden, abhängig von der Körpergröße 120 mm bis 200 mm, hinter der vertikalen Bezugslinie liegt.

4.3.1.3 Untere Bildmonitorebene

Anhand des konstruktiven Augenpunktes, des festgelegten mittleren Sehabstandes, der Höhe der Kontrolltischoberkante, sowie deren horizontaler Abstand zur vertikalen Bezugslinie, wird die Höhe der unteren Monitorebene, gegebenenfalls unter Einbeziehung einer Monitorbeschriftung, durch die Sichtbegrenzungslinie nach Bild 20 bestimmt.

DIN 15996:2008-05

ANMERKUNG   Zu beachten ist, dass die Mindesttiefe der freien Fläche für Wartungsarbeiten nach 4.3.2.3 nicht unterschritten wird.

Die Höhe der unteren Monitorebene kann nach Bild 20 zeichnerisch ermittelt oder nach der Gleichung (4) berechnet werden.

Vor der Berechnung ist der vom Anwender gewünschte Sehabstand d als Vielfaches der Bildhöhe h_B nach 4.2.1.2 zu bestimmen.

$$d = n \times h_B \qquad (1)$$

ANMERKUNG   Sofern Monitore mit unterschiedlichen Bildhöhen zur Anwendung kommen, bezieht sich h_B auf die überwiegende Anzahl von Monitoren mit gleicher Bildhöhe (dies gilt auch bei einer Splitdarstellung auf großformatigen Displays).

Für Monitorwände ist der mittlere Sehabstand d_m der horizontale Abstand des Augenpunktes zur Vertikalen der Monitorfront. Es wird festgelegt:

$$d = d_m \qquad (2)$$

$$\tan \alpha = (h_{AP} - h_{OK}) / t_{OK} \qquad (3)$$

$$h_U = h_{AP} - d_m \times \tan \alpha \qquad (4)$$

Dabei ist in den Gleichungen (1) bis (4) und in Bild 20

n	das gewählte Vielfache der Bildhöhe;
h_U	die Höhe der unteren Monitorebene über Fußboden;
h_{OK}	die Höhe der Kontrolltischoberkante über Fußboden;
h_{AP}	die Höhe des Augenpunktes über Fußboden;
h_B	die Bildhöhe eines Bildmonitors;
t_{OK}	der horizontale Abstand der Kontrolltischoberkante zum Augenpunkt;
t_{MW}	der horizontale Abstand der Kontrolltischoberkante zur Monitorwand;
t_W	der horizontale Abstand des Kontrolltisches zur Monitorwand (Wartungsfreiraum);
d	der Sehabstand zwischen dem Augenpunkt und dem Mittelpunkt eines Bildmonitors;
d_m	der mittlere Sehabstand;
γ_{MW}	die Neigung der oberen Monitorebene zur Vertikalen (max. 15°);
γ_{KA}	die Neigung des Kontrolltischaufbaues zur Vertikalen;
α	die Neigung der Sichtbegrenzungslinie zur Horizontalen.

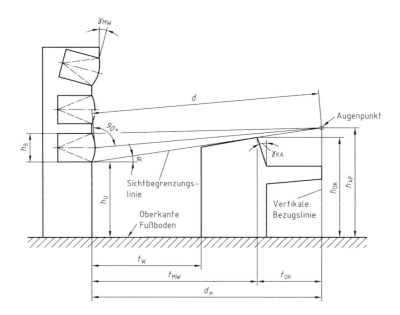

Bild 20 — Anordnung von Monitorwand und Kontrolltisch

4.3.1.4 Gestaltung von Monitorwänden

Monitorwände sind derart zu gestalten und aufzustellen, dass alle Sehabstände und Betrachtungswinkel für die Benutzer innerhalb der in 4.2.3 festgelegten Grenzabweichungen liegen.

4.3.2 Flächen am Arbeitsplatz

4.3.2.1 Allgemeines

Zu den Flächen am Arbeitsplatz zählen die Arbeitsfläche, die Bewegungsfläche, Stellflächen, Funktionsflächen, freie Flächen für Wartungsarbeiten, Verkehrswege und Verbindungsgänge.

4.3.2.2 Freie Bewegungsfläche am Arbeitsplatz

Die freie unverstellte Fläche am Arbeitsplatz muss nach der Arbeitsstättenverordnung so bemessen sein, dass sich die Beschäftigten bei ihrer Tätigkeit bewegen können. Verkehrswege dürfen in die Fläche nicht einbezogen sein.

In der bisherigen Arbeitsstättenverordnung wurde für die freie Bewegungsfläche am Arbeitsplatz mindestens 1,5 m^2 angegeben mit einer Tiefe von 1 m. Diese Mindestwerte betrafen den Arbeitsschutz und haben sich auch im Betrieb bewährt. Aus betrieblichen Gründen und aus Gründen eines barrierefreien Zugangs können aber auch andere Abmessungen sinnvoll sein bzw. erforderlich werden.

Im Hinblick auf einen effektiven und effizienten Arbeitsablauf hat sich in der Praxis gezeigt, dass es sinnvoll ist, in Arbeitsräumen für die Ton- und Bildbearbeitung im Schnitt je Arbeitsplatz eine Grundfläche von 10 m^2 vorzusehen.

DIN 15996:2008-05

4.3.2.3 Freie Fläche für Wartungsarbeiten

Zur Wartung der Studiogerätetechnik (z. B. Geräteeinschübe in Gerätefronten, Bildmonitore) sind, abhängig von der erforderlichen Zugänglichkeit, freie Flächen vorzuhalten. Wegen des Einsatzes von Wartungshilfsmitteln wie Leitern, Transportwagen, mobilen Messeinrichtungen usw. dürfen die Freiflächen für Wartungsarbeiten eine Breite von 0,8 m nicht unterschreiten.

4.3.2.4 Verkehrswege und Verbindungsgänge

Verkehrswege dürfen im Allgemeinen eine Breite von 0,80 m bei einem Einzugsgebiet von bis 5 Personen nicht unterschreiten.

Für Verbindungsgänge zum eigenen Arbeitsplatz ist zumindest eine Breite von 0,60 m vorzusehen.

Bild 21 zeigt ein Beispiel der räumlichen Anordnung von Kontrolltisch und Monitorwand mit den freien Flächen für Arbeitsplätze, Verkehrsweg und Wartung.

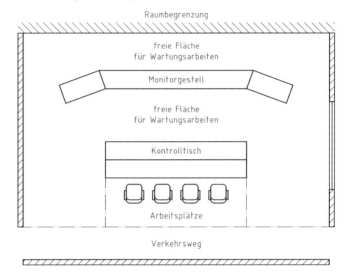

Bild 21 — Räumliche Anordnung (Beispiel einer Bildregie)

4.4 Betrachtungsbedingungen für Bildmonitore

4.4.1 Allgemeines

Die Betrachtung von Fernsehbildern in Bearbeitungseinrichtungen erfordert den unterschiedlichen Aufgabenstellungen entsprechende Betrachtungsbedingungen. Während für manche Aufgaben die Bildbetrachtung nur eine orientierende Funktion hat und hierbei hauptsächlich eine möglichst ermüdungsfreie Bildbeobachtung, oft auch über längere Zeiträume, sichergestellt sein muss, stehen bei qualitätsbestimmenden Arbeitsplätzen, d. h. bei Arbeitsplätzen, an denen eine qualitative Bildbeurteilung erfolgt (z. B. Bildkontrolle, Produktionsabnahme) und/oder an denen aufgrund der Bildbeobachtung Änderungen vorgenommen werden müssen (z. B. Bildgebereinstellung, Farbkorrektur, Szenengestaltung), die Einheitlichkeit und Vergleichbarkeit der Fernsehbildwiedergabe im Vordergrund.

In Arbeitsräumen sollte nur dann auf die Sichtverbindung nach außen verzichtet werden, wenn dies aus betrieblichen Gründen notwendig ist.

4.4.2 Anforderungen an Bildmonitore

In Bezug auf den Arbeitsplatz sollten die Bildmonitoren für das Aufgabengebiet dieser Norm den Anforderungen der Technischen Richtlinien der öffentlich-rechtlichen Rundfunkanstalten der Bundesrepublik Deutschland Nr. 8/10 „Anforderungen an Fernsehmonitore" auf der Grundlage der EBU-Specifications Techn. 3263 entsprechen.

Für qualitätsbestimmende Arbeitsplätze sind weitere Hinweise in der Technischen Richtlinie der öffentlich-rechtlichen Rundfunkanstalten der Bundesrepublik Deutschland Nr. 8 R 7 und in der EBU-Recommendation R 23 gegeben.

4.4.3 Laufzeitunterschiede zwischen Bild- und Tonsignalen

Im Gegensatz zu herkömmlichen Fernsehgeräten (z. B. Kathodenstrahl-Röhrenmonitoren) tritt bei neuen Displaytechniken durch die interne Bildsignalverarbeitung eine mehr oder weniger große Laufzeitverzögerung des Bildsignals auf. Die Zeitspanne bis zum Sichtbarwerden des Bildes gegenüber dem Bild-Eingangssignal kann mehrere Halb- oder sogar Vollbilder betragen.

Andererseits kann auch der Einsatz von Tonmonitoren mit digitalen Filtern zu einem entsprechenden Bild/Tonversatz führen. Aus dieser Tatsache ist zu ersehen, dass eine zusätzliche Verzögerung des jeweiligen Signals unbedingt erforderlich ist. Hierzu muss die Verarbeitungszeit bekannt sein.

Die Zeitdifferenz zwischen dem Bild- und Tonereignis muss möglichst gering sein und soll im Idealfall gegen null gehen. Ein geringfügiges Voreilen des Bildereignisses ist einem Voreilen des Tonereignisses vorzuziehen.

4.4.4 Leuchtdichte der Fernsehbildschirme

Die Spitzenleuchtdichte der Fernsehbildschirme sollte zur Sicherstellung einer hohen Bildschärfe sowie zur Minderung störenden Bildflimmerns, insbesondere bei größeren Monitorwänden (stärkere Flimmerempfindung bei peripherem Sehen), 150 cd/m^2 nicht überschreiten. Dieser Wert bezieht sich auf die heute üblichen Bildmonitore mit Kathodenstrahlröhren bei 50-Hz-Bildwiederholfrequenz.

ANMERKUNG Bei gleicher Technik ist eine flimmerfreie Darstellung durch Erhöhen der Bildwiederholfrequenz zu erzielen. Auch der Einsatz anderer Displaytechniken ist grundsätzlich möglich. So erreicht man z. B. durch den Einsatz von Displaytechniken mit günstigerem Hell/Dunkeltastverhältnis ein flimmerfreies Fernsehbild. In diesem Fall sind aber zurzeit noch Nachteile (wie z. B. Bewegungsartefakte, eingeschränkter Betrachtungswinkel usw.) hinzunehmen. Für die Aufgabe der Bildbearbeitung und Qualitätsbestimmung sind diese Displays derzeit nicht oder nur eingeschränkt geeignet.

4.4.5 Beleuchtung des Betrachtungsraumes

Die Beleuchtung des Betrachtungsraumes muss auf die Fernsehbildwiedergabe und die jeweiligen Anforderungen abgestimmt sein.

Die maximale Beleuchtungsstärke ergibt sich aus der Anforderung, dass zu einer studiogemäßen Kontrastwiedergabe das auf dem Bildschirm des ausgeschalteten Monitors sichtbare Auflicht 0,5 % der wiederzugebenden Spitzenleuchtdichte nicht überschreiten darf. Dies gilt gleichermaßen für unvermeidbare Spiegelungen auf dem Display.

Bei qualitätsbestimmenden Arbeitsplätzen mit der festgelegten Spitzenleuchtdichte von 80 cd/m^2 muss die Aufhellung des Bildschirmes durch die Raumbeleuchtung somit < 0,4 cd/m^2 bei abgeschaltetem Display sein.

Um diese Bedingung bei ausreichender Raumbeleuchtung zu erfüllen, sollten die Monitor-Bildschirme dunkelgrundig sein (Remissionsfaktor $\beta_{45°,\,0°}$ < 20 %).

Die Lichtfarbe im Betrachtungsraum sollte möglichst weitgehend der für das Fernseh-Unbunt festgelegten Normlichtart D 65 nach DIN 5033-7 (Farbkoordinaten: $x = 0{,}312\ 7$, $y = 0{,}329\ 0$, ähnlichste Farbtemperatur: 6 500 K) entsprechen. Bei qualitätsbestimmenden Arbeitsplätzen sollten die Grenzabweichungen der Farbe, dargestellt im u-v-Farbkoordinatendiagramm[6], innerhalb eines Kreises um D 65 mit $r = 0{,}003$ liegen; als ähnlichste Farbtemperatur ausgedrückt entspricht dies etwa Grenzabweichungen von ± 500 K.

Insbesondere bei qualitätsbestimmenden Arbeitsplätzen darf sich die Lichtfarbe bei eventueller Dimmung nicht ändern.

4.4.6 Script- und Pultbeleuchtung

Die Script- und Pultbeleuchtungsstärke sollte im Allgemeinen 200 lx bzw. 100 lx nicht überschreiten.

Bei qualitätsbestimmenden Arbeitsplätzen dürfen Scriptbeleuchtung 100 lx und Pultbeleuchtung 40 lx nicht überschreiten.

ANMERKUNG   Dies gilt auch für geneigte Flächen.

Bei qualitätsbestimmenden Arbeitsplätzen ist auf die Übereinstimmung der Lichtfarbe mit der für das Fernseh-Unbunt festgelegten Normlichtart D 65 zu achten.

4.4.7 Raumfarbe

Bei qualitätsbestimmenden Arbeitsplätzen sollte der Betrachtungsraum im Blickfeld des Betrachters neutral (unbunt), weiß bis hellgrau, Farbe DIN 6164 — 1,0 : 0,4 : 0,3[7] oder Farbe DIN 6164 — 23,6 : 0,3 : 1,3[8], und mit matten Oberflächen, gehalten sein. Im übrigen Raum sind Farben zulässig, wenn sie die Farbneutralität im Blickfeld des Betrachters nicht beeinflussen.

ANMERKUNG   Eine leichte Abweichung der Raumfarbe von Unbunt im Blickfeld kann durch ein gegenfarbiges Licht kompensiert werden.

4.4.8 Reflexionen, Spiegelungen

Reflexionen an Einrichtungsgegenständen im Blickfeld des Betrachters sind gering zu halten. Dieses ist durch Auswahl reflexionsarmer, matter Oberflächen sowie Neigung der Flächen und durch geeignete Auswahl und entsprechende Anordnung der Leuchten möglich. Bei qualitätsbestimmenden Arbeitsplätzen darf die Leuchtdichte von reflektierenden Oberflächen, gemessen aus der Augenposition des Betrachters, 10 % der Spitzenleuchtdichte des Fernsehbildes nicht überschreiten, d. h., nicht größer als 8 cd/m^2 sein.

Reflexionen auf dem Bildschirm sind möglichst zu vermeiden bzw. zu minimieren.

4.4.9 Bildschirm-Umfeld

Die unmittelbare Umgebung des Bildschirms (Bildschirmrahmen bzw. eine eventuelle Bildschirmumrandung mit der Funktion eines Passepartouts) darf nicht als dunkler Rahmen erscheinen, sondern sollte ausreichend hell und neutral grau gehalten sein. Als Farben eignen sich z. B. Farbe DIN 6164 — 23,6 : 0,3 : 1,3[8], Farbe DIN 6164 — 1,2 : 0,8 : 2,0[9] oder Farbe DIN 6164 — 19,7 : 0,2 : 3,2[10].

---

6) Nach CIE UCS 1960 Farbdiagramm: Fernseh-Unbunt (EBU Specifications Tech. 3213) $u = 197\ 8$, $v = 0{,}312\ 2$.

7) Nächstliegendes Farbmuster im Farbregister RAL 840 HR: RAL 9010 Reinweiß.

8) Nächstliegendes Farbmuster im Farbregister RAL 840 HR: RAL 7035 Lichtgrau.

9) Entsprechendes Farbmuster im Farbregister RAL 841 GL: RAL 7044 Seidengrau.

10) Entsprechendes Farbmuster im Farbregister RAL 841 GL: RAL 7042 Verkehrsgrau.

Falls der Bildschirmrahmen das Bildröhren-Frontglas aufhellt oder sich im Frontglas spiegelt, ist die dunklere Farbe DIN 6164 — 19,9 : 0,3 : 3,2[10)] vorzuziehen.

Um Blendung zu vermeiden, darf das weitere Umfeld nicht zu hell oder zu dunkel sein.

Bei qualitätsbestimmenden Arbeitsplätzen mit besonders hohen Ansprüchen (z. B. Farbkorrektur, Produktionsabnahme) sollte zur Adaption der Augen der zu betrachtende Bildschirm von einem Umfeld von etwa 10 % der Spitzenleuchtdichte des Fernsehbildschirmes – entsprechend der hierfür festgelegten Spitzenleuchtdichte von 80 cd/m^2 von einem Umfeld mit $(8 \pm 2,5)$ cd/m^2 – umgeben sein. Die Fläche des Monitor-Umfeldes bzw. Monitor-Hintergrundes soll mindestens die achtfache Fläche des wiederzugebenden Fernsehbildes aufweisen (siehe Technische Richtlinie der öffentlich-rechtlichen Rundfunkanstalten der Bundesrepublik Deutschland Nr. 8/R7).

Die Farbe des Umfeldes sollte der für das Fernseh-Unbunt festgelegten Normlichtart D 65 entsprechen.

Wenn das Umfeld bei kritischen Arbeiten als Referenz dient, müssen die Grenzabweichungen der Farbe, dargestellt im u-v-Farbkoordinatendiagramm, innerhalb eines Kreises um D 65 mit $r = 0,002$ liegen; als ähnlichste Farbtemperatur ausgedrückt entspricht dies etwa Grenzabweichungen von ± 300 K.

4.5 Betrachtungsbedingungen für Datenmonitore

4.5.1 Allgemeines

Zur Steuerung, Anzeige und Überwachung von Einrichtungen der Bild- und Tonbearbeitung werden Bildschirme mit Kathodenstrahlröhre (CRT – Cathode Ray Tube) und Flachbildschirme (z. B. mit Flüssigkristallanzeige, LCD – Liquid Crystal Display) eingesetzt.

Hier steht die Betrachtung von Zeichen und Grafiken im Vordergrund, wobei eine sichere Erkennbarkeit der Daten und eine möglichst geringe visuelle Belastung sichergestellt sein muss.

4.5.2 Anforderungen an Datenmonitore

Mindestanforderungen an Spezifikationen für Datenmonitore für das Aufgabengebiet dieser Norm sind in DIN EN ISO 9241 bzw. DIN EN ISO 13406-2 festgelegt. Insbesondere bei der Verwendung von Flachbildschirmen, z. B. LCD-Bildschirmen, oder Displays anderer Techniken zur Darstellung von Daten und Bildern (z. B. im nichtlinearen Schnitt oder bei der Bearbeitung von Bild-Datenbanken) sollten die Datenmonitore den Anforderungen, wie in 4.4.2 beschrieben, entsprechen.

4.5.3 Anzeigeleuchtdichte

Die Anzeigeleuchtdichte darf 150 cd/m² nicht überschreiten und darf 80 cd/m² nicht unterschreiten. Eine Anzeigeleuchtdichte unterhalb 100 cd/m² kann erforderlich werden, wenn sich bei Arbeitsplätzen mit qualitätsbestimmenden Tätigkeiten zur Bildbeurteilung der Datenmonitor im Blickfeld der zu kontrollierenden Bildmonitoren befindet.

4.5.4 Leuchtdichtekontrast

Der Leuchtdichtekontrast zwischen Zeichen und Zeichenuntergrund innerhalb eines Zeichens sowie zwischen Zeichen und Zeichenzwischenraum muss mindestens 4:1 betragen. Dies gilt auch für farbige Darstellungen, nicht jedoch bei Bildern (BGI 650).

4.5.5 Beleuchtung des Betrachtungsraumes

Datenmonitore in der Fernsehtechnik unterliegen den Bedingungen im Betrachtungsraum nach 4.4.5.

4.6 Akustische Bedingungen

4.6.1 Allgemeines

Zur Beurteilung und Bearbeitung von Schallereignissen müssen die Abhörbedingungen in einem für diesen Zweck geeigneten Raum bestimmte akustische Kriterien erfüllen. Die Abhörbedingungen werden im Wesentlichen durch das im Raum vorhandene Dauergeräusch, den akustischen Einfluss des Raumes auf das zu bearbeitende Signal und die Eigenschaften des Tonmonitors bestimmt.

4.6.2 Empfohlene höchstzulässige Schalldruckpegel von Dauergeräuschen

Es muss zwischen dem in einem Raum immer vorhandenen Dauergeräuschpegel und dem durch die Produktion verursachten Betriebsschallpegel unterschieden werden.

Dauergeräusche sind alle Geräusche, die bei eingeschalteten haus- und studiotechnischen Anlagen auftreten. Typische Dauergeräusche sind das durch die Klimaanlage verursachte Grundrauschen sowie Geräusche aus der Gerätetechnik.

Entsprechend der Nutzung eines Raumes wird vom Anwender ein höchstzulässiger Dauergeräuschpegel festgelegt. Der höchstzulässige Dauergeräuschpegel wird für die Terzmittenfrequenzen von 50 Hz bis 10 kHz als Terz-Schalldruckpegel $L_{pFeq, T-30 s}$ (siehe DIN 45641) in Form einer Tabelle oder Grenzkurve (GK) angegeben. Die Angabe von Einzahlwerten ist nicht ausreichend. Das Dauergeräusch darf keine tonalen oder periodischen Komponenten enthalten. Die Grenzkurven weichen je nach Raumnutzung erheblich voneinander ab. Überschreitungen der höchsten einer Raumgruppe zugeordneten Grenzkurve sind nicht zulässig. Die Grenzkurven sind aus den international bekannten „Noise Rating"-Kurven (NR) abgeleitet (siehe Bild 22).

Produktionsstudios Hörfunk

- Hörspiel GK0
- Ernste Musik Kammermusik GK0
  Sinfonische Musik GK5
- Unterhaltungsmusik GK15
- Räume, in denen vorwiegend Sprache aufgenommen wird GK5 bis GK10
- Räume, in denen vorwiegend die Tonqualität beurteilt wird und/oder eine Tonbearbeitung stattfindet GK5 bis GK15
- Produktionsstudios des Fernsehens und Bearbeitungsräume in Fernsehen und Hörfunk GK10 bis GK20
- Bearbeitungsräume mit büroähnlichem Charakter GK20 bis GK25
- Technische Räume NR30 bis NR35

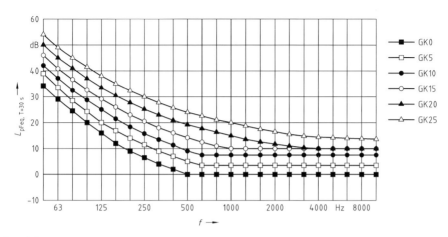

Legende
GK0   entspricht einschließlich 500 Hz NR0; oberhalb 500 Hz ist der Wert konstant 0 dB
GK5   entspricht einschließlich 630 Hz NR5; oberhalb 630 Hz ist der Wert konstant 3,5 dB
GK10   entspricht einschließlich 630 Hz NR10; oberhalb 630 Hz ist der Wert konstant 7,5 dB
GK15   entspricht einschließlich 1 kHz NR15; oberhalb 1 kHz ist der Wert konstant 10 dB
GK20   entspricht einschließlich 4 kHz NR20; oberhalb 4 kHz ist der Wert konstant 10 dB
GK25   entspricht NR25

Bild 22 — Grenzkurven für den höchstzulässigen Dauergeräuschpegel (Terz-Schalldruckpegel)

4.6.3 Erforderliche Luftschallpegeldifferenz zwischen den Räumen

Die erforderliche Luftschallpegeldifferenz zwischen einem Studio und den angrenzenden Räumen ergibt sich aus der Differenz zwischen dem Betriebsschallpegel des lautesten angrenzenden Raumes und dem für das Studio höchstzulässigen Dauergeräuschpegel.

Der Betriebsschallpegel ist der Perzentilpegel $\bar{L}_1$ der bei der Produktion auftretenden Pegel (siehe Bild 23).

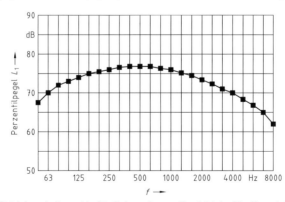

Bild 23 — Betriebsschallpegel in Studiokomplexen, die nicht der Musikproduktion dienen

4.6.4 Bauakustik

Die wichtigste bauakustische Maßnahme ist eine sinnvolle Grundrissplanung.

Akustisch hochwertige Studioräume sollten entfernt von möglichen Störquellen angeordnet werden.

Studiokomplexe sollten durch Flure oder Räume getrennt sein.

Bei trennenden Bauteilen wird der in einem Gebäude immer vorhandene Körperschall in Form von Luftschall von den Raumbegrenzungsflächen abgestrahlt, auch wenn die erforderliche Luftschallpegeldifferenz zu den benachbarten Räumen nach 4.6.3 gegeben ist.

Um eine ausreichende Körperschallentkopplung zur Primärkonstruktion zu erreichen, sollten alle Studioräume in körperschallisolierender „Raum-in-Raum"-Bauweise erstellt werden.

Bei der Planung und Montage haustechnischer Anlagen muss darauf geachtet werden, dass beim Betrieb der Anlage die Einleitung von Körperschall in das Gebäude begrenzt wird.

4.6.5 Raumakustik

4.6.5.1 Allgemeine Kriterien

— Volumen: In Studioräumen sollten Netto-Volumina < 40 m^3 vermieden werden.

— Raumform: Die Räume sollten symmetrisch sein, bezogen auf die Abhörachse bzw. Sprecher-Mikrophon-achse. Würfelförmige Räume, konkave Oberflächen, Nischen, Säulen u. Ä. müssen vermieden werden. Außerdem dürfen Länge, Breite und Höhe nicht in ganzzahligen Verhältnissen zueinander stehen.

4.6.5.2 Nachhallzeit

Die Nachhallzeit ist von den produktionstechnischen Erfordernissen und dem Volumen des Raumes abhängig.

Richtwerte sind in dem Diagramm nach Bild 24 angegeben, in dem die Nachhallzeit T bei 500 Hz in Abhängigkeit vom Volumen mit oberen und unteren Grenzen aufgetragen ist. Zur Ermittlung der Nachhallzeiten T sind die Messverfahren nach DIN EN ISO 3382 anzuwenden.

Bei der Wahl der Nachhallzeit muss auch beachtet werden, dass sich unvermeidbare reflektierende Flächen um so deutlicher auswirken, je kürzer die Nachhallzeit ist. In solchen Fällen sind längere Nachhallzeiten anzustreben.

Für Studioräume mit hohen Anforderungen an die Akustik gilt das Toleranzfeld für die Nachhallzeit nach Bild 25.

T_m ist der arithmetische Mittelwert der gemessenen Nachhallzeiten T in den Terzbändern 200 Hz bis 2,5 kHz.

Zusätzlich sollte der Unterschied der gemessenen Nachhallzeiten T in aufeinander folgenden Terzbändern zumindest im Frequenzbereich zwischen 200 Hz und 10 kHz die Grenzabweichung $\pm 0,1\, T_m$ nicht überschreiten.

DIN 15996:2008-05

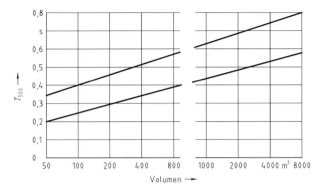

Bild 24 — Nachhallzeiten in Abhängigkeit vom Volumen des Raumes

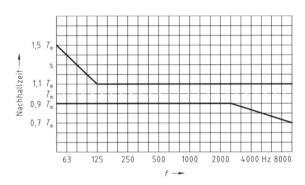

Bild 25 — Toleranzfeld für die Nachhallzeit

4.6.6 Tonmonitore

4.6.6.1 Aufstellung der Tonmonitore

Tonmonitore sollten symmetrisch und frei stehend vor den Raumbegrenzungsflächen aufgestellt werden. Die Tonmonitore sollten beweglich sein, um die günstigste Position in Bezug auf das Übertragungsmaß zwischen Tonmonitor und Abhörort zu finden (siehe Bild 26 und Bild 27).

Sofern der Einbau in ein Gestell oder eine Wand erforderlich ist, muss darauf geachtet werden, dass die Front des Tonmonitors mit der Gestell- bzw. Wandfront bündig abschließt. Das Stativ, Gestell oder die Wand darf durch den Tonmonitor nicht zu hörbaren Schwingungen angeregt werden.

Die Hauptabstrahlachse des Tonmonitors sollte in Ohrhöhe liegen (1,2 m bis 1,3 m), so dass die gesamte Front vom Abhörpunkt aus sichtbar ist.

Der Abstand des Tonmonitors von Wänden und Decke sowie der Abstand des Abhörorts von der hinteren Raumbegrenzungsfläche sollten größer als 1 m sein.

Für die Aufstellung von Tonmonitoren bei Mehrkanaltonwiedergabe gelten besondere Bedingungen. In diesem Fall sind die Tonmonitore entsprechend der Recommendation ITU-R BS.775-1 „Multichannel stereophonic sound system with and without accompanying picture" aufzustellen.

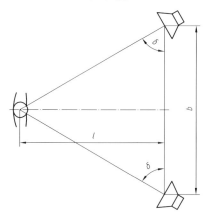

Legende
Stereobasis b = 3 m bis 4,5 m
Hörabstand l = (0,9 ± 0,3) × b in m
Basiswinkel δ = 60° ± 15°

Bild 26 — Tonmonitore, horizontale Anordnung

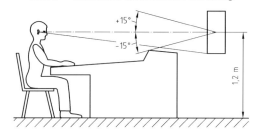

Bild 27 — Tonmonitore, vertikale Anordnung

4.6.6.2   Abhörpegel

Die gesetzlichen Anforderungen sind einzuhalten. Danach darf der personenbezogene, A-bewertete Beurteilungspegel 85 dB nicht überschreiten.

4.7 Raumklima

4.7.1 Allgemeines

In den Arbeitsräumen muss das Raumklima den physiologischen Bedürfnissen und psychischem Wohlbefinden des Menschen entsprechen und eine fehlerfreie Funktion der technischen Betriebsmittel sicherstellen.

Diese Anforderungen können in der Regel in den Produktionsräumen von Film-, Video- und Rundfunkbetrieben aufgrund der zahlreichen Wärme erzeugenden Geräte und der produktionstechnischen Erfordernisse nur mit raumlufttechnischen Anlagen eingehalten werden.

Die zur Sicherstellung des geforderten Raumklimas eingesetzten raumlufttechnischen Anlagen müssen den Vorschriften der Arbeitsstättenverordnung und deren Richtlinien, den einschlägigen DIN-Normen, z. B. DIN EN 13779 und VDI 6022-1 entsprechen.

4.7.2 Relative Luftfeuchte

Die relative Luftfeuchte ist im Bereich von 50 % bis 55 % zu halten.

Im Winter sind mindestens 50 % der relativen Luftfeuchte bei Außentemperaturen bis −12 °C einzuhalten.

4.7.3 Luftreinigung

Die den Arbeitsräumen zugeführte Luft (Außenluft/Umluft) muss durch Luftfilter gereinigt werden.

Für die Bewertung der Luftfilter ist DIN EN 779 anzuwenden. Der Abscheidegrad wird von den maschinentechnischen Erfordernissen und daher vom Anwender bestimmt.

Luftfilter als Vorfilter müssen mindestens der Filterklasse G 4 nach DIN EN 779 entsprechen.

Für Räume mit hochwertigen technischen Betriebsmitteln sind Luftfilter der Filterklasse F 6 oder F 7 nach DIN EN 779 bzw. DIN EN 13779 erforderlich.

Es sind ausschließlich typgeprüfte Luftfilter nach DIN EN 779 einzusetzen.

Die Filtermaterialien müssen bei allen Betriebszuständen geruchsfrei und abriebfest sein. Eine Verkeimung von Befeuchtungsanlagen ist zu verhindern.

4.8 Benutzerinformationen

Es ist darauf zu achten, dass die Benutzerinformationen des Herstellers in ausreichender Form vorliegen.

4.8.1 Allgemeines

Die Anleitungen und Kennzeichnungen für den Benutzer sind nach ISO/IEC Guide 37, VDI 4500-1 sowie DIN EN 62079 sowie DIN EN ISO 12100-1 und DIN EN ISO 12100-2 vom Hersteller zu erstellen und zu liefern.

Der Hersteller ist aufzufordern, in seinen Benutzerinformationen mindestens die Inhalte nach 4.8.2 und 4.8.3 in die Anleitungen aufzunehmen.

4.8.2 Montageanleitung

Müssen Geräte z. B. an der Decke, Wand oder auf dem Boden befestigt werden, so ist eine Montageanleitung abzufordern, in der die Anschluss-Befestigungskräfte für die verschiedenen Befestigungsarten anzugeben sind.

Bei der Aufstellung der Geräte ist zu beachten, dass die Benutzung und die Zugänglichkeit der Geräte voneinander unabhängig und gleichzeitig möglich sein müssen.

4.8.3 Betriebsanleitung

Jedem Gerät ist eine Betriebsanleitung in deutscher Sprache beizufügen, die mindestens folgende Angaben enthalten muss:

— Es sind die Arbeiten zu nennen, die spezielles Fachwissen oder besondere Fähigkeiten erfordern.

— Anleitung für die richtige Aufstellung und Benutzung der Geräte sowie Hinweise, wann gegebenenfalls mit gesundheitlichen Beeinträchtigungen zu rechnen ist.

— Bei Sonder- und Einzelgeräten hat eine Abstimmung mit dem Betreiber zu erfolgen.

Dies gilt nicht für sicherheitstechnische Maßnahmen.

4.8.4 Wartungsplan

Bei wartungsbedürftigen Geräten muss ein Wartungsplan beigefügt werden.

In dem Wartungsplan muss ein Warnhinweis erfolgen, dass das konstruktiv vorgegebene Sicherheitsniveau der Geräte nur erhalten bleibt, wenn diese regelmäßig auf Schäden und Verschleiß kontrolliert und defekte Teile sofort ausgetauscht werden.

Auf verschleißanfällige Teile ist besonders hinzuweisen.

Anhang A
(normativ)

Prüfung und Abnahme von studiotechnischen Einrichtungen

Vor Inbetriebnahme der Einrichtung ist eine Abnahme durch sachkundige Personen durchzuführen.

Diese Abnahme beinhaltet die Prüfung der

— Übereinstimmung mit dieser Norm;

— Konformitätserklärungen und Benutzerinformationen auf Vollständigkeit;

— elektrischen und mechanischen Sicherheit und Funktionsfähigkeit der Anlage;

— Betätigungseinrichtungen;

— Energieversorgung;

— ergonomischen Abmessungen;

— Beleuchtung;

— Oberflächenbeschaffenheit;

— akustischen Parameter, Dauergeräuschpegel, Nachhallzeit;

— klimatischen Faktoren, Raumtemperatur, Luftfeuchte und Luftbewegung.

Die Abnahme erfolgt durch Besichtigung und Messung.

Die Ergebnisse sind in einem Prüfbericht zu protokollieren, der mindestens die folgenden Angaben enthalten muss:

a) Ort und Zeit der Prüfung;

b) Sachkundiger, Sachverständiger;

c) Ablageort der Hersteller- und Gerätedokumentation;

d) Sonderausstattung;

e) Messergebnisse, Beobachtungen und Bewertung;

f) Besonderheiten.

Literaturhinweise

DIN 1320, *Akustik — Grundbegriffe*

DIN 4543-1, *Büroarbeitsplätze — Teil 1: Flächen für die Aufstellung und Benutzung von Büromöbeln — Sicherheitstechnische Anforderungen — Prüfung*

DIN 18024-2, *Barrierefreies Bauen — Teil 2: Öffentlich zugängige Gebäude und Arbeitsstätten, Planungsgrundlagen*

DIN 33402-2:2005-12, *Körpermaße des Menschen — Werte*

DIN 33406, *Arbeitsplatzmaße im Produktionsbereich — Begriffe — Arbeitsplatztypen — Arbeitsplatzmaße*

DIN 33416, *Zeichnerische Darstellung der menschlichen Gestalt in typischen Arbeitshaltungen*

DIN 52210-1, *Bauakustische Prüfungen — Luft- und Trittschalldämpfung — Messverfahren*

DIN EN ISO 6385, *Grundsätze der Ergonomie für die Gestaltung von Arbeitssystemen*

DIN EN ISO 11064-4, *Ergonomische Gestaltung von Leitzentralen — Teil 4: Auslegung und Maße von Arbeitsplätzen*

DIN EN ISO 14738:2005-03, *Sicherheit von Maschinen — Anthropometrische Anforderungen an die Gestaltung von Maschinenarbeitsplätzen*

VDI 2081:1983-03, *Geräuscherzeugung und Lärmminderung in raumlufttechnischen Anlagen*

Verordnung über Arbeitsstätten (ArbStättV)[3]

IRT Akustische Information 1.11-1/1995, *Höchstzulässige Schalldruckpegel von Dauergeräuschen in Studios und Bearbeitungsräumen bei Hörfunk und Fernsehen*

Technische Planungs- und Ausführungsvorschriften ARD und ZDF, TAV Klimatechnik, Teil K (1987)

Charwat, H. J.: *Lexikon der Mensch-Maschine-Kommunikation*, Oldenbourg-Verlag, München (1992), ISBN 3-486-20 904-3

Jürgens, H. W.: *Erhebung anthropometrischer Maße zur Aktualisierung der DIN 33402-2*, Schriftenreihe der Bundesanstalt für Arbeitsschutz und Arbeitsmedizin

Schober, H.: *Das Sehen*, Band 1, Leipzig, VEB Fachbuchverlag (1970)

Schmidtke, H.: *Handbuch der Ergonomie*, Bd. 3, Bundesamt für Wehrtechnik und Beschaffung, Koblenz (Dez. 2002)

„*Barrierefreies Bauen — Leitfaden für Verwaltungsgebäude*" SP 6/2 (Verwaltungs-BG), C.L. Rautenberg-Druck, D-25348 Glückstadt

Gesetz zur Gleichstellung behinderter Menschen (Behindertengleichstellungsgesetz – BGG)[3]

---

[3] Zu beziehen durch: Beuth Verlag GmbH, 10772 Berlin (Hausanschrift: Burggrafenstraße 6, D-10787 Berlin).

Mai 1997

Projektion von Steh- und Laufbild
Teil 1: Projektions- und Betrachtungsbedingungen
für alle Projektionsarten

DIN
19045-1

ICS 37.040.10; 37.060.10

Ersatz für
Ausgabe 1989-08

Deskriptoren: Projektion, Betrachtungsbedingung, Stehbild, Laufbild, Projektionsvorlage

Projection of still pictures and motion-pictures —
Part 1: Conditions for projection and viewing for all kinds of projection
Projection fixe et cinématographique —
Partie 1: Conditions de projection et de vision pour toutes sortes de projection

Inhalt

	Seite
Vorwort	2
1 Anwendungsbereich	2
2 Normative Verweisungen	2
3 Betrachtungsbedingungen in der Horizontalebene	3
3.1 Erfassen und Erkennen	3
3.2 Betrachterfläche	3
3.2.1 Allgemeines	3
3.2.2 Größter Sehwinkel α_{max} und kleinster Betrachtungsabstand e_{min}	4
3.2.3 Kleinster Sehwinkel α_{min} und größter Betrachtungsabstand e_{max} sowie günstigster Betrachtungsabstand e_{opt}	5
3.2.4 Horizontaler Schrägbetrachtungswinkel δ_m	6
3.2.5 Einfluß des Bildwandtyps auf die Breite der Betrachterfläche	6
3.2.6 Betrachterfläche und Vorführraum	9
3.2.7 Bestuhlung, Bestuhlungsplan und Betrachterfläche	9
3.3 Dunkel- und Hellraumprojektion	10
3.4 Leuchtdichte der Bildwand bei Dunkel- oder Hellraumprojektion	10
3.5 Gleichzeitige Projektion mit mehreren Projektoren	12
3.5.1 Allgemeines	12
3.5.2 Multivision	12
3.5.3 Vergleichsprojektion	12
4 Sichtbedingungen in der Vertikalebene	13
4.1 Allgemeines	13

	Seite
4.2 Höhe der Bildwandunterkante über dem Fußboden	13
4.3 Bodenkurve des Vorführraumes	13
5 Projektionsbedingungen	14
5.1 Allgemeines	14
5.2 Geometrisch-optische Größen bei der Projektion	14
5.3 Ermittlung der auf die Betrachtungsbedingungen ausgerichteten Projektionsdaten	14
5.4 Senkrecht- und Schrägprojektion	15
5.5 Projektion über Spiegel	15
5.6 Bildwandkrümmung	15
5.7 Bildwandneigung	16
5.8 Störlicht	16
5.9 Feldmeßverfahren als Entscheidungshilfe für die Anwendung der Hell- oder Dunkelraumprojektion	17
5.9.1 Allgemeines	17
5.9.2 Messung des auf die Bildwand einwirkenden Raumlichts	17
5.9.3 Auswertung	17
6 Betrachtungsbedingungen bei der Laufbildprojektion im Filmtheater	17
6.1 Zusätzliche Einflüsse der Projektion von Spielfilmen	17
6.2 Betrachterfläche bei der Laufbildprojektion im Filmtheater	18
6.3 Vertikale Lage der Bildwand im Filmtheater	19
6.4 Bildwandkrümmung	19
7 Sichtbedingungen bei der Laufbildprojektion im Filmtheater	19
Anhang A (informativ) Literaturhinweise	20
Anhang B (informativ) Erläuterungen	21

Fortsetzung Seite 2 bis 24

Normenausschuß Bild und Film (photokinonorm) im DIN Deutsches Institut für Normung e.V.
Normenausschuß Bühnentechnik in Theatern und Mehrzweckhallen (FNTh)

Vorwort

Diese Norm wurde vom Normenausschuß Bild und Film (photokinonorm) im DIN, zuständiger Arbeitsausschuß phoki 1.9 "Projektions- und Betrachtungsbedingungen", ausgearbeitet.

Die weiteren Normen der Reihe DIN 19045 sind im Abschnitt 2 und im Anhang A aufgeführt.

Die Anhänge A und B sind informativ.

Änderungen

Gegenüber der Ausgabe August 1989 wurden folgende Änderungen vorgenommen:
a) Betrachtungsbedingungen bei der Laufbildprojektion im Filmtheater aufgenommen (Abschnitt 6);
b) Abschnitt 7 "Sichtbedingungen bei der Laufbildprojektion im Filmtheater" aufgenommen;
c) Bildwandtyp M in **S** und Bildwandtyp P in **B**, in Anpassung an die ISO-Arbeit, geändert;
d) Norm redaktionell überarbeitet.

Frühere Ausgaben

DIN 19045-1: 1974-10, 1989-08

1 Anwendungsbereich

Diese Norm gilt für die Betrachtungs-, Sicht- und Projektionsbedingungen für projizierte Bilder beim Steh- und Laufbildwurf bei Auf- oder Durchprojektion (z. B. bei Lehr- und Heimprojektion sowie im Filmtheater), aus denen die Herstellbedingungen für Original- und Projektionsvorlagen abgeleitet wurden (siehe auch Anhang B).

Diese Norm gilt nicht für die Projektion in Freilichttheatern sowie für spezielle Anwendungsarten für Durchlichtprojektion. Festlegungen für die Bildwandausleuchtung bei Filmprojektion sind in DIN 19045-8 festgelegt. Betrachtungs- und Projektionsbedingungen für die Beurteilung von Farbfilmen und ihre Wiedergabe im Farbfernsehen sind in DIN 15571-4 festgelegt.

Festlegungen für die Videoprojektion befinden sich in Vorbereitung.

2 Normative Verweisungen

Diese Norm enthält durch datierte oder undatierte Verweisungen Festlegungen aus anderen Publikationen. Diese normativen Verweisungen sind an den jeweiligen Stellen im Text zitiert, und die Publikationen sind nachstehend aufgeführt. Bei datierten Verweisungen gehören spätere Änderungen oder Überarbeitungen dieser Publikationen nur zu dieser Norm, falls sie durch Änderung oder Überarbeitung eingearbeitet sind. Bei undatierten Verweisungen gilt die letzte Ausgabe der in Bezug genommenen Publikation.

DIN 1335
Technische Strahlenoptik in der Photographie — Zeichen, Benennungen

DIN 15571-1
Bildwandausleuchtung bei Filmprojektion — Anforderungen an die Leuchtdichte und Richtwerte

DIN 15571-3
Bildwandausleuchtung bei Filmprojektion — Einfluß von Störlicht und Richtlinien für seine Messung

DIN 15571-4
Bildwandausleuchtung bei Filmprojektion — Betrachtungs- und Projektionsbedingungen für die Beurteilung von Farbfilmen auf ihre Wiedergabe im Farbfernsehen

E DIN 19045-2
Projektion von Steh- und Laufbild — Teil 2: Konfektionierte Bildwände

E DIN 19045-3
Projektion von Steh- und Laufbild — Mindestmaße für kleinste Bildelemente, Linienbreiten, Schrift- und Bildzeichengrößen in Originalvorlagen für die Projektion

E DIN 19045-4
Projektion von Steh- und Laufbild — Reflexions- und Transmissionseigenschaften von Bildwänden — Kennzeichnende Größen, Bildwand-Typen, Messung

DIN 19045-8
Projektion von Steh- und Laufbild — Lichtmessungen bei der Bildprojektion mit Projektor und getrennter Bildwand

DIN 19045-9
Projektion von Steh- und Laufbild — Lichtmessungen bei der Bildprojektion mit Projektionseinheiten

Bbl. 1 zu DIN 19045
Lehr- und Heimprojektion für Steh- und Laufbild — Übersicht, Tabellen für Projektionsdaten

DIN 19046-1
Projektionstechnik — Bühnen- oder Theaterprojektion — Allgemeines

DIN 19046-2
Bühnen- oder Theaterprojektion für Steh-, Wander- und Laufbild — Schrägprojektion auf ebene Bildwände — Projektionseinrichtungen und Projektionsvorlagen

DIN 19051-1
Testvorlagen für die Reprographie — ISO-Testzeichen Nr 1 und Nr 2 als Grundelemente für Testfelder

ISO 446 : 1991
Mikrographie — ISO-Testzeichen und ISO-Testanordnung Nr 1 — Beschreibung und Anwendung

[1] Aschoff, Volker: Über die Lesbarkeit beschrifteter Dia-Positive und Dia-Negative. In: Leitz-Mitteilungen aus Wissenschaft und Technik. Bd. 1 (1960), Nr 6 (Oktober), S. 173 – 176

[2] Schober, Herbert: Das Sehen. Bd. 1. 2. Aufl. Leipzig. Fachbuchverlag, 1957, S. 89 ff.

[3] Krochmann, Jürgen; Riechert, Horst: Lichttechnische Eigenschaften von Bildwänden. In: Fernseh- und Kino-Technik. Bd. 27 (1973), Nr 11, S. 399 – 401; Nr 12, S. 439-441

[4] Grau, Wolfgang: Technik der optischen Projektion — Kommentar zu DIN 19045. Berlin: Beuth Verlag, 1994, ISBN 0723-4228

[5] Grau, Wolfgang: Schrägprojektion im Theater auf ebene Bildwände. Berlin: Beuth Verlag, 1976, ISBN 3-410-10756-8 – (Normungskunde/DIN Deutsches Institut für Normung e.V.)

3 Betrachtungsbedingungen in der Horizontalebene

3.1 Erfassen und Erkennen

Ein projiziertes Bild enthält eine Gesamtinformation mit einer Anzahl von Einzelinformationen.

Das **Erfassen der Gesamtinformation** setzt einen größten Sehwinkel α_{max} voraus, um beim Betrachten des projizierten Bildes Kopfbewegungen zu vermeiden. Durch diese Bedingung wird der kleinste Betrachtungsabstand e_{min} festgelegt.

Für das **Erkennen einer Einzelinformation** ist als kleinstmöglicher Sehwinkel der Grenzwinkel γ_G für das Auflösungsvermögen des Auges in Abhängigkeit vom Betrachtungsabstand beim Betrachten kleinster Bildelemente die maßgebliche Einflußgröße. Da das kleinste Bildelement stets aus mehreren Linien, Punkten usw. zusammengesetzt ist, wurde als Bezugszeichen für die Erkennbarkeit das ISO-Testzeichen Nr 1 nach DIN 19051-1 gewählt. Damit läßt sich der größte Betrachtungsabstand e_{max} festlegen (siehe auch 3.2.3).

Bei nur **einem** Betrachter (z. B. bei der Wiedergabe am Mikrofilm-Lesegerät) kann dieser im Bedarfsfall den Betrachtungsabstand verändern. Dies ist aber bei einer größeren Anzahl von Betrachtern nicht möglich. Für den letztgenannten Fall müssen bereits beim Herstellen von Originalvorlagen die Bedingungen für die Erkennbarkeit und damit E DIN 19045-3 beachtet werden.

Von großem, mitentscheidendem Einfluß ist die zur Verfügung stehende Zeit für das Erfassen der projizierten Informationen auf Stehbildern (z. B. Dias und Arbeitstransparente). Sie wird im projektionstechnischen Sinn **Standzeit** genannt. Für sie gibt es keine genauen Wertangaben, da sie vom Informationsumfang, der spezifischen Informationsdichte, dem Schwierigkeitsgrad und der Anteilnahme der Betrachter abhängt. Werden als kürzeste Standzeit etwa 5 s angenommen, wird sie unter Berücksichtigung der vorstehenden Einflüsse unter Umständen auch einen wesentlich höheren Wert erreichen.

In dieser Norm sind alle Betrachtungsabstände auf die Breite b_P des projizierten Bildes (nicht auf Bildwandbreite b_B) bezogen.

3.2 Betrachterfläche

3.2.1 Allgemeines

Werden projizierte Bilder vor nur einer Person vorgeführt, ist der Betrachtungsort vor der Bildwandmitte im kleinsten Betrachtungsabstand zu wählen.

ANMERKUNG: Die Einzelperson darf stets ihren Betrachtungsort verändern und mit Rücksicht auf den Nahvisus die Bedingungen des Erfassens und Erkennens einhalten.

Werden projizierte Bilder vor einer größeren Anzahl von Betrachtern vorgeführt, müssen sich diese innerhalb einer Betrachterfläche befinden (siehe Bild 1), die in relativer Lage zur Bildwand und deren Größe durch die Betrachtungsbedingungen vorn durch den kleinsten, hinten durch den größten Betrachtungsabstand und seitlich durch den größten horizontalen Schrägbetrachtungswinkel δ_m begrenzt ist.

Die für einen Betrachter innerhalb der Betrachterfläche jeweils wirksamen Betrachtungsbedingungen gehen aus Bild 1 hervor. Der linke, fallende Kurvenast (sinkende Lesezeit für eine festgelegte Textlänge) wird durch das mit größer werdenden Betrachtungsabstand besseres Erfassen, der rechte, steigende Kurvenast (ansteigende Lesezeit) wird durch das mit größer werdendem Betrachtungsabstand sinkende Erkennen bestimmt.

Aus Bild 1 geht weiterhin hervor, daß Negativdarstellungen (helle Schrift auf dunklem Grund) sich bei ihrer Projektion ungünstiger als Positivdarstellung (dunkle Schrift auf hellem Grund) auswirken.

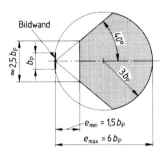

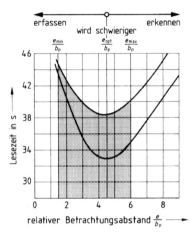

e Betrachtungsabstand
b_P Breite des projizierten Bildes

Zum unteren Bildteil:
Obere Kurve: Negativdarstellung
(helle Schrift auf dunklem Grund)

Untere Kurve: Positivdarstellung
(dunkle Schrift auf hellem Grund)

ANMERKUNG: Über eine Betrachterfläche für Filmtheater siehe Anhang B, da sich die Betrachterfläche nach Bild 1 ursprünglich auf ein quadratisches Bildformat bezog.

Bild 1: Betrachterfläche[1]) und Lesezeit des projizierten Textes einer Projektionsvorlage in Abhängigkeit vom relativen Betrachtungsabstand $\dfrac{e}{b_P}$ [1]

---

[1]) Es ist in der Projektionstechnik üblich, daß in Bilddarstellungen die Projektionsrichtung stets von links nach rechts verläuft. Von dieser Regel wurde im Bild 1 abgewichen, um den Zusammenhang zwischen der oberen und der unteren Darstellung zu verdeutlichen.

3.2.2 Größter Sehwinkel α_{max} und kleinster Betrachtungsabstand e_{min}

Das Blickfeld beider Augen ist in Bild 2 dargestellt. Trägt man in das gemeinsame zweiäugige Blickfeld eine quadratische Fläche (z. B. Bildwand) ein, so ergibt sich beim größtmöglichen Sehwinkel von 53° (obere Skale) [2] für die Breite der eingezeichneten Fläche ein Winkel von 37°, dem der kleinste Betrachtungsabstand $e_{min} = 1,5\ b_P$ zugeordnet ist.

Der mittlere Platz der vorderen Reihe der Betrachterplätze sollte daher bei Räumen mit häufiger Projektion (z. B. Hörsäle, Fachunterrichtsräume in Schulen) stets diesen Mindestabstand aufweisen.

Aus dem größten Sehwinkel α_{max} ergibt sich der Begriff des **Erfassens der Gesamtinformation** eines projizierten Bildes aus kleinstem Betrachtungsabstand während der verhältnismäßig kurzen Standzeit eines Einzelbildes (siehe 3.1 und Anhang B).

Bei der Projektion vor **größeren Betrachterkreisen** sollte auch in Räumen mit gelegentlicher Projektion (z. B. Heimprojektion, Klassenzimmer in Schulen) als kleinster Betrachtungsabstand $e_{min} = 1,5\ b_P$ nicht unterschritten werden, da hierbei eine größere Übersicht über das projizierte Bild als Ganzes erreicht und auch bei höher angeordneter Bildwand eine starke Aufwärtsneigung der Blickrichtung vermieden wird (siehe Anhang B).

Werden Projektionseinrichtungen mit sehr kleinen Bildwandmaßen für die **Betrachtung durch eine Person** (z. B. an **Mikrofilm-Lesegeräten**) verwendet, muß der kleinste Betrachtungsabstand e_{min} mit Rücksicht auf den Nahvisus vergrößert werden.

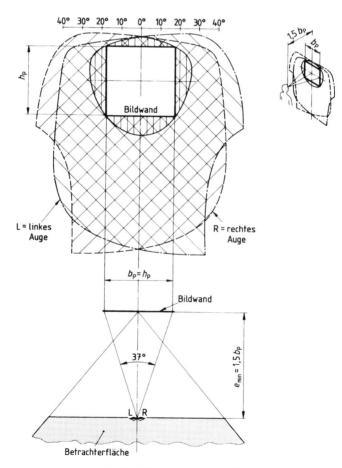

Bild 2: Blickfeld beider Augen (nach Hering)

3.2.3 Kleinster Sehwinkel α_{min} und größter Betrachtungsabstand e_{max} sowie günstigster Betrachtungsabstand e_{opt}

Die Erkennbarkeit kleinster Bildelemente auf dem projizierten Bild bedingt ein festgelegtes Verhältnis zwischen den Maßen des kleinsten Bildelementes und der Breite des projizierten Bildes.

Die Erkennbarkeitsgrenze eines projizierten Bildelementes bestimmt seine kleinste Größe auf der Projektionsvorlage. Einflußgrößen durch die Geometrie der Projektion sind:

a) Breite der ausgenutzten Projektionsfläche (hier geht der Abbildungsmaßstab ein)
b) größter Betrachtungsabstand e_{max}
c) Sehwinkel α_{min} für das kleinste Bildelement, das mit Sicherheit erkannt werden sollte.

Von weiterem Einfluß auf die Erkennbarkeit sind die Leuchtdichte auf der Bildwand, der Leuchtdichtekontrast auf der Vorlage, die Schriftart und die spezifische Informationsdichte (Struktur der Projektionsvorlage), die optische Güte von Objektiv und Gerät, die Raumaufhellung und das davon erzeugte Störlicht auf der Bildwand sowie trübe Medien im Strahlengang, z. B. Tabakrauch. Weiterhin ist eine gute Pflege von Objektiv und Gerät vorausgesetzt.

Der Grenzwinkel γ'_G für das Auflösungsvermögen des Auges (Kehrwert der Sehschärfe) hängt von der Bildwandleuchtdichte ab und beträgt bei hellen Bildwänden etwa 1'[2]) (siehe Bild 3).

[2]) In der ophthalmologischen Literatur wird die (Winkel-)Minute häufig auch "Bogenminute" genannt.

a) Definition der (Winkel-)Minute

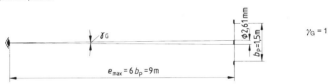

b) (Winkel-)Minute, bezogen auf e_{max} = 6 b_P für b_P = 1,5 m

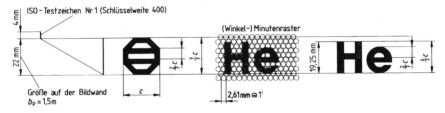

c) Projiziertes ISO-Testzeichen Nr 1, Schlüsselweite 400, mit (Winkel-)Minutenraster für Betrachtungsabstand e_{max} = 9 m

d) Projizierte Schrift, Versalhöhe 6/7 der Schlüsselhöhe des ISO-Testzeichens Nr 1, entspricht 18,85 mm. Gewählt 19,25 mm (entspricht einer Schriftgröße von 3,5 mm, Versalhöhe einer Grotesk-Druckschrift bei 5,5facher Vergrößerung mit (Winkel-)Minutenraster für Betrachtungsabstand e_{max} = 9 m

Bild 3: Darstellung der (Winkel-)Minute

Bild 4: ISO-Testzeichen Nr 1 nach DIN 19051-1 mit der "Schlüsselweite" c, Gebrauchslagen des ISO-Testzeichens Nr 1

Für die Darstellung des kleinsten Bildelementes ist in dieser Norm das ISO-Testzeichen Nr 1 nach DIN 19051-1 (siehe Bild 4) gewählt.

Das ISO-Testzeichen Nr 1 ist ein typographisch vergleichbares Zeichen und dient damit auch bei seiner Projektion zum Bewerten bzw. Festlegen von Schriftgrößen. Es ist darüber hinaus mit Bildzeichen, aber auch mit Einzelheiten von größeren Darstellungen vergleichbar.

Der Sehwinkel α_{min} zum Erkennen des kleinsten ISO-Testzeichens Nr 1 ist 8,43′, der Sehwinkel zum Erkennen der kleinsten Versalhöhe ist 7,38′.

ANMERKUNG: In Bild 4 kann das Maß 2/7 c als ein Linienpaar aufgefaßt werden, mit dem bei der Projektion eine (Winkel-)Minute oder das Vielfache davon dargestellt werden kann (siehe Bild 3). Dann ergibt sich nach Tabelle 1 die Breite eines Linienpaares in Abhängigkeit vom Sehwinkel α.

Tabelle 1: Beziehung des Sehwinkels α zur Breite 2/7 c des ISO-Testzeichens Nr 1 bei einer projizierten Bildbreite b_P = 1,5 m und einem Betrachtungsabstand von 9 m

Sehwinkel α in (Winkel-)Minuten	2/7 c für einen Betrachtungsabstand e_{max} von 9 m
1	2,61 mm
2	5,22 mm
2,4	6,29 mm (kleinstes bei der Projektion erkennbares ISO-Testzeichen Nr 1)
3	7,83 mm
4	10,44 mm
5	13,05 mm

In dieser Norm wird die Breite des kleinsten erkennbaren Linienpaares auf den kleinsten Sehwinkel α_{min} von 2,4′ bezogen (siehe Tabelle 1), um bei der Projektion eine Sicherheit in der Erkennbarkeit kleinster Bildelemente aus größtem Betrachtungsabstand e_{max} zu erreichen. Der Grenzwinkel γ_G von einer (Winkel-)Minute erhält somit einen 2,4fachen Sicherheitsfaktor.

Aus dem kleinsten Sehwinkel α_{min} ergibt sich der Begriff des **Erkennens der Einzeldarstellung** in einem projizierten Bild aus größtem Betrachtungsabstand (siehe 3.1).

Der größte Betrachtungsabstand e_{max} Er ergibt sich aus dem kleinsten Sehwinkel zum Erkennen des kleinsten Bildelementes nach Tabelle 1. Für den größten Betrachtungsabstand e_{max} und für die projizierte Bildbreite b_P von 1,5 m ist der kleinste Sehwinkel α_{min} = 2,4′.

Aus dem Verhältnis der Breite des aus größtem Betrachtungsabstand e_{max} kleinsten deutlich erkennbaren Bildelementes zur Bildbreite bei der Projektion ergeben sich Herstellungsbedingungen für die Originalvorlage und ihre Übertragung auf eine beliebige Projektionsvorlage (siehe auch E DIN 19045-3).

Aus Bild 1 geht hervor, daß die kürzeste Lesezeit eines projizierten Textes nur im günstigsten Betrachtungsabstand e_{opt} = 4,5 b_P möglich ist.

3.2.4 Horizontaler Schrägbetrachtungswinkel δ_m

Seitliche Plätze auf der Betrachterfläche führen zu schräger Blickrichtung beim Betrachten der Bildwand und lassen das Bild verzerrt (horizontal gepreßt) erscheinen. Mit Rücksicht darauf sollte der horizontale Schrägbetrachtungswinkel δ_m nicht mehr als 40° von der zur Bildwand senkrechten Mittellinie überschreiten (siehe Bild 1).

Bei großem horizontalen Schrägbetrachtungswinkel ist neben den bei der Bildbetrachtung entstehenden perspektivischen Verzerrungen auch der durch die lichttechnischen Bildwandeigenschaften (Leuchtdichte-Indikatrix) entstehende Leuchtdichteabfall zu berücksichtigen (siehe E DIN 19045-4).

Der größte horizontale Schrägbetrachtungswinkel δ_m von 40° wird bestimmt durch den Sehwinkel α, unter denen die Betrachter von den einzelnen Orten innerhalb der Betrachterfläche die Breite b_P des **projizierten** Bildes sehen.

ANMERKUNG: Eine im Einzelfall gerechtfertigte Vergrößerung des kleinsten Betrachtungsabstandes (nach 3.2.2) gegen e_{opt} = 4,5 b_P und/oder eine Verkleinerung des größten Betrachtungsabstandes (nach 3.2.3) gegen e_{opt} = 4,5 b_P verbessert die Gesamt-Betrachtungsbedingungen innerhalb der Betrachterfläche. Gleiches gilt auch bei Verkleinerung des horizontalen Schrägbetrachtungswinkels.

3.2.5 Einfluß des Bildwandtyps auf die Breite der Betrachterfläche

Die Wahl des Bildwandtyps (siehe E DIN 19045-4) übt durch ihre zugeordnete Richtcharakteristik (Indikatrix des Leuchtdichtefaktors β) einen starken Einfluß auf die Nutzung der Breite einer Betrachterfläche aus.

Für einen bestimmten Betrachterplatz wird die Leuchtdichteverteilung für die Bildwand durch die durch den Projektor erzeugte Beleuchtungsstärkeverteilung und die Leuchtdichtefaktor-Indikatrix der Bildwand bestimmt. Aus der Leuchtdichtefaktor-Indikatrix einer Bildwand (siehe E DIN 19045-4) wird weiterhin der Winkelbereich entnommen, innerhalb dessen für die Bildbetrachter annähernd gleichmäßige Helligkeitseindrücke zum Erkennen kleinster Bildelemente sichergestellt sind.

Die Leuchtdichteverteilung kann aus den Projektordaten und der Leuchtdichtefaktor-Indikatrix der Bildwand berechnet werden [3]. Die Auswahl der Bildwand sollte sich daher nach der möglichen Betrachterfläche richten. Dabei wird empfohlen, die seitliche Betrachtung nur bis zum Absinken der Bildwandleuchtdichte an einem ungünstigen Bildwandpunkt auf 50% der maximalen Bildwandleuchtdichte zu nutzen (siehe Anmerkung 2).

ANMERKUNG 1: Werden Bildwände mit starker Richtcharakteristik verwendet, so werden Betrachter von den Seitenplätzen der Betrachterfläche aus (siehe Bild 1) einen stärkeren Leuchtdichteabfall beobachten, wenn die Betrachterfläche zu breit ist. Im mittleren Bereich werden dagegen bei diesen Bildwänden höhere Bildwandleuchtdichten erreicht. Dies führt zu einer seitlichen Einengung der Betrachterfläche. Ihre seitliche Begrenzung ist durch den Winkel in der Leuchtdichtefaktor-Indikatrix gegeben, bei dem die maximale Bildwandleuchtdichte auf 50% abgefallen ist (siehe E DIN 19045-4 und Anmerkung 2).

Bildwände mit starker Richtcharakteristik werden daher nur dann verwendet, wenn die Betrachter innerhalb einer seitlich eingeengten Betrachterfläche sitzen.

Die Bilder 5a bis 5c stellen den allgemeinen qualitativen, aber auch typischen Verlauf der Leuchtdichtefaktor-Indikatrices für die drei Auflicht-Bildwandtypen D, S und B dar.

ANMERKUNG 2: Mit der Leuchtdichtefaktor-Indikatrix ist der Verlauf der Leuchtdichte L für eine bestimmte Bildwand in Abhängigkeit vom Abstrahlwinkel ε bei senkrechtem Lichteinfall festgelegt. Aus meßtechnischen Gründen wird der Maximalwert des Leuchtdichtefaktors nicht für $\beta_{0/0}$ (d. h. bei einem Einstrahlwinkel von 0° und einem Abstrahlwinkel von 0°), sondern für $\beta_{0/5}$ (Einstrahlwinkel 0°, Abstrahlwinkel 5°, siehe DIN 19045-4) ermittelt.

Mit Rücksicht auf die Seitenbegrenzungen der Betrachterfläche (siehe Bild 1) sind die Kurven auf den Bildern 5a bis 5c nur bis zu einem Abstrahlwinkel von 40° dargestellt.

Aus dem qualitativen Verlauf der drei voneinander stark unterschiedlichen Kurven geht hervor, daß die Angabe des gemessenen Wertes $\beta_{0/5}$ allein **nicht** ausreicht. Je höher der Wert von $\beta_{0/5}$ über den Wert 1 steigt, desto stärker ist der Abfall mit zunehmendem Abstrahlwinkel, da der von der Bildwand reflektierte Lichtstrom nicht größer als der auftreffende Lichtstrom sein kann.

Hieraus ergibt sich, daß bei der Auswahl des Bildwandtyps die Breite der Betrachterfläche einen entscheidenden Einfluß ausübt. Aus diesem Grunde sind in die drei Kurven noch die maximal nutzbaren Abstrahlwinkel eingetragen, bei denen der Leuchtdichtefaktor $1/2 \cdot \beta_{0/5}$ beträgt (siehe E DIN 19045-4). Dieser Winkel ist für zufriedenstellende Betrachtungsbedingungen zugleich ein Grenzwert für optimale lichttechnische Nutzung der Bildwand und hieraus abgestimmter Breite der Betrachterfläche (siehe Bild 6a bis Bild 6c).

ANMERKUNG 3: Die Betrachtungsbedingungen werden verbessert, wenn der maximale nutzbare Streuwinkel auf $0,7 \cdot \beta_{0/5}$ begrenzt wird. Dies führt jedoch beim Bildwandtyp B zu einer sehr schmalen Betrachterfläche.

Beim Bildwandtyp B ist der maximal nutzbare Streuwinkel σ in der Horizontalen und in der Vertikalen oft unterschiedlich, so daß in diesem Fall zwischen σ_H (horizontal) und σ_V (vertikal) unterschieden werden muß.

ANMERKUNG 4: Zum Bestimmen des Wertes für den maximalen nutzbaren Streuwinkel σ wird so vorgegangen, daß in der vorhandenen Leuchtdichtefaktor-Indikatrix (z. B. in Bild 5b oder Bild 5c)

in der y-Achse der Wert für $\beta_{0/5}$ halbiert wird, durch den erhaltenen Wert eine Horizontale bis zur Kurve gezogen wird und dann durch eine Senkrechte der größtzulässige Abstrahlwinkel — entspricht dem maximal nutzbaren Streuwinkel σ — ermittelt wird. Damit ist gleichzeitig die seitliche Begrenzung der Betrachterfläche ermittelt (siehe Bild 6b und Bild 6c).

Die Flächeninhalte der drei Kurven in gegebener Darstellung sind **nicht** miteinander direkt vergleichbar, da sie nicht auf den Raumwinkel Ω abgestimmt sind.

Werden die vorstehenden Untersuchungen sorgfältig durchgeführt, so ergeben sich bei der Planung einer Projektionseinrichtung meist ausnutzbare Vorteile. Kann z. B. eine Bildwand mit einem höheren Leuchtdichtefaktor $\beta_{0/5}$ gewählt werden, so ist es — bei eingeengter Betrachterfläche — möglich,

— eine größere Bildwand zu wählen oder

— einen Projektor mit niedrigerem Nutzlichtstrom φ_N zu verwenden oder

— die Leuchtdichte der Bildwand zu steigern. (Damit kann z. B. erst die Einsatzmöglichkeit für Hellraumprojektion geschaffen werden.)

ANMERKUNG 5: Auf Tabelle 2 bezogen, wird z. B. beim Einsatz eines Bildwandtyps S mit dem Leuchtdichtefaktor $\beta_{0/5} = 2$

— die Bildwandfläche etwa verdoppelt werden oder

— ein Projektor mit etwa dem halben Nutzlichtstrom φ_N gewählt werden oder

— die Leuchtdichte etwa den doppelten Wert in Richtung der optischen Achse erreichen.

In ähnlicher Weise ergeben sich Vorteile beim Einsatz eines Bildwandtyps S, welche einen meist noch höheren Wert für den Leuchtdichtefaktor $\beta_{0/5}$ (z. B. 3 oder höher) aufweist.

Da mit dem Wert $\beta_{0/5}$ allein die Bildwand nicht eindeutig gekennzeichnet ist, sollte neben dem Leuchtdichtefaktor $\beta_{0/5}$ noch der maximale nutzbare Streuwinkel σ_H (Streuwinkel in der Horizontalen) angegeben werden.

Da für die Messungen grundsätzlich nur der Einstrahlwinkel 0° verwendet wird, gelten alle vorgenannten Darstellungen in strengem Sinn nur für die Auswirkungen des Projektionsstrahls in Richtung der optischen Achse. Je größer der Einstrahlwinkel des praktisch genutzten Projektionsstrahlenbündels auf die Bildwand ist — er erreicht seine Größtwerte an den Bildwandrändern —, desto größer ist auch der negative lichttechnische Schrägprojektionseffekt (siehe 5.4.).

Beim Bildwandtyp D hat er kaum eine Bedeutung. Beim Einsatz des Bildwandtyps S wird Betrachtern auf der linken Seite innerhalb der Betrachterfläche durch das Spiegelungsgesetz die rechte Seite der Bildwand "dunkler" dargestellt.

Beim Einsatz des Bildwandtyps B sieht ein Betrachter auf der linken (oder rechten) Seite der Betrachterfläche die linke (oder rechte) Seite der Bildwand "dunkler", da bei diesem Bildwandtyp die Winkel für Ein- und Abstrahlung miteinander zusammenfallen (siehe Bild 7a bis Bild 7c).

Weist Bildwandtyp S ein Prägemuster auf, so sind meist die Leuchtdichtefaktor-Indikatrices in der Horizontalen und in der Vertikalen verschieden. Die Leuchtdichteverteilung in der Vertikalen wird mit Rücksicht auf die Tiefe der Betrachterfläche bewußt schmaler gehalten.

Auf diese Tatsache ist bei der Installation der Bildwand zu achten.

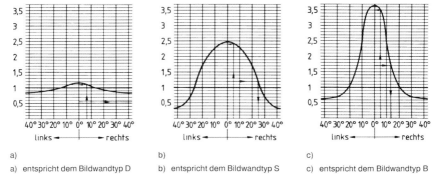

a) entspricht dem Bildwandtyp D
b) entspricht dem Bildwandtyp S
c) entspricht dem Bildwandtyp B

Bild 5: Charakteristischer Verlauf der Leuchtdichtefaktor-Indikatrix in Abhängigkeit vom Bildwandtyp mit Halbwert-Angaben

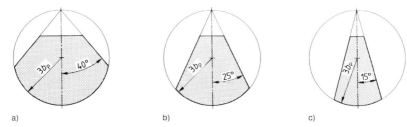

a) durch maximal nutzbare Schrägbetrachtung beim Bildwandtyp D (siehe Bild 1)
b) durch lichttechnische Einflüsse beim Bildwandtyp S
c) durch lichttechnische Einflüsse beim Bildwandtyp B

Bild 6: Seitenbegrenzungen der Betrachterfläche

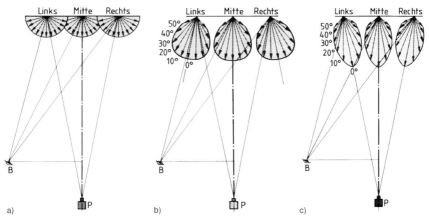

a) entspricht dem Einsatz eines Bildwandtyps D
b) entspricht dem Einsatz eines Bildwandtyps S
c) entspricht dem Einsatz eines Bildwandtyps B

Bild 7: Leuchtdichteverteilung einer Bildwand für einen Seitenplatz auf der linken Seite der Betrachterfläche (als Beispiel)

Seite 9
DIN 19045-1 : 1997-05

3.2.6 Betrachterfläche und Vorführraum

Bild 8 zeigt die Lage der Betrachterfläche im Vorführraum. Die aus den physiologischen und geometrischen Bedingungen entwickelte Betrachterfläche läßt sich optimal in einem Vorführraum mit quadratischem Grundriß oder trapezförmigem Grundriß anwenden. In allen anderen Fällen treten Lichtverluste auf (siehe 3.2.7 und [4]).

Der seitliche Schrägbetrachtungswinkel bezieht sich im Bild 8 nur auf die Bildwand**mitte**. Dies bedeutet, daß z. B. ein an der äußeren linken Begrenzung der Betrachterfläche sitzender Betrachter Bildelemente am rechten Bildwandrand unter einem größeren Schrägbetrachtungswinkel sieht — und umgekehrt.

Diese Erscheinung verstärkt sich, wenn statt der in Bild 8 dargestellten Normalprojektion (Bildwand-Seitenverhältnis 1 : 1 bzw. maximal 1,41 : 1) eine Breitwandprojektion (Bildwand-Seitenverhältnis maximal 2,5 : 1) durchgeführt wird. Um diese Verzerrungen zu vermeiden, ergibt sich als Konsequenz eine seitliche Einengung der Betrachterfläche, die aber auch durch die Leuchtdichtefaktor-Indikatrix von Bildwänden mit starker Vorzugsrichtung der Reflexion — z. B. beim Bildwandtyp B — bedingt sein kann.

Für die Festlegung der seitlichen Außenbegrenzungen einer Betrachterfläche in einem Vorführraum sind zwei Kriterien maßgebend:

a) Da ein seitlicher Schrägbetrachtungswinkel von mehr als 40° zu störenden Verzerrungseindrücken beim Betrachter projizierter Bilder auftritt, sollte der in Bild 8 angegebene Schrägbetrachtungswinkel δ_{max} = 40° nicht überschritten werden (siehe Anhang B).

b) Bei seitlicher Betrachtung tritt in Abhängigkeit vom Bildwandtyp mit größer werdendem seitlichem Schrägbetrachtungswinkel eine ebenfalls ansteigende ungleichmäßige Leuchtdichteverteilung auf, welche durch eine seitliche Einengung der Betrachterfläche verringert werden kann.

ANMERKUNG 6: Der in Bild 8 angegebene seitliche Schrägbetrachtungswinkel δ_{max} = 40° kann daher stets beim Bildwandtyp D (Diffusbildwand) voll genutzt werden.

Beim Einsatz vom Bildwandtyp S (Bildwand mit Reflexion im Spiegelwinkel) ist bei den meisten Ausführungen (sogenannten Metall-Bildwänden) der seitliche größte Schrägbetrachtungswinkel etwa 25°, er reicht bei einer modernen Ausführungsform bis 40°. Beim Einsatz vom Bildwandtyp B (Perl-Bildwand) ist auf etwa 15° zu verringern. Diese Wertangaben sind jedoch nur Richtwerte und hängen von der jeweiligen Ausführungsform der Bildwand ab.

Generell gilt, daß

— in schmalen Vorführräumen Verluste an Sitzplätzen mit günstigen Betrachtungsbedingungen auftreten und

— in breiten Vorführräumen starke Verschlechterungen der Betrachtungsbedingungen an seitlichen Plätzen außerhalb der Betrachterfläche (hier besonders durch den großen seitlichen Sehwinkel und durch zusätzliche Leuchtdichteverluste durch die Leuchtdichtefaktor-Indikatrix) entstehen.

ANMERKUNG 7: Die Betrachtungsbedingungen für alle vorderen Plätze werden zusätzlich noch von der Qualität des zu projizierenden Bildes und seiner Projektion bestimmt. Die Projektionsvorlage darf keine zu grobe Struktur (z. B. photographisches Korn, Raster) aufweisen und muß den Festlegungen nach E DIN 19045-3 entsprechen. Bei sachlich bedingten **groben Strukturen** der Vorlage sollten die **vorderen Sitzplatzreihen nicht** genutzt werden.

3.2.7 Bestuhlung, Bestuhlungsplan und Betrachterfläche

Die **Bestuhlung** eines Vorführraumes ist eine im allgemeinen geplante Aufstellung aller Sitzmöglichkeiten, um gute Betrachtungsmöglichkeiten zu erhalten und weiterhin die erforderlichen Durchgangsbreiten für die Verkehrswege bereitzustellen.

Die Begrenzungslinien der Betrachterfläche nach Bild 1 ergeben sich aus rein physiologisch-optischen Erkenntnissen. Ihre volle bzw. ausschließliche Nutzung ist bei einer Lichtbildvorführung ist mit Rücksicht auf die Bauform eines Vorführraumes (mit rechteckigem oder trapezförmigem Grundriß) kaum möglich.

Aus dem theoretischen Bereich guter Betrachtungsbedingungen (gegeben durch die Betrachterfläche) ist der praktisch nutzbare Teil dieses Bereichs (d. h. der im Vorführraum genutzte Teil der Betrachterfläche) durch

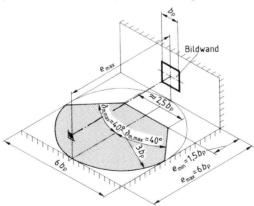

Bild 8: Lage der Betrachterfläche im Vorführraum

263

den **Bestuhlungsplan** auszuwählen. Dieser wird im allgemeinen dem Grundriß des Vorführraumes angepaßt. Dies bedeutet, daß einerseits an den Seiten der Betrachterfläche liegende Teile nicht genutzt werden, gleichzeitig aber im vorderen und hinteren Teil des Bestuhlungsplans Sitzplätze eingeplant werden, die nicht innerhalb der idealen Betrachterfläche liegen und damit zu ungünstigen Betrachtungsbedingungen führen. Hieraus ergibt sich beim Durchführen der Planung einer Projektionseinrichtung, daß der Verlust an Sitzplätzen mit schlechten Betrachtungsbedingungen so niedrig wie möglich sein sollte.

3.3 Dunkel- und Hellraumprojektion

Bei der "klassischen" Projektion — das ist die bisher überwiegende Art der Durchführung einer Projektion — ist der Vorführraum während der Darbietung verdunkelt. Der Kontrast des projizierten Bildes wird durch die Projektionsvorlage, den Aufbau des Projektors und durch die Reflexionseigenschaften der Bildwand bestimmt. Bei Raucherlaubnis im Vorführraum können weitere Kontrastminderungen entstehen.

In dieser Norm wird diese Art der Projektion **Dunkelraumprojektion** genannt.

Bei Vortragsveranstaltungen, speziell im Bereich des Unterrichts, der Schulung und bei Diskussionsvorträgen ist es üblich, das Raumlicht während der Projektion ganz oder teilweise eingeschaltet zu lassen bzw. die Lichtbildvorführung auch in von Tageslicht erhellten Räumen durchzuführen. Der technische Entwicklungsstand ermöglicht es, für verschiedene Projektionsarten stark erhöhte Nutzlichtströme zu schaffen.

In dieser Norm wird diese Art der Projektion **Hellraumprojektion** genannt.

ANMERKUNG: Hellraumprojektion wird seit einigen Jahren mit Erfolg betrieben, wobei die starke Verbreitung der Arbeitsprojektion eine wesentliche Rolle spielt.

Es ist zu beachten, daß — mit Rücksicht auf die Erkennbarkeit kleinster Bildelemente auf dem projizierten Bild — Projektionsvorlagen, die für die Dunkelraumprojektion gefertigt wurden, nicht ohne weiteres für Hellraumprojektion verwendet werden können (siehe E DIN 19045-3).

3.4 Leuchtdichte der Bildwand bei Dunkel- oder Hellraumprojektion

Unabhängig von der Unterscheidung in Dunkel- oder Hellraumprojektion weisen die einzelnen Projektionsarten im Durchschnitt sehr unterschiedliche mittlere Beleuchtungsstärken E_m auf der Bildwand auf.

Bei durch den Projektor vorgegebenem Nutzlichtstrom φ_N wird die Beleuchtungsstärke auf der Bildwand — und damit auch die Bildwandleuchtdichte bei vorgegebener Bildwand — im gleichen Maße kleiner, je größer das projizierte Bild ist. Tabelle 2 gibt einen Überblick über Bereiche der Nutzlichtströme, die bei verschiedenen Projektionsarten zur Verfügung stehen. Eine Aussage über die Bildwandleuchtdichte und ihre Verteilung kann nur bei bekannten Daten des Projektors und der Bildwand gemacht werden.

ANMERKUNG 1: Über Leuchtdichte und Richtwerte für Laufbildprojektoren (Filmprojektoren) siehe DIN 19045-8. Die Bildwandleuchtdichte und ihre Gleichmäßigkeit werden gemessen für

— Stehbildprojektoren nach DIN 19045-8 und DIN 19045-9

— Laufbildprojektoren nach DIN 19045-8.

Bei der Hellraumprojektion wird der Leuchtdichte des projizierten Bildes eine Störung der Leuchtdichte überlagert, die abhängig ist von

— der Beleuchtungsstärke auf der Bildwand, die durch das Raumlicht erzeugt wird

— der Lichteinfallsrichtung des Raumlichtes auf der Bildwand

— dem Bildwandtyp und damit seiner Leuchtdichtefaktor-Indikatrix.

Bei gleicher, auf der Bildwand durch das Raumlicht erzeugter Beleuchtungsstärke wird die Störung der Leuchtdichte im allgemeinen bei Bildwandtyp S und Bildwandtyp B mit ausgeprägter Richtcharakteristik kleiner sein als bei Diffusbildwänden (Bildwandtyp D), da das meist stark schräg einfallende Störlicht bei Bildwandtyp S und Bildwandtyp B so abgelenkt wird, daß sein wesentlicher Anteil nicht mehr in Richtung der Betrachter fällt.

Eine Hellraumprojektion ist dann möglich, wenn das Verhältnis der Bildwandleuchtdichte L_P (die durch das Projektionslicht allein erzeugt wird) zur Bildwandleuchtdichte L_R (die durch das Raumlicht erzeugt wird) größer als 5 ist:

$$L_P/L_R > 5 \tag{1}$$

Dabei ist:

L_P die durch das Projektionslicht erzeugte Bildwandleuchtdichte

L_R die durch das Raumlicht erzeugte Bildwandleuchtdichte.

Die Bildwandleuchtdichte L_{P+R} (die gemeinsam durch das Projektionslicht und das Raumlicht erzeugt wird), bezogen auf die Bildwandleuchtdichte L_R (die durch das Raumlicht erzeugt wird), muß demzufolge größer als 6 sein:

$$L_{P+R}/L_R > 6 \tag{2}$$

Die Dunkelraumprojektion (bei ausgeschaltetem Raumlicht) ist dann anzuwenden, sobald $L_P/L_R < 5$ ist. Dieses Verhältnis ist ein Kriterium für die Erkennbarkeit bei der Betrachtung des projizierten Bildes.

Tabelle 2: Abhängigkeit der Bildwandfläche vom Mindest-Nutzlichtstrom $\varphi_{N\,min}$ für Hellraumprojektion beim Einsatz des Bildwandtyps D mit einem Reflexionsfaktor $\varrho = 0,8$

Mindest-Nutzlichtstrom $\varphi_{N\,min}$ lm	Bildwand-fläche A m²	Nutzfläche der Bildwand für Seitenverhältnis		
		m × m 1 : 1	m × m 1 : 1,37	m × m 1 : 1,5
800	1	1 × 1	0,85 × 1,17	0,82 × 1,23
1 250	1,56	1,25 × 1,25	1,07 × 1,46	1,02 × 1,53
1 800	2,25	1,5 × 1,5	1,28 × 1,76	1,22 × 1,83
2 600	3,24	1,8 × 1,8	1,54 × 2,11	1,47 × 2,21
3 200	4	2 × 2	1,71 × 2,34	1,63 × 2,45
5 000	6,25	2,5 × 2,5	2,14 × 2,93	2,04 × 3,06

ANMERKUNG 2: Wird der Wert unterschritten, sinkt die Erkennbarkeit merklich. Bezug für die Erkennbarkeit ist die Bestimmung der Lage projizierter Testfiguren in gestufter Größe, z.B. das ISO-Testzeichen Nr 1 nach DIN 19051-1 (siehe Bild 4).
Eine ausführliche Darstellung beider Projektionsarten ist in [4] angegeben.

ANMERKUNG 3: In der Praxis wird es kaum möglich sein, das Leuchtdichteverhältnis nach Gleichung (1) oder (2) vor jeder Lichtbildvorführung zu messen.

Werden Vorführräume für Hellraumprojektion genutzt, die mit Kunstlicht beleuchtet werden, kann das Leuchtdichteverhältnis bei gegebener Raumbeleuchtung und gegebenem Lichtstrom des Projektors als Festwert einmal gemessen werden.

Erfolgt jedoch die Raumbeleuchtung mit Tageslicht, so ist diese stark von der Witterungslage abhängig. Da sich aber der Anwender beim Kauf für einen Projektortyp — damit für einen festgelegten Mindestlichtstrom — entscheiden muß, sind nachstehend einige Richtwerte als Anhalt gegeben.

Angenommen wird eine Raumbeleuchtung, bei welcher die Bildwand mit einer Beleuchtungsstärke E_R = 180 lx beleuchtet wird. Dieser Zustand entspricht etwa einem Vormittag oder Nachmittag bei bedecktem Himmel und üblicher Fensteranordnung — also keine Glaswände.

a) Bildwandtyp D:
Beim Bildwandtyp D können in Gleichung (1) die Leuchtdichten durch Beleuchtungsstärken ersetzt werden. Somit ist nach Tabelle 2 eine Beleuchtungsstärke für die Bildwand durch den Projektor E_P = 800 lx erforderlich. Aus Tabelle 2 kann ebenfalls der Mindestnutzlichtstrom $\varphi_{N\,min}$ für einen Projektor bei der vorgenannten Raumbeleuchtungsstärke ermittelt werden. Tabelle 3 gibt zusätzlich einen Überblick über die in der Praxis verwendeten Nutzlichtströme von Projektoren unterschiedlicher Bauart.

Sinkt die Raumbeleuchtungsstärke, bleibt Gleichung (1) für Hellraumprojektion erfüllt. Steigt sie aber an — z.B. bei wolkenlosem Himmel oder gar bei direkter Sonneneinstrahlung in den Vorführraum — muß durch Verdunklungseinrichtungen an den Fenstern die Raumbeleuchtung herabgesetzt werden.

Wird beim Einsatz des Bildwandtyps D ein Reflexionsfaktor ϱ = 0,8 angenommen, so ergibt sich für die Leuchtdichten

$$L_P = \frac{E_P \cdot 0{,}8}{\pi} = \frac{800\,\text{cd} \cdot 0{,}8}{m^2 \cdot \pi} \approx 200\,\text{cd}/m^2 \quad (3)$$

und

$$L_R = \frac{E_R \cdot 0{,}8}{\pi} = \frac{160\,\text{cd} \cdot 0{,}8}{m^2 \cdot \pi} \approx 40\,\text{cd}/m^2 \quad (4)$$

b) Bildwandtyp S oder B:
Beim Verwenden des Bildwandtyps S oder B werden im allgemeinen diese Verhältnisse günstiger, da die "Störlichtbeleuchtung" E_R mehr oder weniger schräg auf die Bildwand auftrifft und nach einer Seite abgelenkt wird (beim Bildwandtyp S nach der fensterabgewandten Seite, beim Bildwandtyp B zur Fensterseite).

Die Ablenkung für das Tageslicht, welches durch das der Bildwand am nächsten gelegene Fenster eintritt, ist zwar am stärksten; es darf jedoch aus psychologischen Gründen durch dieses Fenster nicht der Hauptanteil des Tageslichtes einfallen, da dann die Umfeldbeleuchtung der Bildwand zu groß und damit bei der Bildbetrachtung störend wirkt.

Durch die unterschiedlichen Reflexionsverhältnisse für E_R und E_P ist aber das Verhältnis $\frac{L_P}{L_R}$ abhängig vom Ort der Bildbetrachtung innerhalb der Betrachterfläche und nimmt zugleich innerhalb der Bildwandfläche unterschiedliche Werte an.

Alle vorgenannten Darstellungen sollten den Anwender eindringlich darauf hinweisen, daß der Grenzwert nach Gleichung (1) bzw. (2) nicht überschritten werden darf.

Aus Gleichung (1) bzw. (2) in Verbindung mit Tabelle 2 geht hervor, daß Hellraumprojektion vorwiegend mit Arbeitsprojektoren möglich ist. Der relativ hohe Wert für die untere Grenze der durch den Projektor erzeugten Bildwandleuchtdichte L_P bei Hellraumprojektion wurde festgelegt, damit auch für kleinste Bildelemente (nach E DIN 19045-3) eines projizierten Bildes der notwendige Kontrast zur Erkennbarkeit vorhanden ist.

Tabelle 3: In der Praxis verwendete Nutzlichtströme φ_N von Projektoren unterschiedlicher Bauart und genutzte Bereiche für die mittlere Beleuchtungsstärke E_m auf der Bildwand, Beispiele für drei Bildwandgrößen

Projektionsart		Bereich der Nutzlichtströme φ_N von Projektoren lm	Mittlere Beleuchtungsstärke E_m (in lx) auf eine Bildwand von		
			2,5 m²	9 m²	25 m²
Stehbild	Epi-Projektion	30 bis 150	((12)) bis 60	((3,3)) bis ((16,6))	((1,2)) bis ((6))
	Dia-Projektion	400 bis 8 000	160 bis 3 200	(44) bis 890	((16)) bis 320
	Arbeits-Projektion	1 500 bis 8 000	600 bis 3 200	166 bis 890	60 bis 320
Laufbild	Film 8 S	100 bis 300	(40) bis 120	((11,1)) bis ((33,3))	((4)) bis ((12))
	Film 16 mm	230 bis 4 000	92 bis 1 600	((25,5)) bis 440	(9,2) bis 160
	Film 35 mm	1 200 bis 12 000	480 bis 4 800	133 bis 1 330	(48) bis 480

Die Angaben für die Lichtströme φ_N gelten bei Epi-Projektion bei eingelegter Projektionsvorlage (ohne Informationen) mit einem Reflexionsfaktor von 0,8, bei allen anderen Projektionsarten ohne Projektionsvorlage im Bildfenster.
Die in Doppelklammern angegebenen Werte sind projektionstechnisch nicht anwendbar, da hierdurch die Erkennbarkeitsbedingungen nicht mehr gegeben sind. Die in Klammern angegebenen Werte erfordern den Einsatz eines Bildwandtyps S oder Bildwandtyps B, damit ergibt sich aber eine seitliche Einengung der Betrachterfläche (d.h. kleiner als 40°).

Um der projektionsbedingten Forderung für $L_{R\,max}$, wonach bei Hellraumprojektion die vom Raumlicht auf die Bildwand erzeugte Leuchtdichte $L_{R\,max} = \frac{1}{5} \cdot L_P$ nicht überschritten werden darf, gerecht zu werden, sollte daher bei **höheren** Raumbeleuchtungsstärken das Raumlicht zur Bildwand abgeschaltet werden, da höhere Raumbeleuchtungsstärken auch höhere Beleuchtungsstärken durch den Projektor erfordern, die letztlich zu Blendungserscheinungen führen.

3.5 Gleichzeitige Projektion mit mehreren Projektoren

3.5.1 Allgemeines

Neben den einfachen Projektionen, bei denen ein Projektor (oder mehrere Projektoren in Überblendbetrieb) auf eine Bildwand projiziert, werden die Multivisionsverfahren angewendet. Sie bieten die Möglichkeit, auf eine in Partialbildwände unterteilte Gesamtbildwand mit mehreren Projektoren gleicher oder unterschiedlicher Bauart (z. B. Dia- und Arbeitsprojektoren) gleichzeitig zu projizieren.

Bei den Multivisionsverfahren werden zwei Hauptgruppen unterschieden: Multivision und Vergleichsprojektion.

3.5.2 Multivision

Bei der Multivision sind die Partialbildwände auf der Gesamtbildwand neben- und übereinander angeordnet. Bild 9 gibt ein Beispiel für die Aufteilung einer Gesamtbildwand für eine 9fache Multivision. Hierbei können die neun zugeordneten Projektoren entweder neun unterschiedliche Einzelbilder oder ein aus neun Teilen zusammengesetztes Bild projizieren. Zwischen diesen beiden Darstellungsarten ist eine hohe Anzahl von Kombinationen möglich.

ANMERKUNG 1: Die Multivision wird mitunter auch "Mehrfachprojektion" genannt und oft für Werbe- und Demonstrationszwecke verwendet.

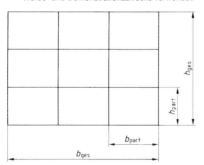

Bild 9: Beispiel einer 9fachen Multivision

Für die Betrachtungsbedingungen nach Abschnitt 3 ist es hierbei wesentlich, daß zum Ermitteln des maximalen Betrachtungsabstandes ($e_{max} = 6\,b_P$) die Breite b_{ges} der **Gesamt**bildwand zugrunde gelegt wird. Diese Breite muß auch beim Festlegen der Maße für kleinste Bildelemente, Linienbreiten, Schrift- und Bildzeichengrößen nach E DIN 19045-3 verwendet werden, wenn die Originalvorlage in Teilbilder aufgeteilt ist, die später gleichzeitig projiziert werden.

Werden jedoch die Projektionsvorlagen für voneinander unabhängig zu projizierende Partialbilder hergestellt, für die entsprechende Einzelvorlagen vorhanden sind, so ist zu beachten, daß hier die Maße für kleinste Bildelemente, Linienbreiten usw. um den Faktor

$$\frac{b_{ges}}{b_{part}}$$

entsprechend größer zu halten sind, wobei b_{part} die Breite einer Partialbildwand hat.

ANMERKUNG 2: Dieser Faktor hat z. B. bei einer aus neun Partialbildern bestehenden Mehrfachprojektion (drei Reihen, je drei Bilder) den Wert 3.

3.5.3 Vergleichsprojektion

Bei der Vergleichsprojektion setzt sich die Gesamtbildwand aus zwei oder mehr Partialbildwänden zusammen, die nebeneinander — seltener übereinander — angeordnet sind. Bild 10 gibt ein Beispiel für eine Dreifach-Vergleichsprojektion. Für das Festlegen des größten Betrachtungsabstandes sollte in die Bedingung $e_{max} = 6\,b_P$ der Wert für die Breite b_{part} der Partialbildwand eingesetzt werden. Für diesen Fall können die Werte für die kleinsten Bildelemente nach E DIN 19045-3 nur auf den Einzelprojektor und damit auf die **Einzelprojektionsvorlage** bezogen werden.

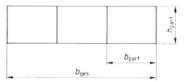

Bild 10: Beispiel einer Dreifach-Vergleichsprojektion

Wird für kleinere Vorführräume der Bildwandtyp D (siehe E DIN 19045-4) gewählt, liegen die Partialbildwände in **einer Ebene**. Bei einer Wahl der Bildwandtypen S oder B sollte mit Rücksicht auf deren Vorzugsrichtung der Reflexion, die Bildwände gegeneinander so zu **schwenken**, daß sich alle Bildwandnormalen der Partialbildwände im Mittelpunkt M der Betrachterfläche schneiden. Die Betrachterfläche erfährt gegenüber der Projektion auf nur eine Bildwand beiderseits eine Einengung (siehe Bild 11).

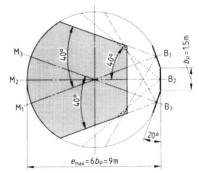

$e_{max} = 6\,b_P = 9\,m$

B₁ linke Bildwand
B₂ mittlere Bildwand
B₃ rechte Bildwand

M₁, M₂, M₃ Mittelnormale der Bildwände

Bild 11: Einengung der Betrachterfläche nach Bild 1 bei einer Dreifach-Vergleichsprojektion

ANMERKUNG: Die Mehrfach-Vergleichsprojektion wird oft im Vorlesungsbetrieb verwendet.

4 Sichtbedingungen in der Vertikalebene

4.1 Allgemeines

Über die — in der Horizontalen gemessenen — Betrachtungsbedingungen hinaus ist es erforderlich, daß von jedem Betrachterplatz auch gute Sichtbedingungen in der Vertikalen möglich sind.

Unter Sichtbedingungen sind in dieser Norm alle raumgeometrischen Eigenschaften zusammengefaßt, die dem Betrachter eine "freie Sicht" ohne unnatürliche Kopfhaltung oder ermüdende Kopfbewegungen zum projizierten Bild ermöglichen.

4.2 Höhe der Bildwandunterkante über dem Fußboden

Um Abschattungen beim Betrachten des projizierten Bildes zu vermeiden, muß der untere Teil der Bildwand von allen Sitzplätzen der Betrachterfläche gut sichtbar sein. Dies wird am einfachsten durch eine richtige Höhenlage der Bildwand erreicht.

Sie darf nur so hoch angeordnet sein, daß die Blickrichtung auf die Bildwandmitte für einen Betrachter in der ersten Sitzplatzreihe (kleinster Betrachtungsabstand e_{min}) um höchstens 30° aufwärts gerichtet ist, um bequemes Betrachten zu ermöglichen.

In Räumen mit häufiger Projektion (z. B. Hörsäle) sollte die Bildwandunterkante mindestens 1,8 m über dem Fußboden der ersten Sitzplatzreihe liegen, damit das Projektionslicht den Vortragenden nicht blendet und dieser das projizierte Bild nicht abschattet.

4.3 Bodenkurve des Vorführraumes

Eine weitere Möglichkeit zum Schaffen guter Sichtbedingungen ist die Bodenkurve im Vorführraum. Vier Grundtypen werden unterschieden, deren Namen von ihrer häufigen Verwendung in Vorführräumen mit zweckbestimmter Anwendung abgeleitet sind (siehe Bild 12):

Bodenfläche des Vorführraumes verläuft

horizontal: Lehrraumtyp (siehe Bild 12a)
stetig ansteigend: Hörsaaltyp (siehe Bild 12b)
abfallend und ansteigend: Filmtheatertyp (Wannenform, siehe Bild 12c)
hochgelegen ansteigend: Balkontyp (siehe Bild 12d)

ANMERKUNG: Genaue Darstellung des Rechnungsganges für alle Bodenkurven siehe [4].

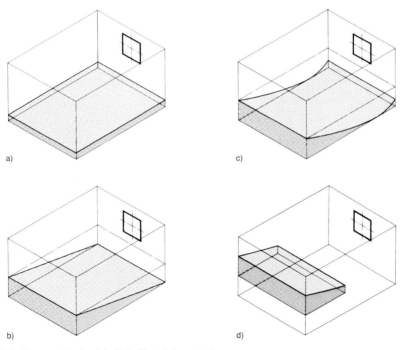

a) Vorführraum mit horizontaler Bodenfläche (Lehrraumtyp)
b) Vorführraum mit ansteigender Bodenfläche (Hörsaaltyp)
c) Vorführraum mit wannenförmiger Bodenfläche (Filmtheatertyp)
d) Vorführraum mit hochgelegener ansteigender Bodenfläche (Balkontyp)

Bild 12: Vorführräume mit unterschiedlichen Bodenflächen

5 Projektionsbedingungen

5.1 Allgemeines

Die Projektionsbedingungen umfassen den Zusammenhang zwischen den Projektionsdaten (d. h. dem Projektionsabstand, der Breite der Projektionsvorlage und des projizierten Bildes und der Brennweite des Projektionsobjektivs unter Berücksichtigung der Betrachtungsbedingungen nach Abschnitt 3) und sind ein Bindeglied zwischen den Projektionsbedingungen und den Betrachtungsbedingungen nach Abschnitt 3.

ANMERKUNG 1: Angaben über Bildwände, wie Größe, Anordnung zur Projektionsnutzung, Neigung und Bildwand-Seitenverhältnis, siehe E DIN 19045-2.

ANMERKUNG 2: Für Fernseh- und LCD-Projektion sind die Betrachtungsbedingungen noch nicht festgelegt.

Somit werden die Projektionsbedingungen erst nach dem Festlegen der Nutzmaße einer Bildwand und für die Erkennbarkeit kleinster Bildelemente auf der Bildwand mit Dias, Epibildern, Filmbildern und Transparenten (für Arbeitsprojektoren) festgelegt. Beim Betrachten von Fernsehbildern sind, von den Betrachtungsbedingungen ausgehend, die Projektionsbedingungen festzulegen.

Die Leuchtdichte des von der Bildwand reflektierten oder transmittierten Lichtes wie auch die Leuchtdichtefaktor-Indikatrix gehören auch zu den Projektionsbedingungen. Sie hat aber entscheidenden Einfluß auf die Betrachtungsbedingungen (siehe 3.4 und E DIN 19045-4).

5.2 Geometrisch-optische Größen bei der Projektion

In Anlehnung an DIN 1335 gelten in diesem Abschnitt folgende Formelzeichen:

- β Abbildungsmaßstab im Objektraum, auch "Vergrößerung" genannt
- y von der optischen Achse aus gerechnete Objektlänge auf der Bildwand
- y' von der optischen Achse gerechnete Länge in der Ebene der Projektionsvorlage
- f Brennweite des Projektionsobjektivs
- F Brennpunkt im Bereich des Projektors
- $\overline{F}$ Brennpunkt auf der Seite des projizierten Bildes
- z Abstand zwischen $\overline{F}$ und dem projizierten Bild
- z' Abstand zwischen dem Brennpunkt F im Projektorbereich und der Projektionsvorlage
- a_P Höhe des projizierten Bildes
- b_P Breite des projizierten Bildes auf der Projektionsvorlage
- a' Höhe des Bildfeldes   ⎤ (also im Dia, Epibild, Trans-
- b' Breite des Bildfeldes   ⎦ parent oder auf dem Film)
- l Projektionsabstand, vom Objektivhauptpunkt bis zum projizierten Bild
- H Hauptpunkt auf der Seite der Projektionsvorlage
- H' Hauptpunkt auf der Seite der Bildwand

Der Abbildungsmaßstab β bei der Projektion wird bestimmt durch

$$\beta = \frac{y}{y'} = \frac{a_P}{a'} = \frac{b_P}{b'} = \frac{z}{f} = \frac{l-f}{f} \qquad (5)$$

(siehe auch Bild 13).

Während bei der Projektion von Transparenten (für Arbeitsprojektoren) und Epibildern, bei der nur geringe Vergrößerungen auftreten, diese Gleichung verwendet werden muß, wird bei Dia- und Filmprojektion an Stelle von z der Projektionsabstand l gesetzt, da die Brennweite f gegenüber den Abständen z und l von geringer Größe ist und somit vernachlässigt werden darf. Es wird dann erhalten:

$$\beta = \frac{y}{y'} = \frac{a_P}{a'} = \frac{b_P}{b'} = \frac{l}{f} \qquad (6)$$

ANMERKUNG: Bedingt durch das Handhaben (d. h. durch den Standort des Arbeitsprojektors beim Vortragenden) sind bei der Arbeitsprojektion kürzere Projektionsabstände als bei der Dia- und Epiprojektion notwendig.

5.3 Ermittlung der auf die Betrachtungsbedingungen ausgerichteten Projektionsdaten

Die Projektionsdaten lassen sich nach den in 5.2 gegebenen beiden Gleichungen ermitteln. Einfacher ist jedoch die Verwendung von Tabellen für Projektionsdaten (siehe Beiblatt 1 zu DIN 19045). Da dort auch eine Übersicht über die unterschiedlichen — oft aber während einer Lichtbild-Vorführung alternativ eingesetzten — Projektionsvorlagen gegeben ist, führen die Tabellen auch in Fällen spezieller Projektionsbedingungen in übersichtlicher Form zur schnellen Lösung.

Neben den Projektionsdaten nach 5.2 sind für die Bildwandleuchtdichte allein die Beleuchtungsstärkeverteilung durch den Projektor auf der Bildwand und die Leuchtdichtefaktor-Indikatrix der Bildwand maßgebend.

ANMERKUNG: Eine allgemeine Aussage über die Bildwandleuchtdichte auf Grund des Nutzlicht-

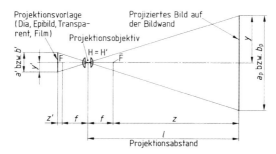

Bild 13: Schematische Darstellung der geometrischen Abbildungsgrößen bei Projektion

stromes des Projektors und der Größe des projizierten Bildes sollte nicht gemacht werden. Es darf jedoch die mittlere Beleuchtungsstärke auf der Bildwand berechnet werden zu:

$$\overline{E} = \varphi_N/A \qquad (7)$$

$\overline{E}$ mittlere Beleuchtungsstärke auf der Bildwand
φ_N Nutzlichtstrom des Projektors
A Nutzfläche des projizierten Bildes

Tabelle 2 gibt einen Überblick über den Zusammenhang zwischen der Nutzfläche des projizierten Bildes A und der Nutzfläche der Bildwand für verschiedene Seitenverhältnisse.

5.4 Senkrecht- und Schrägprojektion

Bei der **Senkrechtprojektion** fallen die optische Achse des Projektors und die Bildwandnormale zusammen, d.h., der Mittenstrahl des Projektionslichtbündels trifft senkrecht auf die Bildwand (siehe Bild 14).

Trifft jedoch der Mittenstrahl des Projektionslichtbündels eines handelsüblichen Projektors in Normalausführung nicht senkrecht auf die Bildwand, liegt **Schrägprojektion** vor (siehe Bild 15). Hierbei treten trapezförmige Verzerrungen (Keystone-Effekt) orthogonaler Darstellungen eines projizierten Bildes auf, die durch Neigen der Bildwand oder mit Projektoren in Spezialausführung beseitigt werden können (siehe auch DIN 19046-1 und [5]).

ANMERKUNG: Die Schrägprojektion mit Ausgleich der Verzerrungen findet eine häufige Anwendung bei der Bühnen- oder Theaterprojektion (gewollte Schrägprojektion, da vorführtechnisch erforderlich, siehe auch DIN 19046-2). Die Schrägprojektion als störender Effekt tritt oft bei der Arbeitsprojektion auf (ungewollte Schrägprojektion), wo neben den Verzerrungen zusätzlich noch erhebliche Lichtverluste bei Bildwänden mit starker Vorzugsrichtung der Reflexion auftreten (siehe auch 5.6).

5.5 Projektion über Spiegel

Es ist mitunter erforderlich, das Projektions-Lichtstrahlenbündel durch einen oder mehrere Spiegel umzuleiten. Anwendungsbeispiele sind die Arbeitsprojektion (Umlenkung durch einen Spiegel), verschiedene Arten der Rückprojektion (Durchlichtprojektion) und die Projektion über Spiegel in Filmtheatern (Umleitung durch mehrere im Projektionsstrahlengang hintereinander geschaltete Spiegel). Hierbei können drei Fehlerscheinungen auftreten, die voneinander unabhängig korrigiert werden können:

a) Veränderung der Höhen- und/oder Seitenlage des projizierten Bildes

Bei der Umlenkung des Projektions-Lichtstrahlenbündels mit einem Spiegel wird entweder die Höhenlage (oben — unten) oder die Seitenlage (rechts — links) vertauscht (Anwendung beim Arbeitsprojektor).

b) trapezförmige Verzerrungen (Keystone-Effekt)

Trifft die Achse des zuletzt umgeleiteten Projektions-Lichtstrahlenbündels nicht senkrecht auf die Bildwand, treten stets trapezförmige Verzerrungen bei der Abbildung auf. Zusätzlich treten partielle Unschärfen auf dem projizierten Bild auf.

c) teilweise Unschärfe des projizierten Bildes

Die in b) genannten partiellen Unschärfen können, unter Beachtung der Scheimpflug-Bedingung, beseitigt werden (siehe DIN 19046-2).

Bei der Spiegelprojektion dürfen nur plane Oberflächenspiegel verwendet werden (Spiegelprojektion siehe auch [4]).

5.6 Bildwandkrümmung

Die einzelnen Bildelemente eines projizierten Bildes werden mit unterschiedlichen Winkeln zur optischen Achse des Projektors projiziert. Hieraus ergeben sich bei Bildwänden mit einer Vorzugsrichtung der Reflexion (siehe E DIN 19045-4) von den einzelnen Sitzplätzen einer Betrachterfläche unterschiedliche Helligkeitseindrücke für die einzelnen Bildelemente, die durch Krümmen der Bildwand teilweise ausgeglichen werden können.

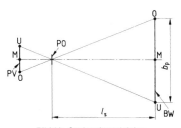

Bild 14: Senkrechtprojektion

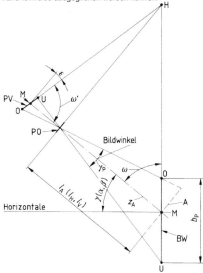

Bild 15: Schrägprojektion (Scheimpflug-Bedingungen)

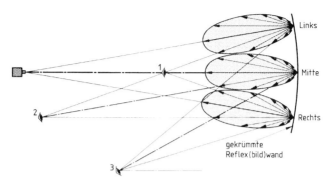

Bild 16: Krümmung einer Reflex(bild)wand und ihr günstiger Einfluß durch das Eindrehen der Leuchtdichtefaktor-Indikatrix an den Bildwandseiten

Bei Bildwänden, deren Breite etwa der Bestuhlungsbreite (d. h. der ausgenutzten Betrachterfläche) entspricht, sollte beim Einsatz von Rahmenbildwänden des Bildwandtyps S (im Spiegelwinkel reflektierende Bildwand) die Bildwand gekrümmt sein (siehe Bild 16). Mit Rücksicht auf hohe Gleichmäßigkeit der Leuchtdichte an den einzelnen Betrachterplätzen sollte die halbe Summe vom Projektionsabstand und dem Abstand zwischen Mitte Betrachterfläche zur Bildwand dem Krümmungsradius entsprechen. Dies entspricht in den meisten Fällen dem Projektionsabstand, wenn sich der Projektor direkt **hinter** der Betrachterfläche befindet.

Da die Krümmung der Bildwand aus Gründen der optisch-geometrischen Abweichungen zu Bildverzerrungen führt, kann als Kompromiß zwischen Verzerrung und Gleichmäßigkeit der Leuchtdichte der Krümmungsradius größer gewählt werden, sollte aber den 1,5fachen Projektionsabstand nicht überschreiten. Dies gilt besonders dann, wenn sich der Projektor (im Bildwerferraum) hinter der Betrachterfläche befindet.

5.7 Bildwandneigung

Um einen guten lichttechnischen Wirkungsgrad zu erhalten, muß die Bildwand stets so geneigt werden, daß die Vorzugsrichtung der Reflexion etwa auf die Mitte der Betrachterfläche weist. Dies gilt für Senkrecht- sowie Schrägprojektion (siehe Bild 17). Durch das Drehen der Bildwand um die horizontale Achse werden gleichzeitig drei bei der Projektion auftretende negative Effekte teilweise oder vollständig ausgeglichen:

— trapezförmige Verzerrungen (Keystone-Effekt) des projizierten Bildes bei Schrägprojektion
— gleichmäßige Scharfabbildung über die gesamte Bildfläche
— höhere Lichtausbeute bei Bildwänden mit einer Vorzugsrichtung der Reflexion (siehe DIN 19045-4).

5.8 Störlicht

Alles Licht, welches auf die Bildwand fällt, ohne zur direkten Abbildung der Projektionsvorlage beizutragen, wird unter dem Oberbegriff "Störlicht" zusammengefaßt. Es verringert den Kontraste im projizierten Bild und sollte so niedrig wie möglich gehalten werden (siehe DIN 15571-3).
Der Anteil des Störlichts auf der Bildwand soll nach DIN 15571-1 nicht mehr als 1 % betragen.
Diese Festlegung hat nur dann Gültigkeit, wenn während der Projektion außer dem Projektionslicht kein weiteres

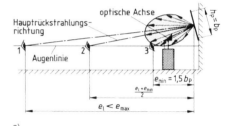

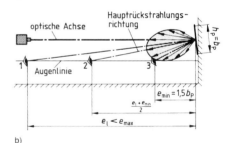

a) für Arbeitsprojektion
b) für Dia-, Epi- oder Filmprojektion

Bild 17: Neigung einer im Spiegelwinkel reflektierenden Bildwand und ihr günstigster Einfluß auf das Senken der Leuchtdichtefaktor-Indikatrix zum Betrachterbereich

Licht von anderen Nutzlichtquellen auf die Bildwand fällt. Gemeint ist im letzteren Falle die Saalbeleuchtung durch Tages- oder Kunstlicht, wie sie z. B. bei Vortragsveranstaltungen üblich ist.
Sind die Nutzlichtquellen der Saalbeleuchtung während der Projektion vollkommen abgeschattet bzw. ausgeschaltet, spricht man von **Dunkelraumprojektion** (siehe auch 3.3).

Ist Tages- oder Kunstlicht während der Projektion erwünscht — z. B. beim Umgang mit einem Arbeitsprojektor während eines Unterrichts- oder Informationsvortrages —, zählt dieses in projektionstechnischer Hinsicht zum Störlicht, darf aber höhere Werte als angegeben annehmen. In diesem Fall spricht man von **Hellraumprojektion** (siehe auch 3.3).

Nach 3.4 muß das Verhältnis der Bildwand-Leuchtdichten von Projektionslicht und Raumlicht mindestens 5:1 betragen.

Da die Entscheidung, ob Hellraumprojektion mit Rücksicht auf ermüdungsfreies Betrachten des projizierten Bildes sinnvoll ist oder nicht, für jeden Fall gesondert eine Messung erfordert, ist zum einfachen Entscheid in 5.9 ein Feldmeßverfahren angegeben.

5.9 Feldmeßverfahren als Entscheidungshilfe für die Anwendung der Hell- oder Dunkelraumprojektion

5.9.1 Allgemeines

Eine Entscheidungshilfe für die Möglichkeiten der Hellraumprojektion wird für gegebene Projektionsbedingungen (Projektor und Bildwand) einfach durch die Messung der Leuchtdichte in der Mitte der Bildwand. Zu messen sind unter einem Betrachtungswinkel von etwa 8° — gemessen gegen die Bildwandnormale — bei beliebig geringem Abstand des Leuchtdichtemeßgerätes zur Bildwand (jedoch so, daß das Leuchtdichtemeßgerät den Einfall des Projektionslichtes und des Raumlichtes auf die Bildwandfläche nicht beeinflußt). Daher sollten für die Leuchtdichtemessung Meßstellen gewählt werden, deren Meßabstand von der Bildwand etwa das Zweifache der Bildwandbreite beträgt. Der Meßwinkel des Leuchtdichtemeßgerätes sollte maximal 1° betragen.

Zu messen sind:
— die Leuchtdichte des Raumlichts L_R
— die Leuchtdichten des Projektions- und Raumlichts L_{P+R}

5.9.2 Messung des auf die Bildwand einwirkenden Raumlichts

Dieses Licht ist ein Fremdlicht (siehe 3.4) und gilt in projektionstechnischer Hinsicht als Störlicht. Gemessen wird das diffus auf die Bildwand auftreffende Licht als Beleuchtungsstärke E_R (in lx) sowie das in Richtung der Bildwandnormalen reflektierte Licht als Leuchtdichte L_R (in cd/m²).

Als Meßstelle ist bei der Beleuchtungsstärkemessung die Bildwandmitte (auf welche die lichtempfindliche Zelle aufzulegen ist) zu wählen.

Das Verhältnis $\dfrac{E_R}{L_R}$ ergibt den Beleuchtungskoeffizienten.

ANMERKUNG: Das Ermitteln des Beleuchtungskoeffizienten ist nur dann erforderlich, wenn außer der Bedingung für Hellraumprojektion nach 3.4 zusätzlich zwischen unterschiedlichen Bildwandarten ausgewählt wird.

Soll — z. B. bei einer vorhandenen Bildwand — nur das Überprüfen der Bedingung für Hellraumprojektion durchgeführt werden, ist das Messen der Beleuchtungsstärke **nicht** erforderlich.

5.9.3 Auswertung

Die nach 5.9.1 gemessenen Werte der Bildwandleuchtdichten L_R und L_{P+R} werden in die Bedingung (2) (siehe 3.4) eingesetzt.

Wird die Bedingung (2) erfüllt, ist Hellraumprojektion möglich.

Wird die Bedingung (2) nicht erfüllt, ist Dunkelraumprojektion für gute Erkennbarkeit erforderlich, wenn ein weitgehendes Abschatten der Raumlichtquelle zur Bildwand nicht möglich ist.

6 Betrachtungsbedingungen bei der Laufbildprojektion im Filmtheater

6.1 Zusätzliche Einflüsse der Projektion von Spielfilmen

Die in dieser Norm hinsichtlich ihrer Maße und relativen Lage der Betrachter zur für die Projektion genutzten Bildwandfläche erfüllt alle notwendigen Kriterien, um eine projizierte Bilddarstellung in ihren Einzelheiten wie auch in ihrem Gesamtinhalt von allen Betrachtern in zufriedenstellender Form zu sehen (Bedingungen des Erkennens und Erfassens). Dies gilt in erster Linie für Stehbildprojektion.

Bei der Laufbildprojektion in Filmtheatern — hier primär bei der Vorführung eines Spielfilms, also einer regiemäßig gesteuerten Handlung — treten noch zusätzliche Aspekte hinzu, wodurch Veränderungen der Außenmaße der Betrachterfläche — wieder relativ zu den Bildwandmaßen — empfehlenswert sind (siehe Anhang B).

Alle im Anhang B genannten Aspekte führen dazu, für eine wirkungsvolle Bilddarstellung eines Spielfilms in einem Filmtheater die in Bild 1 dargestellte Betrachterfläche in ihren Außenbegrenzungen zu verändern. Als Grundlage hierfür wird Bild 21 empfohlen.

Enthalten die Laufbildfilme nicht im wesentlichen Spielhandlungen, sondern weisen z. B. überwiegend einen Lehrcharakter (im Schulbetrieb) auf, treten die Einflüsse der in den Erläuterungen angeführten Bilddarstellungsarten in den Hintergrund. In diesen Fällen wird die Erfaßbarkeit des gesamten Informationsinhaltes eines projizierten Bildes auch von den vorderen Sitzplatzreihen gefordert. Hieraus ergibt sich, daß für reine Informationsfilme extreme Breitwandformate nicht geeignet sind.

Wird bei allen Bildwand-Seitenverhältnissen von gleicher Bildhöhe ausgegangen (siehe Bild 18), so füllte das bis etwa Mitte dieses Jahrhunderts allein vorhandene Bildwand-Seitenverhältnis 1,37:1 (mit der Bildwandhöhe h_{PN}) in der Horizontalen die projizierten Bilder der Breitwand-Verfahren (mit der Bildwandhöhe h_{PB}) (siehe Anhang B, zu Abschnitt 6, Aufzählung c)) aus.

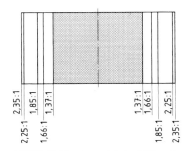

Bild 18: Größen der projizierten Bilder mit unterschiedlichen Breitwand-Seitenverhältnissen, mit gleicher Bildwandhöhe ($h_{PN} = h_{PB}$)

Die Vorführpraxis in den Filmtheatern hat mit Erfolg bewiesen, daß der Bilddarstellungseffekt erhöht wird, wenn die Bildwandhöhe eines projizierten Breitwandbildes h_{BB} gegenüber der Bildwandhöhe h_{BN} des

Normalformates (1,37:1) erhöht wird. Die durchschnittliche Vergrößerung der Bildwandhöhe beträgt 20% (siehe Bild 19). Der hierbei notwendige erhöhte Abbildungsmaßstab bei der Projektion wurde durch die Verbesserung des Auflösungsvermögens der Filmmaterialien möglich.

ANMERKUNG: Die optimale Wiedergabequalität bei der Projektion setzt voraus, daß der Laufbildprojektor außer einem lichttechnisch guten Zustand auch einen guten Bildstand aufweisen muß, der in zyklischen Abständen geprüft werden sollte.

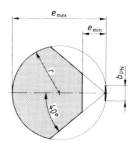

Bild 20: Betrachterfläche mit den drei Kenngrößen

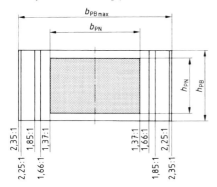

Bild 19: Projizierte Bildgrößen unterschiedlicher Bildwand-Seitenverhältnisse, Bildwandhöhe h_{PB} aller Breitwandformate gegenüber der Bildwandhöhe h_{PN} des Normalformates (1,37:1) um 20% größer

In diesem Fall sinkt der Anteil des Informationsinhaltes (in %), den ein projiziertes Bild im Normalformat (Bildwand-Seitenverhältnis 1,37:1) enthält, auf die in Spalte 3 der Tabelle B.1 angegebenen Werte. Aber auch hier ist für den Haupthandlungsablauf im ungünstigsten Fall (d. h. bei "CinemaScope", 2,35:1) eine Fläche vorhanden, die größer als 33% des Gesamtinformationsinhaltes des Breitwandbildes ist.

6.2 Betrachterfläche bei der Laufbildprojektion im Filmtheater

Beim Aufstellen der Betrachtungsbedingungen in der Horizontalen (siehe Abschnitt 3) wurde für die Untersuchung der Erkennbarkeit kleinster Bildelemente eine quadratische Bildwand gewählt (siehe Anhang B, Erläuterungen zu 3.2.2). Die Kenngrößen e_{min}, e_{max} und r der Betrachterfläche wurden auf die Breite des projizierten Bildes ausgerichtet, dürfen aber auch durch die vorgenannten Untersuchungsbedingungen auf die Höhe des projizierten Bildes umgerechnet werden.

Wird beim Normalbildformat für die Höhe des projizierten Bildes $h_{PN} = 1$ gesetzt, so ergeben sich für die Kenngrößen der Betrachterfläche (siehe Bild 20):

$e_{min} = 1,5\ h_{PN}$ (8)

$e_{max} = 6\ h_{PN}$ (9)

$r\quad = 3\ h_{PN}$ (10)

Wird nun bei allen Breitwandformaten für die Höhe des projizierten Bildes $h_{PB} = 1,2\ h_{PN}$ gesetzt, erhält man zunächst für die Kenngrößen

$e_{min} = 1,5\ h_{PN}/1,2 = 1,25\ h_{PB}$ (11)

$e_{max} = 6\ h_{PN}/1,2 = 5\ h_{PB}$ (12)

$r\quad = 3\ h_{PN}/1,2 = 2,5\ h_{PB}$ (13)

ANMERKUNG: Eine weitere stärkere Erhöhung der Höhe h_{PB} des projizierten Bildes bei Breitwandvorführungen, d. h. $h_{PB} \geq 1,2\ h_{PN}$, führt besonders bei den Bildwand-Seitenverhältnissen 2,2:1 und 2,35:1 in den ersten Sitzplatzreihen zu Betrachtungsschwierigkeiten, da ein Haupthandlungsablauf in einem größeren Bereich nicht mehr überschaubar ist.

Um jedoch die in 6.1 und den zugeordneten Erläuterungen im Anhang B erwähnten regiemäßig bedingten starken Vergrößerungen zu erzielen, werden heute im Filmtheater sehr große Bildwände eingesetzt, auf denen die Projektion bis zur oberen Grenze einer akzeptablen Bildqualität erfolgt. Als Bildwand-Seitenverhältnisse werden heute überwiegend Breitwandformate ("Wide Screens") bis 1,85:1 bzw. "CinemaScope" 2,35:1 verwendet. Damit ist zugleich das "klassische normale" Bildwand-Seitenverhältnis 1,37:1 etwas in den Hintergrund geraten. Das Bildwand-Seitenverhältnis 2,2:1 ("ToddAO") wird in der Praxis oft dem Bildwand-Seitenverhältnis 2,35:1 vorgezogen. Der Gesamtverlust an Informationsinhalt an einer oberen und unteren Bildbegrenzung ist 6%.

Tabelle 4: Vorderer und hinterer Abstand der Sitzplatzreihen von einer Bildwand mit unterschiedlichen, alternativ genutzten Bildwand-Seitenverhältnissen

Abstand der Sitzplatzreihe von der Bildwand, bezogen auf Bildwandhöhe h_{PB}	
e_{min}	1,1 bis 1,8[1]) m
e_{max}	4,5 bis 5,5[2]) m

[1]) Der höhere Wert ist anzustreben. Dies gilt besonders dann, wenn in einem Filmtheater außer dem Bildwand-Seitenverhältnis 2,35:1 alternativ auch kleinere Bildwand-Seitenverhältnisse bis 1,37:1 vorgeführt werden. In diesem Fall sinkt durch die stärkere Vergrößerung (bei konstanter Bildhöhe) beim Projizieren kleinerer Bildwand-Seitenverhältnisse die Bildschärfe beim Betrachten, wenn e_{min} gegen den Wert 1,1 h_{PB} geht.

[2]) Der niedrigere Wert ist anzustreben.

Hieraus ergeben sich als richtungsweisende Empfehlung die gegenüber Bild 1 geänderten Maße einer Betrachterfläche, wie sie in Bild 21 dargestellt ist.

Mittelgänge in der Betrachterfläche sind nach Möglichkeit zu vermeiden, da sich in diesem Bereich die Orte mit den besten Betrachtungsbedingungen befinden.

Seite 19
DIN 19045-1 : 1997-05

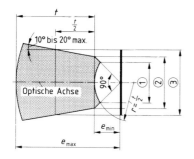

t Länge der Betrachterfläche
① $b_{PN} = 1{,}37 \cdot h_{PN}$
② $b_{PB} = 1{,}66 \cdot h_{PB}$
③ $b_{PB} = 2{,}35 \cdot h_{PB} = b_{PB\,max}$

Bild 21: Betrachterfläche für Vorführräume (z. B. Filmtheater) zur Projektion auf Bildwände mit unterschiedlichen, alternativ verwendeten Bildwand-Seitenverhältnissen (Prinzipdarstellung)

6.3 Vertikale Lage der Bildwand im Filmtheater

Die vertikale Lage der Bildwand sollte so angeordnet sein, daß die Bildwandunterkante von 0,3 bis 1,3 m über dem Fußboden liegt (entspricht der natürlichen Lage des Geschehens in einer Totalen). Für diesen Fall ist jedoch ein ansteigendes Parkett erforderlich, maximal 10 % oder 2 bis 3 Stufen je Sitzplatzreihe. Es sollte jedoch grundsätzlich bei einer Planung stets die Sichtlinie der letzten Sitzplatzreihe zur Bildwandunterkante überprüft werden, die nur wenig oder nur teilweise durch vor dem Betrachter sitzende Personen abgeschattet sein sollte.

Bei ansteigendem Parkett kann die vertikale Lage der Bildwand auch auf eine andere Weise ermittelt werden.

Wird im Seitenriß eines Vorführraumes von einem Betrachter im mittleren Teil des ansteigenden Parketts eine horizontale Sehlinie gezogen, so sollte diese auf die horizontale Mittellinie der Bildwand auftreffen. Hieraus ergeben sich dann unter Berücksichtigung von e_{max} die Maße der Bildwand und ihre Lage in der Vertikalen.

6.4 Bildwandkrümmung

Eine Krümmung der Bildwand (siehe auch 5.6) in horizontaler Richtung wird bei Anwendung von Bildwand-Seitenverhältnissen $\geq 2:1$ mit Rücksicht auf bessere Abbildungseigenschaften und zugleich beim Verwenden des Bildwandtyps S (siehe E DIN 19045-4) eine bessere Verteilung des von der Bildwand reflektierten Lichts empfohlen; der Krümmungsradius sollte den 1,5fachen Projektionsabstand nicht überschreiten (siehe 5.6).

7 Sichtbedingungen bei der Laufbildprojektion im Filmtheater

Sichtbedingungen (Summe aller Kenngrößen in der Vertikalen zum ungehinderten und ermüdungsfreien Betrachten projizierter Bilder für horizontale oder ansteigende oder wannenförmige Bodenfläche) siehe [4] und Abschnitt 4.

Die Sehlinien zur Bildwandunterkante werden hier von der Anordnung der Sitzplatzreihen (Sitzplätze direkt hintereinander oder versetzt "auf Lücke") beeinflußt (siehe Anhang B, zu 4.3).

273

Anhang A (informativ)
Literaturhinweise

DIN 108-1
 Diaprojektoren und Diapositive — Dias für allgemeine Zwecke und zur Verwendung in Filmtheatern — Nenngrößen, Bildbegrenzungen, Bildlage, Kennzeichnung

DIN 108-2
 Diaprojektoren und Diapositive — Dias mit wissenschaftlich-technischem Informationsinhalt — Originalvorlagen, Ausführung, Prüfung, Vorführbedingungen

DIN 108-17
 Diaprojektoren und Diapositive — Arbeitsprojektoren — Folien, Transparente, Vorführhilfen

DIN 15502-1
 Film 35 mm — Bildgrößen — Aufnahme und Wiedergabe — Bildseiten-Verhältnis 1,37:1

DIN 15545
 Film 35 mm — Bildgrößen — Wiedergabe — Bildseiten-Verhältnis 1,66:1

DIN 15546
 Film 35 mm — Bildgrößen — Aufnahme und Wiedergabe — Anamorphotisches Verfahren — Bildwand-Seitenverhältnis 2,35:1

DIN 15602-1
 Film 16 mm — Bildgrößen — Teil 1: Aufnahme und Wiedergabe — Bildseiten-Verhältnis 1,37:1

DIN 15702
 Film 65 mm und Film 70 mm — Bildgrößen, Aufnahme und Wiedergabe, Bildseitenverhältnis 2,2:1

DIN 15852-1
 Film 8 mm — Bildgrößen — Aufnahme und Wiedergabe von Film 8R

DIN 15852-2
 Film 8 mm — Bildgrößen — Aufnahme und Wiedergabe von Film 8S

DIN 19045-5
 Lehr- und Heimprojektion für Steh- und Laufbild — Sicherheitstechnische Anforderungen an konfektionierte Bildwände

DIN 19045-6
 Lehr- und Heimprojektion für Steh- und Laufbild — Bildzeichen und Info-Zeichen

DIN 19045-7
 Projektion von Steh- und Laufbild — Meßverfahren zum Ermitteln der Abbildungseigenschaften von Diaprojektoren

DIN 19046-3
 Bühnen- und Theaterprojektion für Steh-, Wander- und Laufbild — Bühnenbeleuchtung und Projektion des Bühnenabschlusses

Beiblatt 1 zu DIN 19046-2
 Bühnen- und Theaterprojektion für Steh-, Wander- und Laufbild — Schrägprojektion auf ebene Bildwände — Arbeitsunterlagen für den praktischen Gebrauch

DIN 19051-2
 Testvorlagen für die Reprographie — Testfelder zum Prüfen der Lesbarkeit und Messung des Auflösungsvermögens

ISO 446 : 1991
 Micrographics — ISO charakter and ISO test chart No. 1 — Description and use

Anhang B (informativ)
Erläuterungen

DIN 19045-1 bis E DIN 19045-4 enthalten systemartig miteinander verbundene Festlegungen, durch die Betrachter aus festgelegten Betrachtungsabständen zu einer sich hieraus ergebenden projizierten Bildbreite, um alle Einzelheiten des projizierten Bildes erkennen und die Gesamtinformation erfassen zu können.

Die **Betrachtungsbedingungen** in der Horizontalebene entstehen aus den physiologischen und psychologischen Forderungen sowie aus den Grenzen des menschlichen Auges beim Sehvorgang. Hieraus können Lage und Form der Betrachterfläche abgeleitet werden.

Die **Sichtbedingungen** gelten für die Vertikalebene des Vorführraumes; in ihnen werden die Bodenkurve der Betrachterfläche und die relative Höhenlage der Bildwand berücksichtigt.

Die **Projektionsbedingungen** werden aus den Betrachtungs- und Sichtbedingungen abgeleitet.

Die **Herstellbedingungen** für Original- und Projektionsvorlagen leiten sich aus den Projektionsbedingungen und damit ebenfalls aus den Betrachtungs- und Sichtbedingungen ab; sie sind in E DIN 19045-3 festgelegt.

Die gegenseitige Abhängigkeit dieser Bedingungen erfordert Grenz- bzw. Anschlußwerte, welche in E DIN 19045-2, E DIN 19045-3 und E DIN 19045-4 festgelegt sind.

Zu 3.1 und 3.2.2 "Erfassen der Gesamtinformation eines projizierten Bildes":

Das Erfassen der Gesamtinformation eines projizierten Bildes ist abhängig vom Betrachtungsabstand, wie Bild 1 am Beispiel der Lesezeit einer projizierten beschrifteten Projektionsvorlage zeigt. Der kleinste Betrachtungsabstand darf nicht zu niedrig gewählt werden, um das Erfassen des Gesamt-Bildinhaltes ohne Kopfbewegungen zu ermöglichen.

Der **absteigende** Ast der Kurve bedeutet, daß das Erfassen mit kürzer werdendem Betrachtungsabstand schwieriger wird. Der **ansteigende** Ast der Kurve zeigt, daß die Erkennbarkeit mit größer werdendem Betrachtungsabstand sinkt.

Unter den Bedingungen, die beim Ermitteln der Kurve nach Bild 1 bestanden, ergibt sich somit ein optimaler Betrachtungsabstand

$$\frac{e}{b_\mathrm{P}} = 4{,}5 \qquad (B.1)$$

(Dieses Optimum gilt jedoch nicht für Realaufnahmen, siehe [4].)

Zu 3.2.3 "ISO-Testzeichen Nr 1":

Das ISO-Testzeichen Nr 1, für das bereits in ISO 446 : 1991 auf seinen typographischen Charakter hingewiesen wurde, wurde zu einem Testfeld ähnlich DIN 19051-2 als Transparent zusammengestellt (siehe Bild B.1), das in der Mitte und an allen vier Ecken der Nutzfläche (285 mm × 285 mm) eines Arbeitsprojektors Ausführung B für die Nenngröße A4 nach DIN 108-17 aufgelegt wurde.

Für die Untersuchung wurden im Jahre 1972 folgende Bedingungen festgelegt, an der etwa je 20 Personen an 6 verschiedenen Orten teilnahmen:

Tiefe des Vorführraums: $t_R = 10$ m
Größter Betrachtungsabstand: $e_\mathrm{max} = 9$ m
Maße der zur Projektion genutzten Fläche b_P auf der Bildwand: 1,5 m × 1,5 m.

Bild B.1: Testfeld ähnlich DIN 19051-2 für die Transparente von Arbeitsprojektoren

Schlüsselweite c des kleinst-erkennbaren ISO-Testzeichens Nr 1: 21 mm.

Hieraus ergibt sich ein auf die Breite der Bildwand ausgerichteter größter Betrachtungsabstand e_max von

$$e_\mathrm{max} = \frac{9}{1{,}5} = 6\, b_\mathrm{P} \qquad (B.2)$$

Diese Bedingungen wurden den Empfehlungen des Instituts für Film und Bild in Wissenschaft und Unterricht (FWU) in Grünwald angelehnt.

Die bei Dunkelraumprojektion ermittelten Ergebnisse führten 1977 durch die zunehmende Bedeutung der Hellraumprojektion zu einer Überprüfung. Hierbei wurden einer größeren Anzahl von Betrachtern neben dem ISO-Testzeichen Nr 1 alternativ auch Schriftzeichen zugeordneter Größe bei Hell- und Dunkelraumprojektion auf drei unterschiedlichen Bildwänden (Bildwandtyp D, Bildwandtyp S und Bildwandtyp B) vorgeführt. Die Maße der zur Projektion ausgenutzten Fläche auf der Bildwand und der größte Betrachtungsabstand e_max entsprachen denen der vorbeschriebenen Untersuchung.

Die Auswertung ergab Bild B.2.

Die Kurven in Bild B.2 zeigen die Erkennbarkeit bei einem Betrachtungswinkel von 0° (bei einem Betrachtungsabstand von $e_\mathrm{max} = 9$ m). Die Erkennbarkeit erhöht sich bei einem Betrachtungswinkel von 40° (bei einem Betrachtungsabstand von 6,9 m), da der Betrachtungsabstand kleiner ist.

Aus Bild B.2 geht hervor, daß im Mittel Schrift und ISO-Testzeichen Nr 1 von der gleichen Anzahl von Betrachtern erkannt wird, wenn das ISO-Testzeichen Nr 1 um etwa **eine Stufe größer** als das durch "Vorbestimmung" zugeordnete ist. Dies entspricht dem Faktor

$$\sqrt[8]{2} = 1{,}09$$

Der Unterschied kann durch drei grundsätzliche Einflüsse entstanden sein:

a) Die gewählte Größenbeziehung zwischen ISO-Testzeichen Nr 1 und Schriftgröße war nicht richtig gewählt;

oder

b) trotz der unterschiedlichen Kombination in der Buchstabenfolge wird das Erkennen durch die

Seite 22
DIN 19045-1 : 1997-05

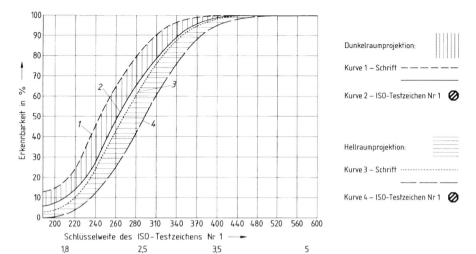

Bild B.2: Erkennbarkeit in % in Abhängigkeit von der Schriftgröße h (Kurven 1 und 3) und der Schlüsselweite des ISO-Testzeichens Nr 1 (Kurven 2 und 4) bei Dunkel- und Hellraumprojektion

Lesbarkeit erleichtert (Lesbarkeit liegt vor, wenn in einem dem Betrachter bekannten Wort 85 % der Buchstaben — oder die Lage von sieben ISO-Testzeichen Nr 1 bei acht projizierten — erkannt werden, damit das ganze Wort "gelesen" werden kann);
oder

c) der Unterschied zwischen den beiden Testanordnungen liegt darin, daß im Buchstabentest jeder Buchstabe eine individuelle Form hat, während bei der ISO-Testzeichenprüfung das gleiche Zeichen in gleicher Form, aber in vier verschiedenen Lagen betrachtet wird.

Der Unterschied in der Zeichenform (individuelle Gestaltung des Einzelbuchstabens und damit klare unterscheidbare Form im Gegensatz zur monotonen Zeichenform des ISO-Testzeichens Nr 1 mit hoher Informationsdichte, aber unterschiedlicher Lage) schien bei den Diskussionen eine Erklärung (nach Einfluß c) für die unterschiedliche Lage der Kurven für Hell- und Dunkelraumprojektion zu sein.

Zu 3.2.6 "Betrachterfläche und Vorführraum":
Der seitliche Schrägbetrachtungswinkel bezieht sich im Bild 8 nur auf die Bildwandmitte. Dies bedeutet, daß z. B. ein an der äußeren linken Begrenzung der Betrachterfläche sitzender Betrachter Bildelemente am rechten Bildwandrand unter einem größeren Schrägbetrachtungswinkel sieht — und umgekehrt.

Diese Erscheinung verstärkt sich, wenn statt der in Bild 8 dargestellten Normalprojektion (Bildwand-Seitenverhältnis 1 : 1 bzw. maximal 1,41 : 1) eine Breitwandprojektion (Bildwand-Seitenverhältnis maximal 2,5 : 1) durchgeführt wird. Um diese Verzerrungen zu vermeiden, ergibt sich als Konsequenz eine seitliche Einengung der Betrachterfläche, die aber auch durch die Leuchtdichtefaktor-Indikatrix von Bildwänden mit starker Vorzugsrichtung der Reflexion — z. B. beim Bildwandtyp B — bedingt sein kann.

Zu 4.3 "Bodenkurve des Vorführraumes":
Die Sichtbedingungen enthalten die Summe aller Kenngrößen in der Vertikalen zum ungehinderten und ermüdungsfreien Betrachten projizierter Bilder, abhängig von der Art der Bodenfläche (horizontal, ansteigend oder wannenförmig) (Siehe Bild 12 und [4])
Von erheblichem Einfluß sind die Sehlinien zur Bildwandunterkante, die sich aus dem Seitenriß eines Vorführraumes leicht ermitteln lassen. Direkt hintereinander liegende Sitzplätze sollten vermieden werden. Eine Abhilfe ergibt sich durch den reihenweisen Versatz um einen halben Sitzplatz, der in der Fachsprache "Anordnung auf Lücke" genannt wird.

Zu Abschnitt 6 "Betrachtungsbedingungen bei der Laufbildprojektion im Filmtheater":
a) Grundanforderungen
Für alle Arten der Projektion (Steh-, Laufbild-, Video- und LCD-Projektion) erfüllen auf jeden Fall die relative Lage (zur Bildwand) der Betrachterfläche die Bedingungen des Erkennens und Erfassens nach 3.1, da sie mit der Gestaltung der Bildvorlage und der Projektionsvorlage nach E DIN 19045-3 aufeinander abgestimmt sind.

b) Zusätzliche Einflüsse bei der Projektion von Spielfilmen
Bei Spielhandlungen, die in Szenenflächen eingebettet sind, ist es mitunter erforderlich, gleichzeitig mehrere kleinste Einzelheiten zu erfassen, diese aber zugleich voll zu erkennen, um die Bedeutung einer Einzelszene, gegeben durch die dramaturgische Gestaltung, voll zu begreifen. Erst dadurch wird der Betrachter voll am Handlungsablauf "beteiligt".

Hierzu gehören:

— das gleichzeitige Erfassen und Erkennen mehrerer kleinster Einzelheiten, z. B. Gemütsregungen durch Gesichtsausdruck, ausgelöst durch hinweisende Einzelheiten in der Umgebung;

— das regiemäßige Verändern des Blickwinkels durch wechselweise Darstellungen in einem Szenenablauf mit Totale, Nah- und Großaufnahme in kontinuierlicher (Zoom-Effekt) oder diskontiniuierlicher Form wie auch das Schwenken der Kamera (Panorama-Effekt) zwingen letztlich auch zum Verändern der Außenmaße der Betrachterfläche (siehe unter c)).

Die Bedingungen für das Erfassen des Gesamtinformationsinhalts und für das Erkennen von Einzelheiten werden durch richtige Wahl der genannten Kameraeinstellungen unterstützt.

So müssen in kürzester Zeit z. B. durch Veränderung von Gesichtszügen eines Darstellers seine Gemütsbewegungen voll erkannt werden, zugleich aber auch die Umgebung als hinweisende Vorbereitung für den folgenden Szenenablauf deutlich erfaßbar sein.

Eine gute Lösung dieser Art der Bilddarstellung gehört mit zu den wesentlichen Aufgaben des Regisseurs und des Kameramannes. Sie wird im allgemeinen erreicht durch eine stärkere Vergrößerung des entscheidenden Bildinhaltes durch Nah- oder Großaufnahme, im Gegensatz zu einem kommentierten Kulturfilm, in dem abschnittsweise nur einzelstehende Informationen vermittelt, diese aber dann in erforderlicher Größe dargestellt werden.

Somit ist ein wesentliches Kennzeichen beim Betrachten der Ergebnisse in der Laufbildprojektion die Möglichkeit, dem Betrachter Bewegungen aller Art im Bild vorzuführen. Diese Tatsache ist nicht nur durch die Aufnahme beweglicher Objekte voll ausgeschöpft, vielmehr werden zusätzliche Bildbewegungen durch die während der Aufnahme am Stativ horizontal oder vertikal schwenkbare Kamera, durch frei verfahrbare oder schienengebundene Kamerawagen oder -kräne und durch stetige Veränderungen des Aufnahmewinkels mit einem Objektiv veränderbarer Brennweite erzielt.

Außerdem werden die Bedingungen für das Erfassen des Gesamtinformationsinhaltes und für das Erkennen von Einzelheiten weitgehend von den unterschiedlichen Kameraeinstellungen (Totale, Nah-, Großaufnahme) unterstützt.

Hinzu kommt, daß ein am Bildrand auftretender Bewegungsvorgang das Auge des Betrachters aus psychologischen Gründen zwingt, die Blickrichtung auf diesen Bewegungsvorgang zu leiten.

Alle aufgeführten Tatsachen sind wesentlich für das Betrachten von Filmen mit Bildwand-Seitenverhältnissen größer als 1,37:1. Das gleichzeitige Erfassen des Gesamtinformationsinhaltes eines projizierten Bildes der Laufbildphotographie im Breitwand-Format (1,66:1 oder 1,85:1), im "ToddAO-Format (2,28:1), im "CinemaScope"-Format (2,35:1) oder einem Verfahren, welches ein noch höheres Bildwand-Seitenverhältnis aufweist, ist nicht erforderlich. Das großflächig projizierte Bild sollte vielmehr das Gesichtsfeld des Betrachters voll ausfüllen und ihn mit dem Handlungsablauf enger verbinden. In Sonderfällen und an extrem gelegenen Sitzplätzen überschreitet das projizierte Bild sogar das Gesichtsfeld des Betrachters.

Bei der Bildaufnahme ist das jeweils darzustellende Hauptthema in der Bildmitte erfaßt. Tritt ein für den Handlungsablauf wichtiges Motiv an einem der Bildränder in die Szene ein, erfolgt dies im allgemeinen durch eine Bewegung der Kamera mittels eines Schwenks, durch den Kamerawagen oder den Kamerakran, oder eine Überblendung in eine andere Szeneneinstellung. Es entsteht dann der Effekt, daß ein am Bildrand auftretender Bewegungsvorgang das Auge des Betrachters aus psychologischen Gründen zwingt, die Blickrichtung auf diesen Bewegungsvorgang zu leiten.

Das Erfassen einer gesamten Szene ist aber nicht immer erforderlich. Oft soll das großflächig projizierte Bild nur das Gesichtsfeld des Betrachters voll ausfüllen und ihn mit dem Handlungsablauf enger verbinden. Dies gilt nicht nur für Spielfilme, sondern auch für Kulturfilme mit Spielhandlungen, im Gegensatz zu einem kommentierten Kulturfilm, in dem abschnittsweise nur einzelstehende Informationen vermittelt, diese aber dann in erforderlicher Größe dargestellt werden müssen. Lediglich bei Aktualitätsaufnahmen ist es nicht erforderlich, daß diese regiemäßig wichtige Grundregel stets voll erfüllt wird.

c) Projizierte Bildgrößen

Folgende Kurzzeichen werden verwendet:

h_P Höhe des projizierten Bildes allgemein

b_P Breite des projizierten Bildes allgemein

h_{PN} Höhe des projizierten Bildes im "klassischen" Bildwand-Seitenverhältnis 1,37:1

b_{PN} Breite des projizierten Bildes im "klassischen" Bildwand-Seitenverhältnis 1,37:1

h_{PB} Höhe des projizierten Bildes für alle Breitwand-Seitenverhältnisse

b_{PB} Breite des projizierten Bildes für alle Breitwand-Seitenverhältnisse

Bis vor kurzer Zeit wurden alle Bildwand-Seitenverhältnisse mit gleicher Bildhöhe projiziert. Die Verbesserung (Auflösungsvermögen) des Filmmaterials erlaubt heute eine Bildhöhenvergrößerung, verbunden mit einer Erhöhung des Darstellungseffektes von 20%, ohne das bei der Projektion sichtbare Auflösungsvermögen nachteilig zu beeinflussen (siehe Bild 18). Die Vorführpraxis in den Filmtheatern hat mit Erfolg bewiesen, daß der Darstellungseffekt erhöht wird, wenn die Bildwandhöhe aller projizierten Breitwandbilder gegenüber der Bildwandhöhe des Normalformats um 20% erhöht wird.

Tabelle B.1 gibt einen Überblick über die Anteile der Bildbreite des Normalbildformats 1,37:1 in % (Verteilung des Informationsinhalts) bei der Projektion auf Bildwände im Breitwandformat (ab 1,66:1). Darüber hinaus sind die unausgenutzten Restanteile an jeder Seite der Bildwand im Breitwandformat angegeben.

Findet der Handlungsablauf in dem in der Spalte 2 der Tabelle B.1 angegebenen Bereich (entspricht in % dem Informationsinhalt eines projizierten Bildes im Normalformat 1,37:1) statt, können die in 3.1 angegebenen Betrachtungsbedingungen für die seitlichen Bildbegrenzungen der Betrachterfläche das Erfassen des Gesamtinhaltes ohne weiteres übernommen werden.

Die Spalte 3 der Tabelle B.1 gibt den Anteil (in %) auf jeder Bildseite an, der dann außerhalb des Handlungsablaufs liegt.

In Spalte 5 der Tabelle B.1 sind zusätzlich die Anteile (in %) auf jeder Bildseite angegeben, die außerhalb des Handlungsablaufes liegen.

Die Bildwand-Seitenverhältnisse sind festgelegt:

1,37:1 in DIN 15502-1

1,66:1 in DIN 15545

2,2:1 in DIN 15702

2,35:1 in DIN 15546

Zu 6.2 "Betrachterfläche bei der Laufbildprojektion in Filmtheatern":

Die optimale Wiedergabequalität bei der Projektion setzt voraus, daß der Laufbildprojektor außer einem lichttechnisch guten Zustand auch einen guten Bildstand aufweisen muß, der in zyklischen Abständen überprüft werden sollte.

Tabelle B.1: Anteile des Normalformats (in %) an verschiedenen Breitwandverfahren und Restanteile (in %) außerhalb der Hauptinformationsfläche für $h_{PB} = h_{PN}$ und $h_{PB} = 1{,}2\, h_{PN}$

Verfahren	$h_{PB} = h_{PN}$		$h_{PB} = 1{,}2 \cdot h_{PN}$	
	Anteil des Normalformats (1,37:1) %	ungenutzter Restanteil an jeder Seite %	Anteil des Normalformats (1,37:1) %	ungenutzter Restanteil an jeder Seite %
1	2	3	4	5
Breitwand 1,66:1	82	9	69	15
Breitwand 1,85:1	74	13	62	19
"ToddAO" 2,25:1	60	20	50	25
"CinemaScope" 2,35:1	59	20	49	25

Wird beim Normalbildformat 1,37:1 für die Höhe des projizierten Bildes $h_{PN} = 1$ gesetzt, so ergeben sich für die Kenngrößen der Betrachterfläche (siehe Abschnitt 6, Tabelle 4):
Alle genannten Argumente führen dazu, für eine wirkungsvolle Bilddarstellung eines Spielfilmes in einem Filmtheater die in Bild 1 dargestellte Betrachterfläche in ihren Außenbegrenzungen zu verändern. Als Grundlage sollte Bild 21 beachtet werden.
Bei Laufbildfilmen mit überwiegendem Lehrcharakter (beim Schulbetrieb) wird die Erfaßbarkeit des gesamten Informationsinhalts des projizierten Bildes auch von den vordersten Sitzplatzreihen aus gefordert. Breitwandformate sind daher nicht geeignet.

Vorderer und hinterer Abstand der Sitzplatzreihen von der Bildwand
Die in Tabelle 4 angegebenen Abstände e_{min} und e_{max} ergaben sich aus der bisherigen Betrachterfläche (siehe Bild 20) unter Berücksichtigung aller spielfilmtechnischen Kriterien wie folgt:
Für das "klassische" Bildwand-Seitenverhältnis 1,37:1 ergibt sich als Kehrwert für die Bildwandbreite ($b_{PN} = 1$). Unter Berücksichtigung der vergrößerten Bildwandhöhe $h_{PB} = 1{,}2 \cdot h_{PN}$ bei allen Breitwandformaten (siehe Bild 19) ergibt sich der Wert 0,87.
Dann werden für e_{min} und e_{max} folgende Werte erhalten:
in bezug auf h_{PN}: $e_{min} = 1{,}5/0{,}729 = 2{,}05 \cdot h_{PN}$
$e_{max} = 6\ /0{,}729 = 8{,}23 \cdot h_{PN}$

h_{PB}: $e_{min} = 1{,}5/0{,}87 = 1{,}72 \cdot h_{PB}$
$e_{max} = 6\ /0{,}87 = 6{,}89 \cdot h_{PB}$
Unter Berücksichtigung der szenischen Darstellung bei einem Spielfilm ist es empfehlenswert — und durch die Praxis bewiesen —, diese Werte durch 1,5 bzw. 2 zu dividieren. Somit erhält man dann die Werte in der Tabelle 6, die das Verhältnis von e_{min} und e_{max} zur Höhe des projizierten Bildes angeben.
Werden in einem Filmtheater unterschiedliche Bildwand-Seitenverhältnisse alternativ verwendet, so ist es mit Rücksicht auf die Abmessungen einer einheitlichen Betrachterfläche vorteilhaft, alle ihre Maße **nicht** auf die (unterschiedlichen) Bildwandbreiten b_{PB}, sondern auf eine gemeinsame Bildwandhöhe h_{PB} zu beziehen (siehe Bild 18 und Bild 19). Tabelle B.2 gibt das Verhältnis des Abstandes der Sitzplatzreihen in bezug auf die Bildwandhöhe an. Hieraus ergeben sich als Richtlinien die gegenüber Bild 1 und Bild 20 geänderten Abmessungen einer Betrachterfläche, wie in Bild 21 dargestellt.
Die mittlere Breite der Sitzplatzreihe im Filmtheater in der Betrachterfläche sollte nicht die Breite einer Bildwand im Bildwand-Seitenverhältnis 2,35:1 überschreiten, wobei eine Verkürzung im vorderen Teil der Betrachterfläche und eine entsprechende Verlängerung im hinteren Teil erforderlich ist, um Augen- bzw. Kopfbewegungen zu vermeiden. Mit Rücksicht auf gute Betrachtungsbedingungen von den seitlich gelegenen Sitzplätzen wurde die seitliche Begrenzung der Betrachterfläche von 40° auf den Bereich 10° bis 20° reduziert.

Tabelle B.2: Verhältnis der Abstände e_{min} und e_{max} einer Betrachterfläche für Filmtheater unter Berücksichtigung des regiebedingten Handlungsablaufs

Verfahren	e_{min}		e_{max}	
	h_P	$h_P/1{,}2$	h_P	$h_P/1{,}2$
für Stehbildprojektion (Betrachterfläche nach Bild 1)	2,05	1,72	8,23	6,89
für Filmtheater, Werte durch 1,5 dividiert	1,36	1,14	5,48	4,59
für Filmtheater, Werte durch 2 dividiert	1,02	0,86	4,11	3,44
neuer Bereich für Filmtheater	1,1 bis 1,5 [1])		4,5 bis 5,5 [2])	

[1]) Der Wert 1,5 ist bei Bildwand-Seitenverhältnissen $\geq 2{:}1$ anzustreben.
[2]) Der niedrigere Wert ist anzustreben.

Dezember 1998

Projektion von Steh- und Laufbild
Teil 2: Konfektionierte Bildwände

DIN
19045-2

ICS 37.040.10; 37.060.10

Deskriptoren: Projektion, Bildwand, Stehbildprojektion, Laufbildprojektion

Ersatz für
Ausgabe 1984-01

Projection of still pictures and motion-pictures — Part 2: Screens
Projection fixe et cinématographique — Partie 2: Écrans

Inhalt

Seite

Vorwort 2

1 **Anwendungsbereich** 3

2 **Normative Verweisungen** 3

3 **Definitionen** 3
3.1 Bildwand 3
3.2 Konfektionierte Bildwand 3
3.3 Einrichtung zum Neigen der Bildwand 4
3.4 Bildwandfläche 4
3.5 Bildwandtyp 4
3.6 Bildwandart 4
3.7 Bildwandabmessung 4
3.8 Bildwand-Seitenverhältnis 4
3.9 Bildwandrahmen 4
3.10 Randabdeckung 4
3.11 Nutzfläche einer Bildwand 6
3.12 Einstellmarke einer Bildwand 6
3.13 Bildwand-Spanneinrichtung 6
3.14 Bildwandständer 6
3.15 Bildwandneigung 6

4 **Bildwandmaterial** 6

5 **Reflexionseigenschaften und Bildwandoberfläche** 6

6 **Größe der Bildwand** 6

7 **Bildwand-Seitenverhältnis und Einstellmarke** 6
7.1 Bildwand-Seitenverhältnis 6
7.2 Einstellmarke 8

8 **Bildwandmaße, Bildwand-Seitenverhältnis 1:1** 8

9 **Anordnung der Bildwand unter Berücksichtigung der Reflexionseigenschaften** 8
9.1 Anordnung diffus reflektierender Bildwände 8
9.2 Anordnung bündelnd reflektierender Bildwände 9

10 **Schwenken und Neigen der Bildwand** 9

11 **Bezeichnung und Bestellangaben** 9
11.1 Bezeichnung 9
11.2 Bestellangaben 9

12 **Kennzeichnung** 9

Anhang A (informativ) Literaturhinweise 10

Anhang B (informativ) Erläuterungen 11

Fortsetzung Seite 2 bis 11

Normenausschuß Bild und Film (photokinonorm) im DIN Deutsches Institut für Normung e.V.
Normenausschuß Bühnentechnik in Theatern und Mehrzweckhallen (FNTh) im DIN

Vorwort

Diese Norm wurde vom Normenausschuß Bild und Film (photokinonorm) im DIN, zuständiger Arbeitsausschuß phoki 1.9 „Projektions- und Betrachtungsbedingungen", ausgearbeitet.

Sollen beim Betrachten eines projizierten Bildes alle in der Originalvorlage enthaltenen Einzelinformationen mit Sicherheit erkannt werden, müssen alle Einzelbedingungen als Festlegungen aufeinander abgestimmt sein. Die Einzelbedingungen gelten für:
— Original- und Projektionsvorlage
— Projektor
— Bildwand
— Projektionsabstand
— Betrachtungsabstände innerhalb der Betrachterfläche
— Hell- oder Dunkelraumprojektion

DIN 19045 „Projektion von Steh- und Laufbild" besteht aus:
— Teil 1: Projektions- und Betrachtungsbedingungen für alle Projektionsarten
— Teil 2: Konfektionierte Bildwände
— Teil 3: Mindestmaße für kleinste Bildelemente, Linienbreiten, Schrift- und Bildzeichengrößen in Originalvorlagen für die Projektion
— Teil 4: Reflexions- und Transmissionseigenschaften von Bildwänden — Kennzeichnende Größen, Bildwandtypen, Messung
— Teil 5: Sicherheitstechnische Anforderungen an konfektionierte Bildwände
— Teil 6: Bildzeichen und Info-Zeichen
— Teil 7: Meßverfahren zum Ermitteln der Abbildungseigenschaften von Diaprojektoren
— Teil 8: Lichtmessung bei der Bildprojektion mit Projektor und getrennter Bildwand
— Teil 9: Lichtmessung bei der Bildprojektion mit Projektionseinheiten

und stellt ein System von Festlegungen mit nachstehenden Vorteilen dar:
a) Originalvorlagen mit unterschiedlichen Formaten werden mit **einheitlicher** Darstellungstechnik hergestellt (siehe DIN 19045-3).
b) Von Originalvorlagen, die nach a) hergestellt sind, können alternativ Projektionsvorlagen mit unterschiedlichen festgelegten Formaten hergestellt werden (siehe DIN 19045-3).
c) Die Projektion der unter b) genannten Projektionsvorlagen aller festgelegten Formate auf eine Bildwand ergibt wieder die unter a) genannte einheitliche Darstellungstechnik, auch wenn Projektionsvorlagen unterschiedlicher Formate alternativ vorgeführt werden (siehe DIN 19045-1).
Aus der Vielfalt von Bildwänden mit unterschiedlichen Außenmaßen wurde zur leichteren Auswahl eine Vorzugsreihe festgelegt. Die lichttechnischen Eigenschaften von Bildwänden und ihre Messung sind in DIN 19045-4 festgelegt.
d) Aus einem auf die projizierte Bildbreite bezogenen größten Betrachtungsabstand können mit Sicherheit alle Einzelinformationen erkannt werden (siehe DIN 19045-1).
e) Die Messungen der Beleuchtungsstärke durch den Projektor und für die Bildwandleuchtdichte durch Bildwandeigenschaften (siehe DIN 19045-4 und DIN 19045-8) werden für alle Projektionsarten nach **einheitlichen** Meßverfahren durchgeführt.
f) Die sicherheitstechnischen Anforderungen an konfektionierte Bildwände sind in DIN 19045-5 festgelegt.
Durch die Einhaltung der sicherheitstechnischen Anforderungen an konfektionierte Bildwände nach DIN 19045-5 wird der Schutz gegen mechanische und elektrische Gefahren sichergestellt.
Zusammenhang mit einem bei ISO/TC 36 „Kinematographie" in Arbeit befindlichen internationalen Normungsvorhaben siehe Anhang B.

Änderungen

Gegenüber der Ausgabe Januar 1984 wurden folgende Änderungen vorgenommen:
a) Norm vollständig überarbeitet und dem heutigen Stand der Technik angepaßt.
b) Festlegungen um „konfektionierte Bildwände" und Begriffe erweitert.
c) Auf die neue ISO-Arbeit hingewiesen.
d) Norm redaktionell überarbeitet.

Frühere Ausgaben

DIN 19045-2: 1974-10, 1984-01

1 Anwendungsbereich

Diese Norm gilt für konfektionierte Bildwände für **alle** Arten der Auflichtprojektion. Hierzu gehören Steh-, Laufbild-, Video- und LCD-Projektion. Bildwände für die Freilichtprojektion (z. B. Autokinos) sowie alle Anwendungsarten für die Durchlichtprojektion sind in dieser Norm **nicht** berücksichtigt (siehe Anhang B „Erläuterungen" zur ISO-Arbeit").

2 Normative Verweisungen

Diese Norm enthält durch datierte oder undatierte Verweisungen Festlegungen aus anderen Publikationen. Diese normativen Verweisungen sind an den jeweiligen Stellen im Text zitiert, und die Publikationen sind nachstehend aufgeführt. Bei datierten Verweisungen gehören spätere Änderungen oder Überarbeitungen dieser Publikationen nur zu dieser Norm, falls sie durch Änderung oder Überarbeitung eingearbeitet sind. Bei undatierten Verweisungen gilt die letzte Ausgabe der in Bezug genommenen Publikation.

DIN 108-2
Diaprojektoren und Diapositive — Technische Dias — Vorlagen, Ausführung, Prüfung, Vorführbedingungen

DIN 108-5
Diaprojektoren und Diapositive — Bildbänder, Maße, Bildlage

DIN 15502-1
Film 35 mm — Bildgrößen, Aufnahme und Wiedergabe, Bildseiten-Verhältnis 1,37:1

DIN 15545
Film 35 mm — Bildgrößen, Wiedergabe, Bildseiten-Verhältnis 1,66:1

DIN 15546
Film 35 mm — Bildgrößen, Aufnahme und Wiedergabe, Anamorphotisches Verfahren, Bildwand-Seitenverhältnis 2,35:1

DIN 15602-1
Film 16 mm — Bildgrößen, Aufnahme und Wiedergabe, Bildseiten-Verhältnis 1,37:1

DIN 15602-2
Film 16 mm — Bildgrößen, Wiedergabe für Fernsehzwecke, Bildseiten-Verhältnis 1,33:1

DIN 15702
Film 65 mm und Film 70 mm — Bildgrößen, Aufnahme und Wiedergabe, Bildseiten-Verhältnis 2,2:1

DIN 15852-1
Film 8 mm — Bildgrößen, Aufnahme und Wiedergabe, Bildseiten-Verhältnis 1,375:1

DIN 15852-2
Film 8 mm — Bildgrößen, Aufnahme und Wiedergabe von Film 8S

DIN 19045-1
Projektion von Steh- und Laufbild — Teil 1: Projektions- und Betrachtungsbedingungen

DIN 19045-3
Projektion von Steh- und Laufbild — Teil 3: Mindestmaße für kleinste Bildelemente, Linienbreiten, Schrift- und Bildzeichengrößen in Originalvorlagen für die Projektion

DIN 19045-4
Projektion von Steh- und Laufbild — Teil 4: Reflexions- und Transmissionseigenschaften von Bildwänden — Kennzeichnende Größen, Bildwandtypen, Messung

DIN 19045-5
Lehr- und Heimprojektion für Steh- und Laufbild — Teil 5: Sicherheitstechnische Anforderungen an konfektionierte Bildwände

DIN 19045-8
Projektion von Steh- und Laufbild — Teil 8: Lichtmessungen bei der Bildprojektion mit Projektor und getrennter Bildwand

DIN 19045-9
Projektion von Steh- und Laufbild — Teil 9: Lichtmessungen bei der Bildprojektion mit Projektionseinheiten

DIN 66233-1
Bildschirmarbeitsplätze — Begriffe

[1] Grau, Wolfgang: Technik der optischen Projektion — Kommentar zu DIN 19045. Berlin: Beuth, 1994 — ISBN 0723-4228

3 Definitionen

Für die Anwendung dieser Norm gelten Definitionen nach DIN 19045-1, nach DIN 19045-4 und folgende Definitionen:

3.1 Bildwand: eine für Projektionszwecke vorbereitete feste oder aufrollbare Auffangfläche für das rein optisch-lichttechnisch projizierte Bild (siehe auch DIN 19045-1 und [1]) mit festgelegten und reproduzierbaren lichttechnischen Eigenschaften.

ANMERKUNG 1: Die Benennung „Bildschirm" sollte **nicht** mehr für rein optisch-lichttechnische Projektion verwendet werden (siehe Anhang B). Diese Benennung gilt heute ausschließlich für die elektronisch-optische Bildwiedergabe (z. B. Fernsehempfänger, Monitore).

ANMERKUNG 2: Projektionsflächen sind solche Auffangflächen für projizierbare Bilder, die keine speziell für die Projektion vorbereitete Oberfläche und/oder für die auch keine gemessenen Werte für den Leuchtdichtefaktor β angegeben sind. (Bei handelsüblichen Bildwänden ist der Leuchtdichtefaktor **vor** der Auslieferung bestimmt.)

ANMERKUNG 3: Mit einem Anstrich ohne festgelegte und reproduzierbare lichttechnische Eigenschaften versehene geputzte Wände oder dergleichen werden **gelegentlich** als Projektionsfläche verwendet, zählen im Sinne dieser Norm aber **nicht** zu den Bildwänden. Wird die Reflexionsfläche mit einer Bildwandfarbe behandelt, welche definierte lichttechnisch-reproduzierbare Eigenschaften des Bildwandtyps D oder S (siehe DIN 19045-4) aufweist, zählt diese Reflexionsfläche zu den Bildwänden. Eine Konfektionierung ist in diesem Fall nicht möglich.

Wichtigste Kennzeichen einer Bildwand sind ihre lichttechnischen Eigenschaften, die mit den winkelabhängig gemessenen Leuchtdichtefaktor β aus Übersichtsgründen in Form einer Leuchtdichtefaktor-Indikatrix angegeben werden (siehe DIN 19045-4).

ANMERKUNG 4: Als Handelsbezeichnung wird auch die Benennung „Lichtbildwand" allein oder in Wortkombinationen verwendet.

3.2 Konfektionierte Bildwand: die Gesamtheit: Bildwand und Hilfseinrichtungen, jedoch **ohne** Dübel und zugeordnete Schrauben.

ANMERKUNG 1: Im Handel wird die Benennung „konfektionierte Bildwand" oft kurz als Bildwand angegeben. Die Dübel und zugeordneten Schrauben stellen die Verbindung zwischen der konfektionierten Bildwand und dem Befestigungsort (z. B. Wand oder Decke) dar. Für den Befestigungsort sind Angaben über die auftretenden Zug-, Scher- und Bedienungskräfte zu ermitteln, nach denen die geeigneten Dübel- oder Schraubengrößen auszuwählen sind. Alle Befestigungselemente müssen vom Deutschen Institut für Bautechnik (DIBt), Berlin, zugelassen sein. (Siehe auch Empfehlungen des Herstellers.)

ANMERKUNG 2: Tabelle 1 gibt einen Überblick über die Hauptarten von konfektionierten Bildwänden.

3.3 Einrichtung zum Neigen der Bildwand: Das Neigen der Bildwand, z. B. Bildwandtyp S (im Spiegelwinkel reflektierende Bildwand, siehe DIN 19045-4), ermöglicht eine bessere Nutzung der Leuchtdichtefaktor-Indikatrix zur Betrachterfläche und vermindert darüber hinaus trapezförmige Verzerrungen. (Neigungswinkel siehe Abschnitt 10.)

3.4 Bildwandfläche: Hauptbauelement einer konfektionierten Bildwand, das aufgrund der lichttechnisch meß- und reproduzierbaren Reflexions- bzw. Transmissionseigenschaften der Projektionslichts zur Abbildung von Projektionsvorlagen mit möglichst gleichmäßiger Leuchtdichte für alle Betrachter innerhalb einer Betrachterfläche nach DIN 19045-1 dient.

3.5 Bildwandtyp: Nach lichttechnischen Kriterien wird zwischen vier Hauptgruppen, und grundsätzlich, in Abhängigkeit von der Projektionsart, zwischen Bildwänden für Auflicht- oder Durchlichtprojektion, unterschieden. Viele Bildwände für Auflichtprojektion dürfen auch in Sonderform in schalldurchlässiger (perforierter) Ausführung als Tonfilm-Bildwände hergestellt werden.

a) Auflichtbildwand
— Bildwandtyp D (**D**iffusbildwand, die keine besondere Richtwirkung aufweist)
Der Bildwandtyp D ist die „klassische" Ausführung, er verteilt das projizierte Licht fast gleichmäßig nach allen Seiten, hat somit eine fast halbkreisförmige Leuchtdichtefaktor-Indikatrix (Lambertscher Verteiler), weist jedoch den kleinsten Leuchtdichtefaktor in der Bildwandnormalen auf.
— Bildwandtyp S (reflektiert im **S**piegelwinkel und weist starke Richtwirkung auf)
Der Bildwandtyp S mit Vorzugsrichtung im Spiegelwinkel hat oftmals eine metallisierte Oberfläche, die den Polarisationszustand des einfallenden Lichts unverändert läßt. Dieser Effekt wird bei der Projektion von stereoskopischen Projektionsvorlagen mit polarisiertem Licht genutzt.
— Bildwandtyp B (reflektiert im **A**uftreffwinkel und weist starke Richtwirkung auf. **B**eaded screen)
Beim Bildwandtyp B fallen Lichteinfalls- und Lichtausfallsrichtung zusammen.

b) Durchlichtbildwand
— Bildwandtyp R (für die **R**ückprojektion)
Bildwandtyp R ist der Rückprojektion vorbehalten, z. B. für Direktbetrachtung oder für Hintergrundaufnahmen im Studio.
Bei diesem Bildwandtyp ist durch seine Ausführung dafür gesorgt, daß der vom Projektionsobjektiv herrührende Lichtfleck (hot spot) für den Betrachter ausgelöst wird. Sie sind dabei auf einer Seite mattiert (aufgerauht oder mit lichtstreuendem, transparentem Lack überzogen). Die Leuchtdichtefaktor-Indikatrix (Durchstrahlungscharakteristik) kann durch den gewünschten größten Betrachtungswinkel durch den Rauhigkeitsgrad oder die Art und Größe der lichtstreuenden Teilchen im transparenten Lack angepaßt werden.

3.6 Bildwandart: Konfektionierte Bildwände werden außerdem nach mechanischen Kriterien unterschieden:
— als **Rahmenbildwand** mit geeigneten Befestigungsmitteln in einem Holz- oder Metall-Bildwandrahmen gespannt, mit oder ohne Gestell oder Rahmenfüße. Der Bildwandrahmen darf entweder aus einem Stück bzw. steckbar oder — mit Rücksicht auf einfache Transport- und Aufbewahrungsmöglichkeiten — zerlegbar sein.
— als **Rollbildwand** in einfacher Landkartenform oder in einem Bildwandgehäuse aus Holz oder Metall untergebracht. Der Aus- und Einrollvorgang erfolgt entweder rein manuell oder mittels Motor möglich. Kleinere Rollbildwände (bis etwa 2 m × 2 m) besitzen oft ein Dreibeinstativ zum Aufstellen (Stativbildwand), größere Rollbildwände werden, unter Berücksichtigung sicherheitstechnischer Anforderungen nach DIN 19045-5, an der Wand oder an der Decke befestigt.
— als **Scherengelenkbildwand.** Scherengelenkbildwände sind Sonderausführungen von Rollbildwänden, die sich in einem kastenförmigen Gehäuse — mit oder ohne Untergestell — befinden und mit Hilfe von Scherengelenken und Federn ausgezogen bzw. eingerollt werden.

3.7 Bildwandabmessung: Bildwandhöhe h_B und Bildwandbreite b_B.
ANMERKUNG 1: Es wird zwischen der Nenngröße der Bildwand und ihrer für die Projektion maximal nutzbaren Fläche mit der Bildwandhöhe h_P und der Bildwandbreite b_P unterschieden. h_B und h_P wie auch b_B und b_P unterscheiden sich durch die Breite der Randabdeckung (siehe auch 3.8 und Abschnitt 8).
ANMERKUNG 2: Die Außenmaße h_B und b_B einer Bildwand entsprechen nur dann den Maßen für die Nutzfläche, wenn **keine** Randabdeckung nach 3.10 vorhanden ist.

3.8 Bildwand-Seitenverhältnis: Verhältnis der nutzbaren Bildwandhöhe h_P zur nutzbaren Bildwandbreite b_P. Das Bildwand-Seitenverhältnis ist nicht immer identisch mit dem Bildseitenverhältnis einer Projektionsvorlage. So werden z. B. bei der Diaprojektion oft quadratische Bildwände verwendet, wenn die alternativ Projektionsvorlagen im Hoch- oder Querformat projiziert werden sollen (siehe 7.1). Bildwand-Seitenverhältnis und Bildseitenverhältnis unterscheiden sich auch bei anamorphotischer Projektion.

3.9 Bildwandrahmen: ortsfester, ebener oder für Transportmöglichkeiten steck- oder faltbarer Rahmen aus Holz oder Metall zum Aufspannen einer Bildwand. Für gekrümmte Bildwände z. B. für Breitwandverfahren oder für die Filmprojektion werden die hierzu erforderlichen Bildwandrahmen stets aus Metall hergestellt.

3.10 Randabdeckung: eine dunkle, meist schwarze Umrahmung der Bildwand. Dadurch wird eine unscharfe Abbildung der Bildmaske bei der Projektion unsichtbar und das projizierte Bild erhält einen scharfen, bei eventueller Schrägprojektion auch rechteckigen Rand. Die Randabdeckung wird auch „Kaschierung" genannt.
ANMERKUNG 1: Besitzt die Bildwand eine Randabdeckung, so muß zwischen Außenmaßen und Nutzmaßen der Bildwand unterschieden werden. Ohne Randabdeckung entsprechen die Außenmaße den Nutzmaßen.

Seite 5
DIN 19045-2 : 1998-12

Bei rollbaren Bildwänden ist mindestens an der rechten und linken Seite eine Randabdeckung empfehlenswert.

ANMERKUNG 2: Bei Filmprojektion wird mit Rücksicht auf die sonst unscharfe Randbegrenzung des projizierten Bildes empfohlen, die Breite des projizierten Bildes etwas größer als die Breite der Nutzfläche zu wählen.

Örtliche Projektionsverhältnisse (z. B. bei Schrägprojektion) können zu unterschiedlichen Bildinformationsverlusten führen. Dem dadurch entstehenden Bildinformationsverlust wird durch die Normung bildwichtiger Teile[1] Rechnung getragen.

[1] Siehe DIN 108-5, DIN 15502-1, DIN 15602-1, DIN 15852-1 und DIN 15852-2

Tabelle 1: Hauptarten der konfektionierten Bildwände

Projektionsart	Konfektionierte Bildwand	Nutzform	Mechanischer Aufbau	Handhabung	Bildwandneigung
Auflichtprojektion	Rollbildwand	ortsveränderlich aufhängbar	Bildwand auf Stab gerollt	Bildwand vom Stab abrollen, aufhängen	nicht möglich
	Stativbildwand	ortsveränderlich aufstellbar	Gehäuse mit Federroller, am Stativ montiert	Bildwand aus Gehäuse herausziehen und am Stativsäulenrohr einhängen	möglich
	feste Bildwand mit Bildwandfarbe	ortsfest	feste Fläche (z. B. Holz) mit einer Schicht aus Bildwandfarbe	fest montiert oder beweglich	nicht möglich
		ortsveränderlich			möglich
Auflichtprojektion oder Durchlichtprojektion	Springbildwand	ortsveränderlich aufstellbar (eingeschränkt für Durchlichtprojektion)	Gehäuse mit Scherengelenken und Federn	Bildwand aus Gehäuse nach **oben** oder **unten** herausziehen, Bildwand steht selbsttätig	möglich
	stationäre Bildwand	ortsfest aufhängbar	mit Hand- oder elektromotorischem Antrieb		
			a) in Rollotechnik, handbefestigt	Bildwand aus Gehäuse herausziehen	nicht möglich
			b) Ausrollmechanismus mit Scherengelenk zum automatischen Spannen der Bildwand	Bildwand aus Gehäuse ausfahren	möglich
			c) variabler Antrieb zum stufenlosen Aus- und Einfahren der Bildwand	Bildwand aus Gehäuse herunterrollen bzw. einrollen lassen	nicht möglich
	Faltbildwand	ortsveränderlich aufspannbar oder ortsfest aufhängbar	Bildwand mit verstärktem Rand und Ösen bzw. Druckknöpfen oder Klettband	Bildwand in Rahmengestell einspannen	möglich
	Rahmenbildwand	ortsveränderlich aufstellbar	Bildwand auf Spannrahmen	Bildwand aufstellen oder aufhängen	

283

3.11 Nutzfläche einer Bildwand: für die Projektion nutzbare Fläche der Bildwand innerhalb der Randabdeckung (siehe auch 3.7 und 3.10).

3.12 Einstellmarke einer Bildwand: eine oder mehrere Markierungen auf einer Bildwand, um diese auf ein gewünschtes Bildwand-Seitenverhältnis einstellen zu können (siehe 7.2).

3.13 Bildwand-Spanneinrichtung: Einrichtung aus elastischem Material (z. B. Federn, Gummischnüre), um eine senkrecht oder geneigt aufgestellte Bildwand faltenfrei zu befestigen. Ausführungsmöglichkeiten sind Rahmen-, Stativ- und Scherengelenkbildwände.

3.14 Bildwandständer: transportable Einrichtung zum Aufstellen einer Bildwand. Er darf als feste oder fahrbare Ausführung mit einer vertikalen Auszieheinrichtung oder faltbar, klappbar oder zerlegbar hergestellt sein.

ANMERKUNG: Der Bildwandständer wird auch „Bildwandstativ" genannt.

3.15 Bildwandneigung: Aufstellen der Bildwand unter Berücksichtigung des mittleren Schrägbetrachtungswinkels, meistens in Verbindung mit einer Schrägprojektionseinrichtung. Durch das Neigen der Bildwand um die horizontale Achse zur teilweisen oder vollständigen Korrektur der trapezförmigen Verzerrungen (Keystone-Effekt) bei Schrägprojektion wird gleichzeitig die Leuchtdichtefaktor-Indikatrix zum Betrachter gedreht (siehe Abschnitt 10). Dadurch wird

— der lichttechnische Wirkungsgrad der gesamten Projektionseinrichtung verbessert;
— bei Arbeitsprojektion die trapezförmige Verzerrung (Keystone-Effekt) weitgehend aufgehoben, und
— die Scharfabbildung des gesamten Bildfeldes gleichmäßiger.

4 Bildwandmaterial

Der Werkstoff für Bildwände hängt vom Verwendungszweck und den gewünschten Reflexions- bzw. Transmissionseigenschaften ab. Es werden verwendet für:

a) Auflichtprojektion
   beim Bildwandtyp D: weiß-pigmentierte Schichten
   beim Bildwandtyp S: pigmentierte Schichten mit Metall oder Metalloxiden
   beim Bildwandtyp B: kleine Perlen aus Glas oder Kunststoff
b) Durchlichtprojektion
   Bildwandtyp R: Glas oder transparente Werkstoffe mit lichtstreuender Wirkung

5 Reflexionseigenschaften und Bildwandoberfläche

Die vom Hersteller angegebenen Reflexionseigenschaften (siehe DIN 19045-4) bestimmen den Werkstoff für die reflektierende Schicht und die Bildwandoberfläche. Diese darf glatt, feinkörnig oder geometrisch strukturiert sein.

6 Größe der Bildwand

Die Größenangabe für die Bildwand entspricht ihren Außenmaßen.

Die Größe der Bildwand mit den Außenmaßen (Höhe h_B, Breite b_B, siehe Tabelle 3) ist entsprechend dem jeweiligen größten Betrachtungsabstand e_{max} nach Tabelle 2 zu wählen (siehe Bild 1, Bild 2 und Bild 3, siehe auch DIN 19045-1).

Der größte Betrachtungswinkel $\alpha_{s\,min}$ zur Bildwandoberkante aus der ersten Sitzplatzreihe darf 40° nicht überschreiten.

Die Maße der zur Projektion nutzbaren Bildwandfläche (Höhe h_{Pmin}, Breite b_{Pmin}, siehe DIN 19045-1) sind bei Vorhandensein einer Randabdeckung (siehe 3.10) **kleiner** als die Außenmaße der Bildwand.

Die projizierte Bildbreite b_P sollte etwa der nutzbaren Mindestbreite b_P entsprechen, ist jedoch mit Rücksicht auf scharfe Randabdeckung und durch weitere Einflüsse (z. B. bei Schrägprojektion) geringfügig größer. Die Mindestbreite der nutzbaren Bildwandfläche b_{Pmin} entspricht etwa der projizierten Bildbreite b_P, wird aber oft geringfügig kleiner gewählt, um Nichtparallelität der Seitenkanten bei der Schrägprojektion oder unscharfe Abbildung von Maskenkanten bei Laufbildprojektion in der dunklen Randabdeckung (siehe Breite $2\,c$ siehe Tabelle 3) unsichtbar werden zu lassen. Es ist also $b_{Pmin} = b_B - 2\,c$, wobei c den Wert 0 oder wenige cm haben darf. Die Mindestbreite b_{Pmin} der nutzbaren Bildwandfläche darf mit Rücksicht auf den Wert $e_{max} = 6\,b_P$ nicht unterschritten werden, um die in DIN 19045-3 festgelegten kleinsten Schriftgrößen und Linienbreiten mit Sicherheit zu erkennen.

7 Bildwand-Seitenverhältnis und Einstellmarke

7.1 Bildwand-Seitenverhältnis

Als Bildwand-Seitenverhältnis wird nach 3.8 das Verhältnis von kürzerer Seite (Höhe) zu längerer Seite (Breite) angegeben, wobei als Zähler die Ziffer 1 eingesetzt wird (z. B. 1 : 1,5 bei Kleinprojektion).

ANMERKUNG: Im Gegensatz hierzu wird üblicherweise in der Filmindustrie für das Bildwand-Seitenverhältnis der **reziproke** Wert angegeben, also z. B. 1,37 : 1; bei der Formatangabe von Bildwänden wie auch bei Projektionsvorlagen ist die erstgenannte Form üblich, also Bildwandhöhe h_B zu Bildwandbreite b_B.

Für die Projektion von Dias und Arbeitstransparenten sind Bildwände mit einem Bildwand-Seitenverhältnis 1 : 1 (quadratische Bildwände) erforderlich, weil sowohl Bilder im Quadrat-, Hoch- oder Querformat innerhalb eines Vortrags wechselseitig projiziert werden[2].

Für universelle Nutzbarkeit sowohl für Filmprojektion als auch für Dias, Epibilder und Transparente im Quadrat-, Hoch- und Querformat werden Bildwände mit dem Seitenverhältnis 1 : 1 empfohlen.

Für Filmprojektion ist das Bildwand-Seitenverhältnis im Aufgabenbereich dieser Norm unabhängig von der Filmbreite einheitlich 1 : 1,37[1], weil Breitwandprojektion[3] z. Z. für Lehr- und Heimprojektion wenig gebräuchlich ist.

---
[1] Siehe DIN 108-5, DIN 15502-1, DIN 15602-1, DIN 15852-1 und DIN 15852-2
[2] Siehe DIN 108-2
[3] Siehe DIN 15545, DIN 15546, DIN 15702. Für Film 16 mm sind nichtanamorphotische Breitwandprojektionen in DIN 15602-1 und DIN 15602-2 erwähnt, anamorphotische Verfahren jedoch weder für das Dehnungsverhältnis 1 : 2 bei der Wiedergabe, noch für das gelegentlich im Amateurbereich gebräuchliche Dehnungsverhältnis 1 : 1,5 festgelegt.

Seite 7
DIN 19045-2 : 1998-12

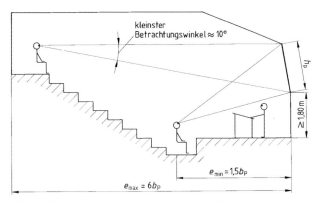

Bild 1: Größe der Bildwandfläche und Betrachtungsabstand für Räume mit häufiger Projektion
(dargestellt mit ansteigenden Sitzplatzreihen)

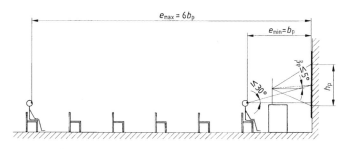

Bild 2: Größe der Bildwandfläche und Betrachtungsabstand für Räume mit gelegentlicher Projektion
(dargestellt mit horizontalen Sitzplatzreihen)

In den Bildern 1 und 2 bedeutet:
h_P Nutzhöhe der Bildwandfläche
b_P Nutzbreite der Bildwandfläche
e_{max} größter Betrachtungsabstand, Betrachtungswinkel $\alpha_{S\,min} \approx 10°$
Bei quadratischen Bildwänden ist $b_P = h_P$, bei Bildwänden für Laufbildprojektion ist $b_P = 1{,}37 \cdot h_P$

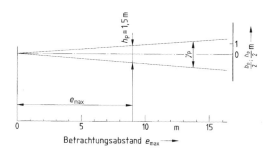

Eingezeichnetes Beispiel: Betrachtungsabstand 9 m, projizierte Bildbreite 1,5 m

Bild 3: Mindestwert $e_{max}/6$ der projizierten Bildbreite b_P in Abhängigkeit vom größten
Betrachtungsabstand e_{max} bei kleinstem Betrachtungswinkel $\alpha_{S\,min}$ von $\approx 10°$

285

7.2 Einstellmarke

Die Einstellmarke für das Bildwand-Seitenverhältnis 1:1,37 soll das Einstellen einer rollbaren Bildwand im Bildwand-Seitenverhältnis 1:1 auf eine reduzierte Nutzhöhe h_e bei Filmprojektion erleichtern. Die Einstellmarke soll sich auf der Rückseite der Bildwand befinden und darf bei ortsfester rollbarer Bildwand (siehe 3.2, 3.5 und 3.6) auch auf der Rückwand oder dem Bildwandgestell angebracht sein. Maße nach Tabelle 3.

8 Bildwandmaße, Bildwand-Seitenverhältnis 1:1

Maße für rollbare Bildwände mit Einstellmarke nach Tabelle 3. Für ortsfeste Bildwände gelten die gleichen Maße nach Tabelle 3, jedoch **ohne** Einstellmarke. Weitere Maße für ortsfeste Bildwände nach Vereinbarung.
Für Unterrichtsräume wird eine Bildwand mit den Außenmaßen 1,8 m × 1,8 m empfohlen[4].

9 Anordnung der Bildwand unter Berücksichtigung der Reflexionseigenschaften

9.1 Anordnung diffus reflektierender Bildwände

Hinsichtlich der Reflexionseigenschaften wird zwischen Bildwänden mit diffuser Reflexion und mit Vorzugsrichtung-Reflexion unterschieden. Bei der üblicherweise breiten Anordnung der Sitzplätze in Unterrichtsräumen liegen die vorderen Eckbereiche außerhalb der Betrachterfläche nach DIN 19045-1.

Tabelle 2: Größter Betrachtungsabstand e_{max} in Abhängigkeit von der Nutzbreite der Bildwand (sollte der projizierten Bildbreite entsprechen)

Größter Betrachtungsabstand e_{max} m	Nutzbreite der Bildwand $b_{P\,min}$ m
5	0,83
6	1
7	1,17
8	1,33
9	1,5 [1]
10	1,67
11	1,83
12	2
13	2,17
14	2,33
15	2,5
16	2,67
17	2,83
18	3

[1] Bezugswert

Bei voller Nutzung der Breite der Betrachterfläche sollen Bildwände mit überwiegend diffuser Reflexion verwendet werden, die eine nahezu gleichmäßige Leuchtdichte über den Winkelbereich von ± 40° zur Bildwandnormalen[5], d. h. eine halbkreisförmige Leuchtdichtefaktor-Indikatrix[5], aufweisen.

Tabelle 3: Außenmaße, Breite der Randabdeckung, nutzbare Bildwandbreite und Einstellmarke von konfektionierten Bildwänden

Außenmaße ($h_B \times b_B$) m × m	Maximale Breite c der Randabdeckung je Seite mm	Nutzbreite der Bildwand $b_{P\,min}$ m	Einstellmarke[1] für nutzbare Höhe h_e m
1,25 × 1,25		1,2	0,87
1,5 × 1,5	25	1,45	1,06
1,75 × 1,75		1,7	1,24
2 × 2		1,92	1,39
2,5 × 2,5	40	2,42	1,77
3 × 3		2,92	2,14

[1] Für Bildwand-Seitenverhältnis 1,37:1. Zugleich Mindesthöhe der Nutzfläche bei ausschließlicher Filmprojektion (siehe 7.1).

Die Bildwand sollte so angeordnet sein, daß für alle Betrachter ein ungehindertes Blickfeld für das projizierte Bild sichergestellt wird.

ANMERKUNG: Bei der Arbeitsprojektion läßt sich oft nicht vermeiden, daß hin und wieder der Kopf eines im Raum Anwesenden oder aber der Projektionskopf des Arbeitsprojektors für einen Teil der Betrachter gewisse Bildbereiche verdeckt. Um diese Erscheinung gering zu halten, empfiehlt sich eine leicht aufwärts gerichtete optische Projektionsachse zur Bildwand (siehe Bild 4 bis Bild 6 und auch Anmerkung in Abschnitt 10). Die Bildwand muß entsprechend hoch angebracht und zum Vermeiden von trapezförmigen Verzerrungen (Keystone-Effekt) nach vorn geneigt werden (siehe Bild 6).

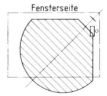

Bild 4: Empfohlene Anordnung der Bildwände bei Arbeitsprojektion in einem Unterrichtsraum mit Betrachterfläche nach DIN 19045-1 unter Berücksichtigung eines weitgehend unbehinderten Blickbereiches für die Betrachter während der Betätigung des Vortragenden am Projektor.

[4] In Übereinstimmung mit dem Institut für Film und Bild in Wissenschaft und Unterricht (FWU), München, wobei eine durchschnittliche Raumtiefe von 10 m zugrunde liegt.

[5] Siehe DIN 19045-4.

Seite 9
DIN 19045-2 : 1998-12

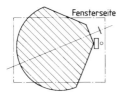

Bild 5: Anordnung einer Bildwand mit mäßiger Richtwirkung über Eck zum Betrachterbereich mit Betrachterfläche nach DIN 19045-1, um kleine Winkel zwischen Projektions- und Betrachtungsrichtung zu schaffen.

9.2 Anordnung bündelnd reflektierender Bildwände

Soll wegen eines sehr großen Raumes eine Bildwand mit mäßiger Bündelung verwendet werden, empfiehlt sich die Anordnung der Bildwand schräg von der einen Ecke des Betrachterbereiches (siehe Bild 5), weil in diesem Fall die Betrachter höchstens bis zu 40° schräg auf die Bildwand blicken. Aber auch bei dieser Anordnung sind für den Unterricht stark bündelnde Bildwände zu vermeiden, da bei zu starker Bündelung des von der Bildwand reflektierenden Projektionslichts keine ausreichend gleichmäßige Bildwandleuchtdichte für die gesamte Betrachterfläche nach DIN 19045-1 erreicht wird.
Bei kleinen Betrachtergruppen (z. B. bei Heimprojektion) können selbst stark bündelnd reflektierende Bildwände mit Erfolg verwendet werden, da sie schon bei schwachen Projektionslichtquellen eine hohe Bildwandleuchtdichte mit ausreichender Gleichmäßigkeit g_2 für eine kleine Betrachterfläche ergeben.

10 Schwenken und Neigen der Bildwand

Die Bildwand soll zum teilweisen oder vollständigen Ausgleich der trapezförmigen Verzerrungen (Keystone-Effekt) bei Schrägprojektion mehr als 5° um mindestens den halben und höchstens den vollen Neigungswinkel β_P der Projektionsachse geneigt werden (siehe Bild 5). Grundsätzlich sollten die Neigungen klein gehalten werden. Schrägprojektionen von weniger als 5° sind bedeutungslos.
ANMERKUNG 1: Bildwände mit einer Einrichtung (z. B. ein Spezialgelenk) zum stufenlosen Schwenken und Neigen der Bildwand (Ausgleich der horizontalen und vertikalen Schrägprojektion) gestatten, die nach Abschnitt 9 und diesem Abschnitt empfohlenen Maßnahmen in einfacher Weise durchzuführen. Bildwände mit dieser Einrichtung werden z. B. vorzugsweise zur wechselweisen Arbeits- und Diaprojektion verwendet.

ANMERKUNG 2: Bei extremer Schrägprojektion (z. B. auf Theaterbühnen) wird die Projektionsvorlage vorverzerrt [5].

11 Bezeichnung und Bestellangaben

11.1 Bezeichnung

Beim Bestellen von Bildwänden sind mit dem Hersteller entsprechend dem Verwendungszweck zu vereinbaren:
a) Benennung
b) DIN-Hauptnummer
c) Bildwandtyp (nach DIN 19045-4)
d) Außenmaße der Bildwand nach Abschnitt 8 unter Beachtung der Betrachtungsbedingungen nach DIN 19045-1 (Angabe in m)
e) Randabdeckung (nach 3.10)
   mit Randabdeckung: R
   ohne Randabdeckung: OR

Bezeichnung einer Bildwand (B) vom Typ S mit den Außenmaßen 1,75 m × 1,75 m (1,75 × 1,75) mit Randabdeckung (R):

Bildwand DIN 19045 — BS — 1,75 × 1,75 — R

11.2 Bestellangaben

Zusätzlich zur Bezeichnung sind bei der Bestellung entsprechend dem Verwendungszweck anzugeben:
a) Bildwand-Seitenverhältnis (siehe 7.1)
b) Reflexionseigenschaften der Bildwand (siehe DIN 19045-4)
c) transportable oder ortsfeste Ausführung für die Bildwand
d) Rollbarkeit der Bildwand, auf- oder abwärts, d. h. Schutzbehälter unten oder oben
e) Neigbarkeit der Bildwand (Abschnitt 10)
Da die Ausführungsformen von Bildwänden mit Rücksicht auf den gedachten Verwendungszweck sehr verschieden sein können, beschränkt sich das Kurzzeichen nur auf den Bildwandtyp (nach DIN 19045-4), auf Außenmaße und Angabe der Randabdeckung.

12 Kennzeichnung

Die Übereinstimmung von Erzeugnissen mit dieser Norm darf vom Hersteller eigenverantwortlich durch den zusätzlichen Hinweis „DIN 19045" zum Ausdruck gebracht werden.
Für den Nachweis der Normgerechtheit mit einem Prüfzeichen siehe Anhang B.

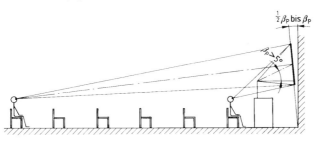

Bild 6: Neigen der Bildwand am Beispiel eines Arbeitsprojektors

Anhang A (informativ)

Literaturhinweise

DIN 108-7
Diaprojektoren und Diapositive — Arbeitsprojektoren — Nutzfläche, Haltestifte, Projektionsfläche, Bewertung

DIN 108-17
Diaprojektoren und Diapositive — Arbeitsprojektoren — Folien, Transparente, Vorführhilfen

DIN 4102-1
Brandverhalten von Baustoffen und Bauteilen — Baustoffe, Begriffe, Anforderungen und Prüfungen

DIN 19046-3
Bühnen- und Theaterprojektion für Steh-, Wander- und Laufbild — Bühnenbeleuchtung und Projektion des Bühnenabschlusses

[2] Krochmann, Jürgen; Riechert, Horst: Lichttechnische Eigenschaften von Bildwänden. In: Fernseh- und Kino-Technik. Bd. 27 (1973), Nr 11, S. 399-401; Nr 12, S. 439—441

[3] Grau, W.: Durchlichtbildwände und die notwendigen Festlegungen ihrer lichttechnischen Kenngrößen. MFM fototechnik (1993), Heft 9, S. 38-39, und Durchlichtbildwände: Notwendige Messung ihrer lichttechnischen Kenngrößen. FKT (1993), S. 646—647

[4] Grau, W.: Begriffe der photographischen Aufnahme- und Wiedergabetechnik einschließlich der Video- und LCD-Projektion. DIN-Manuskriptdruck, Beuth Verlag GmbH, Berlin (1994)

[5] Grau, W.: Schrägprojektion im Theater auf ebene Bildwände. Berlin: Beuth 1976 — ISBN 3-410-10756-8 (Normungskunde DIN Deutsches Institut für Normung e.V.)

Anhang B (informativ)

Erläuterungen

ISO-Arbeit

Diese Norm steht im Zusammenhang mit dem Internationalen Norm-Entwurf ISO/DIS 11315-3 : 1997:

en: Photography — Projection in indoor rooms — Part 3: Transmitting projection screens — Classification of screens and measurement of transmitted luminance levels, for still projectors

fr: Photographie — Projection en salles — Partie 3: Écran de projection par transmission — Classification des écrans et mesurage des niveaux de luminance transmise de l' écran, pour projecteurs fixes

de: Photographie — Projektion in Innenräumen — Teil 3: Klassifizierung der Bildwände und Messung der von der Bildwand transmittierten Leuchtdichte, für Stehbildprojektoren

Dieser Internationale Norm-Entwurf wurde seinerzeit auf Vorschlag von Deutschland im ISO/TC 36 „Kinematographie" als Item of Work Nr 173 bearbeit mit der ursprünglichen Absicht, nur Tonfilmbildwände (also mit Lochung) und Durchlichtbildwände für Filmtheater festzulegen.

Dann stellte sich in der Diskussion während der Tagung des ISO/TC 36 im September 1979 in Antwerpen, Belgien, heraus, daß die meisten Festlegungen für Bildwände (mit oder ohne Lochung) allgemeine Gültigkeit haben, also für Steh- und Laufbildprojektion einerseits, für professionelle und Amateurzwecke andererseits anwendbar sind.

Im Verlauf der Arbeiten wurden, gegen die deutsche Meinung, alle Arten von Durchlichtbildwänden gestrichen. Statt dessen wurden für Tonfilmbildwände (mit Lochung) Angaben über Lochungsgrad und akustische Dämpfungseigenschaften neu aufgenommen. Hieraus entstand dann ein Internationaler Komitee-Entwurf „Cinematography — Projection screens in indoor room — Reflecting projection screens for indoor applications — Classification of sreens and mesurement of reflected luminance level and sound attenuation" (vorgesehen als ISO 11315-1).

Nachdem festgestellt wurde, daß die Festlegungen dieses Items eher in den Zuständigkeitsbereich der Arbeitsgruppe WG 9 „Stehbildprojektoren und Durchsichtbilder" des ISO/TC 42 „Photographie" gehören, wurde Item 173 von ISO/TC 36 an diese Arbeitsgruppe übergeben und wird dort seitdem als neues Item 168-3 weiterbearbeitet. Der bei ISO/TC 36 in der Folge eingereichte Vorschlag von Deutschland, die Festlegungen von Item 168-4 bzw. der vorgesehenen Internationalen Norm ISO 11315-3 auch für die Laufbildprojektion anzuerkennen, wurde auf der 16. Plenartagung dieses Komitees im Oktober 1997 in Antwerpen, Belgien, beraten und von der für Laufbildprojektion zuständigen Arbeitsgruppe ISO/TC 36/WG 4 „Projektionstechnik" angenommen mit der Empfehlung an ISO/TC 42/WG 9, den Titel und den Anwendungsbereich um die Benennung „Motion-picture" zu erweitern.

Durchlichtbildwände sind in DIN 19045-4, die zugeordneten lichttechnischen Meßverfahren in DIN 19045-8 und DIN 19045-9 festgelegt.

Zu 3.1 „Bildwand":

Für rein lichttechnische Projektion sollte die Benennung „Bildschirm" nicht mehr verwendet werden, da diese heute für die Auffangfläche bei elektronisch-optischer Bildwiedergabe verwendet wird. Nach DIN 66233-1 wird die Benennung „Bildschirm" wie folgt definiert:

„Teil einer Baueinheit zur verändert elektronisch-optischen Anzeige von Zeichen und Graphiken.

ANMERKUNG: Beispiele sind Bildschirme nach dem Prinzip der Kathodenstrahlröhre oder Plasmaanzeigeschirme."

Zu Abschnitt 11 „Kennzeichnung":

Erzeugnisse nach dieser Norm dürfen als Nachweis ihrer Normkonformität mt dem DIN-Prüf- und Überwachungszeichen gekennzeichnet werden. Voraussetzung für die Erteilung des Zeichens ist, daß das Erzeugnis der Prüfung bei einer von der DIN CERTCO Gesellschaft für Konformitätsbewertung mbH ernannten Prüfstelle bestanden hat. Anträge auf Erteilung des DIN-Prüf- und Überwachungszeichens sind unter Vorlage eines entsprechenden Prüfzeugnisses, in dem die Normkonformität bestätigt ist, bei der DIN CERTCO, Burggrafenstraße 6, 10787 Berlin, zu stellen.

Erzeugnisse unterliegen dem Gerätesicherheitsgesetz und dürfen als Nachweis für die Einhaltung der darin enthaltenen Sicherheitsanforderungen aufgrund einer Prüfung durch eine vom Bundesminister für Arbeit und Sozialordnung ernannte Prüfstelle mit dem Zeichen „GS = Geprüfte Sicherheit" gekennzeichnet werden.

Dezember 1998

Projektion von Steh- und Laufbild
Teil 3: Mindestmaße für kleinste Bildelemente, Linienbreiten,
Schrift- und Bildzeichengrößen in Originalvorlagen für die
Projektion

DIN
19045-3

ICS 01.100.99; 37.040.10; 37.060.10

Deskriptoren: Projektion, Bildelement, Stehbildprojektion, Laufbildprojektion Originalvorlage

Ersatz für
Ausgabe 1981-12

Projection of still pictures and motion-pictures — Part 3: Minimum dimensions for elements, width of lines, dimensions of lettering and graphical symbols in originals for projection

Projection fixe et cinématographique — Partie 3: Dimensions minimales des éléments de l'image, espacement des lignes, dimensions des lettres et des éléments de dessin sur les originaux destinés à la projection

Inhalt

Seite

Vorwort 2
1 Anwendungsbereich 3
2 Normative Verweisungen 3
3 Spezifische Informationsdichte, kleinste Bildelemente, Linienbreiten und Schriftgrößen 4
3.1 Spezifische Informationsdichte 4
3.2 Kleinste Bildelemente, Linienbreiten, Schriften und graphische Symbole 4
3.2.1 Stehbildprojektion 4
3.2.2 Laufbildprojektion 5
3.2.3 Video- und LCD-Projektion 5
4 Linienbreiten, Schriften und graphische Symbole auf Originalvorlagen 5
4.1 Abhängigkeit von der Projektionsart (Hell- und Dunkelraumprojektion) 5
4.2 Abhängigkeit von der Art der Darstellung (Positiv- oder Negativ-Vorlage) 5
4.3 Format der Originalvorlage 6
4.4 Linienbreiten und Linienabstände auf gezeichneten und/oder gedruckten Originalvorlagen 6
4.5 Schriftgrößen und Zeilenabstände auf Originalvorlagen mit dunklen Schriften auf hellem Grund (Positiv-Vorlagen) 6
4.6 Schriften auf Originalvorlagen 6
4.6.1 Schriftformen bei geschriebenen Schriften 6
4.6.2 Schriftgruppen bei gedruckten Schriften auf Originalvorlagen 6

Seite

4.7 Schriften der Textverarbeitung auf Originalvorlagen 10
4.8 Farbige Darstellung von kleinsten Bildelementen, Linienbreiten, Schriften und graphischen Symbolen auf Originalvorlagen mit hellem Grund (Positiv-Vorlagen) und dunklem Grund (Negativ-Vorlagen) 10
5 Übertragen der Originalvorlagen auf Projektionsvorlagen 10
6 Prüfen der Originalvorlagen und der Projektionsvorlagen (Transparente, Dias, Film- und Epibilder), Kontrolle auf ihre Erkennbarkeit und Lesbarkeit 10
6.1 Prüfabstand für geschriebene und/oder gezeichnete und/oder gedruckte Originalvorlagen 10
6.2 Prüfabstand für vorführfertige Projektionsvorlagen 10
6.3 Aufbau einer Projektionsvorlage zum Einstellen auf beste mittlere Schärfe 12
6.3.1 Allgemeines 12
6.3.2 Einstellkreis 12

Anhang A (normativ) Aufbau von Originalvorlagen mit Realaufnahmen und/oder synthetischen Bilddarstellungen 14
Anhang B (informativ) Literaturhinweise 15
Anhang C (informativ) Erläuterungen 15

Fortsetzung Seite 2 bis 20

Normenausschuß Bild und Film (photokinonorm) im DIN Deutsches Institut für Normung e.V.
Normenausschuß Technische Grundlagen (NATG) — Technische Produktdokumentation — im DIN

Seite 2
DIN 19045-3 : 1998-12

Vorwort

Diese Norm wurde vom Normenausschuß Bild und Film (photokinonorm) im DIN, zuständiger Arbeitsausschuß phoki 1.9 „Projektions- und Betrachtungsbedingungen", ausgearbeitet.

Um beim Betrachten eines projizierten Bildes alle in der Originalvorlage enthaltenen Einzelinformationen mit Sicherheit erkennen zu können, müssen alle Einzelbedingungen als Festlegungen aufeinander abgestimmt sein. Die Einzelbedingungen gelten für:
— Original- und Projektionsvorlage
— Projektor
— Bildwand
— Projektionsabstand
— Betrachtungsabstände innerhalb der Betrachterfläche
— Hell- oder Dunkelraumprojektion

DIN 19045 „Projektion von Steh- und Laufbild" besteht aus:
— Teil 1: Projektions- und Betrachtungsbedingungen für alle Projektionsarten
— Teil 2: Konfektionierte Bildwände
— Teil 3: Mindestmaße für kleinste Bildelemente, Linienbreiten, Schrift- und Bildzeichengrößen in Originalvorlagen für die Projektion
— Teil 4: Reflexions- und Transmissionseigenschaften von Bildwänden — Kennzeichnende Größen, Bildwandtypen, Messung
— Teil 5: Sicherheitstechnische Anforderungen an konfektionierte Bildwände
— Teil 6: Bildzeichen und Info-Zeichen
— Teil 7: Meßverfahren zum Ermitteln der Abbildungseigenschaften von Diaprojektoren
— Teil 8: Lichtmessung bei der Bildprojektion mit Projektor und getrennter Bildwand
— Teil 9: Lichtmessung bei der Bildprojektion mit Projektionseinheiten

und stellt ein System von Festlegungen mit nachstehenden Vorteilen dar:

a) Originalvorlagen mit unterschiedlichen Formaten werden mit **einheitlicher** Darstellungstechnik hergestellt.

b) Es ist möglich, daß von Originalvorlagen, die nach a) hergestellt sind, Projektionsvorlagen mit unterschiedlichen festgelegten Formaten herzustellen.

c) Die Projektion der unter b) genannten Projektionsvorlagen aller festgelegten Formate auf eine Bildwand ergibt wieder die unter a) genannte einheitliche Darstellungstechnik, auch wenn Projektionsvorlagen unterschiedlicher Formate alternativ vorgeführt werden (siehe DIN 19045-1).

d) Aus der Vielfalt von Bildwänden mit unterschiedlichen Außenmaßen wurde zur leichteren Auswahl eine Vorzugsreihe festgelegt (siehe DIN 19045-2).

e) Um beim Betrachten eines projizierten Bildes alle in der Originalvorlage enthaltenen Einzelinformationen in der zur Verfügung stehenden Lesezeit mit Sicherheit zu erkennen, müssen alle Einzelbedingungen aufeinander abgestimmt sein.
Dann werden aus einem, auf die projizierte Bildbreite bezogenen größten Betrachtungsabstand mit Sicherheit alle Einzelinformationen erkannt (siehe DIN 19045-1).
Die Projektionsvorlagen werden mit unterschiedlichen Bedingungen hinsichtlich der Beleuchtung des Vorführraumes während der Projektion vorgeführt. So werden Filme meist im voll verdunkelten Raum, Transparente für Arbeitsprojektoren meist in einem mit Tages- oder Kunstlicht beleuchteten Raum, Dias aber teilweise im voll verdunkelten, teilweise schwach aufgehellten Raum (z. B. Vorlesungsbetrieb) vorgeführt.
Beim Festlegen der Mindestmaße für kleinste Bildelemente, Linienbreiten und Schriftgrößen für die Projektion wurde auf diese Tatsache Rücksicht genommen und zwischen Hell- und Dunkelraumprojektion unterschieden. Zu beachten ist hierbei, daß Originalvorlagen, die nach den Festlegungen für Hellraumprojektion angefertigt werden, auch für die Dunkelraumprojektion geeignet sind, jedoch **nicht** umgekehrt.

f) Beleuchtungsstärke durch den Projektor und Bildwand-Leuchtdichte durch Bildwandeigenschaften (siehe DIN 19045-4 und DIN 19045-8) werden für alle Projektionsarten nach einheitlichen Meßverfahren durchgeführt.

g) Die sicherheitstechnischen Anforderungen an konfektionierte Bildwände sind in DIN 19045-5 festgelegt.

Änderungen

Gegenüber der Ausgabe Dezember 1981 wurden folgende Änderungen vorgenommen:
a) Anwendungsbereich der Norm auf **alle** Projektionsarten erweitert.
b) Norm vollständig überarbeitet und dem heutigen Stand der Technik angepaßt.

Frühere Ausgaben
DIN 19045-3: 1976-01, 1981-12

1 Anwendungsbereich

In dieser Norm werden die Mindestmaße von kleinsten Bildelementen, Linienbreiten, Schriften und graphischen Symbolen auf geschriebenen und/oder gezeichneten und/oder gedruckten Originalvorlagen für Steh- und Laufbildprojektion festgelegt, die zum Herstellen von Projektionsvorlagen für Hellraumprojektion dienen. Die Festlegungen dieser Norm sind von der spezifischen Informationsdichte (d. h. mit dem Erkennen einer Einzelinformation als physiologischem Vorgang und den hierzu notwendigen Bedingungen) abgeleitet.

2 Normative Verweisungen

Diese Norm enthält durch datierte oder undatierte Verweisungen Festlegungen aus anderen Publikationen. Diese normativen Verweisungen sind an den jeweiligen Stellen im Text zitiert, und die Publikationen sind nachstehend aufgeführt. Bei datierten Verweisungen gehören spätere Änderungen oder Überarbeitungen dieser Publikationen nur zu dieser Norm, falls sie durch Änderung oder Überarbeitung eingearbeitet sind. Bei undatierten Verweisungen gilt die letzte Ausgabe der in Bezug genommenen Publikation.

DIN 108-1
: Diaprojektoren und Diapositive — Dias für allgemeine Zwecke und zur Verwendung in Filmtheatern, Nenngrößen, Bildbegrenzungen, Bildlage, Kennzeichnung

DIN 108-2
: Diaprojektoren und Diapositive — Dias mit wissenschaftlich-technischem Informationsinhalt, Originalvorlagen, Ausführung, Prüfung, Vorführbedingungen

Beiblatt 2 zu DIN 108-7
: Diaprojektoren und Diapositive — Arbeitsprojektoren, DIN-Einstelltransparent für Betrachtungs- und Projektionsbedingungen

DIN 108-17
: Diaprojektoren und Diapositive — Arbeitsprojektoren, Folien, Transparente, Vorführhilfen

DIN 476-1
: Schreibpapier und bestimmte Gruppen von Drucksachen — Endformate A- und B-Reihen (ISO 216 : 1975); Deutsche Fassung EN 20216 : 1990

DIN 1451-3
: Schriften — Serifenlose Linear-Antiqua — Druckschriften für Beschriftungen

DIN 2107
: Büro- und Datentechnik — Schriftfamilien für Maschinen der Textverarbeitung

DIN 5035-2
: Beleuchtung mit künstlichem Licht — Richtwerte für Arbeitsstätten in Innenräumen und im Freien

DIN 6776-1
: Technische Zeichnungen — Beschriftung, Schriftzeichen

DIN 15502-1
: Film 35 mm — Bildgrößen — Aufnahme und Wiedergabe, Bildseiten-Verhältnis 1,37 : 1 und 1,33 : 1

DIN 15602-1
: Film 16 mm — Bildgrößen — Aufnahme und Wiedergabe, Bildseiten-Verhältnis 1,37 : 1 und 1,33 : 1

DIN 15852-2
: Film 8 mm — Bildgrößen — Aufnahme und Wiedergabe von Film 8S

DIN 16508
: Farbskala für den Buchdruck, außerhalb der europäischen Farbskala, Normdruckfarben und Druckreihenfolge

DIN 16518
: Klassifikation der Schriften

DIN 19045-1
: Projektion von Steh- und Laufbild — Teil 1: Projektions- und Betrachtungsbedingungen

DIN 19045-2
: Projektion von Steh- und Laufbild — Teil 2: Konfektionierte Bildwände

DIN 19045-4
: Projektion von Steh- und Laufbild — Reflexions- und Transmissionseigenschaften von Bildwänden, Kennzeichnende Größen, Bildwand-Typen, Messung

DIN 19045-5
: Lehr- und Heimprojektion für Steh- und Laufbild — Sicherheitstechnische Anforderungen an konfektionierte Bildwände

DIN 19045-8
: Projektion von Steh- und Laufbild — Lichtmessungen bei der Bildprojektion mit Projektor und getrennter Bildwand

DIN 19051-1 : 1980-09
: Testvorlagen für die Reprographie — ISO-Testzeichen Nr 1 und Nr 2 als Grundelemente für Testfelder

Beiblatt 3 zu DIN 30640
: Schriften — Serifenlose Linear-Antiqua — Druckschriften, Neuzeit-Grotesk, Griechisch

DIN 32830-1
: Graphische Symbole — Gestaltungsregeln für graphische Symbole an Einrichtungen; Identisch mit ISO 3461-1 : 1988 und IEC 416 : 1988

DIN ISO 128-20
: Technische Zeichnungen — Allgemeine Grundlagen der Darstellung — Teil 20: Linien, Grundregeln (ISO 128-20 : 1996)

DIN ISO 9175-1
: Zeichenrohre für handgeführte Tuschezeichengeräte — Begriffe, Maße, Bezeichnung und Kennzeichnung; Identisch mit ISO 9175-1 : 1988

ISO 3098-1 : 1974
: Technische Zeichnungen — Beschriftung — Teil 1: Gegenwärtig übliche Zeichen

[1] Frielinghaus, K.-O.: Einfluß der Bildstandsfehler auf die Erkennbarkeit kleinster Bildelemente. Fernseh- und Kinotechnik 05/94, S. 262—264

[2] Grau, W.: Technik der optischen Projektion — Kommentar zu DIN 19045. Berlin: Beuth, 1994 — ISBN 0723-4228

[5] Aschoff, V.: Über die Lesbarkeit beschrifteter Dia-Positive und Dia-Negative. Reprographie 1962, Nr 4, S. 83—86. (Dort auch Angaben über die Lesbarkeit von projizierten Negativ- und Positiv-Bildern.)

[6] Grau, W.: Vorschlag zur Harmonisierung von Bildgrößen in der Photographie, besonders für wissenschaftlich-technische und audiovisuelle Anwendungsbereiche. Photo-Technik und -Wirtschaft 1970, Heft 12, S. 496—499.

[7] Grau, W.: Bildformate und Bildseiten-Verhältnisse für Film und Fernsehen, Photo-Technik und -Wirtschaft 1972, Heft 1, S. 6—8.

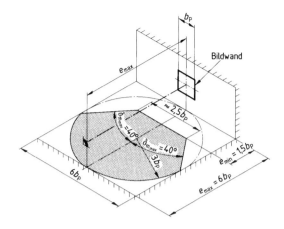

Bild 1: Größter Betrachtungsabstand e_{max} und Betrachterfläche nach DIN 19045-1

3 Spezifische Informationsdichte, kleinste Bildelemente, Linienbreiten und Schriftgrößen

3.1 Spezifische Informationsdichte

Die spezifische Informationsdichte kennzeichnet die Darstellungsart der Einzelinformation eines projizierten Bildes. Unter der spezifischen Informationsdichte ist in dieser Norm das Verhältnis der Maße für ein kleinstes Bildelement, eine kleinste Linienbreite oder einer kleinsten Schriftgröße zur längsten Seite der Originalvorlage, der Projektionsvorlage oder des projizierten Bildes zu verstehen. Dieses Verhältnis ist nach den Festlegungen des Abschnitts 5 für alle drei Fälle konstant.

3.2 Kleinste Bildelemente, Linienbreiten, Schriften und graphische Symbole

3.2.1 Stehbildprojektion

Das kleinste Bildelement auf einer Projektionsvorlage (Transparent, Dia, Film- oder Epibild) muß bei seiner Projektion auf eine Bildwand aus dem jeweils größten Betrachtungsabstand e_{max} (siehe Bild 1) mit Sicherheit deutlich erkennbar sein.

Die Erkennbarkeit wird im wesentlichen beeinflußt von den Maßen der Details im projizierten Bild, also vom Abbildungsmaßstab, vom Betrachtungsabstand, vom Sehwinkel, unter dem der Betrachter das kleinste Bildelement[1]) sieht, und von der Farbe der Darstellung von Informationen auf der Projektionsvorlage (siehe 4.8).

ANMERKUNG 1: Weitere Einflußgrößen auf die Erkennbarkeit siehe Anhang C.

Unter den festgelegten Betrachtungsbedingungen[1]) stehen die Maße für die deutlich erkennbaren kleinsten Bildelemente, Linienbreiten und Schriftgrößen bei allen Projektionsarten im gleichen Verhältnis zur projizierten Bildbreite. Unter Beachtung der Festlegungen nach Abschnitt 5 werden für das Anfertigen von geschriebenen, gezeichneten und/oder gedruckten Originalvorlagen, die zum Herstellen von Projektionsvorlagen (Transparente, Dias, Film- und Epibilder) dienen sollen, einheitliche Festlegungen für Bildelemente, Linienbreiten und Schriftgrößen angegeben. Eingehende Untersuchungen ergaben, daß die Maße für kleinste Bildelemente, Linienbreiten, Schriften und graphische Symbole nicht nur bei Hell- und Dunkelraumprojektion, sondern auch bei geschriebenen und gedruckten Schriften, farbigen und schwarzen Darstellungen auf hellem Grund jeweils durch den Faktor $\dfrac{1}{\sqrt{2}}$ oder seinem Vielfachen, in Abhängigkeit von dem Format der Originalvorlage, miteinander verbunden sind.

Diese Erkenntnis führt zu dem ganz entscheidenden Ergebnis, daß die in bereits festliegenden Vorzugsreihen angegebenen Werte (z. B. Papier-Endformate nach DIN 476-1, Linienbreiten nach DIN ISO 128-20) für alle Ausführungsformen von Originalvorlagen voll übernommen werden dürfen.

Die in Tabelle 1 und Tabelle 2 festgelegten Werte gelten für Originalvorlagen, die für das Herstellen von Projektionsvorlagen zur Hellraumprojektion[1]) dienen.

Das kleinste Bildelement für die Projektion soll in seiner Struktur dem ISO-Testzeichen Nr 1 nach Bild 4 von DIN 19051-1 : 1980-09 entsprechen (siehe auch Bild 2).

ANMERKUNG 2: Dieses ISO-Testzeichen weist eine Struktur auf, die sowohl einem Schriftzeichen als auch einer zu erkennenden Einzelheit einer Zeichnung entspricht.

Bild 2: ISO-Testzeichen Nr 1 nach DIN 19051-1 mit der „Schlüsselweite" c

---

[1]) Siehe DIN 19045-1.

Seite 5
DIN 19045-3 : 1998-12

Tabelle 1: Linienbreiten auf Originalvorlagen mit zeichnerischen Darstellungen (für Hellraumprojektion)

	Originalvorlage im Format nach DIN 476-1					
	A1	A2	A3	A4[1)]	A5	A6
	Linienbreite mm min.					
Hervorzuhebende Darstellung	2	1,4	1	0,7	0,5	0,35
Hauptdarstellung	1,4	1	0,7	0,5	0,35	0,25
Nebendarstellung	1	0,7	0,5	0,35	0,25	0,18
Kleinste Linienbreite: z.B. Mittel-, Maß- und Schraffurlinien	0,7	0,5	0,35	0,25	0,18	0,13
Kleinster Abstand zwischen zwei Linien	doppelte Linienbreite der breiteren Linie					

[1)] Siehe auch DIN 108-2

Das kleinste Bildelement auf einer Projektionsfläche ist abhängig von seiner Erkennbarkeit bei festgelegter projizierter Bildbreite und dem zugeordneten größten Betrachtungsabstand.
Die kleinsten Außenmaße c des ISO-Testzeichens Nr 1 auf Originalvorlagen (dunkle Linien auf hellem Grund) in Abhängigkeit vom Zeichnungsformat sind als Kennzahlen in Tabelle 2 angegeben.
Zeichnerische Einzelheiten auf Originalvorlagen, die nach ihrer Übertragung auf eine Projektionsvorlage (siehe Abschnitt 5) bei der Projektion deutlich erkannt werden sollen, dürfen auf der Originalvorlage keine feinere Struktur aufweisen, als sie das ISO-Testzeichen Nr 1 nach Bild 2 entsprechend Tabelle 2 besitzt.
ANMERKUNG 3: Sind feinere Strukturen — z. B. bei naturwissenschaftlichen, topographischen, medizinischen oder ähnlichen Darstellungen — erforderlich, verändern sich die Betrachtungsbedingungen gegenüber den Festlegungen nach DIN 19045-1. Für diese genannten Fälle verringert sich der maximale Betrachtungsabstand e_{max}[1)].

3.2.2 Laufbildprojektion

Für 16-mm-, 35-mm- und 70-mm-Laufbildprojektion beeinflussen die Bildstandsschwankungen (siehe Anhang C) die in Tabelle 1, Tabelle 2 und Tabelle 3 festgelegten Mindestmaße, **nicht** ihre Erkennbarkeit, da der horizontale Anteil der Bildstandsschwankungen bei einer Zeichengröße von 1/60 der Filmbildbreite nur maximal 0,285 % und kleiner beträgt.
Für 8-mm- und 8S-Laufbildprojektion wird empfohlen, alle Werte der Linienbreiten in Tabelle 1, Tabelle 2 und Tabelle 3 um eine Spalte nach rechts zu verschieben, d. h., sie mit einem Faktor $\sqrt{2}$ zu multiplizieren.

3.2.3 Video- und LCD-Projektion

Mit Rücksicht auf die allgemein gültigen Betrachtungsbedingungen nach DIN 19045-1 für **alle** Projektionsarten sollen die Festlegungen dieser Norm — besonders aber in Tabelle 1 und Tabelle 2 – auch für die Video- und LCD-Projektion eingehalten werden.

4 Linienbreiten, Schriften und graphische Symbole auf Originalvorlagen

Aufbau von Originalvorlagen mit Realaufnahmen und/oder synthetischen Bilddarstellungen nach Anhang A.

4.1 Abhängigkeit von der Projektionsart (Hell- und Dunkelraumprojektion)

Mit Rücksicht auf eine einheitliche Darstellungstechnik für die Originalvorlagen und auf einen möglichen Wechsel beim Vorführbetrieb zwischen Hell- und Dunkelraumprojektion (siehe DIN 19045-1) wird empfohlen, für Linien, Maße und kleinsten Bildelementen, Schriften und graphischen Symbolen stets die für Hellraumprojektion geltenden Werte von Tabelle 1 und Tabelle 2 zu verwenden.
Besteht die Möglichkeit, daß der Raum während der Projektion schwach beleuchtet ist (z. B. beim Vorlesungsbetrieb), wird empfohlen, die Originalvorlagen nach den Festlegungen für Hellraumprojektion herzustellen.
Werden Originalvorlagen für Projektionsvorlagen hergestellt, die **nur** für die Dunkelraumprojektion bestimmt sind, so **dürfen** die angegebenen Mindestmaße um den Faktor $\frac{1}{\sqrt{2}} \approx 0,7$ **kleiner** gehalten werden. Diese Originalvorlagen sind mit dem Vermerk: „**Nur für Dunkelraumprojektion**" zu kennzeichnen. Dieser Vermerk soll außerhalb der Nutzfläche deutlich angebracht sein.

4.2 Abhängigkeit von der Art der Darstellung (Positiv- oder Negativ-Vorlage)

Geschriebene, gezeichnete oder gedruckte Originalvorlagen dürfen mit **dunklen** Darstellungen auf hellem Grund (Positiv-Vorlagen) oder mit **hellen** Darstellungen auf dunklem Grund (Negativ-Vorlagen) hergestellt sein.
Zu den Darstellungen gehören kleinste Bildelemente, Linienbreiten, Linienabstände, Schriften und graphische Symbole.

[1)] Siehe Seite 4

Werden Originalvorlagen mit **hellen** Darstellungen auf dunklem Grund (Negativ-Vorlagen) hergestellt, müssen die Maße der Bildelemente, Schriften und graphischen Symbole sowie die Linienbreiten und Linienabstände auf das 1,4fache gegenüber dunklen Bildelementen, Schriften oder Linien usw. auf hellem Grund vergrößert werden (siehe auch C.2.1).

Mit Rücksicht auf die geringere (d. h. bessere) Lesezeit eines projizierten Bildes mit Schriftinformationen (siehe Bild C.1) ist die Positiv-Vorlage zu bevorzugen.

Projektionsvorlagen in Negativdarstellung und Projektionsvorlagen mit stark eingefärbtem Untergrund sind wegen der starken Erwärmung [5] während der Projektion zu vermeiden.

4.3 Format der Originalvorlage

Für das Format von Originalvorlagen wird als Vorzugsformat A4 mit einer Begrenzung der Maskenausschnitte (siehe Tabelle 5) empfohlen. Transparente dürfen durch Kopierverfahren direkt übertragen werden.

Bei kleineren Originalvorlagen, auch bei Verwendung von Schriften der Textverarbeitung (4.7), wird empfohlen, photographische Verfahren zum Herstellen von Projektionsvorlagen einzuschalten.

4.4 Linienbreiten[2] und Linienabstände auf gezeichneten und/oder gedruckten Originalvorlagen

Für das Herstellen von Projektionsvorlagen sind die Linienbreiten[3] und Linienabstände für dunkle Linien auf hellem Grund (Positiv-Vorlagen) auf Originalvorlagen in Tabelle 1 angegeben.

ANMERKUNG: Bei Kurvendarstellungen sind grobstrukturierte Netze zu bevorzugen.

Feinmaschige Netze (in Millimeter- oder logarithmischer Unterteilung) können die Übersicht stören. (Diskrete Werte — z. B. Grenzwertangaben der Kurven — werden ohnedies meist mit gesonderten Zahlenwerten deutlich angegeben.)

4.5 Schriftgrößen und Zeilenabstände auf Originalvorlagen mit dunklen Schriften auf hellem Grund (Positiv-Vorlagen)

Aus den Festlegungen für die kleinsten Bildelemente nach 3.2 ergeben sich die Maße für die kleinsten Schriftgrößen und Zeilenabstände (siehe Tabelle 2 und Tabelle 3).

Die in Tabelle 2 festgelegten Werte gelten für Originalvorlagen, die für das Herstellen von Projektionsvorlagen zur Hellraumprojektion dienen. Auf Originalvorlagen dürfen die Schrifthöhen bei gedruckten oder mit Schablone geschriebenen Schriften etwa 0,7fach kleiner als für handgeschriebene Schriften gewählt werden.

ANMERKUNG: Die kleinste Schriftgröße auf einer Projektionsvorlage ist abhängig von der Lesbarkeit der kleinsten projizierten geschriebenen Schrift bei festgelegter Bildwandbreite und dem zugeordneten größten Betrachtungsabstand e_{max}[1]).

Die den Schriftgrößen zugeordneten kleinsten Zeilenabstände sind in Tabelle 3 angegeben.

4.6 Schriften auf Originalvorlagen

4.6.1 Schriftformen bei geschriebenen Schriften

Für beschriebene Originalvorlagen und Projektionsvorlagen geeigneter Maße (z. B. Transparente für Arbeitsprojektoren) ist mit Rücksicht auf die Betrachtungsbedingungen bei der Projektion Schriftform A bzw. Schriftform B (zu bevorzugen) nach DIN 6776-1 anzuwenden.

ANMERKUNG: Für die genormten Schriftgrößen nach DIN 6776-1 sind Schriftschablonen und zugeordnete Tuschefüller lieferbar. Schriftschablonen und zugeordnete Tuschefüller weisen nach DIN ISO 9175-1 die gleiche Farbkennzeichnung auf.

Für die mit Schablonen geschriebenen Schriften gelten auf Originalvorlagen Schriftgrößen wie bei gedruckten Schriften (siehe Tabelle 2).

4.6.2 Schriftgruppen bei gedruckten Schriften auf Originalvorlagen

ANMERKUNG 1: Heute werden die Druckvorlagen in zunehmendem Maße mit Computer-Unterstützung erstellt, die Photosatz verliert ständig an Bedeutung.

Für Projektionsvorlagen ist mit Rücksicht auf die Betrachtungsbedingungen nach DIN 19045-1 bei der Projektion die Schriftgruppe VI (serifenlose Linear-Antiqua) nach DIN 16518 bzw. DIN 1451-3 anzuwenden.

Mittelschrift wird empfohlen, Engschrift ist mit Rücksicht auf die Gefahr schlechter Lesbarkeit bei schräger Betrachtungsrichtung vom projizierten Bild zu vermeiden (siehe Anhang C). Breitschriften dürfen angewendet werden. Für Originalvorlagen, welche für das Herstellen von Projektionsvorlagen zur Hell- oder Dunkelraumprojektion dienen, ist halbfette Schrift vorzuziehen. Für Projektionsvorlagen, die zur ausschließlichen Dunkelraumprojektion dienen, darf neben Schrift mit halbfetter Linienbreite auch Schrift mit der üblichen feineren Linienbreite angewendet werden. Von der Anwendung einer Schrift mit magerer Linienbreite ist abzuraten. (Siehe Schriftmuster mit einheitlicher Schriftgröße, Bild 5.)

ANMERKUNG 2: Zur Schriftgruppe VI nach DIN 16518 gehören u. a. Akzidenz-Grotesk (siehe auch DIN 1451-3), Erbar-Grotesk, Folio, Helvetica (siehe auch DIN 1451-3), Univers, Optima sowie die Neuzeit-Groteskschrift nach Beiblatt 3 zu DIN 30640.

Sind für eine Projektionsvorlage andere Schriftarten als der Schriftgruppe VI nach DIN 16518 zur Darstellung unbedingt notwendig (z. B. für die Wiedergabe von Schriftmustern), so hat der Hersteller der Projektionsvorlage dafür Sorge zu tragen, daß die Schriftgrößen sinngemäß vergrößert gewählt werden, um die Lesbarkeit der projizierten Projektionsvorlage sicherzustellen.

---

[1]) Siehe Seite 4.
[2]) Nach DIN ISO 128-20.
[3]) Nach DIN ISO 128-20 mit Tuschezeichengeräten erreichbar, die DIN ISO 9175-1 entsprechen und die teilweise mit dem Zeichen m̄ (m: Mikroverfilmung) gekennzeichnet sind.

Seite 7
DIN 19045-3 : 1998-12

Tabelle 2: Maße für kleinste Bildelemente, Schrift- und Bildzeichengrößen, auf Originalvorlagen mit dunkler Schrift auf hellem Grund (Positiv-Vorlagen)[1] zum Herstellen von Projektionsvorlagen für Hellraumprojektion

Element der Darstellung	Kennzeichnende Größe des Elements	Formatgröße der Originalvorlage nach DIN 476-1					
		A1	A2	A3	A4[2]	A5	A6
ISO-Testzeichen Nr 1 als kleinstes Bildelement	Kennzahl[3] der Testgruppe (nach DIN 19051-1) min.	1 120	800	560	400	280	200
Graphische Symbole	Nennmaß a nach DIN 32830-1 in mm min.	28	20	14	10	7	5
Handgeschriebene Schriften, entspricht DIN 108-2[4]	Bildtitel, Teilenummern, Einzelerkennungen		20	14	10	7	5[6]	3,5
	Text, Wortangaben, Maßzahlen	Schriftgröße[5] h in mm	14	10	7	5[6]	3,5	2,5
	Indizes Exponenten Zusätze	für Bildtitel	14	10	7	5[6]	3,5	2,5
		für Text min.	10	7	5	3,5	2,5	1,8
Gedruckte Schriften nach DIN 1451-3 oder schablonengeschriebene Schriften der Schriftform B nach DIN 6776-1	Bildtitel Teilenummern Einzelerkennungen	Schriftgröße[7] h in mm min.	14 (16)[8]	10	7 (8)[8]	5	3,5	2,5
	Text Wortangaben Maßzahlen	Schriftgröße[7] h in mm min.	10	7 (8)[8]	5	3,5	2,5	1,75
	Indizes Exponenten Zusätze	für Bildtitel Schriftgröße[7] h in mm min.	10	7 (8)[8]	5	3,5	2,5	1,75
		für Text Schriftgröße[7] h in mm min.	7 (8)[8]	5	3,5	2,5	1,75	1,25
Schriften der Textverarbeitung, Text	Schriftgröße h_1 nach DIN 2107 in mm	—	—	—	min. 4,5 Plakat	max. 3,2 Medium	max. 2,6 Pica

ANMERKUNG: Über den Zusammenhang mit einigen Zahlenreihen dieser Tabelle zur Anwendung in der Mikrofilmtechnik siehe C.6.

[1] Farbige Schriften siehe 4.8, Negativ-Vorlagen siehe 4.2, Dunkelraumprojektion siehe 4.1.
[2] Vorzugsgröße
[3] Die Kennzahl (Schlüsselweite) eines ISO-Testzeichens Nr 1 innerhalb einer Testzeichengruppe ist in 1/100 mm angegeben.
[4] Nach DIN 6776-1
[5] Nach DIN 6776-1. Die Schriftgröße h (in mm) entspricht der Höhe der Großbuchstaben. Der dargestellte Buchstabe H entstammt einer gedruckten Schrift. Geschriebene Schriften nach den genannten Normen haben gerundete Ecken und eine geringere Linienbreite im Verhältnis zur Schrifthöhe.
[6] Beim Festlegen der Mindestschriftgröße wurde die Tatsache berücksichtigt, daß auch weniger geübte Personen die Normschrift nach DIN 6776-1 schreiben. Diese Festlegungen beziehen sich auf den **laufenden Text**; für Bruchziffern, Exponenten und Indizes gelten die zusätzlichen Angaben dieser Tabelle (siehe auch Bild 3).

[7] Die Schriftgröße h (in mm) entspricht der Höhe der Großbuchstaben.
[8] Die in Klammern angegebenen Schriftgrößen werden z. Z. nur im Photosatz eingehalten.

Tabelle 3: Kleinste Zeilenabstände für Schriftform B nach DIN 6776-1 und für gedruckte Schriften nach DIN 1451-3

Schriftgröße h in mm	20	14	10	7	5	3,5	2,5	1,8	1,3
Zeilenabstand in mm	32	22[1]	16[2]	11	8[2]	5,5	4[2]	2,75[2]	2

[1] Dieser Wert weicht von den Festlegungen von DIN 6776-1 ab.
[2] Diese Werte weichen von den Festlegungen von DIN 1451-3 ab.

Werden Transparente für Arbeitsprojektoren direkt beschriftet, gelten die Werte der Tabelle 2 für das Format A4 nach DIN 476-1. Die kleinste Schriftgröße wird nur für Indizes, Exponenten und Zusätze angewendet. Beispiele für die Stufung der Schriftgrößen zeigt Bild 3.

Maße in Millimeter

*) Zeilenabstände siehe Tabelle 3
a) Handgeschriebene Schrift nach DIN 6776-1

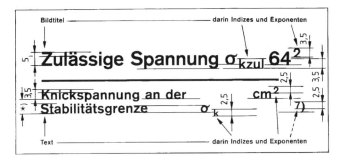

*) Zeilenabstände siehe Tabelle 3
b) Gedruckte Schrift nach DIN 1451-3

Bild 3: Beispiele für Schriftgrößen auf Originalvorlagen (Format A4) für Hellraumprojektion

Seite 9
DIN 19045-3 : 1998-12

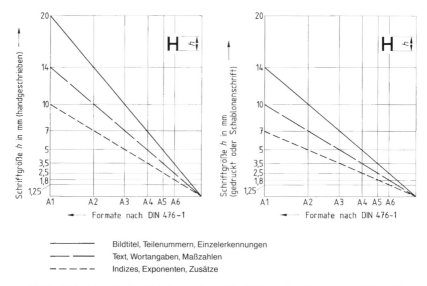

——————— Bildtitel, Teilenummern, Einzelerkennungen
— — — Text, Wortangaben, Maßzahlen
– – – – – Indizes, Exponenten, Zusätze

Bild 4: Abhängigkeit der Schriftgrößen vom Format der Originalvorlage für handgeschriebene (a) und gedruckte oder mit Schablone geschriebene Schrift (b)

Akzidenz-Grotesk, halbfett
Normenausschuß Bild und Film (photokinonorm) im DIN

Helvetica, halbfett
Normenausschuß Bild und Film (photokinonorm) im DIN

Helvetica, kursiv
Normenausschuß Bild und Film (photokinonorm) im DIN

Neuzeit-Grotesk
Normenausschuß Bild und Film (photokinonorm) im DIN

Bild 5: Beispiele für Schriften nach DIN 1451-3 und der Schriftgruppe VI nach DIN 16518

4.7 Schriften der Textverarbeitung auf Originalvorlagen

Für Schriften der Textverarbeitung, die für Projektionszwecke verwendet werden sollen, sind alle Schriftgrößen nach DIN 2107 zugelassen, deren Höhe der Großbuchstaben $h_1 \geq 2{,}6$ mm beträgt.

ANMERKUNG: Nach DIN 2107 ist das Maß für die Höhe h_1 ein maximales Maß. Unterschreitungen sind möglich, soweit es die Erhaltung der jeweiligen Schriftart zuläßt.

Zusammenhänge von Mindestschriftgrößen und Formatgrößen siehe Tabelle 2.

Ein Beispiel für eine Originalvorlage zum Beschriften mit der Schriftgröße Pica zeigt Bild 6.

Originalvorlagen im Format A5 und Format A6 **müssen** für Projektionsvorlagen als Arbeitstransparente mit Rücksicht auf Erkennbarkeit bei ihrer Projektion formatfüllend vergrößert werden.

4.8 Farbige Darstellungen von kleinsten Bildelementen, Linienbreiten, Schriften und graphischen Symbolen auf Originalvorlagen mit hellem Grund (Positiv-Vorlagen) und dunklem Grund (Negativ-Vorlagen)

Sind beim Herstellen von Original-Vorlagen farbige Darstellungen vorgesehen, müssen die kleinsten Bildelemente, Linienbreiten, Schrift- und Bildzeichengrößen mit Rücksicht auf gute Erkennbarkeit und Lesbarkeit für Grün, Rot, Blau und Gelb gegenüber Schwarz vergrößert werden. In Abhängigkeit von der Farbe werden in Tabelle 4 nachstehende Multiplikationsfaktoren für kleinste Bildelemente, Linienbreiten und Schriftgrößen (nach Tabelle 1, Tabelle 2 und Tabelle 3) festgelegt.

Tabelle 4: Multiplikationsfaktoren für farbige Bildelemente, Linienbreiten, Schriften und graphische Symbole

Farbe	Multiplikationsfaktoren (bezogen auf Schwarz gleich 1)	
	für Positiv-Vorlagen	für Negativ-Vorlagen
Grün	1	1,4
Rot	1,4	2
Blau	1,4	2
Gelb	2	2,8
Farben nach DIN 16508		

5 Übertragen der Originalvorlagen auf Projektionsvorlagen

Um die Betrachtungs- und Projektionsbedingungen nach DIN 19045-1 einzuhalten, ist es erforderlich, daß die volle Breite[4] der gezeichneten oder gedruckten Originalvorlage auf die volle Breite[4] der Projektionsvorlage übertragen wird. Dadurch wird sichergestellt, daß auch kleinste Bildelemente, Linien und Schriften, deren Größe den Herstellungsbedingungen nach Abschnitt 3 und Abschnitt 4 entsprechen, bei der Bildwand aus maximalem Betrachtungsabstand e_{max} deutlich erkennbar sind. Eine Übersicht über Breiten und Höhen der Projektionsvorlagen gibt Tabelle 5.

Angaben über den Übertragungsvorgang der Originalvorlagen auf die Projektionsvorlage sind auf die Breite bezogen. Wie aus Tabelle 5 zu ersehen ist, weisen die verschiedenen Projektionsvorlagen unterschiedliche Bildseitenverhältnisse auf. Die Angaben für kleinste Schriften und Linienbreiten sind in 4.4 bis 4.8 auf Formate der A-Reihe bezogen, die ein Bildseiten-Verhältnis $1:\sqrt{2}$ besitzen. Aus diesem Grund muß darauf geachtet werden, daß das Bildseitenverhältnis der Projektionsvorlagen bereits beim Anfertigen der Originalvorlagen berücksichtigt wird. Wird diese Bedingung nicht beachtet, so treten entweder Informationsverluste oder eine Erhöhung der Informationsdichte bei der Übertragung auf. Dabei kann die vom Format abhängige kleinste Schriftgröße (siehe Tabelle 2) in unzulässiger Weise unterschritten werden. Kennzeichnung von Projektionsvorlagen für Dunkelraumprojektion siehe 4.1.

ANMERKUNG: Ist z. B. das Seitenverhältnis der Originalvorlage $1:\sqrt{2}$ und der Projektionsvorlage $1:1{,}5$, so tritt ein Informationsverlust in der Höhe der Originalvorlage auf [6] und [7]. Im umgekehrten Fall — z. B. $\sqrt{2}:1$ zu $1{,}37:1$ — wird bei der Projektionsvorlage die Bildhöhe und damit die Bildfläche nicht voll genutzt, zugleich tritt eine Erhöhung der Informationsdichte auf.

6 Prüfen der Originalvorlagen und der Projektionsvorlagen (Transparente, Dias, Film- und Epibilder), Kontrolle auf ihre Erkennbarkeit und Lesbarkeit

Beim Prüfen müssen unter den Betrachtungsbedingungen nach 6.1 und 6.2 alle Beschriftungen lesbar und alle zeichnerischen und bildlichen Darstellungen in ihren Einzelheiten mit Sicherheit erkennbar sein.

Vor dem Prüfen eines Projektionsvorlage muß sich der Prüfer des einwandfreien Zustandes der Projektionsanlage versichern.

ANMERKUNG: Da die Betrachtungs- und Projektionsbedingungen nach DIN 19045-1 für **alle** Arten der Projektion gelten, wird angestrebt, für alle Projektionsarten Testvorlagen mit unterschiedlichen Maßen (in Abhängigkeit von der Projektionsart) nach **einheitlichem** Aufbau herzustellen (siehe 6.3).

6.1 Prüfabstand für geschriebene und/oder gezeichnete und/oder gedruckte Originalvorlagen

Zum Prüfen gezeichneter oder gedruckter Originalvorlagen muß ihre Lesbarkeit und Erkennbarkeit aus Betrachtungsabstand das 8fache der größeren Seite der Originalvorlage betragen. Die Originalvorlage soll blendfrei mit 750 bis 1000 lx (entspricht der Arbeitsplatzbeleuchtung für Großraumbüros nach DIN 5035-2) beleuchtet sein und ohne Störlicht beim Prüfen betrachtet werden (siehe Bild 7).

6.2 Prüfabstand für vorführfertige Projektionsvorlagen

Beim Prüfen vorführfertiger Projektionsvorlagen (Transparente, Dias, Film- und Epibilder) sind diese zu projizieren. Der Betrachtungsabstand zur Bildwand muß dabei das 7fache der projizierten Bildbreite sein.

---

[4] Unter „Breite" einer Original- oder Projektionsvorlage, deren Bildseiten-Verhältnis vom Verhältnis 1:1 abweicht, ist in dieser Norm stets die längere Seite zu verstehen.

Maße in Millimeter

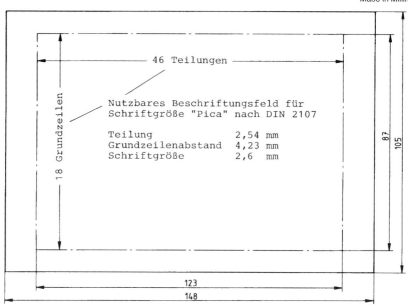

Bild 6: Originalvorlage im Maßstab 1:1 im Format A6, mit der Maschine der Textverarbeitung beschriftet

Tabelle 5: Breiten und Höhen der Maskenausschnitte von Projektionsvorlagen

Projektionsvorlage		Bildbegrenzung der Projektionsvorlage mm			nach	Bildseiten-Verhältnis
Nenngröße		Höhe a'	Breite b'	Eckenradius		
Transparent	285 × 285	280 ±1	280 ±1	40±0,5×40±0,5[1]	DIN 108-17	1:1
	200 × 285	198 ±1	280 ±1	$+5 \atop -0$		$1:\sqrt{2}$
	250 × 250	245 ±1	245 ±1	60 ± 2,5		1:1
	200 × 250	198 ±1	245 ±1	30 ± 2,5		1:1,25
	177 × 250	173 ±1	245 ±1	10 ± 1	—	$1:\sqrt{2}$
Großformatdia	8,5 × 8,5	$50 \; {0 \atop -0,5}$	$72 \; {0 \atop -0,5}$	—	DIN 108-1	1:1,44
Mittelformatdia	7 × 7	$54 \; {0 \atop -0,3}$	$54 \; {0 \atop -0,3}$	—		1:1
Kleinbilddia	5 × 5	$23 \; {0 \atop -0,3}$	$35 \; {0 \atop -0,3}$	—		1:1,5
Kleinstbilddia	3 × 3	$11,2 \; {0 \atop -0,3}$	$15,9 \; {0 \atop -0,3}$	—		1:1,31
Film 35 mm		$15,2 \; {-0,09 \atop 0}$	$20,9 \; {+0,21 \atop 0}$	—	DIN 15502-1	1,37:1
Film 16 mm		$7 \; {+0,1 \atop 0}$	$9,6 \; {+0,1 \atop 0}$	—	DIN 15602-1	1,37:1
Film 8 mm		$4,01 \; {0 \atop -0,07}$	$5,36 \; {0 \atop -0,1}$	—	DIN 15852-2	1,375:1

[1] Eckenschnitt

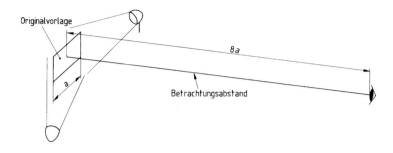

Bild 7: Prüfen der Originalvorlage

6.3 Aufbau einer Projektionsvorlage zum Einstellen auf beste mittlere Schärfe

6.3.1 Allgemeines

Das Projektionsobjektiv bildet alle Bildpunkte einer ebenen Projektionsvorlage auf einer vom Projektionsobjektiv abhängigen gewölbten Fläche scharf ab. Diese Abweichung der Bildfläche von der Ebene wird „Bildfeldwölbung" genannt, deren Größe vom Korrektionszustand des Objektivs abhängig ist.

Da die Bildwand im allgemeinen eben ist, berührt sie die gewölbte Fläche entweder nur in einem Punkt (z. B. in Bildmitte) tangential oder schneidet sie annähernd kreisförmig.

Hieraus folgt, daß beim Scharfeinstellen eines Projektors stets nur wenige Bildpunkte wirklich scharf abgebildet werden. Wird diese Einstellung auf die Bildmitte bezogen, so wird der Abfall der Abbildungsschärfe in Abhängigkeit vom gewählten Objektivtyp zu den Bildrändern bereits sehr groß sein. Dann ist die Abbildung in den Bildecken auch beim Einhalten der Bedingungen für kleinste Bildelemente auf der Projektionsvorlage nicht mehr erkennbar.

Diese Überlegungen führten zum grundsätzlichen Neuaufbau einer Projektionsvorlage zur Scharfeinstellung, aus der die im Einzelfall erforderlichen Nenngrößen gewonnen werden (siehe Bild 8).

ANMERKUNG: Ihr Grundaufbau hat sich seit dem Jahre 1972 in der Arbeitsprojektion als DIN-Einstelltransparent nach Beiblatt 2 zu DIN 108-7 in der Praxis bewährt (siehe C.2.2.1).

6.3.2 Einstellkreis

Wird bei einer quadratischen Projektionsvorlage mit der Seitenlänge a in Bildmitte ein Kreis mit dem Durchmesser $a/2$ eingetragen, so wird ein Einstellkreis erhalten, dessen einzelne Bildpunkte scharf abgebildet werden. Bei rechteckigen Projektionsvorlagen entspricht a der Länge der größeren Seite.

ANMERKUNG 1: Hierbei sind die Unterschiede der Abbildungseigenschaften des Projektionsobjektivs für den meridionalen und sagittalen Schnitt vernachlässigt.

Wird der Kreisumfang durch eine Anzahl von ISO-Testzeichen Nr 1 nach DIN 19051-1 in verschiedenen Gebrauchslagen ersetzt, so erscheinen bei dieser Anordnung die einzelnen ISO-Testzeichen Nr 1 nur dann scharf abgebildet, wenn

— bei Senkrechtprojektion Projektionsvorlage und Bildwand senkrecht zur optischen Achse stehen, oder

— bei Schrägprojektion Projektionsvorlage und Bildwand nach Scheimpflug-Bedingung ausgerichtet sind.

Damit wird durch das Scharfeinstellen mit dem Einstellkreis ein gleichmäßiger Schärfeabfall zur Bildwandmitte und zu den Bildwandrändern sichergestellt (Einstellung auf beste mittlere Schärfe, siehe auch [2]).

In den Ecken des Quadrats befinden sich Elementegruppen mit ISO-Testzeichen Nr 1, deren Größe auf die Erkennbarkeitsbedingung abgestimmt ist.

Werden diese Elementengruppen auch **nach** sorgfältiger Einstellung mit dem Einstellkreis unterschiedlich abgebildet, so ist die Beleuchtungseinrichtung (Lampe, Spiegel, Kondensor) nicht zur optischen Achse des Projektionsobjektivs ausgerichtet und muß nachkorrigiert werden.

ANMERKUNG 2: Hierbei können auch Verfärbungen in den Bildwandecken auftreten.

In der Bildmitte befinden sich **keine** Informationen, um den Anwender nicht zu verleiten, auf Bildmitte scharf einzustellen.

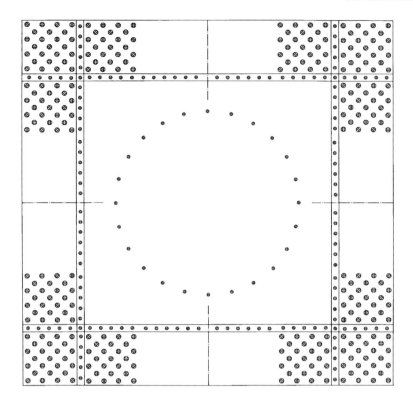

Bild 8: Verkleinerte Abbildung der Testvorlage zur Scharfeinstellung

Anhang A (normativ)

Aufbau von Originalvorlagen mit Realaufnahmen und/oder synthetischen Bilddarstellungen

Im Verlauf der Arbeiten an dieser Norm wurde wiederholt die Forderung gestellt, Festlegungen an Realaufnahmen zu finden, welchen den Projektions- und Betrachtungsbedingungen nach DIN 19045-1 gerecht werden.

Die Untersuchungen ergaben, daß Objekte auch bei vergrößerter Darstellung Einzelheiten enthalten können, deren Erkennbarkeit einerseits bei ihrer Projektion nicht gegeben ist, andererseits auch nicht erforderlich ist.

Bei der Projektion von Lichtbildern werden oft sowohl synthetische Bilddarstellungen als auch Realaufnahmen projiziert.

Die Angaben in diesem Anhang A sollen eine Hilfestellung geben, Realaufnahmen so zu gestalten, daß sie bei alternativer Vorführung mit synthetischen Darstellungen (gezeichnete und/oder gedruckte Originalvorlagen) zu gleichen Projektions- und Betrachtungsbedingungen führen.

A.1 Realaufnahmen

Realaufnahmen sollen zwei Zwecken dienen:
a) Sie sollen als Illustration einen Gesamt**eindruck** vermitteln.

Zu dieser Gruppe gehören z. B. künstlerisch gestaltete Aufnahmen oder Übersichtsaufnahmen, z. B. des Großstadtverkehrs. Hierbei ist es nicht unbedingt erforderlich, daß alle Einzelheiten von allen Betrachtern erkannt werden.

Von diesen Realaufnahmen wird daher primär gefordert, daß sie schnell erfaßbar sind und ihr Informationsinhalt als — oft künstlerischer — Gesamteindruck schnell vermittelt wird. Sollen Einzelheiten eines Ojekts deutlich vermittelt werden, sind ein oder mehrere Teilaufnahmen dieser Einzelheiten erforderlich. Sie sollen im Zusammenhang mit der Gesamtdarstellung nacheinander oder zur Vergleichsprojektion gleichzeitig vorgeführt werden. Als Grundschema darf nur die aus der Filmtechnik bekannte Reihe: Totale — Halb- und Naheinstellung, Groß- und Detailaufnahme zugrunde gelegt werden. Damit werden die Einzelheiten des Objekts vergrößert dargestellt und entsprechen hinsichtlich der Erkennbarkeit den Bedingungen nach 3.2.

b) Die Bilddarstellung soll als Vortragsunterstützung **Einzelheiten** eines behandelten Gegenstandes deutlich als Einzelinformation erkennen lassen.

Sollen Einzelheiten eines Objekts (z. B. ein Sicherungsstift) deutlich vermittelt werden, sind eine oder mehrere Teilaufnahmen dieser Einzelheiten erforderlich. Zur Projektion kann die aus der Filmtechnik bekannte Reihe: Totale — Halb- und Naheinstellung, Groß- und Detailnahme zugrunde gelegt werden.

Bilddarstellungen dieser Art müssen den Betrachtungsbedingungen nach DIN 19045-1, also der Erkennbarkeit von kleinsten Bildelementen aus $e_{max} = 6\,b_p$, unterliegen.

Damit ist deutlich ausgedrückt, daß nachstehende Empfehlungen zum Herstellen von Realaufnahmen **nicht** allgemein für die photographische Aufnahmetechnik, sondern **nur** für die Vorbereitung von Projektionsvorlagen gelten sollen.

Bei einer auf photographischem Wege hergestellten Aufnahme unter realen Bedingungen ist diese vollständig — mit allen vorhandenen Einzelheiten ungeachtet ihrer Größe — abgebildet. Die untere Abbildungsgrenze ist durch das Auflösungsvermögen des photographischen Materials, die Einstellschärfe und die Schärfentiefe gegeben.

Wird eine derartige Realaufnahme unter den Projektionsbedingungen nach DIN 19045-1 projiziert, ist noch nicht sichergestellt, daß kleinste Einzelheiten den Bedingungen nach 3.2 entsprechen und aus Betrachtungsabstand e_{max} deutlich erkannt werden.

Die Erkennbarkeit einer Einzelheit auf einem projizierten Bild aus größtem Betrachtungsabstand e_{max} ist jedoch gesichert, wenn sie einem Quadrat entspricht, dessen Seite nicht kleiner als 1/40 der Bildbreite ist. (Über den Zusammenhang von projizierter Bildbreite und Breite der Originalvorlage.)

Die Breite der Originalvorlage entspricht bei der Aufnahme der Breite des Sucherfeldes.

Wird dieses Quadrat durch das ISO-Testzeichen Nr 1 (Oktogon) entsprechender Größe nach DIN 19051-1 ersetzt, ergibt sich durch die Dicke der hellen und dunklen Linien ein Maß für die Aufteilung heller und dunkler Partien eines Bildelements.

Diese Darstellungstechnik gilt für Realaufnahmen in Schwarzweiß oder Farbe.

Bei Farbaufnahmen, bei denen Bildelemente vorwiegend nur in einer Farbart, jedoch unterschiedlichen Dichtewerten dargestellt sind, ist für die Größe des kleinsten Bildelementes ein Multiplikationsfaktor nach Tabelle 4 zu verwenden.

A.2 Synthetische Darstellungen

Darstellungen, die Zeichnungen, Schriften, Linien usw. in gezeichneter, geschriebener oder gedruckter Form enthalten, dürfen im Gegensatz zu photographisch abgebildeten Realobjekten in ihrem Aufbau — und damit auch in ihren Einzelteilen — willkürlich gestaltet werden. Damit können Vorlagen für derartige Abbildungen stets nach den Bedingungen für kleinsterkennbare Bildelemente ausgerichtet werden.

Die Elemente der synthetischen Bilddarstellung (Zeichnungen, Schriften, Linien usw.) müssen in **jedem** Fall den Erkennbarkeitsbedingungen nach 3.2 entsprechen.

A.3 Kombinationen von Realaufnahmen und synthetischen Darstellungen

Werden Realaufnahmen in synthetischen Bilddarstellungen verwendet (z. B. einmontiert), so muß vorher entschieden **erfaßt** oder zugleich auch in Einzelheiten **erkannt** werden sollen.

Gegenüberstellung der Unterschiede zwischen der Zeichentechnik für Originalvorlagen, die zum Herstellen von Projektionsvorlagen dienen, und solchen, die für technische Zeichnungsunterlagen bestimmt sind.

Die Festlegungen dieser Norm gelten nicht zum Herstellen von technischen Zeichnungsunterlagen für das Konstruktionsbüro. Wohl aber sollte im Konstruktionsbüro beachtet werden, daß technische Zeichnungen, auch zum Herstellen von Projektionsvorlagen verwendet werden, mit Rücksicht auf Linienbreiten und Schriftgrößen nach dieser Norm unter Umständen entsprechend zu ändern sind, damit sie den Betrachtungsbedingungen gerecht werden.

Bei diesen Zeichnungsänderungen sollte überlegt werden, ob hierbei die Gesamt-Informationsdichte verringert werden kann oder muß, um der psychologischen Forderung: „Verstandesgemäßes Erfassen des Gesamtinhalts der Darstellung während der Projektionszeit" gerecht zu werden. (Während eines Lichtbildervortrags reichen meist Umrißzeichnungen aus, da das Dia nur eine begrenzte Standzeit hat und darüber hinaus der Vortragende während der Vorführzeit Erläuterungen gibt.)

Anhang B (informativ)

Literaturhinweise

DIN 15-2
Technische Zeichnungen — Linien, Allgemeine Anwendung
DIN 108-7
Diaprojektoren und Diapositive — Arbeitsprojektoren, Nutzfläche, Haltestifte, Projektionsfläche, Bewertung
DIN 19051-2
Testvorlagen für die Reprographie — Testfelder zum Prüfen der Lesbarkeit und Messung des Auflösungsvermögens
DIN 19052-3
Mikrofilmtechnik, Zeichnungsverfilmung — Mikrofilm 35 mm, Verkleinerungs- und Vergrößerungsfaktoren
DIN 30640
Schriften — Serifenlose Linear-Antiqua — Druckschriften für Beschriftungen in Schriftart Neuzeit-Grotesk
DIN ISO 3461-2
Graphische Symbole — Gestaltungsregeln für graphische Symbole in der technischen Produktdokumentation; Identisch mit ISO 3461-2, Ausgabe 1987
ISO 446 : 1991
Mikrographie — ISO-Testzeichen und ISO-Testanordnung Nr 1 — Beschreibung und Anwendung
[3] Grau, W.: Schrägprojektion im Theater auf ebene Bildwände. Berlin: Beuth, 1976 — ISBN 3-410-10756-8 (Normungskunde/DIN Deutsches Institut für Normung)
[4] Grau, W.: Begriffe der photographischen Aufnahme- und Wiedergabetechnik einschließlich der Video- und LCD-Projektion. DIN-Manuskriptdruck, Beuth Verlag GmbH, 1994, 1. Auflage

Anhang C (informativ)

Erläuterungen

C.1 Zu Abschnitt 1 „Anwendungsbereich":

C.1.1 Zum Zweck der Normen DIN 19045-1 und DIN 19045-3

Die vorliegende Norm stellt in Verbindung mit DIN 19045-1 ein System dar, bei dem Beobachter aus festgelegten Betrachtungsabständen zu einer Bildwand mit festgelegter Mindestgröße alle Einzelheiten des projizierten Bildes erkennen können. Voraussetzung dabei ist, daß die Originalvorlage, die zum Herstellen der Projektionsvorlage dient, nach den in dieser Norm festgelegten Bedingungen hergestellt ist. Damit erhalten der Anwender der Projektionstechnik und der Hersteller von Projektionsvorlagen Grenzwerte, die einzuhalten sind, um einwandfreie Betrachtungsbedingungen sicherzustellen.

Weichen die Projektionsbedingungen ab, kann bei geringerem Betrachtungsabstand die Projektionsfläche entsprechend verkleinert, muß aber bei größerem Betrachtungsabstand entsprechend vergrößert werden, um die Bedingung $e_{max} = 6\,b_P$ einzuhalten.

C.1.2 Erkennbarkeit

Die Erkennbarkeit kleinster Bildelemente auf dem projizierten Bild bedingt ein festgelegtes Verhältnis zwischen den Maßen des kleinsten Bildelements und der Bildbreite. Wird eine gezeichnete oder gedruckte Originalvorlage mit ihrer vollen Breite auf die volle Breite einer Projektionsvorlage (Transparent, Dia, Film- oder Epibild) übertragen und die Projektionsvorlage mit ihrer vollen Breite projiziert, so gilt das Verhältnis:

$$\frac{\text{kleinste Bildbreite des Bildelements}}{\text{projizierte Bildbreite}}$$

gleichzeitig für Originalvorlage, Projektionsvorlage und projiziertes Bild.

Hieraus folgt, daß eine unter Beachtung der Festlegungen gezeichnete Originalvorlage für alle Projektionsverfahren nach dieser Norm verwendet werden kann und die Erkennbarkeit kleinster Einzelheiten unter Beachtung der Betrachtungs- und Projektionsbedingungen für alle Betrachter innerhalb einer festgelegten Betrachterfläche ermöglicht wird.

C.2 Zu Abschnitt 3 „Spezifische Informationsdichte, kleinste Bildelemente, Linienbreiten, Schrift- und Bildzeichengrößen":

C.2.1 Erfassen der Gesamtdarstellung eines projizierten Bildes

Das Erfassen der Gesamtdarstellung eines projizierten Bildes ist abhängig vom relativen Betrachtungsabstand (siehe Bild 1 von DIN 19045-1 : 1997-05 und auch [5]). Der kleinste Betrachtungsabstand darf nicht zu niedrig gewählt werden, um das Erfassen des Gesamt-Bildinhalts ohne Kopfbewegungen zu ermöglichen.

Der **absteigende** Ast der Kurve bedeutet, daß das Erfassen mit kürzer werdendem Betrachtungsabstand schwieriger wird. Der **ansteigende** Ast der Kurve zeigt, daß das Erkennen mit größer werdendem Betrachtungsabstand nachläßt.

Unter den Bedingungen der Kurve nach Aschoff (siehe Bild C.1) ergibt sich somit ein optimaler Betrachtungsabstand

$$e_{opt} = \frac{e}{b_P} = 4{,}5.$$

(Dieses Optimum gilt jedoch **nicht** für Realaufnahmen.)

Seite 16
DIN 19045-3 : 1998-12

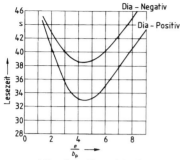

$\dfrac{e}{b_\mathrm{P}}$ (nach Aschoff)

e Betrachtungsabstand
b_P Breite des projizierten Bildes

Bild C.1: Lesezeit einer projizierten Projektionsvorlage in Abhängigkeit vom relativen Betrachtungsabstand

C.2.2 Untersuchung zum Festlegen der Maße für das kleinste erkennbare Bildelement auf einer Projektionsvorlage

Die Erkennbarkeitsgrenze eines projizierten Bildelements bestimmt seine kleinste Größe auf der Projektionsvorlage. Einflußgrößen durch die Geometrie der Projektion sind:
a) genutzte Projektionsfläche (hier geht der Abbildungsmaßstab ein),
b) größter Betrachtungsabstand e_max,
c) Sehwinkel für das kleinste Bildelement, das mit Sicherheit erkannt werden soll.

Von weiterem Einfluß auf die Erkennbarkeit sind die Leuchtdichte der Bildwand, der Kontrastumfang auf der Vorlage, die Schriftart und die spezifische Informationsdichte (Struktur der Projektionsvorlage), die optische Güte von Objektiv und Gerät, die Raumaufhellung und das davon erzeugte Störlicht auf der Bildwand sowie trübe Medien im Strahlengang, z. B. Tabakrauch. Weiterhin wird eine gute Pflege von Objektiv und Gerät vorausgesetzt.

Zur Klärung wurde das ISO-Testzeichen Nr 1 nach Bild 4 von DIN 19051-2 : 1980-09 gewählt (siehe auch Bild 2).

C.2.2.1 Arbeitsprojektion

Das ISO-Testzeichen Nr 1, für das bereits in ISO 446 : 1991 auf seinen typographischen Charakter hingewiesen wurde, wurde zu einem Testfeld ähnlich DIN 19051-2 als Transparent zusammengestellt (siehe Bild C.2), das in der Mitte auf allen vier Ecken der Nutzfläche (285 mm × 285 mm) eines Arbeitsprojektors Ausführung B für die Nenngröße A4 aufgelegt wurde.

Für die Untersuchung wurden im Jahre 1972 folgende Bedingungen festgelegt:
Tiefe des Projektionsraums t_R = 10 m
Größter Betrachtungsabstand e_max = 9 m
Bildmaße (entspricht den Maßen der projizierten Nutzfläche): 1,5 m × 1,5 m.

Hieraus ergibt sich ein auf die Breite des projizierten Bildes ausgerichteter größter Betrachtungsabstand von

$$e_\mathrm{max} = \dfrac{9}{1{,}5} = 6\, b_\mathrm{P}$$

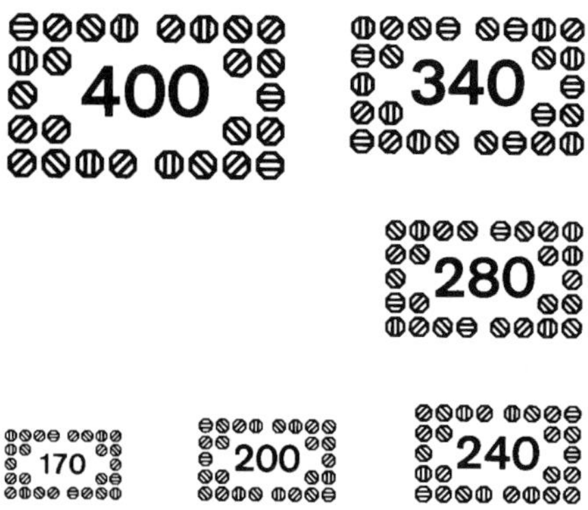

Bild C.2: Testfeld für die Transparente von Arbeitsprojektoren nach DIN 19051-2

Diese Bedingungen wurden den Empfehlungen des Instituts für Film und Bild in Wissenschaft und Unterricht (FWU) in Grünwald angelehnt. Am Test nahmen etwa je 20 Personen an 6 verschiedenen Orten teil. (Siehe auch DIN 19045-1 : 1997-05 „Erläuterungen" zu 3.2.3)

C.2.2.2 Diaprojektion (Nenngröße 5 × 5, Nenn-Bildgröße 24 × 36)

Versuche mit einer entsprechenden Testzeichenvorlage auf Dias mit der Nenngröße 5 × 5 (Nenn-Bildgröße 24 × 36) und einer projizierten Bildfläche von 1,5 m Breite ergaben die Testzeichengruppe 60 auf der Projektionsvorlage als kleinste erkennbare Größe. Die Testzeichengruppe 400 auf dem Transparent entspricht der Testzeichengruppe 50 auf Dias der Nenngröße 5 × 5.
Auch hierbei war der Betrachtungsabstand 9 m beibehalten. Die ISO-Testzeichen Nr 1 erscheinen auf der Bildwand mit einer Breite von etwa 22 mm. Dieses Ergebnis stimmt im Rahmen der Abstufung der ISO-Testzeichen Nr 1 mit dem Ergebnis bei den Versuchen mit Transparenten für Arbeitsprojektoren überein.

C.2.2.3 Laufbildprojektion

Bei der Laufbildprojektion entstehen in Höhenrichtung Bildstandsfehler, die durch Unzulänglichkeiten des absatzweisen Filmtransportes bei der Aufnahme, beim Kopieren und bei der Wiedergabe bedingt sind. Bei der Projektion sind die einzelnen Lageabweichungen als Bildstandsfehler nicht genau zu erfassen, es wird vielmehr eine allgemeine Bildschwankung wahrgenommen. Bildstandsfehler in Seitenrichtung sind sehr klein und haben keine Bedeutung. Dies wurde durch Untersuchungen unter extrem harten Bedingungen bestätigt [1].

C.3 Zu 4.3 „Format der Originalvorlage" und 4.4 „Linienbreiten und Linienabstände auf gezeichneten und/oder gedruckten Originalvorlagen":

C.3.1 Allgemeine Anforderungen an ein projiziertes Bild durch die Betrachtung

Das projizierte Bild mit einer Breite b_P wird aus einem festgelegten maximalen Betrachtungsabstand $e_\mathrm{max} = 6\, b_\mathrm{P}$ (nach DIN 19045-1) betrachtet.

305

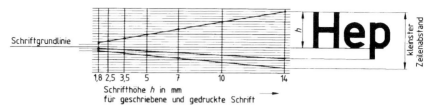

Bild C.3: Zusammenhang zwischen Schriftgrößen, gedruckter Schrift und geschriebener Schrift nach DIN 6776-1

Hieraus ergibt sich:
a) ein kleinster Betrachtungswinkel für die Breite der Bildwand;
b) ein kleinster Betrachtungswinkel für das kleinste Bildelement;
c) Werden die Maße für das kleinste Bildelement zur Bildbreite ins Verhältnis gesetzt, ergibt sich hieraus eine weitere Kenngröße.
d) Unter der Voraussetzung, daß die volle Breite einer Originalvorlage mit der Breite der Projektionsvorlage und der Bildwand übereinstimmt, gilt die nach c) auf der Bildwand gültige Kenngröße auch für die Originalvorlage.

Diese Erkenntnisse führten zum Festlegen des kleinsten Bildelements, der kleinsten Linienbreite und der kleinsten Schriftgröße auf der Originalvorlage.

C.3.2 Anforderungen an projizierte technische Zeichnungsunterlagen durch die Betrachtung

Technische Zeichnungen sollen klar und übersichtlich sein. Hierzu sind z. B. unterschiedliche Linienbreiten erforderlich, die in einer Vorzugsreihe DIN ISO 128-20 und DIN 15-2 festgelegt sind. Dies gilt auch für Schriften, für die ebenfalls Vorzugsreihen nach DIN 6776-1 festgelegt sind.

Im Gegensatz zur Projektionstechnik besteht hier aber nicht die Forderung, in Abhängigkeit von der Formatgröße (und damit von der Breite der Vorlage) eine untere Grenze für die Linienbreite und die Schriftgröße festzulegen.

Die spezifische Informationsdichte auf einer technischen Zeichnungsunterlage führt beim Betrachten nicht zu Schwierigkeiten, da der Betrachtungsabstand beliebig gering ist und im Grenzfall dem kleinsten Betrachtungsabstand (≈ 30 cm) entspricht.

C.3.3 Übernahme der Werte von Vorzugsreihen

Die in dieser Norm verwendeten Festlegungen sind Vorzugsreihen entnommen, und zwar für

Linienbreiten	DIN 15-1
geschriebene Schriften	DIN 6776-1
gedruckte Schriften	DIN 1451-3

Damit ist eine Koordination zur Zeichentechnik für technische Zeichnungsunterlagen erreicht. Die Vorzugsreihen wurden mit Rücksicht auf die Betrachtungsbedingungen bei der Projektion nicht voll übernommen, vielmehr war eine Auswahl bzw. Erweiterung in Abhängigkeit von der Formatgröße notwendig.
Anforderungen für technische Zeichnungsunterlagen bei ihrer Mikroverfilmung:

Etwas eingeengt werden die Anforderungen an technische Zeichnungsunterlagen bei ihrer Mikroverfilmung. Hier sind bei der Übertragung der Informationsdichte der Originalvorlage durch das Auflösungsvermögen des Filmmaterials, des Mikrofilm-Lesegerätes und der Rückvergrößerung Grenzen gesetzt. Da aber z. B. die geforderte Liniendichte für den Film mit 120 Linienpaaren je mm gegeben ist, liegt sie weit über dem der Projektionstechnik.

Ganz generell wird aber schon heute gesehen, daß der Betrachtungsabstand eines innerhalb der vorgenannten Verfahren projizierten Bildes nicht bei $e_{max} = 6\ b_P$, sondern im Bereich von etwa 1 bis 3 b_P liegt. Für das System der Festlegungen von kleinsten Linienbreiten und Schriftgrößen sollen jedoch die Grundprinzipien dieser Norm angewendet werden. Der kleinste Sehwinkel zum Erkennen eines Bildelements ist aber eine physiologisch bedingte Größe und **muß** übernommen werden.

C.4 Zu 4.6.2 „Schriftgruppen bei gedruckten Schriften auf Originalvorlagen":

Hinsichtlich der Lesbarkeit der projizierten Schrift würde auch bei handgeschriebener Schrift eine Schriftgröße von 4 mm ausreichen. Die benachbarten Schriftgrößen (zu bevorzugende Schriftgrößen) sind 3,5 mm und 5 mm (Bild C.3). Bei geschriebener Ausführung wurde aus Gründen einer besseren Lesbarkeit für handgeschriebene Schriften die Schriftgröße 5 mm für Text gewählt (siehe Tabelle 2).
Diese Schriftgröße stimmt mit DIN 108-2 überein. Sie gilt für Text beim Format A4 der Originalvorlage bei Hellraumprojektion und damit auch für den schwach aufgehellten Raum. (Siehe auch Anmerkung von Abschnitt 1 in DIN 108- 2 : 1987-12).
Die Schriftgröße h (in mm) entspricht der Höhe der Großbuchstaben. Die Kegelgröße a ist ein mechanisches Maß des Druckkegels bei gegossenen Schriften; sie wird in der Drucktechnik heute **nicht** angewendet. Eine Umrechnung ist gelegentlich bei Vergleichsarbeiten notwendig.

Kegelgröße a

Bild C.4: Höhe der Großbuchstaben

Der typographische Punkt p war bis zum 31. Dezember 1977 gültig und wird noch gelegentlich im graphischen Gewerbe verwendet. Tabelle C.1 gibt deshalb eine Übersicht über Schriftgröße h und Kegelgröße a in mm und p.

Die Zeilenabstände nach Tabelle 3 sollen, sofern die Schrift im Photosatz hergestellt wird, in mm eingehalten werden.

Tabelle C.1

Schriftgröße h mm	Kegelgröße a	
	mm	p[1]
1,25	1,9	5
1,8	2,65	7
2,5	3,76	10
3,5	5,26	14
5	7,5	20
7(8)	10,53	28
10	13,54	36
14(16)	22,56	60
20	27,1	72

[1] Umrechnung: 0,376 mm ≈ 1 p

C.4.1 Lesbarkeit von Mittel- und Engschrift (serifenlose Antiqua) bei senkrechter und seitlicher Betrachtungsrichtung bei gleichem Betrachtungsabstand (siehe Bild C.5)

Der Buchstabe „a" wird bei senkrechter Betrachtung vom Betrachter „A" als Mittelschrift in der Form 1_A und als Engschrift in der Form 2_A gesehen.

Bei stark seitlicher Betrachtung (Betrachter B) tritt eine Verschlechterung der Lesbarkeit ein.

Die Buchstaben „a" erscheinen in der Breite gepreßt; der Buchstabe „a" wird als Mittelschrift in der Form 1_B und als Engschrift in der Form 2_B gesehen.

Diese Tatsache führt dazu, Engschrift **nicht** zu empfehlen.

Für die im Abstand e_{min} = 1,5 b_P in die Betrachterfläche eingezeichnete Linie (gestrichelt) sinkt der Betrachtungswinkel bei seitlicher Betrachtung (Betrachter „B") auf 40°.

Mit Rücksicht auf diese Tatsache und auf das bessere Erfassen der Gesamt-Informationsdichte empfiehlt es sich, bei der Projektion von Vorlagen mit hoher Informationsdichte für die Betrachterfläche als vorderen Betrachtungsabstand e_{min} = 2 b_P zu wählen.

Den Eindruck, der bei senkrechter und seitlicher Betrachtung eines projizierten Bildes erhalten wird, vermitteln Bild C.6 (senkrechte Betrachtung) und Bild C.7 (seitliche Betrachtung).

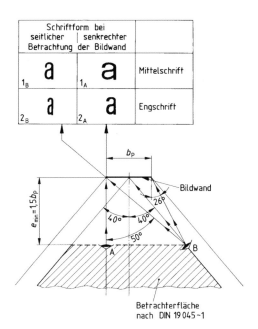

Bild C.5: Lesbarkeit von Mittel- und Engschrift bei verschiedenen Betrachtungswinkeln

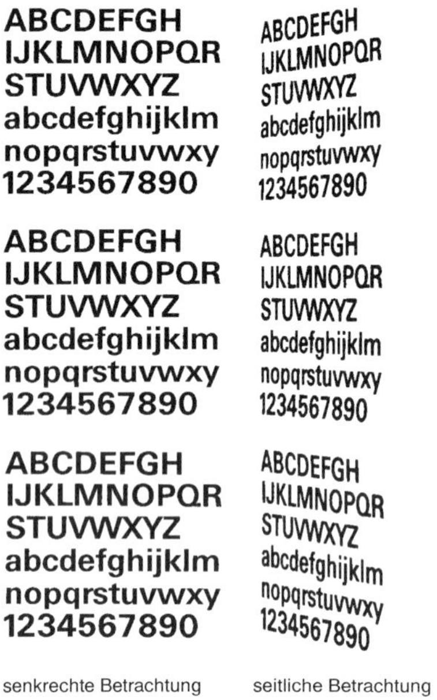

ABCDEFGH
IJKLMNOPQR
STUVWXYZ
abcdefghijklm
nopqrstuvwxy
1234567890

ABCDEFGH
IJKLMNOPQR
STUVWXYZ
abcdefghijklm
nopqrstuvwxy
1234567890

ABCDEFGH
IJKLMNOPQR
STUVWXYZ
abcdefghijklm
nopqrstuvwxy
1234567890

ABCDEFGH
IJKLMNOPQR
STUVWXYZ
abcdefghijklm
nopqrstuvwxy
1234567890

ABCDEFGH
IJKLMNOPQR
STUVWXYZ
abcdefghijklm
nopqrstuvwxy
1234567890

ABCDEFGH
IJKLMNOPQR
STUVWXYZ
abcdefghijklm
nopqrstuvwxy
1234567890

ABCDEFGH
IJKLMNOPQR
STUVWXYZ
abcdefghijklm
nopqrstuvwxyz
1234567890

ABCDEFGH
IJKLMNOPQR
STUVWXYZ
abcdefghijklm
nopqrstuvwxyz
1234567890

ABCDEFGH
IJKLMNOPQR
STUVWXYZ
abcdefghijklm
nopqrstuvwxyz
1234567890

ABCDEFGH
IJKLMNOPQR
STUVWXYZ
abcdefghijklm
nopqrstuvwxyz
1234567890

ABCDEFGH
IJKLMNOPQR
STUVWXYZ
abcdefghijklm
nopqrstuvwxyz
1234567890

ABCDEFGH
IJKLMNOPQR
STUVWXYZ
abcdefghijklm
nopqrstuvwxyz
1234567890

senkrechte Betrachtung   seitliche Betrachtung

Bild C.6: Eindruck bei senkrechter und seitlicher Betrachtung (unter 50°) von projizierter halbfetter Normalschrift

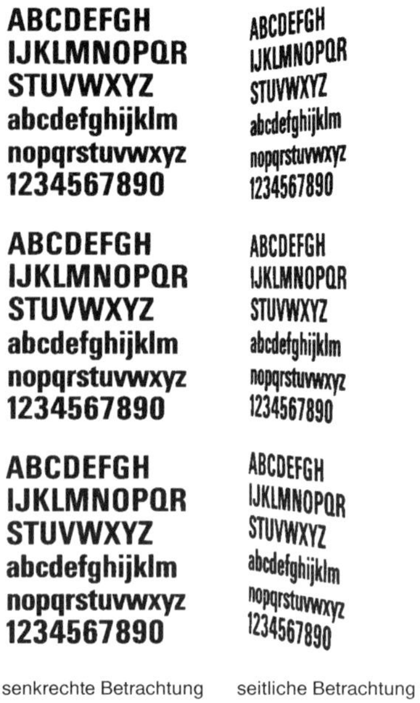

senkrechte Betrachtung   seitliche Betrachtung

Bild C.7: Eindruck bei senkrechter und seitlicher Betrachtung (unter 50°) von projizierter halbfetter Engschrift

C.5 Zu 4.8 „Farbige Darstellungen von kleinsten Bildelementen, Linienbreiten, Schrift- und Bildzeichengrößen auf Originalvorlagen mit hellem Grund (Positiv-Vorlagen) und dunklem Grund (Negativ-Vorlagen)":

C.5.1 Wechselweises Vorführen von Realaufnahmen und synthetischen Darstellungen

Realaufnahmen in Farbe entsprechen weitgehend den Farbarten und dem Farbsättigungsgrad der abgebildeten Objekte. Damit sollten bei der Projektion farbiger Realaufnahmen die Projektionsvorlagen auch eine hohe mittlere optische Dichte erhalten, wodurch die Leuchtdichte des projizierten Bildes stark absinkt.

Daneben gibt es aber auch Realaufnahmen (z. B. Darstellung eines Strandes) mit niedriger mittlerer optischer Dichte.

Synthetisch hergestellte Bilddarstellungen weisen im allgemeinen auch eine niedrige mittlere optische Dichte auf. Beim Zusammenstellen von Lichtbildreihen sollte daher darauf geachtet werden, daß Bilder mit stark unterschiedlicher optischer Dichte nicht alternierend, sondern möglichst in entsprechende Gruppen eingeteilt und diese dann abschnittsweise vorgeführt werden. Damit werden Adaptationsschwierigkeiten und damit Ermüdungserscheinungen beim Betrachten der projizierten Bilder vermieden.

C.5.2 Farbiger Hintergrund von synthetischen Bilddarstellungen

Eine Schwarzweiß-Positivdarstellung soll einen farbigen Hintergrund erhalten.

Die optische Dichte dieses Hintergrunds hängt vom Verwendungszweck ab.

Soll z. B. eine Titelangabe in eine Lichtbildreihe von Realaufnahmen eingereiht werden, sollte die optische Dichte des Hintergrunds der mittleren optischen Dichte der zugeordneten Realaufnahmen entsprechen. Sind diese als Farbaufnahmen vorhanden, sollten die Titelbilder einen farbigen Hintergrund erhalten, der sich in Farbart und Farbdichte den benachbarten Realaufnahmen anpaßt. Dadurch wird es möglich, dem Schrifttitel z. B. in farblicher Hinsicht nachfolgende Realbilder anzupassen.

Bei synthetischen Bilddarstellungen dagegen sollte die optische Dichte des Hintergrunds niedriger sein und bei etwa 0,15 (Absorptionsgrad α = 30%) liegen.

Es ist bisher noch nicht bewiesen worden, daß die Einfärbung des Hintergrunds die **Erkennbarkeit** der Darstellung steigert. Wohl aber verringern sich durch das Einfärben **Ermüdungserscheinungen** während der Vorführung einer Lichtbildreihe. Dies wird erreicht, wenn als Farbart für den Hintergrund eine solche gewählt wird, die im Bereich des Maximums der spektralen Hellempfindlichkeitsgrades für Tagessehen und für Nachtsehen (Gelbgrün, Grün, Blaugrün) entspricht.

Wird eine größere Serie von Schwarzweiß-Positivdarstellungen hintereinander vorgeführt, ist es möglich, statt der

Einfärbung aller Einzelbilder auch ein Filter entsprechender Farbart und Farbdichte in den Abbildungsstrahlengang (z. B. als Aufsteckfilter vor dem Projektionsobjektiv) zu bringen. Enthalten die Schwarzweiß-Lichtbildreihen farbige, synthetische Bilddarstellungen, treten bei geringer optischer Dichte des Filters keine wesentlichen Farbverschiebungen auf. Eine so beschriebene Filteranordnung ist auch dann von Vorteil, wenn bei der Arbeitsprojektion Folienrollen verwendet werden.

Schwarzweiß-Negativdarstellungen (helle Schrift auf dunklem Grund) sollten nach Möglichkeit vermieden werden. **Aschoff** hat durch Vergleichsuntersuchungen von Positiv- und Negativdarstellungen nachgewiesen, daß die Lesezeit einer Negativdarstellung bei gleichem Textinhalt höher als die einer Positivdarstellung ist (Bild C.1).

In der Praxis werden heute jedoch vielfach Negativdarstellungen von Projektionsvorlagen mit heller Schrift auf blauem Hintergrund verwendet, wobei die Hintergrunddichte etwa 0,7 (Absorptionsgrad α = 80 %) beträgt.

C.6 ISO-Arbeit

Das Thema der Betrachtungsbedingungen bei der Projektion und Festlegung über kleinste Bildelemente, Linienbreiten und Schriftgrößen war bereits in der Tagung des ISO/TC 42 (Photographie) im Dezember 1973 in Williamsburg in der Arbeitsgruppe ISO/TC 42/WG 9 (Verbraucherrichtlinien für Diaprojektion — jetzt: „Stehbildprojektoren für Durchsichtbilder") besprochen worden. Deutschland sagte seine Mitarbeit zu.

Einmal ist der Bezug der kleinsten Schriftgröße zum A-Format (Schrifthöhe 2,5 mm für das Format A4 mit allen Beziehungen für größere und kleinere Formate), zum anderen die Empfehlung, serifenlose Schriften anzuwenden (siehe 4.6.2).

Das Mikrofilm-Lesegerät ist in diesem Zusammenhang als Projektionseinheit zu betrachten (also Projektor und „Rückpro"-Bildwand in einer Baueinheit). In der Mikrofilmtechnik wird die kleinste nutzbare Schriftgröße **zusätzlich** bestimmt durch das Auflösungsvermögen des strahlungsempfindlichen Materials und damit durch den Abbildungsmaßstab der Aufnahme V_A.

Für die Mikroverfilmung wird die Normschrift nach DIN 6776-1 (entsprechend ISO 3098-1 : 1974) bevorzugt angewendet. Das Verhältnis Linienbreite zu Schriftgröße (Versalhöhe) beträgt 1:10.

Die in ISO 3098-1 : 1974 angegebenen Werte stimmen für $V_A \leq 1:24$ mit den Angaben in Tabelle 2 für gedruckte Schriften, Bildtitel, Teile-Nummern, Einzelkennungen und für Indizes, Exponenten, Indizes für Textbeschriftung überein und sind in Tabelle C.2 wiedergegeben.

Sollen Projektionsvorlagen durch „Rück"vergrößerung aus Mikrofilmaufnahmen hergestellt werden, sollen beim Hersteller der Originalvorlagen die Festlegungen dieser Norm beachtet werden:

a) Bei Mikrofilmaufnahmen mit dem Abbildungsmaßstab der Aufnahme $V_A \leq 1:24$ muß zum Herstellen der Originalvorlagen die Tabelle 2 beachtet werden.

b) Bei Mikrofilmaufnahmen mit dem Abbildungsmaßstab der Aufnahme $V_A = 1:25$ bis 1:50 gelten zum Herstellen der Originalvorlagen die Angaben der Tabelle C.2 für die kleinste Schrift; Bildtitel müssen doppelte, Textbeschriftung $\sqrt{2}$fache Schriftgröße aufweisen.

phoki 1.9 beabsichtigt, DIN 19045-3 beim ISO/TC 42 (Photographie) als Vorschlag für neue Arbeit mit dem Hinweis einzureichen, daß diese Norm für **alle** Anwendungsbereiche der Projektion gilt.

Tabelle C.2: Kleinste Schriftgrößen auf Originalvorlagen zur Mikroverfilmung

Abbildungsmaßstab der Aufnahme V_A (nach DIN 19052-3)	Originalvorlage im Format nach DIN 476-1					
	A0[1]	A1	A2	A3	A4	A5
	Schriftgröße mm min.					
1:25 bis 1:50	20	14	10	7	5	3,5
$\leq 1:24$	10	7	5	3,5	2,5	1,8

[1] Die Werte für A0 sind **nicht** in Tabelle 2 enthalten.

Dezember 1998

Projektion von Steh- und Laufbild
Teil 4: Reflexions- und Transmissionseigenschaften
von Bildwänden
Kennzeichnende Größen, Bildwandtyp, Messung

**DIN
19045-4**

ICS 37.040.10; 37.060.10

Ersatz für
Ausgabe 1989-09

Deskriptoren: Projektion, Bildwand, Stehbildprojektion, Laufbildprojektion, Bildwandtyp

Projection of still pictures and motion-pictures — Part 4: Reflection and transmittance characteristics of screens — Characteristic values, screen types, measurement

Projections fixes et cinématographiques — Partie 4: Caractéristiques de réflexion et de transmission des écrans — Paramètres, types d'écran, mesurage

Inhalt

	Seite
Vorwort	2
1 Anwendungsbereich	3
2 Normative Verweisungen	3
3 Kennzeichnende Größen für die Reflexions- oder Transmissionseigenschaften einer Bildwand	3
3.1 Allgemeines	3
3.2 Leuchtdichtefaktor β	3
3.3 Leuchtdichtekoeffizient q	4
4 Bildwandtypen und Vergleichsproben	4
4.1 Bildwandtypen	4
4.1.1 Bildwandtyp D	4
4.1.2 Bildwandtyp B	4
4.1.3 Bildwandtyp S	4
4.1.4 Bildwandtyp R	6
4.2 Reflexions- und Transmissionseigenschaften	7
4.3 Arbeits-Reflexions- und Arbeits-Transmissionsnormal	7
4.4 Bildwandmuster	7
5 Messungen	7
5.1 Messung des Leuchtdichtefaktors β_P einer Bildwandprobe	7

	Seite
5.1.1 Messung des Leuchtdichtefaktors β_P eines Bildwandmusters von Auflichtbildwänden	7
5.1.2 Messung des Leuchtdichtefaktors β_P von Durchlichtbildwänden	8
5.2 Messung des Leuchtdichtekoeffizienten q	8
5.3 Lichteinfallswinkel ε_1 und Abstrahlungswinkel ε_2	8
6 Auswerten der Meßergebnisse durch Verteilungskurven (Streuindikatrices) (Leuchtdichtefaktor-Indikatrix, Leuchtdichtekoeffizienten-Indikatrix)	8
6.1 Allgemeines	8
6.2 Darstellungsarten der Verteilungskurven (siehe Bild 5)	8
6.3 Lichteinfallswinkel	10
6.4 Grenzwinkel γ_G, maximal nutzbarer Streuwinkel σ der Reflexion bzw. Transmission und Betrachtungskennzahl k	10
6.4.1 Grenzwinkel γ_G	10
6.4.2 Maximal nutzbarer Streuwinkel σ	11
6.4.3 Betrachtungskennzahl k	11
Anhang A (informativ) Literaturhinweise	11
Anhang B (informativ) Erläuterungen	12

Fortsetzung Seite 2 bis 15

Normenausschuß Bild und Film (photokinonorm) im DIN Deutsches Institut für Normung e.V.
Normenausschuß Bühnentechnik in Theatern und Mehrzweckhallen (FNTh) im DIN
Normenausschuß Lichttechnik (FNL) im DIN

Seite 2
DIN 19045-4 : 1998-12

Vorwort

Diese Norm wurde vom Normenausschuß Bild und Film (photokinonorm) im DIN, zuständiger Arbeitsausschuß phoki 1.9 „Projektions- und Betrachtungsbedingungen", ausgearbeitet.

Um beim Betrachten eines projizierten Bildes alle in der Originalvorlage enthaltenen Einzelinformationen mit Sicherheit erkennen zu können, müssen alle Einzelbedingungen als Festlegungen aufeinander abgestimmt sein. Die Einzelbedingungen gelten für:
— Original- und Projektionsvorlage
— Projektor
— Bildwand
— Projektionsabstand
— Betrachtungsabstände innerhalb der Betrachterfläche
— Hell- oder Dunkelraumprojektion

DIN 19045 „Projektion von Steh- und Laufbild" besteht aus:
— Teil 1: Projektions- und Betrachtungsbedingungen für alle Projektionsarten
— Teil 2: Konfektionierte Bildwände
— Teil 3: Mindestmaße für kleinste Bildelemente, Linienbreiten, Schrift- und Bildzeichengrößen in Originalvorlagen für die Projektion
— Teil 4: Reflexions- und Transmissionseigenschaften von Bildwänden — Kennzeichnende Größen, Bildwandtypen, Messung
— Teil 5: Sicherheitstechnische Anforderungen an konfektionierte Bildwände
— Teil 6: Bildzeichen und Info-Zeichen
— Teil 7: Meßverfahren zum Ermitteln der Abbildungseigenschaften von Diaprojektoren
— Teil 8: Lichtmessung bei der Bildprojektion mit Projektor und getrennter Bildwand
— Teil 9: Lichtmessung bei der Bildprojektion mit Projektionseinheiten

und stellt ein System von Festlegungen mit nachstehenden Vorteilen dar:
a) Originalvorlagen mit unterschiedlichen Formaten werden mit **einheitlicher** Darstellungstechnik hergestellt.
b) Von Originalvorlagen, die nach a) hergestellt sind, können alternativ Projektionsvorlagen mit unterschiedlichen festgelegten Formaten hergestellt werden (siehe DIN 19045-3).
c) Die Projektion der unter b) genannten Projektionsvorlagen aller festgelegten Formate auf eine Bildwand (siehe DIN 19045-2) ergibt wieder die unter a) genannte einheitliche Darstellungstechnik, auch wenn Projektionsvorlagen unterschiedlicher Formate alternativ vorgeführt werden (siehe DIN 19045-1).
Aus der Vielfalt von Bildwänden mit unterschiedlichen Außenmaßen wurde zur leichteren Auswahl eine Vorzugsreihe festgelegt. Die lichttechnischen Eigenschaften von Bildwänden und ihre Messung sind in dieser Norm festgelegt
d) Aus einem auf die projizierte Bildbreite bezogenen größten Betrachtungsabstand können mit Sicherheit alle Einzelinformationen erkannt werden (siehe DIN 19045-1).
e) Die Messung der Beleuchtungsstärke durch den Projektor und der Bildwandleuchtdichte durch Bildwandeigenschaften (siehe auch DIN 19045-8) wird für alle Projektionsarten nach einheitlichen Meßverfahren durchgeführt.
f) Die sicherheitstechnischen Anforderungen an konfektionierte Bildwände sind in DIN 19045-5 festgelegt.

Zusammenhang mit einem bei ISO/TC 36 „Kinematographie" in Arbeit befindlichen internationalen Normungsvorhaben siehe Anhang B.

Änderungen

Gegenüber der Ausgabe September 1989 wurden folgende Änderungen vorgenommen:
a) Norm vollständig — insbesondere 4.1.4 „Bildwandtyp R" — überarbeitet und dem heutigen Stand der Technik angepaßt.
b) Kurzzeichen der Bildwandtypen P und M in Anpassung an die ISO-Arbeit in „B" und „S" geändert.
c) Auf den neuesten Stand der ISO-Arbeit hingewiesen.
d) Norm redaktionell überarbeitet.

Frühere Ausgaben
DIN 19045-4: 1981-03, 1989-09

1 Anwendungsbereich

Diese Norm gilt für das Messen und Beurteilen **aller** Bildwände für die Steh- und Laufbildprojektion mit Auf- oder Durchlicht. Sie gilt außerdem für rückwärtige Bühnenabschlüsse, wenn diese projektionstechnisch genutzt werden.

2 Normative Verweisungen

Diese Norm enthält durch datierte oder undatierte Verweisungen Festlegungen aus anderen Publikationen. Diese normativen Verweisungen sind an den jeweiligen Stellen im Text zitiert, und die Publikationen sind nachstehend aufgeführt. Bei datierten Verweisungen gehören spätere Änderungen oder Überarbeitungen dieser Publikationen nur zu dieser Norm, falls sie durch Änderung oder Überarbeitung eingearbeitet sind. Bei undatierten Verweisungen gilt die letzte Ausgabe der in Bezug genommenen Publikation.

E DIN 5032-6
Lichtmessung — Photometer, Begriffe, Eigenschaften und deren Kennzeichnung

DIN 5032-7
Lichtmessung — Klasseneinteilung von Beleuchtungsstärke- und Leuchtdichtemeßgeräten

DIN 5033-7
Farbmessung — Meßbedingungen für Körperfarben

DIN 5033-9
Farbmessung — Weißstandard für Farbmessung und Photometrie

DIN 5036
Strahlungsphysikalische und lichttechnische Eigenschaften von Materialien — Begriffe, Kennzahlen

DIN 5036-3
Strahlungsphysikalische und lichttechnische Eigenschaften von Materialien — Meßverfahren für lichttechnische und spektrale strahlungsphysikalische Kennzahlen

DIN 5036-4
Strahlungsphysikalische und lichttechnische Eigenschaften von Materialien — Klasseneinteilung

DIN 19045-1
Projektion von Steh- und Laufbild — Projektions- und Betrachtungsbedingungen

DIN 19045-2
Projektion von Steh- und Laufbild — Konfektionierte Bildwände

DIN 19045-3
Projektion von Steh- und Laufbild — Mindestmaße für kleinste Bildelemente, Linienbreiten, Schrift- und Bildzeichengrößen in Originalvorlagen für die Projektion

DIN 19045-5
Projektion von Steh- und Laufbild — Sicherheitstechnische Anforderungen an konfektionierte Bildwände

DIN 19045-8
Projektion von Steh- und Laufbild — Lichtmessungen bei der Bildprojektion mit Projektor und getrennter Bildwand

[1] Grau, Wolfgang: Technik der optischen Projektion — Kommentar zu DIN 19045. Berlin: Beuth, 1994 — ISBN 0723-4228

[2] Krochmann, Jürgen; Riechert, Horst: Lichttechnische Eigenschaften von Bildwänden. In: Fernseh- und Kino-Technik. Bd. 27 (1973), Nr 11, S. 399—401; Nr 12, S. 439—441

[3] Ferwerda, J. G.: Vergelijkend onderzoek van zilverschermen. In: 3-D bulletin Nr 43 (1979), S. 24—39

CIE 38 : 1977[*)]
en: Radiometric and photometric characteristics of material and their measurement
fr: Caractéristiques radiométriques et photométriques des matériaux et leur mesure
de: Strahlungsphysikalische und lichttechnische Stoffkennzahlen und deren Messung

3 Kennzeichnende Größen für die Reflexions- oder Transmissionseigenschaften einer Bildwand

3.1 Allgemeines

Die Reflexions- oder Transmissionseigenschaften einer Bildwand hängen von dem Bildwandtyp (siehe Abschnitt 4) ab. Maßgebend ist die Verteilung der Leuchtdichte auf vorgegebene Abstrahlrichtungen. Diese Verteilung soll für den Winkelbereich der genutzten Betrachterfläche (siehe DIN 19045) gleichmäßig sein, damit allen Betrachtern ein gleiches Helligkeitsempfinden vermittelt wird.

Zum Beurteilen der Reflexions- oder Transmissionseigenschaften einer Bildwand dient der winkelabhängige Leuchtdichtefaktor β (siehe 3.2) oder der Leuchtdichtekoeffizient q (siehe 3.3) für einen Indikatrix (siehe Abschnitt 6).

Zum Bestimmen von β ist ein Reflexions- oder Transmissionsnormal (Weißstandard) erforderlich; beim Messen ist ein Leuchtdichtemeßgerät zu verwenden. Zum Bestimmen von q sind sowohl ein Leuchtdichtemeßgerät als auch ein Beleuchtungsstärkemeßgerät erforderlich.

Welche der beiden Größen, β oder q, gemessen wird, ist prinzipiell gleichgültig, da sie beide ineinander umgerechnet werden können (siehe 3.3).

Sollen verschiedene Bildwandtypen hinsichtlich der Reflexions- oder Transmissionseigenschaften miteinander verglichen werden, sollte der Leuchtdichtefaktor β gemessen werden, da auf diese Weise keine Umrechnung der einzelnen Meßwerte zu Vergleichsgründen erforderlich ist.

Wenn nicht besonders angegeben, beziehen sich die Winkelangaben auf die **horizontale** Ebene durch das Lot auf der Bildwand (horizontale Normalebene).

Die **vertikale** Ebene muß immer dann zum Beurteilen einer Bildwand herangezogen werden, wenn die Betrachterflächen auf Parkett und Balkon eines Projektionsraumes verteilt sind und/oder auch der Projektionswinkel (siehe DIN 19045) deutlich von 0° abweicht.

Winkel in anderen Ebenen sind besonders zu kennzeichnen.

3.2 Leuchtdichtefaktor β

Der Leuchtdichtefaktor β ist nach DIN 5036 das Verhältnis der Leuchtdichte L_P einer Bildwandprobe für eine gegebene Betrachtungsrichtung zur Leuchtdichte L_W der vollkommen streuenden und vollkommen reflektierenden bzw. durchlassenden Fläche (Weißstandard) für eine vorgegebene Einstrahlungsrichtung. Damit darf der Leuchtdichtefaktor β für die Beurteilung von Bildwänden für die Auflicht- als auch für die Durchlichtprojektion verwendet werden.

Es sei

$$\beta = \frac{L_P}{L_W} \qquad (1)$$

[*)] Zu beziehen durch: Geschäftsstelle des Normenausschusses Lichttechnik (FNL) im DIN Deutsches Institut für Normung e.V., 10772 Berlin (Hausanschrift: Burggrafenstr. 6, 10787 Berlin).

ANMERKUNG: Eine vollkommen streuende und vollkommen reflektierende bzw. transmittierende Fläche weist den Reflexionsgrad $\varrho = 1$ bzw. Transmissionsgrad $\tau = 1$ und über den gesamten Abstrahlungs-Winkelbereich eine konstante Leuchtdichte bei gleicher Beleuchtung auf (siehe DIN 5036-3).
In der Praxis verwendete Reflexions- oder Transmissionsnormale weisen Leuchtdichtefaktoren $\beta_N < 1$ auf.

Für die praktische Messung ist ein Arbeits-Reflexions- oder Arbeits-Transmissionsnormal (siehe 4.3) zu verwenden. Der Leuchtdichtefaktor β_P der Bildwandprobe ergibt sich dann zu

$$\beta_P = \frac{L_P}{L_N} \cdot \beta_N, \quad (2)$$

wobei L_N die Leuchtdichte des Arbeits-Reflexions- oder Arbeits-Transmissionsnormals und β_N der entsprechende Leuchtdichtefaktor ist.

Da in der Fachindustrie die in 4.2 bis 4.4 angegebenen Vergleichsproben (Reflexions- und Transmissionsnormale, Arbeitsnormale und Bildwandmuster) verwendet werden, sollte als lichttechnische Kenngröße die Angabe des Leuchtdichtefaktors β gegenüber dem Leuchtdichtekoeffizienten q bevorzugt werden.

Der Leuchtdichtefaktor β kann aber aus dem Leuchtdichtekoeffizienten q rechnerisch ermittelt werden (siehe Anhang B).

3.3 Leuchtdichtekoeffizient q

Der Leuchtdichtekoeffizient q ist nach DIN 5036-1 das Verhältnis der Leuchtdichte einer Bildwandprobe für eine vorgegebene Abstrahlungsrichtung zur Beleuchtungsstärke E_P auf der Bildwandprobe für eine vorgegebene Einstrahlungsrichtung. Somit ist

$$q = \frac{L_P}{E_P} \quad (3)$$

Zwischen Leuchtdichtekoeffizient q und Leuchtdichtefaktor β besteht der folgende Zusammenhang:

$$q = \frac{\beta}{\pi \cdot \Omega_0} \quad (4)$$

Dabei ist:
$\Omega_0 = 1$ sr Einheitsraumwinkel
(siehe auch letzten Absatz in 3.2).

4 Bildwandtypen und Vergleichsproben

Nach den Reflexions- oder Transmissionseigenschaften werden die Bildwandtypen nach 4.1.1 bis 4.1.3 (Bildwände für Auflichtprojektion) und 4.1.4 (Bildwände für Durchlichtprojektion) unterschieden (siehe auch [1] bis [3]).
Die Vergleichsproben werden in Normale (siehe 4.2), Arbeitsnormale (siehe 4.3) und Bildwandmuster (siehe 4.4) unterteilt.

4.1 Bildwandtypen (siehe Tabelle 1)

4.1.1 Bildwandtyp D

Der Bildwandtyp D streut das auffallende Licht weitgehend und weist somit keine ausgeprägte Vorzugsrichtung der Reflexion auf (siehe Bild 1).
Diese Bildwände bestehen z. B. aus Gewebe, aus Kunststoffbahnen oder einem matten, weißen Farbanstrich auf einer festen Unterlage. Sie werden im Handel auch Diffus(bild)wände genannt.

4.1.2 Bildwandtyp B

Der Bildwandtyp B weist eine Vorzugsrichtung der Reflexion auf, die mit dem auffallenden Licht zusammenfällt (siehe Bild 2).
Diese Bildwände besitzen auf der Oberfläche der Unterlage (Gewebe oder Kunststoff) eine dünne Schicht mit einer sehr großen Anzahl kleiner Glaskugeln. Der Durchmesser dieser Kugeln steht im umgekehrten Verhältnis zum Auflösungsvermögen des menschlichen Auges bei der Projektion. Bildwände, die für kleine Betrachtungsabstände vorgesehen sind, erfordern Glaskugeln mit sehr kleinem Durchmesser. Sie werden auch Perl- oder Kristallbildwände genannt.

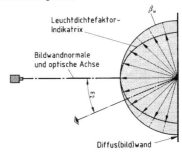

β_W Leuchtdichtefaktor-Indikatrix einer vollkommen mattweißen **reflektierenden** oder transmittierenden Fläche (siehe Anmerkung 1 zu 3.2)
ε_2 Abstrahlungswinkel, zugleich Schrägbetrachtungswinkel für die Bildmitte

Bild 1: Verteilungskurve bei einem Bildwandtyp D
(für Auflichtprojektion)

4.1.3 Bildwandtyp S

Der Bildwandtyp S weist eine Vorzugsrichtung der Reflexion auf, deren Richtung dem Spiegelwinkel des auftreffenden Lichtes entspricht (siehe Bild 3).
Diese Bildwände besitzen auf der Oberfläche der Unterlage (z. B. Gewebe oder Kunststoff) eine dünne Schicht z. B. aus Metallteilchen bzw. -oxiden. Die Oberfläche darf zusätzlich noch strukturiert sein (z. B. rillen- oder linsenförmige Struktur. Sie werden auch Silber- oder Metall(bild)wände genannt.

Seite 5
DIN 19045-4 : 1998-12

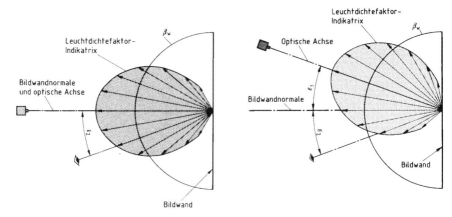

a) Lichteinfallswinkel $\varepsilon_1 = 0°$ b) Lichteinfallswinkel $\varepsilon_1 = 20°$
β_W Leuchtdichtefaktor-Indikatrix einer mattweißen **reflektierenden** Fläche (siehe Anmerkung 1 zu 3.2)
ε_2 Abstrahlungswinkel, zugleich Schrägbetrachtungswinkel für die Bildmitte

Bild 2: **Verteilungskurve bei einem Bildwandtyp B** (für Auflichtprojektion)

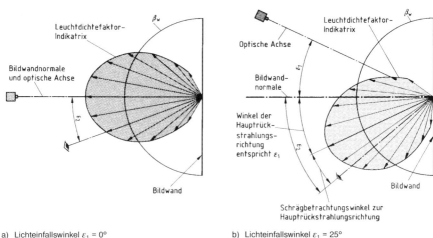

a) Lichteinfallswinkel $\varepsilon_1 = 0°$ b) Lichteinfallswinkel $\varepsilon_1 = 25°$
β_W Leuchtdichtefaktor-Indikatrix einer mattweißen **reflektierenden** Fläche (siehe Anmerkung 1 zu 3.2)
ε_2 Abstrahlungswinkel, zugleich Schrägbetrachtungswinkel für die Bildmitte

Bild 3: **Verteilungskurve bei einem Bildwandtyp S** (für Auflichtprojektion)

Seite 6
DIN 19045-4 : 1998-12

Tabelle 1: Bildwandtypen, Projektionsarten, kennzeichnende Eigenschaften

Bildwand-typ	Projektionsart	kennzeichnende Eigenschaft		siehe Abschnitt
D	Auflichtprojektion	keine Vorzugsrichtung der Reflexion		4.1.1
B	Auflichtprojektion	Vorzugsrichtung der Reflexion in Richtung	des auffallenden Lichts	4.1.2
S			des Spiegelwinkels zum auffallenden Licht	4.1.3
R	Durchlichtprojektion (Rückprojektion)	begrenzte Vorzugsrichtung der Transmission		4.1.4

Die Bildwände erhalten zum Schutz gegen Oxidation und andere chemische Einflüsse eine zusätzliche, stark lichtdurchlässige Schicht. Für die Stereoprojektion muß Bildwandtyp S verwendet werden, der eine einwandfreie Bildtrennung beider Halbbilder erlaubt. Die Bildtrennung wird durch den Auslöschungsfaktor (siehe Anhang B) bestimmt.

Bildwandtypen S mit Schutzfolien reflektieren in Abhängigkeit von der Foliendicke polarisiertes Licht auch teilweise unpolarisiert.

4.1.4 Bildwandtyp R

Der Bildwandtyp R ist für die Rückprojektion bestimmt. In Abhängigkeit von seiner Ausführung streut er das hindurchtretende Licht weitgehend, weist aber immer eine begrenzte mehr oder weniger ausgeprägte Vorzugsrichtung für die Transmission auf.
Diese Bildwände bestehen z. B. aus Kunststoff oder Glas. Sie werden auch Rückpro(bild)wand genannt.
ANMERKUNG: Um gute Betrachtungsbedingungen zu erhalten, sollte die Leuchtdichtefaktor-Indikatrix eines Bildwandtyps R sich mehr nicht der Form nach Bild 1, nicht aber der Form nach Bild 4, anpassen.
Ein „hot spot" − d. h. ein heller Fleck in Bildwandmitte — sollte vermieden werden. Er tritt möglicherweise auch bei einer streuenden Bildwand auf (siehe DIN 5036-4). Diese störende Erscheinung steigt mit der Zunahme der Leuchtdichtewerte (Senkrechtprojektion).

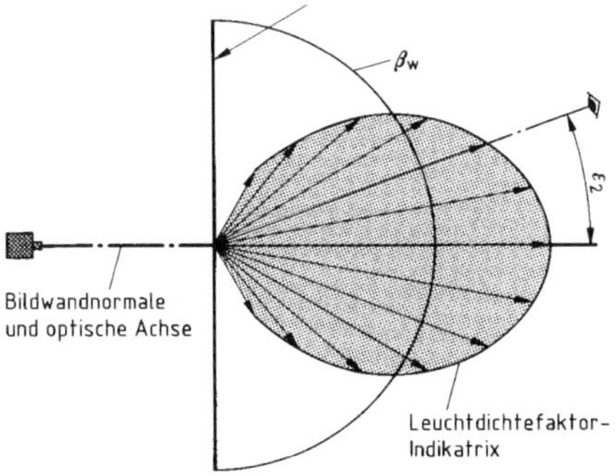

β_W Leuchtdichtefaktor-Indikatrix einer mattweißen transmittierenden Fläche (siehe Anmerkung 1 zu 3.2)
ε_2 Abstrahlungswinkel, zugleich Schrägbetrachtungswinkel für die Bildmitte

Bild 4: Verteilungskurve bei einem Bildwandtyp R
(für Durchlichtprojektion)

Nach dem heutigen Stand der Technik werden die Bildwandtypen R nach ihrer Wirkungsweise in die Bildwandtypen R-O und R-S unterschieden (siehe 4.1.4.1 und 4.1.4.2).

4.1.4.1 Bildwandtyp R-O

Der Bildwandtyp R-O besitzt eine opalisierende Eigenschaft mit einer entweder ein- oder doppelseitig mattierten Oberfläche, oder das meist klare Bildwandträgermaterial erhält einen Zusatz, z. B. durch Fremdpolymere, wodurch die lichtstreuende Wirkung erzielt wird. Kombinierte Ausführungen sind möglich.
Der Bildwandtyp R-O ist **ohne** Oberflächenstruktur.
ANMERKUNG: Der Bildwandtyp R-O ist sowohl in flexiblen Kunststoffbahnen als auch in festen Tafeln aus Kunststoff oder Glas herstellbar. Das Fertigungsverfahren beschränkt **nicht** die Maße der Bildwand.

4.1.4.2 Bildwandtyp R-S

Der Bildwandtyp R-S weist zur besseren Lichtverteilung ein- oder beidseitig **s**trukturierte Oberflächen auf. Beispiele sind: Fresnellinsen, Lenticularlinsen- oder Prismen-Anordnungen.
Zusätzlich erhält der Bildwandtyp R-S zur Bilderzeugung lichtstreuende Zusätze auf dem oder im Bildwandträgermaterial.
ANMERKUNG: Der Bildwandtyp R-S mit Fresnellinsen wird nur in Kunststofftafeln und festgelegten Formaten hergestellt. Diese Ausführungsform zwingt außerdem zum Einhalten eines durch die Fresnellinse festgelegten Projektionsabstandes.

4.1.4.3 „Hot spot"
(Eine erhöhte Transmission in der Nähe der Projektionsachse)
Diese Störerscheinung kann bei den Bildwandtypen R-O und R-S unabhängig von der Oberflächenstruktur auftreten. Eine Abhilfe ist durch lichtstreuende Zusätze auf dem oder im Bildwandträgermaterial möglich.

4.1.4.4 Bildwandtyp R in Mehrschicht-Bauweise

Der Bildwandtyp R in Mehrschicht-Bauweise (in der Literatur mitunter auch „Sandwich-Typ" genannt) führt durch Spannungsdifferenzen der einzelnen Schichten möglicherweise zu lichttechnischen Störerscheinungen, z. B. während der Projektion als Szintillation in allen Farben des Spektrums, als Newton-Ringe, oder auch „Wolkenbildungen" durch Ungleichmäßigkeiten der Transparenz und damit der Lichtverteilung. In Grenzfällen führt es bis zur Trennung der einzelnen Schichten, z. B. durch eine schrägstehende längere Lagerung.

4.1.4.5 Anwendung des Bildwandtyps R im Dunkel- oder Hellraum

Wird die Durchlichtprojektion im **Dunkelraum** (Vorführraum) ohne auf die Durchlichtbildwand einwirkendes störendes Raumlicht vorgenommen, sollten die lichtstreuenden Zusätze auf dem oder im Bildwandträgermaterial nur einen geringen Anteil aufweisen, wodurch die Transmissionseigenschaften der Bildwand erhöht werden. (Die Bildwand erscheint „hell".)

Bei Durchlichtprojektion im **Hellraum** (Vorführraum) mit auf die Durchlichtbildwand einwirkendem Raumlicht, z. B. bei Messeveranstaltungen oder Fernsehshows, sind die lichtstreuenden Zusätze auf dem oder im Bildwandträger nicht alleine ausreichend, um die Störlichteinflüsse auf der Betrachterseite der Durchlichtbildwand zu mindern.

Es wird deshalb üblicherweise durch Einbringen oder Aufbringen von Absorptionsmaterialien und durch eine stark mattierte Oberfläche auf der Betrachterseite der Störlichteinfluß gemindert. Die Bildwand erscheint „dunkel".

ANMERKUNG: Alternativ wird eine Reflexion durch Störlicht durch das Aufbringen von schmalen schwarzen Streifen (im englischen Sprachgebrauch auch „Black Matrix" genannt) gemindert.

Störlicht, welches auf der dem Projektor zugewandten Bildseite auf den Bildwandträger trifft, mindert die Erkennbarkeit des projizierten Bildes. Abhilfe schafft eine Abschirmung des Störlichts gegen den Projektionslichtstrahl.

4.2 Reflexions- und Transmissionseigenschaften

Zum Messen des Leuchtdichtefaktors β_N wird ein Reflexions- oder Transmissionsnormal benötigt.

Reflexionsnormale sind ebene Flächen von lichttechnischen Materialien mit bekannten Reflexionseigenschaften (z. B. Weißstandard nach DIN 5033-9). Der Leuchtdichtefaktor β_N ist bei senkrechtem, quasi parallelen Lichteinfall unter Angabe des Beobachtungswinkels bestimmt. Bei nichtsenkrechtem Lichteinfallswinkel ist dieser anzugeben.

Das Normal soll
— eine ebene Oberfläche besitzen,
— das auffallende Licht gleichmäßig streuen,
— seine Reflexions- oder Transmissionseigenschaften über eine angemessene Zeitspanne beibehalten.

Alle Reflexions- und Transmissionsnormale weichen in ihren Eigenschaften von denen einer vollkommen streuenden und vollkommen reflektierenden bzw. transmittierenden Fläche ab. Der wesentliche **Unterschied** liegt nicht nur in der Form der zugeordneten Indikatrix, sondern auch in der Selektivität der Reflexion bzw. Transmission. Beim Kalibrieren ist daher die Normlichtart A nach DIN 5033-7 zu verwenden.

Als Reflexionsnormal kann eine Tablette aus gepreßtem Bariumsulfat-Pulver nach DIN 5033-9 verwendet werden.

Der Leuchtdichtefaktor des Transmissionsnormals ist im Gegensatz zu dem des Reflexionsnormals im allgemeinen wesentlich kleiner als 1, was keinen Einfluß auf die Verwendbarkeit eines Transmissionsnormals hat.

Nach vorliegenden praktischen Untersuchungen soll ein Transmissionsnormal bei senkrechtem Lichteinfall im Abstrahlungswinkel 0° – 10° – 20° – 30° – 40° einen praktisch konstanten Leuchtdichtefaktor $\beta = 0,25$ (als Richtwert) ergeben.

4.3 Arbeits-Reflexions- und Arbeits-Transmissionsnormal

Zur laufenden Messung von Bildwänden werden kalibrierte, langzeitbeständige Arbeitsnormale verwendet.

Diese kalibrierten Arbeitsnormale sollen aus dem in 4.2 genannten Material bestehen, sollen aber auch dem Bildwandtyp entsprechen, für den sie zur laufenden Vergleichsmessung verwendet werden.

Arbeits-Reflexionsnormale sind Reflexionsnormale nach 4.2 für den ständigen photometrischen Gebrauch, durch den sich ihre lichttechnischen Eigenschaften allmählich ändern können. Die Änderung der lichttechnischen Eigenschaften soll gering sein.

Arbeits-Reflexionsnormale müssen wiederholt mit Reflexionsnormalen zum Vergleich kalibriert werden.

Arbeits-Transmissionsnormale dürfen mit Reflexionsnormalen kalibriert werden. Sie dürfen beim Bildwandtyp R-S nur für die Messung in der Mitte einer Durchlichtbildwand verwendet werden.

4.4 Bildwandmuster

Zur ständigen Überprüfung von **Auflicht**bildwänden, die sich im Einsatz befinden, werden am Einsatzort Bildwandmuster verwendet. Diese Bildwandmuster weisen im allgemeinen die gleiche Verteilungskurve wie die zu untersuchende Bildwand selbst auf.

Da die Bildwandmuster nicht einzeln mit einem Reflexionsnormal (siehe 4.2) verglichen und damit kalibriert sind, dienen sie **nur zur subjektiven Überprüfung**. Wird ein Bildwandmuster für Aufprojektion auf eine im Einsatz befindliche Bildwand aufgelegt, lassen sich während einer Projektion deutlich die durch Alterungserscheinungen oder Verschmutzung bedingten, abgesunkenen Reflexionseigenschaften dieser Bildwand erkennen.

Muster zur Überprüfung von Durchlichtbildwänden sind nicht einsetzbar.

5 Messungen

Die Messungen des Leuchtdichtefaktors β_P von Auflicht- und Durchlichtbildwänden sollen grundsätzlich nach zwei Verfahren durchgeführt werden:

— Stehen Bildwandmuster zur Verfügung, ist nach 5.1 zu verfahren, oder
— bei Untersuchung einer einsatzbereiten (oder bereits eingesetzten) Bildwand muß nach DIN 19045-8 gemessen werden (siehe „Erläuterungen" zu 3.5 von DIN 19045-8 (Neun-Meßorte-Messung)).

ANMERKUNG: Die Neun-Meßorte-Messung ist immer dann erforderlich, wenn eine Zerstörung der Bildwand — auch zu Erprobungszwecken — aus wirtschaftlichen Gründen ausgeschlossen ist. Dies gilt besonders für den Bildwandtyp R-S.

5.1 Messung des Leuchtdichtefaktors β_P einer Bildwandprobe

5.1.1 Messung des Leuchtdichtefaktors β_P eines Bildwandmusters von Auflichtbildwänden

Nach DIN 5036-3 wird der Leuchtdichtefaktor β_P für **Auflichtbildwände** durch Messung der Leuchtdichte L_P eines Musters und des Reflexionsnormals L_N mit bekanntem Leuchtdichtefaktor β_N bei senkrechtem quasi-parallelen Lichteinfall unter Angabe der Beobachtungsrichtung bestimmt (siehe 3.2; Beispiel einer Meßanordnung siehe DIN 5036-3).

Die relative spektrale Empfindlichkeit des verwendeten Photometers muß gut an den spektralen Hellempfindlichkeitsgrad $V(\lambda)$ angepaßt sein. ($V(\lambda)$-Anpassung mit $f_1 < 3\%$, siehe E DIN 5032-6). Das verwendete Photometer sollte zur Klasse A nach DIN 5032-7 gehören.

Die Meßanordnung gilt allgemein zum Messen von reflektierenden Flächen. Bei Messungen an Bildwänden wird sinnvollerweise die Bildwand durch einen Projektor beleuchtet. Die Leuchtdichtemessung erfolgt mit einem Leuchtdichtemeßgerät, dessen Öffnungswinkel 1° nicht überschreiten sollte. Das verwendete Normal (Arbeits-Reflexionsnormal, siehe 4.3) muß größer sein als die vom Leuchtdichtemeßgerät bewertete Fläche.

5.1.2 Messung des Leuchtdichtefaktors β_P von Durchlichtbildwänden

Zum Messen des Leuchtdichtefaktors β_P bei Durchlichtbildwänden ist zwischen dem Bildwandtyp R-O (siehe 4.1.4.1) und dem Bildwandtyp R-S (siehe 4.1.4.2) zu unterscheiden.

Beim (strukturlosen) Bildwandtyp R-O darf grundsätzlich das gleiche Meßverfahren wie bei Auflichtbildwänden verwendet werden.

Beim (strukturierten) Bildwandtyp R-S müssen mindestens zwei Proben verwendet werden:
— Die erste Probe aus der Bildwandmitte,
— die zweite Probe aus dem Bildwandrandbereich

Die zusätzliche Messung der Proben aus den Randbereichen der Bildwandtypen R-S ist erforderlich, da sich der Leuchtdichtefaktor strukturbedingt in seinem Absolutwert wie auch in seiner Richtung ändert.

Die Probe aus der Bildwandmitte ist bei senkrechtem Lichteinfall zu messen, die Proben aus den Randbereichen sind unter einem Lichteinfallswinkel von 30° zu messen.

Aus rein wirtschaftlichen Gründen ist hier die Neun-Meßorte-Messung (siehe „Erläuterungen" zu 3.5 von DIN 19045-8) vorzuziehen, um die Zerstörung z. B. einer bereits installierten Bildwand zu vermeiden.

Um einen leichteren Vergleich zwischen den Bildwandtypen R-O und R-S zu erzielen, erscheint es sinnvoll, beide Bildwandtypen nach dem letztgenannten Meßverfahren zu messen.

5.2 Messung des Leuchtdichtekoeffizienten q

Nach DIN 5036-3 wird der Leuchtdichtekoeffizient q ermittelt, wenn die Leuchtdichte L_P der Bildwandprobe und die Beleuchtungsstärke E_P auf der Probe gemessen werden. Die vom Leuchtdichtemeßgerät bewertete Fläche muß daher kleiner als die beleuchtete Fläche sein.

5.3 Lichteinfallswinkel ε_1 und Abstrahlungswinkel ε_2

Beim Messen ist im allgemeinen ein Lichteinfallswinkel ε_1 = 0° zu wählen, d. h., die optische Achse des Projektors muß mit der Bildwandnormalen zusammenfallen. Nur in Sonderfällen (z. B. zum Feststellen des Abfalls der Leuchtdichte an den Bildwandseiten **wie auch beim Messen des Bildwandtyps R-S**, siehe Anhang A) darf ein geeigneter, endlicher Lichteinfallswinkel verwendet werden.

Der Abstrahlungswinkel ε_2 ist für die Auswertung durch Aufnahme einer Leuchtdichtefaktor- oder Leuchtdichtekoeffizienten-Indikatrix im Bereich 5° $\leq \varepsilon_2 \leq$ 40° (siehe 6.2) stufenweise zu messen.
Zum Bestimmen des Streufaktors s (siehe 6.4.2) sind die Abstrahlungswinkel ε_{21} = 5° und ε_{22} = 20° zu messen.

6 Auswerten der Meßergebnisse durch Verteilungskurven (Streuindikatrices)
(Leuchtdichtefaktor-Indikatrix, Leuchtdichtekoeffizienten-Indikatrix)

6.1 Allgemeines

Die für den Leuchtdichtefaktor β oder für den Leuchtdichtekoeffizienten q ermittelten Einzelwerte gelten nur für gegebene Einstrahlungs- und Abstrahlungsrichtung.
Es ist üblich, die räumliche Verteilung der Einzelwerte von β oder q in Verteilungskurven in Normalebenen zur Bildwand darzustellen. Hierbei wird stets die Verteilung in der horizontalen Normalebene angegeben, oft auch zusätzlich in der vertikalen Normalebene.

Die vertikale Normalebene muß immer dann zur Beurteilung einer Bildwand herangezogen werden, wenn die Betrachterfläche auf Parkett und Balkon verteilt und/oder auch der Projektionswinkel (siehe DIN 19045-1) deutlich von 0° abweicht.
Im allgemeinen werden die Verteilungskurven für einen Lichteinfallswinkel (Projektionswinkel) von 0° (zur Flächennormale der Bildwand) angegeben. Weicht er ab, muß dieser Winkel in der Verteilungskurve angegeben werden.

Die in Bild 1 bis Bild 4 dargestellten Verteilungskurven gelten hinsichtlich ihrer Lage **nur** für den Punkt der Bildwand, der von der optischen Achse des Projektors durchstoßen wird. Über die Lage der Verteilungskurve am Bildwandrand siehe 6.3 und Anhang B.
Die Leuchtdichte**faktor**-Indikatrix sollte bevorzugt werden (siehe auch 4.2).

6.2 Darstellungsarten der Verteilungskurven
(siehe Bild 5)

Die Verteilungskurven dürfen alternativ in kartesischen Koordinaten oder Polarkoordinaten angegeben werden. Prinzipiell sind die beiden in diesem genannten Koordinatensystemen gleichwertig. Die Darstellung in kartesischen Koordinaten vermittelt einen guten Überblick über den Verlauf des Leuchtdichteabfalls zum Maximum. Ihr Vorteil liegt darin, daß die Meßwerte aus dem Diagramm abgegriffen werden sollen, wenn mit ihnen weitergerechnet werden soll.

Die Darstellung in Polarkoordinaten ist anschaulicher und gibt einen guten Überblick über die Leuchtdichteverteilung, besonders dann, wenn sie im Rahmen einer Planung mit der Betrachterfläche kombiniert wird (siehe DIN 19045-1).

Seite 9
DIN 19045-4 : 1998-12

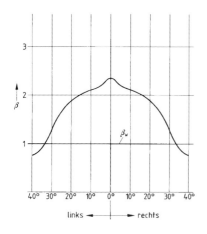
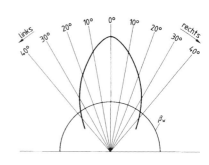

a) Darstellung in kartesischen Koordinaten   b) Darstellung in Polarkoordinaten

β_W Leuchtdichtefaktor-Indikatrix einer vollkommen mattweißen reflektierenden Fläche (siehe Anmerkung zu 3.2)
(Lichteinfallswinkel $\varepsilon_1 = 0°$)

Bild 5: Leuchtdichtefaktor-Indikatrix eines Bildwandtyps S

Um einen Überblick über den Zusammenhang der Verteilungskurven für die horizontale und vertikale Normalebene zu geben, sind beide Kurven in Bild 6 räumlich dargestellt. Damit wird das Vorstellungsvermögen für den „keulenförmigen" Verlauf der räumlichen Verteilungskurve verbessert.

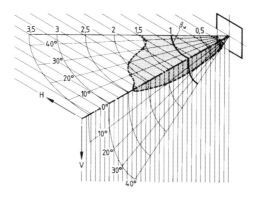

Bild 6: Räumliche Leuchtdichtefaktor-Indikatrix eines Bildwandtyps S, dargestellt durch die Indikatrices in der horizontalen (H) und vertikalen (V) Normalebene

6.3 Lichteinfallswinkel

Der Lichteinfallswinkel von 0° tritt nur bei Senkrechtprojektion auf und gilt dort nur für ein Projektionselement auf dem Mittelpunkt der Bildwand (Projektionswinkel).

Da diese aber eine endliche Ausdehnung hat, weicht auch bei Senkrechtprojektion der Lichteinfallswinkel auf die Ränder der Bildwand merklich von 0° ab. Dies gilt besonders in den Fällen, bei denen das Bildwand-Seitenverhältnis extreme Werte annimmt (z. B. bei Breitwand-Verfahren).

Die Tabelle 2 gibt einen Überblick über den Lichteinfallswinkel in Abhängigkeit vom Verhältnis des Projektionsabstands e_P zur Bildwandbreite b_B (siehe auch Bild 7), also

$$\frac{e_P}{b_B} = f(\varepsilon) \qquad (5)$$

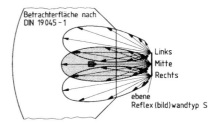

Bild 8: Lage der Leuchtdichtefaktor-Indikatrices eines Bildwandtyps S mit eingezeichneter Betrachterfläche

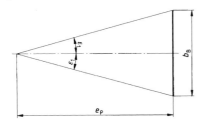

Bild 7: Lichteinfallswinkel ε_1 auf die Bildwandseiten in Abhängigkeit vom Verhältnis der Bildwandbreite b_B zum Projektionsabstand e_P

ANMERKUNG: Der Lichteinfallswinkel ist unabhängig von der Bildwandart, legt aber in Abhängigkeit von der Bildwandart die Lage der Vorzugsrichtungen der Reflexion für die einzelnen Bildwandpunkte zur Betrachterfläche fest. (Weitere Einflüsse siehe Anhang B.)

Tabelle 2: Lichteinfallswinkel ε_1 in Abhängigkeit vom Verhältnis des Projektionsabstands e_P zur Bildwandbreite b_B

$\dfrac{e_P}{b_B}$	$\dfrac{b_B}{2 \cdot e_P} = \tan \varepsilon_1$	ε_1
1	0,5	26,5°
2	0,25	14°
3	0,16	9,5°
4	0,125	7°
5	0,1	6°
6	0,08	5°

Der damit verbundene Leuchtdichteabfall ist einmal für die einzelnen Sitzplätze eine Betrachterfläche sehr unterschiedlich (siehe Bild 8) und darüber hinaus von stärkerem Einfluß als die ungleichmäßige Ausleuchtung eines Bildfensters im Projektor, z. B. durch falsche Einstellung des Kondensors.

Dieser negative Einfluß fiel bereits bei der Einführung des Breitwand-Verfahrens auf und führte zur Krümmung der Bildwand (siehe Bild 9).

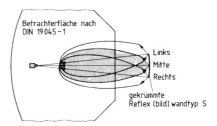

Bild 9: Kompensation der ungünstigen Lage der Leuchtdichtefaktor-Indikatrices durch Krümmung der Bildwand (Krümmungsradius der Bildwand = Projektionsabstand)

Die vorgenannten Einflüsse gelten für alle Ausführungsformen von Bildwandtyp S und Bildwandtyp B.
Bei geringen Abweichungen der Lichteinfallsrichtung gegenüber der Flächennormale kann angenommen werden, daß sich bei dem Bildwandtyp B die Leuchtdichtefaktor-Indikatrix unverändert mit dem Maximalwert in Richtung auf den Lichteinfall und bei dem Bildwandtyp S in die Spiegelrichtung verdreht. Damit lassen sich dann alle notwendigen Berechnungen durchführen (siehe [1] und [2]).

6.4 Grenzwinkel γ_G, maximaler nutzbarer Streuwinkel σ der Reflexion bzw. Transmission und Betrachtungskennzahl k

6.4.1 Grenzwinkel γ_G

Der Grenzwinkel γ_G entspricht dem Schrägbetrachtungswinkel eines an der seitlichen Begrenzung der Betrachterfläche sitzenden Betrachters; er basiert auf Erkenntnissen der Bildbetrachtung selbst. Der Grenzwinkel γ_G ist der größte Abstrahlungswinkel ε_2, unter dem ein projiziertes Bild mit Rücksicht auf Leuchtdichteverlust und trapezförmige Verzerrungen betrachtet werden darf. Bei der Konstruktion der Betrachterfläche nach DIN 19045-1 haben Untersuchungen ergeben, daß der Betrachtungswinkel — bezogen auf die Flächennormale der Bildwand — einen Wert von 40° nicht überschreiten darf. Dieser Winkel ist somit einer der Grenzwerte, die bei der Planung von projektionstechnischen Einrichtungen zu berücksichtigen sind (siehe [1]).

Damit ist der Grenzwinkel $\gamma_G = 40°$ ein in der Verteilungskurve festgelegter Winkel, für den der Leuchtdichtefaktor β (oder der Leuchtdichtekoeffizient q) ermittelt werden soll.

6.4.2 Maximaler nutzbarer Streuwinkel σ

Der maximale nutzbare Streuwinkel σ (der Reflexion bzw. der Transmission) ist eine physikalisch meßbare Größe für das subjektiv unterschiedliche Helligkeitsempfinden beim Betrachten der Bildwandmitte unter den Winkeln, bei denen, vom Bildwandtyp abhängig, der halbe Wert des Maximums einer Leuchtdichtefaktor-Indikatrix erreicht wird.

Bei der Qualitätsbeurteilung einer Bildwand ist der maximale nutzbare Streuwinkel σ ein Grenzwinkel für die Bildbetrachtung. Er ist also eine wichtige Kenngröße bei der Auswahl des Bildwandtyps für eine Betrachterfläche (siehe DIN 19045-1) gegebener Breite und umgekehrt.

Diese Angabe gilt zunächst **nur** für die Betrachtung der Bildwandmitte bei Senkrechtprojektion.

Die Bildwandtypen D, S und B weisen auf den Bildwandtyp bezogene charakteristische Streuwinkel auf, die einen Einfluß auf die Breite der Betrachterfläche haben. Hieraus ergibt sich, daß

— die Bildwandtypen D und S für breite, und
— der Bildwandtyp B für schmale

Betrachterflächen geeignet sind.

Um auch bei breiten Betrachterflächen zufriedenstellende Betrachtungsbedingungen zu erzielen, müssen die Reflexionseigenschaften in der Nähe der Bildwandränder ebenfalls untersucht werden, wo durch den schräg auftreffenden Lichtstrahl die gleichen Nachteile wie bei der Schrägprojektion auftreten.

ANMERKUNG 1: Bei dieser Untersuchung wird festgestellt, daß die Leuchtdichtefaktor-Indikatrix beim Bildwandtyp B an den seitlichen Außenbereichen **in Projektionsrichtung**, beim Bildwandtyp S **nach außen** gedreht wird.

ANMERKUNG 2: Beim Einsatz des Bildwandtyps S vor einer breiten Betrachterfläche kann durch Krümmung der Bildwand die Gleichmäßigkeit g_1 verbessert werden (siehe DIN 19045-1).

6.4.3 Betrachtungskennzahl k

Die Betrachtungskennzahl k besteht aus zwei Zahlenangaben:

— dem Leuchtdichtefaktor $\beta_{0/5}$ und
— dem maximalen nutzbaren Streuwinkel σ (siehe 6.4.2).

BEISPIEL:

An einer Bildwand wurde gemessen:

$\beta_{0/5} = 1,7$ und $\sigma = 27°$

Dann ist

$k = 1,7/27°$

Die Betrachtungskennzahl gibt einen Aufschluß über die Einsatzmöglichkeit eines Bildwandtyps für gegebene Projektionsverhältnisse.

ANMERKUNG: Beim Planen einer Projektionsanlage muß für eine Bestuhlungsfläche gegebener Breite jener Bildwandtyp gewählt werden, für welchen der maximale nutzbare Streuwinkel σ möglichst nahe dem größten Schrägbetrachtungswinkel liegt. Damit wird zugleich der lichttechnische Wirkungsgrad der Projektionsanlage beeinflußt.

Eine Bildwand mit einem großen Wert für σ eignet sich für breite Betrachterflächen und umgekehrt. Dies ist auch der Grund, warum der Bildwandtyp B bevorzugt bei Heimprojektion eingesetzt wird.

Anhang A (informativ)

Literaturhinweise

DIN 5031-3
Strahlungsphysik im optischen Bereich und Lichttechnik — Größen, Formelzeichen und Einheiten der Lichttechnik
DIN 19045-6
Projektion von Steh- und Laufbild — Bildzeichen und Info-Zeichen
DIN 19045-9
Projektion von Steh- und Laufbild — Lichtmessungen bei der Bildprojektion mit Projektionseinheiten
[4] Grau, W.: Begriffe der photographischen Aufnahme- und Wiedergabetechnik einschließlich der Video- und LCD-Projektion. DIN-Manuskriptdruck, Beuth Verlag GmbH, Berlin (1994)

Anhang B (informativ)

Erläuterungen

B.1 Zu 3.2, 3.3., 5.1 und 5.2

Der Leuchtdichtefaktor β wird nach dieser Norm durch ein Vergleichsverfahren ermittelt, bei dem ein Reflexionsnormal (siehe 4.2) verwendet wird.

Zum Ermitteln des Leuchtdichtefaktors β einer Bildwandprobe sind der Projektor, ein Reflexionsnormal und ein Leuchtdichtemeßgerät erforderlich.

Der Leuchtdichtekoeffizient q hat die Einheit

$$\frac{cd/m^2}{lx};$$

zu seiner Ermittlung an einer Bildwandprobe sind ein Leuchtdichtemeßgerät **und** ein Beleuchtungsstärkemeßgerät (bzw. eine Kombination) erforderlich.

Wird der Leuchtdichtefaktor β ermittelt, so ist von dem vorhandenen kalibrierten Reflexions- oder Transmissionsnormal ein Arbeitsnormal (siehe 4.3) abzuleiten.

Zusammenhang zwischen dem Leuchtdichtefaktor β und dem Leuchtdichtekoeffizienten q
Es ist nach Gleichung (1)

$$\beta = \frac{L_P}{L_W}$$

Wird für

$$L_W = \frac{E_P}{\pi \cdot \Omega_0} \qquad (B.1)$$

in β eingesetzt, so ergibt sich

$$\beta = \frac{L_P}{E_P} \cdot \pi \cdot \Omega_0 \qquad (B.2)$$

Nach Gleichung (3) war

$$q = \frac{L_P}{E_P}$$

und es ergibt sich

$$\beta = q \cdot \pi \cdot \Omega_0 \qquad (B.3)$$

oder nach Gleichung (4)

$$q = \frac{\beta}{\pi \cdot \Omega_0}$$

B.2 Zu Abschnitt 4 „Bildwandtypen"

Die in 4.1.1 bis 4.1.4 vorgenommene Unterteilung in vier Bildwandtypen nimmt auf das grundsätzliche Verhalten von Bildwandträgermaterialien Rücksicht. Die Oberflächenstruktur (z. B. durch Prägung) kann den Verlauf der Indikatrix beeinflussen. Jede Bildwand läßt sich aber in eine der vier Bildwandtypen einordnen.

B.3 Zu 4.1.3 „Messen der Bildtrennung bei Bildwandtyp S für die Stereoprojektion"

Für die Stereoprojektion (mit Polarisationseinrichtungen zur stereoskopischen Bildtrennung) dient Bildwandtyp S. Bei diesen ist zusätzlich der Auslöschungsfaktor A zu messen.

Da es bisher noch nicht üblich war, daß die Bildwand-Hersteller stets den Auslöschungsfaktor A bei Auslieferung einer Bildwand für die Stereoprojektion angeben, wurden das Meßverfahren und die Auswertung zunächst in diesen Anhang B aufgenommen.

Auslöschungsfaktor A
Der Auslöschungsfaktor A ist eine Kenngröße für die Depolarisation des zurückgestrahlten Lichtes einer Bildwand mit Vorzugsrichtung der Reflexion im Spiegelwinkel (Bildwandtyp S, siehe 4.1.3), wenn diese mit linear polarisiertem Licht bestrahlt wird.

Der Auslöschungsfaktor

$$A = \frac{L_{max}}{L_{min}}$$

ist nach Bild B.1 das Verhältnis der Leuchtdichte L_{max} einer Bildwandprobe, die entsteht, wenn bei vorgegebener Einstrahlungs- und Abstrahlungsrichtung das Polarisationsfilter F_2 zwischen Probe und Empfänger auf **maximale** Durchlässigkeit eingestellt ist, zu der Leuchtdichte L_{min}, die entsteht, wenn die beiden Polarisationsfilter auf **minimale** Durchlässigkeit eingestellt sind.

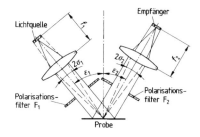

Bild B.1: Anordnung zum Messen des Auslöschungsfaktors A

Messung des Auslöschungsfaktors A
Der Auslöschungsfaktor A wird in einer Meßanordnung nach Bild B.1 gemessen. Dabei werden bei konstant gehaltener Lichtstärke der Lichtquelle nacheinander die beiden Leuchtdichten L_{max} und L_{min} gemessen, die sich beim Verdrehen des Polarisationsfilters F_2 ergeben.

Der Quotient dieser Leuchtdichten ist der Auslöschungsfaktor A.

Seite 13
DIN 19045-4 : 1998-12

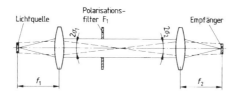

Bild B.2: Prüfanordnung zum Überprüfen des Leuchtdichtemeßgerätes auf Abhängigkeit der Anzeige von der Polarisationseinrichtung

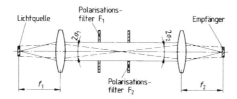

Bild B.3: Prüfanordnung zum Messen des Löschvermögens durch das Polarisationsfilterpaar

Vor dem Messen sind nachstehende Prüfungen durchzuführen:

a) Prüfung des Leuchtdichtemeßgerätes (Empfänger) auf Abhängigkeit der Anzeige von der Polarisationsrichtung
Die Bildwandprobe wird durch das Leuchtdichtemeßgerät (siehe Bild B.2) ersetzt, und das Leuchtdichtemeßgerät wird um die Achse des einfallenden polarisierten Lichtstrahles gedreht. Dabei darf keine merkliche Veränderung der Anzeige des Leuchtdichtemeßgerätes erfolgen.

b) Prüfung der Lichtquelle auf Abgabe von unpolarisiertem Licht
Die Bildwandprobe wird, wie unter a), durch das Leuchtdichtemeßgerät ersetzt, und die Polarisationsebene des Lichtstrahls wird durch Verdrehen des Polarisationsfilters F_1 gedreht. Dabei darf keine merkliche Änderung der Anzeige am Leuchtdichtemeßgerät auftreten.

c) Korrektur des Meßwertes des Auslöschungsfaktors A bei ungenügendem Löschvermögen des Polarisationsfilterpaares
Das Löschvermögen
$$\frac{\tau_0}{\tau_{90°}}$$
eines Polarisationsfilterpaares ist das Verhältnis des Transmissionsgrades τ_0 bei „Hellstellung" zum Transmissionsgrad $\tau_{90°}$ in „Dunkelstellung" des Filterpaares. Es wird durch Verdrehen von F_2 relativ zu F_1 gemessen (siehe Bild B.3) und das Verhältnis von maximaler zu minimaler Leuchtdichte am Empfänger bestimmt.
Für die Messung sollte das Löschvermögen gegenüber dem Auslöschungsfaktor A groß sein. Trifft dies nicht zu, wird bei der Messung ein zu niedriger Meßwert A_m für den Auslöschungsfaktor A erhalten. Aus diesem Meßwert A_m und dem Löschvermögen $\dfrac{\tau_0}{\tau_{90°}}$

wird mit der Korrekturgleichung $A \approx \dfrac{A_m}{1 - A_m \cdot \dfrac{\tau_{90°}}{\tau_0}}$ (B.4)

annähernd ein Wert für den Auslöschungsfaktor A der Bildwand berechnet.
Das Löschvermögen handelsüblicher Polarisationsfilter ist begrenzt. In „Dunkelstellung" bleibt meist ein Restlichtstrom blauer Farbtönung übrig. Wegen dieser Farbtönung des Restlichtstromes in Dunkelstellung ist auf gute Einhaltung der spektralen Empfindlichkeitskurve (spektraler Hellempfindlichkeitsgrad $V(\lambda)$ nach DIN 5031-3) des Leuchtdichtemeßgerätes auch im Farbbereich des Restlichtes zu achten.

Auswertung der Meßergebnisse des Auslöschungsfaktors A durch eine Verteilungskurve
Die räumliche Verteilung der Einzelwerte des Auslöschungsfaktors A läßt sich durch eine Auslöschungsfaktor-Indikatrix (ähnlich wie die Leuchtdichtefaktor-Indikatrix) ebenfalls in horizontaler und vertikaler Normalebene darstellen.
Diese Darstellungsart ist jedoch nur dann notwendig, wenn die Auslöschungsfaktor-Indikatrix wesentlich von denjenigen der Leuchtdichtefaktoren β (bzw. Leuchtdichtekoeffizienten q) abweicht, was im allgemeinen nicht der Fall ist. Meist genügt es daher, den Auslöschungsfaktor A nur bei Einstrahlung unter 0° und Abstrahlung unter 5° anzugeben.

Winkelabhängigkeit des Auslöschungsfaktors A
Messungen von Ferwerda [3] haben gezeigt, daß die Indikatrices von Leuchtdichtefaktor und Auslöschungsfaktor weitgehend gleichen Kurvenverlauf aufweisen.
Bezogen auf die Stereoprojektion bedeutet dies, daß die Leuchtdichte des „Geisterbildes" beim Übergang zum Bildrand relativ zu der des Hauptbildes um so mehr ansteigt, je mehr der Leuchtdichtefaktor abnimmt. Absolut bleibt jedoch die Leuchtdichte des Geisterbildes von Bildmitte zu Bildrand im wesentlichen konstant.

Grenzwert für den Auslöschungsfaktor A

Nach den bisherigen Erfahrungen sollte der Auslöschungsfaktor den Grenzwert $A = 65$ nicht unterschreiten.

B.4 Zu 4.2 „Reflexionsnormal" [1]

Bariumsulfat-Pulver ist unter der Bezeichnung „Bariumsulfat für Weißstandard DIN 5033" im Handel erhältlich. Für dieses ist jedoch nach DIN 5033-9 nur der Leuchtdichtefaktor $\beta_{45/0}$ angegeben, d. h. Lichteinfallswinkel 45°, Messung der Leuchtdichte bei einem Abstrahlungswinkel von 0°.

Mit Rücksicht auf die praktischen Projektionsverhältnisse muß jedoch bei senkrechtem Lichteinfall (Lichteinfallswinkel 0°) **und bei schrägem Lichteinfall (Lichteinfallswinkel 30°)** der Leuchtdichtefaktor für einen Abstrahlungswinkel zwischen 0° bis 40° bekannt sein. Diese Werte müssen daher für das Reflexionsnormal vom vorgenannten Weißstandard abgeleitet werden.

Als Weißstandard wurden früher Barytweiß oder Magnesiumoxid verwendet. Die Untersuchungen und Erfahrungen führten aber zu dem Ergebnis, künftig als Weißstandard nur noch Bariumsulfat-Pulver zu verwenden. Besonders für Vergleichsmessungen an unterschiedlichen Orten ist es wesentlich, daß von der Bezugsquelle die Meßwerte für den Weißstandard nach DIN 5033-9 bestätigt werden. Die Verwendung von Bariumsulfat-Pulver wird auch in der CIE 38 : 1977 empfohlen.

B.5 Zu 6.4 „Grenzwinkel γ_G, maximaler nutzbarer Streuwinkel σ Reflexion bzw. Transmission und Betrachtungskennzahl k"

Soll zum Kennzeichnen einer Bildwand die Verteilungskurve nicht angegeben werden, genügt die Angabe von zwei charakteristischen Werten durch die Betrachtungskennzahl.

Beim Ermitteln des maximalen nutzbaren Streuwinkels σ wird nicht das Maximum der Leuchtdichte unter dem Lichtausfallswinkel γ_0 (d. h. unter dem Abstrahlungswinkel 0°), sondern unter dem Abstrahlungswinkel 5° gemessen, da die Messung für $\beta_{0/5}$ einfacher ist als die für $\beta_{0/0}$ ($\beta_{0/5}$ bedeutet, daß der Einstrahlungswinkel 0°, der Abstrahlungswinkel 5° beträgt).

Die Angabe der Betrachtungskennzahl enthält jedoch keine genaue Aussage über den Kurvenverlauf der Indikatrix zwischen den beiden vorgenannten Abstrahlungswinkeln. Ist es erforderlich, diesen Bereich genauer anzugeben, sind zusätzlich entweder ein oder zwei weitere Winkel (z. B. bei 20° oder 10° und 30°) anzugeben.

Lichteinfallswinkel und Abfall der Leuchtdichte an den Bildwandrändern

In Bild 7 ist nur das Prinzip des Einflusses vom Lichteinfallswinkel auf die Gleichmäßigkeit dargestellt. Er kann sich nicht nur bei Breitwandverfahren nachteilig auswirken, sondern auch dann, wenn **zwei** Projektoren mit unterschiedlichen Projektionsabständen eingesetzt werden. Bild B.4 stellt die alternative Projektion

— mit einem Arbeitsprojektor (Aufstellort in Nähe des Vortragenden) und eines Diaprojektors (Aufstellort hinter den Betrachtern)
— mit zwei Projektoren unterschiedlicher Brennweite und/oder unterschiedlichen Dia-Nenngrößen

dar.

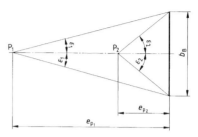

P_1 Projektor mit längerer Brennweite (z. B. bei der Dia- oder Filmprojektion)
P_2 Projektor mit kürzerer Brennweite (z. B. bei der Arbeitsprojektion)
e_{p1}, e_{p2} zugeordnete Projektionsabstände
$\varepsilon_1, \varepsilon_2$ zugeordnete Bildwinkel
b_B Breite der Bildwand

Bild B.4: Unterschiedliche Lichteinfallswinkel durch Verwendung von mehreren Projektoren

Die unter größerem Lichteinfallswinkel projizierten Bildränder weisen einen **höheren** Leuchtdichteabfall auf. Diese Erscheinung wird noch verstärkt, wenn z. B. bei Mehrfachbetrieb mit Rücksicht auf die Abschattung durch den bildwandnahen Projektor für diesen ein zusätzlicher Schrägprojektionswinkel angewendet wird (siehe Bild B.5).

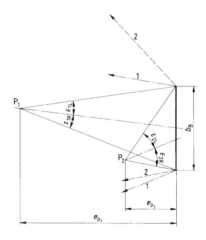

Bild B.5: Zusätzlicher Einfluß auf den Leuchtdichteabfall durch Schrägprojektionswinkel

---

[1] Auskunft über Bezugsquellen des Reflexions- oder Transmissionsnormals bzw. der entsprechenden Arbeitsnormale sowie für Leuchtdichtemeßgeräte erteilt der Normenausschuß Bild und Film (photokinonorm) im DIN Deutsches Institut für Normung e.V., 10772 Berlin (Hausanschrift: Burggrafenstraße 6, 10787 Berlin).

Bei Verwendung des Bildwandtyps S (siehe 4.1.3) stellen in Bild B.5 die Strahlen 1 die Vorzugsrichtungen der Reflexion für den bildwandentfernten Projektor P_1, die Strahlen 2 die Vorzugsrichtungen der Reflexion für den bildwandnahen Projektor P_2 dar.
Bei Verwendung des Bildwandtyps B (siehe 4.1.2) fallen die Strahlen der Vorzugsrichtungen der Reflexion mit den zugeordneten auftreffenden Projektionsstrahlen zusammen.
Bei Verwendung des Bildwandtyps D (siehe 4.1.1) tritt **keine** ausgeprägte Vorzugsrichtung der Reflexion auf.
Bei Verwendung des Bildwandtyps R ist die Vorzugsrichtung, wie auch die Verteilung der Transmissionseigenschaften, an den in 5.1 angegebenen Meßstellen unterschiedlich.

Verteilungskurve und Halbwertswinkel γ
Die Verteilungskurve gilt prinzipiell für einen Bereich von $\pm 90°$, bezogen auf die Flächennormale der Bildwand. Da dieser Bereich weder projektionstechnisch — durch die winkelabhängigen Reflexionseigenschaften — noch bei der Bildbetrachtung — durch zu große Schrägbetrachtungswinkel — genutzt werden kann, ist es zur Charakterisierung einer Bildwand zweckmäßig, den Winkel anzugeben, bei dem der Betrag des reflektierten Lichtstrahls nur halb so groß ist wie die Leuchtdichte beim Abstrahlwinkel $\varepsilon_1 = 5°$ (siehe 5.3). Damit sinkt auch der Leuchtdichtefaktor β (oder der Leuchtdichtekoeffizient q) auf den halben Wert — bezogen auf das Maximum in einer Verteilungskurve — ab.
Der Halbwertswinkel γ einer Verteilungskurve ist nach DIN 5036-1 derjenige Lichtausfallswinkel, bei dem die Leuchtdichte L des gestreuten abgestrahlten Lichtes den halben Wert der Leuchtdichte L beim Lichtausfallswinkel $0°$ hat, bei Lichteinfall senkrecht zur Fläche.
Mit Rücksicht auf einfache Meßbedingungen beim Ermitteln des maximalen nutzbaren Streuwinkels σ wird das Maximum der Leuchtdichte nicht beim Lichtausfallswinkel $0°$, sondern bei $5°$ gemessen.

Grenzwinkel γ_G
Mit Rücksicht auf den maximalen horizontalen Schrägbetrachtungswinkel $\varepsilon_2 = 40°$ wurde in dieser Norm der Grenzwinkel $\gamma_G = 40°$ festgelegt.

Auswertung der Leuchtdichtefaktor-Indikatrix
Wird eine Leuchtdichtefaktor-Indikatrix (in Polarkoordinaten) in eine Betrachterfläche nach DIN 19045-1 eingezeichnet, wird ein anschauliches Bild für die Leuchtdichteverteilung erreicht.

Unterschiede in der Auswertung
Werden mehrere unterschiedliche Bildwandtypen verglichen, wird der für eine bestimmte Ausführungsform einer Bildwand kennzeichnende maximale nutzbare Streuwinkel σ erhalten. Dieser weist somit auch bei unterschiedlichen Ausführungsformen eines Bildwandtyps unterschiedliche Werte auf.

B.6 ISO-Arbeit

Diese Norm steht im Zusammenhang mit dem Internationalen Norm-Entwurf ISO/DIS 11315-3 : 1997:

en: Photography — Projection in indoor rooms — Part 3: Transmitting projection screens — Classification of screens and measurement of transmitted luminance levels, for still projectors

fr: Photographie — Projection en salles — Partie 3: Écran de projection par transmission — Classification des écrans et mesurage des niveaux de luminance transmise de l'écran, pour projecteurs fixes

de: Photographie — Projektion in Innenräumen — Teil 3: Klassifizierung der Bildwände und Messung der von der Bildwand transmittierten Leuchtdichte, für Stehbildprojektoren

Dieses internationale Normungsprojekt wurde auf Antrag von Deutschland seinerzeit als Item of Work Nr 173 (Projection screens) im ISO/TC 36 „Kinematographie" aufgenommen und das erste Arbeitsgruppendokument zur Abstimmung an die im ISO/TC 36 mitarbeitenden Länder verteilt.

Im Verlauf der dann folgenden Diskussionen wurden jedoch der Bildwandtyp R (Rückpro-Bildwände) und die lichttechnischen Kennwerte herausgenommen. Dafür wurde ein Meßverfahren für die Schalldurchlässigkeit von Tonfilm-Bildwänden aufgenommen.

Nachdem festgestellt wurde, daß die Festlegungen dieses Items eher in den Zuständigkeitsbereich der Arbeitsgruppe WG 9 „Stehbildprojektoren und Durchsichtbilder" des ISO/TC 42 „Photographie" gehören, wurde Item 173 von ISO/TC 36 an diese Arbeitsgruppe übergeben und wird dort seitdem als neues Item 168-3 weiterbearbeitet. Der bei ISO/TC 36 in der Folge eingereichte Vorschlag von Deutschland, die Festlegungen von Item 168-3 bzw. der vorgesehenen Internationalen Norm ISO 11315-3 auch für die Laufbildprojektion anzuerkennen, wurde auf der 16. Plenartagung dieses Komitees im Oktober 1997 in Antwerpen, Belgien, beraten und von der dafür zuständigen Arbeitsgruppe ISO/TC 36/WG 4 „Projektionstechnik" angenommen mit der Empfehlung an ISO/TC 42/WG 9, den Titel und den Anwendungsbereich um die Benennung „Motion-picture" zu erweitern.

DK 534.61.08   Juni 1990

Mittelung von Schallpegeln

**DIN
45 641**

Averaging of sound levels   Ersatz für Ausgabe 06.76

Inhalt

	Seite		Seite
1 Anwendungsbereich und Zweck	1	Anhang A Einzelereignispegel	4
2 Schallpegel	1	A.1 Allgemeine Definition	4
3 Mittelungspegel	2	A.2 Einzelereignis-Schalldruckpegel	4
3.1 Mittelungspegel für einen zeitlich veränderlichen Schallpegel (äquivalenter Dauerschallpegel)	2	Anhang B Vertrauensbereich für den Mittelungspegel bei Verwendung von Stichprobenergebnissen	5
3.2 Mittelungspegel für örtlich unterschiedliche Schallpegel	3	B.1 Allgemeines	5
3.3 Mittelungspegel für zeitlich veränderliche und örtlich unterschiedliche Schallpegel	3	B.2 Vertrauensbereich für den Mittelungspegel L_m bei annähernd normalverteilten Pegelwerten	5
4 Mittelungspegel aus einzelnen Schallpegelwerten	3	B.3 Vertrauensbereich für den Mittelungspegel bei annähernd normalverteilten Werten der Energiegröße y/y_0 nach Gleichung (2) oder der quadrierten Feldgröße x^2/x_0^2 nach Gleichung (1)	8
4.1 Allgemeine Definition	3		
4.2 Mittelungspegel aus klassierten Werten	3		
5 Praktische Hinweise	3	Anhang C Mittelungspegel bei wiederholter/mehrfacher Bestimmung — Präzision des Meßverfahrens und Unsicherheit der Meßergebnisse	9
5.1 Hinweis zur Meßtechnik	3		
5.2 Aufteilung der Mittelungsdauer für Messungen	3		
5.3 Abschätzung des Mittelungspegels	3	Zitierte Normen und andere Unterlagen	10
5.4 Systematische Abweichungen	4	Änderungen	10
6 Vertrauensbereiche für den Mittelungspegel und Präzision des Meßverfahrens	4	Erläuterungen	10

1 Anwendungsbereich und Zweck

Bei vielen Schallvorgängen und Schallfeldern ist der Schallpegel nicht konstant, sondern ändert sich zeitlich oder ist örtlich verschieden. Um solche Schallvorgänge oder Schallfelder einfach beschreiben zu können, werden die Vielzahl der anfallenden Werte (im allgemeinen der Meßwerte) für den untersuchten Fall zu einem Einzahlwert zusammengefaßt. Als Einzahlwert wird vielfach der Wert des Mittelungspegels L_m benutzt. Es erscheint deshalb zweckmäßig, das Verfahren zur Bildung von L_m in einer Norm zu beschreiben, damit für die verschiedenen Anwendungen darauf Bezug genommen werden kann.

Diese Norm definiert den Mittelungspegel und gibt Verfahren zu seiner Bestimmung. Danach kann für einen Schallvorgang mit zeitlich beliebig schwankendem Pegel ein zeitlicher Mittelwert, für örtlich unterschiedliche Schallpegel ein örtlicher Mittelwert und eine Kombination daraus bestimmt werden. Die Gewinnung der Schallpegelwerte, aus denen der Mittelungspegel gebildet wird, ist nicht Gegenstand dieser Norm.

Der Mittelungspegel läßt sich mit Hilfe einer Bezugszeit in andere Größen, z. B. in einen Einzelereignispegel, umrechnen (siehe Anhang A).

Anmerkung: Zur Benutzung der Bezeichnungen „energetische Mittelung", „Energieäquivalenz", „äquivalenter" und „energieäquivalenter Dauerschallpegel" und „gleitende Mittelung" siehe Erläuterungen.

Der Beurteilungspegel ist nicht Gegenstand dieser Norm. Er wird in DIN 45 645 Teil 1 und Teil 2 behandelt.

2 Schallpegel

Der Schallpegel L ist im allgemeinen Fall zeitlich veränderlich und örtlich unterschiedlich.

Wird besonders auf die Abhängigkeit von der Zeit t hingewiesen, wird der Ausdruck $L(t)$ verwendet. Wird besonders auf die Abhängigkeit im Volumen V, auf der Fläche S oder auf der Linie Z hingewiesen, wird der Ausdruck $L(V)$, $L(S)$ bzw. $L(Z)$ verwendet.

Kombinierte Hinweise auf zeitliche und örtliche Abhängigkeit sind $L(V,t)$, $L(S,t)$ bzw. $L(Z,t)$.

Schallpegel, die nach dem Verfahren dieser Norm zeitlich und/oder örtlich gemittelt werden, werden Mittelungspegel genannt und können mit L_m bezeichnet werden.

Fortsetzung Seite 2 bis 11

Normenausschuß Akustik und Schwingungstechnik (FANAK) im DIN Deutsches Institut für Normung e. V.

Wird besonders auf die zeitliche Mittelung hingewiesen, wird der Mittelungspegel äquivalenter Dauerschallpegel genannt und mit L_{eq} bezeichnet, wobei der Index „m" durch den Index „eq" ersetzt wird.[1])

Wird besonders auf die örtliche Mittelung hingewiesen, wird der Mittelungspegel speziell benannt (z. B. als Meßflächenschalldruckpegel im Fall der Mittelung über eine Hüllfläche) und mit $\overline{L}$ bezeichnet, wobei der Index „m" durch den Balken über dem Formelzeichen L ersetzt wird.

Der kombinierte Hinweis auf zeitliche und örtliche Mittelung ist $\overline{L}_{eq}$.

Als Reihenfolge der Indizes zur Unterscheidung von Schallpegeln sollte verwendet werden:

a) Index für die physikalische Größe (z. B. L_p für den Schalldruck p, L_v für die Schallschnelle v);
b) Index für die Frequenzbewertung oder die Breite eines eingeschränkten Frequenzbandes (z. B. L_{pA} bei Frequenzbewertung A; L_{pOkt} beim Oktavband);
c) Index für die Zeitbewertung (z. B. L_{pAS} bei Zeitbewertung S; L_{pAFT} für das Taktmaximalverfahren mit Zeitbewertung F, wobei „FT" als ein Index gilt);
d) Index für das Mittelungsverfahren nach dieser Norm (z. B. L_{pASeq} bei zeitlicher Mittelung);
e) Index für die Mittelungsdauer T (z. B. $L_{pASeq, T=60s}$ bei zeitlicher Mittelung über die Mittelungsdauer 60 s);
f) Index für die Bezugszeit T_0, wenn der Mittelungspegel auf eine solche umgerechnet werden soll (siehe z. B. Einzelereignispegel nach Anhang A).

Indizes können entfallen, wenn aus dem Zusammenhang die spezielle Schallpegel eindeutig hervorgeht. Dabei soll die empfohlene Reihenfolge erhalten bleiben.

Bedeutet x_0 den festgelegten Bezugsgrößenwert, so ist ein Schallpegel L_x im Fall einer Feldgröße oder einer bewerteten Feldgröße x (z. B. Druck, Schnelle) definiert als

$$L_x = 10 \lg \frac{x^2}{x_0^2} \text{ dB} \qquad (1)$$

Beispiel: Pegel des Schalldruckquadrats p^2 mit Frequenzbewertung A und Zeitbewertung S:

$$L_{pAS} = 10 \lg \frac{p_{AS}^2}{p_0^2} \text{ dB, kurz AS-Schalldruckpegel}$$

genannt, wobei $p_0 = 20$ µPa ist.

Im Fall einer Energiegröße oder einer bewerteten Energiegröße y (z. B. Leistung, Intensität) ist der Schallpegel L_y definiert als

$$L_y = 10 \lg \frac{y}{y_0} \text{ dB} \qquad (2)$$

Beispiel:
Oktavschalleistungspegel $L_{WOkt} = 10 \lg \dfrac{P_{Okt}}{P_0}$ dB,
wobei $P_0 = 1$ pW ist.

---

[1]) In den deutschen Normen (z. B. die Normen der Reihe DIN 45 635 und DIN 45 645 Teil 1 und Teil 2) wurde **bisher** der Index „eq" eingeschränkt benutzt lediglich für Pegel, die keine Zeitbewertung oder nur die Zeitbewertungen S oder F aufweisen. Nur diese Pegel wurden energieäquivalente Dauerschallpegel genannt. In diesem Sinne war bei Verwendung der Zeitbewertung I z. B. die Bezeichnung L_{AIeq} bisher nicht möglich.
Für die Zukunft sollten für äquivalente Dauerschallpegel folgende Bezeichnungen verwendet werden (Beispiele):
– L_{Aeq}, L_{ASeq}, L_{AFeq} anstatt energieäquivalenter Dauerschallpegel
– L_{AIeq} anstatt Mittelungspegel L_{AIm}
– L_{AFTeq} anstatt Mittelungspegel L_{AFTm}

3 Mittelungspegel

3.1 Mittelungspegel für einen zeitlich veränderlichen Schallpegel (äquivalenter Dauerschallpegel)

3.1.1 Äquivalenter Dauerschallpegel für einen zeitlich kontinuierlichen Schallpegel

Der äquivalente Dauerschallpegel L_{eq} aus einem zeitlich veränderlichen Schallpegel $L(t) = L_x(t)$ oder $L(t) = L_y(t)$ (siehe Gleichungen (1) oder (2)) über die Mittelungsdauer T ist durch folgende Gleichung definiert:

Bei einer Feldgröße oder einer bewerteten Feldgröße $x(t)$ gilt:

$$L_{eq} = 10 \lg \left[\frac{1}{T}\int_0^T \frac{x(t)^2}{x_0^2} dt\right] \text{ dB} \qquad (3)$$

Bei einer Energiegröße oder einer bewerteten Energiegröße $x(t)$ gilt:

$$L_{eq} = 10 \lg \left[\frac{1}{T}\int_0^T \frac{y(t)}{y_0} dt\right] \text{ dB} \qquad (4)$$

Entsprechend gilt bei $L(t) = L_x(t)$ oder $L(t) = L_y(t)$:

$$L_{eq} = 10 \lg \left[\frac{1}{T}\int_0^T 10^{0,1\,L(t)/dB} dt\right] \text{ dB} \qquad (5)$$

Diese Definition schließt ein, daß nicht unterschieden wird, ob bestimmte Pegel zeitlich ununterbrochen oder in Teilabschnitten mit Pausen oder dazwischenliegenden anderen Pegeln auftreten.

Anmerkung 1: Bei der Bildung des äquivalenten Dauerschallpegels wird der Mittelwert der quadrierten Feldgröße oder bewerteten Feldgröße oder der Mittelwert der Energiegröße oder bewerteten Energiegröße im Argument des Logarithmus verwendet. Es handelt sich also nicht um eine arithmetische Mittelung von Pegeln. Das hier benutzte Verfahren wird gelegentlich „energetische Mittelung" genannt.

Anmerkung 2: Beispiel für einen äquivalenten Dauerschallpegel: Der äquivalente AS-Dauerschalldruckpegel ergibt sich mit Gleichung (5) und Gleichung (1) zu

$$L_{pASeq} = 10 \lg \left[\frac{1}{T}\int_0^T 10^{0,1\,L_{pAS}(t)/dB} dt\right] \text{ dB}$$

$$= 10 \lg \left[\frac{1}{T}\int_0^T \frac{p_{AS}(t)^2}{p_0^2} dt\right] \text{ dB} \qquad (6)$$

wobei p_{AS} der Schalldruck mit der Frequenzbewertung A und der Zeitbewertung S ist.

Anmerkung 3: Bei der Benutzung unterschiedlicher Zeitbewertungen sei darauf hingewiesen, daß bei einer Mittelung über ein Zeitintervall, das größer als die Zeitkonstante der Zeitbewertung ist, was für die meisten praktischen Anwendungen zutrifft, gilt:

$$L_{Seq} = L_{Feq}, \text{ kurz oft mit } L_{eq} \text{ bezeichnet.}$$

Dagegen ist im allgemeinen $L_{Ieq} > L_{Seq} = L_{Feq} = L_{eq}$ (Index I für Zeitbewertung I (Impuls)): nur bei konstanten Geräuschen gilt: $L_{Ieq} = L_{eq}$.

3.1.2 Äquivalenter Dauerschallpegel aus Schallpegeln für Teildauern

Der äquivalente Dauerschallpegel von N äquivalenten Dauerschallpegeln L_{eqi} ($i = 1 \ldots N$) für die einzelnen Teildauern T_i der Mittelungsdauer T (siehe Abschnitt 5.1) ergibt sich wie folgt:

$$L_{eq} = 10 \lg \left[\frac{1}{T} \sum_{i=1}^{N} T_i \, 10^{0,1 \, L_{eqi}/dB} \right] dB \qquad (7)$$

$$\text{mit } T = \sum_{i=1}^{N} T_i$$

Anmerkung: Ist jede Teildauer T_i gleich lang, geht Gleichung (7) in Gleichung (12) über. In diesem Fall ist auch das Klassierverfahren nach Gleichung (13) anwendbar.

3.2 Mittelungspegel für örtlich unterschiedliche Schallpegel

Der Mittelungspegel $\bar{L}$ aus örtlich unterschiedlichen Schallpegeln $L(V)$, $L(S)$ oder $L(Z)$ wird durch folgende Gleichungen definiert:

Für die Mittelung über ein Volumen V gilt:

$$\bar{L} = 10 \lg \left[\frac{1}{V} \int_V 10^{0,1 \, L(V)/dB} \, dV \right] dB \qquad (8)$$

Für die Mittelung über eine Fläche S gilt:

$$\bar{L} = 10 \lg \left[\frac{1}{S} \int_S 10^{0,1 \, L(S)/dB} \, dS \right] dB \qquad (9)$$

Ist die Fläche S eine Hüllfläche um eine Schallquelle oder ein Teil von ihr, wird $\bar{L}_p$ als Meßflächen-Schalldruckpegel bezeichnet.

Für die Mittelung über eine Linie Z gilt:

$$\bar{L} = 10 \lg \left[\frac{1}{Z} \int_Z 10^{0,1 \, L(Z)/dB} \, dZ \right] dB \qquad (10)$$

Der Mittelungspegel von N Mittelungspegeln $\bar{L}_i$ ($i = 1 \ldots N$) für einzelne Teilvolumina, Teilflächen oder Teillinien wird wie folgt am Beispiel von Teilflächen S_i der Gesamtfläche S ermittelt:

$$\bar{L} = 10 \lg \left[\frac{1}{S} \sum_{i=1}^{N} S_i \, 10^{0,1 \, \bar{L}_i/dB} \right] dB \qquad (11)$$

$$\text{mit } S = \sum_{i=1}^{N} S_i$$

Anmerkung: Ist jede Teilfläche S_i gleich groß, geht Gleichung (11) in Gleichung (12) über. In diesem Fall ist auch das Klassierverfahren nach Gleichung (13) anwendbar.

3.3 Mittelungspegel für zeitlich veränderliche und örtlich unterschiedliche Schallpegel

In diesem Fall sind zur Ermittlung des Mittelungspegels $\bar{L}_{eq}$ die Integrale nach Abschnitt 3.1 und Abschnitt 3.2 zu kombinieren.

4 Mittelungspegel aus einzelnen Schallpegelwerten

4.1 Allgemeine Definition

Der Mittelungspegel L_m aus einzelnen Schallpegelwerten L_i ($i = 1 \ldots n$) ist durch folgende Gleichung definiert:

$$L_m = 10 \lg \left[\frac{1}{n} \sum_{i=1}^{n} 10^{0,1 \, L_i/dB} \right] dB \qquad (12)$$

L_m steht hier für L_{eq} nach Abschnitt 3.1, für $\bar{L}$ nach Abschnitt 3.2 oder für $\bar{L}_{eq}$ nach Abschnitt 3.3.

Anmerkung: Stellen die n einzelnen Schallpegelwerte L_i eine Zufalls-Stichprobe oder eine Stichprobe als Ergebnis einer systematischen Probenahme (z. B. für Zeitpunkte mit festen Zeitabständen über der Mittelungsdauer T oder für gleichmäßig angeordnete gleich große Teilflächen einer Meßfläche) dar, so liefert Gleichung (12) lediglich einen je nach Probenahmeverfahren unterschiedlichen Schätzwert für L_m nach Abschnitt 3. Abweichungen siehe Abschnitt 6; Begriffe der Probenahme siehe DIN 55 350 Teil 14.

4.2 Mittelungspegel aus klassierten Werten

Liegen die Schallpegelwerte in klassierter Form vor (siehe auch DIN 45 667), beträgt die Anzahl der Pegelklassen k und werden die Klassenmitten-Pegel der Pegelklassen j ($j = 1 \ldots k$) mit L_j und die Anzahl der Schallpegelwerte in Klasse j mit n_j (Besetzungszahl) bezeichnet, dann geht Gleichung (12) über in folgende Gleichung (siehe Abschnitt 6):

$$L_m = 10 \lg \left[\frac{1}{n} \sum_{j=1}^{k} n_j \, 10^{0,1 \, L_j/dB} \right] dB \qquad (13)$$

$$\text{mit } n = \sum_{j=1}^{k} n_j$$

Der nach Gleichung (13) ermittelte Wert für L_m ist eine Näherung für den nach Gleichung (12) ermittelten Wert. Die Anmerkung zu Abschnitt 4.1 gilt entsprechend.

5 Praktische Hinweise

5.1 Hinweis zur Meßtechnik

Die Bestimmung des Mittelungspegels nach den Abschnitten 3 und 4 erfolgt zweckmäßigerweise mit Hilfe von integrierenden mittelwertbildenden Schallpegelmessern (Anforderungen siehe DIN IEC 804) und/oder elektronischen Rechengeräten.

Bei Überschreitung des Meßbereichs treten unkontrollierbare systematische Meßabweichungen auf. Deshalb müssen Meßapparaturen zur Bestimmung des Mittelungspegels mit einer selbsthaltenden Übersteuerungsanzeige versehen sein.

Bei Gerätekombinationen mit Ausgabe der Meßwerte auf Druckern soll eine entsprechende Kennzeichnung der Ergebniswerte, bei denen Übersteuerung vorhanden war, vorzusehen.

5.2 Aufteilung der Mittelungsdauer für Messungen

Die Mittelungsdauer T kann für die Messung und Auswertung in Teildauern unterteilt werden, in denen gleiche oder ähnlich verteilte Geräuscheinwirkungen bestehen.

Die Meßdauer kann zur Vereinfachung der Messung kürzer gewählt werden als die betreffende Teildauer. Es muß jedoch sichergestellt sein, daß das Ergebnis maßgebend für die betreffende Teildauer ist. Bei periodischen Vorgängen soll sich die Meßdauer über eine ganze Anzahl von typischen Geräuschzyklen erstrecken.

Das Bild 1 zeigt zur Erläuterung einen Schallpegelverlauf mit Mittelungsdauer und Beispielen für zweckmäßig gewählte Teildauern und Meßdauern.

5.3 Abschätzung des Mittelungspegels

Die im folgenden beschriebene Abschätzung eignet sich besonders für einen als Kurvenzug aufgezeichneten Pegelverlauf.

Schwankungsbereich bis zu 5 dB:
Für Schallvorgänge mit Pegelschwankungen bis zu etwa 5 dB (bzw. ± 2,5 dB) kann im allgemeinen die Mitte des Schwankungsbereiches als Mittelungspegel gelten.

Schwankungsbereich bis zu 10 dB:
Wenn der Schwankungsbereich der Werte kleiner als etwa 10 dB ist, so liegt der Mittelungspegel um etwa ⅓ des Schwankungsbereiches unterhalb seiner oberen Werte.

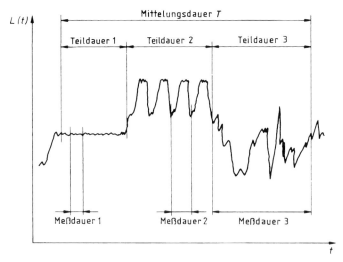

Bild 1. Schallpegelverlauf mit Mittelungsdauer und Beispiele für zweckmäßig gewählte Teildauern und Meßdauern.

5.4 Systematische Abweichungen

Bei Klassierungen wachsen die systematischen Abweichungen mit der Klassenbreite an; bis 5 dB Klassenbreite sind sie kleiner als 0,5 dB, wenn die Pegel annähernd normalverteilt sind und sich hinreichend viele Werte über mehrere Klassen verteilen.

Bei extrem scharfen Pegelhäufungen am Rand einer Klasse kann die systematische Abweichung höchstens bis zur halben Klassenbreite anwachsen.

Anmerkung: Die systematische Abweichung für übliche Pegelstreuungen liegt zwischen +0,2 und +0,5 dB bei einer Klassenbreite von 5 dB.

6 Vertrauensbereiche für den Mittelungspegel und Präzision des Meßverfahrens

Der Vertrauensbereich für den Mittelungspegel bei Verwendung von Stichprobenergebnissen wird in Anhang B behandelt.

Die Präzision des Meßverfahrens und die Unsicherheit der Meßergebnisse werden im Anhang C behandelt.

Anhang A

Einzelereignispegel

Der Mittelungspegel kann für spezielle Anwendungen auf eine Bezugszeit T_0 umgerechnet werden, wobei diese Umrechnung dem Prinzip der energetischen Mittelung nach Abschnitt 3 folgt.

Eine solche Anwendung des Mittelungspegels ist der Einzelereignispegel, wie er im folgenden dargestellt ist.

A.1 Allgemeine Definition

Für die Beurteilung von Einzelereignissen (z.B. von Knallen, von einzelnen Flugzeuggeräuschen) kann es zweckmäßig sein, den für die Mittelungsdauer T ermittelten Mittelungspegel des Schallereignisses, das sich mit seinem Anfang und Ende aus dem Fremdgeräusch am Meßort herausheben muß, auf die Dauer $T_0 = 1\,\text{s}$ zu beziehen. Die Mittelungsdauer T ist so zu wählen, daß sie mindestens die Dauer erfaßt, die durch den Abstand der Punkte gegeben ist, zwischen denen der Schallpegel des Schallereignisses erstmals und letztmals um weniger als 10 dB unter dem Maximalwert liegt.

Dieser Einzelereignispegel enthält keine Zeitbewertung und ist durch die folgende Gleichung definiert:

$$L_{T_0 = 1\,\text{s}} = L_{eq} + 10\,\lg\frac{T}{T_0}\,\text{dB} \quad \text{mit } T_0 = 1\,\text{s} \quad (14)$$

Ist $T < 1\,\text{s}$ (z.B. bei einem Knall), ist $L_{T_0 = 1\,\text{s}} < L_{eq}$. Ist $T > 1\,\text{s}$ (z.B. bei einem einzelnen Flugzeugüberflug), ist $L_{T_0 = 1\,\text{s}} > L_{eq}$.

A.2 Einzelereignis-Schalldruckpegel

Der Einzelereignis-Schalldruckpegel

$$L_{p,T_0 = 1\,\text{s}} = L_{peq} + 10\,\lg\frac{T}{T_0}\,\text{dB} \quad (15)$$

mit $T_0 = 1\,\text{s}$ läßt sich meßtechnisch zweckmäßig mit einem integrierenden mittelwertbildenden Schallpegelmesser nach DIN IEC 804 bestimmen. Wenn das Gerät nur längere Mittelungszeiten als 1 s vorsieht, ist die Anzeige auf eine Bezugsdauer von 1 s umzurechnen.

Ersatzweise kann bei Impulsen der Maximalwert des zeitbewerteten A-Schalldruckpegels abgelesen werden, sofern die Impulsdauer kleiner als 0,2 τ ist; der Maximalwert stellt dann den Mittelungspegel über die Zeit τ dar, wobei τ die Zeitkonstante der eingeschalteten Zeitbewertung ist ($\tau = 35$ ms für die Zeitbewertung I, $\tau = 125$ ms für die Zeitbewertung F, $\tau = 1000$ ms = 1 s für die Zeitbewertung S).

Anmerkung: Die Impulsdauer ist im allgemeinen ausreichend genau bestimmt durch den ungefähren Abstand der Punkte, zwischen denen der Schalldruckpegel (ohne Zeitbewertung) erstmals und letztmals um weniger als 10 dB unter dem Maximalwert liegt. In dieser Zeit liegen die Hauptanteile der Energie des Impulses.

Bei Messungen von Impulsen ist besonders darauf zu achten, daß das Meßgerät nicht übersteuert wird.

Beim Ersatzverfahren für kurze Impulse wird $L_{p,T_0 = 1\,s}$ durch Hinzufügen von 10 lg ($\tau/1$ s) dB umgerechnet

– für Zeitbewertung I: $L_{p,T_0 = 1\,s} = L_{pImax} - 14{,}6$ dB
– für Zeitbewertung F: $L_{p,T_0 = 1\,s} = L_{pFmax} - 9{,}0$ dB   (16)
– für Zeitbewertung S: $L_{p,T_0 = 1\,s} = L_{pSmax}$

Anmerkung 1: Diesem Verfahren liegt zugrunde, daß das Einzelschallereignis ersetzt wird durch ein Rechtecksignal mit konstanter Amplitude und der Dauer 1 s (bei gleichem Mittelungspegel für die Dauer 1 s). Der Einzelereignis-Schalldruckpegel $L_{p,T_0 = 1\,s}$ ist ein Maß für die Schallenergie des Einzelereignisses.

*) Z.Z. Entwurf

Anmerkung 2: Das beschriebene Ersatzverfahren für kurze Impulse macht davon Gebrauch, daß eine Zeitbewertung, die durch ein RC-Glied der Zeitkonstante τ hergestellt wird, im Anfangsbereich ihrer Kennlinie wie ein Integrator und Mittelwertbildner wirkt. Dabei ist darauf zu achten, daß die Zeitbewertung der verwendeten Schallpegelmesser einer exponentiell zeitabhängigen Gewichtung (RC-Glied) mit möglichst geringen Abweichungen entspricht. Anforderungen enthält DIN IEC 651 für die Zeitbewertung I in Tabelle 11 in der Spalte für Geräte der Klasse 0. Weitergehende Anforderungen für die Zeitbewertung F enthält DIN 45 657 *).

Anmerkung 3: Der Pegel des über die Dauer eines Einzel-Schallereignisses integrierten und auf eine Dauer von 1 s bezogenen A-Schalldruckquadrats wird in DIN 45 635 Teil 1 mit „Einzelereignis-Schalldruckpegel", in ISO 3891 und in DIN 45 643 Teil 1 als „Singleevent exposure level L_{AX}" bzw. „Einzelereignispegel L_{AX}" und bei der Geräuschimmissionsbetrachtung nach ISO 1996/1 als „Sound exposure level L_{AE}" bezeichnet (in DIN IEC 804 jedoch „Schallexpositionspegel $L_{EA,T}$").

Anmerkung 4: Der nach DIN 45 635 Teil 1 aus Einzelereignis-Schalldruckpegeln auf einer Meßfläche um eine Schallquelle und aus dem Meßflächenmaß errechnete Schalleistungspegel wird Einzelereignis-Schalleistungspegel genannt.

Anhang B

Vertrauensbereich für den Mittelungspegel bei Verwendung von Stichprobenergebnissen

B.1 Allgemeines

Wird der Mittelungspegel aufgrund von im Abschnitt 4 erwähnten Stichprobenergebnissen berechnet statt exakt aus der Anwendung der Gleichungen in Abschnitt 3 und wird davon ausgegangen, daß die Einzelwerte unabhängige Realisierungen einer Zufallsgröße sind, (d. h., daß die Einzelwerte nur zufällige Unterschiede aufweisen), läßt sich ein Schätzbereich (Vertrauensbereich genannt) berechnen, der den Erwartungswert des Mittelungspegels auf dem vorgegebenen Vertrauensniveau 1-α einschließt (der Erwartungswert ist der arithmetische Mittelwert der Grundgesamtheit). Bei Abwesenheit systematischer Abweichungen stimmt der Erwartungswert mit dem wahren Wert der Meßgröße überein.

Da hier der Vertrauensbereich für den Mittelungspegel, kein arithmetischer Mittelwert der Pegel ist, interessiert, ist zunächst die Grundgesamtheit der Werte der interessierenden Größe (Zufallsvariablen) zu betrachten. Welcher der beiden folgenden Abschnitte B.2 oder B.3 benutzt werden soll, bedarf im allgemeiner Festlegung in einer Anwendungsnorm.

B.2 Vertrauensbereich für den Mittelungspegel L_m bei annähernd normalverteilten Pegelwerten

In diesem Abschnitt wird vorausgesetzt, daß die Pegelwerte in der Grundgesamtheit annähernd normalverteilt sind. Graphische und rechnerische Tests zur Prüfung auf Normalverteilung sind in DIN 55 350 Teil 2/05.84, Erläuterungen, und DIN ISO 5479 (z. Z. Entwurf) dargestellt.

Bei unbekannter Standardabweichung σ ist der Vertrauensbereich für den Mittelungspegel nach Abschnitt B.2.1, bei bekannter Standardabweichung nach Abschnitt B.2.2 zu ermitteln.

B.2.1 Vertrauensbereich für den Mittelungspegel bei unbekannter Standardabweichung σ

Bei einem Stichprobenumfang n und einem gewählten Vertrauensniveau (1-α) liegt der Mittelungspegel L_m mit einer Wahrscheinlichkeit von 100% unterhalb der oberen Vertrauensgrenze L_o nach Gleichung (B1) bzw. oberhalb der unteren Vertrauensgrenze L_u nach Gleichung (B2) (einseitige Fälle: $L_m \leq L_o$ und $L_m \geq L_u$).

Beim zweiseitigen Fall werden die obere Vertrauensgrenze L_o und die untere Vertrauensgrenze L_u ermittelt, zwischen denen der Mittelungspegel L_m mit einer Wahrscheinlichkeit von (1-α) 100% liegt: $L_u \leq L_m \leq L_o$.

Unter Beachtung der Tatsache, daß sich L_o und L_u für die einseitigen Fälle unterscheiden von L_o und L_u für den zweiseitigen Fall (wegen der unterschiedlichen q-Werte ergeben sich unterschiedliche Ablesungen in Tabelle B.1), gilt:

$$L_o = \tilde{L} + 0{,}115\ s^2/\mathrm{dB} + \frac{s}{\sqrt{n-1}}\, C\,(s;\, n;\, q) \qquad (B1)$$

$$L_u = \tilde{L} + 0{,}115\ s^2/\mathrm{dB} - \frac{s}{\sqrt{n-1}}\, C\,(s;\, n;\, p) \qquad (B2)$$

Hierin bedeuten:

$$\tilde{L} = \frac{1}{n} \sum_{i=1}^{n} L_i \qquad (B3)$$

arithmetischer Mittelwert der Stichprobe

$$s = \sqrt{\frac{1}{n-1} \sum_{i=1}^{n} (L_i - \tilde{L})^2} = \sqrt{\frac{1}{n-1} \left[\sum_{i=1}^{n} L_i^2 - n\,\tilde{L}^2 \right]} \qquad (B4)$$

Seite 6 DIN 45 641

Standardabweichung der Stichprobe
n Stichprobenumfang
$\left.\begin{array}{l}p = \alpha \\ q = 1 - \alpha\end{array}\right\}$ im einseitigen Fall
$\left.\begin{array}{l}p = \alpha/2 \\ q = 1 - \alpha/2\end{array}\right\}$ im zweiseitigen Fall

Werte für $\dfrac{s}{\sqrt{n-1}} C(s; n; p)$ bzw. $\dfrac{s}{\sqrt{n-1}} C(s; n; q)$ sind Tabelle B.1 zu entnehmen. Dabei können Zwischenwerte der Parameter s und n linear interpoliert werden.
Für $s \leq 1{,}0$ dB werden für C die Werte $C(1{,}0; n; q)$ bzw. $C(1{,}0; n; p)$ eingesetzt.

Beispiel 1
Für eine Schußserie ($n=8$) wird die obere Vertrauensgrenze für den Mittelungspegel der Einzelschußpegel auf dem Vertrauensniveau von 90 % gesucht (einseitiger Fall). Die Meßwerte des L_{AFmax} lauten: 72,7 dB/ 73,0 dB/65,5 dB/66,1 dB/71,2 dB/74,7 dB/74,0 dB/ 66,0 dB
Nach Gleichung (B3): $\bar{L} = 70{,}4$ dB
Nach Gleichung (B4): $s = 3{,}9$ dB
Nach Tabelle B.1 c): $s = 3{,}9$ dB
                  $n = 8$
                  $1 - \alpha = 0{,}90$ (einseitig)
$\dfrac{s}{\sqrt{n-1}} C(s; n; q) = 3{,}4$ dB
Nach Gleichung (B1):
$L_o = 70{,}4$ dB $+ 1{,}7$ dB $+ 3{,}4$ dB $= 75{,}5$ dB
Der Mittelungspegel nach Gleichung (12) beträgt 71,7 dB.

Beispiel 2
Für die gleiche Schußserie werden die obere Vertrauensgrenze L_o und die untere Vertrauensgrenze L_u gesucht, **zwischen** denen der Mittelungspegel L_m auf dem Vertrauensniveau von 90 % liegt (zweiseitiger Fall).
Nach Tabelle B.1 b): $s = 3{,}9$ dB
                  $n = 8$
                  $1 - \alpha = 0{,}90$ (zweiseitig)
$\dfrac{s}{\sqrt{n-1}} C(s; n; p) = 2{,}3$ dB
$\dfrac{s}{\sqrt{n-1}} C(s; n; q) = 5{,}1$ dB
Nach Gleichung (B2): $L_u = 69{,}9$ dB
Nach Gleichung (B1): $L_o = 77{,}2$ dB

B.2.2 Vertrauensbereich des Mittelungspegels bei bekannter Standardabweichung σ
Ist σ aus Voruntersuchungen bekannt oder kann es aufgrund von Vorwissen als bekannt vorausgesetzt werden, gehen die Gleichungen (B1) und (B2) über in

$$L_o = \bar{L} + 0{,}115\ \sigma^2/\text{dB} + \dfrac{\sigma}{\sqrt{n}}\ u_q \quad \text{(B5)}$$

und

$$L_u = \bar{L} + 0{,}115\ \sigma^2/\text{dB} - \dfrac{\sigma}{\sqrt{n}}\ u_q \quad \text{(B6)}$$

n Stichprobenumfang
$q = 1 - \alpha$ im einseitigen Fall
$q = 1 - \alpha/2$ im zweiseitigen Fall
Die Werte für u_q sind Tabelle B.2 zu entnehmen.

Tabelle B.1. **Werte für** $\dfrac{s}{\sqrt{n-1}} C(s; n; p)$ **und** $\dfrac{s}{\sqrt{n-1}} C(s; n; q)$ **in dB (nach [1])**

a) zweiseitiger Fall: $1 - \alpha = 0{,}95$
    einseitiger Fall: $1 - \alpha = 0{,}975$
$p = 0{,}025$

s/dB n	1,0	2,0	2,5	3,0	3,5	4,0	6,0	8,0
3	1,8	3,1	3,6	4,2	4,7	5,2	7,7	10,3
4	1,4	2,4	2,9	3,4	3,8	4,3	6,5	8,9
5	1,1	2,0	2,5	2,9	3,3	3,7	5,8	8,0
6	0,9	1,7	2,2	2,6	3,0	3,4	5,3	7,5
7	0,8	1,6	2,0	2,3	2,7	3,1	4,9	7,0
8	0,8	1,5	1,8	2,2	2,5	2,9	4,6	6,6
9	0,7	1,4	1,7	2,0	2,4	2,7	4,4	6,3
10	0,7	1,3	1,6	1,9	2,3	2,6	4,2	6,0
11	0,6	1,2	1,5	1,8	2,2	2,5	4,0	5,8
12	0,6	1,2	1,5	1,8	2,1	2,4	3,9	5,6
15	0,5	1,0	1,3	1,6	1,8	2,1	3,5	5,1
20	0,5	0,9	1,1	1,4	1,6	1,9	3,1	4,5
30	0,4	0,7	0,9	1,1	1,3	1,5	2,6	3,8
40	0,3	0,6	0,8	1,0	1,2	1,3	2,3	3,4
50	0,3	0,6	0,7	0,9	1,0	1,2	2,1	3,1
75	0,2	0,5	0,6	0,7	0,9	1,0	1,7	2,6
100	0,2	0,4	0,5	0,6	0,7	0,9	1,5	2,3
250	0,1	0,3	0,3	0,4	0,5	0,6	1,0	1,5
500	0,1	0,2	0,2	0,3	0,3	0,4	0,7	1,1
1000	0,1	0,1	0,2	0,2	0,2	0,3	0,5	0,8

$q = 0{,}975$

s/dB n	1,0	2,0	2,5	3,0	3,5	4,0	6,0	8,0
3	4,7	17,8	27,7	–	–	–	–	–
4	3,1	11,0	17,0	24,3	–	–	–	–
5	2,0	6,6	9,9	14,0	18,7	24,2	–	–
6	1,3	3,2	4,5	6,1	8,0	10,1	21,7	–
7	1,1	2,8	3,9	5,3	6,8	8,6	18,3	–
8	1,0	2,4	3,4	4,6	5,9	7,4	15,6	27,0
9	0,9	2,2	3,0	4,0	5,1	6,4	13,3	22,9
10	0,8	1,9	2,6	3,5	4,5	5,5	11,4	19,4
11	0,7	1,7	2,3	3,1	3,9	4,8	9,6	16,3
12	0,7	1,6	2,2	2,9	3,6	4,5	9,0	15,2
15	0,6	1,4	1,9	2,4	3,1	3,7	7,5	12,5
20	0,5	1,1	1,5	1,9	2,4	2,9	5,7	9,4
30	0,4	0,9	1,2	1,5	1,8	2,2	4,3	7,0
40	0,3	0,7	1,0	1,2	1,5	1,8	3,5	5,7
50	0,3	0,6	0,8	1,1	1,3	1,6	2,9	4,7
75	0,2	0,5	0,7	0,8	1,0	1,2	2,3	3,7
100	0,2	0,4	0,6	0,7	0,9	1,0	1,9	3,1
250	0,1	0,3	0,4	0,4	0,5	0,6	1,2	1,8
500	0,1	0,2	0,3	0,3	0,4	0,7	0,8	1,2
1000	0,1	0,1	0,2	0,2	0,3	0,3	0,5	0,9

b) zweiseitiger Fall: $1 - \alpha = 0.9$
einseitiger Fall: $1 - \alpha = 0.95$
$p = 0.05$

s/dB n	1,0	2,0	2,5	3,0	3,5	4,0	6,0	8,0
3	1,4	2,4	2,9	3,4	3,8	4,3	6,5	8,9
4	1,1	1,9	2,3	2,7	3,2	3,6	5,5	7,7
5	0,9	1,6	2,0	2,4	2,8	3,1	4,9	7,0
6	0,8	1,4	1,8	2,1	2,5	2,8	4,5	6,5
7	0,7	1,3	1,6	2,0	2,3	2,6	4,2	6,1
8	0,6	1,2	1,5	1,8	2,1	2,4	4,0	5,7
9	0,6	1,1	1,4	1,7	2,0	2,3	3,8	5,4
10	0,6	1,1	1,3	1,6	1,9	2,2	3,6	5,2
11	0,5	1,0	1,3	1,5	1,8	2,1	3,4	5,1
12	0,5	1,0	1,2	1,5	1,7	2,0	3,3	4,9
15	0,4	0,9	1,1	1,3	1,6	1,8	3,0	4,4
20	0,4	0,7	0,9	1,1	1,4	1,6	2,6	3,9
30	0,3	0,6	0,8	0,9	1,1	1,3	2,2	3,3
40	0,3	0,5	0,7	0,8	1,0	1,1	1,9	2,9
50	0,2	0,5	0,6	0,7	0,9	1,0	1,8	2,6
75	0,2	0,4	0,5	0,6	0,7	0,8	1,5	2,2
100	0,2	0,3	0,4	0,5	0,6	0,7	1,3	1,9
250	0,1	0,2	0,3	0,3	0,4	0,5	0,8	1,3
500	0,1	0,2	0,2	0,2	0,3	0,3	0,6	0,9
1000	0,1	0,1	0,1	0,2	0,2	0,2	0,4	0,7

c) zweiseitiger Fall: $1 - \alpha = 0.80$
einseitiger Fall: $1 - \alpha = 0.90$
$p = 0.10$

s/dB n	1,0	2,0	2,5	3,0	3,5	4,0	6,0	8,0
3	0,9	1,7	2,1	2,5	2,9	3,3	5,2	7,3
4	0,8	1,4	1,8	2,1	2,4	2,8	4,4	6,2
5	0,6	1,2	1,5	1,8	2,1	2,5	3,9	5,7
6	0,6	1,1	1,4	1,7	2,0	2,2	3,7	5,3
7	0,5	1,0	1,3	1,5	1,8	2,1	3,4	4,9
8	0,5	0,9	1,2	1,4	1,7	1,9	3,2	4,6
9	0,4	0,9	1,1	1,3	1,6	1,8	3,0	4,4
10	0,4	0,8	1,0	1,3	1,5	1,7	2,9	4,2
11	0,4	0,8	1,0	1,2	1,4	1,7	2,8	4,1
12	0,4	0,8	1,0	1,2	1,4	1,6	2,7	3,9
15	0,3	0,7	0,9	1,0	1,2	1,4	2,4	3,6
20	0,3	0,6	0,7	0,9	1,1	1,3	2,1	3,2
30	0,2	0,5	0,6	0,7	0,9	1,0	1,7	2,6
40	0,2	0,4	0,5	0,6	0,8	0,9	1,5	2,3
50	0,2	0,4	0,5	0,6	0,7	0,8	1,4	2,1
75	0,1	0,3	0,4	0,5	0,6	0,7	1,2	1,8
100	0,1	0,3	0,3	0,4	0,5	0,6	1,0	1,5
250	0,1	0,2	0,2	0,3	0,3	0,4	0,7	1,0
500	0,1	0,1	0,2	0,2	0,2	0,3	0,5	0,7
1000	0,0	0,1	0,1	0,1	0,2	0,2	0,3	0,5

$q = 0.95$

s/dB n	1,0	2,0	2,5	3,0	3,5	4,0	6,0	8,0
3	2,6	8,6	13,2	19,1	26,0	—	—	—
4	1,8	5,7	8,6	12,2	16,5	21,5	—	—
5	1,3	3,7	5,5	7,7	10,3	13,2	29,0	—
6	1,0	2,3	3,2	4,3	5,6	7,0	14,7	25,5
7	0,8	2,0	2,8	3,8	4,8	6,0	12,6	21,8
8	0,8	1,8	2,5	3,3	4,2	5,3	10,9	18,8
9	0,7	1,6	2,2	2,9	3,7	4,6	9,5	16,2
10	0,6	1,5	2,0	2,6	3,3	4,1	8,3	14,1
11	0,6	1,4	1,8	2,4	3,0	3,6	7,2	12,2
12	0,6	1,3	1,7	2,2	2,8	3,4	6,8	11,4
15	0,5	1,1	1,5	1,9	2,4	2,9	5,7	9,5
20	0,4	0,9	1,2	1,5	1,9	2,3	4,4	7,3
30	0,3	0,7	0,9	1,2	1,5	1,8	3,4	5,5
40	0,3	0,6	0,8	1,0	1,2	1,5	2,8	4,5
50	0,2	0,5	0,7	0,9	1,1	1,3	2,4	3,8
75	0,2	0,4	0,6	0,7	0,9	1,0	1,9	3,0
100	0,2	0,4	0,5	0,6	0,7	0,9	1,6	2,5
250	0,1	0,2	0,3	0,4	0,4	0,5	1,0	1,5
500	0,1	0,2	0,2	0,3	0,3	0,4	0,7	1,0
1000	0,1	0,1	0,1	0,2	0,2	0,3	0,5	0,7

$q = 0.90$

s/dB n	1,0	2,0	2,5	3,0	3,5	4,0	6,0	8,0
3	1,4	4,0	6,1	8,7	11,9	15,5	—	—
4	1,1	2,9	4,2	6,0	8,0	10,4	23,1	—
5	0,8	2,1	3,0	4,2	5,5	7,0	15,2	26,7
6	0,7	1,6	2,1	2,8	3,6	4,5	9,3	16,1
7	0,6	1,4	1,9	2,5	3,2	3,9	8,1	13,9
8	0,6	1,3	1,7	2,2	2,8	3,5	7,2	12,2
9	0,5	1,2	1,6	2,0	2,6	3,1	6,4	10,7
10	0,5	1,1	1,4	1,9	2,3	2,8	5,7	9,5
11	0,4	1,0	1,3	1,7	2,1	2,6	5,1	8,4
12	0,4	0,9	1,2	1,6	2,0	2,4	4,8	7,9
15	0,4	0,8	1,1	1,4	1,7	2,1	4,1	6,7
20	0,3	0,7	0,9	1,1	1,4	1,7	3,2	5,3
30	0,3	0,5	0,7	0,9	1,1	1,3	2,5	4,1
40	0,2	0,5	0,6	0,8	0,9	1,1	2,1	3,4
50	0,2	0,4	0,5	0,7	0,8	1,0	1,8	2,9
75	0,2	0,3	0,4	0,5	0,7	0,8	1,4	2,3
100	0,1	0,3	0,4	0,5	0,6	0,7	1,2	1,9
250	0,1	0,2	0,2	0,3	0,3	0,4	0,7	1,2
500	0,1	0,1	0,2	0,2	0,2	0,3	0,5	0,8
1000	0,0	0,1	0,1	0,1	0,2	0,2	0,4	0,6

Seite 8 DIN 45 641

Tabelle B.2. **Quantile der Normalverteilung**

q	1 − α = 0,95 zweiseitiger Fall 1 − α = 0,975 einseitiger Fall 0,975	1 − α = 0,90 zweiseitiger Fall 1 − α = 0,95 einseitiger Fall 0,95	1 − α = 0,80 zweiseitiger Fall 1 − α = 0,90 einseitiger Fall 0,90
u_q	1,96	1,645	1,282

Tabelle B.3. **Tabellenwerte für $t_{f;q}$ (Quantile der t-Verteilung)**

$f = n - 1$	1 − α = 0,95 zweiseitiger Fall 1 − α = 0,975 einseitiger Fall $q = 0,975$	1 − α = 0,90 zweiseitiger Fall 1 − α = 0,95 einseitiger Fall $q = 0,95$	1 − α = 0,80 zweiseitiger Fall 1 − α = 0,90 einseitiger Fall $q = 0,90$
1	12,706	6,314	3,078
2	4,303	2,920	1,886
3	3,182	2,353	1,638
4	2,776	2,132	1,533
5	2,571	2,015	1,476
6	2,447	1,943	1,440
7	2,365	1,895	1,415
8	2,306	1,860	1,397
9	2,262	1,833	1,383
10	2,228	1,812	1,372
15	2,131	1,753	1,341
20	2,086	1,725	1,325
25	2,060	1,708	1,316
30	2,042	1,697	1,310
40	2,021	1,684	1,303
50	2,009	1,676	1,299
60	2,000	1,671	1,296
80	1,990	1,664	1,292
100	1,984	1,660	1,290
200	1,972	1,652	1,286
500	1,965	1,648	1,283
∞	1,960	1,645	1,282

B.3 Vertrauensbereich für den Mittelungspegel bei annähernd normalverteilten Werten der Energiegröße y/y_0 nach Gleichung (2) oder der quadrierten Feldgröße x^2/x^2_0 nach Gleichung (1)

Die Energiegröße oder bewertete Energiegröße y/y_0 oder die quadrierte Feldgröße oder bewertete quadrierte Feldgröße x^2/x_0^2 wird im folgenden mit I bezeichnet. In diesem Abschnitt wird vorausgesetzt, daß die Werte von I in der Grundgesamtheit annähernd normalverteilt sind. Graphische und rechnerische Tests auf Normalverteilung siehe DIN 55 303 Teil 2/05.84, Erläuterungen, und DIN ISO 5479 (z. Z. Entwurf). Bei unbekannter Standardabweichung ist der Vertrauensbereich für den Mittelungspegel nach Abschnitt B.3.1, bei bekannter Standardabweichung nach Abschnitt B.3.2 zu ermitteln.

B.3.1 Vertrauensbereich für den Mittelungspegel bei unbekannter Standardabweichung σ

Bei einem Stichprobenumfang n und einem gewählten Vertrauensniveau (1 − α) liegt der Mittelungspegel L_m mit einer Wahrscheinlichkeit von (1 − α) 100 % unterhalb der oberen Vertrauensgrenze L_o nach Gleichung (B7) bzw. oberhalb der unteren Vertrauensgrenze L_u nach Gleichung (B8) (einseitige Fälle): $L_m \leq L_o$ und $L_m \geq L_u$.
Beim zweiseitigen Fall werden die obere Vertrauensgrenze L_o und die untere Vertrauensgrenze L_u ermittelt, **zwischen** denen der Mittelungspegel L_m mit einer Wahrscheinlichkeit von (1 − α) 100 % liegt: $L_u \leq L_m \leq L_o$.

Unter Beachtung der Tatsache, daß sich L_o und L_u für die einseitigen Fälle unterscheiden von L_o und L_u für den zweiseitigen Fall (wegen der unterschiedlichen q-Werte ergeben sich unterschiedliche Ablesungen in Tabelle B.3), gilt:

$$L_o = 10 \lg \left[\bar{I} + \frac{s}{\sqrt{n}} t_{f;q} \right] \text{dB} \quad (B7)$$

$$L_u = 10 \lg \left[\bar{I} - \frac{s}{\sqrt{n}} t_{f;q} \right] \text{dB} \quad (B8)$$

Hierin bedeuten:
n Stichprobenumfang
$f = n - 1$ Anzahl der Freiheitsgrade
$q = 1 - \alpha$ im einseitigen Fall
$q = 1 - \alpha/2$ im zweiseitigen Fall
$I_i = 10^{0,1 \, L_i/\text{dB}}$ Einzelwerte

$$\bar{I} = \frac{1}{n} \sum_{i=1}^{n} I_i \quad \text{arithmetischer Mittelwert der Stichprobe} \quad (B9)$$

$$s = \sqrt{\frac{1}{n-1} \sum_{i=1}^{n} (I_i - \bar{I})^2} = \sqrt{\frac{1}{n-1} \left[\left(\sum_{i=1}^{n} I_i^2 \right) - n \, \bar{I}^2 \right]} \quad (B10)$$

Standardabweichung der Stichprobe

Die Werte $t_{f;q}$ der t-Verteilung sind Tabelle B.3 zu entnehmen.

Anmerkung: Wenn sich im praktischen Fall zeigt, daß der Klammerausdruck für L_u (siehe Gleichung B11) negativ ist, sind die notwendigen Voraussetzungen nicht erfüllt.

B.3.2 Vertrauensbereich des Mittelungspegels bei bekannter Standardabweichung σ

Ist σ aus Voruntersuchungen bekannt oder kann es aufgrund von Vorwissen als bekannt vorausgesetzt werden, gehen die Gleichungen (B7) und (B8) über in

$$L_{\text{,o}} = 10 \lg \left[\bar{l} + \frac{\sigma}{\sqrt{n}} u_q \right] \text{dB} \quad (B11)$$

und

$$L_{\text{,u}} = 10 \lg \left[\bar{l} - \frac{\sigma}{\sqrt{n}} u_q \right] \text{dB} \quad (B12)$$

Hierin bedeuten:

n Stichprobenumfang
$\bar{l}$ siehe Gleichung (B9)
$q = 1 - \alpha$ im einseitigen Fall
$q = 1 - \alpha/2$ im zweiseitigen Fall
σ bekannte Standardabweichung der Werte von l in der Grundgesamtheit

Die Werte für u_q sind Tabelle B.2 zu entnehmen.

Anhang C

Mittelungspegel bei wiederholter/mehrfacher Bestimmung – Präzision des Meßverfahrens und Unsicherheit der Meßergebnisse

Bei der Behandlung der Präzision eines Meßverfahrens wird nach DIN ISO 5725 von den Abweichungen vom arithmetischen Mittelwert der Meßergebnisse ausgegangen. In der vorliegenden Norm sind Meßergebnisse Mittelungspegel L_{mi} (z. B. Schalleistungspegel), die nach einem festgelegten Meßverfahren mehrfach z. B. unter Wiederholbedingungen [2]) oder Vergleichbedingungen [3]) ermittelt wurden. In diesem Anhang wird das festgelegte Meßverfahren zur Ermittlung eines Mittelungspegels an demselben Meßgegenstand (z. B. auf dieselbe Geräuschemission einer Maschine unter festgelegten Betriebsbedingungen) mehrfach angewandt, deren Ergebnisse die Stichprobe darstellen, während in Abschnitt B.1 das Stichprobenverfahren ein Teil des festgelegten Meßverfahrens für L_m ist.

Bester Schätzwert für das Gesamtmeßergebnis für den Mittelungspegel L_m ist hier der arithmetische Mittelwert

$$\bar{L}_m = \frac{1}{n} \sum_{i=1}^{n} L_{mi}.$$

Im folgenden wird davon ausgegangen, daß als Ergebnis von Ringversuchen nach DIN ISO 5725 als Maß für die Präzision des Meßverfahrens die für Vergleichbedingungen ermittelte Vergleichstandardabweichung σ_R vorliegt. Nach Möglichkeit sollte auch die für Wiederholbedingungen ermittelte Wiederholstandardabweichung σ_r vorliegen.

Unter den Voraussetzungen, daß auf bekannte systematische Abweichungen hin korrigiert wurde und daß die möglichen Stichprobenwerte annähernd normalverteilt sind (letztere Voraussetzung kann hier als erfüllt gelten), läßt sich für ein gegebenes Vertrauensniveau die Meßunsicherheit ermitteln.

---

[2]) Wiederholbedingungen:
Bei der Gewinnung unabhängiger Ermittlungsergebnisse geltende Bedingungen, bestehend in der wiederholten Anwendung des festgelegten Ermittlungsverfahrens am identischen Objekt durch denselben Beobachter in kurzen Zeitabständen mit derselben Geräteausrüstung am selben Ort (im selben Labor)
(aus: DIN 55 350 Teil 13 /07.87).

[3]) Vergleichbedingungen:
Bei der Gewinnung unabhängiger Ermittlungsergebnisse geltende Bedingungen, bestehend in der Anwendung des festgelegten Ermittlungsverfahrens am identischen Objekt durch verschiedene Beobachter mit verschiedener Geräteausrüstung an verschiedenen Orten (in verschiedenen Labors)
(aus: DIN 55 350 Teil 13/07.87).

Am Meßergebnis wird je nach Aufgabenstellung, Anzahl der Messungen und je nachdem, ob Wiederhol- oder Vergleichbedingungen vorliegen, die Meßunsicherheit u angebracht. Interessiert das Meßergebnis mit der Meßunsicherheit u_1 einseitig nach oben (bei beliebig großer Meßunsicherheit nach unten), liegt der Erwartungswert von L_m mit der dem Vertrauensniveau entsprechender Wahrscheinlichkeit unter

$$\bar{L}_m + u_1 \quad (C1)$$

Interessiert das Meßergebnis mit der Meßunsicherheit u_2 beidseitig nach oben und unten, liegt der Erwartungswert von L_m mit der genannten Wahrscheinlichkeit im Intervall zwischen den Werten

$$\bar{L}_m \pm u_2 \quad (C2)$$

In den folgenden Abschnitten I) und II) wird die Meßunsicherheit für ein Vertrauensniveau von $1 - \alpha = 95\%$ behandelt. Die Angabe nach Abschnitt I) (oder Abschnitt II), Aufzählung c), ist nur möglich, wenn für σ_r ein Wert vorliegt.

I) **Meßunsicherheit u_1 einseitig nach oben**
(bei beliebig großer Meßunsicherheit nach unten)
a) eine Messung: $u_{11} = 1,65 \, \sigma_R$ (C3)
b) je eine Messung in m Labors/Meßorten (Vergleichbedingungen):

$$u_{1m} = \frac{1,65}{\sqrt{m}} \sigma_R \quad (C4)$$

c) mehrere Messungen (n-mal) in einem Labor (Wiederholbedingungen):

$$u_{1n} = 1,65 \sqrt{\sigma_R^2 - \left(\frac{n-1}{n}\right) \sigma_r^2} \quad (C5)$$

II) **Meßunsicherheit u_2 beidseitig nach oben und unten**
a) eine Messung: $u_{21} = 1,96 \, \sigma_R$ (C6)
b) je eine Messung in m Labors/Meßorten (Vergleichbedingungen):

$$u_{2m} = \frac{1,96}{\sqrt{m}} \sigma_R \quad (C7)$$

c) mehrere Messungen (n-mal) in einem Labor (Wiederholbedingungen):

$$u_{2n} = 1,96 \sqrt{\sigma_R^2 - \left(\frac{n-1}{n}\right) \sigma_r^2} \quad (C8)$$

Werden im festgelegten Meßverfahren zur Ermittlung von L_m Einzelwerte aus einer Zufallsstichprobe (siehe Abschnitte 4.1

und A.1) oder aus einer systematischen Probennahme (siehe Abschnitt 4.1) verwendet, so äußert sich deren Variabilität in den unterschiedlichen Ergebnissen L_{mi}. Bei den hier berechneten Meßunsicherheiten ist diese Variabilität also eingeschlossen. (Beispiel nach DIN 45 635 Teil 1 ermittelte Schalleistungspegelergebnisse, wobei Schalldruckpegel für einzelne Meßpunkte (systematische Probennahme) verwendet werden.)

Zitierte Normen und andere Unterlagen

Normen der Reihe
DIN 45 635	Geräuschmessung an Maschinen
DIN 45 635 Teil 1	Geräuschmessung an Maschinen; Luftschallemission, Hüllflächen-Verfahren; Rahmenverfahren für 3 Genauigkeitsklassen
DIN 45 643 Teil 1	Messung und Beurteilung von Flugzeuggeräuschen; Meß- und Kenngrößen
DIN 45 645 Teil 1	Einheitliche Ermittlung des Beurteilungspegels für Geräuschimmissionen
DIN 45 645 Teil 2	Einheitliche Ermittlung des Beurteilungspegels für Geräuschimmissionen; Geräuschimmissionen am Arbeitsplatz
DIN 45 657	(z.Z. Entwurf) Schallpegelmesser; Zusatzanforderungen für besondere Meßaufgaben
DIN 45 667	Klassierverfahren für das Erfassen regelloser Schwingungen
DIN 55 303 Teil 2	Statistische Auswertung von Daten; Testverfahren und Vertrauensbereiche für Erwartungswerte und Varianzen
DIN 55 350 Teil 13	Begriffe der Qualitätssicherung und Statistik; Begriffe zur Genauigkeit von Ermittlungsverfahren und Ermittlungsergebnissen
DIN 55 350 Teil 14	Begriffe der Qualitätssicherung und Statistik; Begriffe der Probennahme
DIN ISO 5479	(z.Z. Entwurf) Tests auf Normalverteilung
DIN ISO 5725	Präzision von Meßverfahren; Ermittlung der Wiederhol- und Vergleichpräzision von festgelegten Meßverfahren durch Ringversuche; Identisch mit ISO 5725 Ausgabe 1986
DIN IEC 651	Schallpegelmesser
DIN IEC 804	Integrierende mittelwertbildende Schallpegelmesser; Identisch mit IEC 804 Ausgabe 1985
ISO 1996-1 : 1982	Acoustics – Description and measurement of environmental noise – Part 1: Basic quantities and procedures
ISO 3891 : 1978	Acoustics – Procedure for describing aircraft noise heard on the ground

[1] Charles E. Land: Standard Confidence Limits for Linear Functions of the Normal Mean and Variance, Journal of the American Statistical Association, **68** (1973), S. 960–963

[2] H. Weißing: Beeinflussung des äquivalenten Dauerschallpegels durch das Meßverfahren und die Meßparameter, Acustica **32** (1975), S. 23–32

[3] H. Neumann, M. Gooßens und A. Schlawitscheck: Zur Genauigkeit der Ermittlung von Beurteilungspegeln am Arbeitsplatz, Zeitschrift für Lärmbekämpfung **29** (1982), S. 105–113

Frühere Ausgaben

DIN 45 641: 02.75, 06.76

Änderungen

Gegenüber der Ausgabe Juni 1976 wurden folgende Änderungen vorgenommen:
— Beschränkung auf Mittelungspegel (nicht mehr Beurteilungspegel enthalten), vollständige Überarbeitung.

Erläuterungen

Bei zeitlich schwankenden Geräuschen besteht die Notwendigkeit, die Zeitfunktion (Schwankungen) für die Meßzeit in einem Einzahlwert zusammenzufassen. Dieser Wert soll sowohl aussagekräftig sein für eine physikalische Beschreibung des gemessenen Geräusches, das für eine Schallquelle oder einen Meßpunkt angegeben wird, als auch für die Wirkung, die ein solches Geräusch auf den Menschen ausübt.

Die in dieser Norm beschriebenen Mittelungsverfahren basieren auf dem physikalischen Prinzip, Pegel von zeitlichen und/oder räumlichen Mittelwerten von Energiegrößen oder bewerteten Energiegrößen zu bilden. Liegen der Betrachtung keine Energiegrößen (wie z.B. Leistung und Intensität), sondern Feldgrößen (wie z.B. Druck und Schnelle) zugrunde, wird die Feldgröße oder bewertete Feldgröße quadriert, um zu einer der Energiegröße proportionalen oder näherungsweise proportionalen Größe zu kommen. Dieses Mittelungsverfahren wird auch „energetische Mittelung" genannt.

Das Ergebnis dieses Mittelungsverfahrens wird als Mittelungspegel und – da ein schwankender Pegel durch einen äquivalenten konstanten Pegel ersetzt wird – als äquivalenter Dauerschallpegel bezeichnet.

Bei Anwendung einer Zeitbewertung werden bei der Bildung des „gleitenden Effektivwertes" die aufeinanderfolgenden Energieanteile einer „gleitenden Mittelung" (mit zeitlich exponentiell abnehmender Gewichtung) unterworfen.

DIN 45 641 Seite 11

Bedingt durch die gleitende Mittelung kann bei der Anwendung einer Zeitbewertung nur dann ein Mittelungspegel bestimmt werden, wenn (was in der Regel erfüllt ist) die Meßdauer groß ist gegenüber der Zeitkonstante der Zeitbewertung und wenn nicht wesentliche Energieanteile unmittelbar am Beginn oder Ende der Meßzeit konzentriert sind [2]. Wird die energetische Mittelung über einen Verlauf der Schalldruckquadrate durchgeführt, die ohne Zeitbewertung oder durch eine Zeitbewertung mit gleicher Anstiegs- und Abfallcharakteristik wie der Zeitbewertung F (Fast) und S (Slow) gewichtet wurde, so ergibt sich ein äquivalenter Dauerschallpegel, der in deutschen Normen bisher häufig als energieäquivalenter Dauerschallpegel bezeichnet wurde. Bei Anwendung der Zeitbewertung I (Impuls) oder/und der Zeitbewertung für das Taktmaximalpegelverfahren ergeben sich bei schwankenden Geräuschen äquivalente Dauerschallpegel mit höheren Werten (z.B. L_{AIeq}, $L_{\text{AITeq}} > L_{\text{AFeq}} = L_{\text{ASeq}} = L_{\text{Aeq}}$) [3].

Der in dieser Norm behandelte Mittelungspegel zeigt in jedem Fall und insbesondere bei zeitunabhängigem Pegel die Eigenschaft, daß sich bei gegebener Mittelungsdauer T der gleiche Mittelungspegel L_{eq} ergibt, wenn das Signal nur während der Zeit $T/2$, aber mit einem um 3 dB höheren Pegel vorhanden ist. Dieses ergibt sich für den Sonderfall des Halbierungsparameters $q = 3$ aus der folgenden Gleichung, die früher verwendet wurde:

$$L_{\text{eq},q} = \frac{q}{\lg 2} \lg \left[\frac{1}{T} \int_0^T 10^{\frac{\lg 2}{q} L(t)/\text{dB}} \, dt \right] \text{dB}$$

Sie geht für $q = 3$ in Gleichung (5) über. Aus den eingangs erläuterten Gründen und aus Gründen der Einheitlichkeit wird von der Möglichkeit einer Bewertung von Dauer und Pegel einwirkender Geräusche durch die Wahl von Halbierungsparametern $q \neq 3$ in deutschen Normen kein Gebrauch gemacht. Eine Ausnahme bilden Fluglärmüberwachungsanlagen im Sinne von § 19a Luftverkehrsgesetz (siehe DIN 45 643 Teil 2/10.84).

Internationale Patentklassifikation

G 01 H

Januar 2013

DIN 56920-4

ICS 01.040.97; 97.200.10

Ersatz für
DIN 56920-4:1974-06

**Veranstaltungstechnik –
Teil 4: Begriffe für beleuchtungstechnische Einrichtungen**

Entertainment technology –
Part 4: Terms for lighting equipments

Technique événementielle –
Partie 4: Termes pour équipements d'éclairage

Gesamtumfang 27 Seiten

Normenausschuss Veranstaltungstechnik, Bild und Film (NVBF) im DIN

Vorwort

Diese Norm wurde vom Arbeitsausschuss NA 149-00-04 AA „Licht- und Medientechnik" des Normenausschusses Veranstaltungstechnik, Bild und Film (NVBF) im DIN Deutsches Institut für Normung e. V. erarbeitet.

Es wird auf die Möglichkeit hingewiesen, dass einige Texte dieses Dokuments Patentrechte berühren können. Das DIN [und/oder die DKE] sind nicht dafür verantwortlich, einige oder alle diesbezüglichen Patentrechte zu identifizieren.

Änderungen

Gegenüber DIN 56920-4:1974-06 wurden folgende Änderungen vorgenommen:

a) die Begriffe wurden dem Stand der Technik angepasst und umfassend ergänzt;

b) Begriffe u. a. für Lichtsteuerung, Effektscheinwerfer und Dimmertechnologien wurden aufgenommen;

c) Norm redaktionell überarbeitet.

Frühere Ausgaben

DIN 56920-4: 1974-06

DIN 56920-4:2013-01

1 Anwendungsbereich

Diese Norm definiert Begriffe von Einrichtungen der Beleuchtungstechnik, die in festen und ortsveränderlichen Veranstaltungs- und Produktionsstätten verwendet werden.

2 Begriffe

In dieser Norm wird das Internationale Wörterbuch der Elektrotechnik — Kapitel 845: Lichttechnik zitiert.

2.1
Lichtsystem
(en: lighting system)
<Veranstaltungstechnik> Beleuchtungseinrichtungen einer festen oder ortsveränderlichen Veranstaltungs- oder Produktionsstätte

2.1.1
szenische Beleuchtungsanlage
(en: scenic lighting system)
<Veranstaltungstechnik> Gesamtheit aller Anlagenteile zum Ausleuchten szenischer Vorgänge

ANMERKUNG Weitere Bestandteile einer Beleuchtungsanlage wie Lichtsteuersystem, Lichtsteuerung und Lichtsteuerpult werden ab 2.7 behandelt.

2.1.2
konventionelles Licht
Weißlicht
(en: conventional lighting)
<Veranstaltungstechnik> Teil der szenischen Beleuchtung, der ohne Einsatz von Moving Lights oder Effektgeräten erzeugt wird

ANMERKUNG 1 Zur Unterscheidung zwischen szenischer Beleuchtung und Effektlicht hat sich in der Fernsehanwendung der Begriff „Weißlicht" für die klassische Szenenbeleuchtung herausgebildet.

ANMERKUNG 2 In der Veranstaltungsbranche bzw. in der Fernseh- und Filmbranche spricht man bei den Scheinwerfern und Leuchten, die in erster Linie auf konventionellen Lichteinsatz basieren und für Personen- oder Szenenausleuchtung eingesetzt werden, von Weißlicht.

2.1.3
Effektlicht
(en: effect lighting)
<Veranstaltungstechnik> Teil der Beleuchtungsanlage, der zur Erzeugung und Gestaltung besonderer künstlerischer und dramaturgischer Elemente eingesetzt wird

ANMERKUNG Diese Licht- oder Projektionseffekte werden durch besondere Leuchten in verschiedenen Ausführungen (z. B. Multifunktionsgerät, LED, Projektor) erzeugt.

2.1.4
Dekorationslicht
(en: deco lighting)
<Veranstaltungstechnik> Teil der Beleuchtungsanlage, der zur Gestaltung, Ausleuchtung und Effektrealisation an, unter, auf oder hinter Bühnen-, Fernseh- und Veranstaltungsdekorationen eingesetzt wird

2.1.5
Arbeitslicht
(en: working lights)
<Veranstaltungstechnik> Teil der Beleuchtungsanlage, welcher die Arbeits- und Wegflächen bei Szenen- und Szenennebenflächen (Teil des Bühnen- oder Studioraumes), Zuschauerräumen und Veranstaltungsstätten ausleuchtet

2.1.5.1
weißes Arbeitslicht
<Veranstaltungstechnik> Teil der Beleuchtungsanlage mit weißem Licht, welcher die Arbeits- und Wegflächen ausleuchtet

ANMERKUNG Das Arbeitslicht weiß wird örtlich dezentral geschaltet, kann vom Nebenpult der Beleuchtungsanlage zentral geschaltet und hier während des Vorstellungsbetriebes auch gesperrt werden. Die Endstromkreise des Arbeitslichtes weiß können auch schalt- oder dimmbar vom Lichtstellpult realisiert werden.

2.1.5.2
blaues Arbeitslicht
Orientierungslicht
<Veranstaltungstechnik> Teil der Beleuchtungsanlage, welcher die Wegflächen mit blauem Licht ausleuchtet und der Orientierung während des Vorstellungsbetriebes dient

ANMERKUNG Das Arbeitslicht blau ist örtlich nicht schaltbar, kann aber vom Nebenpult der Beleuchtungsanlage zentral geschaltet werden.

2.1.6
Publikumslicht
Zuschauerraumbeleuchtung
(en: auditorium lighting)
<Veranstaltungstechnik> Teil der Beleuchtungsanlage für die Ausleuchtung des Zuschauerraumes vor, während und nach der Vorstellung

ANMERKUNG 1 Das Publikumslicht ist örtlich schaltbar, kann vom Lichtstellpult und vom Nebenpult der Beleuchtungsanlage zentral geschaltet oder gedimmt und von letzterem auch zentral gesperrt werden.

ANMERKUNG 2 Die Leuchten, die zur Orientierung im Zuschauerraum während der vorstellungsfreien Zeit sowie für Vor- und Nachbereitungsarbeiten (z. B. Putzen und Einrichten) dienen, gehören auch zum Publikumslicht.

2.1.7
Probenlicht
(en: rehearsal lighting)
<Veranstaltungstechnik> Teil der Beleuchtungsanlage, der für den Probenbetrieb eine oder mehrere Probstimmungen ermöglicht

ANMERKUNG Das Probenlicht kann vom Inspizientenpult örtlich, vom Nebenpult oder vom Lichtstellpult betätigt werden.

2.1.8
Sicherheitsbeleuchtung
(en: emergency escape lighting)
Teil der Notbeleuchtung, der Personen das sichere Verlassen eines Raumes oder Gebäudes ermöglicht bzw. der es Personen ermöglicht einen potentiell gefährlichen Arbeitsablauf zu beenden, wenn das elektrische Versorgungsnetz ausfällt

ANMERKUNG 1 In Anlehnung an DIN EN 1838.

ANMERKUNG 2 Die Sicherheitsbeleuchtung wird in Dauerschaltung (Piktogramme, Stufenbeleuchtung) und in Bereitschaftsschaltung (Notbeleuchtung im Batterie und/oder Generatorbetrieb) ausgeführt.

2.1.9
Sonderbeleuchtung
<Veranstaltungstechnik> erforderliche, festinstallierte Leuchten mit beleuchteten Schaltstellen, die ausschließlich zum Einschalten an den Saaleingängen und den Zugängen der Szenenflächen zur Beleuchtung für betriebsbedingt verdunkelbare Räume vorgesehen sind

ANMERKUNG   In Anlehnung an DIN IEC 60364-7-718 (VDE 0100-718).

2.1.10
Notenpultbeleuchtung
(en: music stand lighting)
<Veranstaltungstechnik> Teil der Beleuchtungsanlage für Noten- und Dirigentenpulte; häufig an spezielle Steckvorrichtungen angeschlossene Leuchten, um eine Verwechslung mit anderen Endstromkreisen zu vermeiden

ANMERKUNG 1   Um die Sicherheit der Beleuchtungsanlage zu erhöhen, wird die Anlage mit Schutzkleinspannung betrieben.

ANMERKUNG 2   Die Notenpultbeleuchtung ist örtlich schaltbar und kann vom Lichtstellpult und vom Nebenpult der Beleuchtungsanlage zentral geschaltet oder gedimmt werden.

2.2   Scheinwerfer, Scheinwerfertypen, Leuchtmittel, Baugruppen und Zubehör

2.2.1
Scheinwerfer
(en: luminaire, spot light)
<Veranstaltungstechnik> Leuchte, die den Lichtstrom eines Leuchtmittels durch geeignete optische Maßnahmen (Kombination aus Gehäuse, Reflektor und/oder Linsensystem) ausrichtet und bündelt

2.2.2
Flächenleuchte
(en: flood light, soft light)
<Veranstaltungstechnik> Leuchte, die ein gleichmäßiges, diffuses Licht mit großem Streuwinkel erzeugt, z. B. mit profiliertem symmetrischem oder asymmetrischem Reflektor (Rinnenreflektor) und einem linearen Leuchtmittel, üblicherweise ohne weitere optische Elemente

2.2.2.1
Horizontleuchte
(en: cyclorama light)
<Veranstaltungstechnik> Flächenleuchte zur gleichmäßigen Ausleuchtung von vertikalen Flächen, wobei die Leuchte ober- oder unterhalb der zu beleuchtenden Fläche angeordnet wird

2.2.2.2
Mehrkammerleuchte
(en: batten light)
<Veranstaltungstechnik> Kombination mehrerer Flächenleuchten, die z. B. zur Farbmischung dienen

2.2.2.3
Rampe
Rampenleuchte
(en: batten light)
<Veranstaltungstechnik> mehrere, üblicherweise nebeneinander in einem Gehäuse angeordnete Leuchten, wobei jede Einzelleuchte über einen separaten Kreis angesteuert werden kann

ANMERKUNG   Die Anschlüsse können durchgeschleift werden, so dass weitere Rampen funktionsgleich parallel geschaltet werden können.

2.2.2.3.1
Fußrampe
(en: footlights)
<Veranstaltungstechnik> Rampenleuchte, die aufklappbar an der Vorderkante der Bühne fest eingebaut ist oder auf den Bühnenboden aufgelegt werden kann

2.2.2.3.2
Oberlichtrampe
<Veranstaltungstechnik> Rampenleuchte in hängender, horizontaler Anordnung

2.2.2.3.3
Portaloberlicht
Portalrampe
(en: footlights)
<Veranstaltungstechnik> Oberlichtrampe, die im unteren Bereich der Portalbrücke befestigt sind

2.2.2.3.4
Horizontrampe
(en: cyclorama flood light)
<Veranstaltungstechnik> Rampe zur Ausleuchtung des Horizontes

2.2.2.3.5
Leuchtstoff-Hintergrundleuchte
LHGL
(en: fluorescent back light)
<Veranstaltungstechnik> Leuchte für die Farbgestaltung von Horizonten durch Hinterleuchtung eines milchigmatten Kunststoffdiffusors (z. B. Opera-Folie)

ANMERKUNG 1   Bestückt mit vier individuell steuerbaren Leuchtstofflampen (z. B. Rot, Grün, Blau und Weiß für additive Farbmischung) vor einem mattweißen Reflektor, auch zur Erzeugung von blauen oder grünen Hintergründen für elektronische Stanzzwecke (Chroma Keying).

ANMERKUNG 2   Betrieb über Dimmer oder direkte Ansteuerung über digitales Steuersignal DMX 512 (siehe DIN 56930-2) möglich.

ANMERKUNG 3   Als milchig-matter Kunststoffdiffusor wird beispielsweise Opera-Folie eingesetzt.

2.2.3
Parabolspiegel-Scheinwerfer
(en: beamlight, beam projector, open face)
<Veranstaltungstechnik> Leuchte mit rotationssymmetrischem Parabolspiegel, in dessen Brennpunkt das Leuchtmittel angeordnet ist

ANMERKUNG   Durch den begrenzten Streuwinkel (üblicherweise unter 10°), der sich nur geringfügig verändern lässt, wird eine sehr hohe Lichtstärke in diesem Winkelbereich erreicht. Der Ausfallswinkel eines Parabolspiegelscheinwerfers kann durch wechselbare Frontlinsen verändert werden.

2.2.3.1
Kuppenspiegelscheinwerfer
(en: beamlight)
<Veranstaltungstechnik> Sonderform des Parabolspiegelscheinwerfers, bestückt mit kuppenverspiegelter Niedervoltlampe

ANMERKUNG   Wird üblicherweise im Theater eingesetzt.

2.2.3.2
PAR-Scheinwerfer
(en: PAR-blazer)
<Veranstaltungstechnik> Sonderform des Parabolspiegelscheinwerfers, dessen Lichtausfallswinkel durch das eingesetzte Leuchtmittel bestimmt wird

2.2.3.3
ACL-Scheinwerfer
(en: aircraft landing lamp)
<Veranstaltungstechnik> spezielle Anwendung einer ACL-Lampe in einem PAR-Scheinwerfergehäuse

2.2.3.4
Striplight
<Veranstaltungstechnik> mehrere in Reihe angeordnete Kaltlichtspiegellampen kleiner Bauart

ANMERKUNG   Die Reihenschaltung von Kleinspannungs-Halogen-Glühlampen ist nicht zugelassen, es sei denn, die Lampen und Fassungen sind speziell für diesen Betrieb konstruiert und für diese Verwendung vom Lampenhersteller zugelassen.

2.2.3.5
Svoboda-Rampe
<Veranstaltungstechnik> Sonderform des Parabolspiegel-Scheinwerfers, die aus neun bzw. zehn in einer Baueinheit zusammengefassten Niedervoltparabolspiegel-Scheinwerfern besteht

ANMERKUNG 1   Die in Reihe geschalteten, kuppenverspiegelten Niedervoltlampen sind mit Netzspannung zu betreiben.

ANMERKUNG 2   Durch den Einsatz mehrerer Svoboda-Rampen, benannt nach ihrem Erfinder Josef Svoboda, kann ein Lichtvorhang erzeugt werden.

2.2.4
Plankonvex-Linsenscheinwerfer
Linsenscheinwerfer
PC-Scheinwerfer
(en: p.c. spotlight)
<Veranstaltungstechnik> Scheinwerfer, bei dem die punktförmige Lichtquelle und ein Kugelspiegel zur Veränderung des Streuwinkels gemeinsam verschiebbar hinter einer Plankonvexlinse angebracht sind

ANMERKUNG   Der Scheinwerfer wird auch Prismenkonvex- oder Pebbleconvex-Linsenscheinwerfer genannt, wenn die Rückseite der Linse zur Vermeidung der Wendelabbildung strukturgeprägt ist.

2.2.5
Stufenlinsen-Scheinwerfer
Fresnel-Scheinwerfer
(en: fresnel spotlight)
<Veranstaltungstechnik> Scheinwerfer, bei dem die punktförmige Lichtquelle und ein Kugelspiegel zur Veränderung des Streuwinkels gemeinsam verschiebbar hinter einer Stufenlinse angeordnet sind, wobei der Rand des Lichtkegels weich ausläuft

ANMERKUNG   Im Vergleich zum Plankonvex-Linsenscheinwerfer kann durch die Bauform der Linse ein höherer Wirkungsgrad erreicht werden.

2.2.6
Profilscheinwerfer
(en: profile spotlight)
<Veranstaltungstechnik> Scheinwerfer mit einem optischen System, das die scharfe fokussierende Abbildung eines begrenzenden Objekts im Strahlengang ermöglicht

ANMERKUNG   Als begrenzendes Objekt im Strahlengang werden u. a. Lochblenden, Irisblenden, Gobos und Blendenschieber eingesetzt.

2.2.6.1
Ellipsenspiegel-Profilscheinwerfer
(en: ellipsoidal spotlight)
<Veranstaltungstechnik> Scheinwerfer, dessen optisches System aus Spiegel und Fokuslinse besteht, wobei die punktförmige Lichtquelle in einem der beiden Brennpunkte des Spiegels angeordnet ist

2.2.6.2
Ellipsenspiegel-Profilscheinwerfer mit Zoom
(en: ellipsoidal zoom-spotlight)
<Veranstaltungstechnik> Ellipsenspiegel-Profilscheinwerfer mit Zoomoptik, wobei zur Veränderung des Ausfallswinkels zwei Linsen genutzt werden, die gegenläufig verschoben werden

2.2.6.3
Kondensoroptik-Profilscheinwerfer
(en: condenser profile spotlight)
<Veranstaltungstechnik> Scheinwerfer, bei dem Lichtquelle und Kugelspiegel in festem Abstand zu einem Kondensorlinsensystem angeordnet sind

ANMERKUNG   Kondensoroptik-Profilscheinwerfer haben einen geringeren Wirkungsgrad als EllipsenspiegelProfilscheinwerfer, weisen jedoch eine höhere Abbildungsqualität auf.

2.2.6.4
Kondensoroptik-Profilscheinwerfer mit Zoom
(en: condenser zoom profile spotlight)
<Veranstaltungstechnik> Kondensoroptik-Profilscheinwerfer mit Zoomoptik, die zur Veränderung des Ausfallswinkels vor dem Kondensorlinsensystem zwei Linsen nutzen, die gegenläufig verschoben werden

2.2.6.5
Verfolgerscheinwerfer
(en: follow spot)
<Veranstaltungstechnik> Profilscheinwerfer mit kleinem Ausfallswinkel, baulich ausgelegt zur manuellen Verfolgung von Personen oder Objekten

ANMERKUNG   Besondere Ausstattungsmerkmale können die Konstruktion des Bügels mit Schwerpunktausgleich, eine Irisblende mit Blackout-Verschluss, eine Helligkeitssteuerung am Gerät, eine Visiereinrichtung und ein Farbwechselsystem sein.

2.2.7
Leuchtmittel
Lampe
(en: lamp, bulb)
<Veranstaltungstechnik> Lichtquelle des optischen Systems eines Scheinwerfers, die durch ihre Farbtemperatur charakterisiert wird und den Bereichen Kunstlicht oder Tageslicht zugeordnet werden kann

2.2.7.1
Farbtemperatur
(en: colour temperature)
Temperatur des Planckschen Strahlers, bei der dieser eine Strahlung der gleichen Farbart hat, wie der zu kennzeichnende Farbreiz

[IEV 845-03-49]

ANMERKUNG   Die Farbtemperatur wird in der Einheit Kelvin (K) angegeben.

2.2.7.2
Kunstlicht
(en: tungsten light)
<Veranstaltungstechnik> Licht im Farbtemperaturbereich um 3 200 K, z. B. erzeugt von Halogenlampen

2.2.7.3
Tageslichtweiß
Tageslicht
(en: daylight)
<Veranstaltungstechnik> Licht im Farbtemperaturbereich von ca. 5 300 K bis 7 000 K

ANMERKUNG   Tageslichtweiß wird z. B. von Metalldampf-Entladungslampen erzeugt.

2.2.7.4
Halogen-Glühlampe
(en: tungsten halogen lamp)
gasgefüllte Glühlampe mit einer Wolframdraht-Wendel, die Halogene oder Halogenverbindungen enthält

[IEV 845-07-10]

ANMERKUNG   Leuchtmittel mit mono- oder biplaner Glühwendel. Zum Einsatz in Linsen- und Profilscheinwerfern oder Projektoren.

2.2.7.4.1
Niedervolt-Halogenlampe
(en: extra low voltage tungsten lamp)
Halogen-Glühlampe mit einer Bemessungsspannung kleiner 50 V

ANMERKUNG   Leuchtmittel mit Glühwendel und Halogenbefüllung zum Betrieb mit Kleinspannung. Zum Einsatz in Kleingeräten und Striplights.

2.2.7.4.2
Halogenstablampe
(en: tungsten linear lamp)
Halogen-Glühlampe mit einem Sockel an jedem Lampenende

ANMERKUNG   Leuchtmittel mit linearer Glühwendel und Halogenbefüllung zum Einsatz in Flächenleuchten.

2.2.7.5
Entladungslampe
(en: discharge lamp)
Lampe, die das Licht direkt oder indirekt durch eine elektrische Entladung in Form eines Lichtbogens in Gasen, Metalldämpfen oder einer Mischung beider erzeugt

[IEV 845-07-17, modifiziert]

ANMERKUNG   Zum Betrieb wird ein Vorschaltgerät benötigt. Farbwiedergabe und Farbtemperatur sind abhängig von der Gasbefüllung.

2.2.7.5.1
Leuchtstofflampe
(en: fluorescent lamp)
Quecksilberdampf-Niederdruck-Entladungslampe, bei der die Lichterzeugung hauptsächlich durch eine oder mehrere Leuchtstoffschichten erfolgt, welche durch die ultraviolette Strahlung der Entladung angeregt wird

ANMERKUNG Zum Betrieb wird ein Vorschaltgerät benötigt. Farbwiedergabe und Farbtemperatur sind abhängig von Gasbefüllung und Beschlämmung. Zum Einsatz in Flächenleuchten und Flächenleuchten mit additivem Farbmischsystem.

2.2.7.5.2
Kompaktleuchtstofflampe
(en: compact fluorescent lamp)
Leuchtstofflampe in kompakter Bauform mit einseitiger Sockelung

ANMERKUNG Kompaktleuchtstofflampen in der Variante mit integriertem Vorschaltgerät werden auch als Energiesparlampe bezeichnet.

2.2.7.5.3
Hochdruckentladungslampe
HID-Lampe
(en: highintensity discharge lamp; HID lamp)
Entladungslampe, in der der lichterzeugende Bogen durch die Wandtemperatur stabilisiert wird

[IEV 845-07-19, modifiziert]

ANMERKUNG 1 Diese Hochdrucklampen sind mit Quecksilberdampf, Metall-Halogenid, Schwefeldampf oder Natriumdampf gefüllt.

ANMERKUNG 2 Zum Betrieb wird ein Vorschaltgerät benötigt. Farbwiedergabe und Farbtemperatur sind abhängig von der Gasbefüllung.

2.2.7.6
kuppenverspiegelte Niedervoltlampe
Leuchtmittel mit kugelförmigem Hartglaskolben und aufgebrachter Kuppenverspiegelung für Kleinspannung

ANMERKUNG Zum Einsatz in Parabolspiegelscheinwerfern oder Svoboda-Rampen.

2.2.7.7
PAR-Lampe
(en: parabolic lamp)
<Veranstaltungstechnik> Leuchtmittel, ausgeführt als Pressglaslampe mit kompakter Glühwendel oder integrierter Halogen- oder Entladungslampe

ANMERKUNG 1 Zum Einsatz in PAR-Scheinwerfern oder Rampenleuchten.

ANMERKUNG 2 PAR-Lampen werden zum Teil mit angegossenem Parabolreflektor und verschiedenen Streulinsen ausgeführt.

2.2.7.8
ACL-Lampe
(en: aircraft landing lamp)
<Veranstaltungstechnik> Leuchtmittel, ausgeführt als Pressglaslampe mit kompakter Glühwendel und angegossenem Parabolreflektor zum Betrieb mit einer Spannung von 28 V, 58 V oder 110 V

ANMERKUNG Zum Einsatz in PAR-Scheinwerfern oder in sogenannten Blindern ist ein Vorschalttrafo oder die Reihenschaltung mehrerer Leuchtmittel erforderlich.

2.2.7.9
LED
(en: LED, light emitting diode)
<Veranstaltungstechnik> Halbleiter-Bauteil mit einem pn-Übergang, das elektromagnetische Strahlung im Wellenlängenbereich von 380 nm bis 780 nm durch strahlende Rekombination in einem Halbleiter erzeugt

ANMERKUNG 1   LED kann mit Primäroptik bestückt sein.

ANMERKUNG 2   Die Strahlung wird hauptsächlich durch den Prozess der spontanen Emission erzeugt, obwohl auch stimulierende Emission daran beteiligt sein kann.

2.2.7.9.1
LED-Modul
(en: LED module, LED array)
gebrauchsfertige Anordnung einer oder mehrerer lichtemittierender Dioden

ANMERKUNG 1   Die lichtemittierenden Dioden sind z. B. auf einer Metallkernplatine angebracht.

ANMERKUNG 2   Die modulare Form ermöglicht den elektrischen, optischen und thermischen Anschluss.

2.2.8
Blendenschieber
(en: shutter blade)
<Veranstaltungstechnik> Schieber, welcher - von außen nach innen - das Lichtfeld eines Profilscheinwerfers geradlinig begrenzt

ANMERKUNG   Durch die Verwendung mehrerer Blendenschieber können geometrische Figuren abgebildet werden.

2.2.9
Linsentubus
(en: barrel)
<Veranstaltungstechnik> Bestandteil eines Profilscheinwerfers zur Aufnahme eines Teils des Linsensystems sowie gegebenenfalls einer Verdunklerblende

2.2.10
Blendentubus
(en: top hat)
<Veranstaltungstechnik> Vorsatzteil zur Reduzierung von unerwünschtem Streulicht

2.2.11
Irisblende
(en: iris shutter)
<Veranstaltungstechnik> Blende, welche kreisförmig von außen nach innen das Lichtfeld eines Profilscheinwerfers begrenzt

2.2.12
Kondensor
Kondensoroptik
(en: condenser, condenser optic)
<Veranstaltungstechnik> optisches Element, das aus einer oder mehreren Linsen besteht, welche das Licht einer Lichtquelle möglichst parallel in die Abbildungsebene übertragen

ANMERKUNG   Wird z. B. in Kondensoroptik-Profilscheinwerfern oder Projektoren eingesetzt.

2.2.13
Reflektor
Spiegel
(en: reflector)
<Veranstaltungstechnik> Bestandteil eines Scheinwerfers zur Umlenkung des nicht in Richtung der Austrittsöffnung gerichteten Lichtes

ANMERKUNG   Als Materialen kommen z. B. beschichtetes, poliertes Aluminium, Glas mit Spiegelbeschichtung oder Glas mit dichroitischer Beschichtung zum Einsatz.

2.2.13.1
Kugelspiegel
(en: spherical reflector)
Spiegel in Form eines Hohlkugelabschnittes mit reflektierender Innenfläche

2.2.13.2
Parabolspiegel
(en: parabolic reflector)
Spiegel in Form eines rotationssymmetrischen Parabelabschnittes mit reflektierender Innenfläche

2.2.13.3
Ellipsenspiegel
(en: ellipsoidal reflector)
Spiegel in Form einer rotationssymmetrischen Ellipsenabschnittes mit reflektierender Innenfläche

2.2.13.4
Rinnenspiegel
(en: linear reflector)
Spiegel aus symmetrischem oder asymmetrischem profiliertem Reflektionsmaterial für Flächenleuchten

2.2.13.5
Kaltlichtspiegel
(en: cold mirror)
Glasreflektor mit dichroitischer Beschichtung, welcher Infrarotstrahlen durchlässt und nur das sichtbare Licht reflektiert, wodurch die Wärmeleistung im Lichtstrahl erheblich reduziert werden kann

2.2.13.6
Raylight-Reflektor
(en: ray-light reflector)
<Veranstaltungstechnik> Aluminium-Parabolspiegel zur direkten Aufnahme einer Hochvolt-Halogenlampe, die der Bauform Pressglaslampe PAR 56 oder PAR 64 entspricht

2.2.14
Plankonvexlinse
(en: plane convex lens)
Sphärische Sammellinse mit einer planen und einer konvexen Oberfläche

ANMERKUNG   Zur Vermeidung von Newtonringen (Farbabweichung am Rand einer Abbildung) kann die Oberfläche der Plankonvexlinse mit einer Prägestruktur versehen werden.

2.2.15
Stufenlinse
Fresnel-Linse
(en: fresnel lens)
spezielle Sammellinse mit stufenförmigen, konzentrischen Abschnitten einer Plankonvex-Linse zur Reduzierung der Materialdicke

ANMERKUNG   Anforderung siehe DIN 15560-2.

DIN 56920-4:2013-01

2.2.16
Torblende
Lichtblende
(en: barndoor)
Scheinwerferzubehör als drehbarer Rahmen mit mehreren, schwenkbaren Metallflächen (Blendenklappen) zur Begrenzung des Lichtfeldes eines Scheinwerfers

ANMERKUNG   Die Torblende kommt vorwiegend bei Linsen-, Stufenlinsenscheinwerfer oder Flächenleuchten zum Einsatz.

2.2.17
Tüll
(en: scrim)
<Veranstaltungstechnik> feines Maschengitter, das vor einem Scheinwerfer oder einer Leuchte angebracht eine Verteilung und Dämpfung der Lichtmenge bewirkt

ANMERKUNG   Zur Reduzierung der Beleuchtungsstärke (bei gleich bleibender Farbtemperatur) wird Drahtgaze eingesetzt. Verschiedene Ausführungen bedecken einen Teil oder die gesamte Austrittsfläche eines Scheinwerfers.

2.2.18
Filterrahmen
Farbfilterrahmen
(en: colour frame)
<Veranstaltungstechnik> Rahmen aus nicht brennbarem Material zur Aufnahme von Filterfolien oder Glasfiltern

2.2.19
Verdunkelungsblende
(en: dowser)
<Veranstaltungstechnik> mechanische Einrichtung zur Helligkeitssteuerung bei Scheinwerfern mit nicht dimmbaren Entladungslampen

ANMERKUNG   Beispiele für Verdunkelungsblenden sind vollständig schließende Lamellen-, Jalousie-, Graukeil-, Iris- oder Segmentblenden.

2.2.20
Effektlaufwerk
(en: effects drive)
<Veranstaltungstechnik> Vorsatz- oder Einsatzgerät für konventionelle Scheinwerfer zur Erzielung von beweglichen Lichteffekten

ANMERKUNG   Beispiele für Effektlaufwerke sind Feuer-, Wellen- oder Wolkenbewegungen.

2.2.21
Goborotator
(en: gobo rotator)
<Veranstaltungstechnik> Einschubgerät für Profilscheinwerfer für ein oder zwei Gobomotive, die indiziert oder kontinuierlich rotiert werden können

2.3
motorischer Scheinwerfer
ferngesteuerter Scheinwerfer
(en: motorised luminaire)
<Veranstaltungstechnik> motorisch ferngesteuerte Ausführung eines manuellen Scheinwerfers für szenische Ausleuchtung mit steuerbarer Positionierung

ANMERKUNG   Je nach Bauart ergänzt durch weitere Parameter wie z. B. Fokus, Zoom, Blendenschieber und Torblende.

2.4 Multifunktionsscheinwerfer
Effektscheinwerfer
(en: moving light)
<Veranstaltungstechnik> speziell ausgelegter ferngesteuerter Scheinwerfer, der mittels schneller Bewegungen und weiterer integrierten motorischen Funktionen bewegte Lichteffekte erzeugt

ANMERKUNG Integrierte motorische Funktionen können z. B. für Zoom, Fokus, Farbe, Gobo oder Prismen sein.

2.4.1 Effektscheinwerfertypen

2.4.1.1
Scheinwerfer mit Spiegelablenkung
(en: scanner, moving mirror)
<Veranstaltungstechnik> Multifunktionsscheinwerfer, dessen Lichtstrahl durch einen leichten, motorisch beweglichen Spiegel schnell abgelenkt werden kann

ANMERKUNG Der Bereich von Neigung und Rotation des Spiegels ist begrenzt. Zusätzlich verfügt der Scheinwerfer über integrierte Effekt- und Farbsysteme.

2.4.1.2
kopfbewegter Scheinwerfer
(en: moving head)
<Veranstaltungstechnik> Multifunktionsscheinwerfer, dessen komplette optische Einheit (Leuchtmittel, Spiegel, Linsensystem) bewegt wird

ANMERKUNG Durch das erhebliche Gewicht des zu bewegenden Teiles reagieren kopfbewegte Scheinwerfer träger als spiegelgesteuerte Scheinwerfer. Der Vorteil dieser Scheinwerfer liegt in einer nur sehr geringen Begrenzung der Neigung und Rotation der optischen Einheit.

2.4.1.2.1
Profile Spot
(en: profile spot, moving head spotlight)
<Veranstaltungstechnik> Effektscheinwerfer mit einem optischen System ähnlich einem Profilscheinwerfer, das die scharfe fokussierende Abbildung eines begrenzenden Objekts im Strahlengang ermöglicht

2.4.1.2.2
Wash Light
(en: wash light)
<Veranstaltungstechnik> Effektscheinwerfer mit einem optischen System zur Veränderung des Streuwinkels ähnlich einem Stufenlinsenscheinwerfer

2.4.1.2.3
LED Spot/Wash
(en: LED spot/wash)
<Veranstaltungstechnik> Effektscheinwerfer mit einem optischen System, das speziell auf LEDs als Lichtquelle abgestimmt ist

2.4.1.3
Effekt-Projektor
(en: effect light)
<Veranstaltungstechnik> Effektscheinwerfer mit einem optischen System und der Funktionalität eines Multifunktionsgeräts, jedoch ohne die motorischen Bewegungen Neigen und Schwenken

ANMERKUNG Flächenleuchten oder Effekt-Projektoren mit integriertem dichroitischem Farbwechsel- oder Farbmischsystem werden auch als Effekt-Farbwechsler bezeichnet.

DIN 56920-4:2013-01

2.4.2 Effektscheinwerfer, Aufbau und Bestandteile

**2.4.2.1
Effektscheinwerfer-Leuchtmittel**
(en: light source)
<Veranstaltungstechnik> Hochdruck-Gasentladungslampen (Typen HMI, HTI, MSR, HSR, MSD usw.) oder Halogenleuchtmittel

ANMERKUNG   Der Vorteil der Gasentladungslampen besteht in der höheren Lichtausbeute gegenüber Halogenlampen. Ihr Nachteil stellt die nicht vollständige elektrische Dimmbarkeit dar. Mit elektronischen Vorschaltgeräten sind bestimmte Lampen zumindest eingeschränkt dimmbar.

**2.4.2.2
optisches System**
(en: optical system)
<Veranstaltungstechnik> Kondensoroptik oder Ellipsoidreflektor

ANMERKUNG 1   Die Kondensoroptik zeichnet sich durch eine bessere Schärfe, der Ellipsoidreflektor durch einen höheren Wirkungsgrad aus.

ANMERKUNG 2   Über eine Zoomoptik mit Fokuseinstellung lässt sich der Lichtausfallwinkel und die Schärfe der Abbildung verändern.

**2.4.2.3
mechanischer Dimmer**
Shutter
(en: dimming shutter, dowser)
<Veranstaltungstechnik> Helligkeitssteuerung bei Geräten mit Entladungslampe, die mechanisch durch veränderbare Blenden erfolgt, die sich im Strahlengang befinden und den abgegebenen Lichtstrom stufenlos reduzieren

ANMERKUNG   Die Farbtemperatur wird dabei nicht verändert.

**2.4.2.4
elektronischer Dimmer**
Shutter
(en: electronic dimmer unit)
<Veranstaltungstechnik> Helligkeitssteuerung bei Geräten mit Halogenlampe, die elektronisch durch Reduzierung der Leistungsaufnahme erfolgt

ANMERKUNG 1   Die Farbtemperatur wir dabei proportional zur Helligkeit verändert.

ANMERKUNG 2   Die Helligkeit kann durch einen eingebauten oder einen externen elektronischen Dimmer gesteuert werden.

**2.4.2.5
Farbwechselsystem**
Farbmischsystem
(en: colour changer, colour mixing unit)
<Veranstaltungstechnik> integrierte drehbare Farbräder, Farbmischsysteme oder Rollenfarbwechsler, die mit den gewünschten Farben bestückt werden

ANMERKUNG   Farbmischsysteme basieren auf einer subtraktiven Farbmischung und können nahezu jeden Farbton erzeugen.

2.4.2.6
Goborad
(en: gobo wheel)
<Veranstaltungstechnik> mehrere Gobos, die auf einem oder mehreren rotationssysmetrischen Scheiben – auch Räder genannt – sitzen und in den Strahlengang eingebracht werden können

ANMERKUNG   Dabei wird zwischen festen und rotierenden Goborädern unterschieden, letztere können indiziert oder kontinuierlich rotiert werden.

2.4.2.7
Prisma
(en: prism wheel)
<Veranstaltungstechnik> optisches Hilfsmittel, um eine entstandene Projektion mehrfach zu erzeugen oder in spezieller Weise zu verzerren

2.4.2.8
motorische Irisblende
(en: motorised iris shutter)
<Veranstaltungstechnik> Blende, die das Lichtfeld eines Profilscheinwerfers motorisch von außen nach innen (ringförmig) begrenzt

2.5
Projektor
(en: image projector)
<Veranstaltungstechnik> Gerät mit einem optischen System, welches das vergrößerte Bild einer Vorlage auf einer Projektionsfläche erzeugt

ANMERKUNG   Man unterscheidet zwischen Durchlichtprojektor (Medium wird durchstrahlt, z. B. Film, Dia, LCD), Auflichtprojektor (lichtundurchlässige Vorlage wird beleuchtet und reflektiertes Licht wir projiziert, z. B. Episkop) und Reflektionsprojektor (Reflektion an kleinen beweglichen Spiegeln in einem Mikrochip, z. B. DLP-Videoprojektor).

2.5.1
Bühnenprojektor
Großbildprojektor
(en: slide projector)
<Veranstaltungstechnik> Gerät zur Wiedergabe von Projektionsvorlagen in vergrößerter Abbildung auf einer Projektionsfläche, bei der das optische System des Projektors aus einem Beleuchtungssystem zur gleichmäßigen Beleuchtung (Kondensor) der Projektionsvorlage und einer Abbildungsoptik (Projektionsobjektiv) besteht

ANMERKUNG   Projektionsvorlagen können z. B. Dias sein. Wird der Bühnenprojektor für Wanderbildprojektion, z. B. zum Darstellen bewegter Wolken, verwendet, so ist die Projektionsvorlage entweder ein endloses Band, eine motorgetriebene Effektscheibe oder eine ähnliche Effekteinrichtung.

2.5.2
Videoprojektor
Beamer
(en: video projector)
Projektor der Videosignale auf eine geeignete Oberfläche projiziert

ANMERKUNG   Als Ausgabeverfahren stehen Röhrenprojektoren (eine Röhre pro Grundfarbe), LCD-Projektoren (ein transparentes Flüssigkristallelement je Grundfarbe), DLP-Projektoren (je Bildpunkt ein kippbarer Spiegel in einem Mikrochip), LED-Projektoren (Lichtquelle LED), LCOS-Projektoren (Mischverfahren aus LCD und DLP) und Laser-Projektoren (ein Laser je Grundfarbe) zur Auswahl.

2.5.2.1
Medienserver
Mediaplayer
(en: media server)
<Veranstaltungstechnik> Bildquelle für Videoprojektoren oder LED-Bildwände, bei der neben der direkten Ansteuerung aus DVD-Playern oder Videorekordern, bei denen das Filmmaterial unverändert projiziert wird, auch eine softwaregesteuerte Ansteuerung möglich ist, die eine veränderbare Wiedergabe des Bild- und Filmmaterials in Echtzeit zulässt

ANMERKUNG 1   Medienserver können wie Multifunktionsgeräte über eine Lichtsteuerung fernbedient werden.

ANMERKUNG 2   Die Veränderung der Wiedergabe kann z. B. eine Einfärbung, Drehbewegung oder 3D-Anwendung des Bild- und Filmmaterials bedeuten.

2.6   Zubehör für Beleuchtungsgeräte

2.6.1
Farbfilter
(en: colour filter)
Medium zum Absorbieren bzw. Reflektieren von Teilen des Spektrums des auftreffenden Lichtes

ANMERKUNG   Es werden Farb- und Korrekturfilter aus Polyester, Polycarbonat oder Glas in unterschiedlichen Ausführungen (Farbe, Oberflächen etc.) eingesetzt.

2.6.1.1
Farbfilterfolien
(en: colour gel)
<Veranstaltungstechnik> Polyester- oder Polycarbonatfolien unterschiedlicher Herstellungsarten mit Farbbeschichtung oder Durchfärbung zur Änderung des Farbeindrucks durch Absorption festgelegter Wellenlängenbereiche des auftreffenden Lichts

2.6.1.1.1
Farbeffektfilter
(en: colour effect filter)
<Veranstaltungstechnik> Farbfilter zur subtraktiven Änderung der Lichtfarbe für gestalterischen Einsatz

2.6.1.1.2
Farbkorrekturfilter
(en: colour correction filter)
<Veranstaltungstechnik> Farbfilter zur subtraktiven Änderung der Lichtfarbe bzw. Farbtemperatur aus technischen Gründen

ANMERKUNG   Farbkorrekturfilter werden auch als reine Farbeffektfilter eingesetzt, wenn der erzeugte Farbton künstlerisch eingesetzt werden soll.

2.6.1.1.3
Diffusionsmedium
(en: diffusion filter)
<Veranstaltungstechnik> Filter zur Streuung und Weichzeichnung

2.6.1.1.4
Reflektionsfolie
(en: reflection foil)
<Veranstaltungstechnik> Folie mit entsprechender Beschichtung zur Reflektion und/oder Streuung von Licht

DIN 56920-4:2013-01

2.6.1.2
Farbglas
(en: colour glas)
<Veranstaltungstechnik> farbig eingefärbtes Glas zur Änderung der Lichtfarbe durch Absorption festgelegter Wellenlängenbereiche des auftreffenden Lichtes

2.6.1.3
dichroitischer Filter
(en: dicroic filter)
<Veranstaltungstechnik> dichroitisch beschichtetes Glas-Trägermaterial zur Reflektion festgelegter Wellenlängenbereiche des auftreffenden Lichtes

2.6.1.3.1
Absorptionsfilter
(en: absorption filter)
Filtermedium zur Absorption von bestimmten sichtbaren oder nicht sichtbaren Wellenlängenbereichen einer Lichtquelle

2.6.1.3.2
Infrarot-Absorptionsfilter
Wärmeschutzfilter
(en: infrared absorption filter)
Folien- oder Glasfilter zur Absorption bzw. Reflektion des Infrarot-Spektrums einer Lichtquelle

2.6.1.3.3
UV-Absorptionsfilter
Wärmeschutzfilter
(en: UV absorption filter)
Folien- oder Glasfilter zur Absorption bzw. Reflektion des UV-Spektrums einer Lichtquelle

2.6.1.3.4
Reflektionsfilter
Wärmeschutzfilter
(en: dicroic reflection absorption filter)
Glasfilter mit einer dichroitischen Beschichtung zur Reflektion eines Teilspektrums einer Lichtquelle

2.6.1.4
Farbwechsel-Gerät
(en: colour changer)
<Veranstaltungstechnik> motorisch oder manuell betriebenes Vorsatzgerät an Scheinwerfern zum Wechsel von Farben

2.6.1.4.1
Farbrad
(en: [motorised] colour wheel)
<Veranstaltungstechnik> motorisch oder manuell betriebenes Vorsatzgerät für Scheinwerfer zum Wechseln von Farben

ANMERKUNG   Das Farbrad kann ein integriertes Bauteil von Effektscheinwerfern mit dichroitischer Farbbestückung sein.

2.6.1.4.2
Rollenfarbwechsler
(en: colour changer)
<Veranstaltungstechnik> motorisch betätigtes Vorsatzgerät für Scheinwerfer zur linearen Bewegung und Positionierung der Einzelfarben ein oder mehrerer Colour-Strings im Strahlengang

DIN 56920-4:2013-01

2.6.1.4.3
Farbwechselmagazin
<Veranstaltungstechnik> Kassette als Vorsatzgerät für Scheinwerfer, zum motorisch oder manuellen Einführen einzelner Farbfilter in den Strahlengang eines Scheinwerfers

2.6.1.4.4
dichroitisches Farbmischsystem
(en: dichroic colour mixing system)
<Veranstaltungstechnik> motorisch betätigtes Vorsatz- oder Einsatzgerät zur subtraktiven Farbmischung mit dichroitisch bedampften Farbfiltern

2.6.2
Gobo
(en: gobo)
<Veranstaltungstechnik> Abbildungsmaske aus hitzebeständigem Material zur Verwendung in einem Profilscheinwerfer oder Effektscheinwerfer mit abbildender Optik zur Projektion von Vorlagen und Mustern durch Einbringung in den Lichtstrahl

ANMERKUNG   Gobos bestehen z. B. aus Metall oder Glas.

2.6.2.1
Metallgobo
(en: metal gobo)
<Veranstaltungstechnik> Metallschablone, meist aus Edelstahl, die im Strahlengang eines Profilscheinwerfers eingesetzt wird, um bestimmte Licht- bzw. Schatteneffekte zu erreichen

2.6.2.2
Glasgobo
(en: glass gobo)
<Veranstaltungstechnik> Glasschablone, die im Strahlengang eines Profilscheinwerfers eingesetzt wird, um bestimmte Licht- bzw. Schatteneffekte ein- oder mehrfarbig zu erreichen

2.6.2.2.1
Strukturglasgobo
Duscholux-Gobo
(en: structural glass gobo)
<Veranstaltungstechnik> Glasgobo mit ungleichmäßiger Oberfläche, die eine „Strukturprojektion" ermöglicht

2.6.2.2.2
monochromes Gobo
(en: monochromatic glass gobo)
<Veranstaltungstechnik> Schwarz-weißes Glasgobo

2.6.2.2.3
dichroitisches Gobo
(en: dicroic glass gobo)
<Veranstaltungstechnik> farbiges Glasgobo, welches aus einer oder mehreren dichroitischen Filterschichten aufgebaut ist

ANMERKUNG   Das jeweilige Bildmotiv wird durch phototechnische Ätzverfahren oder partielle Abdeckung vor der dichroitischen Beschichtung aufgebracht.

2.6.2.2.4
dichroitisches Fotogobo
(en: dicroic photo gobo)
<Veranstaltungstechnik> Glasgobo mit farbiger fotorealistischer Abbildungsqualität

2.6.2.3
Foliengobo
(en: foil gobo)
<Veranstaltungstechnik> Gobo aus Folie, oft aus Overhead-Projektionsmedien hergestellt

ANMERKUNG   Das Foliengobo wird gezielt vor Wärme geschützt.

2.7
Lichtsteuersystem
Lichtstellanlage
(en: lighting control system)
<Veranstaltungstechnik> Gesamtheit aller notwendigen Komponenten, aus denen ein System zur Steuerung von Scheinwerfern, Multifunktionsgeräten und Farbwechslern aufgebaut ist

2.7.1
Lichtsteuerung
(en: lighting control)
<Veranstaltungstechnik> Teil des Lichtsteuersystems, das die Führungsgröße zur Ansteuerung von Scheinwerfern, Multifunktionsgeräten und Farbwechslern erzeugt

2.7.1.1
Lichtstellpult
Lichtsteuerpult
(en: control desk)
<Veranstaltungstechnik> Einrichtung zur Erstellung, Speicherung und Wiedergabe von Lichtszenen und – stimmungen

ANMERKUNG   Das Lichtsteuerpult ist mit speziellen Betätigungs- und Anzeigeelementen ausgestattet (z. B. Schieberegler, Handrad, Taste, Touchscreen u. ä.). Die Ansteuerung von Dimmern, motorischen Scheinwerfern und Multifunktionsgeräten erfolgt mittels Steuersignalen.

2.7.1.2
Havariesystem
(en: backup system)
<Veranstaltungstechnik> redundante Lichtsteuerung, die im Fehlerfall des Hauptsystems die Steuerung übernimmt, um einen Anlagenausfall zu vermeiden

2.7.1.3
Showcontroller
(en: show controller, replay unit)
<Veranstaltungstechnik> spezielle Form eines Lichtsteuerpultes mit reduziertem Funktionsumfang

2.7.2
Steuersignal
(en: control signal)
Zeichen, das eine gerichtete Führungsgröße darstellt, die vom Steuergerät zum Ausführungsgerät transportiert wird

ANMERKUNG 1   Für die Steuersignale werden Protokolle vereinbart, die die zu übertragende Einflussgröße (z. B. Format, Inhalt, Bedeutung und Reihenfolge) vorab festlegen. Die Steuersignale der Lichttechnik sind grundsätzlich elektrische Signale in analoger oder digitaler Form.

ANMERKUNG 2   Steuergeräte können Lichtstellpulte und als Ausführungsgeräte Dimmer oder Multifunktionsgeräte sein.

2.7.2.1
analoges Steuersignal
(en: analogue control signal)
Führungsgröße, die in einem proportionalen Zusammenhang zum Betrag der Spannung oder des Stromes des Signals steht

ANMERKUNG   Bei Systemen mit analogen Übertragungsstrecken wird für jeden Steuerkanal ein Analogsignal auf parallelem Weg einzeln übertragen.

2.7.2.1.1
Analog 0 bis 10 V, Einzelkreis
<Veranstaltungstechnik> analoges Steuerprotokoll, dessen Signal die Führungsgröße als proportionale Ausbildung des Spannungspegels darstellt

ANMERKUNG   Dabei wird der Führungsgröße 0 % die Spannung 0 V und der Führungsgröße 100 % die Spannung 10 V zugeordnet. Alle weiteren Zwischenwerte ergeben sich linear.

2.7.2.1.2
Analog 1 bis 10 V, Einzelkreis
<Veranstaltungstechnik> analoges Steuerprotokoll für die Signalübertragung vom Steuergerät zum Betriebsgerät (hier in der Regel ein Elektronisches Vorschaltgerät) in Beleuchtungsanlagen

ANMERKUNG   Das Steuersignal wird per Stromsenke als Schnittstelle zur Ansteuerung von einzelnen Dimmern, elektronischen Vorschaltgeräten für Leuchtstofflampen oder direkt dimmbaren elektronischen Trafos genutzt. Als Steuergerät können einfache Potentiometer als Spannungsteiler, sowie digitale Steuermodule für mehrere Ausgänge verwendet werden. Das Steuerprotokoll ist in DIN IEC 60929 festgelegt.

2.7.2.1.3
AMX 192
<Veranstaltungstechnik> analoges Steuerprotokoll, das durch Aneinanderreihung von 192 Pegelwerten 192 Stellgrößen in einem Übertragungszyklus vom Steuergerät zum Ausführungsgerät überträgt (analoges Multiplexing)

ANMERKUNG   Das Signal definiert dabei die Führungsgröße als proportionalen Spannungspegel. Mittels einer weiteren Signalleitung erfolgt die Zeitsynchronisation zwischen Steuergerät und dem analogen Demultiplexing am Ausführungsgerät.

2.7.2.2
digitales Steuersignal
(en: digital control signal)
Führungsgröße, die in binär codierter Form zwischen Steuergerät und Ausführungsgerät übertragen wird

ANMERKUNG   Soweit Steuer- oder Ausführungsgerät nicht bereits über eine digitale Signalverarbeitung verfügen, muss das Signal in die jeweils andere Signalform gewandelt werden (Analog-Digital- bzw. Digital-Analog-Umsetzung).

2.7.2.2.1
DMX512/1990
<Veranstaltungstechnik> digitales Steuerprotokoll, welches den Schnittstellenstandard RS 485 als symmetrisches Übertragungsverfahren zur asynchronen, seriellen Übertragung von Einzelwerten mit 250 kBit/s nutzt, bei dem bis zu 512 Kanäle mit einer Auflösung von 8 Bit (256 Stufen) übertragen werden

ANMERKUNG   In Anlehnung an DIN 56930-2.

2.7.2.2.2
DMX512-A

<Veranstaltungstechnik> digitales Steuerprotokoll, das u. a. die Festlegung verschiedener Startcodes, die optionale Paritätsprüfung mittels Prüfsummenübertragung, die Schutzschaltungen für Sender und Empfänger, die uni- und bidirektionale Übertragungsmöglichkeiten (z. B. Rückmeldung), die Definition von verschiedenen Steckertypen und deren Belegung, die Definition eines Abschlusswiderstandes und die optionale Verwendung von Netzwerkkabeln vorschreibt

ANMERKUNG 1 Basiert in Spezifikation und Leistungsumfang auf dem Vorgängerprotokoll DMX512/1990.

ANMERKUNG 2 Siehe auch ANSI E1.11.

2.7.2.2.3
DALI
(en: Digital Adressable Lighting Interface)
digitales Steuerprotokoll für die Signalübertragung vom Steuergerät zum Betriebsgerät (hier in der Regel ein Elektronisches Vorschaltgerät) in Beleuchtungsanlagen

ANMERKUNG 1 Der DALI-Standard wird zur vereinfachten, bi-direktionalen Vernetzung von elektronischen Vorschaltgeräten und Dimmern über ein digitales Steuersignal verwendet. Die Steuersignale werden mit einer Datenrate von 1 200 kbit/s übertragen

ANMERKUNG 2 DALI ist in DIN IEC 60929 festgelegt. Das Steuerprotokoll arbeitet mittels Master/Slave-Technologie für bis zu 64 Slaves. Alternativ können Slaves über maximal 16 separate Gruppen und maximal 16 separate Lichtszenen gesteuert werden. DALI wird derzeit aus DIN IEC 60929 ausgegliedert. Es sind mehrere anwendungsspezifische Teile einer neuen Norm IEC 62386 in Vorbereitung.

2.7.2.2.4
Ethernet
<Veranstaltungstechnik> Netzwerkarchitektur, welche die Topologie, alle Hard- und Softwarekomponenten und Vermittlungsprotokolle, die zum Betrieb des Netzes erforderlich sind, umfasst

ANMERKUNG Zur Verwendung in der Lichtsteuertechnik ist die Definition und Verwendung geeigneter Protokolle notwendig.

2.7.2.2.5
ACN
Architektur für Steuerungsnetzwerke
(en: Architecture for Control Networks)
hardware- und herstellerunabhängige Definition eines umfangreichen Steuerungsprotokolls für Netzwerke

ANMERKUNG Siehe auch ANSI E1.17.

2.7.3
Dimmer
Lichtsteuergerät
(en: dimmer)
Gerät im Versorgungsstromkreis zur Veränderung des Lichtstroms der Lampen einer Beleuchtungsanlage

[IEV 845-08-37, modifiziert]

2.7.3.1
Analog-Dimmer
(en: analogue dimmer)
<Veranstaltungstechnik> Dimmer mit analoger Schaltungstechnik zur Triggerung des Leistungsteils

2.7.3.2
Digital-Dimmer
(en: digital dimmer)
<Veranstaltungstechnik> Dimmer mit digitaler Schaltungstechnik zur Triggerung des Leistungsteils

ANMERKUNG   Digitale Schaltungstechnik kann z. B. aus Mikroprozessoren oder programmierbarer Logik bestehen.

2.7.3.3
Schaltversatz
Switchpack
Non-Dim
(en: switch pack)
<Veranstaltungstechnik> steuerbarer Leistungsschalter zum Schalten von Lasten ohne Veränderung des Verlaufes der anliegenden Netzspannung

2.7.3.4
Dimmung von Netzspannung
<Veranstaltungstechnik> Veränderung des Verlaufs der anliegenden Netzspannung durch den Dimmer zur Steuerung der Helligkeit der Lichtquelle

2.7.3.4.1
Phasenanschnitt
(en: phase control)
Halbwellen der anliegenden Netzspannung, die nach dem Nulldurchgang der Spannung (Phasenwinkel 0°) gesperrt und mit einer definierten zeitlichen Verzögerung eingeschaltet werden

2.7.3.4.2
Phasenabschnitt
(en: reverse phase control)
Halbwellen der anliegenden Netzspannung, die nach dem Nulldurchgang der Spannung (Phasenwinkel 0°) durchgelassen und mit einer definierten zeitlichen Verzögerung ausgeschaltet werden

2.7.3.4.3
Pulsbreitendimmer
Sinusdimmer
(en: pulse width modulation, sine wave dimmer)
Gerät, das Halbwellen der anliegenden Netzspannung durch Pulsbreitenmodulation (PWM) zerhackt, wobei mit hoher Frequenz periodisch abwechselnd Anteile durchgelassen bzw. gesperrt werden

ANMERKUNG   Das resultierende Puls-/Pausenverhältnis bestimmt über die Leistungsaufnahme des Verbrauchers die Helligkeit der Lichtquelle

2.7.3.5
Dimmung von Kleingleichspannung
(en: low voltage dimming, LV)
Steuerung der Helligkeit der Lichtquelle, die durch einen Dimmer erfolgt, indem der Spannungswert oder der Verlauf einer Gleichspannung geändert wird

2.7.3.5.1
Linearregler zur Gleichspannungssteuerung
(en: linear voltage control)
Transistoren oder integrierte Spannungsregler als steuerbare, elektronische Widerstände, die die Gleichspannung durch einen Widerstand als Spannungsteiler oder als Vorwiderstand im Spannungswert reduzieren

2.7.3.5.2
steuerbare Stromquelle
(en: current source)
Quelle, die den Stromfluss durch eine Lichtquelle bestimmt, wobei der Verbraucher durch eine Konstantstromquelle mit einem konstanten Strom bei wechselnder Betriebsspannung versorgt wird

2.7.3.5.3
Gleichspannungsmodulation
(en: low voltage modulation)
periodische Schaltung einer konstanten Gleichspannung mit hoher Frequenz, wobei abwechselnd Anteile durchgelassen bzw. gesperrt werden

ANMERKUNG   Das resultierende Puls-/Pausenverhältnis bestimmt die Helligkeit.

Literaturhinweise

DIN 15560-2, *Scheinwerfer für Film, Fernsehen, Bühne und Photographie — Teil 2: Stufenlinsen (Fresnellinsen)*

DIN 56930-1, *Bühnentechnik — Bühnenlichtstellsysteme — Teil 1: Begriffe und Anforderungen*

DIN 56930-2, *Bühnentechnik — Bühnenlichtstellsysteme — Teil 2: Steuersignale*

DIN 56930-3, *Veranstaltungstechnik — Lichtstellsysteme — Teil 3: Begriffe und Anforderungen an die Vernetzung von Lichtstellsystemen über EtherNet*

DIN EN 1838, *Angewandte Lichttechnik — Notbeleuchtung*

DIN IEC 60364-7-718 (VDE 0100-718), *Errichten von Niederspannungsanlagen — Teil 7-718: Anforderungen für Betriebsstätten, Räume und Anlagen besonderer Art — Öffentliche Einrichtungen und Arbeitsstätten*

DIN IEC 60929 (VDE 0712-23), *Wechsel- und/oder gleichstromversorgte elektronische Betriebsgeräte für röhrenförmige Leuchtstofflampen — Anforderungen an die Arbeitsweise*

ANSI E1.11, *Entertainment Technology — USITT DMX512-A, Asynchronous Serial Digital Data Transmission Standard for Controlling Lighting Equipment and Accessories*

ANSI E1.17, *Entertainment Technology — Architecture for Control Networks*

IEV, Internationales Elektrotechnisches Wörterbuch — Deutsche Ausgabe, Online-Zugang: http://www.dke.de/dke-iev

Stichwortverzeichnis

A

Absorptionsfilter 18
ACL-Lampe 10
ACL-Scheinwerfer 7
ACN 22
AMX 192 21
Analog 0 bis 10 V, Einzelkreis 21
Analog 1 bis 10 V, Einzelkreis 21
Analog-Dimmer 22
analoges Steuersignal 21
Arbeitslicht 4

B

Blendenschieber 11
Blendentubus 11
Bühnenprojektor 16

D

DALI 22
Dekorationslicht 3
dichroitischer Filter 18
dichroitisches Farbmischsystem 19
dichroitisches Fotogobo 19
dichroitisches Gobo 19
Diffusionsmedium 17
Digital-Dimmer 23
digitales Steuersignal 21
Dimmer 22, 23
Dimmung von Kleingleichspannung 23
Dimmung von Netzspannung 23
DMX512/1990 21
DMX512-A 22

E

Effektlaufwerk 13
Effektlicht 3
Effekt-Projektor 14
Effektscheinwerfer-Leuchtmittel 15
elektronischer Dimmer 15
Ellipsenspiegel 12
Ellipsenspiegel-Profilscheinwerfer 8
Ellipsenspiegel-Profilscheinwerfer mit Zoom 8
Entladungslampe 9
Ethernet 22

F

Farbeffektfilter 17

Farbfilter 17
Farbfilterfolien 17
Farbglas 18
Farbkorrekturfilter 17
Farbrad 18
Farbtemperatur 9
Farbwechsel-Gerät 18
Farbwechselmagazin 19
Farbwechselsystem 15
Filterrahmen 13
Flächenleuchte 5
Foliengobo 20
Fußrampe 6

G

Glasgobo 19
Gleichspannungsmodulation 24
Gobo 19
Goborad 16
Goborotator 13

H

Halogenlampe 9
Halogenstablampe 9
Havariesystem 20
Hochdruckentladungslampe 10
Horizontleuchte 5
Horizontrampe 6

I

Infrarot-Absorptionsfilter 18
Irisblende 11

K

Kaltlichtspiegel 12
Kompaktleuchtstofflampe 10
Kondensor 11
Kondensoroptik-Profilscheinwerfer 8
Kondensoroptik-Profilscheinwerfer mit Zoom 8
konventionelles Licht 3
kopfbewegter Scheinwerfer 14
Kugelspiegel 12
Kunstlicht 9
Kuppenspiegelscheinwerfer 6
kuppenverspiegelte Niedervoltlampe 10

L

LED 11

LED Spot/Wash 14
LED-Modul 11
Leuchtmittel 8
Leuchtstoff-Hintergrundleuchte 6
Leuchtstofflampe 10
Lichtstellpult 20
Lichtsteuersystem 20
Lichtsteuerung 20
Lichtsystem 3
Linearregler zur Gleichspannungssteuerung 23
Linsentubus 11

M

mechanischer Dimmer 15
Medienserver 17
Mehrkammerleuchte 5
Metallgobo 19
monochromes Gobo 19
motorische Irisblende 16
motorischer Scheinwerfer 13
Multifunktionsscheinwerfer 14

N

Niedervolt-Halogenlampe 9
Notenpultbeleuchtung 5

O

Oberlichtrampe 6
optisches System 15

P

Parabolspiegel-Scheinwerfer 6
PAR-Lampe 10
PAR-Scheinwerfer 7
Phasenabschnitt 23
Phasenanschnitt 23
Plankonvexlinse 12
Plankonvex-Linsenscheinwerfer 7
Portaloberlicht 6
Prisma 16
Probenlicht 4
Profile Spot 14
Profilscheinwerfer 8
Projektor 16
Publikumslicht 4

Pulsbreitendimmer 23

R

Rampe 5
Raylight-Reflektor 12
Reflektionsfilter 18
Reflektionsfolie 17
Reflektor 12
Rinnenspiegel 12
Rollenfarbwechsler 18

S

Schaltversatz 23
Scheinwerfer 5
Scheinwerfer mit Spiegelablenkung 14
Showcontroller 20
Sicherheitsbeleuchtung 4
Sonderbeleuchtung 5
steuerbare Stromquelle 24
Steuersignal 20
Striplight 7
Strukturglasgobo 19
Stufenlinse 12
Stufenlinsen-Scheinwerfer 7
Svoboda-Rampe 7
szenische Beleuchtungsanlage 3

T

Tageslicht 9
Torblende 13
Tüll 13

U

UV-Absorptionsfilter 18

V

Verdunkelungsblende 13
Verfolgerscheinwerfer 8
Videoprojektor 16

W

Wash Light 14

September 2017

DIN 56930-1

ICS 01.040.97; 97.200.10

Ersatz für
DIN 56930-1:2000-03

Veranstaltungstechnik –
Lichtstellsysteme –
Teil 1: Dimmer – Begriffe, Anforderungen und Benutzerinformation

Entertainment technology –
Stage Lighting Systems –
Part 1: Dimmer – Definitions, requirements and user information

Technologies du spectacle –
Systèmes de contrôle d'éclairage –
Partie 1: Gradateur – Termes, exigences et les informations utilisateur

Gesamtumfang 22 Seiten

DIN-Normenausschuss Veranstaltungstechnik, Bild und Film (NVBF)

Inhalt

Seite

Vorwort ... 3
Einleitung ... 4
1 Anwendungsbereich ... 5
2 Normative Verweisungen ... 5
3 Begriffe ... 6
4 Funktionsprinzipien ... 11
4.1 Phasenanschnittdimmer ... 11
4.2 Phasenabschnittdimmer ... 12
4.3 Pulsbreitendimmer, Hüllkurvendimmer, Sinusdimmer ... 12
5 Anforderungen ... 13
5.1 Allgemeine Anforderungen ... 13
5.2 Elektrotechnische Anforderungen ... 13
5.3 Kommunikation ... 16
6 Benutzerinformation ... 18
6.1 Allgemeines ... 18
6.2 Bedienungs- und Montageanleitung ... 18
6.3 Kennzeichnung ... 20
Anhang A (informativ) Messung der Anstiegszeit ... 21
Literaturhinweise ... 22

Vorwort

Dieses Dokument wurde vom DIN-Normenausschuss Veranstaltungstechnik, Bild und Film (NVBF), zuständiger Arbeitsausschuss NA 149-00-04 AA „Licht- und Energieverteilungssysteme" erarbeitet.

Es wird auf die Möglichkeit hingewiesen, dass einige Elemente dieses Dokuments Patentrechte berühren können. DIN ist nicht dafür verantwortlich, einige oder alle diesbezüglichen Patentrechte zu identifizieren.

DIN 56930 „Veranstaltungstechnik – Lichtstellsysteme" besteht aus:

— Teil 1: Dimmer — Begriffe, Anforderungen und Benutzerinformation

— Teil 2: Steuersignale

— Teil 3: Begriffe und Anforderungen an die Vernetzung von Lichtstellsystemen über EtherNet

Änderungen

Gegenüber DIN 56930-1:2000-03 wurden folgende Änderungen vorgenommen:

a) Abschnitt „Funktionsprinzipien" aufgenommen;

b) Abschnitt „Benutzerinformation" aktualisiert und erweitert;

c) Titel innerhalb des Arbeitsgebietes vereinheitlicht und um „Benutzerinformation" ergänzt;

d) Informativer Anhang A „Messung der Anstiegszeit" aufgenommen;

e) Literaturverzeichnis hinzugefügt;

f) Norm vollständig überarbeitet.

Frühere Ausgaben

DIN 56930-1: 2000-03

Einleitung

Der DIN-Normenausschuss Veranstaltungstechnik, Bild und Film (NVBF) ist zuständig für die Erarbeitung und regelmäßige Überprüfung von Normen und Standards in den Bereichen Veranstaltungstechnik, Fotografie und Kinematografie. Er erarbeitet Anforderungen und Prüfungen für:

Versammlungsstätten sowie Veranstaltungs- und Produktionsstätten für szenische Darstellung, deren Arbeitsmittel als auch diesbezügliche Dienstleistungen. Dies umfasst:

— Veranstaltungs- und Medientechnik für Bühnen, Theater, Mehrzweckhallen, Messen, Ausstellungen und Produktionsstätten bei Film, Hörfunk und Fernsehen sowie sonstige vergleichbaren Zwecken dienende bauliche Anlagen und Areale;

— Beleuchtungstechnik und deren Arbeitsmittel für Veranstaltungstechnik, Film, Fernsehen, Bühne und Fotografie sowie Sondernetze und elektrische Verteiler;

— Dienstleistungen für die Veranstaltungstechnik;

— sicherheitstechnische Anforderungen an Maschinen, Arbeitsmittel und Einrichtungen für Veranstaltungs- und Produktionsstätten zur szenischen Darstellung.

1 Anwendungsbereich

Dieses Dokument gilt für den Einsatz von elektronischen Dimmern zur Helligkeitssteuerung von Leuchtmitteln in Niederspannungsnetzen in der Veranstaltungs- und Produktionstechnik.

Dieses Dokument gilt nicht für den Einsatz von Dimmern in der Allgemeinbeleuchtung, für Haushaltsdimmer nach DIN EN 60669-2-1 (VDE 0632-2-1) oder für mechanische Dimmer. Dimmer für LED sind in diesem Dokument nicht enthalten, diese werden in DIN 15780 behandelt.

2 Normative Verweisungen

Die folgenden Dokumente, die in diesem Dokument teilweise oder als Ganzes zitiert werden, sind für die Anwendung dieses Dokuments erforderlich. Bei datierten Verweisungen gilt nur die in Bezug genommene Ausgabe. Bei undatierten Verweisungen gilt die letzte Ausgabe des in Bezug genommenen Dokuments (einschließlich aller Änderungen).

DIN 15765, *Veranstaltungstechnik — Multicore-Systeme für mobile Produktions- und Veranstaltungstechnik*

DIN EN 50160, *Merkmale der Spannung in öffentlichen Elektrizitätsversorgungsnetzen*

DIN EN 55015 (VDE 0875-15-1), *Grenzwerte und Messverfahren für Funkstöreigenschaften von elektrischen Beleuchtungseinrichtungen und ähnlichen Elektrogeräten*

DIN EN 55103-1 (VDE 0875-103-1), *Elektromagnetische Verträglichkeit — Produktfamiliennorm für Audio-, Video- und audiovisuelle Einrichtungen sowie für Studio-Lichtsteuereinrichtungen für professionellen Einsatz — Teil 1: Störaussendungen*

DIN EN 55103-2 (VDE 0875-103-2), *Elektromagnetische Verträglichkeit — Produktfamiliennorm für Audio-, Video- und audiovisuelle Einrichtungen sowie für Studio-Lichtsteuereinrichtungen für professionellen Einsatz — Teil 2: Störfestigkeit*

DIN EN 61000-3-2 (VDE 0838-2), *Elektromagnetische Verträglichkeit (EMV) — Teil 3-2: Grenzwerte — Grenzwerte für Oberschwingungsströme (Geräte-Eingangsstrom ≤ 16 A je Leiter)*

DIN EN 61000-3-3 (VDE 0838-3), *Elektromagnetische Verträglichkeit (EMV) — Teil 3-3: Grenzwerte — Begrenzung von Spannungsänderungen, Spannungsschwankungen und Flicker in öffentlichen Niederspannungs-Versorgungsnetzen — Geräte mit einem Bemessungsstrom ≤ 16 A je Leiter, die keiner Sonderanschlussbedingung unterliegen*

DIN EN 61000-3-11 (VDE 0838-11), *Elektromagnetische Verträglichkeit (EMV) — Teil 3-11: Grenzwerte — Begrenzung von Spannungsänderungen, Spannungsschwankungen und Flicker in öffentlichen Niederspannungs-Versorgungsnetzen — Geräte und Einrichtungen mit einem Bemessungsstrom ≤ 75 A, die keiner Sonderanschlussbedingung unterliegen*

DIN EN 61000-3-12 (VDE 838-12), *Elektromagnetische Verträglichkeit (EMV) — Teil 3-12: Grenzwerte — Grenzwerte für Oberschwingungsströme, verursacht von Geräten und Einrichtungen mit einem Eingangsstrom > 16 A und ≤ 75 A je Leiter, die zum Anschluss an öffentliche Niederspannungsnetze vorgesehen sind*

DIN EN 61000-6-1 (VDE 0839-6-1), *Elektromagnetische Verträglichkeit (EMV) — Teil 6-1: Fachgrundnormen — Störfestigkeit für Wohnbereich, Geschäfts- und Gewerbebereiche sowie Kleinbetriebe*

DIN EN 61000-6-2 (VDE 0839-6-2), *Elektromagnetische Verträglichkeit (EMV) — Teil 6-2: Fachgrundnormen — Störfestigkeit für Industriebereiche*

DIN EN 62079 (VDE 0039), *Erstellen von Anleitungen — Gliederung, Inhalt und Darstellung*

DIN VDE 0100-100 (VDE 0100-100), *Errichten von Niederspannungsanlagen — Teil 1: Allgemeine Grundsätze, Bestimmungen allgemeiner Merkmale, Begriffe*

DIN VDE 0100-410 (VDE 0100-410), *Errichten von Niederspannungsanlagen — Teil 4-41: Schutzmaßnahmen —Schutz gegen elektrischen Schlag*

DIN VDE 0298-4 (VDE 0298-4), *Verwendung von Kabeln und isolierten Leitungen für Starkstromanlagen — Teil 4: Empfohlene Werte für die Strombelastbarkeit von Kabeln und Leitungen für feste Verlegung in und an Gebäuden und von flexiblen Leitungen*

ANSI E1.3, *Entertainment Technology — Lighting Control Systems — 0 to 10V Analog Control Specification*[1]

ANSI E1.11, *Entertainment Technology — USITT DMX512-A — Asynchronous Serial Digital Data Transmission Standard for Controlling Lighting Equipment and Accessories*[1]

ANSI E1.17, *Entertainment Technology — Architecture for Control Networks*[1]

ANSI E1.20, *Entertainment Technology — Remote Device Management over USITT DMX512*[1]

ANSI E1.31, *Entertainment Technology — Lightweight streaming protocol for transport of DMX512 using ACN*[1]

ANSI E1.37-1, *Additional Message Sets for ANSI E1.20 (RDM) — Part 1: Dimmer Message Sets*[1]

ANSI E1.37-2, *Entertainment Technology — Additional Message Sets for ANSI E1.20 (RDM) — Part 2: IPv4 & DNS Configuration Messages*[1]

IETF RFC 1157, *A Simple Network Management Protocol (SNMP)*[2]

3 Begriffe

Für die Anwendung dieses Dokuments gelten die folgenden Begriffe.

3.1
Nennleistung
<Veranstaltungstechnik> höchstmögliche Leistung am Ausgang in VA bei höchstmöglicher zulässiger Umgebungstemperatur

3.2
Ausgangsleistung
momentane Leistung am Ausgang in VA

3.3
Gesamtleistung
<Veranstaltungstechnik> höchstmögliche Leistungsaufnahme des Dimmersystems unter Berücksichtigung des Wirkungsgrads bei Nennleistung

---

[1] Nachgewiesen in der DITR-Datenbank der DIN Software GmbH, zu beziehen bei: Beuth Verlag GmbH, 10772 Berlin.
[2] einzusehen unter https://www.ietf.org/

3.4
Dimmer
(en: dimmer)
<Veranstaltungstechnik> elektronisches Leistungsteil zur Steuerung der Helligkeit von Glühlampen, Leuchtstofflampen und anderen steuerbaren Lichtquellen, wobei die Steuerung über eine externe Führungsgröße, z. B. aus einem Lichtsteuersystem erfolgt

Anmerkung 1 zum Begriff: Ein Dimmer besteht aus Leistungsteil und Steuerungsteil.

Anmerkung 2 zum Begriff: Eine Bauform sind Einschubdimmer.

3.4.1
Leistungsteil
<Veranstaltungstechnik> Bauteil, das den ausgangsseitigen Verlauf der Netzhalbwelle verändert

Anmerkung 1 zum Begriff: Es gibt Leistungsteile, die ein Rückmeldesignal bereitstellen.

3.4.2
Steuerungsteil
<Veranstaltungstechnik> Bauteil, das die Führungsgröße für das Leistungsteil bereitstellt

Anmerkung 1 zum Begriff: Es gibt Steuerungsteile, die ein Rückmeldesignal des Leistungsteils verarbeiten.

Anmerkung 2 zum Begriff: Das Steuerungsteil verarbeitet eingangsseitig Steuersignale mindestens nach DIN 56930-2.

3.5
Dimmereinheit
(en: crate)
<Veranstaltungstechnik> kleinste unabhängig betriebsfähige Einheit eines Dimmersystems, die modular steckbar oder festverdrahtet ausgeführt sein kann

Anmerkung 1 zum Begriff: Siehe Bild 1. Eine Dimmereinheit besteht mindestens aus Dimmer, Einspeiseverkabelung, Abgangsverkabelung und Leitungsschutz.

3.5.1
Einzeldimmer
<Veranstaltungstechnik> Bauform einer Dimmereinheit, die aus einem Dimmer besteht und zur Steuerung eines einzelnen Leuchtmittels oder einer Gruppe von Leuchtmitteln verwendet wird

Anmerkung 1 zum Begriff: Ein Einzeldimmer besteht aus einer separaten elektrischen Versorgung, einer autarken Steuerung und einem Lastabgang mit Leitungsschutz.

Anmerkung 2 zum Begriff: Die Führungsgröße kann extern (z. B. über DMX512) und/oder direkt am Dimmer über Potentiometer erzeugt werden.

Anmerkung 3 zum Begriff: Es gibt Sonderbauformen von Einzeldimmern, wie z. B. Verfolgerdimmer, Handdimmer, Shuttledimmer, integrierte Dimmer.

3.5.2
Mehrfachdimmer
<Veranstaltungstechnik> Bauform einer Dimmereinheit, die aus mehreren Dimmern besteht und zur unabhängigen Steuerung mehrerer Leuchtmittel verwendet wird

Anmerkung 1 zum Begriff: Gebräuchliche Mehrfachdimmer sind z. B. Dimmerkoffer, Dimmerpack und Dimmerbar.

3.6
Dimmersystem
(en: rack)
<Veranstaltungstechnik> Dimmereinheiten, die in einem Gehäuse zusammengefasst sind und eine gemeinsame Einspeisung haben

Anmerkung 1 zum Begriff: Siehe Bild 1. Gebräuchliche Dimmersysteme sind z. B. Dimmerschränke, Touring-Racks.

3.7
Dimmeranlage
<Veranstaltungstechnik> Summe aller Dimmersysteme einer Veranstaltungs- oder Produktionsstätte

Anmerkung 1 zum Begriff: Dimmersysteme (siehe Bild 1) innerhalb einer Dimmeranlage können örtlich zentral, in einem oder mehreren Dimmerräumen oder hierfür geeigneten Stellplätzen aufgeteilt sein.

Anmerkung 2 zum Begriff: Eine Dimmeranlage wird im mobilen Bereich auch als „Dimmer-City", in der Festinstallation auch als Dimmerraum bezeichnet.

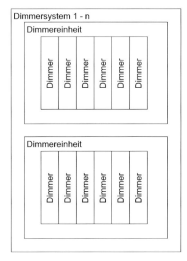

Bild 1 — Darstellung eines Dimmersystems

3.8
vieladriges Kabel und vieladrige Leitung
<Veranstaltungstechnik> Kabel oder Leitung mit mindestens 6 Adern gleichen Leiterquerschnitts

Anmerkung 1 zum Begriff: Im mobilen Bereich werden diese Kabel auch als Multicore bezeichnet.

Anmerkung 2 zum Begriff: Siehe DIN VDE 0298-4 (VDE 0298-4).

3.9
Betriebsspannung
Nennspannung
<Veranstaltungstechnik> zum Betrieb notwendige Versorgungsspannung

Anmerkung 1 zum Begriff: Die Betriebsspannung wird als Wertebereich mit Unter-/Obergrenze oder als Wert mit Toleranzbereich angegeben.

3.10
Dimmerausgangsspannung
<Veranstaltungstechnik> am Dimmerausgang bereitgestellte Spannung zur Versorgung von Endgeräten

3.11
Dimmerkennlinie
<Veranstaltungstechnik> Verlauf der Ausgangsgröße in Abhängigkeit von der Führungsgröße

Anmerkung 1 zum Begriff: Unterschiedliche Anforderungen können verschiedene Dimmerkennlinien erforderlich machen.

3.12
Anstiegszeit
(en: rise time)
<Veranstaltungstechnik> erforderliche Zeitspanne, die die ansteigende Flanke einer 90° angeschnittenen Netzhalbwelle zwischen Nullwert und Scheitelwert benötigt

Anmerkung 1 zum Begriff: Üblicherweise charakterisiert die Anstiegszeit die Güte der Filterung.

3.13
Abfallzeit
(en: fall time)
<Veranstaltungstechnik> erforderliche Zeitspanne, die die fallende Flanke einer 90° angeschnittenen Netzhalbwelle zwischen Scheitelwert und Nullwert benötigt

Anmerkung 1 zum Begriff: Üblicherweise charakterisiert die Abfallzeit die Güte der Filterung.

3.14
Frequenzbereich des Dimmersystems
<Veranstaltungstechnik> zum Betrieb aller Komponenten des Dimmersystems erforderliche Netzfrequenz

Anmerkung 1 zum Begriff: Wird als Wertebereich mit Unter-/Obergrenze oder als Wert mit Toleranzbereich angegeben.

3.15
Führungsgröße
<Veranstaltungstechnik> durch Steuergeräte erzeugte Größe zur Steuerung der Dimmer

Anmerkung 1 zum Begriff: Die Ausgangsgröße des Dimmers ist eine Funktion der Führungsgröße.

3.16
Rückmeldung
<Veranstaltungstechnik> Möglichkeit der Fernabfrage einer Dimmereinheit oder eines Dimmersystems

3.17
Fernkonfiguration
<Veranstaltungstechnik> Möglichkeit, die Konfiguration einer Dimmereinheit oder eines Dimmersystem ferngesteuert zu ändern

3.18
Gleichspannungsanteil
in der Ausgangsspannung des Dimmers enthaltener Anteil der Gleichspannung

3.19
Leistungsfaktor
λ
<Veranstaltungstechnik> Verhältnis des Betrages der Wirkleistung zur Scheinleistung bei nicht-sinusförmiger Wellenform

3.20
Verschiebungsfaktor
$\cos \Phi$
<Veranstaltungstechnik> Verhältnis der Wirkleistung zur Scheinleistung bei sinusförmiger Wellenform

Anmerkung 1 zum Begriff: Es handelt sich hierbei um eine Verschiebungskomponente des Leistungsfaktors.

3.21
Lichtsteuerung
(en: lighting control)
Teil des Lichtsteuersystems, das die Führungsgröße zur Ansteuerung von Dimmersystemen und auch Scheinwerfern, Multifunktionsgeräten und Farbwechslern erzeugt

Anmerkung 1 zum Begriff: Die Führungsgröße kann analog oder digital übertragen werden.

[QUELLE: DIN 56920-4:2013-01, 2.7.1 - modifiziert, Anmerkung ergänzt]

3.22
Mindestlast
<Veranstaltungstechnik> minimale Last, die zum Einhalten der Betriebsdaten am Ausgang des Dimmers notwendig ist

3.23
Nennlast
<Veranstaltungstechnik> höchstmögliche Last, bei der ein Dimmer noch innerhalb der spezifizierten Betriebsdaten funktioniert

3.24
Störaussendung
<Veranstaltungstechnik> Aussendung von Störgrößen eines Dimmersystems im Betrieb, welche die Umgebung bzw. andere Geräte beeinflussen können

3.25
Störfestigkeit
<Veranstaltungstechnik> Fähigkeit eines Dimmersystems bis zu einem bestimmten Pegel gegenüber einer externen Störquelle unbeeinflusst zu funktionieren

3.26
Umgebungstemperatur
<Veranstaltungstechnik> Temperaturbereich der Luft am Aufstellungsort des Dimmersystems

3.27
Verlustleistung
<Veranstaltungstechnik> höchstmögliche auftretende Wirkleistungsverluste eines Dimmersystems in Watt, aufgegliedert nach Dimmern bei Betrieb mit Nennlast und im Leerlauf, jeweils mit allen zum Betrieb des Dimmersystems erforderlichen Komponenten

3.28
Phasenanschnitt
(en: phase control)
Halbwellen der anliegenden Netzspannung, die nach dem Nulldurchgang der Spannung (Phasenwinkel 0°) gesperrt und mit einer definierten zeitlichen Verzögerung eingeschaltet werden

[QUELLE: DIN 56920-4:2013-01, 2.7.3.4.1]

3.29
Phasenabschnitt
(en: reverse phase control)
Halbwellen der anliegenden Netzspannung, die nach dem Nulldurchgang der Spannung (Phasenwinkel 0°) durchgelassen und mit einer definierten zeitlichen Verzögerung ausgeschaltet werden

[QUELLE: DIN 56920-4:2013-01, 2.7.3.4.2]

3.30
Pulsbreitendimmer
(en: pulse width modulation, sine wave dimmer)
Gerät, das Halbwellen der anliegenden Netzspannung durch Pulsbreitenmodulation (PWM) in schneller Folge ein- und ausschaltet

Anmerkung 1 zum Begriff: Das resultierende Puls-Pausenverhältnis bestimmt über die Leistungsaufnahme des Verbrauchers die Helligkeit der Lichtquelle.

Anmerkung 2 zum Begriff: Pulsbreitendimmer werden je nach Funktionsprinzip auch als Sinusdimmer oder Hüllkurvendimmer bezeichnet.

[QUELLE: DIN 56920-4:2013-01, 2.7.3.4.3 – modifiziert, „zerhackt" durch „in schneller Folge ein und ausschaltet" ersetzt und restliche Definition gestrichen, sowie 2. Anmerkung hinzugefügt]

4 Funktionsprinzipien

4.1 Phasenanschnittdimmer

Die Leistungssteuerung erfolgt durch Anschnitt der Sinushalbwelle der Netzspannung in Abhängigkeit von einer Führungsgröße (siehe Bild 2). Die eingehende Sinus-Halbwelle wird nicht sofort nach dem Nulldurchgang der Phase, sondern erst verzögert durchgeschaltet. Die Größe der Einschaltverzögerung, auch Zündwinkel genannt, bestimmt den Grad der Leistungsreduktion. Als elektrische Leistungsschalter kommen meist zwei antiparallele Thyristoren oder Triacs zum Einsatz. Diese Bauelemente leiten nach dem Nulldurchgang der eingehenden Sinus-Halbwelle den Strom erst, wenn von der Steuerung ein Zündsignal generiert wird. Je später dieser Zündzeitpunkt liegt, umso geringer ist die, an die Last abgegebene Leistung.

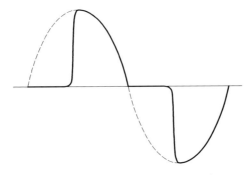

ANMERKUNG   Der Zündzeitpunkt wird auch als Zünd- oder Phasenwinkel bezeichnet.

Bild 2 — Spannungsverlauf am Phasenanschnittdimmer (ausgangsseitig)

4.2 Phasenabschnittdimmer

Die Leistungssteuerung erfolgt durch Abschnitt der Sinushalbwelle der Netzspannung in Abhängigkeit von einer Führungsgröße (siehe Bild 3). Die eingehende Sinus-Halbwelle wird ab dem Nulldurchgang der Phase durchgelassen und vorzeitig wieder abgeschaltet. Die Zeitspanne der vorzeitigen Abschaltung bestimmt den Grad der Leistungsreduktion. Als elektrische Leistungsschalter kommen meist zwei antiparallel geschaltete, abschaltbare Thyristoren (en: Gate Turn-Off Thyristor, GTO) oder Leistungstransistoren (en: Insulated Gate Bipolar Transistor, IGBT) zum Einsatz.

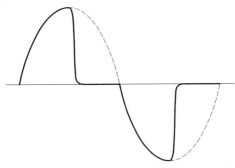

ANMERKUNG   Phasenabschnittdimmer werden vorwiegend zum Dimmen von kapazitiven und induktiven Lasten, z. B. elektronischen Vorschaltgeräten und elektronischen Transformatoren eingesetzt.

Bild 3 — Spannungsverlauf am Phasenabschnittdimmer (ausgangsseitig)

4.3 Pulsbreitendimmer, Hüllkurvendimmer, Sinusdimmer

Die Leistungssteuerung erfolgt durch Pulsbreitenmodulation der Sinushalbwelle der Netzspannung in Abhängigkeit von einer Führungsgröße (siehe Bild 4). Die eingehende Sinus-Halbwelle wird durch Pulsbreitenmodulation (PWM) in schneller Folge ein- und ausschaltet Die daraus resultierende Kurve wird anschließend durch einen Tiefpassfilter geglättet, dadurch resultiert am Ausgang eine Sinuswelle mit reduzierter Amplitude. Das Verhältnis von Durchschaltung und Sperrung bestimmt den Grad der Leistungsreduktion. Als elektrische Leistungsschalter kommen IGBT oder andere Leistungstransistoren zum Einsatz.

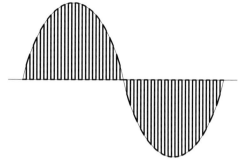

ANMERKUNG   Pulsbreitendimmer können auch mit einer pulsbreitenmodulierten Gleichspannung ausgeführt werden.

Bild 4 — Spannungsverlauf am Pulsbreitendimmer (ausgangsseitig)

5 Anforderungen

5.1 Allgemeine Anforderungen

5.1.1 Klimatische Mindestanforderungen

a) stationäre Anlagen in separaten Betriebsräumen: Umgebungstemperatur 0 °C bis 35 °C, bis 90 % relative Luftfeuchte, keine Kondensation.

b) stationäre Anlagen in dezentraler Aufstellung: Umgebungstemperatur 0 °C bis 40 °C, bis 90 % relative Luftfeuchte, keine Kondensation.

c) mobile Anlagen: Umgebungstemperatur 0 °C bis 45 °C, bis 90 % relative Luftfeuchte, keine Kondensation.

Schädliche Auswirkungen (z. B. durch Betauung in den Schalt- und Steuerschränken) müssen vermieden werden

5.1.2 Zugriff und Bedienbarkeit

Dimmer müssen dem Zugriff von unbefugten Personen entzogen sein. Ein Zugriff auf die Bedienelemente der Dimmer muss dazu befugten Personen ohne weitere Hilfsmittel möglich sein.

5.2 Elektrotechnische Anforderungen

5.2.1 Netzformen

Die Netzform ist nach DIN VDE 0100-100 (VDE 0100-100) auszuführen.

Die Einspeisung von Dimmersystemen und Dimmereinheiten ist als TN-S-System mit einem oder drei Außenleitern, einem Neutralleiter und einem Schutzleiter (1/3 Ph + N + PE 50 Hz 230/400 V) auszuführen.

BEISPIEL   Netzsysteme haben wesentlichen Einfluss auf die EMV des Gesamtsystems. Die Eignung der einzelnen Systeme stellt sich wie folgt dar:

TN-S-System	EMV-freundlich	für Dimmeranlagen empfohlen
TN-C-System	nicht EMV-freundlich	für Dimmeranlagen nicht empfohlen
TN-C-S-System	bedingt EMV-freundlich	für Dimmeranlagen nicht empfohlen
TT-System	EMV-freundlich	für Dimmeranlagen nicht empfohlen
IT-System	EMV-freundlich	für Dimmeranlagen in Sonderfällen

In IT-Systemen ist DIN VDE 0100-410 (VDE 0100-410) zu berücksichtigen.

Das TN-S-System ist konsequent ab Transformator umzusetzen. Bei mehreren parallel speisenden Transformatoren ist die Anzahl der Verbindungen mit dem Erdpotential (zentraler Erdungspunkt, ZEP) auf einen Punkt zu begrenzen.

5.2.2 Betriebsspannung U_B

Die Nennspannung zwischen Außenleiter und Neutralleiter beträgt 230 V.

Es muss ein störungsfreier Betrieb der Dimmer sichergestellt werden, sofern die Merkmale der Versorgungsspannung sich innerhalb der Grenzwerte der in DIN EN 50160 festgelegten Werte befinden.

Dimmeranlage, Dimmersystem:	3 phasig 3Ph+N+PE 400/230 V.
Dimmereinheit:	3 phasig 3Ph+N+PE 400/230 V, oder 1 phasig 230 V Ph+N+PE.

5.2.3 Frequenz

Die Netzfrequenz beträgt 50 Hz.

Es muss ein störungsfreier Betrieb der Dimmer sichergestellt werden, sofern die Merkmale der Netzfrequenz sich innerhalb der Grenzwerte der in DIN EN 50160 festgelegten Werte befinden.

5.2.4 Ausgangsleistung P_A

Die Ausgangsleistung muss zwischen Mindestleistung P_{min} und Nennleistung P_N liegen.

$$P_{min} \leq P_A \leq P_N$$

Die Mindestleistung entspricht der Ausgangsleistung bei Mindestlast.

Die Mindestlast ist vom Hersteller anzugeben.

5.2.5 Leistungsfaktor λ

Der zulässige Leistungsfaktor ist vom Hersteller anzugeben.

5.2.6 Gleichspannungsanteil eines Dimmers

Der Gleichspannungsanteil eines Dimmers darf höchstens 1 % des Effektivwertes der höchstmöglichen Ausgangsspannung betragen.

5.2.7 Anstiegszeit des Phasenanschnitts

Zur Vergleichbarkeit der Netzfilter von Phasenanschnittdimmern ist die Anstiegszeit des Phasenanschnitts anzugeben. Die Messung erfolgt nach Anhang A.

ANMERKUNG Übliche Anstiegszeiten liegen im Bereich von 150 µs bis 400 µs.

5.2.8 Stoßstrombelastung

Die zulässige Stoßstrombelastung darf bei kaltem Anschalten einer Lampe mit Dimmer-Nennleistung weder die Sicherung auslösen noch den Dimmer schädigen.

5.2.9 Fehlerstromschutz

Zur Sicherstellung des Personenschutzes ist beim Einsatz von Dimmern die Verwendung von Fehlerstromschutzeinrichtungen mit einem Bemessungsdifferenzstrom von $I_{\Delta N} \leq 30$ mA erforderlich. Der Typ der Fehlerstromschutzeinrichtung ist je nach Funktionsprinzip des eingesetzten Dimmers auszuwählen.

5.2.10 Vielleiterkabel und -leitungen

Vielleiterkabel und -leitungen sind nach DIN VDE 0289-4 (VDE 0298-4) auszulegen. Beim Einsatz von mobilen Multicore-Leitungen ist zusätzlich DIN 15765 zu berücksichtigen.

5.2.11 Elektromagnetische Verträglichkeit (EMV), Störaussendung

Die für Dimmer geltende Produktfamiliennorm DIN EN 55015 (VDE 0875-15-1) ist für die Begrenzung von Störaussendungen anzuwenden. In DIN EN 55015 (VDE 0875-15-1) werden Störaussendungen im Frequenzbereich von 9 kHz bis 400 GHz behandelt. Für Störaussendungen unterhalb von 9 kHz sind die Fachgrundnormen der Normenreihe DIN EN 61000 anzuwenden. Grenzwerte für Netzrückwirkungen werden in den folgenden Normen aufgeführt:

— Oberschwingungsströme bei Geräten bis 16 A Eingangsstrom je Leiter nach DIN EN 61000-3-2 (VDE 0838-2);

— Spannungsänderungen, Spannungsschwankungen und Flicker bei Geräten bis 16 A Eingangsstrom je Leiter nach DIN EN 61000-3-3 (VDE 0838-3);

— Spannungsänderungen, Spannungsschwankungen und Flicker bei Geräten größer 16 A bis 75 A Eingangsstrom je Leiter nach DIN EN 61000-3-11 (VDE 0838-11);

— Oberschwingungsströme bei Geräten größer 16 A bis 75 A Eingangsstrom je Leiter nach DIN EN 61000-3-12 (VDE 838-12).

Beim Einsatz komplexer Dimmerprozessoren und Netzwerktechnik kann zur Sicherstellung der Betriebssicherheit die Anwendung folgender Norm notwendig werden:

— Lichtsteuereinrichtungen nach DIN EN 55103-1 (VDE 0875-103-1);

— weitere Produktnormen.

5.2.12 Elektromagnetische Verträglichkeit (EMV), Störfestigkeit

Die Anforderung an die Störfestigkeit ist in Abhängigkeit der Einsatzumgebung festzulegen. Für Veranstaltungsstätten ohne komplexe Beleuchtungsanlage und Bühnenmaschinerie wird eine Eingliederung in den Wohn-, Geschäfts-, und Gewerbebereich nach DIN EN 61000-6-1 (VDE 0839-6-1) als ausreichend erachtet.

Für Theater, Fernsehstudios mit großen induktiven oder kapazitiven Lasten, die häufig geschaltet werden sowie großen Stromstärken, muss eine Störfestigkeit für Industriebereiche nach DIN EN 61000-6-2 (VDE 0839-6-2) sichergestellt sein.

Werden komplexe Dimmerprozessoren und Netzwerktechnik eingesetzt, so kann zur Sicherstellung der Betriebssicherheit die Anwendung von DIN EN 55103-2 (VDE 0875-103-2) sowie weitere Produktnormen notwendig werden.

ANMERKUNG   Auch Rundsteuersignale können Störungen in Dimmern verursachen.

5.2.13 Dimmerkennlinie

Die möglichen Dimmerkennlinien sind in der Bedienungsanleitung anzugeben. Dabei ist die Ausgangsgröße als Funktion der Führungsgröße darzustellen. Es muss ersichtlich sein, ob es sich bei der Ausgangsgröße um die Ausgangsspannung oder die Ausgangsleistung handelt.

Eine Sonderform der Dimmerkennlinie ist Non-Dim. Hierbei muss die volle Halbwelle der Eingangsspannung durchgeschaltet werden. Der Vorgang des Durchschaltens muss vom vollständig gesperrten Zustand in den vollständig durchlässigen Zustand geschehen. Der Schaltvorgang darf sich nicht über mehrere Halbwellen erstrecken.

Die Einschaltschwelle der Non-Dim-Kennlinie sollte oberhalb der Ausschaltschwelle liegen.

5.3 Kommunikation

5.3.1 Dimmeransteuerung

Ein Dimmer wird durch eine Führungsgröße gesteuert, welche von einem externen Lichtstellsystem erzeugt wird. Die Führungsgröße muss über mindestens eines der folgenden Steuersignale (siehe Bild 5) realisiert werden:

— Analoges Protokoll 0-10 V (ANSI E1.3);

— DMX-512 A (ANSI E1.20);

— sACN (ANSI E1.31).

Weitere Steuersignale können zum Einsatz kommen.

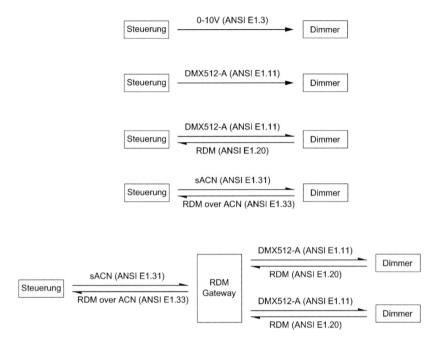

Bild 5 — Steuersignale zur Dimmeransteuerung

5.3.2 Anzeigen am Dimmersystem oder der Dimmereinheit

Ein Dimmersystem oder eine Dimmereinheit muss mindestens über folgende Anzeigen verfügen:

— Betriebsspannung vorhanden;

— Steuersignal vorhanden;

— Auslösen Leitungsschutzschalter/Sicherung/Fehlerstromschutzschalter, z. B. an Hand der Statusanzeige der Schaltgerate.

5.3.3 Rückmeldungen

Wenn ein Dimmersystem oder eine Dimmereinheit über die Möglichkeit der Rückmeldung verfügt, müssen mindestens folgende Meldungen vorhanden sein:

— Betriebsspannung vorhanden;

— Steuersignal vorhanden;

— Auslösen Leitungsschutzschalter/Sicherung.

Weitere mögliche Rückmeldungen sind:

— Temperaturwarnung;

— Ausfall eines Außenleiters an der Einspeisung;

— Ausfall von Steuersignalen (DMX oder EtherNet);

— Fehlen einer Last an einem Einzeldimmer bei Ansteuerung;

— Ausfall einer Last an einem Einzeldimmer bei Ansteuerung;

— Auslösen eines Fehlerstromschutzeinrichtung am Baugruppenträger oder Einzeldimmer (je nach Ausführung);

— zu hoher Gleichspannungsanteil im Ausgang eines Dimmermodules (wichtig bei induktiven Lasten);

— Ausfall einer Dimmereinheit oder eines Dimmersystems (Elektronikdefekt).

5.3.4 Dimmerrückmeldeprotokolle

Wenn ein Dimmer eine Dimmerrückmeldung zum externen Lichtsteuersystem erzeugt, darf dies über folgende genormten Protokolle erfolgen:

— RDM (ANSI E1.20, ANSI E1.37-1 und ANSI E1.37-2)

— RDM über ACN (ANSI E1.31)

— ACN (ANSI E1.17)

— IETF (RFC 1157) SNMP

Weitere Rückmeldesignale können zum Einsatz kommen. Proprietäre Rückmeldesignale sind nicht Bestandteil dieser Norm.

6 Benutzerinformation

6.1 Allgemeines

Bei der Erstellung von Anleitungen sind die Festlegungen nach DIN EN 62079 (VDE 0039) zu beachten. Alle Benutzerinformationen müssen sich eindeutig auf das gelieferte Produkt beziehen.

6.2 Bedienungs- und Montageanleitung

Die Bedienungs- und Montageanleitung muss eine einwandfreie und sichere Bedienung beziehungsweise ordnungsgemäße Montage der Dimmer und des Zubehörs gewährleisten.

Die Anleitungen müssen mindestens folgende Inhalte aufweisen:

a) Identifizierung und Produktspezifikation

　　1) Hersteller/erstmalig am Markt Bereitsteller,

　　2) Verwendungszweck,

3) Hinweise zur bestimmungsgemäßen Anwendung,

4) Umgebungsbedingungen,

5) Informationen über mögliche Restrisiken,

6) Anweisungen für den sicheren Umgang,

7) erforderliche fachliche Qualifikation des Bedieners,

8) vorhersehbarer Fehlgebrauch,

9) Angaben zur fachgerechten Entsorgung;

b) Technische Spezifikationen

1) technische Daten,

2) Anschlussbedingungen,

3) Funktionsprinzip,

4) Führungsgrößen,

5) Rückmeldungen,

6) Verlustleistung im Leerlauf und bei Nennlast,

7) Stromlaufplan in aufgelöster Darstellung,

8) Kennlinien;

c) (Arbeits-)Sicherheit- und Gesundheitsschutz

1) allgemeine Sicherheitsvorschriften,

2) Sicherheitshinweise bei besonderen Gefährdungen,

3) erforderliche zusätzliche Schutzeinrichtungen;

d) Montage und Inbetriebnahme

1) Hinweise zu Umgebungsbedingungen,

2) Hinweise zum Anschließen an die Stromversorgung,

3) ordnungsgemäße Befestigung,

4) Mindestabstände und Gebrauchslage,

5) Ausrüstung,

6) Betriebsbereitschaft,

7) Handhabung und Verhalten während des Betriebes,

8) Fehlererkennung;

e) Wartung, Instandhaltung, Prüfung

   1) Art und Häufigkeit,

   2) Überprüfung der Sicherheitsfunktionen,

   3) Hinweise auf Sichtprüfung,

   4) erforderliche Messungen,

   5) Ratschläge für die Fehlersuche,

   6) Lagerung und Transport,

   7) Umweltaspekte,

   8) Nutzungsdauer,

f) EU-Konformitätserklärung.

6.3 Kennzeichnung

Am Dimmersystem oder an der Dimmereinheit müssen folgende Kennzeichnungen dauerhaft angebracht sein:

a) Name des Herstellers/Inverkehrbringers;

b) Typbezeichnung;

c) Seriennummer;

d) Baujahr;

e) CE-Kennzeichnung;

f) Netzspannung;

g) Netzfrequenz;

h) Nennleistung der Einzelstromkreise;

i) Schutzart;

j) Schutzklasse;

k) Warnaufschriften.

Besondere Hinweise (Sicherheitshinweise):

l) Aufstellungsbedingungen;

m) betriebliche Bedingungen.

Anhang A
(informativ)

Messung der Anstiegszeit

Es erfolgt eine Messung des Spannungsverlaufs bei ohmscher Nennlast einer einzelnen Dimmereinheit. Die Ansteuerung wird auf 50 % Ausgangsleistung (entspricht einem Phasenwinkel von 90° und somit $\pi/2$) reduziert. Die Ablesung der Anstiegszeit erfolgt zwischen 10 % und 90 % des Betrages der ansteigenden Flanke der Netzhalbwelle.

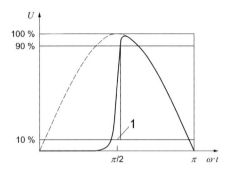

Legende:

1   Anstiegszeit
U Spannung, in Prozent zum Scheitelwert der Kurve
$\omega \cdot t$ Phasenwinkel in Radiant

Bild A.1 — Darstellung der Spannungsflanke bei Phasenanschnitt in Abhängigkeit der Zeit

Literaturhinweise

DIN 15780, *Veranstaltungstechnik — LED in der szenischen Beleuchtung*

DIN 56920-4:2013-01, *Veranstaltungstechnik — Teil 4: Begriffe für beleuchtungstechnische Einrichtungen*

DIN 56930-2, *Bühnentechnik — Bühnenlichtstellsysteme — Teil 2: Steuersignale*

DIN 56930-3, *Veranstaltungstechnik — Lichtstellsysteme — Teil 3: Begriffe und Anforderungen an die Vernetzung von Lichtstellsystemen über EtherNet*

DIN EN 60669-2-1 (VDE 0632-2-1), *Schalter für Haushalt und ähnliche ortsfeste elektrische Installationen — Teil 2-1: Besondere Anforderungen — Elektronische Schalter*

Draft BSR E1.33, *Entertainment Technology — (RDMnet) Message Transport and Device Management of ANSI E1.20 (RDM) over IP Networks*[3]

---

[3] Zu beziehen bei PLASA North America, 630 Ninth Avenue, Suite 609, New York, NY 10036, USA

März 2000

Bühnentechnik
Bühnenlichtstellsysteme
Teil 2: Steuersignale

**DIN
56930-2**

ICS 97.200.10

Stage lighting control systems — Part 2: Control signals

Inhalt

	Seite
Vorwort	1
1 Anwendungsbereich	1
2 Normative Verweisungen	1
3 Übertragungsverfahren	2
4 Technische Beschreibung DMX512	2
5 Benutzerinformation	6

Vorwort

Diese Norm wurde vom Normenausschuß Bühnentechnik in Theatern und Mehrzweckhallen (FNTh) im DIN erarbeitet. Sie wurde basierend auf dem Dokument der USITT (United States Institute for Theatre Technology, Inc): DMX512/1990 — Digital Data Transmission Standard for Dimmers and Controllers erstellt und schränkt dessen Geltung und Urheberrechte in keiner Weise ein.

DIN 56930 „Bühnentechnik — Bühnenlichtstellsysteme" besteht aus:
- Teil 1: Begriffe und Anforderungen
- Teil 2: Steuersignale

1 Anwendungsbereich

Diese Norm gilt für die Übertragungsstrecken und Schnittstellen zur Verbindung von Lichtsteuerungen und Dimmern oder anderer angeschlossener Peripherie bei professioneller Anwendung in Veranstaltungs- und Produktionsstätten, z. B. in Theatern, Mehrzweckhallen, Studios und Diskotheken.

In dieser Norm werden gängige Übertragungsverfahren allgemein beschrieben.

Diese Norm behandelt nur Anwendungen für das Digitale Multiplexübertragungsverfahren DMX512 zur Dimmersteuerung mit 8-bit Auflösung zur Systemintegration von Steuerungen und Dimmern oder angeschlossener Peripherie verschiedener Hersteller.

2 Normative Verweisungen

Diese Norm enthält durch datierte oder undatierte Verweisungen Festlegungen aus anderen Publikationen. Diese normativen Verweisungen sind an den jeweiligen Stellen im Text zitiert, und die Publikationen sind nachstehend aufgeführt. Bei datierten Verweisungen gehören spätere Änderungen oder Überarbeitungen dieser Publikationen nur zu dieser Norm, falls sie durch Änderung oder Überarbeitung eingearbeitet sind. Bei undatierten Verweisungen gilt die letzte Ausgabe der in Bezug genommenen Publikation.

DIN 56930-1
Bühnentechnik — Bühnenlichtstellsysteme — Teil 1: Begriffe und Anforderungen

ISO/IEC 11801
Informationstechnik — Anwendungsneutrale Standortverkabelung

EIA-RS-422-A : 1978
Electrical Characteristics of Balanced Voltage — Digital Interface Circuits. Zu beziehen durch: Beuth Verlag GmbH, Auslandsservice, 10772 Berlin

USITT : DMX512/1990
Digital Data Transmission Standard for Dimmers and Controllers. Zu beziehen durch: United States Institute for Theatre Technology, Inc, 6443 Ridings Road, Syracuse, NY 13206-1111

EIA-RS-485 : 1983
Standard for Electrical Characteristics of Generators and Receivers for Use in Balanced Digital Multipoint Systems. Zu beziehen durch: Beuth Verlag GmbH, Auslandsservice, 10772 Berlin

DIN VDE 0100-551
(VDE 0100 Teil 551)
Elektrische Anlagen von Gebäuden — Teil 5: Auswahl und Errichtung elektrischer Betriebsmittel; Kapitel 55: Andere Betriebsmittel; Hauptabschnitt 551: Niederspannungs-Stromversorgungsanlagen (IEC 60364-5-551 : 1994); Deutsche Fassung HD 384.5.551 S1 : 1997

Fortsetzung Seite 2 bis 6

Normenausschuß Bühnentechnik in Theatern und Mehrzweckhallen (FNTh) im DIN Deutsches Institut für Normung e.V.
Normenausschuß Bild und Film (photokinonorm) im DIN

Bild 1: Lichtstellsystem

3 Übertragungsverfahren

3.1 Allgemeines

Von der Lichtsteuerung wird für jeden Dimmer eine Führungsgröße zur Steuerung erzeugt, deren Betrag in direktem proportionalen Zusammenhang mit der Ausgangsspannung der Dimmer steht. Die Führungsgröße wird als analoges oder digitales Signal übertragen. Die Übertragung der Führungsgrößen erfolgt parallel als Einzelsignale oder seriell als Multiplexsignal (siehe Bild 1).

3.2 Parallele Analogübertragung der Führungsgrößen

Bei Systemen mit analogen Übertragungsstrecken wird für jeden Dimmer ein Analogsignal auf parallelem Weg einzeln übertragen. Die jeweilige Führungsgröße steht in einem proportionalen Zusammenhang zum Betrag der Spannung oder des Stromes des Analogsignals.

ANMERKUNG: In der Praxis finden Signale mit 0 V bis 10 V (auch 5 V oder 15 V) und mit 10 µA bis 50 mA mit unterschiedlicher Polarität Verwendung.

3.3 Serielle Übertragung der Führungsgrößen

Bei serieller Übertragung mehrerer Führungsgrößen über einen Datenkanal spricht man von Multiplexübertragung. Die maximale Anzahl der übertragenen Werte und deren Auflösung werden durch das jeweilige Übertragungsverfahren festgelegt.

3.3.1 Analoge Multiplexübertragungsverfahren

3.3.1.1 AMX192 (Analog-Multiplex)

Das AMX192-Signal überträgt Führungsgrößen für bis zu 192 einzelne Dimmer auf einer Datenleitung. Gesendet werden hierbei sequentielle Analogwerte in Form von Spannungspegeln, von denen jeder einzelne, wie bei der parallelen Analogübertragung, jeweils den proportionalen Wert für einen Dimmer überträgt. Auf einer zusätzlichen Signalleitung werden Impulse mit definiertem Zeitverhalten zur Synchronisation von Lichtsteuerung und Dimmer übertragen. Die Auflösung der Führungsgröße wird allein durch die verwendeten Sende- und Empfangsschaltungen bestimmt.

3.3.1.2 D54

In Abwandlung des AMX192 werden mit D54 Übertragungsstrecken bis zu 384 einzelne Dimmer gesteuert. Die Übertragung der Einzelwerte für jeden Dimmer geschieht wie bei AMX192 durch Spannungspegel. Durch definierte Impulse mit umgekehrter Polarität zwischen den einzelnen Analogwerten wird das notwendige Synchronsignal auf derselben Datenleitung gesendet.

3.3.2 Digitale Multiplexübertragungsverfahren

3.3.2.1 FSK (Frequency Shift Keying)

Ein digitales Multiplexverfahren mit Frequenzumtastung, das bis zu 512 Dimmerwerte mit 8-bit Auflösung und einem Paritätsbit über einen asymmetrischen Datenkanal per Frequenzmodulation überträgt.

3.3.2.2 DMX512 (Digital-Multiplex)

Ein digitales Multiplexverfahren mit bis zu 512 Dimmerwerten mit 8-bit Auflösung über einen symmetrischen Datenkanal unter Anwendung einer Schnittstelle.

3.3.2.3 SMX (Symmetric-Multiplex)

Ein digitales Multiplexverfahren mit bis zu 65 536 Dimmerwerten mit 8-bit oder 16-bit Auflösung über einen symmetrischen Datenkanal. SMX ist auch für bidirektionale Übertragungen ausgelegt und schließt eine Paritätsprüfung der übertragenen Daten ein.

4 Technische Beschreibung DMX512

4.1 Allgemeines

DMX512 ist eine Methode zur digitalen Datenübertragung zwischen Steuerungen und Dimmern. Behandelt werden die elektrische Signalspezifikation, das Datenformat, das Datenprotokoll, die Steckverbindertypen und Leitungstypen.

4.2 Elektrische Anforderungen

4.2.1 Signalpegel

Bei der Auswahl von Sende- und Empfangskomponenten und deren Einbindung in Gesamtsysteme müssen insbesondere die in EIA-RS-485 : 1983 vorgeschriebenen Signalpegel eingehalten werden.

4.2.2 Sende- und Empfangsschaltungen

In Ergänzung zu EIA-RS-485 : 1983 werden bei DMX512-Übertragungsstrecken modifizierte Sende- und Empfangsschaltungen eingesetzt, die eine höhere Übertragungssicherheit, Störfestigkeit und gleiche Leitungslängen sicherstellen. Die Bilder 2 bis 4 stellen Beispielschaltungen dar. „SELV" ist die Stromversorgung nach DIN VDE 0100-551.

4.2.2.1 Sendeschaltung

Die eingesetzten EIA-RS-485-Sendebausteine werden durch Reihenwiderstände und parallele Transienten-Überspannungsableiter an den Ausgängen vor Transienten-Überspannungen geschützt (siehe Bild 2). Durch einen Reihenwiderstand trifft gleiches auch für die Abschirmung des Datenkabels zu. Die Ausgangssignale werden durch Induktivitäten überkompensiert, um die kapazitive Wirkung langer Datenleitungen auszugleichen.

4.2.2.2 Empfangsschaltung

Wie bei der Sendeschaltung werden die Empfängerbausteine durch Reihenwiderstände und parallele Transienten-Überspannungsableiter an den Eingängen vor Transienten-Überspannungen geschützt (siehe Bild 3). Zusätzlich sorgen künstliche Bezugspegel, die über Widerstände gegen Betriebserde bzw. Versorgungsspannung erzeugt werden, für erhöhte Betriebssicherheit auch bei Unterbrechung des Signalweges.

4.2.2.3 Leitungsverstärker

Bei langen Übertragungsstrecken und bei sternförmiger oder verzweigten Führungsstrukturen müssen Leitungsverstärker zur Signaltrennung eingesetzt werden. Ein Leitungsverstärker besteht aus einer kombinierten Empfangs- und Sendeschaltung (siehe Bild 4, 4.2.2.1 und 4.2.2.2).

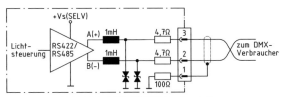

Bild 2: Beispiel für DMX512-Sendeschaltung

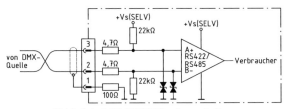

Bild 3: Beispiel für DMX512-Empfangsschaltung

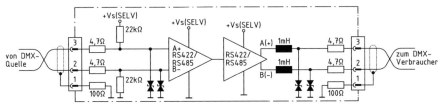

Bild 4: Beispiel für DMX512-Empfangsschaltung

4.2.2.4 Leitungsabschluß

Die Übertragungsleitung muß am jeweils letzten Empfänger der DMX512-Übertragungsstrecke mit einem Widerstand 120 Ω / 0,25 Watt abgeschlossen werden. Dieser Widerstand ist direkt zwischen die beiden Signalleitungen vor dem Eingang der letzten Empfangsschaltung einzusetzen.

4.2.2.5 Leitungslänge

Die Leitungslänge zwischen Sendeschaltung und dem letzten Empfänger auf der gleichen Leitung ohne Leitungsverstärker darf maximal 1 200 m betragen. Bei größeren Entfernungen sind Leitungsverstärker nach 4.2.2.3 einzusetzen (z. B. nach Bild 4).

4.2.2.6 Anzahl der Empfänger

An einer Datenleitung mit Sendeschaltung dürfen maximal 32 Empfänger nach 4.2.2.2 betrieben werden. Wird ein Leitungsverstärker nach 4.2.2.3 eingesetzt, so zählt dieser als zusätzlicher Empfänger.

4.2.3 Elektrische Isolation

Es sind keine Vorkehrungen zur elektrischen Isolierung vorgesehen. Optional kann der Einsatz einer galvanischen Trennung oder anderer Maßnahmen zum Schutz vor Spannungen, die die in EIA-RS-485 festgesetzten Signalpegel überschreiten, erfolgen.

4.3 Datenprotokoll

4.3.1 Allgemeines

Alle Daten werden in einem asynchronen seriellen Format übertragen. Die Dimmerwerte werden sequentiell übertragen, die Übertragung beginnt mit dem Wert für Dimmer 1 und endet mit dem zuletzt implementierten Dimmerwert (maximal Dimmer 512). Vor der Übertragung des ersten Dimmerwertes wird ein Unterbrechungssignal übertragen, dem ein Null-Startcode folgt. Als gültige Dimmerwerte gelten Dezimalwerte von 0 bis 255 (00h bis FFh Hexadezimal), die in einem linearen Zusammenhang mit den Eingabewerten NULL (0 %) bis VOLL (100 %) der Lichtsteuerung stehen. Diese numerischen Werte stehen nicht notwendigerweise in Beziehung zur tatsächlichen Dimmerausgangsspannung, die innerhalb des Dimmers festgelegt wird.

4.3.2 Unterbrechungssignal (RESET)

Das Unterbrechungssignal (siehe 4.4.2) besteht aus einem Signal logisch „0"(SPACE), das einer Dauer von mindestens 88 μs (entspricht der Länge zweier Datenworte) entsprechen muß. Eine maximale Länge des Unterbrechungssignals ist nicht festgelegt. Alle Dimmer oder anderen Empfänger müssen dieses Unterbrechungssignal als Abbruchzeichen für alle noch nicht abgeschlossenen Übertragungen oder Datenpakete interpretieren und als Beginn der nächsten Sequenz aus Paketunterbrechungsmarkierung und Startcode am Anfang des nächsten Datenpaketes erkennen.

Seite 4
DIN 56930-2 : 2000-03

4.3.3 Markierung nach Unterbrechungssignal

Die Dauer der Markierung, die das Unterbrechungssignal vom Startcode trennt, darf nicht weniger als 8 µs und nicht mehr als 1 s betragen. Alle DMX512-Sender müssen eine Markierung generieren, die nicht kleiner als 8 µs sein darf. Alle Empfänger müssen eine 8 µs Paketunterbrechungsmarkierung als gültig erkennen können. Jeder Empfänger, der auch eine 4 µs Markierung verarbeitet, kann zur Feststellung dieser Eigenschaft identifiziert und gekennzeichnet werden (siehe Abschnitt 5).

4.3.4 Startcodes

4.3.4.1 Null-Startcode

Der Null-Startcode muß nach jedem Unterbrechungssignal als ordnungsgemäß formatiertes Zeichen mit dem Wert „NULL" (kein Bit gesetzt) gesendet werden. Der Null-Startcode identifiziert die nachfolgenden Daten als sequentiell übertragene Dimmerwert-Informationen mit 8-Bit Auflösung.

4.3.4.2 Andere mögliche Startcodes

Um eine zukünftige Erweiterung zu ermöglichen und um Flexibilität sicherzustellen, sieht dieser Übertragungsstandard 255 weitere mögliche Startcodes vor (1 bis 255 dezimal, 01h bis FFh hexadezimal). Aus diesem Grund darf kein Empfänger für Dimmerwerte Datenpakete als gültige Dimmerwertdaten erkennen, wenn diese mit einem von „NULL" abweichenden Startcode beginnen.

4.3.5 Anzahl von Dimmerwerten

4.3.5.1 Höchstanzahl

Jeder Datenkanal unterstützt die Übertragung von maximal 512 Dimmerwerten. Wenn eine höhere Anzahl von Dimmerwerten übertragen werden soll, können mehrere Kanäle parallel betrieben werden.

4.3.5.2 Mindestanzahl von Dimmerwerten

Die Mindestanzahl von Dimmerwerten, die auf einem Datenkanal übertragen werden, ist nicht festgelegt. Es können DMX512-Datenpakete mit weniger als 512 Dimmer übertragen werden, vorausgesetzt, daß alle Bedingungen nach dieser Norm eingehalten werden.

4.3.6 Zustand des Datenkanals zwischen zwei Rahmen

Die Zeit zwischen zwei beliebigen aufeinanderfolgenden Rahmen mit Dimmerwerten eines Datenpaketes (siehe 4.4.2) darf zwischen 0 µs und 1 s variieren. Ist diese Zeit größer als 0 µs, so muß der Übertragungskanal für die Dauer der Sendeunterbrechung im definierten Zustand logisch „1" (MARK) bleiben. Jeder Empfänger muß auch Datenpakete mit fehlender Unterbrechung (Zeit 0 µs) zwischen zwei beliebigen, aufeinanderfolgenden Rahmen erkennen können.

4.3.7 Zustand des Datenkanals zwischen Datenpaketen

Jedes übertragene Datenpaket auf dem Datenkanal muß mit einem Unterbrechungssignal, mit einer Markierung nach Unterbrechungssignal und mit einem Startcode beginnen, unabhängig vom Inhalt des Startcodes oder der Anzahl der Rahmen mit Dimmerwerten. Die Zeit zwischen dem zweiten Stopbit des letzten übertragenen Datenwortes/Rahmen eines Datenpaketes und der fallenden Flanke des Unterbrechungssignals (RESET) für das nächste Datenpaket (siehe 4.4.2) darf zwischen 0 µs und 1 s variieren. Der Übertragungskanal muß für die Dauer dieser Sendeunterbrechung im definierten Zustand logisch „1" (MARK) bleiben, sobald diese Unterbrechung länger als 0 µs andauert. Sender dürfen deshalb kein mehrfaches Unterbrechungssignal zwischen zwei Datenpaketen generieren. Jeder Empfänger muß die Fähigkeit besitzen, auch nach mehrfachem Unterbrechungssignal, das durch Fehler der Übertragungsstrecke entstehen kann, wieder zu synchronisieren.

4.3.8 Abstand zwischen zwei Unterbrechungssignalen

Der Abstand zwischen der fallenden Flanke eines Unterbrechungssignals und der fallenden Flanke des nachfolgenden Unterbrechungssignals darf nicht weniger als 1 196 µs betragen.

4.4 Datenformat

Das Datenübertragungsformat für jeden Dimmerwert ist wie folgt definiert:

Signalbit	Beschreibung
1	Startbit, logisch „0" (SPACE)
2 bis 9	Dimmerwert, Beginn mit dem niederwertigsten Bit, Ende mit dem höchstwertigen Bit, positive Logik entspricht logisch „1" (MARK)
10, 11	Stopbits, logisch „1" (MARK)
Parität	Es wird kein Paritätsbit übertragen

4.4.1 Datenübertragungsrate

Die Datenübertragungsrate und das zugehörige Zeitverhalten ist wie folgt definiert:

Datenrate	250 kbit s^{-1} (Kilobit je Sekunde)
Bitlänge	$4{,}0 \text{ µs}$
Rahmenlänge	$44{,}0 \text{ µs}$
Minimale Zyklusdauer für 512 Dimmer	$22{,}67 \text{ ms}$
Maximale Übertragungsrate für 512 Dimmer	$44{,}11 \text{ s}^{-1}$ (Wiederholungen je Sekunde)

4.4.2 Zeitdiagramm

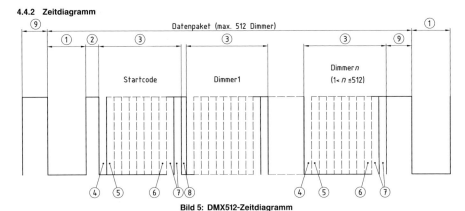

Bild 5: DMX512-Zeitdiagramm

In Bild 5 ist das DMX512-Zeitdiagramm und in Tabelle 1 die Beschreibung der Positionsnummern dargestellt.

Tabelle 1

Pos. Nr	Beschreibung	t_{min}	t_{nenn}	t_{max}	Einheit
1	Unterbrechungssignal (Reset), logisch „0"(SPACE)	88	88	—	µs
2	Markierung zwischen Unterbrechungssignal und Startcode, logisch „1" (MARK)	8,0 —	— —	— 1,0	µs s
3	Rahmenzeit	43,12	44,0	44,48	µs
4	Startbit	3,92	4,0	4,08	µs
5	Niederwertigstes Bit	3,92	4,0	4,08	µs
6	Höchstwertiges Bit	3,92	4,0	4,08	µs
7	Stopbit	3,92	4,0	4,08	µs
8	Zeit zwischen zwei Rahmen, logisch „1" (MARK)	0	0	1,0	s
9	Zeit zwischen zwei Paketen, logisch „1" (MARK)	0	—	1,0	s

4.5 Akzeptanz gegenüber Datenverlust

4.5.1 Allgemeines

Jedes angeschlossene Endgerät muß den letzten gültigen Wert für jeden angeschlossenen Dimmer für mindestens 1 s halten können.

ANMERKUNG: Entwickler von Sendeschaltungen müssen die Tatsache berücksichtigen, daß die Übertragung von wenigen Dimmerwerten in einem Paket (mit Startcode 00h) vom Empfänger als Datenverlust interpretiert werden könnte.

4.5.2 Datentoleranz des Empfängers

Mit DMX512 kann die Verbindung von Geräten unterschiedlicher Hersteller hergestellt werden. Die minimale Mindestleistungsfähigkeit der angeschlossenen Geräte wird nicht spezifiziert, weder durch die Festlegung einer minimalen Mindest-Zykluszeit für ein Datenpaket noch durch die Festlegung, daß alle Datenpakete vom Empfänger auch ausgewertet werden müssen.

Die Leistungsfähigkeit eines beliebigen Gerätes, das einen DMX512-Empfänger betreibt, darf auf keinen Fall durch den Anschluß eines Eingangssignals mit andauernder Übertragung von Datenpaketen mit Dimmerwerten innerhalb der in 4.3 und 4.4.1 festgesetzten höchsten Wiederholungsraten gemindert werden.

4.6 Steckverbinder

Überall dort, wo Steckverbinder zum Einsatz kommen, müssen 5polige Steckverbinder[1] für die Steuersignalweiterleitung verwendet werden.

---

[1] In der Praxis werden diese Steckverbinder auch als XLR-Steckverbinder bezeichnet.

Tabelle 2

Kontakt	Signalbenennung
1	Signal Masse (Schirm)
2	Dimmer Datenkanal, negatives Potential (Daten 1–)
3	Dimmer Datenkanal, positives Potential (Daten 1+)
4	Optionaler zweiter Datenkanal, negatives Potential (Daten 2–)
5	Optionaler zweiter Datenkanal, positives Potential (Daten 2+)

4.6.1 Steckerzuordnung

An Steuerungen und anderen Sendegeräten müssen Buchsen-Steckverbinder (Kupplung) verwendet werden, alle Dimmereinheiten und andere Empfänger müssen mit Stift-Steckverbindern (Stecker) ausgerüstet werden. In Fällen, in denen ein optionaler zweiter Datenkanal für bidirektionale Übertragungen eingesetzt wird, muß der Buchsen-Steckverbinder trotzdem im Sendegerät eingebaut sein.

4.6.2 Belegung der Steckverbinder

In Tabelle 2 ist die Signalbenennung für die Kontakte der Steckverbinder angegeben.

4.7 Datenkabel

Es sollten nur abgeschirmte Kabel mit verdrillten Adern nach EIA-RS-422/EIA-RS-485 verwendet werden. Kabeltypen CAT 5 nach ISO/IEC 11801 sind geeignet.

5 Benutzerinformation

Eine Betriebsanleitung nach DIN 56930-1 ist vorzusehen. Die Kennzeichnung erfolgt nach DIN 56930-1.

Zusätzlich können alle Geräte, die dieser Norm entsprechen, mit „DMX512/DIN", „DMX512/1990" oder „USITT DMX512/1990" beschriftet werden.

Empfänger, die auch eine $4\,\mu s$ Markierung zwischen Paketunterbrechung und Startcode verarbeiten können, dürfen mit der Erweiterung „DMX512/DIN($4\,\mu s$)", „DMX512/1990($4\,\mu s$)" oder „USITT DMX512/1990($4\,\mu s$)" gekennzeichnet werden.

5.1 Betriebsanleitung

Nach DIN 56930-1

5.2 Kennzeichnung

Nach DIN 56930-1

Juli 2010

DIN 56938

ICS 97.200.10

Ersatz für
DIN 56938:2001-12

**Veranstaltungstechnik –
Versatzklappe –
Allgemeine Konstruktionsmerkmale**

Entertainment technology –
Trap door –
General characteristics

Technique d'animation –
Trappe distributrice –
Caractéristiques général

Gesamtumfang 11 Seiten

Normenausschuss Veranstaltungstechnik, Bild und Film (NVBF) im DIN

Inhalt

Seite

Vorwort 3
1 Anwendungsbereich 4
2 Begriffe 4
3 Gestaltungshinweise 4
3.1 Rahmen 4
3.2 Klappendeckel 4
3.3 Überfahren der Versatzklappe mit verfahrbaren Bühnenwagen 5
3.4 Leitungsauslässe 5
3.4.1 Allgemeines 5
3.4.2 Richtwert für die Öffnungsgrößen der Leitungsauslässe 6
3.4.3 Ergonomische Hinweise 6
4 Ausführungsvarianten 6

DIN 56938:2010-07

Vorwort

Dieses Dokument wurde vom Normenausschuss Veranstaltungstechnik, Bild und Film (NVBF) im DIN Deutsches Institut für Normung e. V., Arbeitsausschuss NA 149-00-06 AA „Einrichtungen und Arbeitsmittel" erarbeitet. Vertreter der Deutschen Gesetzlichen Unfallversicherung (DGUV) nahmen an den Beratungen teil.

Änderungen

Gegenüber DIN 56938:2001-12 wurden folgende Änderungen vorgenommen:

a) Titel der Norm wurde geändert;

b) Normative Verweisungen wurden entfernt;

c) Begriffe wurden überarbeitet;

d) Abschnitt „Gestaltungshinweise" wurde neu strukturiert;

e) neue Zeichnungen eingefügt.

Frühere Ausgaben

DIN 56938: 2001-12

DIN 56938:2010-07

1 Anwendungsbereich

Diese Norm legt allgemeine Konstruktionsmerkmale für die Versatzklappe auf Szenenflächen in Veranstaltungs-, Versammlungs- und Produktionsstätten für szenische Darstellung, z. B. Theatern, Mehrzweckhallen, Filmtheatern, Schulen, Varietés, Kabaretts, Bars oder Diskotheken, beim Film, Hörfunk und Fernsehen, fest.

2 Begriffe

Für die Anwendung dieses Dokuments gelten die folgenden Begriffe.

2.1
Versatzklappe
Einrichtung in der Fußbodenfläche, bestehend aus Rahmen, Klappendeckel und Leitungsauslässen um die Zugänglichkeit darunter liegender Anschlusskästen zu ermöglichen

ANMERKUNG   Versatzklappen sind bündig im Boden eingelassen.

2.2
Leitungsauslässe
Öffnungen im Deckel der Versatzklappe zur Durchführung von Strom-, Datenleitungen sowie Leitungen für weitere Medien

3 Gestaltungshinweise

3.1 Rahmen

Der Rahmen dient der Befestigung der Versatzklappe im umgebenden Boden und als Aufnahme für die Scharniere sowie die Auflagen des Klappendeckels an mindestens drei Seiten.

Der Rahmen verfügt über versenkte Befestigungspunkte, wird in den Boden eingelassen und muss zur umgebenden Bodenfläche bündig abschließen.

Versatzklappen aus Holz können je nach Ausführung mit Rahmen aber auch direkt in den Bodenbelag eingesetzt werden.

3.2 Klappendeckel

Die Tragfähigkeit des Klappendeckels muss mindestens der Tragfähigkeit des Umgebungsbereiches entsprechen.

ANMERKUNG 1   Angaben zu Verkehrslasten sind in DIN 56955 festgelegt.

Der Deckel darf unterteilt und ausgeschnitten sein, wobei die Tragfähigkeit für jedes Teil erhalten bleiben muss, z. B. durch allseitige Auflage, Stabilisierungsrippen unter den Klappendeckeln usw.

Die Auflagen für den Klappendeckel sollten, vor allem im Bereich der Leitungsauslässe keinerlei scharfe Kanten aufweisen, die die Isolation von Strom- und Datenleitungen beschädigen könnten.

Die Größe des Klappendeckels ist so zu bemessen, dass die zu verwendenden Steckverbinder gut und ohne Quetschgefahr erreich- und steckbar sind.

Die Oberfläche muss, sofern nicht das gleiche Material Verwendung findet wie in der Umgebungsfläche, bezüglich Trittsicherheit und Rutschfestigkeit gleichwertig sein, z. B. Riffel-, Warzen- oder Tränenblech.

4

Der scharnierte Deckel muss zur umgebenden Bodenfläche bündig abschließen, so dass keine Stolpergefahr entstehen kann. Der Deckel muss auch bei herausgeführten Leitungen bündig abschließen.

Der scharnierte Deckel muss so gestaltet sein, dass er möglichst ohne Werkzeug und mit einfachen Mitteln zu öffnen ist.

Eine gegebenenfalls erforderliche Verriegelung der Klappe ist zu vereinbaren.

Bei geöffnetem Deckel muss selbständiges Zufallen verhindert werden, um eine Verletzungsgefahr zu vermeiden. Dies wird z. B. durch einen Öffnungswinkel von > 100° erreicht. Ein vollständiges Umlegen des Deckels (180°) sollte vermieden werden.

ANMERKUNG 2 Hier wird auf Grund mangelnder Sorgfalt eine Gefährdung durch die Größe der Bodenöffnung begünstigt.

Bestehen Deckel und Rahmen aus elektrisch leitendem Werkstoff, so sind sie in den Potentialausgleich einzubeziehen. Eine mögliche Beschädigung des Potentialausgleichs durch betriebsbedingte mechanische Einwirkungen muss vermieden werden.

Die Befestigung der Scharniere sollte einen nachträglichen Wechsel defekter Scharniere ermöglichen.

3.3 Überfahren der Versatzklappe mit verfahrbaren Bühnenwagen

Der Drehpunkt (Scharnier) des Klappendeckels muss so positioniert werden, dass der Deckel nicht beim Überfahren mit frei verfahrbaren Bühnenwagen durch Druck auf das hintere Deckelende angehoben werden kann (Durch angehobene Klappendeckel besteht die Gefahr, dass der Deckel zwischen Bühnenboden und Bühnenwagen verkantet.).

3.4 Leitungsauslässe

3.4.1 Allgemeines

Die in den Klappendeckeln der Versatzklappe integrierten Leitungsauslässe dienen der Durchführung von Strom- und Datenleitungen bei geschlossenem Deckel. Anzahl und Größe der Leitungsauslässe sind gemäß den Anforderungen und entsprechend den im Versatz zu verwendenden Leitungsquerschnitten zu bemessen um Beschädigungen an den Leitungen zu verhindern und stets ein vollständiges Schließen der Klappe zu gestatten.

Leitungsauslässe und deren Kanten müssen so beschaffen sein, dass die Leitungen nicht beschädigt werden.

Die Leitungsauslässe müssen im ungenutzten Zustand verschließbar sein und einen oberflächenbündigen Abschluss mit der Klappe gewährleisten. Die Leitungsauslässe dürfen sich bei Belastungen durch Räder o. Ä. nicht selbstständig öffnen.

Die Verschlussdeckel der Leitungsauslässe müssen unverlierbar mit der Versatzklappe verbunden werden und sollten im geöffneten wie im verschlossenen Zustand fixiert sein um die Quetschgefahr zu reduzieren.

Die Verschlussdeckel dürfen den Ausschnitt für die Leitungsauslässe im geöffneten Zustand nicht einschränken.

Für die Leitungsauslässe gelten die gleichen statischen Anforderungen wie für den Klappendeckel.

Die Breite der Leitungsauslässe ist nach den technischen Anforderungen der Kabelhersteller zu bemessen.

3.4.2 Richtwert für die Öffnungsgrößen der Leitungsauslässe

Die Breite der Leitungsauslässe (b) sollte etwa das 1,2fache bis 1,5fache des Außendurchmessers (d_A) der Leitung betragen.

$$b = 1{,}2 \ldots 1{,}5 \times d_A$$

Leitungsauslässe mit einer Breite bis 20 mm dürfen ohne Verschluss ausgeführt werden.

3.4.3 Ergonomische Hinweise

Die Ausführung vom scharnierten Deckel und der Anschlüsse muss so aufeinander abgestimmt sein, dass Verbinden und Lösen von Anschlüssen sowie das Betätigen von Bedienelementen ohne Verletzungsgefahr (z. B. durch scharfkantige Bauteile) möglich ist.

Anzeigeelemente müssen gut erkennbar sein.

Art der Konstruktion und die Abmessungen müssen so gestaltet sein, dass die Betätigung des Deckels und der Anschlüsse leicht und sicher durchgeführt werden kann.

4 Ausführungsvarianten

Je nach Nutzungsprofil und Anforderung der Spielstätten finden sich zwei grundlegend unterschiedliche Ausführungsvarianten (siehe Bild 1 bis Bild 4). Für beide sind die unter Abschnitt 3 genannten Anforderungen und Empfehlungen zur Ausführung und Bemessung zu berücksichtigen.

DIN 56938:2010-07

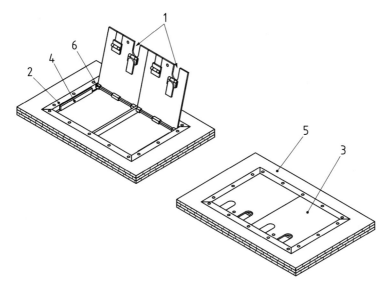

Legende
1 Leitungsauslässe
2 Rahmen
3 Klappendeckel (scharnierter Deckel)
4 Auflage (allseitig) für Klappendeckel
5 umgebender Boden
6 Drehpunkt

Bild 1 — Versatzklappe aus Stahl

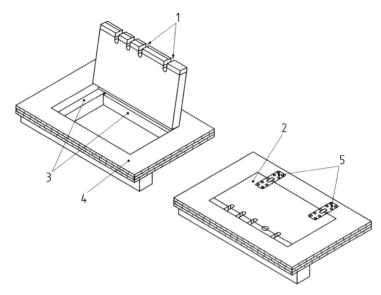

Legende

1 Leitungsauslässe
2 Klappendeckel (scharnierter Deckel)
3 Auflage (allseitig) für Klappendeckel
4 umgebender Boden
5 Scharnier

Bild 2 — Versatzklappe aus Holz mit festen Leitungsauslässen

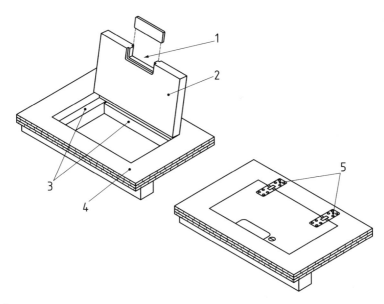

Legende
1 Leitungsauslässe
2 Klappendeckel (scharnierter Deckel)
3 Auflage (allseitig) für Klappendeckel
4 umgebender Boden
5 Scharnier

Bild 3 — Versatzklappe aus Holz mit verschließbarem Leitungsauslass in variabler Größe

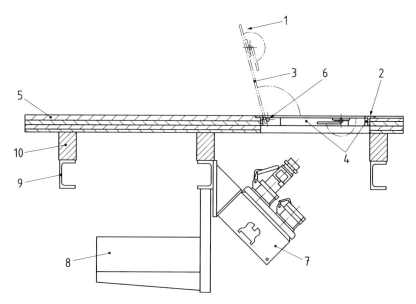

Legende

1 Leitungsauslässe
2 Rahmen
3 Klappendeckel (scharnierter Deckel)
4 Auflage (allseitig) für Klappendeckel
5 umgebender Bühnenboden
6 Drehpunkt
7 Versatzkasten
8 Kabeltrasse
9 Belagträger Bühne
10 Lagerholz Bühnenboden

Bild 4 — Einbau von Versatzklappen und –kästen (z. B. auf Bühnenflächen)

Literaturhinweise

DIN 56955, *Veranstaltungstechnik — Lastannahmen für Einbauten in Bühnen und Nebenbereichen — Verkehrslasten*

DK 621.315.3:621.3.022   Oktober 1981

Isolierte Starkstromleitungen
Allgemeine Festlegungen
[VDE-Bestimmung]

DIN 57250
Teil 1

Cables, wires and flexible cords for power installation; general
[VDE Specification]

| Diese Norm ist zugleich eine VDE-Bestimmung im Sinne von VDE 0022 und in das VDE-Vorschriftenwerk unter nebenstehender Nummer aufgenommen. | **VDE 0250** Teil 1 / 10.81 |

Vervielfältigung – auch für innerbetriebliche Zwecke – nicht gestattet.

Für den Geltungsbereich dieser Norm bestehen keine entsprechenden regionalen oder internationalen Normen.

Beginn der Gültigkeit

Diese als VDE-Bestimmung gekennzeichnete Norm gilt ab 1. Oktober 1981[1]).
Hierneben gilt VDE 0250/7.72 mit den Änderungen VDE 0250 c/8.75 und DIN 57250 f/VDE 0250 f/4.80 noch solange, bis alle Leitungsbauarten in diese als VDE-Bestimmung gekennzeichnete Norm übernommen sind. Die Abschnitte 4.2.3 und 4.2.4 dürfen ab sofort für alle Leitungsbauarten nach VDE 0250/7.72 und VDE 0250 c/8.75 angewendet werden.
Die Festlegungen in VDE 0250/7.72 § 6, hinsichtlich Leiterwerkstoff, Anzahl der Drähte, größter Durchmesser der Einzeldrähte und Leiterwiderstand in den Tafeln 3 bis 5 und 803.1 gelten noch bis zum 30. September 1982.

---

[1]) Siehe Seite 2

Fortsetzung Seite 2 bis 18

Deutsche Elektrotechnische Kommission im DIN und VDE (DKE)

[1] Genehmigt vom Vorstand des VDE im April 1981,
bekanntgegeben in etz 100 (1979) Heft 22 und etz 102 (1981) Heft 19/20.

Entwicklungsgang:	Genehmigt:	Gültig ab:	Bekanntmachung in etz:
Leitungen und Kabel:			
1. Fassung	28. 6.01	1. 1.03	01 S. 800
Zusatz zur 1. Fassung	13. 6.02	1. 1.03	02 S. 762
2. Fassung	8. 6.03	1. 7.03	03 S. 887
Zusatz zur 2. Fassung	24. 6.04	1. 7.04	04 S. 687
3. Fassung	25. 5.06	1. 1.07	06 S. 664
4. Fassung	7. 6.07	1. 1.08	07 S. 823
Zusatz zur 4. Fassung	3. 6.09	1. 7.09 / 1. 1.10	09 S. 787
2. Zusatz und Änderung der 4. Fassung	25. 5.10	1. 7.10 / 1. 1.12	10 S. 279, 382 / 10 S. 519, 740
5. Fassung	6. 6.12	1. 7.12	12 S. 545
Änderung der 5. Fassung	19. 6.13	1. 7.13	13 S. 1041
6. Fassung	26. 5.14	1. 7.15	14 S. 367, 604
7. Fassung	1. 6.21	1. 7.21	21 S. 864
8. Fassung	17.10.22	17.10.22	22 S. 1462
Zusatz zur 8. Fassung	29. 8.24	1.10.24	24 S. 316, 444, 1068
9. Fassung	8. 9.25	1. 4.26	25 S. 750, 903, 1526
Änderungen der 9. Fassung	28. 6.26	1. 1.27	26 S. 116, 401, 515, 658, 862
Leitungen allein:			
1. Fassung	1. 7.27	1. 1.28	27 S. 433, 476, 856, 1089
Änderungen der 1. Fassung	18. 6.28	1. 7.28	28 S. 769, 1022
2. Fassung	8. 7.29	1. 1.30	29 S. 248, 766, 1135
3. Fassung	22. 6.31	1. 7.31	31 S. 182, 641, 949
1. Änderung betr. Übergangsfrist	19. 6.32	1. 7.32	32 S. 466, 756
2. Änderung betr. §§ 3, 5, 8, 14a (neu), 15	1.12.33	18. 1.34	33 S. 413, 735; 34 S. 78
3. Änderung betr. Fußnote 2	3.11.34	15.11.34	34 S. 1135
4. Änderung betr. §§ 3, 8, 9, 14a, 15, 17, 23	12.40	16. 1.41	40 S. 1159; 41 S. 63
5. Änderung betr. § 7	10.41	1.12.41	41 S. 185, 878
6. Änderung betr. §§ 8 und 9	12.41	15. 2.42	42 S. 31
4. Fassung	11.44	1. 1.45	45 S. 47
5. Fassung	11.50	1. 1.51	50 S. 297; 51 S. 31
6. Fassung	10.55	1.12.55	54 S. 703; 55 S. 813; 56 S. 598
Änderung a	10.57	1.12.57	57 S. 267, 847
Änderung b	9.60	1.11.60	60 S. 182, 797
Änderung c	5.63	1.11.63	61 S. 360, 62 S. 406; 63 S. 514
Änderung d	9.63	1.11.63	62 S. 933; 63 S. 705
Änderung e	2.64	1. 4.64	a 1963 S. 640 / b 1964 S. 181
7. Fassung VDE 0250/3.69	3.69	1. 5.69	b 1968 H. 7/8, b 1969 H. 7/8
Änderung a	4.72	1. 7.72	b 1970/S. M 98, b 1972 S. M 85
Änderung b	3.73	1. 5.73	b 1972 S. M 70, b 1973 S. M 64
Änderung c	12.74	1. 8.75	b 1973, H. 26, b 1975 H. 15
Änderung d	–	–	b 1975 H. 15
Änderung e	4.77	1. 6.77	b 1976 H. 12, b 1977 H. 11
Änderung f	10.79	1. 4.80	b 1976 H. 12, b 1980 H. 5

DIN 57250 Teil 1 / VDE 0250 Teil 1 Seite 3

Inhalt

1 Geltungsbereich
2 Mitgeltende Normen
3 Begriffe
4 Anforderungen
4.1 Grundsätzliche Anforderungen
4.2 Leiter
4.3 Isolierhülle
4.4 Aderanordnung
4.5 Beilauf und gemeinsame Aderumhüllung
4.6 Konzentrischer Leiter und Schirm
4.7 Tragorgane
4.8 Mantel aus Kunststoff oder Gummi
4.9 Mantel aus Metall
4.10 Bewehrung
4.11 Umhüllung
4.12 Außenmaße
5 Prüfung
5.1 Prüfverfahren
5.2 Durchzuführende Prüfungen
5.3 Spannungsprüfung
5.4 Prüfarten und Prüfumfang
5.5 Nachweis der Übereinstimmung mit den vorliegenden Festlegungen
5.6 Anzahl der Probestücke bei mehradrigen Leitungen
6 Verwendung
6.1 Allgemeine Bedingungen
6.2 Nennspannung
6.3 Strombelastbarkeit
7 Kennzeichnung
7.1 Ursprungskennzeichen
7.2 VDE-Kennzeichen
7.3 Zusätzliche Kennzeichnung
7.4 Beschaffenheit der Kennzeichnung auf Adern und Mänteln
7.5 Beschaffenheit der Kennfäden

1 Geltungsbereich

1.1 Diese als VDE-Bestimmung gekennzeichnete Norm gilt für isolierte Starkstromleitungen zur Verwendung in Starkstromanlagen und enthält:
a) Festlegungen für den Aufbau und die Eigenschaften isolierter Starkstromleitungen besonders hinsichtlich der Sicherheit;
b) Prüfungen, um die Übereinstimmung der Erzeugnisse mit dieser Norm festzustellen.

1.2 Die Festlegungen in dieser als VDE-Bestimmung gekennzeichneten Norm gelten für die in DIN 57250 Teil 102/VDE 0250 Teil 102 und Folgeteile (zur Zeit noch Entwürfe) beschriebenen Bauarten, sofern in diesen Normen keine abweichenden Festlegungen getroffen sind. Sie gilt immer nur in Verbindung mit der jeweils zutreffenden Norm.

2 Mitgeltende Normen und Unterlagen

DIN 57207 Teil 2/ VDE 0207 Teil 2/7.79	Isolier- und Mantelmischungen für Kabel und isolierte Leitungen; PE-Isoliermischungen [VDE-Bestimmung]
DIN 57207 Teil 4/ VDE 0207 Teil 4/7.79	Isolier- und Mantelmischungen für Kabel und isolierte Leitungen; PVC-Isoliermischungen [VDE-Bestimmung]
DIN 57207 Teil 5/ VDE 0207 Teil 5/7.79	Isolier- und Mantelmischungen für Kabel und isolierte Leitungen; PVC-Mantelmischungen [VDE-Bestimmung]
DIN 57207 Teil 6/ VDE 0207 Teil 6[*])	Isolier- und Mantelmischungen für Kabel und isolierte Leitungen; Fluorkohlenwasserstoff-Mischungen [VDE-Bestimmung]
DIN 57207 Teil 20/ VDE 0207 Teil 20/7.79	Isolier- und Mantelmischungen für Kabel und isolierte Leitungen; Gummi-Isoliermischungen [VDE-Bestimmung]
DIN 57207 Teil 21/ VDE 0207 Teil 21/7.79	Isolier- und Mantelmischungen für Kabel und isolierte Leitungen; Gummi-Mantelmischungen [VDE-Bestimmung]
DIN 57289 Teil 100/ VDE 0289 Teil 100/11.79	Begriffe für Kabel und Leitungen; Begriffe für isolierte Starkstromleitungen [VDE-Bestimmung]
DIN 57293/ VDE 0293/10.77	VDE-Bestimmung für die Aderkennzeichnung von Starkstromkabeln und isolierten Starkstromleitungen mit Nennspannungen bis 1000 V
DIN 57295/ VDE 0295/9.80	Leiter für Kabel und isolierte Leitungen für Starkstromanlagen [VDE-Bestimmung]
DIN 57298 Teil 3/ VDE 0298 Teil 3[*])	Verwendung von Kabeln und Leitungen für Starkstromanlagen; Allgemeines für Leitungen
VDE 0472/12.77	Leitsätze für die Durchführung von Prüfungen an isolierten Leitungen und Kabeln
DIN 17770 Teil 2	Bleche und Bänder aus Zink für das Bauwesen; Maße
DIN 17640	Blei und Bleilegierungen für Kabelmäntel
DIN 47002	Farben und Farbenkurzzeichen für Kabel und isolierte Leitungen

3 Begriffe

Die in dieser Norm angewendeten Begriffe sind in DIN 57289 Teil 100/VDE 0289 Teil 100 definiert.

---
[*]) Zur Zeit noch Entwurf

DIN 57250 Teil 1 / VDE 0250 Teil 1   Seite 5

4 Anforderungen

4.1 Grundsätzliche Anforderungen

Isolierte Starkstromleitungen müssen so bemessen und aufgebaut sein, daß bei Einsatz unter normalen Betriebsbedingungen die Sicherheit sowohl des Anwenders als auch der Umgebung gewährleistet ist.

Im allgemeinen gilt dies als erfüllt, wenn alle geforderten Prüfungen bestanden sind. Zwischen den Werkstoffen der einzelnen Aufbauelemente dürfen keine gegenseitigen schädlichen Beeinflussungen stattfinden.

4.2 Leiter

4.2.1 Werkstoff

Die Leiter müssen aus Kupfer bestehen, sofern in DIN 57250 Teil 102/VDE 0250 Teil 102 und Folgeteile (zur Zeit noch Entwürfe) keine anderen Festlegungen getroffen sind.

4.2.2 Metallumhüllung

Bei kunststoffisolierten Leitungen dürfen die Kupferleiter verzinnt sein.

Sofern in DIN 57250 Teil 102/VDE 0250 Teil 102 und Folgeteile (zur Zeit noch Entwürfe) nicht anders festgelegt, müssen bei gummiisolierten Leitungen die Kupferleiter mit einem Einzeldraht-Durchmesser bis zu 0,31 mm mit einer ausreichenden Schicht aus handelsüblichen Zinn bedeckt sein. Die Einzeldrähte mit einem Durchmesser über 0,31 mm dürfen verzinnt sein oder müssen durch eine geeignete Schicht von der Gummihülle lückenlos getrennt sein, es sei denn, es kann keine wechselseitige chemische Beeinflussung von Isolierhülle und Kupferleiter stattfinden. Die Trennschicht darf entfallen, wenn die Einzeldrähte verzinnt sind. Andere Metallumhüllungen z. B. aus Silber dürfen verwendet werden, sofern in DIN 57250 Teil 102/VDE 0250 Teil 102 und Folgeteile (zur Zeit noch Entwürfe) diese gefordert oder zugelassen sind.

4.2.3 Aufbau

Der Aufbau der Leiter muß DIN 57295/VDE 0295 entsprechen, sofern in DIN 57250 Teil 102/VDE 0250 Teil 102 und Folgeteile (zur Zeit noch Entwürfe) nichts anderes festgelegt ist.

Die Leiterklassen, die für die jeweiligen Leitungen zu verwenden sind, sind in DIN 57250 Teil 102/VDE 0250 Teil 102 und Folgeteile (zur Zeit noch Entwürfe) festgelegt.

Leiter der Klasse 2 dürfen verdichtet sein.

4.2.4 Widerstand

Der Leiterwiderstand bei 20 °C muß den in DIN 57295/VDE 0295 für die jeweiligen Leiterklassen angegebenen Widerständen entsprechen.

4.2.5 Schutz- und Mittelleiterquerschnitt

Hat der Schutz- oder Mittelleiter einen geringeren Leiterquerschnitt als der Außenleiter, so gilt die Tabelle 1. Bei Leitungen mit Außenleiterquerschnitten unter 25 mm^2 darf der Leiterquerschnitt des Schutz- bzw. Mittelleiters nicht verringert werden.

In DIN 57250 Teil 102/VDE 0250 Teil 102 und Folgeteile (zur Zeit noch Entwürfe) ist festgelegt, bei welchen Bauarten Schutz- bzw. Mittelleiter mit reduzierten Leiterquerschnitten eingesetzt werden dürfen.

Tabelle 1. Zuordnung verringerter Schutz- bzw. Mittelleiterquerschnitte zu den Hauptleiterquerschnitten

Nennquerschnitt Hauptleiter mm²	Schutz- bzw. Mittelleiter mm²
25	16
35	16
50	25
70	35
95	50
120	70
150	70
185	95
240	120
300	150

4.3 Isolierhülle

4.3.1 Werkstoff

Die Isolier-Mischungen müssen DIN 57207 Teil 2/VDE 0207 Teil 2 und Folgeteile entsprechen.
Der für die jeweiligen Leitungen erforderliche Mischungstyp ist der Tabelle 2 zu entnehmen.

4.3.2 Ausführung

Die Isolierhülle muß lückenlos so aufgebracht sein, daß sie eng am Leiter bzw. gegebenenfalls vorhandenen Trenn- oder Leitschichten anliegt, die unmittelbar über dem Leiter aufgebracht sind. In DIN 57250 Teil 102/VDE 0250 Teil 102 und Folgeteile (zur Zeit noch Entwürfe) ist für jede Leitung festgelegt, ob die Isolierhülle in einer Schicht aufgebracht werden muß (extrudiert) oder ob mehrere Schichten zugelassen sind und ob sie bei gummiisolierten Leitungen mit einem gummierten Band umwickelt sein muß.
Die Isolierhülle muß leicht entfernbar sein, ohne daß sie selbst, der Leiter oder eine etwa vorhandene Verzinnung beschädigt werden.

4.3.3 Leitschichten

Leitungen für Nennspannungen bis U_0/U 3,6/6 kV dürfen und Leitungen für Nennspannungen über U_0/U 3,6/6 kV müssen innere und äußere, unmittelbar an der Isolierhülle anliegende oder mit dieser festverbundene Leitschichten zur Feldbegrenzung haben.
Die Ausführung dieser Leitschichten ist freigestellt, sofern in DIN 57250 Teil 102/VDE 0250 Teil 102 und Folgeteile (zur Zeit noch Entwürfe) nicht ausdrücklich bestimmte Festlegungen getroffen werden.
Werden Leitschichten verwendet, so muß die Grenze „Isolierhülle/Leitschicht" deutlich erkennbar sein.
Äußere Leitschichten müssen längs und quer zur Leiterachse eine ausreichende Leitfähigkeit haben. Der Widerstand zwischen dem Schutzleiter und einem beliebigen Punkt der äußerenä Leitschiächten darf 500 Ω nicht überschreiten. Ist der

DIN 57250 Teil 1 / VDE 0250 Teil 1   Seite 7

Tabelle 2. Isolier-Mischungen

Mischungstyp nach DIN 57 207 Teil .../ VDE 0207 Teil ...	Isolierhüllen für	höchste zulässige Betriebstemperatur am Leiter
YI1 YI4 } nach Teil 4 YI5	Leitungen für feste Verlegung	70 °C
YI2 nach Teil 4	flexible Leitungen	70 °C
YI8 nach Teil 4a**)	wärmebeständige Leitungen	90 °C*)
7YI1 nach Teil 6**)	wärmebeständige Leitungen	135 °C
GI1 nach Teil 20	Leitungen für normale Temperaturbeanspruchung	60 °C
2GI1 nach Teil 20	wärmebeständige Leitungen	180 °C
3GI3 nach Teil 20	Leitungen für erhöhte Temperaturbeanspruchung	90 °C
4GI1 nach Teil 20	wärmebeständige Leitungen	120 °C

*) Bei Verwendung oberhalb der angegebenen Temperatur ist mit einer Verringerung der Lebensdauer zu rechnen; 105 °C darf nicht überschritten werden.
**) Zur Zeit noch Entwurf

Schutzleiter isoliert, so gilt die gleiche Forderung für den Widerstand zwischen äußeren Leitschichten und eingelegten metallenen Leitern zur Erhöhung der Längsleitfähigkeit.

4.3.4 Wanddicke

Für die Nennwerte der Wanddicken von Isolierhüllen gelten - sofern in DIN 57250 Teil 102/VDE 0250 Teil 102 und Folgeteile (zur Zeit noch Entwürfe) keine anderen Festlegungen getroffen werden - Tabellen 3 und 4.

Tabelle 3. Zuordnung der Isolierwanddicken

lfd. Nr	Leitungstyp	Wanddicke nach Tabelle 5 Spalte
1	PVC-isolierte Leitungen bis 1000 V	2
2	Gummiisolierte Leitungen bis 1000 V, ausgenommen Leitungstrossen	3
3	Leitungstrossen 1 kV	4
4	Leitungstrossen über 1 kV	6, 8, 9, 10, 11, 12, 13, 14
5	Gummiisolierte Leitungen für 3 und 6 kV, ausgenommen Leitungstrossen	5, 7

Der Mittelwert der Wanddicke der Isolierhülle darf den Nennwert nicht unterschreiten. Die Wanddicke darf den Nennwert an keiner Stelle um mehr als 0,1 mm + 10 % des Nennwertes unterschreiten.

Die Wanddicken von Trenn- oder Leitschichten werden nicht in die Wanddicke der Isolierhülle eingerechnet.

4.3.5 Aderkennzeichnung

4.3.5.1 Aderkennzeichnung von Leitungen bis 1000 V
Die Aderkennzeichnung muß DIN 57293/VDE 0293 entsprechen.

4.3.5.2 Aderkennzeichnung von Leitungen über 1 kV
Für die Aderkennzeichnung gilt:
alle Adern gleichfarbig und ohne andere Kennzeichnung, ausgenommen der grüngelbe Schutzleiter.
Hinweis:
Konzentrisch ausgeführte Leiter und Schirme werden nicht gekennzeichnet.

4.4 Aderanordnung
Die Adern mehradriger Leitungen müssen alle den gleichen Leiternennquerschnitt besitzen. Ausnahmen, sofern dies in DIN 57250 Teil 102/VDE 0250 Teil 102 und Folgeteile (zur Zeit noch Entwürfe) angegeben ist:
Schutz- oder Mittelleiter mit geringerem Nennquerschnitt;
zusätzliche Steuer- oder Fernmeldeadern sowie Überwachungsleiter.

4.4.1 Runde Leitungen
Bei mehradrigen runden Leitungen müssen die Adern verseilt sein. Aderleitungen dürfen miteinander verseilt sein. Bei mehradrigen Leitungen dürfen die Adern auch in mehreren Lagen übereinander oder in Adergruppen verseilt sein. Über jeder Verseillage darf eine offene oder geschlossene Haltewendel aufgebracht sein.
Bei Leitungen mit mehr als 5 Adern, die betriebsmäßig einer sich ständig wiederholenden Zug- oder Biegebeanspruchung ausgesetzt sind, darf keine gestreckte Ader im Kern vorhanden sein; ausgenommen eine Blindader aus geeignetem Werkstoff.
Die Verseilung der Adern darf über einen Kerneinlauf erfolgen. Wenn dies in DIN 57250 Teil 102/VDE 0250 Teil 102 und Folgeteile (zur Zeit noch Entwürfe) zugelassen ist, darf dieser Kerneinlauf auch als verstärkter Profilkern mit einer Stegdicke von mindestens 1,5 mm ausgebildet sein.

4.4.2 Flache Leitungen
Bei mehradrigen flachen Leitungen müssen die Adern parallel liegen.
Bei mehradrigen Leitungen mit mehr als 5 Adern sind die Adern in Gruppen bis zu 4 Adern mit dazwischenliegenden Trennstegen anzuordnen.
Die etwa vorhandene grün-gelb gekennzeichnete Ader muß in der Mitte angeordnet sein.

4.4.3 Schutzleiter
Der Schutzleiter ist bei mehradrigen runden Leitungen mit den Außenleitern gemeinsam verseilt, er darf, wenn dies in DIN 57250 Teil 102/VDE 0250 Teil 102 und Folgeteile (zur Zeit noch Entwürfe) zugelassen ist, gleichmäßig aufgeteilt und in die äußere Zwickel der Außenleiteradern eingelegt werden. Die in den Zwickeln liegenden Adern der aufgeteilten Schutzleiter dürfen dabei nicht über den Verseildurchmesser der übrigen Adern hinausragen. Sofern dies in DIN 57250 Teil 102/VDE 0250 Teil 102 und Folgeteile (zur Zeit noch Entwürfe) zugelassen ist, dürfen die Schutzleiter auch gleichmäßig aufgeteilt konzentrisch über jeder Ein-

Tabelle 4. Isolierwanddicken

1	2	3	4	5	6	7	8	9	10	11	12	13	14
Leiternenn- querschnitt	Nennwanddicke der Isolierhülle bei Nennspannung												
	1 kV			3 kV			6 kV	10 kV	15 kV	20 kV	25 kV	30 kV	35 kV
mm²	mm												
0,5	0,6	0,8	–	–	–	–	–	–	–	–	–	–	–
0,75	0,6	0,8	–	–	–	–	–	–	–	–	–	–	–
1	0,6	0,8	–	–	–	–	–	–	–	–	–	–	–
1,5	0,7	0,8	–	1,3	–	–	–	–	–	–	–	–	–
2,5	0,8	0,9	1,5	1,3	–	–	–	–	–	–	–	–	–
4	0,8	1,0	1,5	1,3	–	–	–	–	–	–	–	–	–
6	0,8	1,0	1,5	1,3	–	–	–	3,4	–	–	–	–	–
10	1,0	1,2	1,7	1,5	2,2	2,6	3,0	3,4	4,5	5,5	6,8	8,0	9,5
16	1,0	1,2	1,7	1,5	2,2	2,6	3,0	3,4	4,5	5,5	6,8	8,0	9,5
25	1,2	1,4	2,0	1,8	2,2	2,6	3,0	3,4	4,5	5,5	6,8	8,0	9,5
35	1,2	1,4	2,0	1,8	2,2	2,9	3,0	3,4	4,5	5,5	6,8	8,0	9,5
50	1,4	1,6	2,0	1,8	2,2	2,9	3,0	3,4	4,5	5,5	6,8	8,0	9,5
70	1,4	1,6	2,0	1,8	2,2	2,9	3,0	3,4	4,5	5,5	6,8	8,0	9,5
95	1,6	1,8	2,4	2,2	2,4	3,2	3,0	3,4	4,5	5,5	6,8	8,0	9,5
120	1,6	1,8	2,4	2,2	2,4	3,2	3,0	3,4	4,5	5,5	6,8	8,0	–
150	1,8	2,0	2,4	2,2	2,4	3,2	3,0	3,4	4,5	5,5	6,8	8,0	–
185	2,0	2,2	2,4	2,4	2,4	3,2	3,0	3,4	4,5	5,5	6,8	8,0	–
240	2,2	2,4	–	2,6	–	–	–	–	–	–	–	–	–
300	2,4	2,6	–	2,8	–	–	–	–	–	–	–	–	–
400	2,6	2,8	–	–	–	–	–	–	–	–	–	–	–

zelader der Außenleiter oder konzentrisch über der gemeinsamen Aderumhüllung oder über dem Innenmantel aufgebracht sein.

Für die konzentrisch aufgebrachten Schutzleiter gelten die Festlegungen des Abschnittes 4.6

4.5 Beilauf und gemeinsame Aderumhüllung

4.5.1 Werkstoff

Sofern in DIN 57250 Teil 102/VDE 0250 Teil 102 und Folgeteile (zur Zeit noch Entwürfe) nicht anders angegeben ist:

a) aus einer extrudierten vulkanisierten oder nichtvulkanisierten Gummimischung oder aus extrudiertem thermoplastischem Werkstoff oder

b) aus natürlichen oder synthetischen Faserstoffen.

Die gemeinsame Aderumhüllung besteht aus Werkstoff gemäß a).

Bestehen die Beiläufe oder die gemeinsame Aderumhüllung aus vulkanisierter oder nichtvulkanisierter Gummimischung, so dürfen keine gegenseitigen schädlichen Beeinflussungen zwischen diesen und den Isolierhüllen stattfinden.

4.5.2 Ausführung

In DIN 57250 Teil 102/VDE 0250 Teil 102 und Folgeteile (zur Zeit noch Entwürfe) ist für jede Leitung angegeben, ob Beiläufe oder eine extrudierte gemeinsame Aderumhüllung vorgeschrieben oder ob das Einbringen von Beiläufen freigestellt ist oder ob ein Teil des Mantels als Zwickelfüllung dienen kann.

Über den verseilten Adern und den Beiläufen darf eine Bewicklung aus Folie oder Band liegen.

4.5.3 Wanddicke

Die Wanddicke für die gemeinsame Aderumhüllung ist Tabelle 5 zu entnehmen. Die Wanddicke braucht nicht nachgewiesen zu werden.

Tabelle 5. Wanddicke der gemeinsamen Aderumhüllung

Durchmesser über den verseilten Adern (Rechenwert) mm	Wanddicke (Richtwert) mm
bis 10	0,4
bis 15	0,6
bis 20	0,8
bis 25	1,0
über 25	1,2

4.6 Konzentrischer Leiter und Schirm

4.6.1 Werkstoff

Konzentrische Leiter und Schirme können aus weichen Kupferdrähten oder Stahldrähten sowie aus Litzen dieser Drähte bestehen.

Falls in DIN 57250 Teil 102/VDE 0250 Teil 102 und Folgeteile (zur Zeit noch Entwürfe) keine anderen Festlegungen getroffen sind, müssen Kupferdrähte in gummiisolierten Leitungen verzinnt sein; es sei denn, es kann keine wechselseitige chemische Beeinflussung zwischen den umgebenden Werkstoffen und den Kupferdrähten stattfinden. In kunststoffisolierten Leitungen dürfen die Drähte verzinnt sein.

4.6.2 Anordnung

Konzentrische Leiter und Schirme sind entweder über der Isolierhülle jeder Einzelader, über Adergruppen oder über der gemeinsamen Aderumhüllung bzw. dem Innenmantel angeordnet.

Die Einzelelemente konzentrischer Leiter und Schirme müssen innerhalb der Leitung Kontakt miteinander haben und dürfen deshalb nicht isoliert sein.

4.6.3 Ausführung

4.6.3.1 Konzentrische Leiter oder Schirme über den Einzeladern oder Adergruppen Umseilung oder Geflecht aus Kupferdrähten.

Bei Adern ohne äußere Leitschicht muß die Ausführung geschlossen sein und eine Oberflächenbedeckung von mindestens 80 % aufweisen.

Bei Adern mit äußerer Leitschicht müssen die Drähte unmittelbar auf dieser Schicht liegen, so daß zwischen benachbarten Aufbauelementen ein Prüfdorn von 4 mm Durchmesser keinen Platz findet. Jedoch darf in 5 % der Lücken, gezählt entlang einer Umfanglinie, ein Prüfdorn von höchstens 8 mm Durchmesser zwischen zwei benachbarten Aufbauelementen Platz finden.

Die Steigung der Drähte muß bei einadrigen Leitungen das 3- bis 5fache, bei mehradrigen Leitungen das 4- bis 7fache des Durchmessers unter der Drahtlage betragen.

Die Einzelschirme mehradriger Leitungen müssen metallenen Kontakt miteinander haben. Haltewendel der Drahtlage dürfen deshalb nur mit höchstens 30 % Oberflächenbedeckung aufgebracht sein.

Die Schirme von Fernmeldeleitungen gegen die Außenleiter müssen mindestens $1/3$ des Schutzleiterquerschnitts betragen und mit mindestens 80 % Oberflächenbedeckung aufgebracht sein.

4.6.3.2 Konzentrische Leiter oder Schirme über der gemeinsamen Aderumhüllung oder dem Innenmantel

Einfache oder doppelte Umseilung oder Geflecht aus Kupfer- oder Stahldrähten bzw. aus Litzen dieser Materialien.

Bei einfacher Umseilung muß die Oberflächenbedeckung mindestens 90 % betragen, ausgenommen sind Schirme in Verbindung mit einer geschlossenen leitenden nichtmetallenen Umhüllung.

Bei doppelter Umseilung oder Beflechtung müssen die Einzelelemente so angeordnet sein, daß ein Prüfdorn von 4 mm Durchmesser in den Lücken keinen Platz findet. Zwischen den Lagen darf eine Lage Band mit höchstens 30 % Bedeckung aufgebracht sein.

Die Steigung der Einzelelemente muß das 3- bis 5fache des Durchmessers unter der Drahtlage betragen.

Das Einlegen von Anschlußlitze aus Kupferdrähten unter oder über den konzentrischen Leitern oder Schirmen und in metallenem Kontakt mit diesen ist zulässig.

Unter dem konzentrischen Leiter oder Schirm darf eine leitende, nichtmetallene Schicht lückenlos aufgebracht sein.

Über dem konzentrischen Leiter oder Schirm ist eine Bewicklung aus Band, Fäden oder Folie zulässig.

4.6.4 Leiterwiderstand
Der Widerstand konzentrischer Leiter und Schirme muß, wenn in DIN 57250 Teil 102/VDE 0250 Teil 102 und Folgeteile (zur Zeit noch Entwürfe) keine anderen Festlegungen getroffen sind, dem Widerstand von Leitern gleichen Nennquerschnitts der Klasse 5 nach DIN 57295/VDE 0295 entsprechen.

4.7 Tragogane
Tragorgane sind nur zulässig, wenn dies für die jeweiligen Bauarten in DIN 57250 Teil 102/VDE 0250 Teil 102 und Folgeteile (zur Zeit noch Entwürfe) festgelegt ist.

4.8 Mantel aus Kunststoff oder Gummi

4.8.1 Werkstoff
Die Mantelmischungen müssen DIN 57207 Teil 2/VDE 0207 Teil 2 und Folgeteile entsprechen.
Der für die jeweiligen Leitungen zu verwendende Mischungstyp ist der Tabelle 6 zu entnehmen.

Tabelle 6. Mischungen für Mäntel

Mischungstyp nach DIN 57 207 Teil .../ VDE 0207 Teil ...	Mäntel für
YM1 nach Teil 5	Leitungen für feste Verlegung
YM2 nach Teil 5	Schlauchleitungen
YM4 nach Teil 5a*)	wärmebeständige Leitungen
GM1a nach Teil 21	Schlauchleitungen, Aufzugssteuerleitungen
GM1b nach Teil 21a*)	Innenmäntel von Schlauchleitungen besonderer Bauart und Trossen
2GM1 nach Teil 21	wärmebeständige Schlauchleitungen
5GM1 nach Teil 21	Schlauchleitungen
5GM2 nach Teil 21	Schlauchleitungen
5GM3 nach Teil 21	Schweißleitungen, Trossen und Sondergummiaderleitungen
5GM5 nach Teil 21	Schlauchleitungen und Trossen für erhöhte mechanische Beanspruchungen

*) Zur Zeit noch Entwurf

4.8.2 Ausführung
Der Mantel besteht entweder aus einer oder zwei extrudierten Schichten (Einmantelausführung oder Zweimantelausführung, bestehend aus Innen- und Außenmantel). Welche Ausführung für die jeweiligen Leitungen anzuwenden ist, ist in DIN 57250 Teil 102/VDE 0250 Teil 102 und Folgeteile (zur Zeit noch Entwürfe) angegeben.

4.8.2.1 Einmantelausführung

Der Mantel liegt bei einadrigen Leitungen und flachen mehradrigen Leitungen über der Ader, bei verseilten mehradrigen Leitungen über den verseilten Adern und etwa vorhandenen Beiläufen der gemeinsamen Aderumhüllung oder auch etwa vorhandenen Schirmen, konzentrischen Leitern oder Bewehrungen.
Wenn in DIN 57250 Teil 102/VDE 0250 Teil 102 und Folgeteile (zur Zeit noch Entwürfe) keine anderen Angaben gemacht werden, darf der Mantel die Zwickelräume der verseilten Adern ausfüllen.
Bei mehradrigen Leitungen darf der Mantel nicht an den Adern haften. Ein Band darf zwischen den Adern und dem Mantel aufgebracht werden.

4.8.2.2 Zweimantelausführung

a) Innenmantel

Der Innenmantel liegt über den verseilten Adern mehradriger Leitungen und den etwa vorhandenen Beiläufen.
Wenn in DIN 57250 Teil 102/VDE 0250 Teil 102 und Folgeteile (zur Zeit noch Entwürfe) keine anderen Angaben gemacht werden, darf der Innenmantel die Zwickelräume der verseilten Adern ausfüllen.
Der Innenmantel darf nicht an den Adern haften, ausgenommen bei trommelbaren Leitungen. Ein Band darf zwischen den Adern und dem Innenmantel aufgebracht werden.
Über dem Innenmantel darf ein Band aufgebracht werden. Haftet das Band am Innenmantel, darf es bis zu einer Dicke von 0,5 mm in die Wanddicke des Innenmantels eingerechnet werden.

b) Außenmantel

Der Außenmantel liegt über dem Innenmantel oder über dem den Innenmantel umgebenden Band, etwa vorhandenem Schirm, konzentrischem Leiter oder über der Bewehrung.
Der Außenmantel darf mit dem Innenmantel oder dem über dem Innenmantel liegenden Band fest verbunden sein. Sind der Innen- und der Außenmantel fest verbunden, so müssen sich die Mäntel sichtbar unterscheiden.
Ist der Innenmantel nicht fest mit dem Außenmantel verbunden und lassen sich die beiden Mäntel leicht trennen, so brauchen sich die beiden Mäntel nicht sichtbar unterscheiden.

4.8.3 Wanddicke

Der Mittelwert der Wanddicke des Mantels darf den in DIN 57250 Teil 102/ VDE 0250 Teil 102 und Folgeteile (zur Zeit noch Entwürfe) vorgeschriebenen Nennwert nicht unterschreiten. Die Wanddicke darf bei runden Leitungen den Nennwert an keiner Stelle um mehr als 0,1 mm + 15 % des Nennwertes unterschreiten. Bei flachen Leitungen darf der Nennwert an keiner Stelle um mehr als 0,2 mm + 20 % des Nennwertes unterschritten werden.

4.8.4 Mantelfarbe

Die Mantelmischungen müssen eingefärbt sein;
für die Farben gilt DIN 47002.
Sofern bestimmte Mantelfarben festgelegt sind, gelten die Angaben in DIN 57250 Teil 102/VDE 0250 Teil 102 und Folgeteile (zur Zeit noch Entwürfe).

Seite 14   DIN 57250 Teil 1 / VDE 0250 Teil 1

4.9 Mantel aus Metall

4.9.1 Werkstoff
Blei oder Bleilegierungen nach DIN 17640.

4.9.2 Ausführung
Der Bleimantel wird im Preßverfahren aufgebracht. Er muß aus einem nahtlosen Rohr, das keine Verbindungs-, Schweiß- oder Lötstellen hat, bestehen. Sogenannte Bambusringe, die durch Anhalten während des Preßvorganges entstehen, gelten nicht als Verbindungs- oder Schweißstellen.

4.9.3 Wanddicke
Der Mittelwert der Wanddicke des Mantels darf den festgelegten Nennwert nicht unterschreiten. Die Wanddicke darf den Nennwert an keiner Stelle um mehr als 0,1 mm + 10 % des Nennwertes unterschreiten.

4.10 Bewehrung
Bewehrungen sind nur zulässig, wenn dies für die jeweilige Bauart in DIN 57250 Teil 102/VDE 0250 Teil 102 und Folgeteile (zur Zeit noch Entwürfe) festgelegt ist.

4.11 Umhüllung

4.11.1 Umhüllung aus Gummi oder Kunststoff

4.11.1.1 Werkstoff
Die Mischungen müssen DIN 57250 Teil 2/VDE 0205 Teil 2 und Folgeteile (zur Zeit noch Entwürfe) entsprechen.
Der für die jeweiligen Leitungen zu verwendende Mischungstyp ist in DIN 57250 Teil 102/VDE 0250 Teil 102 und Folgeteile (zur Zeit noch Entwürfe) angegeben.

4.11.1.2 Ausführung
Die Umhüllung muß das darunterliegende Aufbauelement eng und lückenlos umschließen.

4.11.1.3 Wanddicke
Die Wanddicke darf den Nennwert an keiner Stelle um mehr als 0,1 mm + 15 % des Nennwertes unterschreiten; jedoch über dem Falz von Rohrdrähten und über dem Tragseil von Mantelleitungen darf die Wanddicke den Nennwert um höchstens 0,2 mm + 30 % des Nennwertes unterschreiten.

4.11.2 Umhüllung aus Metall

4.11.2.1 Werkstoff
Band aus Zink nach DIN 17770 Teil 2.

4.11.2.2 Ausführung
Das Metallband muß längs um die Leitungsseele zu einem enganliegenden Rohr geformt und durch einen Falz verschlossen sein.
Die fertige Umhüllung darf gerillt sein.

DIN 57250 Teil 1 / VDE 0250 Teil 1 Seite 15

4.11.2.3 Wanddicke
Die in der Tabelle 7 angegebenen Nennwanddicken gelten vor der Verarbeitung. Die Wanddicke der Bänder aus Zink darf an der fertigen Leitung nicht kleiner als 0,2 mm sein.

Tabelle 7. Nennwanddicken metallener Umhüllungen vor der Verarbeitung

1	2	3
Werkstoff	Durchmesser unter der Umhüllung (Rechenwert) mm	Wanddicke (Nennwert) mm
Band aus Zink nach DIN 17 770 Teil 2	bis 17 über 17	0,25 0,30

4.11.3 Äußere Umhüllung aus Textilfäden

4.11.3.1 Werkstoff
Die Textilfäden dürfen aus Naturstoffen, z. B. Baumwolle, oder synthetischen Stoffen, z. B. Polyamid, oder aus Glasfasern bestehen.

4.11.3.2 Ausführung
Die Textilfäden sind als Geflecht aufzubringen. Das Geflecht muß gleichmäßig sein. Es dürfen keine Knoten oder Lücken vorhanden sein.
Das Geflecht aus Glasfasern muß mit einem Mittel behandelt sein, welches das Ausfasern verhütet. Tränkmittel dürfen bei der zulässigen Betriebstemperatur nicht ausfließen.

4.11.4 Farbe der Umhüllung
Umhüllungen aus Gummi oder Kunststoff müssen eingefärbt sein; für die Farben gilt DIN 47002.
Sofern bestimmte Mantelfarben festgelegt sind, gelten die Angaben in DIN 57250 Teil 102/VDE 0250 Teil 102 und Folgeteile (zur Zeit noch Entwürfe).

4.12 Außenmaße
Der Mittelwert der Außenabmessungen der Leitungen muß innerhalb der in DIN 57250 Teil 102/VDE 0250 Teil 102 und Folgeteile (zur Zeit noch Entwürfe) angegebenen Grenzwerte liegen.
Der Unterschied zwischen zwei beliebigen Werten des Außendurchmessers von runden Leitungen mit Mantel darf, an einer beliebigen Stelle der Leitung gemessen, nicht größer sein als 15 % des in DIN 57250 Teil 102/VDE 0250 Teil 102 und Folgeteile (zur Zeit noch Entwürfe) angegebenen Höchstwertes des mittleren Außendurchmessers.

5 Prüfung

5.1 Prüfverfahren
Die anzuwendenden Prüfverfahren sind in VDE 0472 enthalten.

5.2 Durchzuführende Prüfungen
In DIN 57250 Teil 102/VDE 0250 Teil 102 und Folgeteile (zur Zeit noch Entwürfe) sind für die jeweiligen Bauarten die Prüfungen angegeben, die an den Leitungen durchzuführen sind.

5.3 Spannungsprüfung
Die Spannungsprüfung ist mit Wechselspannung gemäß den Angaben in den Prüftabellen in DIN 57250 Teil 102/VDE 0250 Teil 102 und Folgeteile (zur Zeit noch Entwürfe) oder mit Gleichspannung mit dem jeweils 2,5fachen Wert durchzuführen.

5.4 Prüfarten und Prüfumfang
Die in DIN 57250 Teil 102/VDE 0250 Teil 102 und Folgeteile (zur Zeit noch Entwürfe) genannten Prüfungen sind

T = Typprüfung

F = Auswahlprüfung

S = Stückprüfung

Das Zeichen T bedeutet, daß diese Prüfungen dann wiederholt werden müssen, wenn die Werkstoffe oder der Aufbau geändert wurden.
Das Zeichen F bedeutet, daß die vorgesehene Prüfung auch eine Auswahlprüfung ist. Diese Prüfung wird in einem der Fertigungsmenge entsprechendem Umfang ausgeführt.
Das Zeichen S bedeutet, daß diese Prüfungen an jeder Fertigungslänge durchgeführt werden.

5.5 Nachweis der Übereinstimmung mit den vorliegenden Festlegungen

Als Nachweis für Typprüfung und Auswahlprüfung gegenüber dem Abnehmer gilt der Zeichengenehmigungsausweis der VDE-Prüfstelle.

5.6 Anzahl der Probestücke bei mehradrigen Leitungen
Von jeder Ader werden Probestücke entnommen.

Ausnahmen: Prüfung der elektrischen und mechanischen Eigenschaften der Isolierhüllen an allen Isolierhüllen mit unterschiedlicher Farbe.
Bei der Prüfung des Masseverlustes wird die Prüfung an allen Adern mit unterschiedlichen Farben durchgeführt, jedoch an nicht mehr als 3 Adern.
Die Wärmedruckprüfung wird an allen Adern, höchstens jedoch bei 3 Adern einer Leitung, durchgeführt.
Die Prüfung des Wärmeschockverhaltens wird an allen Adern, höchstens jedoch an 3 Adern verschiedener Farbe, durchgeführt.

6 Verwendung

6.1 Allgemeine Bedingungen
Für die in dieser als VDE-Bestimmung gekennzeichneten Norm beschriebenen Bauarten gelten die Festlegungen für die Verwendung DIN 57298 Teil 3/VDE 0298 Teil 3 (zur Zeit noch Entwurf).
Bei der Verwendung isolierter Starkstromleitungen sind außerdem die jeweils maßgebenden Errichtungs- und/oder Gerätebestimmungen zu beachten.

Die in dieser Norm enthaltenen isolierten Starkstromleitungen sind nicht für das Verlegen im Erdreich bestimmt. Flexible PVC-Leitungen sind nicht für die Verwendung im Freien bestimmt.

6.2 Nennspannung

Die Nennspannung einer isolierten Starkstromleitung ist die Spannung, auf welche der Aufbau und die Prüfung der Leitung hinsichtlich der elektrischen Eigenschaften bezogen werden. Die Nennspannung wird durch Angabe von zwei Wechselspannungswerten U_0/U in V ausgedrückt (Tabelle 8).

U_0 – Effektivwert zwischen einem Außenleiter und „Erde" (nicht isolierende Umgebung)

U – Effektivwert zwischen zwei Außenleitern, einer mehradrigen Leitung oder eines Systems von einadrigen Leitungen

Nennspannungen von Leitungsbauarten

Tabelle 8.

Nennspannung U_0/U	Leitungsbauart z.B.
300/300 V	Zwillingsleitungen
220/380 V	Stegleitungen
300/500 V	Mantelleitungen
450/750 V	Schlauchleitungen
0,6/1 kV	Schlauchleitungen besonderer Bauart
1,7/3 kV	Sonder-Gummiaderleitungen
4/4 kV	Leuchtröhrenleitungen
3,5/6 kV	Sonder-Gummiaderleitungen
8/8 kV	Leuchtröhrenleitungen
6/10 kV	Leitungstrossen
8,7/15 kV	Leitungstrossen
12 /20 kV	Leitungstrossen
14 /25 kV	Leitungstrossen
18 /30 kV	Leitungstrossen
20 /35 kV	Leitungstrossen

6.3 Strombelastbarkeit

Eine als VDE-Bestimmung gekennzeichnete Norm ist in Vorbereitung.

7 Kennzeichnung

7.1 Ursprungskennzeichen

Die Leitungen müssen einen dem Hersteller als Warenzeichen (Ursprungskennzeichen) geschützten Kennfaden enthalten oder eine fortlaufende Angabe des Herstellernamens und/oder Herstellerzeichens auf der Ader oder auf dem Mantel tragen.

7.2 VDE-Prüfzeichen

Für Leitungen, die diesen Bestimmungen entsprechen, wird durch die VDE-Prüfstelle gemäß ihrer Prüfordnung die Berechtigung zum Einlegen des schwarz-roten

Seite 18 DIN 57250 Teil 1 / VDE 0250 Teil 1

VDE-Kennfadens erteilt. Statt des VDE-Kennfadens oder zusätzlich zum VDE-Kennfaden darf auch das VDE-Kabel-Kennzeichen nach Bild 1 fortlaufend mit dem Ursprungszeichen nach Abschnitt 7.1 in gleicher Weise aufgebracht werden.

◁VDE▷ wahlweise ◁>▫▫▷

Bild 1. VDE-Prüfzeichen zum Aufbringen an Leitungen

Für die Kennzeichnung auf Etiketten oder Verpackung wird durch die VDE-Prüfstelle gemäß ihrer Prüfordnung die Berechtigung erteilt, das VDE-Zeichen nach Bild 2 aufzubringen.

Bild 2. VDE-Zeichen zum Aufbringen auf Etiketten oder Verpackung

7.3 Zusätzliche Kennzeichnung
Zusätzliche Kennzeichnungen dürfen nur dann auf Adern und Mänteln aufgebracht werden, wenn dies in DIN 57250 Teil 102/VDE 0250 Teil 102 und Folgeteilen (zur Zeit noch Entwürfe) gefordert oder zugelassen ist.

7.4 Beschaffenheit der Kennzeichnung auf Adern und Mänteln
Die Kennzeichnung muß gedruckt oder geprägt und lesbar sein, sofern in DIN 57250 Teil 102/VDE 0250 Teil 102 und Folgeteilen (zur Zeit noch Entwürfe) keine bestimmte Art der Kennzeichnung festgelegt ist. Eine aufgedruckte Kennzeichnung muß unverwischbar bleiben. Die Kennzeichnung gilt als fortlaufend, wenn folgende Abstände zwischen dem Ende der einen und dem Anfang der nächsten Kennzeichnung nicht überschritten werden:
50 cm auf dem Mantel,
20 cm in allen anderen Fällen.
Können weder Kennfäden noch Kennzeichnungen gemäß Abschnitt 7.1 aufgebracht werden, so muß die Leitung durch Etikette oder auf der Verpackung gekennzeichnet werden, sofern dies in DIN 57250 Teil 102/VDE 0250 Teil 102 und Folgeteilen (zur Zeit noch Entwürfe) zugelassen ist.

7.5 Beschaffenheit der Kennfäden
Die Farben der Kennfäden müssen erkennbar sein oder erkennbar gemacht werden können, wenn erforderlich durch Reinigen mit Benzin.

Erläuterungen

Diese als VDE-Bestimmung gekennzeichnete Norm wurde vom Komitee 411 „Starkstromkabel und isolierte Starkstromleitungen" der Deutschen Elektrotechnischen Kommission im DIN und VDE (DKE) erstellt.

August 2018

DIN EN IEC 60118-4

ICS 11.180.15

Ersatz für
DIN EN 60118-4:2015-10
Siehe Anwendungsbeginn

**Akustik –
Hörgeräte –
Teil 4: Induktionsschleifen für Hörgeräte – Leistungsanforderungen
(IEC 60118-4:2014 + A1:2017);
Deutsche Fassung EN 60118-4:2015 + EN IEC 60118-4:2015/A1:2018**

Electroacoustics –
Hearing aids –
Part 4: Induction-loop systems for hearing aid purposes – System performance requirements
(IEC 60118-4:2014 + A1:2017);
German version EN 60118-4:2015 + EN IEC 60118-4:2015/A1:2018

Électroacoustique –
Appareils de correction auditive –
Partie 4: Systèmes de boucles d'induction utilisées à des fins de correction auditive –
Exigences de performances système
(IEC 60118-4:2014 + A1:2017);
Version allemande EN 60118-4:2015 + EN IEC 60118-4:2015/A1:2018

Gesamtumfang 56 Seiten

DKE Deutsche Kommission Elektrotechnik Elektronik Informationstechnik in DIN und VDE
DIN/VDI-Normenausschuss Akustik, Lärmminderung und Schwingungstechnik (NALS)

DIN EN IEC 60118-4:2018-08

Anwendungsbeginn

Anwendungsbeginn für die von CENELEC am 2015-01-15 angenommene Europäische Norm und die am 2017-12-14 angenommene Änderung A1 als DIN-Norm ist 2018-08-01.

Für DIN EN 60118-4:2015-10 besteht eine Übergangsfrist bis 2020-12-14.

Nationales Vorwort

Vorausgegangener Norm-Entwurf: E DIN EN 60118-4/A1:2017-10.

Für dieses Dokument ist das nationale Arbeitsgremium GUK 821.6 „Hörgeräte und audiometrische Messtechnik" der DKE Deutsche Kommission Elektrotechnik Elektronik Informationstechnik in DIN und VDE (www.dke.de) zuständig.

Die enthaltene IEC-Publikation wurde vom TC 29 „Electroacoustics" erarbeitet.

Das IEC-Komitee hat entschieden, dass der Inhalt dieser Publikation bis zu dem Datum (stability date) unverändert bleiben soll, das auf der IEC-Website unter „http://webstore.iec.ch" zu dieser Publikation angegeben ist. Zu diesem Zeitpunkt wird entsprechend der Entscheidung des Komitees die Publikation
- bestätigt,
- zurückgezogen,
- durch eine Folgeausgabe ersetzt oder
- geändert.

Die Änderung A1 wurde eingearbeitet und durch einen senkrechten Strich am linken Seitenrand gekennzeichnet.

Für den Fall einer undatierten Verweisung im normativen Text (Verweisung auf ein Dokument ohne Angabe des Ausgabedatums und ohne Hinweis auf eine Abschnittsnummer, eine Tabelle, ein Bild usw.) bezieht sich die Verweisung auf die jeweils aktuellste Ausgabe des in Bezug genommenen Dokuments.

Für den Fall einer datierten Verweisung im normativen Text bezieht sich die Verweisung immer auf die in Bezug genommene Ausgabe des Dokuments.

Der Zusammenhang der zitierten Dokumente mit den entsprechenden deutschen Dokumenten ergibt sich, soweit ein Zusammenhang besteht, grundsätzlich über die Nummer der entsprechenden IEC-Publikation. Beispiel: IEC 60068 ist als EN 60068 als Europäische Norm durch CENELEC übernommen und als DIN EN 60068 ins Deutsche Normenwerk aufgenommen.

Das Original-Dokument enthält Bilder in Farbe, die in der Papierversion in einer Graustufen-Darstellung wiedergegeben werden. Elektronische Versionen dieses Dokuments enthalten die Bilder in der originalen Farbdarstellung.

Änderungen

Gegenüber DIN EN 60118-4:2015-10 wurden folgende Änderungen vorgenommen:

a) Der Begriff 3.4 wurde ergänzt.

b) Der Abschnitt 9 für „Systeme mit kleinen Versorgungsbereichen" wurde technisch überarbeitet.

c) Der Abschnitt 10 für "Einrichten (Inbetriebnahme) des Systems" wurde technisch überarbeitet.

Frühere Ausgaben

DIN IEC 60118-4: 1991-11
DIN EN 60118-4: 1999-08, 2007-08, 2015-10

EUROPÄISCHE NORM
EUROPEAN STANDARD
NORME EUROPÉENNE

EN 60118-4
Februar 2015

+ EN IEC 60118-4:2015/A1
Februar 2018

ICS 17.140.50 Ersatz für EN 60118-4:2006

Deutsche Fassung

Akustik –
Hörgeräte –
Teil 4: Induktionsschleifen für Hörgeräte – Leistungsanforderungen
(IEC 60118-4:2014 + A1:2017)

Electroacoustics –
Hearing aids –
Part 4: Induction-loop systems for hearing aid purposes – System performance requirements
(IEC 60118-4:2014 + A1:2017)

Électroacoustique –
Appareils de correction auditive –
Partie 4: Systèmes de boucles d'induction utilisées à des fins de correction auditive – Exigences de performances système
(IEC 60118-4:2014 + A1:2017)

Diese Europäische Norm wurde von CENELEC am 2015-01-15 und die A1 am 2017-12-14 angenommen. CENELEC-Mitglieder sind gehalten, die CEN/CENELEC-Geschäftsordnung zu erfüllen, in der die Bedingungen festgelegt sind, unter denen dieser Europäischen Norm ohne jede Änderung der Status einer nationalen Norm zu geben ist.

Auf dem letzten Stand befindliche Listen dieser nationalen Normen mit ihren bibliographischen Angaben sind beim CEN-CENELEC Management Centre oder bei jedem CENELEC-Mitglied auf Anfrage erhältlich.

Diese Europäische Norm besteht in drei offiziellen Fassungen (Deutsch, Englisch, Französisch). Eine Fassung in einer anderen Sprache, die von einem CENELEC-Mitglied in eigener Verantwortung durch Übersetzung in seine Landessprache gemacht und dem CEN-CENELEC Management Centre mitgeteilt worden ist, hat den gleichen Status wie die offiziellen Fassungen.

CENELEC-Mitglieder sind die nationalen elektrotechnischen Komitees von Belgien, Bulgarien, Dänemark, Deutschland, der ehemaligen jugoslawischen Republik Mazedonien, Estland, Finnland, Frankreich, Griechenland, Irland, Island, Italien, Kroatien, Lettland, Litauen, Luxemburg, Malta, den Niederlanden, Norwegen, Österreich, Polen, Portugal, Rumänien, Schweden, der Schweiz, Serbien, der Slowakei, Slowenien, Spanien, der Tschechischen Republik, der Türkei, Ungarn, dem Vereinigten Königreich und Zypern.

Europäisches Komitee für Elektrotechnische Normung
European Committee for Electrotechnical Standardization
Comité Européen de Normalisation Electrotechnique

CEN-CENELEC Management Centre: Rue de la Science 23, B-1040 Brüssel

© 2018 CENELEC – Alle Rechte der Verwertung, gleich in welcher Form und in welchem Verfahren, sind weltweit den Mitgliedern von CENELEC vorbehalten.

Ref. Nr. EN 60118-4:2015 + EN IEC 60118-4:2015/A1:2018 D

Vorwort

Der Text des Schriftstücks 29/855/FDIS, zukünftige 3. Ausgabe von IEC 60118-4, ausgearbeitet von dem IEC/TC 29 „Electroacoustics", wurde der IEC-CENELEC Parallelen Abstimmung unterworfen und von CENELEC als EN 60118-4:2015 angenommen.

Nachstehende Daten wurden festgelegt:

- spätestes Datum, zu dem dieses Dokument auf
  nationaler Ebene durch Veröffentlichung einer
  identischen nationalen Norm oder durch Anerkennung
  übernommen werden muss (dop): 2015-10-15

- spätestes Datum, zu dem nationale Normen, die
  diesem Dokument entgegenstehen, zurückgezogen
  werden müssen (dow): 2018-01-15

Dieses Dokument ersetzt EN 60118-4:2006.

Es wird auf die Möglichkeit hingewiesen, dass einige Elemente dieses Dokuments Patentrechte berühren können. CENELEC [und/oder CEN] sind nicht dafür verantwortlich, einige oder alle diesbezüglichen Patentrechte zu identifizieren.

Anerkennungsnotiz

Der Text der Internationalen Norm IEC 60118-4:2014 wurde von CENELEC ohne irgendeine Abänderung als Europäische Norm angenommen.

In der offiziellen Fassung sind unter „Literaturhinweise" zu den aufgelisteten Normen die nachstehenden Anmerkungen einzutragen:

| IEC 61938 | ANMERKUNG | Harmonisiert als EN 61938. |
| IEC 61260-1 | ANMERKUNG | Harmonisiert als EN 61260-1. |

Europäisches Vorwort zu A1

Der Text des Dokuments 29/952/CDV, zukünftige 1. Ausgabe der IEC 60118-4:2014/A1:2017, erarbeitet vom IEC/TC 29 „Electroacoustics", wurde zur parallelen IEC-CENELEC-Abstimmung vorgelegt und von CENELEC als EN IEC 60118-4:2015/A1:2018 angenommen.

Nachstehende Daten wurden festgelegt:

- spätestes Datum, zu dem dieses Dokument auf
  nationaler Ebene durch Veröffentlichung einer
  identischen nationalen Norm oder durch Anerkennung
  übernommen werden muss (dop): 2018-09-14

- spätestes Datum, zu dem nationale Normen, die
  diesem Dokument entgegenstehen, zurückgezogen
  werden müssen (dow): 2020-12-14

Es wird auf die Möglichkeit hingewiesen, dass einige Elemente dieses Dokuments Patentrechte berühren können. CENELEC ist nicht dafür verantwortlich, einige oder alle diesbezüglichen Patentrechte zu identifizieren.

Anerkennungsnotiz

Der Text der Internationalen Norm IEC 60118-4:2014/A1:2017 wurde von CENELEC ohne irgendeine Abänderung als Europäische Norm angenommen.

DIN EN IEC 60118-4:2018-08
EN 60118-4:2015 + EN IEC 60118-4:2015/A1:2018

Inhalt

Seite

Vorwort 2
Europäisches Vorwort zu A1 2
Einleitung 7
1 Anwendungsbereich 8
2 Normative Verweisungen 8
3 Begriffe 8
4 Allgemeines 9
   4.1 Verfahren zur Einrichtung und Inbetriebnahme eines Audiofrequenz-Induktionsschleifensystems 9
   4.2 Eignung eines Ortes für die Installation einer Audiofrequenz-Induktionsschleifen-Anlage 9
   4.3 Verhältnis des magnetischen Feldstärkepegels an der Hörspule zum Schalldruckpegel am Mikrofon 10
5 Verwendung von Beschallungsanlagen-Komponenten in Induktionsschleifen-Systemen 10
   5.1 Allgemeines 10
   5.2 Mikrofone 10
   5.3 Mischpulte 10
   5.4 Leistungsverstärker 10
6 Messgeräte und Prüfsignale 10
   6.1 Messgeräte 10
      6.1.1 Allgemeines 10
      6.1.2 Anforderungen für beide Bauarten 11
      6.1.3 Echt-Effektivwertmessgerät 11
      6.1.4 Spitzenwert-Aussteuerungsmessgerät 11
   6.2 Prüfsignale – Allgemeines 11
   6.3 Sprachsignale 12
      6.3.1 „Live"-Sprachsignale 12
      6.3.2 Aufgezeichnetes Sprachmaterial 12
      6.3.3 Simuliertes Sprachmaterial 12
   6.4 Rosa Rauschen 12
   6.5 Sinusförmiges Signal 13
   6.6 Kombi-Signal 13
7 Messung des magnetischen Hintergrundgeräuschpegels am Installationsort 14
   7.1 Messverfahren 14
   7.2 Empfohlene Maximalwerte des magnetischen Störgeräuschpegels 14
8 Festzulegende Kennwerte, Messverfahren und Anforderungen 15
   8.1 Allgemeines 15
   8.2 Magnetische Feldstärke 15
      8.2.1 Festzulegender Kennwert 15
      8.2.2 Messverfahren mit simuliertem Sprachsignal 16
      8.2.3 Messverfahren mit rosa Rauschen 16

		Seite
8.2.4	Messverfahren mit Sinus-Signalen	16
8.2.5	Messverfahren mit einem Kombi-Signal	16
8.2.6	Andere Messverfahren	16
8.2.7	Anforderungen	16
8.3	Frequenzgang des Magnetfeldes	17
8.3.1	Festzulegender Kennwert	17
8.3.2	Messverfahren mit simuliertem Sprachsignal	17
8.3.3	Messverfahren mit rosa Rauschen	17
8.3.4	Messverfahren mit Sinus-Signalen	18
8.3.5	Messverfahren mit einem Kombi-Signal	18
8.3.6	Andere Messverfahren	18
8.3.7	Anforderungen	18
8.4	Nutzbarer Bereich des magnetischen Feldes	19
8.4.1	Festzulegender Kennwert	19
8.4.2	Messverfahren	19
8.4.3	Anforderungen	19
9	Systeme mit kleinen Versorgungsbereichen	19
9.1	Festlegung von Messpunkten	19
9.2	Behindertenschutzbereiche und ähnliche Meldestellen	19
9.3	Schalter-Systeme	21
9.4	Verfahren mit „nutzbarem Bereich des magnetischen Feldes"	23
9.5	Anforderungen	23
10	Einrichten (Inbetriebnahme) des Systems	23
10.1	Verfahren	23
10.2	Anforderungen	24
10.3	Übersteuerung des Verstärkers beim oberen Grenzwert der höchsten Leistungsbandbreite	24
10.3.1	Erläuterung	24
10.3.2	Prüfverfahren	24
10.3.3	Anforderungen	25
10.4	Vom System verursachter magnetischer Störgeräuschpegel	25
10.4.1	Begriffserklärung	25
10.4.2	Messverfahren mit Sprachsignal	25
10.4.3	Messverfahren mit rosa Rauschen	25
10.4.4	Messverfahren mit sinusförmigem Signal	25
10.4.5	Messverfahren mit Kombi-Signal	26
10.4.6	Messverfahren – Andere (kein Eingangssignal)	26
10.4.7	Anforderungen	26
Anhang A (informativ) Systeme mit abgegrenzten Versorgungsbereichen		27
A.1	Einleitung	27
A.2	Am Körper getragene Audiosysteme	27
A.3	Versorgte, kleine Sitzbereiche, vor allem in Wohnungen	27

		Seite
A.4	Spezielle Orte wie z. B. Hilfe- und Informationspunkte, Ticket- und Bankschalter usw.	27

Anhang B (informativ) Messgeräte 30

B.1 Einleitung 30
B.2 Signalquellen 30
B.2.1 Wirkliche Sprache 30
B.2.2 Simulierte Sprache 30
B.2.3 Rosa Rauschen 30
B.2.4 Sinus-Signale 31
B.3 Messgeräte für die magnetische Feldstärke 31
B.3.1 Allgemeine Empfehlungen 31
B.3.2 Spitzenspannungs-Aussteuerungsmessgerät-Typ 31
B.3.3 Echt-Effektivwertmessgerät 32
B.4 Kalibrator für den Feldstärkepegelmesser 32
B.5 Spektrumanalysator 32

Anhang C (informativ) Bereitstellung von Informationen 33

C.1 Allgemeines 33
C.2 Informationen für den Hörgeräteträger 33
C.3 Informationen für die Verantwortlichen für die Errichtung und den Betrieb des Systems ... 34
C.4 Vom Hersteller der Verstärker bereitzustellende Informationen 34

Anhang D (informativ) Messung von Sprachsignalen 35

Anhang E (informativ) Theoretische Grundlagen und Praxis von Audiofrequenz-Induktionsschleifen-Systemen 36

E.1 Eigenschaften der Schleife und ihres Magnetfelds 36
E.2 Richtcharakteristik der magnetischen Aufnahmespule eines Hörgerätes 37
E.3 Erzeugung des Schleifenstroms 42
E.4 Signalquellen und Kabel 43
E.4.1 Mikrofone 43
E.4.2 Andere Signalquellen 43
E.4.3 Kabel 44
E.5 Pflege des Systems 44
E.6 Einheiten des Magnetfeldes 44

Anhang F (informativ) Einflüsse von Metall in der Gebäudestruktur auf das Magnetfeld 45

Anhang G (informativ) Kalibrierung von Feldstärkemessgeräten 47

Anhang H (informativ) Einfluss des Seitenverhältnisses der Schleife auf die magnetische Feldstärke 49

H.1 Einleitung 49
H.2 Einfluss des Seitenverhältnisses auf die Feldverteilung 49

Anhang I (informativ) Magnetisches Übersprechen von Audiofrequenz-Induktionsschleifenanlagen ... 51

I.1 Allgemeines 51
I.2 Beispiele für Problemfälle 51
I.3 Behandlung der Problemfälle 51

Seite

Literaturhinweise ... 53

Anhang ZA (normativ) Normative Verweisungen auf internationale Publikationen mit ihren entsprechenden europäischen Publikationen ... 54

Bilder

Bild 1 – Ablaufdiagramm der in dieser Norm behandelten Abläufe ... 9

Bild 2 – Messpunkte in Behindertenschutzbereichen und an vergleichbaren Meldestellen ... 20

Bild 3 – Messpunkte für ein Schalter-System ... 22

Bild A.1 – Feldverteilung einer senkrechten Schleife ... 28

Bild A.2 – Umrissdarstellung der Feldstärke einer senkrechten Schleife ... 29

Bild C.1 – Graphisches Symbol: induktive Kopplung ... 33

Bild E.1 – Perspektivische Darstellung einer Schleife mit Vektordarstellung des Magnetfeldes ... 37

Bild E.2 – Verteilung der vertikalen und horizontalen Komponenten des Magnetfeldes, erzeugt durch einen Strom in einer rechteckigen Schleife, an Punkten in einer Ebene über oder unter der Schleifenebene ... 38

Bild E.3 – Feldverteilung der Vertikalkomponente des Magnetfeldes einer horizontalen Schleife ... 39

Bild E.4 – Feldverteilung der Vertikalkomponente des Magnetfeldes einer vertikalen quadratischen Schleife mit einer Kantenlänge von 0,75 m ... 40

Bild E.5 – Perspektivische Darstellung der Veränderung des vertikalen Feldstärkepegels bei einer optimalen Höhe über einer horizontalen rechteckigen Schleife ... 41

Bild E.6 – Richtcharakteristik der magnetischen Aufnahmespule eines Hörgerätes ... 42

Bild F.1 – Magnetfeldverteilung einer rechteckigen Schleife (10 m × 14 m), 1,2 m über ihrer Schleifenebene ... 45

Bild F.2 – Magnetfeldverteilung einer rechteckigen Schleife (10 m × 14 m), 1,2 m über ihrer Schleifenebene mit der Auswirkung von Metall (Eisen) im Fußboden ... 46

Bild G.1 – Dreifache Helmholtz-Spule für die Kalibrierung von Messgeräten ... 47

Bild H.1 – Abhängigkeit des zur Erzeugung einer bestimmten magnetischen Feldstärke an einem festgelegten Punkt erforderlichen Stromes von den Abmessungen und dem Seitenverhältnis der Schleife ... 49

Bild H.2 – Quadratische und rechteckige Schleifen ... 50

Tabellen

Tabelle 1 – Anwendung der Signale ... 11

Tabelle 2 – Festlegungen für das Kombi-Signal ... 13

Tabelle 3 – Typischerweise aus verschiedenen Prüfsignalen von einem Verstärker mit spitzenwertgeführter AGC erzeugte magnetische Feldstärken ... 17

Tabelle 4 – Programm-Material und Prüffrequenz ... 25

Tabelle D.1 – Typische Schwankung des gemessenen Effektivwerts der Spannung eines Sprachsignals in Abhängigkeit von der Mittelungszeit ... 35

Einleitung

Induktionsschleifen für Audiofrequenzen werden im großen Umfang verwendet, um Hörgerätetragern, deren Hörgeräte mit induktiven Aufnehmern (Induktionsspulen, allgemein als „Hörspulen" bekannt) ausgerüstet sind, die Möglichkeit zu geben, die durch großen Abstand zur Schallquelle, durch akustische Abschirmung von der sprechenden Person durch ein Schutzfenster und/oder Hintergrundgeräusche verursachten Hörprobleme zu minimieren. Hintergrundgeräusche und hoher Abstand sind zwei der Hauptgründe dafür, dass Hörgeräteträger unter Bedingungen, die nicht dem direkt Gegenüberstehenden in Ruhe entsprechen, nicht in der Lage sind, in zufriedenstellender Weise zu hören. Induktionsschleifen-Anlagen werden oft in Kirchen, Theatern und Kinos als Hilfe für schwerhörige Personen verwendet. Der Gebrauch von Induktionsschleifen-Anlagen hat sich auf viele kurzlebige Kommunikations-Szenarios ausgeweitet, wie z. B. Verkaufsstellen für Tickets, Bankschalter oder Drive-in-/Drive-through-Einrichtungen, Aufzüge/Rolltreppen usw. Die weite Verbreitung von Telefon-Hand-Apparaten mit der Möglichkeit der induktiven Ankopplung von Hörgeräten ist eine weitere wichtige Anwendung, bei der die ITU-T-Empfehlung P.370 [1][1] Anwendung findet.

Durch Übertragung eines Audiosignals über ein Induktionsschleifen-System kann oft ein annehmbares Signal-Stör-Verhältnis unter Bedingungen erzielt werden, unter denen eine rein akustische Übertragung durch Nachhall und Hintergrundgeräusche wesentlich verschlechtert werden würde.

Eine Art von Induktionsschleifen-Systemen für Audiofrequenzen besteht aus einem Kabel, das in Form einer üblicherweise den Raum oder den Bereich, in welchem eine Gruppe schwerhöriger Personen hören möchte, umfassenden Schleife verlegt ist. Dieses Kabel ist über einen Verstärker an ein Mikrofon oder an eine andere Audio-Signalquelle, z. B. ein Rundfunkempfangsgerät, einen CD-Spieler usw., angeschlossen. Der Verstärker verursacht einen audiofrequenten elektrischen Strom in der Induktionsschleife, die in ihrem Inneren ein magnetisches Feld erzeugt. Die Gestaltung und die Konstruktion der Schleife werden durch den Aufbau des Gebäudes, in dem die Schleife installiert werden soll, insbesondere durch die Anwesenheit großer Mengen von Eisen, Stahl oder Aluminium in der Gebäudestruktur, bestimmt. Zusätzlich können durch elektrische Kabel und Geräte audiofrequente magnetische Störfelder mit hohen Pegeln verursacht werden, welche den Empfang des Schleifensignals stören können.

Eine andere Art der Induktionsschleifen-Systeme verwendet eine kleine Schleife, welche für die Kommunikation mit einem Hörgeräteträger in ihrer unmittelbaren Nähe vorgesehen ist. Beispiele sind: Halsschleifen, Systeme für Ticketschalter, in sich geschlossene, portable Hörsysteme und in Stühle eingebaute Induktionsschleifen. (Siehe Anhang A.)

Das Empfangsgerät in einem Audiofrequenz-Induktionsschleifen-System ist üblicherweise ein mit einer Induktionsspule (Hörspule) ausgestattetes Hörgerät, es können aber auch spezielle Induktionsschleifen-Empfänger für bestimmte Anwendungen benutzt werden.

---

[1] Ziffern in eckigen Klammern verweisen auf die Literaturhinweise.

DIN EN IEC 60118-4:2018-08
EN 60118-4:2015 + EN IEC 60118-4:2015/A1:2018

1 Anwendungsbereich

Dieser Teil von IEC 60118 gilt für Audiofrequenz-Induktionsschleifen-Systeme, die ein magnetisches Wechselfeld im hörbaren Frequenzbereich erzeugen und dafür vorgesehen sind, ein Eingangssignal für Hörgeräte mit Induktionsspule (Hörspule) zu liefern. In dieser Norm wird davon ausgegangen, dass hierfür verwendete Hörgeräte allen relevanten Teilen von IEC 60118 entsprechen.

In dieser Norm werden Anforderungen an die magnetische Feldstärke in Audiofrequenz-Induktionsschleifen zur Verbindung von Hörgeräten festgelegt, die einen ausreichenden Signal-Stör-Abstand geben, ohne das Hörgerät zu übersteuern. Weiterhin werden Minimalanforderungen an den Frequenzgang für eine ausreichende Verständlichkeit festgelegt.

Es werden Messverfahren für die magnetische Feldstärke festgelegt, Aussagen zu den entsprechenden Messgeräten getroffen (siehe Anhang B), die dem Anwender und den Betreibern des Systems zur Verfügung zu stellenden Informationen (siehe Anhang C) genannt und andere wichtige Betrachtungen durchgeführt.

In dieser Norm werden keine Festlegungen für Induktionsschleifen-Verstärker, zugehörige Mikrofone und Audiosignalquellen, welche in IEC 62489-1 behandelt werden, oder für die Feldstärke getroffen, welche durch Geräte innerhalb des Anwendungsbereiches von ITU-T P.370, z. B. Telefonhörer, erzeugt wird.

2 Normative Verweisungen

Die folgenden Dokumente, die in diesem Dokument teilweise oder als Ganzes zitiert werden, sind für die Anwendung dieses Dokuments erforderlich. Bei datierten Verweisungen gilt nur die in Bezug genommene Ausgabe. Bei undatierten Verweisungen gilt die letzte Ausgabe des in Bezug genommenen Dokuments (einschließlich aller Änderungen).

IEC 60268-3:2013, *Sound system equipment – Part 3: Amplifiers*

IEC 60268-10:1991, *Sound system equipment – Part 10: Peak programme level meters*

IEC 61672-1:2013, *Electroacoustics – Sound level meters – Part 1: Specifications*

IEC 62489-1:2010, *Electroacoustics – Audio-frequency induction-loop systems for assisted hearing – Part 1: Methods of measuring and specifying the performance of system components*

3 Begriffe

Für die Anwendung dieses Dokuments gelten die folgenden Begriffe.

3.1
Bezugswert des magnetischen Feldstärkepegels
Pegel von 0 dB, bezogen auf einen magnetischen Feldstärkepegel von 400 mA/m

Anmerkung 1 zum Begriff: Der Bezugswert wird nach 8.2 gemessen.

3.2
nutzbarer Bereich des magnetischen Feldes
Bereich (3-dimensionaler Raum), innerhalb dessen das System Hörgeräteträgern ein Signal mit akzeptabler Qualität zur Verfügung stellt (siehe 8.4)

Anmerkung 1 zum Begriff: In der ersten Ausgabe dieser Norm wurde ein Konzept des „festgelegen Bereiches des magnetischen Feldes" definiert, da jene Ausgabe nicht die sehr wichtige Dimension „Höhe" (rechtwinkliger Abstand zwischen der Induktionsspule des Hörgerätes und der Ebene der Induktionsschleife) in Betracht zog. Siehe Anhang E.

Anmerkung 2 zum Begriff: Die Grundfläche des nutzbaren Bereiches des magnetischen Feldes weicht häufig von derjenigen Fläche ab, die von der Induktionsschleife umschlossen wird.

3.3
Hörspule
Induktor mit offenem Magnetfeld, welcher der Auffindung der Magnetfelder von Audiofrequenz-Induktionsschleifensystemen dient

3.4
automatische Verstärkungsregelung
AGC
Vorgang oder Schaltung, bei welchem bzw. welcher der Verstärkungsgrad eines Verstärkers mittels des Ausgangssignalpegels geregelt wird, um Schwankungen dieses Pegels im Vergleich zu den Schwankungen des Eingangssignals zu verringern

Anmerkung 1 zum Begriff: Häufig wird eine automatische Verstärkungsregelung verwendet, um den Ausgangssignalpegel nahezu konstant zu halten.

Anmerkung 2 zum Begriff: In IEC 60118-7 ist eine konsistente, aber allgemeinere Definition zu finden, da diese Norm jedoch zukünftig möglicherweise eine eingeschränkte Gültigkeit hat, wird die Definition nach IEV bevorzugt.

4 Allgemeines

4.1 Verfahren zur Einrichtung und Inbetriebnahme eines Audiofrequenz-Induktionsschleifensystems

Das Ablaufdiagramm in Bild 1 zeigt die Abfolge der in dieser Norm behandelten Abläufe.

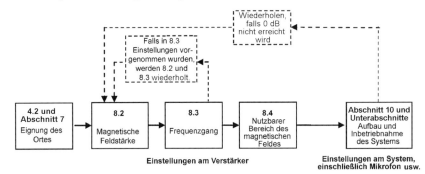

Bild 1 – Ablaufdiagramm der in dieser Norm behandelten Abläufe

4.2 Eignung eines Ortes für die Installation einer Audiofrequenz-Induktionsschleifen-Anlage

Nicht überall dort, wo es wünschenswert ist, können akzeptable Bedingungen für ein Induktionsschleifensystem vorgefunden werden. Deshalb ist es *in der Planungsphase* erforderlich, einen vorgeschlagenen Ort im Hinblick auf folgende Bedingungen zu untersuchen:

- die magnetische Störfeldstärke elektrischer Anlagen, z. B. von Heizungssystemen im Fußboden oder im Dach, der elektrischen Steuerung von Beleuchtungssystemen (vor allem in Theatern) (siehe Abschnitt 7);
- den Einfluss magnetisch oder elektrisch leitender Materialien in der Gebäudestruktur, in der die Schleife installiert werden soll;
- die Anwesenheit anderer Induktionsschleifen-Systeme in der Nachbarschaft, deren Signale diejenigen des geplanten Schleifensystems stören können.

ANMERKUNG Es existieren Methoden, um die Abstrahlung außerhalb einer Induktionsschleife zu vermindern. Man kann aber nicht davon ausgehen, dass früher installierte Systeme so konstruiert sind.

4.3 Verhältnis des magnetischen Feldstärkepegels an der Hörspule zum Schalldruckpegel am Mikrofon

Es wird angenommen, dass ein akustischer Schalldruckpegel von 70 dB und ein Langzeit-Mittelwert des magnetischen Feldstärkepegels $L_{eq,\ 60\ s}$ von -12 dB ref. 400 mA/m, d. h. 100 mA/m, an der Hörspule eines Hörgeräts denselben akustischen Ausgangspegels ergeben.

5 Verwendung von Beschallungsanlagen-Komponenten in Induktionsschleifen-Systemen

5.1 Allgemeines

Es mag wirtschaftlich attraktiv erscheinen, Signale für ein Induktionsschleifen-System von einer den gleichen Raum bedienenden Beschallungsanlage abzugreifen, jedoch kann dies technisch schwierig sein.

5.2 Mikrofone

Mikrofone für eine Beschallungsanlage sind nicht notwendigerweise an den Orten positioniert, die optimal dazu geeignet sind, ein möglichst von Umgebungsgeräusch und Nachhall freies Signal zu liefern. Daher ist es zur Beurteilung der Eignung unerlässlich, sich das Signal, vorzugsweise über qualitativ hochwertige Kopfhörer, anzuhören. Das sollte für alle von der Beschallungsanlage in den verschiedenen Betriebszuständen und Konfigurationen erzeugten Mikrofonsignale erfolgen.

5.3 Mischpulte

Das Signal für das Induktionsschleifen-System muss aus dem Mischpult an einer Stelle ausgekoppelt werden, an welcher der Pegel unabhängig vom Lautsprecher-Beschallungs-Signalpegel eingestellt wird.

5.4 Leistungsverstärker

Es ist möglich, ein geeignetes Signal vom Ausgang eines Leistungsverstärkers abzuleiten. Das funktioniert jedoch nur zufriedenstellend, wenn es einem Induktionsschleifen-Verstärker mit geeigneter Eingangsempfindlichkeit und -impedanz zugeführt wird, der eine automatische Verstärkungsregelung mit einem Regelbereich hat, welcher die Änderungen des Signalpegels der Beschallungsanlage hinreichend ausregeln kann.

Im Allgemeinen empfiehlt es sich nicht, aus dem Ausgangssignal einer Beschallungsanlage ein Signal zum direkten Anschluss einer Induktionsschleife abzuleiten. Solch eine Kopplung muss speziell an die elektrischen Eigenschaften der Beschallungsanlage und der Schleife angepasst werden.

6 Messgeräte und Prüfsignale

6.1 Messgeräte

6.1.1 Allgemeines

Aus historischen Gründen sind zwei verschiedene Bauarten von Messgeräten für die magnetische Feldstärke im Einsatz, und es ist nicht möglich, die Anwendung einer der Bauarten zu untersagen. Die Messergebnisse der beiden Bauarten sind nur für Sinussignale genau gleich, jedoch sind in den meisten Fällen die Abweichungen nicht so groß, dass dadurch gravierende Probleme entstehen. Diese Norm gibt die zu erwartenden Abweichungen für einige Fälle an. Im Zweifelsfall gilt das Messergebnis des in 6.1.3 festgelegten Messgerätes.

6.1.2 Anforderungen für beide Bauarten

Das Messgerät muss einen innerhalb von ± 1 dB flachen Verlauf des Frequenzganges im Bereich von 50 Hz bis 10 kHz aufweisen, der außerhalb dieses Bereiches mit mindestens 6 dB/Oktave abfällt. Eine A-Bewertung ist ebenfalls erforderlich. Der Frequenzgang im Messmodus „Frequenzbewertung A" muss innerhalb des Frequenzbereiches von 100 Hz bis 5 kHz einem Messgerät der Klasse 2 nach IEC 61672-1 entsprechen. Es können auch andere Funktionen, wie z. B. andere Bewertungskurven, vorgesehen werden.

6.1.3 Echt-Effektivwertmessgerät

Dieses Messgerät wurde aus einem Schallpegelmessgerät nach IEC 61672-1 abgeleitet, dessen Mikrofon durch eine magnetische Aufnahmespule mit einem Entzerrverstärker ersetzt wird. Das Gerät besitzt einen Echt-Effektivwertbildner mit einer Mittelungszeitkonstante von 125 ms im Modus „F".

Ein nützliches Zusatzmerkmal ist eine Anzeige der Spitzenwerthaltung (en: peak-hold).

6.1.4 Spitzenwert-Aussteuerungsmessgerät

Dieses Messgerät wurde aus dem in IEC 60268-10 festgelegten Spitzenspannungs-Aussteuerungsmessgerät des Typs 2 abgeleitet, indem er mit einer magnetischen Aufnahmespule versehen wurde. Zusätzlich wurde das ursprüngliche Drehspul-Zeigerinstrument durch eine zeitgemäße Anzeige (vorzugsweise eine Balkenanzeige) ersetzt.

Das Spitzenspannungs-Aussteuerungsmessgerät muss dynamische Kennwerte nach IEC 60268-10 aufweisen, d. h. eine Anstiegszeitkonstante von ungefähr 5 ms und eine Abfallzeitkonstante von ungefähr 1,0 s.

6.2 Prüfsignale – Allgemeines

Zum Einstellen und zur Messung des Pegels bei mittleren Frequenzen (im Zweifelsfall des über die 1-kHz-Oktave gemittelten Wertes) und des Frequenzganges der magnetischen Feldstärke können verschiedenartige Prüfsignale verwendet werden. Es sind jedoch nicht alle Signale für alle Zwecke geeignet, und die Eignung hängt vom Amplitudenfrequenzgang des Verstärkers im System ab (siehe IEC 62489-1). Tabelle 1 zeigt die Anwendungsbereiche der festgelegten Prüfsignale. Es ist das vom Hersteller des Verstärkers festgelegte Prüfsignal zu verwenden, es sei denn, der Gebrauch eines abweichenden Signals kann begründet werden.

Tabelle 1 – Anwendung der Signale

Abschnitts-Nr. und Messung in dieser Norm (wenn nicht anders spezifiziert)	Sinus-Signal	Rosa Rauschen	Simulierte Sprache	Bezugs-Sprache	Kombi-Signal	Andere Signale
IEC 62489-1 Amplitudenfrequenzgang	Ja	Nein	Nein	Nein	Ja	Nein
7.1 Magnetische Hintergrundgeräuschpegel	Nein	Nein	Nein	Nein	Nein	Ja (kein Signal)
8.2 Magnetische Feldstärke	Ja	Ja	Ja	Ja	Ja	Nein
8.3 Frequenzgang	Ja	Ja	Siehe Anmerkung zu 8.3.2	Nein	Nein	Nein
10.1 Inbetriebnahme des Systems	Nein	Nein	Nein	Ja	Nein	Ja (wirkliche Signale)

Die Anwendung eines Breitbandsignals und eines Breitband-Messgerätes zur Prüfung, ob die magnetische Bezugsfeldstärke erreicht wurde, erfordert ein spezielles Verfahren, um schwerwiegende Fehler zu vermeiden. Zuerst müssen die magnetischen Hintergrundgeräuschpegel gemessen werden, um sicherzustellen, dass ein ausreichender Signal-Stör-Abstand gegeben ist. Danach ist der Frequenzgang des angestrebten magnetischen Nutz-Feldes zu messen, nachdem der Verstärker auf einen möglichst flachen Verlauf des Frequenzganges des Magnetfeldes abgeglichen worden ist. Nach diesen Maßnahmen kann das Erreichen der magnetischen Bezugsfeldstärke kontrolliert werden.

Die Steller für die Frequenzgangcharakteristik sind so eingestellt, dass ein möglichst flacher Verlauf erreicht wird, andernfalls ist es möglich, dass die magnetische Bezugsfeldstärke bei 1 kHz nicht erreicht wird. Insbesondere in Räumen mit Stahlarmierung kann dies erhebliche Fehler verursachen. Weiterhin funktioniert dieses Verfahren bei unzureichendem Signal-Stör-Abstand, vor allem bei Vorhandensein starker Einzelkomponenten im Störgeräusch, unter Umständen nicht präzise.

6.3 Sprachsignale

6.3.1 „Live"-Sprachsignale

„Live"-Sprachsignale sind nur als Prüfsignal für die abschließende (Inbetriebnahme) Überprüfung der Funktion eines Induktionsschleifen-Systems geeignet. Sie sind jedoch ein wichtiges Werkzeug für die subjektive Beurteilung von Induktionsschleifen-Systemen.

6.3.2 Aufgezeichnetes Sprachmaterial

Unter kontrollierten Bedingungen aufgezeichnete und sowohl subjektiv als auch objektiv untersuchte Sprache kann für Prüfzwecke verwendet werden. Siehe auch B.2.1.

6.3.3 Simuliertes Sprachmaterial

6.3.3.1 Allgemeines

Simuliertes oder synthetisches Sprachmaterial enthält die Merkmale der Sprache wie Amplitude, Frequenzanteile und Zeitstruktur, ist aber nicht verständlich.

6.3.3.2 ITU-T P.50

ITU-T P.50 [2] enthält eine CD mit einer genormten Art synthetischer Sprache. Siehe auch B.2.2.

6.3.3.3 Bezugs-Sprachsignal

Das ISTS (en: International Speech Test Signal) [3] wird für objektive Messungen empfohlen. Es wurde von der EHIMA (en: European Hearing Instrument Manufacturers' Association) entwickelt und ist aus Aufzeichnungen von 21 Sprecherinnen mit sechs Muttersprachen (Amerikanisch, Englisch, Arabisch, Chinesisch, Französisch, Deutsch und Spanisch) zusammengestellt. Obwohl es auf Aufzeichnungen natürlicher Sprache beruht, ist es auf Grund der verwendeten Segmentation und Vermischung im Wesentlichen unverständlich. Die Analyse des fertigen Signals ergab, dass es im Vergleich zu den Originalaufzeichnungen bezüglich verschiedener Kriterien (darunter viele Zeit-, Frequenz- und Amplitudenverteilungen) vollständig repräsentativ war.

6.4 Rosa Rauschen

Das Signal muss bandbegrenzt sein, sein Verhältnis der Spitze-Spitze-Spannung (gemessen mit einem Oszilloskop) zum echten Effektivwert muss mindestens 18 dB (Scheitelfaktor = 4) betragen und sein Terzspektrum innerhalb von ± 1 dB von 100 Hz bis 5 kHz frequenzunabhängig sein.

Die Bandbegrenzung muss mittels eines Butterworth-Hoch- und -Tiefpasses mindestens dritter Ordnung erfolgen und −3 dB Absenkung bei 75 Hz und 6,5 kHz ergeben. Siehe auch B.2.3.

ANMERKUNG 1 Diese Festlegung dient dazu, sicherzustellen, dass das Prüfsignal das System in ähnlicher Weise wie normale Sprache anregt.

DIN EN IEC 60118-4:2018-08
EN 60118-4:2015 + EN IEC 60118-4:2015/A1:2018

ANMERKUNG 2 Die Grenzabweichung von ± 1 dB ist erforderlich, weil die theoretischen Frequenzcharakteristika der festgelegten Butterworth-Filter dritter Ordnung –0,8 dB bei 100 Hz und –0,7 dB bei 5 kHz betragen und Bauelemente-Toleranzen die exakten Werte beeinflussen. Dieser Effekt wird bei der Messung der Frequenzcharakteristik mit rosa Rauschen berücksichtigt.

6.5 Sinusförmiges Signal

Es sollten mindestens die drei Frequenzen 100 Hz, 1 kHz und 5 kHz (sequentiell, simultan oder beide Möglichkeiten) mit weniger als 2 % Gesamtklirrfaktor in einer Bandbreite von 20 kHz vorgesehen sein. Die Ausgangsspannung sollte in den Bereichen von 0 mV bis 10 mV und 0 V bis 1 V einstellbar sein (um für Prüfungen bei Mikrofon- und Line-Pegeln geeignet zu sein). Die Quellimpedanz des Ausgangs sollte 600 Ω oder kleiner sein.

Ein sinusförmiges Signal kann für die in 8.2 und 8.3 festgelegten Prüfungen verwendet werden, falls der Amplitudenfrequenzgang des Verstärkers (siehe IEC 62489-1) einen Bereich von Eingangsspannungen einschließt, für den der Ausgangsstrom proportional zur Eingangsspannung ist. Üblicherweise zeigen Verstärker mit automatischer Verstärkungsregelung solch einen Bereich. Verstärker mit Expansion oder komplexerer Signalverarbeitung können üblicherweise mit Sinus-Signalen nicht zufriedenstellend gemessen werden, was für den Amplitudenfrequenzgang und die bei 1 kHz erzeugte Feldstärke nicht gilt. Siehe auch 6.2.

6.6 Kombi-Signal

Das Kombi-Signal besteht aus geformten Tonbursts einer 1-kHz-Sinusschwingung, die sich mit rosa Rauschen im zeitlichen Verlauf abwechseln. Damit ist es für alle in dieser Norm festgelegten Messungen, die entweder das 1-kHz-Sinussignal oder rosa Rauschen voraussetzen, geeignet.

Der Pegel des 1-kHz-Sinussignals kann gemessen werden. Dabei wird, falls der Verstärker eine spitzenwertgeführte AGC hat, durch die geringeren Effektivwerte der rosa-Rausch-Segmente eine wesentlich geringere Erwärmung des Verstärkers ausgelöst. Das stellt für länger andauernde Messungen einen Vorteil dar.

Die Dauer des 1-kHz-Sinussignals beträgt mindestens 1 s, um sicherzustellen, dass alle in 5.1 festgelegten Messgeräte den richtigen Messpegel erreichen und vor dem Übergang ausreichend stabil für eine korrekte Ablesung des Messwertes sein können.

Die Dauer des rosa-Rausch-Signals muss im Verhältnis zum Sinussignal ausreichend lang sein (Verhältnis ≥ 4:1), damit die allgemeine Erwärmung des Verstärkers gering gehalten wird, während ausreichend viele Tonbursts des Sinussignals für Messzwecke zur Verfügung stehen.

Die Festlegungen für das Kombi-Signal sind in Tabelle 2 zusammengefasst.

Tabelle 2 – Festlegungen für das Kombi-Signal

Eigenschaft	Sinusförmiger Teil	Rosa-Rausch-Teil	Anmerkungen
Frequenz, kHz	1	Nicht anwendbar	
3-dB-Bandbreite, Hz	Nicht anwendbar	Siehe 6.4 und B.2.3	
Anstiegs- und Abfallzeiten, ms	5	Nicht anwendbar	Alle Übergänge zwischen den Signalen müssen an Nulldurchgängen erfolgen.
Relative Effektivwertpegel, dB	0	–6	Die Spitzenwerte des Sinus-Signals liegen 3 dB unter dem höchsten Spitzenwert des rosa Rauschens mit einem Scheitelfaktor von 4.
Dauer, s	≥ 1	≥ 4	Diese Minimalwerte dürfen überschritten, aber nicht unterschritten werden, und das Verhältnis von 4:1 darf nicht verringert werden.

7 Messung des magnetischen Hintergrundgeräuschpegels am Installationsort

7.1 Messverfahren

Messungen der magnetischen Hintergrundgeräuschpegel müssen A-bewertet erfolgen. Die Messwerte der magnetischen Feldstärke, gemessen mit einem in 6.1 festgelegten Messgerät mit einer Aufnahmespule, deren magnetische Achse vertikal verläuft (falls nicht anders festgelegt, siehe 8.1), sind als Pegel in dB, bezogen auf den Bezugswert des magnetischen Feldstärkepegels (siehe 3.1) anzugeben.

Das Induktionsschleifensystem, falls bereits installiert, ist auszuschalten. Alle anderen üblicherweise am Installationsort betriebenen Geräte sind jedoch einzuschalten. Dimmbare Lichtquellen sind auf halbe Leistung einzustellen. Der magnetische Hintergrundgeräuschpegel ist an einer ausreichend großen Zahl von Punkten im nutzbaren Bereich des magnetischen Feldes zu messen. Die Auswahl der Messpunkte kann nach dem Zufallsprinzip erfolgen, sie sollte aber von dem Bereich der Höhe der Nutzer (üblicherweise sollte eine Messhöhe von 1,2 m für sitzende und von 1,7 m für stehende Zuhörer verwendet werden), speziellen Anforderungen an die Sitze, der physikalischen Struktur des Einsatzortes und dem möglichen Einfluss von Metall oder Störsignalen bestimmt werden.

ANMERKUNG   Das Geräusch sollte angehört werden, um einen subjektiven Eindruck seines Spektrums und folglich des möglichen Störeffektes für den Zuhörer zu gewinnen.

7.2 Empfohlene Maximalwerte des magnetischen Störgeräuschpegels

Im Idealfall sollte die Differenz zwischen dem Bezugswert des magnetischen Feldstärkepegels und dem A-bewerteten magnetischen Hintergrundgeräuschpegel, welche aus Gründen der Übersichtlichkeit in dieser Norm als „Bezugs-Signal-Störgeräusch-Abstand" bezeichnet wird, größer als 47 dB sein. Dieser Wert ist an Situationen angepasst, in denen der ästhetische Wert der Sprache wichtig und der akustische Hintergrundgeräuschpegel sehr gering ist, z. B. in Theatern und ähnlichen Orten. So geringe Pegel des magnetischen (und akustischen – siehe Anmerkung 1) Störgeräusches können nicht immer vorgefunden werden.

ANMERKUNG 1 Hörgeräteträger sind gleichermaßen dem akustischen wie dem magnetischen Störgeräusch vor Ort ausgesetzt. Es ist üblicherweise nicht sinnvoll, einen magnetischen Störgeräuschpegel zu fordern, der, wenn die Auswirkung des Hörverlustes und die Hörbarkeit des akustischen Störgeräusches in Betracht gezogen werden, viel geringer als der vom Hörgeräteträger wahrgenommene akustische Störgeräuschpegel ist. Das gilt jedoch nicht, wenn die Anwender Gehörschutz tragen.

In Fällen, in denen die Kommunikation wichtiger als die ästhetischen Aspekte wird, kann ein höherer magnetischer Störpegel akzeptabel sein. Es sollte auch berücksichtigt werden, dass hohe magnetische Störgeräuschpegel ermüdend sein können und folglich nur dort toleriert werden sollten, wo die Kommunikation kurz und unerlässlich ist. Aus diesem Grund wird ein Signal-Störgeräusch-Abstand von mindestens 32 dB empfohlen. Falls der tatsächliche Wert 32 dB unterschreitet, muss dieser Umstand angegeben und mit dem Bediener des Systems abgesprochen werden, damit Abhilfemaßnahmen erwogen werden können.

Unter bestimmten Voraussetzungen könnte ein Signal-Störgeräusch-Abstand von 32 dB unannehmbar sein.

Falls jedoch das magnetische Störgeräusch keinen wesentlichen unerwünschten tonalen Charakter aufweist oder tieffrequent dominiert ist, kann ein höherer Störsignalpegel akzeptierbar sein. So kann z. B. sogar ein Bezugssignal-Störgeräusch-Abstand von 22 dB für kurze Zeiträume tolerierbar sein. Hier sollte der wirklich hörbare Störeffekt im Hinblick darauf beurteilt werden, ob sich gegenüber der Nichtverwendung eines Induktionsschleifen-Systems oder dem Einsatz einer alternativen Technologie (z. B. Infrarot oder Funk) ein Gesamtnutzen des Systems für Hörgeräteträger ergibt.

ANMERKUNG 2 Das funktioniert nur mit für Hörgeräteträger geeigneten Kopfhörern oder mit Zubehör, wie z. B. Funkmodulen, welche die Hörgeräte direkt mit einem elektrischen Eingangssignal versorgen. Bei Verwendung einer Halsschleife würde das magnetische Störgeräusch durch ein auf „T" geschaltetes Hörgerät aufgenommen werden.

8 Festzulegende Kennwerte, Messverfahren und Anforderungen

8.1 Allgemeines

Der Hersteller des Systems (und in einigen Fällen des Verstärkers allein) sollte diejenigen Kennwerte festlegen, die von der jeweiligen Installation unabhängig sind. Der Errichter sollte die Kennwerte messen, die von der Installation abhängig sind, und diese Ergebnisse dem Betreiber des Systems als Bezugswerte zur Verfügung stellen.

Die Messungen müssen mit einem Empfänger, bei dem die Achse der Aufnahmespule vertikal verläuft, durchgeführt werden, es sei denn, auf Grund einer besonderen Situation wird etwas anderes verlangt. Das kann in Gebetsstätten, Krankenhäusern und Erholungszonen der Fall sein, wo es vorkommen kann, dass Personen knien, sich nach vorn neigen oder auf dem Rücken liegen.

In diesen Situationen ist die Messung mit dem Messempfänger in der entsprechenden Ausrichtung durchzuführen. Die Empfehlungen für Hintergrundgeräuschpegel und die Anforderungen an die Feldstärke und den Frequenzgang bleiben gegenüber den Empfehlungen für ein normales System unverändert.

Die Pegel von Sprachsignalen und die magnetischen Störgeräuschpegel aus der Umgebung können über Zeiträume von mehreren Sekunden oder sogar Minuten variieren. Es ist wichtig, die Signalpegel lange genug zu beobachten, so dass solche Änderungen berücksichtigt werden können.

Während der Messungen muss das Induktionsschleifen-System unter den Bedingungen, die üblicherweise während der Nutzung vorliegen, betrieben werden. Andere netzbetriebene Installationen, wie z. B. die Beleuchtung, sind auf die üblicherweise während des Betriebs des Induktionsschleifen-Systems vorliegenden Bedingungen einzustellen.

Vor jeglicher Messung ist eine Aufwärmzeit von mindestens 10 min einzuhalten. Wenn der Eingangspegel des Systems verändert wird, muss die Regelzeit einer eventuell vorhandenen AGC-Schaltung, die mehrere zehn Sekunden betragen kann, berücksichtigt werden.

Die Eigenschaften der AGC variieren, was die Messergebnisse des installierten Schleifensystems beeinflussen kann. Falls die AGC-Eigenschaften des Verstärkers unbekannt sind, sollten die relevanten Messungen nach IEC 62489-1 zuerst ausgeführt werden.

Ein AGC-System erzeugt keine kurzzeitigen, nichtlinearen Verzerrungen und es ist nötig, zwischen Verstärkungsänderungen, die zum Konstanthalten des mittleren Signalpegels erforderlich sind, wobei die Verstärkung in kurzen Zeiteinheiten linear bleibt und durch spezielle Signalverarbeitung, welche das Spitzen-Mittelwert-Verhältnis ändert, erzeugen wirklichen Nichtlinearitäten des Übertragungsverhaltens zu unterscheiden. Ein ordnungsgemäß arbeitendes AGC-System ist nach allgemeiner Auffassung über kurze Zeitintervalle (Millisekunden) nicht nichtlinear.

Die Messverfahren mit den verschiedenen Signalen sind Alternativen: Es ist nur die Anwendung einer Methode erforderlich, aber die Ergebnisse der anderen Methoden können, wenn gewünscht, angegeben werden. Falls die Ergebnisse voneinander abweichen, gelten die vom Hersteller verwendeten oder empfohlenen in dieser Norm festgelegten Messverfahren.

8.2 Magnetische Feldstärke

8.2.1 Festzulegender Kennwert

Der Höchstwert der magnetischen Feldstärke, gemessen mit einem in 5.1 festgelegten Messgerät und durch eine Aufnahmespule mit vertikaler magnetischer Achse (falls nicht anders festgelegt – siehe 6.1), der vom System an wenigstens einem Punkt innerhalb des nutzbaren Bereiches des magnetischen Feldes erzeugt wird (siehe 8.4).

Die in 8.2.2 bis 8.2.5 beschriebenen Messverfahren beruhen auf der Verwendung eines Verstärkers, der eine „loop drive"-Verstärkungsstelle besitzt, welcher einer AGC-Stufe folgt. Sie sind NUR dazu vorgesehen zu

DIN EN IEC 60118-4:2018-08
EN 60118-4:2015 + EN IEC 60118-4:2015/A1:2018

zeigen, dass der Verstärker in der Lage ist, die geforderte magnetische Feldstärke zu erzeugen. Ist ein solcher Steller nicht vorhanden, ist dennoch nach den Anleitungen des Herstellers zu verfahren. Um zu ermitteln, ob das gesamte System in der Lage ist, die geforderte magnetische Feldstärke unter Verarbeitung der Signale der Mikrofone und jeglicher anderen Quelle(n) zu erzeugen, ist das in Abschnitt 10 beschriebene Verfahren notwendig.

8.2.2 Messverfahren mit simuliertem Sprachsignal

Das simulierte Sprachsignal nach 6.3.3 ist in den Verstärker einzuspeisen, und die Steller sind nach den Anweisungen des Herstellers so einzustellen, dass die in 8.4 festgelegten Anforderungen erfüllt werden.

8.2.3 Messverfahren mit rosa Rauschen

Das in 6.4 festgelegte rosa-Rausch-Signal ist in den Verstärker einzuspeisen, und die Steller sind nach den Anweisungen des Herstellers einzustellen, bis die in 8.4 festgelegten Anforderungen erfüllt werden.

8.2.4 Messverfahren mit Sinus-Signalen

Ein sinusförmiges Signal mit der Frequenz 1 kHz ist in den Verstärker einzuspeisen, und die Steller sind nach den Anweisungen des Herstellers einzustellen, bis die in 8.4.3 festgelegten Anforderungen erfüllt werden.

ANMERKUNG   Der Hersteller kann eine maximale Prüfdauer angeben, die ausreicht, um die Messung durchzuführen, aber keinen übermäßigen Temperaturanstieg im Verstärker zur Folge hat.

8.2.5 Messverfahren mit einem Kombi-Signal

Das in 6.6 festgelegte Kombi-Signal ist in den Verstärker einzuspeisen, und die Steller sind nach den Anweisungen des Herstellers einzustellen, bis die in 8.4 festgelegten Anforderungen erfüllt werden. Bei einem Messgerät mit 0,125 s Mittelungszeitkonstante ist eine Spitzenwerthaltung (en: peak hold feature) besonders nützlich.

8.2.6 Andere Messverfahren

Nicht anwendbar.

8.2.7 Anforderungen

Der Höchstwert des Magnetfeldes muss, gemessen mit einem Messgerät nach 6.1 und mittels eines Sinus-Prüfsignals (oder einem entsprechenden Kombi-Signal, siehe 6.6), 400 mA/m betragen. Wegen der in den meisten Verstärkern verwendeten spitzenwertgeführten AGC ergeben andere Signale in Abhängigkeit vom verwendeten Messgerät abweichende Messwerte.

Wenn der Hersteller die Verwendung eines Spitzenwert-Aussteuerungsmessers und eines nicht sinusförmigen Prüfsignals empfiehlt, muss der mit dem festgelegten Prüfsignal, welches die AGC-Schaltung vollständig aktiviert, erreichte Messwert der magnetischen Feldstärke angegeben werden. Dabei muss der Verstärker so eingestellt sein, dass er aus einem sinusförmigen Prüfsignal, welches seinerseits die AGC-Schaltung vollständig aktiviert, eine Feldstärke von 400 mA/m erzeugt, gemessen mit einem in 6.1 festgelegten Effektivwertmessgerät.

Typische Werte für die Feldstärken, die mit abweichenden Prüfsignalen erzeugt werden, wenn ein Verstärker mit spitzenwertgeführter AGC so eingestellt ist, dass er 400 mA/m mit einem sinusförmigen Signal erzeugt, sind in Tabelle 3 angegeben. Für Verstärker mit einer nicht spitzenwertgeführten AGC sind die Abweichungen häufig viel kleiner und können vernachlässigbar sein.

DIN EN IEC 60118-4:2018-08
EN 60118-4:2015 + EN IEC 60118-4:2015/A1:2018

Tabelle 3 – Typischerweise aus verschiedenen Prüfsignalen von einem Verstärker mit spitzenwertgeführter AGC erzeugte magnetische Feldstärken

Prüfsignal	Pegel, bezogen auf 400 mA/m dB	
	Effektivwert (unter Verwendung eines Messgerätes nach 6.1.3)	Spitzenspannungs-Aussteuerungsmessgerät (unter Verwendung eines Messgerätes nach 6.1.4)
Sinus (1 kHz)	0	0
rosa Rauschen (siehe 6.4)	-6	0
EHIMA ISTS Bezugs-Sprachsignal	0	0
Kombi-Signal	Als Sinus- und rosa-Rausch-Komponenten	0

Wegen der kurzen Mittelungszeit fluktuiert der durch rosa Rauschen oder simulierte (oder wirkliche) Sprache erzeugte Anzeigewert. Die Messung sollte ungefähr 60 s lang durchgeführt und der höchste Anzeigewert abgelesen werden (siehe auch B.3.1.2). Falls das Messgerät über eine Spitzenwerthaltung verfügt, gemessen mit der Mittelungszeit von 0,125 s, sollte diese Möglichkeit bevorzugt werden.

ANMERKUNG Es liegt in der Natur von Geräusch- und Sprachsignalen, dass Spitzen kurzer Dauer auftreten, welche den mit 0,125 s Mittelungszeit bestimmten Effektivwert beträchtlich überschreiten und ein Clipping des Signalstromes verursachen können. Es wurde gezeigt, dass ein derartiges Clipping, außer in sehr schweren Fällen, keinen signifikanten Einfluss auf die Sprachverständlichkeit hat. Siehe [4].

8.3 Frequenzgang des Magnetfeldes

8.3.1 Festzulegender Kennwert

Der Frequenzgang der magnetischen Feldstärke, gemessen durch eine Aufnahmespule mit vertikaler magnetischer Achse (falls nicht anders festgelegt, siehe 8.1).

8.3.2 Messverfahren mit simuliertem Sprachsignal

Es ist wie folgt vorzugehen.

a) Das simulierte Sprachsignal nach 6.3.3.3 ist in den Verstärker einzuspeisen, und die Steller sind nach den Anweisungen des Herstellers auf diejenigen Bedingungen, unter denen der Frequenzgang zu messen ist (siehe IEC 62489-1), einzustellen.
b) Das Terzspektrum der Signalquelle ist zu messen.
c) Das Terzspektrum des magnetischen Feldes ist an einer ausreichenden Anzahl von Punkten innerhalb seines nutzbaren Bereiches des Magnetfeldes zu messen.
d) Die Ergebnisse von b) sind von den Ergebnissen nach c) zu subtrahieren, um die Endergebnisse unabhängig vom Spektrum der Signalquelle zu machen.

ANMERKUNG Es ist recht schwierig, genaue Messungen des Frequenzganges unter Verwendung simulierter Sprache oder anderer Signale vergleichbarer Komplexität durchzuführen. Solche Signale sind eher für Forschungs- und Entwicklungszwecke geeignet als zur Inbetriebnahme von Induktionsschleifen-Anlagen.

8.3.3 Messverfahren mit rosa Rauschen

Es ist wie folgt vorzugehen.

a) Das rosa-Rausch-Signal nach 6.4 ist in den Verstärker einzuspeisen, und die Steller sind nach den Anweisungen des Herstellers auf diejenigen Bedingungen, unter denen der Frequenzgang zu messen ist (siehe Abschnitt C.4), einzustellen.
b) Das Terzspektrum der Signalquelle ist zu messen.

c) Das Terzspektrum des magnetischen Feldes ist an einer ausreichenden Anzahl von Punkten innerhalb seines nutzbaren Bereiches des Magnetfeldes zu messen.

d) Die Ergebnisse von b) sind von den Ergebnissen nach c) zu subtrahieren, um die Endergebnisse unabhängig vom Spektrum der Signalquelle zu machen.

Es sind Messungen mindestens in den Terzbändern um 100 Hz, 1 kHz und 5 kHz an einer ausreichenden Anzahl von Punkten innerhalb des nutzbaren Bereiches des Magnetfeldes durchzuführen (siehe 8.4). Vorzugsweise sollte eine Analyse der Veränderung des Frequenzganges innerhalb des Bereiches durchgeführt werden, dabei wird das Terzband um 5 kHz für die erste Prüfung empfohlen. Damit soll sichergestellt werden, dass durch leitfähige Metallstrukturen hervorgerufene Nebenverluste identifiziert werden.

8.3.4 Messverfahren mit Sinus-Signalen

Es ist wie folgt vorzugehen.

a) Das sinusförmige Prüfsignal nach 6.5 ist in den Verstärker einzuspeisen, und seine Steller sind nach den Anweisungen des Herstellers auf diejenigen Bedingungen einzustellen, unter denen der Frequenzgang zu messen ist (siehe Abschnitt C.4), so dass der Verstärker unterhalb der Ansprechschwelle der AGC arbeitet. Dabei ist auf die Angaben des Herstellers Bezug zu nehmen oder dieser Zustand nach IEC 62489-1 zu bestimmen.

ANMERKUNG 1   Dem Hersteller ist es freigestellt, die magnetische Feldstärke bei 1 kHz festzulegen, bei der die Messung durchgeführt wird.

ANMERKUNG 2   Die Anwendung dieses Verfahrens ist nur für Verstärker geeignet, die bei allen Eingangspegeln eine lineare Beziehung zwischen Ausgangsstrom und Eingangsspannung haben. Siehe Abschnitt C.4.

b) Die erzeugte magnetische Feldstärke ist zu messen.

c) Es sind Messungen mindestens bei 100 Hz, 1 kHz und bei 5 kHz an einer ausreichenden Anzahl von Punkten innerhalb des nutzbaren Bereiches des Magnetfeldes durchzuführen (siehe 8.4). Vorzugsweise sollte eine Analyse der Veränderung des Frequenzganges innerhalb des Bereiches durchgeführt werden, dabei wird eine Frequenz von 5 kHz als primäre Prüffrequenz empfohlen. Damit soll sichergestellt werden, dass durch leitfähige Metallstrukturen hervorgerufene Nebenverluste identifiziert werden.

8.3.5 Messverfahren mit einem Kombi-Signal

Es ist wie folgt vorzugehen.

a) Das Kombi-Signal nach 6.6 ist in den Verstärker einzuspeisen, und die Steller sind nach den Anweisungen des Herstellers auf diejenigen Bedingungen einzustellen, unter denen der Frequenzgang zu messen ist (siehe Abschnitt C.4).

b) Die Terzspektren der Signalquelle und des Magnetfeldes sind nach 8.3.3 b) bis d) ohne zusätzliche Langzeitmittelung unter Verwendung des in B.3.3 festgelegten Messgerätes zu bestimmen. Dabei sind die während der Sinusburst-Zeitabschnitte des Kombisignals erhaltenen Messwerte zu verwerfen.

8.3.6 Andere Messverfahren

Nicht anwendbar.

8.3.7 Anforderungen

Der Frequenzgang muss im Bereich von 100 Hz bis 5 000 Hz innerhalb von ± 3 dB, bezogen auf den Wert bei 1 kHz, liegen.

DIN EN IEC 60118-4:2018-08
EN 60118-4:2015 + EN IEC 60118-4:2015/A1:2018

8.4 Nutzbarer Bereich des magnetischen Feldes

8.4.1 Festzulegender Kennwert

Der Bereich, in dem die Anforderungen oder die Empfehlungen von Abschnitt 7, 8.2.7, 8.3.7 und 10.2.7 eingehalten werden.

8.4.2 Messverfahren

Siehe Abschnitt 7, 8.2, 8.3 und 10.2. Die Messungen sind an einer ausreichenden Anzahl von Punkten im vorhergesagten oder erforderlichen nutzbaren Bereich des magnetischen Feldes durchzuführen. Die Auswahl der Messpunkte sollte von dem voraussichtlichen Aufenthaltsort der Nutzer, ihrem Höhenbereich, speziellen Anforderungen an die Sitze, von der physikalischen Struktur des Einsatzortes und dem möglichen Einfluss von Metall oder Störsignalen bestimmt werden. Üblicherweise sollten die Messungen in einer Höhe von 1,2 m für sitzende Hörer und von 1,7 m für stehende Hörer durchgeführt werden.

8.4.3 Anforderungen

Die gemessenen Pegel der magnetischen Feldstärke müssen an den gewählten Messpunkten auf ± 3 dB mit dem in 8.2.7 festgelegten Pegel übereinstimmen. Das gilt nicht für Systeme mit kleinen Versorgungsbereichen, für welche eine größere Abweichung vertretbar ist. Siehe Abschnitt 9 und Anhang A. Bezüglich der anderen Kenngrößen gelten die in Abschnitt 7 gegebenen Empfehlungen sowie die in 8.3.7 und 10.2.7 festgelegten Anforderungen.

9 Systeme mit kleinen Versorgungsbereichen

9.1 Festlegung von Messpunkten

Für Systeme mit kleinen Versorgungsbereichen ist es möglich und notwendig, in dieser Norm die Positionen der Messpunkte für einige Anwendungen festzulegen. Aus diesem Grund werden Punkte sowohl für Behindertenschutzbereiche und ähnliche Positionen als auch Schalter-Systeme festgelegt. Wenn jedoch diese vorgeschlagenen Messpunkte in der Praxis nicht umsetzbar sind, kann das in 9.4 festgelegte Verfahren mit dem „nutzbaren Bereich des Magnetfeldes" angewendet werden, dessen Einzelheiten als Teil der vertragsgemäßen Anforderungen vereinbart werden sollten.

9.2 Behindertenschutzbereiche und ähnliche Meldestellen

Messungen müssen an den sechs in Bild 2 a) und b) festgelegten Punkten durchgeführt werden. Der Bezugspunkt (oder die Bezugslinie) ist diejenige Front- oder Oberfläche der Meldestelle, der Sprechanlage oder der Rufsäule, die dem Nutzer am nächsten liegt, und dies ist nicht notwendigerweise der Einbauort der Magnetfeldquelle.

Die halbkreisförmige Anordnung ist zweckmäßig für kleine Magnetfeldquellen und die rechteckige Anordnung zweckmäßiger für senkrechte Quellen oder im Fußboden angeordnete Schleifen. Für ein bestimmtes System darf nur eine der beiden Anordnungen verwendet werden.

ANMERKUNG   Ein Versatz (dargestellt als l_1 in Bild 2) zwischen dem Bezugspunkt (oder der Bezugslinie) und dem Einbauort der Magnetfeldquelle unterstützt eine gleichmäßige Feldverteilung in dem Bereich, in dem sich die Personen üblicherweise aufhalten.

DIN EN IEC 60118-4:2018-08
EN 60118-4:2015 + EN IEC 60118-4:2015/A1:2018

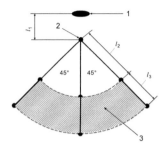

Legende

1 Magnetfeldquelle
2 Bezugspunkt
3 erwarteter Personenaufenthaltsbereich
l_1 Versatz
l_2 innerer Radius 300 mm
$l_2 + l_3$ äußerer Radius 500 mm

a) Magnetfeldquelle geringer Abmessungen

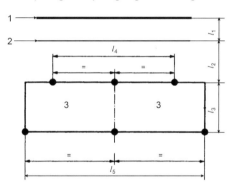

Legende

1 Magnetfeldquelle (senkrechte Schleife)
2 Bezugslinie
3 erwarteter Personenaufenthaltsbereich
l_1 Versatz
l_2 300 mm
l_3 200 mm
l_4 424 mm
l_5 700 mm

b) Magnetfeldquelle größerer Abmessungen

Bild 2 – Messpunkte in Behindertenschutzbereichen und an vergleichbaren Meldestellen

Die sechs Messpunkte sind sowohl bei 1,2 m als auch von 1,7 m gefordert (siehe Bild 3 b)), Messungen bei 1,45 m sind aber nicht erforderlich.

9.3 Schalter-Systeme

Messungen müssen an den sechs in Bild 3 a) und b) festgelegten Punkten durchgeführt werden. Der Bezugspunkt ist diejenige Front- oder Oberfläche des Schalters, die dem Nutzer am nächsten liegt. Das ist nicht notwendigerweise die Position der Magnetfeldquelle. Bei Schalter-Systemen gibt es häufig die Anforderung, ein Übersprechen zu einer benachbarten Schalterposition zu regeln. Die Regelung dieses Übersprechens ist wahrscheinlich ein wesentlicher Faktor bei der Gestaltung des Systems und kann so möglicherweise zu einem Kompromiss hinsichtlich des Ziels einer möglichst gleichmäßigen Feldverteilung in dem Bereich führen, in dem sich die Personen üblicherweise aufhalten.

ANMERKUNG 1   Es ist nicht erforderlich, das magnetische Übersprechen zwischen den Schalterpositionen auf ein Maß zu verringern, das unter dem vergleichbaren akustischen Übersprechen liegt. Eine Differenz von mehr als 20 dB zwischen vergleichbaren Positionen an den zwei Schaltern ist üblicherweise ausreichend.

ANMERKUNG 2   Die Grenzen des Bereiches, in dem sich die Personen üblicherweise aufhalten, können nicht genormt werden, da sie vom Grundriss des Gebäudes und von der Gestaltung des Schalters abhängig sind.

ANMERKUNG 3   Bei senkrechten Schleifen unterstützt ein Versatz (dargestellt als l_3 in Bild 3) zwischen dem Bezugspunkt und der Position der Schleife eine gleichmäßige Feldverteilung über den Bereich, in dem sich die Personen üblicherweise aufhalten, er verringert allerdings die Wirkung der Unterdrückung des Übersprechens zur benachbarten Schalterposition.

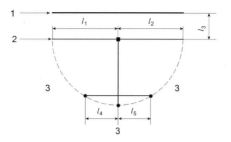

Legende

1 Magnetfeldquelle
2 Bezugslinie
3 erwarteter Personenaufenthaltsbereich (außerhalb des gepunkteten Halbkreises)
l_1 300 mm
l_2 300 mm
l_3 Versatz
l_4 150 mm
l_5 150 mm

a) Draufsicht

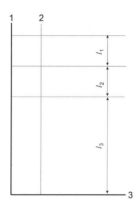

Legende

1 Magnetfeldquelle
2 Bezugslinie
3 Ebene des Fußbodens
l_1 250 mm
l_2 250 mm
l_3 1 200 mm

b) Seitenansicht

Bild 3 – Messpunkte für ein Schalter-System

Es sind Messungen an den drei in der Draufsicht dargestellten Punkten bei 1,2 m, 1,45 m und 1,7 m erforderlich.

9.4 Verfahren mit „nutzbarem Bereich des magnetischen Feldes"

Anforderungen auf der Grundlage eines nutzbaren Bereichs des magnetischen Feldes, wie in 8.4 festgelegt, dürfen an Stelle der Verfahren in 9.2 oder 9.3 angewendet werden, sofern vertraglich vereinbart. Der nutzbare Bereich des magnetischen Feldes muss festgelegt werden, und eine Reihe repräsentativer Messpunkte muss bestimmt werden, welche so verteilt sind, dass eine Erfüllung der Anforderungen in diesem Bereich (3-dimensionaler Raum) sichergestellt ist. Messungen müssen an repräsentativen Punkten erfolgen, deren Positionen mit den Messergebnissen zusammen aufgezeichnet werden müssen.

Es müssen mindestens die Anforderungen für mindestens eine Position in jeder in 9.2 und 9.3 festgelegten Höhe in dem Bereich erfüllt werden, in dem sich die Personen üblicherweise aufhalten.

Alle Anmerkungen in 9.2 und 9.3 gelten sofern anwendbar.

9.5 Anforderungen

Die magnetische Feldstärke, gemessen nach 8.2, muss an allen in 9.2, 9.3 und 9.4 festgelegten Messpunkten ± 6 dB ref. 400 mA/m betragen. An mindestens einem Punkt muss sie mindestens 0 dB ref. 400 mA/m betragen. Außerdem müssen die in 8.3.7 angegebenen Anforderungen an allen Messpunkten erfüllt werden.

Die magnetische Feldstärke darf in dem Bereich, in dem sich die Personen üblicherweise aufhalten, +8 dB ref. 400 mA/m nicht überschreiten.

ANMERKUNG 1   Diese hohe Feldstärke ist für eine einfache senkrechte Schleife mit zweckmäßigen Abmessungen unvermeidbar. Falls das Signal zu laut oder verzerrt ist, kann sich der Nutzer ein kleines Stück weiter von der Magnetfeldquelle wegbewegen.

ANMERKUNG 2   Siehe Abschnitte 4 und 7, welche die Pegel von magnetischen Hintergrundgeräuschen behandeln. Die Festlegung einer Anforderung ist nicht zweckmäßig, weil dies die Bereitstellung eines Systems, das den Nutzern zumindest eine Hilfestellung geben würde, ausschließen könnte.

10 Einrichten (Inbetriebnahme) des Systems

10.1 Verfahren

Das Verfahren zur Inbetriebnahme muss eine Prüfung mit den Schallquellen (Sprecher usw.) in ihren üblichen Positionen in Bezug auf das (die) Systemmikrofon(e) und mit allen anderen Quellen, wie z. B. CD-Abspielgerät, einschließen. Es sind Messungen durchzuführen, um zu überprüfen, dass die Regler des Verstärkers usw. so eingestellt sind, dass die in 8.2.2 festgelegte magnetische Feldstärke erreicht wird. Falls der Verstärker einen vor der AGC-Stufe angeordneten Verstärkungsregler und eine Anzeige für die Funktion der AGC hat, ist es üblicherweise ausreichend, den Regler so einzustellen, dass die vom Hersteller angegebene Anzeige erreicht wird. Das in 6.3.3.3 festgelegte Bezugs-Sprachsignal kann ebenfalls für eine eher objektivere Prüfung verwendet werden, jedoch sollte es, wie in allen Fällen, nicht erforderlich sein, den „Schleifentreiber"-Regler des Verstärkers (Verstärkungsregler nach der AGC-Stufe) einzustellen. Bei der Erst-Einrichtung eines Systems oder nach umfangreichen Änderungen ist es von Vorteil, wenn einige Hörgeräteträger vor Ort sind, um die Übereinstimmung der subjektiven Ergebnisse mit den Messungen zu überprüfen. Es ist wichtig, dass die ordnungsgemäße Funktion ihrer Hörgeräte überprüft wird und dass sichergestellt ist, dass sie wirklich verstehen, was sie hören sollen. Es ist unerlässlich, dass die geschulte(n) Person(en), wie in Abschnitt E.5 festgelegt, vor Ort sind und dabei diejenigen Empfänger verwenden, die für die bestimmungsgemäße Überprüfung des Systems vorgesehen sind.

ANMERKUNG   Manche Hörgeräteträger stellen ihre Lautstärkeregler viel zu hoch, und einige ältere Hörgeräte neigten dazu, bei einer ziemlich geringen Feldstärke zu übersteuern. Wenn zwischen den Hörgeräteträgern signifikante Abweichungen hinsichtlich der Meinung zur Leistung des Systems beobachtet werden, kann es erforderlich sein, die Einstellungen der Hörgeräte zu überprüfen.

10.2 Anforderungen

Der Höchstwert der mit dem Bezugs-Sprachsignal (siehe 6.3.3.3) erhaltenen magnetischen Feldstärke, gemessen mit einem in 6.1. festgelegten Messgerät, muss üblicherweise 400 mA/m betragen.

Für das Bezugssignal und alle in der Praxis vorkommenden Schallquellen ist der Messwert sowohl von den Kenngrößen der AGC-Schaltung als auch von der Signalquelle selbst abhängig, was dazu führt, dass die gemessenen Effektivwert-Pegel wahrscheinlich von der Zielgröße abweichen. Unter der Voraussetzung, dass die Messzeit ausreichend lang ist, um „echte" Höchstpegel abzulesen, sollte das System üblicherweise ± 3 dB ref. 400 mA/m (283 mA/m bis 566 mA/m) erreichen.

Wenn eine Feldstärke von 400 mA/m ± 3 dB mit in der Praxis vorkommenden Signalen nicht erreicht wird, muss die Messung unter Verwendung des nach 6.3.3.3 festgelegten Signals wiederholt werden. Wird die Anforderung dann immer noch nicht eingehalten, müssen die Systembeschreibung und das in 4.1 angegebene Einrichtverfahren überarbeitet werden, um festzustellen, ob das System als Ganzes und der Verstärker ordnungsgemäß festgelegt worden sind.

10.3 Übersteuerung des Verstärkers beim oberen Grenzwert der höchsten Leistungsbandbreite

10.3.1 Erläuterung

Falls zum Ausgleich der Verluste durch Metall eine Frequenzgangkorrektur im Verstärker durchgeführt wird, kann es vorkommen, dass der Verstärker zwar in der Lage ist, die erforderliche höchste magnetische Feldstärke bei 1,0 kHz zu erzeugen, aber bei einer höheren Frequenz möglicherweise übersteuert (in Bezug auf die Ausgangsspannung oder die Stromfestigkeit).

Die höchste für das System erforderliche Leistungsbandbreite ist abhängig vom Signal, das in der Anwendung zu verwenden ist. Bei Sprachsignalen wird der obere Grenzwert im Allgemeinen mit 1,6 kHz angenommen. Bei Systemen, die für die Wiedergabe von Musik ausgelegt sind, muss diese Zahl möglicherweise erhöht werden. Bei Systemen, die nur für einen kurzen oder vorübergehenden Gebrauch ausgelegt sind (und somit Ermüdung kein Faktor ist), ist möglicherweise 1,25 kHz ausreichend.

Diese Prüfung dient der Bewertung des Vermögens bei der Bereitstellung in der Praxis vorkommender Programmsignale, jedoch führt eine einfache Prüfung unter Verwendung eines sinusförmigen Signals dazu, dass der Verstärker einen ungewöhnlich hohen Strom über seine Stromversorgung aufnimmt, und wird deshalb als nicht zweckmäßig erachtet. Eine Prüfung mit einem verringerten Strom bei etwa dem doppelten der gewünschten höchsten Netzfrequenz ergibt repräsentativere Ergebnisse, da sich daraus eine realistischere Stromstärke der Stromversorgung ergibt.

10.3.2 Prüfverfahren

Der Pegel eines eingespeisten sinusförmigen Signals bei 1,0 kHz ist so einzustellen, dass an einem bestimmten Punkt eine magnetische Feldstärke 7 dB unter dem geforderten Zielwert erreicht wird. Dieses Signal ist nur für die kürzestmögliche Dauer einzuschalten, um eine Überhitzung des Verstärkers zu vermeiden. Die Spannung über der Schleife ist zu messen. Die Eingangsfrequenz ist zu erhöhen, ohne dabei ihren Pegel zu ändern, bis sich die Spannung über der Schleife verdoppelt hat oder die entsprechende in Tabelle 4 festgelegte Prüffrequenz erreicht wurde, es gilt die höhere Frequenz.

ANMERKUNG 1   Die magnetische Feldstärke wird gewollt durch die Frequenzgangkorrektur erhöht.

ANMERKUNG 2   Die Verringerung des Pegels von 7 dB wird verwendet, um zu verhindern, dass Systeme an der Schwelle zum Clipping (de: Höchstwertbegrenzung) die Prüfung nicht bestehen.

Tabelle 4 – Programm-Material und Prüffrequenz

Typisches Programm-Material eines Systems	Oberer Frequenzgrenzwert der höchsten Leistungsbandbreite	Prüffrequenz
Sprache, vorübergehender Gebrauch, z. B. Systeme mit kleinen Versorgungsbereichen	1,25 kHz	2,5 kHz
Sprache (Voreinstellung)	1,6 kHz	3,15 kHz
Musik	2,0 kHz	4,0 kHz

Zur Überprüfung auf Übersteuerung des Verstärkers ist eine der folgenden Prüfungen anzuwenden:

– Kontrolle der „Clipping-Anzeige" am Verstärker, sofern vorhanden;
– Vergleichen der gemessenen Ausgangsspannung mit dem festgelegten Wert des Herstellers unter der Voraussetzung, dass dieser als „Vergleichsspannung" nach IEC 62489-1 festgelegt ist;
– Untersuchen der Wellenform des Ausgangsstromes mit einem Oszilloskop auf Anzeichen von Clipping. Dies wird möglicherweise alternativ als erheblicher Anstieg der Gesamt-Oberschwingungsverzerrung (THD) (en: total harmonic distortion) erfasst, da die Eingangsfrequenz auf die Prüffrequenz erhöht wird.

ANMERKUNG 3   Die Wellenform der Spannung eignet sich für eine Untersuchung, weil bei einer hohen Impedanz der Schleife in der Wellenform des Stroms möglicherweise kein Clipping sichtbar ist. Bei der Spannungsmessung ist zu beachten, dass wahrscheinlich keine Seite des Verstärkerausgangs auf Erdpotential liegt. Bei einigen tragbaren Messsystemen ist möglicherweise ein Dämpfungsglied erforderlich, um die Spannung zu messen oder anzuzeigen.

Nach Abschluss der Prüfung ist das Prüfsignal abzuschalten und der Pegel auf die vorherigen 0 dB zurückzustellen, wie in Abschnitt 8 ermittelt.

10.3.3 Anforderungen

Bei der in Tabelle 4 festgelegten anwendbaren Prüffrequenz und dem in 10.3.2 festgelegten Pegel darf kein Clipping auftreten.

10.4 Vom System verursachter magnetischer Störgeräuschpegel

10.4.1 Begriffserklärung

Magnetische Feldstärke, gemessen durch eine Aufnahmespule mit vertikaler magnetischer Achse (sofern nicht anders festgelegt, siehe 8.1), die sich durch die Überlagerung der Hintergrund-Störfelder und des durch das Verstärker-Rauschen verursachten Störfeldes ergibt, wobei alle Signaleingänge stummgeschaltet sind.

ANMERKUNG   Dieser Wert kann erst nach Abschluss des restlichen Inbetriebnahmeverfahrens ordnungsgemäß gemessen werden.

10.4.2 Messverfahren mit Sprachsignal

Nicht anwendbar.

10.4.3 Messverfahren mit rosa Rauschen

Nicht anwendbar.

10.4.4 Messverfahren mit sinusförmigem Signal

Nicht anwendbar.

10.4.5 Messverfahren mit Kombi-Signal

Nicht anwendbar.

10.4.6 Messverfahren – Andere (kein Eingangssignal)

Die magnetische Feldstärke ist, wie in Abschnitt 7 festgelegt, A-bewertet an einer ausreichenden Anzahl von Punkten innerhalb des nutzbaren Bereiches bei eingeschaltetem System und Stummschaltung aller Signaleingänge zu messen.

ANMERKUNG   Bei Auskopplung des Signals aus einer Beschallungsanlage wird die Stummschaltung an den Eingängen der Beschallungsanlage durchgeführt.

10.4.7 Anforderungen

Wenn der Bezugssignal-Störgeräusch-Abstand, gemessen nach 7.2, größer als 47 dB ist, darf der magnetische Feldstärkepegel an jedem Punkt bei eingeschaltetem System –47 dB nicht überschreiten. Wenn der Bezugssignal-Störgeräusch-Abstand unter 47 dB liegt, darf der magnetische Feldstärkepegel an jedem Punkt bei eingeschaltetem System denjenigen bei ausgeschaltetem System nicht um mehr als 1 dB überschreiten.

Anhang A
(informativ)

Systeme mit abgegrenzten Versorgungsbereichen

A.1 Einleitung

Oft besteht die Forderung, einem Hörgeräteträger ein Induktionsschleifensignal unter speziellen Umständen zur Verfügung zu stellen. Letztere können üblicherweise in drei Hauptkategorien unterteilt werden.

A.2 Am Körper getragene Audiosysteme

Am Körper getragene Systeme verwenden im Allgemeinen eine Halsschleife, die im Wesentlichen aus einer kleinen Schleife mit mehreren Windungen besteht, die wie eine Kette um den Hals getragen wird. Diese Schleifen werden im Allgemeinen durch das für einen normalen Kopfhörer gedachte Ausgangssignal von herkömmlichen Audiogeräten betrieben, oder sie werden an Mobiltelefone angeschlossen. Die Position der Aufnahmespule im Hörgerät kann üblicherweise einfach eingestellt werden, so dass der Ort des Hörbereiches, in dem die Funktion gemessen werden kann, einfach definiert ist. Meist kann eine den Definitionen in dieser Norm entsprechende Funktion erwartet werden. Siehe auch IEC 62489-1.

A.3 Versorgte, kleine Sitzbereiche, vor allem in Wohnungen

Ein solches System mit kleinem Versorgungsbereich, oft in Wohnungen, kann entweder eine Halsschleife, ein spezielles Kissen, auf dem der Hörer sitzt, oder eine im Stuhl des Nutzers eingebaute Schleife sein. In diesen Fällen wird die Schleife meist durch einen kleinen dedizierten Verstärker gespeist. Bei Kissen und in Stühle eingebauten Schleifen sollte die Position des Kopfes des Hörers berücksichtigt werden, die stark von der Körperhöhe des Nutzers beeinflusst wird. Meist kann eine den Definitionen in dieser Norm entsprechende Funktion erwartet werden. Manchmal können an den Grenzbereichen des Bewegungsraumes des vom Nutzer getragenen Hörgerätes die Anforderungen an die Feldstärke nicht eingehalten werden.

A.4 Spezielle Orte wie z. B. Hilfe- und Informationspunkte, Ticket- und Bankschalter usw.

Informationspunkte und ähnliche Einrichtungen werden oft an vielen festen Orten verwendet. Der örtliche Hörbereich ist häufig schwer zu definieren, da es erforderlich ist, bei der Installation verschiedene Kopfhöhen der Hörer zuzulassen, die für ein Kind 1 m, 1,2 m für einen Rollstuhlfahrer und bis 1,7 m für eine große Person betragen können. In horizontaler Richtung sind erhebliche Verschiebungen von der Optimalposition wahrscheinlich. Weiterhin ist es in dieser Situation leicht möglich, dass sich erhebliche Mengen von Metall in der Nähe befinden. Das führt zu Schwierigkeiten beim Erreichen einer guten Funktion des Systems, und die Anforderungen an Hintergrundgeräusche (oft durch Computer erzeugt), Signalstärke und Frequenzgang sollten mit Scharfblick interpretiert werden. Dabei sollte berücksichtigt werden, dass ein System, das unter den gegebenen Einschränkungen so gut wie möglich funktioniert, im Allgemeinen besser als gar kein System ist.

Schleifen für Schalter-Systeme gibt es in verschiedenen Größen und Anordnungen, und Schleifen, die sich dreidimensional erstrecken, sind analytisch schwer zu behandeln. Eine senkrechte Schleife ist üblicherweise leicht zu installieren, jedoch ist ihre Feldverteilung weit vom Idealfall entfernt. Sie weist einen großen Bereich mit geringer Feldstärke auf, der sich um die waagerechte Achse konzentriert, wie in Bild A.1 für eine typische quadratische 70-cm-Schleife gezeigt wird.

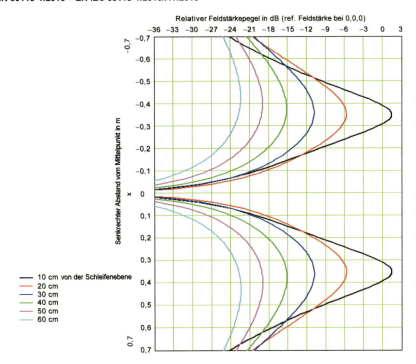

Bild A.1 – Feldverteilung einer senkrechten Schleife

Da der Bereich der Hörhöhe um 50 cm liegt, kann aus obigem Bild abgelesen werden, dass sich ein optimaler Bereich der Feldstärke, unter Berücksichtigung ihrer Veränderung als Funktion des Abstands zur Schleife, von ungefähr 12 cm bis 62 cm über dem Mittelpunkt der Schleife erstreckt. (Man beachte, dass sich der Schleifenleiter 35 cm über dem Mittelpunkt befindet, so dass die obere Keule der in Bild A.1 gezeigten Feldverteilung, die das Feld außerhalb der Schleife beinhaltet, betrachtet wird.) Das bedeutet, dass sich der Mittelpunkt der Schleife 108 cm und damit die untere Kante 73 cm und die obere Kante 143 cm über dem Fußboden befinden sollten. Mit gleicher Wirkung kann der Mittelpunkt der Schleife 182 cm über dem Fußboden angeordnet werden; in diesem Fall wird die untere Keule der Feldverteilung betrachtet.

ANMERKUNG Die beschriebenen Positionen gelten für eine quadratische 70-cm-Schleife. Für andere Abmessungen können die optimalen Schleifenpositionen aus einem dem in Bild A.1 gezeigten vergleichbaren Feldverteilungsmuster bestimmt werden.

Bild A.2 zeigt, dass die beschriebene Anordnung hinsichtlich der seitlichen Feldabdeckung unproblematisch ist. Die Maße sind in Meter angegeben, und eine invertierte Darstellung zeigt, dass dies für die vorbeschriebene Anordnung gilt.

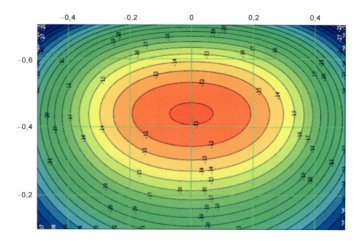

Bild A.2 – Umrissdarstellung der Feldstärke einer senkrechten Schleife

Die Darstellung gilt für eine Schleife mit den Maßen 70 cm × 70 cm bei einem Abstand von 0,3 m. Der Feldstärkepegel ist bezogen auf den Pegel im Mittelpunkt der Schleife und in der Schleifenebene dargestellt.

Die Messhöhen von 1,2 m und 1,7 m beziehen sich auf die Nutzer, nicht auf das System, und lassen sich demnach in gleicher Weise auf Schalter-Systeme anwenden. Hier sind jedoch zusätzliche Messungen in einer Höhe von 1,45 m unerlässlich, da eine schlecht entworfene Installation dort eine Nullstelle haben kann. In dieser Höhe darf der Feldstärkepegel ref. 400 mA/m an einigen Messpunkten bis zu, aber nicht mehr als +12 dB erreichen.

Für die Punkte in der Draufsicht ist bei Schalter-Systemen eine weniger strenge Anforderung angemessen, weil sich in einer Schutzzone höchstwahrscheinlich mehrere Personen aufhalten, die alle etwas hören wollen, während bei einem Schalter-System im Idealfall nur eine einzige Person in der Lage sein sollte, über die Induktionsschleife zu hören.

Anhang B
(informativ)

Messgeräte

B.1 Einleitung

Um das Ziel der Norm zu erreichen – sicherzustellen, dass Induktionsschleifen-Systeme ordnungsgemäß konstruiert, installiert und eingestellt werden –, ist es erforderlich, die Empfehlungen für die technischen Anforderungen an Messgeräte so einfach wie möglich zu halten. Der Grund dafür ist, dass die Funktion vieler Installationen wahrscheinlich nicht gemessen wird, wenn nur kostspielige Geräte verwendet werden dürfen. Der Status einer Empfehlung ist, dass ein Grund erforderlich ist, damit sie nicht eingehalten wird.

B.2 Signalquellen

B.2.1 Wirkliche Sprache

Die empfohlenen Signalquellen sind CD-Aufnahmen von Sprache, die ohne Datenkompression angefertigt wurden. Andere Quellen dürfen verwendet werden, falls angegeben. Es sollte dabei allerdings berücksichtigt werden, dass erhebliche Unterschiede zwischen den Ergebnissen mit verschiedenen Sprachsignalen auftreten können.

Wenn aufgezeichnete Sprache verwendet wird, sollte die Aufnahme mit geeigneten Geräten wiedergegeben werden, deren Ausgangsspannung in den Bereichen von 0 mV bis 10 mV und von 0 V bis 1 V eingestellt werden kann. Die Quellimpedanz des Ausgangs sollte 1 000 Ω oder weniger betragen.

Falls Quellen mit ortsüblicher Sprache genutzt werden, sollten verschiedene Sprachbeispiele geprüft werden, damit die Unterschiede zwischen den Sprechern die Messungen nicht ungültig machen.

B.2.2 Simulierte Sprache

Die empfohlenen Signalquellen sind folgende.
- Die als Ergänzung zur Norm ITU-T P.50 beigefügte CD-Aufnahme. Hier sollte die Sprache des männlichen Sprechers verwendet werden.
- Das Bezugs-Sprachsignal (ISTS). Siehe 6.3.3.3.

Die Aufnahme sollte mit geeigneten Geräten wiedergegeben werden, deren Ausgangsspannung in den Bereichen von 0 mV bis 10 mV und von 0 V bis 1 V eingestellt werden kann. Die Quellimpedanz des Ausgangs sollte 1 000 Ω oder weniger betragen.

B.2.3 Rosa Rauschen

Die Quelle sollte rosa Rauschen erzeugen mit einem Verhältnis der Spitze-Spitze-Spannung (gemessen mit einem Oszilloskop) zum Effektivwert von mindestens 8, einem innerhalb von ± 1 dB frequenzunabhängigen Terzspektrum von 100 Hz bis 5 kHz und so bandbegrenzt, dass der Abfall bei 75 Hz und 6,5 kHz jeweils mindestens −3 dB beträgt. Die Ausgangsspannung sollte in den Bereichen von 0 mV bis 10 mV und von 0 V bis 1 V eingestellt werden können. Die Quellimpedanz des Ausgangs sollte 1 000 Ω oder weniger betragen.

Die Filter sollten mindestens dritter Ordnung sein; ein derartiges aktives Filter erfordert eine Operationsverstärker-Stufe. Die Bandbegrenzung ist so festgelegt, dass das Signal die AGC-Systeme in ähnlicher Weise wie Sprache ansprechen lässt.

B.2.4 Sinus-Signale

Siehe 6.5.

B.3 Messgeräte für die magnetische Feldstärke

B.3.1 Allgemeine Empfehlungen

B.3.1.1 Aufnahmespule für das Magnetfeld

Die Aufnahmespule sollte eine Querschnittsfläche von weniger als 100 mm^2 haben. Die axiale Länge der Spule sollte größer als der mittlere Durchmesser sein. Ihre Position im Messgerät und die Richtung ihrer maximalen Empfindlichkeit sollten eindeutig gekennzeichnet sein.

B.3.1.2 Messbereich und Anzeige

Der Messbereich, welcher zur Erhöhung der Auflösung in zwei oder mehr Unterbereiche unterteilt werden kann, sollte im Idealfall von −62 dB bis +8 dB, bezogen auf 400 mA/m, reichen. Für viele Zwecke ist jedoch ein Bereich von −52 dB bis +8 dB ausreichend, welcher mittels frei verfügbarer preiswerter Geräte gemessen werden kann. Für beide empfohlenen Bauarten beziehen sich die Empfehlungen für die Messbereiche und demzufolge die Markierungen der Anzeige auf Effektivwerte eines sinusförmigen Signals. Die Auflösung sollte im Pegelbereich von −3 dB bis +6 dB, bezogen auf 400 mA/m, ± 1 dB oder besser sein. Die Messgeräte sollten so kalibriert sein, dass sie in einem sinusförmigen magnetischen Feld bei 1 kHz mit einem Effektivwert der Feldstärke von 400 mA/m einen Wert von 0 dB anzeigen.

Die Anzeige kann mit Hilfe eines Drehspul-Messgerätes, einer LED-Punkt- oder -Balkenanzeige oder eines LED- bzw. LCD-Digitaldisplays erfolgen. Eine Funktion zur „Spitzenwerthaltung" (en: peak hold feature) kann vorgesehen sein. In diesem Fall können die gemessenen „gehaltenen Spitzenwerte" ungefähr 2 dB größer als die über 60 s gemittelten Werte (siehe 8.2.7) sein. Eine Voreinstellung des Messbereiches kann vorgesehen sein (siehe Anhänge E und F).

B.3.1.3 Externe Anschlüsse

Es sollten ein oder mehrere Ausgänge zum Anschluss von Kopfhörern und anderen Messgeräten, wie z. B. eines Spektrumanalysators, vorgesehen sein. Der Kopfhörerausgang sollte den entsprechenden Anforderungen von IEC 61938 [5] genügen, siehe jedoch auch Abschnitt E.5. Für externe Messgeräte ist üblicherweise eine Ausgangsspannung von etwa 1 V (Effektivwert) bei maximaler Pegelanzeige geeignet. Die Quellimpedanz sollte 1 000 Ω oder geringer sein. Der Anschluss einer Last nach den Spezifikationen des Messgerätes sollte keine größere Änderung des Messwertes als 0,2 dB verursachen.

B.3.2 Spitzenspannungs-Aussteuerungsmessgerät-Typ

Der Spitzenspannungs-Aussteuerungsmessgerät-Typ kann ein speziell entwickeltes Instrument sein. Er sollte einen Vollwellen-Spitzenwert-Gleichrichter beinhalten, der dynamische Kennwerte entsprechend dem Typ-2-Messgerät nach IEC 60268-10 aufweist.

Vereinfachte Spezifikationen für die dynamischen Eigenschaften, abgeleitet aus IEC 60268-10, sind:

- Ein 10-ms-Ton-Burst bei 5 kHz sollte einen Anzeigewert von −2 dB ± 1 dB unter dem Anzeigewert eines kontinuierlichen 5-kHz-Sinussignals erzeugen;

- die Zeit zwischen dem Abschalten eines 1-kHz-Sinussignals, das einen Anzeigewert von 0 dB verursacht, und der Anzeige von −20 dB muss 2,3 s ± 0,5 s sein. Falls die Anzeige kein Drehspulinstrument ist, kann dies durch die Messung des Zeitverlaufes einer entsprechenden internen Spannung im Messgerät mit einem Speicheroszilloskop bestimmt werden.

B.3.3 Echt-Effektivwertmessgerät

Das Echt-Effektivwertmessgerät kann ein spezielles Messgerät oder ein Schallpegelmesser sein, dessen Mikrofon durch eine magnetische Aufnahmespule mit einem Entzerrer, der einen im Wesentlichen frequenzunabhängigen Verlauf im unbewerteten Messmodus bewirkt, ersetzt wird. Es ist erforderlich, dass das Messgerät einen echten Effektivwertbildner enthält und die entsprechenden Anforderungen an einen Schallpegelmessgerät der Klasse 2 nach IEC 61672-1, außer wie in B.3.1.2 festgelegt, erfüllt.

B.4 Kalibrator für den Feldstärkepegelmesser

Ein Kalibrator sollte ein Magnetfeld mit einem Effektivwert der Feldstärke von 400 mA/m bei 1 kHz in einem Bereich erzeugen, der genügend groß ist, die gesamte Aufnahmespule des Messgerätes, für das sie vorgesehen ist, zu umschließen. Es sollten zusätzlich die Frequenzen 100 Hz und 5 kHz vorgesehen sein, um die Überprüfung auch bei diesen Frequenzen zu ermöglichen. Siehe auch Anhang F.

B.5 Spektrumanalysator

Ein Spektrumanalysator sollte eine Terz-Analyse mindestens über einen Frequenzbereich von 100 Hz bis 5 kHz ermöglichen. Die Eigenschaften der Filter sollten den Festlegungen in IEC 61260 [6] entsprechen.

Ist der Spektrumanalysator Teil des Feldstärkemessers, so müssen nur Filter mit den Mittenfrequenzen 100 Hz, 1 kHz und 5 kHz vorgesehen sein. Zusätzliche Filter ermöglichen eine bessere Analyse der Systemfunktion bei der Einschätzung von Verlusten durch Metall.

Anhang C
(informativ)

Bereitstellung von Informationen

C.1 Allgemeines

Die folgenden Anforderungen sollen sicherstellen, dass der Nutzer des Systems, die für die Installation und/oder den Betrieb der Geräte Verantwortlichen und die Hersteller der Geräte adäquate Informationen bereitstellen, um sicherzustellen, dass die Induktionsschleifen-Systeme entsprechend den Festlegungen dieser Norm arbeiten.

Der Errichter einer Anlage sollte mindestens die folgenden Informationen bereitstellen.

C.2 Informationen für den Hörgeräteträger

In einer gut sichtbaren Position sollte in der Nähe des Einganges (oder der Eingänge, falls es mehrere gibt), zu dem Bereich, in dem eine Induktionsschleife installiert ist, ein Zeichen angebracht sein. Es muss von ausreichender Größe sein, um leicht erkannt zu werden, und aus dauerhaftem Material gefertigt sein. Ein Beispiel für ein solches Zeichen ist in Bild C.1 gegeben. Das gleiche Symbol sollte für die Kennzeichnung einer induktiven Kopplungsmöglichkeit an Telefonhörern verwendet werden.

Ein Plan, welcher den Bereich des Magnetfeldes anzeigt, sollte in der Nähe des Zeichens platziert oder in das Zeichen selbst integriert werden.

Der Name oder die Stellung der für die ordnungsgemäße Funktion des Schleifensystems verantwortlichen Person und eine Möglichkeit der Kontaktaufnahme sollten ebenfalls angegeben sein.

Bei Systemen mit abgegrenzten Versorgungsbereichen, z. B. Schalter mit Fenstern, sollte ein Zeichen an der Stelle, an welcher der Hörgeräteträger sich üblicherweise aufhält, angebracht sein. Es wird empfohlen, dass die Empfangsposition(en) auf dem Fußboden gekennzeichnet werden.

Verständliche Anweisungen über den Gebrauch des Induktionsschleifen-Systems für die Hörgeräteträger sollten auf Anfrage verfügbar sein.

QUELLE: ETSI TR 101 767. [7]

Bild C.1 – Graphisches Symbol: induktive Kopplung

C.3 Informationen für die Verantwortlichen für die Errichtung und den Betrieb des Systems

Die folgenden Informationen sollten bereitgestellt werden:

- der in Abschnitt C.2 angegebene Plan;
- die Festlegungen für die Verstärker und die zugehörigen Geräte, siehe Abschnitt C.4;
- die Einstellwerte für die Feldstärke nach 10.4 (einschließlich der Anmerkungen);
- die Position der Einstellelemente zum Erreichen der geforderten Feldstärke im festgelegten Bereich des Magnetfeldes;
- das Verfahren zur Kontrolle der magnetischen Feldstärke für die Sicherstellung des täglichen störungsfreien Betriebs des Systems;
- die angemessene Position der Mikrofone, die Anforderungen an Signale von externen Wiedergabegeräten und die Einstellung der entsprechenden Steuereinrichtungen, um die festgelegte magnetische Feldstärke im normalen Betrieb zu erreichen;
- der Einfluss anderer im Bereich der Induktionsschleife genutzter elektrischer Geräte.

C.4 Vom Hersteller der Verstärker bereitzustellende Informationen

Siehe IEC 62489-1.

Anhang D
(informativ)

Messung von Sprachsignalen

Die vorherige Ausgabe dieser Norm bezog sich auf einen „Langzeit-Mittelwert" von Sprachsignalen als Bezugswert. Dieser „Langzeit-Mittelwert" kann jedoch nicht formal definiert werden, wie durch die in Tabelle D.1 angegebenen Messungen eines Sprachsignals mit einem Effektivwertmessgerät mit verschiedenen Mittelungszeiten gezeigt:

Tabelle D.1 – Typische Schwankung des gemessenen Effektivwerts der Spannung eines Sprachsignals in Abhängigkeit von der Mittelungszeit

Mittelungszeit	Relativer Pegel bei Maximal-Anzeige
s	dB
0,5	0
1,5	−1
5	−2
15	−5
60	−12

Des Weiteren kann ein Messgerät mit einer langen Mittelungszeit praktisch nicht dafür genutzt werden, die Systemverstärkung so einzustellen, dass ein „Langzeit-Mittelwert" von 100 mA/m am Bezugspunkt erreicht wird. Selbst mit einer 15-s-Mittelungszeit würde das aus den folgenden drei Gründen ein schwieriger und ungenauer Prozess sein.

- Nach jeder Einstellung ist es erforderlich, mindestens 3 Zeitkonstanten, d. h. 45 s, zu warten, bis die Spannungen im Mittelwertbildner sich beim neuen Eingangspegel stabilisiert haben. (Dieser Effekt kann bei einem derartigen Messgerät bei der Messung von rosa Rauschen beobachtet werden.)
- Selbst bei einer 15-s-Mittelungszeit ist die Anzeige weit davon entfernt, konstant zu sein, und man ist gezwungen, die Wahl zwischen der Abschätzung eines „mittleren" Ablesewertes und der Verwendung des maximalen Ablesewertes über einen gewissen (aber unspezifizierten und nicht aufgezeichneten) Zeitraum zu treffen.
- Die Messung bestimmt nicht, ob das Induktionsschleifensystem in der Lage ist, die höheren für die Reproduktion der Sprachsignale erforderlichen Feldstärken ohne unzumutbare Amplitudenverzerrungen zu erzeugen.

Bei der Zeitkonstante von 0,125 s ist der Ablesewert natürlich fluktuierend, so dass der Nutzer auch in diesem Fall eine subjektive Mittelung vornehmen muss.

Andererseits ermöglicht ein Spitzenwert-Aussteuerungsmesser eine zuverlässige Ablesung des Maximalpegels ohne eine übermäßige Ermüdung des Bedieners. Zahlreiche Experimente haben gezeigt, dass ein in Effektivwerten für ein Sinus-Signal kalibrierter Spitzenspannungs-Aussteuerungs-Feldstärkemessgerät, im Wesentlichen Typ 2 nach IEC 60268-10, 560 mA/m anzeigt, wenn der Kurzzeit-Effektivwert (0,125 s Mittelungszeit) der Feldstärke eines typischen Sprachsignals 400 mA/m beträgt.

Induktionsschleifen-Systeme ohne oder mit nur mäßiger Kompression (im Unterschied zu automatischer Verstärkungsregelung), die auf diese Weise eingestellt wurden, zeigen in der Praxis einen hervorragend zufriedenstellenden Signalpegel. Das Messgerät folgt sofort den Veränderungen in der Verstärkungseinstellung. Wenn der Verstärker durch Spitzen des Programmsignals übersteuert wird, zeigt sich das darin, dass 560 mA/m nicht erreicht werden können.

Anhang E
(informativ)

Theoretische Grundlagen und Praxis von Audiofrequenz-Induktionsschleifen-Systemen

E.1 Eigenschaften der Schleife und ihres Magnetfelds

Eine einfache Induktionsschleife besteht aus einem von audiofrequentem Strom durchflossenen Draht, der eine Fläche umgibt, in welcher der Empfang des Signals erfolgen soll. Ein Strom in der Leiterschleife erzeugt ein Magnetfeld, dessen Stärke in Ampere je Meter gemessen wird. Die durch einen gegebenen Strom erzeugte Feldstärke variiert sehr stark in Abhängigkeit vom Ort innerhalb und außerhalb der Schleife. Siehe [8], [9] und [10]. Solche Schleifen verursachen nachweisbare Magnetfelder außerhalb des Zielbereiches, und Größenbeschränkungen können maßgeblichen Einfluss auf die Gestaltung solcher Schleifen haben. Es existieren Verfahren zur Reduzierung der unerwünschten Ausbreitung des Signals außerhalb des Zielbereiches und Methoden zur Versorgung sehr großer Bereiche. Siehe Anhang I und [11].

Bild E.1 zeigt eine Schleife und ein Vektordiagramm des Magnetfeldes. Die Richtung dieser Vektoren folgt den Kreisen; folglich existieren vertikale und horizontale Komponenten. Die Veränderung der Feldstärke im Raum ist sehr stark (wie in Bild E.2 gezeigt wird). Entlang der Geraden Z1, welche die Ebene der Schleife darstellt, erreicht die Feldstärke in der Nähe des Drahtes einen extrem hohen Wert. Ein Abstand von der Schleifenebene (wie durch die Gerade Z2 gezeigt) hilft dabei, eine akzeptablere Feldverteilung zu erzielen. Die Gerade mit der Kennzeichnung „System-Null-Linie" zeigt, dass die Punkte, an denen die Vertikalkomponente des Magnetfeldes null ist, bei steigenden Abständen außerhalb des Schleifenumfanges liegen, da die Höhe der Empfangsposition über der Schleifenebene ansteigt.

Bei den meisten Audiofrequenz-Induktionsschleifen-Systemen sitzen oder stehen die Hörer, so dass die Achsen der Telefonspulen in den Hörgeräten üblicherweise vertikal ausgerichtet sind und folglich die Vertikalkomponente des Magnetfeldes der Schleife aufnehmen. In Krankenhäusern und Gebetshäusern können die Achsen einiger Hörspulen jedoch horizontal oder in einem Winkel zwischen horizontal und vertikal stehen, so dass in diesen Fällen die entsprechende Komponente des Magnetfeldes wichtig ist. Im geometrischen Mittelpunkt einer einlagigen quadratischen Schleife der Seitenlänge d (m) ergibt sich die durch einen Strom I (A) erzeugte Feldstärke H (A/m) aus $H = 2\sqrt{2}\ I/(\pi d)$ (A/m), und sie ist vertikal (genauer: sie ist rechtwinklig zur Schleifenebene). Vorausgesetzt, die Seitenlängen d_1, d_2 einer rechteckigen Schleife unterscheiden sich nicht sehr stark, kann diese Gleichung angewendet werden, indem d durch $\sqrt{d_1 d_2}$ substituiert wird.

Bei Informationsschaltern usw. wird die Schleife oft in einer vertikalen Ebene positioniert, so dass dann die effektive Vertikalkomponente, die auf der Höhe des oberen Drahtes und darunter existiert, für die Versorgung des Hörgerätes genutzt wird. Hier muss darauf geachtet werden, dass ein Verschieben der Empfangsposition nach unten zur Achse der Schleife ein unbrauchbares Empfangssignal zur Folge hat.

Es lässt sich zeigen, dass die gleichförmigste vertikale Feldstärke innerhalb der Projektionsfläche einer rechteckigen Schleife (vorausgesetzt, das Verhältnis von Länge zu Breite ist nicht sehr groß) in einem Abstand von der Schleifenebene erzielt wird, der dem 0,12- bis 0,16-Fachen der Schleifenbreite entspricht. In Bild E.2 ist die Verteilung der Vertikalkomponente über der Schleife als Funktion der Position und der Höhe der Empfangsposition dargestellt. Die Berechnung erfolgte für eine Schleife mit einem Längen-Breiten-Verhältnis von 1,5; die Änderung der Daten von einer nahezu quadratischen Struktur bis zu einem Seitenverhältnis von 4 ist jedoch recht gering. Diese Abbildung zeigt auch, dass ein größerer Abstand der Empfangsposition von der Schleifenebene (oder eine Schleife kleinerer Abmessungen) auf Kosten eines Feldstärkeverlustes geht. Die schlechtmöglichste Position für eine Schleife befindet sich in Kopfhöhe (das sollte berücksichtigt werden, wenn vorgeschlagen wird, die Schleifenleiter von der Höhe des Fußbodens nach oben und über einen Eingang zu führen). Die Kurven sind mit dem Abstand von der Schleife, ausgedrückt als prozentualer Anteil von der Schleifenbreite, bezeichnet, und die Abszisse gibt die Position als Prozentwert der Schleifenbreite an. Die Ordinate gibt die Feldstärkeänderung in Dezibel an.

E.2 Richtcharakteristik der magnetischen Aufnahmespule eines Hörgerätes

Während die Richtcharakteristik einer Aufnahmespule in geringem Umfang durch Metallteile im Hörgerät beeinflusst werden kann, folgt die theoretische Richtcharakteristik einem Kosinusgesetz. Das bedeutet, dass ihr Ausgangssignal nur um 3 dB bei einem Winkel von 45° zur magnetischen Achse und nur um 9,3 dB bei 70° zur Achse abfällt. Siehe Bild E.6.

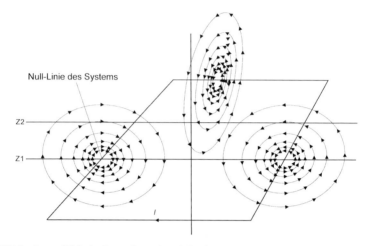

Bild E.1 – Perspektivische Darstellung einer Schleife mit Vektordarstellung des Magnetfeldes

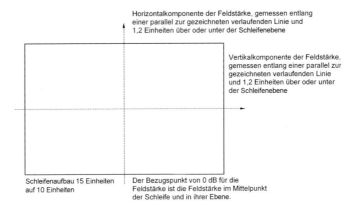

a) Geometrie der Schleife und Messpositionen der in b) gezeigten Feldverteilung

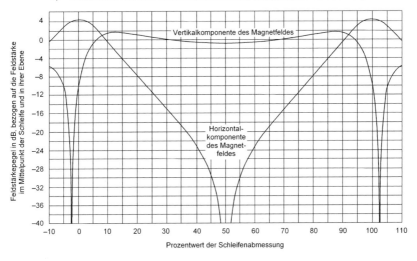

b) Feldverteilung der senkrechten und waagerechten Komponenten

Bild E.2 – Verteilung der vertikalen und horizontalen Komponenten des Magnetfeldes, erzeugt durch einen Strom in einer rechteckigen Schleife, an Punkten in einer Ebene über oder unter der Schleifenebene

Bild E.3 zeigt die räumliche Veränderung des vertikalen Feldes. Man kann erkennen, dass bei großen Entfernungen von der Schleifenebene die Nullpunkte deutlich außerhalb des Schleifenumfanges liegen und dass die Feldstärke außerhalb der Schleife hoch genug sein kann, um nutzbar zu sein, oder hoch genug um andere Induktionsschleifen-Systeme in der Nähe zu stören, oder beides.

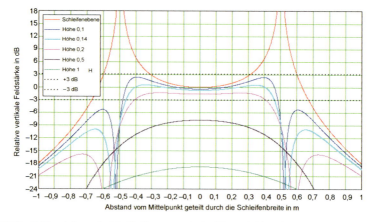

Bild E.3 – Feldverteilung der Vertikalkomponente des Magnetfeldes einer horizontalen Schleife

In Bild E.4 ist die Feldverteilung einer vertikalen Spule, wie sie z. B. in einem System an einem Informationspunkt (siehe Anhang A) verwendet werden kann, dargestellt. Diese Spulen sind oft recht klein, so dass die Höhe im Verhältnis viel größer als bei einer horizontalen Schleife in einem Raum ist. Um eine ausreichend hohe Feldstärke in der Höhe einer stehenden Person zu erzielen, muss die Feldstärke in der Höhe eines Kindes oder eines Rollstuhlfahrers sehr hoch sein. Das kann strenge Anforderungen an die vom System erzeugten magnetischen Störgeräuschpegel nach sich ziehen (siehe 9.3). Die hohe Feldstärke kann auch dazu führen, dass manche Hörgeräte nicht ordnungsgemäß funktionieren (ohne bleibende Schäden).

In der Nähe der horizontalen Achse und der Schleifenebene ändert sich die Feldstärke sehr stark mit der Höhe. Demzufolge ist es wünschenswert, dass die Nutzer des Systems daran gehindert werden, sehr nahe an der Schleife zu stehen.

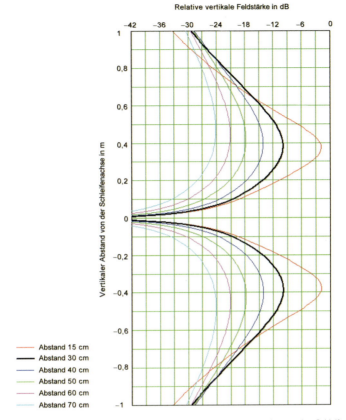

ANMERKUNG „Abstand" bezeichnet den horizontalen Abstand der Aufnahmespule von der Schleifenebene. Der Feldstärkepegel ist auf den Pegel im Mittelpunkt der Schleife bezogen.

Bild E.4 – Feldverteilung der Vertikalkomponente des Magnetfeldes einer vertikalen quadratischen Schleife mit einer Kantenlänge von 0,75 m

Bild E.5 zeigt eine perspektivische Darstellung der Feldverteilung eines typischen Schleifensystems bei einer optimalen Höhe über der Schleife. Der Anstieg der Feldstärke bei Annäherung an den Schleifenleiter vom Mittelpunkt der Schleife aus und die sehr scharfen Nullpunkte kurz außerhalb des Schleifenumfanges, wo die Feldvektoren horizontal sind, sind klar zu erkennen.

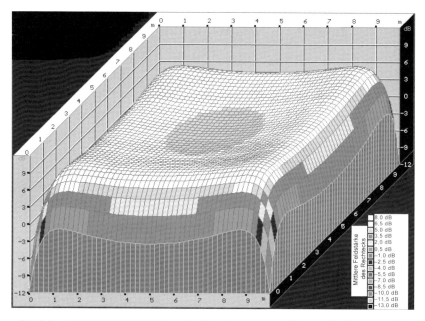

Bild E.5 – Perspektivische Darstellung der Veränderung des vertikalen Feldstärkepegels bei einer optimalen Höhe über einer horizontalen rechteckigen Schleife

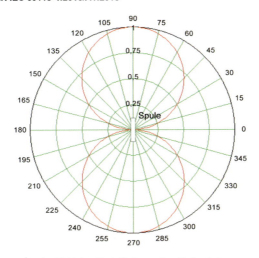

a) Richtcharakteristik, lineare Amplitudenskala

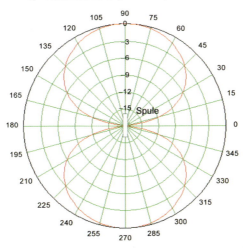

b) Richtcharakteristik, Amplitudenskala in Dezibel

Bild E.6 – Richtcharakteristik der magnetischen Aufnahmespule eines Hörgerätes

E.3 Erzeugung des Schleifenstroms

Die Schleife wird durch Gleichstromwiderstand und Induktivität gekennzeichnet, beide können üblicherweise mit für die Konstruktion einer Schleife ausreichender Genauigkeit berechnet werden. Sowohl Gleichstromwiderstand als auch Induktivität sind proportional zum Umfang der Schleife, nicht zur Fläche. Der Gleichstromwiderstand ist zur Windungszahl der Schleife proportional, die Induktivität ungefähr zum Quadrat der Windungszahl.

Der Gleichstromwiderstand R einer quadratischen Schleife der Seitenlänge d (in m) aus Draht mit einer leitenden Fläche a (in m²) und einem spezifischen Widerstand ρ (in $\Omega \cdot$m) ist durch $R = 4\rho d/a$ (in Ω) gegeben.

Die Induktivität L einer einzelnen Windung wird durch eine wesentlich kompliziertere Gleichung definiert, aber eine gute Näherung für Schleifen mit einer Fläche von mehr als einem Quadratmeter, bestehend aus nicht unüblich dickem oder dünnen Draht, wird durch die einfache Gleichung $L = 8d$ (in μH) gegeben. Kupferfolie kann eine geringere Induktanzanstieg als runder Kupferdraht aufweisen. Die Anwesenheit magnetischen Materials in der Schleife oder in ihrer Nähe kann die Induktivität verändern.

Die Induktivität bewirkt, dass die Impedanz der Schleife bei hohen Audiofrequenzen ansteigt; die Impedanz ist das 1,4-Fache des Gleichstromwiderstandes bei der Frequenz f, bei welcher die induktive Reaktanz $2\pi fL$ gleich groß ist wie der Gleichstromwiderstand R. Man kann zeigen, dass für einlagige quadratische Schleifen bis zu einer Seitenlänge von 5 m ein Leiter mit einem Gleichstromwiderstand, welcher genügend groß ist, einen merklichen Impedanzanstieg erst für Frequenzen über 5 kHz erkennen zu lassen, noch in der Lage ist, den für Sprach-, Musik- oder rosa-Rausch-Signale erforderlichen Schleifenstrom zu führen. Für größere Schleifen kann ein linearer Frequenzgang bis 5 kHz nur durch eine Kompensation des Anstieges der Schleifenimpedanz erreicht werden.

Dafür gibt es verschiedene Verfahren (siehe IEC 60268-3), das übliche Verfahren ist jedoch die Verwendung eines Verstärkers mit einem Ausgangswiderstand, der genügend hoch ist, um die Wirkung der Schleifeninduktivität zu eliminieren. So ein Verstärker wird „stromsteuernder Verstärker" genannt, weil er den Schleifenstrom trotz der Veränderung der Schleifenimpedanz mit der Frequenz nahezu konstant hält.

Der Ausgangswiderstand (siehe IEC 60268-3) des Verstärkers muss nicht sehr groß sein. Die meisten Schleifen haben einen Gleichstromwiderstand von wenigen Ohm, und ein Ausgangswiderstand der 10-fachen Größe des Schleifen-Gleichstromwiderstandes ist üblicherweise ausreichend. Sehr große Werte des Ausgangswiderstandes können Stabilitäts- und EMV-Probleme hervorrufen.

Der Verstärker muss in der Lage sein, genügend Ausgangsspannung zu erzeugen, um den erforderlichen Strom durch die Schleifenimpedanz zu treiben. Bei niedrigen Frequenzen ergibt sich diese Spannung einfach aus $U = IR$, sind I und R oben definiert. Bei höheren Frequenzen ist eine größere Spannung $U_h = I\sqrt{R^2 + (2\pi fL)^2}$ erforderlich. Da aber die Energie im Sprachspektrum bei hohen Frequenzen abfällt, muss der Wert von f nicht 5 kHz betragen. Üblicherweise ist ein Wert im Bereich von 1,5 kHz bis 2,5 kHz ausreichend. Falls das System Musik übertragen soll, ist eine Frequenz nahe 2,5 kHz angemessen. Die Lockerung der Anforderungen an die höchste erreichbare Feldstärke stellt keine Lockerung der Anforderungen an den Frequenzgang dar.

E.4 Signalquellen und Kabel

E.4.1 Mikrofone

Es ist außerordentlich wichtig, dass die Mikrofontypen und -positionen so ausgewählt werden, dass der Anteil von Hall im zur Induktionsschleife gesendeten Signal möglichst gering ist. Fast immer sind Richtmikrofone vorzuziehen; manchmal sind von den einfachen Cardioid-Mikrofonen abgeleitete Typen, einschließlich Grenzflächen-Mikrofonen, eine gute Wahl. Es kommt im Prinzip darauf an, die erwünschten Schallanteile mit so wenig wie möglich Hall und Umgebungsgeräuschen aufzunehmen. Das erfordert mitunter die Anwendung von Mikrofonen mit extrem stark ausgeprägtem Richtverhalten. Meist sind keine kostspieligen Mikrofone notwendig, batteriebetriebene Elektret-Mikrofone sollten aber vermieden werden, da sie eine laufende Wartung erfordern. Dynamische Mikrofone sind im Allgemeinen wegen ihrer geringen Übertragungskoeffizienten („Empfindlichkeit") und wegen des Risikos magnetischer Rückkopplung nicht empfehlenswert. Sie können jedoch, bei sorgfältiger Konstruktion und unter Ergreifung von Maßnahmen, alle Mikrofone und ihre Verbindungskabel vom Induktionsschleifenkabel fernzuhalten, erfolgreich verwendet werden.

E.4.2 Andere Signalquellen

Musikinstrumente mit magnetischen Aufnehmern können unter gewissen Umständen als wirksame Induktionsschleifen-Wandler arbeiten, was eine elektronische Rückkopplung zur Folge haben kann, die zur

Beschädigung des Systems führt. Es kann erforderlich sein, die Platzierung dieser Instrumente im Bezug auf das Induktionsschleifensystem experimentell zu bestimmen.

E.4.3 Kabel

Vorsichtsmaßnahmen zur Verhinderung von Fehlfunktionen durch das Magnetfeld des in den Kabeln induzierten Stroms sind erforderlich. Siehe [12].

E.5 Pflege des Systems

Das System sollte in regelmäßigen Abständen und vor der Nutzung durch eine ausgebildete Person auf ordnungsgemäße Funktion überprüft werden. Das kann mit Hilfe eines tragbaren Empfängers mit einer Anzeige (z. B. LEDs) der Feldstärke mindestens bei –6 dB und 0 dB erfolgen. Ein Kopfhörerausgang mit Verstärkungsregelung sollte vorgesehen sein.

Die maximale Verstärkung des Kopfhörerverstärkers sollte so eingestellt sein, dass bei einer Anzeige von 0 dB der Schall aus dem Kopfhörer eine angenehme Wiedergabelautstärke hat. Zu hohe Verstärkung führt häufig zu einem zu schlechten Eindruck über den Pegel des magnetischen Hintergrundgeräusches und erzeugt möglicherweise gefährliche Schalldruckpegel.

Wartungsarbeiten sollten nur selten erforderlich sein, die Systembestandteile sollten aber regelmäßig kontrolliert werden, damit ein Schaden so bald wie möglich repariert werden kann.

E.6 Einheiten des Magnetfeldes

Ein in einem geschlossenen Stromkreis begrenzter Fläche fließender Strom erzeugt ein Magnetfeld in der Umgebung des Stromkreises. Die Feldstärke ist dem Strom proportional und bei kreisförmigen Schleifen oder rechteckigen Schleifen mit einem festen Verhältnis von Länge zu Breite umgekehrt proportional zum Umfang (nicht zur Fläche) des Stromkreises. Folglich wird sie in der Einheit Ampere je Meter angegeben. (Falls der Stromkreis eine Schleife mit mehreren Windungen ist, wird die Feldstärke mit der Windungszahl multipliziert.)

ANMERKUNG Es kann hilfreich sein, das elektrostatische Analogon zu betrachten, bei dem eine Spannung zwischen zwei leitenden Platten ein elektrisches Feld in deren Umgebung erzeugt, dessen Stärke proportional zur Spannung und umgekehrt proportional zum Abstand der Platten ist und deshalb in der Einheit Volt je Meter angegeben wird.

In dieser Norm werden die entsprechenden Festlegungen als magnetische Feldstärke angegeben. Da jedoch auch andere magnetische Einheiten gebräuchlich sind, werden hier die Beziehungen zwischen ihnen beschrieben. Die Bezeichnungen einiger in diesen Einheiten angegebener Größen haben sich auch offiziell geändert (vor sehr langer Zeit), aber die alten Bezeichnungen sind noch in Gebrauch.

- Die magnetische Feldstärke (früher „magnetomotorische Kraft") wurde im CGS-System in Oersted angegeben. Aus Gründen der Zweckmäßigkeit gilt 1 Oe = 79,58 A/m.
- Die magnetische Induktion (früher „Flussdichte") wird heute in Tesla (T) gemessen. Sie wird aus der Feldstärke mittels der Gleichung $B = \mu_0 \mu_r H$ berechnet, dabei ist μ_0 die Permeabilität des luftleeren Raumes ($4\pi \times 10^{-7}$ H/m) und μ_r die relative Permeabilität des Mediums, in dem das magnetische Feld existiert. Bei Induktionsschleifen-Systemen ist das Medium Luft und $\mu_r = 1$. Folglich ist die durch eine Feldstärke von 1 A/m hervorgerufene magnetische Induktion 1,256 µT. Im CGS-System wurde die magnetische Induktion in Gauß (Gs) angegeben, und diese Einheit ist noch allgemein gebräuchlich. 1 Gs = 100 µT. Da im CGS-System $\mu_0 = 1$ ist, wird eine Induktion von 1 Gs in Luft durch eine Feldstärke von 79,58 A/m erzeugt.

Anhang F
(informativ)

Einflüsse von Metall in der Gebäudestruktur auf das Magnetfeld

Das von der Schleife erzeugte Magnetfeld induziert in im Gebäude enthaltenen Metallteilen Ströme. Diese Ströme bewirken eine frequenzabhängige Veränderung der Feldstärkeverteilung im Raum. Eine theoretische Analyse ist, abgesehen von wenigen idealisierten Fällen, außerordentlich kompliziert.

Ein Strom, der in einer durch Metallteile des Gebäudes gebildeten geschlossenen Schleife fließt, tendiert dazu, die Feldstärke auf Grund des Stromes in einer größeren sie umschließenden Schleife innerhalb ihres Umfanges zu verringern. Auf Grund der induktiven Kopplung zwischen den Schleifen steigt der Grad der Verringerung mit der Frequenz. Dieser Effekt tritt dort am stärksten auf, wo sich Metallteile, im Fußboden oder in der Decke, in der Nähe des Schleifenleiters befinden.

Der Einfluss von Metall in den Wänden ist besonders schwierig zu prognostizieren. Metall, das sich innerhalb des Schleifenumfangs befindet, kann einen **Anstieg** der magnetischen Feldstärke **außerhalb** des Umfangs bewirken.

Verluste bei hohen Frequenzen steigen mit der Entfernung vom Schleifenleiter an. Dem Einfluss von Verlusten durch Metall kann folglich durch die Verwendung von Arrays aus kleinen Schleifen entgegengewirkt werden.

Bild F.1 zeigt die Feldverteilung eines typischen Schleifensystems ohne nahes Metall, während Bild F.2 den Effekt von Metall im Fußboden unterhalb der Schleife darstellt.

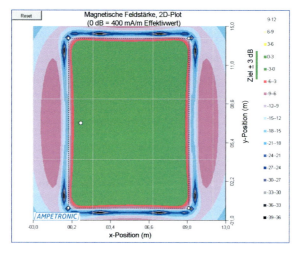

Bild F.1 – Magnetfeldverteilung einer rechteckigen Schleife (10 m × 14 m), 1,2 m über ihrer Schleifenebene

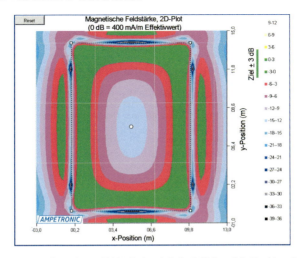

ANMERKUNG   Man beachte die verringerte Feldstärke innerhalb der Schleife und die Bereiche mit erhöhter Feldstärke außerhalb.

Bild F.2 – Magnetfeldverteilung einer rechteckigen Schleife (10 m × 14 m), 1,2 m über ihrer Schleifenebene mit der Auswirkung von Metall (Eisen) im Fußboden

Anhang G
(informativ)

Kalibrierung von Feldstärkemessgeräten

Schallpegelmesser benötigen häufige Kalibrierungen und Überprüfungen, da die Empfindlichkeit des Mikrofons durch die Umgebungsbedingungen beeinflusst wird. Das ist bei Messgeräten für die magnetische Feldstärke nicht der Fall, aber ein Kalibrator ist wünschenswert. Die folgenden Arten von Kalibrierspulen sind zulässig:

– berechenbare Schleife mit 1 m oder 0,5 m Durchmesser – groß und unhandlich;
– berechenbare Schleife mit einer einzigen Windung und 30 cm Durchmesser;
– Schleife mit mehreren Windungen und 30 cm Durchmesser (benötigt eine Kalibrierung, kann aber von einem Audio-Signalgenerator gespeist werden).

Rechteckige Spulen mit gleichartigen Abmessungen sind ebenfalls zweckmäßig:

– Helmholtz-Spule (nach IEC 60268-1) [13], siehe Bild G.1.

Diese Kalibratoren können für die Überprüfung der Empfindlichkeit und des Frequenzganges verwendet werden.

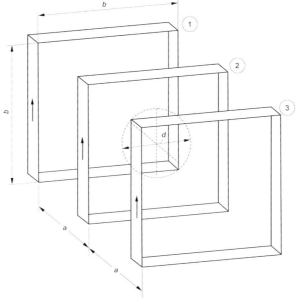

$a = 0{,}375\ b$ $\qquad d = 0{,}5\ b$

$\dfrac{n_1}{100} = \dfrac{n_2}{36} = \dfrac{n_3}{100}$ n_1, n_2, n_3 Windungszahl der Spulen 1, 2, 3

d Durchmesser des kugelförmigen Bereiches, in dem die Feldstärke gleich ist

Bild G.1 – Dreifache Helmholtz-Spule für die Kalibrierung von Messgeräten

Das Verhältnis zwischen der Feldstärke im in der Mitte gelegenen kugelförmigen Bereich und dem Strom in der Spule hängt von den Abmessungen des Aufbaus ab. Für gegebene Abmessungen kann es mit Hilfe der in [11] angegebenen Gleichungen berechnet werden. Es ist ratsam, das Ergebnis durch Messung mit einem geeigneten Messgerät für die magnetische Feldstärke zu überprüfen.

DIN EN IEC 60118-4:2018-08
EN 60118-4:2015 + EN IEC 60118-4:2015/A1:2018

Anhang H
(informativ)

Einfluss des Seitenverhältnisses der Schleife auf die magnetische Feldstärke

H.1 Einleitung

Die magnetische Feldstärke schwankt auf komplizierte Art und Weise in drei Dimensionen im Raum um die Schleife. Daher ist es nicht einfach, ihr Verhalten in einem zweidimensionalen Medium darzustellen, insbesondere, wenn wie in diesem Fall zusätzlich zu den drei Variablen für die drei Raumdimensionen noch zwei weitere Variablen (Länge der kürzeren Seite und das Seitenverhältnis) erforderlich sind.

Bild H.1 zeigt die Abhängigkeit des zur Erzeugung einer Feldstärke von 400 mA/m an einem Punkt 1,4 m über dem Mittelpunkt einer rechteckigen Schleife erforderlichen Stromes von den Abmessungen und dem Seitenverhältnis (lange Seite/kurze Seite) der Schleife. Es versteht sich, dass an anderen Punkten gänzlich verschiedene Abhängigkeiten auftreten.

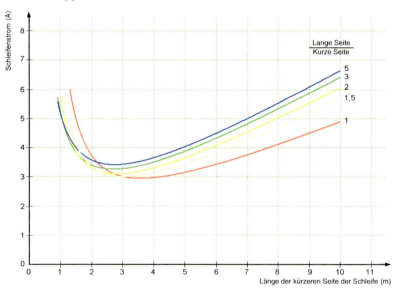

Bild H.1 – Abhängigkeit des zur Erzeugung einer bestimmten magnetischen Feldstärke an einem festgelegten Punkt erforderlichen Stromes von den Abmessungen und dem Seitenverhältnis der Schleife

Es sei angemerkt, dass für Seitenverhältnisse größer als 3 der Einfluss des Seitenverhältnisses auf den benötigten Strom gering ist.

H.2 Einfluss des Seitenverhältnisses auf die Feldverteilung

Bild H.2 a) zeigt die Draufsichten einer quadratischen Schleife und einer rechteckigen Schleife mit der gleichen Breite, aber einem Seitenverhältnis von 4. Bild H.2 b) zeigt die mit dem gleichen Strom in den

49

beiden Schleifen erzeugten Feldverteilungen. Die Veränderung der Feldstärke entlang der Mittellinien der Schleifen ist näherungsweise gleich. Bei gleichem Schleifenstrom erzeugt die rechteckige Schleife eine geringere Feldstärke innerhalb ihres Umfangs, aber eine größere Feldstärke außerhalb.

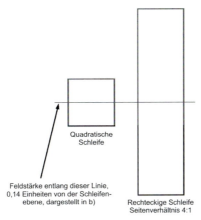

ANMERKUNG   Die rechteckige Schleife hat proportional zu ihrem größeren Umfang einen höheren Gleichstromwiderstand und eine höhere Induktivität.

a)   Draufsichten

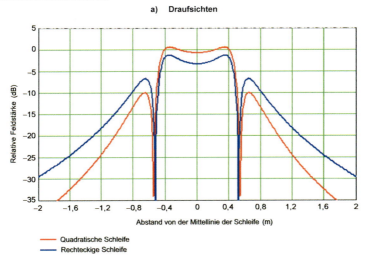

b)   Feldstärkeverteilungen

ANMERKUNG 1 Die Abstandsskalierung wird in Schleifenbreite ausgedrückt.

ANMERKUNG 2 Bei gleichem Schleifenstrom erzeugt die rechteckige Schleife eine geringere Feldstärke innerhalb ihres Umfangs, aber eine größere Feldstärke außerhalb.

Bild H.2 – Quadratische und rechteckige Schleifen

Anhang I
(informativ)

Magnetisches Übersprechen von Audiofrequenz-Induktionsschleifenanlagen

I.1 Allgemeines

Entwickler, Errichter und Betreiber von Audiofrequenz-Induktionsschleifenanlagen sollten beachten, dass die Schleifen merkliche Magnetfelder an den Seiten, oberhalb und unterhalb des nutzbaren Bereiches des Magnetfeldes erzeugen. Dieses Übersprechen kann andere Einrichtungen, die gegenüber Magnetfeldern empfindlich sind, wie z. B. elektrische Saiteninstrumente und kostengünstige dynamische Mikrofone, oder Nutzer benachbarter Audiofrequenz-Induktionsschleifenanlagen stören oder einen Diskretionsverlust nach sich ziehen.

I.2 Beispiele für Problemfälle

Dies sind typische Beispiele.

- Wo Saiteninstrumente mit magnetischen Tonabnehmern (z. B. Elektrogitarren) oder kostengünstige dynamische Mikrofone in der Nähe von Audiofrequenz-Induktionsschleifenanlagen betrieben werden, kann eine Rückkopplungsschleife entstehen, wenn das Magnetfeld durch den magnetischen Tonabnehmer aufgenommen und das Signal dann durch die Beschallungsanlage des Gitarristen oder des Aufführungsortes verstärkt und wieder in die Induktionsschleife eingespeist wird, sei es elektronisch oder über Mikrofone und Lautsprecher, um dann wieder vom Tonabnehmer aufgenommen zu werden, usw. Das kann zu unerwünschter Schallabstrahlung führen und möglicherweise die Audiofrequenz-Induktionsschleifenanlagen-Verstärker zum Überhitzen und zum Ausfall bringen.

- Wo zwei Audiofrequenz-Induktionsschleifenanlagen z. B. in zwei benachbarten Vortagsälen installiert sind, kann das Signal einer Audiofrequenz-Induktionsschleifenanlage die Nutzer der benachbarten Anlage ablenken und verwirren. Signale von in einem Besprechungsraum installierten Audiofrequenz-Induktionsschleifenanlagen können in benachbarten Räumen Hörgeräteträger, die ihre Hörspulen zum Telefonieren oder zum Hören anderen Programm-Materials über eine Halsschleife nutzen, stören.

- Wo zwei Schalter-Systeme an benachbarten Schaltern installiert sind, z. B. in einer Bankfiliale, könnte ein Hörgeräteträger in der Lage sein, ein vertrauliches Gespräch zwischen Personen am benachbarten Schalter zu verfolgen.

- Wo ein Rathaussaal mit einer Audiofrequenz-Induktionsschleifenanlage ausgerüstet ist, kann ein Journalist mit zum Induktionsempfang geeigneter Ausrüstung Sprache der Ratssitzungen von einem Gang oder sogar von einer öffentlichen Straße außerhalb des Rathausgebäudes verfolgen.

- Wo in zwei benachbarten, mit Audiofrequenz-Induktionsschleifenanlagen versehen Kinosälen verschiedene Filme, einer für Kinder und einer für Erwachsene gezeigt werden, können die Kinder im benachbarten Saal den Ton des für Erwachsene bestimmten Films hören.

I.3 Behandlung der Problemfälle

Der am jeweiligen Ort tolerierbare Pegel des Übersprechens hängt von den Folgen des Übersprechens ab. Der Übersprech-Feldstärkepegel von einer Audiofrequenz-Induktionsschleifenanlage in den vorgesehen nutzbaren Bereich des Magnetfeldes einer anderen Audiofrequenz-Induktionsschleifenanlage sollte auf jeden Fall nicht höher als der zulässige Pegel des magnetischen Hintergrundgeräusches sein. Jedoch sollten besondere Anforderungen hinsichtlich geringerer Übersprech-Feldstärkepegel durch eine Risikoanalyse bestimmt und in der Vertragsgestaltung berücksichtigt werden. In der Praxis wird es nicht gelingen, das magnetische Übersprechen durch eine Abschirmung komplett zu beseitigen. Zur Verringerung des Übersprechens und zur Vermeidung seiner Einflüsse können jedoch vielerlei Verfahren zum Einsatz kommen.

DIN EN IEC 60118-4:2018-08
EN 60118-4:2015 + EN IEC 60118-4:2015/A1:2018

– Installation kleinerer Schleifen oder geeignete Positionierung des Schleifendrahtes, um die Entfernung zwischen Audiofrequenz-Induktionsschleifenanlage und dem Ort, an dem das Übersprechen vermieden werden soll, zu vergrößern.

– Anordnungen der Schleifenantennen, wie z. B. „Achter-Anordnungen" und „phasengesteuerte Schleifengruppen", können das Übersprechen in eine oder in mehrere Richtungen verringern. Siehe IEC 62489-1:2010, 5.4.14.

– Zutrittssperren können Personen daran hindern, Orte zu betreten, an denen problematische Übersprechpegel auftreten.

– Audiofrequenz-Induktionsschleifenanlagen können während vertraulicher Gespräche ausgeschaltet und durch alternative Hörsysteme ersetzt werden. Man beachte aber, dass Funksysteme, einschließlich Funkmikrofone, auch in großer Entfernung abgehört werden können und dass Signale von Infrarot-Systemen durch Fenster und verglaste Bereiche entweichen können. Höchstwahrscheinlich ist die Hilfe von Experten erforderlich, um eine für die Erfüllung der vertragsgemäßen Anforderungen ausreichende Verringerung des Übersprechens zu erreichen.

Literaturhinweise

[1] ITU-T Recommendation P370, *Coupling hearing aids to telephone sets*, ITU Geneva Switzerland 1996

[2] ITU-T Recommendation P.50, *Artificial voices*, ITU Geneva Switzerland 1999

[3] *International Speech Test Signal* (ISTS), EHIMA – European Hearing Instrument Manufacturers Association, Denmark

[4] Trinder, E. *Peak clipping in induction-loop systems.* British Journal of Audiology, 18, 1984

[5] IEC 61938, *Audio, video and audiovisual systems – Interconnections and matching values – Preferred matching values of analogue signals*

ANMERKUNG Harmonisiert als EN 61938.

[6] IEC 61260-1, *Electroacoustics – Octave-band and fractional-octave-band filters – Part 1: Specifications*

ANMERKUNG Harmonisiert als EN 61260-1.

[7] ETSI TR 101 767, *Human Factors (HF) – Symbols to identify telecommunications facilities for deaf and hard of hearing people – Development and evaluation*

[8] BS 7594:2010, *Code of Practice for audio-frequency induction-loop systems (AFILS)*, British Standards Institution, London 2010

[9] DALSGAARD, SC. *Field distribution inside rectangular induction loops.*[2] Research Laboratory for Technical Audiology, Odense, Denmark 1976 (reprinted with corrections)

[10] BARR-HAMILTON, RM. *A theoretical approach to the induction-loop system.* British Journal of Audiology, 1978, 12, 135–139

[11] OLOFSSON, Å. *Improvement of induction loop field characteristics using multi-loop systems with uncorrelated currents.* Technical Audiology Reports, No.110, Karolinska Institutet, Stockholm, 1984

[12] *J. Audio Eng. Soc.*, vol.43 (1995 June), Audio Engineering Society, New York, USA

[13] IEC 60268-1, *Sound system equipment – Part 1: General*

---

[2] Während sich die hier präsentierte Analyse auf das Innere von Schleifen beschränkt, sind die Gleichungen auch außerhalb der Schleifen, wie in [10] dargestellt, gültig.

Anhang ZA
(normativ)

Normative Verweisungen auf internationale Publikationen mit ihren entsprechenden europäischen Publikationen

Die folgenden Dokumente, die in diesem Dokument teilweise oder als Ganzes zitiert werden, sind für die Anwendung dieses Dokuments erforderlich. Bei datierten Verweisungen gilt nur die in Bezug genommene Ausgabe. Bei undatierten Verweisungen gilt die letzte Ausgabe des in Bezug genommenen Dokuments (einschließlich aller Änderungen).

ANMERKUNG 1 Ist eine internationale Publikation durch gemeinsame Abänderungen modifiziert worden, gekennzeichnet durch (mod.), dann gilt die entsprechende EN oder das HD.

ANMERKUNG 2 Die aktuellsten Informationen über die letzten Fassungen der Europäischen Normen, die im vorliegenden Anhang aufgelistet wurden, sind verfügbar unter <www.cenelec.eu>.

Publikation	**Jahr**	**Titel**	**EN/HD**	**Jahr**
IEC 60268-3	2013	Sound system equipment – Part 3: Amplifiers	EN 60268-3	2013
IEC 60268-10	1991	Sound system equipment – Part 10: Peak programme level meters	HD 483.10 S1	1993
IEC 61672-1	2013	Electroacoustics – Sound level meters – Part 1: Specifications	EN 61672-1	2013
IEC 62489-1	2010	Electroacoustics – Audio frequency induction loop systems for assisted hearing – Part 1: Methods of measuring and specifying the performance of system components	EN 62489-1	2010

März 2017

DIN EN ISO 2603

ICS 91.040.10

**Simultandolmetschen –
Ortsfeste Kabinen –
Anforderungen (ISO 2603:2016);
Deutsche Fassung EN ISO 2603:2016**

Simultaneous interpreting –
Permanent booths –
Requirements (ISO 2603:2016);
German version EN ISO 2603:2016

Interprétation simultanée –
Cabines permanentes –
Exigences (ISO 2603:2016);
Version allemande EN ISO 2603:2016

Gesamtumfang 18 Seiten

DIN-Normenausschuss Terminologie (NAT)
DIN-Normenausschuss Veranstaltungstechnik, Bild und Film (NVBF)

Nationales Vorwort

Für dieses Dokument ist das Gremium NA 105-00-03-02 AK „Dolmetschdienstleistungen und -technik" im DIN-Normenausschuss Terminologie (NAT) zuständig.

ISO 2603 wurde vom Technischen Komitee ISO/TC 37, „Terminology and other language and content resources", Subcommittee SC 5, „Translation, interpreting and related technology" erarbeitet und als EN ISO 2603:2016 im Parallelverfahren unter der Wiener Vereinbarung übernommen.

Für die in diesem Dokument zitierten Internationalen Normen wird im Folgenden auf die entsprechenden Deutschen Normen hingewiesen:

ISO 717-1	siehe DIN EN ISO 717-1
ISO 3382-2	siehe DIN EN ISO 3382-2
ISO 4043	siehe DIN EN ISO 4043
ISO 7730	siehe DIN EN ISO 7730
ISO 11654	siehe DIN EN ISO 11654
ISO 16283-1	siehe DIN EN ISO 16283-1
ISO 20108	siehe DIN EN ISO 20108
ISO 20109	siehe DIN EN ISO 20109

Nationaler Anhang NA
(informativ)

Literaturhinweise

DIN EN ISO 717-1, *Akustik — Bewertung der Schalldämmung in Gebäuden und von Bauteilen — Teil 1: Luftschalldämmung*

DIN EN ISO 3382-2, *Akustik — Messung von Parametern der Raumakustik — Teil 2: Nachhallzeit in gewöhnlichen Räumen*

DIN EN ISO 4043, *Simultandolmetschen — Mobile Kabinen — Anforderungen*

DIN EN ISO 7730, *Ergonomie der thermischen Umgebung — Analytische Bestimmung und Interpretation der thermischen Behaglichkeit durch Berechnung des PMV- und des PPD-Indexes und Kriterien der lokalen thermischen Behaglichkeit*

DIN EN ISO 11654, *Akustik Schallabsorber für die Anwendung in Gebäuden — Bewertung der Schallabsorption*

DIN EN ISO 16283-1, *Akustik — Messung der Schalldämmung in Gebäuden und von Bauteilen am Bau — Teil 1: Luftschalldämmung*

DIN EN ISO 20108[*], *Simultandolmetschen — Qualität und Übertragung von Ton- und Bildeingang — Anforderungen*

DIN EN ISO 20109, *Simultandolmetschen — Ausstattung — Anforderungen*

---

[*] Zurzeit Entwurf.

EUROPÄISCHE NORM
EUROPEAN STANDARD
NORME EUROPÉENNE

EN ISO 2603

Dezember 2016

ICS 91.040.10

Deutsche Fassung

Simultandolmetschen — Ortsfeste Kabinen — Anforderungen (ISO 2603:2016)

Simultaneous interpreting — Permanent booths — Requirements (ISO 2603:2016)

Interprétation simultanée — Cabines permanentes — Exigences (ISO 2603:2016)

Diese Europäische Norm wurde vom CEN am 12. November 2016 angenommen.

Die CEN-Mitglieder sind gehalten, die CEN/CENELEC-Geschäftsordnung zu erfüllen, in der die Bedingungen festgelegt sind, unter denen dieser Europäischen Norm ohne jede Änderung der Status einer nationalen Norm zu geben ist. Auf dem letzten Stand befindliche Listen dieser nationalen Normen mit ihren bibliographischen Angaben sind beim Management-Zentrum des CEN-CENELEC oder bei jedem CEN-Mitglied auf Anfrage erhältlich.

Diese Europäische Norm besteht in drei offiziellen Fassungen (Deutsch, Englisch, Französisch). Eine Fassung in einer anderen Sprache, die von einem CEN-Mitglied in eigener Verantwortung durch Übersetzung in seine Landessprache gemacht und dem Management-Zentrum mitgeteilt worden ist, hat den gleichen Status wie die offiziellen Fassungen.

CEN-Mitglieder sind die nationalen Normungsinstitute von Belgien, Bulgarien, Dänemark, Deutschland, der ehemaligen jugoslawischen Republik Mazedonien, Estland, Finnland, Frankreich, Griechenland, Irland, Island, Italien, Kroatien, Lettland, Litauen, Luxemburg, Malta, den Niederlanden, Norwegen, Österreich, Polen, Portugal, Rumänien, Schweden, der Schweiz, der Slowakei, Slowenien, Spanien, der Tschechischen Republik, der Türkei, Ungarn, dem Vereinigten Königreich und Zypern.

EUROPÄISCHES KOMITEE FÜR NORMUNG
EUROPEAN COMMITTEE FOR STANDARDIZATION
COMITÉ EUROPÉEN DE NORMALISATION

CEN-CENELEC Management-Zentrum: Avenue Marnix 17, B-1000 Brüssel

© 2016 CEN Alle Rechte der Verwertung, gleich in welcher Form und in welchem Verfahren, sind weltweit den nationalen Mitgliedern von CEN vorbehalten.

Ref. Nr. EN ISO 2603:2016 D

Inhalt

Seite

Europäisches Vorwort ... 3
Vorwort ... 4
Einleitung ... 5
1 Anwendungsbereich ... 6
2 Normative Verweisungen ... 6
3 Begriffe ... 6
4 Standort von Kabinen ... 7
4.1 Allgemeine Anforderungen ... 7
4.2 Besondere Anforderungen ... 7
4.3 Technikkabine ... 8
4.4 Zugang zu den Kabinen ... 8
4.5 Sicht ... 8
5 Bauliche Anforderungen an Kabinen ... 8
5.1 Allgemeines ... 8
5.2 Mindestmaße ... 9
5.3 Türen ... 10
5.4 Fenster ... 10
5.5 Akustik ... 10
5.6 Heizung, Lüftung und Klimatisierung ... 11
5.6.1 Hydrothermale Bedingungen ... 11
5.6.2 Luftqualität ... 12
5.6.3 Schalldämmung ... 12
5.7 Leitungsführungen ... 12
6 Kabineninnenraum ... 12
6.1 Allgemeines ... 12
6.2 Beleuchtung ... 12
6.3 Stromversorgung ... 13
6.4 Internetverbindung ... 13
6.5 Farbgebung ... 13
6.6 Arbeitsfläche ... 13
6.7 Ablage von Dokumenten und Ausstattungsgegenständen ... 14
6.8 Elektromagnetische Strahlungspegel ... 14
7 Einrichtungen für Dolmetscher ... 15
7.1 Dolmetscherraum ... 15
7.2 Toiletten ... 15
Literaturhinweise ... 16

Europäisches Vorwort

Dieses Dokument (EN ISO 2603:2016) wurde vom Technischen Komitee ISO/TC 37 „Terminology and other language and content resources" erarbeitet.

Diese Europäische Norm muss den Status einer nationalen Norm erhalten, entweder durch Veröffentlichung eines identischen Textes oder durch Anerkennung bis Juni 2017, und etwaige entgegenstehende nationale Normen müssen bis Juni 2017 zurückgezogen werden.

Es wird auf die Möglichkeit hingewiesen, dass einige Elemente dieses Dokuments Patentrechte berühren können. CEN [und/oder CENELEC] ist nicht dafür verantwortlich, einige oder alle diesbezüglichen Patentrechte zu identifizieren.

Entsprechend der CEN-CENELEC-Geschäftsordnung sind die nationalen Normungsinstitute der folgenden Länder gehalten, diese Europäische Norm zu übernehmen: Belgien, Bulgarien, Dänemark, Deutschland, die ehemalige jugoslawische Republik Mazedonien, Estland, Finnland, Frankreich, Griechenland, Irland, Island, Italien, Kroatien, Lettland, Litauen, Luxemburg, Malta, Niederlande, Norwegen, Österreich, Polen, Portugal, Rumänien, Schweden, Schweiz, Slowakei, Slowenien, Spanien, Tschechische Republik, Türkei, Ungarn, Vereinigtes Königreich und Zypern.

Anerkennungsnotiz

Der Text von ISO 2603:2016 wurde vom CEN als EN ISO 2603:2016 ohne irgendeine Abänderung genehmigt.

Vorwort

ISO (die Internationale Organisation für Normung) ist eine weltweite Vereinigung von Nationalen Normungsorganisationen (ISO-Mitgliedsorganisationen). Die Erstellung von Internationalen Normen wird normalerweise von ISO Technischen Komitees durchgeführt. Jede Mitgliedsorganisation, die Interesse an einem Thema hat, für welches ein Technisches Komitee gegründet wurde, hat das Recht, in diesem Komitee vertreten zu sein. Internationale Organisationen, staatlich und nicht-staatlich, in Liaison mit ISO, nehmen ebenfalls an der Arbeit teil. ISO arbeitet eng mit der Internationalen Elektrotechnischen Kommission (IEC) bei allen elektrotechnischen Themen zusammen.

Die Verfahren, die bei der Entwicklung dieses Dokuments angewendet wurden und die für die weitere Pflege vorgesehen sind, werden in den ISO/IEC-Direktiven, Teil 1 beschrieben. Im Besonderen sollten die für die verschiedenen ISO-Dokumentenarten notwendigen Annahmekriterien beachtet werden. Dieses Dokument wurde in Übereinstimmung mit den Gestaltungsregeln der ISO/IEC-Direktiven, Teil 2 erarbeitet (siehe www.iso.org/directives).

Es wird auf die Möglichkeit hingewiesen, dass einige Elemente dieses Dokuments Patentrechte berühren können. ISO ist nicht dafür verantwortlich, einige oder alle diesbezüglichen Patentrechte zu identifizieren. Details zu allen während der Entwicklung des Dokuments identifizierten Patentrechten finden sich in der Einleitung und/oder in der ISO-Liste der empfangenen Patenterklärungen (siehe www.iso.org/patents).

Jeder in diesem Dokument verwendete Handelsname wird als Information zum Nutzen der Anwender angegeben und stellt keine Anerkennung dar.

Eine Erläuterung der Bedeutung ISO-spezifischer Benennungen und Ausdrücke, die sich auf Konformitätsbewertung beziehen, sowie Informationen über die Beachtung der Grundsätze der Welthandelsorganisation (WTO) zu technischen Handelshemmnissen (TBT, en: Technical Barriers to Trade) durch ISO enthält der folgende Link: www.iso.org/iso/foreword.html.

Das für dieses Dokument verantwortliche Komitee ist ISO/TC 37, *Terminology and other language and content resources*, Unterkomitee SC 5, *Tranlsation, interpreting and related technology*.

Mit dieser vierten Ausgabe wird die dritte Ausgabe (ISO 2603:1998), die technisch überarbeitet wurde, zurückgezogen und ersetzt.

Einleitung

Bei der Ausstattung eines Konferenzraums mit ortsfesten Kabinen ist eine Reihe von grundlegenden Aspekten zu berücksichtigen. Da Dolmetschen eine Aktivität ist, die ein hohes Maß an Konzentration erfordert, sind Stressfaktoren zu vermeiden und die Arbeitsumgebung hat demzufolge den höchsten ergonomischen Standards zu entsprechen sowie ein Umfeld sicherzustellen, das den Dolmetschern eine angemessene Ausführung ihrer Arbeit ermöglicht.

Dieses Dokument behandelt das Folgende:

a) die Schalldämmung sowohl in Bezug auf Geräusche, die aus der Umgebung der Kabine in eine Kabine und in umgekehrter Richtung übertragen werden, als auch auf Geräusche, die von einer Kabine in die andere gelangen;

b) der gute Sichtkontakt zwischen den Dolmetschern und den Veranstaltungsteilnehmern;

c) angemessene Arbeitsbedingungen für Dolmetscher, für die die Kabinen der Arbeitsplatz sind, die es ihnen ermöglichen, den ganzen Tag lang das für ihre Tätigkeit erforderliche hohe Maß an Konzentration beizubehalten.

1 Anwendungsbereich

Dieses Dokument stellt Anforderungen und Empfehlungen für den Bau und die Erneuerung von ortsfesten Kabinen für Simultandolmetschen in neuen und vorhandenen Gebäuden bereit. Es stellt auch die Verwendbarkeit und Zugänglichkeit für alle Dolmetscher einschließlich jenen mit besonderen Bedürfnissen sicher.

Es ist anwendbar für alle Arten von ortsfesten Kabinen, in denen eingebaute oder transportable Ausstattungen zum Einsatz kommen.

In Verbindung mit entweder diesem Dokument oder ISO 4043, legen ISO 20108 und ISO 20109 die maßgeblichen Anforderungen sowohl für die Qualität und die Übertragung von Ton und Bild an die Dolmetscher als auch für die in den Kabinen benötigte Ausstattung fest.

2 Normative Verweisungen

Die folgenden Dokumente werden im Text in solcher Weise in Bezug genommen, dass einige Teile davon oder ihr gesamter Inhalt Anforderungen des vorliegenden Dokuments darstellen. Bei datierten Verweisungen gilt nur die in Bezug genommene Ausgabe. Bei undatierten Verweisungen gilt die letzte Ausgabe des in Bezug genommenen Dokuments (einschließlich aller Änderungen).

ISO 717-1, Acoustics — *Rating of sound insulation in buildings and of building elements — Part 1: Airborne sound insulation*

ISO 3382-2, Acoustics — *Measurement of room acoustic parameters — Part 2: Reverberation time in ordinary rooms*

ISO 7730, *Ergonomics of the thermal environment — Analytical determination and interpretation of thermal comfort using calculation of the PMV and PPD indices and local thermal comfort criteria*

ISO 8995-1, *Lighting of work places — Part 1: Indoor*

ISO 16283-1, Acoustics — *Field measurement of sound insulation in buildings and of building elements — Part 1: Airborne sound insulation*

ISO 20109:2016, *Simultaneous interpreting — Equipment — Requirements*

ISO 21542, *Building construction — Accessibility and usability of the built environment*

3 Begriffe

Für die Anwendung dieses Dokuments gelten die folgenden Begriffe.

ISO und IEC stellen terminologische Datenbanken für die Verwendung in der Normung unter den folgenden Adressen bereit:

— IEC Electropedia: unter http://www.electropedia.org/

— ISO Online Browsing Platform: unter http://www.iso.org/obp

3.1
Simultandolmetschen
Dolmetschmodus, bei dem gedolmetscht wird, während der Redner noch seine Rede – entweder in Laut- oder in Gebärdensprache – hält

Anmerkung 1 zum Begriff: Für diese Tätigkeit ist eine spezielle Ausstattung erforderlich.

3.2
Kabine
Kabine für Simultandometschen
in sich geschlossene Einheit, in der sich der Arbeitsplatz des Dolmetschers befindet

Anmerkung 1 zum Begriff: Einer der Zwecke von Kabinen für Simultandolmetschen besteht darin, Schalldämmung sicherzustellen sowohl in Bezug auf Geräusche, die aus der Umgebung der Kabine in die Kabine als auch umgekehrt übertragen werden, sowie in Bezug auf Geräusche, die von einer Kabine in die andere gelangen können.

3.2.1
ortsfeste Kabine
ortsfeste Kabine für Simultandolmetschen
Kabine (*3.2*), die baulich in eine Einrichtung integriert ist

3.2.2
mobile Kabine
mobile Kabine für Simultandolmetschen
freistehende *Kabine* (*3.2*), die aus modularen Bauteilen zusammengebaut wird, transportabel ist und in den verschiedensten Einrichtungen aufgebaut werden kann

Anmerkung 1 zum Begriff: Für mobile Kabinen gilt ISO 4043.

3.3
Technikkabine
Raum, in dem sich die Steuerungsgeräte befinden und von dem aus die technische Ausstattung gesteuert wird

3.4
Videobildschirm
elektronisches Gerät, das Informationen visuell darstellt

4 Standort von Kabinen

4.1 Allgemeine Anforderungen

Bei der Planung neuer Konferenzräume müssen die Kabinen so in den Bau integriert werden, dass der Raum selbst und die Kabinen in Bezug auf Anordnung, Belüftung von Gebäuden, Zugänglichkeit und Verwendbarkeit nach ISO 21542 eine ausgewogene Einheit bilden. Konferenzdolmetscher, die Erfahrungen bei der Beratung in technischen Fragen haben, müssen von den frühesten Planungsphasen an zusammen mit Lieferanten und Fachleuten wie Architekten und Projektingenieuren hinzugezogen werden.

Kabinen müssen so viel indirektes Tageslicht wie möglich vom Konferenzsaal erhalten.

4.2 Besondere Anforderungen

Die Kabinen sind fern von Störquellen wie Küchen, öffentlichen Fluren und Durchgängen zu platzieren.

Je nachdem, wie der Konferenzsaal genutzt wird, müssen die Kabinen so aufgestellt werden, dass die Dolmetscher eine ungehinderte Sicht auf die Hauptredner haben. In Situationen, wo durch erweiterte sprachliche Anforderungen die Verwendung von Kabinen auf zwei Ebenen erforderlich wird, können auf der oberen Ebene Videobildschirme verwendet werden, um die Sicht auf die Redner sicherzustellen.

Die Kabinen müssen erhöht über dem Saalboden liegen, damit sie den Dolmetschern freie Sicht (siehe 4.5) auf alle Vorgänge im Saal sowie auf alle visuellen Hilfsmittel wie eine Projektionswand und Videobildschirme ermöglichen. Die Sicht aus der Kabine in den Saal darf nicht durch im Wege stehende Menschen oder durch Bauelemente wie Säulen versperrt sein. Dementsprechend muss der Kabinenboden, von einem angenommenen Bodenniveau ausgehend, mindestens 60 cm über dem Saalboden liegen.

Die Kabinen müssen so gruppiert werden, dass sowohl Sichtkontakt als auch Verkabelung zwischen den Kabinen ermöglicht wird.

4.3 Technikkabine

Sofern vorhanden, muss die Technikkabine in der Nähe der Dolmetschkabinen aufgestellt werden, um den Zugang zu erleichtern und Sichtkontakt zwischen dem Techniker und den Dolmetschern zu ermöglichen, und um dem Techniker freie Sicht auf alle Vorgänge, unter anderem auf die Redner und die Verwendung der Projektionswand zu ermöglichen. Dolmetscher müssen über eine Einrichtung verfügen, mittels der sie direkt mit der Technikkabine kommunizieren können. Der Techniker muss einen sicheren, schnellen und leichten Zugang zu den Kabinen und dem Saal haben. Siehe auch ISO 20109:2016, C.2.

4.4 Zugang zu den Kabinen

Die Kabinen müssen sowohl vom Saal aus als auch untereinander schnell und leicht zugänglich sein.

Mindestens 10 % der Kabinen, aufgerundet zur nächsten vollen Zahl, müssen, in Übereinstimmung mit ISO 21542, für Personen mit Behinderung zugänglich sein.

4.5 Sicht

Eine unmittelbare ungehinderte Sicht auf den gesamten Konferenzraum einschließlich Projektionswand und Podium ist unerlässlich. Wenn die Kabinen an einer Seite des Konferenzraums aufgestellt werden, sollte die Sichtlinie der Dolmetscher zur Projektionswand nicht weniger als 35° betragen, wobei die Kante der Kabine als Bezugspunkt genommen wird. Damit wird bezweckt, den Dolmetschern eine direkte, freie Sicht auf das Podium und die Projektionswand zu ermöglichen, ohne dass sie den Körper nach vorn beugen oder neigen müssen.

In sehr großen Sälen, in denen sich das Podium und/oder die Projektionswand über 20 m entfernt befinden, müssen Videobildschirme genutzt werden (in Übereinstimmung mit ISO 20109:2016, B.2):

— wenn der Abstand zwischen den Kabinen und der Projektionswand ≥ dem Dreifachen der Diagonale der Projektionswand ist, oder

— wenn sich die Kabinen hinter den Hauptrednern oder auf einer oberen Ebene befinden.

Die Dolmetschkabinen müssen so aufgestellt werden, dass Säulen und Pfeiler den Dolmetschern, ohne dass diese sich zusätzlich bewegen müssen, eine freie Sicht auf die Projektionswände, das Podium und die Sprecher ermöglichen. Verwendete Materialien müssen so beschaffen sein, dass sie die Sicht auf die Projektionswände und das Podium nicht einschränken (z. B. blendfreies Glas).

5 Bauliche Anforderungen an Kabinen

5.1 Allgemeines

Jede Kabine muss breit genug sein, damit darin die erforderliche Anzahl von bequem nebeneinander sitzenden Dolmetschern Platz findet, wobei jeder über eine ausreichende Arbeitsfläche am Arbeitstisch verfügen muss (siehe 6.6), damit Dokumente und elektronische Geräte nebeneinander Platz finden. Kabinenhöhe und -tiefe müssen ausreichend bemessen sein, sodass das erforderliche Luftvolumen zur Verfügung steht und damit eine entsprechende Temperaturregelung und eine zugfreie Lufterneuerung ermöglicht werden (siehe 5.6) sowie ausreichend Platz vorhanden ist, damit die Dolmetscher die Kabine betreten und verlassen können, ohne sich gegenseitig zu stören.

ANMERKUNG   Ortsfeste Kabinen, die nur einem Dolmetscher Platz bieten, sind nicht konform mit diesem Dokument.

5.2 Mindestmaße

Die Größe einer ortsfesten Kabine (siehe Bild 1) wird von der Notwendigkeit bestimmt, für jeden Dolmetscher einen ausreichend großen Arbeitsplatz und ein ausreichendes Luftvolumen bereitzustellen. Folgende Mindestmaße sind einzuhalten:

— Breite: 2,50 m;

— Tiefe: 2,40 m;

— Höhe: 2,30 m.

ANMERKUNG   Sofern machbar, kann zusätzliche Höhe die Regelung des Luftzugs und der Temperatur unterstützen.

Für Konferenzsäle mit bis zu sechs Kabinen sollten eine oder mehrere dieser Kabinen 3,20 m breit sein, um der Notwendigkeit einer dauerhaften Präsenz von drei Dolmetschern Rechnung zu tragen.

Für Konferenzsäle mit mehr als sechs Kabinen müssen alle Kabinen mindestens 3,20 m breit sein.

Um Resonanzeffekte zu vermeiden, sollten die drei Maße der Kabine unterschiedlich sein, und Stehwellen sollten baulich ausgeschlossen werden, indem die beiden Seitenwände nicht genau parallel zueinander verlaufen.

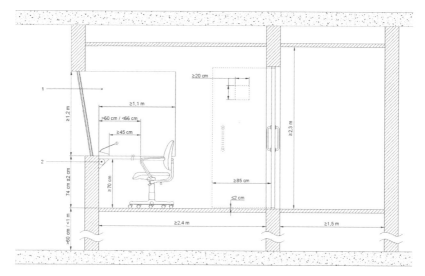

Legende
1   Seitenfenster
2   Leitungsführung

Bild 1 — Kabinenmaße

5.3 Türen

Die Türen müssen Drehflügeltüren sein, sich geräuschlos bewegen lassen und eine zufriedenstellende Schalldämmung sicherstellen (siehe 5.5). Sie müssen mindestens 85 cm breit sein, in Übereinstimmung mit ISO 21542, und sie dürfen Kabinen nicht über Seitenwände miteinander verbinden. Die Schwelle darf nicht höher als 2 cm sein. An der Kabinentür muss entweder außen ein Licht angebracht sein, welches anzeigt, dass ein Mikrofon in der Kabine eingeschaltet ist, oder aber ein Beobachtungsfenster (mindestens 20 cm × 20 cm).

Die Türen müssen über einen festen vertikalen Griff verfügen, dürfen aber kein Türschloss haben und müssen automatisch und geräuschlos schließen.

Zugeordnete Sprachen und Kanäle sollten an oder neben den Türen angegeben sein.

Schiebetüren, Vorhänge oder Trennwände dürfen nicht anstelle von Türen verwendet werden.

5.4 Fenster

Jede Kabine muss Front- und Seitenfenster haben (siehe Bild 1).

Das Frontfenster muss aus einer einzigen Glasscheibe bestehen und über die gesamte Breite der Kabine reichen. Die Scheibenhöhe muss mindestens 1,20 m ab der Arbeitsfläche aufwärts betragen. Für Kabinen, die sich auf einer oberen Ebene befinden, sollten die Fenster so angepasst werden, dass ein ergonomischer Sichtwinkel und eine maximale Sicht auf den Konferenzsaal sichergestellt sind. Die Unterkante des Frontfensters darf deshalb unterhalb der Arbeitsfläche liegen.

Kabinen müssen mit Seitenfenstern ausgestattet sein, die mindestens dieselbe Höhe wie das Frontfenster aufweisen und mindestens 1,10 m entlang der Trennwand zwischen den Kabinen reichen.

Um eine maximale ungehinderte Sicht aus den Kabinen sicherzustellen, darf es keine vertikalen Trägerelemente als trennendes Element zwischen den Scheiben geben.

Front- und Seitenscheiben müssen aus ungefärbtem, blendfreiem Glas bestehen, das die Anforderungen an die Schalldämmung (siehe 5.5) erfüllt. Die Scheiben müssen so eingebaut sein, dass Schwingungen, Blendungen von der Saalbeleuchtung und Spiegeleffekte aus dem Kabineninnenraum vermieden werden.

Wenn die Kabinenfenster gekrümmt sind, dürfen sie nicht die Sicht verzerren.

Je nach Art der verwendeten Arbeitsplatzbeleuchtung (siehe 6.2) und aus Gründen der Akustik (siehe 5.5), müssen Frontscheiben ggf. geneigt sein.

5.5 Akustik

Die Kabinen müssen zu einem Bereich hin öffnen, der in der Regel nicht von Teilnehmern, Mitarbeitern oder der Öffentlichkeit genutzt wird. Sie dürfen nicht an Geräusch- oder Schwingungsquellen angrenzen, es sei denn, eine ausreichende Schalldämmung ist sichergestellt. Boden und Wände in den Kabinen und Fluren müssen mit einem schallabsorbierenden Material ausgelegt bzw. verkleidet sein.

ANMERKUNG   Gute Ergebnisse wurden dadurch erzielt, dass an Wänden und perforierten Deckenplatten ausreichend dickes Gewebe angebracht wurde (siehe 5.6.1, Anmerkung). Geeignet ist Material mit einem gewichteten Absorptionskoeffizienten von $\alpha_w \geq 0{,}6$ (nach ISO 11654).

Wenn der Boden hohl ist, muss darauf geachtet werden, dass er nicht zum Resonanzkörper für Schritte wird.

Besondere Aufmerksamkeit ist der vorgesehenen Schalldämmung zu widmen:

— zwischen den Kabinen;

— zwischen den Kabinen und der Technikkabine;

— zwischen den Kabinen und den Fluren für die Dolmetscher;

— zwischen den Kabinen und dem Konferenzsaal.

Folgende Messwerte, gemessen *in situ* nach Einbau aller technischen Einrichtungen, sind zu erreichen:

— Saal/Kabine: R'_w = 48 dB,

— Kabine/Kabine: R'_w = 43 dB,

— Kabine/Flur: R'_w = 41 dB,

wobei R'_w, die gewichtete Schalldämmung, in ISO 717-1 definiert ist und nach ISO 16283-1 gemessen wird.

Zur Vermeidung einer Schallübertragung von Kabine zu Kabine müssen Leitungsführungen (siehe 5.7) angemessen schallgedämmt werden.

Der A-gewichtete äquivalente Schalldruckpegel (L_{Aeq}), der von der Klimaanlage (siehe 5.6), der Beleuchtung (siehe 6.2) und anderen Schallquellen erzeugt wird, darf 35 dB(A) nicht überschreiten.

Die Nachhallzeit, nach ISO 3382-2, innerhalb der (unbesetzten) Kabine muss zwischen 0,3 s und 0,5 s betragen, gemessen in Oktavbändern von 250 Hz bis 8 000 Hz oder in Terzbändern von 100 Hz bis 5 000 Hz.

5.6 Heizung, Lüftung und Klimatisierung

Da es sich bei den Kabinen um ganztägig besetzte Arbeitsplätze handelt, sind angemessene hydrothermale Bedingungen und eine entsprechende Luftqualität erforderlich.

5.6.1 Hydrothermale Bedingungen

Die Regelung der Klimaanlage für Dolmetschkabinen muss unabhängig vom Rest des Gebäudes und des Konferenzsaals erfolgen.

Nach ISO 7730 muss die Temperatur im Bereich zwischen 20 °C und 25,5 °C regelbar sein und jede Kabine über einen eigenen Regler verfügen.

Die relative Luftfeuchte muss zwischen 40 % und 70 % liegen.

Die Strömungsgeschwindigkeit der Luft darf 0,2 m/s nicht überschreiten. Lufteinlass- und -austrittsöffnungen sind so anzuordnen, dass die Dolmetscher keinem Luftzug ausgesetzt sind.

ANMERKUNG   Gute Ergebnisse wurden dadurch erzielt, dass die Luft durch eine perforierte Decke zugeführt und über Entlüftungsöffnungen im hinteren Teil der Kabine, im Boden oder an der Rückwand abgesaugt wird.

5.6.2 Luftqualität

Eine angemessene Be- und Entlüftung ist erforderlich, um die Konzentrationswerte von Innenraumschadstoffen zu begrenzen. Der Gehalt an Kohlenstoffdioxid in den Kabinen darf 0,1 % nicht überschreiten.

Um dieses Ziel unter Standardbedingungen zu erreichen, muss die Luft in den Kabinen stündlich mindestens siebenmal erneuert werden.

Die Belüftung muss entweder durch eine programmierbare Zeitschaltuhr oder durch Bewegungsmelder automatisch ausgelöst werden. Der Luftstrom darf auch durch den Einsatz direkter CO_2-Messfühler geregelt werden. Fehlen solche Messfühler, muss die Zuluft zu 100 % frisch (d. h. keine Umluft) und in angemessener Weise gefiltert sein. Jede Kabine muss in der Lage sein, die Klimaanlage unabhängig zu regeln.

Die Flure hinter den Kabinen müssen ebenfalls ausreichend belüftet werden. Abluft ist in diesem Fall zulässig.

5.6.3 Schalldämmung

Luftleitungen dürfen keinen Schall von Kabine zu Kabine oder von anderen Quellen übertragen (siehe 5.5) und dürfen nicht durch Trennwände zwischen den Kabinen gehen. Um die akustischen Anforderungen an technische Anschlüsse zu erfüllen, müssen sich Geräusche erzeugende Vorrichtungen wie Ansaugräume und Brandschutzklappen außerhalb der Kabinen befinden.

ANMERKUNG   Gute Ergebnisse wurden mit Zu- und Abluftleitungssystemen mit Schalldämpfern erzielt.

5.7 Leitungsführungen

Führungen, die dafür geeignet sind, Steuerleitungen mit ihren Steckverbindern sowohl von Kabine zu Kabine als auch in die Kabinen hinein zu verlegen, müssen bereitgestellt werden. Nach Einziehen der Leitungen müssen an den Durchlassöffnungen dieselben Schalldämmungswerte eingehalten werden wie in den Wänden.

Die Leitungsführungen sollten leicht zugänglich sein und nicht den Einsatz von Spezialwerkzeugen erfordern.

6 Kabineninnenraum

6.1 Allgemeines

Die Kabinenoberflächen müssen reflektionsfrei und feuerfest sowie frei von Allergenen und Schadstoffen sein. Sie müssen angemessen schalldämpfend (siehe 5.5) und leicht zu reinigen sein und dürfen Staub weder anziehen noch ansammeln.

6.2 Beleuchtung

Die Beleuchtung in der Kabine muss unabhängig von der Beleuchtung im Saal sein, da dieser möglicherweise für Projektionen und Präsentationen abgedunkelt werden muss.

Die Ausstattung muss in Hinblick auf Beleuchtung, Blendfreiheit und Farbqualität vollständig mit den Anforderungen von ISO 8995-1 übereinstimmen.

Kabinen müssen mit drei verschiedenen Beleuchtungssystemen ausgestattet sein: einem für die Arbeit, einem für allgemeine Zwecke und einem System für Notbeleuchtung. Die Beleuchtung für die Arbeit und die für allgemeine Zwecke müssen stufenlos regelbar (dimmbar) sein.

Die Lichtquelle für den Arbeitsplatz muss eine individuell einstellbare kompakte Tischleuchte sein (nach ISO 20109), die jeweils die jedem Dolmetscher zur Verfügung stehende Arbeitsfläche beleuchtet.

Für die allgemeine Beleuchtung muss die Deckenbeleuchtung mindestens 350 lx haben. Sie muss so angebracht sein, dass von dem arbeitenden Dolmetscher keine Schatten auf Arbeitsfläche, Dokumente, Befestigungen und andere Ausstattung fallen. Der Schalter muss sich neben der Kabinentür befinden.

Keine Lichtquelle darf ein Flimmern oder Reflexionen auf den Kabinenfenstern oder den Arbeitsflächen verursachen.

Beide Hauptsysteme, die auch Dimmer und Wandler beinhalten müssen, haben frei von magnetischer Störung zu sein und dürfen keine hörbaren Geräusche erzeugen. Sie müssen so ausgelegt sein, dass eine induktive elektrische Störung benachbarter Mikrofonschaltkreise vermieden wird. Ihr Betrieb muss absolut geräuschlos erfolgen.

Die Arbeits- und allgemeine Beleuchtung, müssen zusammen die erforderliche Lichtintensität aufbringen, um die gesamte Arbeitsfläche der Kabine auszuleuchten. Alle Lichtquellen müssen so wenig Hitze wie möglich erzeugen und eine Farbtemperatur von 3 000 K bis 4 000 K haben.

Die wichtigen Schalter müssen sich in Reichweite des Dolmetschers befinden und eine stufenlose Helligkeitsregelung im Bereich von 100 lx bis 350 lx sicherstellen oder ansonsten zweistufig regelbar sein: eine Stufe im Bereich 100 lx bis 200 lx und die andere bei mindestens 350 lx (alle Werte müssen auf der Höhe der Arbeitsfläche erreicht werden).

6.3 Stromversorgung

Auf der Arbeitsoberfläche muss in der Nähe des Arbeitsplatzes jedes Dolmetschers zumindest eine Steckdose vorhanden sein, zusammen mit wenigstens einer USB-Typ-A-Ladesteckdose mit 5 V, 2 A.

6.4 Internetverbindung

Allen Dolmetschern muss eine WLAN-Verbindung bereitgestellt werden, es sei denn, aus Geheimhaltungs- oder Sicherheitsgründen wird die Nutzung einer kabelgebundenen Internetverbindung verlangt.

6.5 Farbgebung

Die Farbgebung muss sich für enge Arbeitsräume eignen (gedämpfte, helle Farben, zarte Pastelltöne), zumindest an den Seiten- und Vorderwänden und an den Decken. In der Kabine müssen alle Oberflächen zur Vermeidung von Reflexionen matt ausgeführt sein.

6.6 Arbeitsfläche

Die Arbeitsfläche muss stabil genug sein, um sie als Schreibtisch, Dokumentenauflage und Standfläche für Laptops oder Tablets nutzen zu können.

Sie muss waagerecht und mit einem stoßdämpfenden Werkstoff überzogen sein, um Geräusche zu dämpfen, die anderenfalls von den Mikrofonen aufgenommen werden würden. Die Unterseite muss über eine glatte Oberfläche verfügen.

Die Arbeitsfläche muss folgende Merkmale aufweisen:

a) Position: an der Stirnseite der Kabine über deren gesamte Breite hinweg, um so dem sitzenden Dolmetscher einen ungehinderten Blick auf die Vorgänge im Saal zu gewähren; es ist darauf zu achten, dass jegliche Schwingungsübertragung durch Kabinenwände hindurch vermieden wird;

b) Höhe: 74 cm bis 76 cm ab Kabinenboden;

c) Tiefe: 60 cm bis 66 cm; die volle Tiefe ist nutzbar zu machen (d. h. die Fläche muss frei sein von Befestigungen und anderer Ausstattung); mindestens 45 cm freie Fläche zwischen der Kante der Arbeitsfläche und der Frontseite des Dolmetschpults;

d) Beinfreiheit: Mindesttiefe 45 cm, Mindesthöhe 70 cm; unbeeinträchtigt durch Stütz- und Haltevorrichtungen für die Arbeitsfläche oder Verkabelungen und Leitungsführungen;

e) geeignet für die Installation von eingelassenen Videobildschirmen zwischen den Dolmetschpulten (siehe Bild 2).

Ein nicht verriegelnder 3,5 mm-Klinkenstecker-Anschluss (en: TRRS) kann für jeden Dolmetscher an der Kante der Arbeitsfläche, 40 cm links von der Achse des Dolmetscherpults (siehe Bild 2) bereitgestellt werden. Der Anschluss muss den Vorgaben von ISO 20109:2016, 5.2, entsprechen.

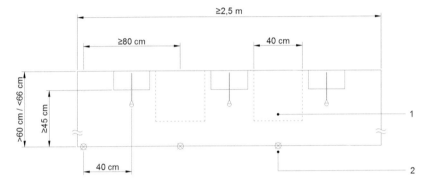

Legende

1 Lage des eingelassenen Videobildschirms

2 Klinkenstecker-Anschluss (en: TRRS)

Bild 2 — Arbeitsfläche

6.7 Ablage von Dokumenten und Ausstattungsgegenständen

Regale oder Ablagen für Dokumente oder Ausstattungsgegenstände dürfen nicht unter der Arbeitsfläche platziert werden, sondern sollten in Richtung Kabinenrückwand in Reichweite des Dolmetschers angeordnet werden.

6.8 Elektromagnetische Strahlungspegel

Elektromagnetische Strahlung ist auf ein Niveau zu reduzieren, bei dem die unmittelbaren biophysikalischen Auswirkungen und andere mittelbare Auswirkungen elektromagnetischer Felder vermieden werden.

Elektromagnetische Strahlung an Arbeitsplätzen kann gesetzlich geregelt sein (siehe z. B. Richtlinie 2013/35/EU).

7 Einrichtungen für Dolmetscher

7.1 Dolmetscherraum

In der Nähe der Kabinen sollte sich ein Dolmetscherraum befinden der ausschließlich der Nutzung durch Dolmetscher und Techniker dient, wenn diese gerade nicht im Einsatz sind. Dieser sollte über einen eigenen Eingang und über Tageslicht verfügen.

Der Raum sollte den folgenden Zwecken dienen:

a) als Büro;

b) zur Erholung und für Dolmetscher im Bereitschaftsdienst.

Allen Dolmetschern muss eine WLAN-Verbindung bereitgestellt werden, es sei denn, aus Geheimhaltungs- oder Sicherheitsgründen wird die Nutzung einer kabelgebundenen Internetverbindung verlangt.

Der Dolmetscherraum ist nach ISO 20109 auszustatten.

7.2 Toiletten

Toiletten müssen von den Kabinen aus leicht erreichbar sein.

Literaturhinweise

[1] ISO 4043, *Simultaneous interpreting — Mobile booths — Requirements*

[2] ISO 11654, *Acoustics — Sound absorbers for use in buildings — Rating of sound absorption*

[3] ISO 20108[N1], *Simultaneous Interpreting — Quality and transmission of sound and image input — Requirements*

[4] Richtlinie 2013/35/EU, *Electromagnetic fields*

[N1] Nationale Fußnote: Zurzeit Entwurf.

März 2017

DIN EN ISO 4043

ICS 91.040.10

Simultandolmetschen –
Mobile Kabinen –
Anforderungen (ISO 4043:2016);
Deutsche Fassung EN ISO 4043:2016

Simultaneous interpreting –
Mobile booths –
Requirements (ISO 4043:2016);
German version EN ISO 4043:2016

Interprétation simultanée –
Cabines transportables –
Exigences (ISO 4043:2016)
Version allemande EN ISO 4043:2016

Gesamtumfang 19 Seiten

DIN-Normenausschuss Terminologie (NAT)
DIN-Normenausschuss Veranstaltungstechnik, Bild und Film (NVBF)

Nationales Vorwort

Für dieses Dokument ist das Gremium NA 105-00-03-02 AK „Dolmetschdienstleistungen und -technik" im DIN-Normenausschuss Terminologie (NAT) zuständig.

ISO 4043 wurde vom Technischen Komitee ISO/TC 37, „Terminology and other language and content resources", Subcommittee SC 5, „Translation, interpreting and related technology" erarbeitet und als EN ISO 4043 im Parallelverfahren unter der Wiener Vereinbarung übernommen.

Für die in diesem Dokument zitierten Internationalen Normen wird im Folgenden auf die entsprechenden Deutschen Normen hingewiesen:

ISO 1182	siehe	DIN EN ISO 1182
ISO 2603	siehe	DIN EN ISO 2603
ISO 3382-1	siehe	DIN EN ISO 3382-1
ISO 3382-2	siehe	DIN EN ISO 3382-2
ISO 16283-1	siehe	DIN EN ISO 16283-1
ISO 20108	siehe	DIN EN ISO 20108
ISO 20109	siehe	DIN EN ISO 20109

Nationaler Anhang NA
(informativ)

Literaturhinweise

DIN EN ISO 1182, *Prüfungen zum Brandverhalten von Produkten — Nichtbrennbarkeitsprüfung*

DIN EN ISO 2603, *Simultandolmetschen — Stationäre Kabinen — Anforderungen*

DIN EN ISO 3382-1, *Akustik — Messung von Parametern der Raumakustik — Teil 1: Aufführungsräume*

DIN EN ISO 3382-2, *Akustik — Messung von Parametern der Raumakustik — Teil 2: Nachhallzeit in gewöhnlichen Räumen*

DIN EN ISO 16283-1, *Akustik — Messung der Schalldämmung in Gebäuden und von Bauteilen am Bau — Teil 1: Luftschalldämmung*

DIN EN ISO 20108[*], *Simultandolmetschen — Qualität und Übertragung von Ton- und Bildeingang — Anforderungen*

DIN EN ISO 20109, *Simultandolmetschen — Ausstattung — Anforderungen*

---

[*] Zurzeit Entwurf.

EUROPÄISCHE NORM
EUROPEAN STANDARD
NORME EUROPÉENNE

EN ISO 4043

Dezember 2016

ICS 91.040.10

Deutsche Fassung

Simultandolmetschen — Mobile Kabinen — Anforderungen (ISO 4043:2016)

Simultaneous interpreting — Mobile booths — Requirements (ISO 4043:2016)

Interprétation simultanée — Cabines transportables — Exigences (ISO 4043:2016)

Diese Europäische Norm wurde vom CEN am 12. November 2016 angenommen.

Die CEN-Mitglieder sind gehalten, die CEN/CENELEC-Geschäftsordnung zu erfüllen, in der die Bedingungen festgelegt sind, unter denen dieser Europäischen Norm ohne jede Änderung der Status einer nationalen Norm zu geben ist. Auf dem letzten Stand befindliche Listen dieser nationalen Normen mit ihren bibliographischen Angaben sind beim Management-Zentrum des CEN-CENELEC oder bei jedem CEN-Mitglied auf Anfrage erhältlich.

Diese Europäische Norm besteht in drei offiziellen Fassungen (Deutsch, Englisch, Französisch). Eine Fassung in einer anderen Sprache, die von einem CEN-Mitglied in eigener Verantwortung durch Übersetzung in seine Landessprache gemacht und dem Management-Zentrum mitgeteilt worden ist, hat den gleichen Status wie die offiziellen Fassungen.

CEN-Mitglieder sind die nationalen Normungsinstitute von Belgien, Bulgarien, Dänemark, Deutschland, der ehemaligen jugoslawischen Republik Mazedonien, Estland, Finnland, Frankreich, Griechenland, Irland, Island, Italien, Kroatien, Lettland, Litauen, Luxemburg, Malta, den Niederlanden, Norwegen, Österreich, Polen, Portugal, Rumänien, Schweden, der Schweiz, der Slowakei, Slowenien, Spanien, der Tschechischen Republik, der Türkei, Ungarn, dem Vereinigten Königreich und Zypern.

EUROPÄISCHES KOMITEE FÜR NORMUNG
EUROPEAN COMMITTEE FOR STANDARDIZATION
COMITÉ EUROPÉEN DE NORMALISATION

CEN-CENELEC Management-Zentrum: Avenue Marnix 17, B-1000 Brüssel

© 2016 CEN Alle Rechte der Verwertung, gleich in welcher Form und in welchem Verfahren, sind weltweit den nationalen Mitgliedern von CEN vorbehalten.

Ref. Nr. EN ISO 4043:2016 D

Inhalt

Seite

Europäisches Vorwort 3

Vorwort 4

Einleitung 5

1 Anwendungsbereich 6
2 Normative Verweisungen 6
3 Begriffe 6
4 Allgemeine Anforderungen 7
5 Größe, Gewicht und Handhabung 8
5.1 Größe der Kabinen 8
5.2 Gewicht einer Komponente 10
5.3 Transport und Lagerung 10
6 Türen 11
7 Leitungsführungen 11
8 Fenster 11
9 Akustik 11
9.1 Schalldämmung 11
9.2 Schallabsorption 12
10 Lüftung 12
11 Arbeitsfläche 13
12 Beleuchtung 13
13 Stromversorgung 13
14 Anzeigetafeln für die Sprachen 13

Anhang A (normativ) Anforderungen an die Verwendung und Platzierung von mobilen Kabinen 14
A.1 Eignung des Konferenzraums 14
A.2 Platzierung im Konferenzraum 14
A.3 Standort außerhalb des Konferenzraum 16

Literaturhinweise 17

Europäisches Vorwort

Dieses Dokument (EN ISO 4043:2016) wurde vom Technischen Komitee ISO/TC 37 „Terminology and other language and content resources" erarbeitet.

Diese Europäische Norm muss den Status einer nationalen Norm erhalten, entweder durch Veröffentlichung eines identischen Textes oder durch Anerkennung bis Juni 2017, und etwaige entgegenstehende nationale Normen müssen bis Juni 2017 zurückgezogen werden.

Es wird auf die Möglichkeit hingewiesen, dass einige Elemente dieses Dokuments Patentrechte berühren können. CEN [und/oder CENELEC] ist nicht dafür verantwortlich, einige oder alle diesbezüglichen Patentrechte zu identifizieren.

Entsprechend der CEN-CENELEC-Geschäftsordnung sind die nationalen Normungsinstitute der folgenden Länder gehalten, diese Europäische Norm zu übernehmen: Belgien, Bulgarien, Dänemark, Deutschland, die ehemalige jugoslawische Republik Mazedonien, Estland, Finnland, Frankreich, Griechenland, Irland, Island, Italien, Kroatien, Lettland, Litauen, Luxemburg, Malta, Niederlande, Norwegen, Österreich, Polen, Portugal, Rumänien, Schweden, Schweiz, Slowakei, Slowenien, Spanien, Tschechische Republik, Türkei, Ungarn, Vereinigtes Königreich und Zypern.

Anerkennungsnotiz

Der Text von ISO 4043:2016 wurde vom CEN als EN ISO 4043:2016 ohne irgendeine Abänderung genehmigt.

Vorwort

ISO (die Internationale Organisation für Normung) ist eine weltweite Vereinigung von Nationalen Normungsorganisationen (ISO-Mitgliedsorganisationen). Die Erstellung von Internationalen Normen wird normalerweise von ISO Technischen Komitees durchgeführt. Jede Mitgliedsorganisation, die Interesse an einem Thema hat, für welches ein Technisches Komitee gegründet wurde, hat das Recht, in diesem Komitee vertreten zu sein. Internationale Organisationen, staatlich und nicht-staatlich, in Liaison mit ISO, nehmen ebenfalls an der Arbeit teil. ISO arbeitet eng mit der Internationalen Elektrotechnischen Kommission (IEC) bei allen elektrotechnischen Themen zusammen.

Die Verfahren, die bei der Entwicklung dieses Dokuments angewendet wurden und die für die weitere Pflege vorgesehen sind, werden in den ISO/IEC-Direktiven, Teil 1 beschrieben. Im Besonderen sollten die für die verschiedenen ISO-Dokumentenarten notwendigen Annahmekriterien beachtet werden. Dieses Dokument wurde in Übereinstimmung mit den Gestaltungsregeln der ISO/IEC-Direktiven, Teil 2 erarbeitet (siehe www.iso.org/directives).

Es wird auf die Möglichkeit hingewiesen, dass einige Elemente dieses Dokuments Patentrechte berühren können. ISO ist nicht dafür verantwortlich, einige oder alle diesbezüglichen Patentrechte zu identifizieren. Details zu allen während der Entwicklung des Dokuments identifizierten Patentrechten finden sich in der Einleitung und/oder in der ISO-Liste der empfangenen Patenterklärungen (siehe www.iso.org/patents).

Jeder in diesem Dokument verwendete Handelsname wird als Information zum Nutzen der Anwender angegeben und stellt keine Anerkennung dar.

Eine Erläuterung der Bedeutung ISO-spezifischer Benennungen und Ausdrücke, die sich auf Konformitätsbewertung beziehen, sowie Informationen über die Beachtung der Grundsätze der Welthandelsorganisation (WTO) zu technischen Handelshemmnissen (TBT, en: Technical Barriers to Trade) durch ISO enthält der folgende Link: www.iso.org/iso/foreword.html.

Das für dieses Dokument verantwortliche Komitee ist ISO/TC 37, *Terminology and other language and content resources*, Unterkomitee SC 3, *Translation, interpreting and related technology*.

Diese dritte Ausgabe ersetzt die zweite Ausgabe (ISO 4043:1998), die technisch überarbeitet wurde.

Einleitung

Bei der Planung und Verwendung von mobilen Kabinen ist eine Reihe von grundlegenden Aspekten zu berücksichtigen. Da Dolmetschen eine Aktivität ist, die ein hohes Maß an Konzentration erfordert, sind Stressfaktoren zu vermeiden, und die Arbeitsumgebung hat demzufolge den höchsten ergonomischen Standards zu entsprechen sowie ein Umfeld sicherzustellen, das den Dolmetschern eine angemessene Ausführung ihrer Arbeit ermöglicht.

Für die Konstruktion einer mobilen Kabine sind vier grundlegende Prinzipien entscheidend:

a) die Schalldämmung sowohl in Bezug auf Geräusche, die aus der Umgebung der Kabine in eine Kabine und in umgekehrter Richtung übertragen werden, als auch auf Geräusche, die von einer Kabine in die andere gelangen;

b) der gute Sichtkontakt zwischen den Dolmetschern und den Veranstaltungsteilnehmern;

c) angemessene Arbeitsbedingungen für Dolmetscher, für die die Kabinen der Arbeitsplatz sind, die es ihnen ermöglichen, den ganzen Tag lang das für ihre Tätigkeit erforderliche hohe Maß an Konzentration beizubehalten;

d) die Kabine muss leicht und doch stabil sowie einfach zu handhaben und zusammenzubauen sein, und sie muss so konstruiert sein, dass sie leicht zerlegt und gewartet werden kann.

1 Anwendungsbereich

Dieses Dokument stellt Anforderungen und Empfehlungen für die Herstellung von mobilen Dolmetschkabinen bereit. Die Hauptmerkmale, die mobile Dolmetschkabinen von ortsfesten Kabinen für Simultandolmetschen unterscheiden, sind jene, dass mobile Kabinen demontiert, transportiert und in einem Konferenzraum, welcher nicht mit ortsfesten Kabinen ausgerüstet ist, aufgebaut werden können. Dieses Dokument stellt auch die Verwendbarkeit und Zugänglichkeit für alle Dolmetscher einschließlich jenen mit besonderen Bedürfnissen sicher.

Anforderungen an die Verwendung und Platzierung von mobilen Kabinen sind in Anhang A beschrieben.

In Verbindung mit entweder ISO 2603 oder diesem Dokument legen ISO 20108 und ISO 20109 die maßgeblichen Anforderungen sowohl für die Qualität und die Übertragung von Ton und Bild an die Dolmetscher als auch für die in den Kabinen benötigte Ausstattung fest.

2 Normative Verweisungen

Die folgenden Dokumente werden im Text in solcher Weise in Bezug genommen, dass einige Teile davon oder ihr gesamter Inhalt Anforderungen des vorliegenden Dokuments darstellen. Bei datierten Verweisungen gilt nur die in Bezug genommene Ausgabe. Bei undatierten Verweisungen gilt die letzte Ausgabe des in Bezug genommenen Dokuments (einschließlich aller Änderungen).

ISO 1182, *Reaction to fire tests for products — Non-combustibility test*

ISO 3382-1, *Acoustics — Measurement of room acoustic parameters — Part 1: Performance spaces*

ISO 3382-2, *Acoustics — Measurement of room acoustic parameters — Part 2: Reverberation time in ordinary rooms*

ISO 8995-1, *Lighting of work places — Part 1: Indoor*

ISO 11228-1, *Ergonomics — Manual handling — Part 1: Lifting and carrying*

ISO 11925-3, *Reaction to fire tests — Ignitability of building products subjected to direct impingement of flame — Part 3: Multi-source test*

ISO 16283-1, *Acoustics — Field measurement of sound insulation in buildings and of building elements — Part 1: Airborne sound insulation*

ISO 20108[N1], *Simultaneous interpreting — Quality and transmission of sound and image input — Requirements*

ISO 20109:2016, *Simultaneous interpreting — Equipment — Requirements*

ISO 21542, *Building construction — Accessibility and usability of the built environment*

3 Begriffe

Für die Anwendung dieses Dokuments gelten die folgenden Begriffe.

ISO und IEC stellen terminologische Datenbanken für die Verwendung in der Normung unter den folgenden Adressen bereit:

— IEC Electropedia: unter http://www.electropedia.org/

— ISO Online Browsing Platform: unter http://www.iso.org/obp

[N1] Nationale Fußnote: Zurzeit Entwurf.

3.1
Simultandolmetschen
Dolmetschmodus, bei dem gedolmetscht wird, während der Redner noch seine Rede — entweder in Lautoder in Gebärdensprache — hält

Anmerkung 1 zum Begriff: Für diese Tätigkeit ist eine spezielle Ausstattung erforderlich.

3.2
Kabine
Kabine für Simultandolmetschen
in sich geschlossene Einheit, in der sich der Arbeitsplatz des Dolmetschers befindet

Anmerkung 1 zum Begriff: Einer der Zwecke von Kabinen für Simultandolmetschen besteht darin, Schalldämmung sicherzustellen sowohl in Bezug auf Geräusche, die aus der Umgebung der Kabine in die Kabine als auch umgekehrt übertragen werden, sowie in Bezug auf Geräusche, die von einer Kabine in die andere gelangen können.

3.2.1
ortsfeste Kabine
ortsfeste Kabine für Simultandolmetschen
Kabine (3.2), die baulich in eine Einrichtung integriert ist

Anmerkung 1 zum Begriff: Für ortsfeste Kabinen gilt ISO 2603.

3.2.2
mobile Kabine
mobile Kabine für Simultandolmetschen
freistehende *Kabine* (3.2), die aus modularen Bauteilen zusammengebaut wird, transportabel ist und in den verschiedensten Einrichtungen aufgebaut werden kann

3.3
Videobildschirm
elektronisches Gerät, das Informationen visuell darstellt

4 Allgemeine Anforderungen

Mobile Kabinen sind für den vorübergehenden Einsatz an unterschiedlichen Orten ausgelegt. Sie müssen zumindest die Anforderungen zur Schalldämmung und zum Schallschutz (siehe Abschnitt 9) erfüllen. Die Kabinen müssen so konstruiert sein, dass sie demontiert, gewartet und wiederverwendet werden können. Darüber hinaus müssen die ursprünglichen Ausgangswerte in Bezug auf Schalldämmung zumindest für eine 100-malige Verwendung sichergestellt sein, und Gebrauch, Zusammenbau und Abbau dürfen keinerlei zusätzliche Erneuerungskosten nach sich ziehen.

Verwendete Materialien müssen wartungsfreundlich, schadstofffrei, geruchsfrei, antistatisch, schwer entflammbar oder nicht brennbar nach ISO 1182 und ISO 11925-3 sein und sie dürfen keine Reizungen der Augen, Haut oder Atemwege hervorrufen. Sie dürfen Staub weder anziehen noch ansammeln.

Die Farbgebung muss sich für enge Arbeitsräume eignen (gedämpfte, helle Farben, zarte Pastelltöne). Alle Oberflächen in der Kabine müssen matt ausgeführt sein, um Reflektionen zu vermeiden.

5 Größe, Gewicht und Handhabung

5.1 Größe der Kabinen

Siehe Bilder 1 und 2.

Jede Kabine muss Platz für die erforderliche Anzahl von bequem nebeneinander sitzenden Dolmetschern bieten und es gleichzeitig ermöglichen, dass die Dolmetscher die Kabine betreten und verlassen können, ohne sich gegenseitig zu stören. Der Raum muss ausreichend groß sein, um eine angemessene Be- und Entlüftung sowie Temperaturregelung sicherzustellen.

Folgende Mindest-Innenmaße sind einzuhalten:

a) Breite:

- für bis zu zwei Dolmetscher   1,60 m;
- für bis zu drei Dolmetscher   2,40 m;
- für bis zu vier Dolmetscher   3,20 m;

b) Tiefe: 1,60 m;

c) Höhe: 2,00 m.

Die Kabinen müssen modular sein und durch Hinzufügen von Paneelen auf eine Kabinengröße von 1,60 m bis 2,40 m oder 3,20 m erweiterbar sein.

ANMERKUNG   Tischkabinen (Aufsätze auf Tischen) und Einpersonenkabinen sind nicht konform mit diesem Dokument.

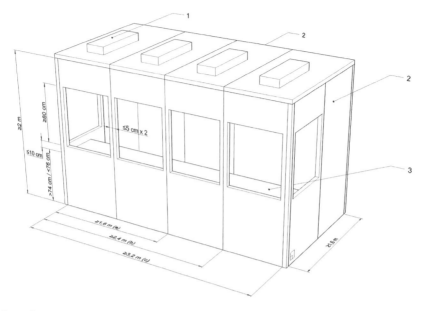

Legende

1 Luftabsaugvorrichtung

2 Türelement (darf an der Rückseite oder der Seite der Kabine eingesetzt werden)

3 Arbeitsfläche

a für zwei Dolmetscher

b für zwei oder drei Dolmetscher

c für bis zu vier Dolmetscher

Bild 1 — Mobile Kabine für zwei, drei oder vier Dolmetscher

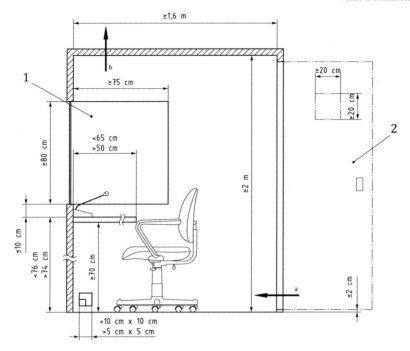

Legende

1   Seitenfenster
2   Türelement (darf an der Rückseite oder der Seite der Kabine eingesetzt werden)
a   Lufteinlass
b   Luftaustritt (Abluftventilator)

Bild 2 — Seitenansicht einer mobilen Kabine

5.2 Gewicht einer Komponente

Nach ISO 11228-1 darf das Gewicht eines einzelnen Bestandteils einer mobilen Kabine 25 kg nicht überschreiten, und die Kabine muss so konstruiert sein, dass sie von einer einzigen Person zusammengesetzt und abgebaut werden kann.

5.3 Transport und Lagerung

Wenn sie nicht im Einsatz sind, müssen die Kabinen sich während Transport und Lagerung in einer trockenen, rauch- und geruchsfreien Umgebung befinden.

6 Türen

Türen sind für die Sicherstellung einer angemessenen Schalldämmung unerlässlich. Eine Kabine muss über eine sich nach außen öffnende Drehflügeltür verfügen und den direkten Zugang vom Konferenzraum und dem Podium ermöglichen. Die Tür muss sich geräuschlos bewegen lassen und darf kein Türschloss haben; sie muss über stabile Griffe verfügen, und die Schwelle darf 2 cm nicht überschreiten. Außerdem sollte sich in der Tür auch ein Beobachtungsfenster von mindestens 20 cm × 20 cm befinden.

Die Tür sollte sich an der Rückseite oder an einer der beiden Seitenwände der Kabine befinden.

Es ist sicherzustellen, dass die Tür allen Personen einschließlich jenen mit Behinderung nach ISO 21542 zugänglich ist.

Der Zugang mit Rollstuhl kann gesetzlich geregelt sein.

7 Leitungsführungen

Sind Leitungsführungen in den Seiten- oder Frontwandelementen der Kabine erforderlich, sollten diese mindestens 5 cm × 5 cm und höchstens 10 cm × 10 cm betragen und frei zugänglich sein. Sie müssen ausreichend isoliert sein, damit die Leitungen nach Verlegung die ursprünglichen Schalldämmungseigenschaften der Bauteile nicht beeinträchtigen.

8 Fenster

Siehe Bilder 1 und 2.

Jede Kabine muss über Front- und Seitenfenster verfügen.

Die Fensterscheiben müssen ungefärbt, blendfrei, sauber und frei von Kratzern sein, die die Sicht beeinträchtigen könnten.

Um maximale Sicht sicherzustellen, müssen Frontfenster über die gesamte Breite der Kabine reichen. Das vertikale Trägerelement eines jeden Fensters darf nicht breiter als 5 cm sein und sich nicht im zentralen Sichtbereich jeglicher Arbeitsposition befinden.

Front- und Seitenfenster müssen mindestens 80 cm ab Tischoberfläche nach oben reichen und dürfen maximal 10 cm oberhalb dieser Fläche ansetzen. Seitenfenster müssen sich ab den Frontfenstern über mindestens 75 cm entlang der Seitenwand erstrecken und mindestens 10 cm über die freien Kanten der Arbeitsfläche hinausreichen.

9 Akustik

9.1 Schalldämmung

Mobile Kabinen müssen so konstruiert sein, dass sie eine Schalldämmung für alle Schallquellen außerhalb der Kabine sicherstellen (z. B. Hintergrundgeräusche und Sprechen aus den benachbarten Kabinen oder der Kabinenumgebung), und dass die Teilnehmer im Konferenzsaal nicht durch die von den Kabinen kommenden Sprechgeräusche der Dolmetscher gestört werden. Wenn Kabinen über eine gemeinsame Trennwand verfügen, müssen alle Schalldämmungswerte (siehe Tabelle 1 und Tabelle 2) vollständig eingehalten werden.

Die Schalldämmung ist nach ISO 16283-1 als Maß der Schallpegeldifferenz (D) zu prüfen, wobei eine der Kabinen als Empfangsraum genutzt wird, während im Senderaum (d. h. im Konferenzraum oder in einer unmittelbar angrenzenden Kabine) weißes oder rosa Rauschen erzeugt wird.

Schalldruckpegel sind in Terzbändern im Sende- und im Empfangsraum zu messen, und die Differenz zwischen diesen beiden Schalldruckpegelwerten (D) muss für die aus dem Konferenzraum in eine Kabine übertragenen Geräusche und umgekehrt mindestens die Werte nach Tabelle 1 erreichen.

Tabelle 1 — Kabine zum Konferenzraum (und umgekehrt) – Schallpegeldifferenzen (D)

Frequenz	Hz	250	500	1 000	2 000	4 000
D	dB	14	18	24	26	26

Für die von Kabine zu Kabine übertragenen Geräusche muss die Differenz zwischen diesen beiden Werten von Schalldruckpegeln (D) mindestens die Werte nach Tabelle 2 betragen.

Tabelle 2 — Kabine zu Kabine – Schallpegeldifferenzen (D)

Frequenz	Hz	250	500	1 000	2 000	4 000
D	dB	20	26	32	34	30

Die Messung der Schallpegeldifferenz D innerhalb einer Kabine, wenn außerhalb der Kabine Geräusche erzeugt werden, muss in einer in einem Raum aufgebauten Kabine erfolgen, in der normale Arbeitsbedingungen so praxisnah wie möglich nachgestellt werden können.

9.2 Schallabsorption

Nachhall und Schallreflexion sind durch geeignete antistatische, schalldämpfende Materialien an den Innenflächen zu mindern. Die Nachhallzeit nach ISO 3382-2 innerhalb der (unbesetzten) Kabine muss zwischen 0,3 s und 0,5 s betragen, gemessen in Oktavbändern von 250 Hz bis 8 000 Hz oder in Terzbändern von 100 Hz bis 5 000 Hz.

10 Lüftung

Siehe Bilder 1 und 2.

Die Kabinen müssen mit einer Lüftungsanlage ausgerüstet sein, mit der die Luft stündlich mindestens achtmal erneuert wird, ohne dass die sitzenden Dolmetscher schädlichem Luftzug ausgesetzt sind. Wenn höhere Lufterneuerungsraten erzielt werden können, müssen diese innerhalb der Kabine einstellbar sein.

Der Gehalt an Kohlenstoffdioxid in den Kabinen darf 0,1 % nicht überschreiten. Die Kabinen müssen mit einem Kohlenstoffdioxid-Messsensor ausgestattet sein.

Abluftventilatoren in jedem Deckenelement sollten ausreichend leistungsstark sein, um die oben genannten Anforderungen so geräuschlos wie möglich zu erfüllen, wenn mindestens 30 cm freier Raum über dem Kabinendach verfügbar ist.

Eine oder mehrere Lüftungsöffnungen müssen sich in geringer Höhe in der Rückwand der Kabine befinden, um kühle Luft zuzuführen, eine angemessene Luftzirkulation sicherzustellen und einen Luftzug an den Beinen der Dolmetscher zu vermeiden.

Der äquivalente A-gewichtete Schalldruckpegel innerhalb der Kabine, der von der Lüftungsanlage erzeugt wird, darf, 1,25 m über Bodenniveau im Zentrum der Kabine gemessen, 35 dBA nicht überschreiten. Die Lüftungsanlage muss so ausgelegt sein, dass sie einfach ersetzbar ist und keine mechanischen Schwingungen wahrnehmbar sind.

11 Arbeitsfläche

Siehe Bilder 1 und 2.

Die Arbeitsfläche muss über die gesamte Breite der Kabine reichen; sie muss waagerecht und mit einem stoßdämpfenden Werkstoff überzogen sein, um Geräusche zu dämpfen, die anderenfalls vom (von den) Mikrofon(en) aufgenommen werden würden. Die Arbeitsfläche muss so stabil sein, dass sie das Gewicht von Dolmetschpulten, elektronischen Geräten (z. B. Laptops, Tablets), und Dokumenten trägt und die Dolmetscher sich darauf stützen können. Die Unterseite muss über eine glatte Oberfläche verfügen. Es müssen mindestens drei Leitungsführungen vorgesehen sein, die eine einfache Verkabelung ermöglichen und Behinderungen vermeiden.

Folgende Maße sind einzuhalten:

— Höhe: zwischen 74 cm und 76 cm ab dem Boden;

— Gesamttiefe: zwischen 50 cm und 65 cm;

— Beinfreiheit: mindestens 45 cm tief und 70 cm hoch.

Tragende Konstruktionen dürfen weder die Beinfreiheit noch die Bewegungsfähigkeit einschränken.

12 Beleuchtung

Die Ausstattung muss im Hinblick auf Beleuchtung, Blendfreiheit und Farbqualität vollständig mit den Anforderungen von ISO 8995-1 übereinstimmen.

Jede Dolmetschkabine muss über eine Deckenbeleuchtung verfügen, die in einem Bereich von 0 lx bis 350 lx oder mehr dimmbar ist, wobei diese Werte auf Höhe der Arbeitsfläche zu messen sind. Die Lichtquelle muss so angebracht sein, dass keine Schatten auf die Arbeitsfläche fallen, sie so wenig Wärme wie möglich erzeugt sowie über eine Farbtemperatur von 3 000 K bis 4 000 K verfügt.

Der Schalter muss sich in der Kabine befinden.

Sämtliche Beleuchtungssysteme, Dimmer und Transformatoren haben frei von magnetischer Störung zu sein und dürfen keine hörbaren Geräusche erzeugen. Sie müssen so ausgelegt sein, dass eine Störung vermieden wird; ihr Betrieb muss absolut geräuschlos erfolgen.

13 Stromversorgung

Neben dem Dolmetschpult eines jeden Dolmetschers muss mindestens eine Steckdose vorhanden sein, zusammen mit einer USB-Typ-A-Ladesteckdose mit 5 V, 2 A.

14 Anzeigetafeln für die Sprachen

Die Nummer des Sprachkanals und die Sprachbezeichnung müssen an der Kabine klar ausgewiesen sein. Das kann durch Anbringen einer Tafel an der Frontseite der Kabine oberhalb des Frontfensters erfolgen oder durch Aufhängen eines abnehmbaren zweiseitigen Schilds an einer der oberen Ecken des Frontfensters. Sie sollten leicht und sicher anzubringen und abzunehmen sein und dürfen die ungehinderte Sicht der Dolmetscher auf den Raum nicht beeinträchtigen.

Anhang A
(normativ)

Anforderungen an die Verwendung und Platzierung von mobilen Kabinen

A.1 Eignung des Konferenzraums

A.1.1 Bei der Auswahl des Raums für den Aufbau der mobilen Kabinen und deren Ausstattung muss unbedingt sichergestellt sein, dass ausreichend Platz vorhanden ist, um diese angemessen aufzustellen (siehe auch A.2.4 und A.2.5). Der Organisator der Konferenz sollte sich von einem beratenden Dolmetscher, von Lieferanten derartiger Einrichtungen oder einem qualifizierten Konferenztechniker beraten lassen.

A.1.2 Die Räume müssen sich fern von jeglichen Störquellen wie z. B. Küchen, öffentlichen Fluren und Durchgängen befinden.

A.1.3 Ggf. sollten Platten aus einem schallabsorbierenden Werkstoff verwendet werden, welche die Schallreflexionen dämpfen.

A.1.4 Der A-gewichtete äquivalente Schalldruckpegel (L_{Aeq}), der von der Klimaanlage, der Beleuchtung und anderen Schallquellen erzeugt wird, darf 40 dBA nicht überschreiten, um eine gute Sprachverständlichkeit nach ISO 20108 und ISO 3382-1 sicherzustellen.

A.1.5 Der Konferenzsaal muss angemessen beheizt oder gekühlt werden (Klimaanlage), wobei ein CO_2-Gehalt von 0,1 % nicht überschritten werden darf.

A.1.6 Der Raum muss über elektrische Anschlüsse in geeigneter Stärke verfügen.

A.1.7 Eine WLAN-Internetverbindung muss bereitgestellt werden, es sei denn, aus Geheimhaltungs- oder Sicherheitsgründen wird die Nutzung einer kabelgebundenen Internetverbindung verlangt.

A.2 Platzierung im Konferenzraum

A.2.1 Es ist ausreichend Platz zur Verfügung zu stellen, damit die Kabinen nebeneinander so aufgestellt werden können, dass die Dolmetscher eine ungehinderte Sicht auf das Podium und die Projektionswand haben, und an der Rückseite des Raumes oder an einer der Seiten zu platzieren. Wenn die Kabinen an einer Seite des Konferenzraums aufgestellt werden, sollte der Sichtwinkel der Dolmetscher zur Projektionswand mindestens 35° betragen, wobei die Kante der Kabine als Bezugspunkt zu nehmen ist. Damit wird bezweckt, den Dolmetschern eine direkte, freie Sicht auf das Podium und die Projektionswand zu ermöglichen, ohne dass sie den Körper nach vorn beugen oder neigen müssen.

Elemente wie vertikale Träger, Säulen und Balken dürfen den Dolmetschern keinesfalls die Sicht auf die Vorgänge verstellen.

A.2.2 Damit Dolmetscher freie Sicht in ebenerdigen Konferenzräumen haben, sollten die Kabinen mindestens 30 cm erhöht über dem Bodenniveau liegen (siehe Bild A.1), wobei die Entfernung von den Rednern und die Höhe des Podiums für die Redner zu berücksichtigen ist. Sofern erforderlich, muss ein Podest zur Verfügung gestellt werden, das stabil und mit einem schalldämpfenden Material bezogen ist (z. B. Teppichboden), einen sicheren Zugang (für alle, auch für Rollstuhlfahrer) ermöglicht und nicht knarrt.

Maße in Millimeter

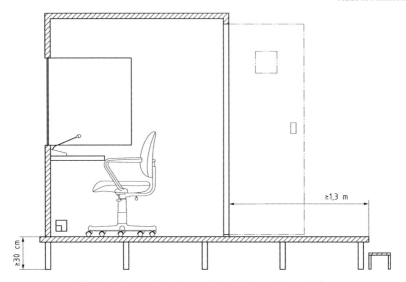

Bild A.1 — Seitenansicht einer mobilen Kabine auf einem Podest

In Räumen ohne Teppichboden und ohne verfügbares Podest müssen die Kabinen auf einem schalldämpfenden Material aufgestellt werden.

A.2.3 Videobildschirme nach ISO 20109:2016, Abschnitt 9, müssen benutzt werden, wenn eine der folgenden Bedingungen erfüllt ist:

— das Podium oder die Projektionswand sind mehr als 20 m entfernt;

— der Abstand zwischen den Kabinen und der Projektionswand beträgt ≥ das Dreifache der Diagonale der Projektionswand;

— der Sichtwinkel des Dolmetschers auf die Bildwand beträgt weniger als 35°;

— die Kabinen befinden sich hinter den Hauptrednern oder sind erhöht.

Videobildschirme dürfen innerhalb oder vor der Kabine platziert werden. Sie dürfen die Sicht des Dolmetschers in den Raum nicht behindern; sie müssen in einem ergonomisch angemessenen Winkel angebracht sein und die Diagonale muss proportional zum Betrachtungsabstand sein.

A.2.4 Ein begehbarer und sicherer Weg muss die Kabinen verbinden und muss ISO 21542 entsprechen. Wenn möglich, sollte ein separater Zugang zu den Kabinen vorhanden sein.

Zugangswege zum Konferenzraum an den Kabinen vorbei sollten vermieden werden.

Ein angemessen beleuchteter und mindestens 1,30 m breiter Durchgang hinter den Kabinen muss aus Sicherheits- und Brandschutzgründen und als Zugang für Rollstuhlfahrer vorgesehen sein.

A.2.5 Zwischen dem Konferenztisch bzw. den Plätzen der Konferenzteilnehmer und den Kabinen muss ein Abstand von mindestens 1,50 m sein, damit Konferenzteilnehmer nicht durch die Stimmen aus den Kabinen oder Dolmetscher nicht durch Geräusche aus dem Konferenzraum gestört werden.

A.2.6 Werden mobile Kabinen übereinander aufgestellt, müssen das notwendige Gerüst und der Zugang zu der oberen Ebene stabil und tragfähig sein und dürfen keine Geräusche verursachen. Besondere Beachtung ist der Be- und Entlüftung der unteren Kabinen zu schenken.

A.3 Standort außerhalb des Konferenzraum

A.3.1 In Ausnahmesituationen dürfen sich die Dolmetschkabinen außerhalb des Raums befinden, in dem die Konferenz stattfindet. In diesem Fall müssen die Kabinen nebeneinander aufgestellt werden, fern von allen Geräuschquellen wie Küchen, öffentlichen Fluren und Durchgängen. Ton und Bild sind nach ISO 20108 zu den Dolmetschern zu übertragen.

A.3.2 Ggf. sollten Platten aus einem schallabsorbierenden Werkstoff verwendet werden, welche die Schallreflexionen dämpfen.

A.3.3 Der A-gewichtete äquivalente Schalldruckpegel (L_{Aeq}), der von der Klimaanlage, der Beleuchtung und anderen Schallquellen erzeugt wird, darf 40 dBA nicht überschreiten, um eine gute Sprachverständlichkeit sicherzustellen (siehe auch ISO 20108 und ISO 3382-1).

A.3.4 Die Räume sind angemessen zu heizen oder zu kühlen und zu belüften (Klimaanlage), wobei ein Kohlenstoffdioxidgehalt von 0,1 % nicht überschritten werden darf.

Literaturhinweise

[1]　ISO 2603, *Simultaneous interpreting — Permanent booths — Requirements*

Oktober 2018

DIN VDE 0100-410 (VDE 0100-410)	
Diese Norm ist zugleich eine **VDE-Bestimmung** im Sinne von VDE 0022. Sie ist nach Durchführung des vom VDE-Präsidium beschlossenen Genehmigungsverfahrens unter der oben angeführten Nummer in das VDE-Vorschriftenwerk aufgenommen und in der „etz Elektrotechnik + Automation" bekannt gegeben worden.	

Vervielfältigung – auch für innerbetriebliche Zwecke – nicht gestattet.

ICS 13.260; 91.140.50

Ersatz für
DIN VDE 0100-410
(VDE 0100-410):2007-06 und
DIN VDE 0100-739
(VDE 0100-739):1989-06
Siehe Anwendungsbeginn

**Errichten von Niederspannungsanlagen –
Teil 4-41: Schutzmaßnahmen –
Schutz gegen elektrischen Schlag
(IEC 60364-4-41:2005, modifiziert + A1:2017, modifiziert);
Deutsche Übernahme HD 60364-4-41:2017 + A11:2017**

Low-voltage electrical installations –
Part 4-41: Protection for safety –
Protection against electric shock
(IEC 60364-4-41:2005, modified + A1:2017, modified);
German implementation of HD 60364-4-41:2017 + A11:2017

Installations électriques à basse tension –
Partie 4-41: Protection pour assurer la sécurité –
Protection contre les chocs électriques
(IEC 60364-4-41:2005, modifiée + A1:2017, modifiée);
Mise en application allemande de HD 60364-4-41:2017 + A11:2017

Gesamtumfang 52 Seiten

DKE Deutsche Kommission Elektrotechnik Elektronik Informationstechnik in DIN und VDE

DIN VDE 0100-410 (VDE 0100-410):2018-10

Anwendungsbeginn

Anwendungsbeginn dieser Norm ist 2018-10-01.

Für DIN VDE 0100-410 (VDE 0100-410):2007-06 und DIN VDE 0100-739 (VDE 0100-739):1989-06 besteht eine Übergangsfrist bis 2020-07-07.

Nationales Vorwort

Vorausgegangener Norm-Entwurf: E DIN VDE 0100-410/A1 (VDE 0100-410/A1):2016-09.

Für dieses Dokument ist das nationale Arbeitsgremium UK 221.1 „Schutz gegen elektrischen Schlag" der DKE Deutsche Kommission Elektrotechnik Elektronik Informationstechnik in DIN und VDE (www.dke.de) zuständig.

Die enthaltene IEC-Publikation wurde vom TC 64 „Electrical installations and protection against electric shock" erarbeitet.

Das IEC-Komitee hat entschieden, dass der Inhalt dieser Publikation bis zu dem Datum (stability date) unverändert bleiben soll, das auf der IEC-Website unter „http://webstore.iec.ch" zu dieser Publikation angegeben ist. Zu diesem Zeitpunkt wird entsprechend der Entscheidung des Komitees die Publikation
- bestätigt,
- zurückgezogen,
- durch eine Folgeausgabe ersetzt oder
- geändert.

Diese Norm enthält die deutsche Übernahme des Europäischen Harmonisierungsdokuments HD 60364-4-41:2017 + A11:2017 „Errichten von Niederspannungsanlagen – Teil 4-41: „Schutzmaßnahmen – Schutz gegen elektrischen Schlag".

In dieser Norm sind die gemeinsamen CENELEC-Abänderungen zu der Internationalen Norm durch eine senkrechte Linie am linken Seitenrand gekennzeichnet.

A11 | Die Änderung A11 wurde eingearbeitet und durch einen senkrechten Strich und der Zahl A11 am linken Seitenrand gekennzeichnet.

Nationale Zusätze sind grau schattiert.

Der Originaltext des HD ist in dieser Norm übernommen und wie üblich (d. h. mit weißem Hintergrund) wiedergegeben. Nationale Zusätze, die nicht in der Originalfassung des HD enthalten sind, sind grau schattiert. Zweck dieser Unterscheidung ist es, dem Normenanwender die nationalen Zusätze deutlich aufzuzeigen und eine klare Unterscheidung zwischen HD und nationalen Anmerkungen und Zusätzen zu ermöglichen. Nationale Zusätze zum normativen Teil des HD sind normativ, ausgenommen Anmerkungen. Nationale Zusätze im informativen Teil des HD sind informativ.

Die im Original zitierten internationalen und europäischen Publikationen sind in diesem Dokument zur besseren Handhabung durch die entsprechenden Deutschen Dokumente ersetzt worden, ohne die entsprechenden Zitate grau zu schattieren. Um die dazugehörigen Originalverweisungen aufzuzeigen, enthält Anhang NB eine Konkordanzliste (Gegenüberstellung der Deutschen Dokumente und der dazugehörigen Originalverweisungen und europäischen Entsprechungen). Die Originalfassung des HD in Deutsch, Englisch oder Französisch kann bezogen werden von: DKE-Schriftstückservice, Stresemannallee 15, 60596 Frankfurt am Main, Tel.: (069) 63 08-3 82, Fax: (069) 63 08-98 46, E-Mail: dke.schriftstueckservice@vde.com.

Diese Norm ist eine Sicherheitsgrundnorm hinsichtlich des Schutzes gegen elektrischen Schlag für die Erarbeitung von Errichtungsnormen.

Die Anhänge NA, NB und NC wurden von der DKE Deutsche Kommission Elektrotechnik Elektronik Informationstechnik in DIN und VDE hinzugefügt und sind informativ

Anhang NC zeigt die Eingliederung dieser Deutschen Norm in die Struktur der Reihe DIN VDE 0100 (VDE 0100).

DIN VDE 0100-410 (VDE 0100-410):2018-10

Änderungen

Gegenüber DIN VDE 0100-410 (VDE 0100-410):2007-06 und DIN VDE 0100-739 (VDE 0100-739):1989-06 wurden folgende wesentliche Änderungen vorgenommen:

a) Die Anforderungen von 411.3.1.2, die sich auf den Schutzpotentialausgleich für Metallteile, die in Gebäude eingeführt werden, beziehen, wurden eindeutiger beschrieben und eine Verweisung auf weitere erforderliche Verbindungen zur Haupterdungsschiene in DIN VDE 0100-540 (VDE 0100-540) wurde aufgenommen;

b) 411.3.2.1 fordert nun, dass Schutzeinrichtungen für die automatische Abschaltung im Fehlerfall Trenneigenschaften haben müssen;

c) die Abschaltzeiten nach 411.3.2.2, Tabelle 41.1, gelten nun auch für Endstromkreise mit Steckdosen mit einem Bemessungsstrom bis einschließlich 63 A;

d) in Tabelle 41.1 „Maximale Abschaltzeiten" wurde für Gleichspannung 120 V < U_0 ≤ 230 V der Wert von 5 s auf 1 s reduziert;

e) die bisher in 411.3.2.5 beschriebenen Sonderfälle werden in Anhang D behandelt;

f) die Anforderungen nach 411.3.3 für Steckdosen wurden auf Bemessungsströme bis einschließlich 32 A erweitert;

g) eine neue Anmerkung zu Ausnahmen für Steckdosen im Anwendungsbereich der Betriebssicherheitsverordnung (BetrSichV) wurde in 411.3.3 aufgenommen;

h) die Anmerkung in 411.3.3 zum ersten Spiegelstrich mit Ausnahmen beim zusätzlichen Schutz von Steckdosen wurde gestrichen;

i) die Anforderungen nach 411.3.3 für fest angeschlossene ortsveränderliche Betriebsmittel zur Verwendung im Außenbereich mit Bemessungsstrom nicht größer als 32 A wurden eindeutiger beschrieben;

j) für Beleuchtungsstromkreise eines TN- oder TT-Systems in Wohnungen wird in 411.3.4 ein zusätzlicher Schutz mit Fehlerstrom-Schutzeinrichtungen (RCDs) mit einem Bemessungsdifferenzstrom von höchstens 30 mA gefordert;

k) die bereits in DIN VDE 0100-540 (VDE 0100-540) enthaltene Forderung zur Ausführung eines Fundamenterders ist in 411.4.1 aufgenommen worden;

l) in 411.6.2, der sich auf die Erdung von berührbaren, leitfähigen Teilen in IT-Systemen bezieht, wurde die Bedingung $R_A \times I_d$ ≤ 120 V für Gleichstromsysteme gestrichen;

m) Anforderungen in 411.6.3 bei Auftreten des ersten Fehlers in IT-Systemen wurden grundlegend überarbeitet;

n) die Anforderungen in 412.2.4.1 an Kabel- und Leitungsanlagen zur Verwendung in Installationen mit der Schutzmaßnahme „doppelte oder verstärkte Isolierung" (Schutzklasse II) wurden in mehreren Punkten neu gefasst;

o) der bisherige Inhalt von Anhang D mit dem Vergleich der Struktur dieses Teils mit den relevanten Vorgängerausgaben wurde in einen (informativen) nationalen Anhang verschoben;

p) mögliche Vorkehrungen in Fällen, wenn automatische Abschaltung in der nach 411.3.2 geforderten Zeit nicht erreicht werden kann, sind jetzt in dem normativen Anhang D enthalten.

Frühere Ausgaben

DIN VDE 0100 (VDE 0100): 1973-05 (Vorheriger Entwicklungsstand siehe DIN VDE 0100 Beiblatt 1 (VDE 0100 Beiblatt 1)
DIN VDE 0100-410 (VDE 0100-410): 1983-11, 1997-01, 2007-06
DIN VDE 0100-737 (VDE 0100-737):1986-02, 1988-04, 1990-11
DIN VDE 0100-739 (VDE 0100-739): 1989-06
DIN VDE 0100-470 (VDE 0100-470): 1992-10, 1996-02
DIN VDE 0100-410/A1 (VDE 0100-410/A1): 2003-06

HARMONISIERUNGSDOKUMENT
HARMONIZATION DOCUMENT
DOCUMENT D'HARMONISATION

HD 60364-4-41
Juli 2017
+ A11
August 2017

ICS 13.260; 91.140.50

Ersatz für HD 60364-4-41:2007

Deutsche Fassung

Errichten von Niederspannungsanlagen –
Teil 4-41: Schutzmaßnahmen –
Schutz gegen elektrischen Schlag
(IEC 60364-4-41:2005, modifiziert + A1:2017, modfiziert)

Low-voltage electrical installations –
Part 4-41: Protection for safety –
Protection against electric shock
(IEC 60364-4-41:2005, modified + A1:2017, modified)

Installations électriques à basse tension –
Partie 4-41: Protection pour assurer la sécurité –
Protection contre les chocs électriques
(IEC 60364-4-41:2005, modifée + A1:2017, modifée)

Dieses Harmonisierungsdokument wurde von CENELEC am 2016-12-30 und die A11 am 2017-05-31 angenommen. CENELEC-Mitglieder sind gehalten, die CEN/CENELEC-Geschäftsordnung zu erfüllen, in der die Bedingungen für die Übernahme dieses Harmonisierungsdokumentes auf nationaler Ebene festgelegt sind.

Auf dem letzten Stand befindliche Listen dieser nationalen Normen mit ihren bibliographischen Angaben sind beim CEN-CENELEC Management Centre oder bei jedem CENELEC-Mitglied auf Anfrage erhältlich.

Dieses Harmonisierungsdokument besteht in drei offiziellen Fassungen (Deutsch, Englisch, Französisch).

CENELEC-Mitglieder sind die nationalen elektrotechnischen Komitees von Belgien, Bulgarien, Dänemark, Deutschland, der ehemaligen jugoslawischen Republik Mazedonien, Estland, Finnland, Frankreich, Griechenland, Irland, Island, Italien, Kroatien, Lettland, Litauen, Luxemburg, Malta, den Niederlanden, Norwegen, Österreich, Polen, Portugal, Rumänien, Schweden, der Schweiz, Serbien, der Slowakei, Slowenien, Spanien, der Tschechischen Republik, der Türkei, Ungarn, dem Vereinigten Königreich und Zypern.

Europäisches Komitee für Elektrotechnische Normung
European Committee for Electrotechnical Standardization
Comité Européen de Normalisation Electrotechnique

CEN-CENELEC Management Centre: Avenue Marnix 17, B-1000 Brüssel

© 2017 CENELEC – Alle Rechte der Verwertung, gleich in welcher Form und in welchem Verfahren, sind weltweit den Mitgliedern von CENELEC vorbehalten.

Ref. Nr.: HD 60364-4-41:2017 + A11:2017 D

Europäisches Vorwort

Der Text des Dokuments 64/2147/FDIS, zukünftig IEC 60364-4-41:2005/A1, erarbeitet vom IEC/TC 64 „Electrical installations and protection against electric shock", wurde zur parallelen IEC-CENELEC-Abstimmung vorgelegt und von CENELEC als HD 60364-4-41:2017 angenommen.

Der Entwurf einer Änderung, der die gemeinsamen CENELEC-Abänderungen zu IEC 60364-4-41:2005/A1 (64/2147/FDIS) enthält, wurde von CLC/TC 64 „Elektrische Anlagen und Schutz gegen elektrischen Schlag" vorbereitet und der formellen Abstimmung vorgelegt und von CENELEC genehmigt.

Ein weiterer Entwurf einer Änderung, vorbereitet durch die WG 09 „Abschaltzeiten und damit zusammenhängende Fragen des CLC/TC 64 „Elektrische Anlagen und Schutz gegen elektrischen Schlag", wurde der formellen Abstimmung vorgelegt.

Nachstehende Daten wurden festgelegt:

- spätestes Datum, zu dem dieses Dokument auf nationaler Ebene durch Veröffentlichung einer identischen nationalen Norm oder durch Anerkennung übernommen werden muss (dop): 2018-01-07

- spätestes Datum, zu dem nationale Normen, die diesem Dokument entgegenstehen, zurückgezogen werden müssen (dow): 2020-07-07

Die Anhänge ZA und ZB wurden von CENELEC hinzugefügt.

In diesem Dokument sind die gemeinsamen CENELEC-Abänderungen zu der Internationalen Norm durch eine senkrechte Linie am linken Seitenrand gekennzeichnet.

Dieses Harmonisierungsdokument ersetzt HD 60364-4-41:2007.

Die wesentlichen technischen Änderungen gegenüber HD 60364-4-41:2007 sind nachfolgend aufgelistet:

- Die Anforderungen von 411.3.1.2, die sich auf den Schutzpotentialausgleich für Metallteile, die in Gebäude eingeführt werden, beziehen, wurden eindeutiger beschrieben.
- 411.3.2.1 fordert nun, dass Schaltgeräte für die automatische Abschaltung im Fehlerfall, Trenneigenschaften haben müssen.
- Die Abschaltzeiten nach 411.3.2.2 gelten nun auch für Endstromkreise mit einem Bemessungsstrom bis einschließlich 63 A mit einer oder mehreren Steckdosen.
- Die bisher in 411.3.2.5 beschriebenen Sonderfälle zur automatischen Abschaltung der Stromversorgung wurden überarbeitet und in einen Anhang D überführt.
- Die Anforderungen nach 411.3.3 für Steckdosen wurden auf Bemessungsströme bis einschließlich 32 A erweitert.
- Ein neuer Abschnitt 411.3.4 fordert, dass Beleuchtungsstromkreise eines TN- oder TT-Systems in Wohnräumen durch eine Fehlerstrom-Schutzeinrichtung (RCD) mit einem Bemessungsdifferenzstrom von höchstens 30 mA geschützt werden.
- Die Anmerkung in 411.4.4 enthält nun Produktnormnummern und bestimmte andere Einzelheiten zu Fehlerstrom-Schutzeinrichtungen (RCDs) zur Anwendung in Verbindung mit den Anforderungen dieses Abschnitts.
- In 411.6.2, der sich auf die Erdung von berührbaren, leitfähigen Teilen in IT-Systemen bezieht, wurde die Bedingung $R_A \times I_d \leq 120$ V für Gleichstromsysteme gestrichen.
- Die Anforderungen aus 411.6.3 zum Fehlerschutz in IT-Systemen wurden grundlegend überarbeitet.
- Die Anforderungen aus 412.2.4.1 für Kabel- und Leitungsanlagen, die einen Basisschutz und einen Fehlerschutz bieten, von denen angenommen wird, dass sie die Anforderungen an die Schutzmaßnahme einer doppelten oder verstärkten Isolierung erfüllen, wurden in mehreren Punkten neu gefasst.

- Der bisherige Inhalt von Anhang D mit dem Vergleich der Strukturen wurde gestrichen und durch Anforderungen ersetzt, die sich auf Sonderfälle beziehen, bei denen eine automatische Abschaltung nach 411.3.2 nicht möglich ist.

Es wird auf die Möglichkeit hingewiesen, dass einige Elemente dieses Dokuments Patentrechte berühren können. CENELEC ist nicht dafür verantwortlich, einige oder alle diesbezüglichen Patentrechte zu identifizieren.

Anhänge, die zusätzlich zu denen, die in IEC 60364-4-41:2005/A1:2017 aufgeführt sind, aufgenommen wurden, sind mit einem vorangestellten „Z" versehen.

Anerkennungsnotiz

Der Text der Internationalen Norm IEC 60364-4-41:2005/A1:2017 wurde von CENELEC als ein Harmonisierungsdokument mit vereinbarten, gemeinsamen Abänderungen angenommen.

Europäisches Vorwort zur Änderung A11

Dieses Dokument (HD 60364-4-41:2017/A11:2017) wurde vom Technischen Komitee CLC/TC 64 „Elektrische Anlagen und Schutz gegen elektrischen Schlag" ausgearbeitet.

Nachstehende Daten wurden festgelegt:

- spätestes Datum, zu dem dieses Dokument auf nationaler Ebene durch Veröffentlichung einer identischen nationalen Norm oder durch Anerkennung übernommen werden muss (dop): 2018-05-31

- spätestes Datum, zu dem nationale Normen, die diesem Dokument entgegenstehen, zurückgezogen werden müssen (dow): 2020-05-31

Es wird auf die Möglichkeit hingewiesen, dass einige Elemente dieses Dokuments Patentrechte berühren können. CENELEC ist nicht dafür verantwortlich, einige oder alle diesbezüglichen Patentrechte zu identifizieren.

Inhalt

	Seite
Europäisches Vorwort	6
Europäisches Vorwort zur Änderung A11	7
410 Einleitung	10
410.1 Anwendungsbereich	11
410.2 Normative Verweisungen	11
410.3 Allgemeine Anforderungen	12
411 Schutzmaßnahme: Automatische Abschaltung der Stromversorgung	13
411.1 Allgemeines	13
411.2 Anforderungen an den Basisschutz	13
411.3 Anforderungen an den Fehlerschutz	14
411.4 TN-Systeme	16
411.5 TT-Systeme	18
411.6 IT-Systeme	19
411.7 FELV	21
412 Schutzmaßnahme: Doppelte oder verstärkte Isolierung	22
412.1 Allgemeines	22
412.2 Anforderungen an den Basisschutz und Fehlerschutz	23
413 Schutzmaßnahme: Schutztrennung	24
413.1 Allgemeines	24
413.2 Anforderungen an den Basisschutz	25
413.3 Anforderungen an den Fehlerschutz	25
414 Schutzmaßnahme: Schutz durch Kleinspannung mittels SELV oder PELV	26
414.1 Allgemeines	26
414.2 Anforderungen an den Basisschutz und an den Fehlerschutz	26
414.3 Stromquellen für SELV und PELV	27
414.4 Anforderungen an SELV- und PELV-Stromkreise	27
415 Zusätzlicher Schutz	28
415.1 Zusätzlicher Schutz: Fehlerstrom-Schutzeinrichtungen (RCDs)	28
415.2 Zusätzlicher Schutz: Zusätzlicher Schutzpotentialausgleich	29
Anhang A (normativ) Vorkehrungen für den Basisschutz unter normalen Bedingungen	30
Anhang B (normativ) Vorkehrungen für den Basisschutz unter besonderen Bedingungen – Hindernisse und Anordnung außerhalb des Handbereichs	31
Anhang C (normativ) Schutzvorkehrungen zur ausschließlichen Anwendung, wenn die Anlage nur durch Elektrofachkräfte oder elektrotechnisch unterwiesene Personen betrieben und überwacht wird	33
Anhang D (normativ) Vorkehrungen, wenn automatische Abschaltung in der geforderten Zeit nach 411.3.2 nicht erreicht werden kann	36
Anhang ZA (normativ) Besondere nationale Bedingungen	37
Anhang ZB (informativ) A-Abweichungen	41

	Seite
Literaturhinweise	45
Nationaler Anhang NA (informativ) Vergleich der Strukturen: Normen DIN VDE 0100-410 (VDE 0100-410):1997-01 + DIN VDE 0100-410/A1 (VDE 0100-410/A1):2003-06 + DIN VDE 0100-470 (VDE 0100-470):1996-02 mit vorliegender Norm DIN VDE 0100-410 (VDE 0100-410):2018-10	47
Nationaler Anhang NB (informativ) Zusammenhang mit europäischen und internationalen Dokumenten	49
Nationaler Anhang NC (informativ) Eingliederung dieser Norm in die Struktur der Reihe DIN VDE 0100 (VDE 0100)	52

Bilder

Bild B.1 – Handbereich	32

Tabellen

Tabelle 41.1 – Maximale Abschaltzeiten	15
Tabelle NA.1 – Gegenüberstellung	47

410 Einleitung

Diese Norm behandelt den Schutz gegen elektrischen Schlag, wie er in elektrischen Anlagen anzuwenden ist. Die Norm basiert auf der DIN EN 61140 (VDE 0140-1), *Schutz gegen elektrischen Schlag – Gemeinsame Bestimmungen für Anlagen und Betriebsmittel*, die eine Sicherheitsgrundnorm für den Schutz von Personen und Nutztieren ist. Die Norm DIN EN 61140 (VDE 0140-1) ist dafür bestimmt, grundsätzliche Prinzipien festzulegen und Anforderungen zu stellen, die sowohl für elektrische Anlagen als auch für Betriebsmittel gelten oder für deren Koordinierung notwendig sind.

Grundregel des Schutzes gegen elektrischen Schlag nach DIN EN 61140 (VDE 0140-1) ist, dass gefährliche aktive Teile nicht berührbar sein dürfen und berührbare leitfähige Teile weder unter normalen Bedingungen noch unter Einzelfehlerbedingungen zu gefährlichen aktiven Teilen werden dürfen.

Nach 4.2 der DIN EN 61140 (VDE 0140-1) wird der Schutz unter normalen Bedingungen durch Basisschutzvorkehrungen und der Schutz unter Einzelfehlerbedingungen durch Fehlerschutzvorkehrungen vorgesehen. Alternativ wird der Schutz gegen elektrischen Schlag durch eine verstärkte Schutzvorkehrung vorgesehen, die den Schutz unter normalen Bedingungen und unter Einzelfehlerbedingungen bewirkt.

Diese Norm hat nach IEC-Leitfaden 104 den Status einer Gruppensicherheitsnorm (GSP) für den Schutz gegen elektrischen Schlag.

410.1 Anwendungsbereich

DIN VDE 0100-410 (VDE 0100-410) enthält wesentliche Anforderungen für den Schutz gegen elektrischen Schlag, einschließlich Basisschutz und Fehlerschutz von Personen und Nutztieren. Sie behandelt die Anwendung und Koordinierung dieser Anforderungen in Beziehung zu äußeren Einflüssen.

Es werden ebenfalls Anforderungen für die Anwendung eines zusätzlichen Schutzes in bestimmten Fällen gegeben.

410.2 Normative Verweisungen

Die folgenden Dokumente werden im Text in solcher Weise in Bezug genommen, dass einige Teile davon oder ihr gesamter Inhalt Anforderungen des vorliegenden Dokuments darstellen. Bei datierten Verweisungen gilt nur die in Bezug genommene Ausgabe. Bei undatierten Verweisungen gilt die letzte Ausgabe des in Bezug genommenen Dokuments (einschließlich aller Änderungen).

DIN EN 61439 (VDE 0660-600) (alle Teile), *Niederspannungs-Schaltgerätekombinationen*

DIN EN 61140 (VDE 0140-1), *Schutz gegen elektrischen Schlag – Gemeinsame Anforderungen für Anlagen und Betriebsmittel*

DIN EN 61386 (VDE 0605) (alle Teile), *Elektroinstallationsrohrsysteme für elektrische Energie und für Informationen (IEC 61386); Deutsche Fassung EN 61386*

DIN EN 61558-2-6 (VDE 0570-2-6):1998-07, *Sicherheit von Transformatoren, Netzgeräten und dergleichen – Teil 2-6: Besondere Anforderungen an Sicherheitstransformatoren für allgemeine Anwendungen (IEC 61558-2-6:1997); Deutsche Fassung EN 61558-2-6:1997*

DIN VDE 0100-520 (VDE 0100-520), *Errichten von Niederspannungsanlagen – Teil 5: Auswahl und Errichtung elektrischer Betriebsmittel – Kapitel 52: Kabel- und Leitungsanlagen*

DIN VDE 0100-540 (VDE 0100-540):2007-06, *Errichten von Niederspannungsanlagen – Teil 5-54: Auswahl und Errichtung elektrischer Betriebsmittel – Erdungsanlagen, Schutzleiter und Potentialausgleich (IEC 60364-5-54:2002, modifiziert); Deutsche Übernahme HD 60364-5-54:2007*

DIN VDE 0100-600 (VDE 0100-600), *Errichten von Niederspannungsanlagen – Teil 6: Prüfungen*

DIN VDE 0105-100/A1 (VDE 0105-100/A1), *Betrieb von elektrischen Anlagen – Teil 100: Allgemeine Festlegungen; Änderung A1: Wiederkehrende Prüfungen; Deutsche Übernahme von Abschnitt 6.5 des HD 60364-6:2016*

IEC 61084 (alle Teile), *Cable trunking and cable ducting systems for electrical installations*

ANMERKUNG Die Normen der Reihe IEC 61084 sind thematisch vergleichbar mit den Normen der Reihe DIN EN 50085 (VDE 0604).

IEC Guide 104, *The preparation of safety standards and the use of basic safety publications and group safety publications.*

410.3 Allgemeine Anforderungen

410.3.1 In dieser Norm gelten – wenn nicht abweichend angegeben – die folgenden Festlegungen für Spannungen:

– Werte für Wechselspannungen sind Effektivwerte;
– Werte für Gleichspannungen sind oberschwingungsfrei.

Oberschwingungsfrei ist vereinbarungsgemäß definiert als ein Oberschwingungsgehalt von nicht mehr als 10 % der Gleichstromkomponente.

410.3.2 Eine Schutzmaßnahme muss bestehen aus:

– einer geeigneten Kombination von zwei unabhängigen Schutzvorkehrungen, nämlich einer Basisschutzvorkehrung und einer Fehlerschutzvorkehrung, oder
– einer verstärkten Schutzvorkehrung, die den Basisschutz und den Fehlerschutz bewirkt.

Zusätzlicher Schutz ist festgelegt als Teil einer Schutzmaßnahme unter bestimmten Bedingungen von äußeren Einflüssen und in bestimmten besonderen Räumlichkeiten (siehe Gruppe 700 der Reihe DIN VDE 0100 (VDE 0100)).

ANMERKUNG 1 Für besondere Anwendungen sind Schutzmaßnahmen, die dieser Konzeption nicht entsprechen, erlaubt (siehe 410.3.5 und 410.3.6).

ANMERKUNG 2 Ein Beispiel für eine verstärkte Schutzvorkehrung ist verstärkte Isolierung.

410.3.3 In jedem Teil einer Anlage muss eine und dürfen mehrere Schutzmaßnahmen angewendet werden, wobei die Bedingungen der äußeren Einflüsse zu berücksichtigen sind.

Die folgenden Schutzmaßnahmen sind allgemein erlaubt:

– Schutz durch automatische Abschaltung der Stromversorgung (Abschnitt 411);
– Schutz durch doppelte oder verstärkte Isolierung (Abschnitt 412);
– Schutz durch Schutztrennung für die Versorgung eines Verbrauchsmittels (Abschnitt 413);
– Schutz durch Kleinspannung mittels SELV oder PELV (Abschnitt 414).

Die in der Anlage angewendeten Schutzmaßnahmen müssen bei der Auswahl und dem Errichten der Betriebsmittel berücksichtigt werden.

Für spezielle Anlagen siehe 410.3.4 bis 410.3.9.

ANMERKUNG Die am häufigsten angewendete Schutzmaßnahme in elektrischen Anlagen ist der Schutz durch automatische Abschaltung der Stromversorgung.

410.3.4 Für spezielle Anlagen und Orte besonderer Art müssen die besonderen Schutzmaßnahmen in den entsprechenden Teilen der Gruppe 700 der Reihe DIN VDE 0100 (VDE 0100) angewendet werden.

410.3.5 Die im Anhang B beschriebenen Schutzvorkehrungen „Schutz durch Hindernisse" und „Schutz durch Anordnung außerhalb des Handbereichs" dürfen nur in Anlagen angewendet werden, die nur zugänglich sind für

– Elektrofachkräfte oder elektrotechnisch unterwiesene Personen oder
– Personen, die von Elektrofachkräften oder elektrotechnisch unterwiesenen Personen beaufsichtigt werden.

410.3.6 Die im Anhang C festgelegten Schutzvorkehrungen:

– Schutz durch nicht leitende Umgebung,
– Schutz durch erdfreien örtlichen Schutzpotentialausgleich,

– Schutz durch Schutztrennung für die Versorgung von mehr als einem Verbrauchsmittel

dürfen nur angewendet werden, wenn die Anlage unter der Überwachung durch Elektrofachkräfte oder elektrotechnisch unterwiesene Personen steht, so dass unbefugte Änderungen nicht vorgenommen werden können.

410.3.7 Wenn bestimmte Bedingungen einer Schutzmaßnahme nicht erfüllt werden können, müssen ergänzende Vorkehrungen so angewendet werden, dass die Schutzvorkehrungen zusammen denselben Grad an Sicherheit bewirken.

ANMERKUNG   Ein Beispiel für die Anwendung dieser Regel ist in 411.7 gegeben.

410.3.8 Unterschiedliche Schutzmaßnahmen, die in derselben Anlage oder einem Teil der Anlage oder in Betriebsmitteln angewendet werden, dürfen keinen gegenseitigen Einfluss derart haben, dass – wenn eine Schutzmaßnahme fehlerbehaftet ist – die Wirkung der anderen Schutzmaßnahmen dadurch beeinträchtigt sein könnte.

410.3.9 Vorkehrungen für den Fehlerschutz dürfen bei den folgenden Betriebsmitteln entfallen:

– metallene Stützen von Freileitungsisolatoren, die am Gebäude befestigt sind und sich nicht im Handbereich befinden;

– Stahlbewehrung von Betonmasten für Freileitungen, bei denen die Stahlbewehrung nicht zugänglich ist;

– Körper, die auf Grund ihrer kleinen Abmessungen (ungefähr 50 mm × 50 mm) oder ihrer Anordnung nicht umfasst werden oder in bedeutenden Kontakt mit einem Teil des menschlichen Körpers kommen können, vorausgesetzt, die Verbindung mit einem Schutzleiter könnte nur mit Schwierigkeit hergestellt werden oder sie wäre unzuverlässig;

ANMERKUNG   Diese Ausnahme gilt zum Beispiel für Bolzen, Nieten, Typschilder und Kabelbefestigungen.

– Metallrohre oder andere Metallgehäuse, die Betriebsmittel nach Abschnitt 412 schützen.

411   Schutzmaßnahme: Automatische Abschaltung der Stromversorgung

411.1   Allgemeines

Schutz durch automatische Abschaltung der Stromversorgung ist eine Schutzmaßnahme, bei der:

– der Basisschutz vorgesehen ist durch eine Basisisolierung der aktiven Teile oder durch Abdeckung oder Umhüllungen in Übereinstimmung mit Anhang A und

– der Fehlerschutz vorgesehen ist durch Schutzpotentialausgleich über die Haupterdungsschiene und automatische Abschaltung im Fehlerfall, in Übereinstimmung mit 411.3 bis 411.6.

ANMERKUNG 1   Wo diese Schutzmaßnahme angewendet ist, dürfen auch Betriebsmittel der Schutzklasse II verwendet werden.

Wo ein zusätzlicher Schutz durch Fehlerstrom-Schutzeinrichtung (RCD) mit einem Bemessungsdifferenzstrom, der 30 mA nicht überschreitet, festgelegt ist, ist dieser in Übereinstimmung mit 415.1 vorzusehen.

ANMERKUNG 2   Differenzstrom-Überwachungsgeräte (RCMs) sind keine Schutzeinrichtungen, sie dürfen jedoch verwendet werden, um Differenzströme in elektrischen Anlagen zu überwachen. Differenzstrom-Überwachungsgeräte (RCMs) lösen ein hörbares oder ein hör- und sichtbares Signal aus, wenn der vorgewählte Wert des Differenzstroms überschritten ist.

411.2   Anforderungen an den Basisschutz

Alle elektrischen Betriebsmittel müssen mit einer der im Anhang A oder, wenn zutreffend, der im Anhang B beschriebenen Vorkehrungen für den Basisschutz übereinstimmen.

411.3 Anforderungen an den Fehlerschutz

411.3.1 Schutzerdung und Schutzpotentialausgleich

411.3.1.1 Schutzerdung

ANMERKUNG Der Begriff „Schutzerdung" wurde neu belegt und ist in 826-13-09 der DIN VDE 0100-200 (VDE 0100-200):2006-06 definiert. Die Schutzerdung nach 411.3.1.1 steht nicht im Zusammenhang mit der früheren Schutzmaßnahme „Schutzerdung" nach DIN VDE 0100:1973-05, § 9.

Körper müssen mit einem Schutzleiter verbunden werden, unter den vorgegebenen Bedingungen für jedes System nach Art der Erdverbindung, wie in 411.4 bis 411.6 angegeben.

Gleichzeitig berührbare Körper müssen mit demselben Erdungssystem einzeln, in Gruppen oder gemeinsam verbunden werden.

Schutzerdungsleiter müssen den Anforderungen für Schutzleiter nach DIN VDE 0100-540 (VDE 0100-540) entsprechen.

Für jeden Stromkreis muss ein Schutzleiter vorhanden sein, der durch Anschluss an die diesem Stromkreis zugeordnete Erdungsklemme oder Erdungsschiene geerdet ist.

411.3.1.2 Schutzpotentialausgleich

In jedem Gebäude müssen die eingeführten Metallteile, die geeignet sind, eine gefährliche Potentialdifferenz zu verursachen, und die nicht Bestandteil der Elektroinstallation sind, mit der Haupterdungsschiene durch Schutzpotentialausgleichsleiter verbunden werden. Beispiele für solche Metallteile sind:

- Rohrleitungen von Versorgungssystemen, die in Gebäude eingeführt sind, z. B. Gas-, Wasser-, Fernwärme-Systeme;
- fremde leitfähige Teile der Gebäudestruktur;
- berührbare Bewehrungen von Gebäudekonstruktionen aus Beton.

Wo solche leitfähigen Teile ihren Ausgangspunkt außerhalb des Gebäudes haben, müssen sie so nahe wie möglich an ihrer Eintrittsstelle innerhalb des Gebäudes miteinander verbunden werden.

ANMERKUNG Nach DVGW G 459-1:1998-07 darf das Isolierstück der Gas-Hausanschlussleitung nicht überbrückt werden. Der Anschluss des Schutzpotentialausgleichsleiters hat in Fließrichtung erst hinter dem Isolierstück zu erfolgen.

Metallrohre, die in das Gebäude eindringen, und einen isolierenden Abschnitt an ihrem Anfang haben, müssen nicht mit dem Schutzpotentialausgleich verbunden werden.

ANMERKUNG Abschnitt 542.4.1 aus DIN VDE 0100-540 (VDE 0100-540):2012-06 führt weitere erforderliche Verbindungen zur Haupterdungsschiene auf.

411.3.2 Automatische Abschaltung im Fehlerfall

411.3.2.1 Eine Schutzvorrichtung muss die Versorgung zu den Außenleitern eines Stromkreises oder eines Betriebsmittels im Falle eines Fehlers vernachlässigbarer Impedanz zwischen dem Außenleiter und einem Körper oder einem Schutzleiter des Stromkreises oder des Betriebsmittels innerhalb der in 411.3.2.2, 411.3.2.3 oder 411.3.2.4 geforderten Abschaltzeit automatisch abschalten.

Abweichend von den Abschaltzeiten nach 411.3.2 ist es in Verteilungsnetzen, die als Freileitungen oder als im Erdreich verlegte Kabel ausgeführt sind, sowie in Hauptstromversorgungssystemen nach DIN 18015-1 mit der Schutzmaßnahme „Doppelte oder verstärkte Isolierung" nach 412 ausreichend, wenn am Anfang des zu schützenden Leitungsabschnittes eine Überstrom-Schutzeinrichtung vorhanden ist und wenn im Fehlerfall mindestens der Strom zum Fließen kommt, der eine Auslösung der Schutzeinrichtung unter den in der Norm für die Überstrom-Schutzeinrichtung für den Überlastbereich festgelegten Bedingungen (großer Prüfstrom) bewirkt.

Diese Einrichtung muss zum Trennen mindestens der Außenleiter(des Außenleiters) geeignet sein.

ANMERKUNG   Bei IT-Systemen ist die automatische Abschaltung bei Auftreten eines ersten Fehlers nicht unbedingt gefordert (siehe 411.6.1). Anforderungen zur Abschaltung im Falle eines zweiten Fehlers, der an einem anderen Außenleiter auftritt siehe 411.6.4.

411.3.2.2   Die in Tabelle 41.1 angegebenen maximalen Abschaltzeiten müssen angewendet werden für Endstromkreise mit einem Nennstrom nicht größer als

– 63 A mit einer oder mehreren Steckdosen, und

– 32 A, die ausschließlich fest angeschlossene elektrische Verbrauchsmittel versorgen.

Tabelle 41.1 – Maximale Abschaltzeiten

System	$50\ V < U_0 \leq 120\ V$		$120\ V < U_0 \leq 230\ V$		$230\ V < U_0 \leq 400\ V$		$U_0 > 400\ V$	
	AC	DC	AC	DC	AC	DC	AC	DC
TN	0,8 s	a	0,4 s	1 s	0,2 s	0,4 s	0,1 s	0,1 s
TT	0,3 s	a	0,2 s	0,4 s	0,07 s	0,2 s	0,04 s	0,1 s
Wenn in TT-Systemen die Abschaltung durch eine Überstrom-Schutzeinrichtung erreicht wird und alle fremden leitfähigen Teile in der Anlage an den Schutzpotentialausgleich **über die Haupterdungsschiene** angeschlossen sind, darf die für TN-Systeme anwendbare Abschaltzeit verwendet werden.							
U_0 ist die Nennwechselspannung oder Nenngleichspannung Außenleiter gegen Erde.							
ANMERKUNG Wenn für die Abschaltung eine Fehlerstrom-Schutzeinrichtung (RCD) vorgesehen wird, siehe die Anmerkung in 411.4.4, die Anmerkung 4 in 411.5.3 und die Anmerkung 4 in 411.6.4 b).							
a Eine Abschaltung darf aus anderen Gründen als dem Schutz gegen elektrischen Schlag verlangt sein.							

411.3.2.3   In TN-Systemen ist eine Abschaltzeit nicht länger als 5 s für Verteilungsstromkreise und für nicht unter 411.3.2.2 fallende Stromkreise erlaubt.

411.3.2.4   In TT-Systemen ist eine Abschaltzeit nicht länger als 1 s für Verteilungsstromkreise und für nicht unter 411.3.2.2 fallende Stromkreise erlaubt.

411.3.2.5   Wenn die Abschaltung der Stromversorgung durch eine Überstrom-Schutzeinrichtung nach 411.3.2 nicht erreicht werden kann oder für den Zweck die Verwendung einer Fehlerstrom-Schutzeinrichtung (RCD) nicht möglich ist, siehe Anhang D.

Eine Abschaltung darf jedoch zur Erreichung anderer Schutzziele als zum Schutz gegen elektrischen Schlag gefordert werden.

ANMERKUNG   Wenn automatische Abschaltung in der geforderten Abschaltzeit nach 411.3.2 weder mit Überstrom-Schutzeinrichtungen noch mit Fehlerstrom-Schutzeinrichtungen (RCD) angewendet werden kann, empfiehlt sich folgende Vorgehensweise:

a) Prüfung, ob eine andere Schutzmaßnahme nach 410.3.3 ebenso anwendbar ist, oder

b) Anwendung von Anhang D für Stromkreise, die Leistungshalbleiter-Umrichtersysteme oder Leistungshalbleiterbetriebsmittel enthalten und nach Erreichen des Wertes von AC 50 V bzw. DC 120 V eine automatische Abschaltung der Stromversorgung innerhalb von 5 s erfolgt.

411.3.2.6   Wenn automatische Abschaltung nach 411.3.2.1 in der in 411.3.2.2, 411.3.2.3 oder 411.3.2.4 geforderten Zeit – je nachdem, was zutreffend ist – nicht erreicht werden kann, muss ein zusätzlicher Schutzpotentialausgleich nach 415.2 vorgesehen werden.

411.3.3 Weitere Anforderungen für Steckdosen in Endstromkreisen und für die Versorgung von ortsveränderlichen Betriebsmitteln für den Außenbereich

Eine Fehlerstrom-Schutzeinrichtung (RCD) mit einem Bemessungsdifferenzstrom nicht größer als 30 mA muss vorgesehen werden für

- Steckdosen in Endstromkreisen für Wechselstrom (AC) mit einem Bemessungsstrom nicht größer als 32 A, die für die Benutzung durch Laien und zur allgemeinen Verwendung bestimmt sind, und

ANMERKUNG   Steckdosen mit einem Bemessungsstrom nicht größer als 32 A können hiervon ausgenommen werden, wenn im Rahmen einer Gefährdungsbeurteilung nach Betriebssicherheitsverordnung (BetrSichV) Maßnahmen festgelegt werden, die eine allgemeine Verwendung dieser Steckdosen dauerhaft ausschließen.

- Endstromkreise mit fest angeschlossenen ortsveränderlichen Betriebsmitteln für Wechselstrom (AC) zur Verwendung im Außenbereich mit einem Bemessungsstrom nicht größer als 32 A.

ANMERKUNG   Zur Erfüllung dieser Anforderungen empfiehlt sich der Einsatz einer netzspannungsunabhängigen Fehlerstrom-Schutzeinrichtung (RCD) mit eingebautem Überstromschutz (FI/LS-Schalter) nach DIN EN 61009-2-1 (VDE 0664-21) in jedem Endstromkreis. Diese Schutzeinrichtungen ermöglichen Personen-, Brand- und Leitungsschutz in einem Gerät.

Durch die Zuordnung zu jedem einzelnen Endstromkreis werden unerwünschte Abschaltungen fehlerfreier Stromkreise, hervorgerufen durch Aufsummierung betriebsbedingter Ableitströme oder durch transiente Stromimpulse bei Schalthandlungen, vermieden.

Dieser Unterabschnitt gilt nicht für IT-Systeme bei denen der Fehlerstrom im Falle eines ersten Fehlers 15 mA nicht überschreitet.

ANMERKUNG   Da es aufgrund der Komplexität und der schwierigen Beurteilung der Struktur und der Ausdehnung eines IT-Systems nicht sichergestellt ist, dass die bestimmungsgemäße Funktion von Fehlerstrom-Schutzeinrichtungen (RCDs) erfolgt, bleibt deren Einsatz in Steckdosenstromkreisen eine Ausnahme.

ANMERKUNG   Zusätzlicher Schutz für Gleichstromsysteme (DC) ist in Beratung.

411.3.4 Zusätzliche Anforderungen für Leuchtenstromkreise in TN- und TT-Systemen

In Wohnungen müssen Fehlerstrom-Schutzeinrichtungen (RCDs) mit einem Bemessungsdifferenzstrom nicht größer als 30 mA für Endstromkreise für Wechselstrom (AC), die Leuchten enthalten, vorgesehen werden.

411.4 TN-Systeme

411.4.1 In TN-Systemen hängt die Erdung der elektrischen Anlage von der zuverlässigen und wirksamen Verbindung des PEN-Leiters oder Schutzleiters mit Erde ab. Wo die Erdung durch ein öffentliches oder anderes Versorgungssystem vorgesehen wird, sind die notwendigen Bedingungen außerhalb der elektrischen Anlage in der Verantwortlichkeit des Verteilnetzbetreibers.

ANMERKUNG   Beispiele der Bedingungen beinhalten:

- Der PEN Leiter ist an mehreren Punkten mit Erde verbunden und ist so installiert, dass ein Risiko minimiert wird, das durch einen gebrochenen PEN-Leiter verursacht wird.

- $R_B/R_E \leq 50/(U_0 - 50)$

    Dabei ist

    R_B der Erderwiderstand in Ω aller parallelen Erder;

    R_E der kleinste Widerstand in Ω von fremden leitfähigen Teilen, die sich in Kontakt mit Erde befinden und nicht mit einem Schutzleiter verbunden sind und über die ein Fehler zwischen Außenleiter und Erde auftreten kann;

    U_0 die Nennwechselspannung in V Außenleiter gegen Erde.

Der Verteilnetzbetreiber ist verpflichtet, die Bedingungen der in der Anmerkung angegebenen Gleichung zu erfüllen.

In Deutschland muss in allen neuen Gebäuden ein Fundamenterder nach der nationalen Norm DIN 18014 errichtet werden.

411.4.2 Der Neutral- oder der Mittelpunkt des Versorgungssystems muss geerdet werden. Wenn ein Neutral- oder Mittelpunkt nicht verfügbar oder nicht zugänglich ist, muss ein Außenleiter geerdet werden.

Körper der Anlage müssen durch einen Schutzleiter mit der Haupterdungsschiene der Anlage verbunden sein, die mit dem geerdeten Punkt des Stromversorgungssystems verbunden ist.

Wenn andere wirksame Erdverbindungen bestehen, wird empfohlen, dass die Schutzleiter ebenfalls mit diesen Punkten, wo immer möglich, verbunden werden. Eine Erdung an zusätzlichen, möglichst gleichmäßig verteilten Punkten kann notwendig sein, um sicherzustellen, dass die Potentiale der Schutzleiter im Fehlerfall so wenig wie möglich vom Erdpotential abweichen.

Es wird empfohlen, Schutzleiter oder PEN-Leiter an der Eintrittsstelle in Gebäude zu erden, wobei über Erde zurückfließende (vagabundierende) Neutralleiterströme von mehrfach geerdeten PEN-Leitern berücksichtigt werden sollten.

411.4.3 In festinstallierten Anlagen darf ein einzelner Leiter als Schutzleiter und als Neutralleiter (PEN-Leiter) dienen, vorausgesetzt, die Anforderungen von DIN VDE 0100-540 (VDE 0100-540):2012-06, 543.4 sind erfüllt. In den PEN-Leiter darf keine Schalt- oder Trenneinrichtung eingesetzt werden.

411.4.4 Die Kennwerte der Schutzeinrichtungen (siehe 411.4.5) und die Stromkreisimpedanzen müssen die folgende Anforderung erfüllen:

$$Z_s \leq \frac{U_0}{I_a}$$

Dabei ist

Z_s die Impedanz der Fehlerschleife bestehend aus

- der Stromquelle,
- dem Außenleiter bis zum Fehlerort,
- dem Schutzleiter zwischen dem Fehlerort und der Stromquelle;

I_a der Strom, der das automatische Abschalten der Abschalteinrichtung innerhalb der in 411.3.2.2 oder 411.3.2.3 angegebenen Zeit bewirkt. Wenn eine Fehlerstrom-Schutzeinrichtung (RCD) verwendet wird, ist dieser Strom der Fehlerstrom, der die Abschaltung innerhalb der in 411.3.2.2 oder der in 411.3.2.3 angegebenen Zeit vorsieht;

U_0 die Nennwechselspannung oder Nenngleichspannung Außenleiter gegen Erde.

ANMERKUNG In TN-Systemen sind die Fehlerströme wesentlich höher als $5\,I_{\Delta N}$. Die Abschaltzeiten nach Tabelle 41.1 werden eingehalten bei Verwendung von Fehlerstrom-Schutzeinrichtungen (RCDs) nach DIN EN 61008-1 (VDE 0664-10), DIN EN 61009-1 (VDE 0664-20) und DIN EN 62423 (VDE 0664-40), einschließlich selektiver und zeitverzögerter Fehlerstrom-Schutzeinrichtungen (RCDs). Leistungsschalter mit Fehlerstromschutz (CBRs und MRCDs) in Übereinstimmung mit DIN EN 60947-2 (VDE 0660-101) können verwendet werden, vorausgesetzt, die verzögerte Auslösung wird in Übereinstimmung mit Tabelle 41.1 eingestellt.

411.4.5 In TN-Systemen dürfen die folgenden Schutzeinrichtungen für den Fehlerschutz (Schutz bei indirektem Berühren) verwendet werden:

- Überstrom-Schutzeinrichtungen;
- Fehlerstrom-Schutzeinrichtungen (RCDs).

ANMERKUNG 1 Wenn eine Fehlerstrom-Schutzeinrichtung (RCD) für den Fehlerschutz verwendet wird, sollte der Stromkreis ebenfalls durch eine Überstrom-Schutzeinrichtung nach DIN VDE 0100-430 (VDE 0100-430) geschützt sein.

In TN-C-Systemen darf keine Fehlerstrom-Schutzeinrichtung (RCD) verwendet werden.

ANMERKUNG 2 Bezüglich Selektivität zwischen Fehlerstrom-Schutzeinrichtungen (RCDs) siehe DIN VDE 0100-530 (VDE 0100-530):2018-06, 536.4.1.4.

411.5 TT-Systeme

411.5.1 Alle Körper, die gemeinsam durch dieselbe Schutzeinrichtung geschützt werden, müssen durch Schutzleiter an einen gemeinsamen Erder angeschlossen werden. Wenn mehrere Schutzeinrichtungen in Reihe verwendet werden, gilt diese Anforderung jeweils getrennt für alle Körper, die durch dieselbe Schutzeinrichtung geschützt werden.

Der Neutralpunkt oder der Mittelpunkt des Versorgungssystems muss geerdet werden. Wenn ein Neutralpunkt oder Mittelpunkt nicht verfügbar oder nicht zugänglich ist, muss ein Außenleiter geerdet werden.

411.5.2 In TT-Systemen sind im Allgemeinen Fehlerstrom-Schutzeinrichtungen (RCDs) für den Fehlerschutz zu verwenden. Alternativ dürfen Überstrom-Schutzeinrichtungen für den Fehlerschutz unter der Voraussetzung verwendet werden, dass ein geeignet niedriger Wert von Z_S (siehe 411.5.4) dauerhaft und zuverlässig sichergestellt ist.

ANMERKUNG 1 Wenn eine Fehlerstrom-Schutzeinrichtung (RCD) für den Fehlerschutz verwendet wird, sollte der Stromkreis ebenfalls durch eine Überstrom-Schutzeinrichtung in Übereinstimmung mit DIN VDE 0100-430 (VDE 0100-430) geschützt sein.

ANMERKUNG 2 Diese Norm umfasst nicht die Verwendung von Fehlerspannungs-Schutzeinrichtungen.

411.5.3 Wenn eine Fehlerstrom-Schutzeinrichtung (RCD) für den Fehlerschutz (Schutz bei indirektem Berühren) verwendet wird, müssen die folgenden Bedingungen erfüllt sein:

i) die Abschaltzeit, wie in 411.3.2.2 oder 411.3.2.3 verlangt, und

ii) $R_A \leq \dfrac{50\,V}{I_{\Delta N}}$

Dabei ist

R_A die Summe der Widerstände in Ω des Erders und des Schutzleiters der Körper;

$I_{\Delta N}$ der Bemessungsdifferenzstrom in A der Fehlerstrom-Schutzeinrichtung (RCD).

ANMERKUNG 1 Der Fehlerschutz (Schutz bei indirektem Berühren) ist in diesem Fall auch bei nicht vernachlässigbarer Fehlerimpedanz gegeben.

ANMERKUNG 2 Wenn Selektivität zwischen Fehlerstrom-Schutzeinrichtungen (RCDs) notwendig ist siehe DIN VDE 0100-530 (VDE 0100-530).

ANMERKUNG 3 Wenn R_A nicht bekannt ist, darf er durch Z_S ersetzt werden.

ANMERKUNG 4 Die Abschaltzeiten nach Tabelle 41.1 stehen in Beziehung zu im Fehlerfall erwarteten Fehlerströmen, die bedeutend höher als der Bemessungsdifferenzstrom der Fehlerstrom-Schutzeinrichtung (RCD) sind (typisch 5 $I_{\Delta N}$).

Wenn die Bedingung ii) eingehalten wird, fließt bei einer Leiter-Erde-Spannung U_0 = 230 V im Fehlerfall ein Fehlerstrom von $\dfrac{230\,V}{50\,V} \times I_{\Delta N} = 4{,}6\,I_{\Delta N}$, mit dem die Einhaltung der Abschaltzeit nach Tabelle 41.1 sichergestellt ist.

Die geforderten Abschaltzeiten werden auch mit Fehlerstrom-Schutzeinrichtungen (RCD) Typ S erreicht, da bei diesen für $U_0 \leq$ 230 V schon ein Fehlerstrom 2 $I_{\Delta N}$ ausreichend wäre.

411.5.4 Wenn eine Überstrom-Schutzeinrichtung für den Fehlerschutz (Schutz bei indirektem Berühren) verwendet wird, muss die folgende Bedingung erfüllt werden:

$$Z_s \leq \frac{U_0}{I_a}$$

Dabei ist

Z_s die Impedanz der Fehlerschleife, bestehend aus

- der Stromquelle,
- dem Außenleiter bis zum Fehlerort,
- dem Schutzleiter der Körper,
- dem Erdungsleiter,
- dem Anlagenerder und
- dem Erder der Stromquelle;

I_a der Strom, der das automatische Abschalten der Abschalteinrichtung innerhalb der in 411.3.2.2 oder der in 411.3.2.4 angegebenen Zeit bewirkt;

U_0 die Nennwechselspannung oder Nenngleichspannung Außenleiter gegen Erde.

411.6 IT-Systeme

411.6.1 In IT-Systemen müssen die aktiven Teile entweder gegen Erde isoliert sein oder über eine ausreichend hohe Impedanz mit Erde verbunden werden. Diese Verbindung darf entweder am Neutralpunkt oder am Mittelpunkt des Versorgungssystems oder an einem künstlichen Neutralpunkt vorgesehen werden. Der künstliche Neutralpunkt darf unmittelbar mit Erde verbunden werden, wenn die resultierende Nullimpedanz bei der Frequenz des Versorgungssystems ausreichend groß ist. Wenn kein Neutralpunkt oder Mittelpunkt ausgeführt ist, darf ein Außenleiter über eine hohe Impedanz mit Erde verbunden werden.

Der Fehlerstrom ist dann bei Auftreten eines Einzelfehlers gegen einen Körper oder gegen Erde niedrig und die automatische Abschaltung nach 411.3.2 ist nicht gefordert, vorausgesetzt, die Bedingung in 411.6.2 ist erfüllt. Es müssen jedoch Vorkehrungen getroffen werden, um das Risiko gefährlicher pathophysiologischer Einwirkungen auf eine Person, die in Verbindung mit gleichzeitig berührbaren Körpern steht, im Falle von zwei gleichzeitig auftretenden Fehlern zu vermeiden.

ANMERKUNG   Um Überspannungen herabzusetzen oder Spannungsschwingungen zu dämpfen, kann es notwendig sein, eine Erdung über Impedanzen oder künstliche Neutralpunkte vorzusehen, deren Merkmale geeignet zu den Anforderungen der Anlage gewählt sind.

411.6.2 Körper müssen einzeln, gruppenweise oder gemeinsam geerdet sein.

In Wechselstromsystemen muss die folgende Bedingung erfüllt sein, um die Berührungsspannung zu begrenzen auf:

$$R_A \times I_d \leq 50 \text{ V}.$$

Dabei ist

R_A die Summe der Widerstände in Ω des Erders und des Schutzleiters zum jeweiligen Körper;

I_d der Fehlerstrom in A beim ersten Fehler mit vernachlässigbarer Impedanz zwischen einem Außenleiter und einem Körper. Der Wert von I_d berücksichtigt die Ableitströme und die Gesamtimpedanz der elektrischen Anlage gegen Erde.

ANMERKUNG In Gleichstromsystemen wird die Begrenzung der Berührungsspannung nicht berücksichtigt, weil der Wert von I_d als vernachlässigbar klein angesehen wird.

411.6.3 In IT-Systemen dürfen die folgenden Überwachungs- und Schutzeinrichtungen verwendet werden:
- Isolationsüberwachungseinrichtungen (IMDs);
- Differenzstrom-Überwachungseinrichtungen (RCMs);
- Einrichtungen zur Isolationsfehlersuche (IFLS);
- Überstrom-Schutzeinrichtungen;
- Fehlerstrom-Schutzeinrichtungen (RCDs).

ANMERKUNG 1   Wenn eine Fehlerstrom-Schutzeinrichtung (RCD) verwendet wird, kann beim Auftreten eines ersten Fehlers ein Abschalten der Fehlerstrom-Schutzeinrichtung (RCD) auf Grund von kapazitiven Ableitströmen nicht ausgeschlossen werden.

ANMERKUNG 2   Im Fall von Fehlern in zwei unterschiedlichen elektrischen Verbrauchsmitteln der Schutzklasse I, die von unterschiedlichen Außenleitern versorgt werden, wird die Abschaltung von Fehlerstrom-Schutzeinrichtung (RCD) wahrscheinlich nur erreicht, wenn jedes elektrische Verbrauchsmittel einzeln durch eine individuelle Fehlerstrom-Schutzeinrichtung (RCD) geschützt wird. In diesen Fällen ist die Verwendung von Überstrom-Schutzeinrichtungen geeigneter.

411.6.3.1   Werden IT-Systeme so geplant, dass beim ersten Isolationsfehler keine Abschaltung erfolgt, muss der erste Fehler durch eine der folgenden Einrichtungen gemeldet werden:
- Isolationsüberwachungseinrichtung (IMD), die mit einer Einrichtung zur Isolationsfehlersuche (IFLS) kombiniert werden kann;
- Differenzstrom-Überwachungseinrichtung (RCM) unter der Voraussetzung, dass der Differenzstrom ausreichend groß ist, um erfasst zu werden.

ANMERKUNG   Differenzstrom-Überwachungseinrichtungen (RCMs) können keine symmetrischen Isolationsfehler erkennen.

Die Einrichtung muss ein hörbares und/oder sichtbares Signal erzeugen, das so lange andauert, wie der Fehler besteht. Dieses Signal kann durch einen Relaisausgang, einen elektronischen Schalter oder über ein Kommunikationsprotokoll erzeugt werden.

Die optische und/oder akustische Meldung muss an einer geeigneten Stelle so angeordnet werden, dass sie von zuständigen Personen wahrgenommen wird.

Wenn sowohl hörbare als auch sichtbare Signale vorhanden sind, ist es zulässig, das hörbare Signal abzuschalten.

Es wird empfohlen, dass ein erster Isolationsfehler so schnell wie praktisch möglich beseitigt wird.

Zusätzlich darf eine Einrichtung zur Isolationsfehlersuche (IFLS) in Übereinstimmung mit DIN EN 61557-9 (VDE 0413-9) vorgesehen werden, um den Ort des ersten Fehlers von einem aktiven Teil zu Körpern (elektrischer Betriebsmittel), zur Erde oder zu einem anderen Bezugspunkt anzuzeigen.

411.6.4   Nach dem Auftreten eines ersten Fehlers müssen folgende Bedingungen für die Abschaltung der Stromversorgung im Falle eines zweiten Fehlers, der sich auf einem zweiten Außenleiter ereignet, erfüllt werden:

a) Wenn die Körper durch Schutzleiter miteinander verbunden und gemeinsam über dieselbe Erdungsanlage geerdet sind, gelten die Bedingungen vergleichbar zum TN-System und die folgenden Bedingungen müssen erfüllt werden:

In Wechselstromsystemen ohne Neutralleiter und in Gleichstromsystemen ohne Mittelleiter:

$$Z_s \leq \frac{U}{2 \times I_a}$$

oder wenn in solchen Systemen der Neutralleiter bzw. der Mittelleiter verteilt ist:

$$Z'_s \leq \frac{U_0}{2 \times I_a}$$

Dabei ist

U_0 die Nennwechselspannung oder Nenngleichspannung zwischen Außenleiter und Neutralleiter oder Mittelleiter, wie zutreffend;

U die Nennwechselspannung oder Nenngleichspannung zwischen Außenleitern;

Z_s die Impedanz der Fehlerschleife, bestehend aus dem Außenleiter und dem Schutzleiter des Stromkreises;

Z'_s die Impedanz der Fehlerschleife, bestehend aus dem Neutralleiter und dem Schutzleiter des Stromkreises;

I_a der Strom, der die Funktion der Schutzeinrichtung innerhalb der in 411.3.2.2 für TN-Systeme oder der in 411.3.2.3 geforderten Zeit bewirkt.

ANMERKUNG 1 Die in der Tabelle 41.1 von 411.3.2.2 für TN-Systeme angegebene Zeit wird für IT-Systeme mit oder ohne Verteilung von Neutralleiter oder Mittelleiter angewendet.

ANMERKUNG 2 Der Faktor 2 in beiden Formeln berücksichtigt, dass beim gleichzeitigen Auftreten von zwei Fehlern die Fehler in verschiedenen Stromkreisen bestehen können.

ANMERKUNG 3 Für die Impedanz der Fehlerschleife sollte der ungünstigste Fall berücksichtigt werden, z. B. ein Fehler am Außenleiter an der Stromquelle und gleichzeitig ein anderer Fehler an einem anderen Außenleiter bzw. am Neutralleiter eines elektrischen Verbrauchsmittels des betrachteten Stromkreises.

b) Wenn die Körper gruppenweise oder einzeln geerdet sind, gilt die folgende Bedingung:

$$R_A \leq \frac{50\ \text{V}}{I_a}$$

Dabei ist

R_A die Summe der Widerstände in Ω des Erders und des Schutzleiters für die Körper;

I_a der Strom in A, der die Funktion der Schutzeinrichtung innerhalb der in Tabelle 41.1 von 411.3.2.2 für TT-Systeme geforderten Zeit oder innerhalb der in 411.3.2.4 geforderten Zeit bewirkt.

ANMERKUNG 4 Wenn die Übereinstimmung mit den Anforderungen nach b) durch eine Fehlerstrom-Schutzeinrichtung (RCD) vorgesehen wird, kann das Erfüllen der für TT-Systeme nach Tabelle 41.1 geforderten Abschaltzeiten Differenzströme erfordern, die bedeutend höher als der Bemessungsdifferenzstrom der verwendeten Fehlerstrom-Schutzeinrichtung (RCD) sind (typisch 5 $I_{\Delta N}$); siehe nationale Anmerkung in 411.5.3.

411.7 FELV

411.7.1 Allgemeines

In Fällen, in denen aus Funktionsgründen eine Nennspannung, die 50 V Wechselspannung oder 120 V Gleichspannung nicht überschreitet, angewendet wird, aber nicht alle Anforderungen von Abschnitt 414 bezüglich SELV oder PELV erfüllt sind, und in denen SELV oder PELV nicht notwendig ist, müssen die ergänzenden Vorkehrungen, die in 411.7.2 und 411.7.3 beschrieben sind, angewendet werden, um den Basisschutz und Fehlerschutz sicherzustellen. Diese Kombination von Vorkehrungen wird FELV genannt.

ANMERKUNG Solche Bedingungen können zum Beispiel vorgefunden werden, wenn der Stromkreis Betriebsmittel (wie Transformatoren, Relais, ferngesteuerte Schalter, Schütze) enthält, deren Isolierung im Hinblick auf Stromkreise mit höherer Spannung unzureichend ist.

411.7.2 Anforderungen an den Basisschutz

Basisschutz muss vorgesehen werden:
- entweder durch Basisisolierung in Übereinstimmung mit Anhang A, A.1 und entsprechend der Nennspannung des Primärstromkreises der Stromquelle
- oder durch Abdeckungen oder Umhüllungen in Übereinstimmung mit Anhang A, A.2.

411.7.3 Anforderungen an den Fehlerschutz

Die Körper der Betriebsmittel des FELV-Stromkreises müssen mit dem Schutzleiter des Primärstromkreises der Stromquelle verbunden werden, vorausgesetzt, der Primärstromkreis ist geschützt durch die in 411.3 und eine der in 411.4 bis 411.6 beschriebenen Schutzmaßnahmen zur automatischen Abschaltung der Stromversorgung.

411.7.4 Stromquellen

Die Stromquelle für das FELV-System muss entweder ein Transformator mit zumindest einfacher Trennung zwischen den Wicklungen sein oder sie muss die Anforderungen in 414.3 erfüllen.

ANMERKUNG   Wenn das FELV-System von einem Versorgungssystem höherer Spannung durch Betriebsmittel versorgt wird, die nicht mindestens einfache Trennung zwischen diesem System und dem Kleinspannungssystem herstellen, wie Spartransformatoren, Potentiometer, Halbleitereinrichtungen usw., dann wird der Ausgangsstromkreis als eine Erweiterung des Primärstromkreises angesehen und sollte durch die im Eingangsstromkreis angewendete Schutzmaßnahme geschützt sein.

411.7.5 Stecker und Steckdosen

Stecker und Steckdosen für FELV-Systeme müssen mit den folgenden Anforderungen übereinstimmen:
- Stecker dürfen nicht in Steckdosen für andere Spannungssysteme eingeführt werden können.
- In Steckdosen dürfen keine Stecker für andere Spannungssysteme eingeführt werden können.
- Steckdosen müssen einen Schutzkontakt haben.

412 Schutzmaßnahme: Doppelte oder verstärkte Isolierung

412.1 Allgemeines

412.1.1 Doppelte oder verstärkte Isolierung ist eine Schutzmaßnahme in der:
- der Basisschutz durch Basisisolierung vorgesehen ist und der Fehlerschutz durch eine zusätzliche Isolierung vorgesehen ist oder
- der Basisschutz und Fehlerschutz durch verstärkte Isolierung zwischen aktiven Teilen und berührbaren Teilen vorgesehen ist.

ANMERKUNG   Diese Schutzmaßnahme ist vorgesehen, um bei Fehlern in der Basisisolierung das Auftreten einer gefährlichen Spannung an dann berührbaren Teilen der elektrischen Betriebsmittel zu verhindern.

Die Schutzmaßnahme durch doppelte oder verstärkte Isolierung ist in allen Situationen anwendbar, es sei denn, in Gruppe 700 der Reihe DIN VDE 0100 (VDE 0100) gibt es Einschränkungen.

412.1.2 In Fällen, wo diese Schutzmaßnahme als alleinige Schutzmaßnahme angewendet wird (z. B. wenn für einen Stromkreis oder einen Teil einer Anlage vorgesehen ist, nur Betriebsmittel mit doppelter oder verstärkter Isolierung zu errichten), muss nachgewiesen werden, das effektive Maßnahmen ergriffen werden, z. B. wirksame Überwachung, so dass keine Änderung durchgeführt werden kann, die die Wirksamkeit dieser Schutzmaßnahme beeinträchtigt.

Diese Schutzmaßnahme darf deshalb nicht für Stromkreise mit Steckdosen mit einem Erdungskontakt angewendet werden.

DIN VDE 0100-410 (VDE 0100-410):2018-10

412.2 Anforderungen an den Basisschutz und Fehlerschutz

412.2.1 Elektrische Betriebsmittel

In Fällen, wo die Schutzmaßnahme doppelte oder verstärkte Isolierung für die gesamte Anlage oder einen Anlagenteil verwendet wird, müssen die elektrischen Betriebsmittel mit einem der folgenden Unterabschnitte übereinstimmen:

– 412.2.1.1 oder
– 412.2.1.2 und 412.2.2 oder
– 412.2.1.3 und 412.2.2.

412.2.1.1 Elektrische Betriebsmittel müssen typgeprüft und nach den einschlägigen Normen gekennzeichnet sein und den folgenden Bauarten entsprechen:

– elektrische Betriebsmittel mit doppelter oder verstärkter Isolierung (Betriebsmittel der Schutzklasse II);
– elektrische Betriebsmittel, die in der relevanten Produktnorm als mit Schutzklasse II gleichwertig deklariert sind, wie Betriebsmittelkombinationen mit vollständiger Isolierung (siehe DIN EN 61439 (VDE 0660) (alle Teile)).

ANMERKUNG Diese Betriebsmittel sind gekennzeichnet mit dem Symbol ☐ nach IEC 60417-5172:2003-02.[N1]

412.2.1.2 Elektrische Betriebsmittel, die nur eine Basisisolierung haben, müssen eine zusätzliche Isolierung erhalten, die während des Errichtens der elektrischen Anlage angebracht wird und die einen Grad an Sicherheit gleichwertig zu elektrischen Betriebsmitteln in Übereinstimmung mit 412.2.1.1 erreicht und die 412.2.2.1 bis 412.2.2.3 erfüllt.

Das Symbol ⌦ muss an einer sichtbaren Stelle an der Außen- und Innenseite des Gehäuses fest angebracht werden. IEC 60417-5019:2006-08 und DIN EN 80416-3:2003, Abschnitt 7.

412.2.1.3 Elektrische Betriebsmittel, die nicht isolierte aktive Teile haben, müssen eine verstärkte Isolierung erhalten, die während des Errichtens der elektrischen Anlage angebracht wird und die einen Grad an Sicherheit gleichwertig zu Betriebsmitteln in Übereinstimmung mit 412.2.1.1 erreicht und die 412.2.2.2 und 412.2.2.3 erfüllt; diese Form der Isolierung ist nur zulässig in Fällen, wo die Konstruktionsmerkmale die Anbringung einer doppelten Isolierung nicht zulassen.

Das Symbol ⌦ muss an einer sichtbaren Stelle an der Außen- und Innenseite des Gehäuses fest angebracht werden. IEC 60417-5019:2006-08 und DIN EN 80416-3:2003, Abschnitt 7.

412.2.2 Umhüllungen

412.2.2.1 Alle leitfähigen Teile eines betriebsfertigen elektrischen Betriebsmittels, die von aktiven Teilen nur durch Basisisolierung getrennt sind, müssen von einer isolierenden Umhüllung mit einer Schutzart von mindestens IPXXB oder IP2X umschlossen sein.

412.2.2.2 Es gelten die folgenden Anforderungen:

– Durch die isolierende Umhüllung dürfen leitfähige Teile nicht geführt werden, durch die ein Potential übertragen werden könnte, und
– die isolierende Umhüllung darf Schrauben oder andere Befestigungsmittel nicht enthalten, die während der Errichtung oder Instandhaltung notwendigerweise entfernt werden müssen oder könnten und deren Ersatz durch Metallschrauben oder andere Befestigungsmittel die durch die Umhüllung vorgesehene Isolierung beeinträchtigen könnte.

[N1] Nationale Fußnote: Die aktuellen Bildzeichen (IEC 60417) befinden sich in der IEC-Datenbank http://www.iec-normen.de/iec-normen-im-datenbank-format.html.

Wenn mechanische Verbindungen oder Anschlüsse (z. B. für die Bedienungsgriffe eingebauter Geräte) durch die isolierende Umhüllung geführt werden müssen, sollten sie so angeordnet werden, dass der Fehlerschutz (Schutz bei indirektem Berühren) nicht beeinträchtigt ist.

412.2.2.3 Wenn Deckel oder Türen in der isolierenden Umhüllung ohne Werkzeug oder Schlüssel geöffnet werden können, müssen alle leitfähigen Teile, die bei geöffnetem Deckel oder geöffneter Tür zugänglich sind, hinter einer isolierenden Abdeckung, die mindestens den Schutzgrad IPXXB oder IP2X vorsieht, angeordnet sein, die verhindert, dass Personen mit diesen leitfähigen Teilen unbeabsichtigt in Berührung kommen. Diese isolierende Abdeckung darf nur mit Hilfe eines Schlüssels oder Werkzeugs abnehmbar sein.

412.2.2.4 Leitfähige Teile innerhalb der isolierenden Umhüllung dürfen nicht an einen Schutzleiter angeschlossen sein. Dies schließt jedoch nicht aus, dass Anschlussmöglichkeiten für Schutzleiter vorgesehen sind, die notwendigerweise durch die Umhüllung geführt werden, weil sie für andere Betriebsmittel benötigt werden, deren Versorgungsstromkreis ebenfalls durch die Umhüllung geführt ist. Innerhalb der Umhüllung müssen alle solchen Leiter und ihre Anschlussklemmen wie aktive Teile isoliert sein, und ihre Anschlussklemmen müssen als Schutzleiter-Anschlussklemmen gekennzeichnet sein.

Körper und dazwischen liegende Teile dürfen nicht an einen Schutzleiter angeschlossen sein, wenn dafür nicht eine besondere Vorkehrung in den Normen für die betreffenden Betriebsmittel vorgesehen ist.

412.2.2.5 Die Umhüllung darf den Betrieb der durch sie geschützten Betriebsmittel nicht nachteilig beeinträchtigen.

412.2.3 Errichtung

412.2.3.1 Das Errichten der in 412.2.1 genannten Betriebsmittel (Befestigung, Anschluss von Leitern usw.) muss so erfolgen, dass der nach der Betriebsmittelnorm geforderte Schutz nicht beeinträchtigt ist.

412.2.3.2 Für einen Stromkreis, der Betriebsmittel der Schutzklasse II versorgt, muss ein Schutzleiter in der gesamten Leitungsanlage durchgehend leitend mitgeführt und in jedem Installationsgerät an eine Klemme angeschlossen werden, es sei denn, die Anforderungen nach 412.1.2 sind erfüllt.

ANMERKUNG   Mit dieser Anforderung ist beabsichtigt, das Ersetzen von Schutzklasse-II-Betriebsmitteln durch Schutzklasse-I-Betriebsmittel durch den Benutzer zu berücksichtigen.

412.2.4 Kabel- und Leitungsanlagen

412.2.4.1   Kabel- und Leitungsanlagen, die in Übereinstimmung mit DIN VDE 0100-520 (VDE 0100-520) verlegt sind, erfüllen die Anforderungen von 412.2, wenn sie aus:

a) Kabel und Leitungen bestehen mit einer Isolierung für eine Bemessungsspannung, die nicht kleiner ist als die Nennspannung des Versorgungssystems und mindestens 300 V bis 500 V beträgt und in geschlossene oder zu öffnende Installationskanäle mit einer elektrischen Isoliereigenschaft in Übereinstimmung mit der Normenreihe DIN EN 50085 (VDE 0604) oder Elektroinstallationsrohre mit einer elektrischen Isoliereigenschaft in Übereinstimmung mit der Normenreihe DIN EN 61386 (VDE 0605), oder aus

b) Kabel und Leitungen bestehen, deren Widerstandsfähigkeit gegen elektrische, thermische, mechanische Beanspruchungen und umgebungsbedingte Einwirkungen mit der gleichen Zuverlässigkeit gegeben ist, wie sie durch doppelte Isolierung sichergestellt wird.

ANMERKUNG 1   Solche Kabel- und Leitungsanlagen sind weder mit dem Symbol ☐ nach IEC 60417-5172:2003-02 noch mit dem Symbol ⌧ nach IEC 60417-5019:2006-08 und DIN EN 80416-3:2003, Abschnitt 7 gekennzeichnet.

413   Schutzmaßnahme: Schutztrennung

413.1   Allgemeines

413.1.1   Schutztrennung ist eine Schutzmaßnahme, bei der:

- der Basisschutz vorgesehen ist durch Basisisolierung der aktiven Teile oder durch Abdeckungen oder Umhüllungen in Übereinstimmung mit Anhang A und
- der Fehlerschutz vorgesehen ist durch einfache Trennung des Stromkreises mit Schutztrennung von anderen Stromkreisen und von Erde.

413.1.2 Ausgenommen wie in 413.1.3 erlaubt, muss diese Schutzmaßnahme auf die Versorgung eines elektrischen Verbrauchsmittels durch eine ungeerdete Stromquelle mit einfacher Trennung beschränkt werden.

ANMERKUNG   Bei dieser Schutzmaßnahme ist die ordnungsgemäße Basisisolierung entsprechend den Anforderungen der Betriebsmittelnorm von besonderer Bedeutung.

413.1.3 Wenn mehr als ein elektrisches Verbrauchsmittel von einer ungeerdeten Stromquelle mit einfacher Trennung versorgt wird, müssen die Anforderungen im Anhang C, C.3 erfüllt werden.

413.2 Anforderungen an den Basisschutz

An jedem elektrischen Betriebsmittel muss eine der Vorkehrungen für den Basisschutz nach Anhang A oder die Schutzmaßnahme nach Abschnitt 412 vorhanden sein.

413.3 Anforderungen an den Fehlerschutz

413.3.1 Der Schutz durch Schutztrennung muss sichergestellt werden durch Erfüllen von 413.3.2 bis 413.3.6.

413.3.2 Der Stromkreis muss von einer Stromquelle mit mindestens einfacher Trennung versorgt werden und die Spannung des Stromkreises mit Schutztrennung darf nicht größer als 500 V sein.

413.3.3 Aktive Teile des Stromkreises mit Schutztrennung dürfen an keinem Punkt mit einem anderen Stromkreis oder mit Erde oder mit einem Schutzleiter verbunden werden.

Um die Schutztrennung sicherzustellen, müssen die Einrichtungen so sein, dass zwischen Stromkreisen Basisisolierung erreicht ist.

413.3.4 Flexible Kabel und Leitungen müssen an Stellen, die mechanischen Beanspruchungen ausgesetzt sind, über ihre gesamte Länge sichtbar sein.

413.3.5 Für Stromkreise mit Schutztrennung ist die Verwendung einer getrennten Kabel- und Leitungsanlage empfohlen. Falls in derselben Kabel- und Leitungsanlage Stromkreise mit Schutztrennung und andere Stromkreise vorgesehen werden, müssen mehradrige Kabel/Leitungen ohne metallene Umhüllung oder isolierte Leiter in isolierenden Elektroinstallationsrohren oder isolierte Leiter in geschlossenen oder zu öffnenden isolierenden Elektroinstallationskanälen verwendet werden, wobei vorausgesetzt wird, dass
- ihre Bemessungsspannung mindestens so groß wie die höchste Nennspannung ist und
- jeder Stromkreis bei Überstrom geschützt ist.

413.3.6 Die Körper des Stromkreises mit Schutztrennung dürfen nicht mit dem Schutzleiter oder mit den Körpern anderer Stromkreise oder mit Erde verbunden werden.

ANMERKUNG   Wenn die Körper des Stromkreises mit Schutztrennung entweder zufällig oder absichtlich mit Körpern anderer Stromkreise in Berührung kommen können, hängt der Schutz gegen elektrischen Schlag nicht mehr allein von der Schutzmaßnahme Schutztrennung, sondern auch von den Schutzvorkehrungen für die Körper der anderen Stromkreise ab.

414 Schutzmaßnahme: Schutz durch Kleinspannung mittels SELV oder PELV

414.1 Allgemeines

414.1.1 Schutz durch Kleinspannung ist eine Schutzmaßnahme, die aus einer von zwei unterschiedlichen Kleinspannungssystemen besteht:
- SELV oder
- PELV.

Bei dieser Schutzmaßnahme ist gefordert:
- Begrenzung der Spannung in dem SELV- oder PELV-System bis zur oberen ELV-Grenze (Tabelle 1), AC 50 V oder DC 120 V, und
- sichere Trennung des SELV- oder PELV-Systems von allen anderen Stromkreisen, die nicht SELV- oder PELV-Stromkreise sind, und Basisisolierung zwischen dem SELV- oder PELV-System und anderen SELV- oder PELV-Systemen, und
- nur für SELV-Systeme, Basisisolierung zwischen dem SELV-System und Erde.

ANMERKUNG Spannungsbereiche siehe Tabelle 1

Tabelle 1 – Spannungsbereiche

Spannungsbereiche		AC	DC
Hochspannung (HV)		> 1 000 V	> 1 500 V
Niederspannung (LV)		≤ 1 000 V	≤ 1 500 V
	Kleinspannung (ELV)	≤ 50 V	≤ 120 V

414.1.2 Die Verwendung von SELV oder PELV in Übereinstimmung mit Abschnitt 414 wird als eine Schutzmaßnahme für alle Situationen angesehen.

ANMERKUNG In bestimmten Fällen ist in Gruppe 700 der Reihe DIN VDE 0100 (VDE 0100) der Wert der Kleinspannung auf einen Wert kleiner als AC 50 V bzw. DC 120 V begrenzt.

414.2 Anforderungen an den Basisschutz und an den Fehlerschutz

Das Vorsehen von Basisschutz und Fehlerschutz ist erreicht, wenn:
- die Nennspannung die obere Grenze des Spannungsbereichs I nicht überschreiten kann;
- die Versorgung aus einer der in 414.3 aufgeführten Stromquellen erfolgt, und
- die Bedingungen von 414.4 erfüllt sind.

ANMERKUNG 1 Wenn das System von einem System höherer Spannung versorgt wird durch Betriebsmittel, bei denen mindestens einfache Trennung zwischen diesem System und dem Kleinspannungssystem vorhanden ist, die aber nicht die Anforderungen für SELV- oder PELV-Stromquellen in 414.3 erfüllen, dann dürfen die Anforderungen für FELV angewendet werden, siehe 411.7.

ANMERKUNG 2 Gleichspannungen für Kleinspannungsstromkreise, die durch Gleichrichtergeräte (siehe DIN EN 60146-2 (VDE 0558-2)) erzeugt werden, erfordern einen inneren Wechselspannungsstromkreis zur Versorgung des Gleichrichters. Die innere Wechselspannungsüberschreitet die Gleichspannung aus physikalischen Gründen. Dieser innere Wechselspannungsstromkreis wird nicht als Stromkreis höherer Spannung entsprechend diesem Abschnitt angesehen. Zwischen inneren Stromkreisen und externen Stromkreisen höherer Spannung ist sichere Trennung erforderlich.

ANMERKUNG 3 In Gleichspannungssystemen mit Batterien überschreiten die Lade- und Entladespannung abhängig von der Bauart der Batterie die Nennspannung der Batterie. Dieses erfordert keine zusätzlichen Schutzvorkehrungen zu den in diesem Abschnitt spezifizierten. Die Ladespannung sollte abhängig von den Umgebungsbedingungen, die in IEC/TS 61201:1992, Tabelle 1, enthalten sind, einen maximalen Wert von AC 75 V oder DC 150 V nicht überschreiten.

414.3 Stromquellen für SELV und PELV

Die folgenden Stromquellen dürfen für SELV- und PELV-Systeme verwendet werden:

414.3.1 Ein Sicherheitstransformator in Übereinstimmung mit DIN EN 61558-2-6 (VDE 0570-2-6).

414.3.2 Eine Stromquelle, die den gleichen Grad an Sicherheit erfüllt wie ein Sicherheitstransformator nach 414.3.1 (z. B. ein Motorgenerator mit gleichwertig getrennten Wicklungen).

414.3.3 Eine elektrochemische Stromquelle (z. B. eine Batterie) oder eine andere Stromquelle, die unabhängig von einem Stromkreis höherer Spannung ist (z. B. Generator, der von einer Verbrennungsmaschine angetrieben wird).

414.3.4 Bestimmte elektronische Einrichtungen, die entsprechend den für sie geltenden Normen gebaut sind und bei denen durch Vorkehrungen sichergestellt ist, dass auch bei Auftreten eines inneren Fehlers die Spannung an den Ausgangsklemmen nicht über die in 414.1.1 festgelegten Werte ansteigen kann. Höhere Spannungen an den Ausgangsklemmen sind jedoch zulässig, wenn sichergestellt ist, dass im Falle des Berührens eines aktiven Teils oder im Fehlerfall zwischen einem aktiven Teil und einem Körper, die Spannung an den Ausgangsklemmen unmittelbar auf diese oder auf niedrigere Werte herabgesetzt wird.

ANMERKUNG 1 Beispiele solcher Einrichtungen schließen Isolationsprüfgeräte und Isolationsüberwachungseinrichtungen ein.

ANMERKUNG 2 Wenn an den Ausgangsklemmen höhere Spannungen auftreten, darf eine Übereinstimmung mit diesem Abschnitt angenommen werden, wenn die mit einem Voltmeter mit einem inneren Widerstand von mindestens 3 000 Ω an den Ausgangsklemmen gemessene Spannung innerhalb der in 414.1.1 festgelegten Grenzen liegt.

414.3.5 Ortsveränderliche Stromquellen, die mit Niederspannung versorgt sind, z. B. Sicherheitstransformatoren oder Motorgeneratoren, müssen in Übereinstimmung mit den Anforderungen der Schutzmaßnahme „Doppelte oder verstärkte Isolierung" (siehe Abschnitt 412) ausgewählt und errichtet werden.

414.4 Anforderungen an SELV- und PELV-Stromkreise

414.4.1 SELV- und PELV-Stromkreise müssen aufweisen:

- Basisisolierung zwischen aktiven Teilen und anderen SELV- oder PELV-Stromkreisen und
- sichere Trennung von den aktiven Teilen anderer Stromkreise, die nicht SELV- oder PELV-Stromkreise sind, durch das Vorsehen von doppelter oder verstärkter Isolierung oder durch Basisisolierung und Schutzschirmung für die höchste vorkommende Spannung.

SELV-Stromkreise müssen Basisisolierung zwischen aktiven Teilen und Erde haben.

Die PELV-Stromkreise und/oder Körper der durch die PELV-Stromkreise versorgten Betriebsmittel dürfen geerdet werden.

ANMERKUNG 1 Insbesondere ist sichere Trennung notwendig zwischen den aktiven Teilen der elektrischen Betriebsmittel wie Relais, Schütze, Hilfsschalter, und allen Teilen eines Stromkreises höherer Spannung oder eines FELV-Stromkreises.

ANMERKUNG 2 Die Erdung von PELV-Stromkreisen kann durch eine Verbindung mit Erde oder mit einem geerdeten Schutzleiter in der Stromquelle selbst erreicht werden.

414.4.2 Sichere Trennung der Kabel- und Leitungsanlagen von SELV- und PELV-Stromkreisen von den aktiven Teilen anderer Stromkreise, die mindestens Basisisolierung haben müssen, darf durch eine der folgenden Anordnungen erreicht werden:

- Leiter von SELV- oder PELV-Stromkreisen müssen zusätzlich zur Basisisolierung von einem nicht metallenem Mantel oder einer isolierenden Umhüllung umschlossen sein;

- Leiter von SELV- oder PELV-Stromkreisen müssen von Leitern der Stromkreise mit einer höheren Spannung als die von Spannungsbereich I durch einen geerdeten metallenen Mantel oder durch eine geerdete metallene Schirmung getrennt sein;
- Leiter von Stromkreisen mit einer höheren Spannung als die von Spannungsbereich I dürfen in einem mehradrigen Kabel oder in einer anderen Gruppierung von Leitern enthalten sein, wenn die SELV- oder PELV-Leiter für die höchste vorkommende Spannung isoliert sind;
- die Kabel- und Leitungsanlagen der anderen Stromkreise müssen 412.2.4.1 entsprechen;
- räumliche Trennung.

414.4.3 Stecker und Steckdosen für SELV- oder PELV-Systeme müssen mit folgenden Anforderungen übereinstimmen:

- Stecker dürfen nicht in Steckdosen für andere Spannungssysteme eingeführt werden können;
- in Steckdosen dürfen keine Stecker für andere Spannungssysteme eingeführt werden können;
- Stecker und Steckdosen in SELV-Systemen dürfen keinen Schutzleiterkontakt haben.

414.4.4 Körper von SELV-Stromkreisen dürfen nicht mit Erde oder mit Schutzleitern oder mit Körpern eines anderen Stromkreises verbunden werden.

ANMERKUNG   Wenn Körper von SELV-Stromkreisen mit den Körpern anderer Stromkreise entweder zufällig oder absichtlich in Berührung kommen können, ist der Schutz gegen elektrischen Schlag nicht allein vom Schutz durch SELV, sondern auch von den Schutzvorkehrungen der Körper der anderen Stromkreise abhängig.

414.4.5 Wenn die Nennspannung AC 25 V oder DC 60 V überschreitet oder wenn Betriebsmittel in Wasser eingetaucht sind, muss ein Basisschutz für SELV- und PELV-Stromkreise vorgesehen werden durch:

- eine Isolierung in Übereinstimmung mit Anhang A, A.1, oder
- Abdeckungen oder Umhüllungen in Übereinstimmung mit Anhang A, A.2.

Ein Basisschutz ist im Allgemeinen nicht notwendig bei normalen, trockenen Umgebungsbedingungen für:

- SELV-Stromkreise, deren Nennspannung AC 25 V oder DC 60 V nicht überschreitet;
- PELV-Stromkreise, deren Nennspannung AC 25 V oder DC 60 V nicht überschreitet und deren Körper und/oder aktiven Teile durch einen Schutzleiter mit der Haupterdungsschiene verbunden sind.

In allen anderen Fällen ist ein Basisschutz nicht gefordert, wenn die Nennspannung des SELV- oder PELV-Systems AC 12 V oder DC 30 V nicht überschreitet.

415   Zusätzlicher Schutz

ANMERKUNG   Ein zusätzlicher Schutz kann zusammen mit den Schutzmaßnahmen unter bestimmten Bedingungen von äußeren Einflüssen und in bestimmten speziellen Bereichen festgelegt sein (siehe Gruppe 700 der Reihe DIN VDE 0100 (VDE 0100)).

415.1   Zusätzlicher Schutz: Fehlerstrom-Schutzeinrichtungen (RCDs)

415.1.1 Das Verwenden von Fehlerstrom-Schutzeinrichtungen (RCDs) mit einem Bemessungsdifferenzstrom, der 30 mA nicht überschreitet, hat sich in Wechselstromsystemen als zusätzlicher Schutz beim Versagen von Vorkehrungen für den Basisschutz und/oder von Vorkehrungen für den Fehlerschutz oder bei Sorglosigkeit durch Benutzer bewährt.

415.1.2 Das Verwenden solcher Einrichtungen ist nicht als alleiniges Mittel des Schutzes gegen elektrischen Schlag anerkannt und schließt nicht die Notwendigkeit aus, eine der Schutzmaßnahmen nach den Abschnitten 411 bis 414 anzuwenden.

ANMERKUNG   Anforderungen an die Auswahl von Fehlerstrom-Schutzeinrichtungen (RCDs) für den zusätzlichen Schutz siehe DIN VDE 0100-530 (VDE 0100-530):2018-06, 531.3.6.

415.2 Zusätzlicher Schutz: Zusätzlicher Schutzpotentialausgleich

ANMERKUNG 1 Zusätzlicher Schutzpotentialausgleich wird als ein Zusatz zum Fehlerschutz (Schutz bei indirektem Berühren) angesehen.

ANMERKUNG 2 Das Verwenden des zusätzlichen Schutzpotentialausgleichs schließt nicht die Notwendigkeit aus, die Stromversorgung aus anderen Gründen abzuschalten, z. B. aus Gründen des Brandschutzes, der thermischen Überbeanspruchung eines Betriebsmittels usw.

ANMERKUNG 3 Der zusätzliche Schutzpotentialausgleich darf die gesamte Anlage, einen Teil der Anlage, ein Gerät oder einen Bereich einschließen.

ANMERKUNG 4 Zusätzliche Anforderungen können für besondere Bereiche (siehe den entsprechenden Teil 7 der Gruppe 700 der Reihe DIN VDE 0100 (VDE 0100)) oder aus anderen Gründen notwendig sein.

415.2.1 Der zusätzliche Schutzpotentialausgleich muss alle gleichzeitig berührbaren Körper fest angebrachter Betriebsmittel und fremden leitfähigen Teile, einschließlich soweit praktikabel die metallene Hauptbewehrung von Stahlbeton, einschließen. Die Schutzpotentialausgleichsanlage muss mit den Schutzleitern aller Betriebsmittel, eingeschlossen die Schutzleiter der Steckdosen, verbunden werden.

ANMERKUNG Bemessung von Schutzpotentialausgleichsleitern für den zusätzlichen Schutzpotentialausgleich siehe DIN VDE 0100-540 (VDE 0100-540):2012-06, 544.2.

415.2.2 Der Widerstand R zwischen gleichzeitig berührbaren Körpern und fremden leitfähigen Teilen muss die folgende Bedingung erfüllen:

in Wechselspannungssystemen $\qquad R \leq \dfrac{50 \text{ V}}{I_a}$

in Gleichspannungssystemen $\qquad R \leq \dfrac{120 \text{ V}}{I_a}$

Dabei ist

I_a der Strom in A, der das Abschalten der Schutzeinrichtung bewirkt:

- für Fehlerstrom-Schutzeinrichtungen (RCDs): $I_{\Delta N}$;
- für Überstrom-Schutzeinrichtungen der Strom, der eine Abschaltung innerhalb von 5 s bewirkt.

Anhang A
(normativ)

Vorkehrungen für den Basisschutz unter normalen Bedingungen

ANMERKUNG Vorkehrungen für den Basisschutz sehen den Schutz unter normalen Bedingungen vor und sie werden verwendet, wo sie als ein Teil der gewählten Schutzmaßnahme festgelegt sind.

A.1 Basisisolierung aktiver Teile

ANMERKUNG Die Isolierung ist dafür bestimmt, das Berühren aktiver Teile zu verhindern.

Aktive Teile müssen vollständig mit einer Isolierung abgedeckt sein, die nur durch Zerstörung entfernt werden kann.

Für Betriebsmittel muss die Isolierung mit der entsprechenden Norm für das Betriebsmittel übereinstimmen.

A.2 Abdeckungen oder Umhüllungen

ANMERKUNG Abdeckungen oder Umhüllungen sind dafür bestimmt, das Berühren aktiver Teile zu verhindern.

A.2.1 Aktive Teile müssen im Inneren von Umhüllungen oder hinter Abdeckungen sein, die mindestens der Schutzart IPXXB oder IP2X entsprechen, ausgenommen die Fälle, wo während des Auswechselns von Teilen größere Öffnungen entstehen, wie z. B. bei Lampenfassungen oder Sicherungen, oder wo größere Öffnungen notwendig sind, um den ordnungsgemäßen Betrieb des Betriebsmittels entsprechend den zutreffenden Anforderungen für das Betriebsmittel zu ermöglichen. In diesen ausgenommenen Fällen:

– müssen geeignete Vorsichtsmaßnahmen getroffen werden, um unbeabsichtigtes Berühren aktiver Teile durch Personen oder Nutztiere zu verhindern, und

– muss so weit wie praktisch möglich sichergestellt werden, dass Personen bewusst wird, dass aktive Teile durch die Öffnungen berührt werden können und nicht absichtlich berührt werden sollten, und

– muss die Öffnung möglichst klein sein, wie es im Zusammenhang mit der ordnungsgemäßen Funktion und für das Auswechseln eines Teils erforderlich ist.

A.2.2 Horizontale Oberflächen von Abdeckungen oder Umhüllungen, die leicht zugänglich sind, müssen mindestens der Schutzart IPXXD oder IP4X entsprechen.

A.2.3 Abdeckungen und Umhüllungen müssen am Ort des Anbringens fest gesichert sein und ausreichende Stabilität und Dauerhaftigkeit haben, um die geforderten Schutzarten und eine geeignete Trennung von aktiven Teilen bei den bekannten Bedingungen des normalen Betriebs aufrechtzuerhalten, wobei zutreffende äußere Einflüsse zu berücksichtigen sind.

A.2.4 In Fällen, in denen es notwendig ist, Abdeckungen zu entfernen oder Umhüllungen zu öffnen oder Teile der Umhüllungen zu entfernen, darf dieses nur möglich sein:

– durch das Verwenden eines Schlüssels oder Werkzeugs oder

– nach dem Abschalten der Versorgung aktiver Teile, vor deren Berühren die Abdeckungen oder Umhüllungen schützen; eine Wiederherstellung der Versorgung darf nur möglich sein, nachdem die Abdeckungen oder Umhüllungen wieder angebracht oder geschlossen sind, oder

– wo eine Zwischenabdeckung mit mindestens der Schutzart IPXXB oder IP2X das Berühren aktiver Teile durch das Verwenden eines Schlüssels oder eines Werkzeugs zur Entfernung der Zwischenabdeckung verhindert.

A.2.5 Wenn hinter einer Abdeckung oder in einer Umhüllung Betriebsmittel errichtet sind, die nach ihrem Abschalten gefährliche elektrische Ladungen behalten (Kapazitäten usw.), ist eine Warnaufschrift erforderlich. Kleine Kapazitäten, wie sie zur Lichtbogenlöschung, zur Verlängerung der Ansprechzeit von Relais usw. verwendet werden, dürfen als nicht gefährlich angesehen werden.

ANMERKUNG Unbeabsichtigtes Berühren wird als nicht gefährlich angesehen, wenn die Spannung statischer Ladungen auf DC 120 V innerhalb von 5 s nach dem Abschalten der Stromversorgung absinkt.

Anhang B
(normativ)

Vorkehrungen für den Basisschutz unter besonderen Bedingungen – Hindernisse und Anordnung außerhalb des Handbereichs

B.1 Anwendung

Die Schutzvorkehrungen „Schutz durch Hindernisse" und „Schutz durch Anordnung außerhalb des Handbereichs" sehen nur den Basisschutz vor. Sie sind ausschließlich zur Anwendung in Anlagen mit oder ohne Fehlerschutz vorgesehen, die nur von Elektrofachkräften oder elektrotechnisch unterwiesene Personen betrieben und überwacht werden, z. B. in abgeschlossenen elektrischen Betriebsstätten.

Die Bedingungen der Überwachung, bei der die Schutzvorkehrungen für den Basisschutz nach Anhang B als Teil der Schutzmaßnahme angewendet werden dürfen, sind in 410.3.5 angegeben.

B.2 Hindernisse

ANMERKUNG   Hindernisse sind vorgesehen, um unabsichtliches Berühren aktiver Teile zu verhindern, aber nicht absichtliches Berühren durch bewusstes Umgehen des Hindernisses.

B.2.1   Hindernisse müssen verhindern:

– unbeabsichtigte körperliche Näherung zu aktiven Teilen und
– unbeabsichtigte Berühren von aktiven Teilen während des Bedienens von aktiven Betriebsmitteln im normalen Betrieb.

B.2.2   Hindernisse dürfen ohne Verwendung eines Schlüssels oder Werkzeugs entfernbar sein, sie müssen jedoch so gesichert sein, dass unbeabsichtigtes Entfernen verhindert ist.

B.3 Anordnung außerhalb des Handbereichs

ANMERKUNG   Schutz durch Anordnen außerhalb des Handbereichs ist nur dafür vorgesehen, ein unbeabsichtigtes Berühren aktiver Teile zu verhindern.

B.3.1   Gleichzeitig berührbare Teile unterschiedlichen Potentials dürfen nicht innerhalb des Handbereichs angeordnet sein.

ANMERKUNG   Zwei Teile werden als gleichzeitig berührbar angesehen, wenn sie nicht mehr als 2,5 m auseinander angeordnet sind (siehe Bild B.1).

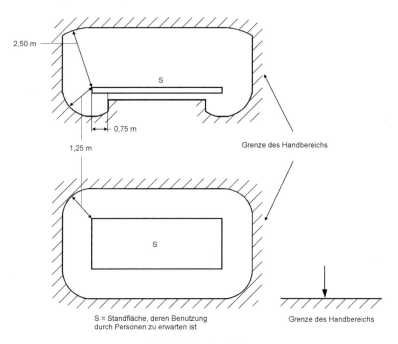

Bild B.1 – Handbereich

B.3.2 Wenn eine normalerweise eingenommene Standfläche in horizontaler Richtung durch ein Hindernis (z. B. Geländer, Maschengitter) mit einer Schutzart weniger als IPXXB oder IP2X begrenzt ist, dann muss der Beginn des Handbereichs ab diesem Hindernis gerechnet werden. In die Höhenrichtung reicht der Handbereich von der Oberfläche S bis in 2,5 m Höhe, ohne Berücksichtigung irgendeines dazwischen liegenden Hindernisses mit einer Schutzart von weniger als IPXXB.

ANMERKUNG Die Werte des Handbereichs gelten für Berühren unmittelbar mit bloßen Händen ohne Hilfsmittel (z. B. Werkzeuge oder Leiter).

B.3.3 An Stellen, wo üblicherweise sperrige oder lange leitfähige Gegenstände gehandhabt werden, müssen die in B.3.1 und B.3.2 geforderten Abstände unter Berücksichtigung der anwendbaren Abmessungen solcher Gegenstände vergrößert werden.

Anhang C
(normativ)

Schutzvorkehrungen zur ausschließlichen Anwendung, wenn die Anlage nur durch Elektrofachkräfte oder elektrotechnisch unterwiesene Personen betrieben und überwacht wird

ANMERKUNG   Die Bedingungen der Überwachung, bei der die Schutzvorkehrungen für den Fehlerschutz (Schutz bei indirektem Berühren) nach Anhang C als Teil der Schutzmaßnahme angewendet werden dürfen, sind in 410.3.6 angegeben.

C.1   Nicht leitende Umgebung

ANMERKUNG   Diese Schutzmaßnahme ist dafür vorgesehen, ein gleichzeitiges Berühren von Teilen, die durch Fehler der Basisisolierung aktiver Teile ein unterschiedliches Potential haben, zu verhindern.

C.1.1   Alle elektrischen Betriebsmittel müssen mit einer der in Anhang A beschriebenen Schutzvorkehrungen für den Basisschutz ausgestattet sein.

C.1.2   Körper müssen so angeordnet werden, dass Personen unter normalen Umständen nicht in gleichzeitige Berührung kommen mit

– zwei Körpern oder
– einem Körper und irgendeinem fremden leitfähigen Teil,

wenn diese Teile im Falle eines Fehlers der Basisisolierung aktiver Teile ein unterschiedliches Potential annehmen können.

C.1.3   In einer nicht leitenden Umgebung darf kein Schutzleiter vorhanden sein.

C.1.4   Die Festlegungen in C.1.2 sind erfüllt, wenn die Umgebung einen isolierenden Fußboden und isolierende Wände hat und eine oder mehrere der folgenden Ausführungen angewendet ist/sind:

a) den Verhältnissen entsprechender Abstand zwischen Körpern und fremden leitfähigen Teilen, wie auch zwischen Körpern.

   Der Abstand ist ausreichend, wenn die Entfernung zwischen zwei Teilen nicht kleiner als 2,5 m ist; dieser Abstand darf außerhalb des Handbereichs auf 1,25 m verkleinert werden.

b) Anbringen wirksamer Hindernisse zwischen Körpern und fremden leitfähigen Teilen.

   Solche Hindernisse sind ausreichend wirksam, wenn sie die überbrückbaren Entfernungen auf die in a) genannten Werte vergrößern. Sie dürfen nicht mit Erde oder Körpern verbunden werden; so weit wie möglich müssen sie aus elektrisch nicht leitendem Material bestehen.

c) Isolierung oder isolierte Anordnung fremder leitfähiger Teile.

   Die Isolierung muss ausreichende mechanische Festigkeit haben und einer Prüfspannung von mindestens 2 000 V standhalten können. Der Ableitstrom darf unter den Bedingungen normaler Verwendung 1 mA nicht überschreiten.

C.1.5   Der Widerstand von isolierenden Fußböden und Wänden darf unter den in DIN VDE 0100-600 (VDE 0100-600) festgelegten Bedingungen an keinem Messpunkt kleiner sein als:

– 50 kΩ, wenn die Nennspannung der Anlage 500 V nicht überschreitet;
– 100 kΩ, wenn die Nennspannung der Anlage 500 V überschreitet.

ANMERKUNG   Wenn der Widerstand an irgendeinem Punkt unter dem festgelegten Wert liegt, gelten die Fußböden und Wände für die Zwecke des Schutzes gegen elektrischen Schlag als fremde leitfähige Teile.

C.1.6 Die getroffenen Anordnungen müssen dauerhaft sein und es darf nicht möglich sein, sie unwirksam zu machen. Sie müssen den Schutz ebenfalls sicherstellen, wenn die Verwendung beweglicher oder tragbarer Betriebsmittel beabsichtigt ist.

ANMERKUNG 1 Es wird auf das Risiko hingewiesen, dass in Fällen, in denen die elektrische Anlage nicht unter einer wirksamen Überwachung steht, zu einem späteren Zeitpunkt weitere leitfähige Teile (z. B. bewegliche oder tragbare Betriebsmittel der Schutzklasse I oder fremde leitfähige Teile wie metallene Wasserrohre) eingebracht werden könnten, welche die Erfüllung der Anforderungen in C.1.6 aufheben.

ANMERKUNG 2 Es ist wichtig sicherzustellen, dass die Isolierung von Fußböden und Wänden nicht durch Feuchtigkeit beeinträchtigt werden kann.

C.1.7 Es müssen Vorsichtsmaßnahmen getroffen werden, um sicherzustellen, dass durch fremde leitfähige Teile keine Spannungen aus dem betreffenden Raum nach außen verschleppt werden können.

C.2 Schutz durch erdfreien örtlichen Schutzpotentialausgleich

ANMERKUNG Der erdfreie örtliche Schutzpotentialausgleich ist dafür vorgesehen, das Auftreten einer gefährlichen Berührungsspannung zu verhindern.

C.2.1 Alle elektrischen Betriebsmittel müssen mit einer der in Anhang A beschriebenen Schutzvorkehrungen für den Basisschutz ausgestattet sein.

C.2.2 Alle gleichzeitig berührbaren Körper und fremde leitfähige Teile müssen durch Schutzpotentialausgleichsleiter miteinander verbunden sein.

C.2.3 Das örtliche Schutzpotentialausgleichssystem darf weder direkt, noch durch Körper, noch durch fremde leitfähige Teile mit Erde elektrisch verbunden sein.

ANMERKUNG In Fällen, in denen diese Anforderung nicht erfüllt werden kann, ist der Schutz durch automatische Abschaltung der Stromversorgung anwendbar (siehe Abschnitt 411).

C.2.4 Es müssen Vorsichtsmaßnahmen getroffen werden, um sicherzustellen, dass Personen, die den potentialgleichen Raum betreten, nicht einem gefährlichen Potentialunterschied ausgesetzt werden können, insbesondere in Fällen, in denen ein leitender, gegen Erde isolierter Fußboden an das erdfreie örtliche Schutzpotentialausgleichsystem angeschlossen ist.

C.3 Schutztrennung mit mehr als einem Verbrauchsmittel

ANMERKUNG Schutztrennung eines einzelnen Stromkreises ist dafür vorgesehen, Ströme zu verhindern, die einen elektrischen Schlag bei Berühren von Körpern verursachen, die durch einen Fehler der Basisisolierung des Stromkreises unter Spannung stehen können.

C.3.1 Alle elektrischen Betriebsmittel müssen mit einer der in Anhang A beschriebenen Schutzvorkehrungen für den Basisschutz ausgestattet sein.

C.3.2 Schutz durch Schutztrennung mit mehr als einem Verbrauchsmittel muss sichergestellt werden durch Erfüllen aller Anforderungen von Abschnitt 413, ausgenommen 413.1.2, und der folgenden Anforderungen.

C.3.3 Es müssen Vorsichtsmaßnahmen getroffen werden, um den getrennten Stromkreis vor Beschädigung und Isolationsfehler zu schützen.

C.3.4 Die Körper des getrennten Stromkreises müssen miteinander durch isolierte, nicht geerdete Schutzpotentialausgleichsleiter verbunden werden. Solche Leiter dürfen nicht mit den Schutzleitern oder Körpern anderer Stromkreise oder mit irgendwelchen fremden leitfähigen Teilen verbunden werden.

ANMERKUNG Siehe die Anmerkung zu 413.3.6.

C.3.5 Alle Steckdosen müssen mit Schutzkontakten ausgestattet sein, die mit dem Schutzpotentialausgleichssystem in Übereinstimmung mit C.3.4 verbunden werden müssen.

C.3.6 Alle flexiblen Anschlussleitungen, ausgenommen solche, die Betriebsmittel mit „Doppelter oder verstärkter Isolierung" versorgen, müssen einen Schutzleiter enthalten, der als Schutzpotentialausgleichsleiter in Übereinstimmung mit C.3.4 verwendet wird.

C.3.7 Es muss sichergestellt werden, dass beim Auftreten von je einem Fehler in zwei verschiedenen Betriebsmitteln in unterschiedlichen Außenleitern eine Schutzeinrichtung die Stromversorgung in einer Zeit abschaltet, die den Festlegungen in Tabelle 41.1 entspricht.

C.3.8 Es wird empfohlen, dass das Produkt aus der Nennspannung des Stromkreises in Volt und der Länge der Kabel- und Leitungsanlage in Meter den Wert 100 000 nicht überschreiten sollte und dass die Länge des Kabel- und Leitungsanlage 500 m nicht überschreiten sollte.

Anhang D
(normativ)

Vorkehrungen, wenn automatische Abschaltung in der geforderten Zeit nach 411.3.2 nicht erreicht werden kann

D.1 Wenn automatische Abschaltung unter Umständen nicht erreicht werden kann, wenn

- elektronische Geräte mit begrenztem Kurzschlussstrom installiert sind (siehe D.2) oder
- die geforderte Abschaltzeit durch eine Schutzeinrichtung nicht erreicht wird (siehe D.3),

sind folgende Vorkehrungen anwendbar.

D.2 Für Anlagen mit Leistungshalbleiter-Umrichtersystemen und -betriebsmitteln mit einer Nennspannung U_0 größer als AC 50 V oder DC 120 V muss die Ausgangsspannung der Stromquelle im Falle eines Fehlers gegen einen Schutzleiter oder gegen Erde, in einer Zeit wie in 411.3.2.2, 411.3.2.3 oder 411.3.2.4 gefordert – je nachdem, was zutreffend ist – auf AC 50 V oder DC 120 V oder weniger herabgesetzt werden (siehe DIN EN 62477-1 (VDE 0558-477-1)).

Es sind nur Leistungshalbleiter-Umrichtersysteme und -betriebsmittel zu verwenden, deren Hersteller angemessene Methoden für die Erst- und Wiederholungsprüfung angibt.

D.3 Außer wo D.2 zutrifft, wenn automatische Abschaltung in der nach 411.3.2.2, 411.3.2.3 oder 411.3.2.4 geforderten Zeit – je nachdem, was zutreffend ist – nicht erreicht werden kann, muss ein zusätzlicher Schutzpotentialausgleich nach 415.2 vorgesehen werden und die Spannung zwischen gleichzeitig berührbaren leitfähigen Teilen darf nicht größer als AC 50 V oder DC 120 V sein

DIN VDE 0100-410 (VDE 0100-410):2018-10

Anhang ZA
(normativ)

Besondere nationale Bedingungen

Besondere nationale Bedingungen: Nationale Gegebenheiten oder nationale Praktiken, die auch nicht über einen längeren Zeitraum geändert werden können, z. B. klimatische Bedingungen, elektrische Erdungsbedingungen.

ANMERKUNG   Wenn sie die Harmonisierung beeinflusst, ist sie Teil des Harmonisierungsdokuments.

Für Länder, in denen die entsprechenden besonderen nationalen Bedingungen anzuwenden sind, sind diese Maßnahmen normativ, für die anderen Länder sind sie informativ.

Land	Abschnitt	Besondere nationale Bedingung
Irland	410.3	In Irland ist die Schutzmaßnahme „Schutz durch Kleinspannung" (d. h. 120 V Wechselstrom mit Mittelpunktserdung) an bestimmten Arbeitsplätzen gesetzlich vorgeschrieben.
Belgien	411.3.2.2	In Belgien ist die maximale Abschaltzeit nicht anwendbar; der Sicherheitskurve nach den belgischen Errichtungsbestimmungen ist zu folgen.
Niederlande	411.3.2.2	In den Niederlanden müssen die maximalen Abschaltzeiten von Tabelle 41.1 für alle Stromkreise, die Steckdosen versorgen, und für alle Endstromkreise bis 32 A angewendet werden.
Vereinigtes Königreich	411.3.3	Im Vereinigten Königreich muss ein zusätzlicher Schutz durch eine Fehlerstrom-Schutzeinrichtung (RCD) vorgesehen werden für: (i) Steckdosen mit einem Bemessungsstrom nicht größer als 32 A und (ii) ortsveränderliche Betriebsmittel mit einem Bemessungsstrom nicht größer als 32 A für den Außenbereich
Irland	411.3.3	In Irland muss ein zusätzlicher Schutz vorgesehen werden für Steckdosen mit einem Bemessungsstrom nicht größer als 32 A, die für die Benutzung durch Laien vorgesehen sind.
Belgien	411.3.3	In Belgien muss jede elektrische Anlage, die sich unter Aufsicht von elektrotechnischen Laien befindet, durch eine Fehlerstrom-Schutzeinrichtung (RCD) mit einem Bemessungsdifferenzstrom nicht größer als 300 mA geschützt sein. Für Stromkreise, die Badezimmer, Waschmaschinen, Geschirrspülmaschinen usw. versorgen, ist ein zusätzlicher Schutz mit Fehlerstrom-Schutzeinrichtungen (RCDs) mit einem Bemessungsdifferenzstrom nicht größer als 30 mA vorgeschrieben. Das Vorgenannte gilt für elektrische Anlagen, in denen der Erdungswiderstand kleiner als 30 Ω ist. In Fällen, bei denen der Erdungswiderstand größer als 30 Ω, aber kleiner als 100 Ω ist, müssen zusätzlich Fehlerstrom-Schutzeinrichtungen (RCDs) mit einem Bemessungsdifferenzstrom nicht größer als 100 mA vorgesehen werden. Ein Erdungswiderstand über 100 Ω ist nicht erlaubt.
Norwegen	411.3.3	In Norwegen unterliegen alle Handels- und Industrieunternehmen Vorschriften, die Verfahren für die Qualifikation und Ausbildung von Arbeitnehmern vorsehen. Mit Ausnahme von Bereichen, die für die Öffentlichkeit zugänglich sind, gelten Steckdosen an solchen Orten normalerweise nicht als allgemein für den Laien nutzbar. Steckdosen in Wohnungen und BA2-Standorten sind für den allgemeinen Gebrauch durch Laien vorgesehen.

Land	Abschnitt	Besondere nationale Bedingung
Niederlande	411.3.3	In den Niederlanden wird zu 411.3.3 Folgendes hinzugefügt: Anschlusspunkte für die Beleuchtung in Wohnräumen, Gefängniszellen, Schlafräumen oder Hausbooten. Dies gilt nicht für Verkehrsflächen.
Belgien	411.3.4	In Belgien wird diese Anforderung nicht angewendet.
Deutschland	411.3.4	ANMERKUNG Anstelle des eingearbeiteten, hier nicht wiederholten schattierten Textes, der nur für Deutschland gilt, enthält HD 60364-4-41:2017 den folgenden Text für die übrigen CENELEC-Mitglieder, es sei denn, für diese gilt ebenfalls eine „Besondere nationale Bedingung" oder „A-Abweichung": In Gebäuden müssen Fehlerstrom-Schutzeinrichtungen (RCDs) mit einem Bemessungsdifferenzstrom nicht größer als 30 mA für Endstromkreise für Wechselstrom (AC), die Leuchten enthalten, vorgesehen werden.
Deutschland	411.4.1	ANMERKUNG Der eingearbeitete, hier nicht wiederholte grau schattierte 2. Absatz gilt nur für Deutschland und nicht für die übrigen CENELEC-Mitglieder.
Deutschland	411.4.1	ANMERKUNG Der eingearbeitete, hier nicht wiederholte grau schattierte 3. Absatz gilt nur für Deutschland und nicht für die übrigen CENELEC-Mitglieder.
Österreich	411.4.1	Die im HD 60364-4-41:2017 an dieser Stelle wiedergegebene Besondere Nationale Bedingung für Österreich wurde versehentlich aufgenommen. Für Österreich existiert zu diesem Unterabschnitt bereits eine A-Abweichung, deren Wortlaut unter Anhang ZB aufgeführt ist. Eine Korrektur von HD 60364-4-41:2017 seitens Österreichs wird bei CENELEC beantragt.
Schweiz	411.4.1	In der Schweiz muss ein Fundamenterder nach SNR 464113 errichtet werden.
Österreich	411.3.2.2	Die im HD 60364-4-41:2017 an dieser Stelle wiedergegebene Besondere Nationale Bedingung für Österreich wurde versehentlich aufgenommen. Für Österreich existiert zu diesem Unterabschnitt bereits eine A-Abweichung, deren Wortlaut unter Anhang ZB aufgeführt ist. Eine Korrektur von HD 60364-4-41:2017 seitens Österreichs wird bei CENELEC beantragt.
Österreich	411.3.3 und 411.3.4	Die im HD 60364-4-41:2017 an dieser Stelle wiedergegebene Besondere Nationale Bedingung für Österreich wurde versehentlich aufgenommen. Für Österreich existiert zu diesen Unterabschnitten bereits eine A-Abweichung, deren Wortlaut unter Anhang ZB aufgeführt ist. Eine Korrektur von HD 60364-4-41:2017 seitens Österreichs wird bei CENELEC beantragt.
Italien	411.5.2	In Italien dürfen in TT-Systemen nur Fehlerstrom-Schutzeinrichtungen (RCDs) zum Fehlerschutz eingesetzt werden.
Niederlande	411.5.2	Wenn in den Niederlanden eine Erdungsanlage für mehr als eine elektrische Anlage verwendet wird, muss die Erfüllung der Bedingungen in 411.5.3 wirksam bleiben im Fall von: – jeder Einzelunterbrechung in der Erdungsanlage, – Fehler jeder Fehlerstrom-Schutzeinrichtung (RCD).
Niederlande	411.5.3	In den Niederlanden muss der Widerstand des Erders so niedrig wie möglich sein und darf 166 Ω nicht überschreiten.

Land	Abschnitt	Besondere nationale Bedingung
Frankreich	411.5.4	In Frankreich ist die Anwendung von Überstrom-Schutzeinrichtungen zum Fehlerschutz (Schutz bei indirektem Berühren) in TT-Systemen unzulässig, wenn der Erdungswiderstand nicht stabil ist und sehr niedrige Erdungswiderstände nicht sichergestellt werden können.
Frankreich	411.6.3.1	In IT-Systemen muss eine Isolationsüberwachungseinrichtung vorgesehen werden, um das Auftreten eines ersten Fehlers zwischen einem aktiven Teil und einem Körper oder gegen Erde anzuzeigen. Diese Einrichtung muss ein hörbares und/oder sichtbares Signal erzeugen, das so lange andauern muss, wie der Fehler besteht.
Italien	412.2.4.1	In Italien gilt für Kabel- und Leitungsanlagen, die in Übereinstimmung mit IEC 60364-5-52 in elektrischen Systemen mit Nennspannungen nicht größer als 690 V errichtet sind, dass die Anforderungen von 412.2 erfüllt sind, wenn folgende isolierte Kabel und isolierte Leiter verwendet werden: – Kabel und Leitungen mit einer nicht metallenen Umhüllung und mit einer um eine Stufe höheren Bemessungsspannung als die Nennspannung des Systems und ohne metallene Abdeckung oder – isolierte Leiter verlegt in isolierten Installationsrohren oder isolierten Kabelkanälen, die den zutreffenden Betriebsmittelnormen entsprechen, oder – Kabel und Leitungen mit einer metallenen Umhüllung und mit einer Isolierung, die zwischen den Leitern und der metallenen Umhüllung und zwischen der metallenen Umhüllung und der äußeren Oberfläche der Nennspannung des elektrischen Systems standhält.
Vereinigtes Königreich	412.2.4.1	Im Vereinigten Königreich wird 412.2.4.1 ersetzt durch: **412.2.4.1** Kabel- und Leitungsanlagen in Übereinstimmung mit HD 60364-5-52 erfüllen die Anforderungen von 412.2, wenn: – die Bemessungsspannung der Kabel und Leitungen nicht kleiner ist als die Nennspannung des Versorgungssystems und mindestens 300/500 V beträgt und – ein ausreichender mechanischer Schutz der Basisisolierung durch einen oder mehrere der folgenden Punkte sichergestellt ist: (a) nicht metallene Mantel des Kabels/der Leitung, (b) nicht metallener zu öffnender oder geschlossener Elektroinstallationskanal nach der Normenreihe BS EN 50085 oder nicht metallene Elektroinstallationsrohre nach der Normenreihe BS EN 61386. ANMERKUNG 1 Kabelproduktnormen legen keine Stoßspannungsfestigkeit fest. Es wird jedoch davon ausgegangen, dass die Isolierung des Kabel- und Leitungssystems mindestens der Anforderung nach BS EN 61140 für verstärkte Isolierung entspricht.

Land	Abschnitt	Besondere nationale Bedingung
Österreich und Schweiz	413.1.3	In Österreich und der Schweiz gilt das Folgende als alternative Maßnahme. Der Anschluss von mehr als einem elektrischen Verbrauchsmittel, die von einer ungeerdeten Stromquelle versorgt werden, ist ebenfalls zulässig, wenn die Anforderungen von 413.2 und 413.3 und zusätzlich die folgenden Bedingungen erfüllt sind: a) Die Anforderungen der Abschnitte C.3.3, C.3.6 und C.3.8 müssen erfüllt sein. b) Die Stromquelle muss entweder ein einzelner Generator oder ein Trenntransformator nach DIN EN 61558-2-4 (VDE 0570-2-4) sein. Für Motorgeneratoren muss ein gleichwertiger Sicherheitsgrad eingehalten werden. c) Die Körper (elektrischer Betriebsmittel) der getrennten Stromkreise müssen durch isolierte Potentialausgleichsleiter miteinander verbunden sein, die nicht geerdet werden müssen. Zu diesem Zweck können der grün-gelb markierte Leiter der verwendeten Kabel und der Schutzkontakt der Steckdosen verwendet werden. d) Es muss ein Isolationsüberwachungseinrichtung (IMD) installiert werden. Wenn der Isolationswiderstand zwischen aktiven Teilen und dem isolierten Potentialausgleichsleiter unter 100 Ω/V der Nennspannung liegt, müssen die Stromkreise der elektrischen Verbrauchsmittel innerhalb der kürzestmöglichen Zeit automatisch abgeschaltet werden durch eine zum Trennen geeignete Schalteinrichtung nach DIN VDE 0100-530 (VDE 0100-530) (§ 536). Die Isolationsüberwachungseinrichtung (IMD) muss die Anforderungen nach IEC 61557-8 erfüllen und die Ansprechzeit ist nach IEC 61557-8 nachzuweisen. Die kürzeste praktikable Zeit hängt vom Messprinzip der Isolationsüberwachungseinrichtung (IMD) zusammen mit der Systemableitkapazität ab. e) In Fällen von leitfähiger Umgebung und berührbaren leitenden fremden Teilen am Einsatzort der Betriebsmittel wird eine lokale Verbindung mit den fremden leitfähigen Teilen der elektrischen Verbrauchsmittel empfohlen. Die im HD 60364-4-41:2017 an dieser Stelle wiedergegebene Besondere Nationale Bedingung für Österreich wurde versehentlich aufgenommen. Für Österreich existiert zu diesem Unterabschnitt bereits eine A-Abweichung, deren Wortlaut unter Anhang ZB aufgeführt ist. Eine Korrektur von HD 60364-4-41:2017 seitens Österreichs wird bei CENELEC beantragt.
Österreich	415, 415.1 und 415.1.1	Die im HD 60364-4-41:2017 an dieser Stelle wiedergegebene Besondere Nationale Bedingung für Österreich wurde versehentlich aufgenommen. Für Österreich existiert zu diesen Abschnitten bereits eine A-Abweichung, deren Wortlaut unter Anhang ZB aufgeführt ist. Eine Korrektur von HD 60364-4-41:2017 seitens Österreich wird bei CENELEC beantragt.

DIN VDE 0100-410 (VDE 0100-410):2018-10

Anhang ZB
(informativ)

A-Abweichungen

A-Abweichung: Nationale Abweichung, die auf Vorschriften beruht, deren Veränderung zum gegenwärtigen Zeitpunkt außerhalb der Kompetenz des CEN/CENELEC-Mitglieds liegt.

Dieses Harmonisierungsdokument fällt nicht unter eine Europäische Richtlinie.

In den betreffenden CENELEC-Ländern ist die A-Abweichung an Stelle der Maßnahmen der Harmonisierungsdokumente gültig, bis sie zurückgezogen wird.

Land	Abschnitt	Abweichung
Dänemark	411.3.1.1	In Dänemark gilt: Safety in connection with the Construction and Operation of Electrical Installations. Executive Order no. 1082 from July 12th, 2016, § 54 (1) Der Schutzleiter muss auf tragbare Betriebsmittel der Schutzklasse I übertragen werden, die an eine Steckdose angeschlossen sind, es sei denn, die elektrische Anlage ist durch eine Fehlerstrom-Schutzeinrichtung (RCD) mit einem Bemessungsdifferenzstrom nicht größer als 30 mA geschützt, vgl. jedoch Absätze (2) und (3). (2). Der Schutzleiter der Anschlussstellen muss auf tragbare elektromedizinischen Betriebsmitteln der Klasse I, die an eine Steckdose angeschlossen sind, übertragen werden. (3). In Wohneinheiten, die nach dem 2017-07-01 gebaut wurden, muss der Schutzleiter auf tragbare Geräte der Schutzklasse I übertragen werden, die an eine Steckdose angeschlossen sind.
Österreich	411.3.2.2	Elektrotechnikverordnung 2002/A2, BGBl. II/223/210, ausgegeben am 12. Juli 2010 In Österreich sind TT-Systeme mit Nennspannungen gegen Erde U_0 über 230 V nicht zugelassen. Deswegen sind Angaben der Spalten 6 bis 9 in Zeile 4 in Tabelle 41.1 nicht anwendbar. *(Redaktioneller Hinweis zur englischen Version: Schreibfehler, die Tabelle umfasst nur neun Spalten)*
Dänemark	411.3.3	Nach Executive Order no. 1082 from July 12th, 2016, gilt in Dänemark Folgendes: Zusätzlicher Schutz durch RCD § 35 (1) In der ortsfesten Elektroinstallation müssen Steckdosen für den Hausgebrauch und ähnliche Zwecke mit einem Bemessungsstrom bis einschließlich 20 A und andere Verbindungsstellen in ortsfesten elektrischen Anlagen mit Überstromschutz bis einschließlich 32 A durch automatische Abschaltung der Versorgung geschützt sein.

Land	Abschnitt	Abweichung

		(2) Als Schutzeinrichtung muss eine Fehlerstrom-Schutzeinrichtung (RCD) mit einem Bemessungsdifferenzstrom nicht größer als 30 mA verwendet werden.
		
		(3) Für Steckdosen für bestimmte elektrische Verbrauchsmittel, die aus betrieblichen Gründen nicht mit einer Fehlerstrom-Schutzeinrichtung (RCD) mit einem Bemessungsdifferenzstrom nicht größer als 30 mA geschützt sind, vgl. (2) muss die automatische Abschaltung der Stromversorgung durch andere Schutzeinrichtungen als durch Fehlerstrom-Schutzeinrichtungen (RCDs) sichergestellt werden.
		
		(4) Steckdosen nach (3) müssen so angebracht oder gekennzeichnet sein, dass sie nicht zum Anschluss anderer elektrischer Verbrauchsmittel verwendet werden.
		
		(5) Die Anforderung in (1) gilt nicht für:
		  i) eine elektrische Anlage oder Teile davon, an die nur Betriebsmittel der Schutzklasse II dauerhaft angeschlossen sind, wenn diese elektrische Anlage nicht mit Steckdosen oder anderen Anschlusspunkten ausgestattet ist;
		  ii) eine elektrische Anlage mit Steckdosen oder anderen Anschlusspunkten, die durch Trennung oder durch Kleinspannung mittels SELV oder PELV geschützt sind;
		  iii) eine elektrische Anlage mit Erdungs- und Isolationsüberwachung des IT-Systems;
		  iv) andere Anschlusspunkte als Steckdosen, die aus betrieblichen Gründen nicht durch eine Fehlerstrom-Schutzeinrichtung (RCD) mit einem Bemessungsdifferenzstrom nicht größer als 30 mA geschützt werden. Für diese Anschlusspunkte muss die automatische Abschaltung der Stromersorgung durch andere Schutzeinrichtungen als Fehlerstrom-Schutzeinrichtungen (RCDs) sichergestellt werden.
		  v) Steckdosen in Krankenhäusern und ITE-Steckdosen, die an einen Schutzleiter angeschlossen sind und die aus betrieblichen Gründen nicht durch Fehlerstrom-Schutzeinrichtung (RCD) mit einem Bemessungsdifferenzstrom nicht größer als 30 mA geschützt werden können oder sollen. Für diese Steckdosen muss die automatische Abschaltung der Stromversorgung durch andere Schutzeinrichtungen sichergestellt werden.

Österreich	411.3.3 und 411.3.4	**Elektrotechnikverordnung 2002/A2, BGBl. II/223/210, ausgegeben am 12. Juli 2010** In Österreich sind die Abschnitte 411.3.3 und 411.3.4 nicht gültig.
Österreich	411.4.1	**Elektrotechnikverordnung 2002/A2, BGBl. II/223/210, ausgegeben am 12. Juli 2010** In Österreich ist der Text zu ändern durch: In TN-Systemen müssen elektrische Anlagen eine geeignete dauerhafte Anlagenerdung aufweisen. Fundamenterder müssen gemäß OVE/ÖNORM E 8014 errichtet werden.

Land	Abschnitt	Abweichung
Österreich	413.1.3	**Elektrotechnikverordnung 2002/A2, BGBl. II/223/210, ausgegeben am 12. Juli 2010** In Österreich ist der Text zu ändern durch: In Österreich gilt das Folgende als alternative Maßnahme. Der Anschluss von mehr als einem elektrischen Verbrauchsmittel, die von einer ungeerdeten Stromquelle versorgt werden, ist ebenfalls zulässig, wenn die Anforderungen von 413.2 und 413.3 und zusätzlich die folgenden Bedingungen erfüllt sind: a) Die Anforderungen der Unterabschnitte C.3.3, C.3.6 und C.3.8 müssen erfüllt sein. b) Die Stromquelle muss entweder ein einzelner Generator oder ein Trenntransformator nach DIN EN 61558-2-4 (VDE 0570-2-4) sein. Für Motorgeneratoren muss ein gleichwertiger Sicherheitsgrad eingehalten werden. c) Die Körper (elektrischer Betriebsmittel) der getrennten Stromkreise müssen durch isolierte Potentialausgleichsleiter miteinander verbunden sein, die nicht geerdet werden müssen. Zu diesem Zweck können der grün-gelb markierte Leiter der verwendeten Kabel und der Schutzkontakt der Steckdosen verwendet werden. d) Es muss eine Isolationsüberwachungseinrichtung (IMD) installiert werden. Wenn der Isolationswiderstand zwischen den aktiven Teilen und dem isolierten Potentialausgleichsleiter unter 100 Ω/V der Nennspannung liegt, müssen die Stromkreise der elektrischen Verbrauchsmittel innerhalb der kürzestmöglichen Zeit automatisch abgeschaltet werden durch eine zum Trennen geeignete Schalteinrichtung nach IEC 60364-5-53 (§ 536). Die Isolationsüberwachungseinrichtung (IMD) muss die Anforderungen nach IEC 61557-8 erfüllen und die Ansprechzeit ist nach IEC 61557-8 nachzuweisen. ANMERKUNG Die kürzeste praktikable Zeit hängt vom Messprinzip der Isolationsüberwachungseinrichtung (IMD) zusammen mit der Systemableitkapazität ab. e) In Fällen von leitfähiger Umgebung und berührbaren leitenden fremden Teilen am Einsatzort der Betriebsmittel wird eine lokale Verbindung mit den fremden leitfähigen Teilen der elektrischen Verbrauchsmittel empfohlen.

Land	Abschnitt	Abweichung
Österreich	415, 415.1 und 415.1.1	**Elektrotechnikverordnung 2002/A2, BGBl. II/223/210, ausgegeben am 12. Juli 2010** In Österreich ist der Text zu ersetzen durch: **Zusatzschutz** Stromkreise in Anlagen für Wechselspannung mit „Steckdosen für den Hausgebrauch und ähnliche Zwecke" gemäß ÖVE/ÖNORM IEC 60884-1 bis 16 A Bemessungsstrom und 250 V bis 440 V Bemessungsspannung sowie Stromkreise mit genormten „Steckdosen für industrielle Anwendungen" gemäß ÖVE/ÖNORM EN 60309 (alle Teile) bis 16 A Nennstrom und Nennbetriebsspannung 200 V bis 250 V und 380 V bis 480 V sind bei Anwendung der Maßnahmen des Fehlerschutzes Schutzerdung, Nullung oder Fehlerstrom-Schutzschaltung zusätzlich durch Fehlerstrom-Schutzeinrichtungen mit einem Nennfehlerstrom $I_{\Delta N} \leq 0{,}03$ A zu schützen. ANMERKUNG Bei Anwendung der Maßnahme des Fehlerschutzes Fehlerstrom-Schutzschaltung sind daher zwei Fehlerstrom-Schutzschalter in Serie einzubauen. Weitere verpflichtende Anwendungen des Zusatzschutzes durch Fehlerstrom-Schutzeinrichtungen mit einem Nennfehlerstrom $I_{\Delta N} \leq 0{,}03$ A sind in den einzelnen Paragraphen von ÖVE-EN 1 Teil 4 bzw. in einzelnen Hauptabschnitten von ÖVE/ÖNORM E 8001-4 angegeben. Für Stromkreise mit Steckdosen über 16 A Nennstrom wird der Zusatzschutz durch Fehlerstrom-Schutzeinrichtungen mit einem Nennfehlerstrom $I_{\Delta N} \leq 0{,}03$ A empfohlen. Der im englischen HD 60364-4-41:2017 an dieser Stelle wiedergegebene Text dieser A-Abweichung für Österreich entspricht nicht dem hier wiedergegebenen deutschen Text. Eine Korrektur des englischen Textes von HD 60364-4-41:2017, Anhang ZB wird seitens Österreich bei CENELEC beantragt.
Finnland	Anhang B	Nach dem finnischen Gesetz „Valtioneuvoston asetus sähkölaitteistoista (1434/2016)" gilt: **Anhang B** Die Anwendung der Schutzmaßnahme „Hindernisse" ist in elektrischen Anlagen von Gebäuden nicht erlaubt. Die Anwendung der Schutzmaßnahme „Anordnung außerhalb des Handbereichs" ist nur auf Situationen begrenzt, in denen die Verwendung von Isolierungen, Gehäusen und Abdeckungen nicht praktikabel ist.

Literaturhinweise

DIN 18014, *Fundamenterder – Planung, Ausführung und Dokumentation*

DIN 18015-1, *Elektrische Anlagen in Wohngebäuden – Teil 1: Planungsgrundlagen*

DIN EN 60146-2 (VDE 0558-2), *Halbleiter-Stromrichter – Teil 2: Selbstgeführte Halbleiter-Stromrichter einschließlich Gleichstrom-Direktumrichter*

DIN EN 60529 (VDE 0470-1), *Schutzarten durch Gehäuse (IP-Code)*

DIN EN 60664 (VDE 0110) (alle Teile), *Isolationskoordination für elektrische Betriebsmittel in Niederspannungsanlagen*

DIN EN 60947-2 (VDE 0660-101), *Niederspannungsschaltgeräte – Teil 2: Leistungsschalter*

DIN EN 61008-1 (VDE 0664-10), *Fehlerstrom-/Differenzstrom-Schutzschalter ohne eingebauten Überstromschutz (RCCBs) für Hausinstallationen und für ähnliche Anwendungen – Teil 1: Allgemeine Anforderungen*

DIN EN 61009-1 (VDE 0664-20), *Fehlerstrom-/Differenzstrom-Schutzschalter mit eingebautem Überstromschutz (RCBOs) für Hausinstallationen und für ähnliche Anwendungen – Teil 1: Allgemeine Anforderungen*

DIN EN 61009-2-1 (VDE 0664-21), *Fehlerstrom-/Differenzstrom-Schutzschalter mit eingebautem Überstromschutz (RCBOs) für Hausinstallationen und für ähnliche Anwendungen – Teil 2-1: Anwendung der allgemeinen Anforderungen auf netzspannungsunabhängige RCBOs*

DIN EN 61557-8 (VDE 0413-8), *Elektrische Sicherheit in Niederspannungsnetzen bis AC 1 000 V und DC 1 500 V – Geräte zum Prüfen, Messen oder Überwachen von Schutzmaßnahmen – Teil 8: Isolationsüberwachungsgeräte für IT-Systeme*

DIN EN 61557-9 (VDE 0413-9), *Elektrische Sicherheit in Niederspannungsnetzen bis AC 1 000 V und DC 1 500 V – Geräte zum Prüfen, Messen oder Überwachen von Schutzmaßnahmen – Teil 9: Einrichtungen zur Isolationsfehlersuche in IT-Systemen*

DIN EN 61558-2-6 (VDE 0570-2-6), *Sicherheit von Transformatoren, Drosseln, Netzgeräten und dergleichen für Versorgungsspannungen bis 1 100 V – Teil 2-4: Besondere Anforderungen und Prüfungen an Trenntransformatoren und Netzgeräte, die Trenntransformatoren enthalten*

DIN EN 62020 (VDE 0663), *Elektrisches Installationsmaterial – Differenzstrom-Überwachungsgeräte für Hausinstallationen und ähnliche Verwendungen (RCMs)*

DIN EN 62423 (VDE 0664-40), *Fehlerstrom-/Differenzstrom-Schutzschalter Typ F und Typ B mit und ohne eingebautem Überstromschutz für Hausinstallationen und für ähnliche Anwendungen*

DIN EN 62477-1 (VDE 0558-477-1), *Sicherheitsanforderungen an Leistungshalbleiter-Umrichtersysteme und -betriebsmittel – Teil 1: Allgemeines (IEC 62477-1:2012); Deutsche Fassung EN 62477-1:2012*

DIN EN 80416-3:2003-08, *Allgemeine Grundlagen für graphische Symbole auf Einrichtungen – Teil 3: Leitfaden zur Anwendung graphischer Symbole*

DIN VDE 0100-430 (VDE 0100-430), *Errichten von Niederspannungsanlagen – Teil 4-43: Schutzmaßnahmen – Schutz bei Überstrom*

DIN VDE 0100-530 (VDE 0100-530), *Errichten von Niederspannungsanlagen – Teil 530: Auswahl und Errichtung elektrischer Betriebsmittel – Schalt- und Steuergeräte*

DIN VDE 0100-534 (VDE 0100-534), *Errichten von Niederspannungsanlagen – Teil 5-53: Auswahl und Errichtung elektrischer Betriebsmittel – Trennen, Schalten und Steuern – Abschnitt 534: Überspannungs-Schutzeinrichtungen (SPDs)*

DIN VDE 0100-700 (VDE 0100-700) (alle Teile), *Errichten von Niederspannungsanlagen – Teil 7: Anforderungen für Betriebsstätten, Räume und Anlagen besonderer Art*

IEC 60417, *Graphical symbols for use on equipment* (erhältlich unter http://www.graphical-symbols.info/equipment)

IEC/TS 61201:1992, *Extra-low voltage (ELV) – Limit values*

DIN VDE 0100-410 (VDE 0100-410):2018-10

Nationaler Anhang NA
(informativ)

Vergleich der Strukturen: Normen DIN VDE 0100-410 (VDE 0100-410):1997-01 + DIN VDE 0100-410/A1 (VDE 0100-410/A1):2003-06 + DIN VDE 0100-470 (VDE 0100-470):1996-02 mit vorliegender Norm DIN VDE 0100-410 (VDE 0100-410):2018-10

(Abschnittsnummern 47.. beziehen sich auf DIN VDE 0100-470 (VDE 0100-470):1996-02)

Tabelle NA.1 – Gegenüberstellung (1 von 2)

Normen DIN VDE 0100-410 (VDE 0100-410):1997-01 + DIN VDE 0100-410/A1 (VDE 0100-410/A1):2003-06 + DIN VDE 0100-470 (VDE 0100-470):1996-02		Diese Norm DIN VDE 0100-410 (VDE 0100-410):2018-10	
410	Einführung	410	Einleitung
410.1	Allgemeines	410.1	Anwendungsbereich
410.2	Normative Verweisungen	410.2	Normative Verweisungen
471	Anwendung der Maßnahmen zum Schutz gegen elektrischen Schlag	410.3	Allgemeine Anforderungen
470	Allgemeines		
471.1	Schutz gegen direktes Berühren		
471.2	Schutz bei indirektem Berühren		
410.3.4 Anwendung von Schutzmaßnahmen in Bezug zu äußeren Einflüssen			
411	Schutz sowohl gegen direktes als auch bei indirektem Berühren	414	Schutzmaßnahme: Schutz durch Kleinspannung mittels SELV oder PELV
411.1	SELV und PELV		
411.1.1	Allgemeines	414.1	Allgemeines
411.1.2	Stromquellen für SELV und PELV	414.3	Stromquellen für SELV und PELV
411.1.3	Anordnung von Stromkreisen	414.4	Anforderungen an SELV- und PELV-Stromkreise
411.2	Schutz durch Begrenzung der Energie (keine Anforderungen)	Nicht enthalten	
471.3	Schutz sowohl gegen direktes als auch bei indirektem Berühren; Anforderungen für FELV-Stromkreise	411.7	FELV
471.3.1	Allgemeines	411.7.1	Allgemeines
471.3.2	Schutz gegen direktes Berühren	411.7.2	Anforderungen an den Basisschutz
471.3.3	Schutz bei indirektem Berühren	411.7.3	Anforderungen an den Fehlerschutz
		411.7.4	Stromquellen
471.3.4	Stecker und Steckdosen	411.7.5	Stecker und Steckdosen

Tabelle NA.1 (2 von 2)

Normen DIN VDE 0100-410 (VDE 0100-410):1997-01 + DIN VDE 0100-410/A1 (VDE 0100-410/A1):2003-06 + DIN VDE 0100-470 (VDE 0100-470):1996-02	Diese Norm DIN VDE 0100-410 (VDE 0100-410):2018-10
412 Schutz gegen elektrischen Schlag unter normalen Bedingungen (Schutz gegen direktes Berühren oder Basisschutz)	
412.1 Schutz durch Isolierung von aktiven Teilen	Anhang A, A.1: Basisisolierung aktiver Teile
412.2 Schutz durch Abdeckungen oder Umhüllungen	Anhang A, A.2: Abdeckungen oder Umhüllungen
412.3 Schutz durch Hindernisse	Anhang B, B.2: Hindernisse
412.4 Schutz durch Abstand	Anhang B, B.3: Anordnung außerhalb des Handbereichs
412.5 Zusätzlicher Schutz durch RCDs	415.1 Zusätzlicher Schutz: Fehlerstrom-Schutzeinrichtungen (RCDs)
413 Schutz gegen elektrischen Schlag unter Fehlerbedingungen (Schutz bei indirektem Berühren oder Fehlerschutz)	
413.1 Schutz durch automatische Abschaltung der Stromversorgung	411 Schutzmaßnahme: Automatische Abschaltung der Stromversorgung
413.1.1 Allgemeines	411.1 Allgemeines
413.1.1.1 Abschaltung der Stromversorgung	411.3.2 Automatische Abschaltung im Fehlerfall
413.1.2 Erdung und Schutzleiter	411.3.1 Schutzerdung und Schutzpotentialausgleich
	411.3.1.1.4 Schutzerdung
413.1.2 Potentialausgleich	
413.1.2.1 Hauptpotentialausgleich	411.3.1.2 Schutzpotentialausgleich
413.1.2.2 Zusätzlicher Potentialausgleich	411.3.2.6 Zusätzlicher Schutzpotentialausgleich
413.1.3 TN-Systeme	411.4 TN-Systeme
413.1.4 TT-Systeme	411.5 TT-Systeme
413.1.5 IT-Systeme	411.6 IT-Systeme
413.1.6 Zusätzlicher Potentialausgleich	415.2 Zusätzlicher Schutz: zusätzlicher Schutzpotentialausgleich
413.1.7 Anforderungen unter den Bedingungen äußerer Einflüsse	Keine Anforderungen
413.2 Schutz durch Verwenden von Betriebsmitteln der Schutzklasse II oder durch gleichwertige Isolierung	**412** Schutzmaßnahme: Doppelte oder verstärkte Isolierung
413.3 Schutz durch nicht leitende Räume	Anhang C, C.1: Nicht leitende Umgebung
413.4 Schutz durch erdfreien örtlichen Potentialausgleich	Anhang C, C.2: Schutz durch erdfreien örtlichen Schutzpotentialausgleich
413.5 Schutz durch Schutztrennung	**413** Schutzmaßnahme: Schutztrennung
	Anhang C, C.3: Schutztrennung mit mehr als einem Verbrauchsmittel

Nationaler Anhang NB
(informativ)

Zusammenhang mit europäischen und internationalen Dokumenten

Für den Fall einer undatierten Verweisung im normativen Text (Verweisung auf ein Dokument ohne Angabe des Ausgabedatums und ohne Hinweis auf eine Abschnittsnummer, eine Tabelle, ein Bild usw.) bezieht sich die Verweisung auf die jeweils aktuellste Ausgabe des in Bezug genommenen Dokuments.

Für den Fall einer datierten Verweisung im normativen Text bezieht sich die Verweisung immer auf die in Bezug genommene Ausgabe des Dokuments.

Eine Information über den Zusammenhang der zitierten Dokumente mit den entsprechenden deutschen Dokumenten ist nachstehend wiedergegeben.

Tabelle NB.1 (1 von 3)

Deutsches Dokument	Klassifikation im VDE-Vorschriftenwerk	Europäisches Dokument	Internationales Dokument
DIN 18014:2014-03	–	–	–
DIN 18015-1:2013-0	–	–	–
DIN EN 50085 (VDE 0604-1) (alle Teile)	VDE 0604-1	EN 50085 (alle Teile)	–
DIN EN 60146-2 (VDE 0558-2):2001-02	VDE 0558-2	EN 60146-2:2000	IEC 60146-2:1999
a	–	–	IEC 60417
DIN EN 60529 (VDE 0470-1):2014-09	VDE 0470-1	EN 60529:1991 + A1:2000 + A2:2013	IEC 60529:1989 + A1:1999 + A2:2013
DIN EN 60664 (VDE 0110) (alle Teile)		EN 60664 (alle Teile)	IEC 60664 (alle Teile)
DIN EN 60947-2 (VDE 0660-101):2014-01	VDE 0660-101	EN 60947-2:2006 + A1:2009 + A2:2013	IEC 60947-2:2006 + A1:2009 + A2:2013
DIN EN 61008-1 (VDE 0664-10):2016-10	VDE 0664-10	EN 61008-1:2012 + A1:2014 + A2:2014 + A11:2015	IEC 61008-1:2010, mod. + A1:2012, mod. + A2:2013, mod. + A2:2013 + Cor.:2014
DIN EN 61009-1 (VDE 0664-20):2016-10	VDE 0664-20	EN 61009-1:2012 + A1:2014 + A2:2014 + A11:2015 + A12:2016	IEC 61009-1:2010, mod. + A1:2012, mod. + A1:2012 + Cor.:2012 + A2:2013, mod. + A2:2013 + Cor.:2014
DIN EN 61009-2-1 (VDE 0664-21):1999-12	VDE 0664-21	EN 61009-2-1:1994 + A11:1998 + Cor.:1999	IEC 61009-2-1:1991

DIN VDE 0100-410 (VDE 0100-410):2018-10

Tabelle NB.1 (2 von 3)

Deutsches Dokument	Klassifikation im VDE-Vorschriftenwerk	Europäisches Dokument	Internationales Dokument
DIN EN 61084 (VDE 0604) (alle Teile)[b]	VDE 0604	EN 61084 (alle Teile)[b]	IEC 61084 (alle Teile)[b]
DIN EN 61140 (VDE 0140-1):2016-11	VDE 0140-1	EN 61140:2016	IEC 61140:2016
DIN EN 61386 (VDE 0605) (alle Teile)	VDE 0605	EN 61386 (alle Teile)	IEC 61386 (alle Teile)
DIN EN 61439 (VDE 0660-600) (alle Teile)	VDE 0660-600	EN 61439 (alle Teile)	IEC 61439 (alle Teile)
DIN EN 61557-8 (VDE 0413-8):2015-12	VDE 0413-8	EN 61557-8:2015	IEC 61557-8:201
DIN EN 61557-8 Ber 1 (VDE 0413-8 Ber 1):2016-12	VDE 0413-8 Ber 1	EN 61557-8:2015 + AC:2016	IEC 61557-8:2014 + Cor. 1:2016
DIN EN 61557-9 (VDE 0413-9):2015-10	VDE 0413-9	EN 61557-9:2015	IEC 61557-9:2014
DIN EN 61557-9 Ber 1 (VDE 0413-9 Ber 1)2017-05	VDE 0413-9 Ber 1	EN 61557-9:2015 + AC:2017-02	IEC 61557-9:2014 + Cor. 2:2017
DIN EN 61558-2-4 (VDE 0570-2-4):2009-12	VDE 0570-2-4	EN 61558-2-4:2009	IEC 61558-2-4:2009
DIN EN 61558-2-6 (VDE 0570-2-6):2010-04	VDE 0570-2-6	EN 61558-2-6:2009	IEC 61558-2-6:2009
DIN EN 62020 (VDE 0663):2005-11	VDE 0663	EN 62020:1998 + A1:2005	IEC 62020:1998 + A1:2003, mod.
DIN EN 62477-1 (VDE 0558-477-1):2017-10	VDE 0558-477-1	EN 62477-1:2012 + A11:2014 + A1:2017	IEC 62477-1:2012 + A1:2016
DIN EN 62423 (VDE 0664-40):2013-08	VDE 0664-40	EN 62423:2012	IEC 62423:2009, mod. + Cor.:2011
DIN EN 80416-3:2003-08		EN 80416-3:2002	IEC 80416-3:2002
DIN VDE 0100-430 (VDE 0100-430):2010-10	VDE 0100-430	HD 60364-4-43:2010	IEC 60364-4-43:2008, mod. + Cor.:2008
DIN VDE 0100-520 (VDE 0100-520):2013-06	VDE 0100-520	HD 60364-5-52:2011	IEC 60364-5-52:2009, mod. + Cor.:2011
DIN VDE 0100-530 (VDE 0100-530):2018-06	VDE 0100-530	HD 60364-5-53:2015-11 + A11:2017 HD 60364-5-537:2016 + A11:2017	–
DIN VDE 0100-534 (VDE 0100-534):2016-10	VDE 0100-534	HD 60364-5-534:2016	IEC 60364-5-53:2001 + A2:2015, mod.
DIN VDE 0100-540 (VDE 0100-540) 2012-06	VDE 0100-540	HD 60364-5-54:2011	IEC 60364-5-54:2011
DIN VDE 0100-600 (VDE 0100-600):2017-06	VDE 0100-600	HD 60364-6:2016 + A11:2017	IEC 60364-6:2016

DIN VDE 0100-410 (VDE 0100-410):2018-10

Tabelle NB.1 (3 von 3)

Deutsches Dokument	Klassifikation im VDE-Vorschriftenwerk	Europäisches Dokument	Internationales Dokument
DIN VDE 0100 Gruppe 700 (VDE 0100-Gruppe 700) (alle Teile)	VDE 0100 Gruppe 700	HD 60364-7 (alle Teile)	IEC 60364-7 (alle Teile)
DIN VDE 0105-100/A1 (VDE 0105-100/A1):2017-06	VDE 0105-100/A1	HD 60364-6:2016, Abschnitt 6.5	–
–	–	–	IEC Guide 104:2010
–	–	–	IEC/TS 60201:1992

[a] Die aktuellen Bildzeichen (60417) befinden sich in der IEC-Datenbank <http://www.iec-normen.de/iec-normen-im-datenbank-format.html>.

[b] In Vorbereitung.

[c] „Internationales Elektrotechnisches Wörterbuch – Deutsche Ausgabe", Online-Zugang: http://www.dke.de/dke-iev.

DIN VDE 0100-410 (VDE 0100-410):2018-10

Nationaler Anhang NC
(informativ)

Eingliederung dieser Norm in die Struktur der Reihe DIN VDE 0100 (VDE 0100)

DIN VDE 0100

Errichten von Niederspannungsanlagen

Gruppe 100 Anwendungsbereich, Allgemeine Grundsätze

Gruppe 200 Begriffe

Teil 100: Bestimmungen allgemeiner Merkmale

Teil 200: Begriffe *(Erläuterungen dazu im Teil 100)*

Gruppe 300 Bestimmungen allgemeiner Merkmale

Die Bestimmungen allgemeiner Merkmale wurden in den Teil 100 überführt.

Gruppe 400 Schutzmaßnahmen
- Teil 410: Schutz gegen elektrischen Schlag
- Teil 420: Schutz gegen thermische Auswirkungen
- Teil 430: Schutz von Kabeln und Leitungen bei Überstrom
- Teil 440: Schutz bei Überspannungen
- Teil 450: Schutz bei Unterspannungen
- Teil 460: Trennen und Schalten

Gruppe 500 Auswahl und Errichtung elektrischer Betriebsmittel
- Teil 510: Allgemeine Bestimmungen
- Teil 520: Kabel- und Leitungsanlagen
- Teil 530: Schalt- und Steuergeräte
- Teil 540: Erdungsanlagen, Schutzleiter, Schutzpotentialausgleichsleiter
- Teil 550: Andere elektrische Betriebsmittel
- Teil 560: Einrichtungen für Sicherheitszwecke

Gruppe 600 Prüfungen*)
- Teil 600: Erstprüfungen mit den Abschnitten:
  – Besichtigen
  – Erproben und Messen
    • Durchgängigkeit der Leiter
    • Isolationswiderstand
    • SELV, PELV
    • Schutztrennung
    • Widerstände von Fußböden, Wänden
    • Schutz durch automatische Abschaltung der Stromversorgung
    • Zusätzlicher Schutz
    • Spannungspolarität
    • Phasenfolge
    • Funktionsprüfung
    • Spannungsfall

Gruppe 700 Betriebsstätten, Räume und Anlagen besonderer Art
- Teil 701: Räume mit Badewanne oder Dusche
- Teil 7... ...

Gruppe 800 Energieeffizienz, intelligente Niederspannungsanlagen
- Teil 801: Energieeffizienz
- Teil 7... ...
- Teil 8... ...
- Teil 7... ...
- Teil 8... ...
- Teil 7... ...
- Teil 8... ...

*) Wiederkehrende Prüfungen siehe DIN VDE 0105-100/A1 (VDE 0105-100/A1).

Bild NC.1 – Eingliederung dieser Norm in die Struktur der Reihe DIN VDE 0100 (VDE 0100)

Juni 2012

DIN VDE 0100-540
(VDE 0100-540)

DIN

Diese Norm ist zugleich eine **VDE-Bestimmung** im Sinne von VDE 0022. Sie ist nach Durchführung des vom VDE-Präsidium beschlossenen Genehmigungsverfahrens unter der oben angeführten Nummer in das VDE-Vorschriftenwerk aufgenommen und in der „etz Elektrotechnik + Automation" bekannt gegeben worden.

VDE

Vervielfältigung – auch für innerbetriebliche Zwecke – nicht gestattet.

ICS 91.140.50

Ersatz für
DIN VDE 0100-540
(VDE 0100-540):2007-06
Siehe Anwendungsbeginn

Errichten von Niederspannungsanlagen –
Teil 5-54: Auswahl und Errichtung elektrischer Betriebsmittel –
Erdungsanlagen und Schutzleiter
(IEC 60364-5-54:2011);
Deutsche Übernahme HD 60364-5-54:2011

Low-voltage electrical installations –
Part 5-54: Selection and erection of electrical equipment –
Earthing arrangements and protective conductors
(IEC 60364-5-54:2011);
German implementation HD 60364-5-54:2011

Installations électriques à basse tension –
Partie 5-54: Choix et mise en œuvre des matériels électriques –
Installations de mise à la terre et conducteurs de protection
(CEI 60364-5-54:2011);
Mise en application allemande de HD 60364-5-54:2011

Gesamtumfang 40 Seiten

DKE Deutsche Kommission Elektrotechnik Elektronik Informationstechnik im DIN und VDE

DIN VDE 0100-540 (VDE 0100-540):2012-06

Anwendungsbeginn

Anwendungsbeginn dieser Norm ist 2012-06-01.

Für DIN VDE 0100-540 (VDE 0100-540):2007-06 gilt eine Übergangsfrist bis zum 2014-04-27.

Nationales Vorwort

Vorausgegangener Norm-Entwurf: E DIN IEC 60364-5-54 (VDE 0100-540):2008-01.

Für diese Norm ist das nationale Arbeitsgremium UK 221.1 „Schutz gegen elektrischen Schlag" der DKE Deutsche Kommission Elektrotechnik Elektronik Informationstechnik im DIN und VDE (www.dke.de) zuständig.

Die enthaltene IEC-Publikation wurde vom TC 64 „Electrical installations and protection against electric shock" erarbeitet.

Das IEC-Komitee hat entschieden, dass der Inhalt dieser Publikation bis zu dem Datum (stability date) unverändert bleiben soll, das auf der IEC-Website unter „http://webstore.iec.ch" zu dieser Publikation angegeben ist. Zu diesem Zeitpunkt wird entsprechend der Entscheidung des Komitees die Publikation
- bestätigt,
- zurückgezogen,
- durch eine Folgeausgabe ersetzt oder
- geändert.

Diese Norm enthält die deutsche Übernahme des Europäischen Harmonisierungsdokuments

HD 60364-5-54:2011 „Errichten von Niederspannungsanlagen – Teil 5-54: Auswahl und Errichtung elektrischer Betriebsmittel – Erdungsanlagen und Schutzleiter", das die Internationale Norm

IEC 60364-5-54:2011 „Low-voltage electrical installations – Part 5-54: Selection and erection of electrical equipment – Earthing arrangements and protective conductors" mit gemeinsamen Abänderungen von CENELEC enthält.

Nationale Zusätze sind grau schattiert.

Der Originaltext des HD ist in dieser Norm übernommen und wie üblich (d. h. mit weißem Hintergrund) wiedergegeben. Nationale Zusätze, die nicht in der Originalfassung des HD enthalten sind, sind grau schattiert. Zweck dieser Unterscheidung ist es, dem Normenanwender die nationalen Zusätze deutlich aufzuzeigen und eine klare Unterscheidung zwischen HD und nationalen Anmerkungen und Zusätzen zu ermöglichen. Nationale Zusätze zum normativen Teil des HD sind normativ, ausgenommen Anmerkungen. Nationale Zusätze im informativen Teil des HD sind informativ.

Die im Original zitierten internationalen und europäischen Publikationen sind in dieser Norm zur besseren Handhabung durch die entsprechenden deutschen Normen ersetzt worden, ohne die entsprechenden Zitate grau zu schattieren. Um die dazugehörigen Originalverweisungen aufzuzeigen, enthält Anhang NB eine Konkordanzliste (Gegenüberstellung der deutschen Normen mit den dazugehörigen Originalverweisungen und europäischen Entsprechungen). Die Originalfassung des HD in Deutsch, Englisch oder Französisch kann bezogen werden von: DKE-Schriftstückservice, Stresemannallee 15, 60596 Frankfurt am Main, Tel.-Nr.: (069) 63 08-3 82, Fax-Nr.: (069) 63 08-98 46, E-Mail-Adresse: dke.schriftstueckservice@vde.com.

Anhang NC zeigt die Eingliederung dieser Norm in die Struktur der Normen der Reihe DIN VDE 0100 (VDE 0100).

Änderungen

Gegenüber DIN VDE 0100-540 (VDE 0100-540):2007-06 wurden folgende wesentliche Änderungen vorgenommen:

a) Anmerkung zum Begriff 541.3.8 Erdungsleiter wurde ergänzt;
b) Begriff Fundamenterder neu definiert. Es wird jetzt unterschieden zwischen:
   - 541.3.4 „Fundamenterder, in Beton verlegt"
   - 541.3.5 „Fundamenterder, in Erde verlegt".
c) Neu aufgenommen wurden die Abschnitte
   - 542.1.5 „Beachtung von Strömen mit hohen Frequenzen",
   - 542.1.6 „Änderung des Erdungswiderstandes aufgrund von Korrosion, Austrocknung und Frost";
d) in 542.2.1 wurden die Anforderungen bezüglich Korrosion ergänzt;
e) Tabelle 54.1 wurde überarbeitet, Tabelle 54.2 gestrichen;
f) in 543.3 wurden Anforderungen zu „Schutzleiterverbindungen und -anschlüssen" ergänzt;
g) in 543.4 wird die Behandlung des PEN-, PEL- oder PEM-Leiters detailliert dargestellt;
h) informativer nationaler Anhang NA „Begriffsübersicht zu Leitern im Zusammenhang von Potentialausgleich und Erdung" aufgenommen.

Frühere Ausgaben

VDE 0190: 1940-07, 1948-08, 1957-05, 1970-09, 1973-05
DIN VDE 0190 (VDE 0190): 1986-05
VDE 0100: 1973-05 (Entwicklungsgang davor siehe Beiblatt 1 zu DIN VDE 0100 (Beiblatt 1 zu VDE 0100))
DIN 5700-540 (VDE 0100-540): 1983-11
DIN VDE 0100-540 (VDE 0100-540): 1986-05, 1991-11, 2007-06

Inhalt

Seite

Vorwort ... 6

Einleitung ... 8

541 Allgemeines ... 8

541.1 Anwendungsbereich ... 8

541.2 Normative Verweisungen ... 8

541.3 Begriffe ... 9

542 Erdungsanlagen ... 11

542.1 Allgemeine Anforderungen ... 11

542.2 Erder ... 11

542.3 Erdungsleiter ... 14

542.4 Haupterdungsschiene ... 15

543 Schutzleiter ... 15

543.1 Mindestquerschnitte ... 16

543.2 Arten von Schutzleitern ... 17

543.3 Elektrische Durchgängigkeit von Schutzleitern ... 18

543.4 PEN-, PEL- oder PEM-Leiter ... 19

543.5 Kombinierte Schutz- und Funktionserdungsleiter ... 20

543.6 Ströme in Schutzleitern ... 20

543.7 Verstärkte Schutzleiter für Schutzleiterströme größer 10 mA ... 21

543.8 Anordnung von Schutzleitern ... 21

544 Schutzpotentialausgleichsleiter ... 21

544.1 Schutzpotentialausgleichsleiter für die Verbindung mit der Haupterdungsschiene ... 21

544.2 Schutzpotentialausgleichsleiter für den zusätzlichen Schutzpotentialausgleich ... 21

Anhang A (normativ) Verfahren zur Berechnung des Faktors k im Unterabschnitt 543.1.2 (siehe auch IEC 60724 und IEC 60949) ... 22

Anhang B (informativ) Beispiel für die Darstellung von Erdungsanlagen und Schutzleitern ... 26

Anhang C (informativ) Errichten von Fundamenterdern, in Beton verlegt ... 28

Anhang D (informativ) Errichten von Fundamenterdern, in Erde verlegt (Ringerder) ... 28

Anhang ZA (normativ) Normative Verweisungen auf internationale Publikationen mit ihren entsprechenden europäischen Publikationen ... 29

Anhang ZB (normativ) Besondere nationale Bedingungen ... 30

Anhang ZC (informativ) A-Abweichungen ... 35

Literaturhinweise ... 36

Nationaler Anhang NA (informativ) Begriffsübersicht zu Leitern im Zusammenhang von Potentialausgleich und Erdung ... 37

Nationaler Anhang NB (informativ) Konkordanzliste der nationalen, internationalen und europäischen Publikationen ... 38

Nationaler Anhang NC (informativ) Eingliederung dieser Norm in die Struktur der Normen der Reihe DIN VDE 0100 (VDE 0100) ... 40

HARMONISIERUNGSDOKUMENT	**HD 60364-5-54**
HARMONIZATION DOCUMENT	
DOCUMENT D'HARMONISATION	Juli 2011

ICS 29.020; 91.140.50   Ersatz für HD 60364-5-54:2007

Deutsche Fassung

Errichten von Niederspannungsanlagen –
Teil 5-54: Auswahl und Errichtung elektrischer Betriebsmittel –
Erdungsanlagen und Schutzleiter
(IEC 60364-5-54:2011)

Low-voltage electrical installations –
Part 5-54: Selection and erection of electrical equipment –
Earthing arrangements and protective conductors
(IEC 60364-5-54:2011)

Installations électriques à basse tension –
Partie 5-54: Choix et mise en œuvre des matériels électriques –
Installations de mise à la terre et conducteurs de protection
(CEI 60364-5-54:2011)

Dieses Harmonisierungsdokument wurde von CENELEC am 2011-04-27 angenommen. Die CENELEC-Mitglieder sind gehalten, die CEN/CENELEC-Geschäftsordnung zu erfüllen, in der die Bedingungen für die Übernahme dieses Harmonisierungsdokumentes auf nationaler Ebene festgelegt sind.

Auf dem letzten Stand befindliche Listen dieser nationalen Übernahmen mit ihren bibliographischen Angaben sind beim Zentralsekretariat oder bei jedem CENELEC-Mitglied auf Anfrage erhältlich.

Dieses Harmonisierungsdokument besteht in drei offiziellen Fassungen (Deutsch, Englisch, Französisch).

CENELEC-Mitglieder sind die nationalen elektrotechnischen Komitees von Belgien, Bulgarien, Dänemark, Deutschland, Estland, Finnland, Frankreich, Griechenland, Irland, Island, Italien, Kroatien, Lettland, Litauen, Luxemburg, Malta, den Niederlanden, Norwegen, Österreich, Polen, Portugal, Rumänien, Schweden, der Schweiz, der Slowakei, Slowenien, Spanien, der Tschechischen Republik, der Türkei, Ungarn, dem Vereinigten Königreich und Zypern.

CENELEC

Europäisches Komitee für Elektrotechnische Normung
European Committee for Electrotechnical Standardization
Comité Européen de Normalisation Electrotechnique

Zentralsekretariat: Avenue Marnix 17, B-1000 Brüssel

© 2011 CENELEC – Alle Rechte der Verwertung, gleich in welcher Form und in welchem Verfahren, sind weltweit den Mitgliedern von CENELEC vorbehalten.

Ref. Nr. HD 60364-5-54:2011 D

Vorwort

Der Text des Schriftstücks 64/1755/FDIS, zukünftige 3. Ausgabe von IEC 60364-5-54[N1], ausgearbeitet von IEC/TC 64 „Electrical installations and protection against electric shock", wurde der IEC-CENELEC parallelen Abstimmung unterworfen.

Der Entwurf einer Änderung, der von dem Technischen Komitee CENELEC/TC 64 „Elektrische Anlagen und Schutz gegen elektrischen Schlag" erarbeitet wurde, wurde der formellen Abstimmung vorgelegt.

Die gemeinsamen Texte wurden durch CENELEC als HD 60364-5-54 am 2011-04-27 angenommen.

Diese Europäische Norm ersetzt HD 60364-5-54:2007.

Die Hauptänderungen gegenüber HD 60364-5-54:2007 sind nachfolgend aufgelistet:

- Definition des Begriffes Schutzleiter;
- Verbesserte Beschreibung der mechanischen Anforderungen für Erder;
- Einführung von Erdern für Schutz gegen elektrischen Schlag und Blitzschutz;
- Anhänge wurden aufgenommen, die „Fundamenterder in Beton" verlegt und „Fundamenterder in Erde" verlegt, beschreiben.

Nachstehende Daten wurden festgelegt:

- spätestes Datum, zu dem das Vorhandensein des HD
  auf nationaler Ebene angekündigt werden muss (doa): 2011-10-27

- spätestes Datum, zu dem das HD auf nationaler Ebene
  durch Veröffentlichung einer harmonisierten nationalen
  Norm oder durch Anerkennung übernommen werden
  muss (dop): 2012-04-27

- spätestes Datum, zu dem nationale Normen, die dem
  HD entgegenstehen, zurückgezogen werden müssen (dow): 2014-04-27

Anhänge ZA, ZB und ZC wurden durch CENELEC hinzugefügt.

Anhänge NA, NB, und NC wurden von der DKE Deutsche Kommission Elektrotechnik Elektronik Informationstechnik im DIN und VDE hinzugefügt und sind informativ.

Nationale Fußnote: [N1] Die 3. Ausgabe von IEC 60364-5-54 wurde 2011-03 veröffentlicht.

Anerkennungsnotiz

Der Text der Internationalen Norm IEC 60364-5-54:2011 wurde von CENELEC ohne jede Abänderung als ein Harmonisierungsdokument anerkannt.

In der offiziellen Version sind den Literaturhinweisen[N2] die folgenden Anmerkungen hinzuzufügen:

IEC 60079-0	ANMERKUNG	Harmonisiert als EN 60079-0.
IEC 60079-14	ANMERKUNG	Harmonisiert als EN 60079-14.
IEC 60364-4-43	ANMERKUNG	Harmonisiert als HD 60364-4-43.
IEC 60364-5-52	ANMERKUNG	Harmonisiert als HD 60364-5-52.
IEC 60364-6	ANMERKUNG	Harmonisiert als HD 60364-6.
IEC 60364-7-701:2006	ANMERKUNG	Harmonisiert als HD 60364-7-701:2007 (modifiziert).
IEC 60702-1	ANMERKUNG	Harmonisiert als EN 60702-1.
IEC 61643-12	ANMERKUNG	Harmonisiert als CLC/TS 61643-12.

Nationale Fußnote: [N2] Da in der vorliegenden deutschen Norm die im Original zitierten internationalen und europäischen Publikationen durch die entsprechenden deutschen Normen ersetzt sind, sind die in der Anerkennungsnotiz genannten europäischen Entsprechungen Anhang NB zu entnehmen.

Einleitung

Die Nummerierung der Abschnitte erfolgt fortlaufend mit vorangestellter Nummer dieses Teils. Die Nummerierung von Bildern und Tabellen erfolgt mit der Nummer dieses Teils und einer fortlaufenden Nummer, d. h. Tabelle 54.1, 54.2 usw. Die Nummerierung von Bildern und Tabellen in Anhängen enthält den Buchstaben des Anhangs und die Nummer des Teils mit einer fortlaufenden Nummer (z. B. A.54.1, A.54.2 usw.).

541 Allgemeines

541.1 Anwendungsbereich

Dieser Teil der Normen der Reihe DIN VDE 0100 (VDE 0100) gilt für Erdungsanlagen und Schutzleiter einschließlich Schutzpotentialausgleichsleiter mit dem Ziel, die Sicherheit elektrischer Anlagen zu erfüllen.

541.2 Normative Verweisungen

Die folgenden zitierten Dokumente sind für die Anwendung dieses Dokuments erforderlich. Bei datierten Verweisungen gilt nur die in Bezug genommene Ausgabe. Bei undatierten Verweisungen gilt die letzte Ausgabe des in Bezug genommenen Dokuments (einschließlich aller Änderungen).

DIN 18014, *Fundamenterder – Allgemeine Planungsgrundlagen*

DIN EN 60909-0 (VDE 0102), *Kurzschlussströme in Drehstromnetzen – Teil 0: Berechnung der Ströme*

DIN EN 60439-2 (VDE 0660-502), *Niederspannungs-Schaltgerätekombinationen – Teil 2: Besondere Anforderungen an Schienenverteiler*

DIN EN 61140 (VDE 0140-1):2007-03, *Schutz gegen elektrischen Schlag – Gemeinsame Anforderungen für Anlagen und Betriebsmittel (IEC 61140:2001 + A1:2004, modifiziert); Deutsche Fassung EN 61140:2002 + A1:2006*

DIN EN 61439-1 (VDE 0660-600-1), *Niederspannungs-Schaltgerätekombinationen – Teil 1: Allgemeine Festlegungen*

DIN EN 61439-2 (VDE 0660-600-2), *Niederspannungs-Schaltgerätekombinationen – Teil 2: Energie-Schaltgerätekombinationen*

DIN EN 61534-1 (VDE 0604-100), *Stromschienensysteme – Teil 1: Allgemeine Anforderungen*

DIN EN 62305 (VDE 0185-305) (alle Teile), *Blitzschutz*

DIN EN 62305-3 (VDE 0185-305-3):2011-10, *Blitzschutz – Teil 3: Schutz von baulichen Anlagen und Personen (IEC 62305-3:2010, modifiziert); Deutsche Fassung EN 62305-3:2011*

DIN VDE 0100 (VDE 0100) (alle Teile), *Errichten von Niederspannungsanlagen*

DIN VDE 0100-200 (VDE 0100-200), *Errichten von Niederspannungsanlagen – Teil 200: Begriffe*

DIN VDE 0100-410 (VDE 0100-410):2007-06, *Errichten von Niederspannungsanlagen – Teil 4-41: Schutzmaßnahmen – Schutz gegen elektrischen Schlag (IEC 60364-4-41:2005, modifiziert); Deutsche Übernahme HD 60364-4-41:2007*

DIN VDE 0100-442 (VDE 0100-442):201X[N3], *Errichten von Niederspannungsanlagen – Teil 4-44: Schutzmaßnahmen – Schutz gegen Störspannungen und Maßnahmen gegen elektromagnetische Einflüsse – Hauptabschnitt 442: Schutz von Niederspannungsanlagen gegen vorübergehende Überspannungen und bei Erdschlüssen in Netzen mit höherer Spannung*

DIN VDE 0100-444 (VDE 0100-444):2010-10, *Errichten von Niederspannungsanlagen – Teil 4-444: Schutzmaßnahmen – Schutz bei Störspannungen und elektromagnetischen Störgrößen (IEC 60364-4-44:2007 (Abschnitt 444), modifiziert); Deutsche Übernahme HD 60364-4-444:2010 + Cor.:2010*

DIN VDE 0100-510 (VDE 0100-510):2011-03, *Errichten von Niederspannungsanlagen – Teil 5-51: Auswahl und Errichtung elektrischer Betriebsmittel – Allgemeine Bestimmungen (IEC 60364-5-51:2005, modifiziert); Deutsche Übernahme HD 60364-5-5-:2009*

IEC 60724, *Short-circuit temperature limits of electric cables with rated voltages of 1 kV (U_m =1,2 kV) and 3 kV (U_m = 3,6 kV)*

IEC 60949, *Calculation of thermally permissible short-circuit currents, taking into account non-adiabatic heating effects*

ANMERKUNG   Eine Gegenüberstellung der im Normentext verwendeten nationalen Entsprechungen ist im Anhang NB enthalten.

541.3 Begriffe

Für die Anwendung dieses Teils der Normen der Reihe DIN VDE 0100 (VDE 0100) gelten die Begriffe nach DIN EN 61140 (VDE 0140-1) zusammen mit den nachfolgend aufgeführten Begriffen und nach DIN VDE 0100-200 (VDE 0100-200).

Begriffe für die Beschreibung von Erdungsanlagen, Schutzleitern und Schutzpotentialausgleichsleitern sind im Anhang B zeichnerisch dargestellt und lauten wie folgt:

541.3.1
Körper (eines elektrischen Betriebmittels)
leitfähiges Teil eines elektrischen Betriebsmittels, das berührt werden kann und üblicherweise nicht unter Spannung steht, aber unter Spannung geraten kann, wenn die Basisisolierung versagt

[IEV 826-12-10]

ANMERKUNG   Ein leitfähiges Teil eines elektrischen Betriebsmittels, das im Fehlerfall nur über andere Körper unter Spannung geraten kann, ist nicht als Körper zu sehen.

541.3.2
fremdes leitfähiges Teil
leitfähiges Teil, das nicht zur elektrischen Anlage gehört, das jedoch ein elektrisches Potential, im Allgemeinen das einer örtlichen Erde, einführen kann

[IEV 826-12-11]

541.3.3
Erder
leitfähiges Teil, das in das Erdreich oder in ein anderes bestimmtes leitfähiges Medium, zum Beispiel Beton, das in elektrischem Kontakt mit der Erde steht, eingebettet ist

[IEV 826-13-05, mod.]

Nationale Fußnote: [N3]   DIN VDE 0100-442 (VDE 0100-442):201X in Vorbereitung, Vorläuferschriftstück ist veröffentlicht als E DIN IEC 60364-4-44/A3 (VDE 0100-442):2005-11.

DIN VDE 0100-540 (VDE 0100-540):2012-06

**541.3.4
Fundamenterder, in Beton verlegt**
Fundamenterder in Beton eines Gebäudefundaments verlegt, im Allgemeinen als geschlossener Ring

[IEV 826-13-08, mod.]

**541.3.5
Fundamenterder, in Erde verlegt**
Fundamenterder in Erde außerhalb eines Gebäudefundaments verlegt, im Allgemeinen als geschlossener Ring

[IEV 826-13-08, mod.]

ANMERKUNG   In Deutschland wird dieser Erder in DIN 18014 als Ringerder bezeichnet.

**541.3.6
Schutzleiter**
Leiter zum Zweck der Sicherheit, zum Beispiel zum Schutz gegen elektrischen Schlag

[IEV 826-13-22]

ANMERKUNG   Beispiele für einen Schutzleiter schließen ein: Schutzpotentialausgleichsleiter, Schutzerdungsleiter und einen Erdungsleiter, wenn dieser zum Schutz gegen elektrischen Schlag genutzt wird.

**541.3.7
Schutzpotentialausgleichsleiter**
Schutzleiter zur Herstellung des Schutzpotentialausgleichs

[IEV 826-13-24]

**541.3.8
Erdungsleiter**
Leiter, der einen Strompfad oder einen Teil des Strompfads zwischen einem gegebenen Punkt eines Netzes, einer Anlage oder eines Betriebsmittels und einem Erder oder einem Erdernetz herstellt

[IEV 826-13-12]

ANMERKUNG   In der elektrischen Anlage eines Gebäudes ist der gegebene Punkt üblicherweise die Haupterdungsschiene und der Erdungsleiter verbindet diesen Punkt mit dem Erder oder dem Erdernetz.

**541.3.9
Haupterdungsanschlusspunkt, m
Haupterdungsklemme, f
Haupterdungsschiene, f**

Anschlusspunkt, Klemme oder Schiene, der/die Teil der Erdungsanlage einer Anlage ist und die elektrische Verbindung von mehreren Leitern zu Erdungszwecken ermöglicht

[IEV 826-13-15, mod.]

**541.3.10
Schutzerdungsleiter**
Schutzleiter zum Zweck der Schutzerdung

[IEV 826-13-23]

ANMERKUNG   Beispiele für einen Schutzleiter schließen ein: Schutzpotentialausgleichsleiter, Schutzerdungsleiter und einen Erdungsleiter, wenn dieser zum Schutz gegen elektrischen Schlag genutzt wird.

**541.3.11
Funktionserdung**
Erdung eines Punktes oder mehrerer Punkte eines Netzes, einer Anlage oder eines Betriebsmittels zu anderen Zwecken als die elektrische Sicherheit

[IEV 826-13-10]

541.3.11a
Funktionserdungsleiter, m
Erdungsleiter zum Zweck der Funktionserdung

[IEV 826-13-28]

541.3.12
Erdungsanlage
Gesamtheit der zum Erden eines Netzes, einer Anlage oder eines Betriebsmittels verwendeten elektrischen Verbindungen und Einrichtungen

[IEV 826-13-04]

542 Erdungsanlagen

542.1 Allgemeine Anforderungen

542.1.1 Erdungsanlagen dürfen für Schutz- und für Funktionszwecke, entsprechend den Anforderungen der elektrischen Anlage, gemeinsam oder getrennt verwendet werden. Die Anforderungen für Schutzzwecke müssen immer Vorrang haben.

In Deutschland muss in allen neuen Gebäuden ein Fundamenterder nach der nationalen Norm DIN 18014 errichtet werden.

542.1.2 Wenn in der elektrischen Anlage ein Erder vorhanden ist, muss dieser durch einen Erdungsleiter mit der Haupterdungsschiene verbunden werden.

ANMERKUNG   Eine elektrische Anlage benötigt keinen eigenen Erder.

542.1.3 Wenn eine elektrische Anlage mit Hochspannung versorgt wird, müssen die Anforderungen betreffend der Erdungsanlage für die Hochspannungs- und die Niederspannungsseite entsprechend DIN VDE 0100-442 (VDE 0100-442):201X[N4] erfüllt werden.

542.1.4 Die Anforderungen an Erdungsanlagen dienen dazu, eine Verbindung zur Erde herzustellen, die:

– für die Schutzanforderungen der elektrischen Anlage geeignet und zuverlässig ist;
– Erdfehlerströme und Schutzleiterströme zur Erde führen kann, ohne dass eine Gefahr durch thermische, thermomechanische oder elektromechanische Beanspruchungen und durch elektrischen Schlag, hervorgerufen durch diese Ströme, entsteht;
– wenn erforderlich, auch für Funktionsanforderungen geeignet ist;
– für die vorhersehbaren äußeren Einflüsse geeignet ist (siehe DIN VDE 0100-510 (VDE 0100-510)), z. B. mechanische Beanspruchung und Korrosion.

542.1.5 Besonders betrachtet werden müssen Erdungsanlagen, in denen Ströme mit hohen Frequenzen erwartet werden (siehe DIN VDE 0100-444 (VDE 0100-444):2010-10).

542.1.6 Durch eine vorhersehbare Änderung des Erdungswiderstandes (z. B. aufgrund von Korrosion, Austrocknung oder Frost) dürfen die Maßnahmen für den Schutz gegen elektrischen Schlag, wie in DIN VDE 0100-410 (VDE 0100-410) gefordert, nicht ungünstig beeinflusst werden.

542.2 Erder

542.2.1 Ausführungen, Werkstoffe und Abmessungen der Erder müssen so ausgewählt werden, dass sie über die zu erwartende Lebenszeit Korrosion widerstehen und eine angemessene mechanische Festigkeit besitzen.

Nationale Fußnote: [N4]   DIN VDE 0100-442 (VDE 0100-442):201X in Vorbereitung, Vorläuferschriftstück ist veröffentlicht als E DIN IEC 60364-4-44/A3 (VDE 0100-442):2005-11.

ANMERKUNG 1 Zur Vermeidung von Korrosion sollten folgende Eigenschaften betrachtet werden: Der pH-Wert des Erdreichs, Widerstand und Feuchtigkeit des Erdreichs, Streuströme und Ableitströme (AC und DC), chemische Belastung des Bodens und die örtliche Nähe von unterschiedlichen Materialien.

Für Erder, die in Erde oder Beton verlegt werden, müssen die gebräuchlichen Werkstoffe und die minimalen Abmessungen unter Berücksichtigung von Korrosion und mechanischer Festigkeit der Tabelle 54.1 entsprechen.

ANMERKUNG 2 Aufgrund der größeren mechanischen Beanspruchung während der Errichtung ist die Mindestdicke der Beschichtung/Umhüllung bei senkrechter Verlegung des Erders größer als bei waagerechter Verlegung.

Wenn ein Blitzschutzsystem gefordert ist, gilt DIN EN 62305-3 (VDE 0185-305-3):2011-10, 5.4.

DIN VDE 0100-540 (VDE 0100-540):2012-06

Tabelle 54.1 – Mindestmaße für gebräuchliche Erder, die in Erde oder Beton verlegt werden, unter Berücksichtigung von Korrosion und mechanischer Festigkeit

Werkstoff und Oberfläche	Form	Mindestmaße				
		Durchmesser	Querschnitt	Dicke	Gewicht der Schutzschicht	Dicke der Beschichtung/Umhüllung
		mm	mm²	mm	g/m²	µm
Stahl im Beton	massives Rundmaterial	10				
Stahl im Beton verlegt (blank, feuerverzinkt oder nichtrostend)	Bandstahl oder Flachmaterial		75	3		
Stahl feuerverzinkt[c]	Bandstahl[b] oder Stahlplatte		90	3	500	63
	Rundstange senkrecht errichtet	16			350	45
	massives Rundmaterial waagerecht errichtet	10			350	45
	Rohr	25		2	350	45
	Seil (in Beton verlegt)		70			
	Kreuzprofil senkrecht errichtet		(290)	3		
Stahl mit Kupferumhüllung	Rundstange senkrecht errichtet	(15)				2 000
Stahl elektrolytisch verkupfert	Rundstange senkrecht errichtet	14	–	–		250[e]
	massives Rundmaterial waagerecht errichtet	(8)				70
	Bandstahl waagerecht errichtet		90	3		70
Nichtrostender Stahl[a]	Bandstahl[b] oder Stahlplatte		90	3		
	Rundstange senkrecht errichtet	16				
	massives Rundmaterial waagerecht errichtet	10				
	Rohr	25		2		
Kupfer	Kupferband		50	2		
	massives Rundmaterial waagerecht errichtet		(25)[d] 50			
	massive Rundstange senkrecht errichtet	(12) 15				
	Seil	1,7 (jeder einzelne Draht)	(25)[d] 50			
	Rohr	20		2		
	Massive Platte			(1,5) 2		
	Gitter			2		

ANMERKUNG Werte in Klammern gelten nur für den Schutz gegen elektrischen Schlag. Werte ohne Klammern gelten sowohl für den Blitzschutz als auch für den Schutz gegen elektrischen Schlag.

[a] Chrom ≥ 16 %, Nickel ≥ 5 %, Molybdän ≥ 2 %, Kohlenstoff ≤ 0,08 %.

[b] Als aufgerollter Bandstahl oder Spaltbänder mit abgerundeten Kanten.

[c] Die Beschichtung muss glatt, gleichmäßig und frei von Flussmittelschmutz sein.

[d] Wenn aufgrund von Erfahrungen bekannt ist, dass das Risiko der Korrosion und mechanischen Beschädigung extrem gering ist, kann 16 mm² verwendet werden.

[e] Die Schichtdicke ist vorgesehen als Widerstand gegen mechanische Beschädigung der elektrolytisch aufgetragenen Kupferschicht während der Errichtung. Sie darf reduziert werden, doch nicht kleiner als 100 µm, wenn besondere Vorkehrungen zur Verhinderung mechanischer Beschädigung des Kupfers bei der Errichtung vorgesehen werden (z. B. vorgebohrte Löcher oder spezielle Schlagspitzen) entsprechend den Herstellerangaben.

DIN VDE 0100-540 (VDE 0100-540):2012-06

542.2.2 Die Wirksamkeit eines jeden Erders ist abhängig von den örtlichen Bodenverhältnissen und dem Aufbau des Erders. Es müssen ein oder mehrere Erder entsprechend den Bodenverhältnissen und dem geforderten Wert des Erdungswiderstandes ausgewählt werden.

Anhang D enthält Verfahren zur Abschätzung des spezifischen Erdungswiderstandes von Erdern.

542.2.3 Im Folgenden sind Beispiele von Erdern genannt, die verwendet werden dürfen:

– Fundamenterder, in Beton verlegt nach DIN 18014;
– Fundamenterder, in Erde verlegt (Ringerder) nach DIN 18014;
– metallene Elektrode vertikal oder horizontal in Erde verlegt (z. B. Rundstäbe, Drähte, Bänder, Rohre oder Platten);
– Metallmäntel und andere Metallumhüllungen von Kabeln, entsprechend den örtlichen Auflagen oder Anforderungen;
– andere geeignete unterirdische Konstruktionsteile aus Metall (z. B. Rohre), entsprechend den örtlichen Auflagen oder Anforderungen;
– einbetonierter verschweißter Bewehrungsstahl in Erde (ausgenommen Spannbeton).

In Deutschland sind Wasser- und Gasrohre als Erder nicht erlaubt.

542.2.4 Bei der Auswahl von Erdern und ihrer Verlegetiefe müssen die örtlichen Gegebenheiten und die Möglichkeiten einer mechanischen Beschädigung berücksichtigt werden, um die Auswirkungen von Bodenaustrocknung und Frost so gering wie möglich zu halten.

542.2.5 Bei Verwendung unterschiedlicher Werkstoffe in einer Erdungsanlage muss deren elektrochemische Korrosion berücksichtigt werden. Ein Verbindungsleiter zum Fundamenterder (z. B. Erdungsleiter, Funktionserdungsleiter für Blitzschutz (LPS)) aus feuerverzinktem Stahl darf nicht in Erde verlegt werden.

In Deutschland dürfen die vorgenannten Verbindungsleiter zum Fundamenterder nur in Erde verlegt werden, wenn sie mit Kunststoff überzogen sind oder aus nichtrostendem Stahl nach Werkstoffnummer 1.4571 oder gleichwertig zum dauerhaften Schutz (nach „Zertifiziertes europäisches Referenzmaterial (EURONORM-ZRM) Nr. 284-2 DIN EN 10020") bestehen.

542.2.6 Metallrohre für brennbare Flüssigkeiten oder Gase dürfen nicht als Teil einer Erdungsanlage verwendet werden, und die in Erde verlegte Länge darf nicht für die Dimensionierung des Erders betrachtet werden.

ANMERKUNG   Diese Anforderung schließt das Einbeziehen solcher Rohre in den Schutzpotentialausgleich nach DIN VDE 0100-410 (VDE 0100-410) über die Haupterdungsschiene (541.3.9) nicht aus.

Wenn Kathodenschutz angewendet wird und der Körper (eines elektrischen Betriebsmittels), der durch ein TT-System versorgt wird, direkt mit einem Metallrohr verbunden ist, darf für dieses besondere Betriebsmittel das Metallrohr für brennbare Flüssigkeiten oder Gase als alleiniger Erder verwendet werden.

542.2.7 Erder dürfen nicht direkt im Wasser eines Baches, Flusses, Teiches, Sees oder Ähnlichem verlegt werden (siehe auch 542.1.6).

542.2.8 Wenn ein Erder aus Teilen besteht, die miteinander verbunden werden müssen, muss die Verbindung durch Schweißen, Pressverbinder, Klemm- oder durch andere geeignete mechanische Verbinder hergestellt werden.

ANMERKUNG   Verbindungen nur mit verdrillten Drähten sind für Schutzzwecke ungeeignet.

542.3 Erdungsleiter

542.3.1 Erdungsleiter müssen den Anforderungen für Schutzleiter nach Abschnitt 543.1.1 oder 543.1.2 entsprechen. Der Querschnitt darf nicht kleiner als 6 mm^2 Kupfer oder 50 mm^2 Stahl sein. Wenn ein blanker

Erdungsleiter in Erde verlegt ist, müssen seine Abmessungen und Eigenschaften auch den Werten der Tabelle 54.1 entsprechen.

ANMERKUNG 1 In Deutschland sind die Anforderungen an blanke Erdungsleiter, in Erde verlegt, in DIN 18014 festgelegt.

Wenn nennenswerte Fehlerströme über den Erder nicht zu erwarten sind (z. B. in TN- oder IT-Systemen), dürfen Erdungsleiter nach 544.1 bemessen werden.

Leiter aus Aluminium dürfen nicht als Erdungsleiter verwendet werden.

ANMERKUNG 2 Für Blitzschutzsysteme, die mit einem Erder verbunden sind, gelten die Anforderungen nach den Normen der Reihe DIN EN 62305 (VDE 0185-305).

542.3.2 Der Anschluss eines Erdungsleiters an einen Erder muss fest und elektrisch zuverlässig ausgeführt werden. Die Verbindung muss durch Schweißen, Pressverbinder, Klemm- oder andere mechanische Verbinder hergestellt werden. Mechanische Verbinder müssen in Übereinstimmung mit den Herstellerangaben errichtet werden. Wenn ein Klemmverbinder verwendet wird, darf er den Erder oder den Erdungsleiter nicht beschädigen.

ANMERKUNG   Verbindungsbauteile für Erdungsleiter, die eine Verbindung zum Blitzschutzsystem herstellen, sind in den Normen der Reihe DIN EN 50164-X (VDE 0185-20X) enthalten.

Verbindungseinrichtungen oder Anschlüsse, die lediglich weich gelötet sind, dürfen nicht als alleinige Verbindung verwendet werden, da sie keine ausreichend zuverlässige mechanische Festigkeit aufweisen.

ANMERKUNG   Bei senkrecht errichteten Erdern können Maßnahmen vorgesehen werden, die eine Besichtigung des Anschlusses und den Austausch der senkrechten Stange ermöglichen.

542.4 Haupterdungsschiene

542.4.1 In jeder Anlage, in der ein Schutzpotentialausgleich ausgeführt ist, muss eine Haupterdungsschiene vorgesehen sein, mit der folgende Leiter verbunden sein müssen:

– Schutzpotentialausgleichsleiter;

– Erdungsleiter;

– Schutzleiter;

– Funktionserdungsleiter, falls zutreffend.

ANMERKUNG 1 Es ist nicht verlangt, jeden einzelnen Schutzleiter direkt mit der Haupterdungsschiene zu verbinden, wenn diese über andere Schutzleiter mit dieser Haupterdungsschiene verbunden sind.

ANMERKUNG 2 Die Haupterdungsschiene des Gebäudes kann grundsätzlich für Funktionserdungszwecke verwendet werden. Für Zwecke der Informationstechnik ist sie in diesem Fall der Verbindungspunkt zum Erdernetz.

Wenn mehrere Erdungsschienen (-klemmen) vorhanden sind, müssen diese miteinander verbunden werden.

542.4.2 Es muss möglich sein, jeden Leiter, der an der Haupterdungsschiene angeschlossen ist, einzeln zu trennen. Dieser Anschluss muss zuverlässig ausgeführt werden und darf nur mit Hilfe eines Werkzeugs lösbar sein.

ANMERKUNG   Trennmöglichkeiten dürfen der Einfachheit halber an der Haupterdungsschiene angeordnet sein, um eine Messung des Widerstandes des Erders zu ermöglichen.

543 Schutzleiter

ANMERKUNG   Anforderungen nach DIN VDE 0100-510 (VDE 0100-510):2011-03, 516 sollten mitbetrachtet werden.

543.1 Mindestquerschnitte

543.1.1 Der Querschnitt jedes Schutzleiters muss die Bedingungen für die automatische Abschaltung der Stromversorgung erfüllen, die in DIN VDE 0100-410 (VDE 0100-410):2007-06, 411.3.2 gefordert sind, und er muss allen mechanischen und thermischen Beanspruchungen, die durch den zu erwartenden Fehlerstrom verursacht werden, bis zur Abschaltung durch die Schutzeinrichtung standhalten.

Der Querschnitt des Schutzleiters muss entweder nach 543.1.2 berechnet oder nach Tabelle 54.2 ausgewählt werden. In jedem Fall müssen die Anforderungen nach 543.1.3 berücksichtigt werden.

In TT-Systemen, in denen die Erder der Stromversorgung und die der Körper (eines elektrischen Betriebsmittels) elektrisch unabhängig sind (siehe 312.2.2), darf der Leiterquerschnitt der Schutzleiter begrenzt werden auf

– 25 mm² Kupfer,

– 35 mm² Aluminium.

**Tabelle 54.2 – Mindestquerschnitte von Schutzleitern
(wenn nicht nach 543.1.2 dimensioniert)**

Querschnitt des Außenleiters S mm² Cu	Mindestquerschnitt des zugehörigen Schutzleiters mm² Cu	
	Schutzleiter besteht aus demselben Werkstoff wie der Außenleiter	Schutzleiter besteht nicht aus demselben Werkstoff wie der Außenleiter
$S \leq 16$	S	$\frac{k_1}{k_2} \times S$
$16 < S \leq 35$	16^a	$\frac{k_1}{k_2} \times 16$
$S > 35$	$\frac{S}{2}$ a	$\frac{k_1}{k_2} \times \frac{S}{2}$

Dabei ist

k_1 der Wert k für den Außenleiter, ermittelt mit Hilfe der Gleichung im Anhang A oder ausgewählt aus den Tabellen in DIN VDE 0100-430 (VDE 0100-430) (inhaltlich enthalten in Tabelle A.54.4) entsprechend dem Werkstoff des Leiters und der Isolierung;

k_2 der Wert k für den Schutzleiter, ausgewählt nach den Tabellen A.54.2 bis A.54.6, je nachdem, welche Tabelle anwendbar ist.

a Für einen PEN-Leiter ist die Reduzierung des Querschnitts nur in Übereinstimmung mit den Bemessungsregeln für Neutralleiter erlaubt (siehe DIN VDE 0100-520 (VDE 0100-520)).

543.1.2 Die Querschnitte von Schutzleitern dürfen nicht kleiner sein als der Wert, ermittelt entweder

– nach IEC 60949 oder

– mit folgender Gleichung, die nur für Abschaltzeiten bis 5 s anwendbar ist:

$$S = \frac{\sqrt{I^2 t}}{k}$$

Dabei ist

S Schutzleiterquerschnitt in mm²;

I Effektivwert des zu erwartenden Fehlerstromes in A, der bei einem Fehler mit vernachlässigbarer Impedanz durch die Schutzeinrichtung fließen kann (siehe DIN EN 60909-0 (VDE 0102));

DIN VDE 0100-540 (VDE 0100-540):2012-06

t Ansprechzeit der Schutzeinrichtung für die automatische Abschaltung der Stromversorgung in s,

k Faktor, der vom Werkstoff des Schutzleiters, von der Isolierung und anderen Teilen sowie von der Anfangs- und Endtemperatur des Leiters abhängig ist (für die Berechnung des Faktors k siehe Anhang A).

Wenn die Anwendung der Gleichung keinen Standardquerschnitt ergibt, muss ein Leiter mit mindestens dem nächstgrößeren Standardquerschnitt verwendet werden.

ANMERKUNG 1   Es sollte die strombegrenzende Wirkung der Impedanz des Stromkreises und die Begrenzung von $I^2 t$ durch die Schutzeinrichtung berücksichtigt werden.

ANMERKUNG 2   In Bezug auf die Begrenzung der Temperaturen in Anlagen mit explosionsgefährdeten Bereichen siehe DIN EN 60079-0 (VDE 0170-1).

ANMERKUNG 3   Da die metallenen Umhüllungen von mineralisolierten Kabeln nach DIN EN 60702-1 (VDE 0284-1) eine Kapazität gegen Erde besitzen, die größer ist als die der Außenleiter, ist die Berechnung der Querschnitte der Umhüllungen nicht erforderlich, wenn diese als Schutzleiter benutzt werden.

543.1.3 Der Querschnitt eines Schutzleiters, der nicht Bestandteil eines Kabels oder einer Leitung ist oder der sich nicht in gemeinsamer Umhüllung mit dem Außenleiter befindet, darf nicht kleiner sein als

– 2,5 mm² Cu oder 16 mm² Al, wenn Schutz gegen mechanische Beschädigung vorgesehen ist,

– 4 mm² Cu oder 16 mm² Al, wenn Schutz gegen mechanische Beschädigung nicht vorgesehen ist.

ANMERKUNG   Die Verwendung von Stahl als Schutzleiter ist nicht ausgeschlossen (siehe 543.1.2).

Ein Schutzleiter, der nicht Teil eines Kabel/Leitung ist, wird als mechanisch geschützt angesehen, wenn er in einem Installationsrohr, in einem Kabelkanal oder in vergleichbarer Weise geschützt verlegt ist.

543.1.4   Wenn ein Schutzleiter gemeinsam für zwei oder mehr Stromkreise verwendet wird, muss sein Querschnitt

– berechnet werden in Übereinstimmung mit 543.1.2 für die in diesen Stromkreisen ungünstigste Bedingung von Fehlerstrom und Abschaltzeit oder

– ausgewählt werden nach Tabelle 54.2 entsprechend dem größten Außenleiterquerschnitt dieser Stromkreise.

543.2 Arten von Schutzleitern

543.2.1   Schutzleiter dürfen sein:

– Leiter in mehradrigen Kabeln oder Leitungen;

– isolierte oder blanke Leiter in gemeinsamer Umhüllung mit aktiven Leitern;

– fest verlegte blanke oder isolierte Leiter;

– metallene Kabelmäntel, Kabelschirme, Kabelbewehrungen, Aderbündel, konzentrische Leiter, metallene Elektroinstallationsrohre nach den in 543.2.2a) und b) aufgeführten Bedingungen.

ANMERKUNG   Bezüglich ihrer Anordnung siehe 543.8.

543.2.2   Wenn die Anlage metallene Gehäuse von Niederspannungs-Schaltgerätekombinationen (siehe DIN EN 61439-1 (VDE 0660-600-1) und DIN EN 61439-2 (VDE 0660-600-2)) oder Schienenverteilern (siehe DIN EN 60439-2 (VDE 0660-502)) enthält, dürfen ihre Gehäuse oder Konstruktionsteile aus Metall als Schutzleiter verwendet werden, vorausgesetzt, sie erfüllen gleichzeitig die drei folgenden Anforderungen:

a) Ihre elektrisch durchgehende Verbindung muss durch die Konstruktion oder durch geeignete Verbindungen in der Art sichergestellt sein, dass der Schutz gegen eine Verschlechterung dieser Verbindung infolge mechanischer, chemischer oder elektrochemischer Einflüsse sichergestellt ist;

b) sie entsprechen den Anforderungen nach 543.1;

c) an jeder dafür vorgesehenen Anschlussstelle müssen andere Schutzleiter angeschlossen werden können.

543.2.3 Folgende Metallteile dürfen als Schutzleiter oder Schutzpotentialausgleichsleiter nicht verwendet werden:

- Wasserleitungen aus Metall;
- Metallrohre, die brennbare Stoffe wie Gase, Flüssigkeiten, Pulver oder Ähnliches enthalten.

ANMERKUNG 1 Für Kathodenschutz siehe 542.2.6.

- Konstruktionsteile, die im normalen Betrieb mechanischen Beanspruchungen ausgesetzt sind;
- flexible oder biegsame Elektroinstallationsrohre aus Metall, es sei denn, sie sind für diesen Zweck hergestellt;
- flexible Metallteile;
- Tragseile
- Kabelwannen und Kabelpritschen.

ANMERKUNG 2 Beispiele von Schutzleitern sind Schutzpotentialausgleichsleiter, Schutzerdungsleiter und ein Erdungsleiter, wenn dieser zum Schutz gegen elektrischen Schlag verwendet wird.

543.3 Elektrische Durchgängigkeit von Schutzleitern

543.3.1 Schutzleiter müssen in geeigneter Weise gegen mechanische Beschädigung, chemische oder elektrochemische Zerstörung sowie elektrodynamische Kräfte und thermodynamische Effekte geschützt werden.

Jede Verbindung (z. B. Schraub-, Klemmverbindung) zwischen Schutzleitern oder zwischen einem Schutzleiter und anderen Betriebsmitteln muss eine dauerhafte elektrische Durchgängigkeit und einen hinreichenden mechanischen Schutz und Festigkeit aufweisen. Schrauben, die für den Anschluss des Schutzleiters vorgesehen sind, dürfen nicht für andere Zwecke verwendet werden.

Verbindungen dürfen nicht durch Löten hergestellt werden.

ANMERKUNG Alle elektrischen Verbindungen sollten eine ausreichende thermische Belastbarkeit und mechanische Festigkeit aufweisen, um jeder Kombination des Strom/Zeit-Verhältnisses, die im Leiter des Kabels/in einem Kabelkanal mit größtem Querschnitt auftreten kann, standhalten zu können.

543.3.2 Verbindungen von Schutzleitern müssen für das Besichtigen und Prüfen zugänglich sein, ausgenommen

- vergossene Verbindungen,
- gekapselte Verbindungen,
- Verbindungen in metallenen Elektroinstallationsrohren, Kabelkanälen und Schienenverteilern,
- Verbindungen, die Teil eines Betriebsmittels sind in Übereinstimmung mit den Betriebsmittelnormen,
- Verbindungen, die durch Schweißen oder Hartlöten hergestellt wurden,
- Verbindungen mittels Presswerkzeug.

543.3.3 Schaltgeräte dürfen in den Schutzleiter nicht eingefügt werden, jedoch dürfen Verbindungen vorgesehen werden, die für Prüfzwecke mit Werkzeug gelöst werden können.

543.3.4 Wenn eine elektrische Überwachung der Erdung verwendet wird, dürfen die Überwachungseinrichtungen (z. B. Sensoren, Spulen, Stromwandler) in den Schutzleiter nicht eingefügt werden.

543.3.5 Körper (von elektrischen Betriebsmitteln) dürfen als Teil eines Schutzleiters für andere Betriebsmittel nicht verwendet werden, ausgenommen wie in 543.2.2 erlaubt.

543.4 PEN-, PEL- oder PEM-Leiter

ANMERKUNG   Da diese Leiter zwei Funktionen übernehmen, und zwar als Schutzleiter (PE) und entweder als Neutralleiter (N), Außenleiter (L) oder Mittelpunktleiter (M), sind alle anwendbaren Anforderungen für die entsprechenden Funktionen zu berücksichtigen.

543.4.1   PEN-, PEL- oder PEM-Leiter dürfen nur in fest installierten elektrischen Anlagen verwendet werden und müssen aus mechanischen Gründen einen Leiterquerschnitt von mindestens 10 mm² Cu oder 16 mm² Al besitzen.

ANMERKUNG 1   Bei EMV-Anforderungen sind PEN-Leiter nach dem Speisepunkt der elektrischen Anlage nicht erlaubt (siehe DIN VDE 0100-444 (VDE 0100-444):2010-10, 444.4.3.2).

ANMERKUNG 2   Nach DIN EN 60079-14 (VDE 0165-1) ist die Verwendung von PEN-, PEL- oder PEM-Leitern in explosiver Atmosphäre nicht erlaubt.

543.4.2   Der PEN-, PEL- oder PEM-Leiter muss für die Bemessungsspannung des Außenleiters isoliert sein.

Metallene Umhüllungen von Kabeln und Leitungen dürfen nicht als PEN-, PEL- oder PEM-Leiter verwendet werden, mit Ausnahme bei Schienenverteilern in Übereinstimmung mit DIN EN 60439-2 (VDE 0660-502) und Stromschienensystemen in Übereinstimmung mit DIN EN 61534-1 (VDE 0604-100).

ANMERKUNG   Betriebsmittel-Komitees sollten mögliche EMV-Einflüsse durch PEN-, PEL- oder PEM-Leiter auf Betriebsmittel berücksichtigen.

543.4.3   Wenn ab einem beliebigen Punkt der Anlage in Neutral-, Mittelpunkt-, Außenleiter und Schutzleiter aufgeteilt wird, ist es nicht zulässig, den Neutral-, Mittelpunkt-, Außenleiter mit irgendeinem anderen geerdeten Teil der Anlage zu verbinden. Es ist jedoch zulässig, mehr als einen Neutral-, Mittelpunkt-, Außenleiter und mehr als einen Schutzleiter vom PEN-, PEL- oder PEM-Leiter abzuzweigen.

Der PEN-, PEL- oder PEM-Leiter muss mit der Schiene oder Klemme verbunden werden, die für den Schutzleiter vorgesehen ist (siehe Bild 54.1a), es sei denn, es gibt eine bestimmte Schiene oder Klemme, die für die Verbindung des PEN-, PEL- oder PEM-Leiters vorgesehen ist (Beispiele siehe Bilder 54.1b und 54.1c).

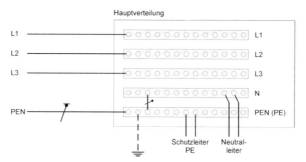

Bild 54.1a – Beispiel 1

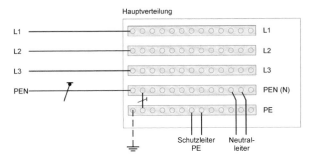

Bild 54.1b – Beispiel 2

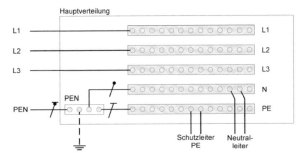

Bild 54.1c – Beispiel 3

Bilder 54.1a bis 54.1c – Beispiele für den PEN-Anschluss

ANMERKUNG   Systeme mit einer DC-SELV-Stromversorgung, z. B. Telekommunikationssysteme, enthalten keinen PEL- oder PEM-Leiter.

543.4.4 Fremde leitfähige Teile dürfen als PEN-, PEM- oder PEL-Leiter nicht verwendet werden.

543.5 Kombinierte Schutz- und Funktionserdungsleiter

Wenn ein gemeinsamer Schutzerdungs- und Funktionserdungsleiter verwendet wird, muss dieser die Anforderungen für einen Schutzleiter erfüllen. Zusätzlich muss er auch die entsprechenden Anforderungen für Funktionszwecke erfüllen (siehe DIN VDE 0100-444 (VDE 0100-444):2010-10).

Ein Gleichstrom-Rückleiter (PEL- oder PEM) für eine informationstechnische Stromversorgung darf ebenfalls als kombinierter Schutzerdungs- und Funktionserdungsleiter verwendet werden.

ANMERKUNG   Für weitere Informationen siehe DIN EN 61140 (VDE 0140-1):2007-03, 7.5.3.1.

543.6 Ströme in Schutzleitern

Der Schutzleiter sollte im fehlerfreien Betrieb nicht als leitfähiger Pfad für Betriebsströme verwendet werden (z. B. durch Verbindungen von Filtern aus EMV-Gründen), siehe auch DIN EN 61140 (VDE 0140-1). Wenn der Strom unter normalen Betriebsbedingungen größer als 10 mA ist, muss ein verstärkter Schutzleiter verwendet werden (siehe 543.7).

ANMERKUNG   Kapazitive Ableitströme, z. B. bei Kabeln/Leitungen oder Motoren, sollten durch konstruktive Maßnahmen in der Anlage und den Betriebsmitteln reduziert werden.

543.7 Verstärkte Schutzleiter für Schutzleiterströme größer 10 mA

Für elektrische Verbrauchsmittel, die fest angeschlossen sind und deren Schutzleiterstrom größer 10 mA ist, gilt Folgendes:

- Wenn das elektrische Verbrauchsmittel über nur eine einzige entsprechende Schutzleiteranschlussklemme verfügt, muss der angeschlossene Schutzleiter einen Querschnitt von mindestens 10 mm^2 Cu oder 16 mm^2 Al in seinem gesamten Verlauf aufweisen.

    ANMERKUNG 1   Ein PEN-, PEL- oder PEM-Leiter in Übereinstimmung mit 543.4 erfüllt diese Anforderung.

- Wenn das elektrische Verbrauchsmittel über eine separate Anschlussklemme für einen zweiten Schutzleiter verfügt, muss ein zweiter Schutzleiter mit mindestens demselben Querschnitt, wie er für den Fehlerschutz gefordert wird, bis zu dem Punkt verlegt werden, an dem der Schutzleiter mindestens einen Querschnitt von 10 mm^2 Cu oder 16 mm^2 Al hat.

ANMERKUNG 2   In TN-C-Systemen, in denen die Neutral- und die Schutzleiter in einem einzigen Leiter (PEN-Leiter) bis zu den Anschlussstellen der Betriebsmittel enthalten sind, darf der Schutzleiterstrom als Betriebsstrom behandelt werden.

ANMERKUNG 3   Elektrische Verbrauchsmittel mit hohem Schutzleiterstrom im normalen Betrieb können in Anlagen mit Fehlerstrom-Schutzeinrichtungen (RCDs) Probleme verursachen.

543.8 Anordnung von Schutzleitern

Wenn Überstrom-Schutzeinrichtungen für den Schutz gegen elektrischen Schlag verwendet werden, muss der Schutzleiter in demselben Kabel bzw. in derselben Leitung integriert sein wie die aktiven Leiter oder in unmittelbarer Nähe zu diesen verlegt sein.

544 Schutzpotentialausgleichsleiter

544.1 Schutzpotentialausgleichsleiter für die Verbindung mit der Haupterdungsschiene

Der Schutzpotentialausgleichsleiter für die Verbindung zur Haupterdungsschiene muss einen Mindestquerschnitt haben von nicht weniger als:

- 6 mm^2 Kupfer oder
- 16 mm^2 Aluminium oder
- 50 mm^2 Stahl.

Der Querschnitt von Schutzpotentialausgleichsleitern für die Verbindung mit der Haupterdungsschiene braucht nicht größer als 25 mm^2 Cu oder als vergleichbare Querschnitte anderer Materialien zu sein.

544.2 Schutzpotentialausgleichsleiter für den zusätzlichen Schutzpotentialausgleich

544.2.1 Ein Schutzpotentialausgleichsleiter, der zwei Körper elektrischer Betriebsmittel verbindet, muss eine Leitfähigkeit besitzen, die nicht kleiner ist als die des kleineren Schutzleiters, der an die Körper angeschlossen ist.

544.2.2 Ein Schutzpotentialausgleichsleiter, der Körper elektrischer Betriebsmittel mit fremden leitfähigen Teilen verbindet, muss eine Leitfähigkeit besitzen, die mindestens halb so groß ist wie die des Querschnitts des entsprechenden Schutzleiters.

544.2.3 Der Mindestquerschnitt von Schutzpotentialausgleichsleitern für den zusätzlichen Schutzpotentialausgleich und von Potentialausgleichsleitern zwischen zwei fremden leitfähigen Teilen muss den Anforderungen von 543.1.3 entsprechen.

Anhang A
(normativ)

Verfahren zur Berechnung des Faktors k im Unterabschnitt 543.1.2
(siehe auch IEC 60724 und IEC 60949)

Der Faktor k ist mit folgender Gleichung zu berechnen:

$$k = \sqrt{\frac{Q_c(\beta+20\ °C)}{\rho_{20}} \ln\left(\frac{\beta+\theta_f}{\beta+\theta_i}\right)}$$

Dabei ist:

Q_c die volumetrische Wärmekapazität des Leiterwerkstoffes [J/(°C mm^3)] bei 20 °C;

β der Reziprokwert des Temperaturkoeffizienten des spezifischen Widerstandes bei 0 °C für den Leiter [°C];

ρ_{20} der spezifische elektrische Widerstand des Leiterwerkstoffes bei 20 °C [Ω mm];

θ_i die Anfangstemperatur des Leiters [°C];

θ_f die Endtemperatur des Leiters [°C].

Tabelle A.54.1 – Werte der Parameter für verschiedene Leiterwerkstoffe

Werkstoff	β[a] [°C]	Q_c[a] [J/°C mm^3]	ρ_{20}[a] [Ω mm]	$\sqrt{\frac{Q_c(\beta+20\ °C)}{\rho_{20}}}$ $\left[\frac{A\sqrt{s}}{mm^2}\right]$
Kupfer	234,5	3,45 × 10^{-3}	17,241 × 10^{-6}	226
Aluminium	228	2,50 × 10^{-3}	28,264 × 10^{-6}	148
Stahl	202	3,80 × 10^{-3}	138 × 10^{-6}	78

[a] Werte sind von IEC 60949 abgeleitet.

Tabelle A.54.2 – Werte von k für isolierte Schutzleiter, die nicht Bestandteil von Kabeln und Leitungen und nicht mit anderen Kabeln und Leitungen gebündelt sind

Leiterisolierung	Temperatur °C[b]		Leiterwerkstoff		
			Kupfer	Aluminium	Stahl
	Anfang	Ende	Wert für k [c]		
70 °C Thermoplast (PVC)	30	160/140[a]	143/133[a]	95/88[a]	52/49[a]
90 °C Thermoplast (PVC)	30	160/140[a]	143/133[a]	95/88[a]	52/49[a]
90 °C Duroplast (z. B. XLPE und EPR)	30	250	176	116	64
60 °C Duroplast (z. B. EPR Kautschuk)	30	200	159	105	58
85 °C Duroplast (EPR Kautschuk)	30	220	166	110	60
185 °C Duroplast (Silikon-Kautschuk)	30	350	201	133	73

[a] Der niedrigere Wert gilt für thermoplastisch-isolierte Leiter (z. B. PVC) mit Querschnitten größer 300 mm².

[b] Temperaturgrenzwerte für verschiedene Arten der Isolierung enthält IEC 60724.

[c] Für die Berechnung von k siehe Gleichung am Anfang diese Anhangs.

Tabelle A.54.3 – Werte von k für blanke Schutzleiter in Berührung mit Umhüllungen von Kabeln und Leitungen, jedoch ohne Bündelung mit anderen Kabeln und Leitungen

Kabel-/Leitungsumhüllung	Temperatur °C[a]		Leiterwerkstoff		
			Kupfer	Aluminium	Stahl
	Anfang	Ende	Wert für k[b]		
Thermoplast (PVC)	30	200	159	105	58
Polyethylen	30	150	138	91	50
CSP[c]	30	220	166	110	60

[a] Temperaturgrenzwerte für verschiedene Arten der Isolierung enthält IEC 60724.

[b] Für die Berechnung von k siehe Gleichung am Anfang dieses Anhangs.

[c] Ölbeständiger Kautschuk (CSP = Chloro-Sulphonated Polyethylene).

Tabelle A.54.4 – Werte von k für Schutzleiter, die als Ader innerhalb von Kabeln und Leitungen enthalten sind oder die in gemeinsamer Bündelung mit anderen Kabeln und Leitungen oder mit Aderleitungen verlegt sind

Leiterisolierung	Temperatur °C[b]		Leiterwerkstoff		
	Anfang	Ende	Kupfer	Aluminium	Stahl
			Wert für k^c		
70 °C Thermoplast (PVC)	70	160/140[a]	115/103[a]	76/68[a]	42/37[a]
90 °C Thermoplast (PVC)	90	160/140[a]	100/86[a]	66/57[a]	36/31[a]
90 °C Duroplast (z. B. XLPE und EPR)	90	250	143	94	52
60 °C Duroplast (Kautschuk)	60	200	141	93	51
85 °C Duroplast (Kautschuk)	85	220	134	89	48
185° C Duroplast (Silikon-Kautschuk)	180	350	132	87	47

[a] Der niedrigere Wert gilt für thermoplastisch-isolierte Leiter (z. B. PVC) mit Querschnitten größer als 300 mm².
[b] Temperaturgrenzwerte für verschiedene Arten der Isolierung enthält IEC 60724.
[c] Für die Berechnung von k siehe Gleichung am Anfang dieses Anhangs.

Tabelle A.54.5 – Werte von k für Schutzleiter als metallene Umhüllung von Kabeln und Leitungen, z. B. als Bewehrung, Metallmantel, konzentrischer Leiter usw.

Leiterisolierung	Temperatur °C[a]		Leiterwerkstoff		
	Anfang	Ende	Kupfer	Aluminium	Stahl
			Wert für k^c		
70 °C Thermoplast (PVC)	60	200	141	93	51
90 °C Thermoplast (PVC)	80	200	128	85	46
90 °C Duroplast (z. B. XLPE und EPR)	80	200	128	85	46
60 °C Duroplast (Kautschuk)	55	200	144	95	52
85 °C Duroplast (Kautschuk)	75	220	140	93	51
Mineral Thermoplast (PVC-umhüllt)[b]	70	200	135	–	–
mineralisoliert	105	250	135	–	–

[a] Temperaturgrenzwerte für verschiedene Arten der Isolierung enthält IEC 60724.
[b] Diese Werte dürfen auch für blanke Leiter angewendet werden, bei denen die Möglichkeit einer Berührung mit brennbarem Material besteht.
[c] Für die Berechnung von k, siehe Gleichung am Anfang dieses Anhangs.

Tabelle A.54.6 – Werte von k für blanke Schutzleiter in Fällen, in denen keine Gefährdung benachbarter Teile infolge der angegebenen Temperaturen entsteht

Bedingungen	Anfangs-temperatur	Leiterwerkstoff					
		Kupfer		Aluminium		Stahl	
		max. Temperatur (Endtemperatur)	Wert für k	max. Temperatur (Endtemperatur)	Wert für k	max. Temperatur (Endtemperatur)	Wert für k
	°C	°C		°C		°C	
sichtbar und im abgegrenzten Bereich	30	500	228	300	125	500	82
normale Bedingungen	30	200	159	200	105	200	58
Feuergefährdung	30	150	138	150	91	150	50

Anhang B
(informativ)

Beispiel für die Darstellung von Erdungsanlagen und Schutzleitern

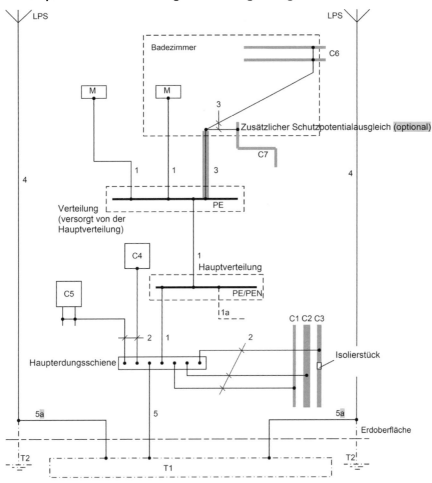

Bild B.54.1 – Anordnung von Erdungsanlagen, Schutzleitern und Schutzpotentialausgleichsleitern (beipielhaft)

Legende

Symbol	Name	Anmerkung
C	Fremdes Leitfähiges Teil	
C1	Metallene Wasserrohre, von außen kommend	oder Fernwärmeleitung
C2	Metallene Abwasserrohre, von außen kommend	
C3	Metallene Gasrohre mit Isolierstück, von außen kommend	
C4	Klimaanlage	
C5	Heizung	
C6	Metallene Wasserrohre, z. B. in einem Badezimmer	siehe DIN VDE 0100-701 (VDE 0100-701):2008-10, 701.415.2
C7	Metallene Abwasserrohre, z. B. in einem Badezimmer	siehe DIN VDE 0100-701 (VDE 0100-701):2008-10, 701.415.2
T1	Fundamenterder, in Beton verlegt oder als Ringerder in Erde verlegt	
T2	Zusätzlicher Erder für Blitzschutz (LPS), falls notwendig	
LPS	Blitzschutzsystem (wenn vorhanden)	
PE	Schutzleiter-Anschlussklemme innerhalb der Verteilung	
PE/PEN	PE/PEN-Klemme(n) innerhalb der Hauptverteilung	
M	Körper (eines elektrischen Betriebsmittels)	
1	Schutzleiter	siehe 543 Mindestquerschnitt, siehe 543.1 Arten des Schutzleiters, siehe 543.2 Elektrische Durchgängigkeit von Schutzleitern, siehe 543.3
1a	Schutzleiter oder PEN Leiter (wenn vorhanden) des speisenden Netzes	
2	Schutzpotentialausgleichsleiter zur Verbindung mit der Haupterdungsschiene	siehe 544.1
3	Schutzpotentialausgleichsleiter für den zusätzlichen Schutzpotentialausgleich	siehe 544.2
4	Ableitung einer Blitzschutzanlage (LPS) (wenn vorhanden)	
5	Erdungsleiter	siehe 542.3
5a	Funktionserdungsleiter für Blitzschutz	Anforderungen sind in DIN EN 62305-3 (VDE 0185-305-3) enthalten.

Wenn eine Blitzschutzanlage (LPS) errichtet ist, müssen die zusätzlichen Anforderungen nach Abschnitt 6 der DIN EN 62305-3 (VDE 0185-305-3):2011-10 erfüllt werden, insbesondere die Anforderungen nach 6.1 und 6.2.

Anhang C
(informativ)

Errichten von Fundamenterdern, in Beton verlegt

Für das Errichten von Fundamenterdern, in Beton verlegt, gilt in Deutschland DIN 18014.

ANMERKUNG Der Text dieses Anhangs des HD 60364-5-54:2011 wurde nicht übernommen. Für inhaltliche Informationen siehe HD 60364-5-54:2011[N5].

Anhang D
(informativ)

Errichten von Fundamenterdern, in Erde verlegt (Ringerder)

Für das Errichten von Ringerdern, in Erde verlegt, gilt in Deutschland DIN 18014.

ANMERKUNG Der Text dieses Anhangs des HD 60364-5-54:2011 wurde nicht übernommen. Für inhaltliche Informationen siehe HD 60364-5-54:2011[N5].

Nationale Fußnote: [N5] Bezugsquelle gegen Kostenbeteiligung:
DKE-Schriftstückservice, Stresemannallee 15, 60596 Frankfurt am Main, Tel.-Nr.: (069) 63 08-3 82,
Fax-Nr.: (069) 63 08-98 46, E-Mail-Adresse: dke.schriftsueckservice@vde.com

Anhang ZA
(normativ)

Normative Verweisungen auf internationale Publikationen mit ihren entsprechenden europäischen Publikationen

Die folgenden zitierten Dokumente sind für die Anwendung dieses Dokuments erforderlich. Bei datierten Verweisungen gilt nur die in Bezug genommene Ausgabe. Bei undatierten Verweisungen gilt die letzte Ausgabe des in Bezug genommenen Dokuments (einschließlich aller Änderungen).

ANMERKUNG Wenn internationale Publikationen durch gemeinsame Abänderungen geändert wurden, durch (mod) angegeben, gelten die entsprechenden EN/HD.

Publikation	Jahr	Titel	EN/HD	Jahr
IEC 60364-4-41 (mod)	2005	Low-voltage electrical installations – Part 4-41: Protection for safety – Protection against electric shock	HD 60364-4-41 + Corr. Juli	2007 2007
IEC 60364-4-44 (mod) + Corr. Mai	2007 2010	Low voltage electrical installations – Part 4-44: Protection for safety – Protection against voltage disturbances and electromagnetic disturbances	FprHD 60364-4-442	201X[1]
IEC 60364-5-51 (mod)	2005	Electrical installations of building – Part 5-51: Selection and erection of electrical equipment – Common rules	HD 60364-5-51	2009
IEC 60439-2	–	Low-voltage switchgear and controlgear assemblies – Part 2: Particular requirements for busbar trunking systems (busways)	EN 60439-2	–
IEC 60724	–	Short-circuit temperature limits of electric cables with rated voltages of 1 kV (U_m = 1,2 kV) and 3 kV (U_m = 3,6 kV)	–	
IEC 60909-0	–	Short-circuit currents in three-phase a.c. systems – Part 0: Calculation of currents	EN 60909-0	–
IEC 60949	–	Calculation of thermally permissible short-circuit currents, taking into account non-adiabatic heating effects	–	
IEC 61140	2001	Protection against electric shock – Common aspects for installation and equipment	EN 61140	2002
IEC 61439-1	–	Low-voltage switchgear and controlgear assemblies – Part 1: General rules	EN 61439-1	–
IEC 61439-2	–	Low-voltage switchgear and controlgear assemblies – Part 2: Power switchgear and controlgear assemblies	EN 61439-2	–
IEC 61534-1	–	Powertrack systems - Part 1: General requirements	EN 61534-1	–
IEC 62305 (alle Teile)		Protection against lightning	EN 62305 (alle Teile)	
IEC 62305-3 (mod)	2006	Protection against lightning – Part 3: Physical damage to structures and life hazard	EN 62305-3[2] + Corr. November + Corr. September + A 11	2006 2006 2008 2009

---

[1] Im Entwurfsstadium.

[2] EN 62305-3 wurde ersetzt durch EN 62305-3:2011, die auf IEC 62305-3:2010 basiert.

Anhang ZB
(normativ)

Besondere nationale Bedingungen

Besondere nationale Bedingung: Nationale Eigenschaft oder Praxis, die – selbst nach einem längeren Zeitraum – nicht geändert werden kann, z. B. klimatische Bedingungen, elektrische Erdungsbedingungen.

ANMERKUNG   Wenn sie die Harmonisierung beeinflusst, ist sie Bestandteil der Europäischen Norm oder des Harmonisierungsdokuments.

Für Länder, für die die betreffenden besonderen nationalen Bedingungen gelten, sind diese normativ; für die anderen Länder hat diese Angabe informativen Charakter.

Land	Abschnitt	Besondere nationalen Bedingungen
Deutschland	542.1.1	ANMERKUNG Der eingearbeitete, hier nicht wiederholte schattierte Text gilt nur für Deutschland und nicht für die übrigen CENELEC-Mitglieder.
Irland	542.2.1	Die Anmerkung gilt nicht für Irland.
Slowenien	542.2.1 542.3.1	In Slowenien gilt ein Mindestquerschnitt von 100 mm^2 für massiven Stahl oder Bandstahl als Erder oder Erdungsleiter.
Tschechische Republik	542.2.1	Neben den Erdern aus Stahl entsprechend Tabelle ZB.54.1 sind für im Erdboden errichtete Erder aus Stahl, wenn deren spezifischer Widerstand wegen Korrosionsschutz und mechanischer Festigkeit größer > 50 Ωm ist, die Werte in Tabelle E.1 anzuwenden.
Tschechische Republik	542.2.1	In der Tschechischen Republik dürfen Metallplatten nur in bestimmten Fällen als Erder werden.
Niederlande	542.2.2	In den Niederlanden darf eine einzelne Unterbrechung in der Erdungsanlage einer Niederspannungsanlage (die mit der Erdungsanlage verbunden ist) nicht zu Berührungsspannungen führen, die Abschnitt 411 nicht entsprechen.
Niederlande	542.2.2	In den Niederlanden müssen Erder und zugehörige Leiter in einer Tiefe von mindestens 60 cm verlegt werden. Leiter einer Erderanlage, die in Form einer Schleife oder in kreisförmiger Form verlegt sind, müssen in einem Abstand voneinander von mindestens 1 m verlegt werden.
Österreich	542.2.3	In Österreich sind Wasserleitungen als Erder nicht zugelassen.
Belgien	542.2.3	In Belgien sind Wasserleitungen als Erder nicht zugelassen.
Schweiz	542.2.3	In der Schweiz sind Wasserleitungen als Erder nicht zugelassen.
Deutschland	542.2.3	ANMERKUNG Der eingearbeitete, hier nicht wiederholte schattierte Text gilt nur für Deutschland und nicht für die übrigen CENELEC-Mitglieder.
Finnland	542.2.3	In Finnland sind Wasserleitungen als Erder nicht zugelassen.
Kroatien	542.2.3	In Kroatien sind Wasserleitungen als Erder nicht zugelassen.
Irland	542.2.3	In Irland sind Wasserleitungen als Erder nicht zugelassen.
Frankreich	542.2.3	In Frankreich sind Wasserleitungen als Erder nicht zugelassen.
Schweden	542.2.3	In Schweden sind Wasserleitungen als Erder nicht zugelassen.
Vereinigtes Königreich	542.2.3	Im Vereinigten Königreich darf ein Metallrohr, das Teil der Wasserversorgung ist, nicht als Erder verwendet werden.

Land	Abschnitt	Besondere nationalen Bedingungen
Italien	542.2.3	In Italien ist die Verwendung von Wasserleitungen als Erder nur mit Zustimmung des Wasserversorgers erlaubt.
Island	542.2.3	In Island sind Wasserleitungen als Erder nicht zugelassen.
Polen	542.2.3	In Polen ist die Verwendung von Wasserleitungen als Erder nur mit Zustimmung des Wasserversorgers erlaubt.
Niederlande	542.2.3	In den Niederlanden sind Wasserleitungen als Erder nicht zugelassen.
Slowenien	542.2.3	In Slowenien sind Wasserleitungen als Erder nicht zugelassen.
Norwegen	542.2.3	In Norwegen sind Wasserleitungen als Erder nicht zugelassen.
Dänemark	542.2.3	In Dänemark sind Wasserleitungen als Erder nicht zugelassen.
Deutschland	542.2.3	ANMERKUNG Der eingearbeitete, hier nicht wiederholte schattierte Text gilt nur für Deutschland und nicht für die übrigen CENELEC-Mitglieder. HD 60364-5-54:2011 enthält für die erste Aufzählung den folgenden Text für die übrigen CENELEC-Mitglieder: – in Beton eingebetteter Fundamenterder; ANMERKUNG Für weitere Informationen siehe Anhang C.
Dänemark	542.2.4	In Dänemark müssen Erder, wo dies möglich ist, in einer Tiefe von mindestens 2 m verlegt werden.
Deutschland	542.2.5	ANMERKUNG Der eingearbeitete, hier nicht wiederholte schattierte Text gilt nur für Deutschland und nicht für die übrigen CENELEC-Mitglieder.
Schweiz	542.3.1	In der Schweiz muss der Querschnitt des Erdungsleiters mindestens 16 mm^2 sein.
Irland	542.3.1	In Irland muss der Querschnitt des Erdungsleiters mindestens 10 mm^2 sein.
Dänemark	542.3.1	In Dänemark müssen Erder und Erderanlagen in einer Tiefe von mindestens 35 cm verlegt werden.
Niederlande	542.3.1	In den Niederlanden darf eine Unterbrechung eines Schutzleiters, der für mehrere Anlagen verwendet wird, nicht zu einer Berührungsspannung in der Anlage führen (durch Verbindungen zur Anlage), die nicht Abschnitt 411 entspricht.
Norwegen	542.3.1	In Norwegen müssen in Erde verlegte Erdungsleiter einen Querschnitt von mindestens 25 mm^2 Cu oder 50 mm^2 Fe korrosionsgeschützt haben. Anschlüsse und/oder Verbindungen müssen gegen Korrosion geschützt werden.
Slowenien	542.3.2	In Slowenien muss der Anschluss des Erdungsleiters an einen Erder mit einer Schraubverbindung nicht kleiner als M10 hergestellt werden.
Niederlande	542.3.2	In den Niederlanden müssen Erder und Erderanlagen in einer Tiefe von mindestens 60 cm verlegt werden.
Tschechische Republik	542.2.5 (nach der ersten Aufzählung)	In der Tschechischen Republik dürfen Erder aus Kupfer oder die mit Kupfer überzogen sind in dicht bewohnten Gebieten verwendet werden, vorausgesetzt, dass der Einfluss von Korrosion von Kupfer auf Stahl, verzinkten Stahl usw. überwacht wird und ein Opferanodenschutz zur Verhinderung von Korrosion verwendet wird.

Land	Abschnitt	Besondere nationalen Bedingungen
Tschechische Republik	542.2.5 (am Ende des Unterabschnitts)	In der Tschechischen Republik sind die Verbindung von Stahlerdern mit dem Erdungsleitern und Kreuzverbinder von Stahlerdern und Erdungsleitern mit unterschiedlichen Materialien durch passive Maßnahmen zu schützen, ganz gleich, ob sie im allgemeinen Sinn geschützt sind (z. B. verzinkt) oder nicht. Kreuzverbinder sind durch passive Maßnahmen bei folgenden Abmessungen zu schützen (z. B. durch Umhüllung mit Bitumen oder Harz oder mit Bändern als Korrosionsschutz umwickelt, usw.): – Erdungsleiter, die in einer Tiefe von mindestens 30 cm und 20 cm über der Erdoberfläche verlegt sind; – Erdungsleiter, vom Fundamenterder – beim Übergang von Beton in Erde, *mindestens* 30 cm in Beton und 100 cm in Erde; – beim Übergang von Beton zur Erdoberfläche ≥ 10 cm in Beton und 20 cm über der Erdoberfläche; – Umhüllung der Dehnungsbänder – Umhüllung des Anschlusses mindestens 20 cm in Beton auf beiden Seiten.
Irland	542.3.1	In Irland muss der Querschnitt von Stromkreisen für den Blitzschutz ≥ 1,5 mm^2 sein.
Finnland	542.3.1	In Finnland müssen Erdungsleiter, die nicht gegen Korrosion geschützt sind, einen Mindestquerschnitt von 25 mm^2 Cu oder 50 mm^2 Fe haben.
Österreich	543.1.1	In Österreich wird der 1. und 2. Absatz durch Folgendes ersetzt: Der gewählte Querschnitt von jedem Schutzleiter muss ausreichen, um den mechanischen und thermischen Beanspruchungen zu widerstehen, die durch Fehlerströme in der zu erwartenden Zeitdauer auftreten können. Wenn die Stromversorgung durch automatische Abschaltung entsprechend 411.3.2 erfolgt, muss der Querschnitt des Schutzleiters – durch Berechnung entsprechend 543.1.2 bestimmt werden – oder entsprechend Tabelle 54.2 ausgewählt werden. Bei Schutzleitern von Körpern von Stromversorgungen (z. B. Generator oder Transformator) ist ein Querschnitt von der Hälfte eines aktiven Leiters nicht ausreichend. In solchen besonderen Fällen muss sichergestellt werden, dass die Anforderungen des ersten Absatzes erfüllt werden. In anderen Fällen müssen die Anforderungen entsprechend 543.1.3 erfüllt werden.
Österreich	543.1.1, Tabelle 54.2, fünfte Zeile	In Österreich ist es erlaubt, Standardkabel mit einem Querschnitt von 150/170 mm^2 und von 400/185 mm^2 ohne Berechnung in Übereinstimmung mit 543.1.1 zu verwenden. Dennoch muss der Querschnitt des Schutzleiters, wenn er kleiner als das 0,5-Fache des Querschnitts des aktiven Leiters ist, Tabelle 54.2 entsprechen.

DIN VDE 0100-540 (VDE 0100-540):2012-06

Land	Abschnitt	Besondere nationalen Bedingungen
Dänemark	543.1.1	In Dänemark ist es normalerweise erlaubt, bei Stromkreisen, die durch eine Fehlerstrom-Schutzeinrichtung (RCD) geschützt sind, unabhängig vom Querschnitt des aktiven Leiters, ohne Berechnung einen Schutzleiter mit einem Querschnitt von 2,5 mm^2 Cu zu verwenden. Wenn im TN-System Fehlerstrom-Schutzeinrichtungen (RCDs) verwendet werden und der Schutzleiter mit einem Querschnitt der geringer ist als der des aktiven Leiter und kürzer 10 m ist und mit dem PEN-Leiter vor der Fehlerstrom-Schutzeinrichtung (RCD) verbunden ist, muss der Querschnitt des Schutzleiters berechnet werden.
Irland	543.1.1	In Irland ist der Querschnitt von Stromkreisen für Beleuchtung 1,5 mm^2.
Niederlande	543.1.4	In den Niederlanden muss bei einer Erderanlage für mehrere Anlagen der Erdungsleiter derart errichtet werden, dass eine Unterbrechung eines Erdungsleiters an einer Stelle nicht die Funktion der Erderanlage beeinträchtigt.
Italien	543.2.1	In Italien dürfen Kabeltragesysteme und Kabelpritschen, in Übereinstimmung mit lokalen oder nationalen Regelungen oder Vorschriften, als Schutzleiter verwendet werden.
Vereinigtes Königreich	543.2.1	Im Vereinigten Königreich dürfen Kabeltragesysteme und Kabelpritschen, in Übereinstimmung mit lokalen oder nationalen Regelungen oder Vorschriften, als Schutzleiter verwendet werden.
Vereinigtes Königreich	543.2.3	Im Vereinigten Königreich dürfen Kabeltragesysteme und Kabelpritschen, in Übereinstimmung mit lokalen oder nationalen Regelungen oder Vorschriften, als Schutzleiter verwendet werden.
Schweiz	543.2.3	In der Schweiz dürfen metallene Wasserrohre als Schutzpotentialausgleichsleiter verwendet werden.
Vereinigtes Königreich	544.1	Im Vereinigten Königreich gibt es besondere Anforderungen für zulässige Mindestquerschnitte von Schutzpotentialausgleichsleitern, wenn Schutz durch Mehrfacherdung (PME) angewandt wird.
Tschechische Republik	543.4.1	In der Tschechischen Republik ist die Verwendung des PEN-Leiters in Teilen der Anlage erlaubt, in denen keine Messung erfolgt, vorausgesetzt: – die Querschnitte aller Leiter eines Messabzweiges und von den Messeinrichtungen zu den Abzweigen sind gleich und nicht kleiner als 6 mm^2 Cu oder 10 mm^2 Al; – die Aufteilung des PEN-Leiters in Neutralleiter N und Schutzleiter PE erfolgt am nächsten geeigneten Punkt hinter der Messeinrichtung (z. B. in der Unterverteilung der Wohnung) und in Übereinstimmung mit anderen Anforderungen dieses Abschnitts.
Schweden	543.4.3, Bild 54.1b	In Schweden ist die Anwendung des Beispiels in Bild 54.1 b nicht erlaubt.

Land	Abschnitt	Besondere nationalen Bedingungen
Deutschland	544.1	ANMERKUNG Der eingearbeitete, hier nicht wiederholte schattierte Text gilt nur für Deutschland und nicht für die übrigen CENELEC-Mitglieder. HD 60364-5-54:2011 enthält für den ersten Absatz den folgenden Text für die übrigen CENELEC-Mitglieder: Der Schutzpotentialausgleichsleiter, der für die Verbindung mit der Haupterdungsschiene vorgesehen ist, muss einen Querschnitt haben, der nicht kleiner ist als der halbe Querschnitt des größten Schutzleiters der Anlage und darf nicht kleiner sein als:
Irland	544.1, 1. Aufzählung	In Irland ist der kleinste Querschnitt 10 mm^2. Zusätzlich muss an jedem Anschluss ein Warnschild an jeder Hauptpotentialausgleichsverbindung mit folgendem Text dauerhaft angebracht werden: „Safety Electrical Connection – do not remove" („sichere elektrische Verbindung – nicht entfernen")
Irland	544.1 2. Aufzählung	In Irland braucht der Querschnitt des Hauptpotentialausgleichsleiters nicht größer als 70 mm^2 sein.
Irland	544.2.3	In Irland ist der kleinste Querschnitt des Schutzpotentialausgleichsleiters bei mechanischem Schutz 2,5 mm^2 und ohne mechanischen Schutz 4 mm^2. Zusätzlich muss am Anschluss des Schutzpotentialausgleichsleiters an einem Rohr ein Warnschild mit folgendem Text dauerhaft angebracht werden: „Safety Electrical Connection – do not remove" („sichere elektrische Verbindung – nicht entfernen").

Tabelle ZB.54.1 – Minimum-Abmessungen für Erder aus Stahl bei einem Erdungswiderstand größer als 50 Ω

Art des Erders	Form	Mindestabmessungen	
		verzinkter Stahl	blanker Stahl (ohne Schutzschicht)
Band oder massives Rundmaterial	Band	In Übereinstimmung mit Tabelle 54.1	Querschnitt: 150 mm^2, Dicke: 4 mm
Stangen in senkrechter Montage	Stahlseil	Ø 8 mm	Ø 10 mm
	Rundstange	Ø 8 mm	Ø 10 mm
	Rohr	Ø 15 mm, Rohrwanddicke: 3 mm	Ø 15 mm, Rohrwanddicke: 4 mm
	Stahlwinkel usw.	Querschnitt: 100 mm^2 Dicke: 3 mm	Querschnitt: 150 mm^2 Dicke: 4 mm

Anhang ZC
(informativ)

A-Abweichungen

A-Abweichung: Nationale Abweichung, die auf Vorschriften beruht, deren Veränderung zum gegenwärtigen Zeitpunkt außerhalb der Kompetenz des CEN/CENELEC-Mitglieds liegt.

Diese Europäische Norm fällt nicht unter eine EG-Richtlinie.

In den betreffenden CEN/CENELEC-Ländern gelten diese A-Abweichungen anstelle der Festlegungen des Harmonisierungsdokuments so lange, bis sie zurückgezogen sind.

Land	Abschnitt	Bezug zu nationalen Gesetzen	Text
Belgien	541.3.3 541.3.4 542	Die Installationsvorschrift (Art. 69) erlaubt nicht die Verwendung eines Erders entsprechend IEV 826-13-05 oder IEV 826-13-08 (modifziert in 541.3.4 oder 541.3.5). Der Text der Definition entspricht IEV 826-04-02:2004 oder IEV 604-04-03:1987.	In Belgien ist ein Erder wie folgt definiert: ein leitfähiges Teil oder eine Gruppe von leitfähigen Teilen, die miteinander verbunden sind und in Erde verlegt sind und eine elektrische Verbindung mit der Erde haben
Spanien	542.2.6	Die spanische Installationsvorschrift R.D. 842/2002 legt andere Anforderungen fest.	In Spanien dürfen Metallrohre mit brennbaren Flüssigkeiten oder Gasen nicht als Teil einer Erdungsanlage verwendet werden.
	543.2.1	Die spanischen Installationsvorschriften R.D. 2413/1973 und R.D. 2295/1985 legen andere Anforderungen fest.	In Spanien ist die Verwendung von Installationsrohren als Schutzleiter verboten.
	543.2.1	Die spanische Installationsvorschrift R.D. 842/2002 legt andere Anforderungen fest.	In Spanien dürfen Metallrohre mit brennbaren Flüssigkeiten oder Gasen nicht als Teil einer Erdungsanlage verwendet werden.
Vereinigtes Königreich	543.2.1	Im Vereinigten Königreich dürfen metallene Kabelkanäle auch als Schutzleiter verwendet werden.	Im Vereinigten Königreich dürfen fremde leitfähige Teile als Schutzleiter verwendet werden.
	543.4	Entsprechend der Vorschrift 8(4) „Electricity Safety, Quality and Continuity Regulations 2002" des Vereinigten Königreichs dürfen Verbraucher die Neutral- und Schutzfunktionen nicht in einem Leiter in der Verbraucheranlage zusammenführen.	Im Vereinigten Königreich dürfen Leiter mit Neutral- und Schutzfunktionen in der Verbraucheranlage nicht in einem Leiter zusammenführt werden.
Schweiz	544.1.1	Das Schweizerische Gesetz fordert einen Mindestquerschnitt von 10 mm^2 für Gebäude mit Blitzschutz	In der Schweiz muss der Hauptschutzpotentialausgleichsleiter einen Mindestquerschnitt von 10 mm^2 aufweisen, wenn er gleichzeitig auch als Blitzschutz verwendet wird.

DIN VDE 0100-540 (VDE 0100-540):2012-06

Literaturhinweise

ANMERKUNG   In diesem Abschnitt ist nur Literatur genannt, die nicht unter 541.2 „Normative Verweisungen" aufgeführt ist.

DIN CLC/TS 61643-12 (VDE V 0675-6-12), *Überspannungsschutzgeräte für Niederspannung —Teil 12: Überspannungsschutzgeräte für den Einsatz in Niederspannungsanlagen – Auswahl und Anwendungsgrundsätze*

DIN EN 10020, *Begriffsbestimmungen für die Einteilung der Stähle*

DIN EN 50164-X (VDE 0185-20X) (alle Teile), *Blitzschutzbauteile*

DIN EN 60079-0 (VDE 0170-1), *Explosionsfähige Atmosphäre – Teil 0: Geräte – Allgemeine Anforderungen*

DIN EN 60079-14 (VDE 0165-1), *Explosionsfähige Atmosphäre – Teil 14: Projektierung, Auswahl und Errichtung elektrischer Anlagen*

DIN EN 60702-1 (VDE 0284-1), *Mineralisolierte Leitungen mit einer Bemessungsspannung bis 750 V – Teil 1: Leitungen*

DIN VDE 0100-430 (VDE 0100-430):2010-10, *Errichten von Niederspannungsanlagen – Teil 4-43: Schutzmaßnahmen – Schutz bei Überstrom (IEC 60364-4-43:2008, modifiziert + Corrigendum Okt. 2008); Deutsche Übernahme HD 60364-4-43:2010*

DIN VDE 0100-520 (VDE 0100-520), *Errichten von Niederspannungsanlagen – Teil 5: Auswahl und Errichtung elektrischer Betriebsmittel – Kapitel 52: Kabel- und Leitungsanlagen*

DIN VDE 0100-600 (VDE 0100-600), *Errichten von Niederspannungsanlagen – Teil 6: Prüfungen*

DIN VDE 0100-701 (VDE 0100-701):2008-10, *Errichten von Niederspannungsanlagen – Teil 7-701: Anforderungen für Betriebsstätten, Räume und Anlagen besonderer Art – Räume mit Badewanne oder Dusche (IEC 60364-7-701:2006, modifiziert); Deutsche Übernahme HD 60364-7-701:2007*

E DIN IEC 60364-4-44/A3 (VDE 0100-442):2005-11, *Errichten von Niederspannungsanlagen – Teil 4-44: Schutzmaßnahmen – Schutz gegen Störspannungen und Maßnahmen gegen elektromagnetische Einflüsse – Hauptabschnitt 442: Schutz von Niederspannungsanlagen gegen vorübergehende Überspannungen und bei Erdschlüssen in Netzen mit höherer Spannung (IEC 64/1484/CD:2005)*

Nationaler Anhang NA
(informativ)

Begriffsübersicht zu Leitern im Zusammenhang von Potentialausgleich und Erdung

	Schutzleiter	Funktionsleiter
PE-Leiter (siehe DIN VDE 0100-200 (VDE 0100-200):2006-06, Abschnitt 826-13-22, sowie IEV 195-02-09 Kurzform für engl.: „**protective conductor**" – nicht für „protective earth")	**Schutzleiter (PE)** (Dieser Leiter übernimmt die Schutzfunktion bei der Schutzvorkehrung „Schutz durch automatische Abschaltung im Fehlerfall".) **PEN** (Dieser Leiter vereint die Funktionen des Schutzleiters und des Neutralleiters.) **PEM** (Dieser Leiter vereint die Funktionen des Schutzleiters und des Mittelleiters.) **PEL** (Dieser Leiter vereint die Funktion des Schutzleiters und eines Außenleiters.)	Es gibt keine direkte Entsprechung, aber der im Stromkreis vorhandene PE ähnelt vom Prinzip her dem „Masseleiter" bei informationstechnischen Kabeln, bei dem **allerdings keine Schutzfunktion** vorhanden ist.
Potentialausgleichsleiter	**Schutzpotentialausgleichsleiter** (Beim Schutzpotentialausgleich über die Haupterdungsschiene ist dieser Leiter Teil der Schutzmaßnahme „Schutz durch automatische Abschaltung der Stromversorgung" nach DIN VDE 0100-410 (VDE 0100-410):2007-06, Abschnitt 411; oder er ist der Leiter, der den Schutz beim zusätzlichen Schutzpotentialausgleich ermöglicht.)	**Funktionspotentialausgleichsleiter** (Er wird für eine bestimmte Funktion, üblicherweise bei informationstechnischen Geräten, benötigt. Sofern er keine Schutzfunktion übernimmt (in diesem Fall wäre er in erster Linie ein Schutzpotentialausgleichsleiter), darf er nicht grün-gelb gekennzeichnet sein.) **Parallelerdungsleiter** (Eigentlich ein Parallel-Potentialausgleichsleiter, der verschiedene Potentialausgleichsanlagen oder Erdungsanlagen verbindet, um so z. B. störende Ausgleichsströme, beispielsweise auf Kabelschirmen, zu reduzieren.) Andere Bezeichnung: **Paralleler Erdungsleiter** oder **zusätzlicher Potentialausgleichsleiter**)
Erdungsleiter (siehe DIN VDE 0100-200 (VDE 0100-200):2006-06, Abschnitt 826-13-12, sowie IEV 195-02-03, mod.)	**Schutzerdungsleiter** (Leiter, der eine direkte Verbindung mit einem Schutzerder herstellt.)	**Funktionserdungsleiter** (Leiter, der eine direkte Verbindung mit einem Fuktionserder herstellt. Sowohl der Leiter als auch der Erder haben keine Schutzfunktion; der Funktionserdungsleiter darf deshalb nicht grün-gelb gekennzeichnet sein.)
	Potentialausgleichsringleiter (BRC) (Auch **Erdungssammelleiter** genannt, der als Ring, z. B. entlang der Wände in einem Raum, errichtet wird, um daran, wie bei einer Haupterdungsschiene, Schutzleiter, Erdungsleiter und Potentialausgleichsleiter auf kurzem Weg anschließen zu können)	

Nationaler Anhang NB
(informativ)

Konkordanzliste der nationalen, internationalen und europäischen Publikationen

Für den Fall einer undatierten Verweisung im normativen Text (Verweisung auf eine Norm oder andere Unterlage ohne Angabe des Ausgabedatums und ohne Hinweis auf eine Abschnittsnummer, eine Tabelle, ein Bild usw.) bezieht sich die Verweisung auf die jeweils neueste gültige Ausgabe der in Bezug genommenen Norm oder anderen Unterlage.

Für den Fall einer datierten Verweisung im normativen Text bezieht sich die Verweisung immer auf die in Bezug genommene Ausgabe der Norm oder anderen Unterlage.

Eine Information über den Zusammenhang der zitierten Deutschen Normen und anderen Unterlagen mit den entsprechenden Internationalen oder Europäischen Normen und anderen Unterlagen ist in Tabelle NB.1 wiedergegeben.

Tabelle NB.1 – Zusammenhang Deutscher Normen mit entsprechenden Internationalen oder Europäischen Normen

Deutsche Norm	Klassifikation im VDE-Vorschriftenwerk	Internationale Norm	Europäische Norm
DIN 18014	–	–	–
DIN CLC/TS 61643-12 (VDE V 0675-6-12):2010-09	VDE V 0675-6-12	IEC 61643-12:2008, mod.	CLC/TS 61643-12:2009
DIN EN 10020:2000-07	–	–	EN 10020:2000
DIN EN 50164-X (VDE 0185-20X) (alle Teile)	VDE 0185-20X	–	EN 50164-X (alle Teile)
DIN EN 60079-0 (VDE 0170-1):2010-03	VDE 0170-1	IEC 60079-0:2007	EN 60079-0:2009
DIN EN 60079-14 (VDE 0165-1):2009-05	VDE 0165-1	IEC 60079-14:2007	EN 60079-14:2008
DIN EN 60439-2 (VDE 0660-502):2006-07	VDE 0660-502	IEC 60439-2:2000 + A1:2005	EN 60439-2:2000 + A1:2005
DIN EN 60702-1 (VDE 0284-1):2002-11	VDE 0284-1	IEC 60702-1:2002	EN 60702-1:2002
DIN EN 60909-0 (VDE 0102):2002-07	VDE 0102	IEC 60909-0:2001	EN 60909-0:2001
DIN EN 61140 (VDE 0140-1):2007-03	VDE 0140-1	IEC 61140:2001:2001 + A1:2004, mod	EN 61140:2002 + A1:2006
DIN EN 61439-1 (VDE 0660-600-1):2010-06	VDE 0660-600-1	IEC 61439-1:2009, mod.	EN 61439-1:2009
DIN EN 61439-2 (VDE 0660-600-2):2010-06	VDE 0660-600-2	IEC 61439-2 :2003	EN 61439-2:2009
DIN EN 61534-1 (VDE 0604-100):2004-04	VDE 0604-100	IEC 61534-1:2003	EN 61534-1:2003
DIN EN 62305 (VDE 0185-305) (alle Teile)	VDE 0185-305	IEC 62305 (alle Teile)	EN 62305 (alle Teile)

Tabelle NB.1 (*fortgesetzt*)

Deutsche Norm	Klassifikation im VDE-Vorschriftenwerk	Internationale Norm	Europäische Norm
DIN EN 62305-3 (VDE 0185-305-3):2011-10	VDE 0185-305-3	IEC 62305-3:2010, mod.	EN 62305-3:2011
DIN VDE 0100 (VDE 0100) (alle Teile)	VDE 0100 (alle Teile)	IEC 60364 (alle Teile)	HD 384/HD 60364 (alle Teile)
DIN VDE 0100-200 (VDE 0100-200):2006-06	VDE 0100-200	IEC 60050-826:2004, mod. [*]	–
DIN VDE 0100-410 (VDE 0100-410):2007-06	VDE 0100-410	IEC 60364-4-41:2005, mod.	HD 60364-4-41:2007
DIN VDE 0100-430 (VDE 0100-430):2010-10	VDE 0100-430	IEC 60364-4-43:2008, mod. + Cor. Okt. 2008	HD 60364-4-43:2010
DIN VDE 0100-442 (VDE 0100-442):201X in Vorbereitung	VDE 0100-442	IEC 60364-4-44:2007, mod.	HD 60364-4-442:2011
Vorläufer E DIN IEC 60364-4-44/A3 (VDE 0100-442):2005-11	VDE 0100-442	Vorläufer IEC 64/1484/CD:2005	–
DIN VDE 0100-442 (VDE 0100-442):1997-11	VDE 0100-442	–	HD 384.4.442 S1:1997
DIN VDE 0100-444 (VDE 0100-444):2010-10	VDE 0100-444	IEC 60364-4-44:2007, mod.	HD 60364-4-444:2010 + Cor.:2010
DIN VDE 0100-510 (VDE 0100-510):2011-03	VDE 0100-510	IEC 60364-5-51:2005, mod.	HD 60364-5-51:2009
DIN VDE 0100-520 (VDE 0100-520):201X in Vorbereitung	VDE 0100-520	IEC 60364-5-52:2009	HD 60364-5-52:2011
Vorläufer E DIN IEC 60364-5-52 (VDE 0100-520):2004-03	VDE 0100-520	Vorläufer IEC 64/1373/CD:2003	–
DIN VDE 0100-520 (VDE 0100-520):2003-06	VDE 0100-520	IEC 60364-5-52:1993, mod.	HD 384.5.52 S1:1995 + A1:1998
DIN VDE 0100-600 (VDE 0100-600):2008-06	VDE 0100-600	IEC 60364-6:2006, mod.	HD 60364-6:2007
DIN VDE 0100-701 (VDE 0100-701):2008-10	VDE 0100-701	IEC 60364-701:2006, mod.	HD 60364-701:2007
–	–	IEC 60724	–
–	–	IEC 60949	–
[*] IEV Internationales Elektrotechnisches Wörterbuch Deutsche Online-Ausgabe des IEV, Herausgeber DKE www.dke.de\dke-iev Deutsche Ausgabe, Herausgeber DKE Beuth-Verlag, Berlin und VDE-Verlag, Berlin			

Nationaler Anhang NC
(informativ)

Eingliederung dieser Norm in die Struktur der Normen der Reihe DIN VDE 0100 (VDE 0100)

DIN VDE 0100 — Errichten von Niederspannungsanlagen

Gruppe 100 Anwendungsbereich, Allgemeine Grundsätze
- Teil 100: Bestimmungen allgemeiner Merkmale

Gruppe 200 Begriffe
- Teil 200: Begriffe *(Erläuterungen dazu im Teil 100)*

Gruppe 300 Bestimmungen allgemeiner Merkmale
- *Die Bestimmungen allgemeiner Merkmale wurden in den Teil 100 überführt.*

Gruppe 400 Schutzmaßnahmen
- Teil 410: Schutz gegen elektrischen Schlag
- Teil 420: Schutz gegen thermische Einflüsse
- Teil 430: Schutz von Kabeln und Leitungen bei Überstrom
- Teil 440: Schutz bei Überspannungen
- Teil 450: Schutz bei Unterspannungen
- Teil 460: Trennen und Schalten
- Teil 482: Brandschutz bei besonderen Risiken oder Gefahren

Gruppe 500 Auswahl und Errichtung elektrischer Betriebsmittel
- Teil 510: Allgemeine Bestimmungen
- Teil 520: Kabel- und Leitungsanlagen
- Teil 530: Schalt- und Steuergeräte
- Teil 540: Erdungsanlagen, Schutzleiter, Schutzpotentialausgleichsleiter
- Teil 550: Andere elektrische Betriebsmittel
- Teil 560: Elektrische Anlagen für Sicherheitszwecke

Gruppe 600 Prüfungen*)
- Teil 600: Erstprüfungen mit den Abschnitten:
  - Besichtigen
  - Erproben und Messen
    - Durchgängigkeit der Leiter
    - Isolationswiderstand
    - SELV, PELV
    - Schutztrennung
    - Widerstände von Fußböden, Wänden
    - Schutz durch automatische Abschaltung der Stromversorgung
    - Zusätzlicher Schutz
    - Spannungspolarität
    - Phasenfolge
    - Funktionsprüfung
    - Spannungsfall

Gruppe 700 Betriebsstätten, Räume und Anlagen besonderer Art
- Teil 701: Räume mit Badewanne oder Dusche
- Teil 702: Becken von Schwimmbädern, begehbare Wasserbecken und Springbrunnen
- Teil 7… …
- Teil 7… …
- Teil 7… …
- Teil 7… …

*) Wiederkehrende Prüfungen siehe DIN VDE 0105-100 (VDE 0105-100)

Bild NC.1 – Eingliederung dieser Norm in die Struktur der Normen der Reihe DIN VDE 0100 (VDE 0100)

Bibliographische Daten

Kein Bestandteil der Norm!

VDE-Klassifikation	**VDE 0100-540**
DIN-...-Nummer	DIN VDE 0100-540
Ausgabedatum	**Juni 2012**
Normtitel deutsch	Errichten von Niederspannungsanlagen - Teil 5-54: Auswahl und Errichtung elektrischer Betriebsmittel - Erdungsanlagen und Schutzleiter (IEC 60364-5-54:2011); Deutsche Übernahme HD 60364-5-54:2011
Normtitel englisch	Low-voltage electrical installations - Part 5-54: Selection and erection of electrical equipment - Earthing arrangements and protective conductors (IEC 60364-5-54:2011); German implementation HD 60364-5-54:2011
Dokumentenart	N
ICS	91.140.50
Ersatz für	E DIN IEC 60364-5-54; VDE 0100-540 (2008-01)*DIN VDE 0100-540; VDE 0100-540 (2007-06)
Übergangsfrist	Daneben gilt DIN VDE 0100-540 (2007-06) noch bis 2014-04-27.
Normenausschuss	DKE
VDE-Vertriebsnummer	*0100163*
Preisgruppe	*25K*

November 2003

Errichten von Niederspannungsanlagen
Anforderungen für Betriebsstätten, Räume und Anlagen besonderer Art
Teil 711: Ausstellungen, Shows und Stände
(IEC 60364-7-711:1998, modifiziert) Deutsche Fassung HD 384.7.711 S1:2003

DIN

VDE 0100-711

VDE

Diese Norm ist zugleich eine **VDE-Bestimmung** im Sinne von VDE 0022. Sie ist nach Durchführung des vom VDE-Vorstand beschlossenen Genehmigungsverfahrens unter nebenstehenden Nummern in das VDE-Vorschriftenwerk aufgenommen und in der etz Elektrotechnische Zeitschrift bekannt gegeben worden.

Klassifikation

VDE 0100

Teil 711

Diese Norm enthält die Deutsche Fassung des Harmonisierungsdokuments **HD 384.7.711 S1**

Vervielfältigung – auch für innerbetriebliche Zwecke – nicht gestattet.

ICS 91.140.50

Erection of low voltage installations – Requirements for special
installations or locations – Part 711: Exhibitions, shows and stands
(IEC 60364-7-711:1998, modified);
German version HD 384.7.711 S1:2003

Mise en œuvre des installations à basse tension – Règles pour les
installations et emplacements spéciaux – Partie 711: Expositions,
spectacles et stands
(CEI 60364-7-711:1998, modifiée);
Version allemande HD 384.7.711 S1:2003

Diese Norm enthält die Deutsche Fassung des Europäischen Harmonisierungsdokuments
HD 384.7.711 S1:2000 „Elektrische Anlagen von Gebäuden – Teil 7-711: Anforderungen für Betriebsstätten, Räume und Anlagen besonderer Art – Ausstellungen, Shows und Stände", das die Internationale Norm
IEC 60364-7-711:1998 „Electrical installations of buildings – Part 7-711: Requirements for special
installations or locations – Exhibitions, shows and stands" mit gemeinsamen Abänderungen von
CENELEC enthält.

Nationale Zusätze sind grau schattiert.

Beginn der Gültigkeit
Diese Norm gilt ab 01. November 2003.

Für am 01. November 2003 in Planung oder in Bau befindliche Anlagen gilt eine Einführungsfrist bis 31. Januar 2006.

Nationales Vorwort
Norm-Inhalt war veröffentlicht als E DIN IEC 64(Sec)674 (VDE 0100 Teil 711):1994-04 und
E DIN IEC 64/876/CD (VDE 0100 Teil 711/A1):1996-08.

Fortsetzung Seite 2 bis 19

DKE Deutsche Kommission Elektrotechnik Elektronik Informationstechnik im DIN und VDE

DIN VDE 0100-711 (VDE 0100 Teil 711):2003-11

Der Originaltext des HD ist in dieser Norm 1:1 übernommen und wie üblich (d. h. mit weißem Hintergrund) wiedergegeben. Nationale Zusätze, die nicht in der Originalfassung des HD enthalten sind, sind grau schattiert. Zweck dieser Unterscheidung ist es, dem Anwender dieser Norm die nationalen Zusätze deutlich aufzuzeigen und eine klare Unterscheidung zwischen HD und nationalen Anmerkungen und Zusätzen zu ermöglichen. Nationale Zusätze zum normativen Teil des HD sind normativ, ausgenommen Anmerkungen. Nationale Zusätze im informativen Teil des HD sind informativ.

Anhang NC zeigt die Eingliederung dieser Norm in die Struktur der Reihe der Normen DIN VDE 0100 (VDE 0100).

Die im Original zitierten internationalen und europäischen Publikationen sind in dieser Norm zur besseren Handhabung durch die entsprechenden deutschen Normen ersetzt, ohne diese jedoch grau zu schattieren. Um die dazugehörigen Originalverweisungen aufzuzeigen, enthält Anhang NA eine Konkordanzliste (Gegenüberstellung der deutschen Normen mit den dazugehörigen Originalverweisungen und europäischen Entsprechungen).

In diesem HD sind die gemeinsamen Änderungen zu der Internationalen Norm durch eine senkrechte Linie am linken Seitenrand gekennzeichnet.

Für die vorliegende Norm ist das nationale Arbeitsgremium UK 221.2 „Schutz gegen thermische Auswirkungen/Sachschutz" der DKE Deutsche Kommission Elektrotechnik Elektronik Informationstechnik im DIN und VDE zuständig.

HARMONISIERUNGSDOKUMENT
HARMONIZATION DOCUMENT
DOCUMENT D'HARMONISATION

HD 384.7.711 S1

Juli 2003

ICS 29.020; 91.140.50

Deutsche Fassung

Elektrische Anlagen von Gebäuden
Teil 7-711: Anforderungen für Betriebsstätten, Räume und Anlagen besonderer Art – Ausstellungen, Shows und Stände
(IEC 60364-7-711:1998, modifiziert)

Electrical installations of buildings –
Part 7-711: Requirements for special
installations or locations – Exhibitions, shows
and stands
(IEC 60364-7-711:1998, modified)

Installations électriques des bâtiments
Partie 7-711: Règles pour les installations et
emplacements spéciaux – Expositions,
spectacles et stands
(CEI 60364-7-711:1998, modifiée)

Dieses Harmonisierungsdokument wurde von CENELEC am 2003-02-01 angenommen. Die CENELEC-Mitglieder sind gehalten, die CEN/CENELEC-Geschäftsordnung zu erfüllen, in der die Bedingungen für die Übernahme dieses Harmonisierungsdokumentes auf nationaler Ebene festgelegt sind.

Auf dem letzten Stand befindliche Listen dieser nationalen Übernahmen mit ihren bibliographischen Angaben sind beim Zentralsekretariat oder bei jedem CENELEC-Mitglied auf Anfrage erhältlich.

Dieses Harmonisierungsdokument besteht in drei offiziellen Fassungen (Deutsch, Englisch, Französisch).

CENELEC-Mitglieder sind die nationalen elektrotechnischen Komitees von Belgien, Dänemark, Deutschland, Finnland, Frankreich, Griechenland, Irland, Island, Italien, Luxemburg, Malta, den Niederlanden, Norwegen, Österreich, Portugal, Schweden, der Schweiz, der Slowakei, Spanien, der Tschechischen Republik, Ungarn und dem Vereinigten Königreich.

CENELEC

Europäisches Komitee für Elektrotechnische Normung
European Committee for Electrotechnical Standardization
Comité Européen de Normalisation Electrotechnique

Zentralsekretariat: rue de Stassart 35, B-1050 Brüssel

© 2003 CENELEC – Alle Rechte der Verwertung, gleich in welcher Form und in welchem Verfahren, sind weltweit den Mitgliedern von CENELEC vorbehalten.

Ref. Nr. HD 384.7.711 S1:2003 D

DIN VDE 0100-711 (VDE 0100 Teil 711):2003-11

Vorwort

Der Text der Internationalen Norm IEC 60364-7-711:1998, ausgearbeitet von IEC/TC 64 „Electrical installations and protection against electric shock" mit den gemeinsamen Änderungen, ausgearbeitet durch SC 64B „Schutz gegen thermische Beeinflussungen" des Technischen Komitees CENELEC TC 64 „Elektrische Anlagen von Gebäuden" wurde zur offiziellen Abstimmung vorgelegt und wurde als HD 384.7.711 S1 am 2003-02-01 von CENELEC genehmigt.

Nachstehende Daten wurden festgelegt:

- spätestes Datum, zu dem das Vorhandensein eines
  HD auf nationaler Ebene angekündigt werden muss   (doa):   2003-08-01

- spätestes Datum, zu dem das HD auf nationaler Ebene
  durch Veröffentlichung einer identischen nationalen
  Norm oder durch Anerkennung übernommen werden
  muss   (dop):   2004-02-01

- spätestes Datum, zu dem nationale Normen, die
  dem HD entgegenstehen, zurückgezogen werden
  müssen   (dow):   2006-02-01

Unterabschnitte, die zu IEC 60364-7-711 hinzugefügt wurden, sind zusätzlich mit „Z" gekennzeichnet.

In diesem Harmonisierungsdokument sind die gemeinsamen Änderungen zum Internationalen Standard durch eine vertikale Linie am linken Rand des Textes gekennzeichnet.

Anhänge, die als „normativ" bezeichnet sind, gehören zum Norm-Inhalt.
In dieser Norm sind die Anhänge ZA und ZB normativ.
Die Anhänge ZA und ZB wurden von CENELEC hinzugefügt.

Die Anhänge NA, NB und NC wurden von der DKE Deutsche Kommission Elektrotechnik Elektronik Informationstechnik im DIN und VDE hinzugefügt und sind informativ.

DIN VDE 0100-711 (VDE 0100 Teil 711):2003-11

Inhalt

Seite

Vorwort ... 4
Einführung ... 5
711.1 Anwendungsbereich, Zweck und Grundsätze ... 6
711.2 Begriffe ... 6
711.3 Bestimmungen allgemeiner Merkmale ... 7
711.4 Schutzmaßnahmen ... 7
711.5 Auswahl und Errichtung elektrischer Betriebsmittel ... 9
711.6 Prüfung ... 11
Anhang ZA (normativ) Normative Verweisungen auf internationale Publikationen mit ihren entsprechenden europäischen Publikationen ... 12
Anhang ZB (normativ) Besondere nationale Bedingungen ... 14
Nationaler Anhang NA (informativ) Zusammenhang mit Europäischen und Internationalen Normen ... 15
Nationaler Anhang NB (informativ) Literaturhinweise ... 17
Nationaler Anhang NC (informativ) Eingliederung dieser Norm in DIN VDE 0100 (VDE 0100) ... 19

Einführung

Die Festlegungen dieses Teils in der Reihe der Normen DIN VDE 0100 (VDE 0100) ergänzen, ändern oder ersetzen bestimmte Teile der allgemeinen Anforderungen, wie sie in den Gruppen 100 bis 600 der DIN VDE 0100 (VDE 0100) enthalten sind.

Die Abschnittsnummerierung des Teils 711 entspricht der der zutreffenden Bezüge in DIN VDE 0100 (VDE 0100).

Die Nummern, die der Teilenummer 711 nachfolgen, stimmen mit denen der zutreffenden Teile oder Abschnitte von den Gruppen 100 bis 600 der DIN VDE 0100 (VDE 0100) überein.

Fehlen Hinweise auf einen Teil oder Abschnitt, sind die Normen der Gruppen 100 bis 600 und – soweit zutreffend – der Gruppe 700 der DIN VDE 0100 (VDE 0100) anzuwenden.

Nummerierungen in Klammern korrespondieren mit den Nummerierungen der umstrukturierten IEC 60364, datiert nach 2002. Zurzeit wird bei den Normen der Reihe DIN VDE 0100 (VDE 0100) vorwiegend noch die vor 2002 bei IEC 60364 gebräuchliche Nummerierung angewendet.

711 Ausstellungen, Shows und Stände

711.1 Anwendungsbereich, Zweck und Grundsätze

711.1.1 Anwendungsbereich

Die besonderen Anforderungen dieses Teils der DIN VDE 0100 (VDE 0100) in Verbindung mit DIN VDE 0100 (VDE 0100), Gruppen 100 bis 600 sind anzuwenden für vorübergehend errichtete elektrische Anlagen in Ausstellungen, Shows und Ständen (einschließlich mobiler und tragbarer Stände und Ausstattungen) zum Schutz der Benutzer.

Falls nicht besonders erwähnt, ist dieser Teil nicht anzuwenden auf Ausstellungsgegenstände (Exponate), für die es Anforderungen in entsprechenden Normen gibt.

Dieser Teil ist nicht anzuwenden für die elektrische Anlage eines Gebäudes, auch wenn in diesem Ausstellungen, Shows oder Stände aufgebaut werden können.

711.1.2 Normative Verweise

Siehe Anhang ZA.

711.2 Begriffe

Für diesen Teil der DIN VDE 0100 (VDE 0100) werden folgende Begriffe verwendet.

711.2.1
Ausstellung
ein Ereignis zum Zwecke des Ausstellens und/oder Verkaufens von Produkten usw., welches an jedem geeigneten Ort stattfinden kann, entweder in einem Raum, einem Gebäude oder einem vorübergehend errichteten Aufbau

711.2.2
Show
Vorführung oder Darbietung an jedem geeigneten Ort, entweder in einem Raum, einem Gebäude oder einem vorübergehend errichteten Aufbau

711.2.3
Stand
Bereich oder vorübergehend errichteter Aufbau, welcher zum Ausstellen, Vermarkten, Verkauf, zur Unterhaltung usw. genutzt wird

711.2.4
vorübergehend errichteter Aufbau
eine Einheit oder ein Teil einer Einheit einschließlich mobiler tragbarer Einheiten, innen oder außen befindlich, entworfen und vorgesehen zum Auf- und Abbau

711.2.5
vorübergehend errichtete elektrische Anlage
elektrische Anlage, die zur gleichen Zeit errichtet und wieder entfernt wird wie der Stand oder die Ausstellung, für die sie vorgesehen ist

711.2.6
Speisepunkt für die vorübergehende elektrische Anlage
Punkt der festen elektrischen Anlage oder einer anderen Stromquelle, von der elektrische Energie geliefert wird

711.3 (711.30) Bestimmungen allgemeiner Merkmale

711.313 Stromversorgungen

Die Nennversorgungsspannung der vorübergehend errichteten elektrischen Anlage in Ausstellungen, Shows und Ständen darf AC 230/400 V oder DC 500 V nicht überschreiten.

711.32 (711.5.512.2) Berücksichtigung äußerer Einflüsse

Die äußeren Einflüsse der Örtlichkeit, wo die vorübergehend errichteten elektrischen Anlagen aufgebaut sind, z. B. Vorhandensein von Wasser, mechanische Beanspruchung, müssen berücksichtigt werden.

711.4 Schutzmaßnahmen

711.41 Schutz gegen elektrischen Schlag

711.413 Schutz bei indirektem Berühren

711.413.1 Schutz durch automatische Abschaltung der Stromversorgung

711.413.1.3 TN-System

TN-Systeme müssen als TN-S-Systeme errichtet werden.

711.413.1.6 Zusätzlicher Potentialausgleich

711.413.1.6.2 Die fremden leitfähigen Teile eines Fahrzeuges, Wagens, Caravans oder Containers müssen mit dem Schutzleiter der Anlage verbunden werden. Wenn die Schutzleiterverbindung während der Nutzungszeit nicht dauerhaft sichergestellt ist, muss die Schutzleiterverbindung an mehr als einer Stelle erfolgen. Der Nennquerschnitt von Leitern, die zu diesem Zweck benutzt werden, darf nicht geringer als 4 mm² Kupfer sein.

Falls das Fahrzeug, der Wagen, Caravan oder Container hauptsächlich aus isolierendem Material hergestellt ist, gelten diese Anforderungen nicht für Metallteile, bei denen es unwahrscheinlich ist, dass sie im Fehlerfall unter Spannung stehen.

711.42 Schutz gegen thermische Auswirkungen

711.42.01

ANMERKUNG Aufgrund des erhöhten Risikos durch Feuer und Brände ist der Notwendigkeit der Berücksichtigung der Anforderung von DIN VDE 0100-420 (VDE 0100 Teil 420) im Anwendungsbereich dieser Norm Beachtung zu schenken.

711.42.02 Bei Anwendung von SELV oder PELV, muss der Schutz der Leiter durch Isolierung vorgesehen werden, die 1 Minute lang einer Prüfwechselspannung von 500 V standhält, oder durch Abdeckungen oder Umhüllungen mit einer Schutzart von mindestens IP4X oder IPXXD.

711.462 (711.5.536.2) Trennen

711.462.5 (711.5.536.2.3) Jeder eigenständige, vorübergehend errichtete Aufbau, wie z. B. ein Fahrzeug, Stand oder Einheit, vorgesehen zur Inanspruchnahme eines speziellen Nutzers, und jeder Verteilungsstromkreis zur Versorgung von Außenanlagen, muss mit einer eigenen schnell erreichbaren und leicht erkennbaren Trenneinrichtung versehen sein. Die Trenneinrichtung muss in Übereinstimmung mit DIN

DIN VDE 0100-711 (VDE 0100 Teil 711):2003-11

VDE 0100-537 (VDE 0100 Teil 537):1999-06, 537.2 ausgewählt und errichtet werden. Schalter, Leistungsschalter, Fehlerstrom-Schutzeinrichtungen (RCDs) usw., die nach den entsprechenden DIN VDE-Normen zum Trennen geeignet sind, dürfen benutzt werden.

711.47 Anwendung von Schutzmaßnahmen

711.471 Maßnahmen zum Schutz gegen elektrischen Schlag

711.471.1 (*711.4.410.3.2.1*) **Schutz gegen elektrischen Schlag unter normalen Bedingungen**

Schutzmaßnahmen gegen direktes Berühren durch Hindernisse (siehe DIN VDE 0100-410 (VDE 0100 Teil 410):1997-01, 412.3) und Schutz durch Anordnung außerhalb des Handbereichs (siehe DIN VDE 0100-410 (VDE 0100 Teil 410):1997-011, 412.4) dürfen nicht angewendet werden.

711.471.2 (*711.4.410.3.3*) **Schutz gegen elektrischen Schlag unter Fehlerbedingungen**

Schutzmaßnahmen bei indirektem Berühren durch nicht leitende Räume (siehe DIN VDE 0100-410 (VDE 0100 Teil 410):1997-01, 413.3) und durch erdfreien örtlichen Potentialausgleich (siehe DIN VDE 0100-410 (VDE 0100 Teil 410):1997-01, 413.4) dürfen nicht angewendet werden.

711.48 Auswahl von Schutzmaßnahmen unter Berücksichtigung äußerer Einflüsse

711.481.3.1.3 (*711.4.410.3.4.3*) Kabel/Leitungen, die zur Versorgung von vorübergehenden Aufbauten vorgesehen sind, sollten an ihrem Speisepunkt durch Fehlerstrom-Schutzeinrichtungen (RCDs) mit einem Bemessungsdifferenzstrom $I_{\Delta N} \leq 300$ mA geschützt werden. Diese müssen verzögert sein durch Verwendung einer Einrichtung in Übereinstimmung mit DIN EN 60947-2 (VDE 0660 Teil 101) oder durch einen S-Typ in Übereinstimmung mit DIN EN 61008-1 (VDE 0664 Teil 10) oder DIN EN 61009-1 (VDE 0664 Teil 20) wegen der Selektivität mit Fehlerstrom-Schutzeinrichtungen (RCDs), die Endstromkreise schützen.

ANMERKUNG Die Empfehlung für den Schutz durch Fehlerstrom-Schutzeinrichtungen (RCDs) mit einem Bemessungsdifferenzstrom $I_{\Delta N} \leq 300$ mA hängt zusammen mit dem erhöhten Risiko durch Beschädigung von Kabeln/Leitungen in vorübergehend errichteten Aufbauten.

711.481.3.1.4 (*711.4.410.3.4.3*) Alle Steckdosenstromkreise bis 32 A und alle Endstromkreise, außer solchen für Notbeleuchtung, müssen mit einer Fehlerstrom-Schutzeinrichtung (RCD) mit einem Bemessungsdifferenzstrom $I_{\Delta N} \leq 30$ mA geschützt sein.

711.482 (*711.4.422*) Brandschutz

711.482.2.8 (*711.4.422.3.8*)   Ein Motor, der automatisch- oder ferngesteuert wird und nicht dauernd überwacht wird, muss mit einer manuell rückstellbaren Schutzeinrichtung gegen hohe Temperaturen geschützt sein.

711.482.3.2 (*711.4.422.4.2*)   Wärmeerzeugung

Beleuchtungsgeräte wie Glühlampen, Leuchten, Scheinwerfer, kleine Projektoren und andere elektrische Betriebsmittel oder Apparate mit hoher Oberflächentemperatur müssen angemessen überwacht, montiert und platziert sein in Übereinstimmung mit den entsprechenden Normen. All diese Betriebsmittel müssen ausreichend weit von brennbarem Material entfernt sein, um eine Berührung mit diesem zu vermeiden.

Schaukästen und Leuchtschriften müssen aus Werkstoffen hergestellt sein, die eine ausreichende Wärmebeständigkeit, mechanische Festigkeit, elektrische Isolation und Belüftung haben unter Berücksichtigung der Brennbarkeit von Ausstellungsgegenständen in Bezug auf die erzeugte Wärme.

Standeinrichtungen mit einer Ansammlung von elektrischen Geräten, Beleuchtungseinrichtungen oder Lampen, die in der Lage sind, übermäßige Wärme zu entwickeln, dürfen nicht eingebaut werden, es sei

DIN VDE 0100-711 (VDE 0100 Teil 711):2003-11

denn, es ist Vorsorge für eine ausreichende Be- und Entlüftung getroffen, z. B. gut belüftete Decken aus unbrennbarem Material.

In allen Fällen sind die Herstellerangaben zu befolgen.

711.5 Auswahl und Errichtung elektrischer Betriebsmittel

711.51 Gemeinsame Anforderungen

Steuer- und Schutzeinrichtungen müssen in geschlossenen Gehäusen eingebaut sein, die nur unter Verwendung eines Schlüssels oder Werkzeuges geöffnet werden können, ausgenommen sind solche Teile, die für die Bedienung durch Laien (BA1) gestaltet und bestimmt sind, wie in DIN VDE 0100-300 (VDE 0100 Teil 300):1996-01, 322.1 festgelegt.

711.52 Kabel- und Leitungsanlagen

Bewehrte Kabel/Leitungen oder Kabel/Leitungen, die gegen mechanische Beschädigungen geschützt sind, müssen verwendet werden, wenn eine Gefahr einer mechanischen Beschädigung besteht.

Elektrische Leiter von Kabeln/-Leitungen müssen aus Kupfer sein mit einem Mindestquerschnitt von 1,5 mm^2 und entweder mit der Reihe der Normen DIN VDE 0281 (VDE 0281) oder DIN VDE 0282 (VDE 0282) übereinstimmen.

Flexible Kabel/Leitungen dürfen in Bereichen, die der Öffentlichkeit zugänglich sind, nicht verlegt werden, es sei denn, sie sind gegen mechanische Beschädigung geschützt.

ANMERKUNG In Verkehrsflächen ist die Gefahr einer mechanischen Beschädigung gegeben. Z. B. bieten Teppichböden und Matten allein keinen ausreichenden Schutz.

711.521 Typen von Kabel- und Leitungsanlagen

ANMERKUNG 1 Wenn ein Feueralarmsystem vorhanden ist, sind z. B. die Bauarten H05VV, H05VVF, H05RRF, H05RNF, NYM, NI2XY anwendbar.

Wenn in einem Gebäude, das für Ausstellungen usw. genutzt wird, kein Feueralarmsystem installiert ist, müssen Kabel- und Leitungssysteme entweder

- flammwidrig nach Normen der Reihe DIN EN 50265 (VDE 0482 Teil 265) oder DIN EN 50266 (VDE 0482 Teil 266) und mit geringer Entwicklung von Rauch nach Normen der Reihe DIN EN 50268 (VDE 0482 Teil 268) sein

ANMERKUNG 2 Z. B. die Bauarten H07ZZ-F, NHMH, NHXMH (E30), NHXHX (FE180), NHXCHX, N2XH, N2XCH erfüllen diese Anforderung.

oder

- aus ein- oder mehradrigen unbewehrten Kabeln/Leitungen in metallenen oder nichtmetallenen Rohren oder Kanälen bestehen, die einen Feuerschutz in Übereinstimmung mit IEC 60614 oder IEC 61084 und eine Schutzart von mindestens IP4X bieten.

ANMERKUNG 3 IEC 60614 ist thematisch vergleichbar mit den Normen der Reihe DIN EN 50086 (VDE 0605) und IEC 61084-1 ist thematisch vergleichbar mit den Normen der Reihe DIN EN 50085 (VDE 0604). Es wird darauf hingewiesen, dass einadrige Leitungen nicht einzeln in Metallrohren verlegt werden dürfen.

ANMERKUNG 4 Es wird empfohlen, die Realisierung nach den Anforderungen dieses Abschnitts mit dem vorgesehenen Betreiber und der örtlichen Bauaufsicht abzustimmen.

DIN VDE 0100-711 (VDE 0100 Teil 711):2003-11

711.526 Elektrische Verbindungen

711.526.01 In Kabel- und Leitungsanlagen dürfen Verbindungen nicht ausgeführt werden, ausgenommen, wenn es für einen Anschluss innerhalb eines Stromkreises notwendig ist. Wenn Verbindungen ausgeführt werden, müssen hierfür

– entweder Steckverbinder in Übereinstimmung mit den entsprechenden IEC-Normen verwendet werden, oder

– die Verbindung muss in einem Gehäuse mit einer Schutzart von mindestens IP4X oder IPXXD erfolgen.

ANMERKUNG   Steckverbinder nach DIN VDE 0628 (VDE 0628), E DIN EN 61535 (VDE 0606 Teil 200) oder DIN VDE 0620 (VDE 0620) entsprechen diesen Anforderungen.

Wenn Zug auf Klemmen übertragen werden kann, muss die Verbindung zugentlastet sein.

711.55 Andere Betriebsmittel

711.55.01 (*711.5.559*)   Beleuchtungsanlagen

711.55.01.01 (*711.5.559.4.1*)   Leuchten

Leuchten, welche unterhalb 2,5 m (Handbereich) über Fußbodenniveau angebracht oder sonst wie zufälligem Berühren zugänglich sind, müssen sicher und ausreichend befestigt sein und so platziert oder geschützt werden, dass dem Verletzungsrisiko für Personen oder einer Entzündung von Werkstoffen vorgebeugt wird.

ANMERKUNG   Bei Außenbeleuchtungsanlagen gilt DIN VDE 0100-714 (VDE 0100 Teil 714) und eine Schutzart von mindestens IP33 kann erforderlich sein.

711.55.01.Z01 (*711.5.559.4.2*)   Kleinspannungsbeleuchtungssysteme für Glühlampen

Kleinspannungsbeleuchtungssysteme für Glühlampen müssen mit DIN EN 60598-2-23 (VDE 0711 Teil 2-23) übereinstimmen.

711.55.01.02 (*711.5.559.4.3*)   Lampenfassungen

Lampenfassungen für Durchdringungsanschlusstechnik dürfen nicht verwendet werden, es sei denn, Leitungen und Lampenhalter passen zueinander und die Lampenfassungen sind nicht mehr entfernbar, sobald sie an der Leitung befestigt sind.

ANMERKUNG   Illuminationsflachleitungen mit Lampenfassungen dürfen somit nur als fabrikfertige Einheiten verwendet werden.

711.55.03 (*711.5.559.4.4*)   Anlagen mit elektrischen Entladungslampen

Anlagen mit jeglicher Art von Leuchtröhrenschriften oder Leuchten als Illuminationseinheit auf einem Stand oder als Ausstellungsgegenstand mit Nennversorgungsspannung höher als AC 230/400 V müssen mit den nachfolgenden Bedingungen übereinstimmen.

711.55.03.01 (*711.5.559.4.5*)   Ort

Die Leuchtschrift oder die Leuchte muss außerhalb des Handbereichs errichtet sein oder ausreichend geschützt sein, um das Verletzungsrisiko für Personen zu verringern.

ANMERKUNG   DIN EN 50107-1 (VDE 0128 Teil 1):2003-06 enthält in 7.4 und 7.6 zusätzliche Anforderungen für die Anordnung von Hochspannungs-Leuchtröhrenanschlüsse innerhalb des Handbereichs.

DIN VDE 0100-711 (VDE 0100 Teil 711):2003-11

711.55.03.02 (*711.5.559.4.6*) Errichtung

Die Abdeckung oder die Standausstattung hinter Leuchtröhrenschriften oder Leuchten darf nicht entzündbar sein und muss entsprechend den nationalen Normen geschützt sein.

Steuereinrichtungen mit Ausgangsspannungen höher als AC 230/400 V müssen auf nicht entzündbarem Material befestigt werden.

711.55.03.03 (*711.5.559.4.7*) Not-Aus-Einrichtungen

Zur Versorgung derartiger Leuchtschriften, Leuchten oder Ausstellungsgegenstände ist ein separater Stromkreis zu verwenden, welcher durch einen Not-Aus-Schalter geschaltet werden muss.

Der Schalter muss leicht erkennbar, zugänglich und in Übereinstimmung mit den Anforderungen der örtlichen Behörde gekennzeichnet sein.

711.55.04   Elektromotoren

711.55.04.01   Trennen

Wo ein Elektromotor zu einer Gefahr führen könnte, muss der Motor mit einer wirksamen allpoligen Trenneinrichtung versehen sein. Diese Einrichtung muss in der Nähe des Motors angeordnet sein, für den sie vorgesehen ist (siehe DIN EN 60204-1 (VDE 0113 Teil 11)).

711.55.06   Transformatoren für Kleinspannung (ELV) und elektronische Konverter

Eine manuell rückstellbare Schutzeinrichtung muss den Sekundärstromkreis von jedem Transformator oder elektronischen Konverter schützen.

Besondere Sorgfalt ist erforderlich, wenn Transformatoren für Kleinspannung (ELV) eingebaut werden. Diese müssen für die Allgemeinheit außerhalb des Handbereichs angeordnet sein und eine ausreichende Belüftung haben. Die Zugänglichkeit durch Elektrofachkräfte oder unterwiesene Personen für Prüfung und Wartung muss möglich sein.

Elektronische Konverter müssen mit DIN EN 61347-1 (VDE 0712 Teil 30) und DIN EN 61347-2-2 (VDE 0712 Teil 32) übereinstimmen.

ANMERKUNG   Bei der Auswahl der elektronischen Konverter ist bezüglich der Schutzeinrichtung E DIN IEC 64/908/CDV (VDE 0100 Teil 715):1997-04, 715.482.5.2 zu beachten.

711.55.07   Steckdosen und Stecker

Eine angemessene Anzahl von Steckdosen muss montiert sein, um den Anforderungen der Benutzer gefahrlos gerecht zu werden.

Wo eine Fußbodensteckdose eingebaut ist, muss diese ausreichend gegen zufälliges Eindringen von Wasser geschützt sein.

711.6   Prüfung

Die vorübergehend errichteten elektrischen Anlagen von Ausstellungen, Shows und Ständen müssen nach jeder Montage vor Ort in Übereinstimmung mit DIN VDE 0100-610 (VDE 0100 Teil 610) geprüft werden.

Anhang ZA
(normativ)

Normative Verweisungen auf internationale Publikationen mit ihren entsprechenden europäischen Publikationen

Diese Europäische Norm enthält durch datierte oder undatierte Verweisungen Festlegungen aus anderen Publikationen. Diese normativen Verweisungen sind an den jeweiligen Stellen im Text zitiert, und die Publikationen sind nachstehend aufgeführt. Bei datierten Verweisungen gehören spätere Änderungen oder Überarbeitungen dieser Publikationen zu dieser Europäischen Norm nur, falls sie durch Änderung oder Überarbeitung eingearbeitet sind. Bei undatierten Verweisungen gilt die letzte Ausgabe der in Bezug genommenen Publikation (einschließlich Änderungen).

ANMERKUNG Wenn internationale Publikationen durch gemeinsame Abänderungen geändert wurden, durch (mod) angegeben, gelten die entsprechenden EN/HD.

Publikation	Jahr	Titel	EN/HD	Jahr
–	–	Signs and luminous-discharged-tube installations operating from a no-load rated output voltage exceeding 1 kV but not exceeding 10 kV	EN 50107	1998
IEC 60204-1 (mod)	1992	Safety of machinery – Electrical equipment of machinery Part 1: General requirement	EN 60204-1[1]	1992
IEC 60227-1[2]	1993	Polyvinyl chloride insulated cables of rated voltages up to and including 450/750 V Part 1: General requirements	–	–
IEC 60245-1[3]	1994	Rubber insulated cables of rated voltages up to and including 450/750 V Part 1: General requirements	–	–
IEC 60332-1[4]	1993	Tests on electric cables under fire conditions Part 1: Test on a single vertical insulated wire or cable	–	–
IEC 60332-3	1993	Tests on electric cables under fire conditions Part 3: Tests on bunched wires or cables	HD 405.3 S1[5]	1993
IEC 60364-3 (mod)	1993	Electrical installations of buildings Part 3: Assessment of general characteristics	HD 384.3 S2	1995
IEC 60364-4-41 (mod)	1992	Electrical installations of buildings Part 4: Protection for safety Chapter 41: Protection against electric shock	HD 384.4.41 S2	1996
IEC 60364-4-42 (mod)	1980	Electrical installations of buildings Part 4: Protection for safety Chapter 42: Protection against thermal effects	HD 384.4.42 S1	1985

[1] EN 60204-1:1992 ist ersetzt durch EN 60204-1:1997, die auf IEC 60204-1:1997 basiert.

[2] HD 21.1 S3:1997, auf das Bezug genommen wird, das aber nicht direkt mit IEC 60227-1:1993 übereinstimmt, gilt stattdessen.

[3] HD 22.1 S3:1997, auf das Bezug genommen wird, das aber nicht direkt mit IEC 60245-1:1994 übereinstimmt, gilt stattdessen.

[4] EN 50265-1:1998 und EN 50265-2-1, auf die bei IEC 60332-1:1993 Bezug genommen wird, gelten stattdessen.

[5] HD 405.3 S1 ist ersetzt durch die Normen der Reihe EN 50266.

Publikation	Jahr	Titel	EN/HD	Jahr
IEC 60364-5-537 (mod)	1981	Electrical installations of buildings Part 5: Selection and erection of electrical equipment Chapter 53: Switchgear and controlgear Section 537: Devices for isolation and switching	HD 384.5.537 S2[6]	1998
IEC 60364-5-54 (mod)	1980	Electrical installations of buildings Part 5: Selection and erection of electrical equipment Chapter 54: Earthing arrangement and protective conductor	HD 384.5.54 S1	1988
IEC 60364-6-61 (mod)	1986	Electrical installations of buildings Part 6: Verification Chapter 61: Initial verification	HD 384.6.61 S1[7]	1992
IEC 60364-7-714 (mod)	1996	Electrical installations of buildings Part 7: Requirements for special installations or locations Section 714: External lighting installations	HD 384.7.714 S1	2000
IEC 60598-2-23	1996	Luminaires Part 2-23: Particular requirements – Extra low-voltage lighting systems for filament lamps	EN 60598-2-23 + Corr. März	1996 1997
IEC 60614	Reihe	Conduits for electrical installations – Specifications	–	–
IEC 60947-2	1995	Low-voltage switchgear and controlgear Part 2: Circuit-breaker	EN 60947-2 + Corr. März	1996 1997
IEC 61008-1 (mod)	1990	Residual current operated circuit-breaker without integral overcurrent protection for household and similar uses (RCCBs) Part 1: General rules	EN 61008-1[8] + Corr. Dez.	1994 1997
IEC 61009-1 (mod)	1991	Residual current operated circuit-breaker with integral overcurrent protection for household and similar uses (RCCOs) Part 1: General rules	EN 61009-1 + Corr. Dez.	1994 1997
IEC 61046	1993	DC or a.c. supplied electronic step-down converters for filament lamps – General and safety requirements	EN 61046[9]	1994
IEC 61084	Reihe	Cable trunking and dusting systems for electrical installations	–	–

---

[6] HD 384.5.537 S2 basiert auf IEC 60364-5-537:1981 + A1:1989 (mod).

[7] HD 384.6.61 S2 basiert auf IEC 60364-6-61:1986 + A1:1993 + A2:1997.

[8] EN 61008-1:1994 basiert auf IEC 61008-1:1990 + A1:1992 (mod).

[9] EN 61046:1994 ist ersetzt durch EN 61347-1:2001, die auf IEC 61347-1:2000 basiert, und durch EN 61347-2-2:2001, die auf IEC 61347-2-2:2000 basiert.

DIN VDE 0100-711 (VDE 0100 Teil 711):2003-11

Anhang ZB
(normativ)

Besondere nationale Bedingungen

Besondere nationale Bedingung: Nationale Eigenschaft oder Praxis, die nicht – selbst nach einem längeren Zeitraum – geändert werden kann, z. B. klimatische Bedingungen, elektrische Erdungsbedingungen. Wenn sie die Harmonisierung beeinflusst, ist sie Bestandteil der Europäischen Norm oder des Harmonisierungsdokuments.

Für die Länder, für die die betreffenden besonderen nationalen Bedingungen gelten, sind diese normativ; für die anderen Länder hat diese Angabe informativen Charakter.

Abschnitt	Besondere nationale Bedingung
711.481.3.1.4	**Finnland** Nur Steckdosenstromkreise bemessen bis 16 A müssen mit einer Fehlerstrom-Schutzeinrichtung (RCD) mit einem Bemessungsdifferenzstrom $I_{\Delta N} \leq 30\,\text{mA}$ geschützt sein.

Nationaler Anhang NA
(informativ)

Zusammenhang mit Europäischen und Internationalen Normen

Für den Fall einer undatierten Verweisung im normativen Text (Verweisung auf eine Norm ohne Angabe des Ausgabedatums und ohne Hinweis auf eine Abschnittsnummer, eine Tabelle, ein Bild usw.) bezieht sich die Verweisung auf die jeweils neueste gültige Ausgabe der in Bezug genommenen Norm.

Für den Fall einer datierten Verweisung im normativen Text bezieht sich die Verweisung immer auf die in Bezug genommene Ausgabe der Norm.

Eine Information über den Zusammenhang der zitierten Normen mit den entsprechenden Deutschen Normen ist nachstehend wiedergegeben.

IEC hat 1997 die Benummerung der IEC-Publikationen geändert. Zu den bisher verwendeten Normnummern wird jeweils 60000 addiert. So ist zum Beispiel aus IEC 364 nun IEC 60364 geworden.

Tabelle NA.1

Deutsche Norm	Klassifikation im VDE-Vorschriftenwerk	Internationale Norm	Europäische Norm
DIN EN 50107-1 (VDE 0128 Teil 1):2003-06	VDE 0128 Teil 1	–	EN 50107-1:2002
DIN EN 60204-1 (VDE 0113 Teil 1):1998-11	VDE 0113 Teil 1	IEC 60204-1:1997 + Corrigendum 1998	EN 60204-1:1997
DIN EN 60598-2-23 (VDE 0711 Teil 2-23):2001-06	VDE 0711 Teil 2-23	IEC 60598-2-23:1996 + A1:2000	EN 60598-2-23:1996 + A1:2000
DIN EN 60947-2 (VDE 0660 Teil 101):2002-09	VDE 0660 Teil 101	IEC 60947-2:1995 + A1:1997 + A2:2001	EN 60947-2:1996 + A1:1997 + A2:2001
DIN EN 61008-1 (VDE 0664 Teil 10):2000-09	VDE 0664 Teil 10	IEC 61008-1:1990 + A1:1992 (mod.) + A2:1995 + 23E/245/FDIS:1996 + 23E/251/FDIS:1996	EN 61008-1:1994 + A2:1995 + A11:1995 + A12:1998 + A13:1998 + A14:1998 + A17:2000 + Corr. Sept. 1994 + Corr. Dez. 1997 + Corr. April 1998
DIN EN 61009-1 (VDE 0664 Teil 20):2000-09	VDE 0664 Teil 20	IEC 61009-1:1991 (mod.) + A1:1995 + 23E/246/FDIS:1996 + 23E/252/FDIS:1996	EN 61009-1:1994 + A1:1995 + A2:1998 + A11:1995 + A13:1998 + A14:1998 + A15:1998 + A17:1998 + A19:2000 + Corr. Sept. 1994 + Corr. Dez. 1997 + Corr. April 1998

DIN VDE 0100-711 (VDE 0100 Teil 711):2003-11

Deutsche Norm	Klassifikation im VDE-Vorschriftenwerk	Internationale Norm	Europäische Norm
		IEC 61046:1993 ersetzt durch:	EN 61046:1994 ersetzt durch:
DIN EN 61347-1 (VDE 0712 Teil 30):2001-12	VDE 0712 Teil 30	IEC 61347-1:2000 und	EN 61347-1:2001 und
DIN EN 61347-2-2 (VDE 0712 Teil 32):2001-12	VDE 0712 Teil 32	IEC 61347-2-2:2000	EN 61347-2-2:2001
DIN VDE 0281-1 (VDE 0281 Teil 1):1999-01	VDE 0281 Teil 1	IEC 60227-1:1993, modifiziert	HD 21.1 S3:1997
DIN VDE 0282-1 (VDE 0282 Teil 1):1999-01	VDE 0282 Teil 1	IEC 60245-1:1985, modifiziert	HD 22.1 S3:1997
DIN VDE 0100-300 (VDE 0100 Teil 300):1996-01	VDE 0100 Teil 300	IEC 60364-3:1993, modifiziert	HD 384.3 S2:1995
DIN VDE 0100-410 (VDE 0100 Teil 410):1997-01	VDE 0100 Teil 410	IEC 60364-4-41:1992, modifiziert	HD 384.4.41 S2:1996
DIN VDE 0100-410/A1 (VDE 0100 Teil 410/A1):2003-06	VDE 0100 Teil 410/A1	IEC 60364-4-41/A2:1999, modifiziert	HD 384.4.41 S2/A1:2002
DIN VDE 0100-420 (VDE 0100 Teil 420):1991-11	VDE 0100 Teil 420	IEC 60364-4-42:1980, modifiziert	HD 384.4.42 S1:1985
DIN VDE 0100-537 (VDE 0100 Teil 537):1999-06	VDE 0100 Teil 537	IEC 60364-5-537:1981 + A1:1989, modifiziert	HD 384.5.537 S2:1998
DIN VDE 0100-540 (VDE 0100 Teil 540):1991-11	VDE 0100 Teil 540	IEC 60364-5-54:1980	HD 384.5.54 S1:1988
DIN VDE 0100-610 (VDE 0100 Teil 610):1994-04	VDE 0100 Teil 610	IEC 60364-6-61:1986	HD 384.6.61 S1:1992
E DIN VDE 0100-610 (VDE 0100 Teil 610):2001-05	VDE 0100 Teil 610	IEC 60364-6-61:1986 + A1:1993 + A2:1997, modifiziert + IEC 64/1159/CD:2000	HD 384.6.61 S2:2003 Vorgänger: prHD 384.6.61 S2:1999
DIN VDE 0100-714 (VDE 0100 Teil 714):2002-01	VDE 0100 Teil 714	IEC 60364-7-714:1996, modifiziert	HD 384.7.714 S1:2000
–	–	IEC 60364-7-715:1999	–
E DIN IEC 64/908/CDV (VDE 0100 Teil 715):1997-04	VDE 0100 Teil 715	Vorgänger: IEC 64/908/CDV:1996	–
vergleichbar Normen der Reihe DIN EN 50265 (VDE 0482 Teil 265):1999-04	Normen der Reihe VDE 0482 Teil 265	IEC 60332-1	vergleichbar Normen der Reihe EN 50265
vergleichbar Normen der Reihe DIN EN 50266 (VDE 0482 Teil 266)	Normen der Reihe VDE 0482 Teil 266	IEC 60332-3:1993	vergleichbar Normen der Reihe EN 50266

16

Deutsche Norm	Klassifikation im VDE-Vorschriftenwerk	Internationale Norm	Europäische Norm
vergleichbar Normen der Reihe DIN EN 50085 (VDE 0604)	Normen der Reihe VDE 0604	Normen der Reihe IEC 60614	vergleichbar Normen der Reihe EN 50085
vergleichbar Normen der Reihe DIN EN 50268 (VDE 0482 Teil 268)	Normen der Reihe VDE 0482 Teil 268	Normen der Reihe IEC 61034	vergleichbar Normen der Reihe EN 50268
vergleichbar Normen der Reihe DIN VDE 0634 (VDE 0634)	Normen der Reihe VDE 0634	Normen der Reihe IEC 61084	–

Nationaler Anhang NB
(informativ)

Literaturhinweise

DIN EN 50085 (VDE 0604) (Normen der Reihe), *Elektroinstallationskanalsysteme für elektrische Installationen.*

DIN EN 50107-1 (VDE 0128 Teil 1):2003-06, *Leuchtröhrengeräte und Leuchtröhrenanlagen mit einer Leerlaufspannung über 1 kV, aber nicht über 10 kV – Teil 1: Allgemeine Anforderungen; Deutsche Fassung EN 50107-1:2002.*

DIN EN 50265 (VDE 0482 Teil 265) (Normen der Reihe), *Allgemeine Prüfverfahren für das Verhalten von Kabeln und isolierten Leitungen im Brandfall – Prüfung der vertikalen Flammenausbreitung an einer Ader oder einem Kabel.*

DIN EN 50266 (VDE 0482 Teil 266) (Normen der Reihe), *Allgemeine Prüfverfahren für Kabel und isolierte Leitungen im Brandfall – Prüfung der senkrechten Flammenausbreitung von senkrecht angeordneten Bündeln von Kabeln und isolierten Leitungen.*

DIN EN 50268 (VDE 0482 Teil 268) (Normen der Reihe), *Allgemeine Prüfverfahren für das Verhalten von Kabeln und isolierten Leitungen im Brandfall – Messung der Rauchdichte von Kabeln und isolierten Leitungen beim Brennen unter definierten Bedingungen.*

DIN EN 60204-1 (VDE 0113 Teil 1):1998-11, *Sicherheit von Maschinen – Elektrische Ausrüstung von Maschinen – Teil 1: Allgemeine Anforderungen (IEC 60204-1:1997 + Corrigendum 1998); Deutsche Fassung EN 60204-1:1997.*

DIN EN 60598-2-23 (VDE 0711 Teil 2-23):2001-06, *Leuchten – Teil 2-23: Besondere Anforderungen – Kleinspannungsbeleuchtungssysteme für Glühlampen (IEC 60598-2-23:1996 + A1:2000); Deutsche Fassung EN 60598-2-23:1996 + A1:2000.*

DIN EN 60947-2 (VDE 0660 Teil 101):2002-09, *Niederspannungsschaltgeräte – Teil 2: Leistungsschalter (IEC 60947-2:1995 + A1:1997 + A2:2001); Deutsche Fassung EN 60947-2:1996 + A1:1997 + A2:2001.*

DIN EN 61008-1 (VDE 0664 Teil 10):2000-09, *Fehlerstrom-/Differenzstrom-Schutzschalter ohne eingebauten Überstromschutz (RCCBs) für Hausinstallationen und für ähnliche Anwendungen – Teil 1: Allgemeine Anforderungen (IEC 61008-1:1990 + A1:1992 (mod.) + A2:1995 + 23E/245/FDIS:1996 + 23E/251/FDIS:1996); Deutsche Fassung EN 61008-1:1994 + A2:1995 + A11:1995 + A12:1998 + A13:1998 + A14:1998 + A17:2000 + Corrigendum Sept. 1994 + Corrigendum Dez. 1997 + Corrigendum April 1998.*

DIN VDE 0100-711 (VDE 0100 Teil 711):2003-11

DIN EN 61009-1 (VDE 0664 Teil 20):2000-09, *Fehlerstrom-/Differenzstrom-Schutzschalter mit eingebautem Überstromschutz (RCBOs) für Hausinstallationen und für ähnliche Anwendungen – Teil 1: Allgemeine Anforderungen (IEC 61009-1:1991 (mod.) + A1:1995 + 23E/246/FDIS:1996 + 23E/252/FDIS:1996); Deutsche Fassung EN 61009-1:1994 + A1:1995 + A2:1998 + A11:1995 + A13:1998 + A14:1998 + A15:1998 + A17:1998 + A19:2000 + Corrigendum Sept. 1994 + Corrigendum Dez. 1997 + Corrigendum April 1998.*

DIN EN 61347-1 (VDE 0712 Teil 30):2001-12, *Geräte für Lampen – Teil 1: Allgemeine und Sicherheitsanforderungen (IEC 61347-1:2000); Deutsche Fassung EN 61347-1:2001.*

DIN EN 61347-2-2 (VDE 0712 Teil 32):2001-12, *Geräte für Lampen – Teil 2-2: Besondere Anforderungen an gleich- oder wechselstromversorgte elektronische Konverter für Glühlampen (IEC 61347-2-2:2000); Deutsche Fassung EN 61347-2-2:2001.*

DIN VDE 0100-300 (VDE 0100 Teil 300):1996-01, *Errichten von Starkstromanlagen mit Nennspannungen bis 1 000 V – Teil 3: Bestimmungen allgemeiner Merkmale (IEC 60364-3:1993, modifiziert); Deutsche Fassung HD 384.3 S2:1995.*

DIN VDE 0100-410 (VDE 0100 Teil 410):1997-01, *Errichten von Starkstromanlagen mit Nennspannungen bis 1 000 V – Teil 4: Schutzmaßnahmen – Kapitel 41: Schutz gegen elektrischen Schlag (IEC 60364-4-41:1992, modifiziert); Deutsche Fassung HD 384.4.41 S2:1996.*

DIN VDE 0100-410/A1 (VDE 0100 Teil 410/A1):2003-06, *Errichten von Niederspannungsanlagen – Teil 4: Schutzmaßnahmen – Kapitel 41: Schutz gegen elektrischen Schlag; Änderung A1 (IEC 60364-4-41:1992/A2:1999, modifiziert); Deutsche Fassung HD 384.4.41 S2:1996/A1:2002.*

DIN VDE 0100-420 (VDE 0100 Teil 420):1991-11, *Errichten von Starkstromanlagen mit Nennspannungen bis 1 000 V – Schutzmaßnahmen; Schutz gegen thermische Einflüsse.*

DIN VDE 0100-537 (VDE 0100 Teil 537):1999-06, *Elektrische Anlagen von Gebäuden – Teil 5: Auswahl und Errichtung elektrischer Betriebsmittel; Kapitel 53: Schaltgeräte und Steuergeräte – Abschnitt 537: Geräte zum Trennen und Schalten (IEC 60364-5-537:1981 + A1:1989, modifiziert); Deutsche Fassung HD 384.5.537 S2:1998.*

DIN VDE 0100-540 (VDE 0100 Teil 540):1991-11, *Errichten von Starkstromanlagen mit Nennspannungen bis 1 000 V; Auswahl und Errichtung elektrischer Betriebsmittel; Erdung, Schutzleiter, Potentialausgleichsleiter.*

DIN VDE 0100-610 (VDE 0100 Teil 610):1994-04, *Errichten von Starkstromanlagen mit Nennspannungen bis 1 000 V; Prüfungen; Erstprüfungen.*

DIN VDE 0100-714 (VDE 0100 Teil 714):2002-01, *Errichten von Niederspannungsanlagen – Teil 7: Anforderungen für Betriebsstätten, Räume und Anlagen besonderer Art – Hauptabschnitt 714: Beleuchtungsanlagen im Freien (IEC 60364-7-714:1996, modifiziert); Deutsche Fassung HD 384.7.714 S1:2000.*

DIN VDE 0281-1 (VDE 0281 Teil 1):1999-01, *Polyvinylchlorid-isolierte Leitungen mit Nennspannungen bis 450/750 V – Teil 1: Allgemeine Anforderungen (IEC 60227-1:1993, modifiziert); Deutsche Fassung HD 21.1 S3:1997-09.*

DIN VDE 0282-1 (VDE 0282 Teil 1):1999-01, *Gummi-isolierte Starkstromleitungen mit Nennspannungen bis 450/750 V – Teil 1: Allgemeine Anforderungen (IEC 60245-1:1985, modifiziert); Deutsche Fassung HD 22.1 S3:1997-09.*

DIN VDE 0634 (VDE 0634) (Normen der Reihe), *Unterflur-Elektroinstallation.*

E DIN IEC 64/908/CDV (VDE 0100 Teil 715):1997-04, *Elektrische Anlagen von Gebäuden – Bestimmungen für Räume und Anlagen besonderer Art – Kleinspannungs-Beleuchtungsanlagen (IEC 64/908/CDV:1996).*

E DIN VDE 0100-610 (VDE 0100 Teil 610):2001-05, *Errichten von Niederspannungsanlagen – Nachweise – Erstnachweise (IEC 60364-6-61:1986 + A1:1993 + A2:1997, modifiziert + IEC 64/1159/CD:2000); Deutsche Fassung prHD 384.6.61 S2:1999.*

DIN VDE 0100-711 (VDE 0100 Teil 711):2003-11

Nationaler Anhang NC
(informativ)

Eingliederung dieser Norm in DIN VDE 0100 (VDE 0100)

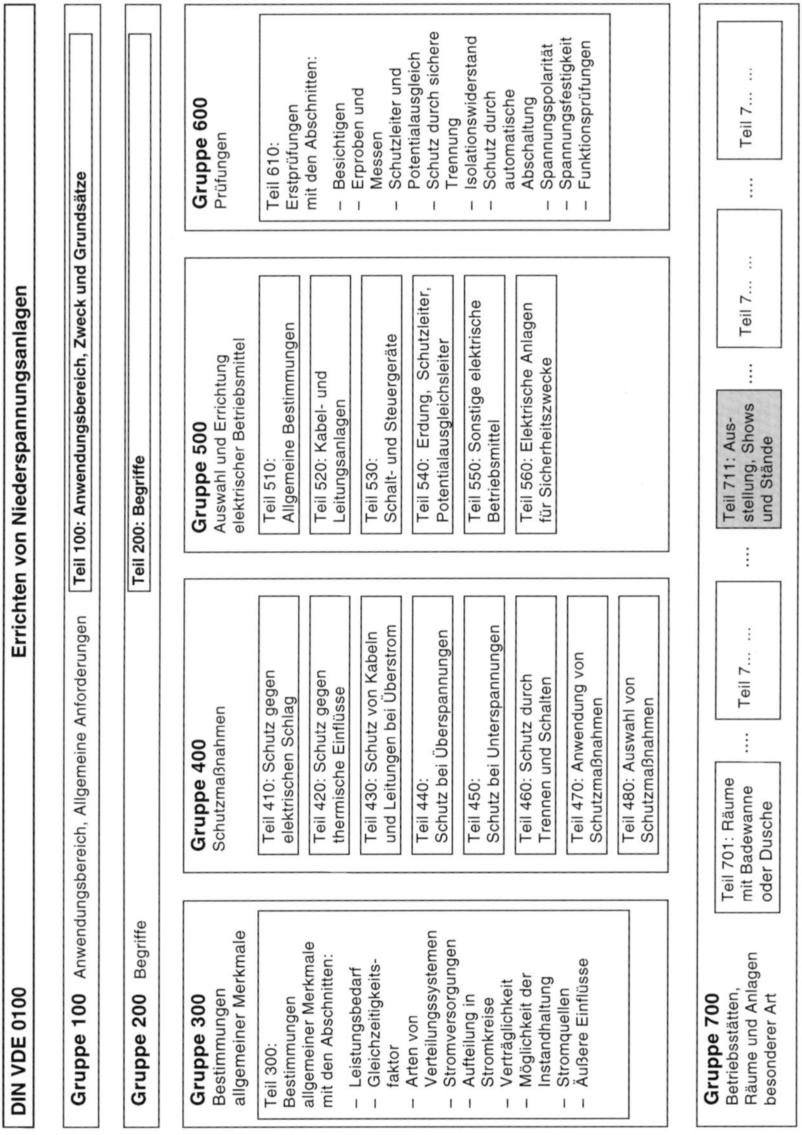

DIN VDE 0100 — Errichten von Niederspannungsanlagen

Gruppe 100 Anwendungsbereich, Allgemeine Anforderungen
- Teil 100: Anwendungsbereich, Zweck und Grundsätze

Gruppe 200 Begriffe
- Teil 200: Begriffe

Gruppe 300 Bestimmungen allgemeiner Merkmale
- Teil 300: Bestimmungen allgemeiner Merkmale mit den Abschnitten:
  - Leistungsbedarf
  - Gleichzeitigkeitsfaktor
  - Arten von Verteilungssystemen
  - Stromversorgungen
  - Aufteilung in Stromkreise
  - Verträglichkeit
  - Möglichkeit der Instandhaltung
  - Stromquellen
  - Äußere Einflüsse

Gruppe 400 Schutzmaßnahmen
- Teil 410: Schutz gegen elektrischen Schlag
- Teil 420: Schutz gegen thermische Einflüsse
- Teil 430: Schutz von Kabeln und Leitungen bei Überstrom
- Teil 440: Schutz bei Überspannungen
- Teil 450: Schutz bei Unterspannungen
- Teil 460: Schutz durch Trennen und Schalten
- Teil 470: Anwendung von Schutzmaßnahmen
- Teil 480: Auswahl von Schutzmaßnahmen

Gruppe 500 Auswahl und Errichtung elektrischer Betriebsmittel
- Teil 510: Allgemeine Bestimmungen
- Teil 520: Kabel- und Leitungsanlagen
- Teil 530: Schalt- und Steuergeräte
- Teil 540: Erdung, Schutzleiter, Potentialausgleichsleiter
- Teil 550: Sonstige elektrische Betriebsmittel
- Teil 560: Elektrische Anlagen für Sicherheitszwecke

Gruppe 600 Prüfungen
- Teil 610: Erstprüfungen mit den Abschnitten:
  - Besichtigen
  - Erproben und Messen
  - Schutzleiter und Potentialausgleich
  - Schutz durch sichere Trennung
  - Isolationswiderstand
  - Schutz durch automatische Abschaltung
  - Spannungspolarität
  - Spannungsfestigkeit
  - Funktionsprüfungen

Gruppe 700 Betriebsstätten, Räume und Anlagen besonderer Art
- Teil 701: Räume mit Badewanne oder Dusche
- … Teil 7…
- **Teil 711: Ausstellung, Shows und Stände**
- … Teil 7…
- Teil 7…

Bild N.1 – Eingliederung dieser Norm in die Struktur der Reihe der Normen DIN VDE 0100 (VDE 0100)

Juni 2014

	DIN VDE 0100-718 (VDE 0100-718)	
	Diese Norm ist zugleich eine **VDE-Bestimmung** im Sinne von VDE 0022. Sie ist nach Durchführung des vom VDE-Präsidium beschlossenen Genehmigungsverfahrens unter der oben angeführten Nummer in das VDE-Vorschriftenwerk aufgenommen und in der „etz Elektrotechnik + Automation" bekannt gegeben worden.	

Vervielfältigung – auch für innerbetriebliche Zwecke – nicht gestattet.

ICS 91.040.20; 91.140.50

Mit DIN VDE 0100-560
(VDE 0100-560):2013-10
Ersatz für
DIN VDE 0100-718
(VDE 0100-718):2005-10
Siehe Anwendungsbeginn

**Errichten von Niederspannungsanlagen –
Teil 7-718: Anforderungen für Betriebsstätten,
Räume und Anlagen besonderer Art –
Öffentliche Einrichtungen und Arbeitsstätten
(IEC 60364-7-718:2011);
Deutsche Übernahme HD 60364-7-718:2013**

Low-voltage electrical installations –
Part 7-718: Requirements for special installations or locations –
Communal facilities and workplaces
(IEC 60364-7-718:2011);
German implementation HD 60364-7-718:2013

Installations électriques à basse tension –
Partie 7-718: Exigences pour les installations et emplacements spéciaux –
Etablissements recevant du public et lieux de travail
(CEI 60364-7-718:2011);
Mise en application allemande de HD 60364-7-718:2013

Gesamtumfang 22 Seiten

DKE Deutsche Kommission Elektrotechnik Elektronik Informationstechnik im DIN und VDE

DIN VDE 0100-718 (VDE 0100-718):2014-06

Anwendungsbeginn

Anwendungsbeginn für diese Norm ist 2014-06-01.

Für DIN VDE 0100-718 (VDE 0100-718):2005-10 besteht eine Übergangsfrist bis 2016-05-14.

Nationales Vorwort

Vorausgegangener Norm-Entwurf: E DIN IEC 60364-7-718 (VDE 0100-718):2008-05.

Für diese Norm ist das nationale Arbeitsgremium UK 221.3 „Bauliche Anlagen für Menschenansammlungen" der DKE Deutsche Kommission Elektrotechnik Elektronik Informationstechnik im DIN und VDE (www.dke.de) zuständig.

Die enthaltene IEC-Publikation wurde vom TC 64 „Electrical installations and protection against electric shock" erarbeitet.

Das IEC-Komitee hat entschieden, dass der Inhalt dieser Publikation bis zu dem Datum (stability date) unverändert bleiben soll, das auf der IEC-Website unter „http://webstore.iec.ch" zu dieser Publikation angegeben ist. Zu diesem Zeitpunkt wird entsprechend der Entscheidung des Komitees die Publikation
– bestätigt,
– zurückgezogen,
– durch eine Folgeausgabe ersetzt oder
– geändert.

Diese Norm enthält die deutsche Übernahme des Europäischen Harmonisierungsdokuments

HD 60364-7-718:2013 „Errichten von Niederspannungsanlagen – Teil 7-718: Anforderungen für Betriebsstätten, Räume und Anlagen besonderer Art – Öffentliche Einrichtungen und Arbeitsstätten", das die Internationale Norm

IEC 60364-7-718:2011 „Low-voltage electrical installations – Part 7-718: Requirements for special installations or locations – Communal facilities and workplaces" mit gemeinsamen Abänderungen von CENELEC enthält.

Nationale Zusätze sind grau schattiert.

Der Originaltext des HD ist in dieser Norm übernommen und wie üblich (d. h. mit weißem Hintergrund) wiedergegeben. Nationale Zusätze, die nicht in der Originalfassung des HD enthalten sind, sind grau schattiert. Zweck dieser Unterscheidung ist es, dem Normenanwender die nationalen Zusätze deutlich aufzuzeigen und eine klare Unterscheidung zwischen HD und nationalen Anmerkungen und Zusätzen zu ermöglichen. Nationale Zusätze zum normativen Teil des HD sind normativ, ausgenommen Anmerkungen. Nationale Zusätze im informativen Teil des HD sind informativ.

In dieser Norm sind die gemeinsamen CENELEC-Abänderungen zu der Internationalen Norm durch eine senkrechte Linie am linken Seitenrand gekennzeichnet.

Das für diese Norm zuständige nationale Arbeitsgremium UK 221.3 „Bauliche Anlagen für Menschenansammlungen" der DKE Deutsche Kommission Elektrotechnik Elektronik Informationstechnik im DIN und VDE (www.dke.de) hat entschieden, gegenüber CENELEC und somit auch IEC in der Deutschen Übernahme des HD 60364-7-718 die in dieser Norm verwendeten Kurzbezeichnungen der äußeren Einflüsse (z. B. BD), wie sie auch im informativen Anhang A von DIN VDE 0100-510 (VDE 0100-510):2011-03 aufgeführt werden, durch ausführliche Formulierungen zu ersetzen.

Die im Original zitierten internationalen und europäischen Publikationen sind in dieser Norm zur besseren Handhabung durch die entsprechenden Deutschen Normen ersetzt worden, ohne die entsprechenden Zitate grau zu schattieren. Um die dazugehörigen Originalverweisungen aufzuzeigen, enthält Anhang NA eine Konkordanzliste (Gegenüberstellung der Deutschen Normen mit den dazugehörigen Originalverweisungen und europäischen Entsprechungen). Die Originalfassung des HD in Deutsch, Englisch oder Französisch kann bezogen werden von: DKE-Schriftstückservice, Stresemannallee 15, 60596 Frankfurt am Main, Tel.-Nr.: (069) 63 08-3 82, Fax-Nr.: (069) 63 08-98 46, E-Mail-Adresse: dke.schriftstueckservice@vde.com.

Anhang NB zeigt die Eingliederung dieser Norm in die Struktur der Normen der Reihe DIN VDE 0100 (VDE 0100).

Hinweis des UK 221.3

Vergleich der Strukturen von DIN VDE 0100-718 (VDE 0100-718):2005-10 und DIN VDE 0100-718 (VDE 0100-718):2014-06 sowie der nach DIN VDE 0100-560 (VDE 0100-560):2013-10 überführten Abschnitte.

DIN VDE 0100-718 (VDE 0100-718):2005-10	Diese Norm DIN VDE 0100-718 (VDE 0100-718):2014-06	DIN VDE 0100-560 (VDE 0100-560):2013-10
718.1 „Anwendungsbereich"	718.1 „Anwendungsbereich"	–
718.2 „Normative Verweisungen"	718.2 „Normative Verweisungen"	–
718.3.1	–	560.3.11
718.3.2	–	–
718.351.1	–	560.9.9
718.473.2.1, 1. Absatz	–	–
718.473.2.1, 2. Absatz	–	560.7.4
718.473.3.1	–	560.8.4
718.482.0 „Allgemeines"	–	–
718.482.1.9	718.421.8	–
718.482.1.13	718.422.3.7.101	–
718.482.3.1	718.422.Z1	–
718.482.3.2	718.512.2.1	–
718.512 „Betriebsbedingungen und äußere Einflüsse"	–	–
718.513.1, 1. Satz	–	560.7.5 und 560.9.13
718.513.1, 2. Satz	718.559.101.2, Anmerkung	–
718.514.1.1	–	560.7.5
718.514.1.2	–	560.9.14
		560.6.14
718.514.5.1	–	560.7.9
718.514.5.2 bis 718.514.5.5	–	560.7.9 bis 560.7.12
718.521.1 bis 718.521.2	–	–
718.521.3	–	560.10.1
718.521.4	–	560.8.3
718.521.5 „Mehradrige und vieladrige Kabel/Leitungen der elektrischen Anlage für Sicherheitszwecke"	–	–
718.521.6 „Alle festverlegten Kabel/Leitungen im Bühnenhaus"	718.520.6	–
718.521.7 „Vieladrige Kabel/Leitungen auf Bühnen", ausgenommen letzter Absatz	718.520.7	–

DIN VDE 0100-718 (VDE 0100-718):2005-10	Diese Norm DIN VDE 0100-718 (VDE 0100-718):2014-06	DIN VDE 0100-560 (VDE 0100-560):2013-10
718.521.7 „Vieladrige Kabel/Leitungen auf Bühnen", letzter Absatz	718.520.8	–
718.521.8 „Kabel/Leitungen, die nicht dauerhaft verlegt sind"	718.520.9	–
718.521.9 „Zuleitungen für beweglich aufgehängte Bühnenleuchten"	718.520.10	–
718.524 „Mindestquerschnitte von Leitern"	–	–
718.528.1.3 „Kopplung von elektrischen Anlagen für Sicherheitszwecke mit einem System der Gebäudeleittechnik"	–	560.5.4 und 560.9.8 560.5.4
718.55.1	718.512.Z1	–
718.55.2	718.520.11 „Steckvorrichtungen"	–
718.55.3	–	–
718.55.4	718.520.5	–
718.559.4.1.1	718.559.101.2	–
718.559.4.1.2 bis 718.559.4.1.3	–	–
718.562.4 „Unabhängige Einspeisungen aus der allgemeinen Stromversorgung"	–	560.6.5
718.562.7 „Zentrales Stromversorgungssystem (CPS)"	–	560.6.10
718.562.8 „Stromversorgungssystem mit Leistungsbegrenzung (LPS)"	–	560.6.11
718.562.9 „Stromerzeugungsaggregate"	–	560.6.13
718.562.10	–	–
718.563.7	–	–
718.563.8	–	560.8.2
718.6 „Prüfungen"	–	–

Änderungen

Gegenüber DIN VDE 0100-718 (VDE 0100-718):2005-10 wurden folgende wesentliche Änderungen vorgenommen:

a) Wegfall von Anforderungen an Einrichtungen für Sicherheitszwecke, da diese bereits in DIN VDE 0100-560 (VDE 0100-560):2011-03 überführt wurden;

b) Wegfall von konkreten Anforderungen an Leuchten im Handbereich oder wo mechanische Beschädigung erwartet werden kann, da der mechanische Schutz entsprechend den Umgebungsbedingungen allgemein gefordert ist;

c) geänderte Festlegungen für Stromkreise der allgemeinen Beleuchtung;

d) Wegfall von Anforderungen an Prüfungen, da diese durch DIN VDE 0100-600 (VDE 0100-600) abgedeckt sind.

Frühere Ausgaben

VDE 0108: 1940-12, 1959-04, 1962-09, 1967-05, 1972-02
VDE 0108 a: 1975-05
VDE 0108 b: 1978-07
DIN 57108 (VDE 0108): 1979-12
DIN VDE 0108-1 (VDE 0108-1): 1989-10
DIN VDE 0108-2 (VDE 0108-2): 1989-10
DIN VDE 0108-3 (VDE 0108-3): 1989-10
DIN VDE 0108-4 (VDE 0108-4): 1989-10
DIN VDE 0108-5 (VDE 0108-5): 1989-10
DIN VDE 0108-6 (VDE 0108-6): 1989-10
DIN VDE 0108-7 (VDE 0108-7): 1989-10
DIN VDE 0108-8 (VDE 0108-8): 1989-10
DIN VDE 0108-1 Beiblatt 1 (VDE 0108-1 Beiblatt 1): 1989-10
DIN VDE 0108 Beiblatt 1 (VDE 0108 Beiblatt 1): 1997-11
DIN VDE 0100-718 (VDE 0100-718): 2005-10

HARMONISIERUNGSDOKUMENT
HARMONIZATION DOCUMENT
DOCUMENT D'HARMONISATION

HD 60364-7-718

August 2013

ICS 91.140.50

Deutsche Fassung

Errichten von Niederspannungsanlagen –
Teil 7-718: Anforderungen für Betriebsstätten, Räume und Anlagen besonderer Art – Öffentliche Einrichtungen und Arbeitsstätten
(IEC 60364-7-718:2011)

Low-voltage electrical installations –
Part 7-718: Requirements for special installations or locations –
Communal facilities and workplaces
(IEC 60364-7-718:2011)

Installations électriques à basse tension –
Partie 7-718: Exigences pour les installations et emplacements spéciaux –
Etablissements recevant du public et lieux de travail
(CEI 60364-7-718:2011)

Dieses Harmonisierungsdokument wurde von CENELEC am 2013-05-14 angenommen. CENELEC-Mitglieder sind gehalten, die CEN/CENELEC-Geschäftsordnung zu erfüllen, in der die Bedingungen für die Übernahme dieses Harmonisierungsdokumentes auf nationaler Ebene festgelegt sind.

Auf dem letzten Stand befindliche Listen dieser nationalen Übernahmen mit ihren bibliographischen Angaben sind beim CEN-CENELEC Management Centre oder bei jedem CENELEC-Mitglied auf Anfrage erhältlich.

Dieses Harmonisierungsdokument besteht in drei offiziellen Fassungen (Deutsch, Englisch, Französisch).

CENELEC-Mitglieder sind die nationalen elektrotechnischen Komitees von Belgien, Bulgarien, Dänemark, Deutschland, der ehemaligen jugoslawischen Republik Mazedonien, Estland, Finnland, Frankreich, Griechenland, Irland, Island, Italien, Kroatien, Lettland, Litauen, Luxemburg, Malta, den Niederlanden, Norwegen, Österreich, Polen, Portugal, Rumänien, Schweden, der Schweiz, der Slowakei, Slowenien, Spanien, der Tschechischen Republik, der Türkei, Ungarn, dem Vereinigten Königreich und Zypern.

CENELEC

Europäisches Komitee für Elektrotechnische Normung
European Committee for Electrotechnical Standardization
Comité Européen de Normalisation Electrotechnique

Management Centre: Avenue Marnix 17, B-1000 Brüssel

© 2013 CENELEC – Alle Rechte der Verwertung, gleich in welcher Form und in welchem Verfahren, sind weltweit den Mitgliedern von CENELEC vorbehalten.

Ref. Nr. HD 60364-7-718:2013 D

Inhalt

Seite

Vorwort ... 3

Einleitung ... 4

718 Öffentliche Einrichtungen und Arbeitsstätten ... 4

718.1 Anwendungsbereich ... 4

718.2 Normative Verweisungen ... 4

718.3 Begriffe ... 5

718.4 Schutzmaßnahmen ... 5

718.42 Schutz gegen thermische Auswirkungen ... 5

718.422 Maßnahmen bei besonderen Brandrisiken ... 5

718.5 Auswahl und Errichtung elektrischer Betriebsmittel ... 6

718.510 Allgemeine Bestimmungen ... 6

718.512 Betriebsbedingungen und äußere Einflüsse ... 6

718.520 Kabel- und Leitungsanlagen ... 6

718.53 Trennen, Schalten und Steuern ... 7

718.536 Trennen und Schalten ... 7

718.55 Andere Betriebsmittel ... 7

718.559 Leuchten und Beleuchtungsanlagen ... 7

Anhang ZA (normativ) Normative Verweisungen auf internationale Publikationen mit ihren entsprechenden europäischen Publikationen ... 9

Anhang ZB (normativ) Besondere nationale Bedingungen ... 10

Anhang ZC (informativ) A-Abweichungen ... 13

Literaturhinweise ... 14

Nationaler Anhang NA (informativ) Konkordanzliste der nationalen, internationalen und europäischen Publikationen ... 15

Nationaler Anhang NB (informativ) Eingliederung dieser Norm in die Struktur der Normen der Reihe DIN VDE 0100 (VDE 0100) ... 16

DIN VDE 0100-718 (VDE 0100-718):2014-06

Vorwort

Der Text des Schriftstücks 64/1752/FDIS, zukünftige 1. Ausgabe von IEC 60364-7-718, ausgearbeitet von IEC/TC 64 „Electrical installations and protection against electric shock", wurde der IEC-CENELEC parallelen Abstimmung unterworfen und durch CENELEC als HD 60364-7-718:2013 angenommen.

Der Entwurf einer Änderung, die gemeinsame Abänderungen zu IEC 60364-7-718:2011 beinhaltet, wurde von CLC/TC 64 „Elektrische Anlagen und Schutz gegen elektrischen Schlag" erarbeitet und durch CENELEC angenommen.

Nachstehende Daten wurden festgelegt:

- spätestes Datum, zu dem dieses Dokument auf nationaler Ebene durch Veröffentlichung einer harmonisierten nationalen Norm oder durch Anerkennung übernommen werden muss (dop): 2014-05-14

- spätestes Datum, zu dem nationale Normen, die diesem Dokument entgegenstehen, zurückgezogen werden müssen (dow): 2016-05-14

Die Anhänge ZA, ZB und ZC wurden durch CENELEC hinzugefügt.

Die Anhänge NA und NB wurden von der DKE Deutsche Kommission Elektrotechnik Elektronik Informationstechnik im DIN und VDE (www.dke.de) hinzugefügt und sind informativ.

Es wird auf die Möglichkeit hingewiesen, dass einige Elemente dieses Dokuments Patentrechte berühren können. CENELEC [und/oder CEN] sind nicht dafür verantwortlich, einige oder alle diesbezüglichen Patentrechte zu identifizieren.

Abschnitte, Unterabschnitte, Anmerkungen, Tabellen, Bilder und Anhänge, die zusätzlich zu denen, die in IEC 60364-7-718:2011 aufgeführt sind, aufgenommen wurden, sind mit einem vorangestellten „Z" versehen.

In diesem Dokument sind die gemeinsamen Abänderungen zu der internationalen Norm IEC 60364-7-718:2011 durch eine senkrechte Linie am linken Seitenrand gekennzeichnet.

Anerkennungsnotiz

Der Text der Internationalen Norm IEC 60364-7-718:2011 wurde von CENELEC mit gemeinsamen Abänderungen als ein Harmonisierungsdokument angenommen.

Einleitung

Die besonderen Anforderungen dieses Teils der Normen der Reihe DIN VDE 0100 (VDE 0100) ergänzen, ändern oder ersetzen bestimmte allgemeine Anforderungen der Teile 100 bis 600 der Normen der Reihe DIN VDE 0100 (VDE 0100) zum Zeitpunkt der Veröffentlichung dieser Norm.

Die Abschnittsnummerierung hinter „718" bezieht sich auf entsprechende Teile oder Abschnitte der Teile 100 bis 600 der Normen der Reihe DIN VDE 0100 (VDE 0100). Nummerierungen von Abschnitten erfolgen daher nicht notwendigerweise in einer Reihenfolge. Abschnittsnummern, die nach 718.XXX mit .100, .101, .102, .103, ... enden, ggf. weitergezählt mit „.1, .2, ...", sind zusätzliche Abschnittsnummern außerhalb des thematischen Nummerierungssystems der IEC 60364, die von CENELEC oder national hinzugefügt wurden. Nummerierungen von Bildern und Tabellen haben die Nummer dieses Teils, gefolgt von einer fortlaufenden Nummer. Nummerierungen von Bildern und Tabellen in Anhängen haben den Buchstaben des Anhangs, gefolgt von einer fortlaufenden Nummer.

Fehlende Verweisungen auf einen Teil oder Abschnitt bedeuten, dass die entsprechenden allgemeinen Anforderungen der Teile 100 bis 600 der Normen der Reihe DIN VDE 0100 (VDE 0100) anzuwenden sind.

718 Öffentliche Einrichtungen und Arbeitsstätten

718.1 Anwendungsbereich

Dieser Teil der Normen der Reihe DIN VDE 0100 (VDE 0100) enthält zusätzliche Anforderungen für elektrische Anlagen in öffentlichen Einrichtungen und in Arbeitsstätten.

Typische Beispiele für öffentliche Einrichtungen und Arbeitsstätten sind:

- Versammlungsstätten, Versammlungsräume;
- Ausstellungshallen;
- Theater, Kinos;
- Sportstätten;
- Verkaufsstätten;
- Gaststätten;
- Hotels, Gästehäuser/Beherbergungsstätten, Alten- und Pflegeheime;
- Schulen;
- Parkhäuser, Tiefgaragen;
- Begegnungsstätten, Schwimmhallen, Flughäfen, Bahnhöfe, Hochhäuser;
- Arbeitsstätten und Fabriken.

Zugänge sowie Flucht- und Rettungswege gehören mit zu den oben genannten Beispielen.

Die Notwendigkeit, Einrichtungen für Sicherheitszwecke in speziellen Gebäuden und Bereichen zu errichten, kann von nationalen Vorschriften geregelt werden, die strengere Anforderungen enthalten können.

ANMERKUNG Für Einrichtungen für Sicherheitszwecke siehe DIN VDE 0100-560 (VDE 0100-560).

718.2 Normative Verweisungen

Die folgenden zitierten Dokumente sind für die Anwendung diese Dokumentes erforderlich. Bei datierten Verweisungen gilt nur die in Bezug genommene Ausgabe. Bei undatierten Verweisungen gilt die letzte Ausgabe des in Bezug genommenen Dokuments (einschließlich aller Änderungen).

DIN VDE 0100-510 (VDE 0100-510):2011-03, *Errichten von Niederspannungsanlagen – Teil 5-51: Auswahl und Errichtung elektrischer Betriebsmittel – Allgemeine Bestimmungen (IEC 60364-5-51:2005, modifiziert); Deutsche Übernahme HD 60364-5-51:2009*

ANMERKUNG   Eine Gegenüberstellung der im Normentext verwendeten nationalen Entsprechungen ist im Anhang NA enthalten.

718.3 Begriffe

Für die Anwendung dieses Dokuments gelten die folgenden Begriffe zusammen mit den Begriffen nach DIN VDE 0100-200 (VDE 0100-200).

718.3.1
Öffentliche Einrichtung
Standort, Gebäude oder Teil eines Gebäudes, der/das für die Öffentlichkeit zugänglich ist

718.3.2
Arbeitsstätte
Standort, Gebäude oder Teil eines Gebäudes, an bzw. in welchem Beschäftigte Aktivitäten ausführen, die in Zusammenhang mit ihrer Arbeit stehen

718.4   Schutzmaßnahmen

718.42   Schutz gegen thermische Auswirkungen

Ergänze das Folgende:

718.421.8   Die Haupt- und Unterverteilungen sind so auszuführen, dass eine einfache Messung des Isolationswiderstands aller Leiter gegen Erde jedes einzelnen abgehenden Stromkreises möglich ist. Bei Leiterquerschnitten unter 10 mm^2 muss diese Messung ohne Abklemmen des Neutralleiters möglich sein, z. B. durch den Einbau von Neutralleiter-Trennklemmen.

718.422   Maßnahmen bei besonderen Brandrisiken

718.422.2   Bedingungen für die Evakuierung im Notfall

Ergänze das Folgende:

718.422.2.101   Für öffentliche Einrichtungen und Arbeitsstätten müssen die entsprechenden Bedingungen (Geringe Personendichte/schwierige Evakuierung, Hohe Personendichte/einfache Evakuierung oder Hohe Personendichte/schwierige Evakuierung) festgelegt werden und es müssen die entsprechenden Abschnitte der DIN VDE 0100-420 (VDE 0100-420) beachtet werden.

718.422.3.7

Ergänze das Folgende:

718.422.3.7.101   Motoren, die nicht ständig beaufsichtigt werden, müssen mit einer Einrichtung gegen unzulässig hohe Temperaturen geschützt sein oder müssen blockierungssicher sein.

Diese Anforderung gilt nicht für:

- Motoren unter 500 W in baulichen Anlagen für Menschenansammlungen, die ausschließlich Arbeitsstätten sind;
- Motoren, welche beim Blockieren nicht überhitzen.

718.422.Z1

Es müssen Einrichtungen vorhanden sein, um die elektrischen Anlagen von nicht-benötigten Betriebsmitteln in ungenutzten Bereichen der Gebäude ausschalten zu können.

ANMERKUNG   Z. B. die elektrischen Anlagen von

- Pausenräumen,
- Kantinen,
- Umkleideräumen,
- Verkaufsräumen,
- Ausstellungsräumen.

718.5   Auswahl und Errichtung elektrischer Betriebsmittel

718.510   Allgemeine Bestimmungen

718.512   Betriebsbedingungen und äußere Einflüsse

718.512.2   Äußere Einflüsse

Ergänze das Folgende:

718.512.2.1   Zum Schutz vor mechanischen Beschädigungen müssen Umhüllungen von Verteilern aus Stahlblech bestehen, oder die Verteiler müssen in separaten Räumen untergebracht werden.

718.512.Z1   Freihängende Betriebsmittel über 5 kg Masse müssen mit einer zusätzlichen unabhängigen Befestigung gesichert sein.

Jede unabhängige Befestigung muss so konstruiert sein, dass diese für sich die Gesamtmasse mit 5-facher Sicherheit tragen kann.

Diese Anforderungen gelten nicht für Leuchten nach Abschnitt 718.559.

ANMERKUNG   Anforderungen an Leuchten und Beleuchtungsanlagen sind in DIN VDE 0100-559 (VDE 0100-559) enthalten.

ANMERKUNG   Sicherungsseile oder Sicherungsketten gelten als zweite Aufhängung.

718.520   Kabel- und Leitungsanlagen

Ergänze das Folgende:

718.520.5   Betriebsmittel, die zeitweilig installiert sind, müssen mit einer zusätzlichen Befestigung gesichert sein.

718.520.6   Kabel und Leitungen auf Bühnen dürfen nur an der Oberfläche von Wänden montiert sein. Diese Kabel und Leitungen müssen einen ausreichenden mechanischen Schutz besitzen und eine Überprüfung der Betriebsbedingungen muss leicht möglich sein.

718.520.7   Vieladrige Kabel und Leitungen zur Stromversorgung auf Bühnen dürfen unter folgenden Bedingungen verlegt werden:
- Um eine ausreichende Wärmeverteilung sicherzustellen, ist ein Abstand zwischen parallelen Kabeln oder Leitungen von mindestens einem Kabeldurchmesser einzuhalten.
- Kabel und Leitungen sollten nur auf nicht brennbaren Oberflächen, z. B. Steinwänden, Betonwänden oder Stahlkonstruktionen, verlegt werden. In allen anderen Fällen muss eine Trennung aus nicht brennbarem Material zwischen Oberfläche und Kabel oder Leitung eingebracht werden.
- Kabel und Leitungen zwischen elektrischen Betriebsräumen und den verwendeten Betriebsmitteln oder Übergangsklemmkästen müssen ungeschnitten verlegt werden.
- Es muss möglich sein, alle Stromkreise eines vieladrigen Kabels mit einem gemeinsamen Schalter zu schalten. Dieser Schalter darf ebenfalls andere vieladrige Kabel schalten.

718.520.8 Kabel und Leitungen für Leuchten in Besucherräumen müssen so auf Kabelpritschen verlegt werden, dass eine Beschädigung durch Feuer auf der Bühne nicht erfolgen kann.

718.520.9 Für Kabel und Leitungen, die nicht dauerhaft verlegt sind, müssen gummiisolierte Leitungen Typ 05RR oder gleichwertige verwendet werden. Außerhalb des Handbereichs dürfen Lichterketten und Illuminationsflachleitungen NIFLÖU oder gleichwertige verwendet werden.

718.520.10 Zum Anschluss von nicht fest installierten Leuchten auf Gestellen dürfen nur gummiisolierte Leitungen Typ 07RN oder gleichwertige verwendet werden.

718.520.11 Steckvorrichtungen

Sind Kabel oder Leitungen nicht fest installiert, z. B. für vorübergehende Installationen in Theatern, Versammlungsräumen, Sportarenen, müssen die Steckvorrichtungen in stabiler Ausführung sein. Für diese besondere Ausführung dürfen nur standardisierte Betriebsmittel, wie z. B. nach DIN EN 60309-1 (VDE 0623-1), genutzt werden.

718.53 Trennen, Schalten und Steuern

718.536 Trennen und Schalten

Ergänze das Folgende:

718.536.101 Die Entfernung zwischen den Abschaltvorrichtungen für die elektrischen Anlagen und der Stelle, an welcher die zugehörigen Einspeisekabel in das Gebäude eingeführt werden, muss so kurz wie möglich sein.

ANMERKUNG Nationale Vorschriften können vorschreiben, dass für elektrische Anlagen eine Abschaltvorrichtung vorzusehen ist. Solche Vorschriften können auch den Anbringungsort der Abschaltvorrichtung vorschreiben und dass diese entweder an einer für Unbefugte unzugänglichen Stelle in der Nähe des Gebäudeeingangs oder an einer nur für befugte Personen von außen direkt zugänglichen Stelle zu errichten ist.

718.536.102 Sind in Räumlichkeiten Betriebsmittel vorhanden, die auch dann unter Spannung stehen müssen, wenn das Gebäude ungenutzt ist, so muss die elektrische Anlage entsprechend dafür ausgelegt sein.

ANMERKUNG Die Bereitstellung getrennter Stromkreise für solche Betriebsmittel sollte berücksichtigt werden.

718.55 Andere Betriebsmittel

718.559 Leuchten und Beleuchtungsanlagen

Ergänze das Folgende:

718.559.101 Verfügbarkeit von Beleuchtungsstromkreisen

718.559.101.1 Die Verfügbarkeit ausreichender Beleuchtung muss im Rahmen einer Risikobeurteilung der Räumlichkeiten unter Berücksichtigung der Einteilung nach Anhang A und Anhang ZA der DIN VDE 0100-510 (VDE 0100-510):2011-03 festgelegt werden.

ANMERKUNG 1 In einigen Ländern können zusätzliche Anforderungen durch den Gesetzgeber existieren.

Folgende Möglichkeiten bestehen:

— Örtlichkeiten mit geringem Risiko: ein Endstromkreis der allgemeinen Beleuchtung.

ANMERKUNG 2 Das gilt für Nutzungsbedingungen Geringe Personendichte/einfache Evakuierung nach Anhang A und Anhang ZA der DIN VDE 0100-510 (VDE 0100-510):2011-03.

- Übrige Örtlichkeiten: zwei oder mehr Endstromkreise der allgemeinen Beleuchtung, wobei die Leuchten so versorgt werden, dass ein Fehler eines Stromkreises nicht zu einer unzureichenden Beleuchtung eines Bereiches führt.

Werden Fehlerstrom-Schutzeinrichtungen (RCDs) verwendet, darf eine Fehlerstrom-Schutzeinrichtung (RCD) nicht mehr als einen Endstromkreis versorgen.

ANMERKUNG 3   Das gilt für Nutzungsbedingungen Geringe Personendichte/schwierige Evakuierung, Hohe Personendichte/einfache Evakuierung und Hohe Personendichte/schwierige Evakuierung nach Anhang A und Anhang ZA der DIN VDE 0100-510 (VDE 0100-510):2011-03.

ANMERKUNG 4   Stromkreise der Notbeleuchtung können zu jeder Möglichkeit hinzugefügt werden.

718.559.101.2   Kann die allgemeine Beleuchtung eines öffentlich zugänglichen Bereichs gedimmt werden, so muss von einer geeigneten Stelle aus die volle Beleuchtungsstärke wieder hergestellt werden können.

ANMERKUNG   In Bereichen, wo z. B. Veranstaltungen durchgeführt werden, kann es erforderlich sein, die Schaltstellen für die Beleuchtung gegen unbefugtes Bedienen zu schützen.

Anhang ZA
(normativ)

Normative Verweisungen auf internationale Publikationen mit ihren entsprechenden europäischen Publikationen

Die folgenden Dokumente, die in diesem Dokument teilweise oder als Ganzes zitiert werden, sind für die Anwendung dieses Dokuments erforderlich. Bei datierten Verweisungen gilt nur die in Bezug genommene Ausgabe. Bei undatierten Verweisungen gilt die letzte Ausgabe des in Bezug genommenen Dokuments (einschließlich aller Änderungen).

ANMERKUNG   Wenn internationale Publikationen durch gemeinsame Abänderungen geändert wurden, durch (mod) gekennzeichnet, gelten die entsprechenden EN/HD.

Publikation	Jahr	Titel	EN/HD	Jahr
IEC 60364-5-51 (mod.)	2005	Electrical installations of buildings Part 5-51: Selection and erection of electrical equipment – Common rules	HD 60364-5-51	2009

Anhang ZB
(normativ)

Besondere nationale Bedingungen

Besondere nationale Bedingung: Nationale Eigenschaft oder Praxis, die – selbst nach einem längeren Zeitraum – nicht geändert werden kann, z. B. klimatische Bedingungen, elektrische Erdungsbedingungen.

ANMERKUNG   Wenn sie die Harmonisierung beeinflusst, ist sie Bestandteil der Europäischen Norm oder des Harmonisierungsdokuments.

Für Länder, für die die betreffenden besonderen nationalen Bedingungen gelten, sind diese normativ; für die anderen Länder hat diese Angabe informativen Charakter.

Land	Abschnitt	Besondere nationale Bedingung
IT	Allgemein	Die Anforderungen dieser Norm sind in den allgemeinen Anforderungen der anderen Teile des HD 60364 enthalten.
UK	718	Die Anforderungen dieser Norm sind in den allgemeinen Anforderungen der anderen Teile des HD 60364 enthalten.
DK	718.421 (neu)	In öffentlichen Einrichtungen und Arbeitsstätten dürfen die elektrischen Anlagen nicht brandfördernd sein. Keine Betriebsmittel dürfen brennbare Flüssigkeiten enthalten. Zähler, Schutzeinrichtungen, Schaltuhren usw. müssen in Gehäusen untergebracht sein. Falls die Gesamtoberfläche von einer oder mehreren miteinander verbundenen Gehäusen kleiner oder gleich 1 m^2 ist, muss diese aus einem der folgenden Materialien bestehen: – Metall; – Isolationsmaterial, welches dem Glühdraht-Test nach den Normen der Reihe EN 60695-2 für 650 °C entspricht. Falls die Gesamtoberfläche von einer oder mehreren miteinander verbundenen Gehäusen größer 1 m^2 ist, muss diese aus einem der folgenden Materialien bestehen: – Metall; – anderes nicht-brennbares Material; – Isolationsmaterial, welches dem Glühdraht-Test nach den Normen der Reihe EN 60695-2 für 750 °C entspricht. Gehäuse von Leuchten, welche an öffentlichen Wegen oder innenliegenden Rettungswegen von Wohnhäusern im Handbereich installiert sind (z. B. unterhalb von 2,5 m über Fußboden), müssen den Nadelflammen-Test nach 13.3.1 erfüllen, die Flamme muss 30 s wirken.
DE	718.421.8	ANMERKUNG Der eingearbeitete, hier nicht wiederholte schattierte Text gilt nur für Deutschland und nicht für die übrigen CENELEC-Mitglieder.
DE	718.512.2.1	ANMERKUNG Der eingearbeitete, hier nicht wiederholte schattierte Text gilt nur für Deutschland und nicht für die übrigen CENELEC-Mitglieder.
DE	718.520.5	ANMERKUNG Der eingearbeitete, hier nicht wiederholte schattierte Text gilt nur für Deutschland und nicht für die übrigen CENELEC-Mitglieder.
DE	718.520.6	ANMERKUNG Der eingearbeitete, hier nicht wiederholte schattierte Text gilt nur für Deutschland und nicht für die übrigen CENELEC-Mitglieder.

Land	Abschnitt	Besondere nationale Bedingung
DE	718.520.7	ANMERKUNG Der eingearbeitete, hier nicht wiederholte schattierte Text gilt nur für Deutschland und nicht für die übrigen CENELEC-Mitglieder.
DE	718.520.8	ANMERKUNG Der eingearbeitete, hier nicht wiederholte schattierte Text gilt nur für Deutschland und nicht für die übrigen CENELEC-Mitglieder.
DE	718.520.9	ANMERKUNG Der eingearbeitete, hier nicht wiederholte schattierte Text gilt nur für Deutschland und nicht für die übrigen CENELEC-Mitglieder.
DE	718.520.10	ANMERKUNG Der eingearbeitete, hier nicht wiederholte schattierte Text gilt nur für Deutschland und nicht für die übrigen CENELEC-Mitglieder.
DE	718.520.11	ANMERKUNG Der eingearbeitete, hier nicht wiederholte schattierte Text gilt nur für Deutschland und nicht für die übrigen CENELEC-Mitglieder.
DK	718.53 (neu)	Spezielle Anforderungen für Räume, die für mehr als 50 Personen vorgesehen sind. Schalter und Schutzeinrichtungen dürfen nicht öffentlich zugänglich sein. Das ist nicht anwendbar für Schalter, welche im Gefahrfall die Evakuierung erleichtern. ANMERKUNG Diese Forderung der Nicht-Zugänglichkeit ist nicht anwendbar für Bereiche, bei denen Ortskenntnis vorhanden ist, z. B. bei Klassenräumen.
UK	718.559.101	Im Vereinigten Königreich müssen die Beleuchtungsstärken BS EN 12464-1 entsprechen.
DK	718.559 (neu)	Spezielle Anforderungen für öffentliche Wege. Benachbarte Leuchten müssen an verschiedene Endstromkreise angeschlossen werden. Eine Steuereinrichtung, falls vorhanden, muss an einen eigenen Endstromkreis angeschlossen sein. Die Beleuchtung für öffentliche Wege muss entweder – über einen Taster eingeschaltet werden können oder – über Zeitschaltung oder Dämmerungsschalter eingeschaltet werden oder – ständig eingeschaltet sein. Falls Taster verwendet werden, müssen diese alle Leuchten zur gleichen Zeit einschalten. Taster müssen neben der Zugangstür jedes Treppenhauses und neben jeder Aufzugstür vorhanden sein. Sie müssen eine Kontrollleuchte haben, welche in Funktion ist, wenn der Schalter aus ist. In Wohnhäusern muss neben jeder Zugangstür einer Wohnung ein Taster für die Treppenhausbeleuchtung angebracht sein. Zeitschaltungen müssen während der zweiten Hälfte der Einschaltzeit die gesamte Einschaltzeit wiederholen können. Es darf nicht möglich sein, die Beleuchtung von Hand auszuschalten. Bei öffentlichen Wegen ohne Tageslicht muss die Beleuchtung ständig eingeschaltet sein. Falls Tageslicht im Zugangsbereich vorhanden ist, muss die Beleuchtung während der Nacht eingeschaltet sein. Zugangsbereiche sind die Bereiche von außen zu den öffentlichen Wegen.

Land	Abschnitt	Besondere nationale Bedingung
DK	718.559 (neu)	Spezielle Anforderungen für Rettungswege Benachbarte Leuchten müssen an verschiedene Endstromkreise angeschlossen werden. Eine Steuereinrichtung, falls vorhanden, muss an einen eigenen Endstromkreis angeschlossen sein. Kabel- und Leitungsanlagen in Rettungswegen müssen außerhalb des Handbereichs installiert sein oder mechanisch geschützt sein und eine Umhüllung haben, welche nicht brandfördernd ist.

DIN VDE 0100-718 (VDE 0100-718):2014-06

Anhang ZC
(informativ)

A-Abweichungen

A-Abweichung: Nationale Abweichung, die auf Vorschriften beruht, deren Veränderung zum gegenwärtigen Zeitpunkt außerhalb der Kompetenz des CEN/CENELEC-Mitglieds liegt.

Dieses Harmonisierungsdokument fällt nicht unter eine EU-Richtlinie.

In den betreffenden CEN/CENELEC-Ländern gelten diese A-Abweichungen anstelle der Festlegungen des Harmonisierungsdokuments so lange, bis sie zurückgezogen sind.

Abschnitt	A-Abweichung
718	In Spanien müssen die elektrischen Anlagen von öffentlichen Einrichtungen und Arbeitsstätten mit R.D. 842/2002 (R EBT ITC-BT-28) übereinstimmen.
718	Im Vereinigten Königreich müssen die elektrischen Anlagen von Öffentlichen Einrichtungen und Arbeitsstätten übereinstimmen mit: − Bauordnungsrecht (verschieden); − „Regulatory Reform (Fire Safety) Order"; − „Fire (Scotland) Act"; − „Electricity at work"-Regelwerk; − „Fire safety regulations" (Nordirland); − „Electricity at work regulations" (Nordirland); − Bauordnungsrecht (Nordirland).
718	In Frankreich müssen die elektrischen Anlagen von öffentlichen Einrichtungen und Arbeitsstätten die folgenden Vorschriften erfüllen: − Décret 2010-1016 vom 30. August 2010 (in Bezug auf die Vorschriften für Arbeitgeber für die Nutzung von elektrischen Anlagen in Arbeitsstätten); − Décret 2010-1017 vom 30. August 2010 (in Bezug auf die Vorschriften für Eigentümer für Errichtung und Planung von Gebäuden für Arbeitskräfte bezüglich der Planung und Anwendung von elektrischen Anlagen); − Décret 2010-1018 vom 30. August 2010 (in Bezug auf Schutzmaßnahmen zur Vermeidung von elektrischem Risiko in Arbeitsstätten); − Décret 2010-1118 vom 22. September 2010 (in Bezug auf Arbeiten an elektrischen Anlagen oder in der Nähe von elektrischen Anlagen); − Arrêté vom 25. Juni 1980 modifiziert, (in Bezug auf allgemeine Schutzmaßnahmen vor Bränden und Panik in öffentlichen Einrichtungen).

Literaturhinweise

ANMERKUNG   In diesem Abschnitt ist nur Literatur genannt, die nicht unter 718.2 „Normative Verweisungen" aufgeführt ist.

DIN EN 60695-2 (VDE 0471-2) (alle Teile), *Prüfungen zur Beurteilung der Brandgefahr – Teil 2: Prüfverfahren mit dem Glühdraht*

DIN VDE 0100-560 (VDE 0100-560), *Errichten von Niederspannungsanlagen – Teil 5-56 Auswahl und Errichtung elektrischer Betriebsmittel – Einrichtungen für Sicherheitszwecke*

Nationaler Anhang NA
(informativ)

Konkordanzliste der nationalen, internationalen und europäischen Publikationen

Für den Fall einer undatierten Verweisung im normativen Text (Verweisung auf eine Norm oder andere Unterlage ohne Angabe des Ausgabedatums und ohne Hinweis auf eine Abschnittsnummer, eine Tabelle, ein Bild usw.) bezieht sich die Verweisung auf die jeweils neueste gültige Ausgabe der in Bezug genommenen Norm oder anderen Unterlage.

Für den Fall einer datierten Verweisung im normativen Text bezieht sich die Verweisung immer auf die in Bezug genommene Ausgabe der Norm oder anderen Unterlage.

Eine Information über den Zusammenhang der zitierten Deutschen Normen mit den entsprechenden Internationalen oder Europäischen Normen ist in Tabelle NA.1 wiedergegeben.

Tabelle NA.1 – Zusammenhang Deutscher Normen mit entsprechenden Internationalen oder Europäischen Normen

Deutsche Norm	Klassifikation im VDE-Vorschriftenwerk	Internationale Norm	Europäische Norm
DIN VDE 0100-200 (VDE 0100-200):2006-06	VDE 0100-200	IEC 60050-826:2004, mod.	–
DIN VDE 0100-420 (VDE 100-420):2013-02	VDE 0100-420	IEC 60364-4-42:2010, mod.	HD 60364-4-42:2011
DIN VDE 0100-510 (VDE 0100-510):2011-03	VDE 0100-510	IEC 60364-5-51:2005, mod.	HD 60364-5-51:2009
DIN VDE 0100-560 (VDE 0100-560):2011-03 ersetzt durch	VDE 0100-560	IEC 60364-5-56:2009, mod.	HD 60364-5-56:2010 ersetzt durch
DIN VDE 0100-560 (VDE 0100-560):2013-10	VDE 0100-560	IEC 60364-5-56:2009, mod.	HD 60364-5-56:2010 + A1:2011
DIN EN 60309-1 (VDE 0623-1):2013-02	VDE 0623-1	IEC 60309-1:1999 + A1:2005, mod. + A2:2012	EN 60309-1:1999 + A1:2007 + A2:2012
DIN EN 60695-2 (VDE 0471-2) (alle Teile)	VDE 0471-2	IEC 60695-2 (alle Teile)	EN 60695-2 (alle Teile)

Nationaler Anhang NB
(informativ)

Eingliederung dieser Norm in die Struktur der Normen der Reihe DIN VDE 0100 (VDE 0100)

DIN VDE 0100 — Errichten von Niederspannungsanlagen

- **Gruppe 100** Anwendungsbereich, Allgemeine Grundsätze
  - Teil 100: Bestimmungen allgemeiner Merkmale
- **Gruppe 200** Begriffe
  - Teil 200: Begriffe *(Erläuterungen dazu im Teil 100)*
- **Gruppe 300** Bestimmungen allgemeiner Merkmale
  - *Die Bestimmungen allgemeiner Merkmale wurden in den Teil 100 überführt.*
- **Gruppe 400** Schutzmaßnahmen
  - Teil 410: Schutz gegen elektrischen Schlag
  - Teil 420: Schutz gegen thermische Auswirkungen
  - Teil 430: Schutz von Kabeln und Leitungen bei Überstrom
  - Teil 440: Schutz bei Überspannungen
  - Teil 450: Schutz bei Unterspannungen
  - Teil 460: Trennen und Schalten
- **Gruppe 500** Auswahl und Errichtung elektrischer Betriebsmittel
  - Teil 510: Allgemeine Bestimmungen
  - Teil 520: Kabel- und Leitungsanlagen
  - Teil 530: Schalt- und Steuergeräte
  - Teil 540: Erdungsanlagen, Schutzleiter, Schutzpotentialausgleichsleiter
  - Teil 550: Andere elektrische Betriebsmittel
  - Teil 560: Elektrische Anlagen für Sicherheitszwecke
- **Gruppe 600** Prüfungen*)
  - Teil 600: Erstprüfungen mit den Abschnitten:
    - Besichtigen
    - Erproben und Messen
      - Durchgängigkeit der Leiter
      - Isolationswiderstand
      - SELV, PELV
      - Schutztrennung
      - Widerstände von Fußböden, Wänden
      - Schutz durch automatische Abschaltung der Stromversorgung
      - Zusätzlicher Schutz
      - Spannungspolarität
      - Phasenfolge
      - Funktionsprüfung
      - Spannungsfall
- **Gruppe 700** Betriebsstätten, Räume und Anlagen besonderer Art
  - Teil 701: Räume mit Badewanne oder Dusche
  - **Teil 718: Öffentliche Einrichtungen und Arbeitsstätten**
  - Teil 7... ...
  - Teil 7... ...
  - Teil 7... ...

*) Wiederkehrende Prüfungen siehe DIN VDE 0105-100 (VDE 0105-100)

Bild NB.1 — Eingliederung dieser Norm in die Struktur der Normen der Reihe DIN VDE 0100 (VDE 0100)

Verzeichnis der abgedruckten Normen, Norm-Entwürfe und VDE-Bestimmungen der DIN-VDE-Taschenbuch-Reihe 342

(nach steigenden DIN-VDE-Nummern geordnet)

Dokumentnummer	Ausgabe	Titel	Band
DIN 1055-2	2010-11	Einwirkungen auf Tragwerke – Teil 2: Bodenkenngrößen	1
DIN 3089-2	1984-04	Drahtseile aus Stahldrähten; Spleiße; Langspleiß	4
DIN 4102-1	1998-05	Brandverhalten von Baustoffen und Bauteilen – Teil 1: Baustoffe; Begriffe, Anforderungen und Prüfungen	5
DIN 4844-1	2012-06	Graphische Symbole – Sicherheitsfarben und Sicherheitszeichen – Teil 1: Erkennungsweiten und farb- und photometrische Anforderungen	5
DIN 4844-2	2012-12	Graphische Symbole – Sicherheitsfarben und Sicherheitszeichen – Teil 2: Registrierte Sicherheitszeichen	5
DIN 4844-2/A1	2015-09	Graphische Symbole – Sicherheitsfarben und Sicherheitszeichen – Teil 2: Registrierte Sicherheitszeichen; Änderung A1	5
DIN 5688-3	2007-04	Anschlagketten – Teil 3: Einzelglieder, Güteklasse 8	1
DIN 14096	2014-05	Brandschutzordnung – Regeln für das Erstellen und das Aushängen	1
DIN 15020-1	1974-02	Hebezeuge; Grundsätze für Seiltriebe, Berechnung und Ausführung	3
DIN 15061-1	1977-08	Hebezeuge; Rillenprofile für Seilrollen	3
DIN 15061-2	1977-08	Krane; Rillenprofile für Seiltrommeln	3
DIN 15560-1	2003-08	Scheinwerfer für Film, Fernsehen, Bühne und Photographie – Teil 1: Beleuchtungsgeräte (vorzugsweise Scheinwerfer) für Glühlampen von 0,25 kW bis 20 kW und Halogen-Metalldampflampen von 0,125 kW bis 18 kW; Optische Systeme, Ausrüstung	2
DIN 15560-2	1996-06	Scheinwerfer für Film, Fernsehen, Bühne und Photographie – Teil 2: Stufenlinsen (Fresnellinsen)	2
DIN 15560-104	2003-04	Scheinwerfer für Film, Fernsehen, Bühne und Photographie – Teil 104: Tageslichtscheinwerfersysteme bis 4000 W Bemessungsleistung und dazugehörige Sonderrsteckverbinder	2
DIN 15700	2017-04	Veranstaltungstechnik – Mobile Potentialausgleichsysteme	2
DIN 15750	2013-04	Veranstaltungstechnik – Leitlinien für technische Dienstleistungen	1

Dokumentnummer	Ausgabe	Titel	Band
E DIN 15765	2019-01	Veranstaltungstechnik – Multicore-Systeme für die mobile Produktions- und Veranstaltungstechnik	2
DIN 15767	2014-12	Veranstaltungstechnik – Energieversorgung in der Veranstaltungs- und Produktionstechnik	2
DIN 15780	2013-01	Veranstaltungstechnik – LED in der szenischen Beleuchtung	2
DIN 15781	2017-10	Veranstaltungstechnik – Medienserver	2
DIN 15901	2018-01	Veranstaltungstechnik – Zweipolige Steckvorrichtung für Beleuchtungsanwendungen	2
DIN 15905-1	2010-07	Veranstaltungstechnik – Audio-, Video- und Kommunikations-Tontechnik in Veranstaltungsstätten und Mehrzweckhallen – Teil 1: Anforderungen bei Eigen-, Co- und Fremdproduktionen	2
DIN 15905-5*)	2007-11	Veranstaltungstechnik – Tontechnik – Teil 5: Maßnahmen zum Vermeiden einer Gehörgefährdung des Publikums durch hohe Schallemissionen elektroakustischer Beschallungstechnik	5
DIN 15906	2009-06	Tagungsstätten	1
DIN 15920-1	2011-11	Veranstaltungstechnik – Podestarten – Teil 1: Gerade Podeste (Praktikabel), Eckpodeste, Schrägen, Eckschrägen aus Holz	1
DIN 15920-2	2011-11	Veranstaltungstechnik – Podestarten – Teil 2: Stufen und Treppen aus Holz	1
DIN 15920-11	2011-11	Veranstaltungstechnik – Podestarten – Teil 11: Sicherheitstechnische Festlegungen für Podeste (Praktikabel), Schrägen, Stufen, Treppen und Bühnengeländer aus Holz	1
DIN 15922	2018-08	Veranstaltungstechnik – Befestigungsstellen und Verbindungselemente für Arbeitsmittel	2
DIN 15995-1	1983-09	Lampenhäuser für Bildwerfer; Sicherheitstechnische Festlegungen für die Gestaltung der Lampenhäuser mit Hochdruck-Entladungslampen und für Schutzausrüstungen	2
DIN 15996	2008-05	Bild- und Tonbearbeitung in Film-, Video- und Rundfunkbetrieben – Grundsätze und Festlegungen für den Arbeitsplatz	2
DIN 16271	2004-07	Absperrventile PN 250 und PN 400 mit Prüfanschluss für Druckmessgeräte	5
DIN 18040-1	2010-10	Barrierefreies Bauen – Planungsgrundlagen – Teil 1: Öffentlich zugängliche Gebäude	5

*) inklusive Berichtigung

Dokumentnummer	Ausgabe	Titel	Band
DIN 18232-1	2002-02	Rauch- und Wärmefreihaltung – Teil 1: Begriffe, Aufgabenstellung	5
DIN 18232-2	2007-11	Rauch- und Wärmefreihaltung – Teil 2: Natürliche Rauchabzugsanlagen (NRA); Bemessung, Anforderungen und Einbau	5
DIN 18232-5	2012-11	Rauch- und Wärmefreihaltung – Teil 5: Maschinelle Rauchabzugsanlagen (MRA); Anforderungen, Bemessung	5
DIN 19045-1	1997-05	Projektion von Steh- und Laufbild – Teil 1: Projektions- und Betrachtungsbedingungen für alle Projektionsarten	2
DIN 19045-2	1998-12	Projektion von Steh- und Laufbild – Teil 2: Konfektionierte Bildwände	2
DIN 19045-3	1998-12	Projektion von Steh- von Laufbild – Teil 3: Mindestmaße für kleinste Bildelemente, Linienbreiten, Schrift- und Bildzeichengrößen in Originalvorlagen für die Projektion	2
DIN 19045-4	1998-12	Projektion von Steh- und Laufbild – Teil 4: Reflexions- und Transmissionseigenschaften von Bildwänden; Kennzeichnende Größen, Bildwandtyp, Messung	2
DIN 31051	2012-09	Grundlagen der Instandhaltung	3
DIN 40041	1990-12	Zuverlässigkeit; Begriffe	5
DIN 45635-1	1984-04	Geräuschmessung an Maschinen; Luftschallemission, Hüllflächen-Verfahren; Rahmenverfahren für 3 Genauigkeitsklassen	1
DIN 45635-8	1985-06	Geräuschmessung an Maschinen; Luftschallemission, Körperschallmessung; Rahmenverfahren	1
DIN 45641	1990-06	Mitteilung von Schallpegeln	2
DIN 56920-1	1970-07	Theatertechnik; Begriffe für Theater- und Bühnenarten	1
DIN 56920-2	1970-07	Theatertechnik; Begriffe für Theatergebäude	1
DIN 56920-3	2017-10	Veranstaltungstechnik – Begriffe für bühnentechnische Einrichtungen	1
DIN 56920-4	2013-01	Veranstaltungstechnik – Teil 4: Begriffe für beleuchtungstechnische Einrichtungen	2
DIN 56921-1	2010-03	Veranstaltungstechnik – Prospektzüge – Teil 1: Handkonterzüge mit einer Tragfähigkeit bis 500 kg	3
DIN 56923	1989-11	Theatertechnik, Bühnenbetrieb; Geschlagene Steckscharniere	1

Dokumentnummer	Ausgabe	Titel	Band
DIN 56927	2013-07	Veranstaltungstechnik – Sicherungsseil für zu sichernde Gegenstände bis 60 kg Eigengewicht – Maße, sicherheitstechnische Anforderungen und Prüfung	1
DIN 56928	2014-02	Veranstaltungstechnik – Technische Decken – Sicherheitstechnische Anforderungen	3
DIN 56930-1	2017-09	Veranstaltungstechnik – Lichtstellsysteme – Teil 1: Dimmer – Begriffe, Anforderungen und Benutzerinformation	2
DIN 56930-2	2000-03	Bühnentechnik – Bühnenlichtstellsysteme – Teil 2: Steuersignale	2
DIN 56932	1974-10	Theatertechnik, Bühnenbeleuchtung; Bezeichnungsschild von Leuchten für die Sicherheitsbeleuchtung	5
DIN 56938	2010-07	Veranstaltungstechnik – Versatzklappe – Allgemeine Konstruktionsmerkmale	2
DIN 56950-1	2012-05	Veranstaltungstechnik – Maschinentechnische Einrichtungen – Teil 1: Sicherheitstechnische Anforderungen und Prüfung	3
DIN 56950-2	2014-09	Veranstaltungstechnik – Maschinentechnische Einrichtungen – Teil 2: Sicherheitstechnische Anforderungen an bewegliche Leuchtenhänger	3
DIN 56950-3	2015-12	Veranstaltungstechnik – Maschinentechnische Einrichtungen – Teil 3: Sicherheitstechnische Anforderungen an Stative und Traversenlifte	3
DIN 56950-4	2015-12	Veranstaltungstechnik – Maschinentechnische Einrichtungen – Teil 4: Sicherheitstechnische Anforderungen an konfektionierte Bildwände	3
DIN 56950-5	2018-07	Veranstaltungstechnik – Maschinentechnische Einrichtungen – Teil 5: Sicherheitstechnische Anforderungen an Elektrokettenzugsysteme	3
DIN 56955	2017-10	Veranstaltungstechnik – Lastannahmen für Einbauten in Bühnen und Nebenbereichen – Nutzlasten	3
DIN 57250-1	1981-10	Isolierte Starkstromleitungen; Allgemeine Festlegungen [VDE-Bestimmung]	2
DIN 82004-1	2008-11	Spannschlösser mit Langaugen, Gabeln und Rundaugen – Teil 1: Unlegierter Qualitätsstahl	3
DIN 82004-2	2008-11	Spannschlösser mit Langaugen, Gabeln und Rundaugen – Teil 2: Nichtrostender Stahl	3
DIN 83319	2013-04	Faserseile – Spleiße – Begriffe, sicherheitstechnische Anforderungen, Prüfung	3

Dokumentnummer	Ausgabe	Titel	Band
DIN CEN/TS 14816	2009-05	Ortsfeste Brandbekämpfungsanlagen – Sprühwasserlöschanlagen – Planung, Einbau und Wartung	5
DIN EN 349*)	2008-09	Sicherheit von Maschinen – Mindestabstände zur Vermeidung des Quetschens von Körperteilen	3
DIN EN 353-2	2002-09	Persönliche Schutzausrüstung gegen Absturz – Teil 2: Mitlaufende Auffanggeräte einschließlich beweglicher Führung	5
DIN EN 360	2002-09	Persönliche Schutzausrüstung gegen Absturz – Höhensicherungsgeräte	5
DIN EN 361	2002-09	Persönliche Schutzausrüstung gegen Absturz – Auffanggurte	5
DIN EN 363	2008-05	Persönliche Absturzschutzausrüstung – Persönliche Absturzschutzsysteme	5
DIN EN 364*)	1993-02	Persönliche Schutzausrüstung gegen Absturz; Prüfverfahren	5
DIN EN 547-3	2009-01	Sicherheit von Maschinen – Körpermaße des Menschen – Teil 3: Körpermaßdaten	3
DIN EN 818-1	2008-12	Kurzgliedrige Rundstahlketten für Hebezwecke – Sicherheit – Teil 1: Allgemeine Abnahmebedingungen	4
DIN EN 818-4	2008-12	Kurzgliedrige Rundstahlketten für Hebezwecke – Sicherheit – Teil 4: Anschlagketten – Güteklasse 8	4
DIN EN 1005-3	2009-01	Sicherheit von Maschinen – Menschliche körperliche Leistung – Teil 3: Empfohlene Kraftgrenzen bei Maschinenbetätigung	1
DIN EN 1261	1995-10	Faserseile für allgemeine Verwendung – Hanf	4
DIN EN 1492-1	2009-05	Textile Anschlagmittel – Sicherheit – Teil 1: Flachgewebte Hebebänder aus Chemiefasern für allgemeine Verwendungszwecke	1
DIN EN 1492-2	2009-05	Textile Anschlagmittel – Sicherheit – Teil 2: Rundschlingen aus Chemiefasern für allgemeine Verwendungszwecke	1
DIN EN 10204	2005-01	Metallische Erzeugnisse – Arten von Prüfbescheinigungen	3
DIN EN 12385-1	2009-01	Drahtseile aus Stahldraht – Sicherheit – Teil 1: Allgemeine Anforderungen	4
DIN EN 12385-2*)	2008-06	Stahldrahtseile – Sicherheit – Teil 2: Begriffe, Bezeichnung und Klassifizierung	4
DIN EN 12385-3*)	2008-06	Drahtseile aus Stahldraht – Sicherheit – Teil 3: Informationen für Gebrauch und Instandhaltung	4

*) inklusive Berichtigung

Dokumentnummer	Ausgabe	Titel	Band
DIN EN 12385-4*)	2008-06	Drahtseile aus Stahldraht – Sicherheit – Teil 4: Litzenseile für allgemeine Hebezwecke	4
DIN EN 13200-1	2019	Zuschaueranlagen – Teil 1: Allgemeine Merkmale für Zuschauerplätze	1
DIN EN 13200-3	2018-12	Zuschaueranlagen – Teil 3: Abschrankungen – Anforderungen	1
DIN EN 13200-4	2006-12	Zuschaueranlagen – Teil 4: Sitze – Produktmerkmale	1
DIN EN 13200-5	2006-10	Zuschaueranlagen – Teil 5: Ausfahrbare (ausziehbare) Tribünen	1
DIN EN 13200-6	2013-03	Zuschaueranlagen – Teil 6: Demontierbare (provisorische) Tribünen	1
DIN EN 13200-7	2014-06	Zuschaueranlagen – Teil 7: Eingangs- und Ausgangsanlagen und Wege	1
DIN EN 13411-1	2009-02	Endverbindungen für Drahtseile aus Stahldraht – Sicherheit – Teil 1: Kauschen für Anschlagseile aus Stahldrahtseilen	4
DIN EN 13411-2	2009-02	Endverbindungen für Drahtseile aus Stahldraht – Sicherheit – Teil 2: Spleißen von Seilschlaufen für Anschlagseile	4
DIN EN 13411-3	2011-04	Endverbindungen für Drahtseile aus Stahldraht – Sicherheit – Teil 3: Pressklemmen und Verpressen	4
DIN EN 13411-5	2009-02	Endverbindungen für Drahtseile aus Stahldraht – Sicherheit – Teil 5: Drahtseilklemmen mit U-förmigem Klemmbügel	4
DIN EN 13411-6	2009-04	Endverbindungen für Drahtseile aus Stahldraht – Sicherheit – Teil 6: Asymmetrische Seilschlösser	4
DIN EN 13411-7	2009-04	Endverbindungen für Drahtseile aus Stahldraht – Sicherheit – Teil 7: Symmetrische Seilschlösser	4
DIN EN 13411-8	2011-12	Endverbindungen für Drahtseile aus Stahldraht – Sicherheit – Teil 8: Stahlfittinge und Verpressungen	4
DIN EN 13501-1	2010-01	Klassifizierung von Bauprodukten und Bauarten zu ihrem Brandverhalten – Teil 1: Klassifizierung mit den Ergebnissen aus den Prüfungen zum Brandverhalten von Bauprodukten	5
DIN EN 14390	2007-04	Brandverhalten von Bauprodukten – Referenzversuch im Realmaßstab an Oberflächenprodukten in einem Raum	5
DIN EN 17115	2018-10	Veranstaltungstechnik – Anforderungen an die Bemessung und Herstellung von Aluminium- und Stahltraversen	1

*) inklusive Berichtigung

Dokumentnummer	Ausgabe	Titel	Band
DIN EN 50172	2005-01	Sicherheitsbeleuchtungsanlagen	5
DIN EN 60204-32	2009-03	Sicherheit von Maschinen – Elektrische Ausrüstung von Maschinen – Teil 32: Anforderungen für Hebezeuge	3
DIN EN IEC 60118-4	2018-08	Akustik – Hörgeräte – Teil 4: Induktionsschleifen für Hörgeräte – Leistungsanforderungen	2
DIN EN ISO 1181	2005-02	Faserseile – Manila und Sisal – 3-, 4- und 8-litzige Seile	1
DIN EN ISO 1182	2010-10	Prüfungen zum Brandverhalten von Produkten – Nichtbrennbarkeitsprüfung	5
DIN EN ISO 2603	2017-03	Simultandolmetschen – Ortsfeste Kabinen – Anforderungen	2
DIN EN ISO 4043	2017-03	Simultandolmetschen – Mobile Kabinen – Anforderungen	2
DIN EN ISO 9239-1	2010-11	Prüfungen zum Brandverhalten von Bodenbelägen – Teil 1: Bestimmung des Brandverhaltens bei Beanspruchung mit einem Wärmestrahler	5
DIN EN ISO 11925-2	2011-02	Prüfungen zum Brandverhalten – Entzündbarkeit von Produkten bei direkter Flammeneinwirkung – Teil 2: Einzelflammentest	5
DIN EN ISO 13850	2016-05	Sicherheit von Maschinen – Not-Halt-Funktion – Gestaltungsleitsätze	3
DIN EN ISO 13855	2010-10	Sicherheit von Maschinen – Anordnung von Schutzeinrichtungen im Hinblick auf Annäherungsgeschwindigkeiten von Körperteilen	3
DIN EN ISO 13857	2008-06	Sicherheit von Maschinen – Sicherheitsabstände gegen das Erreichen von Gefährdungsbereichen mit den oberen und unteren Gliedmaßen	3
DIN EN ISO 14118	2018-07	Sicherheit von Maschinen – Vermeidung von unerwartetem Anlauf	3
DIN ISO 4309	2013-06	Krane – Drahtseile – Wartung und Instandhaltung, Inspektion und Ablage	3
DIN ISO 23601	2010-12	Sicherheitskennzeichnung – Flucht- und Rettungspläne	5
DIN VDE 0100-410	2018-10	Errichten von Niederspannungsanlagen – Teil 4-41: Schutzmaßnahmen – Schutz gegen elektrischen Schlag	2
DIN VDE 0100-540	2012-06	Errichten von Niederspannungsanlagen – Teil 5-54: Auswahl und Errichtung elektrischer Betriebsmittel – Erdungsanlagen und Schutzleiter	2

Dokumentnummer	Ausgabe	Titel	Band
DIN VDE 0100-711	2003-11	Errichten von Niederspannungsanlagen – Anforderungen für Betriebsstätten, Räume und Anlagen besonderer Art – Teil 711: Ausstellungen, Shows und Stände	2
DIN VDE 0100-718	2014-06	Errichten von Niederspannungsanlagen – Teil 7-718: Anforderungen für Betriebsstätten, Räume und Anlagen besonderer Art – Öffentliche Einrichtungen und Arbeitsstätten	2
DIN VDE V 0108-100-1	2018-12	Sicherheitsbeleuchtungsanlagen – Teil 100-1: Vorschläge für ergänzende Festlegungen zu EN 50172:2004	5
VG 85275	2012-05	Schiffbau – Einzelteile zum Heben, Schleppen, Zurren – Kauschen aus Formstahl für Stahldraht- und Faserseile	4

Verzeichnis relevanter nicht abgedruckter Normen und VDE-Bestimmungen der DIN-VDE-Taschenbuch-Reihe 342

(nach steigenden DIN-VDE-Nummern geordnet)

Dokument	Ausgabe	Titel	Abgedruckt in
DIN 55633	2009-04	Beschichtungsstoffe – Korrosionsschutz von Stahlbauten durch Pulver-Beschichtungssysteme – Bewertung der Pulver-Beschichtungssysteme und Ausführung der Beschichtung	
DIN EN 1090-1	2012-02	Ausführung von Stahltragwerken und Aluminiumtragwerken – Teil 1: Konformitätsnachweisverfahren für tragende Bauteile	
DIN EN 1090-2	2018-09	Ausführung von Stahltragwerken und Aluminiumtragwerken – Teil 2: Technische Regeln für die Ausführung von Stahltragwerken	
DIN EN 1090-3	2008-09	Ausführung von Stahltragwerken und Aluminiumtragwerken – Teil 3: Technische Regeln für die Ausführung von Aluminiumtragwerken	
DIN EN 1991-1-1	2010-12	Eurocode 1: Einwirkungen auf Tragwerke – Teil 1-1: Allgemeine Einwirkungen auf Tragwerke – Wichten, Eigengewicht und Nutzlasten im Hochbau	Handbuch Eurocode 1
DIN EN 1991-1-1/NA	2010-12	Nationaler Anhang – National festgelegte Parameter – Eurocode 1: Einwirkungen auf Tragwerke – Teil 1-1: Allgemeine Einwirkungen auf Tragwerke – Wichten, Eigengewicht und Nutzlasten im Hochbau	Handbuch Eurocode 1
DIN EN 1991-1-3	2010-12	Eurocode 1: Einwirkungen auf Tragwerke – Teil 1-3: Allgemeine Einwirkungen, Schneelasten	Handbuch Eurocode 1
DIN EN 1991-1-3/NA	2010-12	Nationaler Anhang – National festgelegte Parameter – Eurocode 1: Einwirkungen auf Tragwerke – Teil 1-3: Allgemeine Einwirkungen – Schneelasten	Handbuch Eurocode 1
DIN EN 1991-1-4	2010-12	Eurocode 1: Einwirkungen auf Tragwerke – Teil 1-4: Allgemeine Einwirkungen – Windlasten	Handbuch Eurocode 1
DIN EN 1991-1-4/NA	2010-12	Nationaler Anhang – National festgelegte Parameter – Eurocode 1: Einwirkungen auf Tragwerke – Teil 1-4: Allgemeine Einwirkungen – Windlasten	Handbuch Eurocode 1
DIN EN 1993-1-1	2010-12	Eurocode 3: Bemessung und Konstruktion von Stahlbauten – Teil 1-1: Allgemeine Bemessungsregeln und Regeln für den Hochbau	Handbuch Eurocode 3, DIN-Taschenbuch 69/1

Dokument	Ausgabe	Titel	Abgedruckt in
DIN EN 1993-1-1/NA	2018-12	Nationaler Anhang – National festgelegte Parameter – Eurocode 3: Bemessung und Konstruktion von Stahlbauten – Teil 1-1: Allgemeine Bemessungsregeln und Regeln für den Hochbau	Handbuch Eurocode 3, DIN-Taschenbuch 69/2
DIN EN 1993-1-3	2010-12	Eurocode 3: Bemessung und Konstruktion von Stahlbauten – Teil 1-3: Allgemeine Regeln – Ergänzende Regeln für kaltgeformte Bauteile und Bleche	Handbuch Eurocode 3, DIN-Taschenbuch 69/2
DIN EN 1993-1-3/NA	2017-05	Nationaler Anhang – National festgelegte Parameter – Eurocode 3: Bemessung und Konstruktion von Stahlbauten – Teil 1-3: Allgemeine Regeln – Ergänzende Regeln für kaltgeformte Bauteile und Bleche	Handbuch Eurocode 3
DIN EN 1993-1-5	2017-07	Eurocode 3 – Bemessung und Konstruktion von Stahlbauten – Teil 1-5: Plattenförmige Bauteile	Handbuch Eurocode 3
DIN EN 1993-1-5/NA	2018-11	Nationaler Anhang – National festgelegte Parameter – Eurocode 3: Bemessung und Konstruktion von Stahlbauten – Teil 1-5: Plattenförmige Bauteile	Handbuch Eurocode 3, DIN-Taschenbuch 69/2
DIN EN 1993-1-8	2010-12	Eurocode 3: Bemessung und Konstruktion von Stahlbauten – Teil 1-8: Bemessung von Anschlüssen	Handbuch Eurocode 3, DIN-Taschenbuch 69/2, DIN-DVS-Taschenbuch 191
DIN EN 1993-1-8/NA	2010-12	Nationaler Anhang – National festgelegte Parameter – Eurocode 3: Bemessung und Konstruktion von Stahlbauten – Teil 1-8: Bemessung von Anschlüssen	Handbuch Eurocode 3, DIN-Taschenbuch 69/2
DIN EN 1993-1-9	2010-12	Eurocode 3: Bemessung und Konstruktion von Stahlbauten – Teil 1-9: Ermüdung	Handbuch Eurocode 3, DIN-Taschenbuch 69/2, DIN-DVS-Taschenbuch 191
DIN EN 1993-1-9/NA	2010-12	Nationaler Anhang – National festgelegte Parameter – Eurocode 3: Bemessung und Konstruktion von Stahlbauten – Teil 1-9: Ermüdung	Handbuch Eurocode 3, DIN-Taschenbuch 69/2
DIN EN 1993-1-10	2010-12	Eurocode 3: Bemessung und Konstruktion von Stahlbauten – Teil 1-10: Stahlsortenauswahl im Hinblick auf Bruchzähigkeit und Eigenschaften in Dickenrichtung	Handbuch Eurocode 3, DIN-Taschenbuch 69/2, DIN-DVS-Taschenbuch 191
DIN EN 1993-1-10/NA	2016-04	Nationaler Anhang – National festgelegte Parameter – Eurocode 3: Bemessung und Konstruktion von Stahlbauten – Teil 1-10: Stahlsortenauswahl im Hinblick auf Bruchzähigkeit und Eigenschaften in Dickenrichtung	Handbuch Eurocode 3
DIN EN 1993-1-11	2010-12	Eurocode 3: Bemessung und Konstruktion von Stahlbauten – Teil 1-11: Bemessung und Konstruktion von Tragwerken mit Zuggliedern aus Stahl	Handbuch Eurocode 3

Dokument	Ausgabe	Titel	Abgedruckt in
DIN EN 1993-1-11/NA	2010-12	Nationaler Anhang – National festgelegte Parameter – Eurocode 3: Bemessung und Konstruktion von Stahlbauten – Teil 1-11: Bemessung und Konstruktion von Tragwerken mit Zuggliedern aus Stahl	Handbuch Eurocode 3
DIN EN 1999-1-1	2014-03	Eurocode 9: Bemessung und Konstruktion von Aluminiumtragwerken – Teil 1-1: Allgemeine Bemessungsregeln	Handbuch Eurocode 9
DIN EN 1999-1-1/NA	2018-03	Nationaler Anhang – National festgelegte Parameter – Eurocode 9: Bemessung und Konstruktion von Aluminiumtragwerken – Teil 1-1: Allgemeine Bemessungsregeln	
DIN EN 14492-2	2010-05	Krane – Kraftgetriebene Winden und Hubwerke – Teil 2: Kraftgetriebene Hubwerke	
DIN EN 61508-1 VDE 0803-1	2011-02	Funktionale Sicherheit sicherheitsbezogener elektrischer/elektronischer/programmierbarer elektronischer Systeme – Teil 1: Allgemeine Anforderungen (IEC 61508-1:2010)	
DIN EN 61508-2 VDE 0803-2	2011-02	Funktionale Sicherheit sicherheitsbezogener elektrischer/elektronischer/programmierbarer elektronischer Systeme – Teil 2: Anforderungen an sicherheitsbezogene elektrische/elektronische/programmierbare elektronische Systeme (IEC 61508-2:2010)	
DIN EN 61508-3 VDE 0803-3	2011-02	Funktionale Sicherheit sicherheitsbezogener elektrischer/elektronischer/programmierbarer elektronischer Systeme – Teil 3: Anforderungen an Software (IEC 61508-3:2010)	
DIN EN 61508-4 VDE 0803-4	2011-02	Funktionale Sicherheit sicherheitsbezogener elektrischer/elektronischer/programmierbarer elektronischer Systeme – Teil 4: Begriffe und Abkürzungen (IEC 61508-4:2010)	
DIN EN 61508-5 VDE 0803-5	2011-02	Funktionale Sicherheit sicherheitsbezogener elektrischer/elektronischer/programmierbarer elektronischer Systeme – Teil 5: Beispiele zur Ermittlung der Stufe der Sicherheitsintegrität (safety integrity level) (IEC 61508-5:2010)	
DIN EN 61508-6 VDE 0803-6	2011-02	Funktionale Sicherheit sicherheitsbezogener elektrischer/elektronischer/programmierbarer elektronischer Systeme – Teil 6: Anwendungsrichtlinie für IEC 61508-2 und IEC 61508-3 (IEC 61508-6:2010)	
DIN EN 61508-7 VDE 0803-7	2011-02	Funktionale Sicherheit sicherheitsbezogener elektrischer/elektronischer/programmierbarer elektronischer Systeme – Teil 7: Überblick über Verfahren und Maßnahmen (IEC 61508-7:2010)	

Dokument	Ausgabe	Titel	Abgedruckt in
DIN EN 82079-1	2013-06	Erstellen von Gebrauchsanleitungen – Gliederung, Inhalt und Darstellung – Teil 1: Allgemeine Grundsätze und ausführliche Anforderungen (IEC 82079-1:2012)	DIN-VDE-Taschenbuch 530, Normen für Übersetzer und Technische Redakteure, Gebrauchsanleitungen nach DIN EN 82079-1
DIN EN ISO 6892-1	2017-02	Metallische Werkstoffe – Zugversuch – Teil 1: Prüfverfahren bei Raumtemperatur (ISO 6892-1:2016)	
DIN EN ISO 12100	2011-03	Sicherheit von Maschinen – Allgemeine Gestaltungsleitsätze – Risikobeurteilung und Risikominderung (ISO 12100:2010)	
DIN EN ISO 13849-1	2016-06	Sicherheit von Maschinen – Sicherheitsbezogene Teile von Steuerungen – Teil 1: Allgemeine Gestaltungsleitsätze (ISO 13849-1:2015)	
DIN EN ISO 13849-2	2013-02	Sicherheit von Maschinen – Sicherheitsbezogene Teile von Steuerungen – Teil 2: Validierung (ISO 13849-2:2012)	
DIN VDE 0100-600	2017-06	Errichten von Niederspannungsanlagen – Teil 6: Prüfungen (IEC 60364-6:2016)	
DIN VDE 0701-0702	2008-06	Sicherheit von Maschinen – Sicherheitsbezogene Teile von Steuerungen – Teil 2: Validierung (ISO 13849-2:2012)	
DIN VDE 0833-4	2014-10	Gefahrenmeldeanlagen für Brand, Einbruch und Überfall – Teil 4: Festlegungen für Anlagen zur Sprachalarmierung im Brandfall	
FEM 9.511	1986-06	Serienhebezeuge – Berechnungsgrundlagen für Serienhebezeuge; Einstufung der Triebwerke	
FEM 9.755	1993-06	Serienhebezeuge – Maßnahmen zum Erreichen sicherer Betriebsperioden von motorisch angetriebenen Serienhubwerken (S.W.P.)	
FEM 9.756	2004-08	Serienhebezeuge – Hand- und Kraftbetriebene Hubwerke für besondere Einsatzfälle	
FEM 9.761	1995-01	Serienhebezeuge – Hubkraftbegrenzer für die Belastungskontrolle von kraftbetriebenen Serienhubwerken	
ISO 10042	2018-06	Schweißen – Lichtbogenschweißverbindungen an Aluminium und seinen Legierungen – Bewertungsgruppen von Unregelmäßigkeiten	

Service-Angebote des Beuth Verlags

DIN und Beuth Verlag

Der Beuth Verlag ist eine Tochtergesellschaft von DIN Deutsches Institut für Normung e. V. – gegründet im April 1924 in Berlin.

Neben den Gründungsgesellschaftern DIN und VDI (Verein Deutscher Ingenieure) haben im Laufe der Jahre zahlreiche Institutionen aus Wirtschaft, Wissenschaft und Technik ihre verlegerische Arbeit dem Beuth Verlag übertragen. Seit 1993 sind auch das Österreichische Normungsinstitut (ON) und die Schweizerische Normen-Vereinigung (SNV) Teilhaber der Beuth Verlag GmbH.

Nicht nur im deutschsprachigen Raum nimmt der Beuth Verlag damit als Fachverlag eine führende Rolle ein: Er ist einer der größten Technikverlage Europas. Von den Synergien zwischen DIN und Beuth Verlag profitieren heute 150 000 Kunden weltweit.

Normen und mehr

Die Kernkompetenz des Beuth Verlags liegt in seinem Angebot an Fachinformationen rund um das Thema Normung. In diesem Bereich hat sich in den letzten Jahren ein rasanter Medienwechsel vollzogen – über die Hälfte aller DIN-Normen werden mittlerweile als PDF-Datei genutzt. Auch neu erscheinende DIN-Taschenbücher sind als E-Books beziehbar.

Als moderner Anbieter technischer Fachinformationen stellt der Beuth Verlag seine Produkte nach Möglichkeit medienübergreifend zur Verfügung. Besondere Aufmerksamkeit gilt dabei den Online-Entwicklungen. Im Webshop unter www.beuth.de sind bereits heute mehr als 250 000 Dokumente recherchierbar. Die Hälfte davon ist auch im Download erhältlich und kann vom Anwender innerhalb weniger Minuten am PC eingesehen und eingesetzt werden.

Von der Pflege individuell zusammengestellter Normensammlungen für Unternehmen bis hin zu maßgeschneiderten Recherchedaten bietet der Beuth Verlag ein breites Spektrum an Dienstleistungen an.

So erreichen Sie uns

Beuth Verlag GmbH
Saatwinkler Damm 42/43
13627 Berlin
Telefon 030 2601-0
Telefax 030 2601-1260
kundenservice@beuth.de
www.beuth.de

Ihre Ansprechpartner in den verschiedenen Bereichen des Beuth Verlags finden Sie auf der Seite „Kontakt" unter www.beuth.de.

Kontaktadressen des VDE VERLAGs

Hausanschrift
VDE VERLAG GMBH
Bismarckstr. 33
10625 Berlin
Telefon   030 34 80 01-0
E-Mail   kundenservice@vde-verlag.de
www.vde-verlag.de

Postanschrift
VDE VERLAG GMBH
Postfach 12 01 43
10591 Berlin

Einzelnormen und Normen-Abonnements
Telefon   030 34 80 01-222
E-Mail   kundenservice@vde-verlag.de

Technische Anfragen
E-Mail   support@vde-verlag.de

Bücher und Buch-Abonnements · E-Books und E-Book-Lizenzen
Telefon   030 34 80 01-224
E-Mail   buchverlag@vde-verlag.de

Seminare und Inhouse-Seminare
Telefon   069 84 00 06-1312
E-Mail   seminare@vde-verlag.de

Zeitschriften und Zeitschriften-Abonnements
Telefon   061 23 92 38-234
E-Mail   vde-leserservice@vuservice.de

Inhaltliche Auskünfte zu DIN-VDE-Normen
(Informationen zu VDE-Bestimmungen und anderen Veröffentlichungen des VDE, zu IEC-Publikationen und anderen.)
DKE Deutsche Kommission Elektrotechnik Elektronik Informationstechnik im DIN und VDE
Stresemannallee 15
60596 Frankfurt am Main
Telefon   069 63 08-0
E-Mail   dke@vde.com
www.dke.de

Stichwortverzeichnis

Die hinter den Stichwörtern stehenden Nummern sind DIN-Nummern der abgedruckten Normen, Norm-Entwürfe und VDE-Bestimmungen.

Anforderung, Bühnentechnik, Dimmer, Licht, Prüfung   DIN 56930-1

Anforderung, Dolmetscherkabine, Simultanübertragung, stationär   DIN EN ISO 2603

Anforderung, Dolmetscherkabine, Simultanübertragung, transportabel   DIN EN ISO 4043

Arbeitsplatz, Bildtonaufzeichnung, Ergonomie, Kopierwerk   DIN 15996

Befestigung, Veranstaltungstechnik, Verbindungselement   DIN 15922

Begriffe, Beleuchtung, Veranstaltungstechnik   DIN 56920-4

Beleuchtung, LED, Leuchtdiode, Veranstaltungstechnik   DIN 15780

Beleuchtung, Steckvorrichtung, Theater   DIN 15901

Beleuchtung, Veranstaltungstechnik, Begriffe   DIN 56920-4

Berührungsschutz, Niederspannungsanlage   DIN VDE 0100-410

Bildtonaufzeichnung, Ergonomie, Kopierwerk, Arbeitsplatz   DIN 15996

Bildwand, Eigenschaft, Projektion   DIN 19045-4

Bildwand, Projektion   DIN 19045-2

Bildwerfer, Lampenhaus   DIN 15995-1

Bühne, Fernsehen, Film, Linse, Scheinwerfer   DIN 15560-2

Bühne, Fernsehen, Film, Scheinwerfer   DIN 15560-1

Bühnentechnik, Dimmer, Licht, Prüfung, Anforderung   DIN 56930-1

Bühnentechnik, Konstruktion, Theater, Versatzklappe   DIN 56938

Bühnentechnik, Licht, Signal, Steuersignal   DIN 56930-2

Diapositiv, Film, Projektion   DIN 19045-1, DIN 19045-3

Dimmer, Licht, Prüfung, Anforderung, Bühnentechnik   DIN 56930-1

Dolmetscherkabine, Simultanübertragung, stationär, Anforderung   DIN EN ISO 2603

Dolmetscherkabine, Simultanübertragung, transportabel, Anforderung   DIN EN ISO 4043

Eigenschaft, Projektion, Bildwand   DIN 19045-4

elektrische Anlage, Elektroinstallation, Gebäudeinstallation   DIN VDE 0100-711

elektrische Anlage, Elektroinstallation, Niederspannungsanlage, Stromversorgung   DIN VDE 0100-718

elektrische Anlage, Potentialausgleich, Stromversorgung, Veranstaltungstechnik   DIN 15700

Elektroakustik, Hörgerät, Induktion, magnetisches Feld   DIN EN IEC 60118-4

Elektroakustik, Theater, Tontechnik   DIN 15905-1

Elektroinstallation, Erdungsanlage, Gebäude, Schutzleiter   DIN VDE 0100-540

Elektroinstallation, Gebäudeinstallation, elektrische Anlage   DIN VDE 0100-711

Elektroinstallation, Niederspannungsanlage, Stromversorgung, elektrische Anlage   DIN VDE 0100-718

Energieversorgung, Produktionstechnik, Stromversorgung, Veranstaltungstechnik   DIN 15767

Erdungsanlage, Gebäude, Schutzleiter, Elektroinstallation   DIN VDE 0100-540

Ergonomie, Kopierwerk, Arbeitsplatz, Bildtonaufzeichnung   DIN 15996

Fernsehen, Film, Linse, Scheinwerfer, Bühne DIN 15560-2

Fernsehen, Film, Scheinwerfer, Bühne DIN 15560-1

Fernsehen, Film, Steckverbinder, Veranstaltungstechnik, Verteileranlage E DIN 15765

Film, Linse, Scheinwerfer, Bühne, Fernsehen DIN 15560-2

Film, Projektion, Diapositiv DIN 19045-1, DIN 19045-3

Film, Scheinwerfer, Bühne, Fernsehen DIN 15560-1

Film, Steckverbinder, Veranstaltungstechnik, Verteileranlage, Fernsehen E DIN 15765

Gebäude, Schutzleiter, Elektroinstallation, Erdungsanlage DIN VDE 0100-540

Gebäudeinstallation, elektrische Anlage, Elektroinstallation DIN VDE 0100-711

Hörgerät, Induktion, magnetisches Feld, Elektroakustik DIN EN IEC 60118-4

Induktion, magnetisches Feld, Elektroakustik, Hörgerät DIN EN IEC 60118-4

Isolierung, Starkstromleitung DIN 57250-1

Konstruktion, Theater, Versatzklappe, Bühnentechnik DIN 56938

Kopierwerk, Arbeitsplatz, Bildtonaufzeichnung, Ergonomie DIN 15996

Lampenhaus, Bildwerfer DIN 15995-1

LED, Leuchtdiode, Veranstaltungstechnik, Beleuchtung DIN 15780

Leuchtdiode, Veranstaltungstechnik, Beleuchtung, LED DIN 15780

Licht, Prüfung, Anforderung, Bühnentechnik, Dimmer DIN 56930-1

Licht, Signal, Steuersignal, Bühnentechnik DIN 56930-2

Linse, Scheinwerfer, Bühne, Fernsehen, Film DIN 15560-2

magnetisches Feld, Elektroakustik, Hörgerät, Induktion DIN EN IEC 60118-4

Medienserver, Server, Veranstaltungstechnik DIN 15781

Mittelung, Schallpegel DIN 45641

Niederspannungsanlage, Berührungsschutz DIN VDE 0100-410

Niederspannungsanlage, Stromversorgung, elektrische Anlage, Elektroinstallation DIN VDE 0100-718

Potentialausgleich, Stromversorgung, Veranstaltungstechnik, elektrische Anlage DIN 15700

Produktionstechnik, Stromversorgung, Veranstaltungstechnik, Energieversorgung DIN 15767

Projektion, Bildwand DIN 19045-2

Projektion, Bildwand, Eigenschaft DIN 19045-4

Projektion, Diapositiv, Film DIN 19045-1, DIN 19045-3

Prüfung, Anforderung, Bühnentechnik, Dimmer, Licht DIN 56930-1

Schallpegel, Mittelung DIN 45641

Scheinwerfer, Bühne, Fernsehen, Film DIN 15560-1

Scheinwerfer, Bühne, Fernsehen, Film, Linse DIN 15560-2

Scheinwerfer, Sondersteckverbindung, Studiobetrieb DIN 15560-104

Schutzleiter, Elektroinstallation, Erdungsanlage, Gebäude DIN VDE 0100-540

Server, Veranstaltungstechnik, Medienserver DIN 15781

Signal, Steuersignal, Bühnentechnik, Licht DIN 56930-2

Simultanübertragung, stationär, Anforderung, Dolmetscherkabine DIN EN ISO 2603

Simultanübertragung, transportabel, Anforderung, Dolmetscherkabine DIN EN ISO 4043

Sondersteckverbindung, Studiobetrieb, Scheinwerfer   DIN 15560-104
Starkstromleitung, Isolierung   DIN 57250-1
stationär, Anforderung, Dolmetscherkabine, Simultanübertragung   DIN EN ISO 2603
Steckverbinder, Veranstaltungstechnik, Verteileranlage, Fernsehen, Film   E DIN 15765
Steckvorrichtung, Theater, Beleuchtung   DIN 15901
Steuersignal, Bühnentechnik, Licht, Signal   DIN 56930-2
Stromversorgung, elektrische Anlage, Elektroinstallation, Niederspannungsanlage   DIN VDE 0100-718
Stromversorgung, Veranstaltungstechnik, elektrische Anlage, Potentialausgleich   DIN 15700
Stromversorgung, Veranstaltungstechnik, Energieversorgung, Produktionstechnik   DIN 15767
Studiobetrieb, Scheinwerfer, Sondersteckverbindung   DIN 15560-104

Theater, Beleuchtung, Steckvorrichtung   DIN 15901
Theater, Tontechnik, Elektroakustik   DIN 15905-1
Theater, Versatzklappe, Bühnentechnik, Konstruktion   DIN 56938
Tontechnik, Elektroakustik, Theater   DIN 15905-1
transportabel, Anforderung, Dolmetscherkabine, Simultanübertragung   DIN EN ISO 4043

Veranstaltungstechnik, Begriffe, Beleuchtung   DIN 56920-4
Veranstaltungstechnik, Beleuchtung, LED, Leuchtdiode   DIN 15780
Veranstaltungstechnik, elektrische Anlage, Potentialausgleich, Stromversorgung   DIN 15700
Veranstaltungstechnik, Energieversorgung, Produktionstechnik, Stromversorgung   DIN 15767
Veranstaltungstechnik, Medienserver, Server   DIN 15781
Veranstaltungstechnik, Verbindungselement, Befestigung   DIN 15922
Veranstaltungstechnik, Verteileranlage, Fernsehen, Film, Steckverbinder   E DIN 15765
Verbindungselement, Befestigung, Veranstaltungstechnik   DIN 15922
Versatzklappe, Bühnentechnik, Konstruktion, Theater   DIN 56938

Inserentenverzeichnis

Die inserierenden Firmen und die Aussagen in Inseraten stehen nicht notwendigerweise in einem Zusammenhang mit den in diesem Buch abgedruckten Normen. Aus dem Nebeneinander von Inseraten und redaktionellem Teil kann weder auf die Normgerechtheit der beworbenen Produkte oder Verfahren geschlossen werden, noch stehen die Inserenten notwendigerweise in einem besonderen Zusammenhang mit den wiedergegebenen Normen. Die Inserenten dieses Buches müssen auch nicht Mitarbeiter eines Normenausschusses oder Mitglied von DIN sein. Inhalt und Gestaltung der Inserate liegen außerhalb der Verantwortung von DIN.

ASM Steuerungstechnik GmbH 4. Umschlagseite
33181 Bad Wünnenberg-Haaren

Bühnenplanung Walter Kottke Ingenieure GmbH Seite XII oben
95448 Bayreuth

Zuschriften bezüglich des Anzeigenteils werden erbeten an:

Beuth Verlag GmbH
Anzeigenverwaltung
Saatwinkler Damm 42/43
13627 Berlin